Adolf Neumann gest.

A. F. Möbius.

AUGUST FERDINAND MÖBIUS

GESAMMELTE WERKE.

HERAUSGEGEBEN AUF VERANLASSUNG DER KÖNIGLICH SÄCHSISCHEN GESELLSCHAFT DER WISSENSCHAFTEN.

ERSTER BAND

MIT EINEM BILDNISSE VON MÖBIUS

HERAUSGEGEBEN

VON

R. BALTZER.

LEIPZIG

VERLAG VON S. HIRZEL

1885.

Inhalt des ersten Bandes.

	Seite
Vorrede über Möbius von Richard Baltzer	V—XX
Der barycentrische Calcul 1827.	
Vorrede und Inhalt	1— 22
Abschnitt I	23—166
Abschnitt II	167—318
Abschnitt III	319—388
Zwei geometrische Aufgaben 1823. [Beobachtungen auf der Königl. Universitäts-Sternwarte zu Leipzig]	389—398
Brief an Schumacher 1824. [Astronomische Nachrichten Band 3]	399—404
Ueber die Gleichungen, mittelst welcher aus den Seiten eines in einen Kreis zu beschreibenden Vielecks der Halbmesser des Kreises und die Fläche des Vielecks gefunden werden 1828. [Crelle's Journal Band 3]	405—438
Kann von zwei dreiseitigen Pyramiden eine jede in Bezug auf die andere um- und eingeschrieben zugleich heissen? 1828. [Crelle's Journal Band 3]	439—446
Von den metrischen Relationen im Gebiete der Lineal-Geometrie 1829. [Crelle's Journal Band 4]	447—480
Barycentrische Lösung der Aufgabe des Herrn Clausen 1830. [Crelle's Journal Band 5]	481—488
Ueber eine besondere Art dualer Verhältnisse zwischen Figuren im Raume 1833. [Crelle's Journal Band 10]	489—515
Ueber eine allgemeinere Art der Affinität geometrischer Figuren 1834. [Crelle's Journal Band 12]	517—544
Ueber die Zusammensetzung unendlich kleiner Drehungen 1838. [Crelle's Journal Band 18]	545—570
Entwickelung einiger trigonometrischer Formeln durch Hülfe der Lehre von den Doppelschnittsverhältnissen 1842. [Crelle's Journal Band 24]	571—580

Seite

Die vom Herrn Dr. Luchterhand am Schlusse des 23. Bandes mitgetheilte Bedingung, unter welcher fünf Puncte in einer Kugelfläche liegen, aus einem barycentrischen Princip abgeleitet 1843. [Crelle's Journal Band 26] . . . . 581—588

Verallgemeinerung des Pascal'schen Theorems das in einen Kegelschnitt beschriebene Sechseck betreffend 1847. [Leipziger Sitzungsberichte Band 1] . . . . 589—595

Zu dem Aufsatze des Herrn Dr. Baltzer im Jahrgang 1855 der Berichte S. 62, die Leibniz'sche Quadratur der Sectoren von Kegelschnitten betreffend 1856. [Leipziger Sitzungsberichte math.-phys. Classe Band 8] . . . . 597—600

Ueber die Zusammensetzung gerader Linien und eine daraus entspringende neue Begründungsweise des barycentrischen Calculs 1844. [Crelle's Journal Band 28] . . . . 601—612

Die Grassmann'sche Lehre von Punctgrössen und den davon abhängenden Grössenformen 1847. [Anhang zu Grassmann's Preisschrift: Geometrische Analyse] . . . . 613—633

Anmerkungen 634

August Ferdinand Möbius

wurde geboren den 17. November 1790 zu Schulpforta. Er hat seinen Vater, der Tanzmeister an der altberühmten Fürstenschule war, bereits 1793 verloren, erhielt die erste Erziehung von seiner Mutter Johanne Catharine Christiane geb. Keil aus Kötschau und von seinem unverheiratheten Onkel väterlicher Seite, ward Schüler der Schulpforta von 1803 bis 1809, und bezog die Universität Leipzig, um nach dem Rathe eines väterlichen Freundes Jura zu studiren. Bald folgte er ausschliesslich seiner Neigung für die mathematischen Wissenschaften, hörte Vorlesungen des Mathematikers von Prasse, des Physikers Gilbert, besonders des Astronomen Mollweide, von letzterem mit näherer Freundschaft beehrt. Im Mai 1813, unterstützt durch ein Reisestipendium, wandert er aus nach Göttingen, um bei Gauss weitere astronomische Studien zu machen, und kehrt im April 1814, als Prasse in Leipzig gestorben war und durch Mollweide ersetzt werden sollte, nach Leipzig zurück mit der Aussicht, Mollweide's Nachfolger an der Sternwarte zu werden. Inzwischen findet er sich veranlasst, in Halle eine kleine Lehrerstelle am Pädagogium anzunehmen, und erhält so die Gelegenheit, bei J. F. Pfaff ein Privatissimum über höhere Mathematik zu hören. Es erfolgt nun am 11. December 1814 die Promotion in Leipzig (ohne Dissertation), am 19. April 1815 die Habilitation an der Universität Leipzig auf Grund der mathematischen Abhandlung *De peculiaribus quibusdam aequationum trigonometricarum affectionibus*, ferner in demselben Jahre die Herausgabe der astronomischen Abhandlung *De computandis occultationibus fixarum per planetas*, und am 1. Mai 1816 der Antritt des Amtes als ausserordentlicher Professor der Astronomie und Observator an der Sternwarte zu Leipzig, mit der Abhandlung *De minima variatione azimuthi stellarum circulos parallelos uniformiter describentium* und einer (nicht gedruckten) Rede *De incrementis analyseos per astronomiam subortis.* Der neue Astronom der Sternwarte wurde sofort durch ein Reisestipendium in den Stand gesetzt, den Seeberg bei Gotha zu besuchen, wo ihm Lindenau's Freundschaft erwuchs, und die Bekanntschaft mit Encke und Nicolai. Auf der weiteren Reise berührte er Coburg, Nürnberg, Stuttgart, Tübingen, München, Wien, Ofen, und machte die Bekanntschaft mit Bohnenberger, Reichenbach, Soldner, Pasquich, Littrow. Nach der Heimkehr im October 1816 bezog er die Amtswohnung in der Pleissenburg, die er während seines Lebens nicht wieder verlassen sollte. Anfangs stand die Mutter ihm zur Seite, bis sie 1820 durch den Tod ihm entrissen wurde, kurz vor seiner Verheirathung mit Fräulein Dorothea Christiane Johanna Rothe aus Gera, geboren den 26. Juli 1790. In glücklicher Ehe, welche von zwei Söhnen und einer Tochter gesegnet war, lebte er bis zum Tode der geliebten Frau 1859, später verpflegt von einer befreundeten Dame bis zu seinem Tode den 26. September 1868. In den angegebenen Epochen war das stille bescheidene fruchtreiche Gelehrtenleben enthalten, dessen Andenken diese Zeilen gewidmet sind.

Der junge Professor wurde auswärts begehrt als Astronom nach Greifswalde 1816 sogleich nach dem Antritt der Leipziger Professur, und später als Mathematiker nach Dorpat 1819 kurz vor seiner Verheirathung und vor dem Tode der Mutter. In beiden Fällen siegte leicht die Anhänglichkeit an die Heimath und an das gewohnte Dasein über die Anerbietungen von Ehren und auskömmlicheren Verhältnissen. Die Berliner Academie der Wissenschaften ernannte ihn 1829 zu ihrem correspondirenden Mitglied, aber es vergingen darnach noch 15 Jahre, bis eine deutsche Universität den inzwischen hochberühmt gewordenen ausserordentlichen Professor als Ordinarius begehrte. Als die Universität Jena nach Fries' Tode 1844 Möbius berufen hatte, wurde ihm das Verbleiben in der geliebten Heimath erleichtert durch die Verwandlung seiner ausserordentlichen Professur in eine ordentliche Professur der Astronomie und der höheren Mechanik, und durch eine bescheidene Erhöhung seines bis dahin wenig angemessenen Gehaltes.

Die Welt, in der Möbius sich bewegte, war seine Studirstube, seine über derselben wohnende Familie und ein kleiner Kreis von Bekannten und Freunden. Neben seiner Studirstube befand sich sein Auditorium, und in demselben verschlossen in hohen undurchsichtigen Schränken die schöne Bibliothek der Sternwarte. Die Anregung zu seinen Forschungen findet er aber zumeist in dem reichen

Born seines ursprünglichen Geistes. Seine Anschauungen, die Aufgaben, welche er sich stellt, die Lösungen, welche er findet, haben etwas ungewöhnlich Sinniges, ungesucht Ursprüngliches. Er arbeitet mit ruhiger Stetigkeit, still und einsam, fast verschlossen, bis Alles in die rechte Ordnung gefügt ist. Frei von Ueberhastung, fern von Prunksucht und Anmassung, lässt er die Früchte seines Geistes reifen, bis er nach Horazischer Frist in vollendeter Form sie veröffentlicht. Ganz anders, als es in Delambre's Bericht über den Astronomen am Hofe des Königs Louis XIV. lautet: la manière de Cassini était d'annoncer longtemps d'avance ses découvertes en les vantant beaucoup sans donner au lecteur le moyen de les apprécier.

Ueberall ist in Möbius' Arbeiten das Bestreben sichtbar, seine Ziele auf kürzesten Wegen, bei geringstem Aufwand von Mitteln, durch die angemessensten Mittel zu erreichen. Nicht nur in den Ergebnissen, welche die mathematischen Wissenschaften bereichern, zeigt sich der Meister, sondern auch in der Auswahl und Handhabung der Mittel, durch welche die Sätze der Wissenschaft begründet und in Verbindung gebracht werden. Grandia parvis ist bei Werken von künstlerischer Vollendung ein besonderer Vorzug, durch welchen die von Möbius verfassten Schriftwerke sich auszeichnen; denselben Vorzug hatten auch dic academischen Vorlesungen, in welchen Möbius meist auf engere Gebiete sich beschränkte und durch seine eigenthümlichen Anschauungen anregte. Da es nicht in Möbius' Neigung lag, die mathematische Literatur gleichmässig zu verfolgen, so konnte es in einzelnen Fällen geschehen, dass er auf seinen Wegen fand und für neu hielt, was Andere auf ihren Wegen vor ihm gefunden hatten. Seiner bedächtigen Zurückhaltung und der anspruchslosen Form seiner Mittheilungen ist es zuzuschreiben, dass auch das Entgegengesetzte eintrat, dass Andere in den Fall kamen, da zu ernten, wo Möbius gesäet hatte.

In Möbius' Arbeiten sind vier Zeitabschnitte erkennbar, der erste erstreckt sich von 1817 bis zum Erscheinen des barycentrischen Calculs 1827, der zweite reicht bis zur Statik 1837, der dritte bis zur Mechanik des Himmels 1843, der vierte und letzte umfasst die stattliche Reihe von Abhandlungen, welche in den Schriften der von Möbius mitgegründeten Königl. Sächs. Gesellschaft der Wissenschaften enthalten sind 1846 bis 1865. Aus dem ersten Abschnitt ist zunächst nur eine kleine 1823 veröffentlichte Schrift zu erwähnen, »Beobachtungen auf der Leipziger Sternwarte mit Beschreibung der neuen Einrichtung dieser Sternwarte, und einem Anhang geometrischen Inhalts«. Der Anhang zeigt nämlich, dass Möbius 1823 bereits in Besitz seines barycentrischen Calculs und in den zweiten Abschnitt seines Werkes vertieft ist. Die daselbst gestellten neuen geometrischen Aufgaben wurden, wie man durch die Astronomischen Nachrichten erfahren hat, sogleich von Gauss und Clausen besonderer Beachtung gewürdigt.

Der barycentrische Calcul ward 1827 herausgegeben, ein in mehrfacher Hinsicht ganz neues Werk, enthaltend eine neue Art analytischer Geometrie, ferner die darauf gegründete Lehre von den Verwandtschaften der Figuren nebst den daraus entspringenden Classen geometrischer Aufgaben, zuletzt Anwendung des neuen Calculs auf die Entwicklung mehrerer Eigenschaften der Kegelschnitte. Neu und fast befremdend erschien darin zuerst die Bestimmung des Zeichens einer Strecke nach der vorausbestimmten positiven Richtung ihrer Geraden. Ebenso die Bestimmung des Zeichens einer Dreiecksfläche nach dem vorausbestimmten positiven Sinn ihrer Ebene, und die Bestimmung des Zeichens eines Tetraederinhaltes. Man lernte erst später durch Möbius in diesen Bestimmungen die feste Grundlage für den metrischen Theil der Geometrie erkennen, nach welcher Carnot in seiner *géométrie de position* gesucht hatte. Neu und fremd waren ferner gegenüber den gewohnten griechischen und nach Descartes benannten Coordinaten eines Punctes auf 1, 2, 3 Axen die von Möbius erdachten barycentrischen Coordinaten eines Punctes in Bezug auf 2, 3, 4 Fundamentalpuncte, Verhältnisse, durch welche der Punct eindeutig bestimmt wird. Um den Punct P zu finden, dessen barycentrische Coordinaten α, β, γ, δ in Bezug auf die Fundamentalpuncte A, B, C, D sind, wird die Strecke AB nach dem Verhältniss $-\beta : \alpha$ in N getheilt, dann NC nach dem Verhältniss $-\gamma : \alpha + \beta$ in O, endlich OD nach dem Verhältniss $-\delta : \alpha + \beta + \gamma$ in P. Der Punct P ist alsdann der von Archimedes definirte Schwerpunct, der mit Gewichten, welche wie die Coordinaten α, β, γ, δ sich verhalten, beschwerten Fundamentalpuncte, und hat als solcher die Eigenschaft: wenn durch A, B, C, D, P parallele Geraden einer beliebig gegebenen Richtung gehen und von einer beliebig gestellten Ebene in den Puncten A', B', C', D', P' geschnitten werden, so sind die parallelen Strecken AA', . . durch die barycentrische Gleichung verbunden

$$\alpha \,.\, AA' + \beta \,.\, BB' + \gamma \,.\, CC' + \delta \,.\, DD' = (\alpha + \beta + \gamma + \delta) PP'.$$

In Folge dieser Gleichung wird die symbolische Formel

$$\alpha A + \beta B + \gamma C + \delta D$$

als »barycentrischer Ausdruck« des Punctes P gebraucht. Wenn die Coordinaten α, β, γ, δ Functionen eines Parameters sind, so liegt der Punct auf einer bestimmten Linie; wenn dieselben von zwei Parametern abhängen, so liegt der Punct auf einer bestimmten Fläche. Die so bestimmten Linien und Flächen sind, wenn die barycentrischen Coordinaten ganze Functionen sind, singuläre Linien und Flächen, und zwar die singulärsten unter den Linien und Flächen, welche einer Ordnung angehören. Durch barycentrischen Calcul werden zunächst Eigenschaften von Linien und Flächen untersucht, ihre unendlichfernen Puncte, die Wendepuncte von Linien, ihre mehrfachen Puncte, ihre Berührungen; insbesondere werden die unebenen Linien dritter Ordnung zum erstenmal in Betracht gezogen.

Die barycentrischen Coordinaten eines Punctes sind die ersten homogenen Coordinaten, welche in die Geometrie eingeführt wurden, und deshalb von besonderer Bedeutung für die historische Betrachtung, obgleich sie alsbald durch homogene Coordinaten und die Einführung der homogenen Gleichungen überboten worden sind. Während nämlich der barycentrische Calcul gedruckt wurde, schrieb Plücker, an Gergonne anknüpfend, mit Lamé und Bobillier in einigen Puncten sich begegnend, seine »Entwickelungen«, in denen die homogenen Coordinaten eines Punctes in Bezug auf 3 Gerade einer Ebene und auf 4 Ebenen mehr und mehr hervortreten. Seitdem nun noch Plücker, anknüpfend an die Lehre von den Enveloppen, die Geometrie durch die von Linien und von Flächen gebildeten Figuren entsprechend den Punctfiguren bereichert hatte, indem er die ebenfalls homogenen Coordinaten einer Geraden in Bezug auf 3 Puncte einer die Gerade enthaltenden Ebene, sowie die homogenen Coordinaten einer Ebene in Bezug auf 4 Puncte hinzufügte; nachdem eine Reihe von Geometern, voran Hesse und Cayley, auf den von Plücker gebahnten Wegen fortgeschritten waren; nachdem endlich Plücker und mit ihm zusammentreffend Cayley noch die homogenen Coordinaten einer Geraden bezogen auf 2 Ebenen (Axen-Coordinaten) oder auf 2 Puncte (Strahlen-Coordinaten) eingeführt hatte, war für die barycentrischen Coordinaten eines Punctes wenig Theilnahme übrig geblieben. Aber die vielfachen Berührungen der Plücker'schen Ergebnisse mit denen des barycentrischen Calculs sind von Plücker selbst nicht verkannt worden.

Durch die barycentrische Bestimmung von Puncten wurde Möbius zur Ausbildung der Lehre von den Verwandtschaften der Punctfiguren geführt, welche in dem zweiten Abschnitt des barycentrischen Calculs dargelegt ist. Collineations-Verwandtschaft hatte er zwei Figuren zugeschrieben, wenn jedem Punct der einen Figur ein Punct der anderen so entspricht, dass je 3 Puncten der einen Figur, welche auf einer Geraden liegen, 3 Puncte der anderen Figur entsprechen, welche ebenfalls auf einer und zwar der entsprechenden Geraden liegen (collineantur). Um diese Verwandtschaft näher zu beleuchten, entwickelt er die Lehre von den Doppelverhältnissen aus 4 Puncten einer Geraden, aus 4 Geraden, welche einer Ebene angehören und einen Punct gemein haben, und aus 4 Ebenen, welche eine Gerade gemein haben; er bildet sein Netz aus 4 Puncten einer Ebene und das Netz aus 5 Puncten des Raumes, und gelangt so zu der bedeutungsvollen Gleichheit der entsprechenden Doppelverhältnisse bei collinearen Figuren.

Die Wirkung dieses Theiles der Möbius'schen Arbeiten auf die weiteren Fortschritte der Geometrie ist unverkennbar, wenn man unter den nächstfolgenden geometrischen Werken Steiner's systematische Entwickelung 1832, Magnus' Aufgaben 1833, Chasles' Aperçu 1837 betrachtet. Projectivische Gerade und Strahlbüschel sind collineare Figuren von Puncten einer Geraden und von Geraden eines Punctes; anharmonische Function von 4 Puncten einer Geraden ist ihr Doppelverhältniss, Homographie ist das entsprechende griechische Wort für Collineation. Bei Gelegenheit seiner Netze hatte Möbius die Vermuthung ausgesprochen, dass die Fälle, wo bei fortgesetzter Ziehung von Geraden 3 und mehr Puncte auf einer Geraden liegen oder 3 und mehr Gerade sich in einem Puncte schneiden, ohne Rechnung allein durch wiederholte Anwendung eines (früher von Desargues und Poncelet zu demselben Zwecke benutzten) geometrischen Satzes erwiesen werden könnten (Barycentrischer Calcul 207 und 243 Anm.). Auf denselben Satz hat Staudt 1847 die Geometrie der Lage gegründet.

Als neu sind in diesem Abschnitt des barycentrischen Calculs hervorzuheben die Stellung und Lösung von besonderen Aufgaben, welche aus den einzelnen Verwandtschaften von Figuren entspringen, nebst einer Classification der geometrischen Aufgaben; ferner die

Bemerkungen, dass nicht alle Flächen zweiter Ordnung collinear sind; dass es gleiche und affine Figuren giebt; dass um gleiche und ähnliche Figuren von 3 Dimensionen, welche nicht congruent sind, zur Congruenz zu bringen, Raum von mehr Dimensionen erfordert werde. Möbius hatte wohl nicht erwartet, dass die letztere Bemerkung von der neueren Magie ausgebeutet werden würde.

Der dritte Abschnitt des barycentrischen Calculs ist vorzüglich geeignet, die specifische Mächtigkeit des neuen Instruments ins Licht zu setzen. Es werden Eigenschaften der Kegelschnitte durch barycentrischen Calcul entwickelt, ihrer Puncte und ihrer Tangenten. Dabei werden ausführlich bestimmt der Kegelschnitt von 5 Puncten, die Parabel von 4 Puncten oder Tangenten, der Kegelschnitt von 5 Tangenten; es wird gezeigt, man könne $\sqrt{\infty}$ gegen 1 wetten, dass 5 auf eine Ebene beliebig hingeworfene Puncte auf einer Hyperbel liegen und nicht auf einer Ellipse. Der barycentrische Calcul soll kein Universalmittel sein; mit welcher Leichtigkeit aber auf bestimmten Aufgabengebieten das neue Werkzeug in der Hand des Meisters arbeitet, ist besonders in den letzten Capiteln dieses Abschnittes bewunderungswürdig. Die Ergebnisse waren theils neu, theils zeigten sie Bekanntes in neuem Zusammenhange und in weiterer Ausführung, insbesondere (ohne Beziehung auf einen zu Grunde gelegten Kegelschnitt und ohne die jetzt üblichen Benennungen) die Reciproke einer Figur von Puncten als Figur von Geraden oder von Ebenen.

Ueber die Aufnahme, welche Möbius' erstes Werk bei den Zeitgenossen gefunden hat, liegen mehrfache Zeugnisse vor. Eines der ersten ist die Anzeige des Buches, welche Cauchy in Férussac's *Bulletin* 1828, p. 77—80 gegeben hat, den Werth des Buches erkennend, Bedenken nicht zurückhaltend. »Il ne nous est pas facile de donner, par forme d'extrait, une idée satisfaisante à nos lecteurs de cet ouvrage, où tout est nouveau, aussi bien la forme que le fond, les idées aussi bien que les notations et les termes. C'est une autre méthode de géométrie analytique, dont les bases sont assurément moins simples; ce n'est que par une étude plus approfondie qu'on peut décider si les avantages de cette méthode en compensent les difficultés.« Cauchy theilt nun den Inhalt des ersten Abschnittes mit, und schliesst den Bericht über die im zweiten Abschnitt vorgetragenen neuen Verwandtschaften mit den Worten: »Il faut être bien sûr qu'on fait faire à la science un grand pas, pour la surcharger de tant de termes nouveaux, et d'exiger des lecteurs qu'ils vous suivent dans des recherches, qui s'offrent à eux avec tant d'étrangeté.« Nach Anführung einiger Sätze des dritten Abschnittes gelangt die Anzeige zu dem Schluss: »On doit penser que l'auteur du calcul barycentrique n'a point eu connaissance de la théorie générale de réciprocité entre les propriétés d'une système de points et d'un système de lignes, que M. Gergonne a établi.« Diese Vermuthung war nicht zutreffend, und konnte sofort aus den von Möbius am Schluss der Vorrede zu seinem Buche gemachten Angaben berichtigt werden.

Jacobi und Dirichlet kamen 1829 auf einer Reise nach Leipzig, um den Verfasser des barycentrischen Calculs persönlich kennen zu lernen; in demselben Jahre wählte ihn die Berliner Academie der Wissenschaften zu ihrem correspondirenden Mitgliede. Weiteres Zeugniss geben die Citate bei Plücker in den Analytisch-geometrischen Entwickelungen 1828—1830, und bei Steiner in der Systematischen Entwickelung 1832. Steiner spricht es an mehreren Stellen seines Buches aus, wie sehr er in seinen eigenen Untersuchungen durch Möbius' Arbeiten gefördert worden sei. Gauss, dem das neue Buch anfangs längere Zeit aus den Augen gekommen war, schreibt 1843 Mai 15 an Schumacher (Briefwechsel Bd. 4, p. 147), er habe neuerlich das Buch mit dem Zweifel in die Hand genommen, ob es der Mühe werth sei, eine recht artig ausgesonnene Rechnungsweise sich anzueignen, wenn man durch dieselbe nichts leisten könne, was sich nicht eben so leicht ohne sie leisten lasse; er habe dann bald mit grossem Vergnügen gefunden, dass darin die Quintessenz der Lehre von den Kegelschnitten in nucem gebracht ist, und dass gerade der barycentrische Calcul auf dem leichtesten Wege zur Auflösung aller dahin gehörigen Aufgaben führt. »Ueberhaupt verhält es sich«, fährt Gauss fort, »mit allen solchen neuen Calculs so, dass man durch sie nichts leisten kann, was nicht auch ohne sie zu leisten wäre. Der Vortheil ist aber der, dass, wenn ein solcher Calcul dem innersten Wesen vielfach vorkommender Bedürfnisse correspondirt, jeder der sich ihn ganz angeeignet hat, auch ohne die gleichsam unbewussten Inspirationen des Genies, die niemand erzwingen kann, die dahin gehörigen Aufgaben lösen, ja selbst in verwickelten Fällen gleichsam mechanisch lösen kann, wo ohne eine solche Hülfe auch das Genie ohnmächtig wird. So ist es mit der Erfindung der Buchstabenrechnung überhaupt, so mit der Differentialrechnung gewesen; so ist es auch (wenn auch in partielleren Sphären) mit Lagrange's Variationsrechnung, mit meiner Congruenzenrechnung und mit Möbius' Calcul. Es werden durch solche Conceptionen unzählige Aufgaben, die sonst vereinzelt stehen und jedesmal neue Efforts (kleinere oder grössere) des Erfindungsgeistes erfordern, gleichsam zu einem organischen Reiche.«

Sogleich nach Vollendung des barycentrischen Calculs zählte das kurz vorher von Crelle 1826 gegründete Journal für Mathematik neben Abel, Jacobi, Steiner, Dirichlet, Plücker auch Möbius zu seinen hervorragendsten Mitarbeitern. Im 3. Band 1828 steht eine durch umfassende Betrachtungen und feine Methoden ausgezeichnete Abhandlung von Möbius zur Lösung der im 2. Band gestellten Aufgabe, aus den Seiten eines in einen Kreis zu beschreibenden Vielecks den Halbmesser des Kreises und die Fläche des Vielecks zu berechnen. Eine Reihe folgender Aufsätze enthält die Darstellung der Verwandtschaften unter Benutzung gemeiner Coordinaten der Puncte 1829, ferner neue Anwendungen des barycentrischen Calculs und der Doppelverhältnisse; dann die Entdeckung, dass von 2 Tetraedern jedes dem anderen um- und eingeschrieben zugleich sein kann, und dass überhaupt eine Figur und ihre Reciproke so beschaffen sein können, dass jeder Punct der Figur auf der ihm entsprechenden Ebene liegt, und die Figur mit ihrer Reciproken zusammen ein sogenanntes Nullsystem bildet (1833). Bemerkenswerth ist ferner die Entdeckung affiner Figuren, welche nicht collinear sind, und deren Puncte sich nur so entsprechen, dass entsprechende Flächeninhalte ein constantes Verhältniss haben (1834). In dieser Abhandlung wird beiläufig ein Satz aus der Lehre von den Functionaldeterminanten bewiesen.

In demselben Zeitabschnitt vollendet Möbius Untersuchungen über Systeme einfacher Linsen, zu welchen er früher durch Piola's Abhandlung über Fernröhre in den Mailänder Ephemeriden für 1822 angeregt worden war. In einer ersten Abhandlung 1830 werden die für ein System einfacher Linsen geltenden Gleichungen durch Bildung eines Kettenbruchs abgeleitet. In der nächstfolgenden Abhandlung werden auf Grund dieses Zusammenhanges die bekannten Eigenschaften der Kettenbrüche neu entwickelt und ergänzt, wodurch zugleich die Eigenschaften des Linsensystems in einfacherer Weise hervortreten. Durch Gauss' Dioptrische Untersuchungen 1841 und Bessel's gleichzeitige Abhandlung (Astronomische Nachrichten, Bd. 18, p. 97) wurde festgestellt, dass bei den schönen im Verlauf der Zeit gefundenen Sätzen über Linsensysteme ohne Verlust für ihre Einfachheit die Dicke der Linsen mit berücksichtigt werden kann. Einen weiteren Schritt vorwärts that Möbius 1855, als er die Eigenschaften eines Systems von endlich dicken Linsen und die Lehre von dioptrischen Bildern überhaupt, statt mit Anwendung von Kettenbrüchen, weit einfacher mittelst der Collinearität ableitete.

Nicht minder feinsinnig und folgenreich sind zwei für sich stehende Arbeiten, welche demselben Zeitabschnitt angehören, über eine besondere Art der Umkehrung der Reihen und über geometrische Eigenschaften einer Factorentafel. Die übrigen Aufsätze aus dieser Zeit stehen in nächster Beziehung zu der Statik, welche Möbius 1837 erscheinen liess. Dazu gehört der Beweis des von Chasles zuerst ohne Beweis veröffentlichten Satzes über den Inhalt des Tetraeders von zwei Kräften, welche die einen starren Körper angreifenden Kräfte zu ersetzen vermögen. In diesem Aufsatze (1829) wird zuerst für den vorliegenden Zweck das Moment der durch die Strecke PQ ausgedrückten Kraft in Bezug auf die Strecke AB durch den Inhalt des Tetraeders $ABPQ$ ausgedrückt. In dem folgenden Aufsatze, 1831, werden die von Poinsot 1806 in die Statik eingeführten couples, unter dem Namen Kräftepaare, benutzt, um für die einen starren Körper angreifenden Kräfte die bekannten Bedingungen des Gleichgewichtes einfach abzuleiten. Andere an die Statik sich anschliessende Aufsätze verbreiten sich über das Gleichgewicht veränderlicher Figuren, welche aber sich ähnlich bleiben oder gleich und affin; über den Mittelpunct nicht paralleler Kräfte, über die Hauptdrehlinie; von besonderem Gewicht ist in dieser Reihe die ebenso geometrische wie mechanische Abhandlung über die Zusammensetzung unendlich kleiner Drehungen.

Das Lehrbuch der Statik, mit welchem Möbius die mathematische Literatur bereichert hat, unterscheidet sich von dem früheren Aufbau dieser Wissenschaft zunächst dadurch, dass sogleich Kräftepaare, welche einen starren Körper angreifen, in Betracht gezogen und nach Aufstellung erforderlicher Axiome die Bedingungen für das Gleichgewicht von Kräftepaaren ermittelt werden. Hieraus ergeben sich dann die Bedingungen für das Gleichgewicht von Kräften, welche einen Punct angreifen, sowie von Kräften, welche einen starren Körper angreifen. Mittelst der Definitionen von Moment eines Paares, von Moment einer Kraft in Bezug auf einen Punct und in Bezug auf eine Strecke (Axe) und von Moment eines Systemes von Kräften werden nun die gesuchten Bedingungen in geometrisch durchsichtiger

Weise so dargestellt, dass von der Möbius'schen Statik bis zu der neuerlich entwickelten descriptiven (graphischen) Statik nur ein kurzer Weg zurückzulegen blieb.

Das System von Kräften, welche einen starren Körper angreifend nicht im Gleichgewicht sind, hat aber in Bezug auf eine Strecke ein Moment, welches bei constanter Länge der Strecke abhängt von dem Anfangspunct und von der Richtung der Strecke: demnach werden die Strecken bestimmt, in Bezug auf welche die Momente des Systemes grösste, kleinste, gleiche Werthe haben, oder null sind. Die von einem Puncte ausgehenden Strecken liegen in dem letzten Falle auf einer Ebene, der Nullebene des Punctes, alle Puncte mit ihren Nullebenen bilden ein Nullsystem.

Weitere Untersuchungen betreffen die Frage, wie die Wirkung der einen starren Körper angreifenden Kräfte sich verändert, wenn der Körper durch Rotation und Translation in eine andere Lage übergeführt wird, während die Kräfte ihre Angriffspuncte, Grössen und Richtungen behalten. Hierbei ergeben sich nicht nur der Mittelpunct paralleler Kräfte und eine neue Elementarlehre von dem Schwerpunct eines schweren Körpers, sondern auch im Einklang mit Minding's gleichzeitigen Resultaten der Mittelpunct von Kräften, die in einer Ebene enthalten sind, ferner die besonderen Geraden, welche bei im Gleichgewicht befindlichen Kräften »Axen des Gleichgewichts«, bei nicht im Gleichgewicht befindlichen Kräften »Hauptaxen des Gleichgewichts« heissen, endlich die Begriffe »Centralpunct, Centrallinie, Centralebene« bei einem System von Kräften. In Folge dieser Betrachtungen wird die Sicherheit des Gleichgewichtes abhängig gemacht von einer ternären quadratischen Form. Functionen der Kräftte und der Angriffspuncte, welche beim Gleichgewicht grösste oder kleinste Werthe erhalten, und der Satz von den virtuellen Geschwindigkeiten bilden den Schluss des ersten Theiles der Statik. Der zweite Theil enthält eine Fülle von neuen Untersuchungen und schönen Resultaten über das Gleichgewicht verbundener Körper, über die Unbeweglichkeit und die unendlich kleine Beweglichkeit. Dabei wird, um nur Eines zu erwähnen, die Analogie zwischen dem Gleichgewicht an einem Faden und der Bewegung eines Punctes in glänzender Weise durchgeführt und verwerthet.

Während der Ausarbeitung der Statik und in den nächstfolgenden Jahren wurde von Möbius der für Geometrie wie für Mechanik gleich ausgiebige Begriff der »Zusammensetzung oder geometrischen

Addition« von Strecken und von Polygonflächen ausgebildet, wobei ihm Grassmann und Saint-Venant 1844 begegneten, sowie Hamilton, welcher in seinen Quaternionen 1853 auch die geometrische Summe von Bogen grösster Kreise einer Kugel in Betracht zog. Den Begriff der geometrischen Summe von Strecken, die ihrer Grösse und ihrer Richtung nach gegeben sind, findet man bei Argand 1806, welcher complexe Grössen geometrisch darzustellen beabsichtigte, in der That aber den realen Vector (Modul) einer complexen Zahl, einer Summe, eines Products complexer Zahlen auf einer Ebene construirt hat. Derselbe Begriff tritt deutlicher auf bei Bellavitis, welcher seit 1832 die »Aequipollenz« der geometrischen Summe von Strecken $AB + BC$ mit der Strecke AC seinen Ausführungen zu Grunde gelegt hat. Unabhängig von diesen Vorgängen hat Möbius 1844 in Crelle's Journal Bd. 28 auf elementar-mathematische Weise gezeigt, in welchem Sinne die Strecke AB beim Calcul durch die Differenz der Puncte $A - B$ ersetzt werden könne, wodurch er ohne weitere Hülfsmittel zu einer neuen Begründung seines barycentrischen Calculs gelangt. Neben der geometrischen Addition war es auch die von Grassmann ausgebildete geometrische Multiplication, welcher Möbius besondere Aufmerksamkeit zuwendete. Man erkennt dies aus der erläuternden Abhandlung, mit welcher er die Herausgabe von Grassmann's preisgekrönter geometrischen Analyse 1847 begleitete.

In der 1843 erschienenen Mechanik des Himmels werden zunächst mit Hülfe der geometrischen Addition die Grundbegriffe der Dynamik nebst der Theorie des Schwerpunctes in neuer lichtvoller Weise vorgetragen. Zu der Bahn des bewegten Punctes wird dabei die neue Linie seiner Geschwindigkeiten construirt, welche auch von Hamilton 1846 erfunden und der Hodograph des bewegten Punctes genannt worden ist. Als Vorbereitung zu der Lehre von der Planetenbewegung wird die — obwohl nur dem Scheine nach — in der Astronomie veraltete und verachtete Theorie der Epicyclen wieder in's Leben gerufen, weil jede Bewegung eines Punctes durch Zusammensetzung gleichförmiger Kreisbewegungen so nahe als man will dargestellt werden kann. Die ganz leicht sich ergebenden Formeln für die Kräfte, durch welche eine epicyclische Bewegung hervorgebracht wird, sind späterhin das Mittel, durch welches umgekehrt die von den störenden Kräften in den planetarischen Bewegungen bewirkten Ungleichheiten ohne Anwendung weiterer Kunstgriffe bestimmt werden.

In dem letzten Lebensabschnitt sind die Arbeiten theils entstanden theils vollendet worden, welche Möbius in den Schriften der Königl. Sächs. Gesellschaft der Wissenschaften veröffentlicht hat. Die erste dieser Arbeiten ergiebt einen für die Sphärik eingerichteten barycentrischen Calcul und dessen Anwendungen 1846; mit ihr in Verbindung stehen der Aufsatz über sphärische Figuren, welche keine merkwürdigen Puncte haben 1848, und die grosse Abhandlung über die Grundformen der planen Linien 3ter Ordnung 1849. In der letzteren wird statt der Linie 3ter Ordnung ein dieselbe projicirender Kegel oder vielmehr dessen Sphärenschnitt, eine sphärische Linie 3ter Ordnung, in Betracht gezogen, und ohne Rechnung in anschaulicher Weise gezeigt, dass die sphärische Linie drei (reale) Paare von Wendepuncten nebst einer geschlossenen Zwillingscurve hat. Die Zwillingscurve sowie zwei Paare der Wendepuncte können sich in je ein Paar von Puncten zusammenziehen oder die Realität verlieren. Demnach kann die sphärische Linie und die entsprechende Planlinie in fünf verschiedenen Gestalten auftreten, welche unter einander nicht collinear sind, entsprechend den fünf divergenten Newtonschen Parabeln.

Diesen Arbeiten folgt die Kreisverwandtschaft in rein geometrischer Darstellung 1853 mit zwei vorbereitenden Aufsätzen 1852/3. Möbius fügt zu seinen collinearen Figuren die kreisverwandten hinzu, deren Puncte einander so entprechen, dass je vier Puncten der einen Figur, welche auf einem Kreise liegen, Puncte entsprechen, welche ebenfalls auf einem Kreise liegen. Er entwickelt vollständig und einfach die Eigenschaften der Kreisverwandtschaft, die tiefer liegenden mit Hülfe der dazu von ihm ersonnenen Doppelverhältnisse und Doppelwinkel, und bemerkt, dass die Kreisverwandtschaft zu den von Magnus betrachteten Verwandtschaften gehört, bei welchen einer Linie $n$ter Ordnung im Allgemeinen eine Linie $2n$ter Ordnung entspricht. Dass die durch sogenannte Inversion d. i. durch reciproke Vectoren erzeugten Figuren (Liouville's Journal 1847 t. 12 p. 265), kreisverwandt sind, war ihm entgangen, und er hatte sich nicht erinnert, dass die Kreisverwandtschaft ein einzelner Fall der allgemeinen Verwandtschaft von Punctfiguren ist, welche durch Conformität (Isogonalität) bezeichnet wird.

Die Sprödigkeit der Krystallographie gegen die geometrischen Umwerbungen hat auch Möbius zu einem krystallographischen Aufsatz gereizt, in welchem er 1849 die Krystalle im Allgemeinen als kaleidoskopische Figuren betrachten, und das System, zu welchem ein Krystall gehört, durch den Spiegelwinkel des Kaleidoskops bestimmen lehrt. Daran anknüpfend giebt er in dem Aufsatz über symmetrische Figuren 1851 eine neue und folgenreiche Definition der Symmetrie nebst weiteren Ausführungen, bei denen er durch das ihm sympathisch geschriebene Mémoire Bravais' (Liouville's Journal 1849) sich mehrfach unterstützt findet. Es folgen dann die lehrreichen Aufsätze über Involutionen 1853 und 1855/6, welche das damals bekannte Material, jedoch ohne Berücksichtigung dessen, was kurz vorher in der Geometrie der Lage gegeben worden war, auf einfache Weise darstellen, und den Begriff der Involution von Puncten mit dem neuen Begriff der Symmetrie in Verbindung setzen, und denselben nach mehreren Seiten erweitern.

Die Aufsätze über imaginäre Kreise 1857 und über conjugirte Kreise 1858 beziehen sich auf die von Chasles 1852 in der Géom. supér. art. 778 ff. gegebenen Untersuchungen, und eröffnen, ausgehend von der Bestimmung eines Kreises durch seine von Möbius so genannten zwei Scheitel, eine Reihe neuer Aussichten. In dem Bericht 1859 erscheint der neue Beweis eines Hamilton'schen Satzes über geometrische Addition von Bogen grösster Kreise einer Kugel, und der Bericht 1860 giebt die Entwickelung der Grundformeln der sphärischen Trigonometrie bei unbeschränkten Seiten und Winkeln, unabhängig von dem, was Gauss in den Anmerkungen zu der Schumacher'schen Uebersetzung von Carnot's Géom. de position (Gauss Werke 4 p. 401) zur Erledigung dieser Frage mitgetheilt hatte. Die Eigenschaften unendlich dünner Strahlenbündel, welche Kummer 1860 in seiner Abhandlung über geradlinige Strahlensysteme bekannt gemacht hatte, werden von Möbius in dem Bericht 1862 einfach und anschaulich vorgetragen, indem er von einer rein geometrischen Definition eines unendlich dünnen Strahlenbündels ausgehend statt des Calculs die geometrische Betrachtung eintreten lässt.

Die beiden letzten Arbeiten, welche Möbius 1863 und 1865 erscheinen liess, sind hervorragend durch Erfindung und Scharfsinn, und erfordern auch bei dem Leser ein nicht gewöhnliches Mass von Vorstellungskraft. Die erste dieser Arbeiten giebt die Theorie einer neuen Verwandtschaft von Punctfiguren, Elementarverwandtschaft genannt, so weit abgelöst von Metrik, dass je zwei einander unendlich nahen Puncten (einem Linienelement) der einen Figur zwei Puncte der anderen Figur entsprechen, welche ebenfalls einander unendlich nahe sind. Eine Planfigur mit mehreren Rändern (geschlossene Grenzlinien, deren keine sich selbst oder eine andere Grenzlinie schneidet) und eine andere Planfigur mit eben so viel Rändern sind elementarverwandt. Ein zusammenhängendes Stück Fläche mit n Rändern dient als eine »Grundform $n$ter Classe«, eine geschlossene Fläche wird durch parallele Ebenen in Grundformen bestimmter Classen zerlegt; demgemäss wird für eine durch Grundformen von gegebenen Classen ausgedrückte geschlossene Fläche die Classenzahl berechnet. Die gefundene Gleichung führt zu einem gewichtigen Satze über die aus einem Puncte zu der Fläche gezogenen Normalen, und wird schliesslich übergeleitet in die Euler'sche Gleichung, welche die Anzahlen der Ecken, Flächen und Kanten eines Polyeders erster Classe verbindet. In wie weit von diesen Untersuchungen die Riemann'sche Bestimmung des $(2p+1)$fachen Zusammenhanges einer geschlossenen Fläche durch Querschnitte derselben (Grundlagen 1851 Art. 6 und Crelle's Journal 1857 Bd. 54 p. 133) berührt wurde, ist wie es scheint Möbius unbekannt geblieben.

Die letzte Arbeit über die Polyeder enthält zunächst zwei neue Entdeckungen ersten Ranges: das Gesetz der Kanten bei ordinären Polyedern, wovon eine Andeutung bereits in der Statik §. 55 zu finden ist, und die Existenz von extraordinären Polyedern ohne Rauminhalt, bei denen das Gesetz der Kanten nicht erfüllt ist. Das einfachste unter den neuen Möbius'schen Polydern hat zehn Dreiecke, sechs fünfkantige Ecken, und nicht vierzehn sondern fünfzehn Kanten; dasselbe ist zweiseitig, so dass man auf seiner Oberfläche fortgehend auf die conträre Seite eines Dreiecks, von dem man ausging, gelangen kann. Der Rest der Abhandlung handelt von dem Inhalt eines planen Polygons und eines Polyeders auch bei sich selbst schneidenden Begrenzungen, und bestimmt den Inhalt nicht nur durch die Eckpuncte, wie aus dem barycentrischen Calcul grossentheils bekannt war, sondern auch auf ganz neue reciproke Weise durch die Geraden der Polygonseiten und durch die Ebenen der Polyederflächen. Dass solche Schöpfungen zuerst eine Zeit lang unbeachtet oder nicht hinreichend gewürdigt bleiben konnten, mag zum Theil der anspruchslosen Form zugeschrieben werden, in welcher Möbius seine tiefen und neuen Gedanken veröffentlichte.

Im Anfang des Jahrhunderts, an dessen Spitze Gauss steht, waren es fast nur Astronomen, welche in Deutschland die Mathematik lebendig erhielten und förderten. Erst in dem nächsten Zeitabschnitt, welchen Humboldt's mächtiger Einfluss bezeichnet, drang im neuen Centrum deutscher Wissenschaft die Erkenntniss durch, dass daselbst junge Kräfte vorhanden waren, geeignet, in der mathematischen Forschung ein frisches Leben hervorzurufen. Diese Erkenntniss fand in der Gründung des Journals für Mathematik durch Crelle 1826 ihren Ausdruck, und gewann sogleich feste Gestalt, als in den ersten Bänden des Journals Abel, Jacobi, Steiner, Poncelet, Clausen, Gauss, Dirichlet, Möbius, Plücker, Gudermann auftraten. Dem gewaltigen Aufschwung der Analysis steht in der ersten Hälfte unseres Jahrhunderts ein nicht geringerer Fortschritt der Geometrie zur Seite, bezeichnet durch die Reihe Dupin, Gergonne, Brianchon, Poncelet, Disquisitiones generales circa superficies curvas, mit der Fortsetzung Möbius, Plücker, Steiner, Chasles, Staudt.

Welchen Antheil Möbius an der Vertiefung der geometrischen Grundbegriffe und an der Aufschliessung neuer Gebiete für die geometrische Forschung gehabt hat, davon legt der vorstehende Bericht über die von ihm hinterlassenen Werke Zeugniss ab. Die kommenden Geschlechter haben die in diesen Werken liegenden Keime weiter zu entfalten, und werden mit uns in unserem Astronomen Möbius einen hervorragenden Mathematiker deutscher Nation und einen hervorragenden Geometer aller Nationen verehren. Die Königl. Gesellschaft der Wissenschaften zu Leipzig hat beschlossen, die gesammelten Werke Werke Möbius' neu herauszugeben; sie hat mit der Ausführung ihres Beschlusses die Herren Collegen Klein, Scheibner und den Unterzeichneten beauftragt. Die vorliegende Ausgabe ist demgemäss veranstaltet worden; den ersten Band, den barycentrischen Calcul und eine Reihe geometrischer Abhandlungen enthaltend, hat der Unterzeichnete besorgt; den zweiten und den dritten Band, eine zweite Reihe mathematischer Abhandlungen und die Statik enthaltend, hat Herr Klein übernommen, den vierten Band, astronomische Abhandlungen und die Mechanik des Himmels enthaltend, Herr Scheibner. Das dem Meister aus seinen Werken errichtete Denkmal sei den Mitstrebenden und den Nachkommenden eine Quelle der Erkenntniss und der Erhebung.

Richard Baltzer.

Der

barycentrische Calcul

ein neues Hülfsmittel

zur

analytischen Behandlung der Geometrie

dargestellt

und insbesondere

auf die Bildung neuer Classen von Aufgaben und
die Entwickelung mehrerer Eigenschaften der Kegelschnitte

angewendet

von

August Ferdinand Möbius
Professor der Astronomie zu Leipzig.

Leipzig
Verlag von Johann Ambrosius Barth
1827.

Sr. Excellenz

dem

wirklichen Herrn Geheimen Rathe und Minister

Freiherrn von Lindenau

Vice-Landschafts-Director zu Altenburg, des Grossherzoglich Weimarischen Falken-Ordens Grosskreuz, des Königl. Sächsischen Civil-Verdienst-Ordens Comthur, des Kaiserl. Russischen Wladimir- und des Königl. Preussischen Johanniter-Ordens Ritter

widmet diese Schrift

als Zeichen

seiner tiefsten und dankbarsten Verehrung

der Verfasser.

Vorrede.

Es ist bekannt, dass die der Mechanik zugehörige Lehre vom Schwerpuncte schon oftmals als Hülfsmittel zur Erfindung rein geometrischer Wahrheiten benutzt worden ist. Die frühesten Versuche sind unstreitig die mechanische Quadratur der Parabel von Archimedes und der schon in des Pappus mathematischen Sammlungen sich vorfindende, jetzt unter dem Namen der centrobaryschen oder Guldin's Regel bekannte Satz. Mit Uebergehung späterer Bemühungen dieser Art, die, wie die eben gedachten, hauptsächlich die Quadratur und Cubatur von Flächen und Körpern zu ihrem Zwecke haben, erwähne ich nur aus den letzten Zeiten die Mathematiker Carnot und L'Huilier. Beide*) suchen den Schwerpunct in das Gebiet der niedern Geometrie zu ziehen, indem sie nicht sowohl von Körpern, Flächen und Linien, als vielmehr bloss von einem Systeme gewichtiger Puncte den Schwerpunct betrachten, ihn selbst aber, um alle Vorstellungen des Mechanischen zu beseitigen, den Punct der mittlern Entfernungen nennen, weil nämlich sein Abstand von irgend einer Ebene gleich der mittlern Entfernung aller Puncte des Systems von derselben Ebene ist. Die Bereicherungen, welche sie dadurch der Geometrie verschafft haben, sind allgemein anerkannt.

Von demselben elementaren und rein geometrischen Begriffe des Schwerpuncts gehen auch die vorliegenden Untersuchungen aus. Die erste Veranlassung hierzu war die Erwägung der Fruchtbarkeit

---

*) Carnot in seiner *Géométrie de position*, L'Huilier in seinen *Elémens d'analyse géométrique et d'analyse algébrique.*

des Satzes, dass jedes System gewichtiger Puncte nur einen Schwerpunct hat, und dass daher, in welcher Folge man auch die Puncte nach und nach in Verbindung bringt, zuletzt doch immer ein und derselbe Punct gefunden werden muss. Die einfache Art, womit ich dadurch, mehrere geometrische Sätze zu beweisen, mich im Stande sah, bewog mich, zu noch grösserer Vereinfachung solcher Untersuchungen einen dafür passenden Algorithmus auszumitteln.

Das Gleichgewicht, um mich der Sprache der Mechanik zu bedienen, drückte ich durch das Gleichheitszeichen aus, auf dessen eine Seite ich die Puncte des Systems mit ihren Gewichten, auf die andere Seite aber den Schwerpunct des Systems mit einem Gewichte setzte, welches der Summe jener Gewichte gleich war. Das auf solche Weise dargestellte Gleichgewicht musste nun fortbestehen, wenn entweder alle Gewichte in gleichen Verhältnissen vergrössert oder verringert wurden, oder wenn Puncte mit ihren Gewichten von der einen auf die andere Seite mit dem entgegengesetzten Zeichen (d. h. in entgegengesetzter Richtung wirkend) gebracht, oder wenn endlich mit beiden Seiten neue in Gleichgewicht stehende Systeme verbunden wurden; Operationen, die, wie man sieht, den gewöhnlichen Verrichtungen der Algebra vollkommen analog waren.

Die Bemerkung, dass irgend dreien Puncten einer Ebene immer solche Gewichte beigelegt werden können, dass ein gegebener vierter Punct der Ebene als Schwerpunct derselben betrachtet werden kann, und dass diese drei Gewichte in Verhältnissen zu einander stehen, die aus der gegenseitigen Lage der vier Puncte nur auf eine Weise bestimmbar sind, führte mich weiter zu einer neuen Methode, die Lage von Puncten in einer Ebene zu bestimmen. Die drei Puncte, welche somit zur Bestimmung aller übrigen dienten, nannte ich Fundamentalpuncte, die sie verbindenden Geraden Fundamentallinien, und das von ihnen gebildete Dreieck das Fundamentaldreieck; die Verhältnisse aber, die für den zu bestimmenden Punct zwischen den Gewichten der Fundamentalpuncte oder ihren Coefficienten, wie ich die Gewichte von jetzt an hiess, stattfinden müssen, waren die Coordinaten dieses Punctes. Auf ähnliche Art verfuhr ich zur Bestimmung eines Punctes im Raume, wo vier Fundamentalpuncte nöthig waren, und es daher sechs Fundamentallinien und eine Fundamentalpyramide gab.

Die Fundamentallinien waren bei dieser Bestimmungsart offenbar dasselbe, was bei der gewöhnlichen Methode der parallelen

Coordinaten die Axen sind. Jeder der Fundamentalpuncte aber war einem Anfangspuncte der Coordinaten analog, so dass folglich das Fundamentaldreieck der Ebene oder die Fundamentalpyramide des Raums als die Vereinigung drei oder vier solcher Axensysteme anzusehen waren, dergleichen bei der gewöhnlichen Coordinatenmethode auf einmal nur eines berücksichtigt werden kann (§. 126). Diese Vereinigung mehrerer Axensysteme konnte aber nicht anders als vortheilhaft sein, da jedes neue Axensystem eine neue Ansicht der Figur gewährt und damit zu neuen Eigenschaften derselben hinführt. Auch gesellte sich noch zu diesem Vortheile die grosse Einfachheit, womit sich die Veränderung der anfangs gewählten Fundamentalpuncte bewerkstelligen liess (§. 35).

Ein Hauptgegenstand der analytischen Geometrie sind die Eigenschaften krummer Linien und Flächen. Um auch diese mit barycentrischer Rechnung behandeln zu können, war es nöthig, die Coefficienten der Fundamentalpuncte nicht mehr constant, sondern veränderlich zu nehmen. Waren die Coefficienten der drei Fundamentalpuncte einer Ebene oder der vier Fundamentalpuncte des Raums Functionen einer veränderlichen Grösse, so bildeten alle die Schwerpuncte, die ich erhielt, indem ich der Veränderlichen nach und nach alle möglichen Werthe beilegte, eine Linie in der Ebene oder im Raume, und zwar eine gerade Linie, wenn die Coefficienten lineäre Functionen der Veränderlichen, eine Linie der zweiten Ordnung, wenn sie quadratische Functionen waren, u. s. w. Einer nähern Betrachtung unterwarf ich die Linien der zweiten Ordnung oder die Kegelschnitte, und ich hoffe, dass die neuen analytischen Ausdrücke für dieselben und die Art, wie daraus theils schon bekannte, theils mehrere neue Eigenschaften dieser Curven entwickelt worden sind, dem Leser nicht unangenehm sein werden. Auch die Lehre von der Berührung und den merkwürdigen Puncten krummer Linien ist mit einiger Ausführlichkeit behandelt worden, die, wenn sie zu gross scheinen sollte, durch die Einfachheit, womit sich alle diese Gegenstände der barycentrischen Methode unterwerfen lassen, zu entschuldigen sein möchte.

Wurden die Coefficienten der vier Fundamentalpuncte des Raums als Functionen zweier Veränderlichen genommen, so ergab sich der Ausdruck einer Fläche. Diese Fläche war eine Ebene bei Functionen von lineärer Form. Noch quadratische Glieder mussten in den Coefficienten vorkommen, wenn die Fläche von der zweiten Ordnung sein sollte, etc. Unter den dahin gehörigen Untersuchungen, erlaube ich mir, insbesondere auf den in §. 108 vorgetragenen Satz, die Berührung krummer Flächen mit Ebenen betreffend, und die in §. 109 daraus abgeleiteten Eigenschaften der Krümmungshalbmesser etc. aufmerksam zu machen*).

Das Bisherige ist ein kurzer Abriss einer analytischen Geometrie, wo statt der Methode der parallelen Coordinaten die barycentrische Bestimmung durch Fundamentalpuncte angewendet ist. Um die auf letzterem Wege erhaltenen Resultate mit denen, welche die erstere Methode gibt, vergleichen zu können, habe ich zum Schlusse des ersten Abschnitts den Zusammenhang zwischen beiden Methoden angegeben, und gezeigt, wie man von dem barycentrischen Ausdrucke einer Curve oder Fläche zu ihrer Gleichung zwischen parallelen Coordinaten, und umgekehrt, übergehen kann.

Ein Umstand, der sich bei diesem wechselseitigen Uebergange insbesondere der Beachtung darbietet, besteht darin, dass sowohl in die gesuchte Gleichung als in die Coefficienten des verlangten Ausdrucks die Coordinaten der Fundamentalpuncte mit hineinkommen, während die Coefficienten der bisher behandelten Ausdrücke von diesen Coordinaten ganz unabhängig waren, und dabei allerdings auch alle durch diese Coordinaten ausdrückbaren Grössen, wie z. B. die Verhältnisse zwischen den gegenseitigen Abständen der Funda-

---

*) Wiewohl ich zu diesem Satze und den daraus zu ziehenden Folgerungen bei Anstellung eigener Untersuchungen gelangte, so fand ich doch später, kurz vor dem Drucke meines Buchs, dass schon Dupin denselben Satz, in Verbindung mit seiner sehr umfassenden Theorie der conjugirten Tangenten, aufgestellt hatte. Dupin *Développements de Géométrie*. Paris 1813. Pag. 149. Da aber demungeachtet diese Behandlungsart der Berührung nicht allzubekannt sein dürfte, so schien es mir passend, sie bei dieser Gelegenheit, jedoch in der Form, wie ich sie noch vor der Bekanntschaft mit Dupin's Werke abgefasst, hier mitzutheilen.

Mit diesen Eigenschaften der Berührung hängen die Beiwörter elliptisch und hyperbolisch zusammen, wodurch ich die Hyperboloide und die Paraboloide (welche nebst dem Ellipsoid die drei Hauptarten von Flächen der zweiten Ordnung ausmachen), unterschieden habe. Das elliptische Hyperboloid wird nämlich, ebenso wie das elliptische Paraboloid, von einer Ebene, welche mit einer berührenden Ebene parallel ist, in einer Ellipse, und das hyperbolische Hyperboloid, ebenso wie das hyperbolische Paraboloid, von einer solchen Ebene in einer Hyperbel geschnitten. Doch muss ich hinzufügen, dass ich zu diesen ganz sachgemässen Benennungen, statt welcher ich früher andere gebraucht hatte, erst durch Dupin veranlasst worden bin. *Développements de Géométrie*, pag. 50.

mentalpuncte, die von den Fundamentallinien gebildeten Winkel etc. gar nicht in Rechnung kommen konnten. Wiewohl ich nun hierdurch hätte veranlasst werden können, durch Einführung jener Coordinaten oder von ihnen abhängiger Grössen, den barycentrischen Calcul auf alle Arten geometrischer Untersuchungen anzuwenden, so sah ich doch bald, dass man alsdann oft eine verwickeltere Rechnung haben würde, als beim Gebrauche der gewöhnlichen Coordinatenmethode; da hingegen alle durch den barycentrischen Calcul zu erhaltenden Resultate, wobei die gegenseitige Lage der Fundamentalpuncte nicht berücksichtigt wird, meistentheils leichter auf diese Weise, als mit Anwendung paralleler Coordinaten, gefunden werden können.

Hiernach liess ich also den barycentrischen Calcul in seiner Unabhängigkeit von der Lage der Fundamentalpuncte, wo er nur auf eine gewisse Classe von Untersuchungen anwendbar ist, auf Untersuchungen aber, die zum Ersatz dieser Beschränktheit an sich selbst von desto allgemeinerer Natur sind. Denkt man sich nämlich alle Puncte einer Figur durch die Coefficienten gewisser Fundamentalpuncte gegeben, so werden alle durch diese Coefficienten ausdrückbaren Relationen auch bei jeder anderen Figur vorhanden sein, die man mit denselben Coefficienten, aber nach Belieben anders gewählten Fundamentalpuncten, construirt. Man sieht augenblicklich, dass zwei solche Figuren einander nicht ähnlich sind, sondern in einer allgemeineren Beziehung zu einander stehen. Es ergab sich mir, dass diese Beziehung einerlei sei mit derjenigen, welche von Euler in seiner *Introductio* Affinität genannt wird*).

Zugleich aber wurde ich dadurch bewogen, noch mehrere dergleichen Beziehungen zwischen Figuren auszumitteln, und somit entstand der zweite Abschnitt meines Buchs, welcher von den geometrischen Verwandtschaften handelt, einer Lehre, welche in dem hier gebrauchten Sinne die Grundlage der ganzen Geometrie in sich fasst, die aber auch eine der schwierigsten sein möchte, wenn sie in völliger Allgemeinheit und erschöpfend vorgetragen werden soll. Im Gegenwärtigen sind nur die einfachsten Arten der

---

*) In Bezug auf das in §. 147 darüber Gesagte können noch verglichen werden Kästner's *Anfangsgründe der Analysis endlicher Grössen.* 3. Aufl. S. 248, wo Kästner durch Euler's unrichtige Ansicht verführt, von der Affinität überhaupt keinen grossen Nutzen sehen will.

Verwandtschaften betrachtet worden, diejenigen nämlich, welche auch in der niederen Geometrie in Anwendung kommen können.

Der Hauptnutzen dieser der niederen Geometrie angehörigen Verwandtschaften besteht aber darin, dass jede derselben zu einer besonderen Classe von Aufgaben hinführt, wo aus gewissen in hinreichender Anzahl gegebenen Stücken einer Figur ein oder mehrere andere Stücke gefunden werden sollen. — Von diesen Aufgaben scheint man bisher bloss diejenigen gekannt zu haben, welche aus der Gleichheit und Aehnlichkeit, als der einfachsten Verwandtschaft, ihren Ursprung ziehen, und wonach bei einem Systeme von n Puncten in einer Ebene oder im Raume aus $2n-3$ oder $3n-6$ von einander unabhängigen Stücken alle übrigen sich finden lassen; der bekannte Grundsatz der Trigonometrie, Polygonometrie und Polyedrometrie. Die Aufgaben, zu denen die Aehnlichkeit allein führt, sind hiervon nicht wesentlich unterschieden. Wohl aber gelangt man zu Aufgaben ganz anderer Art durch die Affinität und durch die Gleichheit, welche letztere eine ebenso specielle Art von der Affinität ist, als die Gleichheit und Aehnlichkeit von der Aehnlichkeit allein. Noch andere Aufgaben endlich bietet die noch allgemeinere Verwandtschaft der Collineation dar. Die Darstellung dieser verschiedenen Classen von Aufgaben und die Lösung der neuen unter ihnen*) mittelst des barycentrischen Calculs ist der Hauptgegenstand des zweiten Abschnitts und zugleich dasjenige in meinem Buche, was ich der Beachtung des Lesers am meisten empfehlen möchte.

Zu der letzterwähnten Verwandtschaft der Collineation wurde ich durch die Betrachtung der perspectivischen Abbildung einer ebenen Figur geleitet. Bekanntlich hat man die Theorie der perspectivischen Projectionen schon oft angewendet, um schwierigere

---

*) Zwei dergleichen Aufgaben, die eine aus der Gleichheit, die andere aus der Collineationsverwandtschaft entsprungen, hatte ich meinen i. J. 1823 herausgegebenen *Beobachtungen auf der Königlichen Universitäts-Sternwarte zu Leipzig* als Anhang beigefügt. Zwei Lösungen der ersteren (§. 165, 2), vom Herrn Hofrath und Ritter Gauss und von Herrn Clausen in Altona, befinden sich in Schumacher's *Astronomische Nachrichten* No. 42; nachträgliche Erinnerungen von mir über dieselbe Aufgabe, — insbesondere, dass man zu derselben Endgleichung gelangt, wenn man statt der 5 Dreiecke die 5 Vierecke gegeben annimmt, welche die Dreiecke zum Fünfeck ergänzen, — stehen in No. 56 derselben Zeitschrift.

Sätze und Aufgaben der Geometrie auf einfachere zurückzuführen*). Hier suchte ich den Gegenstand aus einem noch allgemeineren Gesichtspuncte darzustellen, und die Verwandtschaft, welche zwischen einer ebenen Figur und ihrem perspectivischen Bilde stattfindet, auch auf Figuren im Raume auszudehnen. Es lässt sich nämlich nicht nur bei ebenen, sondern auch bei räumlichen Figuren der Begriff dieser Verwandtschaft schon dadurch bestimmen, dass jeden drei Puncten einer Geraden der einen Figur drei gleichfalls in einer Geraden liegende Puncte der anderen entsprechen. Und diese Erklärungsart ist es auch, wonach die Verwandtschaft ihren Namen erhalten hat. Ich legte ihr denselben bei auf den Rath meines sehr geschätzten Freundes, des hiesigen Herrn Professor Weiske, dem ich auch für noch einige andere hier vorkommende Benennungen Dank schuldig bin.

Eine andere Definition, die sich für die Collineationsverwandtschaft aufstellen lässt, beruht auf der Gleichheit einer gewissen Art zusammengesetzter Verhältnisse, hier Doppelschnittsverhältnisse genannt. Die bis jetzt, so viel ich weiss, noch nicht behandelte Theorie dieser Verhältnisse ist in einem besonderen Capitel vorgetragen. Um aber den Zusammenhang dieser zweiten Definition mit der ersten in gehöriges Licht zu stellen, waren noch andere Untersuchungen vorauszuschicken nöthig, die in dem Capitel von den geometrischen Netzen zusammengefasst sind.

Mit der Theorie der Collineationsverwandtschaft steht auch die Lehre in enger Verbindung, zu der mich eine bekannte Eigenschaft der Kegelschnitte hinführte, und wonach jedem Puncte in der Ebene einer solchen Curve eine Gerade, und umgekehrt, entspricht. Noch ehe ich aber diese Lehre und einige Anwendungen derselben dem Drucke übergeben hatte, belehrte ich mich**), dass derselbe Gegenstand in grosser Allgemeinheit bereits von französischen Mathematikern behandelt worden sei. Ohne eine nähere Nachricht darüber erhalten zu können, habe ich es in dem letzten Capitel meines Buchs versucht, jene Lehre mit Hülfe des barycentrischen Calculs

*) Dahin gehört unter anderen Newton's *Genesis Curvarum per umbras*, und die Aufgabe desselben Geometers: *Figuras in alias ejusdem generis figuras mutare. Philos. natur. Princ.* lib. I. lemma 22.

**) Durch die Anzeige der Gergonne'schen Annalen, Tom. XVI, No. 7, in Férussac's *Bulletin des sciences mathém.* etc. Février 1826, p. 112—116.

in derselben Allgemeinheit vorzutragen, zugleich aber die mit den hierher gehörigen Eigenschaften in Verbindung stehende Theorie der Doppel- und Vieleckschnittsverhältnisse zu benutzen, um dadurch jener Lehre, so wie auch der letzteren Theorie selbst, eine noch grössere Ausdehnung zu verschaffen.

Möge das Gesagte zur Uebersicht des Ganges und der Beschaffenheit der vorliegenden Untersuchungen hinreichen. Ich bemerke nur noch, dass ich das schon von Mehreren gebrauchte Verfahren, nach welchem der positive oder negative Werth einer Linie durch die verschiedene Nebeneinanderstellung der die Endpuncte der Linie bezeichnenden Buchstaben ausgedrückt wird, hier durchgehends angewendet und auch auf die Bezeichnung des Inhalts von Dreiecken (Vielecken, in der Anmerkung zu §. 165) und dreiseitigen Pyramiden erweitert habe. Es wird hierdurch, so wie auch zum Theil durch den barycentrischen Calcul selbst, die Anschaulichkeit der synthetischen Methode mit der Allgemeinheit der analytischen in möglichst nahe Verbindung gebracht, indem man mit Anwendung rein geometrischer Zeichen, dergleichen die für die Puncte einer Figur gewählten Buchstaben sind, die arithmetischen Beziehungen zwischen den Theilen der Figur durch Formeln darstellt, welche für alle möglichen Lagen der Theile Gültigkeit haben.

Die weitere Ausführung hiervon, so wie noch einiger anderer Gegenstände des Buchs, verspare ich auf eine künftige Gelegenheit, und wünsche für jetzt, meine Absicht, durch die hier dargelegten Methoden und Lehrsätze der Geometrie zur Vereinfachung ihrer Untersuchungen und zur Erweiterung ihres Umfangs einigermassen beizutragen, auch nach dem billigen Urtheile Anderer in etwas erreicht zu haben.

Inhalt.

Erster Abschnitt.

Darstellung des barycentrischen Calculs und einer darauf gegründeten analytischen Geometrie.

Erstes Capitel.

Vom Schwerpuncte.

§. 1. Wie mit der Bezeichnung eines Theils einer Linie durch zwei an die Endpuncte des Theils gesetzte Buchstaben zugleich der positive oder negative Werth dieses Theils auszudrücken ist. — §. 2—8. Erklärung des Schwerpuncts in rein geometrischem Sinne. Den Schwerpunct eines Systems von gegebenen Puncten mit gegebenen Gewichten oder Coëfficienten zu finden. — §. 9. Untersuchung des speciellen Falles, wenn die Summe der Coefficienten $= 0$, und, §. 10, wenn überdies einer der Puncte der Schwerpunct der übrigen ist. — §. 11. 12. Mehrere Folgerungen.

Zweites Capitel.

Der barycentrische Calcul.

§. 13. 14. Abkürzung der im vorigen Capitel erhaltenen Formeln, woraus der barycentrische Calcul entspringt. — §. 15. Grundregeln dieses Calculs. — §. 16. Nothwendigkeit von Formeln, welche zum Uebergange von der Figur zur Rechnung und umgekehrt dienen. — §. 17. Mit der Bezeichnung eines Dreiecks durch drei an die Spitzen gesetzte Buchstaben soll zugleich der positive oder negative Werth des Dreiecks ausgedrückt werden. — §. 18. Allgemeine dabei stattfindende Relationen. — §. 19. 20. Dasselbe in Bezug auf dreiseitige Pyramiden. — §. 21—27. Lehrsätze zur Anwendung des barycentrischen Calculs.

Drittes Capitel.

Neue Methode, die Lage von Puncten zu bestimmen.

§. 28. Allgemeine Beschaffenheit dieser Methode. — §. 29. 30. Bestimmung eines Punctes in einer geraden Linie durch zwei Fundamentalpuncte. — §. 31. 32. Bestimmung eines Punctes in einer Ebene mittelst dreier Fundamentalpuncte. Fundamentallinien, Fundamentaldreieck. Doppelte Art, wie vier Puncte in einer Ebene gegen einander liegen können. — §. 33. 34. Bestimmung eines Punctes im Raume durch vier Fundamentalpuncte. Fundamentalebenen, Fundamentalpyramide. Doppelte Art der Lage von fünf Puncten im Raume. — §. 35. Veränderung der Fundamentalpuncte. — §. 36. Beispiel.

Viertes Capitel.

Von Ausdrücken gerader Linien und Ebenen.

§. 37. Einfachster Ausdruck einer Geraden.

Ausdrücke gerader Linien in einer Ebene. §. 38. Allgemeiner Ausdruck einer solchen Linie. — §. 39. Durchschnitte derselben mit den Fundamentallinien. Ausdruck des unendlich entfernten Punctes der Linie. — §. 40. Vereinfachung des allgemeinen Ausdrucks einer Geraden. — §. 41—43. Aufgaben, den Schneidepunct zweier Linien, die Bedingungsgleichung für ihren Parallelismus, etc. betreffend. — §. 44. Ausdrücke für einige besondere Lagen der Geraden gegen das Fundamentaldreieck.

Ausdrücke gerader Linien im Raume überhaupt. §. 45. Allgemeiner Ausdruck einer solchen. — §. 46. Durchschnitte derselben mit den vier Fundamentalebenen. Ausdruck des unendlich entfernten Punctes der Linie. — §. 47. Vereinfachung des allgemeinen Ausdrucks der Linie. — §. 48. Bedingungsgleichung, wenn zwei Gerade in einer Ebene liegen, und darin einander parallel sind.

Ausdrücke für Ebenen. §. 49. Allgemeiner Ausdruck einer Ebene. — §. 50. Durchschnittspuncte der Ebene mit den Fundamentallinien. Durchschnittslinien mit den Fundamentalebenen. — §. 51. Vereinfachung des allgemeinen Ausdrucks einer Ebene. — §. 52. Ausdruck für eine unendlich entfernte Linie einer Ebene. — §. 53—55. Aufgaben, die Durchschnitte von Ebenen unter sich und mit Geraden, etc. betreffend. — §. 56. Ausdrücke gerader Linien und Ebenen in einigen speciellen Lagen gegen die Fundamentalpyramide.

Fünftes Capitel.

Von Ausdrücken krummer Linien in Ebenen.

§. 57. Was unter dem Ausdrucke einer Curve zu verstehen ist. — §. 58. Beschaffenheit der hier zu untersuchenden Curvenausdrücke. — §. 59. Allgemeiner Ausdruck für die Linien der zweiten Ordnung. — §. 60. Vereinfachung dieses Ausdrucks durch Einführung einer andern Veränderlichen. — §. 61. Vereinfachung durch Annahme anderer Fundamentalpuncte. — §. 62. Von den drei wesentlich verschiedenen Formen der Linien der zweiten Ordnung. — §. 63. Wie die Lage einer Curve gegen das Fundamentaldreieck aus der Beschaffenheit der Coefficienten erkannt wird. — §. 64. Ausdrücke für Linien der zweiten Ordnung in einigen merkwürdigen Lagen gegen das Fundamentaldreieck. — §. 65. Einfache Construction einer Linie der zweiten Ordnung. Merkwürdiger von Maclaurin und Braikenridge entdeckter Satz. — §. 66. Ausdrücke für Linien höherer Ordnungen. — §. 67. Die Ordnung einer Curve bleibt bei Aenderung der Fundamentalpuncte dieselbe. — §. 68. Die Anzahl der Durchschnitte einer

Curve mit einer Geraden kann die Ordnungszahl der Curve nicht übersteigen. — §. 69. Verminderung der Zahl der Constanten im allgemeinen Ausdrucke einer Curve durch Einführung einer andern Veränderlichen. — §. 70. Bestimmung einer Curve durch gegebene Puncte. — §. 71. Verwandlung des Ausdrucks einer Curve in eine nach den Potenzen der Veränderlichen fortlaufende Reihe. Hieraus abgeleitete Construction einer Curve von beliebiger Ordnung durch blosses Ziehen von Geraden.

Sechstes Capitel.

Von der Berührung, den merkwürdigen Puncten und unendlichen Aesten krummer Linien in Ebenen.

§. 72. Zweck der in diesem Capitel enthaltenen Untersuchungen. — §. 73—76. Bestimmung von Linien, welche mit einer gegebenen Curve in einem gegebenen Puncte eine Berührung von der ersten, zweiten, etc. Ordnung bilden. — §. 77. Allgemeiner Ausdruck der geradlinigen Tangente. Die Berührung einer Curve mit einer Geraden ist im Allgemeinen von der ersten Ordnung. — §. 78. Ausnahmen hiervon bei merkwürdigen Puncten. Wendungspunct. — §. 79. Spitze der ersten Art. — §. 80. Spitze der zweiten Art. — §. 81. Allgemeine Form des Ausdrucks bei merkwürdigen Puncten. — §. 82. Allgemeinere Bedingungen für das Vorhandensein merkwürdiger Puncte. — §. 83—87. Andere Behandlungsart derselben Gegenstände, indem die Berührung durch das Zusammenfallen anfänglicher Schneidepuncte zweier Linien erklärt wird. — §. 88. Von doppelten, dreifachen, etc. Puncten einer Curve. Isolirte Puncte.

Von den unendlichen Aesten. §. 89. Unendliche Aeste sind vorhanden, wenn die Coefficientensumme = 0 werden kann. — §. 90. 91. Bestimmung einfacherer Linien, welche sich einer gegebenen asymptotisch nähern. — §. 92. Fälle, den merkwürdigen Puncten analog, in denen die unendlichen Aeste einer Curve gegen die geradlinige Asymptote eine besondere Lage haben. — §. 93. Fall, wo die Aeste keine Gerade, sondern eine Parabel zur Asymptote haben. — §. 94. Allgemeine Resultate.

Siebentes Capitel.

Von Ausdrücken krummer Linien im Raume.

§. 95. Eintheilung dieser Linien in Ordnungen. Eine Linie der $n$ten Ordnung kann von einer Ebene in höchstens n Puncten getroffen werden. — §. 96. Verwandlung des Ausdrucks einer Linie im Raume in eine nach den Potenzen der Veränderlichen fortgehende Reihe. — §. 97. Von der Berührung krummer Linien im Raume. — §. 98. Allgemeiner Ausdruck der geradlinigen Tangente und der Krümmungsebene. Anwendung hiervon auf die Linien der dritten Ordnung. — §. 99. Doppelte Krümmung bei Linien im Raume; worin sie besteht. Merkwürdige Puncte bei Linien von doppelter Krümmung. Einfacher, doppelter Wendungspunct. — §. 100. Von der Ebene, welche durch einen unendlichen Ast und die ihm im Unendlichen parallel laufende Asymptote bestimmt wird.

Achtes Capitel.

Von Ausdrücken für krumme Flächen.

§. 101. Allgemeine Beschaffenheit dieser Ausdrücke. — §. 102. Eintheilung der Flächen in Ordnungen. — §. 103. Lage einer Fläche gegen die Fundamentalpyramide.

Von der Berührung der Flächen. §. 104. Gang der Untersuchung. — §. 105. Ausdruck der eine Fläche berührenden Ebene. — §. 106. Allgemeiner Ausdruck einer Fläche, wenn sie von einer der Fundamentalebenen in einem der Fundamentalpuncte berührt wird. — §. 107. Doppelte Beschaffenheit der Berührung einer Fläche mit einer Ebene. — §. 108. Betrachtung der berührenden Ebene in der nächstfolgenden Lage, wo sie die Fläche zu schneiden anfängt. Dieser Schnitt ist im Allgemeinen ein Kegelschnitt. — §. 109. Einfache und anschauliche Art, wie hiermit die bekannten Eigenschaften des Krümmungshalbmessers und unendlich naher Normalen einer krummen Fläche dargestellt werden können.

Von den Flächen der zweiten Ordnung. §. 110. Von den verschiedenen Arten dieser Flächen. — §. 111. Vereinfachung des Ausdrucks für das hyperbolische Hyperboloid. Eigenschaften dieser Fläche. — §. 112. Vom hyperbolischen Paraboloid.

Von abwickelbaren Flächen. §. 113. Allgemeiner Ausdruck einer Fläche, welche durch die Bewegung einer Geraden erzeugt wird. — §. 114. Allgemeiner Ausdruck einer abwickelbaren Fläche, als einer besondern Art der vorigen. — §. 115. 116. Noch andere Ausdrücke dieser Fläche, aus geometrischen Betrachtungen hergeleitet. — §. 117. Analytischer Zusammenhang zwischen diesen Ausdrücken.

Neuntes Capitel.

Verwandlung barycentrischer Ausdrücke in Gleichungen zwischen parallelen Coordinaten und umgekehrt.

§. 118. 119. Bestimmung eines barycentrisch ausgedrückten Punctes durch parallele Coordinaten. — §. 120—125. Das umgekehrte Problem. — §. 126. Einfachste Gestalt der hierbei nöthigen Formeln. — §. 127. Ueber die grössere Allgemeinheit, in welcher hier die Bestimmung durch parallele Coordinaten genommen wird. — §. 128. Erweitertes Gebiet der barycentrischen Untersuchungen, wenn man die Verhältnisse zwischen den gegenseitigen Abständen der Fundamentalpuncte mit berücksichtigt. — §. 129. Den Ausdruck einer ebenen Curve in eine Gleichung, und umgekehrt, zu verwandeln. — §. 130. Beispiele. — §. 131. Dieselbe Aufgabe für Curven im Raume. — §. 132. Beispiele. — §. 133. Dieselbe Aufgabe für Flächen. — §. 134. Beispiele. — §. 135—137. Zusammenhang zwischen rationalen Ausdrücken und Gleichungen. Jeder rationale Ausdruck einer ebenen Curve lässt sich in eine Gleichung verwandeln, die mit dem Ausdrucke von einerlei Ordnung ist, nicht umgekehrt. — §. 138. Anzahl der Bedingungsgleichungen, bei welchen die zwei Veränderlichen einer algebraischen Gleichung als rationale Functionen einer dritten Veränderlichen dargestellt werden können.

Zweiter Abschnitt.

Von den Verwandtschaften der Figuren und den daraus entspringenden Klassen geometrischer Aufgaben.

Erstes Capitel.

Von der Gleichheit und Aehnlichkeit.

§. 139. Erklärung der Gleichheit und Aehnlichkeit. — §. 140. Construction eines Systems von Puncten, welches einem gegebenen Systeme gleich und ähnlich ist. Anmerkung über Figuren im Raume, welche einander gleich und ähnlich sind, aber nicht zur Congruenz gebracht werden können. — §. 141. Beweis jener Construction. Anzahl von Stücken, welche bei einem Systeme von n Puncten gegeben sein müssen, um daraus alle übrigen Stücke finden zu können.

Zweites Capitel.

Von der Aehnlichkeit.

§. 142. Erklärung der Aehnlichkeit. — §. 143. Construction ähnlicher Figuren. Anzahl der Verhältnisse, aus denen bei einem Systeme von n Puncten alle übrigen Verhältnisse gefunden werden können. Allgemeine Bemerkung über den Zusammenhang zwischen Construction und Rechnung.

Drittes Capitel.

Von der Affinität.

§. 144. Wie der Begriff der Affinität aus der barycentrischen Bestimmung von Puncten entspringt. — §. 145. Erklärung der Affinität ebener Figuren durch Proportionalität zwischen sich entsprechenden Flächentheilen. — §. 146. Andere Erklärung mittelst paralleler Coordinaten. — §. 147. Von der Affinität hat schon Euler gehandelt. — §. 148. Widerlegung einer Euler'schen Behauptung. — §. 149. Noch andere Erklärung affiner Figuren in Ebenen. — §. 150—153. Analoge Erklärungen und Eigenschaften affiner Figuren im Raume. — §. 154. Die Affinität bei Systemen von Puncten in geraden Linien ist einerlei mit der Aehnlichkeit. — §. 155. 156. Construction affiner Figuren in Ebenen. Anzahl von Verhältnissen zwischen Flächentheilen, welche bei einer ebenen geradlinigen Figur gegeben sein müssen, um daraus alle übrigen Verhältnisse dieser Art finden zu können. Zur Lösung der hieraus entspringenden Aufgaben dient der barycentrische Calcul. — §. 157. Beispiele. — §. 158—160. Analoge Aufgaben bei räumlichen Figuren.

Viertes Capitel.

Von der Gleichheit.

§. 161. 162. Engere Bedeutung, in welcher hier die Gleichheit der Figuren genommen wird. Entstehung des Begriffs der Gleichheit aus dem der Affinität. — §. 163. Gegenseitiges Verhalten der bisher erklärten Verwandtschaften. — §. 164. Construction gleicher Figuren in Ebenen. Anzahl der Flächentheile, aus welchen sich bei einer ebenen geradlinigen Figur die übrigen Flächentheile ihrem Inhalte nach finden lassen. —

§. 165. Beispiele. Erklärung des Flächeninhalts eines Vielecks, auch auf Vielecke mit Doppelpuncten anwendbar. — §. 166. Merkwürdige Relation zwischen den Dreiecken eines durch Diagonalen getheilten Fünfecks, wodurch alle hierher gehörigen Aufgaben in Rechnung sich setzen lassen. — §. 167. Construction gleicher Figuren im Raume. — §. 168. Aus wie viel körperlichen Theilen bei einem durch Ebenen verbundenen Systeme von Puncten die übrigen körperlichen Theile gefunden werden können. — §. 169. Beispiel. — §. 170. 171. Zwei Relationen zwischen Pyramiden, analog der Relation zwischen Dreiecken in §. 166.

Von der Affinität und Gleichheit krummer Linien und Flächen. §. 172. Allgemeine Beziehungen zwischen affinen Curven. — §. 173. Alle Kegelschnitte von derselben Art sind einander affin. Je zwei Parabeln lassen sich auch als gleiche Figuren betrachten. — §. 174. Folgerungen aus dieser Eigenthümlichkeit der Parabel. Allgemeine Eigenschaften unendlich kleiner Segmente einer Curve. — §. 175. Affinität und Gleichheit krummer Flächen überhaupt. — §. 176. Je zwei Flächen der zweiten Ordnung von derselben Art sind einander affin. Paraboloide von derselben Art können auch als gleich angesehen werden. — §. 177. 178. Beweis dieses Satzes für das hyperbolische Paraboloid und Folgerungen daraus. Cubatur dieses Paraboloids. — §. 179. Beweis für das elliptische Paraboloid. Cubatur desselben. Anmerkung über unendlich kleine Segmente krummer Flächen überhaupt.

Fünftes Capitel.

Die Doppelschnittsverhältnisse.

§. 180. Vorerinnerung. — §. 181. Betrachtung des Verhältnisses, nach welchem eine Gerade von bestimmter Länge in einem Puncte geschnitten wird. — §. 182. Doppelschnittsverhältnisse. Werthe derselben nach der verschiedenen Lage der vier sie bestimmenden Puncte. — §. 183. Abgekürzte Bezeichnung der Doppelschnittsverhältnisse. — §. 184. Relationen zwischen den Doppelschnittsverhältnissen, welche durch Permutation der vier Buchstaben in ihrer Bezeichnung entstehen. Tafel dafür.

Relationen zwischen Doppelschnittsverhältnissen bei einem Systeme von mehr als vier Puncten in einer geraden Linie. §. 185. Grundformeln. — §. 186. Einfache Anwendungen. — §. 187. Aus wie viel Doppelschnittsverhältnissen bei einem Systeme von n Puncten in einer geraden Linie die übrigen gefunden werden können.

Doppelschnittsverhältnisse bei einem Systeme gerader Linien in einer Ebene. §. 188. 189. Doppelschnittsverhältnisse bei vier Geraden, welche sich in einem Puncte schneiden. — §. 190. Relationen zwischen Doppelschnittsverhältnissen bei einem Systeme von fünf Puncten, — §. 191., bei einem Systeme von fünf Geraden in einer Ebene. — §. 192. Aus wie viel Doppelschnittsverhältnissen bei einem Systeme n gerader Linien in einer Ebene etc.

Doppelschnittsverhältnisse bei einem Systeme von Ebenen. §. 193. Allgemeine Betrachtung eines Systems sich schneidender Ebenen. — §. 194. Aus wie viel Doppelschnittsverhältnissen bei einem Systeme von n Ebenen etc. — §. 195. Zweckgemässere Bezeichnung der

Doppelschnittsverhältnisse in den hierbei anzuwendenden Formeln. — §. 196. Doppelschnittsverhältnisse bei vier Ebenen, welche sich in einer Geraden schneiden. — §. 197. Beispiel zu §. 194.

Sechstes Capitel.

Die geometrischen Netze.

Das Netz in einer Ebene. §. 198. Vier Puncte in einer Ebene werden durch Gerade verbunden. Eigenschaften dieser Figur. Harmonische Theilung. — §. 199. Zusätze. — §. 200. Durch die ohne Ende fortgesetzte Verbindung der Durchschnittspuncte dieser Figur wird die Ebene mit einem immer dichter werdenden Netze überzogen. — §. 201—205. Allgemeine Eigenschaften des Netzes. Jedes von Puncten des Netzes gebildete Doppelschnittsverhältniss ist rational; Puncte des Netzes können an allen Stellen der Ebene gefunden werden; etc.

Das Netz im Raume. §. 206. Figur, welche entsteht, wenn fünf Puncte im Raume zu dreien durch Ebenen verbunden werden. — §. 207. 208. Eigenschaften dieser Figur auf rein geometrischem Wege gefunden. Hiermit können rückwärts die Eigenschaften der Figur in §. 198 ohne Anwendung von Calcul oder Proportionen dargethan werden. — §. 209. Barycentrische Entwickelung der Eigenschaften dieses Systems von Ebenen. — §. 210. Durch fortgesetzte Verbindung je dreier Puncte dieses Systems mit Ebenen entsteht das Netz im Raume. — §. 211—214. Allgemeine Eigenschaften desselben, analog den obigen für das Netz in einer Ebene.

Von Vieleckschnittsverhältnissen. §. 215. 216. Entstehung der Vieleckschnittsverhältnisse. Jedes aus Netzpuncten gebildete Vieleckschnittsverhältniss ist rational. Ein Doppelschnittsverhältniss ist ein Zweieckschnittsverhältniss.

Siebentes Capitel.

Von der Verwandtschaft der Collineation.

§. 217. Einfachste Erklärung dieser Verwandtschaft durch die gerade Linie. — §. 218. Die hiernach sich entsprechenden Puncte zweier Ebenen können durch Construction zweier Netze gefunden werden. — §. 219. Barycentrische Erklärung der Collineationsverwandtschaft bei ebenen Figuren. — §. 220. Zusätze. Alle Kegelschnitte sind einander collinear. — §. 221. Gleichheit der Doppel- und Vieleckschnittsverhältnisse zwischen sich entsprechenden Puncten collinear verwandter ebener Figuren. — §. 222. Erörterung der Collineationsverwandtschaft bei räumlichen Figuren durch Construction von Netzen im Raume. — §. 223. Barycentrische Erklärung der Collineationsverwandtschaft bei räumlichen Figuren. — §. 224. Zusätze. Die Flächen der zweiten Ordnung sind nicht insgesammt einander collinear, sondern zerfallen in dieser Hinsicht in zwei Classen. — §. 225. Gleichheit der Doppel- und Vieleckschnittsverhältnisse bei collinearen Figuren im Raume. — §. 226. Collineationsverwandtschaft bei Systemen von Puncten in geraden Linien.

Construction collinear verwandter Figuren. §. 227. 228. Construction, wenn die gegebene Figur bloss aus Puncten in einer Geraden besteht. — §. 229. Dieselbe Aufgabe bei ebenen Figuren. — §. 230. Die Ebenen zweier collinearer Figuren können immer und auf unzählige Weisen in eine solche gegenseitige Lage gebracht werden, dass die Geraden, welche je zwei sich entsprechende Puncte verbinden, sich in Einem Puncte schneiden. — §. 231. Construction collinear verwandter Figuren im Raume. — §. 232. Beweis der vorgetragenen Constructionen, etc.

Achtes Capitel.

Von den aus der Verwandtschaft der Collineation entspringenden Aufgaben.

§. 233. 234. Wie viel Doppel- und Vieleckschnittsverhältnisse bei einem Systeme von n Puncten gegeben sein müssen, um daraus die übrigen finden zu können.

Der abgekürzte barycentrische Calcul. §. 235. Gegenstände, die sich diesem Calcul unterwerfen lassen. — §. 236. Abkürzung der barycentrischen Gleichungen bei einem Systeme von Puncten in einer Geraden. — §. 237. Berechnung der Doppel- und Vieleckschnittsverhältnisse. — §. 238. Aus in hinreichender Anzahl gegebenen Doppel- und Vieleckschnittsverhältnissen bei Puncten in einer Geraden die übrigen zu finden. Beispiel. — §. 239—242. Formeln des abgekürzten Calculs und Regeln für deren Anwendung bei ebenen Figuren. — §. 243. Beispiele. Merkwürdige Relationen bei in einander beschriebenen Dreiecken und Vierecken. — §. 244. Anwendung des abgekürzten Calculs auf räumliche Figuren. — §. 245. 246. Beispiel. Eine Gerade zu ziehen, welche vier andere gegebene Gerade schneidet. Allgemeine Auflösung durch Construction eines hyperbolischen Hyperboloids. Auflösung durch Rechnung für eine besondere Lage der gegebenen Geraden.

Schlussbemerkungen. §. 247. Uebersicht der Arten von Aufgaben, welche aus den bisher erklärten Verwandtschaften entspringen. — §. 248. Eintheilung aller Eigenschaften der Figuren in drei Classen.

Dritter Abschnitt.

Anwendung des barycentrischen Calculs auf die Entwickelung mehrerer Eigenschaften der Kegelschnitte.

Erstes Capitel.

Bestimmung eines Kegelschnitts durch gegebene Puncte.

§. 249. Vereinfachung des Ausdrucks für einen Kegelschnitt, welcher durch die drei Fundamentalpuncte geht. — §. 250. Ausdruck eines durch fünf Puncte beschriebenen Kegelschnitts. — §. 251. Ein Punct in der Ebene eines Kegelschnitts kann gegen denselben drei verschiedene Arten von Lagen haben. Bedingungen dafür. — §. 252. Ausdruck einer durch die Fundamentalpuncte beschriebenen Parabel. — §. 253. 254. Durch vier Puncte einer Ebene können immer Hyperbeln, nicht aber auch immer Ellipsen und Parabeln beschrieben werden. — §. 255. Bestimmung der Art des Kegelschnitts, welcher sich durch fünf gegebene Puncte führen lässt. —

§. 256. Zusätze. Unendlich grössere Wahrscheinlichkeit, dass fünf Puncte in einer Hyperbel, als dass sie in einer Ellipse liegen. — §. 257. Anderer Beweis des Satzes in §. 255.

Zweites Capitel.

Bestimmung eines Kegelschnitts durch gegebene Tangenten.

§. 258. Vereinfachung des Ausdrucks für einen Kegelschnitt, der von den drei Fundamentallinien berührt wird. — §. 259. Ausdruck einer davon berührten Parabel. — §. 260. Bestimmung der Art eines Kegelschnitts, wenn drei Tangenten und in zweien derselben die Berührungspuncte gegeben sind. — §. 261. Ausdruck eines an fünf Gerade beschriebenen Kegelschnitts. — §. 262. Merkwürdige Sätze bei einer von drei Geraden berührten Parabel. — §. 263. Dreifache Art der Lage einer Geraden gegen einen Kegelschnitt. Bedingungen dafür. — §. 264. Bestimmung der Art des Kegelschnitts, der an fünf gegebene Gerade beschrieben werden kann. — §. 265. Besondere Eigenschaft einer um eine Fläche der zweiten Ordnung beschriebenen dreiseitigen Pyramide.

Drittes Capitel.

Von den Durchmessern und dem Mittelpuncte eines Kegelschnitts und den Asymptoten der Hyperbel.

§. 266—268. Eigenschaften der Durchmesser und des Mittelpuncts eines Kegelschnitts. — §. 269. Construction von Kegelschnitten in in einander beschriebene Dreiecke, wobei die Mittelpuncte der Kegelschnitte in einer Geraden liegen. — §. 270. 271. Eigenschaften des Asymptoten der Hyperbel.

Viertes Capitel.

Gegenseitiges Entsprechen zwischen Puncten und geraden Linien in Bezug auf einen Kegelschnitt.

§. 272. Eigenschaften von Sehnen eines Kegelschnitts, welche sich in Einem Puncte schneiden. — §. 273. Jedem Puncte in der Ebene eines Kegelschnitts entspricht in Bezug auf letztern eine gewisse Gerade, und umgekehrt. — §. 274. 275. Gegenseitige Lage dieser Puncte und Geraden. — §. 276. Anwendung dieser Theorie, um aus schon bekannten Eigenschaften der Kegelschnitte neue, analoge abzuleiten. Beispiele. In und um einen Kegelschnitt beschriebene Vierecke.

Eigenschaften in und um einen Kegelschnitt beschriebener Sechsecke. §. 277—280. Das einbeschriebene Sechseck. Beschreibung eines Kegelschnitts durch fünf Puncte. — §. 281. Rückkehr zu Eigenschaften der Vierecke. Ein- und umschriebenes Achteck. — §. 282. Das umschriebene Sechseck. Beschreibung eines Kegelschnitts an fünf gegebene Gerade. — §. 283. Um (In) zwei um (in) einen Kegelschnitt beschriebene Dreiecke lässt sich ein zweiter Kegelschnitt beschreiben. — §. 284. Gegenseitiges Entsprechen zwischen den Puncten und Tangenten zweier Kegelschnitte.

Fünftes Capitel.
Allgemeinere Darstellung des gegenseitigen Entsprechens zwischen Puncten und geraden Linien.

§. 285. Auch bei bloss geradlinigen Figuren können durch das Vertauschen der Puncte mit Geraden und der Geraden mit Puncten aus gegebenen Sätzen analoge abgeleitet werden. — §. 286. Analytischer Beweis dafür. Gegenseitige Beziehung, in welche bei zwei Ebenen alle Puncte der einen mit den Geraden der andern sich setzen lassen. — §. 287. Jeder Curve der einen Ebene gehört alsdann eine Curve in der andern an, so dass wechselseitig den Puncten der einen Curve die Tangenten der andern entsprechen. — §. 288. 289. Die vier ersten Paare sich entsprechender Puncte und Linien können bei dieser Beziehungsart nach Willkür genommen werden. — §. 290. Hierbei stattfindende Gleichheit der Doppelschnittsverhältnisse. — §. 291—294. Merkwürdige Art, wie auch dieselben Vieleckschnittsverhältnisse in der entsprechenden Figur sich wieder zeigen. — §. 295. Folgerungen daraus. — §. 296. Erfindung analoger Sätze in Bezug auf Vieleckschnittsverhältnisse. — §. 297. Beispiele. — §. 298. Alle Eigenschaften der dritten Classe sind paarweise vorhanden.

Erster Abschnitt.

Darstellung des barycentrischen Calculs und einer darauf gegründeten analytischen Geometrie.

Erstes Capitel.

Vom Schwerpuncte.

---

§. 1. Vorerinnerung. Die Bezeichnung eines Theils einer geraden Linie durch Nebeneinanderstellung der zwei Buchstaben, womit man die Grenzpuncte desselben benannt hat, soll hier nicht als Ausdruck für den absoluten Werth des Theils gebraucht werden, sondern zugleich durch die verschiedene Stellung der Buchstaben angeben, ob dieser Werth, nach der einmal festgesetzten positiven Richtung der Linie, als positiv oder negativ zu betrachten ist.

Ein Punct kann sich nämlich in einer geraden Linie nach zwei verschiedenen Richtungen bewegen, von denen die eine der andern entgegengesetzt ist. Die eine dieser Richtungen heisse die positive, die andere die negative. Sind nun A und B beliebige zwei Puncte einer geraden Linie, so verstehe man unter dem Ausdrucke AB den Werth des zwischen A und B enthaltenen Theils der Linie, positiv oder negativ genommen, je nachdem ein in der Linie fortgehender Punct, um von dem, in dem Ausdrucke zuerst gesetzten Puncte A zu dem nachfolgenden B zu gelangen, sich in der positiven oder negativen Richtung bewegen muss.

Hiernach ist also immer:

$$AB + BA = 0;$$

und wenn C einen dritten Punct derselben Geraden bedeutet, mag dieser dritte Punct zwischen A und B, oder ausserhalb, auf der Seite von A oder der Seite von B liegen,

I) $\quad BC + CA + AB = 0$

II) $\quad CB - CA = AB$, u. s. w.

Bei zwei verschiedenen geraden Linien ist die positive Richtung der einen von der andern im Allgemeinen ganz unabhängig. Sind sich aber die Linien parallel, so wollen wir, nach Festsetzung der positiven Richtung der einen, die der andern so bestimmen, dass, wenn die andere parallel mit sich fortbewegt wird, bis sie mit der erstern Linie zusammenfällt, sie dann beide auch hinsichtlich der positiven Richtung identisch sind.

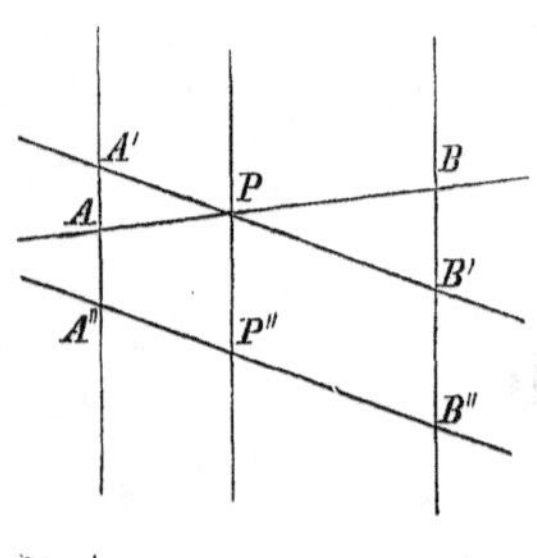

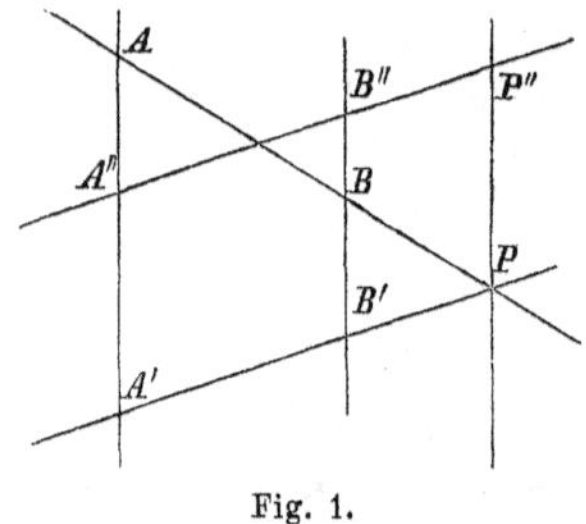

Fig. 1.

Sind daher A, B, C, D die vier auf einander folgenden Spitzen eines Parallelogramms, so hat man

$$AB = DC \text{ und } BC = AD,$$

dagegen

$$AB + CD = 0$$

und

$$BC + DA = 0.$$

Ist ferner P (Fig. 1) der Durchschnitt der zwei Geraden AB und $A'B'$, und laufen AA' und BB' einander parallel, so verhält sich immer

$$AP : BP = AA' : BB',$$

mögen die zwei Parallelen AA' und BB' auf einerlei oder verschiedenen Seiten des Punctes P liegen, nur dass im erstern Falle die Exponenten der beiden Verhältnisse positiv, im letztern negativ sind.

---

§. 2. Aufgabe. Durch zwei gegebene Puncte A und B (Fig. 1) sind zwei Parallellinien AA' und BB' gezogen. Bezeichnen ferner a und b zwei Zahlen, die in einem gegebenen Verhältnisse zu einander stehen, deren Summe aber nicht Null ist. Es wird verlangt, die zwei Parallelen durch eine dritte Gerade so zu schneiden, dass, wenn A' und B' die resp. Durchschnittspuncte sind,

$$a \,.\, AA' + b \,.\, BB' = 0$$

ist.

Auflösung. Man ziehe die Gerade AB, und theile dieselbe in P dergestalt, dass

$$AP : PB = b : a,$$

so wird jede durch P gehende und die Parallelen schneidende Gerade, wie $A'PB'$, und keine andere, die geforderte Eigenschaft haben.

Denn wegen der ähnlichen Dreiecke $AA'P$, $BB'P$ verhält sich:

$$AA' : BB' = AP : BP = AP : -PB = b : -a;$$

folglich ist

$$a \,.\, AA' + b \,.\, BB' = 0,$$

wie verlangt wurde.

Es kann aber auch keine andere, durch P nicht gehende Gerade die Parallelen auf die verlangte Weise schneiden. Denn sei $A''B''$ eine solche Gerade, welche den Parallelen in A'' und B'' begegne. Man lege durch P mit $A''B''$ eine Parallele $A'B'$, welche die Parallelen AA' und BB' in A' und B' schneide, und mit AA', BB' eine Parallele PP'', welche $A''B''$ in P'' treffe, so ist

$$A'A'' = B'B'' = PP'',$$

folglich

$$a \,.\, A'A'' + b \,.\, B'B'' = (a + b)\, PP''.$$

Es ist aber nach dem eben Erwiesenen:

$$a \,.\, AA' + b \,.\, BB' = 0,$$

mithin

$$a\,(AA' + A'A'') + b\,(BB' + B'B'') = (a + b)\, PP'',$$

d. i.

$$a \,.\, AA'' + b \,.\, BB'' = (a + b)\, PP'',$$

also nicht $= 0$.

§. 3. Zusätze. *a*) Was von einer, die Parallelen schneidenden, geraden Linie bewiesen worden, gilt offenbar auch von einer sie schneidenden Ebene. Jede durch P gelegte Ebene und keine andere wird die zwei Parallelen so schneiden, dass, wenn A' und B' die Durchschnittspuncte sind,

$$a \,.\, AA' + b \,.\, BB' = 0$$

ist. Geht aber eine Ebene nicht durch P, und trifft sie die durch P mit AA', BB' gezogene Parallele in P'' und AA', BB' in A'', B'', so ist immer:

$$a \,.\, AA'' + b \,.\, BB'' = (a + b)\, PP''.$$

b) Die Lage des Punctes P ist blos von der Lage der Puncte A und B, mit denen er in gerader Linie enthalten ist, und von dem Verhältnisse $a : b$ abhängig, keineswegs aber von dem Winkel, den die Parallelen durch A und B mit AB machen. Haben a und b einerlei Vorzeichen, so muss einerlei Vorzeichen auch den ihnen proportionalen BP und PA zukommen; P liegt dann folglich zwischen A und B, näher dem A oder dem B, nachdem $a > b$

oder $b > a$. Für $a = b$ ist P der Mittelpunct von AB. Sind a und b mit entgegengesetzten Vorzeichen behaftet, so müssen es auch BP und PA sein, folglich PB und PA einerlei Vorzeichen haben. In diesem Falle liegt daher P ausserhalb AB, und zwar auf der Seite von A oder der Seite von B, nachdem PB oder PA der grössere von beiden Abständen, d. h. nachdem absolut $a > b$ oder $b > a$ ist. Auch hier also liegt P demjenigen der beiden Puncte A und B näher, welcher den absolut grösseren Coefficienten hat.

c) Denkt man sich in A und B Gewichte angebracht, welche den Zahlen a und b proportional sind, so ist P der Schwerpunct dieses Systems. Heisse daher auch gegenwärtig P der **Schwerpunct** der Puncte A und B mit den resp. Coefficienten a und b.

§. 4. **Aufgabe.** Drei Parallelen AA', BB', CC' (Fig. 2), welche durch drei gegebene Puncte A, B, C gehen, — mögen die Parallelen in der Ebene ABC selbst enthalten sein oder nicht, — durch eine Ebene so zu schneiden, dass, wenn A', B', C' die resp. Schneidungspuncte, und a, b, c in gegebenen Verhältnissen zu einander stehende Zahlen bezeichnen, welche nicht Null zur Summe haben,

$$a \,.\, AA' + b \,.\, BB' + c \,.\, CC' = 0$$

ist.

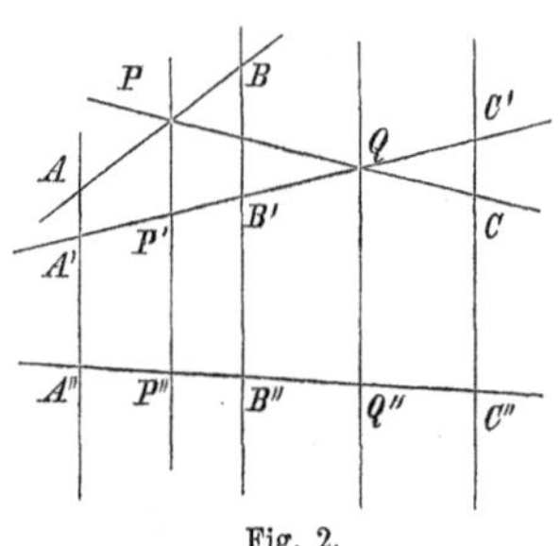

Fig. 2.

Auflösung. 1) Man verbinde beliebige zwei der drei gegebenen Puncte, z. B. A und B durch eine Gerade, und theile diese in P dergestalt, dass

$$BP : PA = a : b,$$

dass folglich P der Schwerpunct von A und B mit den resp. Coefficienten a und b ist.

2) Man ziehe PC und nehme darin den Punct Q so, dass

$$CQ : QP = a + b : c,$$

dass mithin Q der Schwerpunct von P und C mit den resp. Coefficienten $a + b$ und c ist.

Jede durch den Punct Q gelegte Ebene, und keine andere, wird alsdann der Aufgabe Genüge leisten.

Um dieses zu beweisen, ziehe man noch durch P eine Parallele PP' mit den Parallelen AA', BB', CC'. Schneide nun irgend eine durch Q gelegte Ebene die Parallelen durch A, B, C, P in A', B', C', P', so ist, nach §. 3, a wegen 1):

$$a \,.\, AA' + b \,.\, BB' = (a + b) \,.\, PP',$$

und wegen 2):

$$(a+b) \,.\, PP' + c \,.\, CC' = 0,$$

folglich:

$$a \,.\, AA' + b \,.\, BB' + c \,.\, CC' = 0.$$

Dass aber jede andere nicht durch Q gehende Ebene die Forderung der Aufgabe nicht erfülle, wird so bewiesen. Schneide eine solche Ebene die Parallelen durch A, B, C, P in A'', B'', C'', P'', und eine noch durch Q gezogene Parallele in Q'', so ist wegen 1):

$$a \,.\, AA'' + b \,.\, BB'' = (a+b) \,.\, PP'',$$

und wegen 2):

$$(a+b) \,.\, PP'' + c \,.\, CC'' = (a+b+c) \,.\, QQ'';$$

folglich

$$a \,.\, AA'' + b \,.\, BB'' + c \,.\, CC'' = (a+b+c) \,.\, QQ'',$$

also nicht $= 0$.

§. 5. Zusätze. *a*) Der Punct Q ist mit den drei gegebenen Puncten A, B, C in einer und derselben Ebene enthalten, und seine Lage darin blos von der Lage der Puncte A, B, C und den Verhältnissen ihrer Coefficienten $a:b:c$ abhängig, nicht aber von der Lage der Parallelen gegen die Ebene, und eben so wenig von der Wahl der beiden Puncte, mit denen man den Anfang der Construction macht. Denn könnte durch eine andere Wahl auch ein anderer Punct gefunden werden, so müssten alle Ebenen, welche durch diesen und nicht zugleich durch Q gehen, der Aufgabe ebenfalls Genüge leisten, was gegen das Erwiesene streitet.

b) Bringt man in A, B und C Gewichte an, die sich wie $a:b:c$ verhalten, so zeigt die Mechanik, dass Q der Schwerpunct dieses Systems ist. Heisse demnach auch gegenwärtig Q der Schwerpunct von A, B und C mit den resp. Coefficienten a, b und c.

§. 6. Aufgabe. Durch vier gegebene Puncte A, B, C und D (Fig. 3), — mögen dieselben in einer Ebene liegen oder nicht, — sind vier Parallelen nach einer beliebigen Richtung gezogen. Es wird verlangt, diese Parallelen durch eine Ebene so zu schneiden, dass, wenn A', B', C', D die resp. Durchschnittspuncte und a, b, c, d Coefficienten bezeichnen, die in gegebenen Verhältnissen zu einander stehen, und nicht Null zur Summe haben,

$$a \,.\, AA' + b \,.\, BB' + c \,.\, CC' + d \,.\, DD' = 0$$

ist.

Auflösung. 1) Man suche von irgend zweien der gegebenen Puncte mit ihren resp. Coefficienten, z. B. von A mit dem Coefficienten a und B mit dem Coefficienten b, den Schwerpunct, welcher P sei.

2) Von P mit dem Coefficienten $a + b$ und den beiden übrigen

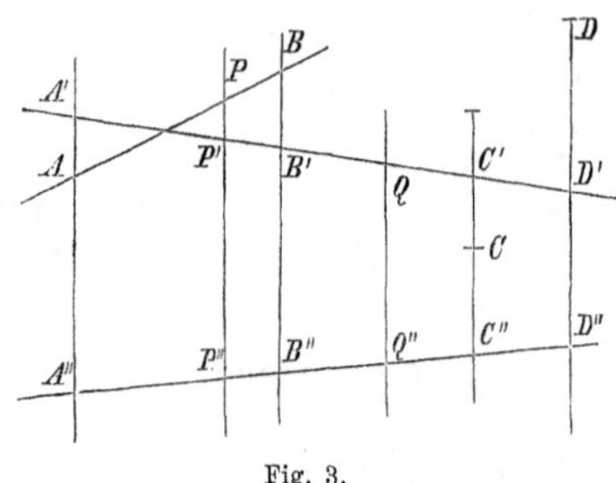

Fig. 3.

Puncten C und D mit ihren Coefficienten c und d suche man nach Anleitung der vorigen Aufgabe wiederum den Schwerpunct.

Sei dieser Q, so wird jede durch Q gelegte Ebene und keine andere die verlangte Eigenschaft haben.

Denn schneide eine solche Ebene die Parallelen durch A, B, C, D und eine noch durch P gezogene Parallele in A', B', C', D' und P', so ist wegen 1):

$$a \,.\, AA' + b \,.\, BB' = (a + b) \,.\, PP',$$

und wegen 2):

$$(a + b) \,.\, PP' + c \,.\, CC' + d \,.\, DD' = 0,$$

folglich

$$a \,.\, AA' + b \,.\, BB' + c \,.\, CC' + d \,.\, DD' = 0.$$

Schneide ferner eine andere nicht durch Q gehende Ebene die Parallelen in A'', B'', C'', D'', P'', und eine noch durch Q gezogene in Q'', so ist wegen 1):

$$a \,.\, AA'' + b \,.\, BB'' = (a + b) \,.\, PP'',$$

und wegen 2):

$$(a + b) \,.\, PP'' + c \,.\, CC'' + d \,.\, DD'' = (a + b + c + d) \,.\, QQ'',$$

folglich

$$a \,.\, AA'' + b \,.\, BB'' + c \,.\, CC'' + d \,.\, DD'' = (a + b + c + d) \,.\, QQ'',$$

also nicht $= 0$.

§. 7. Zusatz. Heisse der so gefundene Punct Q, aus demselben Grunde wie bei den vorigen Aufgaben, der Schwerpunct der Puncte A, B, C, D mit den resp. Coefficienten a, b, c, d. Er ist eben so wenig, wie dort, von der Lage der Parallelen und von der Folge, in welcher man die vier Puncte nach und nach in Betrachtung zieht, abhängig.

§. 8. So wie in den bisherigen Aufgaben von zwei zu drei und von drei zu vier gegebenen Puncten übergegangen wurde, lässt sich nun weiter von vier zu fünf Puncten u. s. w. fortgehen, und somit im Allgemeinen folgender Satz erweisen.

Ist eine beliebige Anzahl $= \nu$ *von Puncten* A, B, C, ..., N *mit resp. Coefficienten* a, b, c, ..., n *gegeben, deren Summe nicht* $= 0$ *ist, so kann immer ein Punct* S, *und nur einer, — der Schwerpunct, — von der Beschaffenheit gefunden werden, dass, wenn man durch die gegebenen Puncte und den Punct* S *nach einer beliebigen Richtung Parallelen zieht, und diese mit einer willkürlich gelegten Ebene schneidet, welches resp. in* A', B', C', ..., N', S' *geschehe, dass dann immer*

$$a.AA' + b.BB' + c.CC' + \ldots + n.NN' = (a + b + c + \ldots + n).SS',$$

und folglich, wenn die Ebene durch S *selbst geht,*

$$a.AA' + b.BB' + c.CC' + \ldots + n.NN' = 0$$

ist.

Um diesen Satz sogleich in seiner Allgemeinheit darzuthun, suche man nach §. 2 von beliebigen zweien der gegebenen Puncte, z. B. von A und B mit ihren Coefficienten a und b, den Schwerpunct. Heisse dieser P, und eine durch ihn gezogene Parallele schneide die beliebig gelegte Ebene in P', so ist

$$a.AA' + b.BB' = (a + b).PP',$$

und folglich

$$\begin{aligned} &a.AA' + b.BB' + c.CC' + \ldots + n.NN' \\ &= (a + b).PP' + c.CC' + \ldots n.NN'. \end{aligned}$$

Auf diese Weise ist das gegebene System von ν Puncten mit ihren Coefficienten auf ein anderes von $\nu - 1$ Puncten P, C, ..., N mit den Coefficienten

$$a + b, \ c, \ \ldots, \ n$$

zurückgebracht, bei welchem die Summe der Coefficienten

$$(a + b) + c + \ldots + n$$

und die Summe der Producte aus den Coefficienten in die Abschnitte der Parallelen, der Summe der Coefficienten und der Summe der Producte im ersten Systeme gleich sind. Eben so lässt sich dieses zweite System von $\nu - 1$ Puncten in ein drittes von $\nu - 2$ Puncten umwandeln, und so ferner, bis man endlich nach $\nu - 1$ solchen Umwandlungen auf einen einzigen Punct S kommt, bei dem der

Coefficient und das Product aus diesem Coefficienten in den dem S zugehörigen Abschnitt SS', der Summe der Coefficienten und der Summe der Producte in dem ursprünglich gegebenen Systeme gleich sind.

Dass es übrigens nur Einen Punct dieser Art geben kann, und folglich immer derselbe Punct gefunden werden muss, in welcher Folge man auch die gegebenen Puncte verbindet, erhellet schon daraus, weil, wenn noch ein anderer Punct Σ dieselbe Eigenschaft besässe, für jede durch Σ gelegte Ebene, also auch für eine solche, welche nicht durch S geht,

$$a \,.\, AA' + \ldots + n \,.\, NN' = 0$$

sein müsste. Dieses widerspricht aber dem Vorigen, weil für eine solche Ebene, wenn sie eine Parallele durch S in S' schneidet,

$$a \,.\, AA' + \ldots + n \,.\, NN' = (a + \ldots + n) \,.\, SS',$$

also nicht $= 0$ ist.

§. 9. Es wurde bisher angenommen, dass die Summe der den gegebenen Puncten zugehörigen Coefficienten nicht $= 0$ sei. Ist sie aber dieses, so ersieht man sogleich, dass ein solches System keinen construirbaren Schwerpunct haben kann, indem sonst, wegen

$$a \,.\, AA' + b \,.\, BB' + \ldots = (a + b + \ldots = 0) \,.\, SS',$$

auch durch jede andere, nicht durch S gehende Ebene die Forderung der Aufgabe,

$$a \,.\, AA' + b \,.\, BB' + \ldots = 0,$$

erfüllt würde, welches im Allgemeinen, d. h. für jedwede Lage der gegebenen Puncte, gar nicht möglich ist. Es macht daher dieser specielle Fall eine besondere Untersuchung nothwendig.

Seien also die Puncte A, B, C, .., N mit ihren resp. Coefficienten a, b, c, .., n, deren Summe

$$a + b + c + \ldots + n = 0$$

sei, gegeben, so kann nicht auch

$$b + c + \ldots + n = 0$$

sein, weil sonst $a = 0$ sein müsste, und in diesem Falle der Punct A als gar nicht vorhanden zu betrachten wäre. Von den Puncten B, C, .., N mit ihren Coefficienten b, c, .., n wird sich daher auf die in §. 8 gelehrte Weise der Schwerpunct finden lassen. Sei dieser T, und irgend eine Ebene schneide die durch A, B, .., N, T gezogenen Parallelen in A', B', .., N', T', so ist

$$b \,.\, BB' + \ldots + n \,.\, NN' = (b + \ldots + n) \,.\, TT' = - a \,.\, TT'.$$

Hierdurch wird

$$a \,.\, AA' + b \,.\, BB' + \,..\, + n \,.\, NN' = a \,.\, AA' - a \,.\, TT',$$

und unsere Aufgabe kommt somit darauf hinaus, die Ebene so zu legen, dass

$$a \,.\, AA' - a \,.\, TT' = 0,$$

d. h. $AA' = TT'$ ist. Wegen des Parallelismus der Linien AA', TT' thut aber dieser Bedingung jede Ebene Genüge, welche mit der Geraden AT parallel geht, und keine andere.

Ist also bei einem gegebenen Systeme von Puncten die Summe der Coefficienten $= 0$, so kann man es immer auf zwei Puncte reduciren, — wenn es anders nicht blos aus zwei Puncten besteht, — und für jede Ebene, welche mit der, diese zwei Puncte verbindenden, Geraden parallel geht, und für keine andere, ist die Summe der Producte

$$a \,.\, AA' + \ldots = 0.$$

Der eine dieser zwei Puncte war vorhin einer der gegebenen Puncte selbst, — auch kann man dafür begreiflich den Schwerpunct von mehreren derselben nehmen, — der andere ist der Schwerpunct der übrigen. Es lassen sich daher immer, wenn die Anzahl der gegebenen Puncte grösser als zwei ist, mehrere Paare solcher Puncte finden. Allein die, jedes dieser Paare verbindenden, Geraden sind sämmtlich mit einander parallel, weil es sonst Ebenen gäbe, die nicht einer und derselben Geraden parallel wären, und dennoch zugleich die Forderung der Aufgabe erfüllten.

Der Definition des Schwerpunctes gemäss, als eines solchen, in welchem sich alle, unserer Aufgabe Genüge leistenden Ebenen schneiden, und weil Parallelen als Linien anzusehen sind, die sich erst in unendlicher Entfernung schneiden, können wir daher auch sagen: *der Schwerpunct liegt in dem Falle, wenn die Summe der Coefficienten* $= 0$ *ist, unendlich entfernt*, nach einer Richtung, die durch die letzt gefundenen Parallelen bestimmt wird.

§. 10. Indessen findet bei diesem speciellen Falle eine Ausnahme statt. Denn gesetzt, der Schwerpunct T der Puncte $B, C, .., N$ ergäbe sich identisch mit dem Puncte A selbst, so würde auch TT' identisch mit AA', und die Summe

$$a \,.\, AA' + b \,.\, BB' + \,..\, + n \,.\, NN'$$

immer $= 0$ sein, wie man auch die Ebene legen möchte. *Wenn also bei einem Systeme von Puncten mit ihren Coefficienten die Summe der letztern* $= 0$, *und überdies einer der Puncte der Schwerpunct der übrigen ist*, so erfüllt jedwede Ebene die Forderung, oder mit anderen Worten, *ein solches System hat gar keinen Schwerpunct.*

Um ein System dieser Art zu erhalten, hat man nur von einem gewöhnlichen Systeme, bei welchem die Summe der Coefficienten nicht $= 0$ ist, den Schwerpunct zu suchen, und diesen als neuen Punct mit einem Coefficienten hinzuzufügen, welcher der negativen Summe der gegebenen gleich ist.

§. 11. Aus dem in §. 8 gegebenen Begriffe des Schwerpunctes lassen sich mehrere Folgerungen ziehen.

Sei von den Puncten A, B, C, D mit den resp. Coefficienten a, b, c, d der Schwerpunct S, so ist, A', B', C', D', S' in der schon oft gebrauchten Bedeutung genommen und zur Abkürzung

$$a + b + c + d = s$$

gesetzt:

$$a \,.\, AA' + b \,.\, BB' + c \,.\, CC' + d \,.\, DD' = s \,.\, SS';$$

folglich auch für jede Lage der die Parallelen schneidenden Ebene:

$$a \,.\, AA' + b \,.\, BB' + c \,.\, CC' - s \,.\, SS' = - d \,.\, DD',$$

d. h. von den Puncten A, B, C, S mit den resp. Coefficienten a, b, c, $-s$ ist D der Schwerpunct.

Man hat ferner:

$$a \,.\, AA' + b \,.\, BB' = s \,.\, SS' - c \,.\, CC' - d \,.\, DD'.$$

Sei nun von A und B mit den Coefficienten a und b der Schwerpunct P, also

$$a \,.\, AA' + b \,.\, BB' = (a + b) \,.\, PP',$$

so ist auch

$$s \,.\, SS' - c \,.\, CC' - d \,.\, DD' = (a + b) \,.\, PP';$$

d. h. die Puncte A und B mit den Coefficienten a und b haben denselben Schwerpunct, welcher den Puncten C, D und S mit den Coefficienten c, d und $-s$ zukommt.

Da sich das Gesagte auf jede grössere und geringere Anzahl von Puncten anwenden lässt, so schliessen wir daraus: Jeder Punct eines Systems lässt sich als Schwerpunct der übrigen Puncte betrachten, wenn zu diesen, als neuer Punct, der Schwerpunct des ganzen Systems mit einem Coefficienten hinzugefügt wird, welcher der negativen Summe aller Coefficienten gleich ist. — Auch hat ein beliebiger Theil der Puncte des Systems denselben Schwerpunct, welchen der übrige Theil nebst dem Schwerpuncte des ganzen Systems mit dem gedachten Coefficienten hat.

Wenn ferner einem Systeme der Schwerpunct gänzlich fehlt (§. 10), so wird auf eben die Art bewiesen, dass nicht nur jeder Punct des Systems der Schwerpunct der übrigen ist, sondern auch je zwei Theile, in welche man das ganze System zerlegt, einerlei Schwerpunct haben.

§. 12. Noch mannigfaltiger werden die Folgerungen, wenn man zwei oder mehrere Systeme zugleich in Betrachtung zieht. — Seien A, B, C die Puncte des einen Systems, a, b, c die resp. Coefficienten und P der Schwerpunct; D, E mit den Coefficienten d, e die Puncte eines zweiten Systems und Q dessen Schwerpunct. Man ziehe durch sämmtliche Puncte A, B, C, P, D, E, Q Parallelen, und schneide diese mit einer beliebig gelegten Ebene in den Puncten A', B', ..., Q', so ist, wenn man zur Abkürzung

$$a + b + c = p \text{ und } d + e = q$$

setzt:

$$1) \quad a \,.\, AA' + b \,.\, BB' + c \,.\, CC' = p \,.\, PP'$$

$$2) \quad d \,.\, DD' + e \,.\, EE' = q \,.\, QQ'.$$

Man addire beide Gleichungen, nachdem man sie zuvor mit den beliebig zu nehmenden Zahlen m und n resp. multiplicirt hat, so kommt:

$$3) \quad ma \,.\, AA' + mb \,.\, BB' + mc \,.\, CC' + nd \,.\, DD' + ne \,.\, EE' = mp \,.\, PP' + nq \,.\, QQ',$$

d. h. der Schwerpunct von A, B, C, D, E mit den Coefficienten ma, mb, mc, nd, ne ist zugleich der Schwerpunct von P und Q mit den Coefficienten mp und nq.

Setzen wir ferner, der Punct D des zweiten Systems sei identisch mit dem Puncte A des ersten, also auch DD' mit AA', so zieht sich 3) in

$$(ma + nd)AA' + mb \,.\, BB' + mc \,.\, CC' + ne \,.\, EE' = mp \,.\, PP' + nq \,.\, QQ'$$

zusammen, und wenn wir nun das Verhältniss $m : n$ so bestimmen, dass

$$ma + nd = 0$$

wird, also

$$m : n = d : - a$$

setzen:

$$bd \,.\, BB' + cd \,.\, CC' - ae \,.\, EE' = dp \,.\, PP' - aq \,.\, QQ'.$$

Somit kann man also einen Punct, welchen zwei Systeme gemeinschaftlich haben, aus ihnen eliminiren.

Eben so würde, wenn C mit Q identisch wäre, die Elimination dieses Punctes

$$aq \,.\, AA' + bq \,.\, BB' + cd \,.\, DD' + ce \,.\, EE' = pq \,.\, PP'$$

geben, also P der Schwerpunct von A, B, D, E mit den Coefficienten aq, bq, cd, ce sein; u. s. w.

Man begreift ohne weitern Zusatz, wie sich das hier nur von zwei Systemen Gesagte auf die Verbindung jeder beliebigen Anzahl von Systemen und beliebiger Mengen ihrer Puncte ausdehnen lässt.

Zweites Capitel.

Der barycentrische Calcul.

---

§. 13. Bei Rechnungen, wie wir so eben (§. 11 und 12) führten, bietet sich gleichsam von selbst eine kleine Abkürzung dar. Da nämlich die Glieder aller jener Gleichungen Producte aus numerischen Coefficienten in Abschnitte von Parallelen sind, von denen die einen Endpuncte sämmtlich in einer Ebene liegen, die andern aber gegebene oder daraus zu bestimmende Puncte sind, und folglich das Unterscheidende der Abschnitte nichts anders, als diese letztern Puncte selbst ausmachen, so können wir, ohne Verwirrung fürchten zu müssen, in den Gleichungen die Abschnitte durch die, diese Puncte bezeichnenden, Buchstaben allein ausdrücken. Ist also z. B. S der Schwerpunct von A, B, C mit den Coefficienten a, b, $-c$, und folglich

$$a \,.\, AA' + b \,.\, BB' - c \,.\, CC' = (a + b - c) \,.\, SS',$$

so schreibe man statt dessen:

$$aA + bB - cC = (a + b - c)\, S.$$

Und wirklich könnte man auch nicht einfacher den blossen Satz, dass S der Schwerpunct von A, B, C mit den Gewichten a, b, $-c$ sei, und dass man sich in S diese Gewichte vereinigt zu denken habe, durch die Zeichen der Algebra darstellen. Allein unsere Formel ist mehr, als ein blos abgekürzter Ausdruck dieses Satzes, in welchem Falle sie nur die Gestalt einer algebraischen Gleichung hätte, noch nicht aber algebraische Operationen mit sich vornehmen liesse. Indem man A, B, C, ... nicht mehr als die blossen Puncte, sondern als die ihnen entsprechenden Abschnitte nimmt, — woran man aber im Verlauf der Rechnung nicht weiter zu denken braucht, — stellt jene Formel zugleich eine Haupteigenschaft des Schwerpuncts in der Sprache der Algebra dar, und wird dadurch eben der Behandlung, wie jede andere algebraische Gleichung, fähig.

§. 14. Die Rechnung mit solchen abgekürzten Formeln ist es nun, welche ich den barycentrischen, d. i. den aus dem Begriffe des Schwerpuncts abgeleiteten, Calcul genannt habe, einen Calcul, der es nicht nur mit wirklichen Zahlengrössen, sondern scheinbar auch mit blossen Puncten zu thun hat, dennoch aber von der gewöhnlichen Rechnungsweise der Algebra sich im Ganzen nicht unterscheidet. Der bessern Uebersicht willen halte ich es für dienlich, die, wiewohl schon in dem Vorhergehenden zur Genüge enthaltenen, Grundregeln des neuen Calculs in folgenden Sätzen noch kürzlich zusammenzustellen.

§. 15. 1) Die Gegenstände des barycentrischen Calculs sind Puncte und numerische Coefficienten derselben. Erstere werden mit den grossen Buchstaben des Alphabets, letztere mit den kleinen bezeichnet und erstern mit ihren Zeichen vorgesetzt. So heisst z. B. aA, oder $+aA$ im Zusammenhange, der Punct A mit dem Coefficienten a; $-bB$, der Punct B mit dem Coefficienten $-b$. Ist der Coefficient die Einheit, so wird nur das Zeichen derselben dem Puncte vorgesetzt, als A oder $+A$, $-B$, d. i. A mit dem Coefficienten 1, B mit dem Coefficienten -1.

2) Dass von den Puncten A, B, C, D, ..., denen resp. die Coefficienten a, b, c, d, ... zukommen, S der Schwerpunct ist, wird ausgedrückt durch:

$$\text{I)} \quad aA + bB + cC + dD + \ldots = (a + b + c + d + \ldots)S,$$

so dass auf der einen Seite des Gleichheitszeichens die Puncte mit ihren Coefficienten und auf der andern der Schwerpunct mit einem Coefficienten steht, welcher der algebraischen Summe jener Coefficienten gleich ist.

3) Dass die Puncte A, B, C, ... mit den Coefficienten a, b, c, ... denselben Schwerpunct, als die Puncte F, G, .. mit den Coefficienten f, g, .. haben, vorausgesetzt, dass die Summe der Coefficienten der

erstern Punkte $a + b + c \ldots =$ der Summe der Coefficienten der letztern $f + g + \ldots$ ist, dies drückt die Gleichung aus:

$$\text{II)} \qquad aA + bB + cC + \ldots = fF + gG + \ldots$$

Sind von den ursprünglich gegebenen Coefficienten zweier Systeme mit einerlei Schwerpuncte die Summen nicht gleich, so hat man nur jeden Coefficienten des einen Systems mit der Summe der Coefficienten des andern Systems zu multipliciren, um diese Gleichheit herzustellen, und somit die Identität der Schwerpuncte durch eine Gleichung ausdrücken zu können.

4) Die Gleichung

$$\text{III)} \qquad aA + bB + cC + \ldots = 0,$$

welche nur unter der Voraussetzung statt finden kann, dass auch die Summe der Coefficienten

$$a + b + c + \ldots = 0$$

ist, zeigt an, dass das System der Puncte A, B, C, ... mit den Coefficienten a, b, c, ... keinen Schwerpunct hat.

5) Alle Gleichungen des barycentrischen Calculs haben eine der drei Formen I), II) und III) und müssen diese Formen auch bei allen Umwandlungen, die man mit ihnen vornimmt, behalten. Die auf solche Gleichungen anwendbaren Operationen der Algebra beschränken sich daher auf folgende zwei:

a) dass man zu beiden Seiten der Gleichung Gleiches addirt oder subtrahirt; nur darf das zu Addirende oder Subtrahirende keine blosse Zahl, sondern muss ein Punct oder das Aggregat mehrerer Puncte mit ihren Coefficienten sein.

b) dass man beide Seiten mit Gleichem multiplicirt oder dividirt; nur darf der Multiplicator oder Divisor keine Puncte enthalten, sondern muss eine blosse Zahl sein.

6) Alle unter den Formen I), II), III) begriffenen Gleichungen haben dieses mit einander gemein, dass sie auch nach Weglassung der, die Puncte (oder vielmehr die den Puncten zugehörigen Abschnitte der Parallelen) bezeichnenden, Buchstaben noch Gleichungen bleiben. Den Grund dieser Gleichheit der Coefficientensummen zu beiden Seiten des Zeichens (=) giebt die im vorigen Capitel entwickelte Theorie. Wollte man nichts weiter, als durch Zeichen darstellen, dass ein gewisser Punct der Schwerpunct eines gegebenen Systems sei, oder dass zwei Systeme einerlei Schwerpunct haben, so wäre, jene Forderung der gleichen Coefficientensummen zu berücksichtigen, offenbar unnöthig, und man würde somit noch etwas

kürzere Formeln erhalten. Da diese Kürze in mehreren Fällen sehr zweckdienlich ist, so wollen wir alsdann, um solche Formeln von den eigentlichen Gleichungen zu unterscheiden, statt des Zeichens ($=$) das Zeichen ($\equiv$) gebrauchen, und hiernach statt der Gleichung I) die Formel

$$aA + bB + cC + \ldots \equiv S$$

schreiben, und statt der Gleichung II), auch wenn

$$a + b + c + ..$$

nicht

$$= f + g + \ldots$$

ist, die Formel:

$$aA + bB + cC + \ldots \equiv fF + gG + \ldots$$

§. 16. Wenn mit Hülfe der Algebra in der Geometrie ein Lehrsatz erwiesen, oder eine Aufgabe gelöst werden soll, so ist, ausser der Kenntniss der Algebra selbst, noch nöthig, dass man erstlich die geometrischen Bedingungen des Lehrsatzes oder der Aufgabe in algebraische Formeln einzukleiden wisse, und dass man zweitens das Resultat, welches man durch eine passende mit diesen Formeln angestellte Rechnung gefunden hat, wiederum in die Sprache der Geometrie zu übersetzen verstehe. Nun ist in den Sätzen des vorigen §. nur der Mechanismus des barycentrischen Calculs, nur die Form und die Behandlung seiner Gleichungen gezeigt worden. Denn wiewohl diese Gleichungen schon an sich nicht rein arithmetischer, sondern zugleich geometrischer Natur sind, indem sie sich immer auf ein gewisses System von Puncten beziehen, so wird doch von der in dem Vorigen gegebenen geometrischen Bedeutung derselben kein unmittelbarer Gebrauch gemacht werden. Es bleibt uns daher immer noch übrig, die Sätze aufzustellen, mittelst welcher man bei geometrischen Untersuchungen von den Eigenschaften einer Figur zu den barycentrischen Formeln, und umgekehrt, von diesen zu jenen übergehen kann, oder mit andern Worten, zu zeigen, wie und von welchen Eigenschaften einer Figur die oftgedachten Formeln als Bedingungsgleichungen auftreten können. Um aber diese Sätze ohne Unterbrechung mitzutheilen, müssen wir folgende, an §. 1 sich schliessende Vorerinnerungen einschalten.

---

§. 17. Der Perimeter eines Dreiecks kann von einem darin sich bewegenden Puncte nach doppeltem Sinne durchlaufen werden. Heisse die eine Bewegung, z. B. die von der Linken nach der

Rechten, wenn man sich innerhalb der Fläche des Dreiecks, und das Auge auf sie herabsehend denkt, die positive; die andere von der Rechten nach der Linken, die negative. Ist nun das Dreieck, wie gewöhnlich, durch irgend eine Zusammenstellung der drei an die Spitzen gesetzten Buchstaben ausgedrückt, so bezeichne dieser Ausdruck den positiven oder negativen Werth der Fläche des Dreiecks, je nachdem die Bewegung eines Punctes, durch den man sich den Perimeter des Dreiecks so beschrieben denkt, dass er die Spitzen in der durch den Ausdruck gegebenen Folge trifft, nach der vorhin gemachten Bestimmung positiv oder negativ ist. Wir ziehen hieraus nachstehende Folgerungen.

§. 18. *a*) Bezeichnen A, B, C die drei Spitzen eines Dreiecks, so haben die Ausdrücke für den Flächeninhalt: ABC, BCA, CAB einerlei Werth, den entgegengesetzten aber von CBA, BAC, ACB.

b) Seien B, C, D drei Puncte in gerader Linie und A ein vierter ausserhalb derselben. So wie nun nach §. 1

$$CD + DB + BC = 0$$

war, ebenso ist mit Vorsetzung von A die Summe der Dreiecke:

$$ACD + ADB + ABC = 0;$$

auch verhält sich:

$$ACD : ADB : ABC = CD : DB : BC.$$

c) Seien A, B, C, D irgend vier in einer Ebene befindliche Puncte, von denen keine drei in einer Geraden liegen. Man verbinde sie zu zweien durch gerade Linien, und sei Z der Durchschnittspunct der Geraden AB und CD. (Denn immer wird wenigstens eine von den, durch A und einen der drei Puncte B, C, D gelegten Geraden, die Gerade durch die beiden andern Puncte schneiden. Diese eine sei hier AB.) Alsdann ist, weil C, D, Z in einer Geraden liegen:

$$ADZ + AZC + ACD = 0$$
$$BDZ + BZC + BCD = 0,$$

und, weil A, B, Z in einer Geraden liegen:

$$CBZ + CZA + CAB = 0$$
$$DBZ + DZA + DAB = 0.$$

Man addire diese vier Gleichungen mit den Zeichen —, +, —, +, so heben sich alle die mit Z behafteten Ausdrücke, und es kommt:

$$-ACD + BCD - CAB + DAB = 0,$$

wofür man auch noch die symmetrischen Formeln

$$\text{I)} \qquad BCD - CDA + DAB - ABC = 0$$

oder

$$\text{II)} \qquad DBC + DCA + DAB = ABC,$$

u. s. w. setzen kann. Vergl. §. 1, I) und II).

§. 19. Eine dreiseitige Pyramide wird durch irgend eine Zusammenstellung ($BCAD$) der vier an ihre Spitzen gesetzten Buchstaben (A, B, C, D) bezeichnet. Um nun auch hier durch die Folge der Buchstaben in der Zusammenstellung ausdrücken zu können, ob der körperliche Inhalt der Pyramide positiv oder negativ genommen werden solle, und durch dieses Mittel zu eben so allgemeinen Formeln, wie vorhin für das Dreieck, zu gelangen, so denke man sich das Auge an die durch den ersten Buchstaben (B) in der Complexion bezeichnete Spitze gestellt, und nach dem durch die drei übrigen Buchstaben bezeichneten Dreieck (CAD) als Grundfläche hinsehend. Je nachdem nun der Folge dieser Buchstaben, nach der in §. 17 gegebenen Regel, der positive oder negative Werth der Dreiecksfläche entspricht, stelle auch der Ausdruck der Pyramide den positiven oder negativen Werth ihres körperlichen Inhalts vor. (Denkt man sich die Fläche ACD der Pyramide [Fig. 4] in der Ebene des Papiers

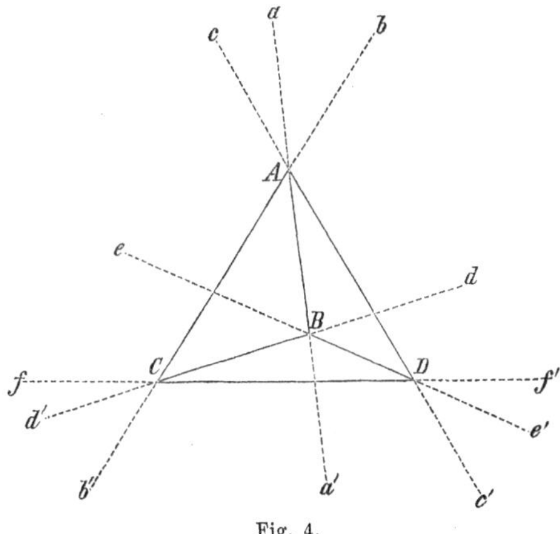

Fig. 4.

und die Spitze B vor [hinter] derselben liegend, und wird wie vorhin die Bewegung von der Linken nach der Rechten für die positive genommen, so drückt $BCAD$ den positiven [negativen] Werth der Pyramide aus.) Es ergeben sich hieraus folgende Sätze.

§. 20. *a*) Bezeichnen A, B, C, D die vier Spitzen einer dreiseitigen Pyramide, und bringt man auf die beschriebene Weise jede der 24 Permutationen dieser 4 Buchstaben mit der Pyramide in Vergleichung, so erhält man folgende zwei Reihen:

$ABCD$	$ABDC$
$ACDB$	$ACBD$
$ADBC$	$ADBC$
$BADC$	$BACD$
$BCAD$	$BCDA$
$BDCA$	$BDAC$
$CABD$	$CADB$
$CBDA$	$CBAD$
$CDAB$	$CDBA$
$DACB$	$DABC$
$DBAC$	$DBCA$
$DCBA$	$DCAB$

von denen die Ausdrücke jeder Reihe für sich, einerlei Werth, den entgegengesetzten aber der Ausdrücke der andern Reihe haben.

Anmerkung. Bei etwas aufmerksamer Betrachtung dieser 24 Ausdrücke wird man bald gewahr, dass je zwei derselben, wo zwei Buchstaben des einen in dem andern ihre Stellen gegenseitig vertauscht haben, sich entgegengesetzt sind; z. B. $ABCD$ und $BACD$, $ADCB$ und $ABCD$, $BDCA$ und $ADCB$. Soll daher von irgend zweien dieser Ausdrücke ihr gegenseitiges Verhalten erforscht werden, so stelle man mit dem einen die Operation des gegenseitigen Vertauschens zweier Buchstaben so oft an, bis der andere zum Vorschein kommt. Ist die Zahl dieser Operationen gerade, so haben die Ausdrücke einerlei Zeichen; ist sie ungerade, verschiedene.

Man habe z. B. $ABDC$ und $DBAC$. Aus $\pm BADC$ wird 1) $\mp DABC$ und 2) $\pm DBAC$.

Seien zu vergleichen $ABCD$ und $BCDA$. Aus $\pm ABCD$ wird 1) $\mp BACD$, 2) $\pm BCAD$ und 3) $\mp BCDA$.

b) Sind C, D, E drei Puncte einer geraden Linie, B ein vierter Punct ausserhalb derselben, und A ein fünfter Punct ausserhalb der durch B, C, D, E gehenden Ebene, so war (§. 18, *b*)

$$BDE + BEC + BCD = 0,$$

und auf gleiche Weise ist mit Vorsetzung des Buchstaben A die Summe der Pyramiden:

$$ABDE + ABEC + ABCD = 0;$$

und verhält sich:

$$ABDE : ABEC : ABCD = BDE : BEC : BCD$$
$$= ADE : AEC : ACD = DE : EC : CD.$$

c) Sind B, C, D, E irgend vier Puncte einer Ebene, und A ein fünfter Punct ausserhalb derselben, so war (§. 18, *c*)

$$CDE - DEB + EBC - BCD = 0,$$

und eben so ist mit Vorsetzung von A die Summe der Pyramiden:

$$ACDE - ADEB + AEBC - ABCD = 0,$$

und es verhält sich:

$$ACDE : ADEB : AEBC : ABCD = CDE : DEB : EBC : BCD.$$

d) Seien A, B, C, D, E irgend fünf Puncte im Raume überhaupt, von denen keine vier in einer Ebene liegen. Schneide die Gerade DE die Ebene ABC im Puncte Z. (Denn immer wird wenigstens eine von den, durch E und einen der vier Puncte A, B, C, D gelegten Geraden die durch die drei übrigen Puncte gehende Ebene schneiden. Die eine sei hier DE.) Da hiernach erstens die Puncte D, E, Z in einer Geraden liegen, so hat man:

$$\begin{aligned} BCEZ + BCZD + BCDE &= 0 \\ CAEZ + CAZD + CADE &= 0 \\ ABEZ + ABZD + ABDE &= 0. \end{aligned}$$

Weil zweitens die Puncte A, B, C, Z in einer Ebene enthalten sind, so ist

$$\begin{aligned} DBCZ - DCZA + DZAB - DABC &= 0 \\ -EBCZ + ECZA - EZAB + EABC &= 0. \end{aligned}$$

Addirt man nun diese fünf Gleichungen, so fallen, weil

$$BCEZ = EBCZ, \quad BCZD = -DBCZ,$$

u. s. w., alle die mit Z behafteten Glieder heraus, und man bekommt:

$$BCDE + CADE + ABDE - DABC + EABC = 0$$

oder symmetrischer:

$$\text{I)} \quad BCDE + CDEA + DEAB + EABC + ABCD = 0$$

oder

$$\text{II)} \quad EBCD - ECDA + EDAB - EABC = ABCD$$

u. s. w., wie auch die fünf Puncte im Raume liegen mögen. Vergl. die Formeln I) und II) in §. 1 und 18.

Lehrsätze zur Anwendung des barycentrischen Calculs.

§. 21. Lehrsatz. Wenn

$$aA + bB \equiv C,$$

so liegt C mit A und B in gerader Linie, und es verhält sich:

$$a : b = BC : CA.$$

Beweis. Nach §. 2 und 3 liegt der Schwerpunct C zweier Puncte A und B mit ihnen selbst in gerader Linie, und wird eben dadurch gefunden, dass man die Linie BA in C nach dem Verhältnisse der Coefficienten $a : b$ theilt.

§. 22. Zusätze. *a*) Wenn

$$aA + bB \equiv C \quad \text{und} \quad a'A + b'B \equiv C,$$

so verhält sich:

$$a : b = a' : b'.$$

b) Weil die Linie BA nur in Einem Puncte C nach einem gegebenen Verhältnisse $a : b$ theilbar ist, so gilt der Satz auch umgekehrt. Jeder Punct C einer Geraden lässt sich daher immer als Schwerpunct irgend zweier anderer in derselben liegenden Puncte A und B betrachten, deren Coefficienten in dem, durch die gegenseitige Lage der Puncte gegebenen Verhältnisse $BC : CA$, und keinem andern stehen.

Allerdings kann jeder gegebene Punct P einer Geraden als Schwerpunct auch von drei oder mehreren Puncten derselben, A, B, C, ... angesehen werden. Alsdann finden aber zwischen den Coefficienten der Puncte nicht mehr bestimmte Verhältnisse statt. Denn sei P auf A und B bezogen,

$$\equiv aA + bB,$$

und auf B und C bezogen,

$$\equiv bB + cC,$$

so ist auch

$$P \equiv aA + bB + m(bB + cC) \equiv aA + (1 + m)bB + mcC,$$

wo für m jede beliebige Zahl genommen werden kann. — Aehnliche Bemerkungen sind in den folgenden §. 24, *b* und §. 26, *b* zu wiederholen.

c) Aus

$$aA + bB = (a + b)C$$

folgt

$$aA + bB - (a+b)C = 0,$$

und wenn wir $-(a+b) = c$ setzen,

$$aA + bB + cC = 0, \quad bB + cC \equiv A,$$

und hieraus eben so wie vorhin,

$$b : c = CA : AB.$$

Unser Satz lässt sich daher noch symmetrischer so ausdrücken:

Ist

$$aA + bB + cC = 0,$$

so liegen A, B, C in gerader Linie, und es verhalten sich

$$a : b : c = BC : CA : AB.$$

Auch gilt dieser Satz umgekehrt.

§. 23. Lehrsatz. Wenn

$$aA + bB + cC \equiv D,$$

und A, B, C nicht in einer Geraden enthalten sind, so liegt D mit A, B, C in einer Ebene (§. 4 und 5), und es verhalten sich:

$$a : b : c = \text{die Dreiecke } DBC : DCA : DAB.$$

Beweis. Von den drei Summen, welche sich, je zwei der drei Coefficienten a, b, c zusammengenommen, bilden lassen, ist immer wenigstens eine nicht $= 0$. Sei $a + b$ diese Summe, und man setze

I) $$aA + bB = (a+b)Z,$$

so wird

II) $$D \equiv (a+b)Z + cC.$$

Wegen II) liegen nun (§. 21) C, D, Z in gerader Linie, und es verhält sich:

1) $a + b : c = CD : DZ = BCD : BDZ = ACD : ADZ$ (§. 18, b),

folglich

2) $$DBZ : DZA = DBC : DCA \text{ (§. 18, } a\text{)}.$$

Wegen I) liegt Z aber auch in der Geraden AB, und es verhält sich:

3) $$a : b = BZ : ZA = DBZ : DZA,$$

folglich wegen 2)

4) $$a : b = DBC : DCA.$$

Aus 3) folgt weiter:

$$b : a + b = DZA : DBZ + DZA = ADZ : DBA \text{ (§. 18, } b\text{)},$$

folglich in Verbindung mit 1):

$$b : c = ACD : DBA = DCA : DAB,$$

und hieraus in Verbindung mit 4) die Proportion des Lehrsatzes.

§. 24. Zusätze. *a)* Wenn A, B, C nicht in einer Geraden liegen und

$$aA + bB + cC \equiv D, \quad a'A + b'B + c'C \equiv D$$

ist, so verhalten sich

$$a : b : c = a' : b' : c'.$$

b) Jeder Punct D einer Ebene lässt sich als Schwerpunct irgend dreier anderer nicht in einer Geraden liegenden Puncte A, B, C der Ebene betrachten, deren Coefficienten in bestimmten Verhältnissen zu einander stehen.

Denn sei Z der Durchschnitt der Linien AB und CD (§. 18, *c*). Weil er sowohl mit A und B als mit C und D in gerader Linie liegt, kann man ihn (§. 22, *b*)

$$\equiv \alpha A + \beta B \quad \text{und} \quad \equiv \gamma C + \delta D$$

setzen, wo $\alpha : \beta$ und $\gamma : \delta$ bestimmte Verhältnisse sind.

Nimmt man nun, was immer möglich ist, die Zahlen dieser Verhältnisse $\alpha : \beta$, $\gamma : \delta$ so, dass $\alpha + \beta = \gamma + \delta$ (§. 15, 3), wodurch auch $\beta : \gamma$ ein bestimmtes Verhältniss wird, so kommt:

$$\alpha A + \beta B = \gamma C + \delta D,$$

mithin

$$D \equiv \alpha A + \beta B - \gamma C.$$

Auch können sich nach dem Lehrsatze, α, β, $-\gamma$ nicht anders, als wie die Dreiecke DBC, DCA, DAB verhalten.

c) Man setze in der Formel des Lehrsatzes

$$a + b + c = -d,$$

so wird

$$aA + bB + cC = -dD, \quad aA + bB + cC + dD = 0, \quad bB + cC + dD \equiv A,$$

und es verhält sich:

$$b : c : d = ACD : ADB : ABC.$$

Um diese Proportion mit der obigen verbinden zu können, schreibe man sie (§. 18, *a*):

$$a : b : c = BCD : -CDA : DAB$$
$$b : c : d = -CDA : DAB : -ABC.$$

Dies giebt folgenden noch symmetrischeren Satz: Ist

$$aA + bB + cC + dD = 0,$$

so liegen A, B, C, D in einer Ebene und es verhalten sich:

$$a:b:c:d = BCD:-CDA:DAB:-ABC.$$

Vergl. §. 18, c. Vermöge vorigen Zusatzes ist dieser Satz auch umgekehrt richtig.

d) Ist

$$aA+bB+cC+dD=0,$$

und heissen die Durchschnitte von BC und AD, AC und BD, AB und CD resp. E, F, G, so hat man:

$$E \equiv bB+cC \equiv aA+dD,$$
$$F \equiv aA+cC \equiv bB+dD,$$
$$G \equiv aA+bB \equiv cC+dD.$$

§. 25. Lehrsatz. Wenn

$$aA+bB+cC+dD \equiv E,$$

und A, B, C, D nicht in einer Ebene liegen, so verhalten sich:

$$a:b:c:d = \text{die Pyramiden } BCDE:CDEA:DEAB:EABC.$$

Beweis. Aus den vier Coefficienten a, b, c, d lassen sich, je drei zusammengenommen, vier Summen bilden, von denen immer wenigstens eine nicht $=0$ ist. Sei $a+b+c$ diese eine Summe, und man setze

I) $$aA+bB+cC=(a+b+c)\,Z,$$

so wird

II) $$(a+b+c)\,Z+dD \equiv E.$$

Wegen II) liegen nun Z, D, E in einer Geraden, und es verhält sich:

1) $$a+b+c:d = DE:EZ = BCDE:BCEZ$$
$$= CADE:CAEZ = ABDE:ABEZ$$

(§. 20, b), folglich

2) $$EZBC:EZCA:EZAB = BCDE:CDEA:DEAB.$$

Sodann ist (§. 23) wegen I) Z auch in der Ebene ABC enthalten, und es verhält sich:

3) $$a:b:c = ZBC:ZCA:ZAB = EZBC:EZCA:EZAB$$

(§. 20, c), folglich wegen 2):

4) $$a:b:c = BCDE:CDEA:DEAB.$$

Ferner erhält man aus 3):

$$c:a+b+c = ZAB:ABC \text{ (§. 18, } c. \text{ II)} = EZAB:EABC,$$

und hieraus in Verbindung mit 1):

$$c:d = DEAB:EABC,$$

woraus sich in Verbindung mit 4) die im Lehrsatz aufgestellte Proportion ergiebt.

§. 26. Zusätze. *a*) Wenn A, B, C, D nicht in einer Ebene liegen, und

$$aA + bB + cC + dD \equiv E, \quad a'A + b'B + c'C + d'D \equiv E$$

ist, so verhalten sich:

$$a : b : c : d = a' : b' : c' : d'.$$

b) Jeder Punct E im Raume lässt sich als Schwerpunct von irgend vier andern nicht in einer Ebene liegenden Puncten A, B, C, D ansehen, deren Coefficienten in bestimmten Verhältnissen zu einander stehen. Denn schneide die Gerade DE die Ebene ABC im Puncte Z (§. 20, *d*), so kann man nach §. 22, *b*, §. 24, *b* und §. 15, 3

$$Z \equiv \delta D + \varepsilon E = \alpha A + \beta B + \gamma C$$

setzen. Dies giebt:

$$E \equiv \alpha A + \beta B + \gamma C - \delta D.$$

Nach dem Lehrsatze können sich aber α, β, γ, $-\delta$ nicht anders als wie die Pyramiden $BCDE$, ..., $EABC$ verhalten.

c) Setzt man

$$a + b + c + d = -e,$$

so erhält man nach derselben Schlussfolge, die in §. 22, *c* bei drei Puncten in einer Geraden und in §. 24, *c* bei vier Puncten in einer Ebene angewendet wurde, den Satz:

Wenn

$$aA + bB + cC + dD + eE = 0,$$

so liegen die fünf Puncte A, B, C, D, E im Raume dergestalt, dass

$$BCDE : CDEA : DEAB : EABC : ABCD = a : b : c : d : e.$$

Vergl. §. 20, *d*. Auch gilt dieser Satz umgekehrt.

d) Ist

$$aA + bB + cC + dD + eE = 0,$$

und bezeichnet man die Durchschnitte der Geraden und Ebenen, AB und CDE, AC und BDE, etc. resp. mit F, G, etc. so kommt:

$$F \equiv aA + bB \equiv cC + dD + eE$$
$$G \equiv aA + cC \equiv bB + dD + eE, \text{ u. s. w.}$$

§. 27. Die Sätze (§. 22, *c*, §. 24, *c*), dass wenn

$$aA + bB + cC = 0$$

ist, A, B, C in gerader Linie liegen, und wenn

$$aA + bB + cC + dD = 0$$

ist, A, B, C, D in einer Ebene enthalten sind, gelten offenbar nur unter der Voraussetzung, dass nicht jeder Coefficient, einzeln genommen, $= 0$ ist. Denn sonst würden der erstern Gleichung jede drei, auch nicht in einer Geraden liegenden, Puncte, und der letztern jede vier, auch nicht in einer Ebene begriffenen, Puncte Genüge leisten. Weiss man also umgekehrt, dass A, B, C nicht in einer Geraden liegen, und dennoch

$$aA + bB + cC = 0$$

sein soll, so hat man daraus zu schliessen, dass

$$a = b = c = 0$$

sein müsse. Dies lässt sich auch folgendergestalt geradezu darthun.

Man setze in der Gleichung,

$$aA + bB + cC = 0,$$

$a = g - h$ und $b = h - f$, folglich $c = f - g$, so wird sie

$$(g-h)A + (h-f)B + (f-g)C = 0$$

und daher

$$gA + hB + fC = hA + fB + gC.$$

Liegen nun A, B, C nicht in gerader Linie, so wird durch

$$gA + hB + fC \quad \text{und} \quad hA + fB + gC$$

ein und derselbe Punct der Ebene ABC ausgedrückt, und es verhält sich (§. 24, a):

$$g : h : f = h : f : g,$$

woraus $f = g = h$ folgt. Mithin ist $a = b = c = 0$.

Auf ähnliche Art wird bewiesen, dass, wenn

$$aA + bB + cC + dD = 0$$

ist und A, B, C, D nicht in einer Ebene liegen, jeder der vier Coefficienten a, b, c, d für sich $= 0$ sein muss.

Ist ferner

$$aA + bB + cC + dD = 0,$$

und liegen A, B, C in einer Geraden, D aber ausserhalb derselben, so muss $d = 0$ sein, indem sonst auch

$$D \equiv aA + bB + cC$$

ein Punct der Geraden ABC sein würde.

Wenn endlich

$$aA + bB + cC + dD + eE = 0$$

ist, und A, B, C, D in einer Ebene begriffen sind, E aber ausserhalb derselben liegt, so folgt aus ganz ähnlichem Grunde, $e = 0$.

Drittes Capitel.

Neue Methode, die Lage von Puncten zu bestimmen.

§. 28. Zu der Bestimmung der Lage von Puncten, sei es in einer gegebenen Geraden, oder in einer gegebenen Ebene oder im Raume überhaupt, werden Stücke von zweierlei Art erfordert. Die einen bleiben für alle Puncte dieselben, wie z. B. die Axen eines gewöhnlichen Coordinatensystems. Die andern, welche Coordinaten im allgemeinsten Sinne heissen, hängen von der verschiedenen Lage der Puncte gegen die erstern ab, und sind daher von einem Puncte zum andern veränderlich.

Die jetzt zu erörternde Methode, Puncte zu bestimmen, besteht nun im Wesentlichen darin, dass, als unveränderliche Stücke, gewisse Puncte genommen werden, die ich Fundamentalpuncte nennen will, und der zu bestimmende Punct als Schwerpunct derselben gedacht wird. Die veränderlichen Stücke oder die Coordinaten sind demnach hier die Verhältnisse, welche zwischen den Coefficienten der Fundamentalpuncte stattfinden müssen, damit der zu bestimmende Punct dieser Puncte Schwerpunct sei.

Zur Vollkommenheit einer Bestimmungsmethode wird erfordert, dass beliebig gegebenen möglichen Werthen der Coordinaten immer ein und nicht mehr als ein gewisser Punct entspreche, und dass umgekehrt für irgend einen gegebenen Punct jede der Coordinaten immer und nur einen möglichen Werth erhalte. Da nun jedes gegebene System von Puncten und deren Coefficienten immer und nicht mehr als einen Schwerpunct hat (§. 8), so wird hiermit der ersten dieser Forderungen immer Genüge geschehen. Wie aber auch die zweite Forderung erfüllt, und jeder gegebene Punct als Schwerpunct der Fundamentalpuncte mit, nur auf eine Weise bestimmbaren, Coefficienten betrachtet werden könne, dies ergiebt sich unmittelbar aus den Sätzen §. 22, *b*, §. 24, *b*, §. 26, *b*, wie wir sogleich mit Weiterem sehen werden.

Bestimmung eines Punctes in einer geraden Linie.

§. 29. Man nehme als Fundamentalpuncte irgend zwei Puncte A, B der Geraden; so ist, wenn man

$$pA + qB \equiv P$$

setzt, für jeden gegebenen Werth des Verhältnisses $p:q$ ein Punct P der Geraden bestimmt, und umgekehrt ist mit jedem Puncte P der Geraden auch das Verhältniss

$$p : q = BP : PA$$

gegeben (§. 22, *b*). Heisse daher $pA + qB$ der Ausdruck des Punctes P.

§. 30. Durch die Fundamentalpuncte A, B wird die Gerade in drei Theile getheilt, von denen der zwischen A und B begriffene endlich, die beiden andern unendlich sind. Haben nun p und q einerlei Vorzeichen, so liegt P in dem endlichen Theile. Sind überdies p und q einander gleich, so wird P der Mittelpunct von AB, der daher $A + B$ zum Ausdrucke hat. Ist der Coefficient des einen Fundamentalpunctes $= 0$, so fällt P mit dem andern selbst zusammen. Sind die Vorzeichen von p und q verschieden, so liegt P in dem unendlichen Theile auf der Seite von A, oder in dem auf der Seite von B, je nachdem p oder q der absolut grössere Coefficient ist (§. 3, *b*). Für $p = -q$ wird P ein unendlich entfernter Punct der Linie, dessen Ausdruck daher $A - B$ oder $B - A$ ist (§. 9).

Bestimmung eines Punctes in einer Ebene.

§. 31. Man nehme zu Fundamentalpuncten beliebige drei Puncte A, B, C der Ebene, die nicht in einer Geraden liegen. Die drei sie verbindenden Geraden BC, CA, AB heissen Fundamentallinien, und das von diesen begrenzte Dreieck ABC das Fundamentaldreieck. Setzt man nun

$$pA + qB + rC \equiv P,$$

so entspricht beliebig gegebenen Werthen der zwei in $p:q:r$ liegenden Verhältnisse ein gewisser Punct P der Ebene. Und umgekehrt, ist irgend ein Punct P der Ebene gegeben, so sind damit auch die Werthe der Verhältnisse $p:q:r$ immer und ohne Zweideutigkeit bestimmbar (§. 24, *b*).

Heisse wiederum $pA + qB + rC$ der **Ausdruck** des Punctes P.

Als Coordinaten können hier nach §. 23 auch die gegenseitigen Verhältnisse der drei Dreiecke PBC, PCA, PAB, welche P mit den Fundamentalpuncten bildet, angesehen werden.

§. 32. Durch die drei Fundamentallinien wird die Ebene in sieben Theile zerlegt, von denen der eine das Fundamentaldreieck selbst ist, die sechs übrigen aber unendliche Flächen sind, die wir nach Angabe der beistehenden Figur 5 mit $\overline{ABC}$, $\overline{BC}$, $\overline{CA}$, $\overline{AB}$, $\overline{A}$, $\overline{B}$, $\overline{C}$

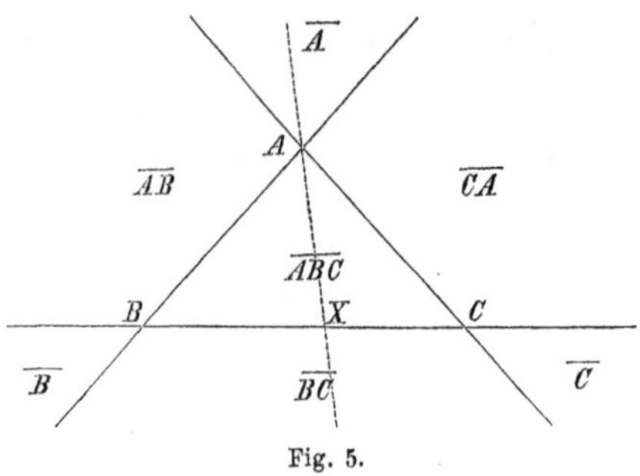

Fig. 5.

bezeichnen. Wir wollen nun die Relationen zu bestimmen suchen, die zwischen den Coefficienten von A, B, C stattfinden, je nachdem P in dem einen oder andern dieser Theile enthalten ist.

Zu diesem Ende sei

$$qB + rC \equiv X,$$

so ist

$$pA + (q + r)X \equiv P,$$

und X der Durchschnitt der Linien BC und AP (§. 23).

Angenommen nun, dass q und r gleiche Zeichen haben, so liegt (§. 30) X zwischen B und C, und die Linie APX geht durch die Felder $\overline{A}$, $\overline{ABC}$, $\overline{BC}$, und zwar durch das erste mit dem ausserhalb AX auf der Seite von A befindlichen Theile, durch das zweite mit dem Theile AX selbst, durch das dritte mit dem ausserhalb AX auf der Seite von X gelegenen.

Da nun

$$P \equiv pA + (q + r)X,$$

so fällt P in den ersten dieser Theile, also in das Feld $\overline{A}$, wenn p absolut grösser als die Summe $q + r$, aber ihr entgegengesetzt ist; in den zweiten Theil, mithin in $\overline{ABC}$, wenn p mit $q + r$ von einerlei Zeichen ist, d. h. wenn p, q und r einerlei Zeichen haben;

in den dritten Theil oder in $\overline{BC}$, wenn $q+r$ absolut grösser als p und ihm entgegengesetzt ist.

P liegt demnach

I) in $\overline{ABC}$, wenn p, q, r einerlei Zeichen haben,

II) $\begin{cases} \text{in } \overline{BC}, \text{ wenn } q+r>p \text{ und eben so} \\ \text{in } \overline{CA}, \text{ wenn } r+p>q \\ \text{in } \overline{AB}, \text{ wenn } p+q>r \end{cases}$

III) $\begin{cases} \text{in } \overline{A}, \text{ wenn } p>q+r \text{ und eben so} \\ \text{in } \overline{B}, \text{ wenn } q>r+p \\ \text{in } \overline{C}, \text{ wenn } r>p+q \end{cases}$

mit der nothwendigen Bemerkung, dass immer die zwei auf der einen Seite des Zeichens ($>$) befindlichen Coefficienten einerlei Vorzeichen unter sich, das entgegengesetzte aber von dem auf der andern Seite stehenden haben.

In dem speciellen Falle, wo der Coefficient des einen Fundamentalpunctes $=0$ ist, liegt P in der Fundamentallinie, welche die beiden anderen Fundamentalpuncte verbindet. Sind die Coefficienten zweier Fundamentalpuncte, jeder einzeln, $=0$, so ist P der dritte Fundamentalpunct selbst.

Ist endlich die Summe der drei Coefficienten $=0$, haben also zwei derselben, z. B. q und r, einerlei Zeichen, und ist ihre Summe dem entgegengesetzten Werthe des dritten p gleich, so ist P ein unendlich entfernter Punct nach einer durch die Felder $\overline{BC}$ und $\overline{A}$ sich erstreckenden Richtung, die von den drei parallel laufenden Linien durch A und den Punct $qB+rC$, durch B und $rC-(q+r)A$, durch C und $-(q+r)A+qB$ bestimmt wird (§. 9). Unbestimmt aber bleibt es, wenigstens im Allgemeinen, ob P in $\overline{PC}$ oder $\overline{A}$ enthalten ist.

Da hiermit alle möglichen Fälle erschöpft sind, so gelten diese Sätze auch umgekehrt.

Zusatz. Man setze

$$p+q+r=-s,$$

und schreibe der Symmetrie willen D statt P, so wird

$$pA+qB+rC+sD=0.$$

Weil

$$p+q+r+s=0,$$

so haben von diesen vier Coefficienten entweder drei, z. B. p, q, r, einerlei Zeichen, und der vierte, s, das entgegengesetzte; oder zwei derselben, z. B. p und q, sind positiv, und die beiden andern, r und s, negativ. Im erstern Falle liegt D innerhalb des Dreiecks ABC; im letztern setze man

$$pA + qB = -rC - sD \equiv Z,$$

so ist Z der Durchschnitt der Geraden AB und CD und fällt, weil sowohl p mit q, als r mit s einerlei Zeichen hat, innerhalb der Endpuncte beider Geraden, und mithin jeder der vier Puncte A, B, C, D ausserhalb des Dreiecks, welches die drei übrigen bilden.

Rücksichtlich der gegenseitigen Lage von vier Puncten in einer Ebene können demnach im Allgemeinen zwei Fälle stattfinden: entweder liegt einer der vier Puncte innerhalb, oder jeder liegt ausserhalb des durch die drei übrigen gebildeten Dreiecks. Im letztern Falle aber zeichnet sich unter den drei verschiedenen Arten, nach welchen die vier Puncte zu zwei Paaren genommen werden können (AB, CD; AC, BD; AD, BC), *die eine Art vor den beiden andern dadurch aus, dass die zwei durch diese zwei Paare bestimmten Geraden sich innerhalb der sie bestimmenden Puncte schneiden, dahingegen bei den zwei andern Paaren der Durchschnittspunct immer ausserhalb fällt.*

Bestimmung eines Punctes im Raume.

§. 33. Hierzu sind vier nicht in einer Ebene enthaltene Fundamentalpuncte A, B, C, D erforderlich. Die sechs, sie zu zweien verbindenden Geraden AB, AC, AD, BC, BD, CD heissen Fundamentallinien, die vier, sie zu dreien verbindenden Ebenen BCD, CDA, DAB, ABC Fundamentalebenen, und die von diesen vier Ebenen begrenzte Pyramide $ABCD$ die Fundamentalpyramide.

Der Ausdruck eines Punctes P im Raume hat alsdann die Form:

$$pA + qB + rC + sD.$$

Denn durch jede gegebene Werthe der Verhältnisse der Coefficienten p, q, r, s ist auch der Punct P immer und ohne Zweideutigkeit bestimmt. Und umgekehrt, ist P gegeben, so erhalten auch jene Verhältnisse immer und ohne Zweideutigkeit bestimmte Werthe. Es müssen sich nämlich die Coefficienten wie die Pyramiden $PBCD$, $-PCDA$, $PDAB$, $-PABC$ verhalten (§. 26, b). Die gegenseitigen Verhältnisse der letztern können daher ebenfalls als die Coordinaten von P bei dieser Bestimmung betrachtet werden.

§. 34. Die vier Fundamentalebenen, in das Unendliche erweitert gedacht, begrenzen eine dreiseitige Pyramide und zerlegen den übrigen unendlichen Raum in vierzehn Theile. Vier derselben sind unendliche Pyramiden, von denen jede zu ihrer Spitze eine der vier Spitzen der Fundamentalpyramide, und zu ihren Kanten die verlängerten Kanten dieser Spitze hat. Ihre Bezeichnungen seien nach den Spitzen, an welche sie stossen: $\overline{\overline{A}}$, $\overline{\overline{B}}$, $\overline{\overline{C}}$, $\overline{\overline{D}}$. Vier andere Räume sind ebenfalls unendliche, aber abgestumpfte Pyramiden, über jeder Seitenfläche der Pyramide eine derselben. Sie werden nach den Seitenflächen, über welchen sie liegen, mit $\overline{\overline{BCD}}$, $\overline{\overline{CDA}}$, $\overline{\overline{DAB}}$, $\overline{\overline{ABC}}$ bezeichnet. Die sechs übrigen unendlichen Räume könnte man vierseitige Pyramiden nennen. Nur laufen ihre vier Seiten nicht in einer, sondern zwei Spitzen der Fundamentalpyramide zusammen, so dass jede mit der Fundamentalpyramide die zwischen diesen zwei Spitzen liegende Kante gemein, und die vier Seiten der Fundamentalpyramide, welche in den zwei Spitzen zusammentreffen, über die Spitzen hinaus erweitert, zu Grenzen hat. Wir wollen diese Räume nach den mit der Fundamentalpyramide gemeinschaftlichen Spitzenpaaren durch $\overline{\overline{AB}}$, $\overline{\overline{AC}}$, $\overline{\overline{AD}}$, $\overline{\overline{BC}}$, $\overline{\overline{BD}}$, $\overline{\overline{CD}}$ ausdrücken; die Fundamentalpyramide endlich selbst durch $\overline{\overline{ABCD}}$.

Um die gegenseitige Lage der unendlichen Räume bequem auffassen zu können, denke man sich aus irgend einem Puncte der Pyramide mit einem unendlich grossen Halbmesser eine Kugel beschrieben, so wird jede der vier Fundamentalebenen die Kugelfläche in einem grössten Kreise schneiden, und durch diese vier Kreise die Kugelfläche in vierzehn, den eben so viel unendlichen Räumen entsprechende, Theile getheilt werden. Von dieser Kugelfläche in Bezug auf die Pyramide Fig. 5 giebt Fig. 6 einen stereographischen Entwurf. Der mittlere Kreis stellt die Ebene BCD vor, der untere die Ebene CDA, von den beiden oberen der rechte die Ebene DAB, der linke die Ebene ABC.

Es soll nun eben so, wie in §. 30 und §. 32, gezeigt werden, wie durch die gegenseitige Relation der Coefficienten p, q, r, s der Theil des Raumes bestimmt wird, in welchem der Punct

$$P \equiv pA + qB + rC + sD$$

enthalten ist.

Haben erstlich q, r, s einerlei Vorzeichen, und sei

$$qB + rC + sD \equiv X,$$

also

$$pA + (q + r + s)\,X \equiv P,$$

so ist X der Durchschnitt der Geraden AP mit der Ebene BCD (§. 25) und liegt innerhalb des Dreiecks BCD (§. 32), und die Gerade AP geht durch die Räume $\overline{\overline{A}}$, $\overline{\overline{ABCD}}$, $\overline{\overline{BCD}}$. Ganz auf

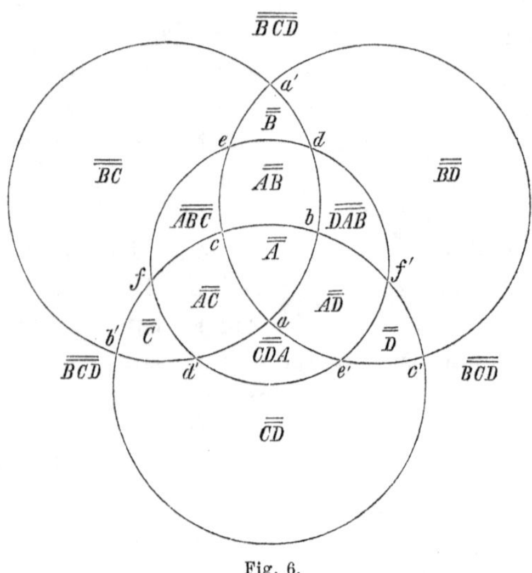

Fig. 6.

die Weise, wie in §. 32, wird nun auch hier bewiesen, dass der Punct P liegt:

I) in $\overline{\overline{ABCD}}$, wenn p, q, r, s einerlei Zeichen haben;

II) $\begin{cases} \text{in } \overline{\overline{BCD}}, \text{ wenn } q + r + s > p, \text{ und eben so} \\ \text{in } \overline{\overline{CDA}}, \text{ wenn } r + s + p > q \\ \qquad \text{u. s. w.,} \end{cases}$

III) $\begin{cases} \text{in } \overline{\overline{A}}, \text{ wenn } p > q + r + s, \text{ und eben so} \\ \text{in } \overline{\overline{B}}, \text{ wenn } q > r + s + p \\ \qquad \text{u. s. w.,} \end{cases}$

nur dass auch hier bei den Formeln II) und III) die in §. 32 gemachte Erinnerung in Betreff der Vorzeichen wiederholt werden muss.

Seien ferner p und q positiv, r und s negativ, oder umgekehrt, und absolut $p + q > r + s$. Man setze

$$pA + qB \equiv M \text{ und } rC + sD \equiv N,$$

also

$$(p + q)\, M + (r + s)\, N \equiv P,$$

so liegt M in der Fundamentallinie AB zwischen A und B, und N in der Fundamentallinie CD zwischen C und D. Wie man bald wahrnimmt, ist folglich die Gerade MN mit dem zwischen M und

N begriffenen Theile in der Fundamentalpyramide selbst, mit dem Theile über M hinaus in dem Raume $\overline{\overline{AB}}$, und mit dem Theile über N hinaus in dem Raume $\overline{\overline{CD}}$ enthalten. Da nun $p+q$ und $r+s$ entgegengesetzte Zeichen haben, und absolut $p+q>r+s$ ist, so liegt P in der Geraden MN, und zwar in dem über M hinaus sich erstreckenden Theile derselben, d. h. in dem Raume $\overline{\overline{AB}}$. P liegt also

$$\text{IV)}\begin{cases}\text{in } \overline{\overline{AB}}, \text{ wenn } p+q>r+s, \text{ und eben so}\\ \text{in } \overline{\overline{AC}}, \text{ wenn } p+r>q+s\\ \qquad\text{u. s. w.}\end{cases}$$

mit demselben Zusatze in Betreff der Vorzeichen, wie vorhin.

In dem speciellen Falle, wo einer der vier Coefficienten, z. B. $p=0$ ist, fällt P in die Fundamentalebene BCD. Sind zwei Coefficienten zugleich, z. B. p und $q=0$, so liegt P in der Fundamentallinie CD; und wenn drei Coefficienten, z. B. p, q und $r=0$ sind, so fällt P mit dem Fundamentalpuncte D zusammen.

Wenn endlich, ohne dass jeder Coefficient einzeln $=0$, die Summe aller $=0$ ist, und daher entweder drei Coefficienten z. B. q, r, s einerlei Zeichen, aber das entgegengesetzte von dem vierten p haben und ohne Rücksicht auf die Zeichen

$$q+r+s=p$$

ist, oder zwei Coefficienten z. B. p, q positiv, die beiden andern r, s negativ sind und absolut

$$p+q=r+s$$

ist, so liegt P von der Fundamentalpyramide unendlich entfernt. Die Richtung, nach welcher er liegt, wird im ersten Falle durch Parallelen mit der durch die Puncte A und $qB+rC+sD$ gelegten Geraden, und im zweiten durch Parallelen mit der Geraden durch die Puncte $pA+qB$ und $rC+sD$ bestimmt. Im ersten Falle liegt er also im Raume $\overline{A}$ oder $\overline{\overline{\overline{BCD}}}$, und im zweiten im Raume $\overline{\overline{AB}}$ oder $\overline{\overline{CD}}$.

Alle Sätze dieses §. gelten übrigens auch umgekehrt. Vergl. §. 32.

Zusatz. Man setze

$$p+q+r+s=-t,$$

so wird

$$pA+qB+rC+sD+tE=0,$$

wenn man noch der Symmetrie willen E für P schreibt. Da nun

$$p+q+r+s+t=0,$$

so haben von diesen fünf Coefficienten entweder vier, z. B. p, q, r, s, einerlei Zeichen, und der fünfte t das entgegengesetzte, oder drei

Coefficienten, z. B. p, q, r, sind mit einerlei Zeichen, und die beiden übrigen s, t mit dem entgegengesetzten behaftet. Dem zufolge *giebt es rücksichtlich der gegenseitigen Lage von fünf Puncten im Raume*, eben so wie §. 32 Zusatz, *im Allgemeinen zwei Fälle. Im ersten liegt ein Punct*, E, *innerhalb der Pyramide*, *von welcher die vier übrigen*, A, B, C, D, *die Spitzen sind.* Im zweiten Falle setze man

$$pA + qB + rC = -(sD + tE) \equiv F,$$

so ist F der Durchschnitt der Ebene ABC mit der Geraden DE, und liegt sowohl innerhalb der Dreiecksfläche ABC, als auch innerhalb der Puncte D und E. Wie man bald sieht, *ist also in dem zweiten Falle jeder Punct ausserhalb der von den vier übrigen gebildeten Pyramide enthalten. Zugleich aber zeichnet sich unter den zehn Geraden, welche die fünf Puncte zu zweien verbinden, die eine vor den übrigen dadurch aus*, *dass ihr Durchschnitt mit der Ebene durch die drei übrigen Puncte*, *sowohl innerhalb des Dreiecks dieser letzteren*, *als auch innerhalb der zwei sie selbst bestimmenden Puncte fällt.*

Veränderung der Fundamentalpuncte.

§. 35. Sei ein Punct P in Bezug auf zwei, drei oder vier Fundamentalpuncte A, B, .., je nachdem er in einer geraden Linie, in einer Ebene oder im Raume enthalten ist, auf die eben gezeigte Art gegeben. Es wird verlangt, den Ausdruck von P auf zwei, drei oder vier andere Fundamentalpuncte $A_{,}$, $B_{,}$, .. bezogen zu finden, vorausgesetzt, dass die letzteren Fundamentalpuncte in Bezug auf die ersteren ebenfalls gegeben sind.

Offenbar ist diese Aufgabe der Veränderung der Axen eines gewöhnlichen Coordinatensystems analog. Man weiss, dass dieses Geschäft, — eines der wichtigsten in der analytischen Geometrie, — wenn auch mit keinen Schwierigkeiten verknüpft, doch nach den verschiedenen Fällen mancherlei Umsicht nöthig hat, und Anwendung von Formeln erfordert, die dem Gedächtnisse nicht immer zu Gebote stehen. Dagegen bedarf man zur Veränderung der Fundamentalpuncte nur der einzigen, aus der Natur der Sache selbst fliessenden und auf jeden Fall anwendbaren Regel:

Sind die neuen Fundamentalpuncte $A_{,}$, $B_{,}$, .. durch die alten A, B, .. ausgedrückt, gegeben, so suche man umgekehrt die Werthe von A, B, .. durch $A_{\prime}$, $B_{\prime}$, .. ausgedrückt. Die Substitution dieser Werthe in dem Ausdrucke von P giebt das Verlangte.

Die Sache ist so einfach, dass folgendes Beispiel zur Erläuterung vollkommen hinreichen wird.

§. 36. Beispiel. Seien in einer Ebene die neuen Fundamentalpuncte $A_{\prime}$, $B_{\prime}$, $C_{\prime}$ die Mittelpuncte der Seiten des alten Fundamentaldreiecks ABC, $A_{\prime}$ der Mittelpunct von BC, $B_{\prime}$ von CA, $C_{\prime}$ von AB; so hat man die Gleichungen (§. 30):

$$2A_{\prime} = B + C, \quad 2B_{\prime} = C + A, \quad 2C_{\prime} = A + B,$$

woraus sogleich folgt:

$$A = B_{\prime} + C_{\prime} - A_{\prime}, \quad B = C_{\prime} + A_{\prime} - B_{\prime}, \quad C = A_{\prime} + B_{\prime} - C_{\prime}.$$

Ist nun der Ausdruck irgend eines Punctes P der Ebene in Bezug auf die alten Fundamentalpuncte:

$$P \equiv pA + qB + rC,$$

so wird in Bezug auf die neuen:

$$P \equiv p(B_{\prime} + C_{\prime} - A_{\prime}) + q(C_{\prime} + A_{\prime} - B_{\prime}) + r(A_{\prime} + B_{\prime} - C_{\prime})$$

d. i.

$$P \equiv (q + r - p)A_{\prime} + (r + p - q)B_{\prime} + (p + q - r)C_{\prime}.$$

Anmerkung. Man hat (§. 32) gesehen, wie aus dem gegenseitigen Verhalten der Coefficienten p, q, r beurtheilt werden kann, in welchem der sieben Felder, worein die Ebene durch die drei Fundamentallinien BC, CA, AB zerlegt wird, der Punct P sich befindet. Auf eben die Weise wird man nun mittelst der Coefficienten $q + r - p$, $r + p - q$, $p + q - r$, also ursprünglich auch mittelst p, q, r angeben können, in welchem der sieben Felder, worein die neuen Fundamentallinien $B_{\prime}C_{\prime}$, $A_{\prime}B_{\prime}$, d. h. die Linien durch die Mittelpuncte der Seiten des Fundamentaldreiecks ABC, die Ebene theilen, der Punct P enthalten ist.

Heissen diese Felder, analog der in §. 32 angewendeten Bezeichnung, $\overline{A_{\prime}B_{\prime}C_{\prime}}$, $\overline{B_{\prime}C_{\prime}}$, $\overline{A_{\prime}}$, u. s. w., so wird man ohne Schwierigkeit folgende Resultate finden:

Der Punct P liegt

I) in $\overline{A_{\prime}B_{\prime}C_{\prime}}$, wenn p, q, r einerlei Zeichen haben, und in absolutem Sinne die Summe je zweier Coefficienten grösser als der dritte ist;

II) in $\overline{B_{\prime}C_{\prime}}$, wenn ohne Rücksicht auf die Zeichen $p > q + r$; in $\overline{C_{\prime}A_{\prime}}$, wenn u. s. w.

III) in $\overline{A_{\prime}}$, wenn p ein von dem der beiden anderen Coefficienten verschiedenes Vorzeichen hat, und nächstdem ohne Rücksicht auf die Zeichen die Summe je zweier Coefficienten grösser als der dritte ist; in $\overline{B_{\prime}}$, wenn u. s. w.

Durch die drei ursprünglichen Fundamentallinien BC, .. und die drei neuen $B_{\prime}C_{\prime}$, .. wird die Ebene in sechszehn Theile zerlegt, von denen vier Theile endlich und zwölf unendlich sind. In Verbindung der oben gegebenen

Kennzeichen rücksichtlich der ersteren Fundamentallinien mit den jetzt aufgestellten rücksichtlich der letzteren lassen sich nun leicht die Kennzeichen für jedes dieser sechszehn Felder einzeln finden. Allein die weitere Ausführung hiervon, so wie auch den Beweis für die eben gegebenen Regeln, muss ich, um nicht zu weitläufig zu werden, den Lesern selbst überlassen.

Viertes Capitel.

Von Ausdrücken gerader Linien und Ebenen.

---

§. 37. Bezeichnen E und E' zwei Puncte, so ist $E + wE'$ der Ausdruck eines Punctes in der durch E und E' bestimmten geraden Linie, und zwar jedes beliebigen Punctes dieser Linie, wenn es frei steht, dem Verhältnisse $1 : w$ jeden beliebigen Werth beizulegen (§. 29). Man kann daher den Ausdruck $E + wE'$, sobald darin w als eine veränderliche Grösse genommen wird, den Ausdruck der geraden Linie EE' selbst nennen, indem die Construction desselben alle in dieser Linie begriffenen Puncte giebt.

I. Ausdrücke gerader Linien in einer Ebene.

§. 38. Seien nun E und E' zwei Puncte einer Ebene; die Fundamentalpuncte derselben heissen A, B, C, und auf diese bezogen sei:

$$eE = aA + bB + cC, \qquad e'E' = a'A + b'B + c'C;$$

so wird, wenn man statt w die Veränderliche v einführt, so dass $w = \frac{ve'}{e}$:

$$E + wE' \equiv eE + ve'E' = (a + a'v)A + (b + b'v)B + (c + c'v)C.$$

Dieser letztere Ausdruck mit der Veränderlichen v ist also der Ausdruck einer Geraden, welche durch die zwei Puncte

$$aA + bB + cC \text{ und } a'A + b'B + c'C$$

der Ebene geht, und folglich der allgemeine Ausdruck für eine gerade Linie in einer Ebene, weil die Ausdrücke der beiden Puncte von ganz allgemeiner Form sind.

§. 39. Zusätze. *a*) Eine gerade Linie in einer Ebene wird im Allgemeinen jede der drei Fundamentallinien BC, CA, AB der Ebene schneiden. Es geschehe dies resp. in den Puncten A', B', C'. Für diese Puncte der Linie sollen nun die speciellen Werthe der Veränderlichen v in dem Ausdrucke der Linie, und somit die Ausdrücke der Puncte selbst gefunden werden. — Da der Punct A' zugleich in der Fundamentallinie BC liegt, so ist für ihn in dem Ausdrucke der Linie der Coefficient von A

$$a + a'v = 0$$

(§. 32), folglich

$$v = -\frac{a}{a'}.$$

Substituirt man diesen Werth in den Coefficienten von B und C, so kommt:

$$A' \equiv (ab' - a'b)B - (ca' - c'a)C.$$

Setzt man noch der Kürze willen:

$$1) \quad bc' - b'c = \alpha, \quad ca' - c'a = \beta, \quad ab' - a'b = \gamma,$$

so wird

und eben so findet sich

$$2) \quad \left\{\begin{aligned} (\gamma - \beta)A' &= \gamma B - \beta C, \\ (\alpha - \gamma)B' &= \alpha C - \gamma A, \\ (\beta - \alpha)C' &= \beta A - \alpha B. \end{aligned}\right.$$

b) Da die drei Puncte A', B', C' in einer Geraden liegen, so muss auch zwischen ihnen allein eine Gleichung stattfinden. In der That, dividirt man die drei Gleichungen 2) resp. mit $\beta\gamma$, $\gamma\alpha$, $\alpha\beta$, und addirt sie hierauf, so kommt:

$$\left(\frac{1}{\beta} - \frac{1}{\gamma}\right)A' + \left(\frac{1}{\gamma} - \frac{1}{\alpha}\right)B' + \left(\frac{1}{\alpha} - \frac{1}{\beta}\right)C' = 0.$$

c) Wenn man in dem Ausdrucke einer geraden Linie in einer Ebene der Veränderlichen v einen solchen Werth giebt, dass die Summe der drei Coefficienten null wird, so erhält man den Ausdruck für einen unendlich entfernten Punct der Linie (§. 32). Nun ist jene Summe

$$= a + b + c + (a' + b' + c')v;$$

folglich, wenn man sie gleich 0 setzt:

$$v = -\frac{a + b + c}{a' + b' + c'}.$$

Diesen Werth von v in dem Ausdrucke substituirt, ergiebt sich der Coefficient von A

$$=\frac{a(a'+b'+c')-a'(a+b+c)}{a'+b'+c'}=\frac{\gamma-\beta}{a'+b'+c'}$$

und eben so die Coefficienten von B und C

$$\frac{\alpha-\gamma}{a'+b'+c'} \quad \text{und} \quad \frac{\beta-\alpha}{a'+b'+c'}.$$

Hiernach wird, nachdem man zuvor jeden Coefficienten mit

$$-(a'+b'+c')$$

multiplicirt hat, der Ausdruck für den unendlich entfernten Punct der Linie:

$$(\beta-\gamma)A+(\gamma-\alpha)B+(\alpha-\beta)C.$$

Man begreift leicht, dass dieses Verfahren auf die Entwickelung von

$$\frac{aA+bB+cC}{a+b+c}-\frac{a'A+b'B+c'C}{a'+b'+c'}=E-E'$$

hinausläuft. $E-E'$ ist aber der Ausdruck des in der Geraden EE' unendlich entfernten Punctes.

Weil A', B', C' ebenfalls Puncte der geraden Linie sind, so werden auch $B'-C'$, $C'-A'$, $A'-B'$ Ausdrücke des unendlich entfernten Punctes sein und, nach A, B, C entwickelt, zu demselben Ausdrucke hinführen müssen. So ist z. B.

$$\begin{aligned} B'-C' &= \frac{\gamma A-\alpha C}{\gamma-\alpha}-\frac{\alpha B-\beta A}{\alpha-\beta} \\ &= \frac{\alpha(\gamma-\beta)A-\alpha(\gamma-\alpha)B-\alpha(\alpha-\beta)C}{(\gamma-\alpha)(\alpha-\beta)} \\ &\equiv (\beta-\gamma)A+(\gamma-\alpha)B+(\alpha-\beta)C \end{aligned}$$

wie vorhin.

Am einfachsten aber gelangt man zu diesem Ausdrucke durch Addition der Gleichungen 2). Diese giebt:

$$(\gamma-\beta)A'+(\alpha-\gamma)B'+(\beta-\alpha)C'=(\beta-\gamma)A+(\gamma-\alpha)B+(\alpha-\beta)C.$$

Da nun hierin zu beiden Seiten des Gleichheitszeichens die Summe der Coefficienten gleich 0 ist, so sind auch die Ausdrücke auf der einen und anderen Seite entweder gleich 0, oder zeigen einen unendlich entfernten Punct an. Ersteres kann aber nicht sein, weil die drei Puncte A, B, C rechter Hand nicht in einer Geraden liegen, auch die Coefficienten derselben nicht einzeln gleich 0 sind (§. 27). Mithin wird durch beide Ausdrücke ein unendlich entfernter Punct dargestellt, und zwar der in der Geraden $A'B'C'$ enthaltene.

§. 40. Der allgemeine Ausdruck einer geraden Linie in einer Ebene lässt sich, seiner Allgemeinheit unbeschadet, auf eine weit einfachere Form zurückbringen. Er wurde erhalten, indem man die Ausdrücke irgend zweier Puncte der Linie nahm, und den einen derselben, mit einer Veränderlichen multiplicirt, dem andern hinzufügte. Da nun die Wahl dieser zwei Puncte durch nichts bedingt ist, so nehme man hierzu zwei von den Durchschnitten mit den Fundamentallinien selbst, indem die Ausdrücke der Durchschnitte nur aus zwei Fundamentalpuncten zusammengesetzt sind. So geben z. B. die zwei Durchschnitte A' und B' mit einander verbunden, den Ausdruck der Linie:

$$\gamma A - \alpha C + x(\gamma B - \beta C) \equiv A + xB - \frac{\alpha + \beta x}{\gamma} C.$$

Zu demselben vereinfachten Ausdrucke kann man aber auch mittelst bloss analytischer Operationen, durch Einführung einer anderen Veränderlichen, gelangen. In dieser Absicht setze man in dem allgemeinen Ausdrucke:

$$(a + a'v)A + (b + b'v)B + (c + c'v)\,C$$

zuerst

$$a + a'v = t$$

so dass t die neue Veränderliche ist. Hierdurch wird

$$v = \frac{t - a}{a'},$$

und

$$b + b'v = \frac{a'b - ab' + b't}{a'} = \frac{-\gamma + b't}{a'},$$

$$c + c'v = \frac{a'c - ac' + c't}{a'} = \frac{\beta + c't}{a'},$$

wenn wir zur Abkürzung wiederum die Buchstaben α, β, γ, in der bisherigen Bedeutung genommen, anwenden; und der Ausdruck erhält die Form:

$$tA - \frac{\gamma - b't}{a'}B + \frac{\beta + c't}{a'}C.$$

Man dividire ihn durch t und setze

$$\frac{1}{t} = u,$$

so wird er:

$$A + \frac{b' - \gamma u}{a'}B + \frac{c' + \beta u}{a'}C.$$

Man nehme nun

$$\frac{b'-\gamma u}{a'}$$

zur Veränderlichen gleich x, so wird

$$u=\frac{b'-a'x}{\gamma},$$

und

$$\frac{c'+\beta u}{a'}=\frac{c'\gamma+b'\beta}{a'\gamma}-\frac{\beta x}{\gamma}=-\frac{\alpha+\beta x}{\gamma},$$

weil immer

$$a'\alpha+b'\beta+c'\gamma=0.$$

Hierdurch verwandelt sich der Ausdruck in:

$$A+xB-\frac{\alpha+\beta x}{\gamma}C,$$

wie vorhin. — Noch etwas einfacher wird er, wenn man

$$-\frac{\alpha}{\gamma}=f \quad\text{und}\quad -\frac{\beta}{\gamma}=g$$

setzt:

$$A+xB+(f+gx)C,$$

wo nur noch zwei Constanten vorkommen.

§. 41. Aufgabe. Die Ausdrücke zweier gerader Linien in einer Ebene sind gegeben:

I) $A+xB+(a+bx)C,$

II) $A+yB+(a'+b'y)C.$

Den Ausdruck für den Schneidungspunct der Linien und die Bedingungsgleichung für ihren Parallelismus zu finden.

Auflösung. Da durch I) jeder Punct der einen, und durch II) jeder Punct der anderen Linie ausgedrückt wird, so verlangt die Aufgabe nichts anderes, als für x und y solche Werthe zu finden, für welche der durch I) ausgedrückte Punct mit dem durch II) ausgedrückten identisch wird. Für diese Werthe von x und y müssen sich aber nach §. 24, a verhalten:

$$1:x:a+bx=1:y:a'+b'y.$$

Hieraus folgt

$$x=y,\quad a+bx=a'+b'y$$

und

$$x=y=-\frac{a-a'}{b-b'}.$$

Diesen Werth für x oder y in I) oder II) substituirt, erhält man den gesuchten Ausdruck für den Schneidungspunct:

$$(b-b')A-(a-a')B+(a'b-ab')C.$$

Ist die Summe der Coefficienten dieses Ausdrucks $=0$, so liegt der den Linien gemeinschaftliche Punct unendlich entfernt, d. h. die Linien sind sich parallel. Die Bedingungsgleichung für den Parallelismus der Linien I) und II) ist daher:

$$b-b'-a+a'+a'b-ab'=0.$$

Dieselbe Relation lässt sich auch noch folgenderweise erhalten. Für den unendlich entfernten Punct der Linie I) ist:

$$1+x+a+bx=0,$$

also

$$x=-\frac{1+a}{1+b}.$$

Hierdurch wird der unendlich entfernte Punct selbst:

1) $$(1+b)A-(1+a)B+(a-b)C.$$

Eben so findet sich der unendlich entfernte Punct der Linie II):

2) $$(1+b')A-(1+a')B+(a'-b')C.$$

Da nun zwei Parallellinien als solche angesehen werden können, die in einem unendlich entfernten Puncte sich schneiden, so wird bei stattfindendem Parallelismus der Punct 1) mit dem Puncte 2) zusammenzufallen und mithin sich verhalten müssen:

$$1+b:1+a:a-b=1+b':1+a':a'-b'.$$

Dies gibt die Bedingungsgleichungen:

$$\frac{1+a}{1+b}=\frac{1+a'}{1+b'} \quad \text{und} \quad \frac{1+a}{a-b}=\frac{1+a'}{a'-b'},$$

die unter sich und mit der vorhin gefundenen identisch sind.

§. 42. Aufgabe. Es sind die Ausdrücke dreier gerader Linien in einer Ebene gegeben:

$$A+xB+(a+bx)C,$$
$$A+yB+(a'+b'y)C,$$
$$A+zB+(a''+b''z)C.$$

Die Bedingungsgleichung zu finden, bei welcher sich die Linien in einem Puncte schneiden.

Auflösung. Hierzu ist nöthig, dass die gegebenen Ausdrücke für gewisse Werthe der Veränderlichen x, y, z einen und denselben

Punct darstellen können. Für diese Werthe muss also nach §. 24, *a* sein:

$$x = y = z$$

und

$$a + bx = a' + b'y = a'' + b''z.$$

Eliminirt man daraus x, y, z, so kommt:

$$a'b'' - a''b' + a''b - ab'' + ab' - a'b = 0,$$

als die gesuchte Bedingungsgleichung.

§. 43. Aufgabe. Die Bedingungsgleichung zu finden, bei welcher drei durch ihre Ausdrücke gegebene Puncte einer Ebene

$$P \equiv aA + bB + C$$
$$P' \equiv a'A + b'B + C$$
$$P'' \equiv a''A + b''B + C$$

in einer Geraden liegen.

Auflösung. Sollen P, P', P'' in einer Geraden enthalten sein, so muss es (§. 22, *c*) drei solche Verhältnisszahlen k, k', k'' geben, dass

$$k(a + b + 1)P + k'(a' + b' + 1)P' + k''(a'' + b'' + 1)P'' = 0$$

ist. Setzt man hierein P, P', P'' durch A, B, C ausgedrückt, und ordnet gehörig, so kommt:

$$(ak + a'k' + a''k'')A + (bk + b'k' + b''k'')B + (k + k' + k'')C = 0.$$

Da nun A, B, C nicht in gerader Linie liegen, so muss nach §. 27

$$ak + a'k' + a''k'' = 0, \quad bk + b'k' + b''k'' = 0, \quad k + k' + k'' = 0$$

sein. Aus den zwei ersten dieser Gleichungen folgt:

$$k : k' : k'' = a'b'' - a''b' : a''b - ab'' : ab' - a'b,$$

und hieraus in Verbindung mit der dritten:

$$a'b'' - a''b' + a''b - ab'' + ab' - a'b = 0,$$

als die gesuchte Bedingungsgleichung.

§. 44. Ich füge noch die Ausdrücke für einige specielle Lagen einer geraden Linie gegen das Fundamentaldreieck hinzu.

Geht die Linie durch zwei Fundamentalpuncte selbst, z. B. durch A und B, so ist ihr Ausdruck: $A + vB$, der möglich einfachste.

Geht die Linie nur durch einen Fundamentalpunct, z. B. A, so sei irgend ein anderer in ihr liegender Punct

$$\equiv aA + bB + cC.$$

Der Ausdruck der Linie wird alsdann sein:

$$vA + aA + bB + cC = (v + a)A + bB + cC,$$

oder, wenn man die Veränderliche $v + a = x$ setzt:

$$xA + bB + cC.$$

Ist also die Veränderliche nur in einem der drei Coefficienten enthalten, so gehört der Ausdruck einer durch diesen Punct gehenden Geraden an. — Der Punct, in welchem diese Gerade die Fundamentallinie BC schneidet, ist $\equiv bB + cC$. Für ihn selbst ist $x = 0$, und für den Punct A, $x = \infty$.

Läuft die Linie mit einer der Fundamentallinien z. B. mit BC parallel, so kann man sie als eine solche betrachten, welche BC in dem Puncte $B - C$ schneidet. Der allgemeine Ausdruck einer solchen ist daher:

$$aA + bB + cC + x(B - C),$$

d. i.

$$aA + (b + x)B + (c - x)C.$$

Eine Parallele mit BC, welche zugleich durch A geht, hat den Ausdruck: $xA + B - C$. Eben so ist der Ausdruck einer Parallele mit AC durch B: $A + yB - C$. Für $x = 1$ geht der erstere, und für $y = 1$ der letztere Ausdruck in $A + B - C$ über, welches mithin der Durchschnitt beider Parallelen, d. h. derjenige Punct ist, welcher mit A, C, B die Spitzen eines Parallelogramms bildet. Vergl. §. 36.

II. Ausdrücke gerader Linien im Raume überhaupt.

§. 45. Seien wiederum E und E' irgend zwei Puncte der Linie, und als Puncte des Raumes gedacht und auf die vier Fundamentalpuncte A, B, C, D bezogen:

$$eE = aA + bB + cC + dD,$$
$$e'E' = a'A + b'B + c'C + d'D,$$

so wird der Ausdruck der Linie:

$$eE + ve'E' = (a + a'v)A + (b + b'v)B + (c + c'v)C + (d + d'v)D,$$

welches daher der allgemeine Ausdruck einer geraden Linie im Raume ist.

§. 46. Zusätze. *a*) Im Allgemeinen schneidet die Linie jede der vier Fundamentalebenen; heissen diese Durchschnitte mit BCD,

CDA, DAB, ABC resp. A', B', C', D'. Die Ausdrücke derselben ergeben sich aus dem der Linie auf ähnliche Art, wie §. 39, *a*. So muss z. B. für A', als einen Punct in der Ebene BCD, der Coefficient von A, d. i.

$$a + a'v = 0,$$

folglich

$$v = -\frac{a}{a'}$$

sein. Diesen Werth von v in den übrigen Coefficienten substituirt, und zur Abkürzung

$$1)\ \begin{cases} ab' - a'b = \alpha, & ac' - a'c = \beta, \quad ad' - a'd = \gamma \\ bc' - b'c = \delta, & bd' - b'd = \varepsilon, \quad cd' - c'd = \zeta \end{cases}$$

gesetzt, erhält man:

und eben so

$$2)\ \begin{cases} (\alpha + \beta + \gamma) A' = \alpha B + \beta C + \gamma D \\ (\delta + \varepsilon - \alpha) B' = \delta C + \varepsilon D - \alpha A \\ (\beta + \delta - \zeta) C' = \beta A + \delta B - \zeta D \\ (\gamma + \varepsilon + \zeta) D' = \gamma A + \varepsilon B + \zeta C. \end{cases}$$

b) Weil die vier Puncte A', B', C', D' in einer Geraden liegen, so muss zwischen je dreien derselben besonders eine Gleichung Statt haben. Um diejenige zu finden, welche zwischen B', C', D' obwaltet, multiplicire man die drei letzten der Gleichungen 2) resp. mit $-\zeta$, $-\varepsilon$, δ, addire sie hierauf, und es kommt:

$$\delta(\gamma + \varepsilon + \zeta) D' - \zeta(\delta + \varepsilon - \alpha) B' - \varepsilon(\beta + \delta - \zeta) C' = (\alpha\zeta - \beta\varepsilon + \gamma\delta) A.$$

Da aber B', C', D' Puncte der geraden Linie sind, und der Fundamentalpunct A im Allgemeinen ausserhalb derselben liegt, so muss nach §. 27 der Coefficient von A

$$\alpha\zeta - \beta\varepsilon + \gamma\delta = \delta(\gamma + \varepsilon + \zeta) - \zeta(\delta + \varepsilon - \alpha) - \varepsilon(\beta + \delta - \zeta) = 0$$

sein. Diese durch geometrische Betrachtung erhaltene Relation zwischen α, β, ..., ζ bestätigt sich auch durch Rechnung. Denn multiplicirt man von den zwei aus 1) sehr leicht fliessenden Gleichungen

$$a\delta - b\beta + c\alpha = 0,$$
$$a'\delta - b'\beta + c'\alpha = 0,$$

die erste mit d', die zweite mit d, und zieht hierauf die eine von der anderen ab, so kommt, mit wiederholter Anwendung von 1), dasselbe Resultat.

Es ist demnach:

$$\zeta(\delta+\varepsilon-\alpha)B'+\varepsilon(\beta+\delta-\zeta)C'=\delta(\gamma+\varepsilon+\zeta)D'$$

und eben so

$$\zeta(\alpha+\beta+\gamma)A'+\gamma(\beta+\delta-\zeta)C'=\beta(\gamma+\varepsilon+\zeta)D'$$
$$\gamma(\delta+\varepsilon-\alpha)B'+\alpha(\gamma+\varepsilon+\zeta)D'=\varepsilon(\alpha+\beta+\gamma)A'$$
$$\beta(\delta+\varepsilon-\alpha)B'+\alpha(\beta+\delta-\zeta)C'=\delta(\alpha+\beta+\gamma)A'.$$

c) Um den Ausdruck des unendlich entfernten Punctes der Linie zu erhalten, hat man, wie §. 39, c, im Ausdrucke der Linie die Summe der Coefficienten gleich 0 zu setzen. Dies giebt

$$v=-\frac{a+b+c+d}{a'+b'+c'+d'},$$

und hiermit nach gehöriger Reduction den Ausdruck des Punctes selbst:

$$(\alpha+\beta+\gamma)A+(\delta+\varepsilon-\alpha)B-(\beta+\delta-\zeta)C-(\gamma+\varepsilon+\zeta)D.$$

Denselben Ausdruck bekommt man auch durch Entwickelung von $A'-B'$, oder $A'-C'$, u. s. w., wenn man dabei die identische Gleichung

$$\alpha\zeta+\gamma\delta=\beta\varepsilon$$

mit zu Hülfe nimmt. — Am kürzesten endlich gelangt man zu dem Ausdrucke, wenn man die Gleichungen 2) mit den Zeichen $+$, $+$, $-$, $-$ addirt, und hierauf eine ähnliche Schlussart wie in §. 39, c anwendet.

§. 47. Der allgemeine Ausdruck einer geraden Linie im Raume (§. 45) lässt sich, ähnlicherweise wie in §. 40, dadurch vereinfachen, dass man statt den zwei willkürlich in der Linie genommenen Puncten E und E' zwei von den Durchschnitten derselben mit den vier Fundamentalebenen zu Grunde legt. So kann z. B. D', als ein Punct der Fundamentalebene ABC, $\equiv fA+gB+C$, und C', als ein Punct der Fundamentalebene ABD, $\equiv f'A+g'B+D$ gesetzt werden. Hiernach zieht sich der Ausdruck der Linie zusammen in:

$$(fx+f')A+(gx+g')B+xC+D.$$

Eben so, wie bei der geraden Linie in einer Ebene gezeigt wurde, kann dieser vereinfachte Ausdruck aus dem zusammengesetzteren auch durch analytische Umformungen hergeleitet werden. Da aber der hier zu nehmende Gang dem dortigen ganz ähnlich ist, so wollen wir uns dabei nicht aufhalten.

§. 48. Aufgabe. Die Ausdrücke zweier geraden Linien im Raume sind gegeben:

$$(ax + a')A + (bx + b')B + xC + D$$
$$(\alpha y + \alpha')A + (\beta y + \beta')B + yC + D.$$

Die Bedingungsgleichungen zu finden, wenn die Linien in einer Ebene liegen, und darin einander parallel sind.

Auflösung. Angenommen, dass die zwei Linien sich in einem Puncte begegnen, so müssen, eben für diesen Punct, die Veränderliche x im ersten, und die Veränderliche y im zweiten Ausdrucke solche Werthe erhalten können, dass dadurch die zwei Ausdrücke identisch werden. Unter dieser Voraussetzung hat man nach §. 26, a die Gleichungen:

$$1) \qquad ax + a' = \alpha y + \alpha',$$
$$2) \qquad bx + b' = \beta y + \beta',$$
$$3) \qquad x = y.$$

Eliminirt man daraus x und y, so kommt:

$$A) \qquad \frac{a - \alpha}{a' - \alpha'} = \frac{b - \beta}{b' - \beta'},$$

als die Bedingungsgleichung, wenn die Linien einen Punct gemein haben, mag dieser unendlich entfernt sein oder nicht; also überhaupt, wenn sich die Linien in einer Ebene befinden.

Soll nun überdies der den zwei Linien gemeinsame Punct unendlich entfernt liegen, d. h. sollen die Linien einander parallel sein, so müssen für die bestimmten Werthe, welche x und y für den gemeinsamen Punct haben, die Summen der Coefficienten in den Ausdrücken der Linien gleich 0, also

$$4) \qquad (a + b + 1)x + a' + b' + 1 = 0,$$
$$5) \qquad (\alpha + \beta + 1)y + \alpha' + \beta' + 1 = 0$$

sein. Man hat somit fünf Gleichungen 1) ... 5), welche für den Parallelismus zugleich bestehen müssen, von denen aber jede eine Folge der vier anderen ist, so dass nach Elimination von x und y aus denselben nur zwei von einander unabhängige Gleichungen übrig bleiben. Die eine dieser Gleichungen stellt A) vor. Um eine zweite zu erhalten, eliminire man x und y aus 3), 4), 5), und es kommt:

$$B) \qquad \frac{a + b + 1}{a' + b' + 1} = \frac{\alpha + \beta + 1}{\alpha' + \beta' + 1}.$$

A) und B) sind folglich die zum Parallelismus der beiden Linien erforderlichen Bedingungsgleichungen.

III. Ausdrücke für Ebenen.

§. 49. Die Lage einer Ebene wird durch irgend drei Puncte derselben bestimmt, die nicht in gerader Linie liegen. Seien diese Puncte, auf die Fundamentalpuncte des Raums A, B, C, D bezogen:

$$\begin{aligned} eE &= aA + bB + cC + dD \\ e'E' &= a'A + b'B + c'C + d'D \\ e''E'' &= a''A + b''B + c''C + d''D. \end{aligned}$$

Jeder Punct aber, der mit E, E', E'' in einer Ebene liegt, hat nach §. 24, b einen Ausdruck von der Form

$$eE + e'vE' + e''wE'',$$

wo v und w alle beliebigen Werthe haben können. Substituirt man darin die Fundamentalpuncte, so kommt:

I) $(a + a'v + a''w)A + (b + b'v + b''w)B + (c + c'v + c''w)C + (d + d'v + d''w)D.$

Dies ist also, v und w als Veränderliche genommen, der auf die Fundamentalpuncte bezogene Ausdruck jedes Punctes der Ebene, oder kürzer, der allgemeine Ausdruck der Ebene selbst.

§. 50. Zusätze. a) Im Allgemeinen wird von der Ebene jede der sechs Fundamentallinien geschnitten. Man begreift sogleich, dass, um den Ausdruck eines solchen Durchschnitts zu erhalten, man in dem Ausdrucke der Ebene v und w so zu bestimmen hat, dass die Coefficienten der beiden Fundamentalpuncte, durch welche die geschnittene Fundamentallinie nicht geht, gleich Null werden.

Um dieses auf die kürzeste Weise zu bewerkstelligen, setze man die Coefficienten der vier Fundamentalpuncte

$$1) \quad \begin{cases} a + a'v + a''w = p, \\ b + b'v + b''w = q, \\ c + c'v + c''w = r, \\ d + d'v + d''w = s, \end{cases}$$

und somit den Ausdruck der Ebene selbst:

$$\text{II)} \qquad pA + qB + rC + sD.$$

Man multiplicire nun die vier Gleichungen 1) resp. mit α, β, γ, δ, addire sie hierauf und setze:

$$2) \quad \begin{cases} \alpha a + \beta b + \gamma c + \delta d = 0, \\ \alpha a' + \beta b' + \gamma c' + \delta d' = 0, \\ \alpha a'' + \beta b'' + \gamma c'' + \delta d'' = 0, \end{cases}$$

so ist auch

$$3) \qquad \alpha p + \beta q + \gamma r + \delta s = 0$$

eine Gleichung zwischen den Coefficienten des Ausdrucks, in welcher α, β, γ, δ Zahlen vorstellen, deren gegenseitiges Verhältniss mittelst der Gleichungen 2) aus den Constanten des Ausdrucks gefunden werden kann*). Diese Gleichung besteht für alle beliebigen Werthe der Veränderlichen v und w, und vertritt daher in Verbindung mit dem Ausdrucke II) die Stelle des Ausdrucks I).

Nach dem Obigen sind nun für den Durchschnitt der Ebene mit AB die Coefficienten von C und D, also r und s, gleich 0 zu setzen. Hierdurch wird

$$\alpha p + \beta q = 0,$$

mithin

$$p : q = \beta : -\alpha,$$

und der Ausdruck des Durchschnittspunctes

$$\equiv pA + qB \equiv \beta A - \alpha B.$$

Eben so leicht finden sich die Ausdrücke auch für die übrigen Durchschnitte, und man bekommt, wenn man den Durchschnitt mit AB durch (AB), den mit AC durch (AC), u. s. w. bezeichnet, nachstehende sechs Gleichungen:

$$(\alpha - \beta)(AB) = \alpha B - \beta A, \qquad (\beta - \gamma)(BC) = \beta C - \gamma B,$$
$$(\alpha - \gamma)(AC) = \alpha C - \gamma A, \qquad (\beta - \delta)(BD) = \beta D - \delta B,$$
$$(\alpha - \delta)(AD) = \alpha D - \delta A, \qquad (\gamma - \delta)(CD) = \gamma D - \delta C.$$

---

*) Dies geschieht am einfachsten folgendergestalt. — Man addire die Gleichungen 2), nachdem man sie zuvor resp. mit k, k', k'' multiplicirt hat, und setze zur Bestimmung dieser neu eingeführten Hülfsgrössen:

$$ck + c'k' + c''k'' = 0,$$
$$dk + d'k' + d''k'' = 0,$$

so wird:

$$\alpha(ak + a'k' + a''k'') + \beta(bk + b'k' + b''k'') = 0.$$

Hieraus folgt weiter:

$$k : k' : k'' = c'd'' - c''d' : c''d - cd'' : cd' - c'd,$$
$$\alpha : \beta = (bk + b'k' + b''k'') : -(ak + a'k' + a''k'').$$

Substituirt man nun in letzterer Proportion die Verhältnisswerthe von k, k', k'' aus der ersteren und setzt zur Abkürzung

$$bc'd'' - bc''d' + b'c''d - b'cd'' + b''cd' - b''c'd = (bcd),$$

die eben so aus c, d, a, c', d', ... zusammengesetzte Function $= (cda)$, u. s. w., so verhält sich

$$\alpha : \beta = (bcd) : -(cda),$$

und überhaupt:

$$\alpha : \beta : \gamma : \delta = (bcd) : -(cda) : (dab) : -(abc).$$

b) Aus diesen Gleichungen ergeben sich folgende, zwischen den Durchschnitten selbst stattfindende, Relationen. Zuerst zwischen je dreien, die in einer und derselben Fundamentalebene und mithin in gerader Linie liegen:

$$\left(\frac{1}{\gamma}-\frac{1}{\delta}\right)(CD)+\left(\frac{1}{\delta}-\frac{1}{\beta}\right)(BD+\left(\frac{1}{\beta}-\frac{1}{\gamma}\right)(BC)=0,$$

$$\left(\frac{1}{\delta}-\frac{1}{\alpha}\right)(AD)+\left(\frac{1}{\alpha}-\frac{1}{\gamma}\right)(AC)+\left(\frac{1}{\gamma}-\frac{1}{\delta}\right)(CD)=0,$$

$$\left(\frac{1}{\alpha}-\frac{1}{\beta}\right)(AB)+\left(\frac{1}{\beta}-\frac{1}{\delta}\right)(BD)+\left(\frac{1}{\delta}-\frac{1}{\alpha}\right)(AD)=0,$$

$$\left(\frac{1}{\beta}-\frac{1}{\gamma}\right)(BC)+\left(\frac{1}{\gamma}-\frac{1}{\alpha}\right)(AC)+\left(\frac{1}{\alpha}-\frac{1}{\beta}\right)(AB)=0.$$

Da ferner alle sechs Durchschnitte in einer Ebene enthalten sind, so muss auch zwischen je vieren, welche nicht in einer Geraden liegen, eine Gleichung bestehen. Diese Gleichungen sind:

$$\left(\frac{1}{\alpha}-\frac{1}{\beta}\right)(AB)+\left(\frac{1}{\beta}-\frac{1}{\gamma}\right)(BC)+\left(\frac{1}{\gamma}-\frac{1}{\delta}\right)(CD)+\left(\frac{1}{\delta}-\frac{1}{\alpha}\right)(AD)=0,$$

und eben so noch zwei andere,

die eine zwischen (AB), (BD), (CD), (AC),
die andere zwischen (AC), (BC), (BD), (AD).

c) Im Allgemeinen schneidet die Ebene jede der vier Fundamentalebenen. Der Ausdruck einer solchen Durchschnittslinie, z. B. der in BCD liegenden, wird gefunden, wenn man in dem Ausdrucke der Ebene den Coefficienten von A,

$$a + a'v + a''w = 0$$

setzt, und mittelst der dadurch zwischen v und w hervorgehenden Relation die eine dieser Veränderlichen aus den Coefficienten der drei übrigen Fundamentalpuncte eliminirt. — Noch leichter gelangt man zum Zweck mit Hülfe des Ausdrucks II) und der zugehörigen Gleichung 3), die sich, für $p = 0$, auf

II*) $$qB + rC + sD$$

und

3*) $$\beta q + \gamma r + \delta s = 0$$

reduciren, und in dieser verkürzten Form dem Ausdrucke einer Geraden, der Durchschnittslinie mit BCD nämlich, gleich zu achten sind. Denn eliminirt man s mittelst 3*) aus II*), und nimmt hierauf

$$\frac{r}{q} = x$$

zur Veränderlichen, so kommt:

$$\delta B + \delta x C - (\beta + \gamma x) D,$$

derselbe Ausdruck, den man auch durch Verbindung der in die Fundamentalebene BCD fallenden Durchschnittspuncte (BD) und (CD) erhält.

d) Der unendlich entfernte Punct dieser Linie ist:

$$(\gamma - \delta) B + (\delta - \beta) C + (\beta - \gamma) D.$$

Eben so sind:

$$(\delta - \alpha) C + (\alpha - \gamma) D + (\gamma - \delta) A$$
$$(\alpha - \beta) D + (\beta - \delta) A + (\delta - \alpha) B$$
$$(\beta - \gamma) A + (\gamma - \alpha) B + (\alpha - \beta) C$$

die unendlich entfernten Puncte der Durchschnittslinien der Ebene mit den Fundamentalebenen CDA, DAB, ABC.

§. 51. Auf ähnliche Art, wie in §. 40 und §. 47 bei der geraden Linie geschah, lässt sich auch der allgemeine Ausdruck der Ebene einfacher darstellen, indem man zu den drei sie bestimmenden Puncten drei von den sechs Durchschnitten mit den Fundamentallinien wählt. Seien diese (AD), (BD), (CD), so kommt, wenn man dafür ihre Werthe aus §. 50, *a* nimmt, sie mit den Veränderlichen x und y verbindet und gehörig ordnet:

$$\delta A + \delta x B + \delta y C - (\alpha + \beta x + \gamma y) C,$$

oder noch einfacher, wenn man

$$-\frac{\alpha}{\delta} = f, \quad -\frac{\beta}{\delta} = g, \quad -\frac{\gamma}{\delta} = h$$

setzt:

$$A + xB + yC + (f + gx + hy) D.$$

Dasselbe Resultat kann man auch auf analytischem Wege mittelst des Ausdrucks II) und der zugehörigen Gleichung 3) erhalten, wenn man aus ersterem mittelst der letzteren s eliminirt, und hierauf $q:p$ und $r:p$ zu den Veränderlichen x und y nimmt.

§. 52. Wenn in dem Ausdrucke einer Ebene die zwei Veränderlichen solche Werthe erhalten, dass die Summe der Coefficienten null wird, so gilt der Ausdruck für einen unendlich entfernten Punct der Ebene. Setzt man daher die Summe der Coefficienten gleich 0, und eliminirt mittelst dieser Gleichung die eine der beiden Veränderlichen, so bekommt man einen Ausdruck, welcher alle unendlich entfernten Puncte der Ebene in sich begreift. In diesem Ausdrucke wird, unabhängig von der darin noch vorkommenden Veränderlichen, die Summe der Coefficienten immer null sein, so dass sowohl der von der Veränderlichen freie Theil dieser Summe, als der in sie multiplicirte, jeder für sich null ist. Ein solcher Ausdruck wird daher seiner Form nach einer geraden Linie angehören, welche durch zwei unendlich entfernte Puncte der Ebene gelegt ist, oder, wenn man will, er wird der Ausdruck einer unendlich entfernten Geraden sein, von der sich aber eben so wenig bestimmen lässt, nach welcher Gegend der Ebene hin sie liegt, als man bei dem unendlich entfernten Puncte in einer Geraden die Seite der Geraden, nach welcher er liegt, angeben kann.

Zur Erläuterung diene der im vorigen §. gefundene vereinfachte Ausdruck. Die Summe seiner Coefficienten gleich 0 gesetzt, giebt

$$y = \frac{\delta - \alpha + (\delta - \beta)x}{\gamma - \delta}.$$

Eliminirt man hiermit y in dem Ausdrucke, so kommt nach einer leichten Reduction:

$$(\gamma - \delta)A + (\gamma - \delta)xB + [\delta - \alpha + (\delta - \beta)x]C + [\alpha - \gamma + (\beta - \gamma)x]D$$

der Ausdruck der unendlich entfernten Linie der Ebene. Die in ihm durch die Veränderliche x verbundenen Puncte sind nach §. 50, d die unendlich entfernten in den Durchschnitten der Ebene mit BCD und CDA. Auf ersteren Punct reducirt sich der Ausdruck für $x = \infty$, auf letzteren für $x = 0$. Setzt man ferner

$$x = -\frac{\delta - \alpha}{\delta - \beta} \text{ und } = -\frac{\alpha - \gamma}{\beta - \gamma},$$

so ergeben sich die Ausdrücke der unendlich entfernten Puncte in den Durchschnitten mit DAB und ABC.

§. 53. Aufgabe. Die Ausdrücke zweier Ebenen sind gegeben:

$$\text{I)} \quad A + vB + wC + (a + bv + cw)D,$$
$$\text{II)} \quad A + xB + yC + (a' + b'x + c'y)D.$$

Den Ausdruck ihrer Durchschnittslinie und die Bedingungsgleichungen zu finden, wenn sie sich parallel sind.

Auflösung. Für einen gemeinschaftlichen Punct der beiden Ebenen ist:

$$1) \quad v = x,$$
$$2) \quad w = y,$$
$$3) \quad a + bv + cw = a' + b'x + c'y;$$

mithin, wenn man x und y aus diesen drei Gleichungen eliminirt:

$$a - a' + (b - b')v + (c - c')w = 0.$$

Dies ist demnach die Relation, welche zwischen den Veränderlichen der Ebene I) für jeden Punct, den sie mit II) gemein hat, stattfindet. Eliminirt man also mittelst dieser Relation aus I) die eine der beiden Veränderlichen, z. B. w, so erhält man den Ausdruck der Durchschnittslinie:

$$(c-c')A+(c-c')vB-[a-a'+(b-b')v]C$$
$$-[ac'-a'c+(bc'-b'c)v]D.$$

Findet sich in diesem Ausdrucke die Summe der Coefficienten, unabhängig von v, gleich 0, so ist die den beiden Ebenen gemeinschaftliche Linie unendlich entfernt, d. h. die Ebenen sind sich parallel. Die Bedingungsgleichungen für den Parallelismus sind daher:

$$c-c'-a+a'-ac'+a'c=0$$
$$c-c'-b+b'-bc'+b'c=0.$$

Ohne vorher den Ausdruck für die Durchschnittslinie entwickelt zu haben, lassen sich diese Gleichungen auch folgendergestalt leicht finden. Für einen unendlich entfernten Punct der Ebene I) ist:

$$4)\qquad 1+a+(1+b)v+(1+c)w=0,$$

der Ebene II) ist:

$$5)\qquad 1+a'+(1+b')x+(1+c')y=0.$$

Sollen sich nun die Ebenen parallel sein, so müssen alle gemeinschaftlichen Puncte derselben unendlich entfernt liegen, oder analytisch ausgedrückt: alle Werthe der Veränderlichen v, w, x, y, welche den Gleichungen 1), 2), 3) Genüge leisten, müssen auch die Gleichungen 4), 5) erfüllen. Da aber jede dieser fünf Gleichungen eine Folge der vier übrigen ist, und mithin eine derselben, z. B. 3), immer unberücksichtigt bleiben kann, so muss, wenn man aus 1), 2) und 5), x und y eliminirt, nächst 4) zugleich

$$6)\qquad 1+a'+(1+b')v+(1+c')w=0$$

sein, ohne dass dadurch v und w bestimmte Werthe erhalten. Es müssen folglich die Gleichungen 4) und 6) nicht zwei verschiedene, sondern eine und dieselbe Relation zwischen v und w darstellen, und mithin die Coefficienten der einen in denselben Verhältnissen zu einander stehen, wie die der anderen. Dies giebt:

$$\frac{1+a}{1+a'}=\frac{1+b}{1+b'}=\frac{1+c}{1+c'},$$

welches demnach die Bedingungsgleichungen für den Parallelismus sind, die von den vorhin gefundenen sich nur der Form nach unterscheiden.

§. 54. Aufgabe. Die Ausdrücke einer geraden Linie und einer Ebene sind gegeben:

$$(\alpha u + \alpha')A + (\beta u + \beta')B + uC + D,$$
$$A + vB + wC + (a + bv + cw)D.$$

Den Ausdruck für ihren Schneidungspunct, so wie die Bedingungsgleichungen ihrer Coincidenz und ihres Parallelismus zu finden.

Auflösung. Für diejenigen Werthe der Veränderlichen, bei welchen diese Ausdrücke einen und denselben Punct darstellen, muss sich verhalten:

$$\alpha u + \alpha' : \beta u + \beta' : u : 1 = 1 : v : w : a + bv + cw.$$

Dies giebt:

$$(\alpha u + \alpha')v = \beta u + \beta', \ (\alpha u + \alpha')w = u, \ (\alpha u + \alpha')(a + bv + cw) = 1;$$

und wenn man aus diesen drei Gleichungen v und w eliminirt:

$$1) \qquad a(\alpha u + \alpha') + b(\beta u + \beta') + cu = 1,$$

oder $nu = m$, wenn man

$$a\alpha + b\beta + c = n, \quad 1 - a\alpha' - b\beta' = m$$

setzt.

Den hieraus entspringenden Werth von u in dem Ausdrucke der Geraden substituirt, erhält man den der Geraden und der Ebene gemeinschaftlichen Punct, also im Allgemeinen den Durchschnittspunct:

$$(\alpha m + \alpha' n)A + (\beta m + \beta' n)B + mC + nD.$$

Soll die Gerade mit der Ebene zusammenfallen, soll also jeder Punct der ersteren zugleich ein Punct der letzteren sein, so muss für jeden Werth von u in dem Ausdrucke der Geraden die Gleichung 1) bestehen. Es muss daher sein:

$$a\alpha + b\beta + c = 0, \qquad 1 - a\alpha' - b\beta' = 0,$$

die Bedingungsgleichungen für die Coincidenz, wodurch, was man noch bemerke, in dem Ausdrucke des Durchschnittspunctes die Coefficienten sämmtlicher vier Fundamentalpuncte null werden.

Ist die Gerade der Ebene parallel, so liegt der ihnen gemeinschaftliche Punct unendlich entfernt. Es muss daher für diesen Fall der sich aus 1) ergebende Werth von u zugleich der Gleichung

$$2) \qquad \alpha u + \alpha' + \beta u + \beta' + u + 1 = 0$$

Genüge leisten. Die Bedingungsgleichung des Parallelismus ist folglich das Resultat der Elimination von u aus den Gleichungen 1) und 2):

$$\frac{a\alpha' + b\beta' - 1}{a\alpha + b\beta + c} = \frac{\alpha' + \beta' + 1}{\alpha + \beta + 1}.$$

§. 55. Aufgabe. Die Ausdrücke dreier Ebenen sind gegeben:

$$\text{I)}\quad A + tB + uC + (a + bt + cu)D$$
$$\text{II)}\quad A + vB + wC + (a' + b'v + c'w)D$$
$$\text{III)}\quad A + xB + yC + a'' + b''x + c''y)D.$$

Den Ausdruck ihres Durchschnittspunctes, so wie die Bedingungsgleichungen für die dabei möglichen speciellen Fälle zu finden.

Auflösung. Für den Punct, welchen diese drei Ausdrücke gemeinschaftlich darstellen, muss sein:

$$t = v = x, \quad u = w = y,$$
$$a + bt + cu = a' + b'v + c'w = a'' + b''x + c''y.$$

Man setze daher

$$\text{1)}\quad a + bt + cu = s,$$

so ist auch

$$a' + b't + c'u = s,$$
$$a'' + b''t + c''u = s.$$

Diese drei Gleichungen resp. mit $c' - c''$, $c'' - c$, $c - c'$ multiplicirt und hierauf addirt, ergiebt sich, wenn man noch

$$b'c'' - b''c' + b''c - bc'' + bc' - b'c$$

mit (bc), und die eben so aus c, a, c', ... und a, b, a', ... gebildeten Functionen mit (ca) und (ab) bezeichnet:

$$(bc)t = (ca)$$

und auf gleiche Art

$$(bc)u = (ab).$$

Die hieraus fliessenden Werthe für t und u in I) substituirt, kommt der Ausdruck des Durchschnittspunctes:

$$(bc)A + (ca)B + (ab)C + [a(bc) + b(ca) + c(ab)]D.$$

Man bemerke dabei, dass, wenn man die Function

$$\text{2)}\quad a(bc) + b(ca) + c(ab) = (abc)$$

setzt, auch

$$a'(bc) + b'(ca) + c'(ab) = (abc)$$

und

$$a''(bc) + b''(ca) + c''(ab) = (abc)$$

ist.

Dies folgt unmittelbar aus den Gleichungen 1), wenn man darin für t und u die gefundenen Werthe substituirt. — Uebrigens ist die Function (abc) mit der in §. 50, a Anmerkung eben so bezeichneten dieselbe.

Ist nun in dem Ausdrucke des Durchschnittspunctes die Summe der Coefficienten

$$\text{3)}\quad (1 + a)(bc) + (1 + b)(ca) + (1 + c)(ab) = 0,$$

so liegt dieser Punct unendlich entfernt. Im Allgemeinen sind alsdann die drei Durchschnittslinien der Ebenen mit einander parallel, so dass die drei Ebenen ein unendlich langes dreiseitiges Prisma einschliessen.

Es kann aber auch sein, dass die drei Ebenen sich in einer und derselben Geraden schneiden, oder mit anderen Worten, dass die Durchschnittslinie zweier Ebenen in die dritte Ebene fällt. Sucht man demnach den Ausdruck der Durchschnittslinie von zweien der Ebenen, und hierauf den Ausdruck des Punctes, in welchem diese Linie die dritte Ebene schneidet, so muss für gegenwärtigen Fall in dem letzteren Ausdrucke, d. h. in dem für den Durchschnittspunct aller drei Ebenen, jeder der vier Coefficienten gleich 0 sein (§. 54). Die Bedingungsgleichungen, unter welchen sich die drei Ebenen in einer und derselben Geraden schneiden, sind demnach:

$$(bc) = 0, \quad (ca) = 0, \quad (ab) = 0,$$

von denen im Allgemeinen jede eine Folge der beiden anderen ist, wie sich leicht aus den Gleichungen 2) ergiebt.

Anmerkung. Setzt man $a+1 = a_,$, $b+1 = b_,$, $c+1 = c_,$, $a'+1 = a'_,$ u. s. w., und bezeichnet die eben so aus $b_,$, $c_,$, $b'_,$, ... zusammengesetzte Function, als es (bc) aus b, c, b', ... ist, mit $(b_, c_,)$, u. s. w.: so sieht man bald, dass $(b_, c_,) = (bc)$, $(c_, a_,) = (ca)$, $(a_, b_,) = (ab)$. Hierdurch wird die Bedingungsgleichung dafür, dass sich die drei Ebenen in Parallellinien schneiden:

$$a_,(b_, c_,) + b_,(c_, a_,) + c_,(a_, b_,) = 0,$$

also vermöge der ersten Gleichung in 2):

$$(a_, b_, c_,) = 0,$$

wenn man die aus (abc) gleicherweise hervorgehende Function durch $(a_, b_, c_,)$ ausdrückt. Man würde dies Resultat unmittelbar gefunden haben, hätte man, ohne vorher den Durchschnittspunct zu suchen, die Summen der Coefficienten in den Ausdrücken der Ebenen einzeln gleich 0 gesetzt.

§. 56. Den Beschluss dieses Capitels soll eine Zusammenstellung von Ausdrücken machen, welche geraden Linien und Ebenen in einigen besonderen Lagen gegen die Fundamentalpyramide zukommen. Von der Richtigkeit dieser Ausdrücke wird man sich leicht überzeugen, wenn man jeden derselben in den von der oder den Veränderlichen freien Theil und den oder die damit behafteten Theile zerlegt, und hierauf diese, bei Geraden zwei, bei Ebenen drei Theile einzeln betrachtet. Vergl. §. 44.

I) Ausdruck einer Geraden, welche

1) die gegenüberstehenden Fundamentallinien AB und CD schneidet:

$$axA + xB + cC + D;$$

2) die Fundamentallinie AB schneidet und mit CD parallel läuft:

$$axA + xB - C + D;$$

3) durch A geht und mit BCD parallel ist:

$$xA + bB - (1 + b)C + D;$$

4) AB schneidet und mit BCD parallel ist:

$$axA + (b + x)B - (1 + b)C + D.$$

II) Ausdruck einer Ebene, welche

1) durch BC gelegt ist und mit AD parallel läuft:

$$A + xB + yC - D;$$

2) durch A geht und mit BCD parallel ist:

$$A + xB + yC - (x + y)D;$$

3) mit AB und CD parallel ist:

$$(a + x)A - xB + yC + (1 - y)D.$$

Die Durchschnitte dieser Ebene mit den übrigen Fundamentallinien sind:

$aA + C$, für $x = 0$, $y = 1$; $aB + C$, für $x = -a$, $y = 1$;
$aA + D$, für $x = 0$, $y = 0$; $aB + D$, für $x = -a$, $y = 0$.

Hiernach ist der Ausdruck einer Geraden, welche in einer mit AB und CD parallelen Ebene liegt und zugleich AC und BD schneidet:

$$axA + aB + xC + D.$$

Fünftes Capitel.

Von Ausdrücken krummer Linien in Ebenen.

§. 57. Wenn in dem Ausdrucke eines Punctes in einer Ebene, $pA + qB + rC$, die Coefficienten p, q, r beliebig gegebene Functionen einer veränderlichen Grösse v sind, und man für v nach und nach alle Werthe substituirt, bei welchen die Exponenten der Verhältnisse $p : q : r$ reell bleiben, so werden die Puncte aller der somit erhaltenen Ausdrücke construirt, eine Linie in der Ebene bilden, die im Allgemeinen krumm, und nur dann gerade sein wird, wenn, wie im vorigen Capitel, die Functionen von lineärer Form sind, oder doch durch Umformung darauf gebracht werden können. Heisse daher der Ausdruck $pA + qB + rC$ mit der Veränderlichen v der Ausdruck der Linie.

§. 58. Wir wollen uns gegenwärtig auf die Curven beschränken, in deren Ausdrücken die Coefficienten rationale Functionen der Veränderlichen sind. Da es nun bei einem Ausdrucke nicht auf die absoluten Werthe seiner Coefficienten, sondern bloss auf die gegenseitigen Verhältnisse derselben ankommt, so können wir, sollten der eine, oder zwei, oder alle drei Coefficienten gebrochene Functionen sein, dieselben durch Multiplication mit dem Generalnenner immer in ganze Functionen verwandeln. Wir setzen daher nicht weniger allgemein als vorhin, dass die Coefficienten ganze rationale Functionen der Veränderlichen sein sollen.

§. 59. Die einfachsten Curven sind hiernach diejenigen, in deren Ausdrücken nächst der ersten noch die zweite Potenz von v vorkommt, und die wir, der sonst gewöhnlichen Terminologie gemäss, Linien der zweiten Ordnung nennen wollen. Ihr allgemeiner Ausdruck wird sein:

$$\text{I)} \quad (a + a'v + a''v^2)A + (b + b'v + b''v^2)B + (c + c'v + c''v)C,$$

vorausgesetzt, dass die drei Coefficienten keinen gemeinschaftlichen lineären Factor haben, oder durch Einführung einer anderen Veränderlichen auf lineäre Form gebracht werden können*).

Mit Ausnahme dieser beiden Fälle giebt die Construction des Ausdrucks immer eine krumme Linie.

§. 60. Um jetzt diese Curven näher zu untersuchen, wollen wir zuerst ihren allgemeinen Ausdruck auf einfachere Formen zu bringen suchen.

Dieses kann erstlich durch Einführung einer anderen Veränderlichen geschehen.

Hierbei sind zwei Fälle zu unterscheiden, je nachdem nämlich der Coefficient, bei welchem die Vereinfachung beginnen soll, in Factoren zerlegbar ist, oder nicht.

---

*) Das erstere fände z. B. statt, wenn $a = b = c = 0$. Denn alsdann wäre v ein gemeinschaftlicher Factor, und nach Division mit demselben würden die Coefficienten: $a' + a''v$, $b' + b''v$, $c' + c''v$, welche nur einer Geraden zukommen. Das letztere würde unter anderen der Fall sein für $a' = b' = c' = 0$, wo, $v^2 = w$ gesetzt, der Ausdruck sich gleichfalls in den für eine Gerade verwandeln würde.

Sei daher für den ersten Fall der Coefficient von A:

$$a + a'v + a''v^2 = a''(\alpha + v)(\alpha' + v).$$

Man setze

$$\alpha' + v = w,$$

so wird er:

$$a''[(\alpha - \alpha')w + w^2],$$

und wenn man mit $a''w^2$ dividirt, und $\frac{1}{w} = x$ setzt:

$$1 + (\alpha - \alpha')x.$$

Man nehme jetzt

$$1 + (\alpha - \alpha')x = y$$

zur neuen Veränderlichen, und man sieht bald, dass die Coefficienten von B und C, nachdem darin die Veränderlichen w, x, y, auf die angezeigte Weise von v und von einander abhängig, der Reihe nach eingeführt worden, zuletzt als trinomische Functionen von y hervorgehen, und folglich nur sechs unbestimmte Constanten im Ausdrucke noch übrig sein werden. Man dividire nun den Ausdruck durch eine der beiden von y freien Constanten, z. B. durch diejenige, welche in dem Coefficienten von B vorkommt, und nehme, y durch diese Constante dividirt gleich z, zur neuen Veränderlichen, so reducirt sich der Ausdruck auf nachstehende Form:

$$\text{II)}\quad zA + (1 + \beta'z + \beta''z^2)B + (\gamma + \gamma'z + \gamma''z^2)C,$$

wo nur noch fünf unbestimmte Constanten vorhanden sind.

Sei zweitens der Coefficient von A nicht in Factoren zerlegbar, so dass man

$$a + a'v + a''v^2 = a''[\alpha^2 + (\alpha' + v)^2] = a''\alpha^2(1 + w^2)$$

setzen kann, wo

$$w = \frac{\alpha' + v}{\alpha}$$

eine neue Veränderliche ist. Führt man dieselbe auch in den beiden anderen Coefficienten ein, und dividirt sodann den Ausdruck durch $a''\alpha^2$, so erhält er die Form:

$$(1 + w^2)A + (g + g'w + g''w^2)B + (h + h'w + h''w^2)C.$$

Um jetzt noch eine der hier vorkommenden sechs Constanten wegzuschaffen, setze man

$$w = \frac{1 - dx}{d + x},$$

wo x die neue Veränderliche, und d eine noch zu bestimmende Constante ist. Da nun immer

$$(1 - dx)^2 + (d + x)^2 = (1 + d^2)(1 + x^2),$$

so wird der Ausdruck, nachdem man in ihm diese Substitution vorgenommen, und hierauf mit

$$\frac{(d+x)^2}{1+d^2}$$

multiplicirt hat:

$$(1+x^2)A + (\beta + \beta' x + \beta'' x^2)B + (\gamma + \gamma' x + \gamma'' x^2)C,$$

ein Ausdruck, dessen sechs Constanten aus denen des vorigen und aus d zusammengesetzt sind. Man bestimme nun d so, dass eine dieser Constanten einen bestimmten Werth erhalte. So findet sich z. B. nach gehöriger Entwickelung:

$$\beta' = \frac{g' + 2(g - g'')d - g'd^2}{1+d^2}.$$

Man kann daher d immer so annehmen, dass $\beta' = 0$ wird. Hierdurch reducirt sich der letztere Ausdruck auf:

$$\text{III)}\quad (1+x^2)A + (\beta + \beta'' x^2)B + (\gamma + \gamma' x + \gamma'' x^2)C,$$

wo ebenfalls nur fünf unbestimmte Constanten noch übrig sind.

§. 61. Geringer lässt sich auf diesem Wege die Anzahl der Constanten nicht machen. Wohl aber kann man, mit Verzichtleistung auf die Allgemeinheit der Lage der Curve gegen das Fundamentaldreieck, noch einfachere Ausdrücke durch Annahme anderer Fundamentalpuncte erhalten; — eben so, als wie der Ausdruck für eine gerade Linie am einfachsten dadurch wird, dass man irgend zwei in der Geraden selbst liegende Puncte zu Fundamentalpuncten wählt. — In der That nehme man statt A, B, C drei andere Fundamentalpuncte $A_,$, $B_,$, $C_,$, die von den ersteren dergestalt abhängen, dass:

$$a_, A_, = aA + bB + cC,$$
$$b_, B_, = a'A + b'B + c'C,$$
$$c_, C_, = a''A + b''B + c''C,$$

so geht der Ausdruck I) über in folgenden:

$$\text{IV)}\quad a_, A_, + b_, v B_, + c_, v^2 C_,,$$

oder noch einfacher, wenn man ihn mit $\frac{c_,}{b_,^2}$ multiplicirt, und hierauf

$$\frac{c_,}{b_,} v = w \text{ und } \frac{a_, c_,}{b_,^2} = \alpha$$

setzt:

$$\text{V)}\quad \alpha A_, + wB_, + w^2 C_,.$$

Aber selbst noch diese einzige Constante α lässt sich durch Einführung einer anderen Veränderlichen und anders gewählte Fundamentalpuncte entfernen. Man setze in dieser Absicht $w = m + nx$, wo x die neue Veränderliche, und m, n zwei noch zu bestimmende Constanten sind, so wird der Ausdruck:

$$\alpha A_, + (m + nx) B_, + (m^2 + 2mnx + n^2 x^2) C_,,$$

oder

$$(\alpha + m + m^2) A_{,,} + (n + 2mn) x B_{,,} + n^2 x^2 C_,,$$

wenn man für $A_,$, $B_,$ zwei andere Fundamentalpuncte $A_{,,}$, $B_{,,}$ nimmt, so dass

$$\alpha A_, + m B_, + m^2 C_, \equiv A_{,,} \text{ und } n B_, + 2mn C_, \equiv B_{,,}.$$

Man bestimme jetzt m und n so, dass

$$\alpha + m + m^2 = n + 2mn = n^2.$$

Alsdann lässt sich der letztere Ausdruck hiermit dividiren und gewinnt die möglichst einfache Gestalt:

$$A_{,,} + x B_{,,} + x^2 C_,.$$

Es findet sich aber aus jenen Gleichungen

$$n = \pm \sqrt{\frac{4\alpha - 1}{3}}, \quad m = \tfrac{1}{2} \pm \tfrac{1}{2} \sqrt{\frac{4\alpha - 1}{3}}.$$

Soll demnach diese Umbildung des Ausdrucks möglich sein, so wird erfordert, dass $\alpha > \frac{1}{4}$.

Ist dagegen $\alpha < \frac{1}{4}$, so setze man:

$$-\alpha - m - m^2 = n + 2mn = n^2.$$

Alsdann wird

$$n = \pm \sqrt{\frac{1 - 4\alpha}{5}}, \quad m = -\tfrac{1}{2} \pm \tfrac{1}{2} \sqrt{\frac{1 - 4\alpha}{5}},$$

und der Ausdruck reducirt sich auf:

$$-A_{,,} + x B_{,,} + x^2 C_,.$$

Wenn aber endlich $\alpha = \frac{1}{4}$, so ist keine von beiden Umformungen anwendbar, indem dann n^2 und folglich auch die beiden anderen Coefficienten

$$\alpha + m + m^2 \text{ und } n + 2mn$$

null werden.

Wir sehen hieraus, dass der allgemeine Ausdruck für die Linien der zweiten Ordnung immer auf eine dieser drei Formen gebracht werden kann:

VI) $\quad A + xB + x^2 C,$

VII) $\quad -A + xB + x^2 C,$

VIII) $\quad \frac{1}{4} A + xB + x^2 C,$

je nachdem nämlich in V) $\alpha >, <, = \frac{1}{4}$, folglich in IV) $4a_, c_, >, <, = b_,^2$; d. h. nachdem die zwei Factoren der Coefficientensumme in IV) $(a_{,} + b_{,}v + c_{,}v^2)$, folglich auch der Coefficientensumme in I) (weil beide Ausdrücke einerlei Summe haben) entweder unmöglich, oder möglich und ungleich, oder möglich und gleich sind.

§. 62. Diesen drei verschiedenen Fällen, welche bei der Coefficientensumme im Ausdrucke für eine Linie der zweiten Ordnung stattfinden können, entsprechen nun eben so viel wesentlich verschiedene Formen dieser Curven.

1) Da im Ausdrucke VI) die Coefficientensumme keine möglichen Factoren hat, mithin für keinen möglichen Werth von x gleich 0 werden kann, so kann auch die zugehörige Curve keinen unendlich entfernten Punct haben, sondern muss auf einen endlichen Raum beschränkt sein.

Um die Gestalt dieser Curve und ihre Lage gegen das Fundamentaldreieck noch genauer kennen zu lernen, denke man sich x von $-\infty$ durch 0 bis $+\infty$ stetig fortschreitend, nenne P den die Curve beschreibenden Punct und p, q, r, wie in §. 32, die Coefficienten der Fundamentalpuncte; und es erhellet Folgendes:

Für $x = -\infty$ verschwinden p und q gegen r, und P fällt mit C zusammen. Indem hierauf x, als negative Grösse, von $-\infty$ bis 0 abnimmt, sind p und r positiv, q negativ, und absolut $p + r > q$. P tritt folglich von C in das Feld $\overline{CA}$ und geht darin fort bis A, wo mit x zugleich r und q verschwinden. Wird sodann x positiv, und nimmt zu bis $+\infty$, so sind p, q, r immer positiv, und P geht in dem Felde $\overline{ABC}$ von A bis C zurück. — Zugleich ist klar, dass, da P beim Durchgange durch A und C auf einerlei Seite der Fundamentallinien AB sowohl als BC bleibt, die Curve diese Linien in A und C berühren wird. Siehe Fig. 7.

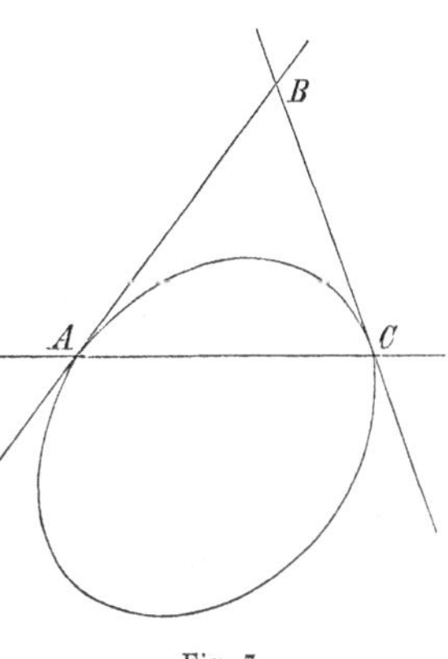

Fig. 7.

2) Im Ausdrucke VII) ist die Coefficientensumme in zwei mögliche Factoren zerlegbar, nämlich

$$-1 + x + x^2 = (x + k)(x - l),$$

wo $k = \frac{1}{2}(\sqrt{5} + 1)$, $l = \frac{1}{2}(\sqrt{5} - 1)$. Sie wird daher, indem x von $-\infty$ zu $+\infty$ fortgeht, zu zweien Malen gleich 0, für $x = -k$ und gleich l. Die Curve selbst hat folglich zwei unendlich entfernte Puncte:

$$-A - kB + k^2 C \text{ und } -A + lB + l^2 C;$$

d. h. sie erstreckt sich nach zwei, durch diese Ausdrücke bestimmten Richtungen in das Unendliche.

Um auch hier den Gang der Curve näher zu erforschen, so bemerke man zuvor, dass die Coefficientensumme positiv ist von $x = -\infty$ bis $-k$, wo daher $r > p + q$, und von l bis ∞, wo $q + r > p$; negativ von $x = -k$ bis 0, wo $p + q > r$, und von 0 bis l, wo $p > q + r$. — Ich brauche wohl kaum zu erinnern, dass diese Formeln zwischen p, q, r in demselben absoluten Sinne, wie die Formeln II) und III) in §. 32 zu nehmen sind. —

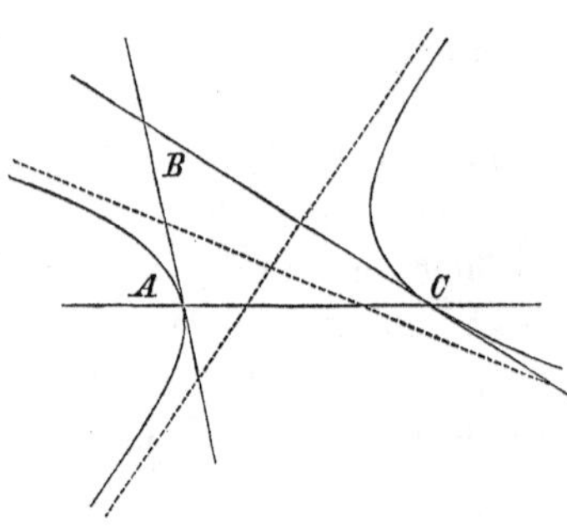

Fig. 8.

Von $x = -\infty$ bis $-k$ geht demnach der Punct P von C durch $\overline{C}$ in das Unendliche fort. — Er erscheint hierauf wieder nach entgegengesetzter Richtung in $\overline{AB}$, wo er, von $x = -k$ bis 0, bis A sich bewegt. — Von $x = 0$ bis l tritt er von A in $\overline{A}$, berührt dabei AB, und verliert sich in $\overline{A}$ zum zweiten Male in dem Unendlichen. — Aus diesem kehrt er zurück im Felde $\overline{BC}$, und gelangt darin, von $x = l$ bis ∞, bis zum Puncte C, von welchem er ausgegangen war, und wo er zugleich die Fundamentallinie BC berührt. — Siehe Fig. 8.

Im Ausdrucke VIII) ist die Summe der Coefficienten $= (\frac{1}{2} + x)^2$, und wird daher nur einmal gleich 0, für $x = -\frac{1}{2}$. Die zugehörige Curve wird sich mithin bloss nach der einen, durch den Ausdruck

$$\tfrac{1}{4}A - \tfrac{1}{2}B + \tfrac{1}{4}C \equiv A - 2B + C$$

bestimmten Richtung in das Unendliche erstrecken.

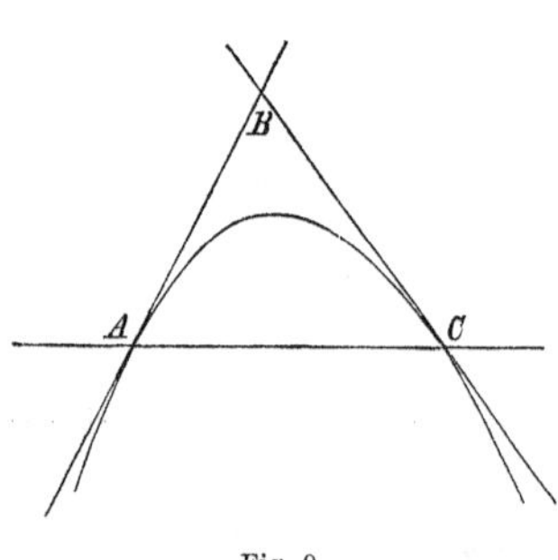

Fig. 9.

In der That geht sie, von $x = -\infty$ bis $-\frac{1}{2}$, von C durch $\overline{CA}$ in das Unendliche, kehrt aber, von $x = -\frac{1}{2}$ bis 0, in demselben Felde wieder zurück, geht, AB berührend, durch A in $\overline{ABC}$ und darin, von $x = 0$ bis ∞, bis C, BC berührend, zurück. — Siehe Fig. 9.

§. 63. Es springt in die Augen, dass die drei jetzt betrachteten Curven keine anderen, als die Ellipse, Hyperbel und Parabel sind, dass folglich der Ausdruck I) immer einem Kegelschnitte oder einer Linie der zweiten Ordnung, im gewöhnlichen Sinne genommen, angehört. Der strenge Beweis dafür wird weiter unten (§. 130, 1) folgen. Gegenwärtig noch einige allgemeine Bemerkungen über die Lage dieser Curven gegen das Fundamentaldreieck.

1) Jeder Coefficient im Ausdrucke für eine solche Curve ist im Allgemeinen ein Trinomium, und lässt sich daher entweder in zwei

mögliche Factoren zerlegen, oder nicht. Sei nun z. B. der Coefficient von A

$$a + a'v + a''v^2 = a''(v - \alpha)(v - \alpha'),$$

also zerlegbar, wenn α und α' mögliche Grössen bedeuten: so wird für $v = \alpha$ sowohl, als für $v = \alpha'$ der Coefficient von A gleich 0, und der Ausdruck reducirt sich auf die beiden anderen Fundamentalpuncte B und C, also auf Ausdrücke von Puncten in der Fundamentallinie BC, d. h. die Curve wird für $v = \alpha$ und $v = \alpha'$ diese Fundamentallinie schneiden. Ist dagegen der Coefficient von A nicht zerlegbar, so reducirt sich der Ausdruck für keinen Werth von v auf B und C allein, und die Curve schneidet BC nicht. — Wenden wir das Gesagte eben so auf die Coefficienten von B und C an, so folgt, dass jede der drei Fundamentallinien von der Curve entweder in zwei Puncten oder in keinem geschnitten wird.

2) Sind die zwei Factoren eines Coefficienten nicht nur möglich, sondern auch gleich, so fallen die zwei Schneidungspuncte in einen zusammen, d. h. die Curve berührt die Fundamentallinie, welche durch die beiden anderen Fundamentalpuncte geht. Wenn also z. B. der Coefficient von $A = a''(v - \alpha)^2$ ist, so wird, für $v = \alpha$, BC eine Tangente der Curve sein.

3) Sind die Coefficienten zweier Fundamentalpuncte in mögliche Factoren auflösbar, und haben sie dabei einen Factor gemeinschaftlich, so werden durch Nullsetzung dieses Factors beide Coefficienten zugleich gleich 0, und der Ausdruck reducirt sich allein auf den dritten Fundamentalpunct, so dass dieser ein Punct der Curve ist.

§. 64. Aus diesen Sätzen fliesst leicht die allgemeine Gültigkeit folgender Ausdrücke für einige besonders merkwürdige Verbindungen unserer Curven mit dem Fundamentaldreieck.

1) Eine Linie der zweiten Ordnung, welche durch die drei Fundamentalpuncte geht, hat den Ausdruck:

$$a(v - \beta)(v - \gamma)A + b(v - \gamma)(v - \alpha)B + c(v - \alpha)(v - \beta)C.$$

Durch A geht die Curve für $v = \alpha$, durch B für $v = \beta$, und durch C für $v = \gamma$.

2) Der Ausdruck einer Linie der zweiten Ordnung, welche die drei Fundamentalseiten berührt, ist:

$$a(v - \alpha)^2 A + b(v - \beta)^2 B + c(v - \gamma)^2 C.$$

Die drei Berührungspuncte finden sich, indem man nach und nach $v = \alpha$, β, γ setzt, und sind daher mit der Seite BC:

$$b(\alpha - \beta)^2 B + c(\alpha - \gamma)^2 C,$$

mit der Seite CA:

$$c(\beta-\gamma)^2 C + a(\beta-\alpha)^2 A,$$

mit der Seite AB:

$$a(\gamma-\alpha)^2 A + b(\gamma-\beta)^2 B.$$

Man wird leicht wahrnehmen, dass diese drei Puncte zugleich diejenigen sind, in denen die drei Geraden von den Spitzen A, B, C nach dem Puncte

$$\frac{a}{(\beta-\gamma)^2} A + \frac{b}{(\gamma-\alpha)^2} B + \frac{c}{(\alpha-\beta)^2} C$$

gezogen die gegenüberstehenden Seiten BC, CA, AB treffen. Man erhält somit den bekannten schönen Satz:

Wird um eine Linie der zweiten Ordnung ein Dreieck beschrieben, so schneiden sich die drei Geraden, welche die Spitzen des Dreiecks mit den gegenüberliegenden Berührungspuncten verbinden, in einem Puncte.

3) Für eine Linie der zweiten Ordnung, welche durch die zwei Fundamentalpuncte A und C geht und daselbst die Fundamentalseiten AB und CB berührt, ist der Ausdruck:

$$a(v-\alpha)^2 A + b(v-\alpha)(v-\gamma) B + c(v-\gamma)^2 C.$$

Denn für $v=\gamma$ und $v=\alpha$ reducirt sich der Ausdruck auf A und C, so dass A und C Puncte der Curve sind. In diesen berührt sie aber zugleich die Fundamentalseiten AB und CB, weil die Coefficienten von C und A Quadrate sind.

Jeder dieser drei Ausdrücke kann durch Einführung einer anderen Veränderlichen auf einfachere Formen gebracht werden. Die Vereinfachung der beiden ersteren wird in der Folge gezeigt werden. Um den dritten einfacher darzustellen, darf man ihn nur mit $(v-\alpha)^2$ dividiren, $\frac{v-\gamma}{v-\alpha}$ zur neuen Veränderlichen nehmen, und man gewahrt bald, dass er sich dadurch auf die Form IV) reducirt.

§. 65. Der Ausdruck IV) bietet uns ein sehr leichtes Mittel zur Construction dieser Curven dar.

Man setze

$$aA + bvB + cv^2 C \equiv P,$$

wo also P einen beliebigen Punct der Curve vorstellt. Man setze ferner:

$$\begin{aligned} bB + cC &= gG \quad \text{und} & bB + cvC &= xX \\ aA + bB &= hH & aA + cvC &= yY \\ & & aA + bvB &= zZ. \end{aligned}$$

Aus diesen Gleichungen folgt:

$$P \equiv aA + vxX = cv^2C + zZ$$
$$aA + xX = bB + yY = hH + cvC$$
$$bvB + yY = cvC + zZ = aA + gvG.$$

Mithin ist X (Fig. 10) der Durchschnitt von BC mit AP, Z von AB mit CP; die drei Geraden AX, BY, CH schneiden sich in einem Puncte

$$\equiv aA + xX = \text{etc.},$$

welcher R heisse; und eben so AG, BY, CZ in einem Puncte

$$\equiv bvB + yY = \text{etc.},$$

welcher Q heisse, d. i. der Durchschnitt von AX und CH, und der Durchschnitt von AG und CZ liegen mit B in einer Geraden. — Hieraus ergiebt sich folgende Construction:

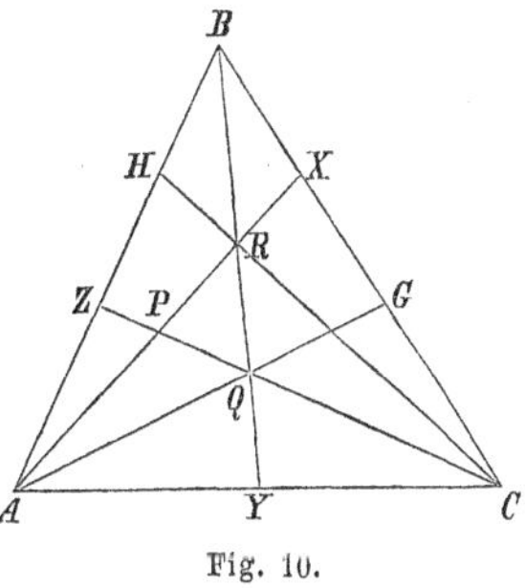

Fig. 10.

Man bestimme in BC und AB die Puncte

$G \equiv bB + cC$ und $H \equiv aA + bB$,

und ziehe die Geraden AG und CH. Man lege hierauf durch C nach beliebiger Richtung eine Gerade CZ, welche AG in Q schneide, ziehe BQ, welche CH in R schneide, und ziehe AR, welche CZ in P schneide; so ist P ein Punct der Curve. Dies lässt sich auch folgenderweise, als Theorem, darstellen.

Wenn um drei feste Puncte A, B, C, die nicht in einer Geraden liegen, sich drei Gerade AX, BY, CZ bewegen, dergestalt, dass der Durchschnitt R der ersten mit der zweiten eine durch den dritten Punct gehende Gerade CH, und der Durchschnitt Q der zweiten mit der dritten eine durch den ersten Punct gehende Gerade AG beschreibt, so beschreibt der Durchschnitt P der ersten mit der dritten einen Kegelschnitt, welcher durch den ersten und dritten Punct geht, und daselbst die von diesen Puncten nach dem zweiten Puncte gezogenen Geraden AB und BC berührt (§. 64, 3).

Anmerkung. Der Durchschnitt P bewegt sich auch dann noch in einem Kegelschnitte, wenn die von den Durchschnitten R und Q beschriebenen Geraden nicht durch C und A gehen, sondern irgend eine andere Lage haben. Unter dieser allgemeineren Form haben den Satz die Geometer Maclaurin und Braikenridge, wie es scheint, jeder für sich, entdeckt. In des letzteren *Exercitatio geometr. de descriptione linear. curv.* ist er die *Prop. 1.* Robert Simson berichtet in der Vorrede zu seinen *Sect. con.*, diesen Satz vorlängst von Maclaurin mitgetheilt erhalten zu haben, und drückt ihn in der Sprache der älteren Geometrie so aus: *Si a tribus punctis datis, quae non sunt in recta linea, ducantur tres rectae lineae, et ipsarum intersectiones duae tangant rectas positione datas; tanget reliqua intersectio sectionem conicam positione datam.*

---

§. 66. Wie Linien in Ebenen nach den ihnen zugehörigen Ausdrücken in Ordnungen eingetheilt werden können, geht schon aus der zu Anfange dieses Capitels gegebenen Erklärung für die Linien der zweiten Ordnung hinlänglich hervor. Angenommen, dass jeder der drei Coefficienten eine ganze rationale Function der Veränderlichen ist, dass die Coefficienten nicht einen ihnen allen gemeinschaftlichen Factor haben, und dass die höchste im Ausdrucke vorkommende Potenz der Veränderlichen durch Einführung einer anderen Veränderlichen auf keinen niedrigeren Grad gebracht werden kann: so werde eine Linie der $n$ten Ordnung beigezählt, wenn die im Ausdrucke vorkommende Veränderliche bis auf den $n$ten Grad steigt. Hiernach ist also der allgemeine Ausdruck für eine Gerade in §. 38 zugleich der allgemeine für die Linien der ersten Ordnung. Der Ausdruck I) in §. 59 war der allgemeine für die Linien der zweiten Ordnung. Bei den Linien der dritten Ordnung wird die allgemeine Form der Coefficienten:

$$a + a'v + a''v^2 + a'''v^3$$

sein, u. s. w.

§. 67. Der Vortheil, welchen die gewöhnliche Eintheilung der Linien in Ordnungen, nach den ihnen zukommenden Gleichungen zwischen Abscissen und Ordinaten, gewährt, dass nämlich die Ordnung einer Linie von den Aenderungen der Axen des Coordinatensystems ganz unabhängig ist, derselbe Vortheil findet auch hier statt, indem bei jedweder Veränderung der Fundamentalpuncte die Ordnung der Linie doch immer dieselbe bleibt. Denn um eine Linie, welche in Beziehung auf die Fundamentalpuncte A, B, C gegeben ist, auf beliebige andere Fundamentalpuncte $A_,$, $B_,$, $C_,$ bezogen darzustellen, hat man nur in dem Ausdrucke der Linie für A, B, C Ausdrücke von der Form

$$a_, A_, + b_, B_, + c_, C_,$$

zu substituiren, wo $a_,$, $b_,$, $c_,$ beständige Grössen sind. Vergl. §. 35.

§. 68. In dem Ausdrucke einer Linie von der $n$ten Ordnung lässt sich jeder der drei Coefficienten, z. B. der Coefficient von C, in höchstens n verschiedene lineäre und reelle Factoren auflösen, kann also für höchstens n verschiedene Werthe der Veränderlichen null werden. Für diese n Werthe der Veränderlichen reducirt sich der Ausdruck auf die beiden anderen Fundamentalpuncte A und B allein, d. i. auf Puncte der Curve in der Fundamentallinie AB. Eine Linie der $n$ten Ordnung kann mithin keine der Fundamentallinien in mehr als höchstens n Puncten schneiden. Da nun durch Veränderung der Fundamentalpuncte jede andere in der Ebene der Curve liegende Gerade zu einer Fundamentallinie gemacht werden kann, durch Veränderuug der Fundamentalpuncte aber die Ordnung der Curve nicht geändert wird, so folgt, dass die Zahl der Puncte, in denen eine Curve von einer Geraden geschnitten wird, nicht grösser sein kann, als die Zahl der Ordnung, zu welcher die Curve gehört.

§. 69. Die Anzahl der Constanten, welche in einem Coefficienten des allgemeinen Ausdrucks einer Linie von der 1sten, 2ten, 3ten, ..., $n$ten Ordnung vorkommen, ist $= 2, 3, 4, \ldots, n+1$; und daher die Anzahl der Constanten in allen drei Coefficienten $= 6, 9, 12, \ldots, 3n+3$. So lange man diese $3n+3$ Constanten in dem allgemeinen Ausdrucke einer Linie der $n$ten Ordnung unbestimmt lässt, bleibt auch die Linie hinsichtlich ihrer Gestalt, Grösse und Lage gegen das Fundamentaldreieck unbestimmt. Ohne aber diese Unbestimmtheit in etwas zu mindern, kann man immer durch Einführung einer neuen Veränderlichen die Zahl der unbestimmten Constanten um 4 geringer machen. — So wurden die 6 Constanten in dem allgemeinen Ausdrucke für die gerade Linie (§. 38) auf 2 (§. 40), und die 9 Constanten bei den Linien der zweiten Ordnung (§. 59) auf 5 herabgebracht (§. 60). — Um jetzt die Allgemeinheit dieses Satzes darzuthun, substituire man in dem allgemeinen Ausdrucke von der $n$ten Ordnung

$$(a + a'v + \ldots + a^{(n)}v^n)A + (b + \ldots + b^{(n)}v^n)B + (c + \ldots + c^{(n)}v^n)C,$$

$\frac{\zeta x + \eta}{x + \vartheta}$ für v, wo x die neue Veränderliche, und ζ, η, ϑ noch zu bestimmende Constanten sind, multiplicire den Ausdruck, um ihn von den Brüchen zu befreien, mit $(x + \vartheta)^n$, und ordne hierauf die drei Coefficienten nach den Potenzen von x. Man wird somit einen Ausdruck von derselben Form wie vorhin erhalten:

$$(\alpha + \alpha' x + \ldots + \alpha^{(n)}x^n)A + (\beta + \ldots + \beta^{(n)}x^n)B + (\gamma + \ldots + \gamma^{(n)}x)C,$$

in welchem die $3n+3$ Constanten α, α', .., $\alpha^{(n)}$, β, .., $\beta^{(n)}$, γ, .., $\gamma^{(n)}$ bekannte Functionen der $3n+3$ vorigen a, a', ..., $c^{(n)}$ und der drei neuen ζ, η, ϑ sind. Man dividire nun den solchergestalt umgeänderten Ausdruck durch eine seiner Constanten, z. B. durch α, so kommt an die Stelle von α die Einheit, die $3n+2$ übrigen werden die vorigen durch α dividirt, und man kann jetzt die drei von der Gestalt und Lage der Curve ganz unabhängigen Grössen ζ, η, ϑ so bestimmen, dass eben so viel der $3n+2$ übrigen Constanten bestimmte numerische Werthe erhalten, folglich nur $3n-1$ unbestimmte Constanten noch übrig bleiben; — nicht noch weniger, weil in der für die Veränderliche v gemachten Substitution $\frac{\zeta x+\eta}{x+\vartheta}$ nicht mehr als drei willkürliche Constanten eine Stelle finden können.

§. 70. Hiermit lässt sich zugleich die Frage beantworten: Wieviel nach Belieben genommener Puncte gegeben sein müssen, damit eine durch sie beschriebene Linie der $n$ten Ordnung vollkommen bestimmt sei. Soll nämlich der Punct

$$fA+gB+hC$$

in der Linie

$$(\alpha+\alpha'x+..)A+(\beta+\beta'x+..)B+(\gamma+\gamma'x+..)C$$

liegen, so hat man nach §. 24, a die zwei Gleichungen:

$$\frac{\alpha+\alpha'x+..}{f}=\frac{\beta+\beta'x+..}{g}=\frac{\gamma+\gamma'x+..}{h},$$

aus denen, nach Elimination von x, die dazu nöthige Relation zwischen den Constanten im Ausdrucke der Linie und den Coefficienten im Ausdrucke des Punctes hervorgeht. Eben so ergiebt sich für jeden neuen Punct, durch den die Linie gehen soll, eine neue Relation dieser Art. Da nun im allgemeinen Ausdrucke einer Linie der $n$ten Ordnung die Anzahl der Constanten immer auf $3n-1$ gebracht werden kann, zur Bestimmung von $3n-1$ Grössen aber eben so viel Gleichungen zwischen diesen Grössen erforderlich sind, so folgt, dass durch $3n-1$ willkührlich genommene Puncte im Allgemeinen immer eine und nicht mehr als eine Linie der $n$ten Ordnung beschrieben werden kann.

Eine Linie der ersten Ordnung ist demnach durch 2 Puncte, der zweiten durch 5, der dritten durch 8, der vierten durch 11, u. s. w. vollkommen bestimmt.

Nur also bei der ersten und zweiten Ordnung stimmt in dieser Hinsicht die neue Eintheilung der Linien in Ordnungen mit der bisher bekannten Eintheilung überein. Denn bei letzterer ist eine Linie der dritten Ordnung erst durch 9 Puncte, eine Linie der vierten Ordnung erst durch 14 Puncte, und überhaupt eine Linie der $n$ten Ordnung durch $\frac{1}{2}n(n+3)$ Puncte bestimmt, also durch

$$\tfrac{1}{2}n(n+3)-(3n-1)=\tfrac{1}{2}(n-1)(n-2)$$

Puncte mehr, als bei der neuen Eintheilung, ein Unterschied, der nur für $n=1$ und $n=2$ verschwindet. Der Grund dieses Unterschieds liegt darin, dass, wie wir in der Folge sehen werden, zwar jedem Ausdrucke von der dritten oder einer höheren Ordnung eine Gleichung von der ebensovielten Ordnung entspricht, aber nicht umgekehrt jede Gleichung von einer höheren Ordnung, als der zweiten, in einen Ausdruck mit rationalen Coefficienten umgewandelt werden kann.

§. 71. Die Art und Weise, nach welcher wir (§. 61) den allgemeinen Ausdruck für eine Linie der zweiten Ordnung bloss durch Einführung anderer Fundamentalpuncte auf eine sehr einfache Form zurückbrachten, lässt sich auch bei Ausdrücken für Linien höherer Ordnungen anwenden, nur dass dann die Zahl der festen Puncte, auf welche der bewegliche, die Curve beschreibende Punct bezogen wird, bei jeder höheren Ordnung um eins sich vermehrt. Verfährt man nämlich, wie dort, auch bei den höheren Potenzen von v und setzt:

$$a'''A+b'''B+c'''C=d_{,}D_{,},$$
$$a''''A+b''''B+c''''C=e_{,}E_{,},$$

u. s. w., so wird der allgemeine Ausdruck einer Linie der dritten Ordnung:

$$a_{,}A_{,}+b_{,}vB_{,}+c_{,}v^2C_{,}+d_{,}v^3D_{,};$$

der vierten Ordnung:

$$a_{,}A_{,}+b_{,}vB_{,}+c_{,}v^2C_{,}+d_{,}v^3D_{,}+e_{,}v^4E_{,};$$

u. s. w.

Diese höchst einfachen Ausdrücke sind insbesondere von Nutzen, um durch Fortsetzung des Verfahrens, nach welchem in §. 65 die Linien der zweiten Ordnung construirt wurden, Linien jeder höheren Ordnung zu beschreiben. — Seien A, B, C, D, E, ... (Fig. 11) die in dem zu construirenden Ausdrucke

$$aA+bvB+cv^2C+dv^3D+ev^4E+\dots$$

enthaltenen Puncte. Man ziehe die Geraden AB, BC, CD, DE, ..., und nehme darin die Puncte:

$$aA+bB,\quad bB+cC,\quad cC+dD,\quad dD+eE,$$

u. s. w.

Sei ferner B' ein beliebiger Punct der Geraden AB, den man

$$\equiv aA + bvB$$

setze, so lässt sich hieraus nach §. 65 in BC der Punct

$$C' \equiv bB + cvC$$

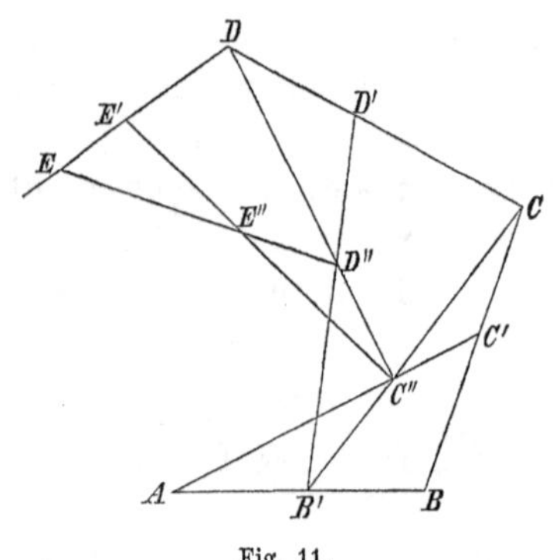

Fig. 11.

bestimmen. — Es war nämlich in Fig. 10:

$$H \equiv aA + bB, \quad G \equiv bB + cC$$

und aus der Geraden CZ, welche AB in

$$Z \equiv aA + bvB$$

traf, wurde durch blosses Ziehen gerader Linien die Gerade AX gefunden, welche der BC im Puncte

$$X \equiv bB + cvC$$

begegnete. — Auf eben die Art lässt sich nun mittelst dieses Punctes, welcher in Fig. 11 C' heisst, und mit Hülfe der Puncte $bB + cC$ und $cC + dD$, in CD der Punct

$$D' \equiv cC + dvD$$

finden; und so kann man weiter zu den Puncten

$$E' \equiv dD + evE, \quad F', \ldots$$

fortgehen.

Hiernach ist nun:

$$aA + bvB + cv^2C = (a + bv)B' + cv^2C = aA + v(b + cv)C',$$

folglich $\equiv$ dem Durchschnitt der Geraden $B'C$ und AC', welcher C'' heisse;

$$aA + bvB + cv^2C + dv^3D$$
$$= (a + bv + cv^2)C'' + dv^3D = (a + bv)B' + v^2(c + dv)D',$$

folglich $\equiv$ dem Durchschnitt der Geraden $C''D$ und $B'D'$, welcher D'' heisse. Eben so erhält man ferner

$$aA + bvB + cv^2C + dv^3D + ev^4E$$

als den Durchschnitt E'' der Geraden $D''E$ und $C''E'$;

$$aA + bvB + \ldots + fv^5F$$

als den Durchschnitt F'' der Geraden $E''F$ und $D''F'$; u. s. w.

Nachdem also die Puncte A, B, C, ..., $aA + bB$, $bB + cC$, ... bestimmt, und somit die in den Ausdrücken vorkommenden Constanten construirt sind, kann man für alle Puncte B' der Geraden

$aA + bvB$, und mithin für alle Werthe der Veränderlichen v die entsprechenden Puncte C'', D'', ... in den Linien höherer Ordnungen

$$aA + .. + cv^2C,\quad aA + ... + dv^3D,\ ...$$

durch blosses Ziehen gerader Linien finden.

Sechstes Capitel.

Von der Berührung, den merkwürdigen Puncten und unendlichen Aesten krummer Linien in Ebenen.

---

§. 72. Alle in diesem Capitel enthaltenen Untersuchungen haben die Lösung folgender Aufgabe zum Zweck:

Für einen gegebenen Punct einer gegebenen Curve eine andere einfachere Curve oder gerade Linie zu finden, welche der ersteren bei dem gegebenen Puncte so nahe als möglich kommt, um somit aus der Beschaffenheit der einfacheren Curve an jener Stelle und ihrer Lage gegen die gegebene Curve, die Beschaffenheit der gegebenen daselbst kennen zu lernen.

Je wichtiger diese Untersuchungen in der Theorie der Curven sind, um so weniger dürfte es überflüssig sein, zu zeigen, wie auch hierbei der neue Calcul in Anwendung gebracht werden kann.

§. 73. Sei demnach

$$pA + qB + rC$$

der gegebene Ausdruck einer Linie in einer Ebene, also p, q, r gegebene Functionen einer Veränderlichen v. Für denjenigen Punct der Linie, bei welchem ihr Gang untersucht werden soll, habe v den bestimmten Werth v'. Demzufolge substituire man für v, $v' + x$, so dass x die Veränderliche abgiebt, und es wird:

$$p = p' + \frac{dp'}{dv'}x + \frac{d^2p'}{2dv'^2}x^2 + \dots$$

$$q = q' + \frac{dq'}{dv'}x + \frac{d^2q'}{2dv'^2}x^2 + \dots$$

$$r = r' + \frac{dr'}{dv'}x + \frac{d^2r'}{2dv'^2}x^2 + \dots$$

wo p', q', r' dieselben Functionen von v' bezeichnen, welche p, q, r von v sind.

Nachdem man nun für p, q, r diese Reihen in dem Ausdrucke substituirt hat, ordne man ihn nach den Potenzen von x, und setze sodann:

$$p'A + q'B + r'C = \mathfrak{a}\mathfrak{A}$$

$$\frac{\mathrm{d}p'}{\mathrm{d}v'}A + \frac{\mathrm{d}q'}{\mathrm{d}v'}B + \frac{\mathrm{d}r'}{\mathrm{d}v'}C = \mathfrak{b}\mathfrak{B}$$

$$\frac{\mathrm{d}^2p'}{2\mathrm{d}v'^2}A + \frac{\mathrm{d}^2q'}{2\mathrm{d}v'^2}B + \frac{\mathrm{d}^2r'}{2\mathrm{d}v'^2}C = \mathfrak{c}\mathfrak{C}$$

u. s. w., wo also

$$\mathfrak{a} = p' + q' + r', \quad \mathfrak{b} = \frac{\mathrm{d}\mathfrak{a}}{\mathrm{d}v'}, \quad \mathfrak{c} = \frac{\mathrm{d}^2\mathfrak{a}}{2\mathrm{d}v'^2}, \dots$$

Hierdurch erhält der Ausdruck die Form einer Reihe:

$$(N) \qquad \mathfrak{a}\mathfrak{A} + \mathfrak{b}x\mathfrak{B} + \mathfrak{c}x^2\mathfrak{C} + \mathfrak{d}x^3\mathfrak{D} + \dots,$$

welche aus $n+1$ Gliedern bestehen wird, wenn die Linie zur $n$ten Ordnung gehört.

Das erste Glied, $\mathfrak{a}\mathfrak{A} \equiv \mathfrak{A}$, ist nichts anderes, als der in Betrachtung genommene Punct der Curve selbst, indem für diesen $v = v'$ und mithin $x = 0$ ist. Je kleiner man x nimmt, desto näher wird folglich der durch die Reihe ausgedrückte Punct dem Puncte $\mathfrak{A}$ liegen. Desto geringer wird aber zugleich der Einfluss der mit höheren Potenzen von x behafteten Glieder auf die Bestimmung eines solchen Punctes sein, so dass mit Weglassung dieser Glieder man Ausdrücke für andere einfachere Linien erhält, welche bei $\mathfrak{A}$ der Curve (N) möglichst nahe kommen werden.

§. 74. Man bilde hiernach durch Zusammennahme der zwei, drei, vier, etc. ersten Glieder der Reihe die Ausdrücke:

$$\text{I)} \qquad \mathfrak{a}\mathfrak{A} + \mathfrak{b}x\mathfrak{B}$$

$$\text{II)} \qquad \mathfrak{a}\mathfrak{A} + \mathfrak{b}x\mathfrak{B} + \mathfrak{c}x^2\mathfrak{C},$$

$$\text{III)} \qquad \mathfrak{a}\mathfrak{A} + \mathfrak{b}x\mathfrak{B} + \mathfrak{c}x^2\mathfrak{C} + \mathfrak{d}x^3\mathfrak{D},$$

u. s. w., wo die vorgesetzten Zahlen zugleich die Ordnungen der dadurch ausgedrückten Linien bezeichnen.

Seien nun für einen unendlich kleinen Werth von x, welcher i heisse, die demselben in den Linien I), II), III), ... entsprechenden Puncte $\mathfrak{B}'$, $\mathfrak{C}'$, $\mathfrak{D}'$, ... (Fig. 12), also:

$$\mathfrak{B}' \equiv \mathfrak{a}\mathfrak{A} + \mathfrak{b}i\mathfrak{B},$$

$$\mathfrak{C}' \equiv \mathfrak{a}\mathfrak{A} + \mathfrak{b}i\mathfrak{B} + \mathfrak{c}i^2\mathfrak{C},$$

$$\mathfrak{D}' \equiv \mathfrak{a}\mathfrak{A} + \mathfrak{b}i\mathfrak{B} + \mathfrak{c}i^2\mathfrak{C} + \mathfrak{d}i^3\mathfrak{D}, \text{ u. s. w.}$$

Hieraus folgt:

$$\mathfrak{C}' \equiv (\mathfrak{a} + \mathfrak{b}i)\mathfrak{B}' + \mathfrak{c}i^2\mathfrak{C},$$
$$\mathfrak{D}' \equiv (\mathfrak{a} + \mathfrak{b}i + \mathfrak{c}i^2)\mathfrak{C}' + \mathfrak{d}i^3\mathfrak{D},$$

u. s. w., oder kürzer, weil es immer nur auf das gegenseitige Verhältniss der Coefficienten ankommt, und i unendlich klein ist:

$$\mathfrak{B}' \equiv \mathfrak{a}\mathfrak{A} + \mathfrak{b}i\mathfrak{B},\quad \mathfrak{C}' \equiv \mathfrak{a}\mathfrak{B}' + \mathfrak{c}i^2\mathfrak{C},\quad \mathfrak{D}' \equiv \mathfrak{a}\mathfrak{C}' + \mathfrak{d}i^3\mathfrak{D},\ \ldots$$

Eben so findet sich, wenn für $v = -i$ die in den Linien I), II), III), ... zugehörigen Puncte mit $\mathfrak{B}_,$, $\mathfrak{C}_,$, $\mathfrak{D}_,$, ... bezeichnet werden:

$$\mathfrak{B}_, \equiv \mathfrak{a}\mathfrak{A} - \mathfrak{b}i\mathfrak{B},\quad \mathfrak{C}_, \equiv \mathfrak{a}\mathfrak{B}_, + \mathfrak{c}i^2\mathfrak{C},\quad \mathfrak{D}_, \equiv \mathfrak{a}\mathfrak{C}_, - \mathfrak{d}i^3\mathfrak{D},\ \ldots$$

Wie sich durch Auflösung dieser Formeln in Proportionen ergiebt (§. 21), liegen folglich

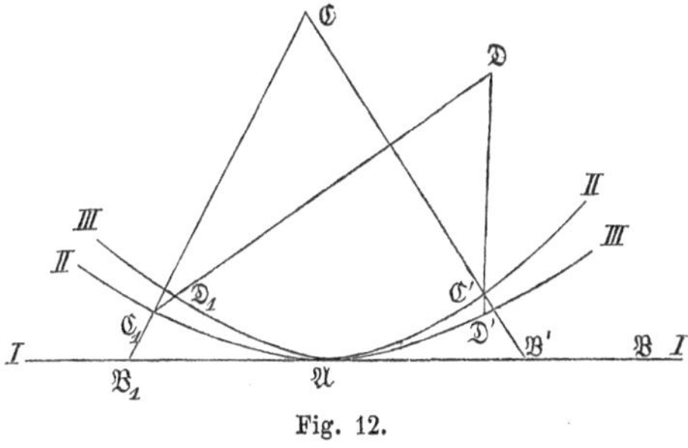

Fig. 12.

1) $\mathfrak{B}'$ und $\mathfrak{B}_,$ in der Geraden $\mathfrak{A}\mathfrak{B}$ dem $\mathfrak{A}$ unendlich nahe, aber auf entgegengesetzten Seiten dieses Punctes;

2) $\mathfrak{C}'$ und $\mathfrak{C}_,$ in den Geraden $\mathfrak{B}'\mathfrak{C}$ und $\mathfrak{B}_,\mathfrak{C}$ von $\mathfrak{B}'$ und $\mathfrak{B}_,$ um ein Unendlichkleines der zweiten Ordnung entfernt, und zwar zugleich nach $\mathfrak{C}$ hin oder von $\mathfrak{C}$ abwärts, also immer auf einerlei Seite der Linie $\mathfrak{B}_,\mathfrak{A}\mathfrak{B}'$ oder I);

3) $\mathfrak{D}'$ und $\mathfrak{D}_,$ in den Geraden $\mathfrak{C}'\mathfrak{D}$ und $\mathfrak{C}_,\mathfrak{D}$, von $\mathfrak{C}'$ und $\mathfrak{C}_,$ um ein Unendlichkleines der dritten Ordnung entfernt, und zwar der eine Punct nach $\mathfrak{D}$ hin, der andere von $\mathfrak{D}$ abwärts, also beide auf entgegengesetzten Seiten der Linie $\mathfrak{C}_,\mathfrak{A}\mathfrak{C}'$ oder II); u. s. w.

§. 75. Lehnsatz. Wenn von drei Puncten A, M, N der Punct M von A um ein Unendlichkleines der ersten Ordnung und N von M um ein Unendlichkleines der zweiten oder dritten, vierten etc. Ordnung absteht, so ist auch N von A um ein Unendlichkleines der ersten Ordnung entfernt: und wenn zugleich die Winkel AMN und ANM von endlicher Grösse sind, so lassen sich AM und AN als die Elemente zweier Curven betrachten, zwischen denen in A

eine Berührung von der ersten oder zweiten, dritten etc. Ordnung stattfindet.

Allgemeiner: Bedeuten m und n zwei positive ganze Zahlen, und ist AM von der $m$ten, MN von der $(m+n)$ten Ordnung, so ist auch AN von der $m$ten Ordnung, und, unter derselben Voraussetzung, dass AMN, ANM endliche Winkel sind, ist die Berührung der beiden Curven, welche AM und AN zu Elementen haben, — der Analogie nach — von der $\frac{n}{m}$ten Ordnung.

§. 76. Mit Hülfe dieses Satzes, der, wenn auch noch nicht so ausgedrückt, doch Jedem, welcher die abgekürzte Sprache der höheren Analysis versteht, sogleich einleuchten wird, zeigt sich nun Folgendes:

1) Die Abstände $\mathfrak{AB}'$, $\mathfrak{AC}'$, $\mathfrak{AD}'$, ..., $\mathfrak{AB}_{,}$, $\mathfrak{AC}_{,}$, $\mathfrak{AD}_{,}$, ... sind von der ersten Ordnung; $\mathfrak{B}'\mathfrak{C}'$, $\mathfrak{B}'\mathfrak{D}'$, ..., $\mathfrak{B}_{,}\mathfrak{C}_{,}$, $\mathfrak{B}_{,}\mathfrak{D}_{,}$, ... von der zweiten; $\mathfrak{C}'\mathfrak{D}'$, ..., $\mathfrak{C}_{,}\mathfrak{D}_{,}$, ... von der dritten; u. s. w.

2) Da zugleich die gegenseitigen Neigungen der Geraden $\mathfrak{AB}$, $\mathfrak{AC}$, $\mathfrak{AD}$, ... als endlich zu betrachten sind, so berühren sich sämmtliche Linien I), II), III), ..., (N) in $\mathfrak{A}$; und zwar ist die Berührung der Linie I) mit jeder der übrigen II), III), ..., (N) von der ersten Ordnung; die Berührung der Linie II) mit III), ..., (N) von der zweiten; die Berührung der Linie III) mit jeder der folgenden von der dritten Ordnung; u. s. w.

3) Bei jeder dieser Linien fallen die der Berührung unmittelbar vorangehenden und folgenden Theile auf entgegengesetzte Seiten jeder Geraden, welche durch $\mathfrak{A}$ geht und gegen $\mathfrak{AB}$ eine endliche Neigung hat, oder, — wie wir uns kurz ausdrücken wollen, — auf entgegengesetzte Seiten des Punctes $\mathfrak{A}$.

4) Alle Linien II), III), ..., (N) sind in der Nähe von $\mathfrak{A}$ auf einerlei Seite der Linie I) enthalten. Eben so hat III) alle folgenden Linien auf einerlei Seite von sich liegen; und so fort jede Linie von höherer ungerader Ordnung. Dagegen wird jede Linie von gerader Ordnung, wie II), von allen folgenden in $\mathfrak{A}$ durchgangen, wobei aber ebenfalls diejenigen Theile der folgenden Linien, welche mit einander auf einerlei Seite von $\mathfrak{A}$ liegen, auch auf einer und derselben Seite von II) befindlich sind.

§. 77. Von jetzt an soll uns bloss die Linie I) oder die geradlinige Tangente noch beschäftigen. Sie hat den Ausdruck: $\mathfrak{a}\mathfrak{A} + \mathfrak{b}x\mathfrak{B}$.

Substituirt man darin für $\mathfrak{a}\mathfrak{A}$ und $\mathfrak{b}\mathfrak{B}$ aus §. 73 ihre Werthe, so kommt:

$$(p' + \frac{dp'}{dv'}x)A + (q' + \frac{dq'}{dv'}x)B + (r' + \frac{dr'}{dv'}x)C,$$

als allgemeiner Ausdruck der geradlinigen Tangente an die Curve

$$pA + qB + rC$$

in dem Puncte, für welchen $v = v'$ ist.

Wenn

$$\frac{dp'}{dv'} + \frac{dq'}{dv'} + \frac{dr'}{dv'} = 0,$$

also $\mathfrak{b} = 0$, so ist $\mathfrak{B}$ ein unendlich entfernter Punct, und die Tangente ist eine Linie durch $\mathfrak{A}$, parallel mit der durch $\mathfrak{B}$ bestimmten Richtung, also construirbar, obwohl die einzelnen Puncte derselben nicht durch den Ausdruck $\mathfrak{a}\mathfrak{A} + \mathfrak{b}x\mathfrak{B}$, sondern mit Hülfe des auf A, B, C zurückgebrachten gefunden werden können. Dasselbe gilt auch von den Ausdrücken berührender Linien höherer Ordnungen. Ist z. B. in dem Ausdrucke

$$\mathfrak{a}\mathfrak{A} + \mathfrak{b}x\mathfrak{B} + \mathfrak{c}x^2\mathfrak{C}$$

eine der Summen der Differentialquotienten, welche $\mathfrak{b}$ und $\mathfrak{c}$ vorstellen, gleich 0, oder sind es beide Summen zugleich, und folglich die Puncte $\mathfrak{B}$ und $\mathfrak{C}$ unendlich entfernt, so ist demungeachtet eine berührende Linie der zweiten Ordnung vorhanden. Allein um solche zu construiren, muss man den Ausdruck zuvor auf A, B, C beziehen. — In dem Falle, wo $\mathfrak{a} = 0$ und mithin $\mathfrak{A}$ unendlich entfernt ist, geht die Tangente in eine Asymptote über, wovon später mit Mehrerem die Rede sein wird. —

Anders verhält es sich, wenn von den drei Differentialquotienten, welche eine der Summen $\mathfrak{b}$, $\mathfrak{c}$, ... bilden, jeder einzeln gleich 0 ist; z. B.

$$\frac{dp'}{dv'} = 0, \quad \frac{dq'}{dv'} = 0, \quad \frac{dr'}{dv'} = 0.$$

Denn alsdann ist das zugehörige Glied $\mathfrak{b}x\mathfrak{B}$ als gar nicht vorhanhanden zu betrachten. Nur das erste Glied $\mathfrak{a}\mathfrak{A}$ kann auf diese Weise nicht wegfallen, indem, wenn p', q', r' zugleich gleich 0 sein sollten, jeder der drei Coefficienten p, q, r den Factor $v - v'$ enthalten müsste, was der in §. 66 gemachten Annahme entgegen ist.

§. 78. Die Berührung einer Curve mit einer Geraden ist im Allgemeinen von der ersten Ordnung, kann aber an besonderen Stellen der ersteren auch von einer anderen Ordnung sein. Dergleichen Stellen, oder sogenannte merkwürdige Puncte, kommen vor, wenn in dem Anfange der Reihe (N) ein oder etliche Glieder,

$\mathfrak{a}\mathfrak{A}$ immer ausgenommen, auf die eben gedachte Art wegfallen, so dass das wirklich vorhandene dritte Glied eine höhere Potenz von x, als die zweite, enthält, mag in dem vorhandenen zweiten Gliede, entweder die erste Potenz wie gewöhnlich, oder ebenfalls eine höhere angetroffen werden.

Fehle z. B. das Glied $\mathfrak{c}x^2\mathfrak{C}$, sei also der Anfang der Reihe:

$$(N) \qquad \mathfrak{a}\mathfrak{A} + \mathfrak{b}x\mathfrak{B} + \mathfrak{d}x^3\mathfrak{D} + \ldots$$

Mit Anwendung der in §. 74 gebrauchten Bezeichnung findet sich:

$$\mathfrak{B}' \equiv \mathfrak{a}\mathfrak{A} + \mathfrak{b}i\mathfrak{B}, \quad \mathfrak{D}' \equiv \mathfrak{a}\mathfrak{B}' + \mathfrak{d}i^3\mathfrak{D},$$
$$\mathfrak{B}_, \equiv \mathfrak{a}\mathfrak{A} - \mathfrak{b}i\mathfrak{B}, \quad \mathfrak{D}_, \equiv \mathfrak{a}\mathfrak{B}_, - \mathfrak{d}i^3\mathfrak{D}.$$

Die Puncte $\mathfrak{D}'$, $\mathfrak{D}_,$ liegen daher von den Puncten $\mathfrak{B}'$, $\mathfrak{B}_,$ der Linie $\mathfrak{A}\mathfrak{B}$ oder der geradlinigen Tangente nur um ein Unendlichkleines der dritten Ordnung entfernt und auf entgegengesetzten Seiten dieser Linie (Fig. 13). Die durch die drei ersten Glieder von (N) ausgedrückte Curve $\mathfrak{D}_,\mathfrak{A}\mathfrak{D}'$ durchgeht also in $\mathfrak{A}$ die Tangente, hat folglich daselbst einen Wendungspunct, und die Berührung ist von der zweiten Ordnung (§. 75). Dasselbe wird aber auch von der Curve (N) selbst gelten, als welche sich bei $\mathfrak{A}$ nur um ein Unendlichkleines einer noch höheren Ordnung von $\mathfrak{D}_,\mathfrak{A}\mathfrak{D}'$ entfernt.

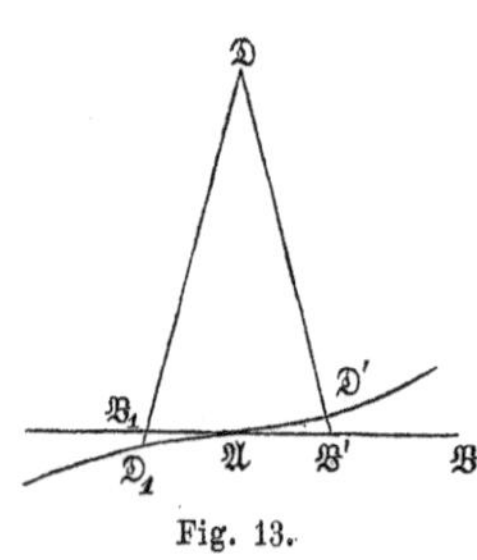

Fig. 13.

§. 79. Nehmen wir jetzt an, dass das Glied $\mathfrak{b}x\mathfrak{B}$ wegfalle, und mithin der Anfang der Reihe:

$$(N) \qquad \mathfrak{a}\mathfrak{A} + \mathfrak{c}x^2\mathfrak{C} + \mathfrak{d}x^3\mathfrak{D} + \ldots$$

sei. Alsdann wird für ein unendlich kleines x:

$$\mathfrak{C}' \equiv \mathfrak{a}\mathfrak{A} + \mathfrak{c}i^2\mathfrak{C}, \quad \mathfrak{D}' \equiv \mathfrak{a}\mathfrak{C}' + \mathfrak{d}i^3\mathfrak{D},$$
$$\mathfrak{C}_, \equiv \mathfrak{a}\mathfrak{A} + \mathfrak{c}i^2\mathfrak{C}, \quad \mathfrak{D}_, \equiv \mathfrak{a}\mathfrak{C}_, - \mathfrak{d}i^3\mathfrak{D}.$$

Die Puncte $\mathfrak{C}'$, $\mathfrak{C}_,$ fallen daher in einen zusammen, der in der Geraden $\mathfrak{A}\mathfrak{C}$ von $\mathfrak{A}$ um ein Unendlichkleines der zweiten Ordnung absteht, und von welchem die Puncte $\mathfrak{D}'$, $\mathfrak{D}_,$, der eine nach $\mathfrak{D}$ hin, der andere von $\mathfrak{D}$ abwärts, um ein Unendlichkleines der dritten Ordnung entfernt sind (Fig. 14). Hier ist also $\mathfrak{A}\mathfrak{C}$ die Tangente der Curve $\mathfrak{D}_,\mathfrak{A}\mathfrak{D}'$ und mithin auch der Curve (N) in $\mathfrak{A}$, die Berührung aber von der Ordnung $\frac{1}{2}$, und so beschaffen, dass die der Berührung unmittelbar vorangehenden und folgenden Theile auf einerlei Seite des Punctes $\mathfrak{A}$ und auf entgegengesetzten der Tangente $\mathfrak{A}\mathfrak{C}$ liegen.

Die Curve hat folglich eine sogenannte **Spitze** oder **Rückkehrpunct der ersten Art.**

§. 80. Fehle wiederum das Glied $\mathfrak{b}x\mathfrak{B}$ und zugleich noch das Glied $\mathfrak{d}x^3\mathfrak{D}$, beginne also die Reihe mit

$$(N) \qquad \mathfrak{a}\mathfrak{A} + \mathfrak{c}x^2\mathfrak{C} + \mathfrak{e}x^4\mathfrak{E} + \ldots$$

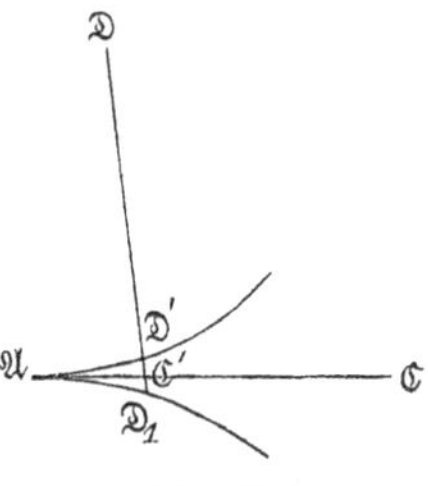

Fig. 14.

Hier geben die drei ersten Glieder, $x^2 = y$ gesetzt, den Ausdruck für eine Linie der zweiten Ordnung, welche die Gerade $\mathfrak{A}\mathfrak{C}$ im Puncte $\mathfrak{A}$ berührt, aber von $\mathfrak{A}$ nur nach einer Seite zu fortgeht, weil y nicht negativ werden kann. Aus demselben Grunde würde auch die Curve (N) in $\mathfrak{A}$ unterbrochen sein, wenn die folgenden Glieder ihres Ausdrucks nur gerade Potenzen von x enthielten. Sie würde dann aber durch die Substitution von y für x^2 auf die Ordnung $\frac{1}{2}n$ sich reduciren lassen, was dem §. 66 entgegen ist. Sei demnach das auf $\mathfrak{e}x^4\mathfrak{E}$ zunächst folgende Glied mit ungerader Potenz, $\mathfrak{f}x^5\mathfrak{F}$, wirklich vorhanden, so wird, wenn man in dem bisherigen Sinne auch die Buchstaben $\mathfrak{E}$ und $\mathfrak{F}$ accentuirt:

$$\mathfrak{C}' \equiv \mathfrak{C}, \equiv \mathfrak{a}\mathfrak{A} + \mathfrak{c}i^2\mathfrak{C}, \qquad \mathfrak{E}' \equiv \mathfrak{E}, \equiv \mathfrak{a}\mathfrak{C}' + \mathfrak{e}i^4\mathfrak{E},$$

$$\mathfrak{F}' \equiv \mathfrak{a}\mathfrak{E}' + \mathfrak{f}i^5\mathfrak{F}, \qquad \mathfrak{F}, \equiv \mathfrak{a}\mathfrak{E}' - \mathfrak{f}i^5\mathfrak{F}.$$

Es sind demnach (Fig. 15) $\mathfrak{A}\mathfrak{C}'$, in $\mathfrak{A}\mathfrak{C}$, von der zweiten und $\mathfrak{C}'\mathfrak{E}'$, in $\mathfrak{C}'\mathfrak{E}$, von der vierten Ordnung; $\mathfrak{E}'\mathfrak{F}'$ aber und $\mathfrak{E}'\mathfrak{F},$, von $\mathfrak{E}'$ nach entgegengesetzten Seiten in $\mathfrak{E}'\mathfrak{F}$ liegend, von der fünften Ordnung; woraus weiter folgt, dass $\mathfrak{F}'$ und $\mathfrak{F},$ auf einerlei Seite von $\mathfrak{A}\mathfrak{C}$, und von $\mathfrak{C}'$ um ein Unendlichkleines der vierten Ordnung entfernt sind. Die dem $\mathfrak{A}$ zunächst vorangehenden und folgenden Theile der Curve $\mathfrak{F},\mathfrak{A}\mathfrak{F}'$ liegen mithin auf einerlei Seite sowohl des Punctes $\mathfrak{A}$, als der Geraden $\mathfrak{A}\mathfrak{C}$, welche letztere zugleich die Tangente ist und mit jedem der beiden Theile eine Berührung der ersten Ordnung bildet. Es hat daher die Curve $\mathfrak{F},\mathfrak{A}\mathfrak{F}'$, und folglich auch die Curve (N), in $\mathfrak{A}$ eine **Spitze der zweiten Art.**

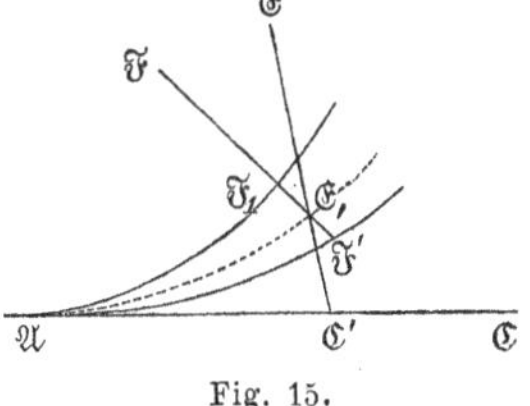

Fig. 15.

Zwischen den beiden Zweigen $\mathfrak{A}\mathfrak{F}'$ und $\mathfrak{A}\mathfrak{F},$, welche sich zu dieser Spitze vereinigen, geht die Linie der zweiten Ordnung $\mathfrak{A}\mathfrak{E}'$ hindurch, und die Berührung derselben mit jedem der beiden Zweige und folglich auch die gegenseitige Berührung der Zweige ist von der Ordnung $\frac{3}{2}$.

§. 81. Seien jetzt allgemein die drei ersten Glieder der Reihe:

$$(N) \qquad \mathfrak{a}\mathfrak{A} + \mathfrak{g}x^g\mathfrak{G} + \mathfrak{h}x^h\mathfrak{H} + \ldots,$$

wo g, h zwei positive ganze Zahlen bedeuten, und $g < h$; so erhellet auf dieselbe Weise, nach der wir bei den bisherigen speciellen Fällen zu Werke gingen, Folgendes:

1) Die Curve (N) wird in $\mathfrak{A}$ von der Geraden $\mathfrak{A}\mathfrak{G}$ berührt.

2) Die dem $\mathfrak{A}$ zunächst vorangehenden und folgenden Theile der Curve liegen auf einerlei Seite dieses Punctes (wie Fig. 14 und 15), oder auf entgegengesetzten Seiten desselben (wie Fig. 12 und 13), je nachdem g gerade oder ungerade ist. Sie liegen ferner auf einerlei Seite der Tangente $\mathfrak{A}\mathfrak{G}$ (wie Fig. 12 und 15), oder auf entgegengesetzten (wie Fig. 13 und 14), nachdem h gerade oder ungerade ist.

3) Die Berührung der Curve mit $\mathfrak{A}\mathfrak{G}$ ist von der Ordnung $\frac{h}{g} - 1$.

§. 82. Es sind aber diese Regeln über das Vorhandensein und die Beschaffenheit merkwürdiger Puncte nur unter der bis jetzt stillschweigend gemachten Voraussetzung richtig, dass von den drei ersten, wirklich vorhandenen Puncten der Reihe keiner mit dem andern identisch ist, und dass dieselben nicht in einer Geraden liegen. Denn ist z. B. $\mathfrak{G}$ mit $\mathfrak{A}$ identisch, so reducirt sich der Anfang der Reihe auf:

$$(\mathfrak{a} + \mathfrak{g}x^g)\mathfrak{A} + \mathfrak{h}x^h\mathfrak{H} = \mathfrak{a}\mathfrak{A} + \mathfrak{h}x^h\mathfrak{H},$$

indem man es gegenwärtig nur mit unendlich kleinen Werthen der Veränderlichen zu thun hat, für solche aber $\mathfrak{g}x^g$ gegen $\mathfrak{a}$ verschwindet. Oder ist $\mathfrak{H}$ mit $\mathfrak{G}$ identisch, so wird aus demselben Grunde der Anfang:

$$\mathfrak{a}\mathfrak{A} + (\mathfrak{g}x^g + \mathfrak{h}x^h)\mathfrak{G} = \mathfrak{a}\mathfrak{A} + \mathfrak{g}x^g\mathfrak{G}.$$

Liegt aber $\mathfrak{H}$ mit $\mathfrak{A}$ und $\mathfrak{G}$ in einer Geraden, so sei

$$\mathfrak{h}\mathfrak{H} = \mathfrak{a}'\mathfrak{A} + \mathfrak{g}'\mathfrak{G},$$

und der Anfang der Reihe wird:

$$(\mathfrak{a} + \mathfrak{a}'x^h)\mathfrak{A} + (\mathfrak{g}x^g + \mathfrak{g}'x^h)\mathfrak{G},$$

der sich wie vorhin auf $\mathfrak{a}\mathfrak{A} + \mathfrak{g}x^g\mathfrak{G}$ reducirt. In jedem dieser Fälle fliessen also die drei ersten Glieder in zwei zusammen, und man ist genöthigt, in der Reihe noch weiter fortzugehen, und von den nächstfolgenden Gliedern dasjenige als drittes zu nehmen, dessen Punct weder mit einem der beiden ersten Puncte, $\mathfrak{A}$ und $\mathfrak{G}$ oder $\mathfrak{H}$, zusammenfällt, noch mit denselben in einer Geraden liegt.

Zugleich ist hieraus ersichtlich, wie es merkwürdige Puncte auch geben kann, ohne dass ein oder etliche Glieder im Anfang der Reihe ausfallen. So findet der Wendungspunct in §. 78 auch dann statt, wenn $\mathfrak{A}$, $\mathfrak{B}$, $\mathfrak{C}$ in einer Geraden liegen; die Spitze der ersten Art in §. 79 auch dann, wenn $\mathfrak{A}$ und $\mathfrak{B}$ identisch sind; die Spitze der zweiten Art in §. 80, wenn $\mathfrak{A}$ und $\mathfrak{B}$ identisch, und $\mathfrak{A}$, $\mathfrak{C}$, $\mathfrak{D}$ in einer Geraden liegen*). Denn überhaupt wird man

$$\mathfrak{a}\mathfrak{A} + \mathfrak{g}x^g\mathfrak{G} + \mathfrak{h}x^h\mathfrak{H}$$

als Anfang der Reihe zu nehmen haben, wenn unter den auf $\mathfrak{A}$ folgenden Puncten, $\mathfrak{G}$ der erste, mit $\mathfrak{A}$ nicht identische ist, und unter den auf $\mathfrak{G}$ folgenden, $\mathfrak{H}$ der erste ist, der weder mit $\mathfrak{A}$ oder $\mathfrak{G}$ identisch ist, noch mit $\mathfrak{A}$ und $\mathfrak{G}$ in einer Geraden liegt.

---

§. 83. Hiermit glaube ich, die Hauptumstände bei der Berührung krummer Linien und das Vorzüglichste von der Beschaffenheit ihrer merkwürdigen Puncte auseinandergesetzt zu haben. Es sei mir aber erlaubt, dieselben Gegenstände noch auf eine andere Weise zu behandeln, die, wenn sie auch etwas mehr Zurüstung erfordert, doch den Vorzug einer grösseren Anschaulichkeit besitzt, und insbesondere über die Natur der merkwürdigen Puncte ein helleres Licht verbreitet. Auch wird diese andere Darstellungsart, über die bisher noch nicht erwähnten Puncte, in denen sich zwei oder mehrere Aeste der Curve schneiden, und welche man doppelte, dreifache, etc. Puncte nennt, Einiges zu sagen, Gelegenheit geben.

Ich gehe hierbei von folgender Erklärung der Berührung aus.

---

*) Nimmt man aus §. 73 die Ausdrücke der Puncte $\mathfrak{A}$, $\mathfrak{B}$, $\mathfrak{C}$, $\mathfrak{D}$, auf A, B, C bezogen, so lassen sich, mit Hülfe der §§. 43 und 24, a, diese Bedingungen folgenderweise durch Gleichungen darstellen.

Die Curve $pA + qB + rC$ hat für $v = v'$ einen Wendungspunct, wenn für diesen Werth von v

$$\mathrm{d}^2p\,(q\,\mathrm{d}r - r\,\mathrm{d}q) + \mathrm{d}^2q\,(r\,\mathrm{d}p - p\,\mathrm{d}r) + \mathrm{d}^2r\,(p\,\mathrm{d}q - q\,\mathrm{d}p) = 0;$$

eine Spitze der ersten Art, wenn

$$q\,\mathrm{d}r = r\,\mathrm{d}q \text{ und } r\,\mathrm{d}p = p\,\mathrm{d}r,$$

(folglich auch $p\,\mathrm{d}q = q\,\mathrm{d}p$); eine Spitze der zweiten Art, wenn

$$q\,\mathrm{d}r = r\,\mathrm{d}q,\quad r\,\mathrm{d}p = p\,\mathrm{d}r$$

und

$$\mathrm{d}^3p\,(q\,\mathrm{d}^2r - r\,\mathrm{d}^2q) + d^3q\,(r\,\mathrm{d}^2p - p\,\mathrm{d}^2r) + \ldots = 0.$$

Wenn zwei Linien sich in zwei, drei, vier, etc. Puncten schneiden, und die eine, oder beide Linien zugleich, dergestalt geändert werden, dass die Schneidungspuncte einander immer näher rücken, so sagt man im Augenblicke des Zusammenfallens derselben, dass zwischen den Linien eine Berührung von der ersten, zweiten, dritten, etc. Ordnung stattfinde.

§. 84. Werde nun statt des Ausdrucks (N) in §. 73 zunächst folgender in Betracht gezogen:

$$(N^*)\quad \mathfrak{a}\mathfrak{A} + \mathfrak{b}x\mathfrak{B} + \mathfrak{c}x(x-i)\mathfrak{C} + \mathfrak{d}x(x-i)(x-i')\mathfrak{D} + \mathfrak{e}x(x-i)(x-i')(x-i'')\mathfrak{E} + \ldots,$$

wo i, i', i'', ... endliche, constante Grössen bedeuten, die man, um etwas Gewisses zu setzen, positiv und $i < i' < i'' < \ldots$ annehme.

Heissen ferner die Puncte der Curve, in denen die Veränderliche x diesen Grössen der Reihe nach gleich wird, resp. $\mathfrak{A}'$, $\mathfrak{A}''$, $\mathfrak{A}'''$, ... (Fig. 16), so dass folglich

$$\mathfrak{A}' \equiv \mathfrak{a}\mathfrak{A} + \mathfrak{b}i\mathfrak{B},$$
$$\mathfrak{A}'' \equiv \mathfrak{a}\mathfrak{A} + \mathfrak{b}i'\mathfrak{B} + \mathfrak{c}(i'-i)\mathfrak{C},$$
$$\mathfrak{A}''' \equiv \mathfrak{a}\mathfrak{A} + \mathfrak{b}i''\mathfrak{B} + \mathfrak{c}i''(i''-i)\mathfrak{C} + \mathfrak{d}i''(i''-i)(i''-i')\mathfrak{D},$$

u. s. w.

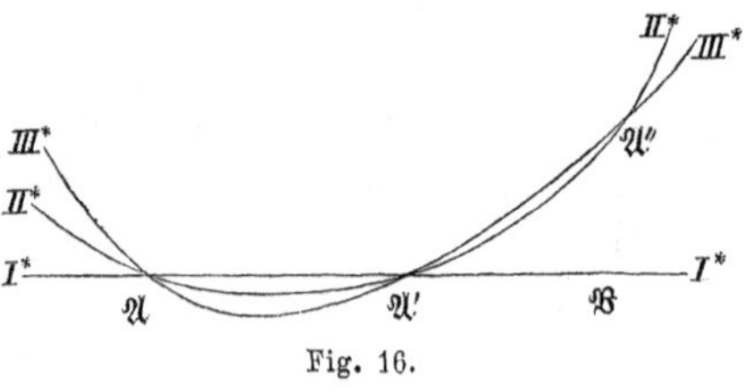

Fig. 16.

Man nehme jetzt, wie in §. 74, von dem Ausdrucke (N^*) nach und nach die zwei, drei, vier, etc. ersten Glieder zusammen und bilde die Ausdrücke:

$$\text{I*)}\quad \mathfrak{a}\mathfrak{A} + \mathfrak{b}x\mathfrak{B},$$
$$\text{II*)}\quad \mathfrak{a}\mathfrak{A} + \mathfrak{b}x\mathfrak{B} + \mathfrak{c}x(x-i)\mathfrak{C},$$
$$\text{III*)}\quad \mathfrak{a}\mathfrak{A} + \mathfrak{b}x\mathfrak{B} + \mathfrak{c}x(x-i)\mathfrak{C} + \mathfrak{d}x(x-i)(x-i')\mathfrak{D},$$

u. s. w., die nach den beigesetzten Zahlen Linien der ersten, zweiten, dritten, etc. Ordnung angehören werden.

Nun reducirt sich der Ausdruck I*) für $x = 0$ und gleich i, auf $\mathfrak{A}$ und $\mathfrak{A}'$; der Ausdruck II*) für $x = 0$, i und i', auf $\mathfrak{A}$, $\mathfrak{A}'$, $\mathfrak{A}''$; der Ausdruck III*) für $x = 0$, i, i', i'' auf $\mathfrak{A}$, $\mathfrak{A}'$, $\mathfrak{A}''$, $\mathfrak{A}'''$; u. s. w. Es geht folglich die Linie I*) durch die Puncte $\mathfrak{A}$ und $\mathfrak{A}'$; die Linie II*) durch die Puncte $\mathfrak{A}$, $\mathfrak{A}'$, $\mathfrak{A}''$; die Linie III*) nächstdem noch durch den Punct $\mathfrak{A}'''$. Ueberhaupt also geht die Linie der $k$ten Ordnung durch die ersten $k+1$ Puncte der Reihe $\mathfrak{A}$, $\mathfrak{A}'$, ..., und hat dieselben mit allen Linien von höherer Ordnung gemein.

Es können aber die Grössen i, i', i'', ... immer so klein genommen werden, dass diese Puncte zunächst die einzigen sind, in denen die Linien zusammen kommen. Auch werden sich in denselben je zwei Linien wirklich schneiden, nicht bloss berühren. Wir wollen dieses durch Vergleichung der Linie II*) mit irgend einer der anderen von höherer Ordnung erläutern.

Heisse der die Linie von höherer Ordnung beschreibende Punct, P, und der die Linie II*) beschreibende, Q, so ist:

$$P \equiv [\mathfrak{a} + \mathfrak{b}x + \mathfrak{c}x(x-i)]\,Q + x(x-i)(x-i')[\mathfrak{b}\mathfrak{D} + \mathfrak{e}(x-i'')\mathfrak{E} + ..]$$

ein Ausdruck, der für genugsam kleine Werthe von i, i', i'', ..., und für eben so kleine, oder nicht viel grössere Werthe von x, mit dem Ausdrucke

$$P \equiv Q + p\mathfrak{D}, \text{ wo } p = \mathfrak{b}x(x-i)(x-i') : \mathfrak{a},$$

beinahe gleichgeltend angenommen werden kann.

Diesem letzteren Ausdrucke zufolge liegt nun P mit Q in einer um $\mathfrak{D}$ beweglichen Geraden, und, weil p immer sehr klein ist, dem Q weit näher als dem $\mathfrak{D}$, bald von Q nach $\mathfrak{D}$ zu, bald auf der anderen Seite von Q, nachdem p positiv oder negativ ist; für $p=0$ fällt P mit Q zusammen. Es geht aber p durch Null in das Entgegengesetzte über, wenn x aus dem Negativen durch Null in das Positive, und fernerhin im Positiven durch i und i' fortgeht, d. i. in den Puncten $\mathfrak{A}$, $\mathfrak{A}'$, $\mathfrak{A}''$, und sonst nicht. Mithin werden sich die von den Puncten P und Q beschriebenen Curven zunächst nur in diesen drei Puncten begegnen, und darin sich jedesmal schneiden.

Denken wir uns nun die Grössen i, i', i'', ... bis zum Verschwinden abnehmend, so rücken die Durchschnittspuncte $\mathfrak{A}$, $\mathfrak{A}'$, $\mathfrak{A}''$, ... in Einen zusammen, und die Ausdrücke I*), II*), ..., (N*) gehen über in I), II), ..., (N) (§. 74). Nach der in §. 83 gegebenen Erklärung müssen sich daher die Linien I), II), ..., (N) in $\mathfrak{A}$ berühren, und zwar so, dass die Berührung der $k$ten dieser Linien mit jeder der folgenden von der $k$ten Ordnung ist.

§. 85. Aus jener Erklärung kann man sehr leicht auch die übrigen bei den Berührungen vorkommenden Umstände ableiten. — Da von zwei sich in mehreren Puncten schneidenden Linien die zwei Theile der einen Linie, welche über den ersten und letzten Durchschnitt hinaus sich erstrecken, bei einer geraden Anzahl der Durchschnitte auf einerlei, bei einer ungeraden auf verschiedenen

Seiten der anderen Linie liegen, so wird auch bei dem Berührungspuncte die eine Linie ganz auf der einen Seite der anderen enthalten sein, oder sie daselbst durchgehen, je nachdem die Ordnung der Berührung ungerade oder gerade ist.

Nehmen wir ferner von den Linien I*), II*), ..., (N*) irgend drei in Betracht. Sie heissen K, L, M, seien von der $k$ten, $l$ten, $m$ten Ordnung, und k kleiner als l und als m, so wird die Linie K jede der Linien L und M in den ersten $k+1$ Puncten $\mathfrak{A}$, $\mathfrak{A}'$, ..., $\mathfrak{A}^{(k)}$, und in nicht mehreren schneiden. Lägen nun L und M vor dem ersten dieser Durchschnitte $\mathfrak{A}$ auf verschiedenen Seiten von K, so würden sie auch nach demselben, nach jedem anderen, und folglich auch nach dem $(k+1)$sten Durchschnitte $\mathfrak{A}^{(k)}$ auf entgegengesetzten Seiten von K befindlich sein. Da sich aber L und M, als Linien von höheren Ordnungen als der $k$ten, in mehr als den $k+1$ ersten Puncten schneiden, so würde zu diesem Ende eine dieser Linien noch einmal durch K gehen müssen, welches nicht sein kann. L und M müssen daher vor dem ersten Durchschnitte mit K sich auf einerlei Seite von K befinden. Denn alsdann werden sie auch nach dem $(k+1)$sten Durchschnitte auf einerlei Seite von K (auf dieselbe wie vorher, oder auf die entgegengesetzte, je nachdem k ungerade oder gerade ist) zu liegen kommen, und sich nun selbst in noch mehreren Puncten schneiden können, ohne dass eine von ihnen der Linie K abermals begegnet.

Die Folge hiervon ist, dass auch von je dreien der sich in $\mathfrak{A}$ berührenden Linien, die Linie der niedrigsten Ordnung auf beiden Seiten von $\mathfrak{A}$ ausserhalb der beiden anderen Linien liegt. Vergl. §. 76, 4.

§. 86. Wenden wir jetzt dieselbe Darstellungsweise auf die in §. 78 etc. betrachteten merkwürdigen Puncte an.

Für den in §. 78 gedachten Fall, wo $\mathfrak{c}\mathfrak{C} = 0$, ist der Anfang der Reihe:

$$(N^*) \quad \mathfrak{a}\mathfrak{A} + \mathfrak{b}x\mathfrak{B} + \mathfrak{d}x(x-i)(x-i')\mathfrak{D} + \dots$$

Bezeichnet man wiederum mit $\mathfrak{A}'$, $\mathfrak{A}''$, ... die Puncte, welche (N*) für $x = i$, i', ... giebt, so wird

$$\mathfrak{A}' \equiv \mathfrak{a}\mathfrak{A} + \mathfrak{b}i\mathfrak{B},$$

wie vorhin, und

$$\mathfrak{A}'' \equiv \mathfrak{a}\mathfrak{A} + \mathfrak{b}i'\mathfrak{B}.$$

Hier hat also die Curve mit der Geraden $\mathfrak{A}\mathfrak{B}$ drei auf einander folgende Puncte $\mathfrak{A}$, $\mathfrak{A}'$, $\mathfrak{A}''$ gemein, und es lässt sich wie oben (§. 84) zeigen, dass diese Puncte für genugsam kleine Werthe von i, i', ...

zunächst die einzigen und wirkliche Durchschnitte beider Linien sind. Die Construction davon giebt Fig. 17, welche für

$$i = i' = \ldots = 0$$

in Fig. 13 übergeht.

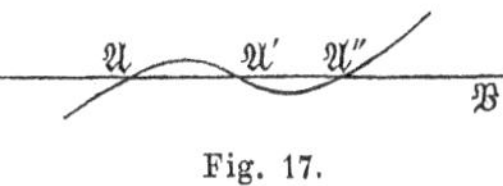

Fig. 17.

Für den zweiten Fall (§. 79), wo $\mathfrak{b}\mathfrak{B} = 0$, ist der Anfang der Reihe:

$$\mathfrak{a}\mathfrak{A} + \mathfrak{c}x(x - i)\mathfrak{C} + \mathfrak{d}x(x - i)(x - i')\mathfrak{D} + \ldots$$

und man bekommt für $x = 0$, i und i' die Puncte:

$$\mathfrak{A},\quad \mathfrak{A}' \equiv \mathfrak{A},\quad \mathfrak{A}'' \equiv \mathfrak{a}\mathfrak{A} + \mathfrak{c}i'(i' - i)\mathfrak{C},$$

so dass hier die Curve zu zweien Malen durch den Punct $\mathfrak{A}$ geht, und dieser mithin ein doppelter Punct der Curve ist. Um dabei ihren Gang näher kennen zu lernen, setze man, wie in §. 84:

$$\mathfrak{a}\mathfrak{A} + \mathfrak{c}x(x - i)\mathfrak{C} \equiv Q,$$
$$[\mathfrak{a} + \mathfrak{c}x(x - i)]Q + x(x - i)(x - i')[\mathfrak{d}\mathfrak{D} + \ldots] \equiv P.$$

Hiernach ist Q ein Punct der Geraden $\mathfrak{A}\mathfrak{C}$, und hat darin, das Verhältniss $\mathfrak{c} : \mathfrak{a}$ positiv angenommen, folgende Bewegung. Von $x = -\infty$ bis 0 geht er von $\mathfrak{C}$ bis $\mathfrak{A}$; rückt alsdann, von $x = 0$ bis $\frac{1}{2}i$, auf die andere Seite von $\mathfrak{A}$ bis zu dem Puncte $\mathfrak{a}\mathfrak{A} - \frac{1}{4}i^2\mathfrak{c}\mathfrak{C}$; kehrt hierauf, von $x = \frac{1}{2}i$ bis i, nach $\mathfrak{A}$ zurück, und geht, von $x = i$ bis ∞, wieder nach $\mathfrak{C}$. Nun liegt der die Curve beschreibende Punct P, mit Q und $\mathfrak{D}$ (oder vielmehr einem anderen, für sehr kleine Werthe der x, i, i', ... von $\mathfrak{D}$ nur wenig entfernten Puncte), in gerader Linie, fällt für $x = 0$, i und i' mit Q zusammen, und durchgeht an diesen drei Stellen und zunächst an keinen anderen die Gerade $\mathfrak{A}\mathfrak{C}$, so dass folglich die Theile der Curve vor dem ersten und nach dem letzten Durchschnitte auf verschiedenen Seiten von $\mathfrak{A}\mathfrak{C}$, aber auf einerlei Seite von $\mathfrak{A}$ liegen. Die Construction dieses Ganges zeigt Fig. 18. Für $i = 0$ zieht sich die Schleife bei $\mathfrak{A}$ in einen Punct zusammen, und wenn auch noch $i' = 0$ wird, so vereinigt sich dieser Punct mit $\mathfrak{A}''$, und aus Fig. 18 wird Fig. 14.

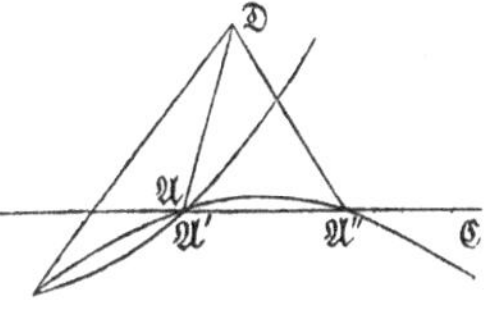

Fig. 18.

Der dritte Fall endlich (§. 80), wo $\mathfrak{b}\mathfrak{B} = 0$ und $\mathfrak{d}\mathfrak{D} = 0$, und die Reihe mit den Gliedern beginnt:

$$\mathfrak{a}\mathfrak{A} + \mathfrak{c}x(x - i)\mathfrak{C} + \mathfrak{e}x(x - i)(x - i')(x - i'')\mathfrak{E} + \ldots,$$

unterscheidet sich von dem vorhergehenden Falle nur dadurch, dass die Curve von der Geraden $\mathfrak{A}\mathfrak{C}$ nach $\mathfrak{A}''$ noch in dem weiter nach $\mathfrak{C}$ hin liegenden Puncte

$$\mathfrak{A}''' \equiv \mathfrak{a}\mathfrak{A} + \mathfrak{c}i''(i'' - i)\mathfrak{C}$$

geschnitten wird, und folglich nach allen Durchschnitten sich wieder auf die Seite von $\mathfrak{AC}$ wendet, auf welcher sie vor denselben sich befand. Vergl. Fig. 19 und Fig. 15.

Zusatz. Die in §. 83 aufgestellte Regel, aus der Anzahl der anfänglichen Durchschnittspuncte die Ordnung der nachherigen Berührung zu bestimmen, leidet in den Fällen, wo $\mathfrak{bB} = 0$ ist, keine unmittelbare Anwendung. Indessen kann man auch hier übereinstimmende Resultate mit den obigen (§. 79 und §. 80) erhalten, wenn man die Anwendung jener Regel folgendergestalt modificirt. — Nennt man den Theil der Curve Fig. 18, welcher bei der Bewegung des Punctes Q in der Richtung $\mathfrak{CA}$ erzeugt wurde, den ersten, und denjenigen, welcher entstand, indem Q nach der entgegengesetzten Richtung $\mathfrak{AC}$ fortging, den zweiten, so schneidet, wie die Figur zeigt, der erste Theil die Gerade $\mathfrak{AC}$ nur einmal, in $\mathfrak{A}$; der zweite aber zweimal, in $\mathfrak{A}' \equiv \mathfrak{A}$ und $\mathfrak{A}''$. Da nun die Ordnungszahl der Berührung gleich ist der um eins verminderten Anzahl der Durchschnitte, so wären hiernach die Berührungen des ersten und zweiten Theils mit $\mathfrak{AC}$ resp. von der 0ten und ersten Ordnung. Offenbar aber ist diese Verschiedenheit der Berührungen nur scheinbar, und hat in den willkürlich zu nehmenden Grössen i und i' ihren Grund. Denn man darf nur $i' < \frac{1}{2} i$, oder i und i' negativ und i' absolut grösser als i setzen, um zu bewerkstelligen, dass der erste Theil die $\mathfrak{AC}$ zweimal, und der zweite Theil einmal schneidet. Mit dem Verschwinden von i und i' wird also diese scheinbare Verschiedenheit sich gegenseitig ausgleichen, und folglich auf die Berührung des ersten sowohl als des zweiten Theils mit $\mathfrak{AC}$ als Ordnungszahl das arithmetische Mittel aus den beiden vorigen, welches $\frac{1}{2}$ ist, kommen.

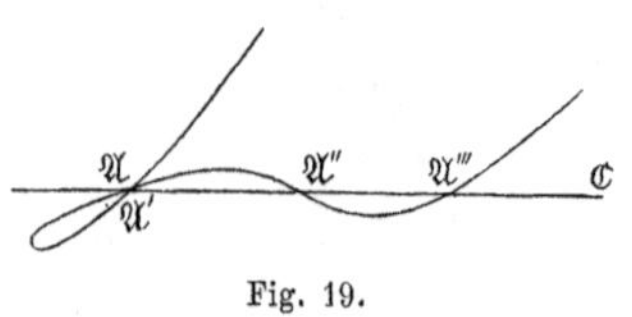

Fig. 19.

Eben so findet sich aus Fig. 19, dass die Curve Fig. 15 mit $\mathfrak{AC}$ eine Berührung von der ersten Ordnung bildet. Denn nach Fig. 19 ist die Berührung des ersten Theils von der 0ten, des zweiten von der zweiten Ordnung, von 0 und 2 aber das arithmetische Mittel gleich 1.

§. 87. Ist endlich allgemein, wie in §. 81:

$$(N) \qquad \mathfrak{a}\mathfrak{A} + \mathfrak{g}x^g\mathfrak{G} + \mathfrak{h}x^h\mathfrak{H} + \ldots$$

der Anfang der Reihe, so setze man statt x^h ein Product von h Factoren $x(x-i)(x-i')\ldots$, und statt x^g das Product von irgend g dieser h Factoren. Man erhält hiermit den Ausdruck für eine Curve, welche $h$mal die Gerade 𝔄𝔖 schneidet, und mithin vor dem ersten und nach dem letzten Durchschnitte sich auf einerlei oder verschiedenen Seiten von 𝔄𝔖 befindet, nachdem h gerade oder ungerade ist. Zugleich aber sind g dieser h Durchschnittspuncte mit 𝔄 identisch, so dass die Curve $(g-1)$mal, zwischen je zwei auf einander folgenden Durchgängen durch 𝔄 einmal, längs 𝔄𝔖 ihre Richtung ändert, und vor dem ersten und nach dem letzten Durchgange durch 𝔄 bei einem geraden g auf einerlei, bei einem ungeraden auf verschiedenen Seiten von 𝔄 anzutreffen ist.

Lässt man nun i, i', ... bis zum Verschwinden abnehmen, so zieht sich die $(g-1)$fache Verschlingung bei 𝔄 in 𝔄 selbst zusammen, die übrigen $h-g$ in 𝔄𝔖 liegenden Durchschnitte vereinigen sich gleichfalls mit diesem Puncte, und die nunmehrige Curve wird 𝔄𝔖 in 𝔄 berühren dergestalt, dass sie vor und nach der Berührung auf einerlei oder verschiedenen Seiten von 𝔄𝔖 (von 𝔄) sich befindet, nachdem h (g) gerade oder ungerade ist.

§. 88. Wenn eine Curve durch einen und denselben Punct zwei, drei oder mehrere Male geht, so nennt man einen solchen Punct einen doppelten, dreifachen oder überhaupt vielfachen Punct der Curve. Der Punct 𝔄, durch welchen die eben betrachtete Curve vor Annullirung der i, i', ... $g$mal hindurch ging, ist daher ein $g$facher Punct dieser Curve. Zugleich ersieht man aus dem vorigen §., wie mit dergleichen Puncten versehene Curven durch barycentrische Ausdrücke sehr leicht darstellbar sind.

Setzt man der Kürze willen a, b, c, ... statt $v-a$, $v-b$, $v-c$, ..., und bedeuten p, q, r beliebige andere Functionen von v, so ist der allgemeine Ausdruck für eine Curve, welche

1) in A einen Doppelpunct hat:

$$pA + abqB + abrC;$$

2) welche A und B zu Doppelpuncten hat:

$$cdpA + abqB + abcdrC;$$

3) bei welcher A, B, C Doppelpuncte sind:

$$cdefpA + abefqB + abcdrC.$$

Es folgt hieraus, dass eine Linie mit einem Doppelpuncte wenigstens von der dritten Ordnung ist. Denn in 1) können q und r nicht zugleich Constanten sein, weil sonst der Ausdruck einer Geraden angehören würde. Vermöge der Ausdrücke in 2) und 3), wo p, q, r zugleich Constanten sein können, gehört eine Linie mit zwei oder drei Doppelpuncten wenigstens zur vierten Ordnung.

Auf gleiche Art erhellet, dass eine Linie mit einem dreifachen Puncte wenigstens von der vierten, und eine Linie mit zwei oder drei dreifachen Puncten wenigstens von der sechsten Ordnung ist; u. s. w.

Noch werde bemerkt, dass Ausdrücke für Curven bisweilen auch zu isolirten Puncten der letzteren führen können. Ein Beispiel hierzu giebt der einfache Ausdruck von der dritten Ordnung:

$$A + (1 + v^2) B + v(1 + v^2) C.$$

Lässt man darin v von $-\infty$ durch 0 bis $+\infty$ anwachsen, so erhält man die Reihe von Puncten, welche den Hauptzug der Curve bilden. Ausser dieser Reihe giebt es aber noch einen zur Curve gehörigen Punct, den Fundamentalpunct A, indem sich auf diesen der Ausdruck für

$$1 + v^2 = 0,$$

also für den imaginären Werth von v, $\sqrt{-1}$, reducirt. A ist folglich ein isolirter Punct der Curve.

Von den unendlichen Aesten.

§. 89. Nachdem wir bisher von der Berührung krummer Linien an endlich gelegenen Stellen ihres Laufs gesprochen haben, ist es noch übrig, von der Berührung an unendlich entfernten Puncten derselben zu handeln. Dergleichen Puncte, und mithin in das Unendliche sich erstreckende Aeste sind aber bei einer durch ihren Ausdruck gegebenen Curve vorhanden, wenn die Summe der Coefficienten für einen oder mehrere Werthe der Veränderlichen gleich 0 wird, folglich einen oder mehrere reelle Factoren hat. Sind dagegen die Factoren der Summe der Coefficienten sämmtlich imaginär, was jedoch nur bei einer Curve von einer geraden Ordnung möglich ist, so ist die Curve auf einen endlichen Raum beschränkt.

§. 90. Sei demnach $v - v'$ ein Factor von $p + q + r$, also

$$p' + q' + r' = \mathfrak{a} = 0,$$

so wird

$$p'A + q'B + r'C \equiv \mathfrak{A}$$

ein unendlich entfernter Punct der Curve (N), und so auch der einfacheren vorhergehenden Linien ..., III), II), I), deren Ausdrücke für $x = 0$ sich sämmtlich auf $\mathfrak{A}$ reduciren. Alle diese Linien werden folglich nach einer durch $\mathfrak{A}$ bestimmten Richtung in das Unendliche fortgehen, und daselbst als zusammenfallend anzusehen sein.

Um aber die gegenseitige Lage dieser Linien im Unendlichen genauer zu bestimmen, so heissen wie bisher die einem unendlich kleinen positiven (negativen) Werthe von $x = i$, in den Linien I), II), III), ... entsprechenden Puncte $\mathfrak{B}'$, $\mathfrak{C}'$, $\mathfrak{D}'$, ... ($\mathfrak{B}_{,}$, $\mathfrak{C}_{,}$, $\mathfrak{D}_{,}$, ...). Weil hier $\mathfrak{a} = 0$, so wird:

$$\mathfrak{B}' \equiv \mathfrak{a}\mathfrak{A} + \mathfrak{b}i\mathfrak{B},$$
$$\mathfrak{C}' \equiv \mathfrak{b}i\mathfrak{B} + \mathfrak{c}i^2\mathfrak{C} \equiv \mathfrak{b}\mathfrak{B}' + \mathfrak{c}i\mathfrak{C},$$
$$\mathfrak{D}' \equiv (\mathfrak{b}i + \mathfrak{c}i^2)\mathfrak{C}' + \mathfrak{d}i^3\mathfrak{D} \equiv \mathfrak{b}\mathfrak{C}' + \mathfrak{d}i^2\mathfrak{D},$$

weil $\mathfrak{c}i$ gegen $\mathfrak{b}$ verschwindet; u. s. w.

Auf dieselbe Weise erhält man für ein negatives i:

$$\mathfrak{B}_{,} \equiv \mathfrak{a}\mathfrak{A} - \mathfrak{b}i\mathfrak{B}, \quad \mathfrak{C}_{,} \equiv \mathfrak{b}\mathfrak{B}_{,} - \mathfrak{c}i\mathfrak{C}, \quad \mathfrak{D}_{,} \equiv \mathfrak{b}\mathfrak{C}_{,} + \mathfrak{d}i^2\mathfrak{D},$$

u. s. w.

Was nun zuerst die Lage der Puncte $\mathfrak{B}'$ und $\mathfrak{B}_{,}$ betrifft, so sei $'\mathfrak{A}$ ein beliebiger in der Geraden $\mathfrak{A}\mathfrak{B}$, von $\mathfrak{B}$ endlich entfernt, gelegener Punct. Alsdann lässt sich $\mathfrak{a}\mathfrak{A} \equiv \mathfrak{B} - {'\mathfrak{A}}$ setzen, und es wird:

$$\mathfrak{B}' \equiv \mathfrak{a}\mathfrak{A} + \mathfrak{b}i\mathfrak{B} \equiv (1 + \mathfrak{b}i)\mathfrak{B} - {'\mathfrak{A}},$$
$$\mathfrak{B}_{,} \equiv \mathfrak{a}\mathfrak{A} - \mathfrak{b}i\mathfrak{B} \equiv (1 - \mathfrak{b}i)\mathfrak{B} - {'\mathfrak{A}}.$$

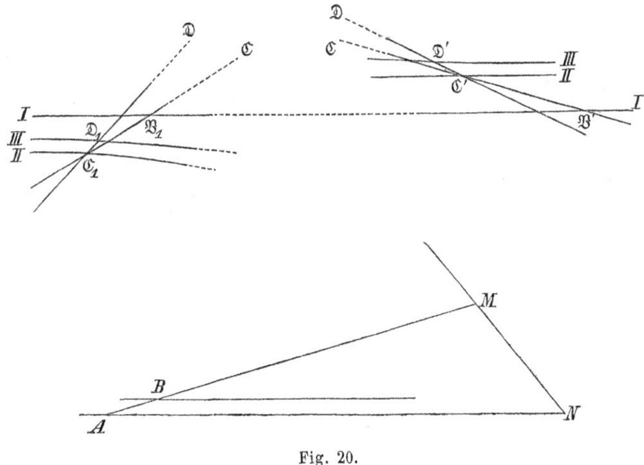

Fig. 20.

$\mathfrak{B}'$ und $\mathfrak{B}_{,}$ (Fig. 20) sind folglich zwei Puncte der Linie $'\mathfrak{A}\mathfrak{B}$, von denen der eine von $'\mathfrak{A}$ über $\mathfrak{B}$ hinaus, der andere von $\mathfrak{B}$ über $'\mathfrak{A}$ hinaus unendlich entfernt liegt; d. h. zwei Puncte, die in der Linie $\mathfrak{A}\mathfrak{B}$ oder I) nach entgegengesetzten Richtungen um ein Unendlichgrosses der ersten Ordnung entfernt sind, — wenn nämlich, wie in dem Vorigen, i als unendlich klein von der ersten Ordnung betrachtet wird.

Es liegen zweitens die Puncte 𝔈′, 𝔈, in den Geraden 𝔅′𝔈, 𝔅,𝔈, der eine nach 𝔈 zu, der andere von 𝔈 abwärts, also auf entgegengesetzten Seiten der Linie I), und von 𝔅′, 𝔅, in Entfernungen, die gegen die unendlich grossen 𝔅′𝔈, 𝔅,𝔈 unendlich klein, und mithin an sich von endlicher Grösse sind.

Es liegen drittens 𝔇′, 𝔇, in den Geraden 𝔈′𝔇, 𝔈,𝔇, beide nach 𝔇 zu oder von 𝔇 abwärts, und von 𝔈′, 𝔈, in Entfernungen, die gegen die unendlich grossen 𝔈′𝔇, 𝔈,𝔇 unendlich klein von der zweiten Ordnung, und folglich an sich unendlich klein von der ersten Ordnung sind; u. s. w.

§. 91. Wenn von zwei in endlicher Entfernung von einander gelegenen Puncten M und N, und so auch von der diese Puncte verbindenden Geraden ein dritter Punct A um ein Unendlichgrosses der ersten ($m$ten) Ordnung absteht, und wenn ein vierter Punct B, in AM liegend, von A um ein Endliches oder Unendlichkleines der ersten, zweiten, etc. ($n$ten) Ordnung entfernt ist, so ist derselbe Punct B, folglich auch eine durch ihn mit AN gezogene Parallele, von AN um ein Unendlichkleines der ersten, zweiten, dritten etc. [$(m+n)$ten] Ordnung entfernt.

Mit Anwendung dieses Satzes und mit der Bemerkung, dass die unendlichen Aeste der Linien II), III), ... im Unendlichen selbst als Parallelen mit der Geraden 𝔄𝔅, gelegt durch 𝔈′ und 𝔈,, durch 𝔇′ und 𝔇,, u. s. w. angesehen werden können, ergiebt sich nun Folgendes:

1) Jede der Linien I), II), III), ... (Fig. 20) hat wegen des, in der Coefficientensumme ihres Ausdrucks enthaltenen Factors $v - v'$ zwei nach entgegengesetzten Richtungen in das Unendliche sich erstreckende Aeste.

2) Je zwei dieser Linien dienen sich gegenseitig zu Asymptoten, indem ihre Aeste, je weiter sie verlängert werden, sich desto mehr und über jeden angebbaren Abstand hinaus einander nähern.

3) In solch einer unendlichen Entfernung, in welcher der gegenseitige Abstand der Linien I) und II) als unendlich klein von der ersten Ordnung betrachtet werden kann, ist der Abstand der Linien II) und III) von der zweiten Ordnung; der Abstand der Linien III) und IV) von der dritten; u. s. w. Wir können dieses so ausdrücken: die Asymptosis der Linie I) mit II), und folglich auch mit III), IV), ... ist von der ersten Ordnung; die Asymptosis der Linie II) mit III), IV), ... von der zweiten; u. s. w.: so dass nämlich überhaupt

die Ordnungszahl der Asymptosis gleich ist der Ordnungszahl der unendlich grossen Entfernung, in welcher man eine Linie mit der ihr sich asymptotisch nähernden vergleicht, dividirt in die Ordnungszahl des unendlich kleinen, in jener Entfernung stattfindenden, gegenseitigen Abstandes der beiden Linien.

4) Hieraus folgt weiter, dass von den Aesten, welche sich nach einer und derselben Richtung erstrecken, jeder Ast alle folgenden, d. h. die Aeste aller Linien von höherer Ordnung, auf einer und derselben Seite von sich liegen hat.

5) Es liegen ferner die beiden Aeste der Linie II) auf entgegengesetzten Seiten der Linie I), d. h. der eine oberhalb, der andere unterhalb dieser Linie; die beiden Aeste der Linie III) auf einerlei Seite der Aeste von II), d. h. beide oberhalb, oder beide unterhalb der Aeste von II); die Aeste von IV) wiederum auf entgegengesetzten Seiten der Aeste von III); und so fort abwechselnd.

6) Ueberhaupt also liegen bei einer Asymptosis von gerader Ordnung irgend zweier Linien die beiden Aeste der einen auf einerlei Seite, und wenn die Ordnung ungerade ist, auf entgegengesetzten Seiten der anderen Linie.

§. 92. Dies sind die gegenseitigen Lagen, welche bei den sich asymptotisch nähernden Aesten zweier Linien für gewöhnlich stattfinden. Eben so aber, wie bei den Berührungen im endlichen Raume, giebt es auch hier, theils den merkwürdigen Puncten analoge, theils noch andere Fälle, welche von den gewöhnlichen abweichen und daher eine besondere Untersuchung nöthig machen.

Um nur einige dieser Fälle zu erörtern, so sei erstlich nächst $\mathfrak{a} = 0$ zugleich $\mathfrak{c}\mathfrak{E} = 0$, wie in §. 78, und man erhält:

$$\mathfrak{B}' \equiv \mathfrak{a}\mathfrak{A} + \mathfrak{b}i\mathfrak{B}, \quad \mathfrak{B}_, \equiv \mathfrak{a}\mathfrak{A} - \mathfrak{b}i\mathfrak{B},$$
$$\mathfrak{D}' \equiv \mathfrak{b}\mathfrak{B}' + \mathfrak{d}i^2\mathfrak{D}, \quad \mathfrak{D}_, \equiv \mathfrak{b}\mathfrak{B}_, + \mathfrak{d}i^2\mathfrak{D}.$$

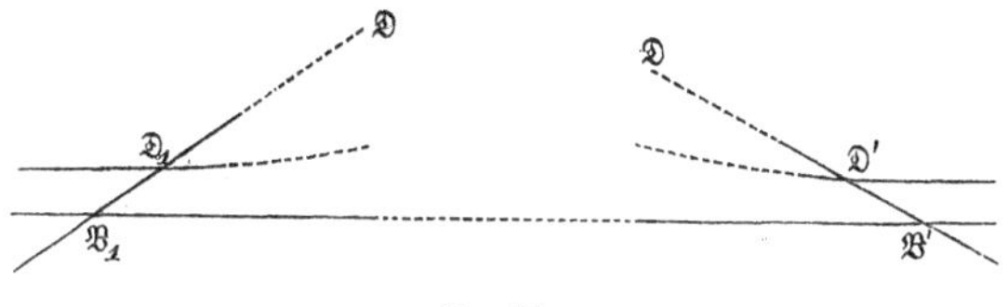

Fig. 21.

Hier liegen also die Puncte $\mathfrak{B}'$, $\mathfrak{B}_,$ (Fig. 21) eben so wie vorhin, von ihnen aber $\mathfrak{D}'$, $\mathfrak{D}_,$ zugleich nach $\mathfrak{D}$ hin oder von $\mathfrak{D}$ abwärts, also immer auf einerlei Seite der Geraden $\mathfrak{A}\mathfrak{B}$, und von $\mathfrak{B}'$, $\mathfrak{B}_,$ in Abständen, die gegen $\mathfrak{B}'\mathfrak{D}$, $\mathfrak{B}_,\mathfrak{D}$ unendlich klein von der zweiten

Ordnung sind. Die Curve durch $\mathfrak{D}'$ und $\mathfrak{D}_,$ hat demnach zwei unendliche Aeste, die zwar ebenfalls nach entgegengesetzten Richtungen laufen, aber auf ein und derselben Seite ihrer geradlinigen Asymptote $\mathfrak{A}\mathfrak{B}$ liegen und mit dieser eine Asymptosis der zweiten Ordnung bilden.

Sei zweitens $\mathfrak{a} = 0$ und nächstdem $\mathfrak{b}\mathfrak{B} = 0$, wie in §. 79. In diesem Falle kommt:

$$\mathfrak{C}' \equiv \mathfrak{C}_, \equiv \mathfrak{a}\mathfrak{A} + \mathfrak{c}i^2\mathfrak{C},$$
$$\mathfrak{D}' \equiv \mathfrak{c}\mathfrak{C}' + \mathfrak{d}i\mathfrak{D}, \quad \mathfrak{D}_, \equiv \mathfrak{c}\mathfrak{C}' - \mathfrak{d}i\mathfrak{D}.$$

Man ziehe daher durch $\mathfrak{C}$ (Fig. 22) eine Gerade, parallel mit der durch $\mathfrak{A}$ bestimmten Richtung, so fallen darin die Puncte $\mathfrak{C}'$, $\mathfrak{C}_,$ in einen zusammen, der um ein Unendlichgrosses der zweiten Ordnung entfernt liegt. Von diesem Puncte stehen die Puncte $\mathfrak{D}'$, $\mathfrak{D}_,$, der eine nach $\mathfrak{D}$ zu, der andere von $\mathfrak{D}$ abwärts, in Entfernungen, die gegen $\mathfrak{C}'\mathfrak{D}$ unendlich klein von der ersten Ordnung, also an sich unendlich gross von der ersten Ordnung sind. Die Abstände der Puncte $\mathfrak{D}'$, $\mathfrak{D}_,$ von $\mathfrak{A}\mathfrak{C}$ sind folglich unendlich klein von der ersten Ordnung. Die Curve hat hiernach die $\mathfrak{A}\mathfrak{C}$ zur geradlinigen Asymptote, erstreckt sich zu beiden Seiten derselben und nach einer und derselben Richtung in das Unendliche, und die Asymptosis ist von der Ordnung $\frac{1}{2}$.

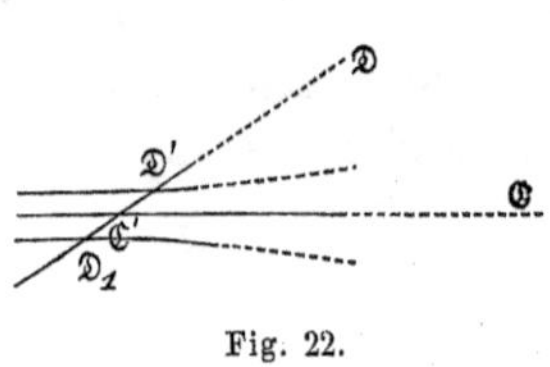

Fig. 22.

Wenn drittens $\mathfrak{a} = 0$, $\mathfrak{b}\mathfrak{B} = 0$ und, wie in §. 80, noch $\mathfrak{d}\mathfrak{D} = 0$ ist, so wird:

$$\mathfrak{C}' \equiv \mathfrak{C}_, \equiv \mathfrak{a}\mathfrak{A} + \mathfrak{c}i^2\mathfrak{C},$$
$$\mathfrak{E}' \equiv \mathfrak{E}_, \equiv \mathfrak{c}\mathfrak{C}' + \mathfrak{e}i^2\mathfrak{E},$$
$$\mathfrak{F}' \equiv \mathfrak{e}\mathfrak{E}' + \mathfrak{f}i^3\mathfrak{F}, \quad \mathfrak{F}_, \equiv \mathfrak{e}\mathfrak{E}' - \mathfrak{f}i^3\mathfrak{F}.$$

In der Geraden $\mathfrak{A}\mathfrak{C}$ (Fig. 23) liegt demnach der Punct $\mathfrak{C}'$ um ein Unendlichgrosses der zweiten Ordnung entfernt; in der Geraden $\mathfrak{C}'\mathfrak{E}$ steht der Punct $\mathfrak{E}'$ von $\mathfrak{C}'$ um ein gegen $\mathfrak{C}'\mathfrak{E}$ Unendlichkleines der zweiten Ordnung ab, und in der Geraden $\mathfrak{E}'\mathfrak{F}$ die Puncte $\mathfrak{F}'$, $\mathfrak{F}_,$ von $\mathfrak{E}'$ zu beiden Seiten um ein gegen $\mathfrak{E}'\mathfrak{F}$ Unendlichkleines der dritten Ordnung. Wie hieraus ersichtlich, hat also die Curve zwei unendliche Aeste, die nach einerlei Richtung sich erstrecken und auf einerlei Seite ihrer geradlinigen Asymptote $\mathfrak{A}\mathfrak{C}$ liegen. Die Asymptosis aber ist von der ersten Ordnung.

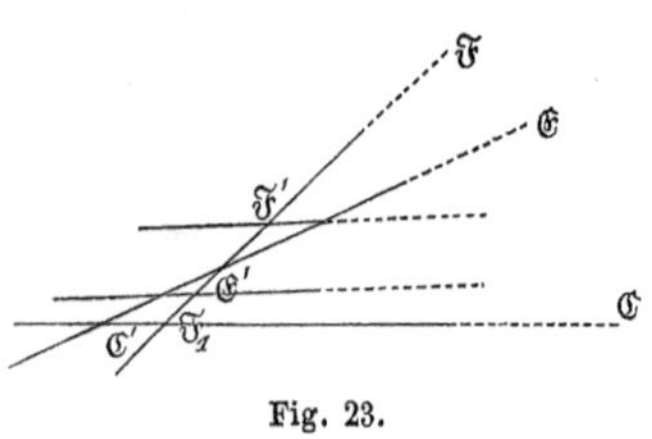

Fig. 23.

§. 93. In den beiden letzteren Fällen, wo $\mathfrak{a}$ und $\mathfrak{b}\mathfrak{B}$ zugleich gleich 0 sind, kann die Summe der Coefficienten, $p+q+r$, nicht den blossen Factor $v-v'$ haben, sondern muss das Quadrat desselben enthalten. Kommt aber der Factor $v-v'$ quadratisch vor, so ist im Allgemeinen nur $\mathfrak{a}=0$ und $\mathfrak{b}=0$, nicht auch $\mathfrak{b}\mathfrak{B}=0$, sondern $\mathfrak{B}$ ein unendlich entfernter Punct, folglich die Asymptote $\mathfrak{A}\mathfrak{B}$ eine unendlich entfernte Gerade, und daher nicht construirbar. Um aber auch hier zu finden, wie sich die Curve in das Unendliche ausdehnt, setze man:

$$\mathfrak{b}\mathfrak{B}+\mathfrak{c}i\mathfrak{C}\equiv Q', \quad \mathfrak{b}\mathfrak{B}-\mathfrak{c}i\mathfrak{C}\equiv Q_,,$$

so wird, weil $\mathfrak{b}=0$:

$$\mathfrak{C}'\equiv\mathfrak{a}\mathfrak{A}+\mathfrak{c}i^2 Q', \quad \mathfrak{C}_,\equiv\mathfrak{a}\mathfrak{A}+\mathfrak{c}i^2 Q_,.$$

Hiernach sind Q' und $Q_,$ (Fig. 24) zwei Puncte, die unendlich entfernt nach entgegengesetzten Richtungen in $\mathfrak{B}\mathfrak{C}$ liegen (§. 90). Denkt man sich ferner durch Q' und $Q_,$ zwei Parallelen nach der durch $\mathfrak{A}$ bestimmten Richtung gezogen, so liegen in diesen die Puncte $\mathfrak{C}'$ und $\mathfrak{C}_,$ von Q' und $Q_,$ in unendlichen Entfernungen der zweiten Ordnung und nach einerlei Seite zu. Die Curve II), und so auch jede der folgenden, hat daher zwei unendliche Aeste, die nach einer und derselben, durch $\mathfrak{A}$ bestimmten, Richtung fortgehen und sich dabei immer weiter von einander entfernen, so dass, wenn ihre Länge ein Unendliches der zweiten Ordnung geworden ist, ihr gegenseitiger Abstand ein Unendliches der ersten Ordnung beträgt.

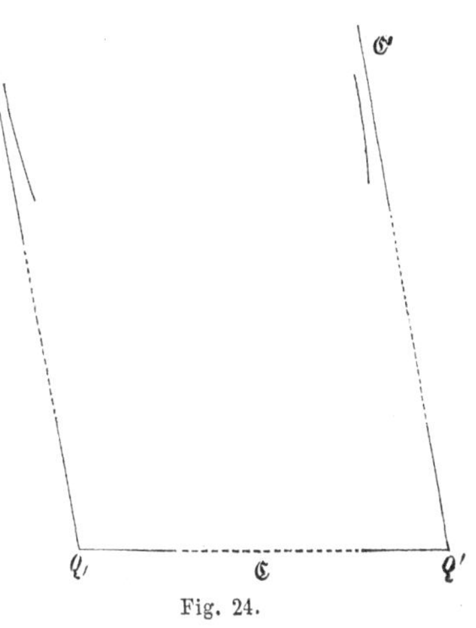

Fig. 24.

Nennen wir nun, wie gewöhnlich, unter allen den Linien, welche sich einer vorgegebenen Linie asymptotisch nähern, die einfachste vorzugsweise die Asymptote, so ist es im gegenwärtigen Falle die Linie der zweiten Ordnung:

$$\mathfrak{a}\mathfrak{A}+\mathfrak{b}x\mathfrak{B}+\mathfrak{c}x^2\mathfrak{C}.$$

Weil $\mathfrak{a}$ und $\mathfrak{b}=0$ sind, so ist in ihrem Ausdrucke die Summe der Coefficienten gleich $\mathfrak{c}x^2$, und folglich sie selbst eine Parabel. Vergl. §. 62 und 63.

§. 94. Schon aus der Erläuterung dieser wenigen Fälle wird man hinreichend abnehmen können, wie man in allen anderen zu verfahren hat. Ich begnüge mich daher, folgende allgemeine Resultate noch beizufügen.

1) Jeder reelle Werth der Veränderlichen, durch welchen die Summe der Coefficienten null wird, giebt ein Paar unendliche Aeste zu erkennen. Eine Curve hat demnach so viel dieser Paare, als wie viel reelle und ungleiche Factoren in der Coefficientensumme enthalten sind.

2) Die zwei Aeste eines Paares erstrecken sich entweder nach entgegengesetzten Richtungen, oder nach einer und derselben, je nachdem die Potenz des ihnen zugehörigen Factors ungerade oder gerade ist.

3) Um für eines dieser Paare den Ausdruck der Asymptote zu erhalten, substituire man, wenn $(v - v')^m$ der zugehörige Factor ist, $x + v'$ für v in dem Ausdrucke der Curve, und unterdrücke sodann alle Potenzen von x, welche die $m$te übertreffen. Die Coefficientensumme im Ausdrucke der Asymptote ist hiernach gleich x^m in eine Constante multiplicirt, und folglich die Asymptote im Allgemeinen eine Linie der $m$ten Ordnung, d. h. ihre Ordnung ist dem Exponenten des zugehörigen Factors gleich. Auch kann sie nicht mehr als ein Paar unendlicher Aeste haben, weil ihre Coefficientensumme nur den Factor x, und keinen anderen enthält.

Siebentes Capitel.

Von Ausdrücken krummer Linien im Raume.

§. 95. Die allgemeine Form des Ausdrucks für eine Linie im Raume ist:

$$pA + qB + rC + sD,$$

wo die Coefficienten p, q, r, s Functionen einer Veränderlichen v sind. Vergl. §. 33 und §. 57.

Die in §. 66 gemachten Annahmen, dass die Coefficienten ganze rationale Functionen von v seien, dass sie keinen ihnen allen gemeinschaftlichen Factor haben, und dass der höchste Grad, in welchem die Potenzen von v im Ausdrucke vorkommen, durch Einführung einer anderen Veränderlichen auf keinen niedrigeren gebracht werden könne, wollen wir auch hier festsetzen, und eben so wie dort die Linien nach der höchsten Potenz von v in Ordnungen eintheilen.

Bei den Linien der ersten Ordnung sind also p, q, r, s bloss lineäre Functionen von v, und folglich die Linien selbst Gerade (§. 45).

Der allgemeine Ausdruck für eine Linie der zweiten Ordnung ist:

$$(a + a'v + a''v^2)A + (b + b'v + b''v^2)B + (c + c'v + c''v^2)C \\ + (d + d'v + d''v^2)D.$$

Zu diesen Coefficienten kommen bei Linien der dritten Ordnung resp. die Glieder $a'''v^3$, $b'''v^3$, $c'''v^3$, $d'''v^3$ hinzu; u. s. f. bei Linien noch höherer Ordnungen.

Zusätze. *a*) Setzt man in dem Ausdrucke einer Linie der $n$ten Ordnung den einen der vier Coefficienten, z. B. s, gleich 0, und substituirt die daraus für v hervorgehenden Werthe, deren Anzahl höchstens gleich n sein kann, der Reihe nach in den drei übrigen Coefficienten p, q, r, so erhält man die Durchschnitte der Linie mit der Fundamentalebene ABC. Eine Linie der $n$ten Ordnung kann demnach von einer der Fundamentalebenen, und so auch von jeder anderen Ebene, in höchstens n Puncten geschnitten werden. Denn durch Veränderung der Fundamentalpuncte kann man jede beliebige Ebene zu einer Fundamentalebene machen, und man begreift eben so leicht, wie in §. 67, dass auch hier bei Annahme anderer Fundamentalpuncte die Ordnung der Linie ungeändert bleibt.

b) So wie überhaupt eine Gerade, welche durch den Punct

$$pA + qB + rC + sD$$

und einen der Fundamentalpuncte, z. B. A, gelegt wird, die entgegenstehende Fundamentalebene BCD im Puncte

$$qB + rC + sD$$

trifft, so wird hier, wo p, q, r, s Functionen einer Veränderlichen sind, die Kegelfläche, deren leitende Linie

$$pA + qB + rC + sD,$$

und deren Spitze A ist, die Ebene BCD in der Curve

$$qB + rC + sD$$

schneiden. Und umgekehrt, beschreibt man in den vier Fundamentalebenen die Curven

$$qB + rC + sD, \quad rC + sD + pA, \ldots,$$

so kann man sich die Curve

$$pA + qB + rC + sD$$

als den Durchschnitt je zweier der vier Kegelflächen vorstellen, deren leitende Linien jene Curven in den Fundamentalebenen, und deren Spitzen die entgegenstehenden Fundamentalpuncte sind.

§. 96. Ganz auf die Weise, wie in §. 61 und §. 71, lässt sich der Ausdruck einer Linie im Raume durch Zusammennahme derjenigen Glieder, in welchen v in derselben Potenz vorkommt, in eine Reihe umgestalten, deren Gliederzahl der um die Einheit vermehrten Ordnungszahl der Linie gleich ist. Setzt man nämlich:

$$aA + bB + cC + dD = a_, A_,,$$
$$a'A + b'B + c'C + d'D = b_, B_,,$$
$$a''A + b''B + c''C + d''D = c_, C_,,$$

u. s. w., so wird der Ausdruck für die Linien der ersten Ordnung:

$$a_, A_, + b_, v B_,,$$

der zweiten Ordnung:

$$a_, A_, + b_, v B_, + c_, v^2 C_,,$$

der dritten Ordnung:

$$a_, A_, + b_, v B_, + c_, v^2 C_, + d_, v^3 D_,,$$

der vierten Ordnung:

$$a_, A_, + \ldots + d_, v^3 D_, + e_, v^4 E_,$$

u. s. w.

Wir sehen hieraus, dass die Linien nicht nur der ersten, sondern auch der zweiten Ordnung im Raume, mit den Linien derselben Ordnungen in einer Ebene einerlei sind, indem auch hier eine Linie der zweiten Ordnung ganz in einer Ebene, in der durch $A_,$, $B_,$, $C_,$ gehenden, enthalten ist. Erst die Linien der dritten und höherer Ordnungen liegen im Allgemeinen nicht mehr in einer Ebene.

Der letztgefundene Ausdruck für die Linien der dritten Ordnung

$$a_, A_, + b_, v B_, + c_, v^2 C_, + d_, v^3 D_,$$

zeichnet sich vor den folgenden höherer Ordnungen dadurch aus, dass man die vier in ihm vorkommenden Puncte zugleich als die vier Fundamentalpuncte des Raums nehmen kann. Er ist daher zugleich der allgemeine und einfachste Ausdruck für die Linien der dritten Ordnung auf die vier Fundamentalpuncte bezogen. Nach §. 95, b kann man sich diese Curve als den Durchschnitt zweier

Kegelflächen denken, deren leitende Linien die Linien der zweiten Ordnung

$$a_{,}A_{,}+b_{,}vB_{,}+c_{,}v^2C_{,} \text{ und } b_{,}B_{,}+c_{,}vC_{,}+d_{,}v^2D_{,},$$

und deren Spitzen resp. $D_{,}$ und $A_{,}$ sind.

Uebrigens können alle diese Ausdrücke in Reihenform vollkommen so, wie in §. 71 gezeigt wurde, auch dazu benutzt werden, um die ihnen zugehörigen Curven, und mithin sämmtliche Curven, mit denen wir es hier zu thun haben, durch blosses Ziehen gerader Linien zu construiren. Denn offenbar ist die dortige Annahme, dass die Puncte A, B, C, D, ... in einer Ebene liegen, nicht wesentlich nothwendig.

§. 97. Eben so kann die Lehre von den Berührungen, merkwürdigen Puncten und unendlichen Aesten krummer Linien im Raume ganz auf dieselbe Art behandelt werden, wie dies im vorigen Capitel bei krummen Linien in einer Ebene geschah. Ist nämlich, wie dort, für den Punct, bei welchem der Gang der Curve untersucht werden soll, $v = v'$, und setzt man demgemäss das veränderliche $v = v' + x$, wodurch

$$p = p' + \frac{dp'}{dv'}x + \frac{d^2p'}{2dv'^2}x^2 + \dots$$

$$q = q' + \frac{dq'}{dv'}x + \frac{d^2q'}{2dv'^2}x^2 + \dots$$

$$r = r' + \frac{dr'}{dv'}x + \frac{d^2r'}{2dv'^2}x^2 + \dots$$

$$s = s' + \frac{ds'}{dv'}x + \frac{d^2s'}{2dv'^2}x^2 + \dots$$

wird; setzt man ferner

$$p'A + q'B + r'C + s'D = \mathfrak{a}\mathfrak{A},$$

$$\frac{dp'}{dv'}A + \frac{dq'}{dv'}B + \frac{dr'}{dv'}C + \frac{ds'}{dv'}D = \mathfrak{b}\mathfrak{B},$$

$$\frac{d^2p'}{2dv'^2}A + \frac{d^2q'}{2dv'^2}B + \frac{d^2r'}{2dv'^2}C + \frac{d^2s'}{2dv'^2}D = \mathfrak{c}\mathfrak{C},$$

u. s. w., so verwandelt sich der Ausdruck der Curve

$$pA + qB + rC + sD$$

in die nämliche Reihe, wie in §. 73:

$$(N) \qquad \mathfrak{a}\mathfrak{A} + \mathfrak{b}x\mathfrak{B} + \mathfrak{c}x^2\mathfrak{C} + \mathfrak{d}x^3\mathfrak{D} + \dots$$

Insbesondere geht daraus hervor, dass alles, was dort von den berührenden Linien der ersten und zweiten Ordnung, so wie von den merkwürdigen Puncten gesagt wurde, als wobei nur die zwei oder drei ersten Glieder der Reihe zu berücksichtigen waren, hier wörtliche Anwendung findet. Denn die diesen zwei oder drei Gliedern zugehörigen Puncte sind, wie immer, in einer Geraden oder in einer Ebene enthalten.

§. 98. Der Ausdruck für die geradlinige Tangente an eine Curve im Raume ist daher $\mathfrak{a}\mathfrak{A} + \mathfrak{b}x\mathfrak{B}$, und wenn man darin für $\mathfrak{a}\mathfrak{A}$ und $\mathfrak{b}\mathfrak{B}$ ihre Werthe substituirt:

$$(p' + \frac{\mathrm{d}p'}{\mathrm{d}v'}x)A + (q' + \frac{\mathrm{d}q'}{\mathrm{d}v'}x)B + (r' + \frac{\mathrm{d}r'}{\mathrm{d}v'}x)C + (s' + \frac{\mathrm{d}s'}{\mathrm{d}v'}x)D.$$

Eben so ist

$$\mathfrak{a}\mathfrak{A} + \mathfrak{b}x\mathfrak{B} + \mathfrak{c}x^2\mathfrak{C}$$

der Ausdruck für die Linie der zweiten Ordnung, welche mit der Curve eine Berührung der zweiten Ordnung bildet, d. h. drei auf einander folgende Puncte mit der Curve gemein hat (§. 83). Dasselbe wird folglich auch von der Ebene $\mathfrak{A}\mathfrak{B}\mathfrak{C}$ gelten, in welcher diese Linie enthalten ist. Unter allen durch $\mathfrak{A}\mathfrak{B}$ gelegten und mithin die Curve berührenden Ebenen ist daher die Ebene $\mathfrak{A}\mathfrak{B}\mathfrak{C}$ diejenige, welche sich der Curve am meisten anschliesst. Denn sie geht durch drei auf einander folgende Puncte der Curve, während jede andere Ebene durch $\mathfrak{A}\mathfrak{B}$ nur zwei auf einander folgende Puncte, und jede der übrigen durch $\mathfrak{A}$ gelegten Ebenen nur den einen Punct $\mathfrak{A}$ mit der Curve gemein hat.

Man nennt diese Ebene $\mathfrak{A}\mathfrak{B}\mathfrak{C}$ die Krümmungsebene. Da sie erhalten wird, indem drei Durchschnittspuncte der Curve mit einer Ebene sich bis zum Zusammenfallen einander nähern, so erhellet eben so, wie in §. 85, dass die Curve sich von der einen Seite dieser Ebene auf die andere wendet, während sie bei bloss berührenden Ebenen auf einerlei Seite bleibt.

Der Ausdruck für die Krümmungsebene ist

$$\mathfrak{A} + x\mathfrak{B} + y\mathfrak{C},$$

oder wenn man für $\mathfrak{A}$, $\mathfrak{B}$, $\mathfrak{C}$ die ihnen proportionalen Ausdrücke setzt:

$$(p' + \frac{\mathrm{d}p'}{\mathrm{d}v'}x + \frac{\mathrm{d}^2p'}{\mathrm{d}v'^2}y)A + (q' + \frac{\mathrm{d}q'}{\mathrm{d}v'}x + \frac{\mathrm{d}^2q'}{\mathrm{d}v'^2}y)B$$
$$+ (r' + \frac{\mathrm{d}r'}{\mathrm{d}v'}x + \frac{\mathrm{d}^2r'}{\mathrm{d}v'^2}y)C + (s' + \frac{\mathrm{d}s'}{\mathrm{d}v'}x + \frac{\mathrm{d}^2s'}{\mathrm{d}v'^2}y)D.$$

Beispiel. Machen wir hiervon eine Anwendung auf den oben gefundenen Ausdruck für die Linien der dritten Ordnung:

$$aA + bvB + cv^2C + dv^3D.$$

Die Tangente derselben in dem Puncte, wo $v = v'$ ist, hat den Ausdruck:

$$aA + b(v' + x)B + c(v'^2 + 2v'x)C + d(v'^3 + 3v'^2x)D.$$

Für den Punct, wo diese Tangente die Fundamentalebene ABC schneidet, ist der Coefficient von D gleich 0, also $x = -\frac{1}{3}v'$, folglich der Punct selbst:

$$(K') \qquad 3aA + 2bv'B + cv'^2C.$$

Sein Ort ist demnach eine Linie der zweiten Ordnung. — Für den Durchschnitt der Tangente mit der Fundamentalebene BCD ist $x = \infty$ zu setzen, und daher dieser Punct

$$(L') \qquad bB + 2cv'C + 3dv'^2D,$$

also gleichfalls in einer Linie der zweiten Ordnung begriffen.

Dies giebt uns, wenn wir die Linien

$$aA + bvB + cv^2C \text{ und } bB + cvC + dv^2D$$

kürzlich mit K und L bezeichnen, folgenden Satz:

Seien K und L (Fig. 25) *zwei Linien der zweiten Ordnung, welche in zwei verschiedenen Ebenen liegen, aber eine gemeinschaftliche Tangente haben, welche die Linie K im Puncte C, und L in B berühre. Man ziehe von B noch eine zweite Tangente, BA, an K, und von C noch eine zweite, CD, an L, wo A und D die resp. Berührungspuncte sind. Lässt man nun zwei Kegelflächen entstehen, welche D und A zu Spitzen, K und L aber zu leitenden Linien haben, so wird eine an die Durchschnittscurve dieser Kegelflächen berührend gelegte und daran fortbewegte Gerade in den Ebenen ABC und BCD wiederum zwei Linien der zweiten Ordnung K' und L' beschreiben, welche, eben so wie K und L, die AB, BC in A, C und die BC, CD in B, D berühren.*

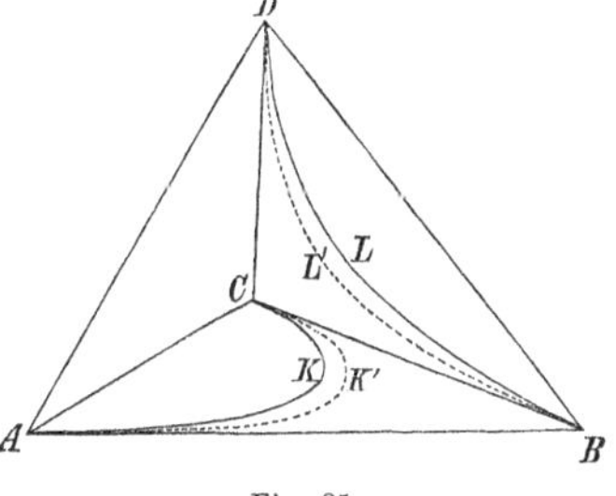

Fig. 25.

Auch findet dabei noch die Merkwürdigkeit statt, dass die Linie K' bloss von K abhängig ist, also dieselbe bleibt, wie auch die Gestalt und Ebene der die BC in B berührenden Linie der zweiten Ordnung L geändert werden mag, und dass eben so L' allein durch L, nicht durch K, bestimmt wird.

Der Ausdruck für die Krümmungsebene an die Curve

$$aA + \ldots + dv^3D$$

findet sich

$$aA + b(v' + x)B + c(v'^2 + 2v'x + 2y)C + d(v'^3 + 3v'^2x + 6v'y)D.$$

Setzt man hierin den Coefficient von D gleich 0, und eliminirt damit y aus dem Coefficienten von C, so kommt der Ausdruck für die Durchschnittslinie der Krümmungsebene mit ABC:

$$aA + b(v' + x)B + c(\tfrac{2}{3}v'^2 + v'xC),$$

oder, wenn man $x = \frac{2}{3}z - \frac{1}{3}v'$ setzt:

$$3aA + 2b(v' + z)B + c(v'^2 + 2v'z)C.$$

Um den Durchschnitt der Krümmungsebene mit BCD zu finden, hat man im Ausdrucke derselben x und $y = \infty$ zu setzen. Hierdurch verschwinden alle von x und y freien Glieder, und es kommt, wenn man $\frac{y}{x}$ zur Veränderlichen nimmt und gleich z setzt:

$$bB + 2c(v' + z)C + 3d(v'^2 + 2v'z)D.$$

Man bemerkt leicht, dass diese Ausdrücke für die Durchschnittslinien zugleich die Ausdrücke für die an die Linien K' und L' gezogenen Tangenten sind. Der geometrische Grund hiervon liegt darin, dass die Krümmungsebene durch drei auf einander folgende Puncte und mithin durch zwei aufeinander folgende Tangenten geht, dass also ihr Durchschnitt mit irgend einer anderen Ebene immer die Linie berührt, welche die an der Curve sich fortbewegende Tangente in dieser anderen Ebene beschreibt.

§. 99. Curven im Raume sind im Allgemeinen von doppelter Krümmung. Die eine Krümmung besteht, wie bei Curven in einer Ebene, darin, dass die durch je zwei auf einander folgende Puncte der Curve gezogene Gerade, die Tangente, ihre Lage fortwährend ändert. Die andere offenbart sich dadurch, dass die durch je drei folgende Puncte der Curve gelegte Ebene, die Krümmungsebene, für jeden Punct der Curve eine andere ist.

Eben so aber, wie bei Curven in einer Ebene es Stellen giebt, wo die Tangente für zwei oder mehrere auf einander folgende Puncte dieselbe bleibt, so können auch bei Curven im Raume nicht allein in Bezug auf die Tangente, sondern auch rücksichtlich der Krümmungsebene dergleichen Stellen vorkommen, Stellen also, wo vier oder noch mehrere Puncte hinter einander in einer und derselben Ebene liegen. Dies wird der Fall sein, wenn in der Reihe (N) das Glied $\mathfrak{d}\mathfrak{D}$ oder noch mehrere der unmittelbar darauf folgenden Glieder wegfallen.

Um nur den einfachsten dieser Fälle zu betrachten, so sei für einen gewissen Werth von v', $\mathfrak{d}\mathfrak{D} = 0$, also

$$d^3p' = d^3q' = d^3r' = d^3s' = 0.$$

Bedienen wir uns wiederum der in §. 84 ff. angewendeten Methode, so ergiebt sich $\mathfrak{A}'$, $\mathfrak{A}''$ wie dort, und

$$\mathfrak{A}''' \equiv \mathfrak{a}\mathfrak{A} + \mathfrak{b}i''\mathfrak{B} + \mathfrak{c}i''(i''-i)\mathfrak{C}.$$

Mithin ist noch dieser Punct in der Ebene $\mathfrak{A}\mathfrak{B}\mathfrak{C}$ oder $\mathfrak{A}\mathfrak{A}'\mathfrak{A}''$ enthalten. Ursprünglich wird also hier die Curve in vier Puncten hintereinander von der Ebene geschnitten, und der vorangehende und nachfolgende Theil der Curve liegen mithin auf einerlei Seite sowohl dieser als auch der nachherigen Krümmungsebene. In Monge *Application de l'Analyse à la Géometrie, partie II* pag. 363 heisst eine solche Stelle der Curve *point de simple inflexion.*

Wenn $\mathfrak{c}\mathfrak{C} = 0$, also

$$d^2p' = d^2q' = d^2r' = d^2s' = 0$$

ist, so liegen, wie in §. 86, die drei Puncte $\mathfrak{A}$, $\mathfrak{A}'$, $\mathfrak{A}''$ in einer Geraden ($\mathfrak{A}\mathfrak{B}$), folglich ebenfalls die vier Puncte $\mathfrak{A}$, .., $\mathfrak{A}'''$ in einer Ebene ($\mathfrak{A}\mathfrak{B}\mathfrak{D}$). Da hiermit beide Krümmungen der Curve zugleich wegfallen, so nennt Monge a. a. O. einen solchen Punct *point de double inflexion.* Auch hier wird übrigens die Curve auf derselben Seite der Krümmungsebene bleiben.

§. 100. Rücksichtlich der unendlichen Aeste haben wir bei Curven im Raume zu dem, was von §. 89 bis 94 bei Curven in einer Ebene darüber gesagt wurde, und welches auch hier vollkommene Anwendung findet, noch Folgendes hinzuzufügen. Je weiter sich eine Curve in das Unendliche erstreckt, desto mehr wird sie zugleich ihrer Asymptote parallel, so dass in dem Unendlichen selbst Curve und Asymptote als zwei Parallelen angesehen werden können. Bei Linien von doppelter Krümmung kann man daher noch die Ebene dieser zwei Parallelen zu wissen verlangen. Offenbar ist diese Ebene keine andere, als die dortige Krümmungsebene der Curve, und man erhält folglich ihren Ausdruck, wenn man für den Werth von v, welcher den unendlich entfernten Punct giebt, den Ausdruck der Krümmungsebene $\mathfrak{A}\mathfrak{B}\mathfrak{C}$ entwickelt.

Denken wir uns demnach die Ebene $\mathfrak{A}\mathfrak{B}\mathfrak{C}$ für den unendlich entfernten Punct $\mathfrak{A}$, so liegen in derselben die in §. 90 mit $\mathfrak{B}'$, $\mathfrak{B}_,$ und $\mathfrak{C}'$, $\mathfrak{C}_,$ bezeichneten Puncte; ausserhalb aber die Puncte

$$\mathfrak{D}' \equiv \mathfrak{b}\mathfrak{C}' + \mathfrak{d}i^2\mathfrak{D},\quad \mathfrak{D}_, \equiv \mathfrak{b}\mathfrak{C}_, + \mathfrak{d}i^2\mathfrak{D},$$

und diesen Ausdrücken zufolge beide auf einerlei Seite der Ebene; woraus wir nachstehenden Schluss ziehen:

Je mehr zwei zusammengehörige Aeste einer Linie von doppelter Krümmung sich ihrer Asymptote nähern, desto mehr nähern sie sich zugleich einer durch die Asymptote gehenden Ebene dergestalt, dass im gewöhnlichen Falle beide Aeste auf einerlei Seite dieser Ebene liegen, und von ihr um ein Unendlichkleines der zweiten Ordnung abstehen, wenn sie von der Asymptote selbst um ein Unendlichkleines der ersten Ordnung entfernt sind.

So wie endlich die geradlinige Asymptote für Aeste, welche durch einen quadratischen oder einen noch höheren Factor in der Coefficientensumme angezeigt werden, im Allgemeinen unendlich entfernt liegt und daher nicht construirbar ist (§. 93): eben so kann auch die asymptotische Krümmungsebene nicht construirt werden, wenn der den Aesten zugehörige Factor in der dritten oder einer noch höheren Potenz vorkommt. Denn alsdann sind mit $\mathfrak{a}$ zugleich $\mathfrak{b}$ und $\mathfrak{c} = 0$, folglich nächst $\mathfrak{A}$ zugleich $\mathfrak{B}$ und $\mathfrak{C}$ unendlich entfernte Puncte.

Achtes Capitel.

Von Ausdrücken für krumme Flächen.

§. 101. Der Ausdruck

$$pA + qB + rC + sD$$

gehört im Allgemeinen einer Fläche an, wenn seine Coefficienten Functionen zweier Veränderlichen v und w sind. In der That, giebt man der einen Veränderlichen w irgend einen bestimmten Werth, so erhält man den Ausdruck für eine Linie. Alle die Linien aber, welche entstehen, indem man dem w nach und nach alle möglichen Werthe beilegt, bilden im Allgemeinen eine Fläche. — Ich sage: im Allgemeinen. Denn lassen sich die Coefficienten als Functionen einer und derselben Function zweier Veränderlichen darstellen, so gehört der Ausdruck offenbar einer Linie und nur scheinbar einer Fläche an. So verwandelt sich z. B. der Ausdruck:

$$w^3 A + w^2 v B + w v^2 C + v^3 D,$$

wenn man $\frac{v}{w} = x$ setzt, in:

$$A + xB + x^2 C + x^3 D.$$

Ein Beispiel für den Ausdruck einer Fläche haben wir an dem bereits in §. 49 gefundenen Ausdrucke für die Ebene, wo die Coefficienten lineäre Functionen von v und w sind. Kommen höhere Potenzen der Veränderlichen vor, so wird der Ausdruck im Allgemeinen für eine krumme Fläche gelten.

§. 102. Die Flächen, in deren Ausdrücken die Coefficienten ganze rationale Functionen von v und w sind, kann man, gleich den Linien (§. 66 und §. 95), nach den höchsten in den Coefficienten vorkommenden Dimensionen von v und w in Ordnungen eintheilen. Es wird dabei, wie dort, vorausgesetzt, dass die Coefficienten keinen ihnen allen gemeinschaftlichen Factor haben, dass die höchste Dimension der Veränderlichen durch Einführung anderer Veränderlichen nicht auf einen niedrigeren Grad gebracht werden kann, und dass überdies die Coefficienten nicht Functionen von einer und derselben Function der beiden Veränderlichen sind. Doch will ich mich gegenwärtig bei dieser Eintheilung der Flächen in Ordnungen nicht aufhalten und nur bemerken, dass die Ordnung, welche einer Fläche ihrem Ausdrucke nach zukommt, im Allgemeinen niedriger ist, als diejenige, zu welcher sie ihrer Gleichung nach gehört. Wir werden dieses sogleich bei den Ausdrücken für die Flächen der zweiten Ordnung zu sehen Gelegenheit haben, wo

$$a + a'v + a''w + a'''v^2 + a^{IV}vw + a^{V}w^2$$

die allgemeine Form der Coefficienten ist.

§. 103. Zusätze. *a*) Wenn man in dem Ausdrucke für eine Fläche den Coefficienten des einen der vier Fundamentalpuncte gleich 0 setzt, und mittelst dieser Gleichung die eine der beiden Veränderlichen aus den drei übrigen Coefficienten eliminirt, so erhält man den Ausdruck für die Linie, in welcher die Fläche von der durch die drei übrigen Fundamentalpuncte gehenden Fundamentalebene geschnitten wird. Sei z. B. der Ausdruck für die Fläche der zweiten Ordnung gegeben:

$$(A) \qquad A + vB + vwC + (v^2 - w)D,$$

und werde der Durchschnitt dieser Fläche mit der Fundamentalebene ABC verlangt. — Man setze den Coefficienten von D,

$$v^2 - w = 0,$$

also $w = v^2$, und man erhält:

$$A + vB + w^3 C,$$

als den Ausdruck für die gesuchte Linie, welche hiernach von der dritten Ordnung auch im gewöhnlichen Sinne ist (§. 70 zu Ende). Da aber der Schnitt einer Ebene mit einer Fläche der zweiten Ordnung im gewöhnlichen Sinne immer eine Linie der zweiten Ordnung hervorbringt, so muss jene Fläche, die ihrem Ausdrucke nach von der zweiten Ordnung war, ihrer Gleichung nach zu einer höheren zu zählen sein.

b) Um die Puncte zu finden, in denen eine der Fundamentallinien von einer Fläche geschnitten wird, setze man in dem Ausdrucke der letzteren die Coefficienten der beiden anderen nicht in jener Fundamentallinie liegenden Fundamentalpuncte, jeden für sich, gleich 0, und substituire die aus diesen zwei Gleichungen hervorgehenden Werthe der beiden Veränderlichen in dem Ausdrucke.

c) Setzt man die Coefficienten dreier Fundamentalpuncte, jeden für sich, gleich 0, und kann man für v und w Werthe finden, welche diesen drei Gleichungen zugleich Genüge leisten, oder, was dasselbe ist, gelangt man durch Elimination von v und w aus diesen Gleichungen zu einer identischen Gleichung, so geht die Fläche durch den vierten Fundamentalpunct.

d) Sind zwei der vier Coefficienten, z. B. q und r, Functionen der beiden Veränderlichen, und die beiden anderen constant, hat also der Ausdruck die Form:

$$aA + qB + rC + dD,$$

so kann man q und r für die beiden Veränderlichen selbst nehmen, und der Ausdruck gehört einer durch die Fundamentallinie BC und den Punct $aA + dD$ gelegten Ebene an, was auch q und r für Functionen von v und w sein mögen.

e) Wenn die Coefficienten dreier Fundamentalpuncte Functionen von der einen Veränderlichen allein sind, so kann man den Coefficienten des vierten Fundamentalpunctes für die andere Veränderliche selbst nehmen, und der Ausdruck bezieht sich auf eine Kegelfläche, deren Spitze der vierte Fundamentalpunct ist, und deren leitende Linie das Aggregat der drei ersteren Fundamentalpuncte mit ihren Coefficienten zum Ausdrucke hat.

f) Haben die Coefficienten zweier Fundamentalpuncte einen gemeinschaftlichen Factor, so ist daraus zu schliessen, dass die Fundamentallinie, welche die beiden anderen Fundamentalpuncte verbindet, in der Fläche selbst enthalten ist. Denn setzt man diesen gemeinschaftlichen Factor gleich 0, und eliminirt damit die eine der beiden Veränderlichen, so erhält man den Ausdruck für die gedachte Fundamentallinie.

So haben z. B. in dem Ausdrucke (A) sowohl der Coefficient von B, als der von C den Factor v. Annullirt man diesen, so kommt: $A - wD$. Dividirt man ferner den Ausdruck durch w, und setzt $\frac{1}{w} = t$, so wird er:

$$tA + tvB + vC + (v^2 t - 1)D,$$

und reducirt sich, für $t = 0$, auf $vC - D$. Die beiden Fundamentallinien AD und CD liegen demnach in der Fläche (A) selbst.

g) Haben die Coefficienten dreier Fundamentalpuncte einen gemeinschaftlichen Factor, so reducirt sich durch Nullsetzung dieses Factors der Ausdruck auf den vierten Fundamentalpunct, und die Fläche bildet daselbst eine Art von Kegelspitze.

Von der Berührung der Flächen.

§. 104. Nach demselben Verfahren, welches im Vorigen bei Ausdrücken für Linien angewendet wurde, lässt sich auch der Ausdruck für eine Fläche in eine Reihe entwickeln, deren erstes Glied irgend ein gegebener, in der Fläche selbst liegender Punct ist, und deren folgende Glieder nach den Potenzen der beiden Veränderlichen und den Producten aus diesen Potenzen geordnet sind. Alsdann wird sich auf ähnliche Weise, wie bei den Linien, darthun lassen, dass der Anfang dieser Reihe bis mit den Gliedern von der $m$ten Ordnung den Ausdruck für eine zweite Fläche darstellt, welche im Allgemeinen von der $m$ten Ordnung ist, und mit der ersten Fläche an jenem in ihr gelegenen Puncte eine Berührung der $m$ten Ordnung bildet.

Ohne aber die Entwickelung dieser Reihe vorzunehmen, und noch weniger die gegenseitige Lage aller der sich berührenden Flächen in Untersuchung zu ziehen, als wo mit steigender Ordnung eine immer grössere Anzahl zu unterscheidender Fälle sich darbietet, will ich mich nur auf die Berührung der ersten Ordnung, d. i. auf die Berührung mit einer Ebene, beschränken, und zur Bestimmung dieser Ebene von dem Satze ausgehen: dass jeder dem Berührungspuncte unendlich nahe liegende Punct der Fläche sich auch in der berührenden Ebene befindet (oder vielmehr von dieser um ein Unendlichkleines einer höheren Ordnung entfernt ist).

§. 105. Sei demnach

$$pA + qB + rC + sD$$

der Ausdruck der Fläche, und für den Punct derselben, an welchen die berührende Ebene gelegt werden soll, sei $v = v'$, $w = w'$, also der Punct selbst:

$$\mathfrak{A} \equiv p'A + q'B + r'C + s'D,$$

wenn p', q', r', s' dieselben Functionen von v' und w' vorstellen, welche p, q, r, s von v und w sind.

Bezeichnen ferner x und y zwei unendlich kleine, von einander unabhängige Grössen, so wird man den Ausdruck irgend eines dem $\mathfrak{A}$ unendlich nahen Punctes $\mathfrak{A}'$ der Fläche erhalten, wenn man in dem vorigen für v', $v'+x$, und für w', $w'+y$ substituirt. Hierdurch verwandelt sich p' in

$$p' + \frac{\mathrm{d}p'}{\mathrm{d}v'}x + \frac{\mathrm{d}p'}{\mathrm{d}w'}y,$$

u. s. w., und der Ausdruck für $\mathfrak{A}'$ wird:

$$\left(p' + \frac{\mathrm{d}p'}{\mathrm{d}v'}x + \frac{\mathrm{d}p'}{\mathrm{d}w'}y\right)A + \left(q' + \frac{\mathrm{d}q'}{\mathrm{d}v'}x + \frac{\mathrm{d}q'}{\mathrm{d}w'}y\right)B$$
$$+ \left(r' + \frac{\mathrm{d}r'}{\mathrm{d}v'}x + \frac{\mathrm{d}r'}{\mathrm{d}w'}y\right)C + \left(s' + \frac{\mathrm{d}s'}{\mathrm{d}v'}x + \frac{\mathrm{d}s'}{\mathrm{d}w'}y\right)D.$$

Nimmt man nun x und y nicht bloss unendlich klein, sondern überhaupt als zwei von einander unabhängige, veränderliche Grössen, so ist dieser Ausdruck der Ausdruck einer Ebene, in welcher $\mathfrak{A}$ und alle jene dem $\mathfrak{A}$ unendlich nahen Puncte $\mathfrak{A}'$ begriffen sind, folglich der Ausdruck der die Fläche in $\mathfrak{A}$ berührenden Ebene.

§. 106. Zusätze. *a)* Soll die Fläche von einer der Fundamentalebenen, z. B. von ABC, berührt werden, so muss für gewisse Werthe von v und w, welche wiederum v' und w' heissen, in dem Ausdrucke der Berührungsebene der Coefficient von D immer gleich 0 sein, was auch den Veränderlichen x und y für Werthe beigelegt werden; es müssen folglich s', $\frac{\mathrm{d}s'}{\mathrm{d}v'}$, $\frac{\mathrm{d}s'}{\mathrm{d}w'}$ zugleich gleich 0 sein.

Man setze daher s, als eine Function, die für $v = v'$ und $w = w'$ verschwinden soll,

$$= b(v - v') + c(w - w'),$$

wo b und c (eben so wie die nachherigen d, e, ..., h) beliebige Functionen von v und w vorstellen, die für $v = v'$ und $w = w'$ im Allgemeinen endliche Werthe erhalten. Hiernach wird

$$\frac{\mathrm{d}s}{\mathrm{d}v} = (v - v')\frac{\mathrm{d}b}{\mathrm{d}v} + b + (w - w')\frac{\mathrm{d}c}{\mathrm{d}v},$$
$$\frac{\mathrm{d}s}{\mathrm{d}w} = (v - v')\frac{\mathrm{d}b}{\mathrm{d}w} + c + (w - w')\frac{\mathrm{d}c}{\mathrm{d}w}.$$

Da nun $\frac{ds}{dv}$ und $\frac{ds}{dw}$ für $v = v'$ und $w = w'$ ebenfalls null werden sollen, so müssen b und c selbst, als worauf sich dann diese Differentialquotienten reduciren, von der Form

$$b(v - v') + c(w - w'),$$

und folglich s von der Form

$$f(v - v')^2 + g(v - v')(w - w') + h(w - w')^2$$

sein.

b) Soll der Berührungspunct der Fläche mit der Fundamentalebene ABC der Fundamentalpunct A selbst sein, so müssen in dem Ausdrucke der Fläche, für $v = v'$ und $w = w'$, nächst dem Coefficienten von D auch die Coefficienten von B und C verschwinden, also letztere beide von der Form

$$b(v - v') + c(w - w')$$

sein.

Der allgemeine Ausdruck für eine Fläche, welche durch den Fundamentalpunct A geht und daselbst die Fundamentalebene ABC zur berührenden hat, ist folglich:

$$aA + [b(v - v') + c(w - w')]B + [d(v - v') + e(w - w')]C$$
$$+ [f(v - v')^2 + g(v - v')(w - w') + h(w - w')^2]D,$$

wo noch der Gleichförmigkeit willen a für p geschrieben ist.

§. 107. Die Berührung einer Fläche mit einer Ebene ist im Allgemeinen von doppelter Beschaffenheit. Um diese zu untersuchen, wollen wir die Fundamentalpyramide, deren Lage stets willkürlich ist, so gestellt annehmen, dass, wie zu Ende des vorigen §., ABC eine Berührungsebene und A der Berührungspunct ist. Da nun gegenwärtig bloss der bei A unmittelbar gelegene Theil der Fläche in Betracht kommt, für A aber $v = v'$ und $w = w'$ ist, so nehmen wir $v - v'$ und $w - w'$ als unendlich klein, und lassen demzufolge im letztgefundenen Ausdrucke der Fläche die Buchstaben $a, b, \ldots, h$ die Constanten selbst bedeuten, in welche die vorhin damit bezeichneten Functionen für $v = v'$ und $w = w'$ übergehen. Werden jetzt, noch grösserer Kürze willen, die Coefficienten von B und C, jeder durch a dividirt, zu den beiden Veränderlichen erwählt und resp. gleich t und u gesetzt, wo daher t und u ebenfalls nur unendlich klein zu nehmen sind, so reducirt sich der Coefficient von D auf die Form

$$it^2 + ktu + lu^2,$$

und der Ausdruck wird

$$A + tB + uC + (it^2 + ktu + lu^2)D.$$

Man setze nun:

$$A + tB + uC \equiv Q \text{ und } Q + (it^2 + ktu + lu^2)D \equiv P,$$

so ist Q ein dem Berührungspuncte A in der Berührungsebene ABC unendlich nahe liegender Punct, und P ein Punct der Fläche selbst, der von Q und mithin von der Berührungsebene um ein Unendlichkleines der zweiten Ordnung nach D zu, oder von D abwärts liegt, je nachdem

$$it^2 + ktu + lu^2$$

positiv oder negativ ist.

Hiernach sind im Allgemeinen zwei Fälle zu unterscheiden, nachdem nämlich das Trinomium

$$it^2 + ktu + lu^2$$

zwei imaginäre oder reelle Factoren hat.

Im ersten Falle, wo also $k^2 < 4il$, behält das Trinomium stets einerlei Zeichen, und die Fläche ist folglich in der Nähe des Berührungspunctes ganz auf einerlei Seite der Berührungsebene enthalten.

Im zweiten Falle, wo $k^2 > 4il$, wechselt das Zeichen des Trinomiums, und die Fläche liegt zum Theil auf der einen, zum Theil auf der anderen Seite der Berührungsebene, wird also von dieser zugleich geschnitten. Es geschieht dieses in zwei durch A gehenden Linien, wovon man die Ausdrücke, oder vielmehr die Ausdrücke für die an diese Linien durch A gelegten Tangenten, erhält, wenn man die zwei Factoren des Trinomiums hintereinander gleich 0 setzt. Durch diese zwei Linien wird die Berührungsebene um A herum in vier Theile getheilt, über und unter welchen die Fläche abwechselnd befindlich ist.

Als Beispiel einer solchen Fläche dient eine Revolutionsfläche, bei welcher die erzeugende Linie ihre erhabene Seite der Axe zukehrt. Denn man denke sich die erzeugende Linie in irgend einer ihrer Lagen, und durch irgend einen ihrer Puncte den Kreis gezogen, welchen der Punct bei der Umdrehung beschreibt. Beide Linien, die erzeugende und der Kreis, sind in der Fläche selbst begriffen, und folglich die Ebene durch die zwei Tangenten, welche in dem gedachten Puncte an die zwei Linien gezogen werden, die Berührungsebene in diesem Puncte. Nun liegt aber der Kreis von seiner Tangente nach der Axe zu, und die erzeugende Linie von der ihrigen auf der von der Axe abwärts gekehrten Seite. Folglich wird auch die Fläche zum Theil auf der einen und zum Theil auf der anderen Seite der Berührungsebene liegen, also von letzterer geschnitten werden.

Ausser diesen zwei Hauptarten der Berührung giebt es noch eine specielle dritte: wenn nämlich die zwei Factoren des Trinomiums einander gleich sind, also $k^2 = 4il$ ist. In diesem Falle liegt zwar eben so, wie im ersten, die Fläche nur auf einer Seite der Ebene, weil der Coefficient von D für alle Werthe von t und u einerlei Zeichen hat; allein die Berührung geschieht nicht bloss in A, sondern in einer durch A gehenden Linie, deren Tangente, wie im zweiten Falle, durch Nullsetzung des quadratischen Trinomiums erhalten wird. — Wenn diese Art der Berührung nicht bloss an einzelnen Stellen, sondern überall auf der Fläche stattfindet, so sind die Berührungslinien Gerade, die Fläche selbst aber ist einerlei mit den sogenannten abwickelbaren, wovon der Kegel und der Cylinder besondere Arten sind.

§. 108. Um in das Wesen der Berührung krummer Flächen mit Ebenen eine noch vollkommenere Einsicht zu erlangen, wollen wir uns die berührende Ebene parallel mit sich fortbewegt vorstellen, und nun die Curve betrachten, in welcher sie unmittelbar vor oder nach der Berührung die Fläche schneidet. Der Ausdruck für diese Curve muss sich offenbar aus dem obigen Ausdrucke der Fläche herleiten lassen. Indess wird die Untersuchung leichter von Statten gehen, wenn wir an der Stelle der Fundamentalpuncte und der barycentrischen Ausdrücke ein System rechtwinkliger Coordinaten x, y, z anwenden, und die Fläche durch eine Gleichung zwischen x, y, z gegeben sein lassen.

Sei daher die Ebene der x, y die berührende, und der Anfangspunct der Coordinaten der Berührungspunct, so muss z eine solche Function von x und y sein, dass für $x = 0$ und $y = 0$ nicht allein z, sondern auch $\frac{dz}{dx}$ und $\frac{dz}{dy} = 0$ werden. Durch ähnliche Schlüsse, wie in §. 106 angewendet wurden, findet sich hiernach

$$z = ax^2 + bxy + cy^2,$$

wo a, b, c Functionen von x und y sind, die für $x = 0$ und $y = 0$ endliche Werthe erhalten, und welche Werthe wir jetzt, wo es bloss auf den in unmittelbarer Nähe des Berührungspunctes befindlichen Theil der Curve ankommt, für diese Functionen selbst nehmen.

Hieraus fliesst nun zuerst, eben so wie im vorigen §., dass die Berührung nur in einem Puncte geschieht und die Fläche auf einerlei Seite der Berührungsebene liegt, oder dass die Fläche von der Ebene zugleich geschnitten wird, oder dass sie von der Ebene in einer Linie berührt wird, nachdem b^2 kleiner oder grösser oder gleich $4ac$ ist.

Heisse ferner A der Anfangspunct der Coordinaten oder der Berührungspunct, und werde durch einen dem A in der Axe der z

unendlich nahen Punct A' eine mit der Ebene der x, y parallele Ebene gelegt. Die Gleichung für dieselbe ist, wenn wir $AA' = i$ setzen: $z = i$; und folglich die Gleichung für die Durchschnittslinie der Ebene mit der Fläche:

$$ax^2 + bxy + cy^2 = i.$$

Wir schliessen hieraus: *Die Linie, in welcher eine krumme Fläche von einer daran gelegten Berührungsebene geschnitten zu werden anfängt, wenn diese parallel mit sich fortbewegt wird, ist im Allgemeinen ein Kegelschnitt, welcher (A' d. h.) die Projection des Berührungspunctes auf die schneidende Ebene zum Mittelpuncte hat, und eine Ellipse oder Hyperbel ist (nachdem $b^2 <$ oder $> 4ac$, d. h.), nachdem die Fläche mit der berührenden Ebene bloss den Berührungspunct gemein hat, oder von dieser zugleich geschnitten wird.*

Nur muss im ersten Falle, wo das Trinomium $ax^2 + ..$ für alle Werthe von x und y einerlei Zeichen hat, die Bewegung der Berührungsebene nach der Seite zu geschehen, auf welcher i das nämliche Zeichen bekommt.

Im zweiten Falle wird die Ebene sowohl vor als nach der Berührung die Fläche schneiden. Nimmt man dabei an, dass die beidesmaligen Durchschnittspuncte der Ebene mit der Axe der z von A gleichweit abstehen, so sind die Gleichungen der Durchschnitte mit der Fläche:

$$ax^2 + bxy + cy^2 = i \text{ und } ax^2 + bxy + cy^2 = -i,$$

also die Durchschnitte selbst zwei Hyperbeln, die, wenn man sie auf die Ebene der x, y projicirt, zwei conjugirte Hyperbeln werden. Die Gleichung für die gemeinschaftlichen Asymptoten dieser projicirten Hyperbeln ist:

$$ax^2 + bxy + cy^2 = 0;$$

folglich sind die Asymptoten zugleich die Linien, in denen die Fläche von der Berührungsebene geschnitten wird.

§. 109. Die betrachteten Durchschnitte einer krummen Fläche mit einer der berührenden unendlich nahe liegenden Ebene sind ganz vorzüglich geschickt zur Entwickelung der merkwürdigen Sätze, welche rücksichtlich der Krümmungshalbmesser und unendlich naher Normalen einer Fläche stattfinden. Wiewohl nun eigentlich von diesen Gegenständen hier eben so wenig, als früher bei der Lehre von der Berührung krummer Linien, die Rede sein kann, indem der dabei zum Grunde liegende Begriff des rechten Winkels, so wie der Begriff des Verhältnisses zweier Winkel überhaupt, von den Untersuchungen, denen die vorliegende Schrift gewidmet ist, völlig ausgeschlossen bleibt, so kann ich doch nicht umhin, angesehen die besondere Anschaulichkeit, welche die gedachten Gegenstände durch die folgende Darstellungsart gewinnen, die hier vorgesteckten Grenzen einmal zu überschreiten.

Sei (Fig. 26) die Ebene des Papiers die berührende, und in derselben A der Berührungspunct und $PRQS$ die Projection der Ellipse, in welcher die Fläche von einer mit der berührenden parallelen und ihr unendlich nahen Ebene im ersten Falle geschnitten wird. Diese Projection wird eine der ersteren gleiche Ellipse und A ihr Mittelpunct sein. Der gegenseitige Abstand der beiden Ebenen heisse i, wie vorhin; er ist von der zweiten Ordnung, wenn die Durchmesser der Ellipse als unendlich klein von der ersten Ordnung betrachtet werden. Sei nun TAU die Projection irgend einer durch den Berührungspunct A auf der Fläche gezogenen Curve. Der innerhalb der Ellipse liegende Theil dieser Projection, TU, wird wegen der unendlichen Kleinheit der Ellipse als geradlinig angesehen werden können; der Theil der Curve selbst aber, welcher dem Theil AT oder AU der Projection zugehört, wird, als Kreisbogen betrachtet, das noch unendlich kleinere i zu seinem Quersinus haben. Der Krümmungshalbmesser dieser Curve in A ist daher $= \frac{AT^2}{2i}$, also dem Quadrate des Durchmessers proportional, in welchem die Ellipse von der Curve geschnitten wird.

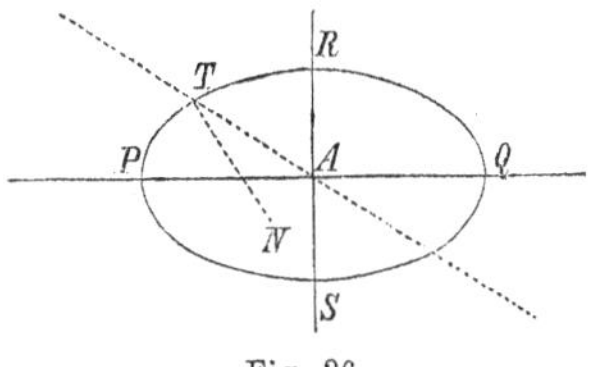

Fig. 26.

Aus der Natur der Ellipse folgt nun sogleich, dass unter allen den Krümmungshalbmessern, welche die auf der Fläche durch einen Punct A derselben gezogenen Curven in diesem Puncte A haben, der grösste und kleinste zweien Curven angehören, die sich in A unter rechten Winkeln schneiden. Es sind nämlich diejenigen Curven, welche bei A mit der grossen und kleinen Axe der Ellipse, PQ und RS, zusammenfallen.

Man setze den Winkel $PAT = \varphi$, so sind, PQ und und RS zu den Axen eines rechtwinkligen Coordinatensystems genommen, die Coordinaten von T:

$$AT \cos\varphi, \quad AT \sin\varphi;$$

und aus der bekannten Gleichung zwischen diesen Coordinaten ergiebt sich:

$$\frac{1}{AT^2} = \frac{\cos\varphi^2}{AP^2} + \frac{\sin\varphi^2}{AR^2}.$$

Heissen nun die Krümmungshalbmesser der Curven PQ, RS, TU resp. r, r', ϱ, so verhalten sich

$$r : r' : \varrho = AP^2 : AR^2 : AT^2,$$

und die vorige Gleichung wird:

$$\frac{1}{\varrho} = \frac{\cos\varphi^2}{r} + \frac{\sin\varphi^2}{r'},$$

die bekannte Relation zwischen dem grössten r, dem kleinsten r', und irgend einem anderen Krümmungshalbmesser ϱ, dessen Curve die dem grössten zugehörige unter dem Winkel φ schneidet.

Werde endlich in einem beliebigen Puncte der kleinen Ellipse eine Normale auf der Fläche errichtet. Da die Ellipse in der Fläche selbst liegt, so wird diese Normale auch die Peripherie der Ellipse unter rechten Winkeln treffen, und folglich die rechtwinklige Projection der Normale auf die Berührungsebene zugleich eine Normale der auf diese Ebene projicirten Ellipse sein, wie z. B. TN. Die Normale der Fläche in dem Berührungspuncte steht senkrecht auf der berührenden Ebene, und ihre rechtwinklige Projection ist daher der Punct A selbst. Da nun unter allen Normalen einer Ellipse nur diejenigen auf den Mittelpunct stossen, welche durch die Endpuncte der grossen und kleinen Axe geführt werden, so folgt, dass, wenn man durch einen Punct A der Fläche eine Normale legt, unter allen anderen unendlich nahen Normalen nur diejenigen die erstere schneiden, welche in den durch A gehenden Curven der grössten und kleinsten Krümmung auf der Fläche errichtet werden.

Ganz ähnliche Betrachtungen lassen sich bei dem zweiten Falle anstellen, wo die Fläche von der sie berührenden Ebene zugleich geschnitten wird. Seien wiederum (Fig. 27) die Ebene des Papiers die berührende, A der Berührungspunct und KL, MN die Durchschnittslinien der Fläche mit der Berührungsebene. Letztere sind, wie bereits erinnert, die gemeinschaftlichen Asymptoten von den Projectionen der zwei Hyperbeln, in denen die sich parallel fortbewegende Berührungsebene unmittelbar vor und nach der Berührung die Fläche schneidet. Seien $KPN \,..\, MQL$, $KRM \,..\, NSL$ diese Projectionen, von denen die erstere der über, die letztere der unter der berührenden Ebene liegenden Hyperbel, in dem Abstande $\pm i$, angehöre. Alsdann ist klar, dass von allen auf der Fläche

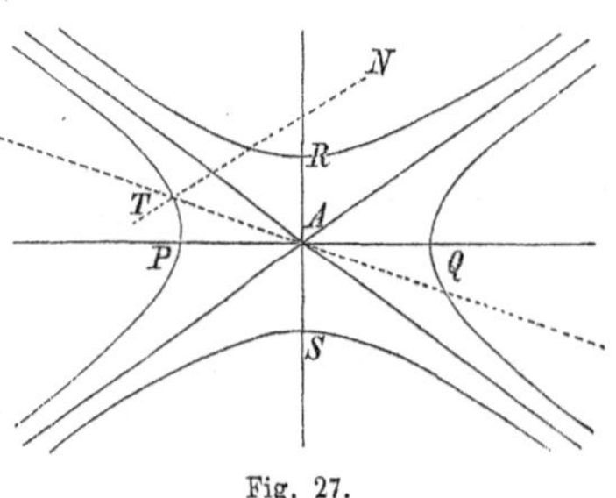

Fig. 27.

durch A gezogenen Curven diejenigen, welche innerhalb der Winkel MAL, KAN liegen, bei A ihre hohle Seite und Krümmungshalbmesser nach oben, und diejenigen, welche innerhalb der Winkel KAM, NAL enthalten sind, ihre hohle Seite und Krümmungshalbmesser nach unten zu kehren; dass folglich, die Krümmungshalbmesser der ersteren Curven positiv gesetzt, die der letzteren negativ, dagegen die Krümmungshalbmesser der Curven, welche mit den Asymptoten zusammenfallen, unendlich sind.

Schneidet eine durch A gelegte Curve die eine der beiden Hyperbeln in T, so ist ihr Krümmungshalbmesser, absolut genommen, $= \frac{AT^2}{2i}$, und mithin desto kleiner, je kleiner der Winkel ist, welchen die Curve mit der Hauptaxe PQ (oder RS), der von ihr geschnittenen Hyperbel macht. Die grösste Krümmung haben folglich unter den ihnen zunächst liegenden diejenigen zwei Curven, welche mit den Hauptaxen selbst zusammenfallen. Sie schneiden sich daher unter rechten Winkeln, und ihre Krümmungshalbmesser haben entgegengesetzte Zeichen.

Bezeichnet man die absoluten Werthe dieser Krümmungshalbmesser von PQ, RS durch r, r', und den irgend einer anderen durch A gehenden Curve TU, welche mit PQ einen Winkel gleich φ macht, durch ϱ, so lässt sich auf dieselbe Weise aus der Gleichung für die Hyperbel, wie vorhin aus der Gleichung für die Ellipse, darthun, dass

$$\frac{1}{\varrho} = \frac{\cos\varphi^2}{r} - \frac{\sin\varphi^2}{r'}.$$

Auch erhellet eben so wie vorhin, dass unter allen Normalen, welche durch dem A unendlich nahe liegende Puncte der Fläche geführt werden, nur diejenigen die in A errichtete Normale schneiden, deren Puncte in den Curven der grössten Krümmung liegen.

Was zuletzt den Fall betrifft, wo

$$ax^2 + bxy + cy^2$$

ein Quadrat ist, und die Fläche von der Ebene in einer Linie berührt wird, so ergiebt sich durch ein ganz analoges Verfahren, dass, wenn die berührende Ebene um ein Unendlichkleines der zweiten Ordnung nach der Seite, wo die Fläche liegt, parallel fortgeführt wird, sie die Fläche in zwei Parallellinien schneidet, welche um ein Unendlichkleines der ersten Ordnung von einander abstehen, und zwischen welchen der Berührungspunct mitten inne liegt. Hieraus ist weiter zu schliessen, dass unter allen Curven durch den Berührungspunct diejenige, welche mit jenen Parallelen parallel geht, gar keine Krümmung, diejenige aber, welche die Parallelen rechtwinklig schneidet, die grösste Krümmung hat, — dass, wenn man den Krümmungshalbmesser der letzteren gleich r setzt, mit Beibehaltung der vorigen Bezeichnungen

$$\frac{1}{\varrho} = \frac{\cos\varphi^2}{r}$$

ist, und dass endlich nur diejenigen Normalen die Normale durch den Berührungspunct schneiden, welche durch Puncte der Curve von der grössten Krümmung gezogen werden, die Normalen aber durch Puncte der Curve von keiner Krümmung mit der gedachten Normale parallel laufen.

Von den Flächen der zweiten Ordnung.

§. 110. Der in §. 107 in Betrachtung gezogene Ausdruck der zweiten Ordnung:

$$A + tB + uC + (it^2 + ktu + lu^2)D$$

ist, wenn t und u nicht bloss, wie dort, unendlichklein, sondern in ihrer ganzen Ausdehnung genommen werden, der Ausdruck einer Fläche der zweiten Ordnung auch im gewöhnlichen Sinne. Der Beweis dafür wird in dem folgenden Capitel (§. 134, 1) gegeben werden. Diesen aber vorausgesetzt, lassen sich schon jetzt die Merkmale bestimmen, aus denen die Art einer solchen Fläche erkannt werden kann.

Zu diesem Ende haben wir fürs erste die Coefficientensumme des Ausdrucks näher zu untersuchen, welche, nach u geordnet und mit s bezeichnet, sich also schreiben lässt:

$$s = lu^2 + (kt + 1)u + it^2 + t + 1.$$

So wie nun allgemein

$$ax^2 + bx + c = \frac{1}{4a}(v^2 + d),$$

wo

$$v = 2ax + b \text{ und } d = 4ac - b^2,$$

so wird

$$s = \frac{1}{4l}(v^2 + d),$$

wo

$$v = 2lu + kt + 1$$

und

$$d = 4l(it^2 + t + 1) - (kt + 1)^2$$
$$= (4il - k^2)t^2 + 2(2l - k)t + 4l - 1 = \frac{w^2 + e}{4(4il - k^2)},$$

wo

$$w = 2(4il - k^2)t + 2(2l - k)$$

und

$$e = 4(4il - k^2)(4l - 1) - 4(2l - k)^2$$
$$= 16l(4il - k^2 - i + k - l).$$

Hiermit wird

$$s = \frac{1}{4l}\left[v^2 + \frac{w^2 + e}{4(4il - k^2)}\right],$$

wo v und w lineäre Functionen von t und u sind.

Nun giebt es 3 Hauptarten von Flächen der zweiten Ordnung: das Ellipsoid, welches auf einen endlichen Raum beschränkt ist, und zwei, sich in das Unendliche erstreckende, Hyperboloide, das elliptische und das hyperbolische, von denen das erstere ganz auf einerlei Seite jeder Berührungsebene liegt, das letztere aber von einer solchen zugleich geschnitten wird.

Sind die Hyperboloide zugleich Revolutionsflächen, so entsteht das elliptische durch Umdrehung einer Hyperbel um die Hauptaxe, das hyperbolische durch Umdrehung um die zugeordnete Axe.

Die durch den Ausdruck dargestellte Fläche ist demnach ein Ellipsoid, wenn s niemals gleich 0 werden kann, also wenn $4il - k^2$ und e positiv sind, d. h. wenn

$$4il > k^2 \text{ und } 4il - k^2 - i + k - l$$

mit l und folglich auch mit i einerlei Zeichen hat. Denn wegen $4il > k^2$ müssen i und l einerlei Zeichen haben.

Die Fläche ist zweitens ein elliptisches Hyperboloid, wenn $s = 0$ werden kann, und $4il > k^2$ ist (§. 107), folglich wenn $4il > k^2$ ist, und

$$4il - k^2 - i + k - l$$

das entgegengesetzte Zeichen von i und l hat.

Endlich wird die Fläche ein hyperbolisches Hyperboloid sein, wenn $4il < k^2$ ist, mag e das positive oder negative Zeichen haben.

In dem besonderen Falle, wo

$$4il - k^2 - i + k - l = 0,$$

ist die Fläche ein Paraboloid, und zwar wiederum ein elliptisches oder hyperbolisches, nachdem $4il >$ oder $< k^2$. Bei ersterem ist daher s der Summe zweier Quadrate gleich und kann nur, wenn v und w zugleich gleich 0 sind, verschwinden, so dass sich das elliptische Paraboloid nur nach der einzigen durch $v=0$ und $w=0$ bestimmten Richtung in das Unendliche ausdehnt. Bei dem hyperbolischen Paraboloid wird s der Differenz zweier Quadrate gleich, folglich in zwei Factoren auflösbar, und kann daher für unendlich viel zusammengehörige Werthe der Veränderlichen gleich null werden.

Ein noch speciellerer Fall ist der, wo

$$4il-k^2=0,$$

und mithin die Berührung in einer geraden Linie geschieht. In der That wird der Coefficient von D alsdann $\frac{v^2}{4l}$, wo

$$v=2lu+kt,$$

und der Ausdruck reducirt sich auf

$$4lA+4ltB+2(v-kt)C+v^2D,$$

gehört also einer Kegelfläche an, deren leitende Linie

$$4lA+2vC+v^2D\equiv lA+xC+x^2D,\text{ für } v=2x,$$

und deren Spitze $2lB-kC$ ist.

Wenn endlich nicht nur $4il-k^2$, sondern auch

$$4il-k^2-i+k-l=0$$

ist, so findet sich

$$k=2i=2l,$$

und die Spitze jener Kegelfläche wird $\equiv B-C$, also unendlich entfernt; d. h. der vorige Kegel geht in einen Cylinder über, dessen leitende Linie dieselbe ist, wie die des Kegels, und dessen erzeugende Linie sich parallel mit der Fundamentallinie BC bewegt.

§. 111. Der Ausdruck für die Flächen der zweiten Ordnung:

$$A+tB+uC+(it^2+ktu+lu^2)D$$

lässt sich in dem Falle, wo der trinomische Coefficient von D in zwei Factoren aufgelöst werden kann, und mithin die zugehörige Fläche ein hyperbolisches Hyperboloid ist, auf eine sehr einfache Form bringen. Denn seien diese Factoren:

$$it+au=x,\quad t+bu=y,$$

also

$$it^2+\ldots=xy,$$

so kann man umgekehrt t und u als lineäre Functionen von x und y darstellen, und der Ausdruck wird, wenn man x und y als Veränderliche einführt, die Form erhalten:

$$A+(cx+dy)B+(ex+fy)C+xyD.$$

Wird nun noch

$$cB + eC = \beta B \text{ und } dB + fC = \gamma C$$

gesetzt, und nimmt man $B_{,}$, $C_{,}$ statt B, C zu Fundamentalpuncten, so kommt der Ausdruck:

$$A + \beta x B_{,} + \gamma y C_{,} + xyD,$$

oder noch etwas einfacher, wenn man für x und y, $\frac{x}{\beta}$ und $\frac{y}{\gamma}$ schreibt, $\frac{1}{\beta\gamma} = \delta$ setzt, und an B und C die nicht mehr nöthigen Accente weglässt:

$$\text{I)} \qquad A + xB + yC + \delta xyD.$$

Die berührende Fundamentalebene und der Berührungspunct A sind hierbei unverändert geblieben; dagegen sind die jetzigen Fundamentallinien AB und AC zugleich diejenigen, in denen die Fläche von der an A gelegten Berührungsebene geschnitten wird. Denn für $y = 0$ reducirt sich der Ausdruck auf $A + xB$, und für $x = 0$ auf $A + yC$. Die zwei Durchschnitte der Fläche mit der Berührungsebene in A sind folglich Gerade.

Dasselbe gilt aber auch von jeder anderen Berührungsebene. Denn seien für irgend einen Punct der Fläche: $x = x'$, $y = y'$; so kommt, wenn man in dem Ausdrucke der Fläche das einemal $x = x'$ setzt, und y als Veränderliche beibehält, das anderemal $y = y'$ setzt, und x veränderlich lässt:

$$1) \qquad A + x'B + yC + \delta x'yD,$$

$$2) \qquad A + xB + y'C + \delta y'xD,$$

die Ausdrücke zweier durch jenen Punct gehender und in der Fläche selbst liegender gerader Linien. Da nun die Ebene durch die Tangenten, welche an zwei auf einer Fläche gezogene Linien in ihrem Durchschnittspuncte gelegt werden, die Berührungsebene der Fläche in diesem Puncte ist, eine Gerade aber in jedem ihrer Puncte sich selbst zur Tangente hat, so wird die durch die Geraden 1) und 2) gelegte Ebene die berührende in jenem Puncte sein, und mithin die Fläche in diesen zwei Geraden schneiden*).

---

*) In der That findet sich auch nach §. 105 der Ausdruck der Berührungsebene in dem Puncte, für welchen $x = x'$ und $y = y'$ ist:

$$A + (x' + v)B + (y' + w)C + \delta(x'y' + y'v + x'w)D,$$

oder einfacher, wenn man $x' + v$, $y' + w$ zu den Veränderlichen nimmt und gleich x, y setzt:

$$A + xB + yC + \delta(y'x + x'y - x'y')D,$$

ein Ausdruck, der sich für $x = x'$ auf 1), und für $y = y'$ auf 2) reducirt.

Durch jeden Punct des hyperbolischen Hyperboloids können also zwei in der Fläche selbst liegende Gerade gezogen werden. Alle diese Geraden aber bilden zwei Systeme von der Beschaffenheit, dass jede Gerade des einen Systems jede Gerade des anderen schneidet. Das Hyperboloid kann daher immer durch die Bewegung einer Geraden, und zwar auf doppelte Weise, erzeugt werden.

Aber auch umgekehrt: *Hat man drei Gerade, von denen keine zwei in einer Ebene liegen, so wird eine vierte Gerade, dergestalt bewegt, dass sie die drei ersteren fortwährend schneidet, ein hyperbolisches Hyperboloid erzeugen.*

Denn seien AB und CD zwei jener drei Geraden. Eine sie schneidende Gerade hat den Ausdruck (§. 56, I, 1):

$$(A) \qquad mxA + xB + nC + D,$$

wo m und n noch unbestimmte Constanten sind, die wir jetzt so bestimmen wollen, dass die Gerade (A) durch einen bestimmten Punct P der Geraden

$$(B) \qquad (a + a'y)A + (b + b'y)B + yC + D$$

gehe. Für den bestimmten Werth, den die Veränderliche y im Ausdrucke (B) für P hat, muss daher sein:

$$n = y, \quad mx = a + a'y, \quad x = b + b'y,$$

also

$$m = \frac{a + a'y}{b + b'y}.$$

Substituirt man diese Werthe für m und n im Ausdrucke (A), und nimmt, der Einfachheit willen, statt x eine andere Veränderliche z, so dass

$$x = (b + b'y)z,$$

so erhält man den Ausdruck für die gesuchte Gerade, welche AB und CD schneidet und durch P geht:

$$(a + a'y)zA + (b + b'y)zB + yC + D.$$

Lässt man nun y nicht mehr einen bestimmten Werth haben, sondern veränderlich sein, so umfasst der gefundene Ausdruck alle durch AB, CD und (B) zugleich gehenden Geraden, ist folglich der Ausdruck der Fläche, welche durch die Bewegung einer Geraden erzeugt wird, deren leitende Linien die drei Geraden AB, CD und (B) sind.

Es reducirt sich aber der Ausdruck, wenn man D, C, $aA + bB$ und $a'A + b'B$ zu Fundamentalpuncten nimmt, auf die Form des Ausdrucks I); mithin ist die ihm zugehörige Fläche ein hyperbolisches Hyperboloid.

§. 112. Das hyperbolische Paraboloid ist als eine besondere Art des hyperbolischen Hyperboloids zu betrachten, indem ersteres aus letzterem entsteht, wenn die Summe der Coefficienten im Ausdrucke des letzteren in zwei Factoren auflösbar wird, also bei dem vereinfachten Ausdrucke I), wenn $\delta = 1$ wird. Der Ausdruck für das hyperbolische Paraboloid ist daher:

II) $$A + xB + yC + xyD.$$

Auch bei dieser Fläche lassen sich durch jeden ihrer Puncte zwei in ihr selbst begriffene Gerade ziehen:

$$A + xB + y'C + y'xD,$$
$$A + x'B + yC + x'yD.$$

Die erstere derselben schneidet die Fundamentallinien AC und BD, und liegt in einer mit AB und CD parallelen Ebene; die letztere schneidet AB und CD, und liegt in einer Ebene, welche mit AC und BD parallel ist. Vergl. §. 56 zu Ende.

Das hyperbolische Paraboloid enthält demnach zwei Systeme gerader Linien von derselben Beschaffenheit, wie bei dem Hyperboloid, nur mit dem Zusatze, dass die Geraden eines jeden Systems mit einer Ebene parallel sind, oder, was auf dasselbe hinauskommt, dass sie drei mit einer Ebene parallele (zum anderen System gehörige) Gerade schneiden.

Dass auch umgekehrt ein hyperbolisches Paraboloid immer erzeugt werde, wenn eine Gerade mit einer gegebenen Ebene parallel bewegt wird, und dabei durch zwei gegebene Gerade geht, oder wenn sie drei, mit einer und derselben Ebene parallele Gerade zu leitenden Linien hat, wird man leicht selbst finden.

Aus diesen Eigenschaften des hyperbolischen Hyperboloids und hyperbolischen Paraboloids ziehen wir zum Schlusse noch den Satz:

Hat man drei Gerade a, b, c, von denen keine zwei in einer Ebene liegen, und vier oder mehrere andere Gerade α, β, γ, δ, ..., deren jede von a, b, c zugleich geschnitten wird, so wird jede Gerade d, welche von den Geraden α, β, γ, δ, ... irgend drei α, β, γ schneidet, auch alle übrigen δ, ... schneiden. — Sind dabei a, b, c mit einer Ebene parallel, so wird mit derselben Ebene auch d parallel laufen, und die Geraden α, β, γ, δ, ... werden ebenfalls mit einer Ebene parallel sein.

Von abwickelbaren Flächen.

§. 113. Der Ausdruck

$$(A) \qquad (pv+q)A+(rv+s)B+vC+D$$

ist, wenn p, q, r, s constant und v veränderlich genommen werden, der allgemeine Ausdruck einer geraden Linie (§. 47). Lässt man aber p, q, r, s beliebige Functionen einer zweiten, von v unabhängigen Veränderlichen w sein, so wird (A) der allgemeine Ausdruck einer durch die Bewegung einer Geraden erzeugten Fläche. Vergl. §. 101.

Der obige Ausdruck für das hyperbolische Hyperboloid giebt hierzu ein Beispiel ab. Für diese Fläche sind p, q, r, s lineäre Functionen von w, und folglich der Ausdruck (A) auch dann einer Geraden angehörig, wenn v constant und w veränderlich genommen wird; daher diese Fläche auf doppelte Weise von einer Geraden beschrieben werden kann. Auch sieht man leicht, wie dann der Ausdruck (A) durch Annahme anderer Fundamentalpuncte auf die einfache Form I) in §. 111 sich zurückführen lässt.

§. 114. Die bei Erzeugung der Fläche (A) auf die Gerade

$$(pv+q)A+(rv+s)B+vC+D$$

nächstfolgende Gerade ist:

$$[(p+\mathrm{d}p)x+q+\mathrm{d}q]A+[(r+\mathrm{d}r)x+s+\mathrm{d}s]B+xC+D.$$

Zwei solcher nächstfolgender Geraden schneiden im Allgemeinen einander nicht. Geschieht dieses aber irgend einmal, so hat man für den Durchschnittpunct (§. 48) $v=x$, und:

$$v\,\mathrm{d}p+\mathrm{d}q=0, \quad v\,\mathrm{d}r+\mathrm{d}s=0,$$

also

$$\mathrm{d}p:\mathrm{d}q=\mathrm{d}r:\mathrm{d}s,$$

woraus sich die dem Durchschnitte zugehörigen Werthe von v und w bestimmen lassen.

Sollen daher stets je zwei auf einander folgende Lagen der erzeugenden Linie einander schneiden, oder überhaupt in einer Ebene liegen, so muss, unabhängig von einem bestimmten Werthe für w, zwischen den Differentialen der vier Functionen p, q, r, s eine geometrische Proportion stattfinden.

In diesem Falle kann man sich die ganze Fläche aus ebenen Elementen zusammengesetzt vorstellen, welche von unbegrenzter Länge, aber unendlich kleiner Breite sind und mit ihren langen

Seiten an einander grenzen. Denkt man sich das erste dieser Elemente um seine gerade Durchschnittslinie mit dem zweiten gedreht, bis es in die Ebene des zweiten fällt; hierauf die zwei ersten Elemente zusammen um den Durchschnitt des zweiten und dritten, bis sie in die Ebene des dritten fallen, u. s. w.: so wird die Fläche nach und nach abgewickelt und in eine Ebene ausgebreitet. Man nennt daher Flächen dieser Art abwickelbare Flächen.

Um den allgemeinen Ausdruck derselben zu erhalten, setze man zufolge der obigen Proportion:

$$\frac{dp}{dr} = \frac{dq}{ds} = z,$$

und es wird

$$p = \int z\,dr, \quad q = \int z\,ds;$$

folglich wenn man diese Integrale für p und q in dem Ausdrucke (A) substituirt:

$$\text{I)} \qquad (v\int z\,dr + \int z\,ds)A + (rv + s)B + vC + D,$$

wo r, s, z beliebige Functionen der Veränderlichen w sind.

§. 115. Der Ausdruck einer abwickelbaren Fläche lässt sich noch unter einigen anderen Formen darstellen, die sowohl durch geometrische Betrachtungen, als auch durch analytische Umformungen des Ausdrucks I) gefunden werden können.

Zuerst kann man sich alle die verschiedenen Ebenen, in welchen die ebenen Elemente der Fläche enthalten sind, als die Lagen einer nach einem gewissen Gesetze bewegten Ebene denken, und mithin die Lagen der erzeugenden Linie als die Durchschnitte je zweier nächstfolgenden Lagen der bewegten Ebene ansehen.

Sei nun der Ausdruck dieser Ebene (§. 51):

$$(B) \qquad (u + tx + zy)A + yB + xC + D,$$

wo t, u, z für dieselbe Ebene constant, von einer zur anderen aber veränderlich sind. Nimmt man daher t, u, z als beliebige Functionen einer Veränderlichen w, so ist die nächstfolgende Ebene:

$$[u + du + (t + dt)x + (z + dz)y]A + yB + xC + D,$$

und für den Durchschnitt derselben mit der vorigen (§. 53):

$$du + x\,dt + y\,dz = 0.$$

Hiermit das y aus dem einen oder anderen Ausdrucke eliminirt, ergiebt sich der Ausdruck der Durchschnittslinie oder der erzeugenden Geraden, also auch der erzeugten abwickelbaren Fläche:

$$\text{II)} \quad \left[u + tx - z\left(\frac{du}{dz} + x\frac{dt}{dz}\right)\right]A - \left(\frac{du}{dz} + x\frac{dt}{dz}\right)B + xC + D.$$

Man bemerke dabei noch, dass die Ebene (B) in jeder ihrer Lagen die Fläche II) berührt, und die Fläche selbst die einhüllende Fläche des von der Ebene durchlaufenen Raums ist.

§. 116. Alle die Puncte, in denen sich je zwei nächstfolgende Lagen der eine abwickelbare Fläche erzeugenden geraden Linie schneiden, bilden eine Linie von doppelter Krümmung, die sogenannte Wendungscurve der Fläche (*arête de rebroussement*), von welcher die Geraden selbst die Tangenten sind. Denn in jeder dieser Geraden liegen zwei auf einander folgende Puncte der Curve, der eine, in welchem die Gerade von der nächstvorhergehenden, der andere, in welchem sie von der nächstfolgenden Geraden geschnitten wird. Man kann sich daher eine abwickelbare Fläche auch durch Fortbewegung einer Tangente an einer Linie von doppelter Krümmung erzeugt vorstellen und dadurch noch auf folgende Weise zu dem allgemeinen Ausdrucke dieser Flächen gelangen.

Sei der Ausdruck der Wendungscurve

$$(C) \qquad tA + uB + zC + D,$$

wo t, u, z beliebige Functionen einer Veränderlichen w, folglich auch t und u Functionen von z sind. Hiernach ist für ein bestimmtes z der Ausdruck der an die Curve gelegten Tangente:

$$\text{III)} \quad \left(t + x\frac{\mathrm{d}t}{\mathrm{d}z}\right)A + \left(u + x\frac{\mathrm{d}u}{\mathrm{d}z}\right)B + (z + x)\,C + D,$$

und dieser folglich der Ausdruck einer abwickelbaren Fläche, sobald man nächst x auch z veränderlich nimmt.

§. 117. Ich will nun noch zeigen, wie sich die Ausdrücke II) und III) aus I) auch durch analytische Operationen ableiten lassen. Zu dem Ende setze ich zuerst

$$r\,\mathrm{d}z = -\mathrm{d}t, \quad s\,\mathrm{d}z = -\mathrm{d}u,$$

und es wird:

$$r = -\frac{\mathrm{d}t}{\mathrm{d}z}, \qquad s = -\frac{\mathrm{d}u}{\mathrm{d}z},$$

$$p = \int z\,\mathrm{d}r = zr - \int r\,\mathrm{d}z = -z\frac{\mathrm{d}t}{\mathrm{d}z} + t,$$

$$q = \int z\,\mathrm{d}s = zs - \int s\,\mathrm{d}z = -z\frac{\mathrm{d}u}{\mathrm{d}z} + u.$$

Die Substitution dieser Werthe in dem Ausdrucke I) giebt aber den Ausdruck II).

Weil es ferner nur darauf ankommt, dass die Differentiale der ier Functionen p, q, r, s in einer geometrischen Proportion stehen,) muss, wenn der Ausdruck

$$(pv+q)A+(rv+s)B+\ldots$$

iner abwickelbaren Fläche angehört, dasselbe auch mit dem Ausrucke

$$(p+rv)A+(q+sv)B+vC+D$$

er Fall sein. Substituirt man nun im letzteren Ausdrucke die für , q, r, s bemerkten Werthe, so kommt:

$$\left[t-(z+v)\frac{\mathrm{d}t}{\mathrm{d}z}\right]A+\left[u-(z+v)\frac{\mathrm{d}u}{\mathrm{d}z}\right]B+vC+D,$$

velcher Ausdruck sich auf III) reducirt, wenn man $z+v$ statt v zur 'eränderlichen nimmt, und hierauf z negativ setzt.

Neuntes Capitel.

Verwandlung barycentrischer Ausdrücke in Gleichungen zwischen parallelen Coordinaten und umgekehrt.

---

§. 118. Aufgabe. Von den Puncten A, B, C, D, .. sind in 3ezug auf ein beliebiges System dreier Axen X, Y, Z die Coordiıaten gegeben. In Bezug auf dasselbe Axensystem die Coordinaten les Punctes

$$P\equiv pA+qB+rC+sD+\ldots$$

:u finden.

Auflösung. Heissen die gegebenen Coordinaten von A, B, C, ... 'esp.: a, a', a''; b, b', b''; c, c', c''; u. s. w., und die von P gesuchten: :, y, z. Nun bedeutet nach §. 13 und §. 8 der Ausdruck

$$P\equiv pA+qB+\ldots$$

ıichts anderes, als dass, wenn man durch die Puncte P, A, B, C, ... ıach einer beliebigen Richtung Parallelen zieht, und diese durch eine willkürlich gelegte Ebene in P', A', B', C', ... schneidet,

$$p\,.\,AA'+q\,.\,BB'+r\,.\,CC'+\ldots=(p+q+r+\ldots)PP'$$

ist. Man gebe daher erstlich den Parallelen die Richtung der Axe X, und nehme zu der schneidenden Ebene die Ebene YZ, so sind jene Abschnitte die mit X parallelen Coordinaten selbst, also $AA' = a$, $BB' = b$, $CC' = c$, u. s. w., und $PP' = x$, folglich

$$pa + qb + rc + \dots = (p + q + r + \dots)x$$

und

$$x = \frac{pa + qb + rc + \dots}{p + q + r + \dots}.$$

Auf eben die Art findet sich, wenn man die Parallelen parallel mit der Axe Y oder Z nimmt, und zur schneidenden Ebene die Ebene ZX oder XY wählt:

$$y = \frac{pa' + qb' + rc' + \dots}{p + q + r + \dots}, \quad z = \frac{pa'' + qb'' + rc'' + \dots}{p + q + r + \dots}.$$

§. 119. Zusatz. Sind die Puncte A, B, C, ... und mithin auch P in einer und derselben Ebene enthalten, so hat man, wenn diese Ebene zur Ebene XY genommen wird, a'', b'', c'', ... $z = 0$, und der Punct P ist schon durch die Coordinaten

$$x = \frac{pa + qb + rc + \dots}{p + q + r + \dots}, \quad y = \frac{pa' + qb' + rc' + \dots}{p + q + r + \dots}$$

bestimmt.

Liegen aber sämmtliche Puncte in einer geraden Linie, und nimmt man dieselbe zur Axe X, so sind nicht nur a'', b'', c'', ..., $z = 0$, sondern auch a', b', c', ..., $y = 0$, und P wird allein durch die Gleichung

$$x = \frac{pa + qb + rc + \dots}{p + q + r + \dots}$$

gefunden, wo a, b, c, ..., x die Abstände der Puncte A, B, C, ..., P von einem in der Linie beliebig gewählten Anfangspuncte bezeichnen.

§. 120. Aufgabe. Ein Punct P in einer geraden Linie ist durch seinen Abstand x von einem beliebigen Anfangspuncte der Linie gegeben. Den Ausdruck von P in Bezug auf zwei, in derselben Linie enthaltene und durch ihre Abstände a, b vom Anfangspuncte ebenfalls gegebene Fundamentalpuncte A, B zu finden.

Auflösung. Man setze

$$P \equiv pA + qB,$$

so ist nach dem Vorigen:

$$x = \frac{pa + qb}{p + q},$$

folglich

$$p(x-a)+q(x-b)=0,$$

und

$$p:q=x-b:-(x-a),$$

folglich

$$P\equiv(x-b)A-(x-a)B.$$

§. 121. Zusätze. *a*) Weil

$$AP=x-a \text{ und } BP=x-b,$$

so verhält sich

$$AP:PB=x-a:-(x-b),$$

woraus nach §. 22, *b* derselbe Ausdruck für P hervorgeht.

b) Nimmt man den einen der beiden Fundamentalpuncte, z. B. B, selbst zum Anfangspuncte, so ist $b=0$, $a=BA$, und die Formeln werden:

$$\text{I)} \quad x=\frac{p\,.\,BA}{p+q},\quad p:q=\frac{x}{BA}:1-\frac{x}{BA}.$$

§. 122. Aufgabe. Von einem Puncte P in einer Ebene und von drei in derselben liegenden Fundamentalpuncten A, B, C seien die Coordinaten auf ein beliebiges in der Ebene enthaltenes System zweier Axen bezogen: x, y; a, a'; b, b'; c, c'. Den Ausdruck von P durch A, B, C zu finden.

Auflösung. Man setze

$$P\equiv pA+qB+rC,$$

so ist nach §. 119:

$$p(x-a)+q(x-b)+r(x-c)=0,$$
$$p(y-a')+q(y-b')+r(y-c')=0.$$

Hieraus folgt:

$$p:q:r=(x-b)(y-c')-(x-c)(y-b')$$
$$(x-c)(y-a')-(x-a)(y-c'):(x-a)(y-b')-(x-b)(y-a'),$$

und es ist nur noch übrig, diese den p, q, r proportionalen Grössen in dem für P angenommenen Ausdrucke $pA+qB+rC$ zu substituiren.

§. 123. Zusätze. *a*) Es ist in §. 23 bewiesen worden, dass die Coefficienten p, q, r den Dreiecken PBC, PCA, PAB proportional sind. Dasselbe zeigt sich auch hier, indem durch die dem p proportionale Grösse: $(x-b)(y-c')-(x-c)(y-b')$, wenn die Axen sich rechtwinklig schneiden, das Doppelte des Dreiecks PBC ausgedrückt wird. Schneiden sich aber die Axen unter irgend einem anderen Winkel, so ist jene Grösse dem Doppelten des Dreiecks PBC, dividirt durch den Sinus des Axenwinkels, gleich.

b) Um die Formeln einfacher, und dadurch zu den künftigen Anwendungen geschickter zu machen, wollen wir zwei der drei Fundamentallinien selbst, z. B. CA und CB, zu den Axen X und Y nehmen. Alsdann sind: c, c', a', $b = 0$, $a = CA$, $b' = CB$, und es werden:

$$\text{II)} \qquad x = \frac{p \,.\, CA}{p+q+r}, \quad y = \frac{q \,.\, CB}{p+q+r},$$

$$p : q : r = \frac{x}{CA} : \frac{y}{CB} : 1 - \frac{x}{CA} - \frac{y}{CB}.$$

c) Ohne zu der eigentlichen Bedeutung eines barycentrischen Ausdrucks zurückzukehren, kann man diese letzteren Formeln auch folgendergestalt herleiten. — Man lege durch P eine Parallele mit CB, welche CA in M schneide; so ist $CM = x$, und es verhält sich:

$$CM : CA = x : CA = CMB : CAB$$

(§. 18, *b*).

Weil aber M und P in einer Parallele mit CB liegen, so ist $CMB = CPB = PBC$, und daher

$$x : CA = PBC : ABC = p : p+q+r$$

(§. 23).

Eben so findet sich, wenn man durch P eine Parallele mit CA legt, der obige Werth für die Coordinate y.

§. 124. Aufgabe. Ein Punct P im Raume ist durch drei Coordinaten x, y, z in Bezug auf ein beliebiges System dreier Axen gegeben; eben so vier Fundamentalpuncte A, B, C, D in Bezug auf dasselbe System durch ihre Coordinaten: a, a', a''; b, b', b''; c, c', c''; d, d', d''. Den Ausdruck von P durch A, B, C, D zu finden.

Auflösung. Man setze

$$P \equiv pA + qB + rC + sD,$$

so ist nach §. 118:

$$p(x-a) + q(x-b) + r(x-c) + s(x-d) = 0,$$
$$p(y-a') + q(y-b') + r(y-c') + s(y-d') = 0,$$
$$p(z-a'') + q(z-b'') + r(z-c'') + s(z-d'') = 0,$$

woraus sich das gegenseitige Verhältniss von p, q, r, s bestimmen lässt. Bezeichnet man nämlich mit $[bcd]$ eine Function, die eben so aus $x-b$, $x-c$, $x-d$, $y-b'$, ... zusammengesetzt ist, als es in §. 50, *a* bei einer ganz ähnlichen Rechnung, (bcd) aus b, c, d, b', c', ... war, u. s. w.; so verhalten sich:

$$p : q : r : s = [bcd] : -[cda] : [dab] : -[abc].$$

§. 125. Zusätze. *a*) Nach §. 25 verhalten sich die Coefficienten $p:q:r:s$ wie die Pyramiden

$$PBCD : -PCDA : PDAB : -PABC.$$

Uebereinstimmend damit ist hier die Function $[bcd]$ bei einem rechtwinkligen Axensystem dem Sechsfachen der Pyramide $PBCD$ gleich; bei einem schiefwinkligen aber dem Sechsfachen der Pyramide $PBCD$, dividirt durch das Product aus dem Sinus des Winkels irgend zweier der drei Axen in den Sinus des Winkels, welchen die dritte Axe mit der Ebene der beiden ersteren bildet*).

b) Zu ganz einfachen Formeln gelangt man, wenn man drei der Fundamentallinien, z. B. DA, DB, DC, zu den Axen X, Y, Z nimmt. Hierdurch werden: d, d', d'', a', a'', b, b'', c, $c' = 0$, $a = DA$, $b' = DB$, $c'' = DC$, und es ergiebt sich:

$$\text{III)}\ x = \frac{p\,.\,DA}{p+q+r+s},\ y = \frac{q\,.\,DB}{p+q+r+s},\ z = \frac{r\,.\,DC}{p+q+r+s},$$

$$p:q:r:s = \frac{x}{DA} : \frac{y}{DB} : \frac{z}{DC} : 1 - \frac{x}{DA} - \frac{y}{DB} - \frac{z}{DC}.$$

c) Man lege durch P eine Ebene parallel mit BCD, welche DA in M schneide, so ist $DM = x$, und es verhält sich:

$$DM : DA = x : DA = DMBC : DABC$$

(§. 20, *b*).

Es liegen aber P und M in einer mit BCD parallelen Ebene; folglich ist $DMCB = DPBC$, und

$$x : DA = PBCD : ABCD = p : p + q + r + s$$

(§. 25), wie vorhin. Auf eben die Art lassen sich auch die Werthe von y und z unabhängig von den allgemeinen Formeln in §. 118 finden.

§. 126. Sämmtliche Formeln, durch welche die barycentrische Bestimmungsart eines Punctes auf die gewöhnliche Bestimmung durch Coordinaten reducirt wird, lassen sich noch etwas einfacher darstellen, wenn man zuvor jeden Coefficienten des Ausdrucks durch

---

*) Dieses Product kann wiederum als das Sechsfache einer Pyramide betrachtet werden, deren eine Spitze der Anfangspunct der Coordinaten ist, und deren drei übrige Spitzen in den Axen selbst liegen, jede vom Anfangspuncte um die zur Einheit angenommene Länge entfernt. — Bezeichnet man die drei Winkel, welche die drei Axen mit einander bilden, durch α, β, γ, so erhält das Product den symmetrischen Ausdruck:

$$\sqrt{1 + 2\cos\alpha\cos\beta\cos\gamma - \cos\alpha^2 - \cos\beta^2 - \cos\gamma^2}.$$

die Summe aller dividirt. Denn heissen die dadurch entstehenden neuen Coefficienten $\mathfrak{p}$, $\mathfrak{q}$, $\mathfrak{r}$, ..., so dass:

$$\mathfrak{p} = \frac{p}{p+q+r+..}, \quad \mathfrak{q} = \frac{q}{p+q+r+..}, \quad \mathfrak{r} = \frac{r}{p+q+r+..},$$

u. s. w., also

$$\mathfrak{p}+\mathfrak{q}+\mathfrak{r}+.. = 1 \text{ und } P = \mathfrak{p}A + \mathfrak{q}B + \mathfrak{r}C + ..,$$

so verschwindet in den Formeln für die Coordinaten der Nenner. Insbesondere werden dadurch die Formeln I), II), III):

I) $$x = \mathfrak{p}\,.\,BA,$$

wo

$$P = \mathfrak{p}A + \mathfrak{q}B;$$

II) $$x = \mathfrak{p}\,.\,CA, \quad y = \mathfrak{q}\,.\,CB,$$

wo

$$P = \mathfrak{p}A + \mathfrak{q}B + \mathfrak{r}C;$$

III) $$x = \mathfrak{p}\,.\,DA, \quad y = \mathfrak{q}\,.\,DB, \quad z = \mathfrak{r}\,.\,DC,$$

wo

$$P = \mathfrak{p}A + \mathfrak{q}B + \mathfrak{r}C + \mathfrak{s}D;$$

oder geradezu:

I) $$x = \mathfrak{p};$$

II) $$x = \mathfrak{p}, \quad y = \mathfrak{q};$$

III) $$x = \mathfrak{p}, \quad y = \mathfrak{q}, \quad z = \mathfrak{r};$$

wenn man zur positiven Masseinheit jeder Coordinate die Entfernung nimmt, um welche von dem zum Anfangspunct gewählten Fundamentalpuncte der andere Fundamentalpunct absteht, welcher in der der Coordinate parallelen Axe liegt, und wenn man somit die Richtung einer jeden Axe von dem ersteren Fundamentalpuncte nach dem letzteren hin als die positive festsetzt. Bei diesen Annahmen sind daher die Coordinaten den Coefficienten selbst gleich.

So wie nun, wenn

$$P = \mathfrak{p}A + \mathfrak{q}B + \mathfrak{r}C$$

ist, und CA, CB als die Axen genommen werden, $\mathfrak{p}$, $\mathfrak{q}$ die Coordinaten von P sind: eben so sind $\mathfrak{q}$, $\mathfrak{r}$ die Coordinaten desselben Punctes, wenn man AB, AC zu Axen nimmt; und $\mathfrak{r}$, $\mathfrak{p}$ die Coordinaten für BC, BA als Axensystem. Ein jeder dreigliedrige Ausdruck für einen Punct in einer Ebene lässt sich demnach als eine Zusammenstellung dreier Coordinatensysteme betrachten, von denen je zwei eine Axe gemeinschaftlich haben, und deren drei wesentlich verschiedene Axen das Fundamentaldreieck bilden.

Auf gleiche Art sind die Coefficienten in dem viergliedrigen Ausdrucke für einen Punct im Raume, nach vorangegangener Division durch die Summe der Coefficienten, nichts Anderes, als die Coordinaten des Punctes auf vier verschiedene Systeme bezogen, deren Anfangspuncte die Spitzen, und deren Axen die Kanten der Fundamentalpyramide sind.

Handelt es sich endlich um einen in einer Geraden liegenden Punct

$$P = \mathfrak{p}A + \mathfrak{q}B,$$

so ist $\mathfrak{p}$ oder $\mathfrak{q}$ die Abscisse von P, je nachdem man B oder A zum Anfangspunct nimmt.

§. 127. Die im Vorigen gemachten Annahmen, dass die Fundamentallinien zu Axen genommen, und die zu verschiedenen Axen gehörigen Coordinaten durch verschiedene Längeneinheiten gemessen werden, jede Coordinate nämlich durch den gegenseitigen Abstand der zwei in der ihr zugehörigen Axe liegenden Fundamentalpuncte, diese Annahmen sollen, der einfachern Rechnung wegen, auch bei den nun folgenden Anwendungen geltend bleiben. So wie aber bisher die gegenseitigen Abstände der Fundamentalpuncte unbeachtet gelassen wurden, so werden auch nunmehr nicht bloss die Axenwinkel, sondern auch dass Verhältniss der Einheiten, womit die Coordinaten der verschiedenen Axen gemessen werden, unbestimmt bleiben. Die grössere Allgemeinheit, welche damit die gewöhnliche Bestimmung durch Coordinaten erlangt, wird späterhin den Gegenstand einer besonderen Untersuchung ausmachen. Gegenwärtig werde nur noch bemerkt, dass, indem man die gegenseitigen Abstände der Fundamentalpuncte, oder vielmehr das gegenseitige Verhältniss dieser Abstände unbestimmt lässt, auch die Winkel des Fundamentaldreiecks und der Fundamentalpyramide, und damit alle Winkel einer darauf bezogenen Figur, so wie alle anderen von Winkelfunctionen abhängigen Verhältnisse unbestimmt bleiben, zu welchen letzteren z. B. das Verhältniss zweier Geraden gehört, die nicht Theile einer und derselben Geraden sind.

§. 128. Nur dadurch, dass man die Abstände der Fundamentalpuncte mit berücksichtigt und dieselben in die Coefficienten der Fundamentalpuncte einführt, ist man vermögend, Puncte, Linien, etc. auszudrücken, deren Lage gegen die Fundamentalpuncte durch Winkelfunctionen bestimmt ist. So findet sich z. B., wenn man die Seiten des Fundamentaldreiecks BC, CA, AB, resp. mit a, b, c bezeichnet,

$$P \equiv aA + bB + cC$$

als der Mittelpunct des in das Dreieck ABC beschriebenen Kreises. Denn ist P der gedachte Punct, so sind die Dreiecke PBC, PCA, PAB den halben Producten aus a, b, c in den Halbmesser des Kreises gleich und verhalten sich folglich wie $a:b:c$. Dasselbe Verhältniss giebt aber auch der Ausdruck zu erkennen.

Eben so wird man ohne Schwierigkeit finden, dass, wenn man den Punct, in welchem sich die drei von den Spitzen auf die gegenüberstehenden Seiten des Dreiecks gefällten Perpendikel schneiden,

$$Q \equiv fA + gB + hC$$

setzt, der Mittelpunct des umschriebenen Kreises

$$R \equiv (g+h)A + (h+f)B + (f+g)C$$

ist, und, a, b, c in der vorigen Bedeutung genommen, sich verhalten muss:

$$f:g:h = \frac{1}{b^2+c^2-a^2} : \frac{1}{c^2+a^2-b^2} : \frac{1}{a^2+b^2-c^2}.$$

Hieraus ergiebt sich ferner sehr leicht:

$$Q + 2R = A + B + C = 3S,$$

woraus der bekannte Satz fliesst, dass in jedem Dreiecke der gemeinschaftliche Durchschnitt der Perpendikel von den Spitzen auf die gegenüberstehenden Seiten, Q, der Mittelpunct des umschriebenen Kreises, R, und der Schwerpunct des Dreiecks, S, in einer geraden Linie liegen, und dass $SQ = 2RS$ ist.

Doch will ich mich hierbei nicht länger aufhalten, da dergleichen Ausdrücke so wie bisher auch in der Folge nicht vorkommen werden.

---

§. 129. Aufgabe. Aus dem Ausdrucke einer Curve in einer Ebene die Gleichung der Curve zwischen parallelen Coordinaten zu finden, und umgekehrt aus der Gleichung den Ausdruck herzuleiten.

Auflösung. Sei der Ausdruck für die Curve:

$$pA + qB + rC,$$

wo p, q, r gegebene Functionen einer Veränderlichen v sind, so findet sich, CA und CB zu Axen und resp. Längenmassen genommen, die gesuchte Gleichung zwischen x und y, wenn man aus den Gleichungen

$$(p+q+r)x = p, \quad (p+q+r)y = q$$

v eliminirt. — Für den umgekehrten Fall suche man x und y als, wo möglich rationale, Functionen einer dritten Veränderlichen v darzustellen, welche der gegebenen Gleichung zwischen x und y

Genüge leisten. Diese Functionen für x und y in

II*) $$xA + yB + (1 - x - y)C$$

substituirt, erhält man den gesuchten Ausdruck (§. 123, b).

§. 130. Beispiele. 1) Es ist in §. 61 bewiesen worden, dass jeder Ausdruck für eine Curve der zweiten Ordnung durch Veränderung der Fundamentalpuncte auf die einfache Form:

$$\alpha A + vB + v^2 C$$

zurückgeführt werden kann. Um nun die dieser Curve entsprechende Gleichung zu finden, setze man dem Vorigen gemäss:

$$(\alpha + v + v^2)x = \alpha, \quad (\alpha + v + v^2)y = v.$$

Hieraus folgt sogleich

$$v = \alpha \frac{y}{x},$$

und wenn man damit v aus der einen oder anderen dieser Gleichungen eliminirt:

$$x^2 + xy + \alpha y^2 = x,$$

die Gleichung für eine Linie der zweiten Ordnung auch im gewöhnlichen Sinne, d. h. für einen Kegelschnitt. Wie schon in §. 63 angedeutet wurde, so erhellet auch aus dieser Gleichung, dass die Linie eine Ellipse, Hyperbel oder Parabel ist, je nachdem α grösser, kleiner, gleich $\frac{1}{4}$ genommen wird.

Setzt man die Längen CA und CB, nach einem und demselben Massstab gemessen, resp. gleich a und b, so hat man, wenn in der Gleichung die Coordinaten durch denselben Massstab ausgedrückt werden sollen, für x und y nur $\frac{x}{a}$ und $\frac{y}{b}$ zu substituiren, und man erhält:

$$b^2x^2 + abxy + \alpha a^2y^2 = ab^2x.$$

Das Kennzeichen, zu welcher Art von Kegelschnitten die Gleichung gehöre (α grösser, kleiner, gleich $\frac{1}{4}$), wird hierdurch nicht geändert.

2) Sei folgender Ausdruck für eine Linie der dritten Ordnung gegeben:

$$A + vB + v^3C,$$

so ist:

$$(1 + v + v^3)x = 1, \quad (1 + v + v^3)y = v,$$

folglich $v = \frac{y}{x}$, und wenn man damit v eliminirt:

$$x^3 + x^2y + y^3 = x^2.$$

Die Linie ist also auch ihrer Gleichung nach von der dritten Ordnung.

Die Fig. 28 giebt eine Abbildung dieser Curve. Sie hat (§. 78) bei A einen Wendungspunct und AB zur Tangente. Setzt man sodann $v = \frac{1}{w}$, so wird der Ausdruck:

$$w^3A + w^2B + C,$$

und es erhellet aus §. 79, dass die Curve bei C eine Spitze der ersten Art bildet und von CB berührt wird. Endlich giebt der einzige in der Coefficientensumme enthaltene Factor,

$$v + (0{,}68232 = a),$$

zu erkennen, dass die Curve zwei, nach entgegengesetzten Richtungen sich erstreckende, unendliche Aeste mit einer geradlinigen Asymptote hat (§. 94). Um letztere zu finden, setze man jenen Factor

$$v + a = z,$$

substituire $z - a$ für v im Ausdrucke der Curve und behalte bloss die erste Potenz von z bei. Dies giebt den Ausdruck der Asymptote:

$$A + (z - a)B + (3a^2z - a^3)C.$$

Die Durchschnitte derselben mit den Fundamentallinien sind daher:

$$B + 3a^2C, \quad 2a^3C + A, \quad A - \tfrac{2}{3}aB,$$

oder

$$B + 1{,}397\,C, \quad C + 1{,}574\,A, \quad A - 0{,}455\,B,$$

wonach man die Asymptote leicht construiren kann.

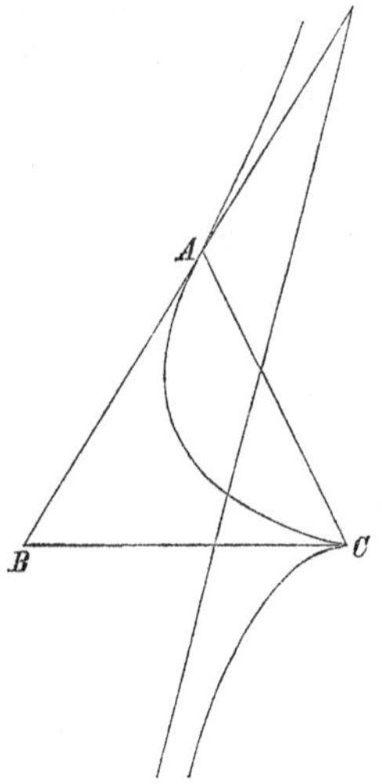

Fig. 28.

3) Die Gleichung für die Hyperbel zwischen ihren Asymptoten ist:

$$xy = k.$$

Um diese Gleichung in einen Ausdruck umzuwandeln, setze man $x = v$ und mithin $y = \frac{k}{v}$. Substituirt man diese Werthe in II*), so kommt nach Wegschaffung der Brüche:

$$v^2A + kB + (v - v^2 - k)C,$$

der Ausdruck für eine Hyperbel, von welcher CA und CB, als die Axen des vorigen Coordinatensystems, die Asymptoten sind.

Etwas einfacher wird der Ausdruck, wenn man zur dritten Fundamentallinie AB, eine Tangente der Hyperbel nimmt. Nach §. 63, 2 muss alsdann der Coefficient von C ein Quadrat, folglich $k = \frac{1}{4}$ sein, und der Ausdruck wird:

$$v^2A + \tfrac{1}{4}B - (v - \tfrac{1}{2})^2C,$$

oder

$$w^2A + B - (w + 1)^2C,$$

wenn man

$$v = -\tfrac{1}{2}w$$

setzt; der Ausdruck für eine Hyperbel, wo CA und CB die Asymptoten, und AB irgend eine Tangente ist. Für den Berührungspunct der letzteren ist $v = \frac{1}{2}$ oder $w = -1$, und folglich dieser Punct selbst $\equiv A + B$, wonach, wie schon sonst bekannt, der zwischen den Asymptoten enthaltene Theil einer Tangente in dem Berührungspuncte halbirt wird.

Für $k = \frac{1}{4}$ wird die Gleichung der Hyperbel: $xy = \frac{1}{4}$, die zufolge des Vorigen von der Beschaffenheit sein muss, dass die Gerade durch die beiden Puncte A, B, welche in den Asymptoten oder Axen von dem Anfangspuncte C um die resp. Längeneinheiten abstehen, die Hyperbel berührt. In der That ist die Gleichung dieser Geraden:

$$x + y = 1,$$

sie selbst aber eine die Hyperbel im Puncte ($x = \frac{1}{2}$, $y = \frac{1}{2}$) berührende.

Nachträglich muss ich hier eine Erinnerung, die Summe der Coefficienten betreffend, beifügen. Diese Summe ist im vorliegenden Beispiele gleich v, indem sich die Quadrate von v gegenseitig aufheben; und es scheint hiernach, als ob die Curve bloss einen unendlich entfernten Punct, den Punct $B - C$ für $v = 0$, und mithin nur eine Asymptote BC hätte. Man bemerke aber, dass, so oft in der Summe der Coefficienten eines Ausdrucks die höchsten Potenzen der Veränderlichen v sich aufheben, die Summe auch für $v = \infty$ als in Null übergehend betrachtet werden muss, indem für $v = \infty$ alle niedrigeren Potenzen von v gegen die höchste nicht mehr in Betracht kommen. — So reducirt sich unser Ausdruck der Hyperbel, wenn nur die Quadrate von v beibehalten werden, auf $v^2 A - v^2 C$, und giebt dadurch das Dasein noch einer zweiten Asymptote AC zu erkennen. — Will man das Unendliche nicht zu Hülfe nehmen, so substituire man, vor der Summirung der Coefficienten, für v irgend eine gebrochene Function, und es wird nach Wegschaffung der Brüche die Summe der Coefficienten auch den Nenner der Function als Factor enthalten, und folglich durch Annullirung desselben, als wodurch $v = \infty$ wird, ebenfalls gleich 0 werden. — Setzt man z. B.

$$v = \frac{1}{2} \frac{z + 1}{z - 1},$$

so wird

$$v - \frac{1}{2} = \frac{1}{z - 1},$$

und hierdurch der vorige Ausdruck:

$$(z + 1)^2 A + (z - 1)^2 B - 4C,$$

wo die Summe der Coefficienten gleich $2(z^2-1)$, für $z=\pm 1$ null wird. Es giebt aber $z=1$ die Asymptote AC, und $z=-1$ die Asymptote BC.

4) Sei die Gleichung für eine Ellipse zwischen zusammengehörigen Durchmessern $2a$ und $2b$:

$$\frac{x^2}{a^2}+\frac{y^2}{b^2}=1$$

in einen Ausdruck zu verwandeln. Um fürs erste x und y als rationale Functionen einer dritten Veränderlichen darzustellen, setze man

$$\frac{y}{b}=\sqrt{1-\frac{x^2}{a^2}}=1-\frac{xv}{a},$$

und man erhält nach gehöriger Entwickelung:

$$x=\frac{2av}{1+v^2},\quad y=\frac{b(1-v^2)}{1+v^2}.$$

Diese Werthe in II*) substituirt, geben:

$$2avA+b(1-v^2)B+[1-b-2av+(1+b)v^2]C,$$

den Ausdruck einer Ellipse, deren Mittelpunct C, und von welcher zwei zusammengehörige Durchmesser $2a$ und $2b$ in die Fundamentallinien CA und CB fallen. $2a$ und $2b$ sind daher in dem Ausdrucke als die Zahlenwerthe dieser Linien, erstere durch CA und letztere durch CB als Einheit gemessen, zu betrachten. Setzt man folglich $a=1$, d. i. $=CA$, so wird A der Endpunct eines Durchmessers, und es kommt der Ausdruck:

$$2vA+b(1-v^2)B+[(1-v)^2-b(1-v^2)]C,$$

wo, wie gehörig (§. 63, 3), die Coefficienten von B und C einen gemeinschaftlichen Factor, $1-v$, haben. Setzt man noch $b=1$, d. i. gleich CB, so geht die Ellipse auch durch B, und der Ausdruck wird:

$$2vA+(1-v^2)B-2v(1-v)C,$$

in welchem auch die Coefficienten von B und C einen Factor, v, gemein haben. Es ist dies also der Ausdruck einer Ellipse, von welcher die Fundamentalseiten CA und CB ihrer Lage und Grösse nach zwei zusammengehörige Halbmesser sind.

§. 131. Aufgabe. Aus dem Ausdrucke für eine Curve im Raume die beiden Gleichungen der Curve, und umgekehrt aus den Gleichungen derselben den Ausdruck zu finden.

Auflösung. Der Ausdruck für die Curve sei:

$$pA+qB+rC+sD,$$

wo demnach p, q, r, s gegebene Functionen einer Veränderlichen v sind. Durch Elimination dieses v aus den drei Gleichungen:

$$(p+q+r+s)x = p,\ (p+q+r+s)y = q,\ (p+q+r+s)z = r,$$

erhält man zwei Gleichungen zwischen den den Fundamentallinien DA, DB, DC parallelen Coordinaten x, y, z, welche Gleichungen die gesuchten für die Curve sein werden.

Sind umgekehrt die zwei Gleichungen zwischen x, y, z gegeben, so suche man drei, wo möglich rationale Functionen einer Veränderlichen v zu erhalten, die, resp. für x, y, z in die Gleichungen gesetzt, ihnen Genüge leisten. Die Substitution dieser Functionen in

$$\text{III*)}\qquad xA + yB + zC + (1-x-y-z)D$$

giebt den gesuchten Ausdruck (§. 125, b).

§. 132. Beispiele. 1) Der allgemeine Ausdruck für die Linien der dritten Ordnung im Raume lässt sich (§. 96) durch Veränderung der Fundamentalpuncte immer auf die einfache Form:

$$aA + bvB + cv^2C + dv^3D$$

reduciren. Man setze nun:

$$a + bv + cv^2 + dv^3 = t,$$

so ist:

$$1)\qquad tx = a,$$

$$2)\qquad ty = bv,$$

$$3)\qquad tz = cv^2,$$

woraus sich sogleich

$$4)\qquad b^2xz = acy^2$$

als die eine Gleichung zwischen x, y, z ergiebt. Ferner ist:

$$t(x+y+z) = a + bv + cv^2 = t - dv^3,$$

und wenn man darin für v^3 den aus 2) und 3) hervorgehenden Werth $\frac{b}{c^2}t\frac{z^2}{y}$ substituirt:

$$5)\qquad c^2y(1-x-y-z) = bdz^2,$$

die andere Gleichung für die Curve.

2) Seien die zwei Gleichungen für eine Curve im Raume gegeben:

$$yz + zx + xy = 0,\quad xyz = 1.$$

Hieraus z eliminirt, erhält man:

$$x + y + x^2y^2 = 0.$$

Man setze nun $y = vx$, so wird letztere Gleichung nach geschehener Division mit x:

$$1 + v + v^2 x^3 = 0,$$

woraus

$$x = -\sqrt[3]{\frac{1+v}{v^2}},\quad y = -\sqrt[3]{v(1+v)},\quad z = \frac{1}{xy} = \sqrt[3]{\frac{v}{(1+v)^2}}$$

folgt. Hiermit sind nun zwar x, y, z als Functionen einer vierten Veränderlichen dargestellt, aber als irrationale Functionen derselben, die sich auch durch kein Mittel in rationale verwandeln lassen. Man kann daher nichts weiter thun, als diese irrationalen Werthe für x, y, z im Ausdrucke III*) substituiren.

§. 133. Aufgabe. Aus dem Ausdrucke einer Fläche die Gleichung derselben, und umgehrt aus der Gleichung den Ausdruck zu finden.

Auflösung. Der Ausdruck für die Fläche sei:

$$pA + qB + rC + sD,$$

wo p, q, r, s gegebene Functionen zweier Veränderlichen v und w sind. Eliminirt man diese beide aus den drei Gleichungen:

$$(p+q+r+s)x = p,\quad (p+q+r+s)y = q,\quad (p+q+r+s)z = r,$$

so ist die resultirende Gleichung zwischen x, y, z die gesuchte für die Fläche.

Ist dagegen die Gleichung zwischen x, y, z gegeben, so suche man jede dieser drei Veränderlichen als eine wo möglich rationale Function zweier anderer v und w auf eine die Gleichung befriedigende Weise darzustellen, und man erhält durch Substitution dieser Functionen in

$$\text{III*)}\qquad xA + yB + zC + (1 - x - y - z)D$$

den gesuchten Ausdruck.

§. 134. Beispiele. 1) Die Fläche, deren Ausdruck

$$A + tB + uC + (it^2 + ktu + lu^2)D$$

(§. 110), gehört auch ihrer Gleichung nach zu der zweiten Ordnung. Um dieses darzuthun, setze man die Summe der Coefficienten:

$$1 + t + u + it^2 + ktu + lu^2 = \sigma,$$

und es wird: $\sigma x = 1$, $\sigma y = t$, $\sigma z = u$, mithin

$$\sigma = \frac{1}{x},\quad t = \frac{y}{x},\quad u = \frac{z}{x},$$

und wenn man diese Werthe in der Gleichung für σ substituirt und dann gehörig ordnet:

$$x(1-x-y-z)=iy^2+kyz+lz^2,$$

die gesuchte Gleichung von der zweiten Ordnung.

2) Die Gleichung für das hyperbolische Hyperboloid ist, wenn man drei zusammengehörige Durchmesser zu den Axen X, Y, Z, und die Hälften derselben resp. zu den Längenmassen der ihnen parallelen Coordinaten nimmt:

$$x^2+y^2-z^2=1.$$

Um nun x, y, z als rationale Functionen zweier Veränderlichen auszudrücken, gebe man der Gleichung die Form:

$$(y+z)(y-z)=(1+x)(1-x).$$

Setzt man demnach

$$y+z=w(1+x),$$

so ist

$$y-z=\frac{1}{w}(1-x),$$

woraus in Verbindung

$$2y=w(1+x)+\frac{1}{w}(1-x),\quad 2z=w(1+x)-\frac{1}{w}(1-x)$$

folgt. Man substituire diese Werthe für y und z in III*), und man bekommt für das Hyperboloid den Ausdruck:

$$2wxA+[w^2(1+x)+1-x]B+[w^2(1+x)-1+x]C$$
$$+2w[1-x-w(1+x)]D,$$

nach welchem die Fläche der dritten Ordnung anzugehören scheint. Allein man wird bald gewahr, dass sich der Ausdruck auf die zweite Ordnung bringen lässt, wenn man ihn mit $1+x$ dividirt und hierauf $\frac{1-x}{1+x}=u$ statt x für die eine Veränderliche nimmt; hierdurch wird er:

$$(1-u)wA+(w^2+u)B+(w^2-u)C+2w(u-w)D.$$

Noch etwas einfacher erhält man den Ausdruck, wenn man $u=vw$ setzt, und ihn somit durch w theilbar macht:

$$(1-vw)A+(w+v)B+(w-v)C-2w(1-v)D,$$

der Ausdruck für das hyperbolische Hyperboloid (§. 113), von welchem D der Mittelpunct, und DA, DB, DC, ihrer Lage und Grösse nach, drei zusammengehörige Halbmesser, die zwei ersteren reell, der dritte imaginär sind.

Setzt man in diesem Ausdrucke die Coefficienten von C, B, A der Reihe nach gleich 0, so bekommt man die Durchschnitte der Fläche mit den Coordinatenebenen DAB, DAC, DBC:

$$(1-v^2)A+2vB-2v(1-v)D, \text{ für } w=v;$$
$$(1+v^2)A-2vC+2v(1-v)D, \text{ für } w=-v;$$
$$(1+v^2)B+(1-v^2)C-2(1-v)D, \text{ für } w=\frac{1}{v},$$

oder wenn man $v=\frac{1+u}{1-u}$ setzt:

$$(1+u^2)B-2uC+2u(1-u)D.$$

Der erste dieser drei Ausdrücke entspricht der Gleichung

$$x^2+y^2=1,$$

und gehört demnach einer Ellipse, von welcher DA und DB zusammengehörige Halbmesser sind (§. 130, 4). Der zweite entspricht der Gleichung

$$x^2-z^2=1,$$

und gilt daher für eine Hyperbel, von welcher DA ein reeller und DC der zugehörige imaginäre Halbmesser ist. Eben so bezieht sich der dritte Ausdruck, dem die Gleichung

$$y^2-z^2=1$$

zukommt, auf eine Hyperbel mit DB als reellem und DC als imaginärem Halbmesser.

Setzt man endlich in dem Ausdrucke des Hyperboloids den Coefficienten von $D=0$, also $w=0$, oder $v=1$, so ergiebt sich der Durchschnitt der Fläche mit der Ebene ABC. Es kommt aber für $w=0$ die Linie

$$A+vB-vC,$$

d. h. eine durch A mit BC gezogene Parallele; für $v=1$ die Linie

$$(1-w)A+(1+w)B-(1-w)C,$$

d. h. eine Parallele mit AC durch B. Heisst daher E der Durchschnitt der beiden Parallelen, so ist $BCAE$ ein Parallelogramm, dessen Ebene das Hyperboloid in den Seiten AE, BE schneidet und folglich in E berührt (§. 111). Dies liefert uns folgenden Satz:

Construirt man ein Octaëder, dessen sechs Spitzen die Endpuncte drei zusammengehöriger Durchmesser eines hyperbolischen Hyperboloids sind, so wird jede der acht Seitenflächen des Octaëders das Hyperboloid berühren, dergestalt, dass der Berührungspunct einer Seitenfläche, mit den drei darin liegenden Endpuncten der Durchmesser ein Parallelogramm bildet, von welchem die Linie durch die Endpuncte der beiden reellen Durchmesser die eine Diagonale ist, und dass die in dem Berührungspuncte zusammenstossenden Seiten des Parallelogramms die zwei Geraden sind, in denen das Hyperboloid von der Ebene des Parallelogramms zugleich geschnitten wird.

§. 135. Wenn wir uns bisher nur mit solchen Ausdrücken für Linien und Flächen beschäftigten, deren Coefficienten rationale Functionen der Veränderlichen waren, und in den eben vorgelegten Aufgaben bei Verwandlung der Gleichungen in Ausdrücke die Forderung machten, für letztere wo möglich rationale Coefficienten zu erhalten zu suchen, so geschah dieses aus dem Grunde, weil sich aus solchen Ausdrücken die Eigenschaften der durch sie dargestellten Linien und Flächen am leichtesten herleiten lassen. Offenbar aber ist die Bedingung der Rationalität nichts wesentlich Nothwendiges, und man sieht bald, dass es unendlich mehr algebraische Linien und Flächen giebt, welche durch Ausdrücke mit rationalen Coefficienten nicht dargestellt werden können, als solche, bei denen dieses möglich ist, und dass hinwiederum nur bei einem sehr kleinen Theile der ersteren die Veränderlichen der Gleichung durch irrationale Functionen darstellbar sind, wie in §. 132, 2, während bei dem ungleich grösseren Theile derselben, wegen der Unvollkommenheit der Algebra, eine gesonderte Darstellung der Veränderlichen nicht einmal mit Anwendung irrationaler Formen möglich ist. Alsdann bleibt nichts übrig, als dem Ausdrucke seine allgemeine Form II*) oder III*) zu lassen, und die eine oder zwei gegebene Gleichungen zwischen x, y oder x, y, z darunter zu schreiben.

Weil aber die rationalen Ausdrücke wegen der Leichtigkeit ihrer Behandlung den übrigen Ausdrücken immer vorzuziehen sind, und es auch in rein analytischer Hinsicht interessant ist, zu wissen, wenn die Veränderlichen einer Gleichung als rationale Functionen einer anderen Veränderlichen angegeben werden können, so wollen wir gegenwärtig den Zusammenhang zwischen rationalen Ausdrücken und Gleichungen, und den Uebergang von den einen zu den anderen etwas allgemeiner untersuchen, dabei aber, um nicht zu weitläufig zu werden, und nicht zu vielen Schwierigkeiten zu begegnen, bei Ausdrücken und Gleichungen bloss für Linien in Ebenen stehen bleiben.

§. 136. Um mit dem Leichtesten den Anfang zu machen, so betrachten wir zuerst den Ausdruck für eine Linie der ersten Ordnung. Sei der Coefficient von $A = a + a'v$, der Coefficient von $B = b + b'v$, und die Summe aller drei Coefficienten $= e + e'v$, so ergiebt sich die Gleichung für die Linie durch Elimination von v aus den zwei Gleichungen:

$$1) \qquad x = \frac{a + a'v}{e + e'v},$$

$$2) \qquad y = \frac{b + b'v}{e + e'v}.$$

Nun findet sich für einen bestimmten Werth von x aus 1) ein bestimmter Werth von v, und für diesen aus 2) ein bestimmter Werth von y, so dass also jedem Werthe von x nur einer von y, und so auch jedem von y nur einer von x entspricht. Man setze daher, um diesem Verhalten auf das Allgemeinste Genüge zu leisten:

$$3^*) \qquad 0 = 1 + \alpha x + \beta y + \gamma xy.$$

Gebraucht man aber statt x und y zwei andere Veränderliche t und u, welche beide von der lineären Form $f + gx + hy$ sind, so sieht man leicht, dass, wegen der gleichen Nenner $(e + e'v)$ in 1) und 2), t und u durch v ausgedrückt, ebenfalls von der Form $\frac{k + lv}{e + e'v}$ sein müssen, und mithin jedem Werthe von t nur ein Werth von u, und umgekehrt, entsprechen kann. Wenn man dagegen t und u statt x und y in 3*) einführt, so erhält man wegen des Gliedes γxy auch noch die Quadrate von t und u, und es würden hiernach auf jeden Werth von t zwei Werthe von u, und umgekehrt, kommen, welches dem Ersteren widerspricht; folglich muss $\gamma = 0$ sein. Man setze also:

$$3) \qquad 0 = 1 + \alpha x + \beta y.$$

Hierin für x und y ihre Werthe aus 1) und 2) substituirt, erhält man eine Gleichung von der Form:

$$4) \qquad 0 = \mathfrak{a} + \mathfrak{b} v,$$

wo $\mathfrak{a}$ und $\mathfrak{b}$ gegebene Functionen von a, a', b, b', e, e', α, β sind. Es muss aber diese Gleichung für jeden Werth von v bestehen; folglich muss $\mathfrak{a} = 0$ und $\mathfrak{b} = 0$ sein. Aus diesen zwei Gleichungen lassen sich nun die Werthe der zwei noch Unbekannten α und β entwickeln; und diese in 3) substituirt, erhält man die dem gegebenen Ausdrucke entsprechende Gleichung für die Linie, die folglich auch ihrer Gleichung nach zu der ersten Ordnung gehört.

Ganz dasselbe Verfahren lässt sich mit Erfolg auch bei den Ausdrücken von der zweiten Ordnung anwenden. Sei hier der Coefficient von $A = a + a'v + a''v^2$, der Coefficient von $B = b + b'v + b''v^2$, und die Summe aller drei Coefficienten $= e + e'v + e''v^2$, so sind

$$1) \qquad x = \frac{a + a'v + a''v^2}{e + e'v + e''v^2},$$

$$2) \qquad y = \frac{b + b'v + b''v^2}{e + e'v + e''v^2}$$

die beiden Gleichungen, aus denen durch Elimination von v die Gleichung zwischen x und y hervorgeht. Jedem Werthe von x entsprechen hiernach zwei Werthe von v, und jedem der beiden letzteren, wenn er in 2) substituirt wird, ein Werth von y, also jedem Werthe von x zwei Werthe von y, und eben so jedem y zwei x. Die gesuchte Gleichung muss demnach rücksichtlich jeder der beiden Veränderlichen x und y vom zweiten Gerade sein, und würde folglich im Allgemeinen die Form haben:

$$0 = 1 + \alpha x + \beta y + \gamma x^2 + \delta xy + \varepsilon y^2 + \zeta x^2 y + \eta x y^2 + \vartheta x^2 y^2.$$

Auf ähnliche Art wie vorhin zeigt sich aber auch hier, dass, wegen der gleichen Nenner $e + e'v + e''v^2$ in 1) und 2), alle Glieder, in denen die Summe der Exponenten von x und y grösser als 2 ist, wegfallen müssen. Man setze daher:

$$3) \qquad 0 = 1 + \alpha x + \beta y + \gamma x^2 + \delta xy + \varepsilon y^2,$$

und substituire darin für x und y ihre Werthe aus 1) und 2); so kommt nach gehöriger Reduction eine Gleichung von der Form:

$$4) \qquad 0 = \mathfrak{a} + \mathfrak{b} v + \mathfrak{c} v^2 + \mathfrak{d} v^3 + \mathfrak{e} v^4,$$

wo $\mathfrak{a}$, $\mathfrak{b}$, $\mathfrak{c}$, $\mathfrak{d}$, $\mathfrak{e}$ gegebene Functionen von a, b, e, a', b', ... und α, β, γ, δ, ε sind. Da nun der Gleichung 4) jeder beliebige Werth von v Genüge leisten muss, so hat man die fünf Gleichungen: $\mathfrak{a} = 0$, $\mathfrak{b} = 0$, ..., $\mathfrak{e} = 0$, aus denen die Werthe der eben so viel Unbekannten α, β, ..., ε, durch a, b, e, a', b', ... ausgedrückt, gefunden werden können. Und somit ist der allgemeine Ausdruck für eine Linie der zweiten Ordnung in eine Gleichung verwandelt, die von der ebensovielten Ordnung ist.

§. 137. Nach derselben Methode wollen wir nunmehr auch die Ausdrücke höherer Ordnungen zu behandeln versuchen. — Um die dem allgemeinen Ausdrucke einer Linie von der dritten Ordnung entsprechende Gleichung zu finden, hat man aus zwei Gleichungen von der Form:

$$1) \qquad x = \frac{a + a'v + a''v^2 + a'''v^3}{e + e'v + e''v^2 + e'''v^3},$$

$$2) \qquad y = \frac{b + b'v + b''v^2 + b'''v^3}{e + e'v + e''v^2 + e'''v^3}$$

v zu eliminiren. Mittelst ähnlicher Schlüsse wie im vorigen §. zeigt sich, dass hier zu jedem Werthe der einen der beiden Veränderlichen x und y drei Werthe der anderen gehören. Dem gemäss setze man:

$$3) \quad 0 = 1 + \alpha x + \beta y + \gamma x^2 + \delta xy + \varepsilon y^2 + \zeta x^3 + \eta x^2 y + \vartheta x y^2 + \iota y^3,$$

wo wiederum wegen der gleichen Nenner in 1) und 2) alle Glieder weggelassen worden sind, in denen von den beiden Veränderlichen zwar jede für sich die dritte Potenz nicht übersteigt, aber die Summe der Exponenten grösser als 3 ist.

Hiernach wird also jedem Ausdrucke von der dritten Ordnung eine Gleichung von derselben Ordnung zugehören. Substituirt man aber in 3) für x und y ihre Werthe aus 1) und 2), so kommt eine Gleichung:

4) $$0 = \mathfrak{a} + \mathfrak{b}v + \mathfrak{c}v^2 + \ldots + \mathfrak{k}v^9,$$

deren 10 Coefficienten $\mathfrak{a}$, $\mathfrak{b}$, $\mathfrak{c}$, ..., $\mathfrak{k}$ gegebene Functionen von a, b, e, a', b', ... und α, β, γ, ... sind, und insgesammt gleich 0 sein müssen. Dies giebt 10 Gleichungen; dagegen sind nur 9 zu bestimmende Unbekannte α, β, γ, ..., ι vorhanden. Es lassen sich also die letzteren nicht nur vollkommen bestimmen, sondern es bleibt nach Elimination derselben aus den 10 Gleichungen eine Gleichung zwischen a, b, e, a', b', ... selbst zurück. Diese ist aber nothwendig eine identische, keine Bedingungsgleichung. Denn wäre sie das letztere, so könnten für solche Werthe a, b, e, ..., durch welche die Bedingung nicht erfüllt würde, auch die Gleichungen $\mathfrak{a} = 0$, $\mathfrak{b} = 0$, ... nicht neben einander bestehen; mithin könnte auch die angenommene Form der Gleichung 3) nicht die richtige sein, sondern müsste Glieder von noch höherer Ordnung, als der dritten, enthalten. Dies widerspricht aber erwiesenermassen der Natur der Gleichungen 1) und 2). — Allerdings ist es möglich, dass die nach dem gewöhnlichen Eliminationsprocess aus 1) und 2) sich ergebende Gleichung von einem höheren Grade als dem dritten erscheint. Alsdann kann man aber gewiss sein, dass durch die algebraischen Umformungen ein oder mehrere ungehörige Factoren hinzugekommen sind, die man durch Division wieder absondern, und somit die Gleichung auf den dritten Grad zurückbringen kann. —

Fährt man auf dieselbe Art zu schliessen bei dem allgemeinen Ausdrucke von der vierten Ordnung fort, so kommt in den Gleichungen 1) und 2) noch die vierte Potenz von v hinzu, die dem Ausdrucke entsprechende Gleichung 3) muss von der vierten Ordnung sein, erhält folglich noch die 5 Glieder x^4, x^3y, x^2y^2, xy^3, y^4 mit ihren zu bestimmenden Coefficienten, und die Gleichung 4) steigt dadurch bis auf den sechzehnten Grad. Hier giebt es also 14 zu bestimmende Coefficienten α, β, γ, ... und dazu 17 Gleichungen: $\mathfrak{a} = 0$, $\mathfrak{b} = 0$, $\mathfrak{c} = 0$, etc. Mithin bleiben, nach Elimination der ersteren aus den letzteren, 3 Gleichungen zwischen a, b, e, a', b', ... zurück, welche, aus demselben Grunde wie vorhin, identische sein müssen.

Ueberhaupt sieht man, dass eine Linie, die ihrem Ausdrucke nach von der $m$ten Ordnung ist, auch rücksichtlich ihrer Gleichung zu der $m$ten Ordnung gehört. Diese Gleichung enthält im Allgemeinen $\frac{1}{2}(m+1)(m+2)$ Glieder, also

$$\tfrac{1}{2}(m+1)(m+2)-1=\tfrac{1}{2}m(m+3)$$

zu bestimmende Coefficienten α, β, γ, ... Substituirt man hierin für x und y ihre durch v gegebenen Werthe, so gelangt man zu einer Gleichung für v, die von m^2ten Grade ist, und deren m^2+1 Coefficienten, sämmtlich gleich 0 gesetzt, die zur Bestimmung der Coefficienten α, β, γ, ... erforderlichen Gleichungen geben. Man hat folglich

$$m^2+1-\tfrac{1}{2}m(m+3)=\tfrac{1}{2}(m-1)(m-2)$$

Gleichungen mehr, als zu bestimmende Grössen; es muss daher, weil die Gleichung für die Linie unbedingt von der $m$ten Ordnung ist, zwischen den m^2+1 Gleichungen ein solcher Zusammenhang stattfinden, dass aus beliebigen $\frac{1}{2}m(m+3)$ derselben, welche von einander unabhängig sind, die übrigen $\frac{1}{2}(m-1)(m-2)$ abgeleitet werden können. Dass dieser Ueberschuss für $m=1$ und $m=2$ verschwinde, sahen wir bereits in §. 136.

§. 138. Wenden wir uns jetzt zu der umgekehrten Aufgabe: aus der gegebenen Gleichung einer Linie den entsprechenden Ausdruck zu finden, oder was dasselbe sagen will, die Veränderlichen x und y der Gleichung als rationale Functionen einer dritten Veränderlichen v darzustellen, welche der Gleichung Genüge leisten. Schon aus Euler's *Introductio* (Tom. I, Cap. III *De transformatione Functionum per substitutionem*) ist bekannt, dass dieses Geschäft nur bei den Gleichungen der ersten und zweiten Ordnung immer von statten geht, dagegen schon bei den Gleichungen der dritten Ordnung in den mehresten Fällen irrationale Formen unvermeidlich sind. Noch etwas näheren Aufschluss erhalten wir auf dem hier eingeschlagenen Wege.

Zuerst ist es gewiss, dass eine Gleichung der $m$ten Ordnung auch zu einem Ausdrucke der $m$ten Ordnung führen muss, wenn anders, die Gleichung in einen rationalen Ausdruck zu verwandeln, möglich ist; weil umgekehrt jedem Ausdrucke der $m$ten Ordnung eine Gleichung der ebensovielten Ordnung entspricht. Man denke sich nun, dass nach der im vorigen §. gezeigten Methode die Werthe der Coefficienten α, β, γ, ..., durch a, b, e, a', ... ausgedrückt, gefunden worden seien: so hat man $\frac{1}{2}m(m+3)$ Gleichungen: $\alpha=\ldots$, $\beta=\ldots$, ..., aus denen jetzt umgekehrt die Werthe von a, b, e, a', ..., durch α, β, γ, ... ausgedrückt, zu entwickeln sind. Es lässt sich aber, wie in §. 69 bewiesen worden, die Anzahl der Constanten a, b, e, a', ..., unbeschadet der Allgemeinheit des Ausdrucks, auf $3m - 1$ zurückbringen, und es sind daher

$$\tfrac{1}{2}m(m+3) - 3m + 1 = \tfrac{1}{2}(m-1)(m-2)$$

Gleichungen mehr, als zu bestimmende Grössen vorhanden. Da nun die Coefficienten α, β, γ, ... und folglich auch die ihnen zugehörigen $\frac{1}{2}m(m+3)$ Gleichungen von einander ganz unabhängig sind, so eliminire man aus letzteren die $3m - 1$ zu bestimmenden Grössen, und man wird $\frac{1}{2}(m-1)(m-2)$ Gleichungen zwischen α, β, γ, ... bekommen, welche ebenfalls von einander unabhängig, mithin keine identischen sind, und folglich erfüllt werden müssen, wenn anders, die Gleichung für die Curve in einen rationalen Ausdruck zu verwandeln, möglich sein soll.

Für $m = 1, 2, 3, 4, 5$, etc. erhält $\frac{1}{2}(m-1)(m-2)$ die resp. Werthe 0, 0, 1, 3, 6, etc. Ist also die Gleichung zwischen x und y nur von der ersten oder zweiten Ordnung, so lässt sich ohne weitere Bedingung ein ihr entsprechender rationaler Ausdruck finden. Dagegen muss bei einer Gleichung der dritten Ordnung eine gewisse Bedingungsgleichung zwischen ihren Coefficienten erfüllt werden, wenn x und y sich als rationale Functionen einer dritten Veränderlichen sollen ausdrücken lassen. Bei einer Gleichung der vierten Ordnung müssen zu demselben Zwecke 3 Bedingungsgleichungen erfüllt werden, u. s. w. Diese Bedingungsgleichungen selbst aber zu entwickeln, möchte eine sehr weitläufige Rechnung erfordern.

Zweiter Abschnitt.

Von den Verwandtschaften der Figuren und den daraus entspringenden Classen geometrischer Aufgaben.

Erstes Capitel.

Von der Gleichheit und Aehnlichkeit.

§. 139. Wenn in zwei Figuren jedem Puncte der einen Figur ein Punct der anderen entspricht, dergestalt, dass der gegenseitige Abstand je zweier Puncte der einen Figur dem gegenseitigen Abstande der entsprechenden Puncte in der anderen Figur gleich ist, so sind die Figuren einander gleich und ähnlich. Diese Erklärung der Gleichheit und Aehnlichkeit, — denn als solche kann man den voranstehenden Satz betrachten, — ist allgemein anwendbar, mögen die Figuren bloss aus isolirten Puncten, oder aus Linien, oder aus Flächen bestehen, mögen im ersteren Falle die Puncte in einer geraden Linie, oder in einer Ebene, oder im Raume überhaupt liegen.

Die einfachsten Figuren, welche einander gleich und ähnlich sein können, sind demnach Systeme, jedes aus zwei Puncten bestehend. Heissen A und B die zwei Puncte des einen Systems, A' und B' die ihnen entsprechenden, welche das andere System ausmachen, so sind, der Erklärung zufolge, die beiden Systeme einander gleich und ähnlich, wenn B' von A' eben so weit, als B von A absteht, oder in Zeichen: wenn $A'B' = AB$ ist. — Kommt zu dem Systeme A, B ein dritter Punct C hinzu, gleichviel ob dieser mit A und B in einer Geraden, oder nicht, liegt, so ist C' der entsprechende Punct in dem anderen Systeme A', B', wenn $C'A' = CA$ und $C'B' = CB$. — Wird dem Systeme A, B, C ein vierter Punct D hinzugefügt, mag dieser mit A, B, C in einer Ebene, oder ausserhalb derselben enthalten sein, so hat man D' als entsprechenden Punct in dem anderen Systeme A', B', C', wenn noch $D'A' = DA$, $D'B' = DB$, $D'C' = DC$; u. s. w.

§. 140. Aufgabe. Ein System von n Puncten zu construiren, welches einem anderen gegebenen Systeme von n Puncten gleich und ähnlich ist.

Auflösung. Heissen die Puncte des gegebenen Systems: A, B, C, D, ..., und die ihnen resp. entsprechenden in dem zu construirenden: A', B', C', D', ... Nun hat man drei Fälle zu unterscheiden, je nachdem die ersteren Puncte entweder in einer Geraden, oder in einer Ebene, oder im Raume überhaupt liegen.

Im ersten Falle nehme man A' wiederum in einer Geraden und trage darein $A'B' = AB$, gleichviel auf welche Seite von A'. Man trage ferner in diese Gerade $A'C' = AC$, so dass C' mit B' auf einerlei oder verschiedenen Seiten von A' liegt, je nachdem C mit B auf einerlei oder verschiedenen Seiten von A befindlich ist. Eben so wie bei C verfahre man mit der Bestimmung aller übrigen Puncte. — Hiernach ist also A' ganz willkürlich zu nehmen, jeder der übrigen $n-1$ Puncte aber wird durch einen Abstand bestimmt, und es werden folglich zur Construction des ganzen Systems nicht mehr und nicht weniger als $n-1$ Abstände als gegeben erfordert.

Wenn zweitens A, B, C, ... in einer Ebene liegen, so liegen auch A', B', C', ... in einer Ebene. Der Ort von A' bleibt darin der Willkür überlassen; B' ist ein beliebiger Punct des Kreises, der aus A' als Mittelpunct mit AB als Halbmesser beschrieben wird; C' ist einer der beiden Durchschnitte der zwei Kreise, welche aus A' mit AC und aus B' mit BC beschrieben werden. Um einen der übrigen Puncte, z. B. D' zu finden, beschreibe man aus A' mit AD und aus B' mit BD Kreise und nehme für D' denjenigen ihrer beiden Durchschnitte, welcher mit C' auf einerlei oder verschiedene Seiten von $A'B'$ fällt, je nachdem D und C auf derselben oder verschiedenen Seiten von AB liegen. — Hier sind also zur Bestimmung von A' gar keiner, zur Bestimmung von B' einer, und zur Bestimmung jedes der übrigen $n-2$ Puncte zwei Abstände, also in Allem nicht mehr und nicht weniger, als

$$1 + 2(n-2) = 2n - 3$$

Abstände erforderlich.

Ist endlich das gegebene System im Raume enthalten, so ist A' ganz willkürlich; B' ein beliebiger Punct der Kugelfläche, welche A' zum Mittelpuncte und AB zum Halbmesser hat; C' ein beliebiger Punct des Kreises, in welchem sich die zwei aus A' mit AC und aus B' mit BC beschriebenen Kugelflächen schneiden; D' einer von den zwei Puncten, in denen sich die drei Kugelflächen, aus A' mit AD, aus B' mit BD und aus C' mit CD als Halbmessern beschrieben, schneiden. Auf eben die Art wie D' wird dann auch jeder der übrigen Puncte, z. B. E' gefunden, nur dass von den zwei gemeinschaftlichen Durchschnitten der aus A', B', C' mit AE, BE, CE beschriebenen Kugelflächen derjenige zu nehmen ist, welcher mit D' auf einerlei oder verschiedenen Seiten der Ebene $A'B'C'$ liegt, je nachdem das eine oder das andere bei den entsprechenden Puncten in dem gegebenen Systeme der Fall ist. — Zur Bestimmung von A' wird also kein Abstand, zur Bestimmung von B' einer, zur Bestimmung von C' werden zwei, und zur Bestimmung jedes der übrigen $n-3$ Puncte drei Abstände erfordert, folglich in Allem

$$1+2+3(n-3)=3n-6$$

Abstände.

Anmerkung. Nur also noch bei dem Puncte D' und bei keinem der folgenden steht es frei, zwischen den zwei auf verschiedene Seiten der Ebene $A'B'C'$ fallenden Durchschnitten der drei Kugelflächen zu wählen. Es unterscheiden sich diese beiden Durchschnitte dadurch von einander, dass, von dem einen aus gesehen, die Folge der Puncte $A'B'C'$ von der Rechten nach der Linken, von dem andern aus aber von der Linken nach der Rechten geht, oder, wie man sich auch ausdrücken könnte, dass der erstere Punct auf der linken, der letztere auf der rechten Seite der Ebene $A'B'C'$ liegt. Je nachdem man nun für D' den einen oder den anderen dieser zwei Puncte wählt, je nachdem wird die gedachte Folge entweder übereinstimmend oder verschieden von derjenigen sein, in welcher von D aus die Puncte A, B, C erscheinen. In beiden Fällen sind sich die Systeme A, B, C, D, ... und A', B', C', D', ... zwar gleich und ähnlich, können aber nur im ersten Falle zur Coincidenz gebracht werden.

— Es scheint sonderbar, dass bei körperlichen Figuren Gleichheit und Aehnlichkeit ohne Coincidenz stattfinden kann, da hingegen bei Figuren in Ebenen oder bei Systemen von Puncten in geraden Linien Gleichheit und Aehnlichkeit mit Coincidenz immer verbunden ist. Der Grund davon möchte darin zu suchen sein, dass es über den körperlichen Raum von drei Dimensionen hinaus keinen anderen, keinen von vier Dimensionen giebt. Gäbe es keinen körperlichen Raum, sondern wären alle räumlichen Verhältnisse in einer einzigen Ebene enthalten, so würde es eben so wenig möglich sein, zwei sich gleiche und ähnliche Dreiecke, bei denen aber die Folge der sich entsprechenden Spitzen nach entgegengesetztem Sinne geht, zur Deckung zu bringen. Nur dadurch kann man diese bewerkstelligen, dass man das eine Dreieck um eine seiner Seiten oder um irgend eine andere Gerade der Ebene, als um eine Axe, eine halbe Umdrehung machen lässt, bis es wieder in die Ebene fällt. Dann geht bei ihm und dem anderen Dreiecke die Folge der sich entsprechenden Spitzen nach einerlei Sinn, und es kann mit dem anderen durch Fortbewegung in der Ebene selbst, ohne weitere Zuhülfenahme des körperlichen Raums coincidirend gemacht werden.

Eben so verhält es sich mit zwei gleichen Systemen von Puncten in einer und derselben geraden Linie: A, B, ... und A', B', ... Sind sich bei diesen die Richtungen AB und $A'B'$ entgegengesetzt, so wird durch blosses Fortbewegen des einen Systems in der geraden Linie selbst auf keine Weise eine Deckung der sich entsprechenden Puncte hervorgebracht, sondern erst nach einer halben Umdrehung des einen Systems in irgend einer durch die Gerade gehenden Ebene.

Zur Coincidenz zweier sich gleichen und ähnlichen Systeme im Raume von drei Dimensionen: $A, B, C, D, \ldots$, und $A', B', C', D', \ldots$, bei denen aber die Puncte $D, E, \ldots$ und $D', E', \ldots$ auf ungleichnamigen Seiten der Ebenen ABC und $A'B'C'$ liegen, würde also, der Analogie nach zu schliessen, erforderlich sein, dass man das eine System in einem Raume von vier Dimensionen eine halbe Umdrehung machen lassen könnte. Da aber ein solcher Raum nicht gedacht werden kann, so ist auch die Coincidenz in diesem Falle unmöglich.

§. 141. Zusätze. *a*) Bei einem Systeme von n Puncten ist die Anzahl aller Abstände je zweier Puncte von einander $= \frac{1}{2}n(n-1)$. Von diesen Abständen wurden, je nachdem die Puncte in einer Geraden, Ebene, oder im Raume lagen, nur $n-1$, $2n-3$, oder $3n-6$ in beiden Systemen einander gleich gemacht. Dass nun dann immer, wie es die Erklärung der Gleichheit und Aehnlichkeit erfordert, auch die übrigen

$$\tfrac{1}{2}n(n-1) - n + 1 = \tfrac{1}{2}(n-1)(n-2)$$
$$\tfrac{1}{2}n(n-1) - 2n + 3 = \tfrac{1}{2}(n-2)(n-3)$$
$$\tfrac{1}{2}n(n-1) - 3n + 6 = \tfrac{1}{2}(n-3)(n-4)$$

Abstände des einen Systems den eben so viel entsprechenden Abständen des anderen Systems gleich sind, muss in jedem der drei Fälle besonders bewiesen werden.

Der Beweis für den ersten Fall, wo die Puncte in einer Geraden liegen, fliesst unmittelbar aus der Deckung gerader Linien von gleicher Länge.

Den zweiten Fall anlangend, so haben vermöge der Construction die Dreiecke $A'B'C'$, $A'B'D'$, $A'B'E'$, etc. resp. mit den Dreiecken ABC, ABD, etc. gleiche Seiten und decken sich folglich der Reihe nach; mithin können auch die ganzen Figuren $ABCD$.. und $A'B'C'D'$.. zur Deckung gebracht werden.

Der Beweis für den dritten Fall wird, wenn die Puncte $D, E, \ldots$ und $D', E', \ldots$ auf gleichnamigen Seiten der Dreiecksebenen ABC und $A'B'C'$ liegen, ähnlicherweise mittelst des Satzes geführt, dass zwei Pyramiden $ABCD$ und $A'B'C'D'$ in einander passen, wenn die sechs Kanten der einen den sechs Kanten der anderen der Reihe nach gleich sind, und D' auf derselben Seite von $A'B'C'$ sich befindet, auf welcher D von ABC liegt*). — Bei ungleichartiger

*) Dieser Satz lässt sich folgendergestalt leicht darthun. — Weil $A'B' = AB$, $B'C' = BC$, $C'A' = CA$, so können die Dreiecke ABC und $A'B'C'$ immer zur Deckung gebracht werden. Der gemachten Annahme zufolge liegen alsdann D

Lage macht der Beweis mehrere Vorbereitungen nöthig, auf die ich mich aber hier nicht einlassen kann, sondern auf Legendre *Géométrie*, Livre VI, Prop. 2 und Note VII verweise.

b) Wenn nicht, wie in der Aufgabe vorausgesetzt wurde, das ganze System von n Puncten gegeben ist, sondern bloss die $n - 1$ oder $2n - 3$ oder $3n - 6$ Abstände in demselben, die zur Construction eines ihm gleichen und ähnlichen Systems erforderlich waren, so wie auch die Seiten, auf denen die übrigen Puncte von dem Puncte A oder von der Geraden AB oder von der Ebene ABC liegen, so lassen sich daraus, eben vermöge der gelehrten Construction, die übrigen Abstände und alle anderen dabei vorkommenden Grössen finden. Und überhaupt:

Hat man ein System von n Puncten in einer Geraden, oder in einer Ebene, oder im Raume, und sind von den Grössen, welche dadurch auf irgenderlei Weise bestimmt werden können, resp. $n - 1$, $2n - 3$, $3n - 6$ *von einander unabhängige gegeben, so kann man daraus alle übrigen finden.*

---

und D' auf einerlei Seite von ABC. Fielen nun D und D' nicht zusammen, so entstünden, wegen $AD = A'D'$, etc., die gleichschenkligen Dreiecke ADD', BDD', CDD' mit der gemeinschaftlichen Basis DD'. Heisse daher M der Mittelpunct von DD', so wären AM, BM, CM auf DD' perpendikular, mithin A, B, C, M in einer Ebene befindlich, von welcher DD' rechtwinklig halbirt würde. Mithin lägen D und D' auf verschiedenen Seiten von ABC, welches gegen die Annahme ist. Es fallen daher D und D' zusammen, folglich auch AD und $A'D'$, etc., und die ganzen Pyramiden passen in einander.

Liegen D und D' auf ungleichnamigen Seiten von ABC und $A'B'C'$, so folgt nach denselben Schlüssen, dass bei Deckung der Dreiecke ABC und $A'B'C'$ die Gerade DD' von der Ebene ABC rechtwinklig halbirt wird. — Dies hier zur Folge erhaltene Resultat ist bei Legendre (Livre VI, Définit. 16) die Erklärung von dergleichen Körpern, *polyèdres symmétriques* von ihm genannt.

Zweites Capitel.

Von der Aehnlichkeit.

§. 142. Die einfachste und engste Art von Verwandtschaft, die zwischen Figuren statt haben kann, ist die Gleichheit und Aehnlichkeit, indem von zwei solchen Figuren die eine nichts anderes, als eine vollkommene Wiederholung, ein nochmaliges Setzen der anderen ist. Weniger einfach und von grösserer Ausdehnung ist die blosse Aehnlichkeit. Hier kann man die eine Figur als eine Wiederholung der anderen nach einem grösseren oder kleineren Massstabe betrachten, oder bestimmter: Zwei Figuren sind einander ähnlich, wenn die gegenseitigen Abstände je zweier Puncte der einen Figur in denselben Verhältnissen zu einander stehen, wie die Abstände der entsprechenden Puncte in der anderen.

Die einfachsten Figuren, bei denen von Aehnlichkeit noch die Rede sein kann, sind daher Systeme, jedes von drei Puncten gebildet. Das System A', B', C' ist dem Systeme A, B, C ähnlich, wenn

$$A'B' : B'C' : C'A' = AB : BC : CA,$$

oder, was dasselbe ist, wenn

$$A'B' = m \,.\, AB, \quad B'C' = m \,.\, BC, \quad C'A' = m \,.\, CA$$

ist, wo m eine beliebige Zahl bezeichnet. Sollen die Systeme A, B, C, D und A', B', C', D' einander ähnlich sein, so wird erfordert, dass noch

$$A'D' = m \,.\, AD, \quad B'D' = m \,.\, BD, \quad C'D' = m \,.\, CD;$$

u. s. w.

§. 143. Zusätze und Folgerungen. *a)* Dass dieser Definition gemäss ähnliche Figuren auch wirklich existiren, ist hieraus im Allgemeinen noch nicht abzunehmen, sondern bedarf eines Beweises. Der Elementargeometrie liegt es ob, denselben zu führen. Diesen Beweis aber vorausgesetzt, sieht man ohne weiteres, dass man zur Construction eines Systems A', B', C', ..., welches einem gegebenen Systeme A, B, C, ... ähnlich ist, folgendergestalt verfahren kann. — Man nehme A' und B' ganz willkürlich, denke sich hierauf, $A'B' = m \,.\, AB$ gesetzt, ein dem gegebenen Systeme ähnliches System, in welchem jeder Abstand dem $m$fachen des entsprechenden Abstandes in dem gegebenen gleich ist, als schon vorhanden, und bestimme nun die übrigen Puncte C', D', ..., indem man auf die in §. 140 gezeigte Weise ein diesem eingebildeten Systeme gleiches und ähnliches construirt.

b) Statt der in §. 140 zur Construction angewendeten Abstände AB, AC, BC, ... werden also gegenwärtig die Längen $m \,.\, AB$, $m \,.\, AC$, $m \,.\, BC$, ... genommen, wo m eine beliebige Zahl ist. Zur Construction eines ähnlichen Systems braucht man folglich nur die Verhältnisse zu kennen, in welchen von den zur Construction eines gleichen und ähnlichen Systems erforderlichen Abständen irgend einer zu den übrigen steht. Da nun die Anzahl dieser Verhältnisse immer um Eins geringer ist, als die der Abstände selbst, so werden, je nachdem die Puncte des gegebenen Systems in einer Geraden, in einer Ebene oder im Raume liegen, $n-2$, $2n-4$ oder $3n-7$ Verhältnisse erfordert.

c) Ist das System nicht selbst gegeben, sondern bloss die Verhältnisse, welche zur Construction eines ähnlichen Systems zu wissen nöthig sind, so kann man mit Hülfe der Construction alle übrigen Verhältnisse je zweier Abstände und alle anderen Grössen finden, welche ähnliche Figuren mit einander gemein haben, als Winkel, Verhältnisse von Flächen, u. s. w. Wir schliessen hieraus, eben so wie in §. 141, *b*:

Sind von einem Systeme von n Puncten in einer Geraden, in einer Ebene, oder im Raume resp. irgend $n-2$, $2n-4$, $3n-7$ *von einander unabhängige Verhältnisse zwischen den gegenseitigen Abständen der Puncte, oder eben so viel andere von diesen Verhältnissen abhängige Grössen oder Bedingungen gegeben, so lassen sich daraus alle übrigen Verhältnisse zwischen den Abständen und davon abhängigen Grössen finden.*

d) Verhältnisse lassen sich immer durch Zahlen ausdrücken. Hier werden also aus gegebenen Zahlen andere durch Construction gefunden. Letztere Zahlen müssen sich daher aus ersteren auch durch Rechnung finden lassen. Es müssen folglich von den gegebenen $n-2$, ... Verhältnissen des Systems alle übrigen Verhältnisse als analytische Functionen darstellbar sein.

Es fliesst hieraus noch, dass die in §. 141, *b* als lösbar erwiesene Forderung, nicht allein durch Construction, sondern gleichfalls auch durch Rechnung gelöst werden kann. Denn aus den dort gegebenen $n-1$, ... Stücken, die wir jetzt in Zahlen ausgedrückt annehmen, ist es immer möglich, $n-2$, ... von einander unabhängige Verhältnisse zu bilden. Aus diesen aber können, dem eben Gesagten zufolge, durch Rechnung alle übrigen Verhältnisse des Systems, also auch die Verhältnisse der übrigen Stücke zu den gegebenen, also auch die übrigen Stücke selbst in Zahlen gefunden werden.

Anmerkung. Aus der Möglichkeit, eine geometrische Aufgabe durch Construction zu lösen, kann man, ohne die Lehre von der Aehnlichkeit als erwiesen vorauszusetzen, die Möglichkeit einer Auflösung durch Rechnung noch nicht folgern.

Heissen z. B. a, b, c, d die vier Seiten eines Vierecks; e, f die zwei Diagonalen desselben. Sei ferner r irgend eine zur Einheit angenommene Länge, und a, b, ..., f, in solchen Einheiten ausgedrückt, $= \alpha, \beta, \ldots, \zeta$, so dass $a = \alpha r$, $b = \beta r$, etc. Nun kann man durch eine sehr einfache Construction aus den Linien a, b, c, d, e die Linie f, folglich auch aus der Linie r und den Zahlen α, β, γ, δ, ε die Zahl ζ finden. Ob aber aus $\alpha, \beta, \ldots, \varepsilon$ allein die Zahl ζ gefunden werden könne, ob also ζ ungeändert bleibe, wie gross oder klein auch r genommen werde, ist hiermit noch nicht entschieden.

Allerdings müsste zwar, wenn zur Bestimmung von ζ nächst $\alpha, \ldots, \varepsilon$ auch r erforderlich wäre, auch umgekehrt r aus $\alpha, \ldots, \zeta$ gefunden werden können, da doch eine Function von Zahlen immer wieder eine Zahl und keine ausgedehnte Grösse sein kann. Allein wenn Legendre eine dergleichen Schlussart anwendet, um die Lehre von der Aehnlichkeit analytisch zu begründen (*Elém. de Géom.*, note 2), so kann wohl mit Recht entgegengesetzt werden, dass, obschon r durchaus nicht eine analytische Function von $\alpha, \ldots, \zeta$ sein kann, es doch keineswegs undenkbar ist, dass r aus $\alpha, \ldots, \zeta$ auf geometrischen Wege gefunden werden könne; dass folglich Legendre noch immer zuvor beweisen muss, dass dasjenige, was durch Construction bestimmt werden kann, auch durch Rechnung sich herleiten lasse. Denn hieraus erst kann gefolgert werden, dass dasjenige, was sich durch Rechnung nicht finden lässt, auch nicht durch Construction bestimmbar ist. Es wird folglich von Legendre ein Kreis im Schliessen begangen, da eben erst aus der zu beweisenden Lehre von der Aehnlichkeit die Möglichkeit einer Anwendung der Analysis auf die Geometrie hervorgeht.

Drittes Capitel.

Von der Affinität.

§. 144. Ausser der Gleichheit und Aehnlichkeit allein giebt es noch einige andere Arten von Verwandtschaften, die gleichfalls in das Gebiet der Elementargeometrie gehören. Die barycentrische Bestimmungs-Methode von Puncten wird uns zur Erkenntniss dieser Verwandtschaften und der sehr merkwürdigen aus ihnen zu ziehenden Folgerungen hinführen.

Man denke sich ein System von Puncten A, B, C, D, ... in einer Ebene. Drei derselben, A, B, C, nehme man zu Fundamentalpuncten und bestimme in Bezug auf dieselben jeden der übrigen durch einen Ausdruck von der Form: $aA + bB + cC$. Wenn nun die drei Seiten des Dreiecks ABC und für jeden der übrigen Puncte die Verhältnisse der Coefficienten im Ausdrucke desselben, $a : b : c$, gegeben sind, so ist klar, dass alle mit Hülfe jener Seiten und dieser Verhältnisse construirten Figuren einander unter sich und der ersteren gleich und ähnlich sein werden. Eben so leuchtet ein, dass, wenn statt der Seiten der Fundamentaldreiecks selbst, bloss die gegenseitigen Verhältnisse derselben gegeben sind, zwischen den construirten Figuren und der ursprünglichen nur Aehnlichkeit obwalten wird. Gesetzt aber, dass von dem Fundamentaldreiecke gar nichts, und bloss die Verhältnisse der Coefficienten für die übrigen Puncte gegeben sind, so werden die somit hervorgehenden Figuren, weil nun die drei Fundamentalpuncte ganz nach Willkür genommen werden können, in einer noch entfernteren Beziehung zu einander stehen.

§. 145. Um das Wesen dieser Beziehung ausfindig zu machen, so seien A', B', C' (Fig. 29) drei beliebige Puncte, die man den Puncten A, B, C resp. entsprechend setze. Ist nun irgend einer der übrigen Puncte in der ersten Figur,

$$D \equiv aA + bB + cC,$$

so wird D' der entsprechende Punct in der zweiten sein, wenn

$$D' \equiv aA' + bB' + cC',$$

d. h. wenn die Dreiecksflächen zwischen A', B', C', D' sich eben so zu einander verhalten, als wie die ihnen entsprechenden zwischen A, B, C, D (§. 24, c). Man ziehe demnach die Gerade CD, welche AB in Z schneide, theile $A'B'$ in Z' dergestalt, dass

$$A'B' : B'Z' = AB : BZ,$$

ziehe $C'Z'$ und nehme darin D', so dass

$$C'D' : Z'D' = CD : ZD,$$

so ist D' gefunden.

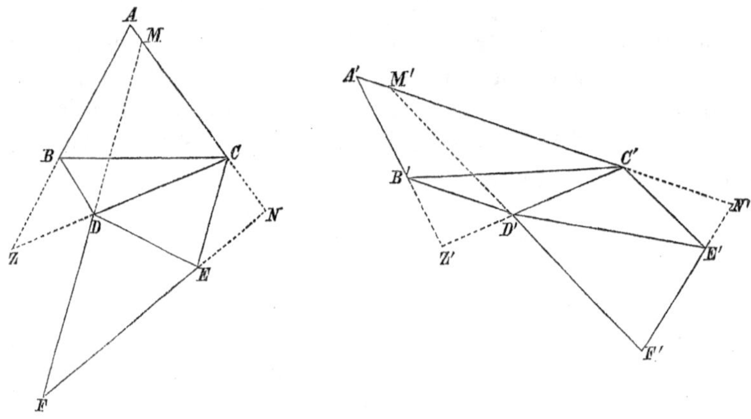

Fig. 29.

Unmittelbar also folgt aus einer solchen Construction nur dieses, dass,

$$A'B'C' = m \, . \, ABC$$

gesetzt, auch jedes andere Dreieck der zweiten Figur, welches mit dem Dreiecke $A'B'C'$ eine Seite gemein hat, dem $m$fachen des entsprechenden Dreiecks in der ersten Figur gleich ist; z. B. dass

$$B'C'D' = m \, . \, BCD.$$

Es lässt sich aber leicht zeigt zeigen, dass dieselbe Relation auch zwischen je zwei anderen sich entsprechenden Dreiecken stattfinden muss; z. B. dass

$$D'E'F' = m \, . \, DEF.$$

Denn seien P, 'Q, R, S irgend vier Puncte der ersten Figur, und, durch ihre Ausdrücke auf A, B, C bezogen, bestimmt. Man eliminire aus diesen vier Ausdrücken, als Gleichungen behandelt, die drei Fundamentalpuncte, und man erhält eine Gleichung zwischen den vier Puncten selbst:

$$\pi P + \varkappa Q + \varrho R + \sigma S = 0,$$

deren Coefficienten π, $\varkappa$, ϱ, σ aus den Coefficienten der ersten vier Gleichungen zusammengesetzt, also ebenfalls gegeben sind. Heissen nun die diesen Puncten in der anderen Figur entsprechenden Puncte P', Q', R', S', so dass, wenn

$$P \equiv pA + qB + rC,$$

auch

$$P' \equiv pA' + qB' + rC'$$

ist, u. s. w.: so muss zwischen den letzteren vier Puncten eine Gleichung mit denselben Coefficienten stattfinden, wie zwischen den vier ersteren:

$$\pi P' + \varkappa Q' + \varrho R' + \sigma S' = 0.$$

Mithin stehen die Dreiecksflächen zwischen P', Q', R', S' in denselben Verhältnissen zu einander, wie die entsprechenden zwischen P, Q, R, S. — Wenden wir dieses auf die Systeme B, C, D, E und B', C', D', E' an, so muss, weil

$$B'C'D' = m \,.\, BCD$$

war, auch

$$C'D'E' = m \,.\, CDE$$

sein; und eben so folgt aus letzterer Gleichung in Bezug auf die Systeme C, D, E, F und C', D', E', F':

$$D'E'F' = m \,.\, DEF.$$

Ueberhaupt also stehen die Dreiecksflächen der einen Figur in denselben Verhältnissen zu einander, wie die entsprechenden der anderen. Da endlich jede ebene Figur durch Ziehung von Diagonalen als ein Aggregat von Dreiecken betrachtet werden kann, so lässt sich das Wesen der in Rede stehenden Verwandtschaft bei ebenen Figuren noch allgemeiner als darin bestehend angeben: dass je zwei Flächentheile der einen Figur sich eben so zu einander verhalten, wie die entsprechenden Flächentheile der anderen.

§. 146. Eine andere Ansicht, unter welcher man diese entferntere Verwandtschaft auffassen kann, ist folgende. Seien wiederum A, B, C, P und A', B', C', P' sich entsprechende Puncte in beiden Figuren, also

$$P' \equiv pA' + qB' + rC',$$

wenn

$$P \equiv pA + qB + rC$$

ist. Man betrachte nun die Linien CA und CB als die Axen eines Systems paralleler Coordinaten, CA als die Axe X, CB als die Axe Y, so ist für den Punct P (§. 123, b):

$$x = \frac{p}{p+q+r} \,.\, CA, \quad y = \frac{q}{p+q+r} \,.\, CB.$$

Eben so nehme man in der anderen Figur $C'A'$ und $C'B'$ zu den Axen eines Coordinatensystems, und nenne die Coordinaten von P' auf diese Axen bezogen, x' und y', so ist:

$$x' = \frac{p}{p+q+r} C'A', \quad y' = \frac{q}{p+q+r} C'B',$$

folglich

$$x' = \frac{C'A'}{CA} x, \quad y' = \frac{C'B'}{CB} x.$$

Bezieht man demnach die Puncte einer ebenen Figur durch Coordinaten auf zwei, sich unter einem beliebigen Winkel (ACB) schneidende Axen, und construirt nun eine zweite Figur unter einem von dem vorigen verschiedenen Axenwinkel ($A'C'B'$) dergestalt, dass jede Abscisse in der zweiten zu der ihr entsprechenden in der ersten in einem beliebigen constanten Verhältnisse ($C'A' : CA$) steht, und dass eben so das gegenseitige Verhältniss der sich entsprechenden Ordinaten ein beliebiges constantes, aber von dem der Abscissen verschiedenes Verhältniss ($C'B' : CB$) ist, so wird ebenfalls zwischen beiden Figuren die neue allgemeinere Verwandtschaft stattfinden. — Mit anderen Worten: Man beziehe eine ebene Figur auf zwei beliebige Axen, messe die Abscissen mit einer willkürlichen zur Einheit angenommenen Länge, und eben so die Ordinaten mit einem beliebigen anderen Längenmass. Lässt man nun die durch diese Messungen für jeden Punct der Figur resultirenden zwei Zahlen gegeben sein, nicht aber den Axenwinkel und die beiden Längenmasse, sondern bleiben diese der Willkür überlassen, so werden alle mit jenen Zahlen construirten Figuren unter sich und mit der ursprünglichen in der gedachten Verwandtschaft stehen. Vergl. §. 127.

§. 147. Von einer solchen gegenseitigen Beziehung der Figuren hat schon Euler gehandelt. *Introd. in Anal. Inf.* Tom. II, Cap. XVIII. *De Similitudine et Affinitate Linearum curvarum.* — »Quemadmodum«, heisst es daselbst in artic. 442, »in Curvis similibus Abscissae et Applicatae homologae in eadem ratione sive augentur sive diminuuntur; ita, si Abscissae aliam sequantur rationem, aliam vero Applicatae, Curvae non amplius orientur similes. Verum tamen, quia Curvae hoc modo ortae inter se quandam Affinitatem tenent, has Curvas affines vocabimus: complectitur ergo Affinitas sub se similitudinem tanquam speciem: quippe Curvae affines in similes abeunt, si ambae illae rationes, quas Abscissae et Applicatae seorsim sequuntur, evadant aequales.« — Der von Euler hier aufgestellte Begriff der Affinitas ist also ganz mit dem vorhin entwickelten einerlei, und ich will daher gleichfalls diese allgemeinere

Verwandtschaft Affinität, und Figuren, zwischen denen sie stattfindet, affine Figuren nennen.

Indess scheint Euler diesen Begriff nicht weiter verfolgt zu haben; sonst würde er nicht zwischen ähnlichen und affinen Curven den, wie ich gleich zeigen werde, unrichtigen Unterschied, artic. 444, finden: »quod Curvae, quae sunt similes respectu unius Axis vel puncti fixi, eaedem similes sint futurae respectu aliorum quorumvis Axium seu punctorum homologorum. Curvae autem, quae tantum sunt affines, tales tantum sunt respectu eorum Axium, ad quos referuntur, neque pro lubitu alii Axes, seu puncta homologa, in ipsis dantur, ad quae affinitas referri possit.«

Die Unrichtigkeit dieser Behauptung, dass die Affinität immer nur hinsichtlich eines einzigen Axensystems stattfinde, erhellet sogleich daraus, dass jede drei Puncte der Ebene, in welcher die Figur enthalten ist, zu den Fundamentalpuncten genommen werden können. Die Behauptung lässt sich aber sehr leicht auch ohne barycentrische Hülfsmittel, durch ganz einfache auf den ersten Elementen beruhende Betrachtungen widerlegen; und ich achte, dieses zu thun, um so weniger für überflüssig, da es nicht einen speciellen Satz, sondern eine wichtige Ansicht der Figuren überhaupt betrifft.

§. 148. Seien P, Q, R, ... mehrere Puncte in einer Ebene, und ihre Coordinaten, auf ein gewisses Axensystem bezogen, $= t, u$; t', u'; t'', u''; ...; so werden, nach Euler's Erklärung, die Puncte P', Q', R', ... ein affines System bilden, wenn sie gleichfalls in einer Ebene enthalten, und ihre Coordinaten in Bezug auf ein gewisses Axensystem in derselben resp. mt, nu; mt', nu'; mt'', nu''; ... sind. Ueberhaupt wird hiernach jedem beliebigen Puncte in der ersten Ebene ein gewisser in der zweiten entsprechen, den man findet, wenn man seine Abscisse dem $m$fachen und seine Ordinate dem $n$fachen der Abscisse und Ordinate des ersteren gleich macht. Eben so wird es für jede beliebig gezogene gerade oder krumme Linie in der einen Ebene eine entsprechende Linie in der anderen, also eine affine, geben, die man erhält, wenn man die Puncte der anderen Ebene, welche den Puncten der Linie in der ersteren entsprechen, wiederum durch eine Linie verbindet.

Gesetzt nun, es liegen die Puncte P, Q, R in einer Geraden, so verhalten sich

$$PQ : QR = t'-t : t''-t' = u'-u : u''-u',$$

folglich auch

$$= mt'-mt : mt''-mt' = nu'-nu : nu''-nu';$$

mithin liegen auch P', Q', R' in einer Geraden, und es verhält sich

$$PQ : QR = P'Q' : Q'R'.$$

Von allen Puncten der einen Ebene, welche in einer Geraden liegen, sind also die entsprechenden Puncte der anderen wiederum in einer Geraden enthalten; beide Geraden sind sich entsprechende Linien und werden durch die sich entsprechenden Puncte nach einerlei Verhältnissen getheilt.

Der Durchschnitt zweier Geraden in der einen Ebene und der Durchschnitt der ihnen entsprechenden Geraden in der anderen müssen daher ebenfalls sich entsprechende Puncte sein.

Heissen t, u die Coordinaten des ersteren Durchschnitts, so sind mt, nu die Coordinaten des letzteren. Laufen nun die ersteren Geraden mit einander parallel, sind also t, u als unendlich gross zu betrachten, so sind es auch mt, nu, und folglich auch die letzteren Geraden mit einander parallel.

Parallellinien in der einen Ebene entsprechen daher Parallellinien in der anderen. Auch folgt hieraus leicht in Verbindung mit dem Vorigen, dass zwei Gerade (b, b'), welche durch zwei sich entsprechende Puncte (A, A') parallel mit zwei sich entsprechenden Geraden (a, a') gezogen werden (b durch A und parallel mit a; b' durch A' und parallel mit a'), sich gleichfalls entsprechen.

Dieses vorausgeschickt, seien a, b zwei beliebige Gerade in der ersten Ebene, welche sich in $\mathfrak{C}$ schneiden, und a', b' die ihnen entsprechenden Geraden in der zweiten Ebene, welche sich in dem dem $\mathfrak{C}$ entsprechenden Puncte $\mathfrak{C}'$ schneiden werden. Ich behaupte nun, dass sich die beiden Systeme P, Q, R, ...; P', Q', R', ... auch rücksichtlich dieser zwei Paare von Geraden, als Axen betrachtet, affin sind. Um dieses zu beweisen, lege ich durch P, Q, R, ... Parallelen mit b, und durch P', Q', R', ... Parallelen mit b', so entsprechen die ersteren Parallelen den letzteren, folglich auch die Durchschnitte der ersteren mit a, welche $\mathfrak{P}$, $\mathfrak{Q}$, $\mathfrak{R}$, ... heissen, den Durchschnitten der letzteren mit a', welche ich $\mathfrak{P}'$, $\mathfrak{Q}'$, $\mathfrak{R}'$, ... nennen will. Mithin sind $\mathfrak{C}$, $\mathfrak{P}$, $\mathfrak{Q}$, $\mathfrak{R}$, ... und $\mathfrak{C}'$, $\mathfrak{P}'$, $\mathfrak{Q}'$, $\mathfrak{R}'$, ... zwei Reihen sich entsprechender Puncte, welche in sich entsprechenden Geraden a und a' liegen, und folglich

$$\mathfrak{C}\mathfrak{P} : \mathfrak{C}\mathfrak{Q} : \mathfrak{C}\mathfrak{R} : \ldots = \mathfrak{C}'\mathfrak{P}' : \mathfrak{C}'\mathfrak{Q}' : \mathfrak{C}'\mathfrak{R}' : \ldots,$$

d. h., wenn wir a und a' zu den Abscissenlinien nehmen: die neuen Abscissen in dem einen Systeme verhalten sich eben so, wie die neuen Abscissen in dem anderen. Da nun dasselbe auch von den neuen in b und b' liegenden Ordinaten bewiesen werden kann, so sind sich die beiden Systeme auch rücksichtlich der neuen Axenpaare affin.

§. 149. Zusätze. *a)* Heissen die Axenwinkel der zwei vorhin gedachten ursprünglichen Coordinatensysteme φ und ψ, so ist der Flächeninhalt des Dreiecks

$$PQR = \tfrac{1}{2} \sin \varphi \; [t(u'' - u') + t'(u - u'') + t''(u' - u)]$$

und der Flächeninhalt des Dreiecks

$$P'Q'R' = \tfrac{1}{2} \sin \psi \,.\, mn[t(u'' - u') + \ldots],$$

also

$$PQR : P'Q'R' = \sin \varphi : mn \sin \psi,$$

woraus wiederum der obige Satz (§. 145) folgt, dass je zwei sich entsprechende Dreiecke in einem constanten Verhältnisse stehen.

b) Auch aus diesem Satze können die im vorigen §. angeführten Eigenschaften affiner Figuren sehr leicht abgeleitet werden. Liegen z. B. P, Q, R in einer Geraden, so ist das Dreieck $PQR = 0$, folglich auch $P'Q'R' = 0$, mithin liegen auch P', Q', R' in einer Geraden. Sind noch S und S' zwei sich entsprechende, aber ausserhalb jenen Geraden gelegene Puncte, so verhalten sich

$$PQS : QRS = PQ : QR, \text{ und } P'Q'S' : Q'R'S' = P'Q' : Q'R',$$

folglich

$$PQ : QR = P'Q' : Q'R'.$$

Haben die vier Puncte P, Q, R, S eine solche Lage, dass die Geraden PQ und RS einander parallel sind, so ist $PQR = PQS$, folglich auch $P'Q'R' = P'Q'S'$, folglich sind $P'Q'$ und $R'S'$ ebenfalls einander parallel. — Noch mehr: unter derselben Voraussetzung, dass PQ und RS, also auch $P'Q'$ und $R'S'$ parallel laufen, verhalten sich:

$$PQS : RQS = PQ : RS \text{ und } P'Q'S' : R'Q'S' = P'Q' : R'S',$$

folglich

$$PQ : RS = P'Q' : R'S',$$

d. h. Theile von Parallelen in der einen Figur verhalten sich eben so, wie die entsprechenden Theile in der anderen.

c) Den zwei in §. 145 und §. 146 gegebenen Erklärungen der Affinität lässt sich noch eine sehr einfache dritte hinzufügen, welche auf dem eben bewiesenen Satze beruht, dass einander entsprechende Gerade durch einander entsprechende Puncte nach einerlei Verhältniss getheilt werden. Zwei ebene Figuren sind sich hiernach affin, wenn in der einen Figur der geradlinige Abstand je zweier Puncte von der Geraden, die je zwei andere Puncte verbindet, in demselben Verhältnisse geschnitten wird, in welchem dies von den entsprechenden Geraden der anderen Figur geschieht. Oder: denkt man sich je zwei Puncte einer jeden Figur durch Gerade verbunden, so müssen, wenn die Figuren affin heissen sollen, die Verhältnisse, nach welchen bei der einen Figur eine jede dieser Geraden von den übrigen Geraden geschnitten wird, den auf dieselbe Weise in der anderen Figur sich bildenden Verhältnissen gleich sein.

Sind die Figuren einander ähnlich, so sind die Verhältnisse auch zwischen solchen Abschnitten, welche nicht Theile einer und derselben Geraden sind, in beiden Figuren einander gleich. Bei affinen Figuren sind also nur je zwei Reihen sich entsprechender Puncte, welche in zwei sich entsprechenden Geraden liegen, ähnliche Systeme von Puncten, z. B. A, M, N, C, und A', M', N', C' (Fig. 29).

§. 150. Es ist nun nicht schwer, den Begriff der Affinität auch auf körperliche Figuren auszudehnen. So wie nämlich die Affinität ebener Figuren aus der barycentrischen Bestimmung von Puncten in einer Ebene hervorging, eben so wird die Affinität von Figuren dreier Dimensionen aus der barycentrischen Bestimmung von Puncten im Raume abzuleiten sein. Seien demnach A, B, C, D, E, ... und A', B', C', D', E', ... zwei Systeme von Puncten im Raume, so werden diese Systeme einander affin heissen, wenn ihre Puncte sich dergestalt entsprechen, A' dem A, B' dem B, u. s. w., dass, wenn A, B, C, D in dem einen und A', B', C', D' in dem anderen zu Fundamentalpuncten genommen werden, in den Ausdrücken je zweier anderer sich entsprechender Puncte die sich entsprechenden Fundamentalpuncte gleiche Coefficienten haben, z. B.

$$E \equiv aA + bB + cC + dD, \quad E' \equiv aA' + bB' + cC' + dD'.$$

Ist also das System A, B, C, D, E, ... gegeben, und soll ein demselben affines A', B', C', D', E', ... construirt werden, so nehme man die vier ersten Puncte A', B', C', D' willkürlich. Um aber einen der übrigen, z. B. E', zu finden, ziehe man die Gerade ED, welche die Fundamentalebene ABC in Y schneide, und verbinde Y und C durch eine Gerade, welche die Fundamentallinie AB in Z treffe. Man theile hierauf $A'B'$ in Z', $C'Z'$ in Y' und $D'Y'$ in E' nach denselben Verhältnissen, nach welchen AB in Z, CZ in Y und DY in E getheilt ist, und man hat E' gefunden.

§. 151. Seien P, Q, R, S, T beliebige fünf Puncte des einen Systems und P', Q', R', S', T' die ihnen entsprechenden des anderen, dass also, wenn

$$P \equiv pA + qB + rC + sD,$$

auch

$$P' \equiv pA' + qB' + rC' + sD'$$

ist, u. s. w. Alsdann folgt eben so, wie in §. 145, dass, wenn man P, Q, R, S zu Fundamentalpuncten nimmt, und in Bezug auf dieselben

$$T \equiv \pi P + \varkappa Q + \varrho R + \sigma S$$

findet, auch

$$T' \equiv \pi P' + \varkappa Q' + \varrho R' + \sigma S'$$

sein muss, dass folglich (§. 26, c) die fünf Pyramiden, welche sich aus irgend fünf Puncten des einen Systems, als Spitzen genommen, bilden lassen, ihrem körperlichen Inhalte nach in denselben Verhältnissen zu einander stehen, wie die entsprechenden Pyramiden des anderen Systems. Durch Verbindung und Zusammensetzung solcher Verhältnisse ergiebt sich dann weiter, dass überhaupt je zwei Pyramiden der einen Figur, oder noch allgemeiner, — weil jeder begrenzte körperliche Raum durch Diagonalebenen in Pyramiden zerlegt werden kann, — dass je zwei Räume der einen Figur dasselbe Verhältniss zu einander haben, als wie die entsprechenden Räume der anderen. Und hierin besteht das Wesen der Affinität bei körperlichen Figuren.

§. 152. Man nehme D zum Anfangspuncte eines Coordinatensystems, und DA, DB, DC zu den drei Axen desselben, so sind die Coordinaten von P (§. 125, b):

$$x = \frac{p}{p+q+r+s} . DA, \quad y = \frac{q}{p+\ldots} . DB, \quad z = \frac{r}{p+\ldots} . DC;$$

und eben so in der affinen Figur, wenn man $D'A'$, $D'B'$, $D'C'$ zu den drei Axen nimmt, die Coordinaten von P':

$$x' = \frac{p}{p+\ldots} . D'A', \quad y' = \frac{q}{p+\ldots} . D'B', \quad z' = \frac{r}{p+\ldots} . D'C',$$

folglich

$$x' = \frac{D'A'}{DA} . x, \quad y' = \frac{D'B'}{DB} . y, \quad z' = \frac{D'C'}{DC} . z.$$

Sind also von den Puncten einer Figur im Raume, auf drei Axen bezogen, die Coordinaten gegeben, so lässt sich, ähnlicherweise wie in §. 146, eine affine Figur construiren, wenn man ein zweites System dreier Axen unter beliebigen Winkeln bildet, und in diesem Systeme die Coordinaten jeder Axe den gegebenen Coordinaten der entsprechenden Axe, jeder Axe nach einem anderen Verhältnisse, proportional macht. Da ferner je beliebige vier Puncte der einen

Figur und die ihnen entsprechenden der anderen zu Fundamentalpuncten genommen werden können, und in Bezug auf dieselben je zwei andere sich entsprechende Puncte durch einerlei Coefficienten ausgedrückt werden (§. 151), so erhellet, dass auch bei körperlichen Figuren die Affinität sich nicht auf ein einziges Axensystem beschränkt, sondern dass jedem beliebigen Axensysteme für die eine Figur ein entsprechendes für die andere zukommt.

§. 153. Zusätze. *a*) Liegen drei Puncte der einen Figur in einer Geraden, oder vier Puncte in einer Ebene, so sind auch die ihnen entsprechenden drei oder vier Puncte der anderen Figur in einer Geraden oder Ebene enthalten. Einer Geraden entspricht daher eine Gerade, einer Ebene eine Ebene. Dies lässt sich durch ein ähnliches Verfahren, wie in §. 148 bei Figuren in Ebenen, darthun, kann aber auch unmittelbar aus den allgemeinen Ausdrücken für Gerade und Ebenen (§. 45 und §. 49) gefolgert werden, indem man darin für A, ..., D nur A', ..., D' resp. zu setzen braucht, um die Ausdrücke für die entsprechenden Geraden und Ebenen der anderen Figur zu erhalten.

Ueberhaupt leuchtet ein, dass alle Verhältnisse und Eigenschaften einer Figur, welche sich durch die Coefficienten der Fundamentalpuncte ausdrücken lassen, in allen affinen Figuren auf gleiche Art stattfinden müssen. Wenn daher in einer Figur zwei Gerade einander parallel sind, oder sich schneiden (§. 48), oder wenn zwei Ebenen einander parallel sind (§. 53), oder wenn drei Ebenen sich in derselben Geraden schneiden (§. 55), u. s. w., so werden auch in jeder affinen Figur die entsprechenden Geraden sich entweder parallel sein, oder sich schneiden, die entsprechenden zwei Ebenen einander parallel sein, u. s. w. Alle Verhältnisse dagegen, welche durch die Coefficienten der Fundamentalpuncte nicht dargestellt werden können, sind bei affinen Figuren von der einen zu der anderen veränderlich; z. B. die Winkel einer Figur, die Verhältnisse zwischen geraden Linien, welche einen Winkel mit einander bilden, die Verhältnisse zwischen dem Inhalt ebener Figuren, die nicht in einer und derselben Ebene oder in parallelen Ebenen liegen, u. s. w.

b) Wenn bei einem Systeme von Puncten im Raume irgend vier Puncte in einer Ebene liegen, so muss zwischen diesen allein schon eine Gleichung obwalten (§. 24, *b*), also dieselbe Gleichung auch zwischen den entsprechenden vier Puncten des affinen Systems bestehen. Zwischen den ersteren und den letzteren vier Puncten findet folglich auch die vorhin für Systeme in Ebenen erklärte Affinität statt. Auf gleiche Art werden bei Systemen im Raume auch je zwei sich entsprechende Gerade durch die in ihnen liegenden sich entsprechenden Puncte nach einerlei Verhältnissen getheilt.

Man kann hiernach für die Affinität körperlicher Figuren noch folgende Eigenschaften als Definitionen aufstellen: dass, wenn je drei Puncte einer jeden Figur durch Ebenen verbunden werden, die ebenen Figuren, welche in je zwei sich entsprechenden Ebenen von den Durchschnitten derselben mit den übrigen Ebenen gebildet werden, in der oben für affine Figuren in Ebenen erklärten Beziehung stehen; oder, dass jede der Geraden, in denen je zwei Ebenen der einen Figur einander schneiden, von den übrigen Ebenen nach denselben Verhältnissen geschnitten wird, nach welchen dies bei den entsprechenden Stücken der anderen Figur geschieht.

§. 154. Was endlich noch die Affinität bei Systemen von Puncten anlangt, die in geraden Linien liegen, so werden die Systeme A, B, C und A', B', C' einander affin sein, wenn,

$$C \equiv aA + bB$$

gesetzt,

$$C' \equiv aA' + bB'$$

ist, also wenn

$$AC : CB = A'C' : C'B'.$$

Hier ist also die Affinität mit der Aehnlichkeit ganz einerlei.

Vergleicht man damit die in §. 145 und §. 151 gegebenen Erklärungen für die Affinität von Systemen in Ebenen und im Raume, so sieht man, dass, — auf gleiche Art, wie bei einem Systeme im Raume die Theile des Raums, welche durch Verbindung je dreier Puncte durch Ebenen entstehen, und bei einem Systeme in einer Ebene die Theile der Ebene, welche man durch Verbindung je zweier Puncte durch Gerade erhält, — so auch bei einem Systeme in einer Geraden die Theile derselben, in welche sie durch die darin liegenden Puncte getheilt wird, sich eben so zu einander verhalten, wie die entsprechenden Theile des anderen Systems.

Ueberhaupt also besteht das Eigenthümliche der Affinität in der Gleichheit aller Verhältnisse zwischen den sich entsprechenden Theilen des jedesmaligen Raumes, in welchem die Figuren enthalten sind, nicht auch der Verhältnisse zwischen den sich entsprechenden Begrenzungen der Theile.

---

§. 155. Eben so, wie wir durch die Construction gleicher und ähnlicher und bloss ähnlicher Figuren zu Sätzen geleitet wurden, nach welchen bei einem Systeme von Puncten aus einer gewissen

Anzahl von einander unabhängiger, durch die gegenseitige Lage der Puncte bestimmter Stücke alle übrigen Stücke des Systems gefunden werden konnten: so wird auch die Construction affiner Figuren uns zu neuen Sätzen dieser Art hinführen.

Hatte man ein System von n Puncten A, B, C, D, ... in einer Ebene, und sollte ein demselben affines System construirt werden, so wurden (§. 145) die den ersten drei Puncten A, B, C entsprechenden Puncte A', B', C' nach Belieben genommen. Um aber für einen der übrigen $n-3$ Puncte, z. B. für D, den entsprechenden D' zu finden, wurde D' in der Ebene A', B', C' so bestimmt, dass die zwei Verhältnisse der Dreiecksflächen $D'B'C' : D'C'A'$ und $D'C'A' : D'A'B'$ den Verhältnissen der entsprechenden Dreiecke $DBC : DCA$ und $DCA : DAB$ resp. gleich waren. In Allem wurden daher $2(n-3)$ Verhältnisse von Dreiecksflächen des einen Systems eben so viel Verhältnissen des anderen gleich gemacht, worauf dann erwiesenermassen auch alle anderen Verhältnisse zwischen sich entsprechenden Flächentheilen beider Figuren einander gleich sein mussten. Von den ersteren $2(n-3)$ Verhältnissen müssen folglich alle übrigen Verhältnisse zwischen den Flächentheilen des Systems als Functionen darstellbar sein. Also überhaupt:

Sind bei einem Systeme von n Puncten in einer Ebene, von den gegenseitigen Verhältnissen der Flächentheile, welche durch geradlinige Verbindung je zweier Puncte des Systems entstehen, irgend $2n-6$ von einander unabhängige gegeben, so kann man daraus alle übrigen Verhältnisse dieser Art finden.

Besteht das System nur aus drei Puncten, so wird $2n-6=0$, indem durch Verbindung von drei Puncten nur Eine Fläche, also noch kein Verhältniss zwischen Flächen bestimmt wird. Bei Systemen von 4, 5, 6, 7, 8, ... Puncten werden 2, 4, 6, 8, 10, ... Verhältnisse als gegeben erfordert.

Die Lösung der mancherlei Aufgaben, welche diesem Satze zufolge gebildet werden können, geschieht am bequemsten mittelst des barycentrischen Calculs.

Man nehme von den n Puncten A, B, C, D, ... irgend drei, z. B. A, B, C, zu Fundamentalpuncten, und setze die $n-3$ übrigen Puncte D, E, ... auf erstere bezogen:

$$dA + d'B + C = (d + d' + 1)D,$$
$$eA + e'B + C = (e + e' + 1)E,$$

u. s. w.

Weil dabei der Coefficient von C immer gleich 1 gesetzt ist, so bezeichnen die $2(n-3)$ Buchstaben d, d', e, ... nicht bloss in bestimmten Verhättnissen stehende Zahlen, sondern bestimmte Zahlen selbst. — Aus diesen Gleichungen nun kann man durch successive Elimination der Puncte A, B und C eine Gleichung zwischen je vier anderen Puncten des Systems (D, E, F, G), ableiten, und hieraus nach §. 24, c das Verhältniss je zweier Dreiecke, die eine gemeinschaftliche Seite haben ($DEF : EFG$), durch d, d', e, ... ausgedrückt finden. Durch Verbindung und Zusammensetzung dieser Verhältnisse wird man weiter die $2n - 6$ gegebenen Verhältnisse und ein $(2n - 5)$tes gesuchtes als Functionen von d, d', e, ... darstellen können, und somit $2n - 5$ Gleichungen erhalten, aus denen endlich nach Elimination der $2n - 6$ Hülfsgrössen d, d', e, ... die Gleichung zwischen den gegebenen Verhältnissen und dem gesuchten hervorgeht.

§. 156. Zusatz. Ausser den Verhältnissen zwischen Flächentheilen können die gegebenen und zu suchenden Stücke auch beliebige Functionen jener Verhältnisse sein. Dahin gehören alle diejenigen Verhältnisse und Bedingungen, welche das System mit jedem ihm affinen Systeme gemein hat, also unter anderen die Verhältnisse zwischen den Theilen einer und derselben Geraden (§. 148). Man denke sich nun die n Puncte in einer gewissen Folge, und verbinde hiernach den ersten Punct mit dem zweiten, den zweiten mit dem dritten, etc., und den $n$ten mit dem ersten durch gerade Linien, so erhält man ein System von n von einander unabhängigen Geraden, durch welche umgekehrt die anfänglichen n Puncte bestimmt sind. Alle Verhältnisse folglich, nach denen jede der n Geraden von den $n - 1$ übrigen geschnitten wird, werden sich finden lassen, wenn man irgend $2(n - 3)$ dieser Verhältnisse kennt. Da nun alle Verhältnisse zwischen den Abschnitten einer Geraden, welche durch n in derselben liegende Puncte sich bilden, durch $n - 2$ (§. 143, c), und daher bei $n - 1$ Puncten durch irgend $n - 3$ von einander unabhängige Verhältnisse bestimmt werden, so folgern wir:

Sind bei einem Systeme gerader Linien in einer Ebene die Verhältnisse gegeben, nach denen von irgend zweien dieser Geraden jede für sich von den jedesmal übrigen geschnitten wird, so können daraus die Verhältnisse zwischen den Abschnitten jeder anderen Geraden des Systems, so wie auch die Verhältnisse zwischen den von diesen Geraden begrenzten Figuren gefunden werden.

Dass auch die hierunter begriffenen Aufgaben sich leicht mittelst des barycentrischen Calculs lösen lassen, sieht man von selbst.

§. 157. Beispiele. 1) AB, BC, CD, DA (Fig. 30) sind vier Gerade in einer Ebene, von denen sich AB und CD in E,

AD und BC in F schneiden. Aus den dadurch sich bildenden Verhältnissen

$$AE : EB = a$$

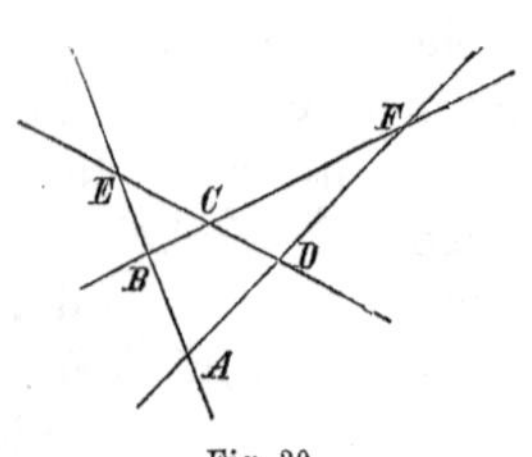

Fig. 30.

in der ersten, und

$$BF : FC = b$$

in der zweiten Geraden, die Verhältnisse

$$CE : ED = x$$

in der dritten, und

$$DF : FA = y$$

in der vierten zu finden.

Man setze:

$$dA + d'B + C = (1 + d + d')D,$$

so ist (§. 24, d):

$$E \equiv dA + d'B \equiv (1 + d + d')D - C,$$
$$F \equiv d'B + C \equiv (1 + d + d') - dA,$$

mithin

$$AE : EB = d' : d = a,$$
$$BF : FC = 1 : d' = b,$$
$$CE : ED = -(1 + d + d') = x,$$
$$DF : FA = -d : 1 + d + d' = y.$$

Hieraus folgt nach Elimination von d und d':

$$1 + x = -\frac{1}{b}\left(1 + \frac{1}{a}\right),$$

d. h.

$$\frac{DC}{DE} = \frac{FC}{FB} \cdot \frac{AB}{AE},$$

und

$$1 + \frac{1}{y} = -a(1 + b),$$

d. h.

$$\frac{DA}{DF} = \frac{EA}{EB} \cdot \frac{CB}{CF}.$$

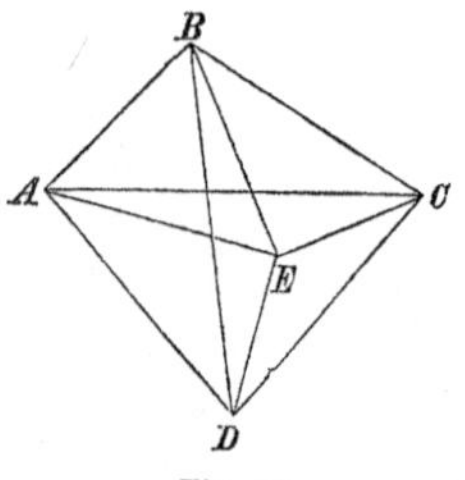

Fig. 31.

2) Bei einem Systeme von fünf Puncten $A, \ldots, E$ in einer Ebene (Fig. 31), aus den vier Verhältnissen von Dreiecken

$$ABC : CDA = p,$$
$$BCD : DAB = q,$$
$$ABE : CDE = r,$$
$$DAE : BCE = s,$$

das Verhältniss

$$DBE : ACE = t$$

zu finden.

Man setze:

$$\text{I)} \qquad dA + d'B + C - d''D = 0,$$

$$\text{II)} \qquad eA + e'B + C - e''E = 0,$$

wo

$$d'' = 1 + d + d' \text{ und } e'' = 1 + e + e'.$$

Durch Elimination von C und A bekommt man:

$$\text{III)} \quad (d - e)A + (d' - e')B - d''D + e''E = 0,$$

$$\text{IV)} \quad (de' - ed')B + (d - e)C + ed''D - de''E = 0.$$

Aus diesen vier Gleichungen fliessen nun folgende Proportionen:

$$BCD : CDA : DAB : ABC = d : -d' : 1 : d'',$$

$$BCE : CEA : EAB = e : -e' : 1,$$

$$BDE : DEA : EAB = d - e : e' - d' : -d'',$$

$$CDE : EBC = de' - ed' : ed'';$$

und hieraus weiter:

$$1) \quad ABC : CDA = -\frac{d''}{d'} = p,$$

$$2) \quad BCD : DAB = d = q,$$

$$3) \quad ABE : CDE = \frac{EAB}{BCE} \cdot \frac{EBC}{CDE} = \frac{d''}{de' - ed'} = r,$$

$$4) \quad DAE : BCE = \frac{DAE}{EAB} \cdot \frac{EAB}{BCE} = \frac{e' - d'}{ed''} = s,$$

$$5) \quad DBE : ACE = \frac{DBE}{EAB} \cdot \frac{EAB}{CEA} = \frac{e - d}{e'd''} = t.$$

Es ist jetzt noch übrig, aus diesen fünf Gleichungen die Hülfsgrössen d, d', e, e' wegzuschaffen. Die Elimination von e und e' aus 3), 4) und 5) giebt:

$$6) \qquad d^2 rs - d'^2 rt + d''^2 st = 1.$$

Sodann ist nach 2): $d = q$, und nach 1):

$$-d'p = d'' = 1 + d + d' = 1 + q + d',$$

folglich

$$d' = -\frac{1+q}{1+p}, \quad d'' = \frac{p(1+q)}{1+p}.$$

Diese Werthe für d, d', d'' in 6) substituirt, erhält man das Resultat:

$$t = \frac{(1+p)^2 (1 - q^2 rs)}{(1+q)^2 (p^2 s - r)}.$$

§. 158. Betrachten wir jetzt ein System von n Puncten im Raume. Irgend vier Puncte dieses Systems zu Fundamentalpuncten genommen, ist jeder der übrigen $n - 4$ Puncte bestimmt durch die drei Verhältnisse, welche in seinem auf die ersteren vier Puncte bezogenen Ausdrucke zwischen den Coefficienten dieser Puncte stattfinden, oder, was dasselbe ist, durch die Verhältnisse zwischen den vier Pyramiden, deren Grundflächen die vier Seiten der Fundamentalpyramide, und deren gemeinschaftliche Spitze der zu bestimmende Punct ist. Von diesen Verhältnissen, deren Gesammtzahl hiernach $3(n-4)$ beträgt, ist aber das gegenseitige Verhältniss je zweier anderer Pyramiden oder körperlicher Figuren überhaupt, die durch Verbindung der Puncte des Systems durch Ebenen entstehen, eine unabhängige Grösse (§. 151). Mithin nach der schon mehrmals angewendeten Schlussfolge:

Wenn bei einem Systeme von n Puncten im Raume je drei Puncte durch Ebenen verbunden werden, und von den Verhältnissen zwischen den durch diese Ebenen begrenzten Theilen des Raumes irgend $3n - 12$ *von einander unabhängige gegeben sind, so kann daraus jedes andere Verhältniss dieser Art gefunden werden.*

Bei einem Systeme von 5, 6, 7, 8, ... Puncten im Raume werden also 3, 6, 9, 12, ... solcher Verhältnisse als gegeben erfordert.

§. 159. Zusatz. Heissen die n Puncte des Systems: A, B, C, D, E, ..., L, M, N. Man verbinde sie in der genannten Ordnung, und indem man auf N wieder A folgen lässt, je drei durch Ebenen, so erhält man ein System von n Ebenen: ABC, BCD, CDE, ..., LMN, MNA, NAB, durch welche hinwiederum die n ersteren Puncte als die Durchschnitte je dreier auf einander folgender Ebenen dieser Reihe, das Ende derselben mit dem Anfang verbunden gedacht, bestimmt werden. Es lassen sich aber alle Verhältnisse finden, nach denen die Durchschnittslinie irgend zweier Ebenen des Systems von den $n-2$ übrigen Ebenen getheilt wird, wenn man irgend $(n-2)-2$ von einander unabhängige dieser Verhältnisse kennt (§. 143, c). Da nun diese Verhältnisse zugleich Functionen der vorhin gedachten Verhältnisse zwischen den Theilen des Raumes sind (§. 153, b), und weil

$$3[(n-2)-2] = 3n-12$$

ist, so ziehen wir den Schluss:

Kennt man bei einem Systeme von Ebenen die Verhältnisse, in denen von irgend drei nicht in derselben Ebene enthaltenen Durch-

schnittslinien der Ebenen, jede dieser Linien von den jedesmal übrigen Ebenen getheilt wird, so kann man daraus alle übrigen Verhältnisse dieser Art, so wie auch die Verhältnisse zwischen den körperlichen von den Ebenen des Systems begrenzten Figuren finden.

§. 160. Man sieht leicht, dass alle aus Sätzen der beiden vorigen §§. entspringenden Aufgaben, auf ähnliche Art, wie in §. 155, mittelst des barycentrischen Calculs gelöst werden können. — Heissen, wie bisher, A, B, C, ... die n Puncte des Systems und werde

$$eA + e'B + e''C + D = (e + e' + e'' + 1)E,$$
$$fA + f'B + f''C + D = (f + f' + f'' + 1)F,$$

u. s. w. gesetzt. Aus diesen $n-4$ Gleichungen lassen sich die gegebenen sowohl als die gesuchten Verhältnisse in Werthen der $3(n-4)$ Hülfsgrössen e, e', e'', f, ... ausdrücken, und aus den somit hervorgehenden Gleichungen, nach Elimination jener Hülfsgrössen, die gesuchten Verhältnisse als Functionen der $3n-12$ gegebenen darstellen.

Um ein einfaches Beispiel hinzuzufügen, so bestehe das System aus 5 Puncten A, ..., E (Fig. 32), und seien von den 4 Verhältnissen, in welchen die 4 Geraden AE, BE, CE, DE von den durch die jedesmal drei übrigen Puncte gelegten Ebenen geschnitten werden, AE von BCD in A', BE von CDA in B', etc., 3 Verhältnisse gegeben und das vierte gesucht. — Aus

$$eA + e'B + e''C + D = \varepsilon E,$$

wo

$$\varepsilon = e + e' + e'' + 1,$$

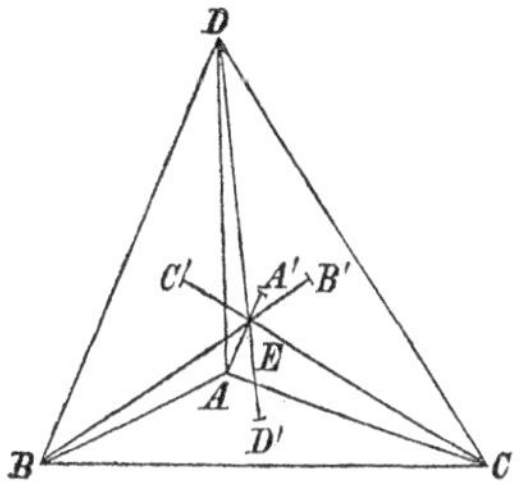

Fig. 32.

folgt (§. 26, d):

$$A' \equiv \varepsilon E - eA, \quad B' \equiv \varepsilon E - e'B, \quad C' \equiv \varepsilon E - e''C, \quad D' \equiv \varepsilon E - D;$$

mithin:

$$\frac{A'E}{A'A} + \frac{B'E}{B'B} + \frac{C'E}{C'C} + \frac{D'E}{D'D} = \frac{e + e' + e'' + 1}{\varepsilon} = 1,$$

wodurch die Aufgabe gelöst ist. — Man kann diese Formel folgendergestalt in Worten ausdrücken:

Verbindet man die vier Spitzen einer dreiseitigen Pyramide $ABCD$ mit irgend einem fünften Puncte E durch Gerade, so ist die Summe der Verhältnisse, in welchen in jeder dieser vier Linien AE, ... die

Entfernungen $A'E$ und $A'A$ des fünften Punctes E und der Pyramidenspitze A von dem Durchschnitte A' mit der gegenüberliegenden Seite BCD der Pyramide zu einander stehen, der Einheit gleich.

Verbindet man die drei Spitzen eines Dreiecks ABC (Fig. 33) mit irgend einem vierten in der Ebene des Dreiecks befindlichen Puncte D, und werden von diesen Linien AD, BD, CD die gegenüberliegenden Seiten des Dreiecks in A', B', C' geschnitten, so findet sich auf gleiche Art:

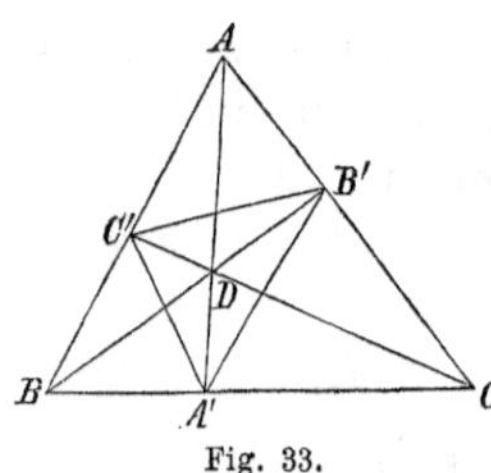

Fig. 33.

$$\frac{A'D}{A'A} + \frac{B'D}{B'B} + \frac{C'D}{C'C} = 1,$$

oder noch etwas einfacher:

$$\frac{A'D}{A'A} + \frac{B'D}{B'B} = \frac{DC}{C'C}.$$

Viertes Capitel.

Von der Gleichheit.

---

§. 161. Zwei Dreiecke pflegt man einander gleich zu nennen, wenn sie einerlei Flächeninhalt haben. In eben dem Sinne nennt man ein Dreieck einem Vierecke, oder einem Kreise, und überhaupt zwei begrenzte ebene Figuren einander gleich, ohne dabei für die begrenzenden Linien selbst eine andere Rücksicht gelten zu lassen, als dass sie gleiche Flächen einschliessen. Gegenwärtig aber will ich Gleichheit der Figuren in einer engeren Bedeutung nehmen, und diesen Ausdruck nur dann anwenden, wenn die Figuren nicht bloss im Ganzen, sondern auch in allen ihren einzelnen Theilen dem Flächeninhalte nach einander gleich sind; oder deutlicher:

Zwei ebene Figuren oder zwei Systeme von Puncten in Ebenen heissen einander gleich, wenn jedem Puncte des einen Systems ein Punct des anderen auf eine solche Weise entspricht, dass je zwei geradlinige Figuren, deren Spitzen sich entsprechende Puncte sind, einerlei Flächeninhalt haben.

Nach dieser Erklärung wird also das Viereck $ABCD$ dem Viereck $A'B'C'D'$ gleich heissen, wenn nicht nur diese Vierecke selbst, sondern auch die in ihnen begriffenen, sich entsprechenden Dreiecke ABC und $A'B'C'$, BCD und $B'C'D'$, etc. dem Flächeninhalte nach einander gleich sind.

Dass ein solches Verhalten bei Figuren, welche einander gleich und ähnlich sind (§. 139), immer stattfinde, bedarf keiner Erörterung. Dass aber diese Gleichheit auch ohne Aehnlichkeit vorhanden sein könne, erhellet aus der eben vorgetragenen Lehre von der Affinität. Denn setzen wir, dass bei zwei affinen Figuren in Ebenen irgend zwei sich entsprechende Flächentheile einander gleich sind, so müssen (§. 145) auch je zwei andere sich entsprechende Flächentheile in dem Verhältnisse der Gleichheit stehen.

§. 162. Auf dieselbe Art wie bei ebenen Figuren, wird nun ferner auch bei Figuren im Raume der Begriff der Gleichheit aus dem der Affinität hervorgehen. Ist nämlich das constante Verhältniss, welches bei zwei affinen körperlichen Figuren zwischen je zwei sich entsprechenden körperlichen Theilen derselben obwalten muss, der Einheit gleich, so werden wir die Figuren selbst einander gleich nennen; oder: zwischen zwei Systemen von Puncten im Raume findet Gleichheit statt, wenn jedem Puncte des einen Systems ein Punct des anderen solchergestalt entspricht, dass je zwei Theile des Raums, deren begrenzende Ebenen durch sich entsprechende Puncte bestimmt werden, einerlei Inhalt haben. — So sind z. B. die zwei Systeme von fünf Puncten im Raume: A, B, C, D, E und A', ..., E' einander gleich, wenn die Pyramiden $ABCD$ und $A'B'C'D'$, $BCDE$ und $B'..E'$, $CDEA$ und $C'..A'$, etc. rücksichtlich ihres Inhalts sich paarweise gleich sind.

Bei Systemen von Puncten endlich, die in geraden Linien liegen, fällt die Gleichheit mit der Gleichheit und Aehnlichkeit zusammen, eben so wie die Affinität zweier solcher Systeme mit der Aehnlichkeit (§. 154).

§. 163. Zusätze. *a*) So wie vorhin der Begriff der Gleichheit aus dem der Affinität abgeleitet wurde, so lässt sich auch umgekehrt die Affinität durch die Gleichheit erklären. Ist nämlich von drei Figuren die erste der zweiten gleich, und die zweite der dritten ähnlich, so ist die erste der dritten affin.

b) Die Gleichheit ist eine eben so specielle Art von der Affinität, als die Gleichheit und Aehnlichkeit von der Aehnlichkeit allein. Bei zwei affinen oder ähnlichen Figuren stehen je zwei sich entsprechende Stücke von gewisser Beschaffenheit in einem constanten aber unbestimmten Verhältnisse, dahingegen bei zwei bloss gleichen oder gleichen und ähnlichen Figuren dieses constante Verhältniss geradezu der Einheit gleich ist. Alles was in §. 148, §. 152 und §. 153 von der Affinität, als der allgemeineren Art von Verwandtschaft, gesagt worden ist, muss daher auch von der Gleichheit gelten.

---

§. 164. Ist ein System von n Puncten $A, B, C, D, \ldots$ in einer Ebene gegeben, und soll ein ihm gleiches $A', B', C', D', \ldots$ construirt werden, so nehme man die Puncte A', B' willkürlich; der Ort von C' ist alsdann eine Gerade, die mit $A'B'$ in einem solchen Abstande parallel läuft, dass die Dreiecksflächen $A'B'C'$ und ABC einander gleich sind. In Betreff der übrigen Puncte $D', E', \ldots$ verfahre man eben so, wie in §. 145 gelehrt wurde.

Hier wird also nächst den bei der Affinität (§. 155) erforderlichen $2n - 6$ von einander unabhängigen Verhältnissen ein Flächentheil selbst noch als gegeben verlangt, und dadurch jeder andere Flächentheil der Figur bestimmt. Denken wir uns nun jedes der $2n - 6$ Verhältnisse als bestehend zwischen diesem gegebenen Flächentheile und einem von $2n - 6$ anderen Flächentheilen, die von einander und von dem gegebenen unabhängig sind, so sind mit diesen $2n - 6$ Verhältnissen zugleich auch die $2n - 6$ anderen Flächentheile, also in Allem $2n - 5$ Flächentheile gegeben, und wir erhalten somit folgenden Satz:

Wenn man bei einem Systeme von n Puncten in einer Ebene je zwei derselben durch Gerade verbindet und von den somit entstehenden geradlinigen Figuren irgend $2n - 5$ *von einander unabhängige ihrem Inhalte nach als gegeben annimmt, so kann man daraus den Inhalt jeder der übrigen finden.*

Besteht also das System aus 4 Puncten, so müssen 3 Figuren gegeben sein; bei 5 Puncten werden 5 Figuren, bei 6 Puncten 7 Figuren, etc. als gegeben verlangt, um daraus die übrigen bestimmen zu können.

§. 165. Beispiele. 1) Seien die in dem Systeme der vier Puncte A, B, C, D (Fig. 33) die drei Dreiecke

$$BCD = a,\quad CAD = b,\quad ABD = c$$

gegeben, so ist (§. 18, c, II):

$$\text{I)}\qquad ABC = a + b + c.$$

Sind ferner A', B', C' die Durchschnitte der Geraden AD und BC, BD und CA, CD und AB, so verhält sich

$$AC' : AB = AC'D : ABD = AC'C : ABC$$

(§. 18, b):

$$= (AC'C - AC'D = ADC) : (ABC - ABD),$$

d. i.

$$AC'D : c = AC'C : a + b + c = b : a + b,$$

folglich

$$\text{II)}\qquad AC'D = \frac{bc}{a+b},$$

$$\text{III)}\qquad AC'C = \frac{b(a+b+c)}{a+b},$$

und eben so

$$DB'A = \frac{bc}{a+c},$$

$$BB'A = \frac{c(a+b+c)}{a+c},$$

$$DC'B = \frac{ac}{a+b},$$

u. s. w.

Man gehe noch weiter und ziehe die Geraden $B'C'$, $C'A'$, $A'B'$, so kann man auch die hiermit entstehenden neuen Dreiecke durch a, b, c ausdrücken. — Es verhält sich:

$$a + b : b = AB : AC' = \left(ABB' = \frac{c(a+b+c)}{c+a}\right) : AC'B',$$

mithin

$$\text{IV)}\qquad C'B'A = \frac{bc(a+b+c)}{(c+a)(a+b)}.$$

Sodann ist:

$$ABD : ADB' = BD : DB' = C'BD : C'DB',$$

d. i.

$$c : \frac{bc}{a+c} = \frac{ac}{a+b} : C'DB',$$

also

$$\text{V)}\qquad B'C'D = \frac{abc}{(c+a)(a+b)} = m(b+c),$$

wenn wir die symmetrische Function

$$\frac{abc}{(b+c)(c+a)(a+b)} = m$$

setzen. Eben so ist

$$C'A'D = m(c+a), \quad A'B'D = m(a+b),$$

folglich

$$A'B'C' = B'C'D + C'A'D + A'B'D = 2m(a+b+c),$$

d. i.

$$\text{VI)} \qquad A'B'C' = \frac{2abc(a+b+c)}{(b+c)(c+a)(a+b)}.$$

Werde noch verlangt, aus den drei Dreiecken

$$C'B'A = p, \quad A'C'B = q, \quad B'A'C = r$$

das Dreieck

$$A'B'C' = x$$

zu bestimmen. — Nach IV) ist

$$p = \frac{bc(a+b+c)}{(c+a)(a+b)},$$

und eben so

$$q = \frac{ca(a+b+c)}{(a+b)(b+c)},$$

$$r = \frac{ab(a+b+c)}{(b+c)(c+a)};$$

nach VI) aber

$$x = \frac{2abc(a+b+c)}{(b+c)(c+a)(a+b)}.$$

Hieraus folgt ganz leicht:

$$pqr = \tfrac{1}{4}x^2(a+b+c).$$

Zugleich aber ist

$$p+q+r+x = ABC = a+b+c;$$

mithin

$$pqr = \tfrac{1}{4}x^2(p+q+r+x),$$

so dass man, um x zu finden, die kubische Gleichung zu lösen hat:

$$x^3 + (p+q+r)x^2 - 4pqr = 0.$$

2) Beliebige fünf Puncte A, B, C, D, E (Fig. 34) in einer Ebene sind je zwei durch gerade Linien verbunden. Aus den Flächen der somit entstehenden fünf Dreiecke

$$EAB = a, \quad ABC = b, \quad BCD = c, \quad CDE = d, \quad DEA = e$$

die Fläche des Fünfecks

$$ABCDE = x$$

zu finden.

Man setze, wie in §. 157, 2:

$$\delta A + \delta' B + C = \delta'' D$$
$$\varepsilon A + \varepsilon' B + C = \varepsilon'' E,$$

und daher

$$(\delta - \varepsilon) A + (\delta' - \varepsilon') B = \delta'' D - \varepsilon'' E.$$

Hieraus folgt:

1) $CDA : DAB = -\delta'$,

2) $ABC : DAB = \delta''$,

3) $CEA : EAB = -\varepsilon'$,

4) $DEA : EAB = \delta' - \varepsilon' : \delta''$;

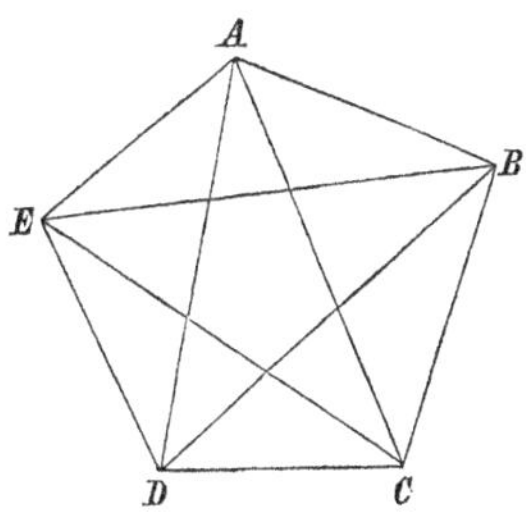

Fig. 34.

und wenn man in 4) die Werthe von δ', δ'', ε' aus 1), 2), 3) substituirt:

5) $ABC \,.\, DEA + EAB \,.\, CDA = CEA \,.\, DAB.$

Nun ist der gewählten Bezeichnung zufolge und mit Hinblick auf die Figur:

$$ABC = b,$$
$$DEA = e,$$
$$EAB = a,$$
$$CDA = x - b - e,$$
$$CEA = x - b - d,$$
$$DAB = x - c - e.$$

Hierdurch wird die Gleichung 5):

$$be + a(x - b - e) = (x - b - d)(x - c - e),$$

und nach gehöriger Reduction:

$$x^2 - (a + b + c + d + e)x + ab + bc + cd + de + ea = 0,$$

wonach also der Aufgabe, wenn diese Gleichung mögliche Wurzeln hat, im Allgemeinen zwei verschiedene Werthe für die Fünfecksfläche Genüge leisten. Hat man diese Werthe berechnet, so kann nun für den einen oder den anderen das Fünfeck $ABCDE$ selbst auf folgende Weise construirt werden.

Man nehme A und B willkürlich und ziehe mit AB in einem Abstande

$$= b : 2AB = ABC : 2AB$$

eine Parallele, in welcher man C nach Belieben bestimme. Man ziehe ferner mit AB eine Parallele in dem Abstande

$$x - c - e : 2AB = ABD : 2AB,$$

und mit BC eine Parallele in dem Abstande

$$c : 2BC = BCD : 2BC,$$

so wird D der Durchschnitt dieser zwei Parallelen sein. Nur bemerke man, dass erstere (letztere) Parallele mit C (A) auf einerlei Seite von AB (BC) oder auf der entgegengesetzten liegen muss, je nachdem $x - c - e$ (c) mit b einerlei oder verschiedene Vorzeichen hat. Auf dieselbe Art wie D kann nun auch E mittelst der ihrem Inhalte nach gegebenen Dreiecke

$$ABE = a \text{ und } BCE = x - a - d$$

gefunden werden.

Anmerkungen. Das Fünfeck $ABCDE$ in Fig. 34 ist von der Beschaffenheit, dass der Perimeter desselben, ohne sich selbst zu schneiden, in sich zurückkehrt. Man sieht aber bald, dass man bei der eben gelehrten Construction sehr oft auch solche Fünfecke bekommen wird, deren Perimeter Doppelpuncte, Durchschnittspuncte mit sich selbst, enthält. (Von dieser Form sind die Fünfecke in Fig. 35 mit einem, in Fig. 36 mit zwei, in Fig. 37 mit drei, in Fig. 38 mit fünf Doppelpuncten.) Aus dem Vorigen ist leicht abzunehmen, was man unter dem Inhalte eines solchen Fünfecks zu verstehen hat.

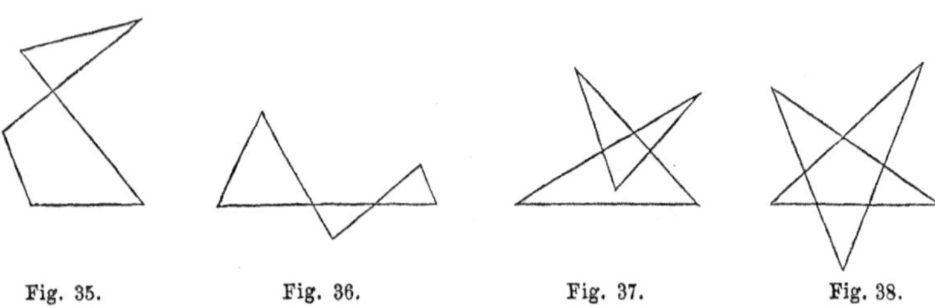

Fig. 35. Fig. 36. Fig. 37. Fig. 38.

Immer nämlich werden die Formeln mit der Construction in Uebereinstimmung sein, wenn man die Fläche des Fünfecks $ABCDE$ als die Summe der Dreiecke $DEA + DAB + DBC$ oder $EAB + EBC + ECD$, etc., mit gehöriger Berücksichtigung der Vorzeichen dieser Dreiecke (§. 17), definirt.

Dass diese Summen, von denen die eine aus der anderen durch Verwandlung der Buchstaben in die nächst höheren entspringt, bei einem und demselben Fünfecke dessen Flächeninhalte gleich, und folglich auch unter einander gleich sind, begreift man bei einem Fünfecke, dessen Perimeter von einer Geraden in nicht mehr als zwei Puncten geschnitten werden kann, ohne weitere Erörterung. Ist aber das Fünfeck von nicht so einfacher Form, so bedarf die Gleichheit jener Summen eines Beweises, der sich folgendergestalt führen lässt.

Zuerst behaupte ich, dass die Summe der fünf Dreiecke

$$1) \quad \Sigma = PAB + PBC + PCD + PDE + PEA$$

immer dieselbe bleibt, wo auch der Punct P in der Ebene der fünf Puncte $A, \ldots, E$ genommen werden mag. Denn, weil

$$PCA + PAC = 0 \text{ und } PDA + PAD = 0,$$

(§. 18, a), so hat man auch

$$2) \quad \Sigma = PAB + PBC + PCA + PAC + PCD + PDA + PAD + PDE + PEA.$$

Nun ist nach §. 18, *c*

$$PAB + PBC + PCA = ABC,$$

und eben so die Summe der drei folgenden Glieder $= ACD$, und die Summe der drei letzten $= ADE$, folglich

$$3) \quad \Sigma = ABC + ACD + ADE,$$

und daher Σ unabhängig von der Lage des Punctes P. Dieser unveränderliche Werth von Σ muss daher auch stattfinden, wenn man in 1) P mit einem der fünf Puncte selbst identisch annimmt. In der That, lässt man P mit A zusammenfallen, so werden die Dreiecke PAB und PEA null, und Σ reducirt sich auf den letzterhaltenen Ausdruck 3). Nimmt man aber P mit D oder E identisch, so kommen die vorhin gedachten Summen $DEA + \ldots$, $EAB + \ldots$ Von welcher Gestalt daher auch das Fünfeck $ABCDE$ sein mag, so haben diese Summen doch einerlei Werth unter sich, einen Werth, der, wenn der Perimeter keine Doppelpuncte hat, der Flächeninhalt des Fünfecks ist, und der folglich, wenn man die Untersuchung auf Fünfecke mit Doppelpuncten ausdehnt, als der Inhalt auch dieser Figuren anzusehen ist.

Man sieht leicht, wie diese Betrachtungen sich verallgemeinern lassen, so dass überhaupt bei einem n-Ecke $AB \ldots MN$ die Summe der n Dreiecksflächen

$$PAB + PBC + \ldots + PMN + PNA$$

von der Lage des Punctes P ganz unabhängig ist und zugleich den Flächeninhalt des Vielecks vorstellt, von welcher Form dieses auch sein mag.

§. 166. Zusätze. Die im letzten Beispiele gefundene Relation:

$$ABC \,.\, DEA + EAB \,.\, CDA = CEA \,.\, DAB$$

lässt sich folgendergestalt aussprechen:

Von sechs Dreiecken in einer Ebene, welche eine gemeinschaftliche Spitze (A) *und die vier Seiten und zwei Diagonalen eines Vierecks* ($BCDE$) *zu Grundlinien haben, ist die Summe der zwei Producte aus den Dreiecken über den gegenüberliegenden Seiten* (BC *und* DE, BE *und* CD) *gleich dem Producte aus den Dreiecken über den Diagonalen* (BD *und* CE).*)

b) Schreibt man die sechs Dreiecke so, dass A in jedem der erste Buchstabe wird, und bringt alle Glieder auf eine Seite, so

*) Man wird sich hierbei des der Form nach sehr ähnlichen Satzes erinnern, dass, wenn um ein Viereck $BCDE$ ein Kreis beschrieben werden kann,

$$BC \,.\, DE + BE \,.\, CD = BD \,.\, CE$$

ist.

kommt (§. 18, a):

$$ABE \,.\, ACD + ACE \,.\, ADB + ADE \,.\, ABC = 0,$$

eine Formel, deren Symmetrie rücksichtlich A, E und BCD in die Augen fällt.

c) Es verdient diese Relation noch um deswillen eine besondere Aufmerksamkeit, weil mittelst derselben allein alle Aufgaben, wo bei einem Systeme von n Puncten $A, \ldots, N$ in einer Ebene aus $2n-5$ Figuren eine $(2n-4)$te gefunden werden soll, ohne weiteres gelöst werden können. — Man setze das Dreieck $ABC = a$, die $n-3$ Dreiecke ABD, ABE, ABF, ... resp. $= d, e, f, \ldots$, und die $n-3$ Dreiecke ACD, ACE, ACF, ... resp. $= d', e', f', \ldots$; so lässt sich mittelst dieser $2n-5$ Dreiecke $a, d, d', e, \ldots$ jedes andere Dreieck des Systems, welches A zur Spitze hat, z. B. AEH, bestimmen. Denn bei dem Vierecke $BCEH$ sind a, e, h, e', h' die Dreiecke über den Seiten und Diagonalen BC, BE, BH, CE, CH, woraus sich dann nach dem obigen Satze das Dreieck AEH über der Seite EH finden lässt. Da nun die Fläche jeder geradlinigen Figur in der Ebene des Systems, durch Verbindung der Spitzen der Figur mit A, einem Aggregate von Dreiecken gleich zu achten ist, welche A zur gemeinschaftlichen Spitze haben, so kann man jede der $2n-5$ gegebenen und die $(2n-4)$te Figur in Werthen von $a, d, d', e, \ldots$ ausdrücken, und aus den somit sich bildenden $2n-4$ Gleichungen durch Elimination jener $2n-5$ Hülfsgrössen $a, d, \ldots$ den Inhalt der gesuchten Figur in Werthen der gegebenen Figuren finden.

---

§. 167. Ist ein System von Puncten $A, B, C, D, \ldots$ im Raume gegeben, und soll ein ihm gleiches $A', B', C', D', \ldots$ construirt werden, so nehme man die drei ersten Puncte A', B', C' nach Willkür und den vierten D' in einer Ebene, welche mit $A'B'C'$ in einem solchen Abstande parallel läuft, dass eine Pyramide, welche in der Ebene ihre Spitze und $A'B'C'$ zur Grundfläche hat, der Pyramide $ABCD$ gleich ist. Jeder der übrigen Puncte $E, \ldots$ wird hierauf eben so, wie in §. 150 bei Construction eines affinen Systems gefunden.

§. 168. Erwiesenermassen kann man bei einem Systeme von n Puncten im Raume aus irgend $3n-12$ von einander unabhängigen Verhältnissen zwischen körperlichen Theilen alle übrigen Verhältnisse von derselben Art ableiten. Nun werden zur Bildung von $3n-12$ von einander unabhängigen Verhältnissen wenigstens

$3n-11$ von einander unabhängige Grössen erfordert. Sind daher die Verhältnisse zwischen $3n-11$ von einander unabhängigen Theilen gegeben, so kann man daraus die Verhältnisse derselben zu den übrigen Theilen, und mithin, wenn überdies von einem der $3n-11$ Theile der Inhalt selbst gegeben ist, den Inhalt jedes anderen finden. — Wir erhalten hierdurch folgenden auf die Natur der Gleichheit körperlicher Figuren gegründeten Satz:

Werden bei einem Systeme von n Puncten im Raume je drei derselben durch Ebenen verbunden, und sind von den somit entstehenden Theilen des Raumes irgend $3n-11$ *von einander unabhängige ihrem Inhalte nach gegeben, so kann man daraus den Inhalt jedes der übrigen bestimmen.*

§. 169. Beispiel. Bestehe das System aus 5 Puncten A, B, C, D, E, und seien die $3 \,.\, 5-11=4$ Pyramiden $EBCD$, $ECDA$, $EDAB$, $EABC$ gegeben, welche E zur gemeinschaftlichen Spitze und die Seiten der Pyramide $ABCD$ zu Grundflächen haben, ihrem Inhalte nach gegeben. Die Seiten BCD, CDA, ... dieser Pyramide werden von den Geraden, welche die gegenüberliegenden Spitzen A, B, ... mit E verbinden, resp. in A', B', C', D' geschnitten; man verlangt den Inhalt der Pyramide $A'B'C'D'$ (Fig. 32).

Man setze

$$BCDE=a, \quad CDEA=b, \quad DEAB=c, \quad EABC=d,$$

und

$$a+b+c+d=-ABCD \ (\S.\ 20, d) = e,$$

so ist (§. 26, b):

$$aA+bB+cC+dD=eE,$$

folglich (§. 26, d):

$$\begin{aligned} eE-aA &= (e-a)A', \\ eE-bB &= (e-b)B', \\ eE-cC &= (e-c)C', \\ eE-dD &= (e-d)D'; \end{aligned}$$

und wenn man diese fünf Gleichungen addirt:

$$3eE=(e-a)A'+(e-b)B'+(e-c)C'+(e-d)D'.$$

Hiernach verhält sich (§. 20, b):

$$\begin{aligned} EABC &: EA'BC = EA : EA' = e-a : -a, \\ EA'BC &: EA'B'C = EB : EB' = e-b : -b, \\ EA'B'C &: EA'B'C' = EC : EC' = e-c : -c, \\ EA'B'C' &: A'B'C'D' = e-d : -3e, \end{aligned}$$

(§. 25), folglich

$$EABC : A'B'C'D' = (e-a)(e-b)(e-c)(e-d) : 3abce;$$

und weil $EABC = d$, und wenn man für e wieder $a+b+c+d$ schreibt:

$$A'B'C'D' = \frac{3abcd(a+b+c+d)}{(b+c+d)(c+d+a)(d+a+b)(a+b+c)}.$$

§. 170. Statt mehrerer Beispiele will ich zwei Relationen zwischen Pyramiden noch mittheilen, welche für die hierher gehörigen Aufgaben von demselben Nutzen sein werden, als es für ebene Figuren die Relation in §. 166 zwischen Dreiecken war.

Seien A, B, C, D, E, F, G beliebige sieben Puncte im Raume. Die vier ersten zu Fundamentalpuncten genommen, seien die Ausdrücke der drei letzten:

$$\begin{aligned} aA + bB + cC + dD &= eE, \\ a'A + b'B + c'C + d'D &= fF, \\ a''A + b''B + c''C + d''D &= gG. \end{aligned}$$

Man eliminire aus den zwei ersten dieser Gleichungen zuerst A und sodann B, so kommt:

$$\begin{aligned} (ab'-a'b)B - (ca'-c'a)C + (ad'-a'd)D + a'eE - afF &= 0, \\ (ab'-a'b)A - (bc'-b'c)C + (b'd-bd')D - b'eE + bfF &= 0. \end{aligned}$$

Mithin verhält sich:

$$\begin{aligned} CDEF : DEFB &= ab'-a'b : -(ca'-c'a), \\ CDEF : DEFA &= ab'-a'b : -(bc'-b'c), \end{aligned}$$

folglich, weil (§. 20, a):

$$DEFB = -BDEF, \quad DEFA = -ADEF,$$

$$ADEF : BDEF : CDEF = bc'-b'c : ca'-c'a : ab'-a'b;$$

auch verhält sich zufolge des Ausdrucks für E:

$$\begin{aligned} a : b : c &= BCDE : CDEA : DEAB \\ &= BCDE : CADE : ABDE. \end{aligned}$$

Da nun immer

$$a(bc'-b'c) + b(ca'-c'a) + c(ab'-a'b) = 0,$$

so bekommt man folgende zwischen ABC, DE und F ganz symmetrische Formel:

$$\text{I)} \quad ADEF \,.\, BCDE + BDEF \,.\, CADE + CDEF \,.\, ABDE = 0.$$

Schreibt man sie unter der Gestalt:

$$AFDE \,.\, BCDE + ABDE \,.\, CFDE = ACDE \,.\, BFDE,$$

so kann man sie folgendermassen in Worte fassen:

Von sechs dreiseitigen Pyramiden, welche eine gemeinschaftliche Kante (DE) und die vier Seiten und zwei Diagonalen eines, im Allgemeinen nicht in einer Ebene liegenden, Vierecks (ABCF) zu den, der gemeinschaftlichen Kante gegenüberstehenden, Kanten haben, ist die Summe der zwei Producte aus den Pyramiden über den gegenüberliegenden Seiten des Vierecks gleich dem Producte aus den Pyramiden über den Diagonalen; — ein Satz, der dem in §. 166, Zusätze für Dreiecke aufgestellten, wie man sieht, völlig analog ist.

§. 171. Eine zweite Relation dieser Art ergiebt sich, wenn man aus den obigen Ausdrücken für E, F und G zwei Fundamentalpuncte immer zugleich eliminirt. Es lässt sich aber diese Rechnung durch dasselbe Mittel, dessen wir uns in §. 50, a in einem ganz ähnlichen Falle bedienten, sehr vereinfachen. Sind nämlich v und w zwei von einander unabhängige Veränderliche, und haben p, q, r, s, α, β, γ, δ dieselbe Bedeutung, wie dort, dass also auch:

$$\alpha p + \beta q + \gamma r + \delta s = 0$$

ist, so kommt, wenn man die Ausdrücke für E, F, G resp. mit 1, v, w, multiplicirt und hierauf addirt:

$$pA + qB + rC + sD = eF + vfF + wgG.$$

Bestimmt man nun v und w erstlich so, dass p und q zugleich gleich 0 werden, so erhält man:

$$\gamma r + \delta s = 0, \quad rC + sD - eE - vfF - wgG = 0;$$

folglich:

$$\delta : -\gamma = r : s = DEFG : EFGC,$$

oder

$$CEFG : DEFG = \gamma : \delta.$$

Lässt man auf gleiche Weise q und r, und hierauf r und s zugleich gleich 0 werden, so findet sich, Alles zusammengenommen:

$$AEFG : BEFG : CEFG : DEFG = \alpha : \beta : \gamma : \delta.$$

Sodann verhält sich vermöge des Ausdrucks für G:

$$BCDG : -CDAG : DABG : -ABCG = a'' : b'' : c'' : d''.$$

Es war aber nach §. 50:

$$\alpha a'' + \beta b'' + \gamma g'' + \delta d'' = 0,$$

folglich:

$$\text{II)} \quad AEFG \,.\, BCDG - BEFG \,.\, CDAG + CEFG \,.\, DABG - DEFG \,.\, ABCG = 0,$$

eine Relation zwischen acht Pyramiden bei einem Systeme von sieben Puncten im Raume. — Die vier Pyramiden, welche in jedem der vier Producte zuerst stehen, haben das Dreieck EFG zur gemeinschaftlichen Grundfläche, und die Puncte A, B, C, D der Reihe nach zu Spitzen. Von den vier anderen Pyramiden sind die Seiten der Pyramide $ABCD$ die Grundflächen und G die gemeinschaftliche Spitze.

Nimmt man an, dass die sechs Puncte $A, \ldots, F$ in einer Ebene liegen, so sind die Pyramiden ihren in diese Ebene fallenden Seiten proportional. Bei einem Systeme von sechs Puncten in einer Ebene muss folglich sein:

$$AEF \,.\, BCD - BEF \,.\, CDA + CEF \,.\, DAB - DEF \,.\, ABC = 0,$$

eine Relation zwischen acht Dreiecken, zu der man auch unmittelbar gekommen sein würde, hätte man in den obigen Gleichungen für G Null gesetzt.

Von der Affinität und Gleichheit krummer Linien und Flächen.

§. 172. Da in diesem sowohl, als dem vorigen Capitel nur Systeme von geraden Linien und Ebenen betrachtet worden sind, so bleibt noch übrig, auch über Curven und krumme Flächen, insofern sie in den jetzt erörterten Beziehungen zu einander stehen, Einiges hinzuzufügen.

Einer Curve in einer Ebene,

$$pA + qB + rC,$$

ist eine andere,

$$pA' + qB' + rC',$$

affin, wenn in beider Ausdrücken die Coefficienten p, q, r dieselben Functionen einer Veränderlichen bedeuten. Haben überdies die Dreiecke ABC und $A'B'C'$ gleichen Inhalt, so sind die Curven einander gleich. Giebt man der Veränderlichen in beiden Ausdrücken einen und denselben Werth, so erhält man sich entsprechende Puncte der Curven. Auch werden die an entsprechende Puncte der Curven gezogenen Tangenten sich entsprechende Gerade sein (§. 153, a). Je zwei in oder um die affinen Curven beschriebene Vielecke, deren Spitzen oder Berührungspuncte sich entsprechende Puncte in derselben Folge sind, stehen mithin in dem Verhältnisse der Dreiecke $ABC : A'B'C'$. Da ferner jeder Bogen als zusammengesetzt aus unendlich vielen und unendlich kleinen Geraden angesehen werden kann, so werden auch die von sich entsprechenden

Sehnen abgeschnittenen Segmente, so wie die Flächen, welche von sich entsprechenden Bögen und den an die Endpuncte derselben gelegten Tangenten begrenzt werden, folglich auch die von den Curven selbst eingeschlossenen Flächen, wenn anders die Curven in sich zurücklaufen, sich wie $ABC : A'B'C'$ verhalten, also bei gleichen Curven einander gleich sein.

§. 173. Sind zwei affine Curven gegeben, so ist in der Regel mit jedem Puncte der einen Linie auch der entsprechende Punct in der anderen gegeben. Eine Ausnahme hiervon machen die Kegelschnitte, wo das erste Paar sich entsprechender Puncte nach Belieben gewählt werden kann.

Man habe z. B. zwei Ellipsen. Nimmt man in jeder derselben zwei zusammengehörige Halbmesser CA und CB, $C'A'$ und $C'B'$ zu den Fundamentalseiten, so sind die Ausdrücke dieser Curven:

$$2vA + (1 - v^2)B - 2v(1 - v)C$$

und

$$2vA' + (1 - v^2)B' - 2v(1 - v)C'$$

(§. 130, 4). Je zwei Ellipsen sind folglich einander affin, können aber, weil A' durch A nicht bestimmt wird, sondern der Willkür überlassen bleibt, auf unzählige Weisen als affine Figuren mit einander verglichen werden. Dabei verhalten sich je zwei einander entsprechende Flächentheile, folglich auch die ganzen Ellipsenflächen, wie die Dreicke ABC und $A'B'C'$. Diese Dreiecke müssen folglich zu den Ellipsenflächen selbst in einem constanten Verhältnisse stehen, wie auch die zusammengehörigen Halbmesser genommen werden mögen; folglich in constantem Verhältnisse auch die Vierfachen dieser Dreiecke; welches den bekannten Satz giebt, *dass in einer Ellipse alle Parallelogramme, deren Diagonalen zwei zusammengehörige Durchmesser sind, gleiche Grösse haben.*

Sind die Dreiecke ABC und $A'B'C'$ einander gleich, so sind es auch die Ellipsen und begrenzen gleiche Flächen; und umgekehrt ist jede einer Ellipse gleiche Figur eine Ellipse, welche mit der ersteren gleichen Inhalt hat.

Auf eben die Art folgt aus dem von unbestimmten Constanten freien Ausdrucke für die Hyperbel:

$$-2vA + (1 + v^2)B + 2v(1 - v)C$$

(§. 134, 2), wobei CB ein reeller und CA der zugehörige imaginäre Halbmesser ist, dass je zwei Hyperbeln auf unendlich viele Weisen als einander affine Figuren sich betrachten lassen, und dass jede einer Hyperbel affine oder gleiche Figur ebenfalls eine Hyperbel ist.

Dasselbe wird endlich auch für die Parabel gelten. Aber noch mehr: bei zwei Parabeln kann nicht nur das erste, sondern auch das zweite Paar sich entsprechender Puncte nach Willkür genommen werden. Denn seien A und C irgend zwei Puncte der einen Parabel. Man ziehe an dieselbe in A und C zwei Tangenten, welche sich in B schneiden, so ist, A, B, C zu Fundamentalpuncten genommen, der Ausdruck der Curve, als eines Kegelschnitts, welcher in A und C von AB und CB berührt wird:

$$\alpha A + vB + v^2 C$$

(§. 64, 3). Weil aber bei der Parabel die Summe der Coefficienten ein Quadrat ist, so muss $\alpha = \frac{1}{4}$ sein, und folglich der Ausdruck:

$$\tfrac{1}{4}A + vB + v^2 C.$$

Auf gleiche Art seien A' und C' zwei beliebige Puncte der anderen Parabel und B' der Durchschnitt der zwei in diesen Puncten an die Curve gezogenen Tangenten, so ist

$$\tfrac{1}{4}A' + vB' + v^2 C'$$

der Ausdruck dieser zweiten Parabel. Lässt man nun A' dem A und C' dem C entsprechen, so geben die beiden Ausdrücke alle anderen Paare sich entsprechender Puncte, und je zwei sich entsprechende Flächentheile werden sich wie ABC zu $A'B'C'$ verhalten.

Statt dass also bei zwei Ellipsen oder Hyperbeln mit diesen Curven selbst auch das Verhältniss ihrer sich entsprechenden Flächentheile gegeben ist, bleibt hier dieses Verhältniss durchaus unbestimmt, indem mit der verschiedenen Annahme der ganz beliebig zu wählenden Puncte A' und C' auch das Verhältniss der Dreiecke ABC und $A'B'C'$ sich ändert. *Je zwei Parabeln lassen sich daher auch als einander gleiche Figuren betrachten, wenn man nur, was auf unzählige Weisen möglich ist, die Puncte A' und C' so bestimmt, dass jene Dreiecke gleichen Inhalt bekommen.*

§. 174. Es lassen sich aus dieser Eigenthümlichkeit der Parabeln mehrere sehr merkwürdige Folgerungen ableiten.

1) Ist $ABC = A'B'C'$ (Fig. 39), so sind auch die parabolischen Segmente über AC und $A'C'$ einander gleich. Jedes parabolische Segment muss folglich zu dem Dreiecke, welches von der Sehne und den an die Endpuncte derselben gelegten Tangenten gebildet wird, in einem constanten Verhältnisse $1 : m$ stehen.

2) Unter derselben Annahme, dass $ABC = A'B'C'$ ist, seien E und E' zwei zwischen AC und $A'C'$ in den Parabeln so genommene Puncte, dass die Segmente über AE und $A'E'$ einander gleich sind,

so sind E und E' sich entsprechende Puncte, und folglich auch die Segmente über EC und $E'C'$ einander gleich. Zwischen den drei Segmenten über den Seiten AC, AE, EC eines in eine Parabel beschriebenen Dreiecks muss folglich eine Gleichung obwalten, so dass aus zweien derselben ohne weiteres das dritte gefunden werden kann.

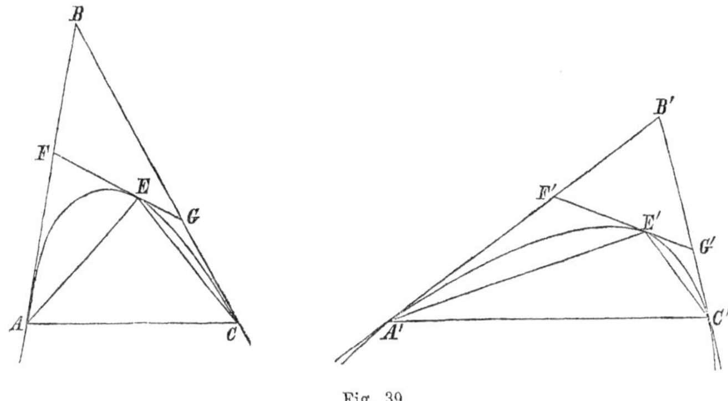

Fig. 39.

Man lege an E eine Tangente, welche AB und BC in F und G schneide, so ist, wenn wir das Segment über AC mit (AC), etc. bezeichnen:

$$m(AC) = ABC, \quad m(AE) = AFE, \quad m(EC) = EGC.$$

Dieselbe Gleichung, welche zwischen den drei Segmenten obwaltet, muss folglich auch zwischen diesen, den Segmenten proportionalen, Dreiecken bestehen. Wir werden in der Folge (§. 262) sehen, dass

$$ABC^{\frac{1}{3}} = AFE^{\frac{1}{3}} + EGC^{\frac{1}{3}};$$

mithin wird auch sein:

$$\text{I)} \qquad (AC)^{\frac{1}{3}} = (AE)^{\frac{1}{3}} + (EC)^{\frac{1}{3}},$$

d. h.

Bei einem in eine Parabel beschriebenen Dreiecke ist die Cubikwurzel aus dem grössten der über den Seiten liegenden Segmente der Summe der Cubikwurzeln aus den beiden anderen Segmenten gleich.

3) Cubirt man die Gleichung I), so kommt:

$$(AC) = (AE) + (EC) + 3(AE)^{\frac{1}{3}}(EC)^{\frac{1}{3}}\left[(AE)^{\frac{1}{3}} + (EC)^{\frac{1}{3}}\right]$$
$$= (AE) + (EC) + 3(AE)^{\frac{1}{3}}(EC)^{\frac{1}{3}}(AC)^{\frac{1}{3}},$$
$$(AC) - (AE) - (EC) = AEC,$$
$$\text{II)} \qquad AEC = 3(AE)^{\frac{1}{3}}(EC)^{\frac{1}{3}}(AC)^{\frac{1}{3}},$$

d. h.

Ein in eine Parabel beschriebenes Dreieck ist gleich dem dreifachen Producte der Cubikwurzeln aus den Segmenten über den drei Seiten.

4) In dem speciellen Falle, wo FG mit AC parallel geht, ist E der Mittelpunct von FG*), und als der der Doppelordinate AC zugehörige Scheitel zu betrachten. Alsdann sind die Dreiecke AFE und EGC, mithin auch die Segmente (AE) und (EC) einander gleich, und die Gleichung I) wird:

$$(AC)^{\frac{1}{3}} = 2(AE)^{\frac{1}{3}},$$

woraus weiter

$$(AC) = 8(AE), \quad (AC) - 2(AE) = 6(AE),$$

d. i.

$$AEC = \tfrac{3}{4}(AC)$$

folgt, also:

Ein in eine Parabel beschriebenes Dreieck, dessen Spitze der der Grundlinie, als Doppelordinate, zugehörige Scheitel ist, verhält sich zu dem Parabelsegment über der Grundlinie, wie drei zu vier.

(Archimedes Quadratur der Parabel, 17. und 24. Satz.)

5) Unter derselben Voraussetzung, dass FG mit AC parallel läuft, ist F der Mittelpunct von AB, so wie G von BC, folglich

$$\tfrac{3}{4}(AC) = AEC = AFC = \tfrac{1}{2}ABC,$$

also

$$\text{III)} \qquad (AC) = \tfrac{2}{3}ABC,$$

d. h.

---

*) Der Beweis hiervon lässt sich mittelst des barycentrischen Calculs so führen. — Sei für den Punct E, $v = v'$, also

$$E \equiv \tfrac{1}{4}A + v'B + v'^2 C.$$

Die an E gelegte Tangente hat den Ausdruck:

$$\tfrac{1}{4}A + (v' + x)B + (v'^2 + 2v'x)C,$$

und schneidet folglich die Fundamentallinien in den Puncten:

$$\tfrac{1}{4}A - v'^2 C, \quad \tfrac{1}{4}A + \tfrac{1}{2}v'B \equiv F, \quad B + 2v'C \equiv G,$$

für

$$x = -v', \quad = -\tfrac{1}{2}v', \quad = \infty.$$

Läuft nun die Tangente mit AC parallel, so ist der erste dieser drei Puncte unendlich entfernt, also $v' = \frac{1}{2}$, wodurch

$$2F = A + B \text{ und } 2G = B + C$$

wird, folglich AB und BC in F und G halbirt werden.

Endlich wird für $v' = \frac{1}{2}$:

$$E \equiv \tfrac{1}{4}A + \tfrac{1}{2}B + \tfrac{1}{4}C \equiv (A + B) + (B + C) \equiv F + G,$$

also E der Mittelpunct von FG.

Ein Parabelsegment ist zwei Dritteln des Dreiecks gleich, welches von der Sehne des Segments und den an die Endpuncte der Sehne gelegten Tangenten begrenzt wird.

Es ist demnach das obige $m = \frac{3}{2}$.

6) Sei E wiederum ein beliebiger Punct der Parabel zwischen A und C. Man multiplicire die Gleichung

$$AEC = (AC) - (AE) - (EC)$$

mit $m = \frac{3}{2}$, so kommt:

$$\tfrac{3}{2}AEC = ABC - AFE - EGC = AEC + FBG,$$

folglich:

$$\text{IV)} \qquad AEC = 2FBG,$$

d. h.

Ein in eine Parabel beschriebenes Dreieck ist dem Doppelten des umschriebenen Dreiecks gleich, dessen Seiten die Parabel in den Spitzen des ersten Dreiecks berühren.

Es wird dieser Satz in der Folge noch auf eine andere, von dem Vorigen unabhängige Weise bewiesen werden, woraus sich dann umgekehrt der Werth des constanten m und somit ebenfalls die Quadratur der Parabel finden lässt (§. 262).

Anmerkung. Da ein unendlich kleiner Bogen einer jeden Curve immer als ein Stück einer Parabel angesehen werden kann, so werden die Sätze 2) bis 6) auch *für alle anderen Curven* gelten, sobald man die Puncte A, E, C einander unendlich nahe nimmt. So wird z. B. jedes unendlich kleine Segment einer Curve zwei Drittel des Dreiecks sein, welches die Sehne und die an die Endpuncte derselben gezogenen Tangenten zu Seiten hat. Auch wird der Durchschnittspunct dieser Tangenten noch einmal so weit, als der Mittelpunct des unendlich kleinen Bogens, von der Sehne entfernt sein.

§. 175. Einer krummen Fläche

$$pA + qB + rC + sD$$

ist eine andere affin, wenn sich der Ausdruck der letzteren auf die Form

$$pA' + .. + sD'$$

bringen lässt, so dass p, q, r, s in beiden Ausdrücken die nämlichen Functionen zweier Veränderlichen sind. Sich entsprechende Puncte beider Flächen sind diejenigen, für welche die zwei Veränderlichen in dem einem Ausdrucke dieselben bestimmten Werthe wie in dem anderen haben. Berührende Ebenen an sich entsprechende Puncte gelegt entsprechen einander gleichfalls. Setzt man in beiden Ausdrücken zwischen den zwei Veränderlichen eine und dieselbe Relation fest, so bekommt man die Ausdrücke zweier in den Flächen liegenden und sich entsprechenden Linien. Ist die eine derselben eine Gerade, so ist es auch die andere; etc. Je zwei sich entsprechende Theile des Raums, d. h. solche, die von sich entsprechenden Ebenen gebildet werden, oder auch sich entsprechende Theile der Flächen selbst zu Grenzen haben, stehen in dem Verhältnisse der Pyramiden $ABCD$ und $A'B'C'D'$ zu einander. Haben letztere gleichen Inhalt, so heissen die Flächen einander gleich.

§. 176. Nimmt man bei einem hyperbolischen Hyperboloid den Mittelpunct und die Endpuncte drei zusammengehöriger Halbmesser zu den vier Fundamentalpuncten, so ist der Ausdruck dieser Fläche der in §. 134, 2 gefundene:

$$(1 - vw)A + \ldots$$

Da hierin keine unbestimmten Constanten vorkommen, so schliessen wir, dass nicht nur jede einem hyperbolischen Hyperboloid affine oder gleiche Fläche wiederum ein hyperbolisches Hyperboloid, sondern auch je zwei hyperbolische Hyperboloide einander affin sind und auf unendlich viele Weisen sich als solche betrachten lassen, weil das erste Paar sich entsprechender Halbmesser DA und $D'A'$ nach Belieben genommen werden kann. — Das Nämliche wird auch von den elliptischen Hyperboloiden und den Ellipsoiden gelten. Uebrigens ist bei jeder dieser drei Flächen die Pyramide, welche drei zusammengehörige Halbmesser zu anliegenden Kanten hat, von constanter Grösse, woraus zu schliessen, dass, wie auch das erste Paar sich entsprechender Puncte genommen werden mag, das constante Verhältniss zwischen sich entsprechenden Raumtheilen sich dadurch nicht ändert. Bei dem Ellipsoid erhellet dies auf ähnliche Weise, wie oben bei der Ellipse.

So wie aber die Parabel, so besitzen auch das elliptische und das hyperbolische Paraboloid die merkwürdige Eigenschaft, dass das constante Verhältniss zwischen sich entsprechenden Räumen nach Willkür bestimmt werden kann.

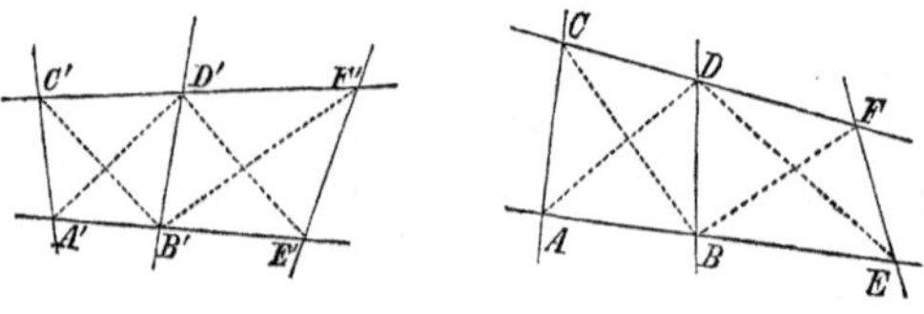

Fig. 40.

§. 177. Seien, um dieses zuerst für das hyperbolische Paraboloid darzuthun, A und D (Fig. 40) irgend zwei Puncte einer solchen

Fläche. Durch jeden derselben lassen sich zwei in der Fläche selbst enthaltene gerade Linien legen. Dabei wird die eine Linie des durch A gehenden Linienpaars von der einen und die andere von der anderen Linie des Linienpaars durch D geschnitten. Heissen diese zwei Durchschnitte B und C, so ist

$$A + xB + yC + xyD$$

der Ausdruck der Fläche*). Auf gleiche Art seien A' und D' zwei beliebige Puncte eines anderen hyperbolischen Paraboloids, und B' und C' die Puncte, in denen die durch A' und D' gehenden, in der Fläche selbst begriffenen Geraden sich schneiden, also

$$A' + xB' + yC' + xyD'$$

der Ausdruck dieses zweiten Paraboloids. Setzt man nun A', B', C', D' den A, B, C, D entsprechend, so sind dieser Ausdruck und der vorige die Ausdrücke zweier affinen Flächen. Das Verhältniss aber, in welchem je zwei sich entsprechende Raumtheile stehen, ist

$$= ABCD : A'B'C'D',$$

und kann jedes beliebige sein, weil nach der verschiedenen Annahme der Puncte A' und D' die Pyramide $A'B'C'D'$ jede beliebige Grösse erreichen kann.

---

*) Dass dieser in §. 112 erhaltene Ausdruck der eben angenommenen Lage der Fundamentalpuncte Genüge leiste, ist leicht zu erkennen. Dass aber, um den Ausdruck auf diese einfache Form zu bringen, nur jene Annahme der Fundamentalpuncte und keine anderen Bedingungen weiter erforderlich sind, lässt sich folgendergestalt übersehen. — Für irgend eine nach einem gewissen Gesetz auf einer Fläche gezogene Linie besteht zwischen den Veränderlichen im Ausdrucke der Fläche eine gewisse Relation: $f(v, w) = 0$. Soll also z. B. die Fundamentallinie AB in der Fläche liegen, so müssen für $f(v, w) = 0$ die Coefficienten von C und D null werden, d. h. es müssen diese Coefficienten einen gemeinschaftlichen Factor haben. Hiernach ist der allgemeine Ausdruck einer Fläche, in welcher die vier Fundamentallinien AB, AC, BD, CD zugleich enthalten sind:

$$apqA + bprB + cqsC + drsD,$$

wo p, q, r, s beliebige Functionen von v und w, und a, b, c, d entweder gleichfalls solche Functionen, oder auch Constanten sind. Es wird aber dieser Ausdruck, wenn man ihn mit apq dividirt und hierauf $\frac{br}{aq} = x$, $\frac{cs}{ap} = y$, $\frac{ad}{bc} = \delta$ setzt:

$$A + xB + yC + \delta xyD.$$

Soll nun diese Fläche die zweite Ordnung nicht übersteigen, so muss δ constant sein. Alsdann ist die Fläche ein hyperbolisches Hyperboloid, und nur für $\delta = 1$ ein hyperbolisches Paraboloid.

§. 178. Folgerungen. Man nehme in AB einen beliebigen Punct E und in $A'B'$ einen Punct E', so dass

$$A'B' : B'E' = AB : BE,$$

so sind E und E' sich entsprechende Puncte. Die durch E und E' in den Flächen selbst gezogenen Geraden EF und $E'F'$ werden sich daher gleichfalls entsprechen, so wie auch die Puncte F und F', in denen diese Linien von CD und $C'D'$ geschnitten werden, und es wird sich verhalten

$$C'D' : D'F' = CD : DF.$$

Mit dem Verhältniss $AB : BE$ muss daher das Verhältniss $CD : DF$ und das Verhältniss der Pyramiden $ABCD : BEDF$ gegeben sein, und aus je zweien der drei Pyramiden $ABCD$, $BEDF$, $AECF$ muss sich die dritte finden lassen. Endlich wird jede dieser Pyramiden von der krummen Fläche selbst nach einem constanten Verhältnisse getheilt werden. — Wir wollen nunmehr diese Relationen zu bestimmen suchen.

1) Sei $E \equiv A + bB$, so ist der Ausdruck der Geraden EF:

$$A + bB + yC + byD$$

(§. 112), und daher F, als der Durchschnitt dieser Geraden mit CD, $\equiv C + bD$, folglich:

$$\text{I)} \qquad AB : BE = CD : DF,$$

d. h.

Bei dem hyperbolischen Paraboloid werden alle Geraden des einen Systems von den Geraden des anderen Systems nach einerlei Verhältnissen geschnitten.

2) Es verhalten sich die Pyramiden:

$$ABCD : BECD = AB : BE$$

(§. 20, b),

$$BECD : BEDF = CD : DF = AB : BE,$$

folglich:

$$\text{II)} \qquad ABCD : BEDF = AB^2 : BE^2.$$

3) Auf gleiche Art verhält sich:

$$ABCD : AECF = AB^2 : AE^2,$$

woraus, wenn B zwischen A und E liegt, in Verbindung mit II) folgt:

$$\text{III)} \qquad ABCD^{\frac{1}{2}} + BEDF^{\frac{1}{2}} = AECF^{\frac{1}{2}},$$

d. i.

Wird auf der Fläche eines hyperbolischen Paraboloids ein geradliniges Viereck beschrieben, und dieses durch eine fünfte in der Fläche gezogene Gerade in zwei andere Vierecke zerlegt, so ist die Quadratwurzel aus der Pyramide, welche mit dem ersteren Vierecke einerlei Spitzen hat, gleich der Summe der Quadratwurzeln aus den zwei Pyramiden, welche mit den zwei letzteren Vierecken die Spitze gemein haben.

Man bemerke hierbei noch, dass eine solche Pyramide, wie $ABCD$, eine einbeschriebene und umschriebene zugleich genannt werden kann; eine einbeschriebene, weil ihre vier Spitzen in der Fläche des Paraboloids liegen; eine umschriebene, weil ihre vier Seiten die Fläche berühren, die Seite CAB in der Spitze A, ABD in B, etc. (§. 111).

4) Der Theil der paraboloidischen Fläche, welcher von den Seiten des Vierecks $ABDC$ begrenzt wird, liegt innerhalb der Pyramide $ABCD$ und theilt dieselbe in zwei Theile, von denen der eine von der Fläche $ABDC$ und von den Dreiecken ABC und BCD, d. i. von den die Fläche in A und D berührenden Ebenen; der andere von derselben viereckigen Fläche und von den Dreiecken ABD und ACD, d. i. von den an B und C gelegten Berührungsebenen begrenzt wird. Werde daher der erstere Theil mit $[AD]$ und der letztere mit $[BC]$ bezeichnet. Diese beiden Theile müssen in einem constanten Verhältnisse, $1 : m$, zu einander stehen, so dass

$$[AD] : [BC] = 1 : m.$$

Man setze nun in dem Ausdrucke der Fläche

$$A + xB + yC + xyD$$

$\frac{1}{z}$ statt y, so verwandelt sich der Ausdruck in

$$C + xD + zA + xzB.$$

Das vorige constante Verhältniss wird daher auch stattfinden, wenn man C mit A, und D mit B gegenseitig vertauscht. Hierdurch aber geht $[AD]$ in $[BC]$, und umgekehrt, über; folglich muss sich auch verhalten:

$$[BC] : [AD] = 1 : m$$

und daher

$$\text{IV)} \qquad [AD] = [BC] = \tfrac{1}{2} ABCD$$

sein, d. h.

Construirt man auf der Fläche eines hyperbolischen Paraboloids ein geradliniges Viereck, so wird die Pyramide, deren Spitzen die Spitzen des Vierecks sind, von der Fläche halbirt.

5) Wenn, ähnlicherweise wie die Bezeichnungen $[AD]$ und $[BC]$ gebraucht wurden, $[BF]$ den Raum vorstellt, welcher die krumme

Fläche und die an B und F gelegten berührenden Ebenen zu Grenzen hat; etc., so giebt die eben erhaltene höchst einfache Cubatur, mit der Gleichung III) in Verbindung gesetzt, folgende Relation:

$$\text{V)} \qquad [AD]^{\frac{1}{2}} + [BF]^{\frac{1}{2}} = [AF]^{\frac{1}{2}},$$

wo die vier Puncte des Paraboloids, A, B, D, F, dergestalt liegen, dass die drei Geraden AB, BD, DF in der Fläche selbst enthalten sind, und A und F auf entgegengesetzten Seiten von BD sich befinden; — die analoge Relation von §. 174, I bei der Parabel.

6) Nach 2) ist $BECD$, und eben so auch $ABDF$, die mittlere Proportionalgrösse zwischen $ABCD$ und $BEDF$; folglich mit Zuziehung von IV):

$$\text{VI)} \quad ABDF = BECD = 2[AD]^{\frac{1}{2}}[BF]^{\frac{1}{2}} = 2[BC]^{\frac{1}{2}}[ED]^{\frac{1}{2}},$$

analog mit §. 174, II.

§. 179. Es ist jetzt noch das elliptische Paraboloid in Untersuchung zu nehmen übrig, von welchem wir aber zuvor einen zu dieser Absicht passenden Ausdruck entwickeln müssen. — Jede Fläche der zweiten Ordnung hat die bekannte Eigenschaft, dass sie von einer Ebene immer in einem Kegelschnitte, K, geschnitten wird, und dass, wenn man an dieser Curve eine zweite Ebene die Fläche berührend fortbewegt, alle Lagen dieser bewegten Ebene durch einen gemeinschaftlichen Punct D gehen, welcher Punct daher als die Spitze eines die Fläche einhüllenden und sie in K berührenden Kegels erscheint. Seien nun A, B, C (Fig. 41) irgend drei Puncte des Kegelschnitts, so ist sein Ausdruck

$$(K) \qquad a(1-v)A + bvB - (1-v)vC,$$

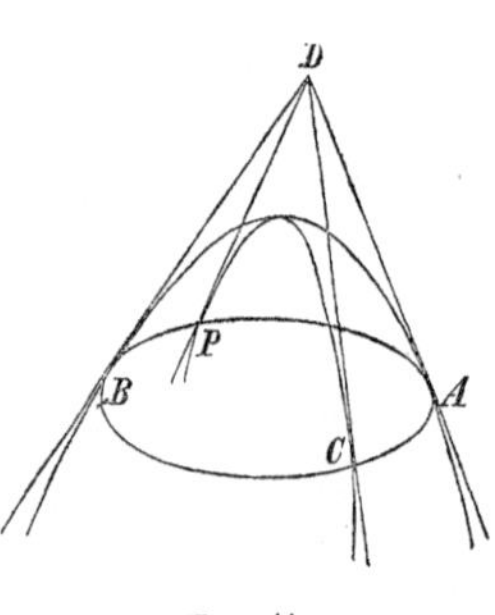

Fig. 41.

auf welchen sich, wie wir in der Folge sehen werden, der in §. 64, 1 für diesen Fall gefundene Ausdruck immer reduciren lässt. Werde ferner durch D, C und irgend einen anderen Punct

$$pP = a(1-v)A + bvB - \ldots$$

der Curve K eine Ebene gelegt, so wird diese Ebene jenen Kegel in den Geraden DC und DP, die Fläche selbst aber in einem Kegelschnitte schneiden, welcher in C und P von DC und DP berührt wird, und dessen Ausdruck daher von der Form

$$\varphi P + xD + x^2 C \quad \text{oder} \quad pP + wD + \psi w^2 C$$

ist (§. 64, 3), wo φ oder $\psi = \frac{\varphi}{p}$ eine noch zu bestimmende Function von v bedeutet. Zugleich aber stellt dieser Ausdruck die Fläche selbst dar, wenn man nebst w noch v und somit auch den Punct P veränderlich nimmt. Substituirt man demnach für pP den obigen Werth, so kommt der Ausdruck der Fläche:

$$(F) \quad a(1-v)A + bvB + (v^2 + cw^2 - v)C + wD,$$

wo A, B, C Puncte der Fläche selbst sind, und D der Durchschnitt der drei in diesen Puncten an die Fläche berührend gelegten Ebenen ist. Hierbei ist noch c statt ψ geschrieben. Denn es lässt sich leicht zeigen, dass ψ eine von v unabhängige Constante sein muss. In der That, setzt man in (F) den Coefficienten von C null, und eliminirt damit w aus dem Coefficienten von D, so kommt:

$$a(1-v)A + bvB + \sqrt{\frac{v-v^2}{\psi}}\,D,$$

oder

$$aA + by^2B + \frac{1}{\sqrt{\psi}} \cdot yD,$$

wo

$$y = \sqrt{\frac{v}{1-v}},$$

als der Durchschnitt der Fläche mit der Ebene ABD. Dieser Schnitt muss aber ein Kegelschnitt sein, welcher von AD und BD in A und D berührt wird; und hiermit stimmt sein Ausdruck nur dann überein, wenn ψ eine von y, und folglich auch von v unabhängige Grösse ist.

Soll nun die Fläche ein elliptisches Paraboloid sein, so muss in (F) die Summe der Coefficienten

$$= v^2 - (1 + a - b)v + cw^2 + w + a$$

$$= [v - \tfrac{1}{2}(1 + a - b)]^2 + \frac{1}{4c}[2cw + 1]^2 - \frac{1}{4}(1 + a - b)^2 - \frac{1}{4c} + a$$

die Summe zweier Quadrate ausmachen (§. 110), also c positiv und

$$= \frac{1}{4a - (1 + a - b)^2}$$

sein. Auch giebt die hieraus fliessende Bedingung,

$$4a > (1 + a - b)^2,$$

noch zu erkennen, dass der Kegelschnitt K dann eine Ellipse ist. —

Man denke sich nun ein zweites elliptisches Paraboloid. Der Schnitt desselben mit einer beliebig gelegten Ebene, im Allgemeinen eine Ellipse, heisse K', und werde mit der vorigen Ellipse K, als einer affinen Curve, in Vergleichung gebracht. Zu dem Ende nehme man in K' einen beliebigen Punct A', den man dem Puncte A in K entsprechend setze; man bestimme ferner in K' einen anderen Punct B' so, dass die Ellipsenfläche K' von der Sehne $A'B'$ in demselben Verhältniss, als die Ellipsenfläche K von der Sehne AB getheilt wird; so ist B' der dem B entsprechende Punct. Auf gleiche Art wird auch der Punct C' gefunden, welcher dem C entspricht, nur dass C' in dem grösseren oder kleineren der zwei durch die Sehne $A'B'$ entstehenden Segmente genommen werden muss, nachdem das eine oder das andere bei C hinsichtlich der Sehne AB der Fall ist*). Weil also A, B, C und A', B', C' in den affinen Curven K und K' sich entsprechende Puncte sind, so wird man aus dem Ausdrucke von K sogleich den von K' erhalten, wenn man nur die Fundamentalpuncte A mit A', etc. vertauscht, also:

$$(K') \qquad a(1-v)A' + bvB' - (1-v)vC',$$

wo a und b dieselben Werthe wie in (K) haben.

Man lege endlich an das zweite Paraboloid in A', B', C' drei berührende Ebenen, welche sich in D' schneiden, so ist nach dem vorhin Erwiesenen:

$$(F') \quad a(1-v)A' + bvB' + (v^2 + cw^2 - v)C' + wD'$$

der Ausdruck der Fläche, wo, wegen der Natur des elliptischen Paraboloids, c positiv sein und eben so wie in (F) von a und b abhängen muss.

Setzt man also noch D' dem D entsprechend, so sind in dieser Beziehung die beiden Flächen einander affin. Da nun hierbei zwei sich entsprechende Raumtheile die durch die Ebenen der Ellipsen K und K' abgeschnittenen paraboloidischen Segmente sind, jedes dieser Segmente aber, wegen der durch Nichts bestimmten Lage der Ebenen, von jeder beliebigen Grösse sein kann, so lässt sich auch hier das constante Verhältniss je zwei sich entsprechender Raumtheile nach Willkür annehmen.

Eine unmittelbare Folge hiervon ist, dass das Segment über der Ellipsenfläche K zu dem vorhin gedachten Kegel, dessen Basis ebenfalls K und dessen Spitze D war, in einem constanten Verhältnisse steht. Ist das Paraboloid eine durch Umdrehung erzeugte Fläche, und die Ebene von K senkrecht auf der Umdrehungsaxe, so ist K

---

*) Beigehends werde bemerkt, dass hiernach folgende Aufgabe zu lösen möglich sein muss: *Die drei Segmente über den Seiten eines in eine Ellipse beschriebenen Dreiecks sind ihrem Inhalte nach gegeben. Hieraus den Inhalt der ganzen Ellipse zu finden.*

ein Kreis, und, wie man alsdann sehr leicht durch Integralrechnung findet, beträgt das Segment drei Viertel des Kegels. Dasselbe Verhältniss muss daher auch in jedem anderen Falle stattfinden; also überhaupt:

Das Segment eines elliptischen Paraboloids ist drei Vierteln des Kegels gleich, welcher mit dem Segmente einerlei Basis hat, und dessen Spitze der gemeinschaftliche Durchschnitt der Ebenen ist, welche das Paraboloid in der Peripherie des Segments berühren.

Anmerkung. Die Elemente krummer Flächen theilen sich, mit Ausnahme der abwickelbaren, in zwei grosse Classen. Elemente der einen Classe haben mit einer daran gelegten Berührungsebene nur den Berührungspunct gemein; Elemente der anderen Classe werden von der Berührungsebene in zwei durch den Berührungspunct gehenden Linien geschnitten (§. 107). Jedes Flächen-Element der ersteren Classe wird sich als das Element eines elliptischen, und jedes Flächen-Element der letzteren Classe als das Element eines hyperbolischen Paraboloids betrachten lassen. Die einfachen Eigenschaften, welche in diesem §. von dem elliptischen und in §. 178 von dem hyperbolischen Paraboloid bewiesen worden sind, werden daher auf unendlich kleine Theile auch jeder anderen krummen Fläche der einen und anderen Classe Anwendung leiden. Vergl. Anmerkung zu §. 174.

Fünftes Capitel.

Die Doppelschnittsverhältnisse.

---

§. 180. Ausser den bisher erörterten vier Verwandtschaften zwischen Figuren soll in diesem Abschnitte die Theorie noch einer fünften Verwandtschaft dargestellt werden. Zum besseren Verständniss derselben halte ich es aber für dienlich, in diesem und dem folgenden Capitel einige Lehren als Vorbereitung vorauszuschicken. Insbesondere wird bei der fünften Verwandtschaft eine eigene Art zusammengesetzter Verhältnisse eine wichtige Rolle spielen. Die Eigenschaften dieser Verhältnisse und der mit denselben anzustellende Algorithmus werden den Inhalt des gegenwärtigen Capitels ausmachen, das, wie ich noch bemerke, auch als eine für sich bestehende Abhandlung betrachtet werden kann, indem der in den übrigen Theil dieser Schrift verwebte barycentrische Calcul hier ganz ausgeschlossen bleibt.

§. 181. Unter dem Verhältnisse, nach welchem eine durch ihre Grenzpuncte A und B bestimmte gerade Linie AB in irgend einem dritten, innerhalb oder ausserhalb der Grenzpuncte liegenden Puncte C geschnitten wird, verstehe man das Verhältniss zwischen dem Theile AC, welcher sich von dem im Ausdrucke der Linie zuerst gesetzten Puncte oder dem Anfangspuncte A bis zum Schneidepuncte C erstreckt, und dem Theile CB vom Schneidepuncte C bis zum anderen Grenzpuncte oder Endpuncte B.

Dieses Verhältniss, $AC : CB$, kann nach der verschiedenen Lage des Schneidepunctes gegen die beiden Grenzpuncte alle möglichen Werthe haben.

Liegt C zwischen A und B, ist also

$$ACB$$

die Aufeinanderfolge der Puncte, so ist der Werth des Verhältnisses $AC : CB$, den ich $= c$ setzen will, positiv, und zwar desto kleiner oder grösser, je näher C dem A oder B liegt. Ist C der Mittelpunct von AB, so wird $c = 1$.

Fällt C ausserhalb A und B, so ist c negativ, und zwar, wenn C auf die Seite von A fällt, also bei der Folge

$$CAB,$$

absolut kleiner als 1, und desto kleiner, je näher C dem A liegt. — Kommt C ausserhalb AB auf die Seite von B zu liegen, wird also

$$ABC$$

die Folge der Puncte, so wird c absolut grösser als 1, und desto grösser, je näher C dem B rückt.

In den speciellen Fällen endlich, wo C unendlich entfernt liegt, oder mit A, oder mit B zusammenfällt, wird $c = -1$, oder 0, oder ∞.

§. 182. Ein Doppelschnittsverhältniss (*ratio bissectionalis*) *ist das Verhältniss zwischen den zwei Verhältnissen, nach welchen eine gerade Linie, in Bezug auf zwei in ihr liegende Puncte, als Grenzpuncte, in zwei anderen Puncten geschnitten wird.*

Ist also, wie vorhin, A der Anfangspunct der Linie, B ihr Endpunct, und C der eine, D der andere Schneidepunct, so ist das Verhältniss zwischen den Verhältnissen $AC : CB$ und $AD : DB$, oder

$$\frac{AC}{CB} : \frac{AD}{DB}$$

das Doppelschnittsverhältniss, nach welchem AB in C und D geschnitten wird.

Man setze die Verhältnisse $AC : CB = c$, $AD : DB = d$, und das Doppelschnittsverhältniss $c : d = \varDelta$. Liegen nun C und D zugleich zwischen A und B, so sind (voriger §.) c und d positiv, und $c < d$ oder $c > d$, nachdem C oder D der dem A nähere Punct ist; folglich $\varDelta$ positiv und im ersteren Falle, also bei der Folge $ACDB$, kleiner als 1; im letzteren Falle, also bei der Folge $ADCB$, grösser als 1.

Verfährt man auf ähnliche Weise auch bei den übrigen Lagen der Puncte C und D gegen A und B, so ergiebt sich, dass $\varDelta$ überhaupt positiv ist, wenn C und D entweder zugleich innerhalb oder zugleich ausserhalb A und B liegen, also bei den acht Folgen:

$$ACDB,\quad CABD,\quad DCAB,\quad ABDC,$$
$$ADBC,\quad DABC,\quad CDAB,\quad ABCD,$$

und zwar bei den vier ersteren kleiner als 1, bei den vier letzteren grösser als 1.

Dagegen ist $\varDelta$ negativ, wenn von den Puncten C und D der eine innerhalb und der andere ausserhalb A und B fällt, also bei den vier Lagen:

$$ACBD,\quad DACB,\quad ADBC,\quad CADB.$$

Fallen C und D zusammen, oder liegen beide unendlich entfernt, so ist $\varDelta = 1$; fällt C mit A, oder D mit B zusammen, so ist $\varDelta = 0$; und wenn C mit B oder D mit A zusammenfällt, $\varDelta = \infty$.

Uebrigens begreift man leicht, dass, wenn von den vier Puncten irgend drei gegeben sind, mit dem Werthe des Doppelschnittsverhältnisses immer auch der vierte gefunden werden kann.

§. 183. Der Kürze willen soll von jetzt an ein zwischen vier Puncten sich bildendes Doppelschnittsverhältniss dadurch ausgedrückt werden, dass man die Buchstaben für den Anfangspunct, für den Endpunct und für den ersten und zweiten Schneidepunct in der genannten Folge neben einander stellt, sie durch Commata unterscheidet und hierauf mit Haken einschliesst.

Statt

$$\frac{AC}{CB} : \frac{AD}{DB}$$

wird daher inskünftige

$$(A,\ B,\ C,\ D),$$

und eben so statt

$$\frac{BA}{AD} : \frac{BC}{CD},$$

wo B und D die Grenzpuncte, A und C die Schneidepuncte sind, (B, D, A, C), etc. geschrieben werden.

Will man umgekehrt das Doppelschnittsverhältniss (C, A, B, D) auf gewöhnliche Weise ausdrücken, so bilde man zuerst aus den zwei ersten Buchstaben, C und A, die Form:

$$\frac{C}{\quad A} : \frac{C}{\quad A},$$

und ergänze hierauf das erste Glied durch den dritten Buchstaben B, und das zweite durch den vierten D; und man erhält:

$$\frac{CB}{BA} : \frac{CD}{DA}.$$

§. 184. Da sich vier Buchstaben, A, B, C, D, auf 24erlei Weise unter einander versetzen lassen, so entsteht zunächst die Frage, ob und in welchem Zusammenhange die diesen 24 Permutationen entsprechenden Doppelschnittsverhältnisse unter einander stehen, vorausgesetzt, dass die gegenseitige Lage der vier Puncte A, B, C, D unverändert bleibt.

Offenbar ist:

$$\frac{AC}{CB} : \frac{AD}{DB} = \frac{BD}{DA} : \frac{BC}{CA} = \frac{CA}{AD} : \frac{CB}{BD} = \frac{DB}{BC} : \frac{DA}{AC},$$

und daher:

$$\text{I)} \quad (A, B, C, D) = (B, A, D, C) = (C, D, A, B) = (D, C, B, A).$$

Auf dieselbe Weise sind auch von den 20 übrigen Doppelschnittsverhältnissen je vier einander gleich, welche eben so, wie die vier ersteren, der Reihe nach A, B, C, D zu ihren Anfangsbuchstaben haben. Es bleibt uns daher nur übrig, die Relationen zwischen den Doppelschnittsverhältnissen aufzusuchen, welche mit einem und demselben Buchstaben, z. B. mit A, anfangen, und deren es 6 giebt.

Nun ist

$$\left(\frac{AC}{CB} : \frac{AD}{DB}\right)\left(\frac{AD}{DB} : \frac{AC}{CB}\right) = 1,$$

also

$$\text{II)} \qquad (A, B, C, D)\ (A, B, D, C) = 1,$$

und eben so

$$(A, C, D, B)\ (A, C, B, D) = 1,$$
$$(A, D, B, C)\ (A, D, C, B) = 1.$$

Man hat ferner, $AB = b$, $AC = c$, $AD = d$ gesetzt, die identische Gleichung:

$$b(d-c) + c(b-d) + d(c-b) = 0,$$

und mithin, weil A, B, C, D in einer Geraden liegen, und daher $d-c=CD$, etc. ist:

$$AB\,.\,CD+AC\,.\,DB+AD\,.\,BC=0.$$

(Vergl. Note zu §. 166.)

Man dividire diese Gleichung durch $AD\,.\,CB$, so kommt:

$$\frac{AC\,.\,DB}{AD\,.\,CB}+\frac{AB\,.\,CD}{AD\,.\,CB}=1,$$

wofür man auch schreiben kann:

$$\left(\frac{AC}{CB}:\frac{AD}{DB}\right)+\left(\frac{AB}{BC}:\frac{AD}{DC}\right)=1,$$

d. i.

III) $$(A, B, C, D)+(A, C, B, D)=1,$$

und eben so

$$(A, C, D, B)+(A, D, C, B)=1,$$
$$(A, D, B, C)+(A, B, D, C)=1.$$

Durch die Gleichungen II) und III) sind aber die Relationen zwischen je zweien der sechs mit A anfangenden Doppelschnittsverhältnisse bestimmt. Setzt man nämlich:

1) $$(A, B, C, D)=a,$$

so wird nach II):

2) $$(A, B, D, C)=\frac{1}{a},$$

und hieraus nach III):

3) $$(A, D, B, C)=\frac{a-1}{a},$$

und hieraus nach II):

4) $$(A, D, C, B)=\frac{a}{a-1},$$

und hieraus nach III):

5) $$(A, C, D, B)=\frac{1}{1-a},$$

und hieraus nach II):

6) $$(A, C, B, D)=1-a,$$

welches letztere auch aus 1) nach III) folgt.

Mit Hinzufügung der durch I) bestimmten und den Werth nicht ändernden Versetzungen kann man nun auch jedes der übrigen nicht mit A anfangenden Doppelschnittsverhältnisse durch a ausdrücken und somit die Relation zwischen irgend zweien derselben angeben.

Um das Auffinden der Relation zwischen irgend zweien der 24 Doppelschnittsverhältnisse, welche sich aus 4 Puncten in einer Geraden bilden lassen, möglichst leicht zu machen, setze ich folgende

Tafel her, wo die vier Puncte durch die vier Ziffern 1, 2, 3, 4 bezeichnet, und die 24 Permutationen dieser vier Elemente, in arithmetischer Ordnung sich folgend, in Werthen der ersten,

$$(1, 2, 3, 4) = \frac{a}{b},$$

ausgedrückt sind.

$$(1, 2, 3, 4) = \frac{a}{b} \qquad (3, 1, 2, 4) = \frac{b}{b - a}$$

$$(1, 2, 4, 3) = \frac{b}{a} \qquad (3, 1, 4, 2) = \frac{b - a}{b}$$

$$(1, 3, 2, 4) = \frac{b - a}{b} \qquad (3, 2, 1, 4) = \frac{a}{a - b}$$

$$(1, 3, 4, 2) = \frac{b}{b - a} \qquad (3, 2, 4, 1) = \frac{a - b}{a}$$

$$(1, 4, 2, 3) = \frac{a - b}{a} \qquad (3, 4, 1, 2) = \frac{a}{b}$$

$$(1, 4, 3, 2) = \frac{a}{a - b} \qquad (3, 4, 2, 1) = \frac{b}{a}$$

$$(2, 1, 3, 4) = \frac{b}{a} \qquad (4, 1, 2, 3) = \frac{a}{a - b}$$

$$(2, 1, 4, 3) = \frac{a}{b} \qquad (4, 1, 3, 2) = \frac{a - b}{a}$$

$$(2, 3, 1, 4) = \frac{a - b}{a} \qquad (4, 2, 1, 3) = \frac{b}{b - a}$$

$$(2, 3, 4, 1) = \frac{a}{a - b} \qquad (4, 2, 3, 1) = \frac{b - a}{b}$$

$$(2, 4, 1, 3) = \frac{b - a}{b} \qquad (4, 3, 1, 2) = \frac{b}{a}$$

$$(2, 4, 3, 1) = \frac{b}{b - a} \qquad (4, 3, 2, 1) = \frac{a}{b}.$$

Soll nun z. B. aus dem Werthe von (B, D, C, A) der Werth von (A, D, B, C) gefunden werden, so sehe ich, dass der 1ste, 2te, 3te, 4te Buchstabe der letzteren Complexion der 4te, 2te, 1ste, 3te der ersteren ist, und dass daher,

$$(B, D, C, A) = (1, 2, 3, 4) = \frac{a}{b}$$

oder a gesetzt,

$$(A, D, B, C) = (4, 2, 1, 3) = \frac{b}{b - a} \text{ oder } \frac{1}{1 - a}$$

wird.

Relationen zwischen Doppelschnittsverhältnissen bei einem Systeme von mehr als vier Puncten in einer geraden Linie.

§. 185. Lehrsatz. Sind A, B, C, D, E fünf in einer Geraden liegende Puncte, so ist:

$$\text{I)}\quad (A, B, C, D)\,(A, B, D, E)\,(A, B, E, C) = 1.$$

Beweis. Man braucht nur diese Doppelschnittsverhältnisse in die gewöhnliche Schreibart zu übersetzen:

$$\left(\frac{AC}{CB} : \frac{AD}{DB}\right)\left(\frac{AD}{DB} : \frac{AE}{EB}\right)\left(\frac{AE}{EB} : \frac{AC}{CB}\right) = 1,$$

um sich von der Richtigkeit der Formel zu überzeugen.

Zusatz. Weil

$$(A, B, E, C)\,(A, B, C, E) = 1,$$

(§. 184, II), so lässt sich statt I) auch schreiben:

$$\text{II)}\quad (A, B, C, D)\,(A, B, D, E) = (A, B, C, E),$$

oder

$$\text{III)}\quad (A, B, C, E) : (A, B, C, D) = (A, B, D, E).$$

§. 186. Die eben aufgestellten Formeln lehren, wie man aus zwei Doppelschnittsverhältnissen, welche drei Puncte gemein haben, und in welchen daher nur fünf verschiedene Puncte vorkommen, den einen jener gemeinschaftlichen Puncte eliminiren, d. h. das aus den vier übrigen Puncten bestehende Doppelschnittsverhältniss finden kann. Sind daher drei Doppelschnittsverhältnisse, von denen jedes mit dem anderen dieselben drei Puncte gemein hat, gegeben, so wird man aus ihnen zwei dieser Puncte eliminiren können.

In der That, seien die drei Doppelschnittsverhältnisse:

$$(A, B, C, D) = d, \quad (A, B, C, E) = e, \quad (A, B, C, F) = f,$$

welche die drei Puncte A, B, C gemeinschaftlich enthalten, und von denen C und B weggeschafft werden sollen. — Zuerst kommt nach Elimination von C:

$$(A, B, D, E) = \frac{e}{d}, \quad (A, B, E, F) = \frac{f}{e},$$

zwei Doppelschnittsverhältnisse mit den gemeinschaftlichen Puncten A, B, E. Um aus ihnen B eliminiren zu können, so hat man nach §. 184:

$$(A, E, B, D) = \frac{e-d}{e}, \quad (A, E, B, F) = \frac{e-f}{e},$$

und hieraus

$$(A, E, D, F) = \frac{e-f}{e-d}.$$

Sind endlich vier Doppelschnittsverhältnisse mit denselben drei gemeinschaftlichen Puncten A, B, C gegeben:

$$(A, B, C, D) = d, \quad (A, B, C, E) = e, \quad (A, B, C, F) = f,$$
$$(A, B, C, G) = g,$$

so kann man daraus diese drei Puncte sämmtlich eliminiren, und somit das Doppelschnittsverhältniss zwischen den vier übrigen Puncten D, E, F, G finden. Denn so wie aus den drei ersten Doppelschnittsverhältnissen:

$$(A, E, D, F) = \frac{e-f}{e-d}$$

folgt, eben so ergiebt sich durch Verbindung des ersten, zweiten und vierten:

$$(A, E, D, G) = \frac{e-g}{e-d},$$

und hieraus

$$(D, E, A, F) = \frac{e-f}{d-f}, \quad (D, E, A, G) = \frac{e-g}{d-g},$$

mithin

$$(D, E, F, G) = \frac{e-g}{d-g} : \frac{e-f}{d-f}.$$

§. 187. Lehrsatz. *Wenn bei einem Systeme von n Puncten in einer geraden Linie, von den dadurch sich bildenden Doppelschnittsverhältnissen irgend $n-3$ von einander unabhängige gegeben sind, so lassen sich daraus alle übrigen finden.*

Beweis. Heissen die n Puncte des Systems: A, B, C, D, ... Man setze die Doppelschnittsverhältnisse, in deren jedem die 3 Puncte A, B, C zugleich vorkommen, und deren Anzahl folglich $= n-3$ ist:

$$(A, B, C, D) = d, \quad (A, B, C, E) = e, \quad (A, B, C, F) = f, \text{ etc.}$$

Nach dem Vorhergehenden kann man hieraus durch successive Elimination von A, B und C alle übrigen zwischen den Puncten des Systems entstehenden Doppelschnittsverhältnisse, also auch die $n-3$ gegebenen und das $(n-2)$te gesuchte in Werthen der $n-3$ Grössen d, e, f, ... ausdrücken, und folglich, wenn man aus diesen $n-2$ Gleichungen die Grössen d, e, f, ... eliminirt, das $(n-2)$te als Function der $n-3$ gegebenen Doppelschnittsverhältnisse darstellen.

Doppelschnittsverhältnisse bei einem Systeme gerader Linien in einer Ebene.

§. 188. Lehrsatz. Wenn drei gerade Linien in einer Ebene, BP, MC, NQ (Fig. 42) sich in einem und demselben Puncte E

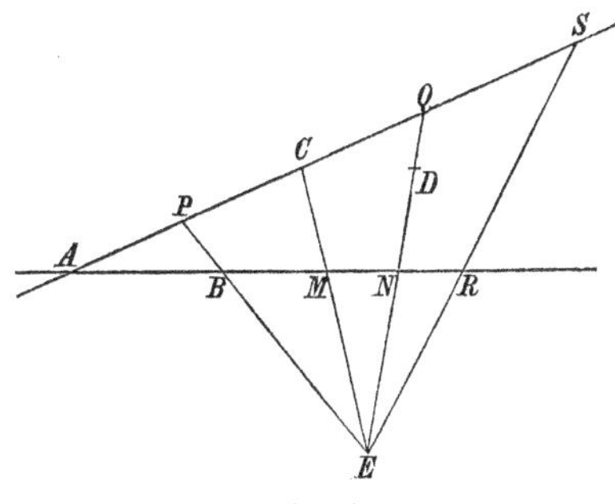

Fig. 42.

schneiden, und von ihnen zwei andere Gerade, deren Durchschnitt A ist, resp. in den Puncten B, M, N und P, C, Q getroffen werden, so ist:

$$(A, B, M, N) = (A, P, C, Q).$$

Beweis. Es verhält sich:

$$AM : BM = ACM : BCM = AME : BME,$$

mithin

$$= ACE : BCE,$$

weil

$$ACM + AME = ACE,$$

etc.; ferner

$$AC : PC = ACE : PCE,$$

folglich

$$\frac{AM}{BM} : \frac{AC}{PC} = \frac{PCE}{BCE} = \frac{PE}{BE},$$

und eben so

$$\frac{AN}{BN} : \frac{AQ}{PQ} = \frac{PE}{BE},$$

folglich

$$\frac{AM}{MB} : \frac{AN}{NB} = \frac{AC}{CP} : \frac{AQ}{QP},$$

d. i.

$$1) \qquad (A, B, M, N) = (A, P, C, Q).$$

§. 189. Zusatz. Man lege durch E noch eine vierte Gerade RS, welche die AB und AC resp. in R und S schneide, so ist auf gleiche Art:

$$(A, B, M, R) = (A, P, C, S).$$

Da nun die Gleichheit zweier Doppelschnittsverhältnisse, wie aus §. 184 erhellet, sich nicht ändert, wenn man in beiden die vier Buchstaben auf einerlei Weise versetzt, so kann man auch schreiben:

$$(B, M, N, A) = (P, C, Q, A),$$
$$(B, M, A, R) = (P, C, A, S).$$

Multiplicirt man diese zwei Gleichungen in einander, so kommt (§. 185, II):

2) $$(B, M, N, R) = (P, C, Q, S),$$

welches folgenden noch allgemeineren Satz giebt:

Wenn man von zwei geraden Linien in einer Ebene die Puncte der einen den Puncten der anderen solchergestalt entsprechen lässt, dass die Geraden, welche je zwei sich entsprechende Puncte verbinden, sich in einem gemeinschaftlichen Puncte schneiden, so ist jedes Doppelschnittsverhältniss der einen Linie dem von den entsprechenden Puncten in der anderen Linie gebildeten Doppelschnittsverhältnisse gleich; oder:

Von vier sich in einem Puncte schneidenden und in einer Ebene liegenden Geraden wird jede andere Gerade der Ebene nach einem und demselben Doppelschnittsverhältnisse geschnitten.

§. 190. Wenn in der bisher angewendeten Bezeichnungsart eines Doppelschnittsverhältnisses durch Nebeneinanderstellung der die vier Puncte ausdrückenden Buchstaben, statt zweier derselben die Ausdrücke von Linien gesetzt sind, so sollen unter diesen Linien die Puncte verstanden werden, in denen die Gerade durch die zwei anderen Puncte des Doppelschnittsverhältnisses von diesen Linien geschnitten wird.

So wird also der Ausdruck (A, B, CE, DE) das Doppelschnittsverhältniss vorstellen, dessen vier Puncte die Puncte A und B und die Durchschnitte von AB mit CE und DE sind. Auf gleiche Art werden in dem Ausdrucke (A, BE, C, DE) durch BE und DE die Puncte angedeutet, in denen die Gerade durch die zwei einzeln gesetzten Puncte A und C von den Geraden BE und DE geschnitten wird.

Vergleicht man damit die 42. Figur, wo D ein in der Geraden NQ willkürlich genommener Punct ist, so erhellet, dass ersterer Ausdruck einerlei mit (A, B, M, N), und letzterer einerlei mit (A, P, C, Q) ist, dass man folglich statt 1) setzen kann:

$$(A, B, CE, DE) = (A, BE, C, DE),$$

eine Formel, welche immer gelten muss, wie auch die fünf Puncte $A, \ldots, E$ in der Ebene liegen mögen. Denn man sieht leicht, dass diese fünf Puncte in der Figur von einander ganz unabhängig sind.

Ueberhaupt leuchtet ein, dass, wenn $A, \ldots, E$ beliebige fünf Puncte einer Ebene bezeichnen, alle sechs Doppelschnittsverhältnisse, welche entstehen, wenn man in der Form (A, B, C, D) zu irgend zweien der darin enthaltenen vier Buchstaben den fünften E hinzufügt:

$$(A, B, CE, DE), \quad (A, BE, C, DE), \quad (A, BE, CE, D),$$
$$(AE, B, C, DE), \quad (AE, B, CE, D), \quad (AE, BE, C, D)$$

einander gleich sein müssen. Denn es sind die Doppelschnittsverhältnisse, in denen der Reihe nach von den sechs Geraden AB, AC, AD, BC, BD, CD, jede derselben von den vier sich in E treffenden Geraden AE, BE, CE, DE geschnitten wird.

§. 191. Seien wiederum A, B, C, D, E fünf beliebige Puncte in einer Ebene, und heissen die Puncte, in welchen die Gerade AB von den Geraden DE, EC, CD geschnitten wird, resp. C', D', E': so sind A, B, C', D', E' fünf in einer Geraden liegende Puncte, und man hat nach §. 185:

$$(A, B, C', D')\,(A, B, D', E') = (A, B, C', E'),$$

oder, mit Anwendung der im vorigen §. erörterten Bezeichnungsart:

$$(A, B, DE, CE)\,(A, B, CE, CD) = (A, B, DE, CD).$$

Von diesen drei Doppelschnittsverhältnissen ist in dem ersten E, in dem zweiten C und in dem dritten D der hinzugefügte Buchstabe. Da nun vermöge des zuletzt Erwiesenen der Werth eines solchergestalt ausgedrückten Doppelschnittsverhältnisses bei jeder Ortsveränderung des hinzugefügten Buchstaben immer derselbe bleibt, so wird auch sein:

$$(AE, B, DE, C)\,(A, BC, E, CD) = (A, B, DE, CD),$$

eine Relation, die sich noch einfacher auf folgende Weise darstellen lässt.

Man verbinde die fünf Puncte A, B, C, D, E in der genannten Ordnung jeden mit dem nächstfolgenden und den letzten mit dem ersten durch gerade Linien, so erhält man ein System von fünf von einander unabhängigen Geraden in einer Ebene:

$$CD, \quad DE, \quad EA, \quad AB, \quad BC,$$

welche man mit

$$a, \quad b, \quad c, \quad d, \quad e$$

benenne. Alsdann sind die vier Puncte des Doppelschnittsverhältnisses (AE, B, DE, C) diejenigen, in welchen die Gerade BC der Reihe nach von den Geraden AE, AB, DE, CD, d. i. e von c, d, b, a geschnitten wird. Werde daher dieses Doppelschnittsverhältniss kurz durch

$$^{e}(c,\ d,\ b,\ a)$$

vorgestellt, so dass ausserhalb der Haken links oben die Linie e gesetzt wird, in welcher die das Doppelschnittsverhältniss bildenden vier Puncte enthalten sind, statt der vier Puncte selbst aber vier Linien c, d, b, a stehen, welche die Linie e in diesen Puncten schneiden.

Auf die nämliche Art ist (A, BC, E, CD) das Doppelschnittsverhältniss, nach welchem AE von AB, BC, DE und CD, d. i. c von d, e, b und a geschnitten wird, und kann daher passend durch $^{c}(d, e, b, a)$ ausgedrückt werden, so wie endlich (A, B, DE, CD) durch $^{d}(c, e, b, a)$.

Substituirt man nun diese Bezeichnungsarten in der obigen Gleichung, so kommt:

$$^{e}(c, d, b, a) \,.\, ^{c}(d, e, b, a) = {}^{d}(c, e, b, a),$$

eine Formel, welche lehrt, wie man bei einem Systeme von fünf Geraden (a, b, c, d, e) in einer Ebene aus den zwei Doppelschnittsverhältnissen, nach welchen beliebige zwei dieser Linien (e und c) von den jedesmal vier übrigen Linien (c, d, b, a und d, e, b, a) geschnitten werden, das Doppelschnittsverhältniss finden kann, nach welchem jede der anderen drei Linien (z. B. d) von den vier übrigen (c, e, b, a) geschnitten wird.

Es bedarf keiner Erörterung, dass auch bei diesen Formen der Doppelschnittsverhältnisse die obige Lehre von der Versetzung der vier Elemente vollkommen anwendbar ist. Man kann daher auch schreiben (§. 184, I):

$$^{e}(a, b, d, c) \,.\, ^{c}(a, b, e, d) = {}^{d}(a, b, e, c);$$

und, wenn man statt dieser Doppelschnittsverhältnisse die reciproken setzt (ebenda II):

$$^{e}(a, b, c, d) \,.\, ^{c}(a, b, d, e) = {}^{d}(a, b, c, e)$$

oder

$$^{c}(a, b, d, e) \,.\, ^{d}(a, b, c, e) \,.\, ^{e}(a, b, c, d) = 1,$$

Formeln, welche sich ihrem Aeusseren nach von den Formeln in §. 185 nur dadurch unterscheiden, dass, statt der dortigen grossen Buchstaben, hier die entsprechenden kleinen stehen, und der in jeder Complexion von den fünfen a, b, c, d, e jedesmal fehlende Buchstabe links oben beigefügt ist.

Um den Satz, dass durch die Doppelschnittsverhältnisse in irgend zweien der fünf Geraden die Doppelschnittsverhältnisse in jeder der drei übrigen gefunden werden können, noch durch ein Beispiel zu erläutern, so seien gegeben:

$$^{a}(b, c, d, e) = p, \quad ^{b}(a, c, d, e) = q,$$

und gesucht werde

$$^{e}(d, b, c, a) = x.$$

Nach dem Vorigen hat man:

$$^{a}(c, d, b, e) \,.\, ^{b}(c, d, e, a) = {}^{e}(c, d, b, a).$$

Sodann ist (§. 184):

$$^{a}(c, d, b, e) = \frac{p-1}{p}, \quad ^{b}(c, d, e, a) = \frac{q}{q-1},$$

$$^{e}(c, d, b, a) = \frac{1}{1-x};$$

und daher:

$$\frac{p-1}{p} \cdot \frac{q}{q-1} = \frac{1}{1-x},$$

folglich

$$x = \frac{p-q}{(p-1)q}.$$

§. 192. Lehrsatz. *Wenn bei einem Systeme n gerader Linien in einer Ebene von den Doppelschnittsverhältnissen, welche in diesen Linien von den gegenseitigen Durchschnitten derselben gebildet werden, irgend $2n-8$ von einander unabhängige gegeben sind, so lassen sich daraus alle übrigen finden.*

Beweis. Heissen die n Linien des Systems: $a, b, c, d, \ldots$, und seien anfänglich alle die Doppelschnittsverhältnisse bekannt, welche in a und b von dem gegenseitigen Durchschnitte dieser Linien und den Durchschnitten mit jeder der übrigen gebildet werden. Nach dem vorhergehenden §. lassen sich hieraus alle Doppelschnittsverhältnisse ableiten, welche in einer dritten Linie des Systems, z. B. in c, zwischen den Durchschnitten dieser Linie mit a und b und einer vierten und einer fünften, also überhaupt mit zweien anderen, des Systems stattfinden; und hieraus nach §. 186 alle übrigen Doppelschnittsverhältnisse in c, und auf gleiche Weise die Doppelschnittsverhältnisse in jeder der übrigen Linien.

Da nun bei einem Systeme von n Linien in jede derselben $n-1$ Durchschnittspuncte fallen, und mithin nach §. 187 alle Doppelschnittsverhältnisse einer solchen Linie durch beliebige $(n-1)-3$ von einander unabhängige gegeben sind, so lassen sich alle in unserem Systeme vorkommenden Doppelschnittsverhältnisse, also auch die $2n-8$ gegebenen und ein $(2n-7)$tes gesuchtes, als Functionen von $n-4$ in a, und $n-4$ in b begriffenen, von einander unabhängigen Doppelschnittsverhältnissen ausdrücken; woraus sich dann, nach Elimination dieser letzteren $2(n-4)$, die gesuchte Gleichung zwischen den ersteren $2n-7$ ergiebt.

Zusatz. Mit diesem Beweise ist zugleich der dem §. 156 analoge Satz dargethan:

Bei einem Systeme gerader Linien in einer Ebene sind mit den Doppelschnittsverhältnissen zweier dieser Linien die Doppelschnittsverhältnisse aller übrigen Linien gegeben.

Doppelschnittsverhältnisse bei einem Systeme von Ebenen.

§. 193. Man denke sich ein System von n Ebenen, welche $\alpha, \beta, \gamma, \delta, \ldots$ heissen. Jede dieser Ebenen, wie α, wird von den $n-1$ übrigen Ebenen $\beta, \gamma, \delta, \ldots$ in $n-1$ Geraden $\alpha\beta$, $\alpha\gamma$, $\alpha\delta, \ldots$ geschnitten, wenn wir den Durchschnitt zweier Ebenen durch Zusammenstellung der für sie gewählten Buchstaben bezeichnen. Jede dieser Geraden aber, wie $\alpha\beta$, enthält ein System von $n-2$ Puncten, indem sie von den übrigen $n-2$ Ebenen $\gamma, \delta, \ldots$ in eben so viel Puncten geschnitten wird, die man ähnlicherweise durch $\alpha\beta\gamma$, $\alpha\beta\delta, \ldots$ ausdrücken kann. Auch lassen sich diese $n-2$ Puncte einer Geraden $\alpha\beta$ noch ansehen als die Durchschnitte von $\alpha\beta$ mit den übrigen $n-2$ Geraden $\beta\gamma$, $\beta\delta, \ldots$ der anderen β der zwei Ebenen, von welchen $\alpha\beta$ der gemeinschaftliche Durchschnitt ist.

Je vier solcher $n-2$, in einer Geraden liegenden, Puncte, in einer gewissen Folge genommen, bestimmen nun den Werth eines Doppelschnittsverhältnisses, weswegen n nicht kleiner als 6 sein darf, wenn von Doppelschnittsverhältnissen bei einem Systeme von Ebenen die Rede sein soll. Die gegenseitigen Beziehungen aber, die zwischen allen solchergestalt sich bildenden Doppelschnittsverhältnissen stattfinden, lassen sich ohne neue Hülfsmittel schon aus den, bei einem Systeme gerader Linien in einer Ebene gefundenen, Relationen herleiten, und wir können sogleich folgenden allgemeinen Satz darthun.

§. 194. Lehrsatz. *Wenn bei einem Systeme von n Ebenen von den Doppelschnittsverhältnissen, welche in den Durchschnitten je zweier Ebenen zwischen den Durchschnittspuncten derselben mit den übrigen Ebenen stattfinden, irgend $3n-15$ von einander unabhängige gegeben sind, so lassen sich hieraus alle übrigen finden.*

Beweis. Heissen die n Ebenen wiederum: α, β, γ, δ, ... Man fasse zuerst die drei Ebenen α, β, γ ins Auge. Ihre gegenseitigen Durchschnitte sind die drei Geraden $\alpha\beta$, $\alpha\gamma$, $\beta\gamma$ mit dem gemeinschaftlichen Puncte $\alpha\beta\gamma$. Nun lassen sich nach §. 192 aus den Doppelschnittsverhältnissen in $\alpha\beta$ und $\alpha\gamma$, als in zweien Linien der Ebene α, die Doppelschnittsverhältnisse in allen übrigen $n - 3$ Linien dieser Ebene, also auch die Doppelschnittsverhältnisse in $\alpha\delta$ finden, und eben so aus den Doppelschnittsverhältnissen in $\alpha\beta$ und $\beta\gamma$ die Doppelschnittsverhältnisse in der, gleichfalls der Ebene β zugehörigen, Linie $\beta\delta$ ableiten. Aus den Doppelschnittsverhältnissen in $\alpha\delta$ und $\beta\delta$, als in zweien Linien der Ebene δ, ergeben sich ferner die Doppelschnittsverhältnisse der Linie $\delta\varepsilon$ in derselben Ebene; und auf die nämliche Art die Doppelschnittsverhältnisse jeder anderen Linie, welche in keiner der drei Ebenen α, β, γ liegt. Jedes in dem Systeme vorkommende Doppelschnittsverhältniss muss sich folglich als eine Function der in den drei Linien $\alpha\beta$, $\alpha\gamma$, $\beta\gamma$ begriffenen Doppelschnittsverhältnisse darstellen lassen. Offenbar aber sind die Doppelschnittsverhältnisse in jeder dieser drei Linien von denen in den jedesmal zwei anderen ganz unabhängig; es enthält ferner eine jede dieser Linien $n - 2$ Puncte und folglich (§. 187) $n - 5$ von einander unabhängige Doppelschnittsverhältnisse, mithin alle drei Linien $3n - 15$ solcher Verhältnisse, wovon jedes andere Doppelschnittsverhältniss des Systems abhängig sein muss. Sind aber diese Beziehungen in Gleichungen gebracht, so werden, eben so wie in §. 187 und 192, auch aus irgend $3n - 15$ anderen von einander unabhängigen Doppelschnittsverhältnissen des Systems die übrigen gefunden werden können.

Zusatz. Weil jede Linie des Systems $n - 5$, und folglich irgend drei derselben, mögen sie sich, wie vorhin $\alpha\beta$, $\alpha\gamma$, $\beta\gamma$ in einem Puncte, oder auch gar nicht schneiden, $3n - 15$ von einander unabhängige Doppelschnittsverhältnisse in sich fassen, so folgern wir noch analog mit §. 159:

Bei einem Systeme von Ebenen können aus den Doppelschnittsverhältnissen irgend dreier, nicht in derselben Ebene enthaltener, Durchschnittslinien der Ebenen die Doppelschnittsverhältnisse aller übrigen Durchschnittslinien gefunden werden.

§. 195. Man sieht aus dem vorigen §., wie mittelst der für ein System gerader Linien in einer Ebene in §. 191 aufgestellten Formel alle, auch bei einem Systeme von Ebenen vorkommenden, Beziehungen zwischen Doppelschnittsverhältnissen ausfindig gemacht werden können. Es lässt sich aber zu dieser Absicht der gedachten

Formel eine noch schicklichere, die Uebersicht der Rechnung mehr erleichternde, Gestalt geben.

Seien α, β, γ, δ, ε, ζ beliebige sechs Ebenen. Die Durchschnitte der Ebene ζ mit den fünf übrigen werden, wie vorhin, durch $\alpha\zeta$, $\beta\zeta$, $\gamma\zeta$, $\delta\zeta$, $\varepsilon\zeta$ bezeichnet. Da diese fünf Durchschnitte eben so viel in einer Ebene liegende Gerade sind, so ist (§. 191), wenn man sie der Kürze willen resp. a, b, c, d, e nennt:

$$^{e}(a, b, c, d) \,.\, ^{c}(a, b, d, e) = ^{d}(a, b, c, e).$$

Nun begreift das erste dieser drei Doppelschnittsverhältnisse, $^{e}(a, b, c, d)$, die vier Puncte der Geraden e oder $\varepsilon\zeta$, in welchen dieselbe von den vier Geraden a, b, c, d oder $\alpha\zeta$, $\beta\zeta$, $\gamma\zeta$, $\delta\zeta$, und mithin auch von den vier, diese Geraden enthaltenden, Ebenen α, β, γ, δ geschnitten wird. Es lässt sich hiernach jenes Doppelschnittsverhältniss dem Vorigen analog durch

$$^{\varepsilon\zeta}(\alpha, \beta, \gamma, \delta)$$

ausdrücken. Eben so besteht $^{c}(a, b, d, e)$ aus den vier Puncten, in welchen die Gerade $\gamma\zeta$ von den Ebenen α, β, δ, ε geschnitten wird, und werde daher ausgedrückt durch $^{\gamma\zeta}(\alpha, \beta, \delta, \varepsilon)$, so wie $^{d}(a, b, c, e)$ durch $^{\delta\zeta}(\alpha, \beta, \gamma, \varepsilon)$.

Substituiren wir diese Ausdrücke in der obigen Formel, so wird sie:

$$^{\varepsilon\zeta}(\alpha, \beta, \gamma, \delta) \,.\, ^{\gamma\zeta}(\alpha, \beta, \delta, \varepsilon) = ^{\delta\zeta}(\alpha, \beta, \gamma, \varepsilon),$$

eine Formel, die mit der in §. 191 ihrem Wesen nach ganz identisch ist, und rücksichtlich ihres Aeusseren sich nur dadurch von jener unterscheidet, dass dem jedesmal links oben stehenden Buchstaben ein neuer, ζ, beigefügt ist.

§. 196. Zusätze. *a*) So wie von vier in einer Ebene enthaltenen und sich in einem Puncte schneidenden Geraden jede andere Gerade der Ebene nach demselben Doppelschnittsverhältnisse geschnitten wurde (§. 189), so gilt auch von vier Ebenen im Raume der Satz:

Vier Ebenen, welche sich in einer und derselben Geraden schneiden, theilen jede andere Gerade nach einem und demselben Doppelschnittsverhältnisse.

Denn heissen die vier Ebenen α, β, γ, δ, und ihre gemeinschaftliche Durchschnittslinie e. Werden ferner von diesen Ebenen zwei beliebig gezogene Gerade f und f', die eine f in A, B, C, D, die andere f' in A', B', C', D' resp. geschnitten. Dass nun dabei

$$(A, B, C, D) = (A', B', C', D'),$$

fliesst in dem Falle, wo f und f' in einer Ebene liegen, unmittelbar aus §. 189, weil alsdann die vier Geraden AA', BB', CC', DD' sich in einem Puncte, dem Durchschnitte dieser Ebene mit der Geraden e, schneiden.

Sind aber f und f' nicht in einer Ebene enthalten, so lege man durch jede derselben eine Ebene nach Belieben. Der Durchschnitt dieser zwei Ebenen, welcher f'' heisse, werde von den Ebenen α, β, γ, δ in den Puncten A'', B'', C'', D'' geschnitten, so ist vermöge des vorigen Falls, weil f'' mit f in einer Ebene liegt:

$$(A'', B'', \ldots) = (A, B, \ldots),$$

und weil f'' mit f' in einer Ebene ist:

$$(A'', B'', \ldots) = (A', B', \ldots);$$

also wiederum:

$$(A, B, \ldots) = (A', B', \ldots).$$

b) Sind in dem Ausdrucke eines Doppelschnittsverhältnisses statt zweier der vier Puncte zwei Ebenen gesetzt, und versteht man unter diesen Ebenen die Puncte, in welchen die Ebenen von der Geraden, welche die zwei übrigen Puncte im Ausdrucke verbindet, geschnitten werden, so lässt sich mittelst des eben erwiesenen Satzes, ähnlicherweise, wie in §. 190, darthun, dass, wenn A, ..., F beliebige sechs Puncte im Raume sind, und man in der Form (A, B, C, D) zu zweien der darin enthaltenen vier Buchstaben das Buchstabenpaar EF hinzufügt, sämmtliche sechs auf diese Art entstehenden Doppelschnittsverhältnisse:

$$(A, B, CEF, DEF), \quad (A, BEF, C, DEF),$$
$$(A, BEF, CEF, D),$$

etc. gleiche Werthe haben. — Denn es sind die Doppelschnittsverhältnisse, in denen der Reihe nach die sechs Geraden AB, AC, AD, ... von den vier Ebenen AEF, BEF, CEF, DEF, welche sich gemeinschaftlich in EF schneiden, getheilt werden.

§. 197. Es soll nun noch die Anwendung der in §. 195 gegebenen Formel auf die Lösung der Aufgaben, welche zufolge des Lehrsatzes §. 194 gebildet werden können, in einem einfachen Beispiele gezeigt werden.

Aufgabe. Bei sechs Ebenen α, β, γ, δ, ε, ζ wird der Durchschnitt je zweier von den vier übrigen in vier Puncten geschnitten, und somit in dem Durchschnitte je zweier Ebenen ein Doppelschnittsverhältniss gebildet. Seien nun die Doppelschnittsverhältnisse in den Durchschnitten $\beta\gamma$, $\gamma\alpha$, $\alpha\beta$:

$$^{\beta\gamma}(\alpha, \delta, \varepsilon, \zeta) = p, \quad ^{\alpha\gamma}(\beta, \delta, \varepsilon, \zeta) = q, \quad ^{\alpha\beta}(\gamma, \delta, \varepsilon, \zeta) = r$$

gegeben; das Doppelschnittsverhältniss in dem Durchschnitte $\varepsilon\zeta$,

$$^{\varepsilon\zeta}(\alpha,\beta,\gamma,\delta) = x$$

zu finden.

Auflösung. Jede der sechs Ebenen enthält fünf Durchschnitte, also ein System von fünf Geraden, wobei man nach §. 191 aus den Doppelschnittsverhältnissen zweier derselben das Doppelschnittsverhältniss jeder der drei übrigen finden kann.

Man suche daher in der Ebene γ aus den gegebenen Doppelschnittsverhältnissen der Geraden $\alpha\gamma$ und $\beta\gamma$, das der Geraden $\gamma\varepsilon$; und eben so in der Ebene β aus den Doppelschnittsverhältnissen der $\alpha\beta$ und $\beta\gamma$, das der $\beta\varepsilon$. Hiermit kennt man zwei Doppelschnittsverhältnisse in der Ebene ε, die der Geraden $\gamma\varepsilon$ und $\beta\varepsilon$, woraus man auf gleiche Weise das gesuchte Doppelschnittsverhältniss der in derselben Ebene liegenden Geraden $\varepsilon\zeta$ finden kann.

Die Ausführung selbst ist folgende. Man hat nach §. 195:

$$1)\quad ^{\beta\gamma}(\delta,\zeta,\alpha,\varepsilon)\,.\,^{\alpha\gamma}(\delta,\zeta,\varepsilon,\beta) = {}^{\gamma\varepsilon}(\delta,\zeta,\alpha,\beta),$$

$$2)\quad ^{\beta\gamma}(\delta,\zeta,\alpha,\varepsilon)\,.\,^{\alpha\beta}(\delta,\zeta,\varepsilon,\gamma) = {}^{\beta\varepsilon}(\delta,\zeta,\alpha,\gamma),$$

$$3)\quad ^{\gamma\varepsilon}(\alpha,\delta,\beta,\zeta)\,.\,^{\beta\varepsilon}(\alpha,\delta,\zeta,\gamma) = {}^{\varepsilon\zeta}(\alpha,\delta,\beta,\gamma).$$

Setzt man daher noch

$$^{\gamma\varepsilon}(\delta,\zeta,\alpha,\beta) = m,\quad ^{\beta\varepsilon}(\delta,\zeta,\alpha,\gamma) = n,$$

so erhält man nach §. 184:

$$^{\beta\gamma}(\delta,\zeta,\alpha,\varepsilon) = 1-p,\quad ^{\gamma\varepsilon}(\alpha,\delta,\beta,\zeta) = 1-m,$$

$$^{\alpha\gamma}(\delta,\zeta,\varepsilon,\beta) = \frac{1}{1-q},\quad ^{\beta\varepsilon}(\alpha,\delta,\zeta,\gamma) = \frac{1}{1-n},$$

$$^{\alpha\beta}(\delta,\zeta,\varepsilon,\gamma) = \frac{1}{1-r},\quad ^{\varepsilon\zeta}(\alpha,\delta,\beta,\gamma) = 1-\frac{1}{x}.$$

Hierdurch werden die Gleichungen 1), 2), 3):

$$\frac{1-p}{1-q} = m,\quad \frac{1-p}{1-r} = n,\quad \frac{1-m}{1-n} = 1-\frac{1}{x},$$

und hieraus folgt nach Elimination von m und n:

$$x = \frac{1-q}{1-p}\cdot\frac{p-r}{q-r}.$$

Sechstes Capitel.

Die geometrischen Netze.

I. Das Netz in einer Ebene.

§. 198. Seien A, B, C, D (Fig. 43) vier beliebige Puncte in einer Ebene, von denen jedoch keine drei in einer Geraden liegen. A, B, C zu den drei Fundamentalpuncten der Ebene genommen, sei

$$D \equiv aA + bB + cC,$$

oder symmetrischer, wenn man

$$a + b + c = -d$$

setzt (§. 24, c):

$$\text{I)} \qquad aA + bB + cC + dD = 0.$$

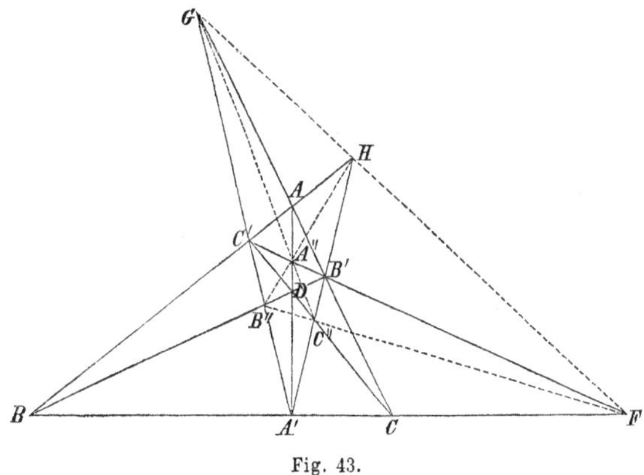

Fig. 43.

Man verbinde die vier Puncte zu zweien durch Gerade, und nenne A' den Durchschnitt der Geraden BC und AD, B' den Durchschnitt der CA und BD, C' den Durchschnitt der AB und CD, oder, — wie wir dies der Kürze willen inskünftige schreiben wollen, — sei

$$BC \cdot AD \equiv A', \quad CA \cdot BD \equiv B', \quad AB \cdot CD \equiv C'.$$

Alsdann ist (§. 24, d):

$$\text{II)}\quad \begin{cases} bB + cC = -aA - dD = a'A', \\ cC + aA = -bB - dD = b'B', \\ aA + bB = -cC - dD = c'C', \end{cases}$$

wo

$$a' = b + c, \quad b' = c + a, \quad c' = a + b.$$

Man ziehe noch die Geraden $B'C'$, $C'A'$, $A'B'$, und setze:

$$B'C' \cdot AD \equiv A'', \quad C'A' \cdot BD \equiv B'', \quad A'B' \cdot CD \equiv C''.$$

Die Ausdrücke für diese neuen Durchschnittspuncte ergeben sich durch paarweise Addition der Gleichungen II), und mit der Berücksichtigung, dass

$$aA + bB + cC = -dD.$$

Es wird nämlich:

$$\text{III)}\quad \begin{cases} 2aA + bB + cC = aA - dD = b'B' + c'C' = (a-d)A'' \\ aA + 2bB + cC = bB - dD = c'C' + a'A' = (b-d)B'' \\ aA + bB + 2cC = cC - dD = a'A' + b'B' = (c-d)C''. \end{cases}$$

Sei endlich

$$BC \cdot B'C' \equiv F, \quad CA \cdot C'A' \equiv G, \quad AB \cdot A'B' \equiv H,$$

so kommt, wenn man die Gleichungen II) paarweise von einander subtrahirt:

$$\text{IV)}\quad \begin{cases} bB - cC = c'C' - b'B' = (b-c)F, \\ cC - aA = a'A' - c'C' = (c-a)G, \\ aA - bB = b'B' - a'A' = (a-b)H. \end{cases}$$

Wir ziehen hieraus nachstehende merkwürdige Eigenschaften unserer Construction.

1) Vermöge II) verhält sich:

$$\begin{aligned} BA' &: A'C = c : b, \\ CB' &: B'A = a : c, \\ AC' &: C'B = b : a, \end{aligned}$$

folglich:

$$\frac{BA'}{A'C} \cdot \frac{CB'}{B'A} \cdot \frac{AC'}{C'B} = 1,$$

d. h.:

Verbindet man die drei Spitzen eines Dreiecks mit einem vierten in der Ebene des Dreiecks liegenden Puncte durch gerade Linien, so ist das Product aus den drei Verhältnissen, nach welchen die Seiten des Dreiecks von diesen Linien geschnitten werden, der positiven Einheit gleich.

2) Aus der ersten Gleichung in II) folgt:

$$cC - a'A' \equiv B, \quad a'A' + aA \equiv D,$$

und daher

$$CB : BA' = -a' : c,$$
$$A'D : DA = a : a'.$$

Es war aber auch

$$AB' : B'C = c : a;$$

mithin

$$\frac{CB}{BA'} \cdot \frac{A'D}{DA} \cdot \frac{AB'}{B'C} = -1,$$

eine Relation, welche folgendergestalt ausgesprochen sich leicht behalten lässt:

Das Product aus den drei Verhältnissen, nach welchen die drei Seiten eines Dreiecks (ACA') *von einer vierten Geraden* (BDB') *geschnitten werden* (CA' *in* B, $A'A$ *in* D, AC *in* B') *ist der negativen Einheit gleich.*

3) Nach II) ist:

$$A' \equiv aA + dD,$$

und nach III):

$$A'' \equiv aA - dD;$$

folglich

$$\frac{AA'}{A'D} : \frac{AA''}{A''D} = \frac{d}{a} : \frac{-d}{a} = -1,$$

oder

$$(A, D, A', A'') = -1.$$

Auf dieselbe Weise finden sich auch die Doppelschnittsverhältnisse

$$(B, D, B', B''), \quad (C, D, C', C''),$$
$$(B, C, A', F), \quad (C, A, B', G), \quad (A, B, C', H),$$
$$(B', C', A'', F), \quad (C', A', B'', G), \quad (A', B', C'', H)$$

der negativen Einheit gleich; also:

Verbindet man vier beliebige Puncte in einer Ebene zu zweien durch gerade Linien, und die drei somit entstehenden Durchschnitte von Neuem durch Gerade, so erhält man ein System von neun Linien, und in jeder derselben vier Durchschnitte. Das Doppelschnittsverhältniss aber, nach welchem bei je vier solchen Puncten der Theil der Linie zwischen einem der beiden äusseren und dem nicht zunächst liegenden inneren Puncte, in den beiden anderen geschnitten wird, ist der negativen Einheit gleich.

Diese Gleichheit der Doppelschnittsverhältnisse kann auch schon aus §. 188 leicht dargethan werden. Weil nämlich AC, DB, $A''F$

sich in einem Puncte, B', schneiden, so ist

$$(A, D, A', A'') = (C, B, A', F),$$

und eben so, weil AB, DC, $A''F$ sich in einem Puncte, C', schneiden:

$$(A, D, A', A'') = (B, C, A', F),$$

folglich

$$(B, C, A', F) = (C, B, A', F).$$

Nun ist nach §. 184 von diesen zwei einander gleichen Doppelschnittsverhältnissen das eine auch dem Reciproken des anderen gleich, und mithin jedes derselben $= \pm 1$. Da aber ein Doppelschnittsverhältniss nicht $= +1$ sein kann, ohne dass zwei seiner vier Puncte zusammenfallen, oder unendlich entfernt liegen (§. 182), so gilt nur die negative Einheit, und folglich ist

$$(A, D, A', A'') = (B, C, A', F) = -1.$$

Sodann ist

$$(B, C, A', F) = (C', B', A'', F),$$

weil BC', CB', $A'A''$ in A zusammentreffen. Eben so wird ferner bewiesen, dass

$$(B, D, B', B'') = (C, A, B', G) = (A', C', B'', G) = -1,$$

u. s. w.

Man bemerke hierbei, dass ein der negativen Einheit gleiches Doppelschnittsverhältniss ganz mit der sogenannten harmonischen Theilung übereinkommt. — Drei Grössen stehen in einer stetigen harmonischen Proportion, wenn ihre Reciproken eine stetige arithmetische Proportion ausmachen, oder was dasselbe ist, wenn die Differenz der ersten und zweiten Grösse sich verhält zur Differenz der zweiten und dritten, wie die erste zur dritten. Sind demnach A, B, C, D vier Puncte einer Geraden, so bilden die drei Abschnitte AB, AC, AD eine harmonische Proportion, wenn

$$AC - AB : AD - AC = AB : AD,$$

d. i.

$$BC : CD = AB : AD.$$

Man sagt daher, eine Linie AD werde harmonisch getheilt, wenn sie in drei Theile AB, BC, CD zerlegt wird, so dass sich der mittlere Theil zu dem einen der beiden äusseren verhält, wie der andere äussere zu der ganzen Linie. Es folgt aber aus dieser Proportion:

$$\frac{BC}{CD} : \frac{BA}{AD} = -1,$$

d. i.

$$(B, D, C, A) = -1.$$

Carnot sagt dafür in seiner *Géométrie de position*, die Linie BD werde in C und A in proportionale Segmente getheilt.

Uebrigens erhellet aus §. 184, dass, wenn

$$(B, D, C, A) = -1,$$

auch

$$(B, D, A, C) = (D, B, A, C) = (D, B, C, A) = (C, A, B, D)$$
$$= (C, A, D, B) = (A, C, B, D) = (A, C, D, B) = -1$$

ist.

4) Durch Addition der drei Gleichungen IV) erhält man:

$$(b-c)F+(c-a)G+(a-b)H=0;$$

mithin liegen F, G und H in einer geraden Linie; also:

Beschreibt man in ein Dreieck (ABC) ein zweites ($A'B'C'$), so dass die drei Geraden, welche die gegenüberliegenden Spitzen verbinden, sich in Einem Puncte (D) schneiden: so sind die drei Puncte (F, G, H), in denen sich die gegenüberliegenden Seiten schneiden, in Einer Geraden enthalten.

5) Zieht man die Gleichungen III) paarweise von einander ab, so kommt mit Berücksichtigung der Gleichungen IV):

$$\begin{aligned}(b-d)B''-(c-d)C''&=(b-c)F,\\(c-d)C''-(a-d)A''&=(c-a)G,\\(a-d)A''-(b-d)B''&=(a-b)H.\end{aligned}$$

Mithin liegen auch B'' und C'' mit F, C'' und A'' mit G, A'' und B'' mit H in gerader Linie, welches folgenden Satz giebt:

Wird in ein Dreieck ABC ein zweites $A'B'C'$, und in dieses ein drittes $A''B''C''$ einbeschrieben, dergestalt, dass die gleichnamigen Spitzen mit einem vierten Puncte D immer in einer Geraden liegen, also A, A', A'' mit D; B, B', B'' mit D; C, C', C'' mit D: so schneiden sich hinwiederum die gleichnamigen Seiten dieser drei Dreiecke in einem Puncte, nämlich BC, $B'C'$, $B''C''$ in F; CA, $C'A'$, $C''A''$ in G; AB, $A'B'$, $A''B''$ in H; auch liegen diese drei Puncte F, G, H in einer Geraden.

§. 199. Zusätze. *a*) Die in 2) erhaltene Relation, worauf übrigens schon die in §. 157, 1 gefundenen und die zum Beweise des Satzes §. 188 angewendeten Formeln hinauskommen, lässt sich noch symmetrischer aus den allgemeinen Ausdrücken in §. 39 für die Durchschnitte einer Geraden mit den Seiten des Fundamentaldreiecks ABC ableiten. Denn heissen diese Durchschnitte I, K, L, so ist nach §. 39:

$$I\equiv\gamma B-\beta C,\quad K\equiv\alpha C-\gamma A,\quad L\equiv\beta A-\alpha B,$$

und daher, wie vorhin:

$$1)\quad \frac{BI}{IC}\cdot\frac{CK}{KA}\cdot\frac{AL}{LB}=\left(-\frac{\beta}{\gamma}\right)\left(-\frac{\gamma}{\alpha}\right)\left(-\frac{\alpha}{\beta}\right)=-1.$$

b) Werden die Seiten des Dreiecks ABC von einer zweiten Geraden in M, N, O geschnitten, so hat man auf gleiche Weise:

$$2)\qquad \frac{BM}{MC}\cdot\frac{CN}{NA}\cdot\frac{AO}{OB}=-1.$$

Dividirt man nun 2) in 1), so kommt:

$$(B, C, I, M)\,(C, A, K, N)\,(A, B, L, O) = 1,$$

oder, wenn man die Geraden IKL und MNO mit a und b bezeichnet (§. 190):

$$3) \qquad (B, C, a, b)\,(C, A, a, b)\,(A, B, a, b) = 1,$$

und, wenn man die Dreiecksseiten BC, CA, AB resp. c, d, e nennt (§. 191):

$$^{c}(e, d, a, b)\,.\,^{d}(c, e, a, b)\,.\,^{e}(d, c, a, b) = 1,$$

eine Formel, die, wie man gleich erkennt, mit der in §. 191 auf weniger einfachem Wege erhaltenen ganz identisch ist. Sie drückt, vermöge der Form 3), folgenden Satz aus:

Das Product aus den drei Doppelschnittsverhältnissen, nach welchen die Seiten eines Dreiecks (ABC) *von zwei anderen Geraden* (a, b) *geschnitten werden, ist der positiven Einheit gleich.*

c) Diese Eigenschaft und die obige in 2), gelten aber nicht bloss für das Dreieck, sondern können auf jedes beliebige Vieleck ausgedehnt werden. Hat man nämlich in einer Ebene ein Vieleck und eine Gerade, so zerlege man ersteres durch Diagonalen aus einem Puncte in Dreiecke, bemerke hierauf die Puncte, in denen die Seiten dieser Dreiecke (oder ihre Verlängerungen) von jener Geraden geschnitten werden, und bilde für jedes Dreieck eine Gleichung, wie 1). Multiplicirt man nun diese Gleichungen in einander, so heben sich die Verhältnisse, nach denen die Diagonalen geschnitten werden, gegenseitig auf, und man bekommt den Satz:

Das Product aus den Verhältnissen, nach welchen alle Seiten eines ebenen Vielecks von einer Geraden geschnitten werden, ist der Einheit gleich, und zwar der positiven oder negativen, nachdem die Seitenzahl des Vielecks gerade oder ungerade ist.

Bildet man dieselbe Gleichung für eine zweite das Vieleck schneidende Gerade und dividirt diese Gleichung in die vorige, so erhält man als Resultat:

Das Product aus den Doppelschnittsverhältnissen, nach denen alle Seiten eines ebenen Vielecks von zwei Geraden geschnitten werden, ist der positiven Einheit gleich.

Ist endlich das Vieleck nicht in einer Ebene enthalten, so gelten dieselben zwei Sätze, wenn man die Seiten des Vielecks mit einer oder zwei Ebenen, statt Geraden, geschnitten werden lässt.

Der Beweis hierfür ist dem obigen ganz ähnlich. Ich brauche übrigens wohl kaum hinzuzusetzen, dass bei allen diesen Verhältnissen jede Spitze des Vielecks nicht als gemeinschaftlicher Anfangs-

oder Endpunct der zwei darin zusammenstossenden Seiten, sondern immer als Anfangspunct der einen und Endpunct der anderen Seite genommen werden muss (§. 181).

§. 200. Die Construction der in §. 198 betrachteten Figur bestand darin, dass wir vier in einer Ebene liegende Puncte A, B, C, D durch Gerade verbanden, und die somit sich ergebenden drei Durchschnittspuncte A', B', C' abermals durch Gerade verknüpften. Hierdurch erhielten wir sechs neue Durchschnitte A'', B'', C'', F, G, H, die nun wiederum unter sich und mit den sieben ersteren Puncten durch Gerade*) verbunden werden können. Und so lässt sich das Verbinden der durch vorhergegangene Verbindungen entstandenen Durchschnittspuncte ohne Ende fortsetzen.

Das auf solche Weise aus den vier in einer Ebene beliebig genommenen Puncten A, B, C, D sich nach und nach bildende System von Linien wollen wir ein Netz in einer Ebene, die Linien selbst und ihre gegenseitigen Durchschnittspuncte die Linien

---

*) Dies werden folgende sechszehn sein:

$$AF,\ BA'',\ CA'',\ DF,\ B''C''F$$
$$AB'',\ BG,\ CB'',\ DG,\ C''A''G$$
$$AC'',\ BC'',\ CH,\ DH,\ A''B''H \text{ und } FGH.$$

Untersucht man die Puncte, in denen sich diese Linien unter einander und mit den vorhergezogenen schneiden, so wird man wiederum eine Menge merkwürdiger Verhältnisse entdecken. Auch wird es mehrere Male, eben so wie im Vorigen, der Fall sein, dass drei dieser Linien sich in einem Puncte schneiden, und dass drei oder mehrere Durchschnittspuncte in einer Geraden enthalten sind. So liegen in BC die Puncte

$$DG \cdot AC'' \equiv bB + 2cC, \quad DH \cdot AB'' \equiv 2bB + cC;$$

in $B'C'$ die Puncte

$$DG \cdot AB'' \equiv 3aA + 2bB + cC, \quad DH \cdot AC'' \equiv 3aA + bB + 2cC,$$
$$BG \cdot CB'' \equiv aA + 2bB - cC, \quad CH \cdot BC'' \equiv aA - bB + 2cC;$$

in AD die Puncte

$$BC'' \cdot CB'' \equiv aA + 2bB + 2cC, \quad CH \cdot BG \equiv -aA + bB + cC.$$

Die auf ähnliche Art in die Geraden CA, $C'A'$, BD und AB, $A'B'$, CD fallenden Puncte ergeben sich hieraus durch blosse Vertauschung der Buchstaben.

Von der Richtigkeit der beigefügten Ausdrücke wird man sich leicht mittelst der im §. 198 mitgetheilten Formeln I) bis IV) versichern können. So findet sich z. B. der Ausdruck

$$\begin{aligned} 3aA + 2bB + cC &= 2(aA + bB) + (aA + cC) = 2(a+b)C' + (a+c)B' \\ &= 2(aA + bB + cC) + (aA - cC) = -2dD + (a-c)G \\ &= 2aA + (aA + 2bB + cC) = 2aA + (b-d)B''. \end{aligned}$$

Mithin gehört dieser Ausdruck einem Puncte an, der in den drei Geraden $B'C'$, DG und AB'' zugleich enthalten ist.

und Puncte des Netzes, und die vier Puncte $A, \ldots, D$, von denen die Construction ausgeht, die vier Hauptpuncte des Netzes heissen.

Es würde nicht nur sehr ermüdend, sondern auch von keinem erheblichen Nutzen sein, wenn wir, eben so wie in §. 198 bei den ersten Linien des Netzes, auch bei der fortgesetzten Construction desselben in das Einzelne gehen wollten. Dagegen soll uns in den nächsten §§. die Entwickelung mehrerer allgemeiner Eigenschaften des Netzes beschäftigen, die schon an sich merkwürdig genug, besonders aber für die noch vorzutragende fünfte Verwandtschaft von Wichtigkeit sind.

§. 201. Lehrsatz. Sind A, B, C und $D \equiv aA + bB + cC$ die vier Hauptpuncte eines Netzes in einer Ebene, so kann jeder andere Punct P des Netzes unter einem Ausdrucke von der Form

$$\varphi aA + \chi bB + \psi cC$$

dargestellt werden, wo φ, χ, ψ rationale Zahlen, Null mit einbegriffen, sind, die nicht von der gegenseitigen Lage der Hauptpuncte, sondern bloss von der Verbindungsart abhängen, durch welche man, von den Hauptpuncten ausgehend, zu P gelangt.

Beweis. Jeder neu hinzukommende Punct P des Netzes wird erhalten als der Durchschnitt zweier Geraden IK und LM, deren Puncte I, K, L, M schon vorhandene Puncte des Netzes sind. Man nehme nun an, die Ausdrücke dieser vier Puncte seien von der im Lehrsatze angegebenen Beschaffenheit, und setze daher:

$$1) \quad \begin{cases} iI = \iota' aA + \iota'' bB + \iota''' cC, \\ kK = \varkappa' aA + \varkappa'' bB + \varkappa''' cC, \\ lL = \lambda' aA + \lambda'' bB + \lambda''' cC, \\ mM = \mu' aA + \mu'' bB + \mu''' cC, \end{cases}$$

wo also ι', ι'', ι''', $\varkappa'$, etc. rationale Zahlen sind. Man eliminire aus diesen vier Gleichungen A, B, C, so gehen auch die damit resp. verbundenen Coefficienten a, b, c heraus, und man erhält eine Gleichung von der Form:

$$2) \quad \iota iI + \varkappa kK + \lambda lL + \mu mM = 0,$$

wo ι, $\varkappa$, λ, μ Coefficienten vorstellen, die aus den vorigen ι', ι'', ι''', $\varkappa'$, ... sich durch lineäre Gleichungen finden lassen. Es folgt aber aus letzterer Gleichung:

$$\iota iI + \varkappa kK \equiv \lambda lL + \mu mM \equiv P;$$

mithin, wenn man für iI und kK (oder lL und mM) ihre obigen Werthe substituirt, und

$$\iota\iota' + \varkappa\varkappa' = \varphi, \quad \iota\iota'' + \varkappa\varkappa'' = \chi, \quad \iota\iota''' + \varkappa\varkappa''' = \psi$$

setzt:

$$P \equiv \varphi a A + \chi b B + \psi c C.$$

Sind nun, wie angenommen wurde, ι', ι'', ι''', $\varkappa'$, ... rationale Zahlen, so werden es auch ι und $\varkappa$, und folglich auch φ, χ, ψ sein.

Es lassen sich aber die vier Hauptpuncte A, B, C, D selbst durch Ausdrücke von der angenommenen Form darstellen, indem für A, $\chi = \psi = 0$; etc. und für D, $\varphi = \chi = \psi$ ist. Mithin wird auch dieselbe Form allen aus A, .., D abgeleiteten Durchschnitten, d. h. allen übrigen Puncten des Netzes, zukommen.

Beispiele hierzu liefern die Ausdrücke in §. 198 und in der Note zu §. 200.

Uebrigens sieht man leicht, dass φ, χ, ψ nicht von a, b, c und folglich auch nicht von der gegenseitigen Lage der vier Hauptpuncte abhängen.

§. 202. Zusätze. *a*) So wie der Durchschnitt P der Linien IK und LM den Ausdruck $\iota i I + \varkappa k K$ hatte, eben so wird für den Durchschnitt Q der IK mit irgend einer anderen Linie des Netzes der Ausdruck $\iota_{,} i I + \varkappa_{,} k K$ sein, wo $\iota_{,}$, $\varkappa_{,}$ aus gleichem Grunde wie ι, $\varkappa$, rational sind. Es folgt aber aus $P \equiv \iota i I + \varkappa k K$

$$IP : PK = \varkappa k : \iota i,$$

und aus $Q \equiv \iota_{,} i I + \varkappa_{,} k K$

$$IQ : QK = \varkappa_{,} k : \iota_{,} i;$$

mithin ist

$$\frac{IP}{PK} : \frac{IQ}{QK} = (I, K, P, Q) = \frac{\varkappa}{\iota} : \frac{\varkappa_{,}}{\iota_{,}},$$

also ebenfalls rational, d. h.:

Jedes in dem ebenen Netze sich bildende Doppelschnittsverhältniss hat einen rationalen bloss von der Constructionsart und nicht zugleich von der gegenseitigen Lage der vier Hauptpuncte abhängigen Werth.

Als Beispiele dienen die in §. 198 gefundenen Doppelschnittsverhältnisse.

b) Sei noch N irgend ein Punct des Netzes, und daher sein Ausdruck:

$$nN = \nu' a A + \nu'' b B + \nu''' c C,$$

wo ν', ν'', ν''' rationale Zahlen sind. Man eliminire aus dieser Gleichung und den obigen Gleichungen 1) für I, K, L die Puncte A, B, C, so bekommt man:

$$3) \qquad \iota_{,} i I + \varkappa_{,} k K + \lambda_{,} l L + \nu n N = 0,$$

wo, ähnlicherweise wie in 2), $\iota_{,}$, $\varkappa_{,}$, $\lambda_{,}$, ν rationale Zahlen bedeuten.

Setzt man noch $\iota i = i_{,}$, $\varkappa k = k_{,}$, $\lambda l = l_{,}$, so kann man für 2) und 3) auch schreiben:

$$M \equiv i_{,}I + k_{,}K + l_{,}L,$$

$$N \equiv \frac{\iota_{,}}{\iota} i_{,}I + \frac{\varkappa_{,}}{\varkappa} k_{,}K + \frac{\lambda_{,}}{\lambda} lL.$$

Da nun hierbei $\frac{\iota_{,}}{\iota}$, $\frac{\varkappa'}{\varkappa}$, $\frac{\lambda'}{\lambda}$ rational sind, so schliessen wir: Sind I, K, L, M irgend vier Puncte eines ebenen Netzes, von denen keine drei in einer Geraden liegen, so kann jeder andere Punct N desselben Netzes auch unter dem Ausdrucke eines Punctes dargestellt werden, welcher dem aus I, K, L, M, als Hauptpuncten, hervorgehenden Netze zugehört.

Es folgt nun der umgekehrte Satz von §. 201.

§. 203. Lehrsatz. Sind A, B, C und

$$D \equiv aA + bB + cC$$

vier in einer Ebene gegebene Puncte, von denen keine drei in einer Geraden liegen, und φ, χ, ψ irgend drei in rationalen Verhältnissen zu einander stehende Zahlen, so lässt sich der Punct der Ebene

$$P \equiv \varphi aA + \chi bB + \psi cC$$

durch fortgesetzte Verbindung der vier ersteren Puncte mit geraden Linien finden.

Beweis. Unter der gemachten Voraussetzung, dass die Verhältnisse $\varphi : \chi : \psi$ rational sind, können und wollen wir uns unter φ, χ und ψ bloss ganze Zahlen vorstellen. Nun ergeben sich:

1) die Puncte

$$aA + bB \text{ und } aA + cC$$

(Fig. 44) als die Durchschnitte der AB mit CD und der AC mit BD (§. 198).

2) ist der Punct

$$2aA + bB + cC\,^{*)} = aA + (aA + bB + cC) = (aA + bB) + (aA + cC),$$

und wird daher gefunden als der Durchschnitt der Geraden AD mit der durch

$$aA + bB \text{ und } aA + cC$$

gelegten Geraden. Verbindet man diesen Punct mit C und B, so erhält man in den Linien AB und AC die Durchschnitte

$$2aA + bB \text{ und } 2aA + cC.$$

---

*) Aus Mangel an Raum sind dieser Punct und die folgenden

$$3aA + bB + cC, \quad 4aA + \ldots,$$

in der Figur nur durch die Ziffern 2, 3, 4 angedeutet worden.

Hiermit ergiebt sich

3) der Punct

$$3aA + bB + cC = 2aA + (aA + bB + cC)$$
$$= (2aA + bB) + (aA + cC) = (2aA + cC) + (aA + bB),$$

als der Durchschnitt zweier der drei Geraden, welche A mit D,

$$2aA + bB \text{ mit } aA + cC, \quad 2aA + cC \text{ mit } aA + bB$$

verbinden. Zieht man von diesem Puncte zwei Gerade nach C und B, so schneiden dieselben die AB und AC in den Puncten

$$3aA + bB \text{ und } 3aA + cC,$$

wodurch man

4) den Punct

$$4aA + bB + cC$$

erhält als den Durchschnitt zweier der vier Geraden: durch A und D, durch

$$2aA + bB \text{ und } 2aA + cC,$$

durch

$$3aA + bB \text{ und } aA + cC,$$

durch

$$3aA + cC \text{ und } aA + bB;$$

dieser Durchschnitt mit C und B verbunden, giebt in AB und AC die Puncte

$$4aA + bB \text{ und } 4aA + cC.$$

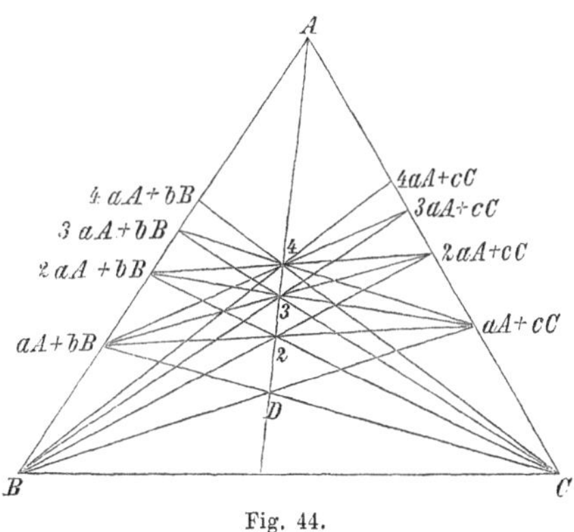

Fig. 44.

Auf solche Weise fortgefahren, bekommt man die Puncte

$$5aA + bB + cC, \quad 6aA + bB + cC,$$

etc., also allgemein

$$\varphi aA + bB + cC,$$

wo φ jede positive Zahl sein kann.

Auf ähnliche Art lassen sich nun aus dem Puncte

$$\varphi a A + b B + c C$$

die Puncte

$$\varphi a A + 2 b B + c C, \quad \varphi a A + 3 b B + c C,$$

etc. und allgemein der Punct

$$\varphi a A + \chi b B + c C$$

ableiten, wo χ wiederum jede positive ganze Zahl vorstellt.

Eben so wird endlich mittelst

$$\varphi a A + \chi b B + c C$$

der Punct

$$\varphi a A + \chi b B + \psi c C$$

gefunden, was auch ψ für eine positive ganze Zahl ist.

Es bleibt also nur noch übrig, die Construction für einen Punct anzugeben, bei welchem φ, χ, ψ nicht wie bisher einerlei Zeichen haben. Sei demnach, unter der Voraussetzung, dass φ, χ, ψ positive ganze Zahlen sind, der zu findende Punct

$$P \equiv \varphi a A + \chi b B - \psi c C.$$

Zuerst suche man den Punct

$$\varphi a A + \chi b B + \psi c C.$$

So wie nun in §. 198 aus den Puncten

$$A, \ B, \ C, \ a A + b B + c C$$

die Puncte

$$a A - c C \text{ und } b B - c C$$

abgeleitet wurden, eben so wird man aus

$$A, \ B, \ C, \ \varphi a A + \chi b B + \psi c C$$

die Puncte

$$\varphi a A - \psi c C \text{ und } \chi b B - \psi c C,$$

und hiermit den Punct

$$\varphi a A + \chi b B - \psi c C$$

als den Durchschnitt zweier der drei Linien:

$$\text{durch } C \text{ und } \varphi a A + \chi b B + \psi c C,$$

$$\text{durch } B \text{ und } \varphi a A - \psi c C,$$

$$\text{durch } A \text{ und } \chi b B - \psi c C,$$

finden können.

Man erkennt übrigens leicht, dass es ausser den jetzt vorgetragenen Constructionen noch viele andere und in manchen speciellen Fällen ungleich einfachere giebt, durch die man zu dem gesuchten Puncte gelangen kann. Indessen sollte hier nur die Möglichkeit der

Construction überhaupt, so einfach, als es im Allgemeinen geschehen konnte, dargethan werden.

§. 204. Zusatz. Wir sahen in §. 202, *b*, dass, wenn zwischen vier Puncten I, K, L, M eines Netzes die Relation stattfand:

$$M \equiv i_{,}I + k_{,}K + l_{,}L\,,$$

jeder andere Punct N des Netzes in Bezug auf $i_{,}I$, $k_{,}K$, $l_{,}L$ rationale Coefficienten hatte, also durch einen Ausdruck dargestellt werden konnte, welcher den aus der Verbindung von I, K, L, M sich ergebenden Puncten zukam. Zu Folge des eben Erwiesenen wird daher N aus I, K, L, M, d. h. von irgend fünf Puncten eines Netzes der eine aus den vier übrigen, durch fortgesetzte Verbindung dieser letzteren, auch wirklich gefunden werden können; oder:

Je vier Puncte eines ebenen Netzes, von denen keine drei in einer Geraden liegen, kann man als Hauptpuncte betrachten und durch fortgesetzte Verbindung derselben alle übrigen Puncte des Netzes ableiten.

So muss man z. B. aus den vier Puncten A', B', C', D (Fig. 43) rückwärts die Puncte A, B, C finden können. Dies wird nach §. 198, 5 durch folgende Verbindungen zu bewerkstelligen sein:

$$A'D \cdot B'C' \equiv A'', \quad B'D \cdot C'A' \equiv B'', \quad C'D \cdot A'B' \equiv C'',$$
$$B'C' \cdot B''C'' \equiv F, \quad C'A' \cdot C''A'' \equiv G, \quad A'B' \cdot A''B'' \equiv H,$$
$$B'G \cdot C'H \equiv A, \quad C'H \cdot A'F \equiv B, \quad A'F \cdot B'G \equiv C.$$

§. 205. Lehrsatz. *Sind A, B, C, D vier in einer Ebene gegebene Puncte, von denen keine drei in einer Geraden liegen, und ist P irgend ein fünfter gegebener Punct der Ebene, so kann man, durch fortgesetzte Verbindung der vier ersteren durch gerade Linien, zu einem Puncte gelangen, der mit dem fünften, P, entweder zusammenfällt, oder von ihm um einen Abstand entfernt ist, der kleiner ist, als jeder gegebene.*

Beweis. Seien D und P, auf A, B, C als Fundamentalpuncte bezogen:

$$D \equiv aA + bB + cC, \quad P \equiv pA + qB + rC.$$

Man setze

$$\frac{p}{a} : \frac{q}{b} : \frac{r}{c} = \varphi : \chi : \psi,$$

so wird

$$P \equiv \varphi aA + \chi bB + \psi cC.$$

Haben nun φ, χ, ψ rationale Verhältnisse zu einander, so kann man nach Anleitung des §. 203 durch fortgesetzte Verbindung der Puncte A, B, C, D zu P selbst gelangen.

Sind aber die Verhältnisse $\varphi : \chi$ und $\chi : \psi$ beide, oder nur eins derselben, irrational, so beschreibe man um P, als Mittelpunct, mit dem gegebenen Abstande, welcher π heisse, als Halbmesser, einen Kreis (Fig. 45), und ziehe an diesen von C aus zwei Tangenten CU und CV, welche AB in U und V treffen. Man setze diese Puncte

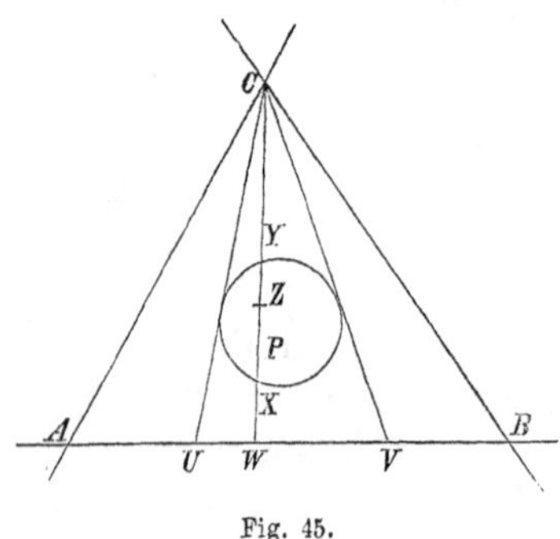

Fig. 45.

$$U \equiv aA + ubB, \quad V \equiv aA + vbB.$$

Zwischen zwei Zahlen aber, mögen sie rational oder irrational, und auch noch so wenig von einander verschieden sein, lassen sich immer eine unendliche Menge rationaler Zahlen einschieben. Sei daher w eine rationale zwischen u und v fallende Zahl, und

$$aA + wbB = tW,$$

so ist W ein zwischen U und V liegender Punct. (Wird der Kreis von CA oder CB geschnitten, so kann man für W den Punct A oder B selbst nehmen.) Eine von C nach W gezogene Gerade wird daher den Kreis in zwei Puncten, X und Y, schneiden. Man setze

$$X \equiv tW + xcC, \quad Y \equiv tW + ycC,$$

und sei z eine zwischen x und y fallende rationale Zahl, und

$$tW + zcC \equiv Z,$$

so ist Z ein, zwischen X und Y, folglich innerhalb des Kreises liegender und daher von P um weniger als π abstehender Punct. (Wird der Kreis von AB geschnitten, so kann W zugleich die Stelle von Z vertreten.) Es ist aber dieser Punct

$$Z \equiv tW + zcC \equiv aA + wbB + zcC,$$

und kann mithin durch fortgesetztes Ziehen gerader Linien gefunden werden, weil die Verhältnisse $1 : w : z$ rational sind.

Um diesen Beweis gegen alle Einwürfe sicher zu stellen, sind noch zwei besondere Fälle in Erwägung zu ziehen.

1) Es wurde stillschweigend angenommen, dass die Gerade CW von C nach einem Puncte W, der in AB zwischen den Durchschnitten U und V der Tangenten mit AB liegt, den Kreis immer schneide. Man sieht aber leicht, dass dieses dann nicht mehr geschieht, wenn der Kreis von der durch C mit AB gezogenen Parallele geschnitten wird, als in welchem Falle eine durch C gelegte und den Kreis schneidende Linie der Linie AB ausserhalb

UV begegnet. Um diesen Fall zu beseitigen, hat man nur statt des um P mit π beschriebenen Kreises einen noch kleineren zu nehmen, der in jenem enthalten ist und zugleich ganz auf der einen oder anderen Seite der gedachten Parallele liegt.

2) Wenn $\pi > PC$, so ist die vorige Beweisführung nicht nur unmöglich, weil dann der Punct C innerhalb des Kreises fällt, und daher von ihm keine Tangenten an letzteren gezogen werden können, sondern auch unnöthig, weil nun der Punct C für den gesuchten Z geradezu genommen werden kann.

II. Das Netz im Raume.

§. 206. Seien A, B, C, D, E fünf beliebige Puncte, von denen keine vier in einer Ebene liegen. Man verbinde sie erstlich zu zweien durch Gerade:

$$AB,\ AC,\ BC,\ AD,\ BD,\ CD,\ AE,\ BE,\ CE,\ DE.$$

Von diesen zehn Geraden kann man sich, des leichteren Auffassens willen, die sechs ersten als die Kanten einer dreiseitigen Pyramide $ABCD$ (Fig. 46) vorstellen, die vier letzteren aber als Linien, die

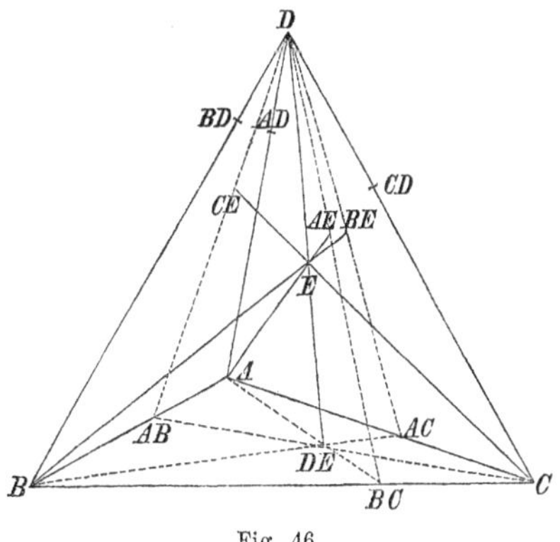

Fig. 46.

von einem fünften Puncte E nach den Spitzen der Pyramide gezogen sind. Man verbinde nun die fünf Puncte zu dreien durch Ebenen, welches zehn Ebenen giebt: vier derselben ABC, ABD, ACD, BCD sind die Seiten der Pyramide, und die übrigen sechs gehen durch E und die sechs Kanten der Pyramide. Jede der zehn Geraden erscheint hiermit als der gemeinschaftliche Durchschnitt dreier der zehn Ebenen, z. B. AB als der Durchschnitt der Ebenen

ABC, ABD, ABE. Von den sieben übrigen Ebenen geben drei, ACD, ACE, ADE, durch den einen Endpunct A dieser Geraden, drei andere, BCD, BCE, BDE, durch den anderen Endpunct B, die siebente CDE aber schneidet AB in einem noch anderen Puncte, den wir mit $[AB]$ bezeichnen wollen. Eben so wird jede der neun übrigen Geraden von der Ebene durch die jedesmal drei übrigen Puncte in einem neuen Puncte geschnitten: die Gerade AC von der Ebene BDE im Puncte $[AC]$; BC von ADE in $[BC]$, u. s. w., und wir erhalten somit zehn neue Puncte:

$$[AB],\ [AC],\ [BC],\ \ldots,\ [DE].$$

Diese zehn Puncte und die ersteren fünf, also in Allem funfzehn, sind übrigens in den zehn Ebenen so vertheilt, dass in jeder derselben sieben Puncte liegen; z. B. in der Ebene ABC die sieben Puncte:

$$A,\ B,\ C,\ [AB],\ [AC],\ [BC],\ [DE].$$

Legt man jetzt durch je drei der 15 Puncte, welche nicht bereits durch Ebenen verbunden sind, wiederum Ebenen, so erhält man zuerst 15 neue, in deren jede 5 Puncte fallen, nämlich die 3 durch D gehenden Ebenen

$$D[AB]\,[AC]\,[BE]\,[CE]$$
$$D[BC]\,[AB]\,[CE]\,[AE]$$
$$D[AC]\,[BC]\,[AE]\,[BE];$$

und eben so 3 durch jeden der 4 übrigen Puncte A, B, C, E.

Sodann bekommt man noch 20 Ebenen, in deren jeder nur 3 Puncte enthalten sind, nämlich die Seitenflächen der 5 Pyramiden $[AE]\,[BE]\,[CE]\,[DE]$, $[AD]\,[BD]\,[CD]\,[DE]$, etc.

Nach dieser zweiten Verbindung der Puncte durch Ebenen hat man demnach in Allem ein System von 45 Ebenen, und zwar

10	Ebenen,	jede	mit	7 Puncten,
15	-	-	-	5 -
20	-	-	-	3 -

diejenigen Puncte abgerechnet, welche durch die zweite Verbindung selbst hervorgehen.

§. 207. Das jetzt aus fünf Puncten aufgeführte System von Ebenen ist offenbar dasselbe für den Raum, welches in §. 198 das aus vier Puncten construirte System von Linien für die Ebene war. Die Relationen, welche bei jenem Systeme von Linien stattfanden, werden daher auch bei dem gegenwärtigen, nur um Vieles zusammengesetzteren, Systeme von Ebenen auf analoge Weise sich wieder zeigen.

Hierbei ist es aber zuerst sehr merkwürdig, dass diejenigen Relationen, vermöge welcher drei oder mehrere Puncte in einer Geraden liegen, vier oder mehrere Ebenen sich in einem Puncte schneiden, u. s. w., also überhaupt solche Eigenschaften, wobei von keinen Grössenverhältnissen die Rede ist, auch ohne Gebrauch von Grössenverhältnissen, folglich ohne alle Anwendung des Calculs erwiesen werden können; ja, was noch mehr ist, dass die Eigenschaften von der nämlichen Art, welche wir in §. 198 bei dem Systeme von Geraden in einer Ebene mit Hülfe des Calculs fanden, sich dadurch, dass man auf passende Weise mit der ebenen Figur noch andere Ebenen in Verbindung bringt, gleichfalls aus den Grundeigenschaften der Ebene einfach ableiten lassen.

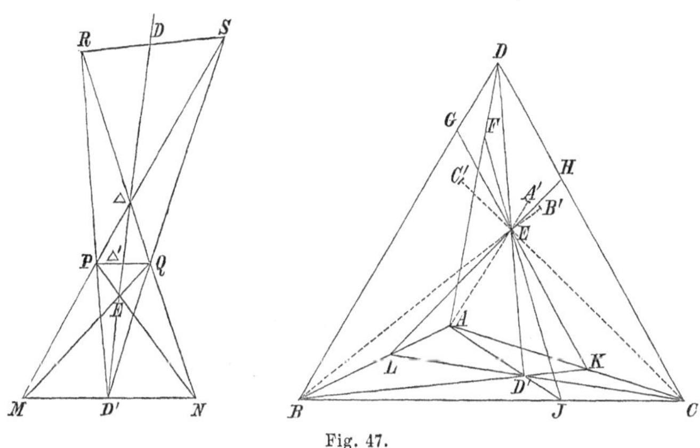

Fig. 47.

So wurde in §. 198 dargethan, dass, wenn in ein Dreieck ABC (Fig. 47) ein anderes IKL einbeschrieben wird, dergestalt, dass die Geraden AI, BK, CL, welche die gegenüberliegenden Spitzen verbinden, sich in einem Puncte, D', schneiden, die Durchschnitte der gegenüberliegenden Seiten, d. h. die Puncte $BC \cdot KL$, $CA \cdot LI$, $AB \cdot IK$ in einer Geraden liegen.

Um nun diesen Satz auf die eben gedachte Art zu beweisen, lege man durch D' eine die Ebene ABC schneidende Gerade, nehme darin willkürlich zwei Puncte D, E, und verbinde den einen derselben, D, mit A, B, C, und den anderen, E, mit I, K, L durch Gerade. Weil EI mit DD' und AI, und folglich auch mit AD in einer Ebene liegt, so wird EI die AD schneiden, welches in F geschehe. Eben so schneidet EK die BD in G, und EL die CD in H.

Man lege ferner durch F, G, H eine Ebene, welche die Geraden BC, CA, AB in Puncten schneide, die ich resp. mit (BC), (CA),

(AB) bezeichnen will; so liegen diese Puncte, als Puncte in dem Durchschnitte zweier Ebenen, ABC und FGH, in einer geraden Linie. Weil aber G, H mit B, C in einer Ebene liegen, so ist (BC) zugleich der Durchschnitt der Geraden BC und GH. Weil ferner G, H, K, L, als Puncte zweier sich in einem Puncte, E, schneidenden Geraden, in einer Ebene enthalten sind, so sind BC, GH, KL die gegenseitigen Durchschnitte der drei Ebenen $GHKL$, $KLBC$, $BCGH$, und schneiden sich folglich in einem Puncte. Mithin ist (BC) auch der Durchschnitt der BC und LK. Auf dieselbe Weise ergiebt sich, dass LI sowohl als HF die CA in (CA), und IK sowohl als FG die AB in (AB) schneiden. Mithin liegen die drei Durchschnitte $BC \cdot KL$, $CA \cdot LI$, $AB \cdot IK$ in einer Geraden.

Dass in Fig. 43 auch B'', C'' mit F; C'', A'' mit G; A'', B'' mit H in einer Geraden liegen, lässt sich ohne Weiteres mittelst des eben erwiesenen Satzes darthun. Denn nimmt man DBC zum anfänglichen Dreieck, und zieht an die Spitzen desselben, D, B, C, von A aus Linien, so schneiden diese die gegenüberstehenden Seiten resp. in A', C', B'. Dem Satz zufolge liegen daher $BC \cdot C'B'$, $CD \cdot B'A'$, $DB \cdot A'C'$, d. h. F, C'', B'' in gerader Linie; und auf ähnliche Art hat man bei den übrigen zu verfahren.

Ueberhaupt scheint es, als ob bei diesem auch noch weiter fortgesetzten Systeme gerader Linien, alle Fälle, wo drei oder mehrere Puncte in einer Geraden liegen, oder drei oder mehrere Gerade sich in einem Puncte schneiden, allein schon durch wiederholte Anwendung jenes Satzes erwiesen werden könnten.

§. 208. Der Grund, aus welchem sich die drei Geraden (Fig. 47)

BC, GH, KL in einem Puncte, (BC),
CA, HF, LI - - - (AC),
AB, FG, IK - - - (AB)

schneiden, kann kurz als darin bestehend angegeben werden, dass, wenn von drei Geraden je zwei in einer Ebene liegen, nicht aber alle drei in derselben Ebene enthalten sind, diese drei Linien in einem Puncte zusammentreffen. — Aus demselben Grunde werden sich nun auch

AD, LG, KH in einem Puncte, welcher (AD),
BD, IH, LF - - - - (BD),
CD, KF, IG - - - - (CD)

heisse, schneiden. So wie daher in dem Durchschnitte der Ebenen

ABC und FGH die Puncte (AB), (AC), (BC)

liegen, eben so sind in dem Durchschnitte der Ebenen

ABD und KIH die Puncte (AB), (AD), (BD),
ACD und LIG - - (AC), (AD), (CD),
BCD und LKF - - (BC), (BD), (CD)

enthalten. Es fliesst hieraus ganz leicht, dass sämmtliche sechs Puncte (AB), ..., (CD), und folglich auch die vier Geraden, in denen sich die vier Paare von Ebenen, ABC und FGH, u. s. w., schneiden, in einer Ebene liegen; also:

Wird in ein Tetraeder $ABCD$ ein Octaeder $FGHIKL$ dergestalt einbeschrieben, dass die sechs Spitzen des letzteren in den sechs Kanten des ersteren liegen, und dass die drei Geraden FI, GK, HL, welche die gegenüberstehenden Spitzen des Octaeders verbinden, sich in einem Puncte, E, schneiden, so liegen die vier Geraden, in denen die Seiten des Tetraeders von den gegenüberstehenden Seiten des Octaeders geschnitten werden, in einer und derselben Ebene.

Man ziehe noch die Geraden BE und CE, welche die Ebenen ACD und ABD resp. in den Puncten B' und C' schneiden, so liegen B', C' mit B, C in einer Ebene. Ferner liegt B' in der Ebene $BDEK$, und daher mit D und K in einer Geraden, als dem Durchschnitte der Ebenen BDK und ACD. Eben so liegt C' mit D und L in einer Geraden, und folglich B', C' auch mit K, L (und D) in einer Ebene. Folglich sind $BCB'C'$, $B'C'KL$, $BCKL$ drei Ebenen, welche sich zu zweien in den drei Geraden KL, BC, $B'C'$ schneiden. Mithin müssen diese drei Linien sich in einem Puncte schneiden. Es trafen sich aber die Linien BC und KL im Puncte (BC); in demselben Puncte werden sich daher auch BC und $B'C'$ begegnen.

Wird nun noch die Gerade AE gezogen, welche die Ebene BCD in A' schneide, so ergiebt sich auf dieselbe Weise, dass, so wie

$$BC \cdot B'C' \equiv (BC),$$

auch

$$AB \cdot A'B' \equiv (AB), \quad AC \cdot A'C' \equiv (AC)$$

und

$$AD \cdot A'D' \equiv (AD), \quad BD \cdot B'D' \equiv (BD), \quad CD \cdot C'D' \equiv (CD)$$

ist.

Es folgt hieraus weiter, dass sich die drei Ebenen ABC, $A'B'C'$, FGH in einer und derselben Geraden, in der die drei Puncte (AB), (AC), (BC) enthaltenden, schneiden; und eben so die drei Ebenen BCD, $B'C'D'$, LKF; u. s. w., woraus wir ganz leicht in Verbindung mit dem vorigen Satze folgendes, dem in §. 198, 4 analoge Resultat ziehen.

Wird in ein Tetraeder ABCD ein zweites A'B'C'D' einbeschrieben, so dass die Spitzen des letzteren in die Seiten des ersteren fallen, und dass die vier Geraden AA', BB', CC', DD' durch die gegenüberstehenden Spitzen beider Tetraeder sich in einem Puncte, E, schneiden, so liegen die vier Geraden, in denen sich die gegenüberstehenden Seiten, BCD und B'C'D', CDA und C'D'A', etc. schneiden, in einer Ebene. Auch sind diese Geraden dieselben, in denen vorhin die Seiten des Tetraeders ABCD von den gegenüberstehenden Seiten des Octaeders FGHIKL geschnitten wurden, wenn der dortige Punct E mit dem hiesigen E ein und derselbe ist.

§. 209. Alles dieses, was sich durch rein geometrische Betrachtungen ergab, lässt sich auch leicht durch den barycentrischen Calcul finden.

A, B, C, D zu Fundamentalpuncten genommen, sei

$$E \equiv aA + bB + cC + dD,$$

oder, wenn man

$$a + b + c + d = -e$$

setzt:

$$\text{I)} \qquad aA + bB + cC + dD + eE = 0.$$

Hieraus fliesst sogleich:

$$aA + dD = bB + cC + eE$$

$\equiv$ dem Durchschnitte F*) der Geraden AD mit der Ebene BCE, also

$$\text{II)} \qquad fF = aA + dD, \quad iI = bB + cC,$$

und eben so

$$\begin{aligned} gG &= bB + dD, & kK &= aA + cC, \\ hH &= cC + dD, & lL &= aA + bB, \\ a'A' &= aA + eE, & c'C' &= cC + eE, \\ b'B' &= bB + eE, & d'D' &= dD + eE, \end{aligned}$$

wo

$$f = a + b, \quad g = b + d,$$

u. s. w.

---

*) Es bedarf nur geringer Aufmerksamkeit, um wahrzunehmen, dass die Puncte

$$F, \quad G, \quad H, \quad I, \quad K, \quad L$$

mit

$$[AD], [BD], [CD], [BC], [AC], [AB],$$

(§. 206), und

$$A', \quad B', \quad C', \quad D'$$

mit den ebendaselbst durch

$$[AE], [BE], [CE], [DE]$$

bezeichneten Puncten einerlei sind.

Wir folgern hieraus weiter:

$$fF - gG = kK - iI = a'A' - b'B' = aA - bB,$$
$$fF - hH = lL - iI = a'A' - c'C' = aA - cC,$$

u. s. w., d. h. vier Geraden FG, KI, $A'B'$, AB schneiden sich in einem Puncte; und eben so die vier Geraden FH, LI, $A'C'$, AC; etc. Wir bezeichneten diese Puncte im Vorigen durch (AB), (AC), etc.; daher

$$\text{III)} \quad (AB) \equiv aA - bB, \quad (AC) \equiv aA - cC, \quad (BC) \equiv bC - cC,$$

u. s. w.

Man vergleiche noch §. 50, a und b, wo die dortigen (AB), (AC), ..., als Bezeichnungen der Puncte, in denen eine Ebene von den sechs Fundamentallinien geschnitten wurde, und die dortigen Coefficienten $\frac{1}{\alpha}$, $\frac{1}{\beta}$, $\frac{1}{\gamma}$, $\frac{1}{\delta}$ mit den hiesigen (AB), (AC), ... und a, b, c, d einerlei sind.

Man addire die in II) angegebenen Werthe für fF, gG, hH, so kommt:

$$fF + gG + hH = aA + bB + cC + 3dD = 2dD - eE,$$

(vermöge I), $\equiv$ dem Durchschnitte der Seite FGH des einbeschriebenen Octaeders mit der Geraden DE, welcher $\varDelta$ heisse.

Eben so giebt die Addition der Werthe für $a'A'$, $b'B'$, $c'C'$:

$$a'A' + b'B' + c'C' = aA + bB + cC + 3eE = 2eE - dD$$

$\equiv$ dem Durchschnitte der Seite $A'B'C'$ des einbeschriebenen Tetraeders mit der Geraden DE, welcher $\varDelta'$ genannt werde.

Wir haben daher

$$D' \equiv dD + eE, \quad \varDelta \equiv 2dD - eE, \quad \varDelta' \equiv dD - 2eE;$$

folglich

$$\frac{DD'}{D'E} = \frac{e}{d}, \quad \frac{D\varDelta}{\varDelta E} = -\frac{e}{2d}, \quad \frac{D\varDelta'}{\varDelta' E} = -\frac{2e}{d}$$

und

$$(D, E, D', \varDelta) = -2, \quad (D, E, D', \varDelta') = -\tfrac{1}{2} \ldots$$

Um hieraus E zu eliminiren, so ist nach §. 184:

$$(D, D', E, \varDelta) = 3, \quad (D, D', \varDelta', E) = \tfrac{2}{3},$$

folglich (§. 185):

$$(D, D', \varDelta', \varDelta) = 2, \quad (D, \varDelta', D', \varDelta) = -1;$$

und auf ähnliche Weise erhält man durch Elimination von D:

$$(E, \varDelta, D', \varDelta') = -1.$$

Die gegenseitige Lage der fünf Puncte E, D, D', $\varDelta$, $\varDelta'$ lässt sich hiernach sehr leicht durch folgende Construction darstellen.

Man nehme in einer Geraden die drei Puncte E, D', Δ (Fig. 47*) nach Belieben, und mit D' in einer anderen Geraden willkürlich zwei Puncte M und N. Hiermit suche man die Puncte

$$P \equiv M\Delta \cdot NE, \quad Q \equiv ME \cdot N\Delta, \quad R \equiv N\Delta \cdot D'P, \quad S \equiv M\Delta \cdot D'Q,$$

so ist

$$\Delta' \equiv D'E \cdot PQ \text{ und } D \equiv D'E \cdot RS.$$

Denn vermöge §. 198, 3 ist alsdann im Dreiecke ΔMN:

$$(E, \Delta, D', \Delta') = -1:$$

und im Dreiecke $D'RS$:

$$(D, \Delta', D', \Delta) = -1,$$

wie erforderlich.

Dass dieselben Doppelschnittsverhältnisse in der Linie AE (Fig. 47) zwischen den Puncten A, E, A' und den Durchschnitten dieser Linie mit den Ebenen FKL und $B'C'D'$ stattfinden, und eben so in den Linien BE und CE, leuchtet von selbst ein.

§. 210. Ohne uns bei diesen speciellen Untersuchungen länger aufzuhalten, wollen wir nun das bisherige System von Ebenen, auf dieselbe Art, wie dies im Vorigen bei einem Systeme gerader Linien in einer Ebene geschah, erweitern, indem wir durch je drei der schon gefundenen Durchschnittspuncte, wenn sie noch nicht durch Ebenen verbunden sind, neue Ebenen legen, und so fort ohne Ende.

Ein solches aus fünf Puncten im Raume entstehendes System von Ebenen heisse ein Netz im Raume. Die Ebenen selbst, die Geraden, in denen sich die Ebenen zu zweien, und die Puncte, in denen sie sich zu dreien schneiden, wollen wir Ebenen, Linien und Puncte des Netzes nennen, die fünf Puncte aber, welche der Construction zum Grunde gelegt werden, die fünf Hauptpuncte des Netzes.

Von diesem Netz im Raume sollen nun, eben so wie vorhin von dem ebenen Netze, die allgemeinen Eigenschaften entwickelt werden.

§. 211. Lehrsatz. Sind A, B, C, D und

$$E \equiv aA + bB + cC + dD$$

die fünf Hauptpuncte eines Netzes im Raume, so lässt sich jeder andere Punct des Netzes unter einem Ausdrucke von der Form

$$\varphi aA + \chi bB + \psi cC + \omega dD$$

darstellen, wo φ, χ, ψ, ω rationale Zahlen sind, die nicht von der gegenseitigen Lage der fünf Hauptpuncte, sondern bloss von der fortgesetzten Verbindungsart derselben durch Ebenen abhängen.

Beweis. Jeder neue Punct P des Netzes ergiebt sich als der Durchschnitt dreier Ebenen α, β, γ, von denen jede durch drei schon vorher gefundene Puncte geht, so dass folglich zur Bestimmung von P im Allgemeinen neun Puncte erforderlich sind. Man kann sich aber die Fortsetzung des Netzes noch einfacher auf solche Weise vorstellen, dass jeder neue Punct als der Durchschnitt einer Geraden durch zwei, und einer Ebene durch drei bereits gefundene Puncte erhalten wird, und daher in Allem nur fünf Puncte zu seiner Bestimmung erfordert werden.

Denn seien F, G, H die drei schon bekannten Puncte, wodurch die Ebene α bestimmt wird. Hieraus werden erhalten I, als der Durchschnittspunct der Geraden FG mit der Ebene β, und K als der Durchschnitt von FH mit β; so sind I und K zwei Puncte in der Durchschnittslinie der Ebenen α und β, und mithin der Durchschnittspunct P aller drei Ebenen α, β, γ einerlei mit dem Durchschnitte der Geraden IK und der Ebene γ.

Werde nun diese letztere durch die drei schon früher erhaltenen Puncte L, M, N bestimmt. Man setze die fünf Puncte I, K, L, M, N:

$$iI = \iota' aA + \iota'' bB + \iota''' cC + \iota'''' dD,$$
$$kK = \varkappa' aA + \varkappa'' bB + \varkappa''' cC + \varkappa'''' dD,$$
$$lL = \lambda' aA + \ldots, \quad mM = \mu' aA + \ldots, \quad nN = \nu' aA + \ldots$$

Somit hat man fünf Gleichungen, aus denen man, nach Elimination von aA, bB, cC und dD, eine Gleichung von der Form bekommt:

$$\iota iI + \varkappa kK + \lambda lL + \mu mM + \nu nN = 0,$$

deren Coefficienten ι, $\varkappa$, λ, μ, ν aus den Coefficienten ι', $\varkappa'$, λ', μ', ν', ι'', $\varkappa''$, ... durch lineäre Gleichungen bestimmt werden.

Hieraus folgt P, als der Durchschnitt der Geraden IK mit der Ebene LMN:

$$P \equiv \iota iI + \varkappa kK \equiv \lambda lL + \mu mM + \nu nN,$$

und wenn man darin für iI und kK ihre durch aA, bB, cC, dD ausgedrückten Werthe substituirt, und der Kürze willen

$$\iota\iota' + \varkappa\varkappa' = \varphi, \quad \iota\iota'' + \varkappa\varkappa'' = \chi, \quad \iota\iota''' + \varkappa\varkappa''' = \psi, \quad \iota\iota'''' + \varkappa\varkappa'''' = \omega$$

setzt:

$$P \equiv \varphi aA + \chi bB + \psi cC + \omega dD.$$

Sind demnach die Coefficienten ι', $\varkappa'$, λ', μ', ν', ι'', $\varkappa''$, ... rational, so haben auch die Coefficienten ι, $\varkappa$, λ, μ, ν, folglich auch φ, χ, ψ, ω rationale Werthe. Sind folglich die Ausdrücke der fünf Puncte I, K, L, M, N von der im Lehrsatze angezeigten Form, so ist es auch der Ausdruck des neuen durch sie bestimmten Punctes P. Nun kommt aber diese Form den Ausdrücken der fünf Hauptpuncte

$$A,\ B,\ C,\ D,\ E \equiv aA + \ldots + dD$$

selbst zu (vergl. §. 201); mithin auch den Ausdrücken aller daraus abgeleiteten Puncte, d. h. aller übrigen Puncte des Netzes.

§. 212. Zusätze. *a*) Jeder Punct der Geraden IK, welcher zugleich ein Punct des Netzes ist, hat einen Ausdruck von der Form $\iota iI + \varkappa kK$, wo ι und $\varkappa$ von einem Puncte zum anderen veränderlich und rational sind. Wir folgern hieraus, wie in §. 202, *a*:

Jedes in dem Netz im Raume sich bildende Doppelschnittsverhältniss ist rational.

b) Jeder in der Ebene LMN begriffene Punct des Netzes hat einen Ausdruck von der Form:

$$\lambda lL + \mu mM + \nu nN,$$

wo λ, μ, ν von einem Puncte des Netzes zum anderen veränderlich und rational sind. Durch geradlinige Verbindung irgend vier solcher Puncte müssen daher alle übrigen in die Ebene LMN fallenden Puncte des Netzes abgeleitet werden können (§. 204); oder:

Das System von Geraden, in welchem eine Ebene eines Netzes im Raume von den übrigen Ebenen des Netzes geschnitten wird, bildet ein Netz in einer Ebene.

c) Sei noch

$$oO = o'aA + o''bB + o'''cC + o''''dD$$

ein Punct des Netzes im Raume, und daher $o', \ldots, o''''$ rational. Eliminirt man aus dieser Gleichung und den obigen Gleichungen für I, K, L, M die Fundamentalpuncte A, B, C, D, so erhält man für O einen Ausdruck von der Form:

$$O \equiv \iota_{,} iI + \varkappa_{,} kK + \lambda_{,} lL + \mu_{,} mM,$$

wo $\iota_{,}, \ldots, \mu_{,}$ rational sind; also einen Ausdruck, welcher den Puncten des Netzes zukommt, das aus den fünf Puncten I, K, L, M und

$$N \equiv \iota iI + \varkappa kK + \lambda lL + \mu mM,$$

als Hauptpuncten, abgeleitet werden kann. (Vergl. §. 202, *b*.) Da nun, wie der folgende §. zeigen wird, nicht nur jeder Punct dieses Netzes seinem Ausdrucke nach von einer solchen Form ist, sondern auch umgekehrt jeder Punct von dieser Form zu dem Netze selbst gehört, so schliessen wir analog mit §. 204:

Je fünf Puncte eines Netzes im Raume, von denen keine vier in einer Ebene liegen, können als die fünf Hauptpuncte betrachtet, und daraus alle übrigen Puncte durch fortgesetztes Legen von Ebenen gefunden werden.

§. 213. Lehrsatz. Sind A, B, C, D und

$$E \equiv aA + bB + cC + dD$$

fünf gegebene Puncte, von denen keine vier in einer Ebene liegen, so kann man zu jedem sechsten Puncte

$$P \equiv \varphi aA + \chi bB + \psi cC + \omega dD,$$

wenn φ, χ, ψ, ω in rationalen Verhältnissen zu einander stehen, durch fortgesetzte Verbindung der fünf ersteren gelangen.

Beweis. Man lege die Ebene ABC und ziehe die Gerade DE, welche jene im Puncte

$$D' \equiv aA + bB + cC$$

schneidet, so kann man nach §. 203 durch fortgesetzte Verbindung der vier Puncte A, B, C, D' den Punct

$$\varphi aA + \chi bB + \psi cC \equiv Q$$

finden. Eben so erhält man in der Ebene ABD den Punct

$$C' \equiv aA + bB + dD,$$

als Durchschnitt dieser Ebene mit der Geraden CE, und hieraus durch fortgesetzte Verbindung der vier Puncte A, B, D, C' den Punct

$$\varphi aA + \chi bB + \omega dD \equiv R.$$

Zieht man nun die Geraden DQ und CR, so werden sich diese in dem gesuchten Puncte

$$P \equiv \varphi aA + \chi bB + \psi cC + \omega dD$$

schneiden.

§. 214. Lehrsatz. *Sind A, B, C, D, E fünf gegebene Puncte, von denen keine vier in einer Ebene liegen, und ist P ein gegebener sechster, so kann man durch fortgesetzte Verbindung der fünf ersteren mit Ebenen einen Punct finden, der mit dem sechsten entweder zusammenfällt, oder von ihm um einen Abstand entfernt liegt, der kleiner ist als jeder gegebene.*

Beweis. Seien, A, B, C, D zu Fundamentalpuncten genommen,

$$E \equiv aA + bB + cC + dD, \quad P \equiv pA + qB + rC + sD.$$

Man setze

$$\frac{p}{a} : \frac{q}{b} : \frac{r}{c} : \frac{s}{d} = \varphi : \chi : \psi : \omega,$$

so wird

$$P \equiv \varphi aA + \chi bB + \psi cC + \omega dD.$$

Sind nun die gegenseitigen Verhältnisse der Coefficienten φ, χ, ψ, ω rational, so lässt sich (§. 213) durch fortgesetzte Verbindung der Puncte A, B, C, D, E ein mit P zusammenfallender Punct finden.

Sind aber diese Verhältnisse alle oder doch etliche derselben irrational, so beschreibe man um P mit dem gegebenen Abstande, als Halbmesser, eine Kugel, und um dieselbe eine sie einhüllende Kegelfläche, welche D zur Spitze hat. Diese Kegelfläche wird die Ebene ABC in einer Ellipse schneiden, — den Fall ausgenommen, wo die Kugel von der durch D mit ABC parallel gelegten Ebene geschnitten oder berührt wird. Um aber auch in diesem Falle eine Ellipse zu erhalten, nehme man an der Stelle jener Kugel eine andere in ihr enthaltene Kugel, welche von der gedachten Ebene nicht geschnitten oder berührt wird. — Man ziehe nun die Gerade DE, welche die Ebene ABC im Puncte

$$aA + bB + cC$$

trifft, und es lässt sich, ganz so wie in §. 205, darthun, dass es in der Ebene ABC innerhalb jener Ellipse Puncte giebt, in deren Ausdrücken,

$$zZ = \varphi' aA + \chi' bB + \psi' cC$$

φ', χ', ψ' rational sind. Man verbinde einen solchen Punct Z mit D durch eine Gerade, so wird diese die Kugelfläche in zwei Puncten M und N schneiden, welche man

$$M \equiv mdD + zZ \text{ und } N \equiv ndD + zZ$$

setze. Sei nun ω' eine zwischen m und n fallende rationale Zahl, so ist $\omega' dD + zZ$ ein zwischen M und N, folglich innerhalb der Kugel liegender Punct, folglich ein Punct, der von P um einen Abstand entfernt ist, welcher kleiner ist, als der gegebene. Zugleich aber ist der Ausdruck dieses Punctes

$$\omega' dD + zZ = \varphi' aA + \chi' bB + \psi' cC + \omega' dD,$$

wo φ', χ', ψ', ω' rationale Zahlen sind. Mithin kann dieser Punct zugleich durch fortgesetzte Verbindung der Puncte A, B, C, D, E gefunden werden.

Von Vieleckschnittsverhältnissen.

§. 215. Bezeichnen A, B, ..., $aA + bB + \ldots$ die vier oder fünf Hauptpuncte eines Netzes in einer Ebene oder im Raume, und sind

$$iI = \iota' aA + \iota'' bB + \ldots, \quad kK = \varkappa' aA + \varkappa'' bB + \ldots,$$

wo ι', ι'', ..., $\varkappa'$, ... rationale Zahlen vorstellen, irgend zwei andere Puncte des Netzes (Fig. 48), so kann jeder in der Geraden IK enthaltene Punct des Netzes,

$$P \equiv \iota i I + \varkappa k K,$$

oder einfacher

$$\equiv \iota i I + k K$$

gesetzt werden, wo ι eine rationale Zahl ist (§. 202, a und §. 212, a). Wir zogen hieraus (ebendaselbst) den Schluss, dass jedes aus den Puncten eines Netzes entstehende Doppelschnittsverhältniss einen rationalen Werth haben müsse. Dieser Schluss lässt sich aber noch sehr verallgemeinern.

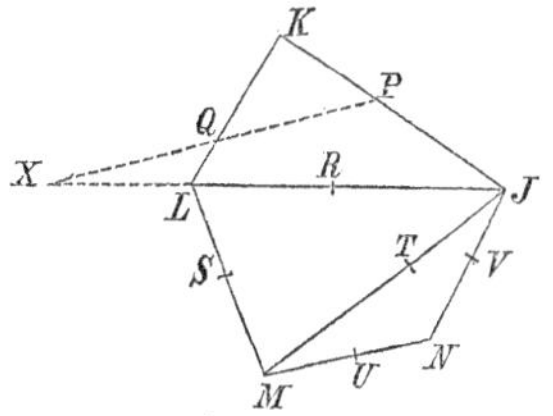

Fig. 48.

Denn sei

$$l L = \lambda' a A + \lambda'' b B + \ldots$$

ein beliebiger dritter Punct des Netzes, also λ', λ'', ... rational, so wird man auf gleiche Weise einen in die Gerade KL fallenden Netzpunct,

$$Q \equiv \varkappa k K + l L,$$

und einen in der Geraden LI begriffenen,

$$R \equiv \lambda l L + i I$$

setzen können, wo $\varkappa$ und λ rational sind.

Werden nun diese Ausdrücke für P, Q, R in Proportionen aufgelöst, so kommt:

$$\frac{IP}{PK} = \frac{k}{\iota i}, \quad \frac{KQ}{QL} = \frac{l}{\varkappa k}, \quad \frac{LR}{RI} = \frac{i}{\lambda l},$$

und wenn man diese Proportionen zusammensetzt:

$$3] \qquad \frac{IP}{PK} \cdot \frac{KQ}{QL} \cdot \frac{LR}{RI} = \frac{1}{\iota \varkappa \lambda},$$

d. h. das Product aus den drei Verhältnissen, nach welchen die Seiten IK, KL, LI des Dreiecks IKL in P, Q, R geschnitten werden, und welches wir kurz ein Dreieckschnittsverhältniss nennen wollen, ist rational. Die einfachsten Beispiele hierzu sind die Sätze 1) und 2) in §. 198.

Sei M noch irgend ein anderer Netzpunct, der, wenn das Netz im Raume enthalten ist, auch ausserhalb der Dreiecksebene IKL liegen kann. Seien ferner S und T zwei Netzpuncte, welche resp. in den Geraden LM und IM liegen, so wird, aus demselben Grunde wie vorhin, das Dreieckschnittsverhältniss

$$\frac{IR}{RL} \cdot \frac{LS}{SM} \cdot \frac{MT}{TI}$$

rational sein. Multiplicirt man dasselbe in das vorige, also Rationales mit Rationalem, so kommt

$$4] \quad \frac{IP}{PK} \cdot \frac{KQ}{QL} \cdot \frac{LS}{SM} \cdot \frac{MT}{TI},$$

d. i. das Verhältniss, zusammengesetzt aus den Verhältnissen, nach welchen die Seiten des Vierecks $IKLM$ in P, Q, S, T getheilt werden. Dieses Verhältniss, welches kurz ein Viereckschnittsverhältniss heissen kann, wird daher ebenfalls einen rationalen Werth haben.

Construirt man über der einen Seite dieses Vierecks, z. B. über MI, ein neues Dreieck MNI, dessen Spitze N wiederum ein Punct des Netzes ist, und nimmt in den Seiten desselben MN und NI zwei Netzpuncte U und V, so erhellet nach derselben Schlussart die Rationalität des Fünfeckschnittsverhältnisses:

$$5] \quad \frac{IP}{PK} \cdot \frac{KQ}{QL} \cdot \frac{LS}{SM} \cdot \frac{MU}{UN} \cdot \frac{NV}{VI};$$

und so fort bei Vielecken von noch mehreren Seiten. Wir stellen daher die allgemeine Erklärung auf:

Ein Vieleckschnittsverhältniss (ratio sectionalis polygonica) ist ein Verhältniss, zusammengesetzt aus den Verhältnissen, nach welchen bei einem ebenen oder nicht in einer Ebene enthaltenen Vielecke jede Seite, — den Anfangs- und Endpunct derselben zum End- und Anfangspunct der anliegenden Seiten genommen, — von einem beliebigen dritten in der Seite selbst oder in ihrer Verlängerung liegenden Puncte geschnitten wird.

Und nun das Theorem:

Jedes Vieleckschnittsverhältniss, bei welchem sowohl die Spitzen des Vielecks, als die Schneidepuncte der Seiten Puncte eines Netzes in einer Ebene oder im Raume sind, hat einen rationalen Werth.

§. 216. Zusätze. *a*) Als das einfachste Vieleckschnittsverhältniss ist das Doppelschnittsverhältniss zu betrachten. Schreibt man nämlich das Doppelschnittsverhältniss

$$\frac{AC}{CB} : \frac{AD}{DB}$$

unter der Form

$$2] \quad \frac{AC}{CB} \cdot \frac{BD}{DA},$$

so ist es das Product aus den Verhältnissen, nach welchen die zwei Seiten AB und BA eines Zweiecks, erstere in C, letztere in D, geschnitten werden. Ein Doppelschnittsverhältniss könnte man daher auch ein Zweieckschnittsverhältniss nennen.

b) Die Rationalität eines in einem Netze sich bildenden Vieleckschnittsverhältnisses lässt sich sehr leicht auch dadurch beweisen, dass man es nach und nach auf ein in demselben Netze enthaltenes und folglich rationales Doppelschnitts- oder Zweieckschnittsverhältniss reducirt. Denn seien, wie vorhin, P, Q, R die Schneidepuncte der Seiten des Dreiecks IKL. Man setze

$$IL \cdot PQ \equiv X,$$

so ist auch X ein Punct des Netzes, und nach §. 198, 2:

$$\frac{IP}{PK} \cdot \frac{KQ}{QL} = -\frac{IX}{XL}.$$

Hierdurch aber reduciren sich die Vieleckschnittsverhältnisse 3], 4], 5], ... auf:

$$-\frac{IX}{XL} \cdot \frac{LR}{RI}, \quad -\frac{IX}{XL} \cdot \frac{LS}{SM} \cdot \frac{MT}{TI},$$
$$-\frac{IX}{XL} \cdot \frac{LS}{SM} \cdot \frac{MU}{UN} \cdot \frac{NV}{VI},$$

also auf die Formen 2], 3], 4], ..., von denen man nun auf gleiche Weise das zweite und die folgenden auf die Formen 2], 3], ..., und mithin jedes, nach genugsam wiederholter Anwendung dieses Verfahrens, auf die Form 2], d. i. auf ein aus Netzpuncten gebildetes Doppelschnittsverhältniss bringen kann.

c) In dem besonderen Falle, wo die Spitzen des Vielecks und folglich auch die Schneidepuncte in eine und dieselbe Gerade fallen, kann ein Vieleckschnittsverhältniss unmittelbar als ein Product aus Doppelschnittsverhältnissen ausgedrückt werden. Denn alsdann wird

$$3] \quad = -\left(\frac{IP}{PK} \cdot \frac{KQ}{QI}\right)\left(\frac{IQ}{QL} \cdot \frac{LR}{RI}\right)$$
$$= -(I, K, P, Q)\,(I, L, Q, R),$$

$$4] \quad = \left(\frac{IP}{PK} \cdot \frac{KQ}{QL}\right)\left(\frac{IQ}{QL} \cdot \frac{LS}{SI}\right)\left(\frac{IS}{SM} \cdot \frac{MT}{TI}\right)$$
$$= (I, K, P, Q)\,(I, L, Q, S)\,(I, M, S, T);$$

u. s. w.

Siebentes Capitel.

Von der Verwandtschaft der Collineation.

§. 217. Die in den ersten Capiteln des gegenwärtigen Abschnitts erklärten vier Verwandtschaften hatten sämmtlich dieses mit einander gemein, dass bei zwei in einer dieser Verwandtschaften stehenden Figuren, — wenn anders nicht jede Figur bloss ein System von Puncten in einer Geraden war, — jeder Geraden der einen Figur eine gerade, nicht krumme, Linie der anderen entsprach, und dass folglich bei Figuren im Raume jede Ebene der einen Figur, in der anderen Figur gleichfalls eine Ebene zur entsprechenden Fläche hatte. Zu dieser gemeinsamen Eigenthümlichkeit musste, wenn die Figuren einander affin heissen sollten, die Gleichheit der Verhältnisse zwischen sich entsprechenden Theilen der Ebene oder des Raums hinzukommen. Die Affinität war die allgemeinste Verwandtschaft, und es traten daher noch andere Bedingungen hinzu, wenn die Figuren einander gleich, oder ähnlich, oder beides zugleich sein sollten.

Gegenwärtig soll nun das sich Entsprechen gerader Linien (und Ebenen) als alleiniges Merkmal verwandter Figuren beibehalten, und somit eine Verwandtschaft aufgestellt werden, welche allgemeiner noch als die Affinität, ja die allgemeinste ist, nach welcher in dem Theile der Geometrie, welcher sich bloss mit Geraden und Ebenen beschäftigt, Figuren einander verwandt heissen können. (Bei einer noch allgemeineren Verwandtschaft, — und deren lassen sich unendlich viele denken, — wird einer Geraden eine Curve, und einer Ebene eine krumme Fläche entsprechen.)

Das Wesen dieser neuen Verwandtschaft besteht also darin, dass bei zwei ebenen oder körperlichen Räumen, jedem Puncte des einen Raums ein Punct in dem anderen Raume dergestalt entspricht, dass, wenn man in dem einen Raume eine beliebige Gerade zieht, von allen Puncten, welche von dieser Geraden getroffen werden (*collineantur*), die entsprechenden Puncte in dem anderen Raume gleichfalls durch eine Gerade verbunden werden können.

Es ist deshalb diese Verwandtschaft die Verwandtschaft der Collineation genannt worden. Figuren, zwischen denen sie stattfindet, heissen collinear verwandte, oder schlechthin collineare Figuren.

§. 218. Die Art und Weise, nach der man die Puncte zweier Räume, bloss dem so eben erklärten Gesetze der Collineation gemäss, gegenseitig auf einander beziehen kann, erhellet ganz leicht aus den im vorigen Capitel entwickelten Eigenschaften der geometrischen Netze.

Denn, um mit ebenen Figuren den Anfang zu machen, so entspreche dem Puncte A (Fig. 49) in der einen Ebene, der Punct A'

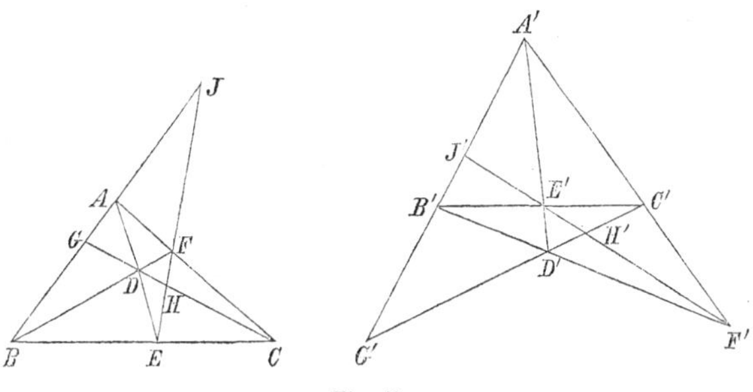

Fig. 49.

in der anderen, dem B in der einen, der B' in der anderen, und folglich jedem Puncte in der Geraden AB, ein gewisser Punct in der Geraden $A'B'$. Sei ferner C ein ausserhalb AB befindlicher dritter Punct in der ersten Ebene, welchem man in der zweiten einen willkürlich ausserhalb $A'B'$ genommenen Punct C' entsprechend setze, so wird wiederum jedem Puncte der Geraden AC und BC ein Punct in den resp. Geraden $A'C'$ und $B'C'$ entsprechen. Welcher Punct aber in den Linien $A'B'$, $A'C'$ oder $B'C'$ irgend einem gegebenen in den Linien AB, AC oder BC als entsprechend zugehöre, bleibt bis auf die Puncte A, B, C, A', ... selbst noch unbestimmt. Man nehme daher willkürlich noch ein viertes Paar sich entsprechender Puncte, D und D', ausserhalb jener Geraden, und es werden die Puncte der Geraden $A'D'$, $B'D'$, $C'D'$ ihre entsprechenden in den Geraden AD, BD, CD haben. Zugleich aber werden die Durchschnitte dieser Geraden mit den vorigen zu neuen Paaren sich entsprechender Puncte hinführen. Setzt man nämlich:

$$AD \cdot BC \equiv E, \quad BD \cdot AC \equiv F, \quad CD \cdot AB \equiv G,$$
$$A'D' \cdot B'C' \equiv E', \quad B'D' \cdot A'C' \equiv F', \quad C'D' \cdot A'B' \equiv G',$$

so muss E', als gemeinschaftlicher Punct der Geraden $A'D'$ und $B'C'$, dem E, als dem gemeinschaftlichen Puncte der Geraden AD

und BC, und aus gleichem Grunde F' dem F, und G' dem G entsprechen.

Man ziehe ferner die Geraden EF, EG, FG und $E'F'$, $E'G'$, $F'G'$, und setze:

$$EF \cdot CD \equiv H, \quad EF \cdot AB \equiv I,$$

etc.,

$$E'F' \cdot C'D' \equiv H', \quad E'F' \cdot A'B' \equiv I',$$

etc., so sind H und H', I und I', etc. sich entsprechende Puncte.

Ganz so, wie im vorigen Capitel, lässt sich nun dieses Verbinden der immer neu entstehenden Durchschnittspuncte in beiden Ebenen ohne Ende fortsetzen, und somit eine unendliche Menge sich entsprechender Puncte finden.

Da man nun, vermöge §. 205, durch fortgesetzte Verbindung von vier Puncten in einer Ebene durch gerade Linien zu jedem gegebenen fünften Puncte in derselben Ebene entweder unmittelbar, oder doch in sofern gelangen kann, dass man einen anderen findet, welcher von dem fünften um weniger, als um jeden gegebenen Abstand entfernt ist; so muss sich, nachdem die vier ersten Paare entsprechender Puncte A und A', ... nach Belieben bestimmt worden sind, für jeden Punct P der einen Ebene ein entsprechender P' in der anderen angeben lassen; dergestalt nämlich, dass man dieselbe Operation des Ziehens gerader Linien, durch welche man, von A, B, C, D ausgehend, zu P zu gelangen im Stande ist, in der anderen Ebene, von A', B', C', D' ausgehend, wiederholt.

§. 219. Jeder Punct P, den man durch fortgesetzte Verbindung der vier Puncte

$$A,\ B,\ C \text{ und } D \equiv aA + bB + cC$$

findet, hat nach §. 201 einen Ausdruck von der Form:

$$\varphi aA + \chi bB + \psi cC,$$

wo φ, χ, ψ bloss von der Art und Weise der fortgesetzten Verbindung und nicht zugleich von a, b, c abhängige Coefficienten sind. Dem so eben Gesagten zufolge wird daher,

$$D' \equiv a'A' + b'B' + c'C'$$

gesetzt,

$$P' \equiv \varphi a'A' + \chi b'B' + \psi c'C'$$

sein, wo φ, χ, ψ dieselben Werthe, als in dem Ausdrucke für P, haben. Da nun auch umgekehrt jeder Punct der Ebene ABC,

$$\equiv \varphi aA + \chi bB + \psi cC$$

gesetzt und nach Angabe der Werthe von φ, χ, ψ durch blosses Ziehen gerader Linien gefunden werden kann, nur mit der Bemerkung, dass, wenn die Verhältnisse dieser Coefficienten irrational sind, die Anzahl der zu ziehenden Linien unendlich wird, so lassen sich bei der Collineationsverwandtschaft ebener Figuren, entsprechende Puncte auch folgendergestalt barycentrisch definiren:

Werden vier beliebigen Puncten A, B, C, D der einen Ebene, von denen keine drei in einer Geraden liegen, vier beliebige Puncte A', B', C', D' unter der nämlichen Bedingung in der anderen Ebene entsprechend angenommen, so entspricht jedem anderen Puncte P in der ersten Ebene der Punct P' in der zweiten, wenn,

$$D \equiv aA + bB + cC, \quad P \equiv pA + qB + rC,$$
$$D' \equiv a'A' + b'B' + c'C', \quad P' \equiv p'A' + q'B' + r'C'$$

gesetzt, sich verhalten:

$$\frac{p}{a} : \frac{q}{b} : \frac{r}{c} = \frac{p'}{a'} : \frac{q'}{b'} : \frac{r'}{c'} \; (= \varphi : \chi : \psi).$$

Man kann daher auch sagen: in dem allgemeinen Ausdrucke eines Punctes,

$$\varphi a A + \chi b B + \psi c C,$$

sind für eine und dieselbe Ebene A, B, C, a, b, c constant, und von einem Puncte der Ebene zum anderen φ, χ, ψ veränderlich; dagegen von einer Ebene zur anderen A, B, C, a, b, c veränderlich, und für sich entsprechende Puncte verschiedener Ebenen φ, χ, ψ constant.

§. 220. Zusätze. *a*) Hat man die vier Paare sich entsprechender Puncte A und A', B und B', C und C', D und D' festgesetzt, so wird jedem anderen Puncte P der Ebene ABC ein Punct P', und nur einer, in der Ebene $A'B'C'$ entsprechen. Denn mit den Puncten A, B, C, D, P sind die Verhältnisse $a : b : c$ und $\varphi : \chi : \psi$, und mit den Puncten A', B', C', D' die Verhältnisse $a' : b' : c'$ gegeben; folglich sind auch in dem Ausdrucke für P' die Verhältnisse $\varphi a' : \chi b' : \psi c'$, und mithin P' selbst, unzweideutig bestimmt.

b) Ist in den Ausdrücken zweier sich entsprechender Puncte,

$$\varphi a A + \chi b B + \psi c C \text{ und } \varphi a' A' + \chi b' B' + \psi c' C',$$

die Summe der Coefficienten des einen

$$\varphi a + \chi b + \psi c = 0,$$

so folgt daraus nicht, dass auch

$$\varphi a' + \chi b' + \psi c' = 0$$

ist. Einem unendlich entfernten Puncte der einen Ebene, d. h. einem solchen, der als der Durchschnitt zweier Parallelen anzusehen ist, wird daher im Allgemeinen nicht ebenfalls ein unendlich entfernter in der anderen Ebene entsprechen; und umgekehrt kann es der Fall sein, dass von den Geraden, welche sich in der einen Ebene in P schneiden, die entsprechenden Geraden in der anderen Ebene einander parallel laufen.

c) Bezeichnen φ, χ, ψ gegebene Functionen einer Veränderlichen, so sind

$$\varphi a A + \chi b B + \psi c C \text{ und } \varphi a' A' + \chi b' B' + \psi c' C'$$

die Ausdrücke zweier sich entsprechenden Linien. Da sich die Coefficienten dieser Ausdrücke nur durch die Verschiedenheit der in φ, χ, ψ multiplicirten Constanten unterscheiden, so erhellet, dass auch bei der Collineationsverwandtschaft die Ordnung der Linien sich nicht ändert. Wie schon die in §. 217 gegebene Erklärung verlangt, entspricht daher einer Geraden eine Gerade. Ferner wird die einer Linie von der zweiten, dritten, etc. Ordnung entsprechende Linie ebenfalls von der zweiten, dritten, etc. Ordnung sein. Einer gegebenen Ellipse kann aber nicht nur jede andere Ellipse, wie bei der Affinität (§. 173), sondern auch jede Hyperbel und jede Parabel entsprechen, oder mit anderen Worten: sämmtliche drei Arten von Kegelschnitten sind collinear verwandt. Dies erhellet sogleich daraus, dass sich jedes Kegelschnittes Ausdruck auf die einfache Form

$$aA + bvB + cv^2C$$

bringen lässt (§. 61, IV), bei der Collineationsverwandtschaft aber nicht nur die Puncte A, B, C, sondern auch die Coefficienten a, b, c von einer Figur zur anderen veränderlich sind.

§. 221. In dem allgemeinen Ausdrucke

$$\varphi a A + \chi b B + \psi c C$$

eines Punctes, welcher dem aus den vier Hauptpuncten

$$A, B, C \text{ und } aA + bB + cC$$

entspringenden ebenen Netze zugehörte, standen φ, χ, ψ in rationalen Verhältnissen zu einander, und alle anderen bei dem Netze als rational erwiesenen Verhältnisse waren es deshalb, weil sie, als rationale Functionen solcher Verhältnisse, wie $\varphi : \chi : \psi$, dargestellt werden konnten. Bei der gegenwärtigen Untersuchung, welche sich nicht bloss auf die Netzpuncte, sondern auch auf alle anderen Puncte der Ebene erstreckt, sind nun zwar die Verhältnisse $\varphi : \chi : \psi$ nicht mehr rational, zeichnen sich aber dadurch aus, dass sie von einer Ebene zur anderen ihre Werthe behalten. Wir können folglich den

Schluss machen, dass alle bei dem Netz als rational erwiesenen Verhältnisse gegenwärtig von einer Ebene zur anderen constant sind. Dies berechtigt uns weiter zu nachstehenden Folgerungen:

1) Nach §. 204 können je vier Puncte I, K, L, M eines ebenen Netzes, von denen keine drei in einer Geraden liegen, als Hauptpuncte genommen werden; oder mit anderen Worten: ist

$$M \equiv iI + kK + lL,$$

und wird irgend ein anderer Punct des Netzes

$$P \equiv \iota iI + \varkappa kK + \lambda lL$$

gesetzt, so sind die Verhältnisse $\iota : \varkappa : \lambda$ rational. Bezeichnen daher $I, \ldots, M, P$ überhaupt fünf Puncte einer Ebene, und sind $I', \ldots, M', P'$ die ihnen entsprechenden in einer collinearen Figur, so muss, wenn

$$M' \equiv i'I' + k'K' + l'L'$$

gesetzt wird,

$$P' \equiv \iota i'I' + \varkappa k'K' + \lambda l'L'$$

sein. Sind folglich zwei Figuren nach der in §. 219 gegebenen Erklärung collinear verwandt, so sind sie dies nicht bloss in Bezug auf ein bestimmtes System von vier Paaren sich entsprechender Puncte (A und A', ..., D und D'), sondern können auch auf jedes andere System dieser Art (I und I', ..., M und M') als collineare Figuren bezogen werden.

Systeme, deren jedes nur aus vier Puncten in einer Ebene besteht, lassen sich stets als collinear verwandt betrachten, — eben so, wie alle Dreiecke einander affin, und alle Systeme von bloss zwei Puncten einander ähnlich sind.

2) Wir haben in §. 202, *a* gesehen, dass alle Doppelschnittsverhältnisse eines ebenen Netzes rational sind, und schliessen daraus, dass Doppelschnittsverhältnisse zwischen sich entsprechenden Puncten collinearer Figuren gleiche Werthe haben. Sind also A, B, C, D vier Puncte der einen Figur, welche in einer Geraden liegen, und A', ..., D' die ihnen entsprechenden und daher gleichfalls in einer Geraden begriffenen Puncte der anderen Figur, so ist

$$(A, B, C, D) = (A', B', C', D');$$

und überhaupt, sind A, ..., F beliebige sechs Puncte der einen Figur, und A', ..., F' die ihnen entsprechenden der anderen, so ist (§. 190):

$$(A, B, CD, EF) = (A', B', C'D', EF').$$

Man setze

$$AB \cdot CD \equiv M, \quad AB \cdot EF \equiv N,$$

so verhält sich:

$$AM : BM = ACD : BCD,$$
$$AN : BN = AEF : BEF;$$

(vergl. den Beweis zu §. 188), folglich ist

$$(A, B, CD, EF) = (A, B, M, N) = \frac{ACD}{CDB} : \frac{AEF}{EFB},$$

und wir können unsern Satz allgemein verständlich so ausdrücken:

Werden die Puncte zweier Ebenen dergestalt auf einander bezogen, dass je drei Puncten der einen Ebene, welche in einer Geraden liegen, in der anderen Ebene drei gleichfalls in einer Geraden begriffene Puncte entsprechen: so ist, wenn A, B, C, D, E, F beliebige sechs Puncte der einen Ebene bezeichnen, das Verhältniss zwischen den Dreiecken

$$\frac{ACD}{CDB} : \frac{AEF}{EFB}$$

dem eben so aus den entsprechenden sechs Puncten der anderen Ebene gebildeten Verhältnisse gleich.

Von den zwei Gliedern, woraus dieses Verhältniss zusammengesetzt ist, und welche gleichfalls Verhältnisse sind, ist bei affinen Figuren schon jedes Glied für sich, wie $ACD : CDB$, — und von den zwei Gliedern dieses letzteren Verhältnisses, bei gleichen Figuren, ebenfalls jedes für sich, wie ACD, — von der einen Figur zur anderen constant. Dieselbe Bemerkung wird sich bei collinearen Figuren im Raume und in geraden Linien wiederholen lassen, und man kann daher die Affinität als eine eben so specielle Art der Collineationsverwandtschaft betrachten, als es die Gleichheit von der Affinität war.

3) Vermöge §. 215 sind auch alle Vieleckschnittsverhältnisse zwischen sich entsprechenden Puncten collinearer Figuren einander gleich.

Vieleckschnittsverhältnisse können, eben so wie vorhin die Doppelschnittsverhältnisse, auch durch Verhältnisse zwischen Dreiecken dargestellt werden. Man habe z. B. das Dreieckschnittsverhältniss:

$$\frac{BN}{NC} \cdot \frac{CO}{OA} \cdot \frac{AP}{PB} = \varDelta,$$

wo also N mit B und C, O mit C und A, P mit A und B in Geraden liegen. Man ziehe in der Ebene des Dreiecks durch N, O, P willkürlich drei andere Gerade und nehme in diesen nach Belieben die Puncte D, E; F, G; H, I; so dass

$$BC \cdot DE \equiv N, \quad CA \cdot FG \equiv O, \quad AB \cdot HI \equiv P.$$

Da nun alsdann

$$BN : NC = - BDE : DEC,$$

etc., so wird

$$\varDelta = - \frac{BDE}{DEC} \cdot \frac{CFG}{FGA} \cdot \frac{AHI}{HIB}.$$

Dass dieses Verhältniss, bei welchem $A, \ldots, I$ beliebige neun Puncte der Ebene sein können, dem auf gleiche Art aus den entsprechenden Puncten einer collinearen Figur zusammengesetzten Verhältnisse gleich sei, lässt sich auch dadurch sehr leicht beweisen, dass man es, eben so wie in §. 216, *c* die Vieleckschnittsverhältnisse zwischen Puncten in einer Geraden, in ein Product aus Doppelschnittsverhältnissen zerlegt. Es wird nämlich

$$\varDelta = - \frac{BDE}{DEC} \cdot \frac{CFG}{FGB} \cdot \frac{BFG}{FGA} \cdot \frac{AHI}{HIB}$$
$$= - (B, C, DE, FG)\,(B, A, FG, HI).$$

Eben so kann man auch bei Viereckschnittsverhältnissen, u. s. w. verfahren.

4) Die Collineationsverwandtschaft ebener Figuren bestand nach §. 219 in der Beständigkeit der Verhältnisse $\varphi : \chi : \psi$ für jedes Paar sich entsprechender Puncte. Auch diese Verhältnisse können geometrisch nicht anders, als durch Doppelschnittsverhältnisse dargestellt werden. Denn aus

$$D \equiv aA + bB + cC \text{ und } P \equiv \varphi aA + \chi bB + \psi cC$$

folgt

$$a : b = - BCD : CDA$$

und

$$\varphi a : \chi b = - BCP ; CPA,$$

mithin

$$\varphi : \chi = (B, A, CP, CD) = (A, B, CD, CP),$$

und eben so

$$\chi : \psi = (B, C, AD, AP).$$

Man kann folglich die Verwandtschaft der Collineation auch geradezu durch die Gleichheit der Doppelschnittsverhältnisse definiren, so dass nämlich zwei ebene Figuren einander collinear sind, wenn jedes Verhältniss von der Form

$$\frac{ACD}{CDB} : \frac{AEF}{EFB}$$

bei der einen Figur dem eben so aus den entsprechenden Puncten der anderen Figur gebildeten Verhältnisse gleich ist.

§. 222. Die Verwandtschaft der Collineation zwischen Figuren im Raume besteht, eben so wie bei ebenen Figuren, in dem gegenseitigen Entsprechen gerader Linien (§. 217). Dass auch jeder Ebene des einen Raums eine ebene Fläche in dem anderen entspricht, ist eine nothwendige Folge hiervon. Denn, sind A, B, C, D vier in einer Ebene begriffene Puncte des einen Raums, und E der unter dieser Voraussetzung stattfindende Durchschnitt von AB und CD, sind ferner A', ..., E' die diesen fünf Puncten im anderen Raume entsprechenden Puncte, so werden auch A', B', E' und C', D', E' in Geraden, und folglich A', B', C', D' in einer Ebene liegen.

Zur deutlichen Darstellung dieses collinearen, von jeder anderen Bedingung freien Entsprechens aller in zwei Räumen*) enthaltenen Puncte, und zur Entwickelung der übrigen hierbei vorkommenden Relationen wird uns wiederum das geometrische Netz dienen.

Denn seien A, B, C, D vier beliebige Puncte, welche nicht in einer Ebene liegen. Man verbinde sie zu dreien durch Ebenen, so schneiden sich diese zu dreien nur in den vier Puncten selbst, und es wird mithin durch sie allein kein anderer Punct bestimmt. Kommt aber noch ein fünfter Punct E hinzu, der mit keinen dreien der vier ersteren in einer Ebene liegt, so kann man nach §. 214 durch fortgesetzte Verbindung des nunmehrigen Systems von fünf Puncten nicht nur eine unendliche Menge neuer Puncte erhalten, sondern auch zu jedem gegebenen sechsten Puncte P entweder vollkommen gelangen, oder doch einen anderen finden, welcher dem P unendlich nahe liegt und sich daher als mit P identisch betrachten lässt.

Seien nun A', B', C', D', E' fünf andere Puncte, von denen ebenfalls keine vier in einer Ebene liegen. Man setze sie den fünf vorigen der Reihe nach entsprechend, A' dem A, B' dem B, u. s. w., und denke sich dieselben eben so zu dreien durch Ebenen verbunden und diese Verbindung auf dieselbe Weise fortgesetzt, auf welche man, von A, B, C, D, E anfangend, zu P gelangen konnte, so wird der eben so aus A', B', C', D', E' erhaltene Punct, welcher P' heisse, der dem P entsprechende sein. Und somit ist klar, dass, nach Festsetzung der fünf Puncte A, ..., E in dem einen, und der fünf ihnen entsprechenden A', ..., E' in dem anderen Raume, für jeden sechsten Punct des einen Raums ein, der Collineationsver-

*) Da jeder dieser Räume unbegrenzt gedacht werden muss, und es gleichwohl nur einen unendlichen Raum giebt, so hat man sich die beiden Räume einander durchdringend vorzustellen, wie zwei in einander fallende unendliche Ebenen oder gerade Linien, so dass jeder Punct die Vereinigung zweier Puncte ist, von denen der eine dem einen und der andere dem anderen Raume zugehört.

wandtschaft gemäss, entsprechender sechster in dem anderen Raume sich angeben lassen muss.

§. 223. Sei, wie in §. 211,

$$E \equiv aA + bB + cC + dD, \quad P \equiv \varphi aA + \chi bB + \psi cC + \omega dD,$$

so sind die Verhältnisse der Coefficienten φ, χ, ψ, ω bloss von der Art und Weise abhängig, auf welche man von A, ..., E durch fortgesetzte Verbindung mit Ebenen zu P kommen kann. Setzt man demnach in dem anderen Raume,

$$E' \equiv a'A' + b'B' + c'C' + d'D',$$

so wird der dem P entsprechende Punct

$$P' \equiv \varphi a'A' + \chi b'B' + \psi c'C' + \omega d'D'$$

sein. Ganz so wie in §. 219, lassen sich daher collinear verwandte Systeme von Puncten im Raume auch dadurch erklären, dass in dem allgemeinen Ausdrucke eines Punctes,

$$\varphi aA + \chi bB + \psi cC + \omega dD,$$

die Puncte A, B, C, D und Coefficientenverhältnisse $a:b:c:d$ nur für ein und dasselbe System beständig sind, die Verhältnisse aber zwischen den Coefficienten φ, χ, ψ, ω nur für sich entsprechende Puncte verschiedener Systeme ungeändert bleiben.

§. 224. Zusätze. *a*) Aus dieser Erklärung der Collineationsverwandtschaft durch barycentrische Formeln fliesst eben so, wie in §. 220, *a* und *b*, dass, nachdem die den fünf Puncten A, ..., E entsprechenden fünf A', ..., E' gewählt worden sind, jedem sechsten Puncte des einen Systems nicht mehr als ein Punct im anderen entsprechen kann, dass aber wohl von zwei sich entsprechenden Puncten der eine ein unendlich entfernter sein kann, ohne dass es deshalb auch der andere ist.

b) Sind φ, χ, ψ, ω Functionen einer oder zweier Veränderlichen, so stellen

$$\varphi aA + \chi bB + \psi cC + \omega dD \text{ und } \varphi a'A' + \chi b'B' + \psi c'C' + \omega d'D'$$

zwei collinear verwandte Linien im Raume oder Flächen vor, die daher, nach derselben Schlussart, wie in §. 220, *c* immer von einerlei Ordnung sind. Uebereinstimmend mit dem Vorigen, entspricht daher einer Geraden eine Gerade, einer Ebene eine Ebene, folglich einem Systeme gerader Linien in einer Ebene ein System von Geraden, welche ebenfalls in einer Ebene begriffen sind. Schneiden sich mehrere Gerade der einen Figur in einem und demselben Puncte, so thun dasselbe die entsprechenden Geraden der anderen

Figur, können sich aber auch parallel sein, und umgekehrt entspricht einem Systeme paralleler Geraden ein System von Geraden, die sich im Allgemeinen in einem Puncte schneiden. Einem Systeme von Ebenen, welche sich in Parallelen schneiden, wird im Allgemeinen ein System von Ebenen entsprechen, welche durch einen und denselben Punct gehen, und einem Systeme paralleler Ebenen ein System von Ebenen, welche sich in einer gemeinschaftlichen Geraden schneiden.

c) Was die Flächen der zweiten Ordnung betrifft, so sind diese nicht eben so, wie die Linien der zweiten Ordnung, sämmtlich einander collinear, sondern zerfallen in dieser Hinsicht in zwei Arten, von denen die eine das Ellipsoid, das elliptische Hyperboloid und das elliptische Paraboloid, die andere das hyperbolische Hyperboloid und das hyperbolische Paraboloid in sich begreift.

Um dieses zu zeigen, bringe man zuvor den allgemeinen Ausdruck dieser Flächen

$$A + tB + uC + (it^2 + ktu + lu^2)D$$

(§. 110) auf eine etwas einfachere Form, indem man den Coefficienten von D

$$= \frac{1}{4i}(2it + ku)^2 + \frac{1}{4i}(4il - k^2)u^2$$

als das Aggregat zweier Quadrate darstellt. Man setze zu dem Ende

$$2it + ku = 2ix,$$

eliminire damit t, nehme hierauf

$$C_{,} \equiv 2iC - kB$$

statt C zum Fundamentalpuncte und setze noch

$$(2i - k)u = 2iy$$

und

1) $$(4il - k^2)i = (2i - k)^2 m;$$

so erhält man den Ausdruck:

I) $$A + xB + yC_{,} + (ix^2 + my^2)D.$$

Der Ausdruck einer damit collinear verwandten Fläche ist:

$$aA' + bxB' + cyC' + d(ix^2 + my^2)D',$$

oder einfacher, wenn man

$$bx = av, \quad cy = aw$$

und

2) $$adi = b^2 i', \quad adm = c^2 m'$$

setzt,

II) $$A' + vB' + wC' + (i'v^2 + m'w^2)D.$$

Aus den Gleichungen 2) folgt nun unmittelbar, dass, wegen der willkürlich zu bestimmenden a, b, c, d, zwischen den Constanten i und m im Ausdrucke I) und den Constanten i' und m' in II) nur insofern eine Beziehung stattfindet, als die Verhältnisse $i : m$ und $i' : m'$ einerlei Zeichen haben müssen; dass hingegen i' und m' absolut genommen von i und m ganz unabhängig sind. Nach 1) ist aber das Zeichen von $i : m$ einerlei mit dem Zeichen von $4il - k^2$, und letzteres für die vorhin genannten Flächen der ersten Art positiv, für die der zweiten Art negativ (§. 110). Es sind mithin alle Flächen der ersten Art unter sich, und eben so alle Flächen der zweiten Art unter sich collinear verwandt. (Vergl. die Anmerkung zu §. 179.)

§. 225. Die in §. 221 gemachte Schlussfolge, wonach alle diejenigen Verhältnisse, welche beim Netze rationale Werthe hatten, zwischen sich entsprechenden Puncten collinearer Figuren einander gleich waren, findet auch hier vollkommene Anwendung, und wir erhalten damit folgende, den dortigen ganz analoge Resultate.

1) Die in §. 223 gegebene Erklärung collinear verwandter Figuren im Raume beschränkt sich nicht auf ein bestimmtes System von fünf Paaren sich entsprechender Puncte. — Findet zwischen P und P' auf A und A', ..., E und E' bezogen, die dort bemerkte Relation statt, so wird eine Relation derselben Art auch bestehen, wenn man P und P' auf irgend fünf andere Paare sich entsprechender Puncte bezieht (§. 212, c).

Zwischen Systemen, deren jedes nur fünf Puncte im Raume ausmachen, ist noch keine dergleichen Relation, und folglich immer Collineationsverwandtschaft vorhanden.

2) Alle Doppelschnittsverhältnisse (§. 212, a) und Vieleckschnittsverhältnisse (§. 215) zwischen sich entsprechenden Puncten collinearer Figuren im Raume haben gleiche Werthe. Sind also A, ..., H irgend 8 Puncte der einen Figur, und A', ..., H' die ihnen entsprechenden in der anderen, so ist (§. 196, b)

$$(A, B, CDE, FGH) = (A', B', C'D'E', F'G'H').$$

Man setze

$$E \equiv aA + bB + cC + dD \text{ und } AB \cdot CDE \equiv M,$$

so ist

$$M \equiv aA + bB,$$

folglich $AM : MB$, oder das Verhältniss, nach welchem die Gerade AB von der Ebene CDE geschnitten wird,

$$= b : a = CDEA : BCDE;$$

und auf eben die Art findet sich, wenn man

$$AB \cdot FGH \equiv N$$

setzt,

$$AN : NB = FGHA : BFGH.$$

Hierdurch wird

$$(A, B, CDE, FGH) = \frac{ACDE}{CDEB} : \frac{AFGH}{FGHB},$$

und man bekommt folgenden Satz:

Werden alle Puncte zweier Räume dergestalt auf einander bezogen, dass von je drei Puncten des einen Raums, welche in einer Geraden sind, die entsprechenden Puncte des anderen Raumes gleichfalls in einer Geraden liegen, so ist das Verhältniss der Pyramiden

$$\frac{ACDE}{CDEB} : \frac{AFGH}{FGHB}$$

aus irgend acht Puncten $A, \ldots, H$ des einen Raums, dem eben so aus den entsprechenden acht Puncten des anderen Raums gebildeten Verhältnisse gleich.

3) In Betreff der Vieleckschnittsverhältnisse ist noch zu bemerken, dass diese sich gleichfalls, wie die Doppelschnittsverhältnisse, durch Verhältnisse zwischen Pyramiden ausdrücken lassen. Setzt man z. B. bei dem in §. 221, 3 mit $\varDelta$ bezeichneten Dreieckschnittsverhältnisse:

$$N \equiv BC \cdot DEF, \quad O \equiv CA \cdot GHI, \quad P \equiv AB \cdot KLM,$$

so wird

$$BN : NC = BDEF : DEFC,$$

etc., und daher

$$\varDelta = \frac{BDEF}{DEFC} \cdot \frac{CGHI}{GHIA} \cdot \frac{AKLM}{KLMB}.$$

Auch kann ein solches Verhältniss, eben so wie dort, in Doppelschnittsverhältnisse zerlegt werden; man hat nämlich:

$$\varDelta = -\frac{BDEF}{DEFC} \cdot \frac{CGHI}{GHIB} \cdot \frac{AKLM}{KLMB}$$
$$= -(B, C, DEF, GHI)\,(B, A, GHI, KLM).$$

4) Die Verwandtschaft der Collineation kann endlich, wie bei ebenen Figuren, so auch bei Figuren im Raume durch die Gleichheit aller Doppelschnittsverhältnisse zwischen sich entsprechenden Puncten erklärt werden, indem auch hier die in der Erklärung §. 223 als von einer Figur zur anderen constant bemerkten Verhältnisse

$\varphi : \chi : \psi : \omega$ geometrisch durch Doppelschnittsverhältnisse sich darstellen lassen. So findet man

$$\varphi : \chi = (A, B, CDE, CDP),$$

etc.

§. 226. Die Vollständigkeit erfordert es, noch über die Collineationsverwandtschaft solcher Systeme von Puncten Einiges hinzuzufügen, deren jedes bloss in einer Geraden enthalten ist. Weil aus Puncten, die in einer und derselben Geraden liegen, ein Netz zu construiren unmöglich ist, so kann eine Erklärung, derjenigen analog, nach welcher sich bei Systemen in Ebenen und im Raume gerade Linien gegenseitig entsprachen, in diesem Falle zwar nicht gegeben werden. So wie aber bei zwei sich entsprechenden geraden Linien in zwei ebenen oder körperlichen Räumen, jedes Doppelschnittsverhältniss der einen Linie dem Doppelschnittsverhältniss zwischen den entsprechenden Puncten der anderen Linie gleich war, so wird man auch bei zwei isolirten Geraden die Collineationsverwandtschaft ihrer Puncte in die Gleichheit der Doppelschnittsverhältnisse zu setzen haben.

Sind demnach A, B, C, D, ... mehrere Puncte der einen Geraden, und A', B', ... die entsprechenden Puncte der anderen, so ist bei der Collineationsverwandtschaft dieser zwei Systeme

$$(A, B, C, D) = (A', B', C', D'),$$

etc., oder, was dasselbe ausdrückt: setzt man, auf A, B als Fundamentalpuncte des einen und A', B' als Fundamentalpuncte des anderen Systems bezogen,

$$C \equiv aA + bB, \quad C' \equiv a'A' + b'B',$$

so muss, wenn einer der übrigen Puncte des ersten Systems

$$P \equiv \varphi a A + \chi b B$$

ist, der entsprechende des zweiten Systems

$$P' \equiv \varphi a' A' + \chi b' B'$$

sein. Denn es folgt hieraus

$$\varphi : \chi = (A, B, C, P) = (A', B', C', P').$$

Dass aber, wenn Q und Q', R und R', S und S' auf gleiche Weise, wie P und P', einander entsprechend genommen sind, auch

$$(P, Q, R, S) = (P', Q', R', S')$$

ist, erhellet schon aus §. 186.

Ich erinnere nur noch, dass alle Systeme, deren jedes bloss aus drei Puncten in einer Geraden besteht, als einander collinear verwandt anzusehen sind.

Construction collinear verwandter Figuren.

§. 227. Aufgabe. Ein System von Puncten in einer Geraden ist gegeben. Ein demselben collinear verwandtes zu construiren.

Auflösung. Heissen bei dieser und den zwei folgenden Aufgaben A, B, ..., P, ... die Puncte, welche das gegebene System ausmachen, A', B', ..., P', ... die ihnen resp. entsprechenden in dem zu construirenden.

Man nehme in einer Geraden a' die drei Puncte A', B', C' nach Willkür und gebe dieser Linie die Linie a, in welcher die gegebenen Puncte A, B, ... enthalten sind, eine solche Lage, dass A' mit A zusammenfällt, und mithin beide Linien in eine und dieselbe Ebene zu liegen kommen. Man ziehe nun BB' und CC', welche sich in O schneiden, so erhält man für irgend einen anderen Punct P des gegebenen Systems den entsprechenden Punct P' als Durchschnitt von OP mit a'. — Der Beweis dieses Verfahrens ergiebt sich unmittelbar aus §. 189.

§. 228. Zusatz. Nimmt man O (Fig. 50) willkürlich, so kann man der Geraden a' immer, und zwar auf doppelte Weise, eine solche Lage geben, dass A', B', C' in OA, OB, OC fallen, wo dann P', eben so wie vorhin, der Durchschnitt von OP mit a' ist. Denn, da die Seiten AA', $A'B'$, $B'B$, BA des Vierecks $AA'B'B$ von der Geraden CC' resp. in O, C', O, C geschnitten werden, so hat man (§. 199, c)

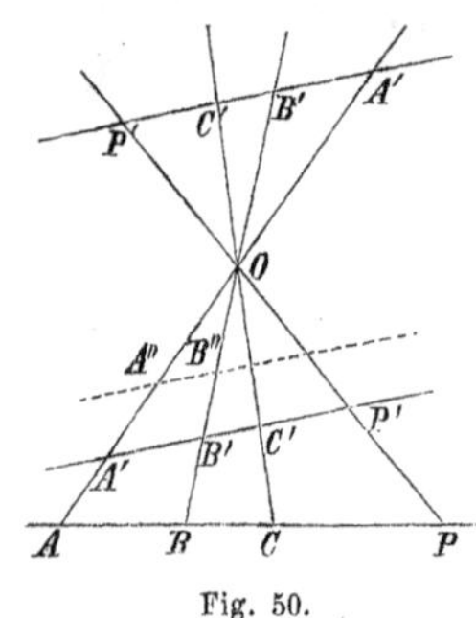

Fig. 50.

$$\frac{AO}{OA'} \cdot \frac{A'C'}{C'B'} \cdot \frac{B'O}{OB} \cdot \frac{BC}{CA} = 1.$$

Hiernach ist das Verhältniss $A'O : OB'$ durch die Proportion

$$\frac{AC}{CB} : \frac{A'C'}{C'B'} = \frac{AO}{OB} : \frac{A'O}{OB'}$$

gegeben, und man kann folglich eine Gerade ziehen, welche mit der gesuchten Lage von a' parallel ist. Schneide diese Parallele die OA und OB resp. in A'' und B'', so findet sich OA' als die vierte Proportionallinie zu $A''B''$, $A'B'$ und OA'', wodurch nun die Lage von a' vollkommen, und zwar auf doppelte Weise, bestimmt wird, indem man OA' in OA auf die eine sowohl als die andere Seite von O tragen kann.

§. 229. Aufgabe. Ein, einem gegebenen Systeme von Puncten in einer Ebene collinear verwandtes, System zu construiren.

Auflösung. Man nehme in dem gegebenen Systeme die Geraden CA und CB als Axen, und beziehe darauf jeden anderen Punct des Systems, indem man ihn mit B und A durch Gerade verbindet und die Durchschnitte dieser Geraden mit den Axen CA und CB angiebt. Sei demnach für D:

$$CA \cdot BD \equiv M, \quad CB \cdot AD \equiv N,$$

für P:

$$CA \cdot BP \equiv X, \quad CB \cdot AP \equiv Y.$$

Auf gleiche Art nehme man in dem anderen Systeme, das man sich schon construirt denke, $C'A'$ und $C'B'$ zu Axen und projicire darauf aus B' und A' den Punct D' und jeden der übrigen, P', indem man für D':

$$C'A' \cdot B'D' \equiv M', \quad C'B' \cdot A'D' \equiv N',$$

für P':

$$C'A' \cdot B'P' \equiv X', \quad C'B' \cdot A'P' \equiv Y'$$

setzt. Man bestimme nun A', B', C', D' nach Willkür, so sind damit auch die den Puncten M und N entsprechenden M' und N' bestimmt. Da ferner von den in der Axe $C'A'$ liegenden vier Puncten C', A', M', X' die drei ersten den Puncten C, A, M in CA entsprechen, so kann man nach §. 227 den dem X entsprechenden vierten Punct X', und eben so in der Axe $C'B'$, aus C', B', N' in Bezug auf C, B, N, den dem Y entsprechenden Punct Y' finden. Hiermit bekommt man endlich

$$P' \equiv A'Y' \cdot B'X'.$$

§. 230. Zusatz. Das einfache Mittel, dessen wir uns bedienten, um zu einem gegebenen Systeme von Puncten in einer Geraden ein collinear verwandtes System zu construiren, und wonach jeder nicht willkürliche Punct des letzteren sich durch Ziehung einer einzigen Geraden ergab, veranlasst zu der Frage, ob nicht ein eben so einfaches Verfahren auch zur Construction collinearer Figuren in Ebenen angewendet werden könne. So viel begreift man leicht, dass, wenn bei zwei Ebenen, die eine beliebige Lage gegen einander haben, von den Puncten der einen Ebene gerade Linien nach irgend einem ausserhalb beider Ebenen befindlichen Puncte O gezogen werden, die Puncte, in denen diese Geraden die andere

Ebene treffen, ein den ersteren Puncten collineares System bilden werden; weil nach dieser Constructionsart jeder Geraden a der einen Ebene auch eine Gerade a' in der anderen entspricht, diejenige nämlich, worin die andere Ebene von der Ebene durch O und a geschnitten wird*). Kann aber auch umgekehrt, wenn beliebigen vier Puncten A, B, C, D der einen Ebene irgend vier Puncte A', .., D' in der anderen entsprechend gesetzt sind, der einen Ebene immer eine solche Lage gegen die andere gegeben werden, dass die vier Geraden AA', .., DD', und folglich auch jede fünfte, welche irgend zwei in Bezug auf A, .., D und A', .., D' sich collinear entsprechende Puncte verbindet, durch einen und denselben Punct O gehen?

Um dieses näher zu untersuchen, wollen wir anfänglich nur die drei ersten Paare der sich entsprechenden Puncte berücksichtigen. Heissen die Seiten der von ihnen gebildeten Dreiecke ABC und $A'B'C'$ (Fig. 51):

$$BC = f,\quad CA = g,\quad AB = h;\quad B'C' = f',\quad C'A' = g',\quad A'B' = h'.$$

Seien ferner unter der Voraussetzung, dass sich die drei Geraden AA', BB', CC' in einem Puncte O schneiden:

$$OA = x,\quad OB = y,\quad OC = z;$$
$$OA' = x',\quad O'B' = y',\quad OC' = z';$$

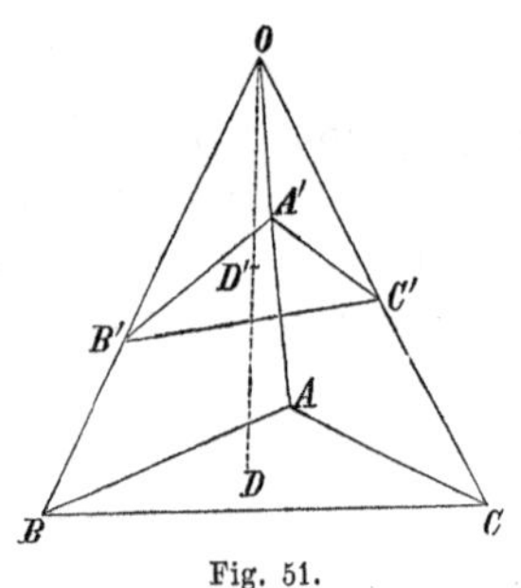

Fig. 51.

so ist nun durch Gleichungen auszudrücken, dass von den zwei Pyramiden, deren Kanten f, g, h, x, y, z und f', ..., z' sind, die durch die Kanten x, y, z und x', y', z' gebildeten körperlichen Winkel, (oder die Kanten des einen mit den rückwärts verlängerten Kanten des anderen), zur Coincidenz gebracht werden können, dass folglich die ebenen Winkel yz, zx, xy den Winkeln $y'z'$ etc. resp. gleich sind. Man setze daher in den Dreiecken fyz und $f'y'z'$ die Cosinus der Winkel yz und $y'z'$, durch

*) Bringt man in O das Auge, so erscheint das eine System als eine perspectivische Abbildung des anderen. Das auf eine Ebene perspectivisch entworfene Bild einer ebenen Figur steht daher mit letzterer stets in Collineationsverwandtschaft.

Wird das Auge unendlich entfernt angenommen, so sind die Figur und ihr Bild einander affin. Haben die beiden Ebenen eine parallele Lage, so findet Aehnlichkeit statt; und wenn in diesem Falle das Auge entweder unendlich entfernt, oder zwischen beiden Ebenen in der Mitte ist, — Gleichheit und Aehnlichkeit.

die Seiten der Dreiecke ausgedrückt, einander gleich, so kommt:

$$y'z'(y^2+z^2-f^2)=yz(y'^2+z'^2-f'^2),$$

oder nach einer leichten Reduction:

$$1)\qquad (yz'-y'z)(yy'-zz')=f^2y'z'-f'^2yz,$$

und eben so

$$(zx'-z'x)(zz'-xx')=g^2z'x'-g'^2zx,$$
$$(xy'-x'y)(xx'-yy')=h^2x'y'-h'^2xy,$$

wenn man auch von den Winkeln zx und $z'x'$, xy und $x'y'$ die Cosinus einander gleich setzt. Dies sind also die verlangten Gleichungen, denen die Werthe von x, y, z, x', y', z' Genüge leisten müssen. Weil man drei Gleichungen weniger, als unbekannte Grössen, hat, so können irgend drei der letzteren nach Willkür bestimmt werden, nur mit der Vorsicht, dass die drei übrigen keine unmöglichen Werthe erhalten.

Diese Willkür wird aber sehr beschränkt, wenn man verlangt, dass noch ein viertes Paar in den Ebenen ABC und $A'B'C'$ beliebig genommener Puncte, D und D', die man

$$dD=aA+bB+cC,\quad d'D'=a'A'+b'B'+cC'$$

setze, mit O in einer Geraden liegen soll. Die hierzu nöthigen Bedingungsgleichungen lassen sich folgendergestalt finden. Weil

$$OA=x,\quad OA'=x',$$

und daher

$$AO:OA'=-x:x',$$

etc., so ist

$$2)\qquad O\equiv x'A-xA',\quad O\equiv y'B-yB',\quad O\equiv z'C-zC'.$$

Man multiplicire diese drei Ausdrücke von O resp. mit $\frac{a'}{x}$, $\frac{b'}{y}$, $\frac{c'}{z}$, und addire sie hierauf, so kommt:

$$O\equiv a'\frac{x'}{x}A+b'\frac{y'}{y}B+c'\frac{z'}{z}C-d'D'.$$

Da nun die Gerade $D'O$ die Ebene ABC im Puncte D schneiden soll, so hat man

$$a'\frac{x'}{x}A+b'\frac{y'}{y}B+c'\frac{z'}{z}C\equiv D.$$

Hiermit den vorhin für D angenommenen Ausdruck verglichen, ergiebt sich:

$$\frac{x'}{x}:\frac{y'}{y}:\frac{z'}{z}=\frac{a}{a'}:\frac{b}{b'}:\frac{c}{c'},$$

und die in diesen Verhältnissen begriffenen zwei Gleichungen werden die gesuchten Bedingungen sein. Um sie mit den obigen Gleichungen 1) in Verbindung zu bringen, setze man:

$$\frac{a}{a'} : \frac{b}{b'} : \frac{c}{c'} = \alpha : \beta : \gamma,$$

und

3) $$x' = \alpha u x,$$

so wird

$$y' = \beta u y, \quad z' = \gamma u z.$$

Hierbei sind α, β, γ drei in gegebenen Verhältnissen stehende Zahlen, von denen die eine nach Belieben, z. B. $= 1$, genommen werden kann; u ist eine noch unbekannte, jedoch von dieser Annahme mit abhängige Zahl. Substituirt man diese Werthe für x', y', z' in den Gleichungen 1), so erhält man:

4) $$\begin{cases}(\beta - \gamma)(\beta y^2 - \gamma z^2) u^2 = f'^2 - \beta\gamma f^2 u^2, \\ (\gamma - \alpha)(\gamma z^2 - \alpha x^2) u^2 = g'^2 - \gamma\alpha g^2 u^2, \\ (\alpha - \beta)(\alpha x^2 - \beta y^2) u^2 = h'^2 - \alpha\beta h^2 u^2;\end{cases}$$

und man muss nun die vier Unbekannten u, x, y, z auf eine, diese drei Gleichungen befriedigende, Weise zu bestimmen suchen. Die erste dieser Unbekannten, u, lässt sich unabhängig von den drei übrigen darstellen. Denn addirt man die Gleichungen, nachdem man sie vorher resp. mit $\beta - \gamma$, $\gamma - \alpha$, $\alpha - \beta$ dividirt hat, so kommt:

$$\frac{f'^2 - \beta\gamma f^2 u^2}{\beta - \gamma} + \frac{g'^2 - \gamma\alpha g^2 u^2}{\gamma - \alpha} + \frac{h'^2 - \alpha\beta h^2 u^2}{\alpha - \beta} = 0.$$

Auch zeigt sich bald, dass der hieraus folgende Werth von u^2 immer positiv, u selbst also immer möglich sein muss. Es wird nämlich, wenn man in den gegebenen Dreiecken fgh und $f'g'h'$ statt der Seiten h, h' die ihnen gegenüberstehenden Winkel einführt, und diese $= \mu$, μ', und folglich

$$h^2 = f^2 + g^2 - 2fg \cos \mu, \quad h'^2 = f'^2 + g'^2 - 2f'g' \cos \mu'$$

setzt:

$$u^2 = \frac{(\alpha - \gamma)^2 f'^2 + (\beta - \gamma)^2 g'^2 - 2(\alpha - \gamma)(\beta - \gamma) f'g' \cos \mu'}{(\alpha - \gamma)^2 \beta^2 f^2 + (\beta - \gamma)^2 \alpha^2 g^2 - 2(\alpha - \gamma)(\beta - \gamma)\alpha\beta fg \cos \mu}.$$

Von diesem Bruche ist aber der Zähler gleich dem Quadrate der Seite eines Dreiecks, in welchem die zwei anderen Seiten

$$= (\alpha - \gamma) f', \quad (\beta - \gamma) g',$$

und der von ihnen eingeschlossene Winkel $= \mu'$; folglich ist der Zähler immer positiv, und aus gleichem Grunde auch der Nenner.

Nachdem man nun u gefunden hat, kann man von den drei Linien x, y, z die eine, z. B. x, immer und auf unzählige Arten so annehmen, dass die beiden anderen Linien aus den Gleichungen 4) bestimmte mögliche Werthe erhalten. Mittelst der Gleichungen 3) lassen sich dann auch x', y', z' finden, und die Figur kann construirt werden.

Unsere Aufgabe ist daher im Allgemeinen immer und auf unendlich viele Arten zu lösen möglich. Um den geometrischen Zusammenhang dieser Lösungen aufzufinden, bemerke man, dass mit der nicht nach Willkür bestimmbaren Zahl u zugleich die Linie gegeben ist, in der sich die Ebenen ABC und $A'B'C'$, welche der Kürze willen ε und ε' heissen, schneiden müssen. — Aus den Formeln 2), mit 3) verbunden, folgt:

$$(1-\beta u)O = B' - \beta u B, \quad (1-\gamma u)O = C' - \gamma u C,$$

und hieraus nach Elimination von O:

$$\frac{\beta}{1-\beta u}B - \frac{\gamma}{1-\gamma u}C \equiv \frac{1}{1-\beta u}B' - \frac{1}{1-\gamma u}C'$$

$\equiv$ dem Durchschnitte der Linien BC und $B'C'$; eben so findet sich der Durchschnitt von CA mit $C'A'$

$$\equiv \frac{\alpha}{1-\alpha u}A - \frac{\gamma}{1-\gamma u}C \equiv \frac{1}{1-\alpha u}A' - \frac{1}{1-\gamma u}C'.$$

Da nun diese zwei Puncte, (so wie auch die vier übrigen Puncte $AB \cdot A'B'$, $AD \cdot A'D'$, $BD \cdot B'D'$, $CD \cdot C'D'$), offenbar in der Durchschnittslinie der Ebenen ε und ε' liegen, so ist der Ausdruck dieser Linie, bezogen auf A, B, C:

$$\frac{\alpha}{1-\alpha u}A + \frac{\beta v}{1-\beta u}B - \frac{\gamma(1+v)}{1-\gamma u}C,$$

auf A', B', C':

$$\frac{1}{1-\alpha u}A' + \frac{w}{1-\beta u}B' - \frac{1+w}{1-\gamma u}C',$$

wo v und w die Veränderlichen sind.

Haben daher die beiden Ebenen die verlangte gegenseitige Lage, so werden sie sich in dieser Linie schneiden. Der Winkel, unter dem dies geschieht, kann jeder beliebige sein. Dies folgt schon daraus, dass x immer willkürlich bestimmt werden kann, lässt sich aber auch durch eine einfache geometrische Betrachtung darthun. Wenn nämlich die zwei Linien AA' und BB' bei einer gewissen Lage der Ebenen ε und ε' sich treffen, so werden sie sich zu treffen fortfahren, auch wenn die eine oder beide Ebenen um ihre Durchschnittslinie $\varepsilon\varepsilon'$, als um eine Axe, gedreht werden; aus dem Grunde, weil, wenn AA' und BB' sich treffen, AB und $A'B'$ in $\varepsilon\varepsilon'$ sich begegnen müssen, und umgekehrt. Aus demselben Grunde wird auch jedes andere Paar der vier Linien AA', ..., DD' sich zu treffen fortfahren, wenn dieses bei der anfänglichen Lage der beiden Ebenen geschieht. Mit Anwendung der in §. 208 gebrauchten Schlussfolge müssen daher die vier Linien AA', ..., DD' immer in Einem, bei der Axendrehung der Ebenen ebenfalls fortrückenden*), Puncte O zusammentreffen.

Weil u nicht unmittelbar, sondern u^2 gefunden wurde, folglich u zwei gleiche aber entgegengesetzte Werthe hat, so wird es noch eine zweite Linie geben, in welcher sich die beiden Ebenen auf eine die Aufgabe befriedigende Weise schneiden können. Die Ausdrücke dieser zweiten Linie finden sich, wenn man in den Ausdrücken der ersten $-u$ statt u setzt. Geometrisch kann man die zweite Linie aus der ersten ableiten, wenn man in den vier Linien OA, ..., OD die Abschnitte OA', ..., OD' von O auf die entgegengesetzte Seite nach A'', ..., D'' trägt, so dass

$$A''A' = 2\,OA',$$

etc. Denn alsdann wird das System der vier Puncte A'', ..., D'' gleichfalls in einer Ebene liegen, und dem Systeme der vier Puncte A', ..., D' gleich und ähnlich sein. Diese Ebene wird folglich die Ebene ε', nur in einer anderen Lage, vorstellen, in einer Lage, die mit der ersten offenbar parallel ist; und der Durchschnitt der Ebene ε' in dieser zweiten Lage mit der unverändert gebliebenen Ebene ε wird die gesuchte zweite Linie sein, die daher in jeder der beiden Ebenen mit der ersten Linie gleichfalls parallel sein muss. Dieser Parallelismus der beiden Linien giebt sich auch zu erkennen, wenn man den unendlich entfernten Punct derselben sucht (§. 41). Aus den obigen Ausdrücken der Linien folgt der Ausdruck dieses Punctes, bezogen auf A, B, C:

$$\left(\frac{1}{\beta}-\frac{1}{\gamma}\right)A+\left(\frac{1}{\gamma}-\frac{1}{\alpha}\right)B+\left(\frac{1}{\alpha}-\frac{1}{\beta}\right)C,$$

auf A', B', C':

$$(\beta-\gamma)A'+(\gamma-\alpha)B'+(\alpha-\beta)C',$$

ist mithin von u ganz unabhängig, bleibt also derselbe, mag u positiv oder negativ genommen werden.

---

*) Es ist leicht zu erweisen, dass, wenn nur die eine Ebene beweglich genommen wird, der Punct O einen auf der Axe $\varepsilon\varepsilon'$ perpendicularen Kreis beschreibt.

Das Ergebniss der bisherigen Untersuchung ist demnach folgendes:

Hat man zwei Ebenen ε und ε', und in jeder derselben vier Puncte: A, B, C, D in ε und A', ..., D' in ε', so kann man den Ebenen im Allgemeinen immer und auf unendlich viele Arten eine solche gegenseitige Lage geben, dass sich die vier Linien AA', BB', CC', DD' in Einem Puncte schneiden. Es lassen sich nämlich in jeder der beiden Ebenen zwei Parallellinien ziehen, die Parallelen p und q in ε, p' und q' in ε', von der Beschaffenheit, dass, — wenn man die vier Puncte jeder Ebene für sich paarweise durch (sechs) Gerade verbindet und die Durchschnitte dieser Geraden mit den zwei Parallelen der jedesmaligen Ebene bestimmt, — das System der 6 Durchschnitte mit p dem Systeme der gleichnamigen Durchschnitte mit p', und eben so das System der 6 Puncte in q dem der 6 Puncte in q' gleich und ähnlich ist. Bringt man nun die beiden Ebenen in eine solche Lage, dass die 6 Puncte in p mit den gleichnamigen in p', oder die 6 Puncte in q mit den gleichnamigen in q' zusammenfallen, so werden sich, welches auch die gegenseitige Neigung der Ebenen sein mag, (auch können sie beide in einander fallen), die vier Linien AA', ..., DD' in einem Puncte vereinigen.

Anmerkungen. Diesem Resultate zufolge kann also von je zwei ebenen Vierecken, und mithin von je zwei collinear verwandten ebenen Figuren überhaupt, die eine von der anderen im Allgemeinen immer als perspectivische Abbildung betrachtet werden.

Ein Fall, welcher hierbei noch eine besondere Erwähnung verdient, ist der, wenn die zwei Figuren $A..D$ und $A'..D'$ einander affin sind. Alsdann verhalten sich (§. 145)

$$a : b : c = a' : b' : c',$$

woraus nach den obigen Rechnungen weiter folgt:

$$\alpha = \beta = \gamma; \quad f : g : h = f' : g' : h'; \quad x : y : z = x' : y' : z'.$$

Sind daher $A..D$ und $A'..D'$ affine Figuren, so müssen sie einander zugleich ähnlich sein, und ihre Ebenen einander parallel gelegt werden, wenn eine Vereinigung der vier Linien AA', ... statt haben soll. Sind aber die Figuren einander bloss affin, so ist ein Zusammentreffen der vier Linien entweder durchaus unmöglich, oder doch nur ein Zusammentreffen im Unendlichen, d. h. gegenseitiger Parallelismus derselben, zu bewerkstelligen. Es lässt sich nämlich zeigen, dass die gleichnamigen Spitzen zweier Dreiecke ABC und $A'B'C'$ nur dann durch Parallelen verbunden werden können, und dass folglich von zwei affinen Figuren $A..D..$ und $A'..D'..$ die eine, als Projection der anderen durch Parallelen, nur in dem Falle gelten kann, wenn, f, g, h, f', ... in der vorigen Bedeutung genommen und

$$f'^2 - f^2 = i, \quad g'^2 - g^2 = k, \quad h'^2 - h^2 = l$$

gesetzt,

$$i^2 + k^2 + l^2 - 2(kl + li + ik)$$

eine positive Grösse ist.

§. 231. Aufgabe. Ein einem gegebenen Systeme von Puncten im Raume collinear verwandtes System zu construiren.

Auflösung. Seien $A, \ldots, E$ fünf Puncte des gegebenen Systems, von denen keine vier in einer Ebene liegen. Man nehme die Linien DA, DB, DC zu Axen, also D zum gemeinschaftlichen Anfangspunct und A, B, C zu den Endpuncten derselben, und beziehe auf sie jeden anderen Punct des Systems, indem man für jede Axe den Punct angiebt, in welchem sie von einer durch die Endpuncte der beiden anderen Axen und durch den zu bestimmenden Punct gelegten Ebene geschnitten wird. Hiernach werde bestimmt E durch:

$$DA \cdot BCE \equiv M, \quad DB \cdot CAE \equiv N, \quad DC \cdot ABE \equiv O,$$

P durch:

$$DA \cdot BCP \equiv X, \quad DB \cdot CAP \equiv Y, \quad DC \cdot ABP \equiv Z.$$

Dasselbe Verfahren denke man sich in dem anderen Systeme wiederholt, und bezeichne die den Puncten M, N, O, X, ... entsprechenden Puncte durch M', N', O', X', ..., dass also

$$M' \equiv D'A' \cdot B'C'E',$$

etc.

Man nehme nun $A', B', \ldots, E'$ willkürlich, jedoch so, dass keine vier derselben in einer Ebene liegen. Alsdann sind von den vier Puncten D', A', M', X', welche in einer Geraden liegen und den gegebenen Puncten D, A, M, X entsprechen, die drei ersteren ebenfalls bekannt, und man kann folglich nach §. 227 den vierten X' finden. Auf eben die Art erhält man auch Y' und Z' in den Geraden $D'B'N'Y'$ und $D'C'O'Z'$, woraus sich zuletzt P' als der gemeinschaftliche Durchschnitt der drei Ebenen $B'C'X'$, $C'A'Y'$, $A'B'Z'$ ergiebt.

§. 232. Zusatz. Der Beweis für die Richtigkeit dieser Construction und des in §. 229 bei ebenen Figuren gelehrten Verfahrens beruhet darauf, dass bei zwei collinear verwandten ebenen Figuren je vier Puncte der einen, für sich betrachtet, von den ihnen entsprechenden vier Puncten der anderen im Allgemeinen ganz unabhängig sind, dass eben so bei zwei collinearen Figuren im Raume zwischen je fünf Puncten der einen und den entsprechenden fünf Puncten der anderen noch keine Beziehung stattfindet, und dass endlich die zwei oder drei Doppelschnittsverhältnisse, wodurch jeder andere Punct der gegebenen Figur in Bezug auf die ersten vier oder fünf Puncte vollkommen bestimmt wird, in der zu construirenden Figur von gleicher Grösse gemacht wurden.

Nimmt man die vier oder fünf ersten Puncte der zu construirenden Figur nicht willkürlich, sondern lässt sie, als ein System für sich, zu den vier oder fünf ersten Puncten der gegebenen Figur in einer der früher erklärten näheren Verwandtschaften stehen, so ist klar, dass auch die ganze nach den vorhin gegebenen Regeln construirte Figur der gegebenen Figur auf dieselbe Art näher verwandt sein wird. Lässt man z. B. bei der Construction einer collinearen ebenen Figur das Viereck $A'B'C'D'$ dem Viereck $A \,..\, D$ ähnlich sein, so wird auch zwischen den ganzen Figuren Aehnlichkeit obwalten.

Dasselbe wird endlich auch von collinear verwandten Systemen in geraden Linien gelten, wo, wenn zwischen drei Puncten des einen und den entsprechenden drei Puncten des anderen Systems eine nähere Verwandtschaft stattfindet, dieselbe sich gleichfalls auf die ganzen Systeme erstrecken wird.

Achtes Capitel.

Von den aus der Verwandtschaft der Collineation entspringenden Aufgaben.

---

§. 233. Lehrsatz. *Hat man ein System von n Puncten in einer Geraden, oder in einer Ebene, oder im Raume, und sind von den daraus zu bildenden Doppel- und Vieleckschnittsverhältnissen resp. irgend $n-3$, $2n-8$, $3n-15$ von einander unabhängige gegeben, so kann man hiermit alle übrigen finden.*

Beweis. Der erste Fall, wo die Puncte in einer Geraden liegen, und wenn die gegebenen Verhältnisse Doppelschnittsverhältnisse sind, ist schon in §. 187 bewiesen worden. Dass der Satz auch für Vieleckschnittsverhältnisse gilt, folgt aus §. 216, *c*.

Wenn zweitens die Puncte in einer Ebene enthalten sind, so setze man, wie in §. 219, zwischen vier Puncten des Systems, $A, \ldots, D$, von denen keine drei in einer Geraden liegen, die Relation fest:

$$aA + bB + cC \equiv D,$$

und bringe den Ausdruck jedes der $n-4$ übrigen Puncte auf die Form

$$\varphi a A + \chi b B + \psi c C,$$

so dass jeder dieser Puncte in Bezug auf die vier ersten durch zwei solcher Verhältnisse, wie $\varphi:\chi$ und $\chi:\psi$, und folglich alle $n-4$ Puncte durch $2(n-4)$ solcher Verhältnisse bestimmt sind. Nach §. 221 sind aber alle Doppelschnitts- und Vieleckschnittsverhältnisse des Systems Functionen dieser $2n-8$ Verhältnisse; es muss daher auch aus irgend $2n-8$ von einander unabhängigen Doppelschnitts- und Vieleckschnittsverhältnissen des Systems jedes andere Verhältniss dieser Art gefunden werden können.

Eben so wird endlich der Beweis für den dritten Fall geführt, wo,

$$E \equiv aA + \ldots + dD$$

gesetzt, jeder der $n-5$ übrigen Puncte, F, G, ..., durch drei solcher Verhältnisse, wie $\varphi:\chi$, $\chi:\psi$, $\psi:\omega$, und folglich alle $n-5$ Puncte durch $3(n-5)$ solcher Verhältnisse in Bezug auf die fünf ersten bestimmt werden. Von diesen Verhältnissen aber können alle in dem Systeme vorkommenden Doppelschnitts- und Vieleckschnittsverhältnisse als Functionen dargestellt werden (§. 225).

§. 234. Zusätze. *a*) Bei einem Systeme von 4, 5, 6, 7, 8, 9, ... Puncten in einer Ebene müssen also 0, 2, 4, 6, 8, 10, ... Doppelschnitts- (und Vieleckschnitts-)verhältnisse gegeben sein, um daraus alle übrigen bestimmen zu können.

Bei einem Systeme von bloss vier Puncten in einer Ebene wird daher noch kein Doppelschnittsverhältniss als gegeben erfordert; d. h. alle Doppelschnittsverhältnisse, welche sich bilden, indem man die vier Puncte durch Gerade verbindet und dieselbe Verbindung mit den dadurch entstehenden Durchschnittspuncten, so weit als man will, fortsetzt, sind bloss von der Art und Weise der Verbindung abhängig, wie dieses bereits aus §. 202, *a* bekannt ist. Auch haben alle dergleichen Doppelschnittsverhältnisse rationale Werthe.

Construirt man ähnlicherweise ein geometrisches Netz aus fünf Puncten in einer Ebene, statt aus vieren, so reicht zur Bestimmung aller darin vorkommenden Doppelschnittsverhältnisse nicht mehr die Kenntniss der Verbindungsart hin, durch welche man, von den fünf Puncten ausgehend, zu den, irgend eines dieser Doppelschnittsverhältnisse bildenden, Puncten gelangt; sondern es müssen noch irgend zwei von einander unabhängige Doppelschnittsverhältnisse selbst gegeben sein. — Bei dem geometrischen Netze, welchem sechs beliebig in einer Ebene genommene Puncte zum Grunde liegen, lassen sich aus irgend vier von einander unabhängigen Doppelschnittsverhältnissen die Werthe aller anderen ableiten; u. s. w.

Man wird übrigens schon wahrgenommen haben, dass der eben erläuterte Satz eine Verallgemeinerung des im §. 192 erwiesenen ist, indem dort nur von denjenigen Doppelschnittsverhältnissen die Rede war, welche bei einem Systeme n gerader Linien in einer Ebene in und von diesen Linien selbst gebildet wurden, hier aber bei einem Systeme von n Puncten in einer Ebene, wodurch ebenfalls nur n von einander unabhängige Gerade bestimmt werden, die Rechnung nicht bloss auf diese beschränkt ist, sondern auf alle Linien des aus n Puncten zu construirenden Netzes ausgedehnt werden kann.

b) Aehnliche Bemerkungen lassen sich über den Lehrsatz des vorigen §. machen, insofern er Systeme im Raume betrifft, und wo er als eine Erweiterung des Satzes in §. 194 erscheint. Bei einem Systeme von 5, 6, 7, 8, 9, ... Puncten ist hier die Anzahl der erforderlichen Doppelschnittsverhältnisse gleich 0, 3, 6, 9, 12, ...

Der abgekürzte barycentrische Calcul.

§. 235. Da die Collineationsverwandtschaft eine Verallgemeinerung der Affinität ist, und alles dasjenige, was eine Figur mit einer ihr collinear verwandten gemein hat, zugleich jeder ihr affinen Figur gemeinschaftlich zukommt; da ferner alle aus der Affinität entspringenden Aufgaben mit Hülfe des barycentrischen Calculs sich lösen lassen: so müssen auch alle durch die Collineationsverwandtschaft begründeten Aufgaben mittelst barycentrischer Formeln in Rechnung gesetzt und gelöst werden können. Es lässt sich aber bei dieser letzteren Art von Aufgaben die barycentrische Rechnung bedeutend abkürzen, dadurch nämlich, dass man die Coefficienten der Puncte nur aus solchen Zahlen bestehen lässt, die in jeder Figur, welche mit der gegebenen collinear verwandt ist, dieselben bleiben. Hierdurch geschieht es, dass in demselben Grade, in welchem von der einen Seite wegen der zusammengesetzteren Verhältnisse die Untersuchung erschwert scheint, sie von der anderen Seite durch Abkürzung der Formeln erleichtert wird.

Der Zweck dieses abgekürzten Calculs ist demnach die Entwickelung aller derjenigen Eigenschaften einer Figur, welche sie mit jeder ihr collinear verwandten Figur, als solchen, gemein hat. Bei den durch diesen Calcul zu lösenden Aufgaben und zu erweisenden Lehrsätzen kann daher von keinen anderen Grössenverhältnissen, als Doppelschnitts- und Vieleckschnittsverhältnissen, und, wenn nur geradlinige und ebenflächige Figuren untersucht werden, von keinen anderen Bedingungen, als solchen die Rede sein, dass drei oder mehrere Puncte in einer Geraden liegen, zwei oder mehrere Gerade sich in einem Puncte, drei oder mehrere Ebenen in einer Geraden treffen, u. dergl.; da hingegen die einfachen Verhältnisse zwischen Abschnitten einer Geraden, oder zwischen Flächentheilen einer Ebene, oder zwischen Theilen des Raums mittelst des abgekürzten Calculs eben so wenig berücksichtigt werden können, als er die Fälle, wo der Durchschnittspunct von Geraden oder die Durchschnittslinie von Ebenen im Unendlichen liegt, und daher jene Geraden und diese Ebenen einander parallel laufen, besonders anzuzeigen vermag (§. 220, *b* und §. 224, *a*, *b*).

Wir wollen nunmehr die drei Arten räumlicher Ausdehnung einzeln durchgehen, und mit der geraden Linie den Anfang machen.

§. 236. Man habe ein System von Puncten, A, B, C, D, E, ..., welche in einer Geraden liegen. A und B zu Fundamentalpuncten genommen, seien die übrigen Puncte durch folgende Gleichungen bestimmt:

$$aA + bB + cC = 0, \quad \delta aA + \delta' bB + dD = 0,$$
$$\varepsilon aA + \varepsilon' bB + eE = 0,$$

etc., wo also

$$a + b + c = 0, \quad \delta a + \delta' b + d = 0,$$

etc. Alsdann sind es, nach §. 226, nur die Verhältnisse $\delta : \delta'$, $\varepsilon : \varepsilon'$, etc., welche dieses System von Puncten mit allen anderen ihm collinear verwandten gemein hat, während das Verhältniss $a : b$ von dem einen dieser Systeme zu dem anderen veränderlich ist. Man lasse demnach gegenwärtig die Coefficienten a, b und die davon abhängigen c, d, e, ..., als solche, die nicht weiter in Rechnung kommen, hinweg und schreibe:

$$A + B + C = 0, \quad \delta A + \delta' B + D = 0, \quad \varepsilon A + \varepsilon' B + E = 0,$$

etc., oder einfacher, da man gleich anfangs statt $\delta : \delta'$, $\varepsilon : \varepsilon'$ etc. hätte $\delta : 1$, $\varepsilon : 1$, etc. setzen können:

$$A + B + C = 0, \quad \delta A + B + D = 0, \quad \varepsilon A + B + E = 0,$$

etc.

Eigentlich genommen, werden also in diesen nunmehrigen Gleichungen durch die Buchstaben A, B, C, ... nicht wie bisher bloss die Puncte A, B, C, ... (oder vielmehr die Abschnitte AA', BB', CC', ..., §. 13), sondern diese Puncte, jeder noch mit einem gewissen, durch den ganzen Verlauf der Rechnung constanten Coefficienten

a, b, c, ... behaftet, ausgedrückt. Man kann daher mit solchen Gleichungen offenbar die nämlichen algebraischen Operationen, wie mit den bisherigen anstellen, kann, durch successive Elimination der Puncte A und B, eine Gleichung zwischen je drei anderen Puncten des Systems ableiten, z. B.

$$(1-\delta)A+C-D=0, \quad (1-\varepsilon)A+C-E=0,$$
$$(\delta-\varepsilon)C-(1-\varepsilon)D+(1-\delta)E=0,$$

etc., darf aber aus diesen Gleichungen nur solche Verhältnisse folgern, welche Functionen der beibehaltenen Coefficienten δ, ε, ... allein sind, also nur Doppelschnitts- und Vieleckschnittsverhältnisse, als bei welchen die Coefficienten a, b, c, ..., hätte man sie anfänglich auch stehen lassen, zuletzt von selbst herausgefallen sein würden.

Werde z. B. der Werth des Doppelschnittsverhältnisses (C, D, A, E) verlangt. Die hierzu nöthigen Gleichungen zwischen C, D, A und C, D, E sind:

$$C-D+(1-\delta)A=0, \quad (\delta-\varepsilon)C-(1-\varepsilon)D+(1-\delta)E=0.$$

Aus der ersteren folgt:

$$CA:AD=-1:1,$$
$$[\text{oder vielmehr } =-d:c];$$

aus der letzteren:

$$CE:ED=-(1-\varepsilon):(\delta-\varepsilon),$$
$$[\text{oder vielmehr } =-d(1-\varepsilon):c(\delta-\varepsilon)];$$

und durch Verbindung dieser Proportionen:

$$(C, D, A, E)=\frac{\delta-\varepsilon}{1-\varepsilon}.$$

Soll ferner der Werth des Dreieckschnittsverhältnisses

$$\frac{AB}{BC}\cdot\frac{CD}{DE}\cdot\frac{EF}{FA}$$

bestimmt werden, so übersieht man leicht, dass erstlich die Coefficienten b, d, f der Puncte B, D, F gar nicht ins Spiel kommen, dass zweitens durch Multiplication von $AB:BC$ mit $CD:DE$ der Coefficient c weggeschafft wird, und wenn man hierein nach $EF:FA$ multiplicirt, nicht nur e, sondern auch a herausfällt.

Auf diese Weise lässt sich also jedes Doppelschnitts- und Vieleckschnittsverhältniss zwischen den Puncten des Systems als Function der Coefficienten δ, ε, ... darstellen, so wie diese letzteren selbst nichts anderes, als die Werthe der Doppelschnittsverhältnisse (A, B, C, D), (A, B, C, E), etc. ausdrücken (§. 226).

§. 237. Um bei Bestimmung dieser zusammengesetzten Verhältnisse nicht nöthig zu haben, die Werthe der einzelnen einfachen Verhältnisse mit niederzuschreiben, kann man sich folgender aus dem Vorigen leicht fliessender Regel bedienen. — Für jedes einfache Verhältniss, wie $AB : BC$, suche man die auf Null reducirte Gleichung zwischen den drei Puncten desselben, A, B, C, stelle auch diese Puncte in derselben Folge, in welcher sie im Verhältnisse selbst vorkommen, also hier zuerst A, dann B und zuletzt C. Alsdann ist das Product aus den Coefficienten der letzten Puncte aller Gleichungen, dividirt durch das Product aus den Coefficienten aller ersten Puncte, der gesuchte Werth des Vieleckschnittsverhältnisses.

Die nämliche Regel lässt sich auch bei der Werthbestimmung eines Doppelschnittsverhältnisses, (I, K, L, M), anwenden, indem man dasselbe als ein Zweieckschnittsverhältniss $(IL : LK)(KM : MI)$, betrachtet. Man suche daher die Gleichungen zwischen I, L, K und zwischen K, M, I:

$$\iota I + \lambda L + \varkappa K = 0,$$
$$\varkappa' K + \mu M + \iota' I = 0;$$

oder, was dasselbe ist: man drücke jeden der beiden Schneidepuncte L, M durch die beiden Grenzpuncte I, K aus, und zwar L durch I und K, M durch K und I:

$$\iota I + \varkappa K \equiv L,$$
$$\varkappa' K + \iota' I \equiv M,$$

und man hat sogleich

$$(I, K, L, M) = \varkappa \iota' : \iota \varkappa'.$$

§. 238. Sind nun bei n Puncten A, B, C, D, ..., N in einer geraden Linie, $n-3$ zwischen denselben gebildete und von einander unabhängige Doppelschnitts- und Vieleckschnittsverhältnisse gegeben, und soll daraus eines der übrigen dieser Verhältnisse gefunden werden (§. 233), so setze man:

$$A + B + C = 0, \quad \delta A + B + D = 0, \quad \ldots, \quad \nu A + B + N = 0,$$

und bestimme hieraus die Werthe der $n-3$ gegebenen Verhältnisse und des gesuchten als Functionen der $n-3$ Coefficienten δ, ε, ..., ν. Dies giebt ein System von $n-2$ Gleichungen, aus denen man, nach Elimination der $n-3$ Hülfsgrössen δ, ε, ..., ν eine Gleichung zwischen den $n-3$ gegebenen Verhältnissen und dem gesuchten bekommt, und somit das letztere in Werthen der ersteren ausdrücken kann.

Beispiel. Bei einem Systeme von sechs Puncten $A, \ldots, F$ in einer Geraden sind die $6-3=3$ Dreieckschnittsverhältnisse

$$(BC:CA)(AE:EF)(FD:DB)=p$$
$$(DE:EC)(CA:AB)(BF:FD)=q$$
$$(FA:AE)(EC:CD)(DB:BF)=r$$

gegeben. Das Dreieckschnittsverhältniss

$$(AD:DC)(CF:FE)(EB:BA)=x$$

zu finden. — Man setze:

$$A+B+C=0,\quad \delta A+B+D=0,$$
$$\varepsilon A+B+E=0,\quad \zeta A+B+F=0.$$

Um nun zuerst die Werthe von p, q, r, x durch δ, ε, ζ auszudrücken, bilde man nach der im vorigen §. mitgetheilten Regel die Gruppen von Gleichungen für p

$$B+C+A=0,$$
$$(\zeta-\varepsilon)A-E+F=0,$$
$$\delta F-\zeta D+(\delta-\zeta)B=0;$$

für q

$$-(1-\varepsilon)D+(1-\delta)E+(\delta-\varepsilon)C=0,$$
$$C+A+B=0,$$
$$(\delta-\zeta)B+\delta F-\zeta D=0;$$

woraus sich

$$p=\frac{\delta-\zeta}{\delta(\zeta-\varepsilon)},\quad q=\frac{(\delta-\varepsilon)\zeta}{(1-\varepsilon)(\delta-\zeta)}$$

ergiebt.

Durch ein gleiches Verfahren erhält man:

$$r=\frac{\delta(1-\varepsilon)}{\zeta(\delta-1)},\quad x=\frac{\varepsilon(\zeta-1)}{(\delta-1)(\zeta-\varepsilon)};$$

und es ist nur noch übrig, aus diesen vier Gleichungen δ, ε, ζ zu eliminiren. Zu dem Ende bemerke man, dass in jedem der Brüche, wodurch p, q, r ausgedrückt werden, die Summe des Zählers und Nenners immer dieselbe ist, nämlich

$$\delta-\zeta+\delta(\zeta-\varepsilon)=v;$$

dass folglich mit Anwendung dieser durch v bezeichneten Summe

$$p=\frac{v}{\delta(\zeta-\varepsilon)}-1,\quad q=\frac{v}{(1-\varepsilon)(\delta-\zeta)}-1,$$

$$r=\frac{v}{\zeta(\delta-1)}-1$$

geschrieben werden kann.*) Man setze daher zur Abkürzung

$$\frac{1}{1+p} = p', \quad \frac{1}{1+q} = q', \quad \frac{1}{1+r} = r',$$

so wird

$$vp' = \delta(\zeta - \varepsilon), \quad vq' = (1-\varepsilon)(\delta - \zeta), \quad vr' = \zeta(\delta - 1).$$

Hieraus findet sich weiter:

$$v(1 - q' - r') = \zeta(1 - \varepsilon), \quad v(1 - r' - p') = \delta(1 - \zeta),$$
$$v(1 - p' - q') = \varepsilon(\delta - \zeta);$$

mithin, wenn man das Product aus diesen drei Gleichungen durch das Product aus den drei vorhergehenden dividirt:

$$\frac{(1-q'-r')(1-r'-p')(1-p'-q')}{p'q'r'} = \frac{\varepsilon(1-\zeta)}{(\zeta-\varepsilon)(\delta-1)} = -x,$$

oder, wenn p', q', r' wiederum durch p, q, r ausgedrückt werden:

$$x = \frac{(1-qr)(1-rp)(1-pq)}{(1+p)(1+q)(1+r)}.$$

Setzt man z. B. $p = -2$, $q = -2$, $r = -\frac{5}{4}$, so wird hiernach $x = 27$. Es finden diese Werthe statt für

$$AB = BC = CD = DE = EF.$$

---

§. 239. Betrachten wir jetzt ein System von Puncten A, B, ..., welche in einer Ebene enthalten sind. Auf A, B, C als Fundamentalpuncte bezogen, seien die Gleichungen für die übrigen Puncte:

$$aA + bB + cC + dD = 0,$$
$$\varepsilon aA + \varepsilon' bB + \varepsilon'' cC + eE = 0,$$
$$\zeta aA + \zeta' bB + \zeta'' cC + fF = 0,$$

u. s. w., also

$$a + b + c + d = 0, \quad \varepsilon a + \varepsilon' b + \varepsilon'' c + e = 0,$$

etc. Da wir nun gegenwärtig bloss diejenigen Eigenschaften des Systems berücksichtigen wollen, die dasselbe mit einem ihm collinear verwandten, als solchen, gemein hat, und da hierbei nur die Verhältnisse $\varepsilon : \varepsilon' : \varepsilon''$, $\zeta : \zeta' : \zeta''$, etc. unverändert bleiben (§. 219), so lassen wir abermals die Coefficienten a, b, c, d, e, f, ... weg, setzen auch, weil es nicht auf die absoluten Werthe von ε, ε', ε'', sondern

---

*) Es folgt hieraus, dass für $v = 0$ sich jede der drei Grössen p, q, r und mithin auch ihr Product auf -1 reducirt. In der That findet sich dieses Product

$$pqr = (FA : AB)(BC : CD)(DE : EF) = \frac{\delta - \varepsilon}{(\zeta - \varepsilon)(\delta - 1)} = \frac{v}{(\zeta - \varepsilon)(\delta - 1)} - 1.$$

bloss auf ihr gegenseitiges Verhältniss ankommt, $\varepsilon''=1$, und eben so $\zeta''=1$, etc. und schreiben hiernach jene Gleichungen unter folgender einfachst möglicher Form:

$$A+B+C+D=0,$$
$$\varepsilon A+\varepsilon' B+C+E=0,$$
$$\zeta A+\zeta' B+C+F=0,$$

u. s. w.

Zur richtigen Anwendung dieser Gleichungen haben wir uns, ebenso wie in §. 236, nur vorzustellen, dass A, B, C, D, E, ... nicht mehr bloss Puncte, sondern Puncte, jeder mit einem gewissen während der ganzen Rechnung unveränderlichen Coefficienten verbunden, bedeuten. Hieraus folgt wiederum, dass die Rechnung mit diesen Gleichungen ganz dieselbe, wie mit den anfänglichen, nicht abgekürzten, ist, und dass man durch successive Elimination der Fundamentalpuncte A, B, C eine Gleichung zwischen je vier anderen Puncten des Systems entwickeln kann.

§. 240. A, B, C in der jetzt angegebenen Bedeutung genommen, drückt $\varepsilon A+\varepsilon' B$ einen Punct der Geraden AB aus, (dessen Lage gegen A und B erst durch Zusammensetzung des Verhältnisses $\varepsilon:\varepsilon'$ mit dem der weggelassenen Coefficienten, $a:b$, vollkommen bestimmt wird). Eben so ist $C+E$ ein gewisser in CE liegender Punct, (nicht eben der Mittelpunct (§. 30), sondern der Punct $cC+eE$). Da nun

$$\varepsilon A+\varepsilon' B+C+E=0,$$

so folgt

$$\varepsilon A+\varepsilon' B=-(C+E)$$

$\equiv$ dem Durchschnitte der Geraden AB und CE. Heisse dieser P, so kann man setzen:

$$\varepsilon A+\varepsilon' B=-C-E=P,$$

ohne dem P einen anderen Coefficienten, als die Einheit zu geben, indem man den Coefficienten, welchen P hiernach eigentlich erhalten sollte,

$$[\varepsilon a+\varepsilon' b=-(c+e)],$$

eben so mit dem Buchstaben P, wie a mit A, b mit B, etc. vereinigt denkt.

Allgemein also: besteht zwischen den vier Puncten des Systems I, K, L, M die Gleichung

$$\iota I+\varkappa K+\lambda L+\mu M=0,$$

so folgt daraus für den Durchschnitt P der Linien IK und LM:

$$P=\pm(\iota I+\varkappa K)=\mp(\lambda L+\mu M).$$

Ob man $P = +$ oder $-(\iota I + \varkappa K)$ setzt, ist gleichgültig. Nur muss man bei dem einmal Gesetzten im Fortgange der Rechnung bleiben, und darf, wenn man

$$P = +(\iota I + \varkappa K)$$

genommen, den anderen Werth nicht $+$, sondern $-(\lambda L + \mu M)$ nehmen, und umgekehrt. Eben so leuchtet ein, dass die positive Annahme sämmtlicher Glieder in den Gleichungen des vorigen §., so wie in den analogen Gleichungen des §. 236, nicht wesentlich nothwendig ist. Man kann eben so gut

$$A - B + C = D, \quad \varepsilon A + \varepsilon' B - C = E,$$

etc. setzen, muss aber nur mit den einmal gewählten Zeichen die Rechnung gleichförmig fortführen.

So wie übrigens zwischen je drei Puncten, z. B. I, K, P, welche der Construction nach in einer Geraden liegen, immer eine Gleichung stattfindet, so folgt auch umgekehrt, dass, wenn zwischen drei Puncten einer Ebene eine Gleichung sich durch den Calcul ergiebt, diese drei Puncte in einer Geraden liegen.

§. 241. Die Berechnung der Doppelschnitts- und Vieleckschnittsverhältnisse geschieht auf dieselbe Art, wie in dem Vorigen bei einem Systeme von Puncten in einer Geraden. Zuerst sucht man nach Anleitung des vorigen §. für jedes einfache Verhältniss besonders, die Gleichung zwischen den drei in einer Geraden enthaltenen Puncten desselben, und verfährt dann nach der in §. 237 angegebenen Regel.

Soll z. B. der Werth eines Doppelschnittsverhältnisses von der Form (I, K, LM, NO) gefunden werden, so suche man zuerst die Gleichungen zwischen I, K, L, M und I, K, N, O. Seien diese:

$$1) \qquad \iota I + \varkappa K + \lambda L + \mu M = 0,$$

$$2) \qquad \iota' I + \varkappa' K + \nu N + o O = 0.$$

Sei ferner

$$IK \cdot LM \equiv P, \quad IK \cdot NO \equiv Q,$$

so ist

$$\iota I + \varkappa K = P,$$
$$\varkappa' K + \iota' I = Q,$$

folglich

$$(I, K, LM, NO) = (I, K, P, Q) = \iota' \varkappa : \iota \varkappa'.$$

Zugleich sieht man hieraus, dass man, auch ohne erst die Bezeichnungen P und Q zu gebrauchen, zu dem Werthe des Doppelschnittsverhältnisses (I, K, LM, NO) aus den Gleichungen 1) und 2) unmittelbar gelangen kann, wenn man darin $\lambda L + \mu M$ und $\nu N + o O$ sogleich als die Puncte nimmt, welche in dem Ausdrucke des Doppelschnittsverhältnisses durch LM und NO angezeigt werden. — Eben so lässt sich auch die Berechnung eines Vieleckschnittsverhältnisses abkürzen, wenn die Schneidepuncte der Seiten nicht geradezu, sondern statt jedes derselben zwei Puncte gegeben sind, die mit dem Schneidepuncte in einer Geraden liegen, wie in §. 221, 3.

Hat man nun auf diese Weise die Werthe aller bei der Aufgabe in Betracht kommenden Doppelschnitts- und Vieleckschnittsverhältnisse durch die $2(n-4)$ Hülfsgrössen ε und ε', ζ und ζ', etc. ausgedrückt, so kann man durch Elimination dieser letzteren die zu bestimmende Relation zwischen den $2n-8$ gegebenen Verhältnissen und einem $(2n-7)$ten gesuchten, so wie die anderen hierhergehörigen Eigenschaften der Figur, entwickeln.

§. 242. Zusätze. *a*) Wie schon aus §. 221, 4 folgt, und auch aus dem vorigen §. sich ganz leicht finden lässt, sind die Hülfsgrössen ε und ε', ζ und ζ', etc. Werthe von Doppelschnittsverhältnissen in den Linien AC und BC, nämlich:

$$\varepsilon = (A, C, BD, BE), \quad \varepsilon' = (B, C, AD, AE),$$

u. s. w., so dass hiernach, schon durch die anfänglichen Gleichungen selbst, jeder der $n-4$ Puncte $E, F, ..$ in Bezug auf die vier ersten $A, .., D$ durch zwei Doppelschnittsverhältnisse bestimmt ist.

b) Wenn einer von den n Puncten der Figur, G, mit zwei anderen derselben, E und F, in einer Geraden liegt, so ist damit von den zwei zur Bestimmung von G nöthigen Doppelschnittsverhältnissen das eine schon als gegeben anzusehen. Denn sind H, I irgend zwei andere ausserhalb der Geraden EFG liegende Puncte der Figur, so sind die Puncte $EF \cdot GH$ und $EF \cdot GI$ mit G identisch, und mithin (§. 182):

$$(E, F, GH, GI) = 1;$$

so wie umgekehrt aus dieser Gleichung folgt, dass E, F, G in einer Geraden liegen. Das andere, oder vielmehr das einzige in diesem Falle zur vollkommenen Bestimmung von G erforderliche Doppelschnittsverhältniss, so wie die Bedingung selbst, dass E, F, G in einer Geraden sind, wird am einfachsten dargestellt, wenn man G auf E und F unmittelbar bezieht und daher

$$\eta E + F + G = 0$$

setzt. Denn aus den Gleichungen für E und F folgt:

$$(\varepsilon - \zeta) A + (\varepsilon' - \zeta') B + E - F = 0,$$

und hieraus in Verbindung mit

$$G+F+\eta E=0$$

das Doppelschnittsverhältniss:

$$(E, F, AB, G)=-\eta.$$

So vielmal also bei einem Systeme von n Puncten in einer Ebene der Fall eintritt, dass drei Puncte desselben in einer Geraden liegen, um eben so viel Einheiten wird die Anzahl der Hülfsgrössen $\varepsilon, \varepsilon', \ldots$ kleiner als $2n-8$ sein können, um eben so viel aber die Anzahl der gegebenen Doppelschnittsverhältnisse kleiner als $2n-8$ sein müssen, wenn zwischen letzteren gegenseitige Unabhängigkeit noch stattfinden soll.

§. 243. Folgende Beispiele werden das Bisherige noch deutlicher machen.

1) Die einfachste ebene Figur, worauf der abgekürzte barycentrische Calcul angewendet werden kann, ist das aus vier Puncten entstehende ebene Netz, indem man hier noch keiner Hülfsgrössen bedarf. Alle bei dem Netze vorkommenden Doppelschnitts- und Vieleckschnittsverhältnisse, so wie die merkwürdigen Fälle, wo drei oder mehrere Puncte in einer Geraden liegen, etc. können mittelst dieses Calculs, leichter als auf jede andere Weise, gefunden werden. Um dieses nur an den in §. 198 entwickelten Eigenschaften zu zeigen, so setze man (Fig. 43):

$$A+B+C+D=0.$$

Hieraus folgt:

(§. 240)

$$-B-C=A+D=A'$$

$$-C-A=B+D=B'$$

$$-A-B=C+D=C',$$

und hieraus weiter:

$$B-C=B'-C'=F$$

$$C-A=C'-A'=G$$

$$A-B=A'-B'=H;$$

mithin:

$$F+G+H=0,$$

d. h. F, G, H liegen in einer Geraden. Aus den Werthen für A', B', C' ergiebt sich ferner:

$$B'+C'=B+C+2D=D-A=A'',$$

und eben so

$$C'+A'=D-B=B'', \quad A'+B'=D-C=C'';$$

folglich

$$B - C = B' - C' = C'' - B'' = F,$$

etc., d. h. die Gerade $B''C''$ geht durch den Durchschnitt F der Geraden BC und $B'C'$, u. s. w.

Sodann fliesst aus

$$A' = A + D \text{ und } A'' = D - A$$

das Doppelschnittsverhältniss

$$(A, D, A', A'') = -1;$$

und aus den durch A, B, C ausgedrückten Werthen von A', B', C' das Dreieckschnittsverhältniss:

$$(BA' : A'C)(CB' : B'A)(AC' : C'B) = 1.$$

2) Die Dreiecke ABC und $A'B'C'$ in Fig. 43 haben eine solche Lage gegen einander, dass erstlich die Spitzen von $A'B'C'$ in den Seiten von ABC liegen, und dass zweitens die Geraden, welche die gegenüberliegenden Spitzen beider Dreiecke verbinden, sich in einem Puncte D schneiden. Wir wollen nunmehr von diesen zwei Bedingungen das einemal nur die eine und das anderemal nur die andere gelten lassen, und somit die vorigen Sätze auf zweifache Weise zu verallgemeinern suchen.

Seien demnach ABC und $A'B'C'$ (Fig. 52) zwei Dreiecke in einer Ebene, von welchen die Spitzen A, B, C des einen den Spitzen A', B', C' des anderen bloss dergestalt entsprechen, dass die Geraden, welche die sich entsprechenden Spitzen verbinden, in einem und demselben Puncte D zusammentreffen. Die dieser Figur zum Grunde zu legenden Gleichungen werden daher sein:

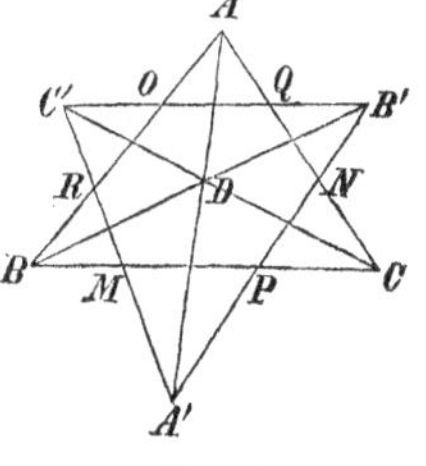

Fig. 52.

$$A + B + C + D = 0,$$

und nach §. 242, b

$$A' = \alpha A + D, \quad B' = \beta B + D,$$
$$C' = \gamma C + D.$$

Heissen nun wiederum die Durchschnitte je zweier sich entsprechenden Seiten:

$$BC \cdot B'C' \equiv F, \quad CA \cdot C'A' \equiv G, \quad AB \cdot A'B' \equiv H,$$

so ist:

$$B' - C' = \beta B - \gamma C = F,$$
$$C' - A' = \gamma C - \alpha A = G,$$
$$A' - B' = \alpha A - \beta B = H,$$

mithin

$$F + G + H = 0,$$

so dass folglich auch hier die Durchschnitte F, G, H der drei Paare sich entsprechender Seiten in einer Geraden liegen*).

Seien die Durchschnittspuncte je zweier sich nicht entsprechenden Seiten:

$$BC \cdot C'A' \equiv M, \quad CA \cdot A'B' \equiv N, \quad AB \cdot B'C' \equiv O,$$
$$BC \cdot A'B' \equiv P, \quad CA \cdot B'C' \equiv Q, \quad AB \cdot C'A' \equiv R.$$

Um die Ausdrücke dieser Puncte zu erhalten, hat man:

$$A' = \alpha A + D = (\alpha - 1)A - B - C$$
$$B' = \beta B + D = -A + (\beta - 1)B - C$$
$$C' = \gamma C + D = -A - B + (\gamma - 1)C,$$

folglich

$$(\alpha - 1)C' + A' = -\alpha B + [(\gamma - 1)(\alpha - 1) - 1]C = M,$$

und eben so

$$(\beta - 1)A' + B' = N, \quad (\gamma - 1)B' + C' = O,$$
$$A' + (\alpha - 1)B' = P, \quad B' + (\beta - 1)C' = Q, \quad C' + (\gamma - 1)A' = R.$$

Hieraus ergeben sich die Dreieckschnittsverhältnisse:

$$\frac{C'M}{MA'} \cdot \frac{A'N}{NB'} \cdot \frac{B'O}{OC'} = \frac{1}{(\alpha - 1)(\beta - 1)(\gamma - 1)},$$

$$\frac{A'P}{PB'} \cdot \frac{B'Q}{QC'} \cdot \frac{C'R}{RA'} = (\alpha - 1)(\beta - 1)(\gamma - 1),$$

folglich

$$\frac{B'O \,.\, B'Q}{OC' \,.\, QC'} \cdot \frac{C'M \,.\, C'R}{MA' \,.\, RA'} \cdot \frac{A'N \,.\, A'P}{NB' \,.\, PB'} = 1;$$

und auf gleiche Weise:

$$\frac{BM \,.\, BP}{MC \,.\, PC} \cdot \frac{CN \,.\, CQ}{NA \,.\, QA} \cdot \frac{AO \,.\, AR}{OB \,.\, RB} = 1;$$

also:

Wenn zwei Dreiecke in einer Ebene eine solche Lage gegen einander haben, dass die drei Geraden, welche die gleichnamigen Spitzen verbinden, sich in einem Puncte schneiden, so ist das Product aus den Verhältnissen, nach welchen jede Seite des einen Dreiecks von den zwei ungleichnamigen Seiten des anderen geschnitten wird, der Einheit gleich.

Lässt man den Punct A' in AD fortrücken, bis er in die Seite BC fällt, und eben so B' in BD bis CA, C' in CD bis AB, so

---

*) Man wird bald finden, dass dieser Satz, ähnlicherweise wie der speciellere (§. 207), sich auch ohne Rechnung mit Hülfe einer Construction im körperlichen Raume darthun lässt, und dass er selbst dann gilt, wenn die beiden Dreiecke nicht mehr in einer und derselben Ebene liegen.

fallen M, P mit A'; N, Q mit B'; O, R mit C' zusammen, und die linke Seite der letzteren Gleichung geht über in das Quadrat des für den speciellen Fall 1) der Einheit gleich gefundenen Dreieckschnittsverhältnisses.

3) Wir nehmen jetzt zweitens an, dass die Spitzen des Dreiecks $A'B'C'$ (Fig. 53) in den Seiten des Dreiecks ABC liegen, dass aber die Geraden durch die gegenüberstehenden Spitzen sich nicht in Einem, sondern in den drei Puncten

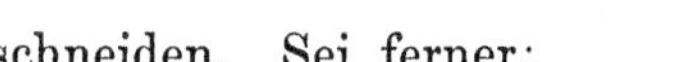

$$BB' \cdot CC' \equiv D, \quad CC' \cdot AA' \equiv E,$$
$$AA' \cdot BB' \equiv F$$

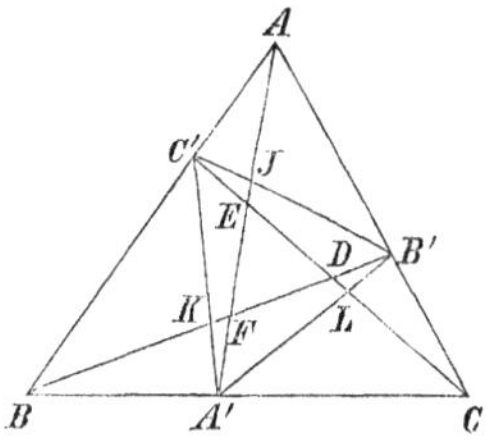

Fig. 53.

schneiden. Sei ferner:

$$AA' \cdot B'C' \equiv I, \quad BB' \cdot C'A' \equiv K, \quad CC' \cdot A'B' \equiv L.$$

Es erhellet nun sogleich, dass zur Construction dieser Figur nur die fünf Puncte A, B, C, D und der in BC liegende A' gegeben zu sein brauchen, indem sich daraus alle übrigen bloss durch Ziehen gerader Linien finden lassen. Man setze daher:

$$1) \qquad A + B + C + D = 0,$$

$$2) \qquad B + cC = A',$$

so werden sich alle bei dieser Figur vorkommenden Doppelschnitts- und Vieleckschnittsverhältnisse als Functionen von c ergeben, und es wird daher schon zwischen je zwei solchen Verhältnissen immer eine Relation stattfinden. Es folgen nämlich aus 1) und 2) die Ausdrücke der übrigen Puncte:

$$3) \qquad A + C = -B - D = B',$$

$$4) \qquad A + B = -C - D = C',$$

aus 2) und 4):

$$5) \qquad A + A' = cC + C' = E,$$

aus 2) und 3):

$$6) \qquad cA + A' = B + cB' = F,$$

aus 2), 3) und 4):

$$7) \qquad (1 + c)A + A' = cB' + C' = I,$$

etc., und aus diesen Gleichungen die Werthe folgender Doppelschnittsverhältnisse durch c ausgedrückt: aus 5) und 6):

$$(A, A', E, F) = c,$$

aus 5) und 7):

$$(A, A', E, I) = 1 + c,$$

aus 6) und 7):

$$(A, A', F, I) = \frac{1+c}{c}.$$

Wir haben demnach folgende Relationen zwischen Doppelschnittsverhältnissen:

$$(A', I, A, E) = (A', I, F, A) = -(A, A', E, F)$$
$$= (B', K, B, F) = (B', K, D, B) = \text{etc.} = -c.$$

Die Gleichheit der beiden ersten Doppelschnittsverhältnisse lässt sich auch so ausdrücken, dass das Verhältniss $A'A : AI$ die mittlere Proportionalgrösse ist zwischen den Verhältnissen $A'E : EI$ und $A'F : FI$, oder, was auf dasselbe hinauskommt, dass

$$A'A^2 : IA^2 = A'E \, . \, A'F : IE \, . \, IF.$$

Noch bieten sich in der Figur mehrere Dreieckschnittsverhältnisse zur Untersuchung dar. — Aus den Gleichungen 2), 3), 4) fliesst:

$$(c) \qquad (BA' : A'C)(CB' : B'A)(AC' : C'B) = c.$$

Sei ferner

$$BC \cdot B'C' \equiv M, \quad CA \cdot C'A' \equiv N, \quad AB \cdot A'B' \equiv O,$$

so hat man aus 3) und 4):

$$B - C = -B' + C' \equiv M,$$

aus 5):

$$cC - A = -C' + A' = N,$$

aus 6):

$$cA - B = -A' + cB' = O.$$

Hieraus ergeben sich die Dreieckschnittsverhältnisse:

$$(d) \quad (BM : MC)(CN : NA)(AO : OB) = -\frac{1}{c^2},$$

$$(e) \quad (B'M : MC')(C'N : NA')(A'O : OB') = -c;$$

und wir erhalten damit folgendes Theorem:

Wird in ein Dreieck (ABC) *ein anderes* ($A'B'C'$) *beschrieben, so ist erstlich das Dreieckschnittsverhältniss* (d), *nach welchem die Seiten des umschriebenen Dreiecks von den gegenüberliegenden Seiten des einbeschriebenen geschnitten werden, gleich dem negativen Quadrate des Umgekehrten des Dreieckschnittsverhältnisses* (e), *nach welchem die Seiten des einbeschriebenen Dreiecks von den Seiten des umschriebenen geschnitten werden; und zweitens das letztere Dreieckschnittsverhältniss* (e) *gleich dem negativen Werthe des Dreieckschnittsverhältnisses* (c), *nach welchem die Seiten des umschriebenen Dreiecks von den Spitzen des einbeschriebenen getheilt werden.*

Von den drei Dreiecken ABC, $A'B'C'$, DEF haben die zwei ersten ihre Spitzen in den Seiten des dritten liegen und sind daher als in das dritte einbeschrieben zu betrachten. Nehmen wir nun zuerst DEF als umschriebenes und ABC als einbeschriebenes Dreieck, so ist nach dem ersten Theile des vorigen Satzes, und weil

$$EF\cdot BC \equiv A', \quad FD\cdot CA \equiv B', \quad DE\cdot AB \equiv C':$$

$$(EA' : A'F)(FB' : B'D)(DC' : C'E)$$
$$= -1 : [(BA' : A'C)(CB' : B'A)(AC' : C'B)]^2.$$

Nehmen wir zweitens $A'B'C'$ als das in DEF einbeschriebene Dreieck, so ist nach dem zweiten Theile des Satzes, und weil $EF\cdot B'C' \equiv I$, etc.:

$$(B'I : IC')(C'K : KA')(A'L : LB')$$
$$= -(EA' : A'F)(FB' : B'D)(DC' : C'E).$$

Durch Verbindung dieser zwei Gleichungen erhalten wir aber zu dem obigen Satze noch folgenden dritten Theil:

Das Dreieckschnittsverhältniss, nach welchem die Seiten des einbeschriebenen Dreiecks ($A'B'C'$) von den Geraden, welche die Spitzen desselben mit den gegenüberliegenden Spitzen des umschriebenen (ABC) verbinden, geschnitten werden, ist gleich dem Quadrate des Umgekehrten des Dreieckschnittsverhältnisses, nach welchem die Seiten des umschriebenen Dreiecks von den Spitzen des einbeschriebenen geschnitten werden.

4) Als letztes Beispiel diene ein Viereck $ABCD$ (Fig. 54), in welches ein anderes Viereck $EFGH$ einbeschrieben ist, so dass E in AB, F in BC, etc. liegt. Man setze diesen einfachen Bedingungen zufolge:

$$\text{I)} \begin{cases} A+B+C+D=0, \\ eA+B+E=0, \\ fB+C+F=0, \\ gC+D+G=0, \\ hD+A+H=0. \end{cases}$$

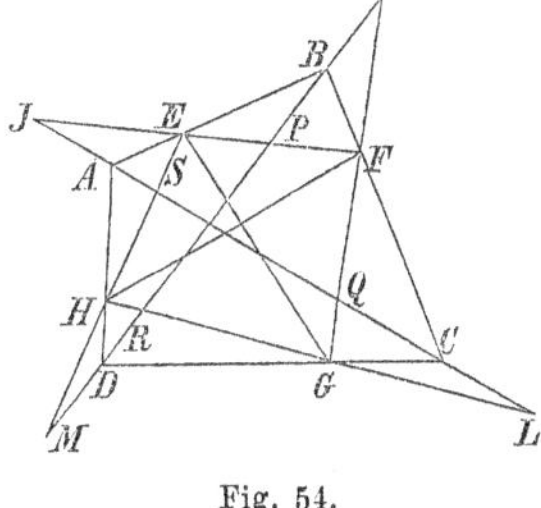

Fig. 54.

Alle bei dieser Figur statthabenden Doppelschnitts- und Vieleckschnittsverhältnisse werden sich daher durch e, f, g, h ausdrücken lassen, und man wird folglich aus je vier solchen Verhältnissen den Werth jedes fünften bestimmen können. Sei demnach die Aufgabe vorgelegt:

Aus den vier Doppelschnittsverhältnissen

$$(E, G, BD, AC) = a, \quad (F, H, AC, BD) = b,$$
$$(A, C, EG, FH) = c, \quad (B, D, FH, EG) = d,$$

nach welchen die Diagonalen des einbeschriebenen Vierecks von den Diagonalen des umschriebenen, und umgekehrt die letzteren von den ersteren geschnitten werden, das Viereckschnittsverhältniss

$$(AE:EB)(BF:FC)(CG:GD)(DH:HA)=x$$

zu finden, nach welchem die Seiten des umschriebenen Vierecks von den Spitzen des einbeschriebenen getheilt werden.

Aus den Gleichungen I) folgern wir:

$$\begin{gathered} gE+eG+e(1-g)D+g(1-e)B=0, \\ G+E-(1-e)A-(1-g)C=0, \\ hF+fH+h(1-f)C+f(1-h)A=0, \\ H+F-(1-f)B-(1-h)D=0, \end{gathered}$$

und hieraus die gegebenen Doppelschnittsverhältnisse in Werthen von $e, \ldots, h$:

$$(E, G, BD, AC)=a=\frac{e}{g}, \quad (F, H, AC, BD)=b=\frac{f}{h},$$

$$(A, C, EG, FH)=c=\frac{f(1-g)(1-h)}{h(1-e)(1-f)},$$

$$(B, D, FH, EG)=d=\frac{g(1-e)(1-h)}{e(1-f)(1-g)}.$$

Der Werth von x ergiebt sich unmittelbar aus den Gleichungen I):

$$x=1:efgh.$$

Mittelst der vier Gleichungen für $a, .., d$ sind nun umgekehrt die Werthe von $e, .., h$, durch $a, .., d$ ausgedrückt, zu suchen und hierauf in der Gleichung für x zu substituiren, welches nachstehende Rechnung giebt. Zuerst hat man:

$$\frac{abd}{c}=\left(\frac{1-e}{1-g}\right)^2=a^2\left(\frac{1-e}{a-e}\right)^2,$$

$$\frac{acd}{b}=\left(\frac{1-h}{1-f}\right)^2=\frac{1}{b^2}\left(\frac{b-f}{1-f}\right)^2;$$

mithin, wenn man zur Abkürzung a, b, c, d resp. $=\alpha^2, \beta^2, \gamma^2, \delta^2$ setzt:

$$\frac{\beta\delta}{\alpha\gamma}=\frac{1-e}{\alpha^2-e}, \quad \alpha\beta\gamma\delta=\frac{\beta^2-f}{1-f}.$$

Hieraus fliesst nun sogleich:

$$e=\frac{\alpha(\alpha\beta\delta-\gamma)}{\beta\delta-\alpha\gamma}, \quad f=\frac{\beta(\alpha\gamma\delta-\beta)}{\alpha\beta\gamma\delta-1},$$

$$g=\frac{e}{\alpha^2}=\frac{\alpha\beta\delta-\gamma}{\alpha(\beta\delta-\alpha\gamma)}, \quad h=\frac{f}{\beta^2}=\frac{\alpha\gamma\delta-\beta}{\beta(\alpha\beta\gamma\delta-1)};$$

und man bekommt, wenn man noch die Quadratwurzel von x mit ξ bezeichnet, folgendes Resultat:

$$\xi = \frac{(\beta\delta - \alpha\gamma)(\alpha\beta\gamma\delta - 1)}{(\alpha\beta\delta - \gamma)(\alpha\gamma\delta - \beta)}.$$

Die jetzt betrachtete Figur besteht eben so aus zwei in einander beschriebenen Vierecken, wie die vorherige (Fig. 53) aus zwei Dreiecken zusammengesetzt war. Es lässt sich daher erwarten, dass mit den sehr einfachen und merkwürdigen Relationen, welche wir bei den zwei in einander beschriebenen Dreiecken entdeckten, einige analoge Relationen auch bei der Figur der zwei Vierecke vorkommen werden. Um dieses näher zu untersuchen, folgere man aus den Gleichungen I):

$$efA - C + fE - F = 0, \quad fgB - D + gF - G = 0,$$
$$ghC - A + hG - H = 0, \quad heD - B + eH - E = 0.$$

Hiernach ist, wenn

$$EF \cdot AC \equiv I, \; FG \cdot BD \equiv K, \; GH \cdot AC \equiv L, \; HE \cdot BD \equiv M$$

gesetzt wird:

$$[a] \qquad (A, C, I, L) = (B, D, K, M) = 1 : efgh$$

$$[b] \quad (EI : IF)(FK : KG)(GL : LH)(HM : ME) = 1 : efgh.$$

Setzt man ferner

$$EF \cdot BD \equiv P, \quad FG \cdot CA \equiv Q, \quad GH \cdot DB \equiv R, \quad HE \cdot AC \equiv S,$$

so ist wegen $(1 - e + ef)B - eD + E + eF = 0$:

$$P = E + eF$$

und eben so

$$Q = F + fG, \quad R = G + gH, \quad S = H + hE,$$

folglich

$$[c] \quad (EP : PF)(FQ : QG)(GR : RH)(HS : SE) = efgh.$$

Endlich ist

$$(e - 1)gA + (1 - g)D + gE + G = 0,$$
$$(g - 1)eC + (1 - e)B + eG + E = 0,$$

und daher

$$[d] \qquad (E, G, AD, BC) = 1 : eg,$$

und eben so

$$[d] \qquad (F, H, AB, CD) = 1 : fh.$$

Alles dieses zusammengenommen bildet nun folgenden Satz:

Wird in ein ebenes Viereck ABCD ein anderes einbeschrieben, dessen Spitzen E, F, G, H resp. in die Seiten AB, BC, CD, DA des ersteren fallen, so haben gleiche Werthe mit einander:

20*

1) *das Viereckschnittsverhältniss* $[x]$, *nach welchem die Seiten des ersten oder umschriebenen Vierecks von den Spitzen des zweiten oder einbeschriebenen getheilt werden;*

2) *das Viereckschnittsverhältniss* $[b]$, *nach welchem die Seiten* $EF, \ldots$ *des zweiten Vierecks von den Diagonalen* AC, BD *des ersten abwechselnd geschnitten werden;*

3) *das Umgekehrte des Viereckschnittsverhältnisses* $[c]$, *nach welchem die Seiten* $EF, \ldots$ *des zweiten Vierecks von den Diagonalen* BD, AC *des ersten abwechselnd geschnitten werden;*

4) *jedes der zwei Doppelschnittsverhältnisse* $[a]$, *nach welchen die Diagonalen* AC, BD *des ersten Vierecks,* AC *von den Seiten* EF *und* GH, BD *von den Seiten* FG *und* HE *des zweiten Vierecks getheilt werden;*

5) *das Product aus den zwei Doppelschnittsverhältnissen* $[d]$, *nach welchen die Diagonalen* EG, FH *des zweiten Vierecks,* EG *von den Seiten* DA *und* BC, FH *von den Seiten* AB *und* CD *des ersten getheilt werden.*

---

§. 244. Es ist noch übrig, die Anwendung des abgekürzten Calculs auf Systeme von Puncten im Raume zu zeigen. Folgendes sind die hierzu dienenden Sätze, welche nach dem, was in den vorhergehenden §§. über Systeme in Geraden und Ebenen gesagt worden, von selbst verständlich sein werden.

a) Heissen die Puncte des Systems im Raume: A, B, C, D, E, F, G, ..., so setze man, A, B, C, D zu Fundamentalpuncten genommen:

$$A + B + C + D + E = 0,$$
$$\zeta A + \zeta' B + \zeta'' C + D + F = 0,$$
$$\eta A + \eta' B + \eta'' C + D + G = 0,$$

u. s. w.

Aus diesen Gleichungen kann man durch successive Elimination von A, B, C, D eine Gleichung zwischen je fünf anderen Puncten des Systems ableiten.

b) Soll der Punct R gefunden werden, in welchem eine Gerade durch die zwei Puncte I, K von einer Ebene durch die drei Puncte L, M, N des Systems geschnitten wird, so entwickle man die Gleichung zwischen den fünf Puncten I, K, L, M, N:

$$\iota I + \varkappa K + \lambda L + \mu M + \nu N = 0,$$

und man hat

$$R = \pm(\iota I + \varkappa K) = \mp(\lambda L + \mu M + \nu N).$$

c) Jede Gleichung zwischen drei Puncten allein, wie

$$R = \iota I + \varkappa K,$$

giebt zu erkennen, dass die drei Puncte R, I, K in einer Geraden liegen; und jede Gleichung bloss zwischen vier Puncten, wie

$$R + \lambda L + \mu M + \nu N = 0,$$

dass die vier Puncte R, L, M, N in einer Ebene enthalten sind.

d) Die Berechnung der Doppelschnitts- und recurrirenden Verhältnisse richtet sich hier nach denselben Regeln, wie bei Systemen in Geraden und Ebenen, nachdem man für jedes einfache Verhältniss die Gleichung zwischen den drei Puncten desselben hingestellt hat. Um den Werth eines Doppelschnittsverhältnisses von der Form: (I, K, LMN, POQ) zu berechnen, entwickelt man die Gleichungen zwischen I, K, L, M, N und I, K, O, P, Q:

$$\iota I + \varkappa K + \lambda L + \mu M + \nu N = 0,$$
$$\iota' I + \varkappa' K + o O + \pi P + \varrho Q = 0,$$

und schliesst hieraus unmittelbar

$$(I, K, LMN, OPQ) = \iota'\varkappa : \varkappa\iota'.$$

e) Die Anzahl der Coefficienten ζ, ζ', ... bei den Gleichungen in *a*) beträgt $3(n-5)$, nämlich drei für jeden der $n-5$ Puncte F, G, H, ... Sind daher bei einem Systeme von n Puncten im Raume $3n-15$ von einander unabhängige Doppelschnitts- oder Vieleckschnittsverhältnisse gegeben, und drückt man dieselben, so wie ein $(3n-14)$tes gesuchtes, durch die $3n-15$ Coefficienten aus, so wird die Elimination dieser letzteren aus den damit entstehenden $3n-14$ Gleichungen das verlangte Resultat herbeiführen.

f) Aus den Gleichungen

$$A + B + C + D + E = 0,$$
$$\zeta A + \zeta' B + \zeta'' C + D + F = 0,$$

etc. folgt:

$$\zeta = (A, D, BCE, BCF), \quad \zeta' = (B, D, ACE, ACF),$$
$$\zeta'' = (C, D, ABE, ABF),$$

etc. Jeder der Coefficienten ζ, ζ', ζ'', η, ... ist daher zugleich der Werth eines Doppelschnittsverhältnisses. Vergl. §. 225, 4.

Liegt F in der Ebene ABD, so ist $\zeta'' = 0$; liegt F in der Geraden AD, so sind ζ' und $\zeta'' = 0$. Mit der Bedingung, dass vier Puncte des Systems in einer Ebene, oder drei Puncte in einer Geraden liegen, sind daher ein oder zwei Doppelschnittsverhältnisse als gegeben anzusehen.

§. 245. Beispiel. In der dreiseitigen Pyramide $ABCD$ (Fig. 55) werden die gegenüberstehenden Seiten AC, BD von der Geraden EF in den Puncten E, F, und die gegenüberstehenden Seiten BC, AD von der Geraden GH in den Puncten G und H geschnitten.

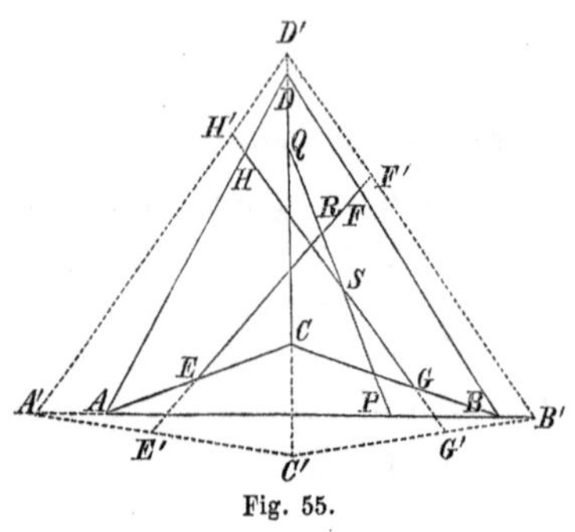

Fig. 55.

Um dieses System von Puncten in Gleichungen zu setzen, denke man sich durch A, G, H eine Ebene gelegt, welche die Gerade EF im Puncte M schneide. Alsdann liegen in einer Ebene die Puncte B, D, F, E, M; in einer zweiten Ebene die Puncte A, C, E, F, M; in einer dritten die Puncte A, D, H, G, M; und der Durchschnitt der ersten dieser drei Ebenen, BDM, mit AC ist E; der zweiten ACM mit BD ist F; der dritten ADM mit BC ist G. Sei daher für A, B, C, D als Fundamentalpuncte:

$$A + B + C + D + M = 0,$$

so folgt

$$1) \qquad A + C = -(B + D + M) = E,$$

$$2) \qquad B + D = -(A + C + M) = F,$$

$$3) \qquad B + C = -(A + D + M) = G.$$

Sei endlich für H, als einem in AD liegenden und von den übrigen unabhängigen Punct:

$$4) \qquad aA + D = H.$$

Alle aus diesem Systeme von acht Puncten entspringenden Doppelschnitts- und Vieleckschnittsverhältnisse werden daher Functionen der einzigen Grösse a sein, und es wird folglich schon zwischen je zweien dieser Verhältnisse eine Relation bestehen. — Dasselbe ergiebt sich auch folgenderweise. Bei einem Systeme von 8 Puncten müssen $3 \,.\, 8 - 15 = 9$ Doppelschnittsverhältnisse gegeben sein. Mit der Bedingung aber, dass die 4 Puncte E, F, G, H resp. in den Geraden AC, etc. liegen sollen, sind eben so viel Paare von Doppelschnittsverhältnissen schon als gegeben zu betrachten, also nur $9 - 2 \,.\, 4 = 1$ noch zu wissen übrig, um jedes andere bestimmen zu können.

Werde nun verlangt, *eine Gerade zu ziehen, welche die vier Geraden* AB, CD, EF, GH *insgesammt schneidet.*

Man bewege eine Gerade dergestalt, dass sie fortwährend die drei ersten gegebenen Geraden, AB, CD, EF, schneidet, und somit ein hyperbolisches Hyperboloid erzeugt (§. 111). Wird nun von dieser Fläche die vierte Gerade GH geschnitten, welches dann in zwei Puncten geschieht, so wird die bewegte Gerade in jeder der beiden Lagen, wo sie durch den einen oder anderen dieser Durchschnittspuncte geht, die vier gegebenen Geraden zugleich treffen, und mithin die verlangte sein. — Man erkennt hierdurch schon im Voraus, dass die Lösung der vorgelegten Aufgabe zu einer quadratischen Gleichung führen muss.

In der That, treffe die gesuchte Gerade die EF und GH in den Puncten:

$$R = rE + F = rA + B + rC + D,$$
$$S = sG + H = aA + sB + sC + D.$$

Sie treffe ferner die Geraden AB und CD in den Puncten:

$$P = pR + S = (pr + a)A + (p + s)B + (pr + s)C + (p + 1)D,$$
$$Q = qR + S = (qr + a)A + (q + s)B + (qr + s)C + (q + 1)D.$$

Da nun P in AB und Q in CD liegen soll, so hat man die Gleichungen:

$$pr + s = 0, \quad p + 1 = 0, \quad qr + a = 0, \quad q + s = 0,$$

welche aufgelöst:

$$p = -1, \quad -q = r = s = \sqrt{a},$$

geben.

Hierdurch wird

$$5) \quad R = \sqrt{a}E + F,$$
$$6) \quad S = \sqrt{a}G + H,$$
$$7) \quad P = -R + S = -(1 - \sqrt{a})(\sqrt{a}A + B),$$
$$8) \quad Q = -\sqrt{a}R + S = +(1 - \sqrt{a})(\sqrt{a}C + D).$$

Aus diesen Gleichungen 1), ..., 8) lassen sich alle in der Figur vorkommenden Vieleckschnittsverhältnisse in Werthen von a berechnen. Wir heben darunter folgende, als der Einheit selbst gleiche, aus:

$$(AP : PB)(BF : FD)(DQ : QC)(CE : EA) = 1,$$
$$(AP : PB)(BG : GC)(CQ : QD)(DH : HA) = 1,$$
$$(ER : RF)(FD : DB)(BP : PA)(AC : CE) = 1,$$
$$(ER : RF)(FB : BD)(DQ : QC)(CA : AE) = 1,$$
$$(GS : SH)(HD : DA)(AP : PB)(BC : CG) = 1,$$
$$(GS : SH)(HA : AD)(DQ : QC)(CB : BG) = 1.$$

Schon mittelst der beiden ersten dieser Formeln lässt sich nun unsere Aufgabe vollkommen lösen. Denn es ergeben sich daraus die Verhältnisse:

$$AP : PB = \sqrt{(AE : EC)(CG : GB)(AH : HD)(DF : FB)},$$

$$CQ : QD = \sqrt{(CG : GB)(BF : FD)(CE : EA)(AH : HD)},$$

und hiermit die zwei in der gesuchten Geraden liegenden Puncte P und Q. Zugleich sieht man aus diesen Formeln, dass die Lösung nur dann, und dann immer, möglich ist, wenn die zwei Producte

$$(BF : FD)(CE : EA) \text{ und } (BG : GC)(DH : HA)$$

einerlei Zeichen haben, dass ferner, je nachdem das gemeinschaftliche Zeichen derselben das positive oder negative ist, die Verhältnisse $AP : PB$ und $CQ : QD$ mit einerlei oder verschiedenen Zeichen zu behaften sind*), und dass es endlich, wie schon die Wurzelgrösse $\sqrt{a}$ andeutet, bei möglicher Lösung immer zwei Linien giebt, welche der Aufgabe Genüge leisten.

Die Puncte R und S, welche nach Ziehung der Geraden PQ sich als Durchschnitte derselben mit EF und GH ergeben, können auch ohne dieses durch die Verhältnisse $ER : RF$ und $GS : SH$ bestimmt werden, deren Werthe sich aus den voranstehenden Formeln ebenfalls leicht finden lassen.

Was noch die gegenseitige Beziehung der zwei, die Aufgabe lösenden, Linien anlangt, so erhellet, dass, wenn P', Q', R', S' die Puncte heissen, in denen die zweite Linie die Geraden AB, CD, EF, GH schneidet, wegen des Wurzelzeichens die Werthe der Verhältnisse $AP : PB$ und $AP' : P'B$, $CQ : QD$ und $CQ' : Q'D$ etc. paarweise einander gleich, aber entgegengesetzt sind, oder, was dasselbe ausdrückt, dass

$$(A, B, P, P') = (C, D, Q, Q') = (E, F, R, R') = (G, H, S, S') = -1;$$

d. i. jede der vier gegebenen Geraden AB, CD, EF, GH wird von den zwei gesuchten harmonisch getheilt.

So wie endlich

$$P = -R + S, \quad Q = -\sqrt{a}R + S,$$

eben so ist

$$P' = -R' + S', \quad Q' = +\sqrt{a}R' + S',$$

und folglich:

$$(P, Q, R, S) = -(P', Q', R', S') = \sqrt{a}.$$

---

*) Die hieraus fliessenden Bedingungen für die Lage der Puncte E, F, G, H in den Linien AC, BD, ..., so wie die hieraus folgende Lage von P und Q in AB und CD, wird man sich leicht selbst entwickeln.

§. 246. Von den vier Geraden AB, CD, EF, GH, welche im vorigen §. mit einer einzigen Geraden geschnitten werden sollten, waren die beiden ersten ein Paar gegenüberstehender Seiten einer dreiseitigen Pyramide, während die dritte und vierte die beiden anderen Paare gegenüberstehender Seiten der Pyramide durchschnitten. Es kann nun hierbei noch die Frage aufgeworfen werden, ob nicht jedwede vier Gerade, von denen keine zwei in einer Ebene liegen, auf die eben besagte Weise sich auf einander beziehen lassen, ob also nicht durch die Rechnung des vorigen §. die Aufgabe, eine Gerade zu finden, welche vier andere gegebene schneidet, ganz allgemein gelöst sei.

Um dieses näher zu untersuchen, mögen AB, CD, EF, GH (Fig. 55) irgend vier gerade Linien in dem Raume vorstellen. Man lege durch AB und einen beliebig gewählten Punct C der Geraden CD eine Ebene, welche EF in E und GH in G schneide, und ziehe CE und CG, welche AB resp. in A und B treffen. Man lege ferner durch B und CD eine Ebene, welche der EF in F begegne, ziehe BF, welche CD in D schneide, und ziehe AD. — Im Allgemeinen wird es nun zwar nicht der Fall sein, dass AD, wie erfordert wird, auch durch GH geht. Weil aber der Punct C willkürlich in CD genommen worden ist, und man durch eine andere Annahme von C auch A und D in den Linien AB und CD an anderen Orten erhält, so scheint es allerdings, als ob C so gewählt werden könne, dass AD zugleich die GH schneide. Indessen geschieht dieses im Allgemeinen keineswegs; vielmehr soll sogleich gezeigt werden, dass, wenn für eine gewisse Annahme von C, AD und GH sich schneiden, dasselbe auch für jedes anders gewählte C erfolgt, dass mithin, wenn für ein gewisses C der Durchschnitt von AD und GH nicht erfolgt, derselbe auch für kein anderes C stattfindet; dass folglich die Lage der vier Linien AB, CD, ... im vorigen §. nur eine specielle ist.

Dieses kann man auch schon aus der oben gefundenen Gleichung:

$$(P, Q, R, S) = -(P', Q', R', S')$$

folgern. — Man nehme zwei Gerade p und p', welche nicht in einer Ebene liegen, und in jeder derselben vier Puncte nach Belieben: P, Q, R, S in p; P', ..., S' in p'. Man ziehe hierauf die vier Geraden: PP', QQ', RR', SS'. Wird nun umgekehrt eine Gerade verlangt, welche diese vier Geraden zugleich schneidet, so wird dieser Forderung jede der beiden Geraden p und p', und keine andere, Genüge leisten. (Denn die hierzu oben gegebene geometrische Auflösung vermittelst des Hyperboloids beschränkt sich nicht auf eine specielle Lage der vier Linien, und die Antwort muss folglich jederzeit von quadratischer Beschaffenheit sein.) Die vier gegebenen Geraden PP', QQ', ...

können daher von den gesuchten in keinen anderen Puncten, als in den vorhin von einander ganz unabhängig genommenen $P, \ldots, S$ und $P', \ldots, S'$ getroffen werden. Die obige Gleichheit der Doppelschnittsverhältnisse zwischen diesen Puncten giebt folglich eine specielle Lage der vier Linien $AB, \ldots, GH$ zu erkennen.

In der Pyramide $ABCD$ werden die gegenüberstehenden Seiten AC, BD von der Geraden EF in E, F, und die gegenüberstehenden Seiten BC, AD von der Geraden GH in G, H getroffen. Wird nun eine zweite Pyramide $A'B'C'D'$ construirt, dergestalt, dass die Seite $A'B'$ mit AB und die Seite $C'D'$ mit CD in derselben Geraden liegt, und dass $A'C'$ und $B'D'$ von EF, und $B'C'$ von GH geschnitten werden, so wird GH auch der $A'D'$ begegnen.

Beweis. Die Construction der zweiten Pyramide $A'B'C'D'$ ist folgende. Man nehme in CD beliebig die Spitze C'; alsdann schneidet eine Ebene durch C' und EF die AB in A', eine zweite Ebene durch C' und GH die AB in B', eine dritte Ebene durch B' und EF die CD in D'; und es ist jetzt noch zu erweisen, dass eine vierte Ebene durch A' und GH die CD ebenfalls in D' trifft. — Sei wie vorhin

$$E = A + C, \quad F = B + D, \quad G = B + C, \quad H = aA + D,$$

und überdies

$$C' = cC + D.$$

Hieraus folgt:

$$cE + F - C' = cA + B = A',$$
$$cG + H - C' = aA + cB = B';$$

und daraus weiter:

$$aE + cF - B' = aC + cD = D',$$
$$aG + cH - aA' = aC + cD.$$

Mithin wird CD von den Ebenen EFB' und GHA' in einem und demselben Puncte

$$D' = aC + cD$$

geschnitten, wie zu erweisen war.

Noch sind bei dieser Figur folgende Relationen zwischen Doppelschnittsverhältnissen zu bemerken. Man setze, den bisherigen Bezeichnungen analog:

$$A'C' \cdot EF \equiv E', \quad B'D' \cdot EF \equiv F',$$
$$B'C' \cdot GH \equiv G', \quad A'D' \cdot GH \equiv H',$$

und man hat vermöge der vorigen Gleichungen:

$$E' = cE + F, \quad G' = cG + H,$$
$$F' = aE + cF, \quad H' = aG + cH,$$

und aus diesen allen:

$$(A, B, A', B') = (C, D, C', D') = (E, F, E', F') = (G, H, G', H') = \frac{a}{c^2}\,.$$

Schlussbemerkungen.

§. 247. So wie jede der bisher erklärten fünf Verwandtschaften zu einer besonderen Art geometrischer Aufgaben führt, eben so kann auch umgekehrt jede Aufgabe der niederen Geometrie, wo aus gewissen, in hinreichender Anzahl gegebenen Stücken eines Systems von Puncten, Geraden, oder Ebenen, andere Stücke des Systems gefunden werden sollen, aus einer der fünf Verwandtschaften entsprungen, angesehen werden. Sind nämlich die gegebenen Stücke von der Anzahl und Beschaffenheit, dass damit ein dem System, zu welchem sie gehören, gleiches und ähnliches, oder bloss ähnliches, u. s. w. construirt werden kann, so wird man die Aufgabe zu der Verwandtschaft der Gleichheit und Aehnlichkeit, der Aehnlichkeit allein, u. s. w. zu rechnen haben. Alle Aufgaben der genannten Art lassen sich daher in fünf Classen theilen.

Folgende Tafel giebt eine Uebersicht hiervon, und damit zugleich von den Hauptsätzen, welche in diesem Abschnitte gefunden worden sind. Zur linken Hand stehen die fünf Arten von Verwandtschaften, aus denen die Aufgaben ihren Ursprung nehmen. Die drei darauf folgenden mit I), II), III) bezeichneten Columnen enthalten die Anzahl der von einander unabhängigen Stücke, welche bei einem Systeme von n Puncten in einer Geraden, oder in einer Ebene, oder im Raume gegeben sein müssen, um daraus die übrigen finden zu können. Zur rechten Seite dieser Columnen ist die Beschaffenheit der gegebenen und gesuchten Stücke bemerkt. Bei den aus der Gleichheit und Aehnlichkeit entspringenden Aufgaben ist diese Angabe weggelassen, weil aus der Anzahl der Stücke und der Bedingung ihrer gegenseitigen Unabhängigkeit die Beschaffenheit, wenigstens die negative, schon erkannt wird. (Bei n Puncten in einer Ebene z. B. kann zwischen $2n-3$ Stücken, welche bloss Verhältnisse sind, keine Unabhängigkeit stattfinden.) Eben so ist es bei den Aufgaben, welchen die Aehnlichkeit zum Grunde liegt, hinreichend, zu wissen, dass die gegebenen Stücke nicht räumliche Grössen selbst, sondern nur Verhältnisse zwischen denselben sein dürfen. Dass man aber zu diesen Verhältnissen nicht bloss

Verhältnisse zwischen den Theilen des jedesmaligen Raums (Raumtheilen), in welchem die Figur enthalten ist (§. 154 zu Ende), oder nicht bloss Vieleckschnittsverhältnisse nehmen darf, fliesst schon aus der Anzahl und der geforderten Unabhängigkeit der gegebenen Stücke, und war daher ebenfalls nicht nöthig zu bemerken. (So können $2n-4$ Doppelschnittsverhältnisse bei n Puncten in einer Ebene nicht von einander unabhängig sein.)

	I.	II.	III.	
Gleichheit und Aehnlichkeit	$n-1$	$2n-3$	$3n-6$	
Aehnlichkeit	$n-2$	$2n-4$	$3n-7$	Verhältnisse.
Gleichheit	$n-1$	$2n-5$	$3n-11$	Raumtheile.
Affinität	$n-2$	$2n-6$	$3n-12$	Verhältnisse zwischen Raumtheilen.
Collineationsverwandtschaft	$n-3$	$2n-8$	$3n-15$	Vieleckschnittsverhältnisse.

§. 248. Eine Aufgabe ist als gelöst zu betrachten, wenn zwischen den gegebenen Stücken und dem gesuchten eine Relation oder Gleichung gefunden worden ist. Man kann hierdurch veranlasst werden, auch diese Relationen und die Eigenschaften der Figuren überhaupt in fünf Classen zu theilen, so dass nämlich eine Eigenschaft in die Classe, welche z. B. aus der Affinität entspringt, zu setzen wäre, wenn die Figur diese Eigenschaft mit allen ihr affinen Figuren, als solchen, gemein hätte. Da aber die Relationen zwischen den Theilen einer Figur nicht von der absoluten Grösse, sondern bloss von dem gegenseitigen Verhältniss der Theile abhängen, so kommt jede bei einer gewissen Figur stattfindende Relation immer auch jeder anderen Figur zu, welche der ersteren ähnlich ist. Hiernach würden die beiden ersten Classen von Relationen, welche aus der Gleichheit und Aehnlichkeit allein ihren Ursprung nehmen, in eine zusammengehen, so wie auch die beiden folgenden Classen, denen die Gleichheit und die Affinität zum Grunde liegt (§. 163, *b*); oder vielmehr, man kann nur drei Classen von Eigenschaften der Figuren aufstellen: die erste geht hervor aus der Aehnlichkeit, die zweite aus der Affinität, und die dritte aus der Verwandtschaft der Collineation. Da ferner ähnliche Figuren zugleich affin, und affine Figuren zugleich collinear verwandt sind, so werden wir, um nicht die eine Classe in der anderen eingeschlossen zu erhalten, auf folgende Weise diese Classen zu unterscheiden haben.

Eine Eigenschaft der dritten Classe findet zwischen solchen Verhältnissen und Bedingungen statt, welche die Figur mit einer anderen gemein haben muss, wenn sie dieser anderen collinear verwandt heissen soll. (Doppelschnitts- und Vieleckschnittsverhältnisse und alle dadurch ausdrückbaren Bedingungen.)

Eine Eigenschaft ist zur zweiten Classe zu rechnen, wenn sie zwischen Verhältnissen einer Figur besteht, die in allen affinen, nicht aber zugleich in bloss collinear verwandten, Figuren dieselben Werthe haben. (Verhältnisse zwischen Abschnitten einer Geraden, zwischen Theilen einer Ebene, zwischen Theilen des Raums, die sich nicht zu Vieleckschnittsverhältnissen zusammensetzen lassen*).

Alle übrigen Eigenschaften, bei welchen daher Verhältnisse vorkommen, die nur ähnliche, nicht aber zugleich affine Figuren mit einander gemein haben, bilden die erste Classe. (Verhältnisse zwischen Abschnitten verschiedener Geraden, zwischen Theilen verschiedener Ebenen, Winkel, als Functionen solcher Verhältnisse.)

Ganz übereinstimmend mit dieser Classificirung ist folgende, wobei die zur Entwickelung der Eigenschaften dienenden Hülfsmittel zum Eintheilungsgrunde genommen sind. — Jede Eigenschaft, welche sich mittelst des abgekürzten barycentrischen Calculs finden lässt, gehört zur dritten Classe. Die Eigenschaften, welche mit Hülfe des barycentrischen Calculs selbst und nicht zugleich mittelst des abgekürzten gefunden werden können, begründen die zweite Classe. Die Eigenschaften endlich, welche nicht durch den barycentrischen Calcul selbst und folglich auch nicht durch den abgekürzten erweislich sind, sondern wozu die Lehre von den Winkeln (der pythagorische Lehrsatz, trigonometrische Formeln, u. s. w.) unumgänglich erfordert wird, machen die erste Classe aus**).

Diese Eintheilung der Eigenschaften in Classen ist aber nicht bloss auf Systeme von Geraden und Ebenen beschränkt, sondern kann auch auf krumme Linien und Flächen ausgedehnt werden. Im Allgemeinen ist hiervon zu merken, dass in das Wesen des Krummen

---

*) Z. B. die Relation in §. 160 (Fig. 32):

$$\frac{A'D}{A'A}+\frac{B'D}{B'B}=\frac{DC}{C'C}.$$

**) Auszunehmen sind hiervon die Proportionen in §. 18, *b* und §. 20, *b*, *c*, welche die Grundlage des barycentrischen Calculs bilden, und zu deren Beweis die Lehre von den Winkeln gleichwohl nicht entbehrt werden kann.

selbst die Eigenschaften der zweiten Classe weniger eingehen, als die der ersten, und die der dritten Classe noch weniger, als die der zweiten. Denn der nicht abgekürzte barycentrische Calcul kann mit Hülfe der Analysis des Unendlichen bloss Probleme der Quadratur*) und Kubatur behandeln. Rectificiren und Applaniren aber ist ohne Betrachtung von Winkeln unmöglich. Für den abgekürzten Calcul bleiben in dieser Hinsicht nur die Berührungen und die verschiedenen Ordnungen derselben zu untersuchen übrig, ausgenommen die Berührungen in unendlicher Entfernung oder die Lehre von den Asymptoten, welche noch Gegenstand des nicht abgekürzten Calculs sein kann. Die Verschiedenheit der Krümmung aber, und folglich die Grösse des Krümmungshalbmessers, kann nur mit Zuziehung von Winkeln untersucht werden und gehört daher zu den Gegenständen der ersten Classe.

Was insbesondere die Eigenschaften der Linien der zweiten Ordnung anlangt, mit denen wir uns, den barycentrischen Calcul zu Hülfe nehmend, sogleich näher beschäftigen werden, so gehören der ersten Classe eigenthümlich an, und können folglich hier nicht in Betracht kommen: der Unterschied zwischen Kreis und Ellipse, zwischen gleichseitiger und ungleichseitiger Hyperbel, die Lehre von den Hauptaxen und den Brennpuncten. Von der dritten Classe bleiben ausgeschlossen, können aber noch in der zweiten behandelt werden: der Unterschied zwischen den drei Arten der Kegelschnitte, die Lehren vom Mittelpuncte, von den conjugirten Diametern und den Asymptoten. Die Eigenschaften der dritten Classe finden für alle drei Arten von Kegelschnitten zugleich statt und betreffen hauptsächlich merkwürdige Doppelschnittsverhältnisse bei sehr einfachen, weder durch Winkel noch Parallelismus bedingten, Verbindungen gerader Linien mit Kegelschnitten, merkwürdige Lagen der durch solche Verbindungen bestimmte Puncte, u. dergl. m.

---

*) Ist $pA + qB + rC$ der Ausdruck einer ebenen Curve, so findet sich, den Inhalt des Fundamentaldreiecks $ABC = 1$ gesetzt, das Flächenelement, welches von einem Elemente der Curve und von den zwei, von A an die Endpuncte dieses Elements gezogenen, Geraden begrenzt wird,

$$= \frac{q\,\mathrm{d}r - r\,\mathrm{d}q}{(p+q+r)^2}.$$

Dritter Abschnitt.

Anwendung des barycentrischen Calculs auf die Entwickelung mehrerer Eigenschaften der Kegelschnitte.

Erstes Capitel.

Bestimmung eines Kegelschnitts durch gegebene Puncte.

§. 249. Der allgemeine Ausdruck eines durch die drei Fundamentalpuncte A, B, C beschriebenen Kegelschnitts ist (§. 64, 1):

$$a(v-\beta)(v-\gamma)A+b(v-\gamma)(v-\alpha)B+c(v-\alpha)(v-\beta)C.$$

Es kann aber dieser Ausdruck bedeutend vereinfacht werden. Weil nämlich ein Kegelschnitt durch fünf Puncte bestimmt ist, und gegenwärtiger schon durch die drei Fundamentalpuncte geht, folglich zu seiner völligen Bestimmung nur noch zwei gegebener Puncte bedarf, so müssen sich die sechs in dem Ausdrucke vorkommenden Constanten bis auf zwei vermindern lassen. Dieses kann folgendergestalt geschehen. — Man dividire den Ausdruck durch $(v-\gamma)(v-\alpha)$, so wird er:

$$a\frac{v-\beta}{v-\alpha}A+bB+c\frac{v-\beta}{v-\gamma}C.$$

Nun hat man die identische Gleichung:

$$(\beta-\gamma)(v-\alpha)+(\gamma-\alpha)(v-\beta)+(\alpha-\beta)(v-\gamma)=0.$$

Setzt man daher:

$$\frac{\alpha-\beta}{\gamma-\alpha}\cdot\frac{v-\gamma}{v-\beta}=-x,$$

so wird

$$\frac{\beta-\gamma}{\gamma-\alpha}\cdot\frac{v-\alpha}{v-\beta}=-1+x.$$

Hiermit in dem Ausdrucke statt v die Grösse x als Veränderliche eingeführt, erhält man:

$$\frac{a(\beta-\gamma)}{(\gamma-\alpha)(1-x)}A-bB+\frac{c(\alpha-\beta)}{(\gamma-\alpha)x}C,$$

und wenn man die Constanten

$$a(\beta-\gamma)=f,\quad b(\gamma-\alpha)=g,\quad c(\alpha-\beta)=h$$

setzt:

I) $$\frac{f}{1-x}A-gB+\frac{h}{x}C,$$

oder

$$fxA-gx(1-x)B+h(1-x)C,$$

wo von den drei noch übrigen Constanten f, g, h die eine nach Belieben, z. B. gleich 1, genommen werden kann, welches wir aber, um die Symmetrie nicht zu stören, unterlassen wollen.

§. 250. Die Verhältnisse $f:g:h$ werden im Allgemeinen (bei der Ellipse und Hyperbel) bestimmt, wenn nächst den drei Fundamentalpuncten noch zwei andere Puncte gegeben sind, durch welche die Curve gehen soll. Sei der eine dieser Puncte

$$D\equiv aA+bB+cC,$$

so folgt durch Vergleichung seines Ausdrucks mit dem des Kegelschnitts I) (§. 24, a):

$$\frac{f}{1-x}:-g:\frac{h}{x}=a:b:c,$$

mithin

$$\frac{f}{a}:\frac{g}{b}:\frac{h}{c}=1-x:-1:x,$$

und daher

1) $$\frac{f}{a}+\frac{g}{b}+\frac{h}{c}=0,$$

die Bedingungsgleichung dafür, dass der Punct D in dem Kegelschnitte I) enthalten ist.

Sei der andere Punct, durch welchen der Kegelschnitt noch beschrieben werden soll,

$$E\equiv a'A+b'B+c'C,$$

so findet sich eben so

2) $$\frac{f}{a'}+\frac{g}{b'}+\frac{h}{c'}=0,$$

und durch Verbindung dieser Gleichung mit der vorigen:

$$f:g:h=\left(\frac{1}{bc'}-\frac{1}{b'c}\right):\left(\frac{1}{ca'}-\frac{1}{c'a}\right):\left(\frac{1}{ab'}-\frac{1}{a'b}\right)$$
$$=a(\beta-\gamma):b(\gamma-\alpha):c(\alpha-\beta),$$

wenn man

$$a'=\frac{a}{\alpha},\quad b'=\frac{b}{\beta},\quad c'=\frac{c}{\gamma}$$

zur Abkürzung setzt.

Der Ausdruck für den durch die fünf Puncte A, B, C, D, E beschriebenen Kegelschnitt ist mithin:

$$a(\beta-\gamma)xA - b(\gamma-\alpha)x(1-x)B + c(\alpha-\beta)(1-x)C.$$

Durch A geht die Curve für $x=1$, durch B für $x=\infty$, durch C für $x=0$, durch D für

$$x = -(\alpha-\beta):(\gamma-\alpha),$$

durch E für

$$x = -\gamma(\alpha-\beta):\beta(\gamma-\alpha).$$

Setzt man in diesem Ausdrucke

$$(\alpha-\beta):(\gamma-\alpha) = -m,$$

und folglich

$$(\beta-\gamma):(\gamma-\alpha) = -1+m,$$

so reducirt er sich auf

$$\text{II)}\quad a(1-m)xA + bx(1-x)B + cm(1-x)C,$$

welches, wenn m unbestimmt gelassen wird, der allgemeine Ausdruck für jeden Kegelschnitt ist, in welchem die vier Puncte A, B, C, D liegen. — Denselben erhält man auch schon, wenn man, zufolge der Gleichung 1),

$$\frac{f}{a} : \frac{g}{b} : \frac{h}{c} = 1-m : -1 : m$$

setzt, wodurch

$$f:g:h = a(1-m) : -b : cm$$

wird.

§. 251. Sei jetzt

$$D \equiv aA + bB + cC$$

irgend ein in der Ebene des Kegelschnitts I) befindlicher Punct, und durch denselben an den Kegelschnitt eine Tangente zu legen. — Der Ausdruck für die Tangente an I) in dem Puncte, für welchen $v = x'$ ist, findet sich nach §. 77:

$$\frac{f}{(1-x')^2}(1-x'+v)A - gB + \frac{h}{x'^2}(x'-v)C.$$

Soll nun diese Tangente, wie gefordert wird, durch den Punct $aA+bB+cC$ gehen, so muss sich verhalten:

$$\frac{f}{(1-x')^2}(1-x'+v) : -g : \frac{h}{x'^2}(x'-v) = a:b:c,$$

oder, wenn man einstweilen

$$\frac{a}{f} = i,\quad \frac{b}{g} = k,\quad \frac{c}{h} = l$$

setzt:

$$1-x'+v : -1 : x'-v = i(1-x')^2 : k : lx'^2.$$

Dies giebt:

$$i(1-x')^2+k+lx'^2=0,$$

die Gleichung, durch deren Auflösung man den Werth von x für den Berührungspunct erhält, und somit die Tangente ziehen kann. Es ist aber diese Gleichung nach x' geordnet:

$$(i+l)x'^2-2ix'+i+k=0,$$

und ihre zwei Wurzeln sind mithin möglich und verschieden, oder möglich und gleich, oder unmöglich, je nachdem

$$(i+l)(i+k)-i^2=kl+li+ik=\frac{a}{f}\frac{b}{g}\frac{c}{h}\left(\frac{f}{a}+\frac{g}{b}+\frac{h}{c}\right)$$

negativ, null, oder positiv ist. Im ersten Falle lassen sich von dem gegebenen Puncte an den Kegelschnitt zwei verschiedene Tangenten, in dem zweiten zwei identische, in dem dritten gar keine ziehen. Das Erste findet statt, wenn der Punct auf der erhabenen Seite, also ausserhalb des Kegelschnitts, liegt; das Zweite, wenn er ein Punct der Curve selbst ist; das Dritte ereignet sich, wenn er auf der hohlen Seite und mithin innerhalb des Kegelschnitts liegt. Wir ziehen hieraus die Folgerung:

Der Punct $aA+bB+cC$ liegt innerhalb oder ausserhalb des Kegelschnitts I), je nachdem die Summe der drei Quotienten $\frac{f}{a}$, $\frac{g}{b}$, $\frac{h}{c}$ mit dem Producte derselben einerlei oder verschiedene Zeichen hat. Ist aber diese Summe gleich 0, so liegt der Punct in dem Kegelschnitte selbst, wie schon in dem vorigen §. gefunden worden.

§. 252. Ein durch seinen Ausdruck gegebener Kegelschnitt ist eine Hyperbel, oder Ellipse, je nachdem die Coefficientensumme des Ausdrucks in zwei reelle Factoren zerlegbar ist, oder nicht. Sind die Factoren reell und gleich, so ist der Kegelschnitt eine Parabel. (§. 61 bis 63.)

Nun ist die Coefficientensumme des Ausdrucks I):

$$fx-gx(1-x)+h(1-x)=gx^2-(g+h-f)x+h,$$

und der Ausdruck gehört folglich einer Hyperbel, Parabel, oder Ellipse an, je nachdem

$$(g+h-f)^2-4gh=f^2+g^2+h^2-2(gh+hf+fg)$$

positiv, null, oder negativ ist.

Für die Parabel insbesondere wird daher erfordert:

$$g+h-f=2\sqrt{gh},$$

folglich

$$f = (\sqrt{g} - \sqrt{h})^2.$$

Der Ausdruck für eine Parabel, welche durch die drei Fundamentalpuncte geht, ist demnach:

$$(\sqrt{g} - \sqrt{h})^2 x A - g x (1 - x) B + h (1 - x) C,$$

oder einfacher, wenn man

$$\sqrt{\frac{h}{g}} = e$$

setzt:

$$(1 - e)^2 x A - x (1 - x) B + e^2 (1 - x) C,$$

wobei die Summe der Coefficienten $= (e - x)^2$.

§. 253. Weil in diesem Ausdrucke für die Parabel nur eine Constante noch zurück ist, *so ist eine Parabel schon durch vier Puncte vollkommen bestimmt.* Sei daher nächst A, B und C, der vierte Punct, durch den die Parabel geführt werden soll,

$$D \equiv aA + bB + cC,$$

so hat man zur Bestimmung von e die quadratische Gleichung (§. 250, 1):

$$\frac{(1 - e)^2}{a} + \frac{1}{b} + \frac{e^2}{c} = 0,$$

oder

$$(a + c) b e^2 - 2 b c e + (a + b) c = 0.$$

Es folgt hieraus, dass sich durch die vier Puncte A, B, C, D im Allgemeinen entweder zwei verschiedene Parabeln, oder gar keine beschreiben lassen, je nachdem nämlich die beiden Wurzeln dieser nach e aufgelösten Gleichung reell oder imaginär sind, je nachdem also die Grösse

$$b^2 c^2 - (a + b)(a + c) b c = - a b c (a + b + c) = a b c d,$$

wenn man

$$a + b + c + d = 0$$

setzt, einen positiven oder negativen Werth hat. Ist aber dieses Product positiv, so sind zwei seiner Factoren positiv, die beiden anderen negativ, und alsdann liegt jeder der vier Puncte A, B, C, D ausserhalb des von den drei übrigen gebildeten Dreiecks (§. 32, Zusatz). Ist hingegen das Product negativ, so hat der eine Factor das entgegengesetzte Zeichen von dem der drei übrigen, und der eine Punct, welchem dieser Factor als Coefficient zukommt, liegt innerhalb des Dreiecks, zu welchem die drei anderen Puncte die Spitzen abgeben. — Also:

Haben vier Puncte in einer Ebene eine solche Lage gegen einander, dass jeder derselben ausserhalb des Dreiecks, welches die drei anderen bilden, befindlich ist, so lassen sich durch sie zwei verschiedene Parabeln beschreiben. Liegt dagegen einer der vier Puncte innerhalb des von den drei anderen gebildeten Dreiecks, so kann durch sie keine Parabel beschrieben werden.

In dem vorhin nicht berührten Falle, wo das Product

$$abc(a+b+c)=0$$

wird, und die beiden Wurzeln der Gleichung einander gleich werden, gehen die zwei möglichen Parabeln in eine zusammen. Wird nämlich von den vier Factoren jenes Products einer der drei ersten, z. B. $a=0$, so fällt D in die Fundamentallinie BC. Wenn nun, vor dem wirklichen Einfallen, durch die vier Puncte zwei Parabeln construirbar waren, so wird jede dieser Parabeln, je näher D an BC rückt, sich desto mehr der Geraden BC und der durch A damit gezogenen Parallele nähern, bis dass, wenn D in BC selbst zu liegen kommt, jede Parabel in das System dieser zwei Parallelen übergeht.

Setzen wir zweitens den Factor

$$a+b+c=0,$$

so wird D ein unendlich entfernter Punct, und es erhellet, dass, je weiter sich D von A, B, C entfernt, doch so, dass immer zwei Parabeln zu construiren möglich bleiben, diese zwei Parabeln sich desto mehr aneinander schliessen werden, bis sie für ein unendlich entferntes D in eine zusammenfallen, welche nächst A, B, C noch durch die Richtung bestimmt wird, nach welcher D liegt, und welcher die Durchmesser der Parabel parallel sein müssen.

§. 254. Ziehen wir jetzt ausser den Parabeln noch die anderen Kegelschnitte in Betracht, welche durch die vier Puncte A, B, C, D beschrieben werden können. — Der allgemeine Ausdruck für diese Curven II) mit dem Ausdrucke I) verglichen, giebt

$$f=a(1-m),\quad g=-b,\quad h=cm,$$

oder

$$f=ap,\quad g=bq,\quad h=cr,$$

wenn man der Symmetrie willen die Verhältnisszahlen

$$1-m=p,\quad -1=q,\quad m=r$$

setzt, wo daher

$$p+q+r=0.$$

Hierdurch verwandelt sich die Formel

$$f^2+g^2+h^2-2gh-2hf-2fg$$

(§. 252) in

$$a^2p^2+b^2q^2+c^2r^2-2bcqr-2carp-2abpq.$$

Weil man aber, wegen

$$p+q+r=0,$$

die Coefficienten von a^2, b^2, c^2:

$$p^2 = -rp - pq, \quad q^2 = -pq - qr, \quad r^2 = -qr - rp$$

setzen kann, so zieht sich die Formel zusammen in:

$$-(b+c)^2 qr - (c+a)^2 rp - (a+b)^2 pq,$$

und wird, wenn man wieder m einführt:

$$(b+c)^2 m - (c+a)^2 m(1-m) + (a+b)^2 (1-m).$$

Der durch die vier Puncte A, B, C und $aA + bB + cC$ beschriebene Kegelschnitt II) ist also eine Hyperbel, Parabel, oder Ellipse (§. 252), je nachdem die letzterhaltene Formel

$$f^2 + \ldots - 2gh - \ldots$$

positiv, null, oder negativ ist. Soll aber diese Function von m, die wir in dem Folgenden mit M bezeichnen wollen, null werden können, soll es also möglich sein, durch die vier Puncte Parabeln zu beschreiben, so muss M, nach m aufgelöst, in zwei reelle Factoren zerlegbar sein. Hierzu wird erfordert (vergl. §. 252), dass, wenn man

$$b + c = i, \quad c + a = k, \quad a + b = l$$

setzt,

$$\begin{aligned} &i^4 + k^4 + l^4 - 2k^2l^2 - 2l^2i^2 - 2i^2k^2 \\ &= -(-i+k+l)(i-k+l)(i+k-l)(i+k+l) \\ &= -16abc(a+b+c) = 16abcd \end{aligned}$$

eine positive Grösse sei, was wir auch schon im vorigen §. als Kennzeichen für die Parabel gefunden haben. Zugleich aber erhellet, dass alsdann M für zwei verschiedene Werthe von m null, und daher für andere Werthe von m bald positiv bald negativ wird. Ist dagegen $abcd$ negativ, so kann M niemals null werden, sondern behält für jeden Werth von m ein und dasselbe Zeichen, und zwar das positive, weil es sich unter anderen für $m = 0$ auf $(a+b)^2$ reducirt. — Da nun einem positiven M die Hyperbel, einem negativen die Ellipse, und einem verschwindenden die Parabel zugehört; da ferner, nachdem $abcd$ positiv oder negativ ist, die vier Puncte A, .., D die eine oder die andere der zwei im Allgemeinen möglichen Lagen gegen einander haben (voriger §.): so ist das eben erhaltene Resultat, geometrisch ausgedrückt, folgendes:

Wenn von vier Puncten in einer Ebene jeder derselben ausserhalb des von den drei anderen gebildeten Dreiecks liegt, so lassen sich durch sie sowohl Ellipsen als Hyperbeln und zwei verschiedene Parabeln beschreiben. Liegt aber der eine innerhalb des von den drei anderen gebildeten Dreiecks, so können durch sie weder Ellipsen noch Parabeln, sondern bloss Hyperbeln geführt werden.

Heisse in dem Folgenden der Kürze willen die erstere Lage von vier Puncten die parabolische, und die letztere die hyperbolische.

§. 255. Wir wollen nunmehr die Untersuchung auf ein System von fünf Puncten A, B, C, D, E in einer Ebene ausdehnen, und aus der gegenseitigen Lage derselben die Art des einzigen durch sie bestimmten Kegelschnitts zu erforschen suchen. Hierzu schicken wir folgenden leicht erweislichen Satz voraus.

Hat man ein System von fünf Puncten in einer Ebene, von denen keine drei in einer Geraden liegen, so giebt es unter den fünf Quaternionen, welche sich, je vier dieser Puncte besonders genommen, bilden lassen, wenigstens eine, deren vier Puncte eine parabolische Lage zu einander haben.

Unter den fünf Puncten A, ..., E seien nun die vier ersten A, B, C, D (Fig. 56) die Puncte einer solchen Quaternion, und zwar so, dass die Geraden AC und BD sich innerhalb ihrer Endpuncte schneiden (§. 32, Zusatz). Man ziehe die vier Geraden AB, BC, CD, DA. Durch sie wird im Allgemeinen die Ebene in elf Theile zerlegt, von denen die vier, welche von aussen an die Seiten des Vierecks $ABCD$ grenzen, mit G, die übrigen sieben mit H bezeichnet worden sind. Liegt nun der fünfte Punct E in einem dieser letzteren Theile, so ist aus der Figur ersichtlich, dass es alsdann immer drei von den Puncten A, B, C, D giebt, mit denen sich E in hyperbolischer Lage befindet, dass also in diesem Falle durch die fünf Puncte immer eine Hyperbel bestimmt wird. Liegt aber der Punct E in einem der vier mit G benannten Theile, so sind sämmtliche fünf Quaternionen der fünf Puncte parabolisch, und es kann mithin, nach der jedesmaligen besonderen Lage des Punctes E in diesen Theilen, durch ihn und die vier übrigen bald eine Hyperbel, bald eine Ellipse, bald eine Parabel beschrieben werden, oder, wie wir uns kurz ausdrücken wollen: E ist alsdann bald hyperbolisch, bald elliptisch, bald parabolisch. Um zu bestimmen, wenn er das letztere ist, beschreibe man durch A, B, C, D die zwei möglichen Parabeln (Fig. 57), die also nur durch die

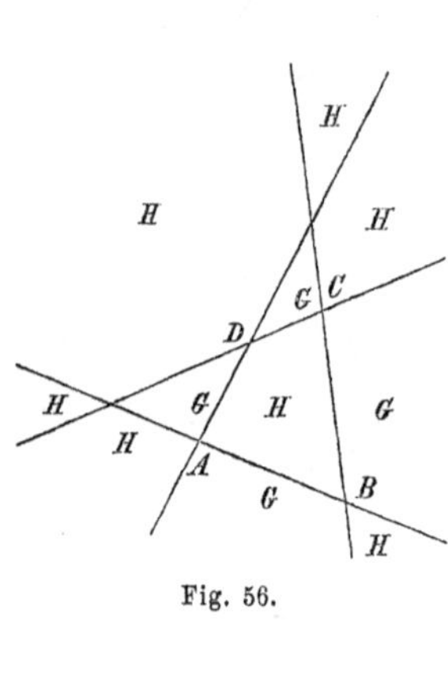

Fig. 56.

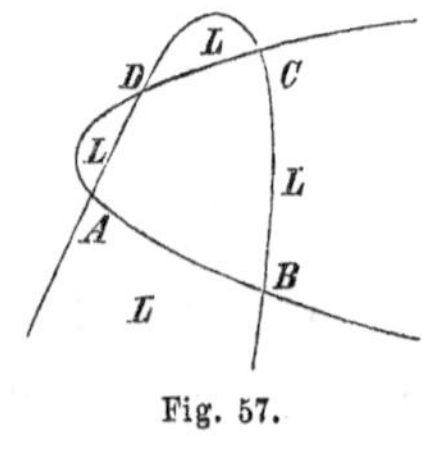

Fig. 57.

Räume G sich fortziehen können. Liegt nun der Punct E in einer dieser Parabeln selbst, so ist er parabolisch; liegt er nicht darin, so ist er es nicht, indem sonst durch A, B, C, D noch andere Parabeln müssten beschrieben werden können, welches nicht möglich ist.

Es wird aber durch diese zwei Parabeln die Ebene in sechs Räume abgesondert. Der eine ist das von den Parabelbögen AB, BC, CD, DA eingeschlossene Viereck und gehört beiden Parabelflächen gemeinschaftlich. Vier andere, welche in der Figur mit L bezeichnet sind und an die Seiten dieses Vierecks grenzen, liegen innerhalb der einen und ausserhalb der anderen Parabel. Ausserhalb beider Parabeln liegt der noch übrige sechste Raum. Ich behaupte nun, dass alle Puncte eines und desselben dieser Räume von einerlei Beschaffenheit sind, nämlich alle entweder hyperbolisch, oder alle elliptisch; und beweise dieses folgendergestalt.

Der Werth von m (§. 250 und §. 254) ist bekannt, sobald nächst den vier Puncten $A, \ldots, D$, die hierbei als fest betrachtet werden, noch der fünfte E gegeben ist. Jedem Orte von E entspricht daher ein gewisser Werth von m, und folglich auch von M, als einer Function von m. Liegt E in einer der Parabeln selbst, so ist $M = 0$, und umgekehrt. Denken wir uns nun den Punct E nach Belieben sich stetig fortbewegend, jedoch so, dass er dabei keiner der beiden Parabeln begegnet, und folglich in demjenigen der sechs Räume, in welchem er beim Anfange der Bewegung ist, fortwährend bleibt, so wird auch die Function M sich stetig ändern, aber nicht gleich Null werden, und folglich immerfort dasselbe Zeichen behalten*). Da aber, je nachdem M positiv oder negativ ist, die fünf Puncte in einer Hyperbel oder Ellipse liegen, und mithin der Punct E zu den hyperbolischen oder elliptischen gehört, so ist damit die Richtigkeit der obigen Behauptung dargethan.

Nun waren alle Puncte des geradlinigen Vierecks $ABCD$ hyperbolisch, mithin müssen es auch alle Puncte des mit den Parabelbögen begrenzten Vierecks sein; und eben so folgt, dass alle Puncte des sechsten, von den beiden Parabeln ausgeschlossenen, Raums hyperbolisch sind. Von den vier übrigen mit L bezeichneten Räumen

---

*) M ist eine quadratische Function von m, und kann daher nur durch 0, nicht auch durch ∞, aus dem Positiven in das Negative, und umgekehrt, übergehen. — Es wird $m = \infty$, und folglich $M = \infty^2$, für $a = \gamma$, d. i.

$$a : a' = c : c',$$

folglich, wenn E in die Gerade BD zu liegen kommt.

wird aber jeder bloss elliptische Puncte enthalten. Denn denkt man sich durch A, B, C, D eine Ellipse beschrieben, so kann diese nur in den Räumen L enthalten sein, wird aber durch jeden dieser Räume gehen, weil sie eine in sich zurücklaufende Linie ohne Spitzen ist. Folglich giebt es in jedem der Räume L eine Reihe elliptischer Puncte, folglich müssen alle Puncte eines jeden dieser vier Räume elliptisch sein.

Das Resultat unserer Untersuchung ist daher übersichtlich folgendes:

Aufgabe. In einer Ebene sind fünf Puncte gegeben, von denen keine drei in einer Geraden liegen. Die Art des Kegelschnitts zu bestimmen, welcher durch die fünf Puncte beschrieben werden kann.

*Auflösung. Unter den fünf Puncten lassen sich immer vier auswählen, von denen jeder ausserhalb des von den drei anderen gebildeten Dreiecks liegt. Es sei dieses geschehen, und man beschreibe durch solche vier Puncte zwei Parabeln, was immer möglich ist**). *Liegt nun der fünfte Punct in einer dieser Parabeln selbst, so ist diese Parabel der Kegelschnitt, welcher sich durch alle fünf Puncte beschreiben lässt. Liegt der Punct innerhalb beider Parabeln, oder ausserhalb beider, so ist der Kegelschnitt eine Hyperbel. Ist er dagegen innerhalb der einen und ausserhalb der anderen befindlich, so liegt er mit den vier übrigen in einer Ellipse.*

§. 256. Zusätze. *a*) Stellt man sich durch die vier Puncte A, B, C, D (Fig. 57) alle möglichen Kegelschnitte beschrieben vor, so wird durch jeden fünften Punct der Ebene einer derselben gehen, und folglich die Ebene mit Kegelschnitten ganz überdeckt sein. Weil ferner durch fünf Puncte ein Kegelschnitt vollkommen bestimmt ist, so werden sich je zwei derselben nur in den, ihnen allen gemeinschaftlichen, Puncten A, B, C, D schneiden; an jeder anderen Stelle der Ebene aber werden die zunächst liegenden Elemente dieser Curven einander parallel sein. Endlich werden in die vier Räume L bloss elliptische Bögen fallen, und die zwei übrigen bloss mit hyperbolischen Bögen angefüllt sein.

b) Durch vier Puncte einer Ebene, von denen der eine innerhalb der drei anderen liegt, lassen sich nur Hyperbeln beschreiben. Man denke sich ähnlicherweise durch solche vier Puncte alle nur

---

*) Sind die Geraden AB und CD (Fig. 57) einander parallel, so ist die Parabel $BADC$ dem System dieser Parallelen gleich zu achten; und wenn auch AD mit BC parallel ist, so hat man die vier ins Unendliche verlängerten Seiten des Parallelogramms $ABCD$ für die zwei Parabeln zu nehmen.

möglichen Hyperbeln beschrieben, so wird auch hiermit die ganze Ebene überzogen sein, und keine zwei derselben werden sich irgendwo anders, als in den vier Puncten schneiden.

c) Auf eine dritte Weise eine Ebene mit Kegelschnitten zu überziehen, welche sämmtlich durch vier Puncte der Ebene gehen, ist nicht möglich, weil vier Puncte einer Ebene im Allgemeinen nur eine der zwei in *a*) und *b*) angenommenen Lagen gegen einander haben können.

d) Da jede dieser beiden Lagen gleich gut möglich ist, und weil die Fläche einer sich in das Unendliche erstreckenden Parabel sich zu der unendlichen Ebene, in welcher sie liegt, wie eine endliche Grösse zu $\sqrt{\infty}$ verhält, *so kann man immer die Quadratwurzel aus dem Unendlichen gegen ein Endliches wetten, dass fünf in einer Ebene willkürlich genommene Puncte eher in einer Hyperbel, als in einer Ellipse liegen.*

§. 257. Die Bestimmungsweise der Art eines Kegelschnitts nach der jedesmaligen Lage des fünften Punctes gegen die zwei durch die vier ersten Puncte möglichen Parabeln lässt sich auch folgendergestalt bloss durch Calcul als richtig darthun.

Der Ausdruck für einen durch

$$A,\ B,\ C,\ D \equiv aA + bB + cC$$

gehenden Kegelschnitt ist (§. 250):

$$a(1-m)xA + bx(1-x)B + cm(1-x)C;$$

und ein solcher Kegelschnitt eine Parabel, wenn (§. 254):

$$M = (b+c)^2 m - (c+a)^2 m(1-m) + (a+b)^2(1-m) = 0.$$

Heissen demnach m' und m'' die beiden Wurzeln dieser nach m aufgelösten quadratischen Gleichung, so geben dieselben, im Ausdrucke des Kegelschnitts nach einander substituirt, die Ausdrücke der zwei durch A, B, C, D möglichen Parabeln selbst.

Der fünfte Punct

$$E \equiv a'A + b'B + c'C$$

liegt nun nach §. 251 innerhalb oder ausserhalb der einen Parabel, für welche $m = m'$, und mithin

$$f = a(1-m'),\quad g = -b,\quad h = cm'$$

ist, je nachdem

$$-\frac{a(1-m')}{a'}\cdot\frac{b}{b'}\cdot\frac{cm'}{c'}\left[\frac{a(1-m')}{a'} - \frac{b}{b'} + \frac{cm'}{c'}\right]$$
$$= -\alpha\beta\gamma(1-m')m'[\alpha - \beta + (\gamma - \alpha)m']$$

(§. 250) positiv oder negativ ist; und eben so innerhalb oder ausserhalb der anderen Parabel, für welche $m = m''$, je nachdem

$$-\alpha\beta\gamma(1-m'')m''[\alpha-\beta+(\gamma-\alpha)m'']$$

positiv oder negativ ist. E liegt folglich innerhalb beider Parabeln, oder ausserhalb beider, wenn

$$m'm''(1-m')(1-m'')[\alpha-\beta+(\gamma-\alpha)m'][\alpha-\beta+(\gamma-\alpha)m'']$$

positiv; dagegen innerhalb der einen und ausserhalb der anderen, wenn dieselbe Grösse negativ ist. Es fliesst aber aus der quadratischen Gleichung $M=0$, dass

$$m'm'' = \left(\frac{a+b}{c+a}\right)^2;$$

und eben so, wenn man m mit $1-m$, und a mit c gegenseitig vertauscht, als wodurch die Formel M unverändert bleibt:

$$(1-m')(1-m'') = \left(\frac{b+c}{c+a}\right)^2.$$

Mithin ist das Product $m'm''(1-m')(1-m'')$ immer positiv, und die eben gedachten zwei Bedingungen reduciren sich auf

$$[\alpha-\beta+(\gamma-\alpha)m'][\alpha-\beta+(\gamma-\alpha)m''] >, < 0.$$

Es sind ferner die Bedingungen, unter welchen ein durch A, B, C, D gehender Kegelschnitt eine Hyperbel oder Ellipse ist (§. 254):

$$M = (c+a)^2(m-m')(m-m'') >, < 0.$$

Mithin ist der durch A, B, C, D, E zu beschreibende Kegelschnitt, als für welchen nach §. 250

$$m = -\frac{\alpha-\beta}{\gamma-\alpha},$$

eine Hyperbel oder Ellipse, je nachdem

$$[\alpha-\beta+(\gamma-\alpha)m'][\alpha-\beta+(\gamma-\alpha)m''] > \text{ oder } < 0,$$

Bedingungen, welche mit den vorigen, die Lage von E gegen die zwei Parabeln betreffend, auf die erforderliche Weise übereinstimmen.

Zweites Capitel.

Bestimmung eines Kegelschnitts durch gegebene Tangenten.

---

§. 258. Der allgemeine Ausdruck für einen Kegelschnitt, der von den drei Fundamentallinien BC, CA, AB berührt wird, ist nach §. 64, 2:

$$a(v-\alpha)^2 A + b(v-\beta)^2 B + c(v-\gamma)^2 C.$$

Es lässt sich aber dieser Ausdruck auf ganz ähnliche Weise, wie der Ausdruck in §. 249, vereinfachen, indem man

$$v-\alpha=\frac{p}{\beta-\gamma},\quad v-\beta=\frac{q}{\gamma-\alpha},\quad v-\gamma=\frac{r}{\alpha-\beta},$$

und sodann

$$\frac{a}{(\beta-\gamma)^2}=i,\quad \frac{b}{(\gamma-\alpha)^2}=k,\quad \frac{c}{(\alpha-\beta)^2}=l$$

setzt. Hierdurch wird der Ausdruck

$$ip^2 A + kq^2 B + lr^2 C,$$

und wenn man noch, wegen

$$p+q+r=0,$$

die Verhältnisse

$$p:q:r=1-y:-1:y$$

setzt:

$$\text{I)}\qquad i(1-y)^2 A + kB + ly^2 C.$$

§. 259. Die Summe der Coefficienten dieses Ausdrucks ist:

$$(i+l)y^2-2iy+i+k,$$

und mithin der Kegelschnitt eine Ellipse, Parabel, oder Hyperbel, nachdem (§. 252)

$$(i+l)(i+k)-i^2=kl+li+ik$$

positiv, null, oder negativ ist.

Um daher den allgemeinen Ausdruck für eine Parabel zu erhalten, welche die drei Fundamentalseiten berührt, setze man

$$kl:li:ik=\frac{1}{i}:\frac{1}{k}:\frac{1}{l}=1-e:-1:e,$$

mithin

$$i : k : l = e : -e(1-e) : 1-e,$$

und der Ausdruck wird

$$e(1-y)^2 A - e(1-e) B + (1-e) y^2 C,$$

wobei die Summe der Coefficienten $= (e-y)^2$.

§. 260. Die Berührungspuncte des Kegelschnitts I) mit den Seiten des Fundamentaldreiecks sind

$$kB + lC, \quad lC + iA, \quad iA + kB,$$

für $y = 1, \infty, 0$. Es folgt hieraus, wie schon in §. 64 bemerkt worden, *dass sich die drei Geraden, von den Spitzen eines um einen Kegelschnitt beschriebenen Dreiecks nach den Berührungspuncten in den gegenüberliegenden Seiten gezogen, in einem Puncte schneiden.* Diesem Puncte kommt hier der Ausdruck

$$iA + kB + lC$$

zu.

Da durch einen beliebig in der Ebene ABC gegebenen Punct

$$D \equiv iA + kB + lC$$

jedes der Verhältnisse $i : k : l$, und durch dieselben der Kegelschnitt I) vollkommen bestimmt ist, so folgt auch umgekehrt, *dass, wenn man einen nach Willkür in der Ebene eines Dreiecks* (ABC) *genommenen Punct* (D, Fig. 43) *mit den Spitzen des Dreiecks durch Gerade verbindet, es immer einen, und nur einen, Kegelschnitt giebt, welcher die Seiten des Dreiecks in ihren Durchschnitten* (A', B', C') *mit jenen Geraden berührt.* Da also jedem Puncte D der Ebene in Bezug auf das Dreieck ABC ein bestimmter Kegelschnitt entspricht, so entsteht die Frage: für welche Puncte der Ebene ist der zugehörige Kegelschnitt eine Ellipse, für welche eine Parabel, etc.; oder, wie wir uns kurz ausdrücken wollen: welche Puncte der Ebene sind in dieser Beziehung elliptisch, welche parabolisch, welche hyperbolisch?

Die Antwort hierauf ist, zufolge des vorigen §., dass ein Punct $iA + kB + lC$ zu der ersten, zweiten oder dritten Art gehört, nachdem $kl + li + ik$ positiv, null oder negativ ist. Die parabolischen Puncte insonderheit werden daher eine Curve bilden, in deren Ausdrucke zwischen den drei Coefficienten i, k, l die Relation

$$kl + li + ik = 0$$

stattfindet. Man setze hiernach

$$kl : li : ik = 1 - z : -1 : z,$$

so wird

$$i : k : l = z : -z(1-z) : 1-z,$$

und der Ausdruck der Curve

$$zA - z(1-z)B + (1-z)C.$$

Die Curve ist daher (§. 252) eine durch A, B, C gehende Ellipse, die, zufolge dessen, was das nächste Capitel über die Bestimmung des Mittelpunctes eines Kegelschnitts lehren wird, den Punct $A+B+C$, d. i. den Schwerpunct des Dreiecks ABC, zum Mittelpuncte hat.

Da endlich nach §. 251, wenn wir die dortigen f, g, h, a, b, c mit 1, 1, 1, i, k, l vertauschen, der Punct $iA+kB+lC$ innerhalb oder ausserhalb des Kegelschnitts zA — etc. liegt, nachdem $kl+li+ik$ positiv oder negativ ist, so sind die innerhalb der Ellipse liegenden Puncte elliptisch, die ausserhalb derselben befindlichen hyperbolisch; und das Ergebniss lässt sich nun folgendergestalt zusammenfassen.

Aufgabe. Ein Punct in der Ebene eines Dreiecks wird mit den Spitzen des Dreiecks durch Gerade verbunden. Die Art des Kegelschnitts zu bestimmen, welcher die Seiten des Dreiecks in den Durchschnitten derselben mit jenen Geraden berührt.

Auflösung. Man beschreibe um das Dreieck eine Ellipse, welche den Schwerpunct desselben zum Mittelpunct hat; und der Kegelschnitt ist eine Parabel, Ellipse, oder Hyperbel, je nachdem der erstgedachte Punct in der Peripherie dieser Ellipse, oder innerhalb, oder ausserhalb derselben liegt.

§. 261. Der Ausdruck der Tangente an den Kegelschnitt

$$\text{I)} \qquad i(1-y)^2A + kB + ly^2C$$

in dem Puncte, für welchen $y = y'$, findet sich nach §. 77:

$$i(1-y')(1-y'-2v)A + kB + ly'(y'+2v)C,$$

oder, wenn man

$$y'+2v = w$$

setzt:

$$1) \qquad i(1-y')(1-w)A + kB + ly'wC.$$

Die Durchschnitte dieser Geraden mit den Fundamentallinien sind:

$$kB + ly'C, \quad ly'C - i(1-y')A, \quad i(1-y')A + kB.$$

Sei nun in der Ebene ABC eine beliebige Gerade gezogen, welche die Fundamentallinien in den Puncten

$$bB - cC, \quad cC - aA, \quad aA - bB$$

(§. 39, a) schneide, und deren Ausdruck daher

$$(\mathfrak{d}) \qquad a(1-v)A-bB+cvC.$$

Es wird die Bedingungsgleichung verlangt, unter welcher diese Gerade eine Tangente an den Kegelschnitt I) ist.

Soll die Tangente 1) für einen gewissen Werth von y' mit der Geraden $\mathfrak{d}$ identisch werden können, so müssen für denselben Werth von y' auch die Durchschnitte beider mit den Fundamentallinien zusammenfallen. Wie sich durch Vergleichung dieser Puncte ergiebt, muss sich daher verhalten:

$$a:b:c=i(1-y'):-k:ly',$$

mithin

$$\frac{a}{i}:\frac{b}{k}:\frac{c}{l}=1-y':-1:y', \text{ und } \frac{a}{i}+\frac{b}{k}+\frac{c}{l}=0,$$

welches demnach die gesuchte Bedingungsgleichung ist.

Noch folgt aus diesen Proportionen:

$$i:k:l=\frac{a}{1-y'}:-b:\frac{c}{y'}.$$

Hierdurch wird der Ausdruck I):

$$\frac{a(1-y)^2}{1-y'}A-bB+\frac{cy^2}{y'}C,$$

der Ausdruck für alle Kegelschnitte, die von den drei Fundamentallinien und der vierten Geraden $\mathfrak{d}$ berührt werden. Für den Berührungspunct mit letzterer ist $y=y'$, und daher dieser Punct selbst:

$$a(1-y')A-bB+cy'C.$$

Soll noch eine fünfte Gerade

$$(\mathfrak{e}) \qquad a'(1-w)A-b'B+c'wC$$

den Kegelschnitt I) berühren, so tritt die Bedingungsgleichung

$$\frac{a'}{i}+\frac{b'}{k}+\frac{c'}{l'}=0$$

hinzu, aus welcher, in Verbindung mit der vorigen,

$$i:k:l=\frac{1}{bc'-b'c}:\frac{1}{ca'-c'a}:\frac{1}{ab'-a'b}$$

folgt. Der Ausdruck des Kegelschnitts, der von den drei Fundamentallinien und den Geraden $\mathfrak{d}$, $\mathfrak{e}$ berührt wird, ist demnach

$$\frac{(1-y)^2}{bc'-b'c}A+\frac{1}{ca'-c'a}B+\frac{y^2}{ab'-a'b}C.$$

Da hierin keine unbestimmte Constante mehr vorkommt, so schliessen wir, *dass an fünf in einer Ebene liegende Gerade immer ein, und nicht mehr als ein, Kegelschnitt beschrieben werden kann, dass folglich ein Kegelschnitt im Allgemeinen durch fünf Tangenten vollkommen bestimmt ist.*

§. 262. Eine Parabel ist schon durch vier Tangenten vollkommen bestimmt. Denn soll die von den drei Fundamentallinien berührte Parabel

$$\frac{(1-y)^2}{1-e}A - B + \frac{y^2}{e}C$$

(§. 259) noch von der vierten Geraden $\mathfrak{d}$ berührt werden, so muss zufolge des vorigen §.

$$a(1-e) - b + ce = 0,$$

mithin

$$e = -\frac{a-b}{c-a}$$

sein. Hierdurch wird der Ausdruck der Parabel:

$$\frac{(1-y)^2}{b-c}A + \frac{1}{c-a}B + \frac{y^2}{a-b}C.$$

An vier in einer Ebene befindliche Gerade lässt sich daher immer eine, und nur eine, Parabel berührend legen.

Heissen die Berührungspuncte der Parabel mit den drei Fundamentallinien: D, E, F (Fig. 58), so hat man:

$$(a-b)B + (c-a)C + (b-c)D = 0,$$

für $y = 1$;

$$(b-c)C + (a-b)A + (c-a)E = 0,$$

für $y = \infty$;

$$(c-a)A + (b-c)B + (a-b)F = 0,$$

für $y = 0$.

Hieraus fliessen die Proportionen:

$$CB : BD : DC = EA : AC : CE = AF : FB : BA$$
$$= b-c : c-a : a-b,$$

die sich durch folgenden Satz ausdrücken lassen:

Legt man an eine Parabel zwei Tangenten, AE und AF, *so werden die Theile derselben zwischen ihrem gemeinschaftlichen Durchschnitte* A *und den Berührungspuncten* E *und* F *von jeder dritten Tangente* CB *in umgekehrten Verhältnissen geschnitten* (AE in C, wie FA in B).

Diese einfachen Proportionen sind die Quelle mehrerer anderer merkwürdiger Eigenschaften der Parabel. — Es verhält sich

(§. 18, b):

$$ABC : ABE = AC : AE = -(c-a) : (b-c),$$
$$ABE : AFE = AB : AF = -(a-b) : (b-c),$$

folglich

$$ABC : AFE = (c-a)(a-b) : (b-c)^2;$$

folglich, wenn man

$$(b-c)(c-a)(a-b) = p$$

setzt:

$$AEF = -ABC \,.\, (b-c)^3 : p,$$

und eben so

$$BFD = -ABC \,.\, (c-a)^3 : p,$$
$$CDE = -ABC \,.\, (a-b)^3 : p.$$

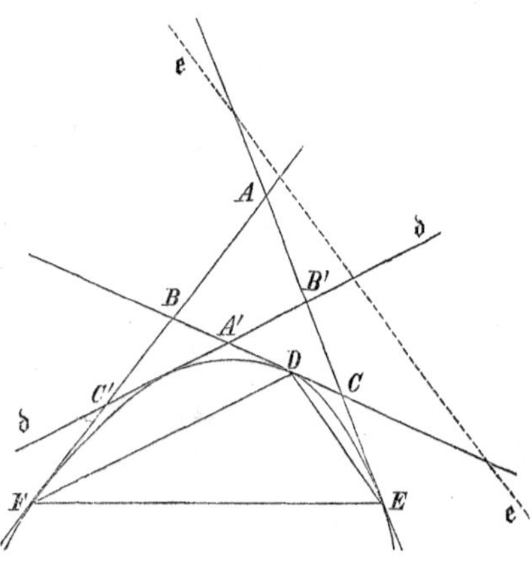

Fig. 58.

Zieht man aus diesen drei Gleichungen die Kubikwurzeln und addirt sie hierauf, so kommt:

1) $$AEF^{\frac{1}{3}} + BFD^{\frac{1}{3}} + CDE^{\frac{1}{3}} = 0.$$

Das Product aus den drei Gleichungen giebt:

2) $$AEF \,.\, BFD \,.\, CDE = -ABC^3.$$

Weil endlich

$$(b-c)^3 + (c-a)^3 + (a-b)^3 = 3(b-c)(c-a)(a-b) = 3p$$

ist, so kommt, wenn man die drei Gleichungen unmittelbar addirt:

3) $$AEF + BFD + CDE = -3ABC,$$

oder

$$AFE - BFD - CDE = 3ABC,$$

und hieraus mit Hinblick auf die Figur, in welcher die Dreiecke der letzteren Formel, AFE, BFD, ..., insgesammt einerlei Vorzeichen haben:

$$4) \qquad FED = 2ABC^{*}).$$

Aus diesen Gleichungen 1), .., 4) ziehen wir nun folgende Sätze.

Legt man an eine Parabel drei Tangenten, so ist von den drei Dreiecken, welche von je zweien dieser Tangenten und der durch die Berührungspuncte derselben gezogenen Geraden begrenzt werden, die Kubikwurzel aus dem Dreiecke, welches die zwei äussersten Tangenten zu Seiten hat, der Summe der Kubikwurzeln aus den beiden anderen Dreiecken gleich. (Der in §. 174, 2 angewendete Satz.)

Das Product aus diesen drei Kubikwurzeln ist dem von den drei Tangenten eingeschlossenen Dreiecke selbst gleich. (Analog mit §. 174, 3).

Dieses umschriebene Dreieck ist auch gleich der Hälfte des einbeschriebenen Dreiecks, dessen Spitzen die Berührungspuncte in den Seiten des ersteren sind (§. 174, 6). Eine leichte Folge hiervon ist, dass überhaupt *jedes um eine Parabel beschriebene Vieleck halb so gross ist, als das einbeschriebene Vieleck, welches die Berührungspuncte des umschriebenen zu seinen Spitzen hat.*

Zusatz. Bezeichnen A', B', C' die Puncte, in denen die vierte Gerade $\mathfrak{d}$ von den Fundamentallinien geschnitten wird, so ist

$$(c-a)B' - cC + aA = 0, \quad (a-b)C' - aA + bB = 0,$$

und folglich

$$\frac{AC}{CB'} : \frac{AB}{BC'} = -\frac{c-a}{a-b} = BD : CD.$$

Mittelst dieser Proportion lässt sich, wie man bald wahrnimmt, folgende Aufgabe lösen.

---

*) Ohne die Betrachtung der Figur nöthig zu haben, kann man zu diesem Resultate aus der Gleichung 3) auch folgendergestalt durch Anwendung der allgemeinen Formeln in §. 18 gelangen.

Es ist

$$0 = ABC + ACD + ADB,$$

weil D, B, C,

$$0 = DCA + DAE + DEC,$$

weil E, C, A,

$$0 = DAB + DBF + DFA,$$

weil F, A, B in einer Geraden liegen (§. 18, b); und

$$DEF = AEF + AFD + ADE$$

(§. 18, c, II). Addirt man diese vier Gleichungen, so kommt:

$$DEF = ABC + AEF + DBF + DEC,$$

und wenn man diese Summe zur Gleichung 3) addirt:

$$DEF = -2ABC,$$

wie vorhin.

Es sind vier in einer Ebene liegende Gerade gegeben. Die Puncte zu finden, in denen die Geraden von der an sie zu beschreibenden Parabel berührt werden.

§. 263. Betrachten wir jetzt die gegenseitige Lage des Kegelschnitts

$$i(1-y)^2 A + kB + ly^2 C,$$

und der Geraden

$$a(1-v)A - bB + cvC$$

im Allgemeinen. Für die gemeinschaftlichen Puncte beider, wenn es anderes deren giebt, muss sich verhalten:

$$i(1-y)^2 : k : ly^2 = a(1-v) : -b : cv.$$

Hieraus folgt nach der oft gebrauchten Schlussart:

$$\frac{i}{a}(1-y)^2 + \frac{k}{b} + \frac{l}{c}y^2 = 0,$$

eine quadratische Gleichung, durch deren Auflösung man die Werthe von y für die Durchschnittspuncte erhält. Die Gerade wird demnach den Kegelschnitt entweder in zwei Puncten schneiden, oder in einem berühren, oder gar nicht treffen, nachdem die Wurzeln dieser Gleichung möglich und verschieden, etc. sind, nachdem also (vergl. §. 259)

$$\frac{kl}{bc} + \frac{li}{ca} + \frac{ik}{ab} = \frac{ikl}{abc}\left(\frac{a}{i} + \frac{b}{k} + \frac{c}{l}\right)$$

negativ, null (§. 261), oder positiv ist.

Um diese Bedingungen insbesondere für die gegenseitige Lage der Geraden $\mathfrak{e}$ und der, an die drei Fundamentallinien und $\mathfrak{b}$ beschriebenen, Parabel zu finden, hat man in der vorigen Formel a, b, c mit a', b', c' und i, k, l mit $\frac{1}{b-c}, \frac{1}{c-a}, \frac{1}{a-b}$ zu vertauschen, und man erhält:

$$\frac{a'(b-c) + b'(c-a) + c'(a-b)}{a'b'c'(b-c)(c-a)(a-b)} \lesseqgtr 0,$$

oder

$$(n) \qquad \frac{a' - a + b - b' + ab' - a'b}{a'b'(1-a)(1-b)(a-b)} \lesseqgtr 0,$$

wenn man, weil es immer nur auf das gegenseitige Verhältniss der Coefficienten ankommt, $c = c' = 1$ setzt. a und b sowohl, als a' und b', sind alsdann nicht bloss, wie vorher, in bestimmten Verhältnissen zu einander stehende Zahlen, sondern bestimmte Zahlen selbst.

§. 264. Da durch fünf Tangenten ein Kegelschnitt vollkommen bestimmt ist, so soll nunmehr eine ähnliche Untersuchung, wie in

§. 255, angestellt, und gezeigt werden, wie aus der gegenseitigen Lage fünf gerader Linien in einer Ebene die Art des an sie, als Tangenten, zu beschreibenden Kegelschnitts bestimmt werden kann.

Mit Beibehaltung der bisherigen Bezeichnungen ist der an die drei Fundamentallinien und die Geraden 𝔡 und 𝔢 beschriebene Kegelschnitt (§. 261) eine Ellipse, Parabel oder Hyperbel, nachdem die Function ($kl + li + ik$, §. 259)

$$\frac{bc' - b'c + ca' - c'a + ab' - a'b}{(bc' - b'c)(ca' - c'a)(ab' - a'b)}$$

oder

$$(N) \qquad \frac{a' - a + b - b' + ab' - a'b}{(a' - a)(b - b')(ab' - a'b)},$$

wenn man, wie im vorigen §., $c = c' = 1$ setzt, positiv, null, oder negativ ist.

Sei nun ABC (Fig. 58) das Fundamentaldreieck, dessen Seiten von der vierten Geraden 𝔡 in den Puncten

$$bB - C \equiv A', \quad C - aA \equiv B', \quad aA - bB \equiv C'$$

geschnitten werden. Sämmtliche vier Gerade nehmen wir fest, und daher a und b unveränderlich an, und beschreiben die diese Geraden berührende Parabel. Die fünfte Gerade 𝔢, welche die Fundamentallinien in den Puncten

$$b'B - C, \quad C - a'A, \quad a'A - b'B$$

schneidet, denken wir uns in beliebiger Bewegung, also a' und b' nach Willkür veränderlich; und unsere Untersuchung wird auf die Bestimmung der Fälle hinauskommen, in denen bei der Bewegung von 𝔢 die von a' und b' abhängige und mit N bezeichnete Function aus dem Positiven in das Negative, oder umgekehrt, übergeht. Nur wollen wir die Bewegung von 𝔢 noch durch die Bedingung beschränken, dass diese Gerade keinen zweien der sechs Puncte A, B, .., B', C', in denen sich die vier ersteren Geraden schneiden, zugleich begegnet, folglich auch bei der Berührung der Parabel mit keiner dieser Geraden zusammenfällt.

Wird nun zuerst die Gerade 𝔢 über den Punct A wegbewegt, so dass folglich ihre Durchschnitte $C - a'A$ und $a'A - b'B$ mit AC und AB, in diesen Linien von der einen auf die andere Seite von A rücken, so geht a' durch das Unendliche aus dem Positiven in das Negative, oder umgekehrt; die Function N aber, welche sich für $a' = \infty$ auf $-\dfrac{1-b}{a'b(b-b')}$ reducirt, verändert ihr Zeichen durch Null. Auf gleiche Art gehen b' durch ∞ und N durch 0 in das Entgegengesetzte, wenn 𝔢 über B fortgeführt wird. Geht die

Bewegung über C, so dass die Durchschnitte von e mit AC und BC, $C - a'A$ und $b'B - C$, in diesen Linien gleichzeitig von der einen auf die andere Seite von C rücken, so verändern a' und b' ihre Zeichen durch Null; und N, welches sich für $a' = b' = 0$ auf $-\frac{b-a}{ab(ab'-a'b)}$ reducirt, wechselt sein Zeichen durch ∞.

Setzen wir zweitens, dass die Linie e über den Punct A' bewegt wird, dass folglich ihr Durchschnitt $b'B - C$ mit BC in dieser Linie an $A' \equiv bB - C$ vorbeirückt, so geht b' an b vorüber, d. h. die Differenz $b - b'$ ändert ihr Zeichen durch 0, und die Function N, welche $b - b'$ zum Factor des Nenners hat, verwandelt sich durch ∞ in das Entgegengesetzte. Eben so erhellet, dass, wenn e über B' oder C' bewegt wird, die Differenzen $a' - a$ oder $ab' - a'b$ durch 0, und mithin N durch ∞, ihre Zeichen ändern.

Wird endlich die Gerade e, wenn sie anfänglich der Parabel nicht begegnete, bis zum Schneiden derselben fortgeführt, oder umgekehrt, so erleidet, zufolge des vorigen §., im Momente der Berührung der Zähler von N und mithin N selbst einen Zeichenwechsel durch Null. Es ist nämlich der Zähler der dort mit n bezeichneten Function einerlei mit dem Zähler von N; die veränderlichen Factoren a' und b' im Nenner von n behalten aber bei der Berührung endliche Werthe, indem sonst e mit einer der Fundamentallinien zusammenfallen würde, welches gegen die vorhin gemachte Annahme ist.

So oft also bei der Fortbewegung von e einer der sieben Fälle eintritt, dass einer der sechs Puncte A, B, C, A', B', C' von der einen auf die andere Seite von e zu liegen kommt, oder dass e die Parabel zu schneiden anfängt, wenn sie derselben vorher nicht begegnet war, oder umgekehrt, eben so oft verändert die Function N ihr Zeichen; ausser diesen Fällen aber in keinem anderen, weil umgekehrt, so lange als e weder einen jener sechs Puncte trifft, noch die Parabel herührt, die Coefficienten a' und b' endliche Werthe haben, die drei Factoren des Nenners von N eben so wenig, als der Zähler dieser Function, $= 0$ werden können, und mithin N selbst eine endliche Grösse bleiben muss.

Da nun bei jedem Zeichenwechsel von N, die fünf Linien, wenn sie vorher eine Ellipse berührten, nachher die Tangenten einer Hyperbel werden, und umgekehrt, so ist nur noch übrig, für eine gewisse Lage der Linie e, in der sie die Parabel nicht berührt und auch durch keinen der sechs Puncte geht, die Art des dadurch bestimmten Kegelschnitts zu erforschen, um somit für jede andere Lage von e auf die Art des zugehörigen Kegelschnitts einen Schluss machen zu können. Zu diesem Ende wollen wir annehmen, dass die Parabel von e nicht getroffen werde, und dass die sechs Puncte mit der Parabel auf einerlei Seite von e liegen. Wenn aber fünf Gerade eine Ellipse berühren, so wird von denselben ein entweder ganz oder doch zum Theil begrenzter Raum gebildet, dergestalt, dass man von jedem Puncte desselben zu jeder der fünf Geraden gelangen kann, ohne dabei eine der vier übrigen schneiden zu müssen. Es lehrt aber die unmittelbare Anschauung, dass ein solcher Raum nicht entsteht, wenn e sich in der eben angenommenen Lage befindet; mithin ist für diese Lage der Kegelschnitt eine Hyperbel. Ist nun irgend eine andere Lage der Linie e gegeben, so bewege man sie aus der vorhin angenommenen bis zu der gegebenen fort, und je nachdem während dieser Bewegung eine gerade oder ungerade Anzahl der obigen sieben Fälle sich ereignet, wird der zugehörige Kegelschnitt entweder ebenfalls eine Hyperbel oder eine Ellipse sein. Dies liefert uns folgendes Resultat.

Aufgabe. Fünf Gerade in einer Ebene sind gegeben, von denen keine drei sich in einem Puncte schneiden. Die Art des Kegelschnitts zu bestimmen, welcher sie insgesammt berührt.

Auflösung. Man lege an beliebige vier der gegebenen Geraden die sie berührende Parabel und unterscheide dann folgende drei Fälle:

1) *Wird die fünfte Gerade von dieser Parabel nicht getroffen, so ist der Kegelschnitt eine Ellipse oder Hyperbel, je nachdem auf der einen und folglich auch auf der anderen Seite der fünften eine ungerade oder gerade Anzahl der sechs Puncte liegt, in welchen sich die vier ersteren Geraden schneiden.*

2) *Wenn die fünfte Gerade die Parabel berührt, so ist der Kegelschnitt kein anderer, als diese Parabel selbst.*

3) *Wird die Parabel von der fünften geschnitten, so ist der Kegelschnitt eine Ellipse oder Hyperbel, je nachdem auf der einen und also auch auf der anderen Seite der fünften eine gerade oder ungerade Anzahl der sechs Durchschnittspuncte der vier ersteren Geraden begriffen ist.*

Die Betrachtung der speciellen Fälle, wo ein oder zwei Paare der fünf Geraden Parallellinien sind, übergehe ich, um nicht zu weitläufig zu werden. Der Fall, wo drei Gerade einander parallel laufen, ist demjenigen gleich zu achten, wo drei Gerade sich in einem Puncte schneiden, und bleibt daher ausgeschlossen.

---

§. 265. Die in §. 260 erwiesene merkwürdige Eigenschaft eines um einen Kegelschnitt beschriebenen Dreiecks veranlasste mich zu untersuchen, ob nicht auch bei der analogen Figur im Raume, einer um eine Fläche der zweiten Ordnung beschriebenen dreiseitigen Pyramide, die vier geraden Linien, welche die Spitzen der Pyramide mit den Berührungspuncten in den gegenüberliegenden Seiten verbinden, sich in einem Puncte schneiden. Wiewohl ich nun bald wahrnahm, dass hier eine so einfache Relation nicht stattfinden könne, so gelang es mir doch, an der Stelle der vermutheten Eigenschaft eine andere zu entdecken, die mir merkwürdig genug scheint, um sie nebst ihrer Entwickelung diesem Capitel als Anhang noch beizufügen.

Seien A, B, C, D (Fig. 59) die Spitzen der umschriebenen Pyramide; E, F, G, H die ihnen resp. gegenüberliegenden Berührungspuncte. — Um zuerst zu zeigen, dass sich die vier Linien AE, BF, ... im Allgemeinen nicht schneiden, so denke man sich die Fläche selbst und die drei in ihr liegenden Puncte E, F, G gegeben. Hiermit sind auch der Punct D, als der gemeinschaftliche Durchschnitt der in E, F, G an die Fläche berührend gelegten Ebenen, und die Geraden DA, DB, DC, als die Durchschnittslinien dieser Ebenen, gegeben. Von den drei Puncten A, B, C aber können beliebige zwei, z. B. A und B, in den Linien DA und DB nach Willkür genommen werden, wodurch dann der dritte, C, als der Durchschnitt der durch AB an die Fläche berührend gelegten Ebene mit DC, gefunden wird. Sollten nun für jede Annahme der zwei Puncte A und B in den Linien DA und DB die Geraden AE und BF sich schneiden, sollten also immer die vier Puncte A, B, E, F in einer Ebene liegen, so müssten E und F in der Ebene DAB selbst enthalten sein, welches gegen die Annahme ist.

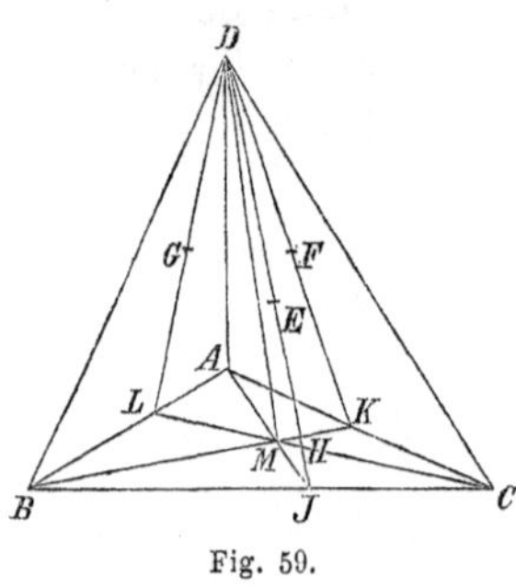

Fig. 59.

Man stelle sich jetzt einen die Fläche einhüllenden Kegel vor, welcher D zur Spitze hat. Dieser Kegel wird die durch D gehenden und die Fläche in E, F, G berührenden Ebenen DBC, DCA, DAB in den Geraden DE, DF, DG berühren, und die Ebene ABC in einer Curve schneiden, welche von den Geraden BC, CA AB in den Puncten I, K, L berührt wird, in denen diese Linien resp. von DE, DF, DG geschnitten werden.

Es ist aber bekannt, dass die Linie, in welcher eine Fläche der zweiten Ordnung von einem sie umhüllenden Kegel berührt wird, in einer Ebene liegt und von der zweiten Ordnung ist, dass folglich ein solcher Kegel auch von jeder anderen Ebene, wie ABC, in einer Linie der zweiten Ordnung geschnitten wird. Mithin müssen sich die drei Geraden AI, BK, CL in einem Puncte M treffen (§. 260).

Hieraus fliesst weiter, dass sich die drei Ebenen DAI, DBK, DCL in der Geraden DM schneiden, und dass folglich die drei in diesen Ebenen resp. liegenden Linien AE, BF, CG der Geraden DM begegnen; oder, was dasselbe sagt: dass sich durch D eine Gerade DM ziehen lässt, welche die drei Linien AE, BF, CG, und somit alle vier AE, .., DH zugleich schneidet. Auf dieselbe Art wird bewiesen, dass man durch C eine Gerade CN, und durch B eine Gerade BO (so wie auch durch A eine Gerade AP) legen kann, welche den vier Geraden AE, .., DH zugleich begegnet. Nimmt man daher DM, CN, BO zu den drei leitenden Linien eines hyperbolischen Hyperboloids, so sind AE, .., DH vier verschiedene Lagen der das Hyperboloid erzeugenden Linie; welches (vergl. §. 112 zu Ende) folgenden Satz giebt:

Wird um eine Fläche der zweiten Ordnung eine dreiseitige Pyramide beschrieben, und werden die vier Spitzen der Pyramide mit den in die gegenüberliegenden Seiten fallenden Berührungspuncten durch vier gerade Linien verbunden, so schneidet jede andere Gerade, welche dreien dieser vier Linien begegnet, auch die vierte.

Drittes Capitel.

Von den Durchmessern und dem Mittelpuncte eines Kegelschnitts und den Asymptoten der Hyperbel.

---

§. 266. Der allgemeine Ausdruck eines Kegelschnitts, welcher durch die drei Fundamentalpuncte geht, ist (§. 249):

$$fxA - gx(1-x)B + h(1-x)C.$$

Seien P und Q zwei Puncte desselben, für ersteren $x = p$, für letzteren $x = q$, so hat man:

$$p'P = fpA - gp(1-p)B + h(1-p)C,$$
$$q'Q = fqA - gq(1-q)B + h(1-q)C.$$

Hieraus folgt nach Elimination von A:

$$p'qP - pq'Q = gpq(p-q)B - h(p-q)C$$

$\equiv$ dem Durchschnitte der Geraden PQ und BC.

Wir wollen nun annehmen, dass die Sehne des Kegelschnitts, PQ, mit der Fundamentallinie BC parallel, und mithin ihr gemeinschaftlicher Durchschnitt unendlich entfernt sei. Hierzu wird erfordert:

$$p'q - pq' = gpq(p-q) - h(p-q) = 0.$$

Da aber der Factor $p-q$ dieser Gleichung nur dann gleich 0 ist, wenn P und Q zusammenfallen, so wird schon

$$gpq - h = 0$$

die zum Parallelismus von PQ und BC nöthige Bedingungsgleichung sein.

Man addire jetzt die Gleichungen für P und Q, nachdem man sie vorher resp. mit q und p multiplicirt hat, und es kommt:

$$p'qP + pq'Q = 2fpqA - gpq(2-p-q)B + h(p+q-2pq)C.$$

Unter derselben Voraussetzung nun, dass PQ parallel mit BC, und daher

$$p'q - pq' = 0$$

ist, wird

$$p'qP + pq'Q \equiv P + Q$$

$\equiv$ dem Mittelpuncte der Sehne PQ, und wenn wir diesen mit M bezeichnen, für pq den aus der Bedingungsgleichung entspringenden Werth $h:g$ substituiren und grösserer Einfachheit willen

$$p + q = 2h:z$$

setzen:

$$M \equiv fzA + g(h-z)B + h(g-z)C.$$

§. 267. Folgerungen. 1) In dem eben gefundenen Ausdrucke für den Mittelpunct einer mit BC parallelen Sehne ist von einer Sehne zur anderen bloss z veränderlich. Es gehört folglich dieser Ausdruck mit der Veränderlichen z der Linie an, in welcher die Mittelpuncte aller mit BC parallelen Sehnen enthalten sind. Diese Linie ist folglich eine Gerade; und weil man jede Sehne zur Fundamentallinie BC nehmen kann, so ist zu schliessen:

Die Mittelpuncte dreier oder mehrerer mit einander paralleler Sehnen eines Kegelschnitts liegen in einer geraden Linie.

Man nennt eine solche Gerade einen Durchmesser des Kegelschnitts.

2) Weil f, g, h gleichartig aus den Constanten a, b, c, α, β, γ des symmetrischen Ausdrucks in §. 64, 1 zusammengesetzt sind (§. 249),

so erhält man aus dem Ausdrucke des, die Sehne BC (für $z=0$) und die mit ihr parallelen Sehnen halbirenden, Durchmessers

$$(a) \qquad fzA+g(h-z)B+h(g-z)C$$

den Ausdruck des Durchmessers, welcher die mit CA parallelen Sehnen halbirt, wenn man in (a) die Buchstaben A in B, B in C, C in A, f in g, g in h, h in f verwandelt. Es ist daher dieser Durchmesser

$$(b) \qquad f(h-w)A+gwB+h(f-w)C;$$

und durch dieselbe Verwandlung ergiebt sich hieraus der Durchmesser (c), in welchem die Mittelpuncte von AB und der damit parallelen Sehnen liegen.

Nun ist der Durchschnitt von (a) mit AC

$$\equiv fA+(g-h)C,$$

für $z=h$; und der Durchschnitt von (b) mit BC

$$\equiv gB+(f-h)C,$$

für $w=h$.

Wird daher A in dem Umfange des Kegelschnitts so bestimmt, dass AC mit (a) parallel läuft, so ist ersterer Durchschnitt ein unendlich entfernter Punct, und mithin

$$f+g-h=0;$$

folglich auch letzterer Durchschnitt unendlich entfernt, d. i. BC parallel mit (b); also:

Wenn von zwei Durchmessern eines Kegelschnitts der eine (a) *parallel ist mit den Sehnen* (AC), *welche der andere* (b) *halbirt, so ist auch der andere parallel mit den Sehnen* (BC), *durch deren Mittelpuncte der erstere geht.*

Zwei Durchmesser, die in einer Beziehung zu einander stehen, heissen zusammengehörige Durchmesser. Noch folgt hieraus, dass, wenn von zwei zusammengehörigen Durchmessern der eine zugleich eine Sehne ist, er von dem anderen halbirt wird.

3) Für die Puncte, in denen der Durchmesser (a) die Curve schneidet, verhält sich:

$$z:h-z:g-z=x:-x(1-x):1-x,$$

mithin

$$z:h=x:x^2 \text{ und } z:g=x:1,$$

woraus

$$z=\pm\sqrt{gh} \text{ und } x=\pm\sqrt{\frac{h}{g}}$$

folgt. Der Durchmesser (a) schneidet daher die Curve entweder in zwei Puncten, oder in keinem, je nachdem g und h einerlei oder verschiedene Vorzeichen haben.

Für die Ellipse ist

$$(g+h-f)^2-4gh$$

negativ (§. 252), und daher $4gh$ immer positiv; folglich, weil je zwei Puncte der Ellipse die Stelle von B und C vertreten können:

Die Ellipse wird von jedem ihrer Durchmesser in zwei Puncten geschnitten.

Für die Puncte, in denen der Durchmesser (b) dem Kegelschnitte begegnet, findet sich eben so

$$x = \pm\sqrt{\frac{f}{h}}.$$

Setzen wir nun, wie in 2),

$$f+g-h=0,$$

und sind daher (a) und (b) zwei zusammengehörige Durchmesser, so reducirt sich die Formel

$$(g+h-f)^2-4gh=(f+g-h)^2-4fg$$

auf $-4fg$. Bei der Hyperbel, wo diese Formel immer positiv ist, müssen folglich alsdann f und g verschiedene Vorzeichen haben, woraus sich mit Betrachtung der Werthe von x für (a) und (b) weiter ergiebt, dass, wenn (a) die Hyperbel schneidet, (b) ihr gar nicht begegnet, und umgekehrt; also:

Von zwei zusammengehörigen Durchmessern der Hyperbel trifft der eine die Hyperbel in zwei Puncten, der andere in keinem.

4) Setzt man in dem Ausdrucke von M oder (a)

$$z=\tfrac{1}{2}(g+h-f),$$

so wird er:

$$M \equiv f(g+h-f)A+g(h+f-g)B+h(f+g-h)C.$$

Da sich dieser Ausdruck bei der in 2) angedeuteten Verwandlung der Buchstaben nicht ändert, so ist der damit ausgedrückte Punct nicht allein in dem Durchmesser (a), sondern auch in den beiden anderen (b) und (c) begriffen; woraus wir schliessen: Je drei Durchmesser und folglich

Alle Durchmesser eines Kegelschnitts schneiden sich in einem Puncte. Dieser Punct heisst der Mittelpunct des Kegelschnitts.

Alle Durchmesser, welche zugleich Sehnen sind, haben daher den Mittelpunct des Kegelschnitts zu ihrem eigenen Mittelpuncte.

5) Die Summe der Coefficienten in dem Ausdrucke für den Mittelpunct ist:

$$-f^2-g^2-h^2+2gh+2hf+2fg.$$

Da diese Summe bei der Parabel gleich 0 ist (§. 252), so folgt: *Alle Durchmesser einer Parabel sind einander parallel.*

§. 268. Zusätze. *a)* Der Ausdruck eines in das Fundamentaldreieck ABC beschriebenen Kegelschnitts ist (§. 258):

$$i(1-y)^2A + kB + ly^2C.$$

Um für diesen Kegelschnitt den Ausdruck seines Mittelpuncts zu finden, nehme man die Berührungspuncte (§. 260):

$$kB + lC = fA', \quad lC + iA = gB', \quad iA + kB = hC',$$

(Fig. 60), wo daher

$$f = k + l, \quad g = l + i, \quad h = i + k,$$

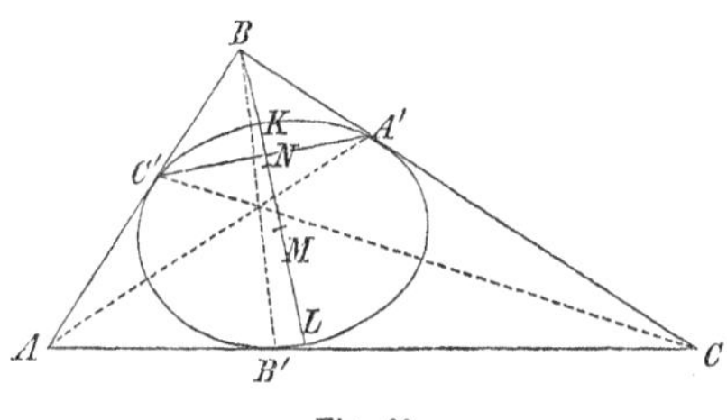

Fig. 60.

zu Fundamentalpuncten, substituire also im vorigen Ausdrucke für iA, kB, lC resp.

$$\tfrac{1}{2}(gB' + hC' - fA'), \quad \tfrac{1}{2}(hC' + fA' - gB'), \quad \tfrac{1}{2}(fA' + gB' - hC'),$$

und man erhält nach gehöriger Reduction:

$$fyA' - gy(1-y)B' + h(1-y)C'.$$

Für den solchergestalt ausgedrückten Kegelschnitt ist aber der Mittelpunct:

$$M \equiv f(g + h - f)A' + g(h + f - g)B' + h(f + g - h)C'.$$

Wird nun hierin statt fA', gB', hC' wiederum $kB + lC$, etc., und statt $g + h - f$, ... resp. $2i$, ... gesetzt, so kommt:

$$M \equiv i(k + l)A + k(l + i)B + l(i + k)C,$$

als Ausdruck für den Mittelpunct des in das Dreieck ABC beschriebenen Kegelschnitts.

b) Aus den Ausdrücken für A', B', C' folgt:

$$gB' = fA' + hC' - 2kB.$$

Eliminirt man hiermit B' aus dem Ausdrucke des um $A'B'C'$ beschriebenen Kegelschnitts und aus dem Ausdrucke für den Mittelpunct desselben, so ergiebt sich:

$$fy^2A' + 2ky(1-y)B + h(1-y)^2C',$$

und

$$M \equiv 2fhA' - 4k^2B + 2fhC',$$

oder einfacher, wenn man

$$\frac{1-y}{y} = v \text{ und } \frac{fh}{4k^2} = \alpha$$

setzt (§. 61, V):

$$\alpha A' + vB + v^2C' \text{ und } M \equiv 2\alpha A' - B + 2\alpha C',$$

der allgemeine Ausdruck eines Kegelschnitts, welcher in A' und C' von $A'B$ und $C'B$ berührt wird, und der Ausdruck für den Mittelpunct desselben.

c) Nennt man N den Mittelpunct von $A'C'$, so wird

$$M \equiv 4\alpha N - B;$$

also:

Werden an einen Kegelschnitt zwei Tangenten gezogen, so liegen der Durchschnitt dieser Tangenten und der Mittelpunct der Sehne, welche die Berührungspuncte verbindet, mit dem Mittelpuncte des Kegelschnitts in einer geraden Linie.

Wird daher in ein Dreieck ABC ein zweites $A'B'C'$ so beschrieben, dass die Geraden durch die gegenüberliegenden Spitzen, AA', ..., sich in einem Puncte schneiden, so treffen sich auch die Geraden, welche die Mittelpuncte der Seiten $B'C'$, ... des einbeschriebenen Dreiecks mit den Spitzen A, ... des umschriebenen verbinden, in einem Puncte, in dem Mittelpuncte des Kegelschnitts, welcher die Seiten des umschriebenen Dreiecks in den Spitzen des einbeschriebenen berührt.

d) Die Durchschnitte der Geraden BNM mit dem Kegelschnitte sind:

$$\alpha A' + \sqrt{\alpha}B + \alpha C' \equiv 2\sqrt{\alpha}N + B,$$

für $v = +\sqrt{\alpha}$;

$$\alpha A' - \sqrt{\alpha}B + \alpha C' \equiv 2\sqrt{\alpha}N - B,$$

für $v = -\sqrt{\alpha}$.

Heisse der eine Durchschnitt K, der andere L, so folgt aus diesen Ausdrücken in Verbindung mit $M \equiv 4\alpha N - B$:

$$BM : NM = BK^2 : NK^2 = BL^2 : NL^2 \ (= 4\alpha : 1).$$

§. 269. *In das Dreieck ABC* (Fig. 61) *ist das Dreieck $A'B'C'$, in dieses das Dreieck $A''B''C''$, in dieses das Dreieck $A'''B'''C'''$, u. s. w. einbeschrieben, dergestalt, dass jede der drei Reihen gleichnamiger Spitzen, A, A', ...; B, B', ...; C, C', ... in einer Geraden liegt, und diese drei Geraden sich in einem Puncte D schneiden. Alsdann lässt* *sich in das Dreieck ABC ein Kegelschnitt beschreiben, der die Seiten desselben in den Puncten A', B', C' berührt; in das Dreieck $A'B'C'$ ein Kegelschnitt, dessen Berührungspuncte A'', B'', C'' sind; in $A''B''C''$ ein Kegelschnitt, dessen Berührungspuncte A''', B''', C'''; und so fort ohne Ende. Ich behaupte nun, dass die Mittelpuncte aller dieser Kegelschnitte in einer durch D gehenden Geraden liegen.*

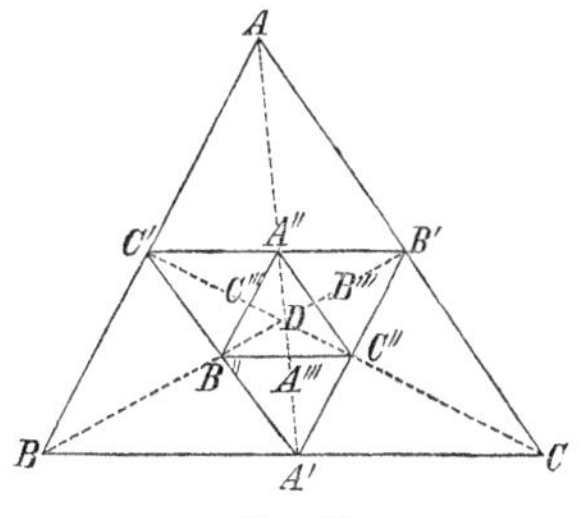

Fig. 61.

Beweis. Man setze erstlich zur Abkürzung:

$$k+l=i', \quad l+i=k', \quad i+k=l',$$
$$k'+l'=i'', \quad l'+i'=k'', \quad i'+k'=l'',$$
$$k''+l''=i''', \quad l''+i''=k''', \quad i''+k''=l''',$$

u. s. w. Sei nun

$$dD=iA+kB+lC,$$

wo

$$d=i+k+l,$$

so ist

$$i'A'=kB+lC, \quad k'B'=lC+iA, \quad l'C'=iA+kB,$$

folglich

$$i'A'+k'B'+l'C'\equiv iA+kB+lC\equiv D,$$

folglich, weil

$$A'D\cdot B'C'\equiv A'',$$

etc.

$$i''A''=k'B'+l'C', \quad k''B''=l'C'+i'A', \quad l''C''=i'A'+k'B'.$$

Es ist aber der Mittelpunct M des Kegelschnitts, welcher das Dreieck ABC in den Puncten

$$A'\equiv kB+lC, \ldots$$

berührt (§. 268, a):

$$mM=i(k+l)A+\ldots=ii'A+kk'B+ll'C,$$

wo

$$m=ii'+kk'+ll';$$

und eben so der Mittelpunct M' des folgenden Kegelschnitts, welcher das Dreieck $A'B'C'$ in den Puncten

$$A''\equiv k'B'+l'C', \ldots$$

berührt:

$$\begin{aligned} m'M' &= i'(k'+l')A'+\ldots=i'i''A'+k'k''B'+l'l''C' \\ &= i''(kB+lC)+k''(lC+iA)+l''(iA+kB) \\ &= i(k''+l'')A+\ldots=ii'''A+kk'''B+ll'''C, \end{aligned}$$

wo

$$m' = i'i'' + \ldots = ii''' + \ldots{}^{*}).$$

Aus diesen Ausdrücken für M und M' folgt nun weiter:

$$m'M' - mM = i(i''' - i')A + k(k''' - k')B + l(l''' - l')C,$$

und, weil

$$i''' - i' = k'' + l'' - i' = i' + k' + l' = 2(i + k + l) = 2d,$$

und eben so

$$k''' - k' = l''' - l' = 2d$$

ist**),

$$m'M' - mM = 2d(iA + kB + lC) = 2d^2 D.$$

Es liegen demnach M und M', und eben so die Mittelpuncte je zweier anderer auf einander folgender Kegelschnitte, folglich die ganze Reihe von Mittelpuncten, in einer durch D gehenden Geraden.

Um noch das Gesetz ausfindig zu machen, nach welchem die Mittelpuncte in dieser Geraden vertheilt sind, so hat man

$$m'M' - mM = 2d^2 D = 2(i + k + l)^2 D$$

und eben so

$$m''M'' - m'M' = 2(i' + k' + l')^2 D = 8d^2 D;$$

folglich

$$M \equiv m'M' - 2d^2 D, \text{ und } M'' \equiv m'M' + 8d^2 D,$$

folglich (§. 237)

$$(M', D, M, M'') = -\tfrac{1}{4},$$

und eben so

$$(M'', D, M', M''') = -\tfrac{1}{4},$$

u. s. w., woraus man, wenn D, M und M' gegeben sind, die folgenden Mittelpuncte M'', M''', ... finden kann.

---

*) Auf gleiche Art ist

$$ii'''' + kk'''' + ll'''' = i'i''' + k'k''' + l'l''' = i''^2 + k''^2 + l''^2,$$

und allgemein:

$$ii^{(p)} + kk^{(p)} + ll^{(p)} = i^{(q)}i^{(p-q)} + \ldots,$$

wo p und q positive ganze Zahlen bezeichnen, und $p > q$ ist.

**) Auch diese Relationen lassen sich noch allgemeiner darstellen. Denn erstlich ist:

$$i^{(p)} + k^{(p)} + l^{(p)} = 2^p(i + k + l).$$

Ferner hat man:

$$k - i = i' - k' = k'' - i'' = i''' - k''' = \text{etc.}$$

und

$$i^{(p)} - i^{(q)} = k^{(p)} - k^{(q)} = l^{(p)} - l^{(q)} = \tfrac{1}{3}(2^p - 2^q)(i + k + l),$$

wenn $p - q$ eine positive gerade Zahl ist.

Sind endlich t, u, v, w positive ganze Zahlen, und $t + u - v - w$ eine positive gerade Zahl, so findet sich:

$$(i^{(t)}i^{(u)} + k^{(t)}k^{(u)} + l^{(t)}l^{(u)}) - (i^{(v)}i^{(w)} + \ldots) = \tfrac{1}{3}(2^{t+u} - 2^{v+w})(i + k + l)^2.$$

Noch fliesst aus diesen Doppelschnittsverhältnissen (§. 184):

$$(M', M'', D, M) = 5, \quad (M', M'', M''', D) = \tfrac{5}{4},$$

folglich (§. 185):

$$(M', M'', M''', M) = \tfrac{25}{4},$$

folglich

$$(M, M', M'', M''') = \tfrac{25}{21},$$

und eben so

$$(M', M'', M''', M'''') = \tfrac{25}{21},$$

u. s. w., wodurch das Gesetz der Mittelpuncte nach Art der recurrirenden Reihen bestimmt ist.

---

§. 270. Der allgemeine Ausdruck eines Kegelschnitts, welcher von den Fundamentallinien AB und CB in den Fundamentalpuncten A und C berührt wird, ist (§. 61, V):

$$\alpha A + vB + v^2 C,$$

und der Ausdruck für eine Tangente an denselben in dem Puncte, für welchen $v = v'$ ist, (§. 77):

$$\alpha A + (v' + x)B + (v'^2 + 2v'x)C,$$

oder, wenn wir $v' + 2x = y$ setzen:

$$2\alpha A + (v' + y)B + 2v'yC.$$

Eben so hat eine zweite Tangente, für deren Berührungspunct $v = v''$ ist, den Ausdruck:

$$2\alpha A + (v'' + z)B + 2v''zC.$$

Seien nun v' und v'' die Wurzeln der quadratischen Gleichung

$$v^2 + v + \alpha = 0,$$

also der Kegelschnitt eine Hyperbel (§. 252), die zwei Berührungspuncte unendlich entfernt (§. 89), und die zwei Tangenten die Asymptoten der Hyperbel. Es folgt aber aus der quadratischen Gleichung, wenn man zuvor, weil $\alpha < \frac{1}{4}$ sein muss, $\alpha = \frac{1}{4}(1 - m^2)$ setzt:

$$v' = -\tfrac{1}{2}(1 - m), \quad v'' = -\tfrac{1}{2}(1 + m).$$

Substituirt man diese Werthe in den Ausdrücken der Tangenten, so kommt:

$$(1 - m^2)A + (2y - 1 + m)B - 2(1 - m)yC,$$
$$(1 - m^2)A + (2z - 1 - m)B - 2(1 + m)zC,$$

oder einfacher, wenn man

$$2y = (1 - m)t \text{ und } 2z = (1 + m)u$$

setzt:

$$(1 + m)A - (1 - t)B - (1 - m)tC,$$
$$(1 - m)A - (1 - u)B - (1 + m)uC.$$

Dies sind demnach die Ausdrücke für die beiden Asymptoten der Hyperbel, die zum Ausdrucke

$$\tfrac{1}{4}(1-m^2)A + vB + v^2C$$

hat. Wir wollen hieraus einige der vorzüglicheren Eigenschaften dieser Linien zu entwickeln suchen.

§. 271. Zuerst findet sich für den gegenseitigen Durchschnitt der Asymptoten,

$$t = -\frac{1+m}{1-m}, \quad u = -\frac{1-m}{1+m},$$

also der Durchschnitt selbst:

$$(1-m^2)A - 2B + (1-m^2)C,$$

welches der Mittelpunct der Hyperbel ist (§. 268, *b*); also:

Die zwei Asymptoten einer Hyperbel schneiden sich in dem Mittelpuncte der letzteren.

Heissen ferner die Durchschnitte der einen und anderen Asymptote mit den Fundamentallinien BC, CA, AB resp. D, E, F; D', E', F' (Fig. 62), so hat man:

$$mD = B - (1-m)C, \qquad -mD' = B - (1+m)C,$$
$$-2mE = (1-m)C - (1+m)A, \quad 2mE' = (1+m)(C - (1-m)A,$$
$$mF = (1+m)A - B, \qquad -mF' = (1-m)A - B.$$

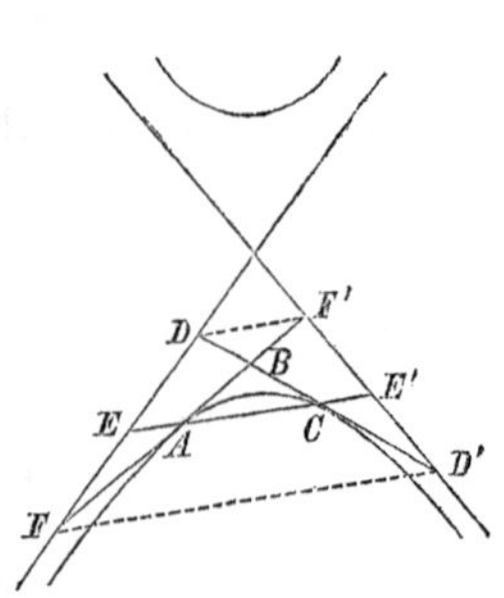

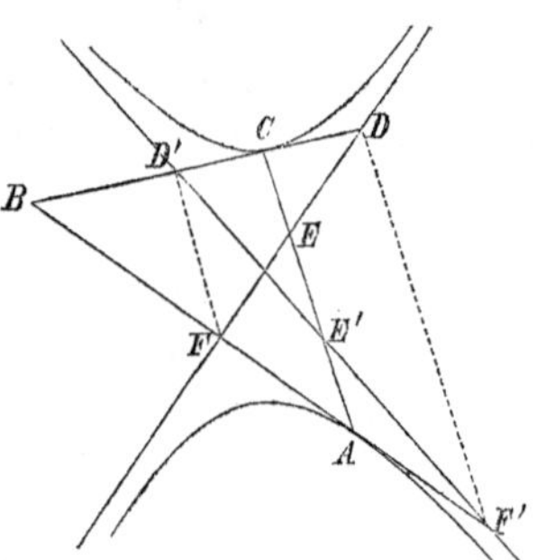

Fig. 62.

Durch Verbindung dieser sechs Gleichungen ergiebt sich nun:

1) $$D + D' = 2C \text{ und } F + F' = 2A,$$

d. h. C ist der Mittelpunct von DD', und eben so A von FF'; also:

Legt man an eine Hyperbel eine Tangente, so wird das zwischen die Asymptoten fallende Stück derselben in dem Berührungspuncte halbirt.

2) $$E + E' = C + A,$$

d. h. EE' und CA haben denselben Mittelpunct; also:

Von einer die Hyperbel schneidenden Geraden haben der zwischen die Hyperbel, und der zwischen die Asymptoten fallende Theil einerlei Mittelpunct.

3) $D + F = 2E$ und $D' + F' = 2E'$,

d. h. E ist der Mittelpunct von DF, und E' von $D'F'$; mithin:

Werden an eine Hyperbel zwei Tangenten gezogen, so werden die von denselben in der einen und der anderen Asymptote abgeschnittenen Theile durch die Gerade, welche die Berührungspuncte verbindet, halbirt.

4) $m(D - F') = (1 - m)(A - C)$ und $m(F - D') = (1 + m)(A - C)$,

d. h. DF' und FD' sind mit AC parallel, oder:

Die Geraden, welche die Puncte verbinden, in denen zwei an eine Hyperbel gelegte Tangenten die Asymptoten schneiden, sind unter sich und mit der Sehne durch die Berührungspuncte parallel.

Viertes Capitel.

Gegenseitiges Entsprechen zwischen Puncten und geraden Linien in Bezug auf einen Kegelschnitt.

---

§. 272. Die im vorigen Capitel bemerkten Eigenschaften paralleler Sehnen eines Kegelschnitts können durch Betrachtung einer damit collinear verwandten Figur noch sehr verallgemeinert werden.

Seien A, B, C, D und A', B', C', D' zwei Systeme von vier Puncten, deren jedes in einer Ebene enthalten ist, und bei deren jedem keine drei Puncte in einer Geraden liegen. Man setze diese Puncte der Reihe nach einander entsprechend, A' dem A, B' dem B, u. s. w.; so kann man nach dem Gesetze der Collineationsverwandtschaft für jeden fünften Punct des einen Systems den entsprechenden fünften des anderen finden (§. 219).

Werde nun durch erstere vier Puncte ein Kegelschnitt beschrieben. Diesem wird eine durch letztere vier Puncte gehende Curve entsprechen, welche gleichfalls ein Kegelschnitt ist (§. 220, *c*), also jedem Puncte des einen Kegelschnitts ein Punct des anderen, so wie auch der Tangente in dem ersteren Puncte die Tangente in dem letzteren.

In dem durch $A, .., D$ beschriebenen Kegelschnitte seien E und F (Fig. 63) noch zwei andere Puncte, so genommen, dass sich die drei Sehnen AB, CD, EF in einem Puncte Z schneiden; so wird auch, wenn E', F' die den E, F entsprechenden Puncte in

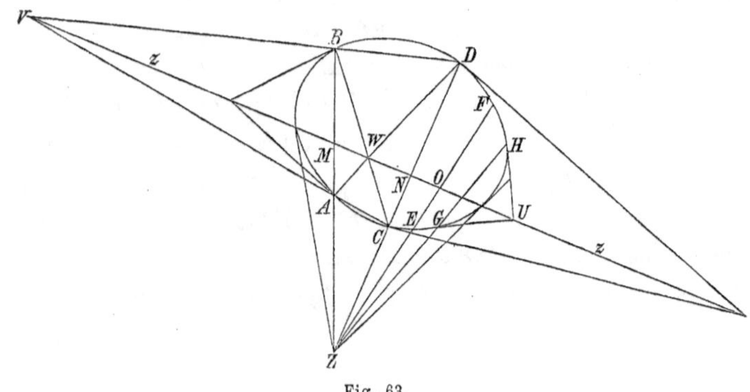

Fig. 63.

dem anderen Kegelschnitte sind, die Sehne $E'F'$ durch den dem Z entsprechenden Punct $Z' \equiv A'B' \cdot C'D'$ gehen. Weil ferner die anfänglichen zwei Systeme von vier Puncten, $A, .., D$ und $A', .., D'$, von einander ganz unabhängig genommen werden können, so wollen wir setzen, $A'B'$ und $C'D'$ seien mit einander parallel, also Z' ein unendlich entfernter Punct, folglich auch $E'F'$ mit diesen Sehnen parallel. Bezeichnen wir alsdann die Mittelpuncte von $A'B'$, $C'D'$, $E'F'$ resp. mit M', N', O', so liegen diese Puncte, nach §. 267, in einer durch den Mittelpunct des Kegelschnitts gehenden Geraden, welche z' heisse; und es werden, wenn M, N, O die entsprechenden Puncte in den Linien AB, CD, EF der ersten Figur sind, auch diese Puncte in einer Geraden z liegen. Aber noch mehr: wegen der Gleichheit der Doppelschnittsverhältnisse zwischen sich entsprechenden Puncten in collinear verwandten Figuren (§. 221, 2), muss sein:

$$(A,\ B,\ Z,\ M) = (A',\ B',\ Z',\ M').$$

Da nun Z' unendlich entfernt ist, so sind $A'Z'$ und $B'Z'$ als gleich zu betrachten, und daher $A'Z' = -Z'B'$; folglich, weil auch $A'M' = M'B'$ ist,

$$(A',\ B',\ Z',\ M') = -1;$$

also auch

$$(A,\ B,\ Z,\ M) = -1,$$

und eben so

$$(C,\ D,\ Z,\ N) = -1, \quad (E,\ F,\ Z,\ O) = -1;$$

welches uns folgenden Satz giebt:

1) *Hat man ein System dreier oder mehrerer Sehnen eines Kegelschnitts, welche sich in einem und demselben Puncte Z schneiden, und bestimmt man in jeder dieser Sehnen einen noch anderen Punct so, dass die Sehne durch ihn und durch den Punct Z harmonisch getheilt wird, so liegen alle diese anderen Puncte (M, N, O, ..) in einer geraden Linie z.*

Man ziehe an den zweiten Kegelschnitt in A' und B' Tangenten, so liegt ihr gegenseitiger Durchschnitt mit dem Mittelpuncte M' von $A'B'$ und mit dem Mittelpuncte des Kegelschnitts in einer Geraden (§. 268, *c*), d. i. in der Geraden z'; folglich, wenn wir dieses auf den ersten Kegelschnitt anwenden:

2) *In der Linie z sind die Durchschnitte je zweier Tangenten begriffen, welche an die Endpuncte derselben Sehne gelegt werden* (an A und B, an C und D, etc.).

Man setze

$$AC \cdot BD \equiv V \quad \text{und} \quad AD \cdot BC \equiv W,$$

so ist nach §. 198, 3

$$(A, B, Z, VW) = (C, D, Z, VW) = -1.$$

Die Gerade VW ist folglich einerlei mit z; d. h.

3) *Die Linie z enthält auch die Durchschnitte je zweier Geraden, womit die Endpuncte je zweier Sehnen verbunden werden.*

Weil endlich

$$(A, B, Z, z) = -1,$$

und daher, wenn Z ausserhalb A und B liegt, der Durchschnitt von z mit AB zwischen A und B fallen muss, also auch dann noch dazwischen fallen muss, wenn A und B einander unendlich nahe liegen, d. h. wenn ZAB zur Tangente wird, so schliessen wir:

4) *Liegt der gemeinschaftliche Durchschnitt der Sehnen, Z, ausserhalb des Kegelschnitts, und zieht man an letzteren von Z aus zwei Tangenten, so fallen die Berührungspuncte ebenfalls in die Linie z, sind folglich einerlei mit den Puncten, in denen diese Linie die Curve schneidet.*

§. 273. Nimmt man umgekehrt in der Geraden z ausserhalb des Kegelschnitts einen beliebigen Punct U und zieht von demselben zwei Tangenten UG und UH an ersteren, wo G und H die Berührungspuncte sind, so liegen G und H mit Z in einer Geraden. Denn wäre dieses nicht, so schneide ZG die Curve noch einmal in $H_{,}$, und es müsste der Durchschnitt der Tangenten an G und an $H_{,}$ ein Punct von z sein; folglich, weil die Tangente an G die z in U schneidet, so müsste auch die Tangente an $H_{,}$ durch U gehen;

folglich müssten von U drei Tangenten UG, UH, UH, an den Kegelschnitt gezogen werden können, welches nicht möglich ist; also:

Hat man in einer Ebene einen Kegelschnitt und eine Gerade z, und zieht man von drei oder mehreren Puncten der Geraden, welche ausserhalb der Curve liegen, Tangentenpaare an dieselbe, so werden sich alle die Geraden, welche die Berührungspuncte je eines Paares verbinden, in einem und demselben Puncte Z schneiden.

So wie also in Bezug auf einen Kegelschnitt jedem Puncte Z in dessen Ebene eine Gerade z entspricht, eben so entspricht auch umgekehrt jeder Geraden z ein Punct Z, rücksichtlich dessen die Gerade die vorhin erörterten Eigenschaften besitzt.

§. 274. Sei wie vorhin AB eine der durch Z gehenden Sehnen und M der Durchschnitt dieser Sehne mit z, so ist

$$(A, B, Z, M) = -1.$$

Es folgt hieraus, dass von den zwei Puncten Z und M der eine innerhalb, der andere ausserhalb AB fällt, dass mithin, nachdem Z ausserhalb oder innerhalb des Kegelschnitts liegt, z denselben schneidet, oder ihm nicht begegnet. — Liegt der Punct Z ausserhalb des Kegelschnitts, und rückt er alsdann bis an die Curve selbst fort, so gehen die zwei durch Z zu legenden Tangenten und die, die Berührungspuncte verbindende, Gerade z (§. 272, 4) in eine zusammen, so dass, wenn Z in den Umfang des Kegelschnitts fällt, z eine Tangente in diesem Puncte wird. Für ein unendlich entferntes Z endlich werden die Sehnen einander parallel und z ein Durchmesser des Kegelschnitts; welches der zum Grunde gelegte Normalfall ist.

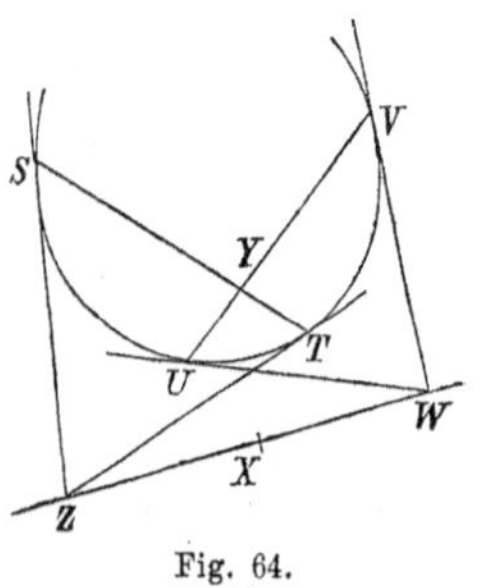

Fig. 64.

§. 275. Soll für einen gegebenen Punct Z die entsprechende Gerade z gefunden werden, so geschieht dies, wenn Z ausserhalb des Kegelschnitts liegt, am einfachsten dadurch, dass man von Z an den Kegelschnitt zwei Tangenten ZS, ZT (Fig. 64) legt, wo dann die Gerade ST, welche die Berührungspuncte verbindet, die gesuchte z sein wird.

Allgemein anwendbar ist nach §. 272, 2 folgendes Verfahren, mag der gegebene Punct Y innerhalb oder ausserhalb des Kegelschnitts liegen. Man ziehe durch Y zwei die Curve schneidende Gerade ST und UV, und an die Endpuncte dieser Sehnen Tangenten, welche sich resp. in Z und W schneiden; so ist ZW die verlangte, dem Y entsprechende

Gerade y. — Zugleich folgt hieraus, dass, wenn Z ausserhalb liegt, jedem Puncte Y der Geraden z eine durch Z gehende Gerade y entspricht.

Liege Y, wie in der Figur, zwischen S und T, also innerhalb des Kegelschnitts, und sei X ein beliebiger dritter Punct in der alsdann ausserhalb fallenden Geraden ZW oder y, so wird nach §. 273 die Gerade, gelegt durch die Berührungspuncte der von X an den Kegelschnitt gezogenen Tangenten, durch Y gehen. Da nun diese Gerade die dem Puncte X entsprechende Linie ist (§. 272, 4), so schliessen wir, dass auch bei einem innerhalb liegenden Puncte Y und der dann ausserhalb fallenden ihm entsprechenden Geraden y, jedem Puncte X der letzteren eine durch den ersteren gehende Gerade entspricht.

Weil endlich dem Puncte S des Kegelschnitts selbst die daran gezogene Tangente SZ (voriger §.), und dem Puncte Z derselben die durch S gehende Gerade ST entspricht, so können wir allgemein folgenden Satz aufstellen.

1) Entspricht dem Puncte X die Gerade x, so entspricht auch umgekehrt jedem Puncte von x eine durch X gehende Gerade.

Wir folgern hieraus leicht weiter:

2) Sind X, Y zwei Puncte und x, y die ihnen entsprechenden Geraden, so entspricht dem Durchschnittspuncte von x, y die durch X und Y gezogene Gerade.

Denn einem Puncte in x entspricht eine Gerade durch X, und einem Puncte in y eine Gerade durch Y, folglich dem gemeinschaftlichen Puncte von x und y die Gerade, welche durch X und Y zugleich geht.

Ist Z ein dritter Punct der Geraden XY, so muss die ihm entsprechende Gerade z durch den der Geraden XY entsprechenden Punct $x \cdot y$ gehen. Und umgekehrt, wird durch den Punct $x \cdot y$ eine dritte Gerade z gezogen, so muss Z in XY liegen, indem sonst dem gemeinschaftlichen Durchschnitte von x, y, z drei verschiedene Gerade YZ, ZX, XY entsprechen würden. Also:

3) Liegen drei oder mehrere Puncte in einer Geraden, so schneiden sich die ihnen entsprechenden Geraden in einem Puncte, und umgekehrt.

Man bemerke dabei noch, dass, wenn die Gerade, in welcher die Puncte X, Y, Z liegen, unendlich entfernt angenommen wird, die in einem Puncte zusammentreffenden Geraden x, y, z Durchmesser des Kegelschnitts werden, und dass man somit auf den Satz zurückkommt, dass alle Durchmesser sich in einem Puncte schneiden.

§. 276. Wie man bald wahrnimmt, lassen sich die eben erhaltenen Sätze sehr vortheilhaft dazu anwenden, um aus gewissen schon gefundenen Eigenschaften der Kegelschnitte neue, analoge Eigenschaften abzuleiten. So wie nämlich jedem Puncte in der Ebene einer solchen Curve eine Gerade entspricht, und umgekehrt, eben so giebt es für jede zur dritten Classe (§. 248) gehörige Eigenschaft der Kegelschnitte, wonach gewisse Gerade sich in einem Puncte schneiden, oder gewisse Puncte in einer Geraden liegen, eine entsprechende, mit Hülfe jener Sätze zu findende Eigenschaft, wo Puncte mit Geraden und das Liegen in einer Geraden mit dem Zusammentreffen in einem Puncte gegenseitig vertauscht sind.

Um dieses vorläufig durch ein Paar einfache Beispiele zu erläutern, wollen wir zuerst das um einen Kegelschnitt beschriebene und denselben in A', B', C' berührende Dreieck ABC (Fig. 60) in Betrachtung ziehen. Hier entsprechen den Puncten A', B', C' die Geraden BC, CA, AB; folglich den Puncten A, B, C die Geraden $B'C'$, $C'A'$, $A'B'$; folglich den Geraden AA', BB', CC' die Puncte $BC \cdot B'C'$, $CA \cdot C'A'$, $AB \cdot A'B'$. Da nun jene drei Geraden sich in einem Puncte schneiden (§. 260), so müssen diese drei Puncte in einer Geraden liegen; wie dies auch schon aus §. 198, 4 folgt.

Ein anderes Beispiel ist folgendes. Sind A, B, C, D vier Puncte eines Kegelschnitts, und bezeichnet man der Kürze willen die an A gelegte Tangente mit $\mathrm{t}A$, etc., so liegen die Puncte $\mathrm{t}A \cdot \mathrm{t}B$ und $\mathrm{t}C \cdot \mathrm{t}D$ mit $AC \cdot BD$ in einer Geraden (§. 272, 2, 3); folglich auch, wenn man B und D gegenseitig vertauscht: $\mathrm{t}A \cdot \mathrm{t}D$ und $\mathrm{t}B \cdot \mathrm{t}C$ mit $AC \cdot BD$ in einer Geraden. Dies giebt mit Hinblick auf Fig. 65, wo

$$\mathrm{t}A \cdot \mathrm{t}B \equiv E, \quad \mathrm{t}B \cdot \mathrm{t}C \equiv F, \quad \mathrm{t}C \cdot \mathrm{t}D \equiv G,$$
$$\mathrm{t}D \cdot \mathrm{t}A \equiv H, \quad AC \cdot BD \equiv N$$

ist, den bekannten Satz:

Beschreibt man um einen Kegelschnitt ein Viereck ($ABCD$) *und ein anderes* ($EFGH$) *um denselben, dessen Berührungspuncte die Spitzen des ersteren sind, so schneiden sich die vier Diagonalen beider Vierecke in einem Puncte* (N).

Um nun für diesen Satz den analogen aufzufinden, so entspricht der Geraden AC der Punct $\mathrm{t}A \cdot \mathrm{t}C \equiv I$, der Geraden BD der Punct $\mathrm{t}B \cdot \mathrm{t}D \equiv K$, den Puncten E und G die Geraden AB und CD, folglich der Geraden EG der Punct $AB \cdot CD \equiv L$, und eben so der Geraden FH der Punct $AD \cdot BC \equiv M$. Da nun die vier Geraden AC, BD, EG, FH sich in einem Puncte schneiden, so müssen die vier Puncte I, K, L, M in einer Geraden liegen; d. h.:

Bei zwei auf eben die Weise in und um einen Kegelschnitt beschriebenen Vierecken liegen die vier Durchschnittspuncte der gegenüberstehenden Seiten in gerader Linie.

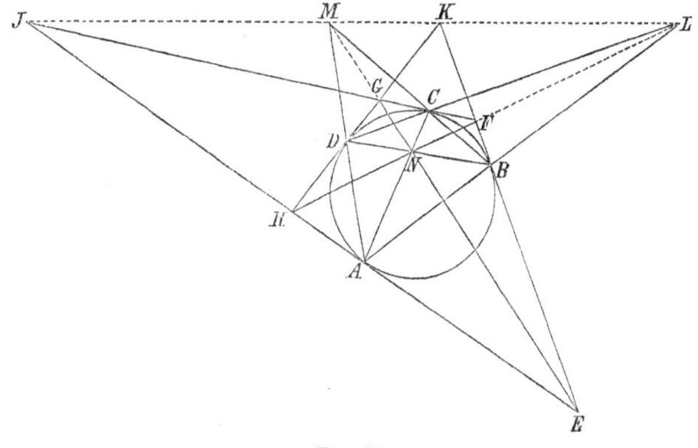

Fig. 65.

Noch kann bei dieser Figur bemerkt werden, dass die Gerade ENG auch durch den Punct M geht, indem die vier Puncte E, G, N, M in der dem Puncte L entsprechenden Geraden liegen. Auf gleiche Art sind auch F, H, N, L in einer Geraden, in der dem Puncte M entsprechenden, enthalten. Nach §. 198, 3 ist nun

$$(A,\ B,\ L,\ NM) = -1;$$

mithin wird von den vier Geraden NA, NB, NL, NM, d. i. von AC, BD, FH, EG die Gerade ABL, und folglich auch jede andere Gerade (§. 189) harmonisch geschnitten. Da endlich EA, EB, ENM die Gerade IL in I, K, M schneiden, so ist auch

$$(I,\ K,\ L,\ M) = -1;$$

also:

Von den vier Diagonalen beider Vierecke wird jede andere Gerade harmonisch geschnitten; und eben so bilden auch die vier in einer Geraden liegenden Durchschnittspuncte der gegenüberstehenden Seiten eine harmonische Theilung.

Eigenschaften in und um einen Kegelschnitt beschriebener Sechsecke.

§. 277. Der allgemeine Ausdruck eines Kegelschnitts, welcher jede der drei Fundamentalseiten in zwei Puncten schneidet, ist nach §. 63, 1:

$$\alpha(v-a)(v-a')A + \beta(v-b)(v-b')B + \ldots,$$

oder, wenn wir nur Vieleckschnittsverhältnisse entwickeln wollen und uns daher des abgekürzten Calculs bedienen, nach welchem die Coefficienten α, β, γ mit den Buchstaben A, B, C vereinigt werden können:

$$(v-a)(v-a')A+(v-b)(v-b')B+(v-c)(v-c')C.$$

Heissen die Durchschnitte der Curve mit BC, CA, AB, resp. M, P; N, Q; O, R (Fig. 66), so hat man:

$$M=(a-b)(a-b')B+(a-c)(a-c')C,$$

für $v=a$;

$$N=(b-c)(b-c')C+(b-a)(b-a')A,$$

für $v=b$;

$$O=(c-a)(c-a')A+(c-b)(c-b')B,$$

für $v=c$;

$$P=(a'-b)(a'-b')B+(a'-c)(a'-c')C,$$

für $v=a'$;

$$Q=(b'-c)(b'-c')C+(b'-a)(b'-a')A,$$

für $v=b'$:

$$R=(c'-a)(c'-a')A+(c'-b)(c'-b')B,$$

für $v=c'$.

Hieraus fliessen die Dreieckschnittsverhältnisse

$$\frac{BM}{MC}\cdot\frac{CN}{NA}\cdot\frac{AO}{OB}=-\frac{a-c'}{a-b'}\cdot\frac{b-a'}{b-c'}\cdot\frac{c-b'}{c-a'},$$

$$\frac{BP}{PC}\cdot\frac{CQ}{QA}\cdot\frac{AR}{RB}=-\frac{a'-c}{a'-b}\cdot\frac{b'-a}{b'-c}\cdot\frac{c'-b}{c'-a};$$

folglich ist

$$\text{I)}\qquad \frac{BM\,.\,BP}{MC\,.\,PC}\cdot\frac{CN\,.\,CQ}{NA\,.\,QA}\cdot\frac{AO\,.\,AR}{OB\,.\,RB}=1,$$

d. h.

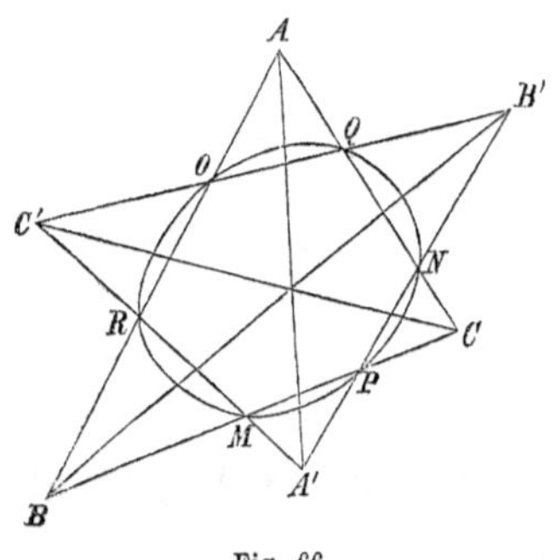

Fig. 66.

Hat man ein Dreieck ABC und einen, jede Seite desselben oder ihre Verlängerung schneidenden, Kegelschnitt, so ist das Product aus den sechs Verhältnissen, nach welchen die Seiten des Dreiecks BC, CA, AB, jede zweimal, von dem Kegelschnitte getheilt werden, der Einheit gleich.

§. 278. Wird umgekehrt aus sechs Puncten $M, \ldots, R$ in einer Ebene ein Dreieck ABC construirt, indem man

$$NQ\cdot OR\equiv A,\quad OR\cdot MP=B,\quad MP\cdot NQ\equiv C$$

setzt, und findet alsdann zwischen den Segmenten der Dreiecksseiten die Gleichung I) statt, so liegen die sechs Puncte in einem Kegelschnitte. — Denn durch fünf Puncte ist ein Kegelschnitt vollkommen bestimmt. Träfe nun der durch M, N, O, P, Q bestimmte Kegelschnitt die Gerade AB nächst O nicht noch in R, sondern in einem anderen Puncte R', so müsste die vorige Gleichung I) noch bestehen, wenn man darin R' für R substituirte; es müsste folglich sich verhalten

$$AR : RB = AR' : R'B,$$

welches nicht möglich ist.

Nun haben wir in §. 243, 2 gesehen, dass dieselbe Gleichung I) auch bei zwei Dreiecken ABC und $A'B'C'$ (Fig. 52) statt hatte, bei denen die Geraden durch die gleichnamigen Spitzen sich in einem Puncte schnitten, folglich die Durchschnitte der gleichnamigen Seiten in einer Geraden lagen, und wo M, N, ..., R, eben so wie hier in den Seiten des Dreiecks ABC vertheilt, die Durchschnitte der ungleichnamigen Seiten waren. Dies giebt uns, in Verbindung mit dem eben umgekehrten Satze des vorigen §., folgendes Theorem:

Wenn zwei Dreiecke in einer Ebene, ABC *und* $A'B'C'$, *eine solche Lage gegen einander haben, dass die drei Geraden durch die gleichnamigen Spitzen,* AA', BB', CC', *in einem Puncte sich schneiden, so liegen die drei Durchschnitte der gleichnamigen Seiten,* $BC \cdot B'C'$, $CA \cdot C'A'$, $AB \cdot A'B'$ *in einer Geraden, und die sechs Durchschnitte der ungleichnamigen Seiten,* $BC \cdot C'A'$, $BC \cdot A'B'$, $CA \cdot A'B'$, *etc. in einem Kegelschnitte.*

§. 279. Der aus §. 243 angezogene Satz kann auf doppelte Weise umgekehrt werden.

a) Liegen die Puncte $BC \cdot B'C'$, $CA \cdot C'A'$, $AB \cdot A'B'$ in einer Geraden, so schneiden sich umgekehrt die Geraden AA', BB', CC' in einem Puncte, und es besteht folglich zwischen den Segmenten der Seiten des Dreiecks ABC die Gleichung I). — Denn ginge CC' nicht durch den Punct $AA' \cdot BB'$, so schneide die durch C und diesen Punct geführte Gerade die $B'C'$ in C'', und es müssten zufolge des directen Satzes, und weil $B'C''$ in $B'C'$ fällt, die Puncte $BC \cdot B'C'$, $CA \cdot C''A'$, $AB \cdot A'B'$ in einer Geraden liegen; in der Geraden durch $BC \cdot B'C'$ und $AB \cdot A'B'$ müsste folglich nächst $CA \cdot C'A'$ noch $CA \cdot C''A'$ enthalten sein; folglich müssten sich die drei Linien CA, $C'A'$, $C''A'$ in einem und demselben Puncte dieser Geraden schneiden, welches nicht sein kann, da die letzteren zwei sich schon in A' begegnen.

b) Besteht zwischen den Segmenten der Seiten des Dreiecks ABC die Gleichung I), so werden die Durchschnitte der gleichnamigen

Seiten beider Dreiecke in einer Geraden liegen, und folglich nach *a*) die Geraden durch die gleichnamigen Spitzen sich in einem Puncte schneiden. — Denn läge in der Geraden durch die Puncte $BC \cdot B'C'$ und $AB \cdot A'B'$ nicht auch der Punct $CA \cdot C'A'$, so werde diese Gerade von CA in X, und AB von MX in R' geschnitten. Alsdann müsste nach *a*) die Gleichung I) noch bestehen, wenn darin R' für R substituirt würde, welches aber, wie schon in §. 278 gezeigt worden, nicht möglich ist.

Aus dieser doppelten Umkehrung des Satzes in §. 243 und der Umkehrung des Satzes in §. 277 fliesst nun leicht, dass von den vier Bedingungen:

1) die drei Geraden durch die gleichnamigen Spitzen schneiden sich in einem Puncte;

2) die drei Puncte, in denen sich die gleichnamigen Seiten schneiden, liegen in einer Geraden;

3) die sechs Durchschnitte der ungleichnamigen Seiten liegen in einem Kegelschnitte;

4) die Gleichung I);

eine jede zur Voraussetzung gemacht, und die jedesmal drei übrigen zu Folgen genommen werden können. Dies giebt, mit Uebergehung der vierten Bedingung, drei verschiedene Sätze, von denen der eine schon in §. 278 aufgestellt worden. Die beiden anderen, wo 3) als Folge von 2) und umgekehrt genommen wird, sollen den Inhalt des nächsten §. ausmachen.

§. 280. 1) *Wenn von zwei Dreiecken ABC und $A'B'C'$ in einer Ebene die drei Durchschnitte der gleichnamigen Seiten in einer Geraden liegen, so kann durch die sechs Durchschnitte der ungleichnamigen Seiten ein Kegelschnitt beschrieben werden.* Oder:

Wenn bei einem Sechsecke ($MPNQOR$) die drei Durchschnitte der drei Paare gegenüberstehender Seiten ($MP \cdot QO$, $PN \cdot OR$, $NQ \cdot RM$), in einer Geraden liegen, so sind die Spitzen des Sechsecks in einem Kegelschnitte enthalten.

Mittelst dieses Satzes lässt sich sehr leicht die Aufgabe lösen: *Zu fünf gegebenen Puncten einer Ebene, M, P, N, Q, O, noch andere Puncte der Ebene zu finden, welche in dem durch die gegebenen fünf zu beschreibenden Kegelschnitte liegen.* — Man ziehe durch O eine beliebige Gerade OB, suche

$$OB \cdot NP \equiv X, \quad MP \cdot OQ \equiv Y, \quad XY \cdot QN \equiv Z,$$

und es ist $ZM \cdot OB \equiv R$ ein sechster Punct des Kegelschnitts.

2) *Bei einem in einen Kegelschnitt beschriebenen Sechsecke liegen die drei Puncte, in denen sich je zwei gegenüberstehende Seiten desselben schneiden, in einer geraden Linie.*

Der Entdecker dieses sehr merkwürdigen Satzes ist Robert Simson. Siehe dessen *Sect. con.* V, 47.

§. 281. Zusätze. *a*) Aus dem letzteren Satze können auch die im Vorigen entwickelten Eigenschaften eines in einen Kegelschnitt beschriebenen Vierecks sehr leicht abgeleitet werden. Lässt man nämlich die zwei Endpuncte einer Seite RM des einbeschriebenen Sechsecks, in dem Kegelschnitte bis zum Zusammenfallen sich einander nähern, so wird die Seite selbst gleich Null, ihre Verlängerung aber zu einer Tangente des Kegelschnitts. Setzt man nun, dass eben so Q mit N zusammenfalle, so verwandelt sich das Sechseck in das einbeschriebene Viereck $MPNO$, und die drei Puncte, welche in einer Geraden liegen sollen, werden mit Anwendung der in §. 276 gebrauchten Bezeichnung für die Tangenten: $MP \cdot NO$, $PN \cdot OM$, $\mathrm{t}N \cdot \mathrm{t}M$; übereinstimmend mit Fig. 63 und 65, wenn man die dortigen A, B, C, D mit M, N, O, P vertauscht.

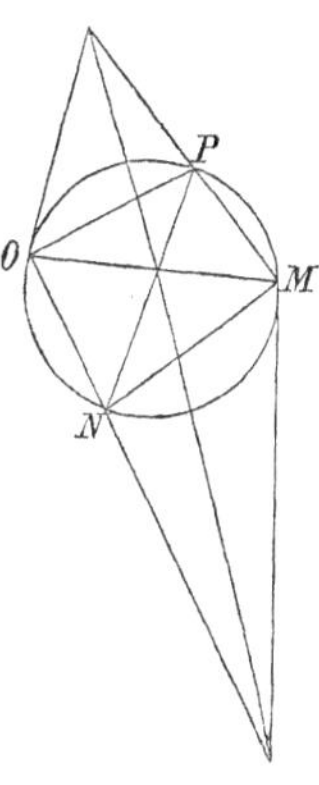

Fig. 67.

b) Die hierbei verschwindend angenommenen Seiten des Sechsecks sind zwei einander gegenüberstehende. Lässt man aber zwei solche Seiten in Null übergehen, die nur eine zwischen sich haben, z. B. QO und RM, so erhält man das Viereck $MPNO$ mit den drei in einer Geraden liegenden Puncten: $MP \cdot \mathrm{t}O$, $PN \cdot OM$, $NO \cdot \mathrm{t}M$. Siehe Fig. 67. Dies lässt sich folgendergestalt durch Worte ausdrücken:

Der Schneidepunct der Diagonalen eines in einen Kegelschnitt beschriebenen Vierecks $MNOP$ liegt in gerader Linie mit den zwei Puncten, in welchen die Tangenten an die Endpuncte einer Diagonale MO zwei gegenüberstehende Seiten MP, NO schneiden.

c) Wendet man diese Construction auf beide Paare gegenüberstehender Seiten und auf beide Diagonalen an, so erhält man den achteckigen Stern in Fig. 68, welcher sich folgendergestalt beschreiben lässt.

$ABCD$ ist ein Viereck in einem Kegelschnitte, $EFGH$ ein anderes um denselben, dessen Berührungspuncte die Spitzen des ersteren sind. Alsdann bilden die Durchschnitte der Seiten des einen mit den

Seiten des anderen Vierecks die Spitzen eines Achtecks MNOPQRST, dessen Seiten MN, NO, OP, ... abwechselnd in die Seiten des einen und des anderen Vierecks fallen, und welches nachstehende Eigenschaften besitzt:

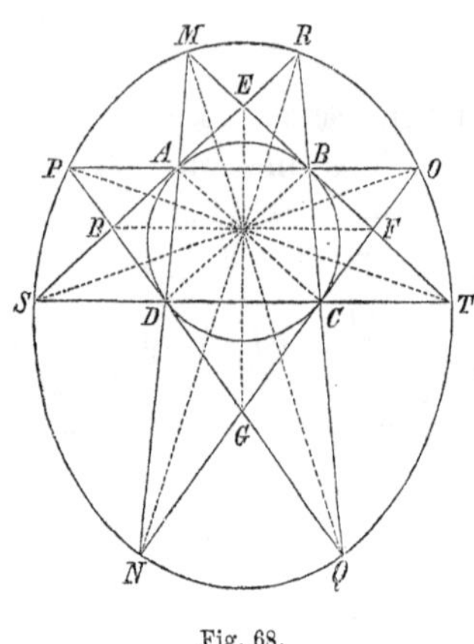

Fig. 68.

1) *Die vier Diagonalen beider Vierecke, AC, BD, EG, FH, schneiden sich in einem Puncte* (§. 276).

2) *In demselben Puncte treffen auch die vier Diagonalen durch die gegenüberstehenden Spitzen des Achtecks, MQ, NR, OS, PT, zusammen.* (Vorhergehender Satz.)

3) *Durch alle acht Spitzen des Achtecks lässt sich ein Kegelschnitt beschreiben.*

Dieses letztere kann so bewiesen werden. — Von dem Sechsecke $MNOPQR$ schneiden sich die gegenüberstehenden Seiten MN und PQ in D, NO und QR in C. Auch liegen nach dem vorigen Abschnitte dieses §. die drei Puncte

$$AB \cdot CD, \quad \text{t}A \cdot BC, \quad \text{t}B \cdot AD,$$

d. i.

$$OP \cdot CD, \qquad R, \qquad M,$$

und folglich $OP \cdot RM$, D, C, d. i. der Durchschnitt des dritten Paares gegenüberstehender Seiten mit den Durchschnitten des ersten und zweiten Paares in einer Geraden. Es sind folglich die sechs auf einander folgenden Spitzen des Achtecks, $M, N, \ldots, R$, in einem Kegelschnitte enthalten. Eben so werden auch die sechs auf einander folgenden Spitzen N, O, P, Q, R, S in einem Kegelschnitte liegen. Da nun diese letzteren sechs Puncte mit den sechs ersteren die fünf Puncte N, O, P, Q, R gemein haben, durch fünf Puncte aber nur Ein Kegelschnitt bestimmt wird, so müssen alle sieben Puncte $M, N, \ldots, S$ in einem Kegelschnitte liegen, und aus gleichem Grunde auch die sieben Puncte $N, O, \ldots, T$, und zwar in demselben wie die vorigen; mithin liegen alle acht Puncte $M, N, \ldots, T$ in einem und demselben Kegelschnitte.

§. 282. Wir wollen jetzt von dem Satze, dass die drei Durchschnitte der gegenüberliegenden Seiten eines in einen Kegelschnitt beschriebenen Sechsecks in gerader Linie liegen, den analogen aufsuchen. — Sei $ABCDEF$ (Fig. 69) ein in einen Kegelschnitt beschriebenes Sechseck. Man lege an die Spitzen desselben, A, B, C, etc. die Berührenden MG, GH, HI, etc.: so entsprechen sich AB und $tA \cdot tB \equiv G$, BC und $tB \cdot tC \equiv H$, CD und I, etc.; folglich $AB \cdot DE$ und GK, $BC \cdot EF$ und HL, $CD \cdot FA$ und IM. Da nun nach obigem Satze die drei Puncte $AB \cdot DE$, $BC \cdot EF$, $CD \cdot FA$ in einer Geraden liegen, so müssen sich die drei Geraden GK, HL, IM in einem Puncte schneiden (§. 275, 3); also:

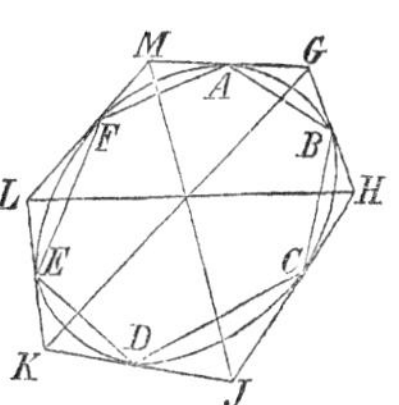

Fig. 69.

Beschreibt man um einen Kegelschnitt ein Sechseck, so schneiden sich die drei Diagonalen, welche die gegenüberliegenden Spitzen verbinden, in einem Puncte.

Dieser ebenfalls sehr merkwürdige, von Brianchon entdeckte Satz gilt auch umgekehrt, so dass, *wenn bei einem Sechsecke $GHIKLM$ die drei Diagonalen durch die gegenüberliegenden Spitzen, GK, HL, IM, sich in einem Puncte schneiden, in dasselbe ein Kegelschnitt beschrieben werden kann.* Denn berührte der an die fünf Seiten GH, HI, IK, KL, LM beschriebene Kegelschnitt (§. 261) nicht auch die sechste MG, so würde eine von G an denselben gelegte Tangente die Seite LM in einem von M verschiedenen Puncte M' schneiden. Mithin müsste, nach dem directen Satze, nächst IM auch IM' durch den Schneidepunct von GK und HL gehen, welches nicht möglich ist.

Hieraus fliesst zugleich eine leichte Methode, um, *wenn fünf Gerade GH, HI, IK, KL, LM gegeben sind, für den durch sie als Tangenten bestimmten Kegelschnitt so viel, als man will, noch andere Tangenten zu finden.* — Man nehme in LM einen beliebigen Punct M, und suche, weil H, I, K, L, als die Durchschnitte der ersten und zweiten, ..., vierten und fünften Tangente, gegeben sind, die Puncte

$$HL \cdot IM \equiv X, \quad KX \cdot GH \equiv G,$$

so ist MG die verlangte sechste Tangente.

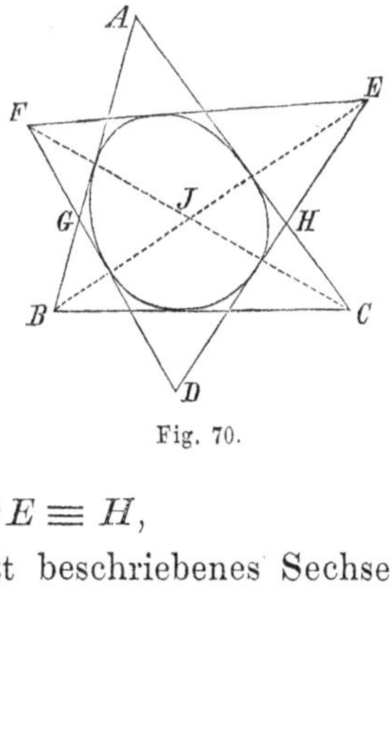

Fig. 70.

§. 283. Noch ein Paar andere Sätze mögen ihrer Eleganz wegen hier eine Stelle finden.

Seien ABC, DEF (Fig. 70) zwei um einen Kegelschnitt beschriebene Dreiecke. Man setze

$$AB \cdot DF \equiv G, \quad AC \cdot DE \equiv H,$$

so ist $BGFEHC$ ein um den Kegelschnitt beschriebenes Sechseck.

Mithin schneiden sich sich die drei Geraden BE, GH, FC in einem Puncte, oder wenn wir $BE \cdot FC \equiv I$ setzen: die drei Puncte G, H, I liegen in einer Geraden. Es sind aber diese drei Puncte dieselben, in denen sich die gegenüberstehenden Seiten des Sechsecks $ABEDFC$ schneiden. Mithin kann durch die Spitzen dieses Sechsecks (§. 280), d. i. durch die Spitzen der beiden Dreiecke ABC und DEF ein Kegelschnitt beschrieben werden; also:

Die sechs Spitzen zweier um einen Kegelschnitt beschriebenen Dreiecke liegen wiederum in einem Kegelschnitte.

Um für diesen Satz noch den entsprechenden zu entwickeln, so heissen die Berührungspuncte in den Seiten der beiden Dreiecke ABC, DEF (Fig. 71) nach den, den Seiten gegenüberstehenden, Spitzen: A', B', C', D', E', F'. Alsdann entsprechen sich A und $B'C'$, F und $D'E'$, folglich AF und $B'C' \cdot D'E' \equiv M$; auf gleiche Weise CD und $A'B' \cdot E'F' \equiv P$, folglich $AF \cdot CD$ und MP; eben so $BF \cdot CE$ und NQ; $BD \cdot AE$ und OR. Da nun die drei Puncte $AF \cdot CD$, $BF \cdot CE$, $BD \cdot AE$ in einer Geraden liegen, weil, wie vorhin erwiesen, die sechs Puncte A, B, ..., F in einem Kegelschnitte begriffen sind, so müssen sich die drei Geraden MP, NQ, OR in einem Puncte schneiden. Mithin kann in das Sechseck $MNOPQR$, d. h. in die beiden Dreiecke $A'B'C'$ und $D'E'F'$, deren Spitzen in einem Kegelschnitte liegen, wiederum ein Kegelschnitt beschrieben werden.

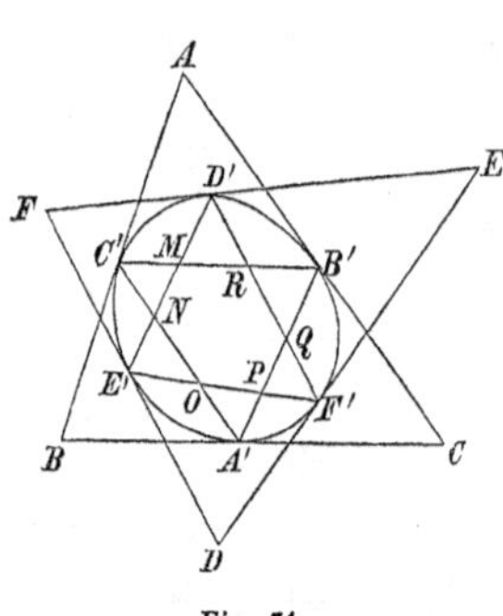

Fig. 71.

Die sechs Seiten zweier in einen Kegelschnitt beschriebenen Dreiecke sind die Tangenten eines zweiten Kegelschnitts.

Hier ist also der dem vorigen entsprechende Satz zugleich der umgekehrte desselben.

§. 284. Seien A, B, C, D, E, F sechs Puncte in der Ebene eines Kegelschnitts, a, b, c, d, e, f die diesen Puncten in Bezug auf den Kegelschuitt entsprechenden Geraden: so entsprechen sich auch AB und $a \cdot b$, BC und $b \cdot c$, etc.; folglich auch

$$AB \cdot DE \equiv I \text{ und } a \cdot b ^{-} d \cdot e \equiv i,$$

d. i. der Punct I und die durch die Puncte $a \cdot b$ und $d \cdot e$ geführte Gerade i, und eben so

$$BC \cdot EF \equiv K \text{ und } b \cdot c ^{-} e \cdot f \equiv k,$$
$$CD \cdot FA \equiv L \text{ und } c \cdot d ^{-} f \cdot a \equiv l.$$

Liegen folglich die Puncte I, K, L in einer Geraden, so schneiden sich die Geraden i, k, l in einem Puncte (§. 275, 3); d. h. nach §. 280 und §. 282:

Liegen sechs Puncte A, B, C, D, E, F in einem Kegelschnitte, so giebt es einen zweiten Kegelschnitt, der von den sechs ihnen entsprechenden Geraden berührt wird.

Es versteht sich übrigens von selbst, dass jeder dieser beiden Kegelschnitte von dem zuerst gedachten verschieden ist, rücksichtlich dessen die Puncte und Geraden sich gegenseitig entsprechend heissen. Auch sieht man leicht, dass dieser Satz nicht allein umgekehrt werden, sondern auch nach einer, der in §. 281, *c* angewendeten, ähnlichen Schlussart auf jede grössere Anzahl von Puncten und Geraden ausgedehnt werden kann, so dass allgemein, wenn sechs oder mehrere Puncte in einem Kegelschnitte liegen, die ihnen entsprechenden Geraden einen zweiten Kegelschnitt berühren, und umgekehrt. Es ist dieser Satz als ein Nachtrag zu den Sätzen 1), 2), 3) in §. 275 anzusehen. Nimmt man an, dass jeder der sechs oder mehreren Puncte ausserhalb des ursprünglichen Kegelschnitts liegt, so kann der Satz (vgl. §. 275 zu Anfang) allgemein verständlich so ausgesprochen werden:

Hat man einen Kegelschnitt und ausserhalb desselben sechs oder mehrere Puncte, welche in einem zweiten Kegelschnitte liegen, zieht man hierauf von jedem dieser Puncte an den ersten Kegelschnitt zwei Tangenten und verbindet die zwei Berührungspuncte jedes Tangentenpaares durch eine Gerade, so giebt es einen dritten Kegelschnitt, der von allen diesen letzteren Geraden berührt wird. Oder:

Bewegen sich zwei Tangenten eines Kegelschnitts so, dass ihr Durchschnittspunct in einem zweiten Kegelschnitte fortgeht, so bewegt sich die, die zwei Berührungspuncte verbindende, Gerade als Tangente eines dritten Kegelschnitts.

Umgekehrt: Legt man an einen Kegelschnitt sechs oder mehrere Tangenten, zieht sodann an einen zweiten Kegelschnitt, der von diesen Tangenten geschnitten wird, durch die Schneidepuncte neue Tangenten, so liegen die Durchschnitte, je zweier dieser letzteren Tangenten, welche durch eine und dieselbe der ersteren bestimmt werden, ebenfalls in einem Kegelschnitte. Oder:

Bewegen sich zwei Tangenten eines Kegelschnitts so, dass die Gerade durch die zwei Berührungspuncte als Tangente eines zweiten Kegelschnitts fortgeht, so beschreibt der Durchschnitt jener zwei Tangenten einen dritten Kegelschnitt.

Endlich ist noch zu bemerken, dass, so wie die den Puncten

eines Kegelschnitts entsprechenden Geraden einen zweiten Kegelschnitt berühren, auch die den Puncten des zweiten entsprechenden Geraden Tangenten des ersten sind. Denn seien A und B zwei Puncte des ersten, A' und B' zwei Puncte des zweiten, so genommen, dass tA' dem A und tB' dem B entspricht. Es entsprechen sich daher auch AB und t$A' \cdot$ tB'. Sind nun A und B einander unendlich nahe Puncte, so sind es auch A' und B'; alsdann aber wird AB verlängert zur Tangente, und der Punct t$A' \cdot$ tB' fällt mit A' oder B' selbst zusammen. Wenn daher von zwei solchen Kegelschnitten dem Puncte A des einen die an den andern durch den Punct A' desselben gelegte Tangente entspricht, so entspricht auch umgekehrt dem Puncte A' des anderen die an den ersten durch A gelegte Tangente.

Um sich dieses noch anschaulicher zu machen, betrachte man Fig. 72, wo durch den Kreis der Kegelschnitt vorgestellt ist, rücksichtlich dessen die Puncte und Geraden der Ebene sich gegenseitig entsprechen sollen, und wo die bei A und A' gezeichneten Bögen zwei Kegelschnitte andeuten, die in der eben gedachten Beziehung zu einander stehen. Von dem Puncte A des einen sind an den Kreis zwei Tangenten gelegt. Die, die Berührungspuncte derselben verbindende und daher dem A entsprechende, Gerade QS berührt den anderen Kegelschnitt in A'. Die von A' an den Kreis gelegten Tangenten haben in R und T ihre Berührungspuncte, und die daher dem A' entsprechende Gerade RT muss umgekehrt eine Tangente des ersteren Kegelschnitts in A sein. — Dies giebt uns schliesslich noch den Satz:

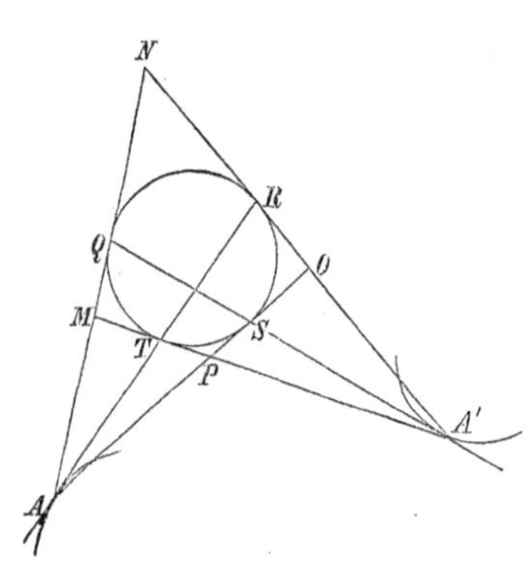

Fig. 72.

Wenn von einem um einen Kegelschnitt beschriebenen Vierecke $MNOP$ der Durchschnittspunct A des einen Paares gegenüberstehender Seiten MN, OP in einem Kegelschnitte liegt, und die Gerade TR durch die in dem anderen Seitenpaare MP, NO gelegenen Berührungspuncte, Tangente dieses zweiten Kegelschnitts am gedachten Durchschnittspuncte A ist, so liegt auch der Durchschnitt A' des anderen Seitenpaares in einem Kegelschnitte, und die Gerade QS durch die Berührungspuncte des ersten Seitenpaares ist Tangente dieses dritten Kegelschnitts am letzteren Durchschnitte A'.

Fünftes Capitel.

Allgemeinere Darstellung des gegenseitigen Entsprechens zwischen Puncten und geraden Linien.

---

§. 285. Im vorigen Capitel wurde gezeigt, wie in Bezug auf einen Kegelschnitt einem jeden Puncte in dessen Ebene eine gerade Linie und umgekehrt entsprach, und wie nach den Gesetzen dieses gegenseitigen Entsprechens aus einer grossen Anzahl von Eigenschaften der Kegelschnitte andere, analoge Eigenschaften derselben abgeleitet werden konnten. Diese Ableitung analoger Sätze ist aber nicht allein auf Eigenschaften der Kegelschnitte anwendbar. Auch bei bloss geradlinigen Figuren kann für jede Eigenschaft der dritten Classe, wonach gewisse Puncte in einer Geraden liegen, oder gewisse Gerade sich in einem Puncte schneiden, eine analoge Eigenschaft aufgestellt werden, wo Puncte mit Geraden gegenseitig vertauscht sind.

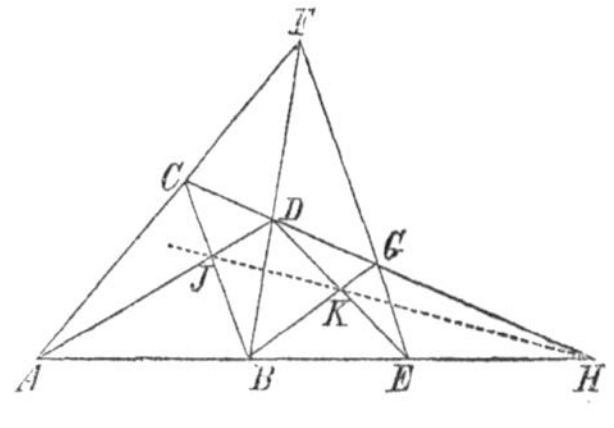

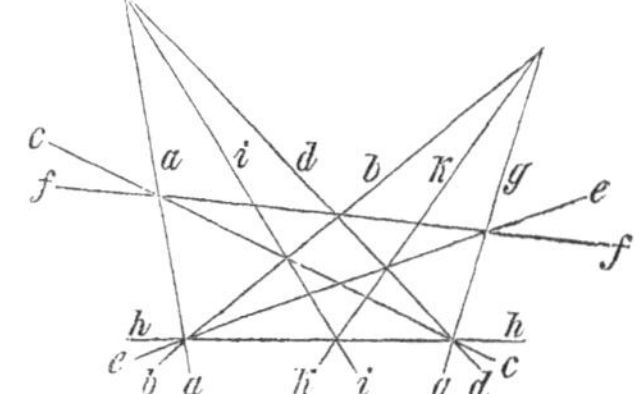

Fig. 73.

Hat man z. B. drei sich in F (Fig. 73) schneidende Gerade, und werden diese von zwei anderen Geraden resp. in A, B, E und C, D, G geschnitten, so liegt der Durchschnitt H der beiden letzteren mit den Durchschnitten I und K der Diagonalen der beiden Vierecke $ABDC$ und $BEGD$ in gerader Linie; und dieses aus dem einfachen Grunde, weil die Linie BD in F und in dem Durchschnitte mit HI sowohl als mit HK harmonisch getheilt wird.

Diese Figur kann also construirt werden, indem man in einer Geraden drei beliebige Puncte A, B, E nimmt, und ausserhalb dieser Geraden nach Willkür noch zwei andere Puncte C, D. Die übrigen Puncte sind alsdann:

$$F \equiv AC \cdot BD, \quad G \equiv CD \cdot EF,$$
$$H \equiv AB \cdot CD, \quad I \equiv AD \cdot BC, \quad K \equiv BG \cdot DE,$$

von denen die drei letzteren in einer Geraden liegen.

Nimmt man nun auf analoge Weise drei sich in einem Puncte schneidende Gerade a, b, e und noch irgend zwei andere Gerade c, d, und bestimmt hieraus die Geraden:

$$f \equiv ac^{\frown} bd, \quad g \equiv cd^{\frown} ef,$$
$$h \equiv ab^{\frown} cd, \quad i \equiv ad^{\frown} bc, \quad k \equiv bg^{\frown} de,$$

d. h. die Gerade f, geführt durch die Durchschnitte von a mit c und von b mit d, u. s. w., so müssen sich h, i, k in einem Puncte schneiden.

Um dieses einzusehen, beschreibe man in der Ebene der letzteren Figur irgend einen Kegelschnitt und suche in Bezug auf denselben die den Geraden a, b, ..., k der Figur entsprechenden Puncte, und man wird somit ein System von Puncten A', B', ..., K' erhalten, welches hinsichtlich der Vertheilung der Puncte in gerade Linien von derselben Beschaffenheit ist, wie es das anfängliche war, und wo erwiesenermassen die drei Puncte H, I, K in einer Geraden lagen. Folglich müssen es auch H', I', K', und daher h, i, k in einem Puncte zusammenkommen.

Man sieht nun leicht, wie diese Beweisführung auch bei jeder anderen geradlinigen Figur anwendbar ist, und dass man daher folgendes allgemeine Theorem aufstellen kann:

Aus jedem Satze, nach welchem bei einem Systeme willkürlich genommener Puncte und gerader Linien in einer Ebene durch fortgesetzte Verbindung der Puncte und der Durchschnitte der Linien andere Puncte und Linien gefunden werden, von denen gewisse drei der ersteren in einer Linie liegen, oder gewisse drei der letzteren sich in einem Puncte schneiden, lässt sich ein anderer Satz ableiten, indem man Puncte mit Linien und das Liegen in einer Linie mit dem Zusammentreffen in einem Puncte gegenseitig verwechselt.

§. 286. Dieses merkwürdige, aus den Eigenschaften der Kegelschnitte gewonnene, jetzt aber ohne alle Beziehung auf diese Curven hingestellte Resultat muss sich nun, so wie es bloss die gegenseitige Lage von Puncten und Geraden betrifft, auch bloss aus der Theorie der geraden Linie ableiten lassen. — Wir schlagen hierzu folgenden analytischen Weg ein.

Der Ausdruck für eine gerade Linie, welche die Fundamentallinien in den Puncten $\gamma B - \beta C$, $\alpha C - \gamma A$, $\beta A - \alpha B$ (§. 39, a)

schneidet, also der allgemeine Ausdruck einer Geraden in einer Ebene, lässt sich unter der Form darstellen:

$$\frac{1-v}{\alpha} A - \frac{1}{\beta} B + \frac{v}{\gamma} C,$$

die sich für $v = 1$, ∞, 0 auf jene drei Puncte reducirt. — Man habe nun in der Ebene ABC einen Punct

$$X \equiv \varphi \alpha A + \chi \beta B + \psi \gamma C,$$

und eine durch denselben gelegte Gerade

$$(x) \qquad \frac{1-v}{p} \alpha A - \frac{1}{q} \beta B + \frac{v}{r} \gamma C,$$

wo $\frac{p}{\alpha}$, $\frac{q}{\beta}$, $\frac{r}{\gamma}$ statt der vorigen α, β, γ gesetzt sind. Hierzu ist nöthig, dass:

$$\varphi : \chi : \psi = \frac{1-v}{p} : -\frac{1}{q} : \frac{v}{r},$$

folglich

$$p\varphi : q\chi : r\psi = 1 - v : -1 : v,$$

und daher

$$p\varphi + q\chi + r\psi = 0.$$

Diese Bedingung, unter welcher X in x liegt, ist also nicht von A, B, C und α, β, γ, sondern nur von p, q, r und φ, χ, ψ, und zwar von den drei ersteren Coefficienten eben so, wie von den drei letzteren, abhängig. Dieselbe Bedingungsgleichung wird daher auch stattfinden müssen, wenn in einer zweiten Ebene $A'B'C'$ die Gerade

$$(x') \qquad \frac{1-v}{\varphi} \alpha' A' - \frac{1}{\chi} \beta' B' + \frac{v}{\psi} \gamma' C'$$

durch den Punct

$$X' \equiv p \alpha' A' + q \beta' B' + r \gamma' C'$$

gehen soll.

Man setze demnach die Puncte und die Geraden beider Ebenen wechselseitig in eine solche Beziehung, dass jedem Puncte der Ebene ABC

$$X \equiv \varphi \alpha A + \ldots$$

die Gerade

$$(x') \qquad \frac{1-v}{\varphi} \alpha' A' + \ldots$$

in der Ebene $A'B'C'$, und umgekehrt jedem Puncte der letzteren Ebene

$$X' \equiv p \alpha' A' + \ldots$$

die Gerade

$$(x) \qquad \frac{1-v}{p} \alpha A + \ldots$$

in der ersteren entspricht. Alsdann wird immer, wenn man in der einen Ebene willkürlich einen Punct X nimmt und durch diesen eine beliebige Gerade x zieht, in der anderen Ebene die dem Puncte X entsprechende Gerade x' durch den der Geraden x entsprechenden Punct X' gehen. Hieraus ist, eben so wie in §. 275, weiter zu folgern, dass, wenn X, Y zwei Puncte in der einen und x', y' die ihnen entsprechenden Geraden in der anderen Ebene sind, dem Durchschnitte $x' \cdot y'$ der letzteren die Gerade XY durch die beiden ersteren entspricht, und dass, wenn drei oder mehrere Puncte X, Y, Z, ... der einen Ebene in einer Geraden liegen, die ihnen entsprechenden Geraden x', y', z', ... in der anderen Ebene sich in einem Puncte schneiden müssen, und umgekehrt.

Mittelst dieser Beziehungen ergiebt sich nun die Richtigkeit des obigen Theorems von selbst. Construirt man nämlich in der einen Ebene die Figur des zu beweisenden analogen Satzes und sucht für die Puncte und die Geraden dieser Figur die entsprechenden Geraden und Puncte in der anderen Ebene, so wird man die Figur des ursprünglichen Satzes erhalten und somit rückwärts aus den schon bewiesenen Eigenschaften dieser letzteren Figur auf die analogen Eigenschaften der ersteren einen Schluss machen können.

§. 287. Eine unmittelbare Folge des Vorigen ist, dass, wenn in der einen Ebene ein Punct X in einer Geraden x fortgeht, die dem X entsprechende Gerade x' in der anderen Ebene sich um einen festen Punct, um den der Geraden x entsprechenden X', bewegt. Wird aber vom ersteren Puncte X irgend eine krumme Linie beschrieben, so werden sich je zwei nächstfolgende Lagen der entsprechenden Geraden x' in einem immer anderen Puncte X' schneiden, welcher umgekehrt dem Curvenelemente, oder vielmehr der Verlängerung x desselben, entspricht, das während dessen der Punct X beschrieben hat; oder mit anderen Worten: die Gerade x' bewegt sich als Tangente einer zweiten Curve, und ihr Berührungspunct X' mit derselben entspricht der an die erste Curve in X gelegten Tangente x. Jeder Curve in der einen Ebene gehört also eine Curve in der anderen, und jedem Puncte in der ersteren Curve ein Punct in der letzteren zu, dergestalt, dass immer der eine Punct der an den zugehörigen anderen Punct gelegten Tangente entspricht. Vergl. §. 284.

Um die Relation zwischen den Ausdrücken zweier sich auf solche Weise zugehörigen Curven zu finden, so seien (mit Weglassung von α, β, ..., γ')

$$\text{I)} \qquad pA + qB + rC,$$
$$\text{I*)} \qquad p_{,}A + q_{,}B + r_{,}C$$

zwei nächstfolgende Puncte der einen Curve, und daher

$$\text{II)} \qquad \frac{1-v}{p}A' - \frac{1}{q}B' + \frac{v}{r}C',$$
$$\text{II*)} \qquad \frac{1-w}{p_{,}}A' - \frac{1}{q_{,}}B' + \frac{w}{r_{,}}C'$$

die diesen Puncten entsprechenden, zwei nächstfolgenden Tangenten der anderen Curve. Der gegenseitige Durchschnitt dieser Tangenten, also der dem Puncte I) in der ersten Curve zugehörige Punct in der zweiten, sei

$$\text{III)} \qquad sA' + tB' + uC';$$

so hat man, weil III) sowohl in II) als in II*) liegen soll, die Gleichungen (voriger §.):

$$ps + qt + ru = 0, \quad p_{,}s + q_{,}t + r_{,}u = 0,$$

und daher

$$s : t : u = qr_{,} - q_{,}r : rp_{,} - r_{,}p : pq_{,} - p_{,}q.$$

Denkt man sich nun p, q, r als Functionen einer Veränderlichen x, so ist:

$$p_{,} = p + \frac{dp}{dx}dx, \quad q_{,} = q + \frac{dq}{dx}dx, \quad r_{,} = r + \frac{dr}{dx}dx,$$

folglich

$$s : t : u = q\frac{dr}{dx} - r\frac{dq}{dx} : \text{etc.}$$

und es wird hierdurch

$$\text{III)} \quad \left(q\frac{dq}{dx} - r\frac{dq}{dx}\right)A' + \left(r\frac{dp}{dx} - p\frac{dr}{dx}\right)B' + \left(p\frac{dq}{dx} - q\frac{dp}{dx}\right)C',$$

welches daher zugleich den Ausdruck für die der Curve I) zugehörige Curve vorstellt.

Ist die Linie I) von der zweiten Ordnung, so hat man (§. 59)

$$p = a + a'x + a''x^2, \quad q = b + b'x + b''x^2, \quad r = c + c'x + c''x^2,$$

folglich

$$\frac{dp}{dx} = a' + 2a''x, \quad \frac{dq}{dx} = b' + 2b''x, \quad \frac{dr}{dx} = c' + 2c''x,$$

wodurch, wie man leicht sieht, die Coefficienten in III) ebenfalls von quadratischer Form werden. Die einem Kegelschnitte zugehörige Curve ist daher gleichfalls ein Kegelschnitt; d. h. liegen sechs oder mehrere Puncte in einem Kegelschnitte, so sind die ihnen entsprechenden Geraden Tangenten eines zweiten Kegelschnitts, und umgekehrt. Vergl. §. 284.

Anmerkung. Da die Curven I) und III) sich gegenseitig zugehören, so müssen eben so, wie aus den Coefficienten in I) die Coefficienten in III) entstehen, aus den letzteren wieder die ersteren zum Vorschein kommen; d. h., wenn man

$$1)\qquad \begin{aligned} q\,dr - r\,dq &= s\,dx \\ r\,dp - p\,dr &= t\,dx \\ p\,dq - q\,dp &= u\,dx \end{aligned}$$

setzt, so müssen sich verhalten:

$$t\,du - u\,dt : u\,ds - s\,du : s\,dt - t\,ds = p : q : r.$$

Um dieses durch Rechnung zu zeigen, addire man die drei Gleichungen 1), nachdem man sie vorher resp. mit dp, dq, dr multiplicirt hat, und es kommt:

$$2)\qquad s\,dp + t\,dq + u\,dr = 0.$$

Multiplicirt man ferner die Gleichungen 1) resp. mit p, q, r und addirt sie hierauf, so erhält man:

$$3)\qquad ps + qt + ru = 0,$$

und wenn man vom Differential dieser Gleichung die Gleichung 2) abzieht:

$$4)\qquad p\,ds + q\,dt + r\,du = 0.$$

Hieraus aber folgt in Verbindung mit 3) die zu erweisende Proportion.

§. 288. Wenn die Puncte und Geraden zweier Ebenen nach dem Gesetze, dass dreien Puncten in einer Geraden drei sich in einem Puncte schneidende Gerade entsprechen, auf einander bezogen werden sollen, so fragt es sich zunächst: wie viel Puncte in der einen und ihnen entsprechen sollende Gerade in der anderen Ebene anfangs nach Willkür genommen werden können. Die Antwort hierauf ergiebt sich schon aus dem Theorem des §. 285.

Denn nur dann erst, wenn vier Puncte in der einen Ebene eben so viel Geraden in der anderen entsprechend gesetzt worden, ist es möglich, durch fortgesetzte Verbindung mit geraden Linien noch andere Paare sich entsprechender Puncte und Geraden zu finden. Man construire daher aus ersteren vier Puncten ein geometrisches Netz und suche für die Puncte und Linien desselben nach der jetzigen Beziehungsart die entsprechenden Linien und Puncte in der anderen Ebene*). Da nun, wenn drei Puncte eines

---

*) Werden den Puncten

$$A,\ B,\ C,\ D$$

die Linien

$$a,\ b,\ c,\ d$$

entsprechend gesetzt, so entsprechen ferner den Linien

$$AB,\ AC,\ AD,\ BC,\ BD,\ CD$$

die Puncte

$$ab,\ ac,\ ad,\ bc,\ bd,\ cd;$$

Netzes in einer Geraden liegen, oder drei Gerade desselben sich in einem Puncte schneiden, dieses unabhängig von der gegenseitigen Lage der vier Hauptpuncte und folglich immer geschieht, wie auch die vier Hauptpuncte genommen werden mögen, denn alle Netze sind einander collinear verwandt: so werden auch nach dem Satze in §. 285 die solchen drei Puncten (Geraden) entsprechenden Geraden (Puncte) sich in einem Puncte schneiden (in einer Geraden liegen). Da man ferner nach §. 205 durch fortgesetzte Verbindung von vier Puncten in einer Ebene zu jedem fünften Puncte der Ebene entweder vollkommen gelangen, oder doch demselben unendlich nahe kommen kann, so wird sich auf diese Weise für jeden Punct oder Gerade der ersten Ebene die entsprechende Gerade oder Punct in der zweiten finden lassen. Dasselbe wird man aber auch in der zweiten Ebene hinsichtlich der ersten vermögen, weil durch vier in einer Ebene beliebig gezogene Gerade nicht mehr, als vier von einander unabhänge Puncte bestimmt werden, und weil folglich die Figur, welche durch fortgesetzte Verbindung der Durchschnitte dieser Geraden entsteht, von einem aus vier Hauptpuncten abgeleiteten Netze nicht verschieden sein kann. Also:

Nimmt man in einer Ebene vier Puncte, von denen keine drei in einer Geraden liegen, und setzt diesen vier in einer Ebene enthaltene Gerade entsprechend, von denen keine drei sich in einem Puncte schneiden, so lässt sich für jeden anderen Punct oder Gerade der einen Ebene eine entsprechende Gerade oder Punct in der anderen Ebene angeben, dergestalt, dass, wenn drei Puncte der einen Ebene in einer Geraden liegen, die ihnen entsprechenden drei Geraden sich in einem Puncte schneiden, und umgekehrt.

§. 289. Zusätze. *a*) Dasselbe Resultat kann auch leicht aus den Formeln in §. 286 abgeleitet werden. Setzt man nämlich

$$\alpha A + \beta B + \gamma C \equiv D,$$

so sind A, B, C, D vier von einander unabhängige Puncte, und eben so werden auch die ihnen entsprechenden Geraden von ein-

---

den Puncten

$$AB \cdot CD,\ AC \cdot BD,\ AD \cdot BC$$

die Linien

$$ab^{-}cd,\quad ac^{-}bd,\quad ad^{-}bc;$$

den Linien

$$(AB \cdot CD)^{-}(AC \cdot BD),\ (AB \cdot CD)^{-}(AD \cdot BC),$$

etc., die Puncte

$$(ab^{-}cd) \cdot (ac^{-}bd),\qquad (ab^{-}cd) \cdot (ad^{-}bc),$$

etc., und so fort ohne Ende.

ander ganz unabhängig sein. In der That geht der Ausdruck für X in den Punct A über, wenn man χ und $\psi = 0$ setzt. Hierdurch verschwindet in dem Ausdrucke der entsprechenden Linie x' der Coefficient von A' gegen die Coefficienten von B' und C', und der Ausdruck stellt die Linie $B'C'$ dar. Dem Puncte A entspricht also die Linie $B'C'$, welche a heisse, und eben so den Puncten B, C die Linien $C'A'$, $A'B'$, welche man b, c nenne. Für $\varphi = \chi = \psi$ endlich erhält man den Punct

$$\alpha A + \beta B + \gamma C \equiv D$$

und die entsprechende Linie

$$(1 - v)\alpha' A' - \beta' B' + \gamma' v C',$$

welche d heisse. Da man nun die Puncte A', B', C' und die Coefficienten α', β', γ' nach Belieben bestimmen kann, so bleiben auch die vier Linien a, b, c, d der Willkür überlassen. Hat man aber diese vier Linien und jene vier Puncte bestimmt, so sind damit auch die Coefficienten α, β, γ, α', β', γ' festgesetzt, und es kann nun, den Formeln in §. 286 zufolge, jedem Puncte und jeder Geraden der einen Ebene nur eine bestimmte Gerade und ein bestimmter Punct in der anderen entsprechen.

b) Hat man aus den anfänglichen vier Puncten A, .., D und den ihnen entsprechend gesetzten Geraden a, .., d zu irgend vier anderen Puncten I, K, L, M der einen Ebene die ihnen entsprechenden Geraden i, k, l, m in der anderen gefunden, so wird man durch fortgesetzte Verbindung der Puncte I, .., M und der Durchschnitte der Geraden i, .., m zu keinen anderen Paaren sich entsprechender Puncte und Geraden gelangen, als die sich schon aus A, .., D und a, .., d erhalten lassen; oder mit anderen Worten: jede vier Puncte der einen Ebene können als die anfänglichen vier Puncte, und die ihnen entsprechenden Geraden in der anderen Ebene als die anfangs ihnen entsprechend gesetzten Geraden betrachtet werden.

§. 290. Wenn die Puncte zweier Ebenen nach dem Gesetze der Collineationsverwandtschaft auf einander bezogen werden, so ist jedes Doppelschnittsverhältniss in der einen Ebene dem aus den entsprechenden Puncten der anderen Ebene gebildeten Doppelschnittsverhältnisse gleich (§. 221, 2). Der unverkennbare genaue Zusammenhang zwischen der Collineationsverwandtschaft und der Art und Weise, nach welcher wir gegenwärtig die Puncte und Geraden zweier Ebenen auf einander beziehen, berechtigt uns zu der Erwartung, dass auch bei letzterer Art eine solche Gleichheit der Doppelschnittsverhältnisse anzutreffen sein werde.

Ein Doppelschnittsverhältniss wird durch vier in einer Geraden liegende Puncte gebildet, denen gegenwärtig vier in einem Puncte sich schneidende Gerade entsprechen. Da nun durch vier solche Gerade jede fünfte Gerade nach einem und demselben Doppelschnittsverhältnisse getheilt wird, so werden wir zu untersuchen haben, ob dieses letztere, durch vier sich in einem Puncte treffende Gerade bestimmte, Doppelschnittsverhältniss mit dem von den erstgedachten vier Puncten gebildeten von gleichem Werthe ist.

Nach §. 286 entspricht dem Puncte

$$\varphi \alpha A + \chi \beta B + \psi \gamma C$$

die Gerade

$$\frac{1-v}{\varphi} \alpha' A' - \frac{1}{\chi} \beta' B' + \frac{v}{\psi} \gamma' C',$$

oder, wenn man statt v eine andere Veränderliche x einführt, so dass $v = \psi x$ ist, die Gerade

$$\frac{1-\psi x}{\varphi} \alpha' A' - \frac{1}{\chi} \beta' B' + x \gamma' C'.$$

Setzt man nun $\psi = 0$, so entspricht dem Puncte $\varphi \alpha A + \chi \beta B$ die Gerade

$$\frac{1}{\varphi} \alpha' A' - \frac{1}{\chi} \beta' B' + x \gamma' C',$$

oder

$$\chi \alpha' A' - \varphi \beta' B' + y C',$$

wo $y = \varphi \chi \gamma' x$, mithin auch dem Puncte $\alpha A + \beta B$ die Gerade

$$\alpha' A' - \beta' B' + y C'$$

für $\varphi = \chi$, und, wie schon in §. 289, *a* bemerkt worden, den Puncten A, B die Geraden $B'C'$, AC', wenn man resp. $\chi = 0$, $\varphi = 0$ nimmt. Man setze demnach (Fig. 74):

$$\alpha A + \beta B \equiv F, \quad \alpha' A' - \beta' B' \equiv F',$$
$$\varphi \alpha A + \chi \beta B \equiv G, \quad \chi \alpha' A' - \varphi \beta' B' \equiv G',$$

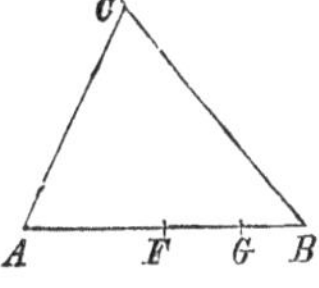

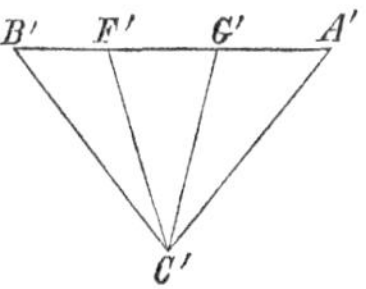

Fig. 74.

so entsprechen den vier in einer Geraden liegenden Puncten A, B, F, G die vier in einem Puncte zusammenkommenden Geraden $B'C'$, $A'C'$, $F'C'$, $G'C'$, welche von einer fünften Geraden $A'B'$ in den Puncten B', A', F', G' geschnitten werden. Aus den Ausdrücken für F, G, F', G' folgt aber die erwartete Gleichheit der Doppelschnittsverhältnisse:

$$(A,\ B,\ F,\ G) = (B',\ A',\ F',\ G') = \varphi : \chi.$$

Bei dem ersten derselben sind A und B zwei der vier anfänglichen Puncte A, .., D selbst, F der Durchschnitt von AB mit CD, G ein beliebiger anderer Punct in AB, und mithin die vier in einer Geraden liegenden Puncte A, .., G von einander ganz unabhängig. Auf ähnliche Art sind die vier sich in einem Puncte schneidenden Geraden $B'C'$, .., $G'C'$, deren Durchschnitte mit einer fünften Geraden die vier Puncte des zweiten Doppelschnittsverhältnisses abgeben, mit den vier anfänglichen Geraden a, .., d zum Theil identisch und zum Theil durch sie bestimmt, von einander selbst aber unabhängig. Da nun (§. 289, b) auch je vier andere Puncte und die ihnen entsprechenden Geraden zu den anfänglichen Puncten und Geraden genommen werden können, so muss jene Gleichheit der Doppelschnittsverhältnisse ganz allgemein stattfinden, und wir haben daher folgenden Satz:

Werden die Puncte und Geraden zweier Ebenen dergestalt auf einander bezogen, dass je dreien Puncten der einen Ebene, welche in einer Geraden liegen, in der anderen Ebene drei sich in einem Puncte schneidende Gerade entsprechen, so ist jedes Doppelschnittsverhältniss der einen Ebene gleich dem Doppelschnittsverhältnisse, nach welchem in der anderen die den vier Puncten des ersteren entsprechenden vier Geraden von jeder fünften Geraden geschnitten werden.

§. 291. Was jetzt von der Gleichheit der Doppelschnittsverhältnisse gezeigt wurde, wollen wir nunmehr auf die Vieleckschnittsverhältnisse auszudehnen suchen. Hierzu ist folgender Satz vorauszuschicken nöthig.

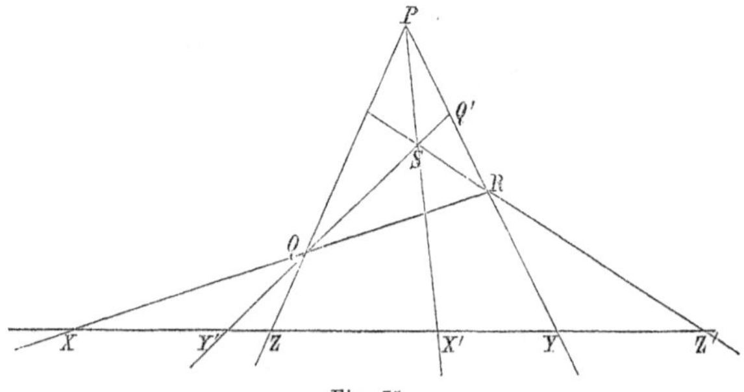

Fig. 75.

Werden die drei Spitzen eines Dreiecks PQR (Fig. 75) *mit einem vierten in der Ebene desselben liegenden Puncte S durch Gerade ver-*

bunden, und wird eine beliebige andere Gerade der Ebene von den Seiten des Dreiecks QR, RP, PQ in X, Y, Z und von jenen drei Geraden PS, QS, RS in X', Y', Z' geschnitten, so ist immer das Dreieckschnittsverhältniss

$$(YX' : X'Z)(ZY' : Y'X)(XZ' : Z'Y) = -1.$$

Beweis. Man setze $RP \cdot QS \equiv Q'$. Alsdann schneiden sich $Q'Y$, QZ, SX' in einem Puncte P, und es ist folglich (§. 188):

$$(Q', Q, S, Y') = (Y, Z, X', Y'),$$

und eben so

$$(Q', Q, Y', S) = (Y, X, Y', Z'),$$

weil $Q'Y$, QX, SZ' sich in einem Puncte R treffen. Multiplicirt man diese zwei Gleichungen in einander, so kommt (§. 184, II):

$$1 = (Y, Z, X', Y')\,(Y, X, Y', Z') = \frac{YX'}{X'Z} \cdot \frac{ZY'}{Y'Y} \cdot \frac{YY'}{Y'X} \cdot \frac{XZ'}{Z'Y}$$
$$= -(YX' : X'Z)(ZY' : Y'X)(XZ' : Z'Y),$$

wie zu erweisen war.

§. 292. So wie bei diesem und dem vorigen Satze, so werden wir es auch in dem Folgenden mit einem Systeme gerader Linien zu thun haben, welche alle von einer anderen, nach Belieben zu ziehenden Geraden geschnitten werden. Der Kürze willen sollen dabei durch die für jene Linien gewählten Buchstaben zugleich auch die Durchschnitte derselben mit der willkürlichen Geraden ausgedrückt werden, — auf analoge Art, wie bei den barycentrischen Formeln die Uncialbuchstaben nicht blosse Puncte, sondern Abschnitte paralleler Geraden mit einer willkürlich zu legenden Ebene bezeichnen. — Die Sätze der beiden vorigen §§. lassen sich hiernach kurz so darstellen:

1) Sind A, B, F, G vier in einer Geraden liegende Puncte und a, b, f, g die ihnen entsprechenden Geraden, welche sich daher in einem Puncte schneiden, so ist:

I) $$(A, B, F, G) = (a, b, f, g).$$

2) Sind p, q, r drei Gerade in einer Ebene, und werden in derselben Ebene durch die Durchschnitte von q und r, von r und p, von p und q resp. die Geraden p', q', r' gelegt, welche sich in einem Puncte schneiden, so ist:

II) $$(qp' : p'r)(rq' : q'p)(pr' : r'q) = -1.$$

§. 293. Seien nun, um zu den Dreieckschnittsverhältnissen überzugehen, D, E, F (Fig. 76) die Schneidepuncte der Seiten

$BC, \ldots$ des Dreiecks ABC, also das Dreieckschnittsverhältniss selbst:

$$(BD : DC)(CE : EA)(AF : FB) = \varDelta.$$

Die den Puncten $A, \ldots, F$ entsprechenden Geraden heissen $a, \ldots, f$, von denen daher b, c, d; c, a, e; a, b, f, je drei besonders, sich in einem Puncte schneiden. Man setze $AB \cdot DE \equiv G$, so entspricht diesem Puncte die Linie $ab^{-}de$, welche g heisse, und man hat (§. 198, 2):

$$(BD : DC)(CE : EA)(AG : GB) = -1.$$

Hierdurch wird

$$\varDelta = -(AF : FB)(BG : GA) = -(A, B, F, G)$$
$$= -(a, b, f, g) \text{ (voriger §. I) } = -(af : fb)(bg : ga).$$

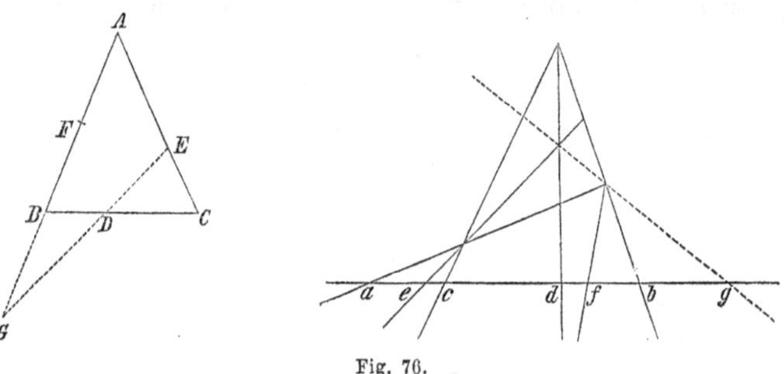

Fig. 76.

Es ist ferner nach II), weil d, e, g sich in einem Puncte schneiden und resp. durch die Durchschnitte von b mit c, c mit a, a mit b gehen:

$$(bd : dc)(ce : ea)(ag : gb) = -1.$$

Hierdurch reducirt sich der letzterhaltene Ausdruck für $\varDelta$ auf:

$$\varDelta = (bd : dc)(ce : ea)(af : fb),$$

der, wie man sieht, eben so aus $a, \ldots, f$ zusammengesetzt ist, als es der anfängliche aus $A, \ldots, F$ war. — Man kann dieses Resultat folgendergestalt in Worte fassen:

Hat man in einer Ebene drei gerade Linien a, b, c, und drei andere Gerade d, e, f, welche durch die gegenseitigen Durchschnitte der drei ersteren gehen, d durch den Schneidepunct von b mit c, etc.: so ist das Dreieckschnittsverhältniss, nach welchem in einer noch anderen Geraden z, die zwischen b und c, zwischen c und a, zwischen a und b enthaltenen Theile derselben, resp. von d, e, f geschnitten werden, für jede Lage von z von derselben Grösse. — Es ist nämlich dieses Dreieckschnittsverhältniss gleich dem Dreieckschnittsverhältnisse, nach welchem die Seiten $BC, \ldots$ eines Dreiecks ABC resp.

in D, E, F getheilt werden, wenn A, ..., F die den Linien a, ..., f entsprechenden Puncte sind.

In dem besonderen Falle, wo d, e, f sich in einem Puncte schneiden, und daher D, E, F in einer Geraden liegen, wird das letztere Dreieckschnittsverhältniss und folglich auch das erstere $= -1$; und man kommt somit auf den Satz des §. 291 zurück.

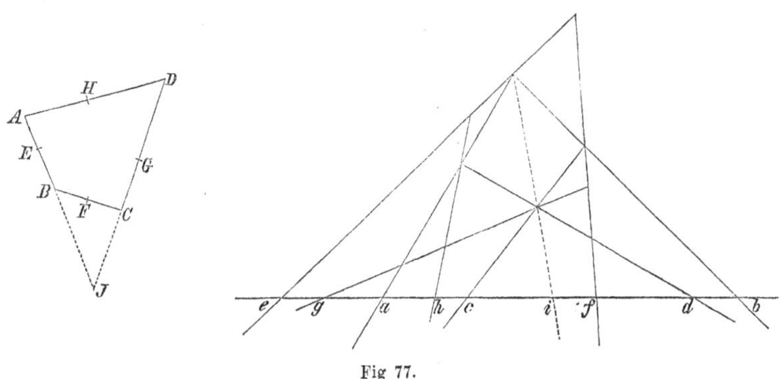

Fig 77.

§. 294. Seien jetzt E, F, G, H (Fig. 77) die Schneidepuncte der Seiten AB, .., DA eines ebenen Vierecks $ABCD$, und die diesen acht Puncten entsprechenden Linien: a, ..., h, von denen daher a, b, e; b, c, f; c, d, g; d, a, h, je drei besonders, in einem Puncte sich treffen. Man setze $AB \cdot CD \equiv I$ und eben so $ab \frown cd \equiv i$; alsdann ist, nach dem vorigen Satze, für das Dreieck DAI mit den Schneidepuncten E, G, H:

$$(AE : EI)(IG : GD)(DH : HA) = (ae : ei)(ig : gd)(dh : ha),$$

und für das Dreieck CIB mit den Schneidepuncten E, F, G:

$$(IE : EB)(BF : FC)(CG : GI) = (ie : eb)(bf : fc)(cg : gi);$$

und wenn man diese Gleichungen mit einander multiplicirt:

$$(AE : EB)(BF : FC)(CG : GD)(DH : HA)$$
$$= (ae : eb)(bf : fc)(cg : gd)(dh : ha),$$

eine Relation, welche der vorhin für die Dreieckschnittsverhältnisse gefundenen vollkommen analog ist. Auf eben die Art wird man nun weiter vom Viereck- zum Fünfeckschnittsverhältnisse und so fort übergehen können, und damit folgenden allgemeinen Satz erhalten:

Heissen a, b, c, ... die Seiten eines ebenen Vielecks, und m, n, o, ... die Seiten eines um dasselbe beschriebenen Vielecks, so dass a und b in m, b und c in n, etc. sich schneiden. Wird nun in der Ebene eine beliebige andere Gerade z gezogen, so ist das Vieleckschnittsverhältniss, nach welchem die von je zwei auf einander folgenden Seiten *des ersteren Vielecks, a und b, b und c, etc. in der Linie z abgeschnittenen Theile durch die Seiten des letzteren Vielecks, m, n, ... resp. getheilt werden, für jede Lage von z von einerlei Grösse.* — Es ist nämlich dem Vieleckschnittsverhältnisse $(AM:MB)(BN:NC)\ldots$ gleich, nach welchem die Seiten des Vielecks $ABC\ldots$ von den Spitzen des in dasselbe beschriebenen Vielecks $MNO\ldots$ getheilt werden, wenn A, B, .., M, N, .. die den Geraden a, b, .., m, n, .. entsprechenden Puncte sind. Oder:

Werden die Puncte und Geraden zweier Ebenen dergestalt auf einander bezogen, dass je drei Puncten in einer Geraden der einen Ebene drei sich in einem Puncte schneidende Gerade in der anderen Ebene entsprechen, so ist jedes Vieleckschnittsverhältniss in der einen gleich dem Vieleckschnittsverhältnisse in der anderen, welches entsteht, wenn man für die Puncte, wodurch das erstere Vieleckschnittsverhältniss bestimmt wird, in der anderen Ebene die Puncte nimmt, in denen eine beliebig darin gezogene Gerade von den, den ersteren Puncten entsprechenden, Geraden geschnitten wird.

§. 295. Zusatz. Wenn man von der somit erhaltenen Figur in der zweiten Ebene die entsprechende Figur in der ersten Ebene nachsucht, so bekommt man wieder die anfänglichen Puncte und Geraden, ausserdem aber an der Stelle der willkürlich zu ziehenden Geraden und ihrer Durchschnittspuncte einen beliebig zu nehmenden Punct und die Linien, welche diesen Punct mit den Spitzen und Schneidepuncten des Vielecks verbinden. Die Durchschnitte dieser Linien in der ersten Ebene mit einer beliebig darin gezogenen Geraden müssen aber nach vorigem Satze wiederum ein Vieleckschnittsverhältniss bestimmen, welches dem Vieleckschnittsverhältnisse in der willkürlichen Geraden der zweiten Ebene, also dem ursprünglichen Vieleckschnittsverhältnisse in der ersten Ebene gleich ist. Wir schliessen hieraus:

Der Werth eines Vieleckschnittsverhältnisses bleibt ungeändert, wenn man für die Puncte, wodurch es bestimmt wird, die Projectionen dieser Puncte auf eine beliebig gezogene Gerade aus einem beliebig genommenen Puncte substituirt.

Sind z. B. D, E, F die Schneidepuncte der Seiten BC, .. des Dreiecks ABC, Z ein beliebiger Punct in der Dreiecksebene, z eine willkürlich darin gezogene Gerade, und nennt man die Durchschnitte von ZA, ZB, .., ZF mit z resp. A', B', ..., F', so ist:

$$\frac{BD}{DC}\cdot\frac{CE}{EA}\cdot\frac{AF}{FB}=\frac{B'D'}{D'C'}\cdot\frac{C'E'}{E'A'}\cdot\frac{A'F'}{F'B'}.$$

Eine leichte Folgerung aus diesem Satze ist:

Wenn die Spitzen und Schneidepuncte zweier Vielecke von gleich vielen Seiten in einer Ebene sich solchergestalt entsprechen, dass alle die Geraden, welche je zwei sich entsprechende Puncte verbinden, in einem Puncte sich schneiden, so haben die Vieleckschnittsverhältnisse beider Vielecke gleiche Werthe.

Dass dieser Satz auch dann gilt, wenn die beiden Vielecke in zwei verschiedenen Ebenen liegen, erhellet schon aus §. 230 zu Anfang.

§. 296. Bei jeder Figur, welche durch geradlinige Verbindung mehrerer in einer Ebene nach Willkür genommener Puncte entsteht, finden zwischen den dadurch sich bildenden Vieleckschnittsverhältnissen gewisse Relationen statt, Relationen also, welche dieselben bleiben, wie auch die gegenseitige Lage der anfangs genommenen Puncte geändert werden mag. Construirt man nun eine zweite Figur, deren Puncte und Gerade den Geraden und Puncten der ersten auf die im Satze des §. 294 angezeigte Weise entsprechen, in welcher daher alle Vieleckschnittsverhältnisse der ersten auf analoge Weise und in derselben Grösse sich wieder zeigen, und wo folglich auch die vorhin bemerkten Relationen zwischen den entsprechenden Vieleckschnittsverhältnissen stattfinden müssen: so wird jene willkürliche Veränderung der anfänglichen Puncte in der ersten Figur eine willkürliche Veränderung in der Lage der ihnen entsprechenden Geraden in der zweiten zur Folge haben; nichts desto weniger aber werden auch hier die Relationen zwischen den entsprechenden Vieleckschnittsverhältnissen fortbestehen müssen. Dies giebt uns folgendes fruchtbare Theorem:

Wenn bei einer geradlinigen ebenen Figur aus der Art, wie die Linien derselben in Puncten zusammenlaufen, gewisse Relationen zwischen Vieleckschnittsverhältnissen gefolgert worden sind, und wenn man hierauf eine zweite Figur construirt, indem man die Puncte der ersteren mit Geraden und umgekehrt vertauscht: so werden dieselben Relationen auch zwischen den Vieleckschnittsverhältnissen der zweiten Figur anzutreffen sein, welche hierin von den, den Puncten der ersten entsprechenden, Linien in einer beliebig gezogenen Geraden gebildet werden.

§. 297. Beispiele. 1) Der Satz in §. 291 ist der analoge von §. 198, 2).

2) Sind A, B, C, D vier Puncte in einer Ebene, und setzt man

$$AD \cdot BC \equiv A', \quad BD \cdot CA \equiv B', \quad CD \cdot AB \equiv C',$$

so ist

$$(BA' : A'C)(CB' : B'A)(AC' : C'B) = 1$$

(§. 198, 1).

Sind daher a, b, c, d vier gerade Linien in einer Ebene, und setzt man

$$ad^{-}ac \equiv a', \quad bd^{-}ca \equiv b', \quad cd^{-}ab \equiv c',$$

so muss gleichfalls sein:

$$(ba' : a'c)(cb' : b'a)(ac' : c'b) = 1,$$

oder allgemein verständlich (Fig. 78):

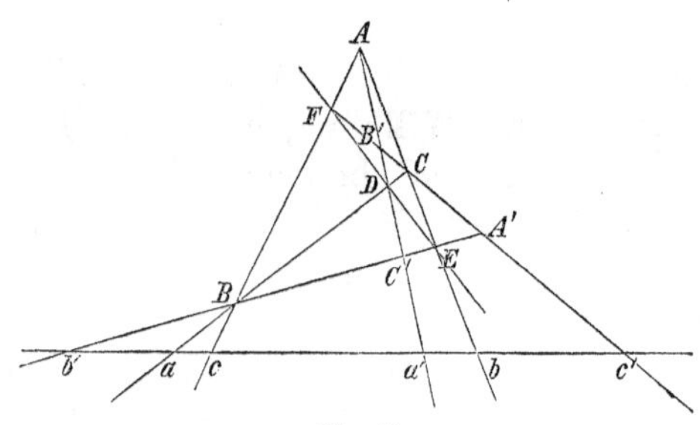

Fig. 78.

Wird um ein Dreieck ABC ein anderes A'B'C' so beschrieben, dass die Durchschnitte D, E, F der gleichnamigen Seiten in einer Geraden liegen, (also auch die drei Geraden, welche die gleichnamigen Spitzen verbinden, in einem Puncte sich schneiden,) und wird eine beliebig gezogene Gerade von den Seiten der Dreiecke ABC und A'B'C' resp. in a, b, c und a', b', c' getroffen, so ist:

$$(ba' : a'c)(cb' : b'a)(ac' : c'b) = 1.$$

3) Heissen a, b, c, d, ... die Seiten eines ebenen Vielecks, und m, n, o, ... die Geraden, welche die Spitzen ab, bc, cd, ... mit einem beliebigen Puncte Z in der Ebene des Vielecks verbinden, so ist das Vieleckschnittsverhältniss

$$(am : mb)(bn : nc)(co : od) \ldots = \pm 1,$$

nachdem die Seitenzahl des Vielecks gerade oder ungerade ist; der analoge Satz von §. 199, c.

Hat man ein Viereck, und nimmt für Z den Durchschnitt der Diagonalen, so kommt:

$$(am : mb)(bn : nc)(cm : md)(dn : na) = 1,$$

oder

$$(m, n, a, b) = (m, n, d, c),$$

wo m und n die beiden Diagonalen $ab^{-}cd$ und $bc^{-}da$ sind; also:

Hat man in einer Ebene ein Viereck und eine beliebig gezogene Gerade, so wird der von den zwei Diagonalen des Vierecks abgeschnittene Theil der Geraden von der ersten und zweiten und von der vierten und dritten Seite des Vierecks nach gleichen Dreieckschnittsverhältnissen getheilt.

§. 298. So wie also bei einer geradlinigen ebenen Figur für jeden Satz, welcher allein das Liegen der Puncte in Geraden und das Schneiden der Geraden in Puncten betrifft, durch Verwandlung der Puncte in Gerade, und umgekehrt, ein analoger Satz gefunden werden kann (§. 285), so gilt dasselbe auch für die Relationen zwischen den Doppelschnitts- und Vieleckschnittsverhältnissen einer solchen Figur, also überhaupt für jede Eigenschaft, welche sich mittelst des abgekürzten barycentrischen Calculs ableiten lässt (§. 235), d. h. für jede Eigenschaft der dritten Classe (§. 248). Jeder Satz also, welcher eine Eigenschaft der dritten Classe darstellt, hat das Besondere, dass ihm ein analoger Satz zur Seite steht, den man durch gegenseitiges Vertauschen von Puncten und Geraden erhält, oder mit anderen Worten:

Alle zur dritten Classe gehörigen Eigenschaften geradliniger ebener Figuren können in Paaren zusammengeordnet werden, dergestalt, dass von den zwei zu je einem Paare gehörigen Eigenschaften die eine aus der anderen durch gegenseitiges Vertauschen von Puncten mit Geraden entspringt.

Anmerkung. Die jetzt vorgetragenen Lehren über Systeme von Puncten und Geraden in Ebenen lassen sich nun auch auf Systeme von Puncten, Geraden und Ebenen im Raume ausdehnen. Um aber die Grenzen dieser Schrift nicht zu überschreiten, so bemerke ich nur, dass bei räumlichen Figuren jedem Puncte eine Ebene entsprechend zu setzen ist, dass mithin der Geraden, welche zwei Puncte verbindet, die Durchschnittslinie der entsprechenden Ebenen entspricht, dass, wenn drei Puncte in einer Geraden, oder vier Puncte in einer Ebene enthalten sind, die diesen Puncten entsprechenden Ebenen im ersten Falle in einer Geraden, im zweiten in einem Puncte sich schneiden müssen, und dass endlich auch hier alle Eigenschaften der dritten Classe paarweise vorhanden sind.

Der noch übrige Raum dieses Bogens veranlasst mich, eine sich mir noch darbietende Bemerkung hinzuzufügen, dass nämlich alle Doppel- und Vieleckschnittsverhältnisse, welche auf die in diesem Capitel gezeigte Art durch die Puncte bestimmt werden, in welchen von gewissen Geraden eine beliebige andere Gerade geschnitten wird, sich auch bloss als Functionen der Winkel darstellen lassen, die jene ersteren Geraden mit einander bilden.

Denn seien, um dies nur bei Doppelschnittsverhältnissen zu zeigen, a, b, c, d vier in einer Ebene liegende und sich in einem Puncte schneidende Gerade, und α, β, γ, δ die Winkel dieser Geraden mit irgend einer anderen Geraden der Ebene, so ist das Doppelschnittsverhältniss

$$(a,\ d,\ b,\ c) = \frac{\sin(\alpha - \beta)}{\sin(\beta - \delta)} : \frac{\sin(\alpha - \gamma)}{\sin(\gamma - \delta)}.$$

Sind die drei Winkel, welche a mit b, b mit c, c mit d machen, einander gleich, jeder derselben $= \mu$, so wird

$$(a,\ d,\ b,\ c) = \frac{\sin\mu}{\sin 2\mu} : \frac{\sin 2\mu}{\sin\mu} = \tfrac{1}{4}\sec\mu^2.$$

Sind z. B. a, b, c, d vier aufeinander folgende Stundenlinien einer Aequinoctial-Sonnenuhr (deren Ebene parallel mit dem Aequator ist), so ist $\mu = 15^0$ und daher

$$(a,\ d,\ b,\ c) = \tfrac{1}{4}(\sec 15^0)^2.$$

Man bemerke dabei, dass dieselbe Gleichung auch für eine auf irgend einer anderen Ebene construirte Sonnenuhr gelten muss, weil jede andere Sonnenuhr, wenn man das Auge an den mit der Weltaxe parallen Zeiger bringt, sich als perspectivisches Bild der Aequinoctialuhr darstellt. Werden daher vier auf einander folgende Stundenlinien einer Sonnenuhr von einer beliebig gezogenen Geraden in den Puncten A, B, C, D geschnitten, so ist immer:

$$\frac{AB}{BD} : \frac{AC}{CD} = \tfrac{1}{4}(\sec 15^0)^2.$$

Zwei geometrische Aufgaben.

[Anhang zu »Beobachtungen auf der Königl. Universitäts-Sternwarte zu Leipzig etc.«, Leipzig bei Carl Cnobloch 1823, p. 57—64.]

Zwei Systeme von Puncten heissen einander gleich und ähnlich, wenn jeder Punkt des einen Systems einem Puncte des anderen dergestalt entspricht, dass der geradlinige Abstand je zweier Puncte des einen Systems dem geradlinigen Abstande der entsprechenden Puncte in dem anderen Systeme gleich ist. Ist aber nur das Verhältniss je zweier solcher Abstände in dem einen dem Verhältniss der entsprechenden Abstände in dem anderen gleich, so sind sich die Systeme nur ähnlich.

Ausser der Gleichheit und Aehnlichkeit und der Aehnlichkeit allein, scheint man bisher andere mögliche Verwandtschaften zwischen Systemen von Puncten und folglich geometrischen Figuren überhaupt, wenn auch gekannt, doch keiner genaueren Untersuchung unterworfen zu haben.

Eine andere Verwandtschaft dieser Art ist diejenige, welche in Bezug auf die Benennungen der beiden ersteren die blosse Gleichheit heissen könnte. Es lässt sich nämlich darthun, dass, wenn die Systeme in Ebenen enthalten sind, und man in jedem derselben je zwei Puncte durch eine Gerade verbindet, von den dadurch entstehenden geradlinigen Figuren je zwei sich entsprechende, d. h solche, deren Spitzen sich entsprechende Puncte sind, auch nur dem Flächeninhalte nach, — und wenn man bei Systemen im körperlichen Raume durch je drei Puncte jedes derselben Ebenen legt, von den dadurch entstehenden körperlichen Figuren je zwei, deren Ecken sich entsprechende Puncte sind, auch nur dem körperlichen Inhalte nach — sich gleich sein können*). Findet nun diese Gleich-

*) So können z. B. den Puncten A, B, C, D in einer Ebene die ebenfalls in einer Ebene begriffenen Puncte A', B', C', D' dergestalt entsprechen, dass dem Flächeninhalte nach das Dreieck

$$BCD = B'C'D',\quad CDA = C'D'A',\quad DAB = D'A'B' \text{ und } ABC = A'B'C'$$

ist, ohne dass je zwei dieser sich gleichen Dreiecke auch einander ähnlich wären.

heit statt, so sind sich die Systeme der blossen Gleichheit nach verwandt.

Sei jetzt von zweien einander nur gleichen Systemen (S, S') dem einen (S) ein drittes System (S'') der Aehnlichkeit nach verwandt, so wird dieses (S'') zu dem anderen (S') der beiden ersteren in einem noch entfernteren Grade von Verwandtschaft stehen; dergestalt nämlich, das nur das Verhältniss je zweier der eben gedachten, ebenen oder körperlichen Figuren in dem einen Systeme dem Verhältniss der entsprechenden Figuren in dem anderen gleich ist.

Die von Euler im zweiten Theile seiner Introductio Cap. XVIII sogenannte Affinitas ist, wie man sich leicht überzeugen kann, nichts anderes als diese entferntere Verwandtschaft. Das dort darüber Gesagte geht aber nicht über die erste Begriffsentwickelung hinaus, ist zum Theil selbst unrichtig (§. 444: Curvae ... affines tales tantum sunt respectu eorum Axium, ad quos referuntur, etc.); und Kästner, der in seinen Anfangsgr. d. Anal. endl. Gr. (3. Aufl. S. 248) nach Euler's Vorgang der Affinität gleichfalls Erwähnung thut, will von ihr überhaupt keinen grossen Gebrauch sehen.

Allerdings können viele Eigenschaften geometrischer Figuren, sobald man letztere aus dem Gesichtspuncte der Affinität betrachtet, um mich der Euler'schen Benennung zu bedienen, gar nicht in Untersuchung genommen werden; wie z. B. der pythagoreische Lehrsatz, alle trigonometrischen Formeln, die Lehre von den Hauptaxen und den darin liegenden Brennpuncten eines Kegelschnitts, die Rectification der Curven (nicht auch die Quadratur), und überhaupt Alles, wobei Betrachtung der Winkel unumgänglich erfordert wird.

Dagegen haben die Eigenschaften, welche einer Figur rücksichtlich der Affinität, d. h. dieser Figur und zugleich jeder anderen, nach der Affinität mit ihr verwandten, zukommen, den Vorzug einer grösseren Allgemeinheit. So wird hierher keine Eigenschaft des Quadrates gehören, die nicht auch jedem Parallelogramm zukäme, keine Eigenschaft des Kreises, die nicht auch jeder Ellipse gemein wäre, keine Eigenschaft der beiden Hauptaxen eines Kegelschnitts, die nicht auch jedes andere Paar conjugirter Axen besässe, u. s. w. Dabei ist noch zu bemerken, dass alle dergleichen Eigenschaften einzig und allein aus den Sätzen von der Gleichheit der Parallelen zwischen Parallelen, von dem Verhältniss der Dreiecke, deren Grundlinien und Spitzen in Parallelen liegen, und aus den entsprechenden Sätzen für parallele Ebenen und Pyramiden, wenn man es mit dem körperlichen Raume zu thun hat, hergeleitet werden können.

Es dürfte daher wohl nicht unzweckmässig genannt werden,

wenn man es versuchte, von diesen einfachen Sätzen, gleichsam als Grundsätzen, ausgehend, jene allgemeineren Eigenschaften, — die in geometrischen Schriften zwar in grosser Menge, aber mit den anderen specielleren Eigenschaften vermischt, und oft durch fremdartige Hülfsmittel, als trigonometrische Formeln u. dergl. bewiesen vorkommen, — möglichst vollständig zu entwickeln, sie systematisch zu ordnen, und somit ein eigenes geometrisches Gebäude ohne Winkelmass und Magister Matheseos aufzuführen.

In den ersten Jahren meines Hierseins, wo mir meine Berufsgeschäfte eine grössere Musse gestatteten, habe ich einen Versuch dieser Art unternommen. Ich ward hierzu durch eine vorher von mir gefundene, besondere Art eines geometrisch-analytischen Calculs veranlasst, von dem ich bald wahrnahm, dass eben jene allgemeineren Eigenschaften der Figuren sein eigentliches Gebiet waren, und durch den ich hier Sätze zu finden mich in den Stand gesetzt sah, zu denen mich andere Wege schwerlich geführt haben würden. Ohne jetzt in eine nähere Erörterung dieser neuen Methode und des dadurch Gefundenen einzugehen, will ich noch einer aus jenen Untersuchungen entspringenden und, wie ich glaube, ganz neuen Classe von Aufgaben Erwähnung thun.

So wie, wenn zwei Systeme, jedes von n Puncten, als einander gleich und ähnlich bewiesen werden sollen, hierzu nicht nöthig ist, die Gleichheit jeder zwei sich entsprechenden Stücke besonders darzuthun, sondern je nachdem die Systeme in geraden Linien, Ebenen oder im körperlichen Raume befindlich sind, aus $(n-1)$, $(2n-3)$ oder $(3n-6)$ Paaren sich gleicher entsprechender, aber in jedem System von einander unabhängiger Stücke auf die Gleichheit aller übrigen Paare, wenn auch im Allgemeinen nicht ohne Zweideutigkeit, geschlossen werden kann: ebenso lässt sich zeigen, dass, wenn zwei Systeme nur als sich gleich (im vorhin erklärten Sinne genommen) dargethan werden sollen, es schon hinreicht, bewiesen zu haben, dass, je nachdem die Systeme in Ebenen oder im körperlichen Raume liegen, $(2n-5)$ oder $(3n-11)$ von einander unabhängige Figuren (bloss ihrem Flächen- oder körperlichen Inhalte nach), oder Functionen solcher Figuren in dem einen Systeme den entsprechenden Figuren oder Functionen derselben in dem anderen Systeme gleich seien, indem sich schon hieraus auf die Gleichheit je zweier der übrigen sich entsprechenden Figuren schliessen lässt. — Sind die Systeme in geraden Linien enthalten, so ist offenbar die blosse Gleichheit mit der Gleichheit und Aehnlichkeit identisch.

Hieraus folgt nun weiter, dass, wenn man bei einem Systeme von n Puncten in einer Ebene je zwei derselben durch Gerade verbindet, und von den somit entstehenden geradlinigen Figuren, $(2n-5)$ ihrem Inhalte nach von einander unabhängige als gegeben annimmt, man daraus jede der übrigen bestimmen kann; und dass auf gleiche Art, wenn man von n Punkten im körperlichen Raume je drei durch Ebenen verbindet, alle dadurch entstehenden körperlichen Figuren gefunden werden können, wenn man den Inhalt von $(3n-11)$ von einander unabhängigen Figuren kennt.

Ist also das System in einer Ebene enthalten und besteht es aus 4 Punkten, (denn bei dreien hat man nur eine Figur und also noch keine Relation), so müssen 3 Figuren gegeben sein*). Bei 5 Puncten werden 5 Figuren, bei 6 Puncten 7 Figuren, u. s. w. als gegeben verlangt.

Von den mannigfachen, aus diesen Betrachtungen hervorgehenden Aufgaben, erlaube ich mir, nachstehende den Lesern zur eigenen Lösung zu empfehlen.

Erste Aufgabe.

Beliebige fünf Punkte A, B, C, D, E einer Ebene sind je zwei durch gerade Linien verbunden. Man kennt die somit entstehenden fünf Dreiecke EAB, ABC, BCD, CDE, DEA ihrem Inhalte nach und verlangt daraus den Inhalt des Fünfecks $ABCDE$. Statt der fünf Dreiecke kann man auch die fünf Vierecke $BCDE$, $CDEA$, $DEAB$, $EABC$, $ABCD$ als gegeben annehmen, und daraus ebenfalls das Fünfeck $ABCDE$ zu bestimmen suchen.

---

*) Heissen die vier Puncte A, B, C, D und sind z. B. die drei Dreiecke

$$BCD = a, \quad CAD = b, \quad ABD = c$$

gegeben, so erhält man daraus das Dreieck

$$ABC = a + b + c;$$

und wenn sich die Linien AD und BC, BD und CA, CD und AB resp. in E, F, G schneiden, das Dreieck

$$AGD = \frac{bc}{a+b},$$

das Dreieck

$$FGD = \frac{abc}{(c+a)(a+b)},$$

das Dreieck

$$EFG = \frac{2abc(a+b+c)}{(b+c)(c+a)(a+b)},$$

u. s. w.

Endlich giebt es eine noch allgemeinere Verwandtschaft geometrischer Figuren, welche die Verwandtschaft bloss nach der geraden Linie heissen könnte. Sind nämlich die Systeme in Ebenen oder im körperlichen Raume befindlich, so haben sie hier nur dieses mit einander gemein, dass, wenn drei Puncte des einen Systems in einer geraden Linie liegen, auch die drei entsprechenden Puncte im anderen Systeme in einer Geraden enthalten sind.

Seien, um diese nicht bestimmt genug scheinende Erklärung näher zu erläutern, A, B, C, D vier in einer Ebene gegebene Puncte, von denen keine drei in einer Geraden liegen. Man verbinde sie zu zweien durch Gerade und nenne die Durchschnitte von AD und BC, von BD und CA, von CD und AB resp. E, F, G. Diese Puncte abermals unter sich verbunden, erhält man sechs neue Durchschnitte, welche H, I, ... heissen, u. s. w. Ist nun P irgend ein fünfter in der Ebene gegebener Punkt, so lässt sich beweisen, dass man durch immer fortgesetztes Ziehen gerader Linien durch schon gefundene Durchschnitte einen Durchschnitt erhalten könne, der mit P entweder zusammenfällt, oder ihm doch näher liegt als jeder andere gegebene Punct, und also ebenfalls mit ihm zusammenfallend betrachtet werden kann.

Seien jetzt A', B', C', D' wiederum vier Puncte in einer Ebene, die man den vorigen gleichnamigen, A' dem A, B' dem B, u. s. w. entsprechend setze. Man unterwerfe sie derselben Operation, wie vorhin die Puncte A, B, C, D und finde die, den Durchschnitten E, F, G, H, I, ... entsprechenden Durchschnitte E', F', G', H', I', ..., so dass E' der Durchschnitt von $A'D'$ und $B'C'$ ist, u. s. w., bis man zu dem Durchschnitte P' kommt, der demjenigen Durchschnitte in dem vorigen Systeme entspricht, welcher mit P als zusammenfallend betrachtet werden konnte.

Sind nun die beiden Systeme A, B, C, D und A', B', C', D' einander gleich und ähnlich, oder nur ähnlich, oder nur gleich, oder der Affinität nach verwandt, so ist einleuchtend, dass jedesmal die nämliche Verwandtschaft auch zwischen den Systemen A, B, C, D, E, ..., P und A', B', C', D', E', ..., P' stattfinden wird. Beziehen sich aber die Puncte A', ..., D' auf die Puncte A, ..., D nach keinem der genannten Gesetze, so steht das System A', ..., D', E', ..., P' zu dem Systeme A, ..., D, E, ..., P in der zuletzt gedachten noch allgemeineren Verwandtschaft.

Will man zwei sich auf diese Weise im körperlichen Raume entsprechende Systeme construiren, so hat man anfänglich fünf Puncte des einen Systems, von denen nicht vier in einer Ebene liegen, beliebigen fünf, derselben Bedingung unterworfenen Puncten, welche zu dem anderen Systeme gehören sollen, entsprechend zu setzen. Die den übrigen Puncten des ersten Systemes entsprechenden Puncte in dem zweiten finden sich aldann durch fortgesetztes Verbinden je dreier Puncte durch Ebenen.

Eine Haupteigenschaft der Verwandtschaft nach der geraden Linie besteht darin, dass wenn P, Q, R, S irgend vier in einer Geraden liegende Puncte des einen Systems sind, und P', Q', R', S' die ihnen entsprechenden und mithin ebenfalls in einer Geraden enthaltenen im anderen Systeme, dass dann immer:

$$1) \qquad \frac{PR}{QR} : \frac{PS}{QS} = \frac{P'R'}{Q'R'} : \frac{P'S'}{Q'S'}.$$

Dieselbe Eigenschaft ist als Definition dieser Verwandtschaft zu nehmen, wenn die Puncte der Systeme nur in Geraden liegen.

Es fliesst hieraus weiter, dass, wenn die Puncte in Ebenen liegen, und P, Q, R, S, T irgend fünf derselben in dem einen Systeme sind, das Verhältniss der Dreiecke:

$$2) \qquad \frac{PRT}{QRT} : \frac{PST}{QST}$$

dem eben so aus den entsprechenden Dreiecken des anderen Systems gebildeten Verhältniss gleich sein muss; und dass, befinden sich die Puncte im körperlichen Raume, und sind in dem einen Systeme P, Q, R, S, T, U irgend sechs derselben, das Verhältniss der Pyramiden

$$3) \qquad \frac{PRTU}{QRTU} : \frac{PSTU}{QSTU}$$

dasselbe ist, als das ebenso gebildete Verhältniss aus den entsprechenden Pyramiden in dem anderen Systeme.

Ebenso wie bei der Affinität, öffnet sich nun auch hier eine neue Quelle von Aufgaben. Es lässt sich nämlich darthun, dass, wenn bei einem Systeme von n Puncten in einer Geraden oder in einer Ebene oder im körperlichen Raume $(n-3)$ solcher Verhältnisse, wie 1), oder $2n-8$ solcher Verhältnisse, wie 2), oder $3n-15$ Verhältnisse, wie 3), gegeben sind, alle übrigen Verhältnisse von derselben Art dadurch gefunden werden können*).

---

*) Bei vier in einer Geraden liegenden Puncten wird daher nur ein Verhältniss als gegeben erfordert. In der That, heissen die vier Puncte A, B, C, D, so ist, wenn man $\frac{AC}{BC} : \frac{AD}{BD} = a$ setzt,

$$\frac{AB}{CB} : \frac{AD}{CD} = 1 - a, \text{ und } \frac{AB}{DB} : \frac{AC}{DC} = 1 - \frac{1}{a}.$$

Dies macht die einfachste Aufgabe dieser Gattung aus.

Dass übrigens die gegebenen Verhältnisse sämmtlich von einander unabhängig sein müssen, und dass statt derselben auch eben so viel aus ihnen gebildete Functionen gegeben sein können, ist von selbst klar.

Aufgaben dieser Art in Rechnung zu setzen, wird man, solange die Puncte in einer Geraden liegen, und bei fünf Puncten in einer Ebene, keine Schwierigkeit finden. Bei mehreren Puncten in einer Ebene und Puncten im körperlichen Raume ist es ohne besondere Hülfsmittel, dergleichen mir der oben erwähnte neue Calcul war, ein oft mühsames Geschäft. Folgende Aufgabe von sechs Puncten in einer Ebene, wo das Resultat der Lösung sehr einfach ist, möge denen, die sich damit zu beschäftigen Lust haben, als Beispiel dienen.

Zweite Aufgabe.

Sechs in einer Ebene liegende Puncte A, B, C, D, E, F sind je zwei durch gerade Linien verbunden. Aus den vier Verhältnissen von Dreiecksflächen

$$\frac{ADB}{CDB} : \frac{AEB}{CEB}, \quad \frac{ADB}{CDB} : \frac{AFB}{CFB},$$

$$\frac{BDA}{CDA} : \frac{BEA}{CEA}, \quad \frac{BDA}{CDA} : \frac{BFA}{CFA}$$

das Verhältniss

$$\frac{ACD}{BCD} : \frac{AEF}{BEF}$$

zu finden.

Als Eigenthümlichkeit der Verwandtschaft nach der geraden Linie bemerke ich noch, dass hier nicht nur von Winkeln, sondern selbst von parallelen Linien oder Ebenen nicht mehr die Rede sein kann, und dass folglich bei krummen Linien und Flächen, zwar nicht die Eintheilung derselben in Ordnungen, wohl aber weit mehrere Unterabtheilungen wegfallen werden, als dieses der Fall ist, wenn man den Gesichtspunct der Affinität wählt (z. B. die Eintheilung der Kegelschnitte in Ellipse, Parabel und Hyperbel, so auch die Lehre von den conjugirten Axen derselben). Uebrigens bedarf man als Grundlage aller dahin gehörigen Untersuchungen nur des einzigen Satzes, dass Dreiecke (oder Pyramiden), deren Bases in derselben Geraden (oder Ebene) enthalten sind, und deren Spitzen zusammenfallen, sich wie ihre Bases verhalten.

Doch ich breche ab, da eine umständlichere Darlegung der Ergebnisse meiner Untersuchungen und der dazu angewendeten Mittel hier nicht am Orte ist. Darf ich hoffen, durch gegenwärtigen Aufsatz einiges Interesse dafür erregt zu haben, so werde ich, was ich über die allgemeineren Verwandtschaften der Figuren bisher ausgearbeitet und zum grossen Theil schon geordnet habe, in dem folgenden Jahre in einer besonderen Schrift mittheilen.

Schreiben des Herrn Professor Möbius an den Herausgeber der Astronomischen Nachrichten.

Leipzig 1824 Februar 11.

[Astronomische Nachrichten von Schumacher. Dritter Band 1825 col. 131—136.]

Es ist mir angenehm gewesen, in Nr. 42 der Astron. Nachrichten von meiner geometrischen Aufgabe, aus den fünf Dreiecken *EAB*, *ABC*, ... das Fünfeck *ABCDE* zu finden, zwei Auflösungen, die eine vom Herrn Hofrath Gauss, die andere vom Herrn Clausen zu lesen. Indess ist von beiden Herren*) der in meiner kleinen Abhandlung gemachte Zusatz unberücksichtigt geblieben:

»Statt der fünf Dreiecke kann man auch die fünf Vierecke *BCDE*, *CDEA*, *DEAB*, *EABC*, *ABCD* als gegeben annehmen, und daraus ebenfalls das Fünfeck *ABCDE* zu bestimmen suchen.« Man wird hierdurch zu einer nicht uninteressanten Folgerung hingeleitet, und Sie haben daher vielleicht die Güte, Folgendes darüber, als Nachschrift zu jenen Auflösungen, in die Astron. Nachrichten gelegentlich aufzunehmen. Die Sache ist ganz leicht.

Setzt man nämlich die Dreiecke *EAB*, *ABC*, ... $= a, b, c, d, e$; die Vierecke *BCDE*, *CDEA*, ... $= \mathfrak{a}, \mathfrak{b}, \mathfrak{c}, \mathfrak{d}, \mathfrak{e}$, und das Fünfeck $ABCDE = x$, so ist offenbar: $a = x - \mathfrak{a}$, $b = x - \mathfrak{b}$, $c = x - \mathfrak{c}$, $d = x - \mathfrak{d}$, $e = x - \mathfrak{e}$. Substituirt man nun diese Werthe in der Nr. 42 gefundenen Gleichung:

$$x^2 - (a + b + c + d + e)x + ab + bc + cd + de + ea = 0,$$

so kommt nach gehöriger Reduction:

$$x^2 - (\mathfrak{a} + \mathfrak{b} + \mathfrak{c} + \mathfrak{d} + \mathfrak{e})x + \mathfrak{a}\mathfrak{b} + \mathfrak{b}\mathfrak{c} + \mathfrak{c}\mathfrak{d} + \mathfrak{d}\mathfrak{e} + \mathfrak{e}\mathfrak{a} = 0;$$

also dieselbe Relation zwischen $\mathfrak{a}, \mathfrak{b}, \ldots$ und x, als zwischen $a, b, \ldots$ und x. Es entspringt hieraus nachstehender Satz:

Sind fünf Flächen gegeben, und wird das einemal die Fläche eines Fünfecks *ABCDE* verlangt, dessen fünf Dreiecke *EAB*, *ABC*, ... und das anderemal die Fläche eines Fünfecks $\mathfrak{ABCDE}$, dessen fünf Vierecke $\mathfrak{BCDE}$, $\mathfrak{CDEA}$, ... jenen fünf Flächen der Reihe nach gleich sein sollen, so thun der einen Aufgabe sowohl, als der anderen, wenn sie überhaupt zu lösen möglich sind, immer zwei, und zwar beiden die nämlichen, zwei Flächenräume Genüge.

---

*) Dies ist dahin zu berichtigen, dass Herr Hofrath Gauss mündlich, als er Herrn Hansen und mir die in des Herrn Möbius Buch eingeschriebene Auflösung zeigte, sogleich die Auflösung, wenn die Vierecke statt der Dreiecke gegeben sind, hinzufügte. S.

Die Summe dieser Flächen ist der Summe der fünf gegebenen gleich, und ihr Product u. s. w.

Hiernach können also, was anfänglich Manchem paradox scheinen möchte, von zwei dem Flächeninhalte nach sich gleichen Fünfecken die fünf Dreiecke des einen den fünf Vierecken des anderen und folglich auch umgekehrt die fünf Vierecke des ersteren den fünf Dreiecken des anderen gleich sein.

Folgendes einfache Beispiel möge zur Erläuterung dienen. —

Man setze, die fünf Dreiecksflächen des zu bestimmenden Fünfecks seien sämmtlich einander gleich, jede derselben gleich 1, so wird unsere Gleichung:

$$x^2 - 5x + 5 = 0,$$

und hiermit die Fläche des Fünfecks:

$$x = \tfrac{1}{2}(5 + \sqrt{5}) \quad \text{und} \quad = \tfrac{1}{2}(5 - \sqrt{5}).$$

Es lässt sich nun noch die Bedingung hinzufügen, das das Fünfeck ein reguläres sei. Die zwei verschiedenen Werthe des x beziehen sich alsdann auf die zwei verschiedenen Formen regulärer Fünfecke, und zwar der erstere Werth auf das gewöhnliche Fünfeck, dessen Seiten Sehnen von $\frac{1}{5}$, der letztere auf das sogenannte Pentalpha, dessen Seiten Sehnen von $\frac{2}{5}$ der Peripherie des umschriebenen Kreises sind. Heissen die Halbmesser der Kreise um diese zwei Fünfecke resp. r und r', so sind ihre Flächen

$$\tfrac{5}{2}r^2 \sin\alpha \quad \text{und} \quad \tfrac{5}{2}r'^2 \sin 2\alpha,$$

wo $\alpha = 72^\circ$. Dies giebt die zwei Gleichungen:

$$5 + \sqrt{5} = 5r^2 \sin\alpha, \quad 5 - \sqrt{5} = 5r'^2 \sin 2\alpha,$$

woraus, mit der Bemerkung, dass

$$8 . \sin\alpha^2 = 5 + \sqrt{5} \quad \text{und} \quad 8 . \sin 2\alpha^2 = 5 - \sqrt{5},$$

$$r = 2 . \sqrt{(\tfrac{2}{5}\sin\alpha)} = 2^{\frac{3}{4}}\left(\frac{5 + \sqrt{5}}{25}\right)^{\frac{1}{4}} = 1{,}2336$$

$$r' = 2\sqrt{(\tfrac{2}{5}\sin 2\alpha)} = 2^{\frac{3}{4}}\left(\frac{5 - \sqrt{5}}{25}\right)^{\frac{1}{4}} = 0{,}9698$$

hervorgeht.

Dieselbe Gleichung:

$$x^2 - 5x + 5 = 0,$$

und mithin dieselben zwei Werthe der Fünfecksfläche, wie vorhin, finden statt, wenn jedes der fünf Vierecke gleich 1 sein soll. Nur gehört hier, unter derselben Annahme regulärer Fünfecke, der Werth $\frac{1}{2}(5 - \sqrt{5})$ zu einem gewöhnlichen Fünfeck, und der Werth $\frac{1}{2}(5 + \sqrt{5})$ zu einem Pentalpha. Setzen wir daher die Halbmesser der um diese zwei Fünfecke zu beschreibenden Kreise gleich $\mathfrak{r}$, $\mathfrak{r}'$, so haben wir die Gleichungen:

$$5-\sqrt{5}=5\mathfrak{r}^2\sin\alpha,\quad 5+\sqrt{5}=5\mathfrak{r}'^2\sin 2\alpha,$$

und folglich

$$\mathfrak{r}=2\,.\sqrt{\left(\frac{2}{5}\cdot\frac{\sin 2\alpha^2}{\sin\alpha}\right)}=2^{\frac{1}{4}}\left(\frac{5-\sqrt{5}}{5}\right)^{\frac{3}{4}}=0{,}7624$$

$$\mathfrak{r}'=2\,.\sqrt{\left(\frac{2}{5}\cdot\frac{\sin\alpha^2}{\sin 2\alpha}\right)}=2^{\frac{1}{4}}\left(\frac{5+\sqrt{5}}{5}\right)^{\frac{3}{4}}=1{,}5691.$$

Diesem allen zufolge beschreibe man also mit den Halbmessern r, r', $\mathfrak{r}$, $\mathfrak{r}'$ ihren angegebenen Werthen nach vier Kreise und in dieselben nach der Reihe die regulären Fünfecke $ABCDE$, $A'\ldots E'$,

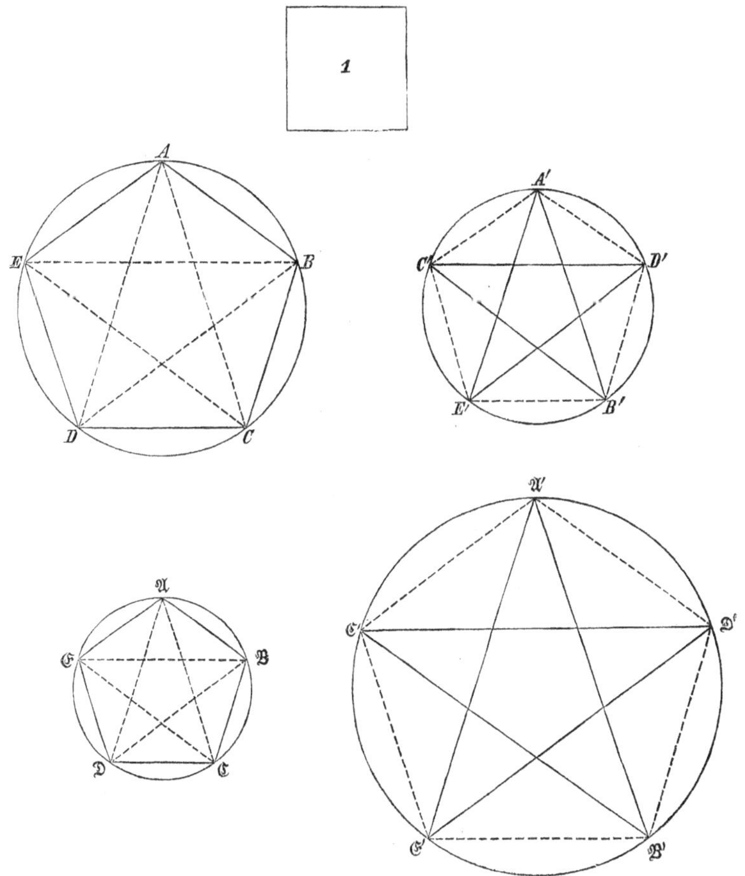

$\mathfrak{A}\ldots\mathfrak{E}$, $\mathfrak{A}'\ldots\mathfrak{E}'$, so dass die Seiten AB, BC, ... und $\mathfrak{A}\mathfrak{B}$, $\mathfrak{B}\mathfrak{C}$, ... des ersten und dritten Fünfecks Sehnen von 72°, dagegen die Seiten $A'B'$, ... und $\mathfrak{A}'\mathfrak{B}'$, ... des zweiten und vierten Sehnen von 144° sind.

Alsdann sind erstlich die Dreiecke EAB, ABC, ... im ersten Fünfeck gleich den Dreiecken $E'A'B'$, $A'B'C'$, ... im zweiten, gleich den Vierecken $\mathfrak{BCDE}$, ... im dritten, gleich den Vierecken $\mathfrak{B'C'D'E'}$, ...*) im vierten, und zwar jede dieser Figuren gleich 1. Zweitens ist das erste Fünfeck $ABCDE$ gleich dem vierten $\mathfrak{A}'$.... $= \frac{1}{2}(5 + \sqrt{5})$, und das zweite A'.... gleich dem dritten $\mathfrak{A}$.... $= \frac{1}{2}(5 - \sqrt{5})$, folglich auch die Vierecke im ersten (zweiten*) gleich den Dreiecken im vierten (dritten) Fünfeck.

Zusatz. Ganz wie vorhin finden sich die Flächen der Fünfecke

$$ACEBD = \tfrac{5}{2} r^2 \,.\, \sin 2\alpha, \quad A'D'B'E'C' = \tfrac{5}{2} r'^2 \,.\, \sin \alpha,$$
$$\mathfrak{ACEBD} = \tfrac{5}{2} \mathfrak{r}^2 \,.\, \sin 2\alpha, \quad \mathfrak{A'D'B'E'C'} = \tfrac{5}{2} \,.\, \mathfrak{r}'^2 \sin \alpha.$$

Substituirt man für r^2, r'^2, .. die gefundenen Werthe, so kommt:

$$ACEBD = A'D'B'E'C' = \sqrt{5},$$
$$\mathfrak{ACEBD} = \tfrac{1}{2}(3\sqrt{5} - 5), \quad \mathfrak{A'D'B'E'C'} = \tfrac{1}{2}(3\sqrt{5} + 5),$$

wobei noch zu bemerken, dass die daraus entspringenden Folgerungen:

$$ACEBD = A'D'B'E'C' = ABCDE = A'B'C'D'E',$$
$$\mathfrak{ACEBD} = \mathfrak{A'B'C'D'E'} - 2\,\mathfrak{ABCDE},$$
$$\mathfrak{A'D'B'E'C'} = 2\,\mathfrak{A'B'C'D'E'} - \mathfrak{ABCDE},$$

ganz allgemein gelten, auch wenn die Drei- oder Vierecke in einem und demselben Fünfeck einander nicht gleich sind und um das Fünfeck kein Kreis beschrieben werden kann.

Doch genug von einer so leichten Aufgabe, die an sich betrachtet, ein blosses Curiosum ist, und nur noch insofern einiger Aufmerksamkeit werth sein möchte, als sie ein Beispiel zu dem mir neu scheinenden Satze abgiebt: »dass, wenn man bei einem Systeme von n Puncten in einer Ebene je zwei derselben durch Gerade verbindet, und von den somit entstehenden geradlinigen Figuren $2n - 5$ ihrem Inhalte nach von einander unabhängige als gegeben annimmt, man daraus jede der übrigen bestimmen kann«. (Seite 60 meiner kleinen Schrift über die Leipziger Sternwarte.)

---

*) Von einem solchen Viereck, wo sich zwei Seiten noch innerhalb ihrer Endpuncte schneiden, ist der Flächeninhalt gleich dem Unterschied der beiden Dreiecke, welche den Durchschnittspunct zu ihrer gemeinschaftlichen Spitze und die beiden anderen Seiten zu Grundlinien haben.

Der Flächeninhalt eines Pentalphas ist gleich der Summe der fünf Dreiecke, welche die fünf Seiten der Figur zu Grundlinien und irgend einen Punct, der innerhalb des kleinen, in der Mitte sich bildenden gewöhnlichen Fünfecks liegt, zur gemeinschaftlichen Spitze haben, folglich gleich dem Doppelten dieses kleinen Fünfecks plus der einfachen Summe der fünf Dreiecke, welche über den Seiten dieses Fünfecks liegen.

Ueber die Gleichungen, mittelst welcher aus den Seiten eines in einen Kreis zu beschreibenden Vielecks der Halbmesser des Kreises und die Fläche des Vielecks gefunden werden.

[Crelle's Journal 1828 Band 3 p. 5—34.]

Die Gleichungen, mit Hülfe deren man aus den Seiten eines in einen Kreis beschriebenen Dreiecks oder Vierecks den Halbmesser des Kreises und die Fläche des Drei- oder Vierecks findet, sind allgemein bekannt. Von der Entwickelung derselben Gleichungen für Vielecke mit mehreren Seiten, mag bis jetzt theils ihr seltenes Bedürfniss, theils aber und vorzüglich der Umstand abgehalten haben, dass diese Gleichungen bei wachsender Seitenzahl in hohem Grade immer zusammengesetzter werden. Denn die Analysis ist hier, auf ähnliche Art, wie bei der Dreitheilung des Winkels und in vielen anderen Fällen, genöthigt, auch diejenigen Vielecke mit anzugeben, bei welchen der Perimeter, bevor er in sich zurückkehrt, sich selbst ein oder mehrere Male schneidet, und welche man, da sie im Practischen keinen besonderen Nutzen haben, nur als Abarten von Vielecken zu betrachten pflegt. Die Mannigfaltigkeit solcher Vielecke wird aber bei zunehmender Seitenzahl immer grösser, und eben so muss auch die Anzahl der Kreise zunehmen, in denen sich die nämlichen Seiten zu Vielecken zusammensetzen lassen. Uebrigens leuchtet ein, dass bloss die verschiedene Aufeinanderfolge der Seiten zur Vermehrung der Kreise nichts beitragen kann.

Der Zweck des vorliegenden Aufsatzes ist eine nähere Untersuchung der Beschaffenheit der gedachten Gleichungen. Ich habe darin, wenn auch nicht sie selbst entwickelt, doch einen einfachen Weg zu ihrer Entwickelung nachgewiesen, und hoffe, dass dieser Weg, sowie die Bestimmung des Grades der Gleichungen, die Betrachtung der Natur jener sternartigen Vielecke und noch einiges Andere für den Geometer nicht ganz ohne Interesse und für die Wissenschaft von einigem Nutzen sein werde.

Anmerkung. Diese Abhandlung ist, wie der Herr Verfasser dem Herausgeber des Crelle'schen Journals meldet, durch die Aufgabe Nr. 21, Band 2 p. 100 dieses Journals veranlasst worden. C.

Sei A ein Punct in der Peripherie eines Kreises, B ein zweiter Punct in derselben, den man sich anfangs mit A zusammenfallend denke. B trenne sich hierauf von A, und bewege sich immerfort nach derselben Richtung, etwa von der Linken nach der Rechten, wenn man sich selbst innerhalb des Kreises befindet.

Während auf diese Weise der Bogen AB ohne Ende wächst, und der Punct B jedesmal, wenn der Bogen einem Vielfachen der Peripherie gleich geworden ist, mit dem Puncte A von Neuem zusammenfällt, wird die Sehne AB, deren anfänglicher Werth gleich 0 ist, so lange zunehmen, bis der Bogen AB gleich 180° geworden, wo sie die Grösse des Durchmessers erreicht hat. Sie wird hierauf ebenso abnehmen, verschwinden, wenn der Bogen bis zu 360° gewachsen ist, und alsdann durch 0 in das Entgegensetzte übergehen, so dass, wenn man die Sehne anfänglich positiv annimmt, sie nunmehr negativ wird, und während der Punct B den zweiten Umkreis beschreibt, die Sehne, ebenso wie beim ersten, nur negativ, zu- und abnimmt. Kommt hierauf B von Neuem nach A, wird also der Bogen gleich $2 . 360^\circ$, so geht die Sehne aus dem Negativen in das Positive zurück, und so wieder umgekehrt, aus dem Positiven ins Negative, wenn der Bogen $3 . 360^\circ$ geworden. U. s. f.

Bezeichnet daher n irgend eine positive ganze Zahl, und φ einen Bogen $< 360^\circ$, so ist die Sehne des Bogens $n . 360^\circ + \varphi$ positiv oder negativ, je nachdem n gerade oder ungerade ist. Der absolute Werth der Sehne aber ist der Sehne von φ selbst gleich. Auch wird man sich leicht durch ähnliche Betrachtungen überzeugen, dass dieser Satz seine Giltigkeit behält, auch wenn n negativ genommen wird.

Seien nun A, B, C, ..., M die Spitzen eines in einen Kreis beschriebenen Vielecks, in der Ordnung, in welcher sie im Perimeter auf einander folgen, und daher AB, BC, ..., MA die auf einander folgenden Seiten des Vielecks, deren Anzahl gleich m. Dass die Puncte A, B, C, ..., M auch in der Peripherie des Kreises nach dieser Ordnung fortgehen, ist deshalb keineswegs nothwendig. Vielmehr ist dieser Fall nur als ein specieller und zugleich als der einfachste zu betrachten, indem alsdann keine Seite von der anderen innerhalb ihrer Endpuncte geschnitten wird.

Man lasse nun von A einen Punct im Kreise nach der einen oder anderen Richtung, die man für die positive nehme, im Kreise fortgehen, bis er nach B, und zwar zum erstenmale kommt, d. h. nicht noch einen ganzen Umkreis weiter, wo er wieder in B eintreffen würde; hierauf von B weiter, bis er zum erstenmale nach C kommt, u. s. w., endlich von der letzten Spitze M bis zum erstenmale wieder zu der ersten A. Die Summe der so zurückgelegten

Bogen wird offenbar entweder 360^0 selbst oder ein gewisses Vielfache davon, z. B. $n . 360^0$ sein.

Die diesen Bogen zugehörigen Sehnen aber, oder die Vielecksseiten, sind nach dem vorhin Gesagten insgesammt als positiv zu betrachten, so wie man auch, ohne die positive Beschaffenheit aufzuheben, zu jedem Bogen irgend ein gerades Vielfache von 360^0 hinzufügen oder davon wegnehmen, und daher die Summe aller

$$= n . 360^0 \pm 2p . 360^0$$

setzen kann.

Man nehme jetzt bei demselben Vieleck die der vorigen entgegengesetzte Richtung im Kreise für die positive, und bestimme danach, wie vorhin, die Bogen AB, BC, ..., MA. Jeder derselben wird offenbar die Ergänzung des vorigen zu 360^0, und folglich die Summe aller m Bogen gleich $(m - n) 360^0$ sein, zu welcher Summe man aus gleichem Grunde wie vorhin das Glied $\pm 2p . 360^0$ setzen kann.

Allgemein wird man daher bei einem mEck die Summe der Bogen AB, BC, ..., MA, wenn die ihnen zugehörigen Sehnen oder Vielecksseiten insgesammt positiv sein sollen, zu setzen haben:

$$= (n \pm 2p) 360^0 \quad \text{oder} \quad = (m - n \pm 2p) 360^0,$$

wo m die Seitenzahl des Vielecks, n eine von der Aufeinanderfolge der Spitzen im Kreise nach einer festgesetzten Richtung abhängige, p aber eine beliebige ganze Zahl ist.

Hier zeigt sich sogleich ein merkwürdiger Unterschied zwischen den Vielecken mit gerader und denen mit ungerader Seitenzahl, oder, wie wir uns der Kürze wegen in der Folge ausdrücken wollen, zwischen geraden und ungeraden Vielecken. Findet sich z. B. bei einem vorgegebenen ungeraden Vieleck n gerade (ungerade), so stellt $n \pm 2p$ jede andere gerade (ungerade) und $m - n \pm 2p$ jede ungerade (gerade) Zahl vor.

Bei einem ungeraden Vieleck kann daher die Bogensumme einem geraden sowohl als ungeraden Vielfachen von 360^0 gleich gesetzt werden.

Bei einem geraden Vieleck hingegen ist, wenn n gerade (ungerade) sich ergiebt, $n \pm 2p$ sowohl als $m - n \pm 2p$ der Ausdruck jeder anderen geraden (ungeraden) Zahl.

Alle geraden Vielecke zerfallen daher in zwei verschiedene Classen. Bei den Vielecken der einen Classe ist die Bogensumme einem ungeraden Vielfachen von 360^0 gleich; und diese Classe heisse die erste, weil darin auch die einfachsten Vielecke, wo keine Seite der anderen innerhalb ihrer Endpuncte begegnet, begriffen sind. Bei den geraden Vielecken der zweiten Classe kann die Bogensumme bloss geraden Vielfachen von 360^0 gleich gesetzt werden.

So ist z. B. bei dem Viereck $ABCD$, wenn B und D auf verschiedenen Seiten der Diagonale AC liegen, die Bogensumme

$$AB + BC + CD + DA = 360^\circ, \text{ oder } 3.360^\circ \text{ etc.};$$

liegen aber B und D auf einerlei Seite von AC, so ist dieselbe Bogensumme gleich 2.360°, 4.360° etc., nach welcher Richtung man auch bei diesem, so wie beim vorigen Viereck im Kreise fortgehen mag. Mithin gehört jenes Viereck zur ersten, dieses zur zweiten Classe. Dagegen ist bei ein und demselben Dreieck ABC, die Bogensumme $AB + BC + CA$, nach der einen Richtung gezählt, gleich 360° oder 3.360° etc., nach der entgegengesetzten Richtung gleich 2.360°, 4.360° etc.

Man kann auch immer schon aus der niedergeschriebenen Reihe der Buchstaben, nach welcher die damit bezeichneten Spitzen eines geraden Vielecks in der Peripherie auf einander folgen, beurtheilen, ob das Vieleck zur ersten oder zweiten Classe gehört. Vergleicht man nämlich mit dieser Reihe die Ausdrücke für die einzelnen Seiten AB, BC, CD, ..., MA, und finden sich in der Reihe bei einer ungeraden (geraden) Zahl der Seiten die zwei jede Seite bezeichnenden Buchstaben in derselben Folge, als wie in jenen Ausdrücken, also auch bei einer ungeraden (geraden) Anzahl in umgekehrter Folge, so gehört das Vieleck der ersten (zweiten) Classe an.

So ist z. B. bei dem Sechseck (Fig. 1) die Reihe der Spitzen in der Peripherie: $ABCDEF$, und darin nur der Seitenausdruck FA in umgekehrter Folge (AF) anzutreffen. Mithin ist es ein Sechseck der ersten Classe.

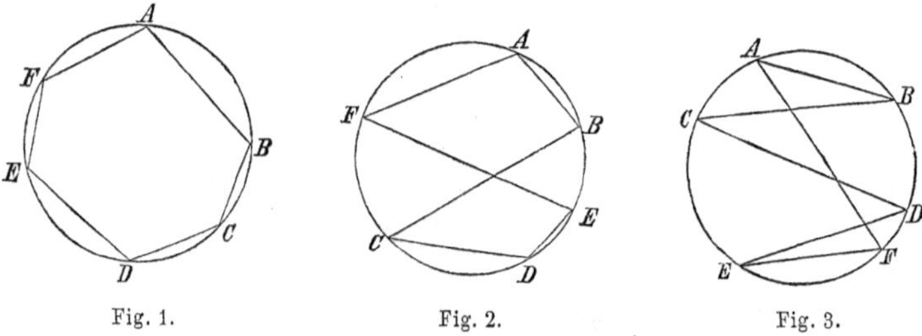

Fig. 1. Fig. 2. Fig. 3.

Bei dem Seckseck (Fig. 2) ist die Reihe der Spitzen $ABEDCF$, worin AB, BC, EF in directer, und CD, DE, FA in umgekehrter Folge sich finden, und das Sechseck gehört daher ebenfalls zur ersten Classe, so wie auch Fig. 3 mit der Reihe $ABDFEC$.

Dagegen sind Fig. 4 und 5 zur zweiten Classe zu rechnen, indem in der Reihe des ersteren Sechsecks $ABCFDE$ die zwei Aus-

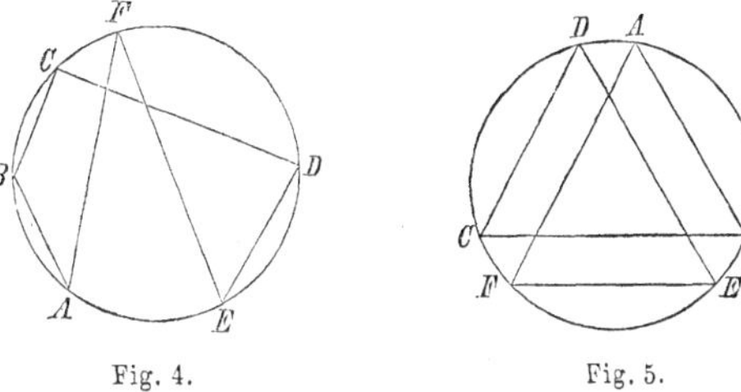

Fig. 4. Fig. 5.

drücke EF und FA, in der Reihe des letzteren $ABEFCD$ die zwei Ausdrücke DE und FA umgekehrt anzutreffen sind.

Die oben entwickelten Sätze lassen sich sehr einfach durch trigonometrische Functionen darstellen. Setzen wir nämlich die Bogen AB, BC, ..., MA resp. gleich 2α, 2β, ..., 2μ, so ist bei ungeraden Vielecken

$$2\alpha + 2\beta + \ldots + 2\mu = p \,.\, 360^\circ,$$

also

$$\alpha + \beta + \ldots + \mu = p \,.\, 180^\circ,$$

oder, was dasselbe ausdrückt:

$$\text{I)} \qquad \sin(\alpha + \beta + \ldots + \mu) = 0.$$

Ferner ist bei den geraden Vielecken der ersten Classe:

$$2\alpha + 2\beta + \ldots + 2\mu = (2p + 1) \,.\, 360^\circ,$$

folglich:

$$\tfrac{1}{2}(\alpha + \beta + \gamma + \ldots + \mu) = (2p + 1) \,.\, 90^\circ,$$

oder

$$\text{II)} \qquad \cos \tfrac{1}{2}(\alpha + \beta + \ldots + \mu) = 0,$$

und bei geraden Vielecken der zweiten Classe:

$$2\alpha + 2\beta + \ldots + 2\mu = 2p \,.\, 360^\circ,$$

$$\tfrac{1}{2}(\alpha + \beta + \ldots) = p \,.\, 180^\circ,$$

oder

$$\text{II*)} \qquad \sin \tfrac{1}{2}(\alpha + \beta + \ldots + \mu) = 0.$$

Mit Hülfe dieser Gleichungen I), II), II*) können wir nun ohne Weiteres an die Lösung der Haupt-Aufgabe gehen: Aus den gegebenen Seiten eines in einen Kreis zu beschreibenden Vielecks den Halbmesser des Kreises zu finden.

Bezeichnen wir die Seiten des Vielecks, AB, BC, ..., MA mit

$2a$, $2b$, ..., $2m$, und den Halbmesser mit r, so ist einleuchtend, dass

$$\sin\alpha = \frac{a}{r}, \quad \sin\beta = \frac{b}{r}, \quad \ldots, \quad \sin\mu = \frac{m}{r},$$

und die gesuchte Gleichung zwischen den Seiten und dem Halbmesser wird gefunden sein, wenn man mittelst der letzteren Gleichungen aus I) oder II) oder II*) die Hülfswinkel α, β, ..., μ eliminirt hat.

Zu diesem Zwecke wird man die Sinus und Cosinus der Bogensummen in I), II), II*) als Functionen der Sinus der einzelnen Bogen α, β, ..., μ darzustellen haben, und zwar als rationale Functionen dieser Sinus, wenn die Gleichung zwischen r, a, b, c, ..., wie wohl immer gefordert wird, rational sein soll.

Um den hierbei zu nehmenden Gang mit möglichster Deutlichkeit vorzulegen, machen wir mit dem Dreieck den Anfang. Für dieses ist die Gleichung:

$$a) \qquad \sin(\alpha + \beta + \gamma) = 0.$$

Damit sie zuerst nach $\sin\alpha$ rational werde, erwäge man, dass das Wesentliche der Function $\sin\alpha$ und jeder rationalen Function von $\sin\alpha$ überhaupt darin besteht, dass eine solche Function sich nicht ändert, wenn man statt α

$$\alpha + 2p\,.\,180^\circ, \quad \text{oder} \quad -\alpha + (2p+1)\,180^\circ$$

substituirt. Nun bleibt $\sin(\alpha+\beta+\gamma)$ durch erstere Substitution ungeändert, verwandelt sich aber durch letztere Substitution in $\sin(\alpha-\beta-\gamma)$. Mithin wird die nach $\sin\alpha$ rationalisirte Gleichung $a)$ sein:

$$b) \qquad \sin(\alpha+\beta+\gamma)\sin(-\alpha+\beta+\gamma) = 0,$$

als welche bei der einen sowohl, als bei der anderen Substitution für α unverändert bleibt.

Um jetzt diese Gleichung $b)$ nach $\sin\beta$ rational zu machen, so kommt, wenn man auf der rechten Seite von $b)$ für β

$$-\beta + (2p+1)\,180^\circ$$

setzt,

$$\sin(-\alpha+\beta-\gamma)\sin(\alpha+\beta-\gamma);$$

mithin ergiebt sich die nach $\sin\beta$ rationalisirte Gleichung, wenn man das zuletzt Erhaltene in $b)$ multiplicirt:

$$\text{III)} \quad \sin(\alpha+\beta+\gamma)\sin(-\alpha+\beta+\gamma)\sin(\alpha-\beta+\gamma)\sin(\alpha+\beta-\gamma) = 0.$$

Zugleich aber erkennt man, dass diese Gleichung III) nach $\sin\gamma$ schon rational ist, und es daher wegen $\sin\gamma$ keiner neuen Multiplication bedarf. Es bleibt daher nur die wirkliche Entwickelung der

Gleichung III) vorzunehmen übrig. Diese giebt, wie man bald findet:

$$\sin\alpha^4 + \sin\beta^4 + \sin\gamma^4 - 2(\sin\beta^2\sin\gamma^2 + \sin\gamma^2\sin\alpha^2 + \sin\alpha^2\sin^2\beta)$$
$$+ 4\sin^2\alpha\sin^2\beta\sin^2\gamma = 0,$$

und wenn man $\sin\alpha = \frac{a}{r}$, etc. setzt:

$$[a^4 + b^4 + c^4 - 2(b^2c^2 + c^2a^2 + a^2b^2)]r^2 + 4a^2b^2c^2 = 0,$$

oder

$$(a + b + c)(-a + b + c)(a - b + c)(a + b - c)r^2 - 4a^2b^2c^2 = 0,$$

die bekannte Gleichung zwischen den halben Seiten eines Dreiecks und dem Halbmesser des umschriebenen Kreises.

Auf ähnliche Weise wollen wir die Gleichung für das nächstfolgende ungerade Vieleck, das Fünfeck, abzuleiten suchen.

Die ursprüngliche Gleichung für dasselbe ist:

$$a)\qquad \sin(\alpha + \beta + \gamma + \delta + \varepsilon) = 0.$$

Verwandelt man darin α in $-\alpha$ und multiplicirt das Ergebniss in a), so kommt die nach $\sin\alpha$ rationalisirte Gleichung:

$$b)\quad \sin(\alpha + \beta + \gamma + \delta + \varepsilon)\sin(-\alpha + \beta + \gamma + \delta + \varepsilon) = 0.$$

Um b) nach $\sin\beta$ rational zu machen, verändere man in b) das Zeichen von β in das entgegengesetzte, und man erhält, wenn man das so veränderte b) in das vorige multiplicirt:

$$c)\quad \sin(\alpha + \beta + \gamma + \delta + \varepsilon)\sin(-\alpha + \beta + \gamma + \delta + \varepsilon)$$
$$\times \sin(\alpha - \beta + \gamma + \delta + \varepsilon)\sin(-\alpha - \beta + \gamma + \delta + \varepsilon) = 0,$$

eine Gleichung, welche nach $\sin\alpha$ und $\sin\beta$ zugleich rational ist. Hierin wird noch

$$\sin(\alpha + \beta - \gamma + \delta + \varepsilon)\sin(-\alpha + \beta - \gamma + \delta + \varepsilon)$$
$$\times \sin(\alpha - \beta - \gamma + \delta + \varepsilon)\sin(-\alpha - \beta - \gamma + \delta + \varepsilon)$$

multiplicirt werden müssen, um eine auch nach $\sin\gamma$ rationale Gleichung zu erhalten, und dieses neue Product noch mit

$$\sin(\alpha + \beta + \gamma - \delta + \varepsilon)\sin(-\alpha + \beta + \gamma - \delta + \varepsilon)$$
$$\times \sin(\alpha - \beta + \gamma - \delta + \varepsilon)\sin(-\alpha - \beta + \gamma - \delta + \varepsilon)$$
$$\times \sin(\alpha + \beta - \gamma - \delta + \varepsilon)\sin(-\alpha + \beta - \gamma - \delta + \varepsilon)$$
$$\times \sin(\alpha - \beta - \gamma - \delta + \varepsilon)\sin(-\alpha - \beta - \gamma - \delta + \varepsilon),$$

damit die Gleichung auch nach $\sin\delta$ rational werde.

Dieses ganze aus 16 Factoren bestehende Product lässt sich zur Uebersicht am bequemsten auf folgende Weise darstellen. Man bezeichne das Product aus den 5 Factoren, welche man erhält, wenn man in a) von den 5 Bogen nur einen auf einmal negativ setzt, durch

$$\Sigma\sin(-\alpha + \beta + \gamma + \delta + \varepsilon),$$

und eben so das Product aus den 10 Factoren, welche entstehen, wenn man in a) zwei Bogen immer zugleich negativ nimmt, durch

$$\Sigma \sin(-\alpha-\beta+\gamma+\delta+\varepsilon).$$

Alsdann ist das Product aus allen 16 Factoren:

V) $\sin(\alpha+\beta+\gamma+\delta+\varepsilon)\Sigma\sin(-\alpha+\beta+\ldots)\Sigma\sin(-\alpha-\beta+\gamma+\ldots)$,

und dieses, gleich Null gesetzt, wird zur unmittelbaren Entwickelung der rationalen Gleichung für das Fünfeck dienen. Denn dass auch $\sin\varepsilon$ rational darin vorkomme, folgt sogleich daraus, dass die nach $\sin\alpha, \ldots, \sin\delta$ rational gemachte Gleichung nach $\alpha, \beta, \gamma, \delta, \varepsilon$ zugleich symmetrisch ist.

Es ist nun nicht schwer, auf diesem Wege weiter fortzugehen, und die Gleichungen für ungerade Vielecke von noch mehreren Seiten zu entwickeln. So wird mit Anwendung der vorigen Bezeichnungsart für das Siebeneck die Gleichung sein:

VII) $\sin(\alpha+\beta+\ldots+\eta)\Sigma\sin(-\alpha+\beta+\ldots)\Sigma\sin(-\alpha-\beta+\gamma+\ldots)$
$\times\Sigma\sin(-\alpha-\beta-\gamma+\delta+\ldots)=0$,

wo von den drei durch Σ angedeuteten Producten das erste aus 7, das zweite aus 21, das dritte aus 35 Factoren besteht. Dass aber alle diese Factoren, und ausser diesen keine anderen nöthig sind, um

$$\sin(\alpha+\beta+\ldots+\eta)$$

nach $\sin\alpha, \sin\beta, \ldots, \sin\eta$ rational zu machen, lässt sich folgendermassen übersehen.

Zuerst ist klar, dass, weil

$$\sin(\alpha+\beta+\ldots+\eta)$$

eine symmetrische Function von $\alpha, \beta, \gamma, \ldots, \eta$ ist, auch P nach diesen Grössen symmetrisch sein muss, wenn wir, der Kürze willen, durch $P=0$ die rationalisirte Gleichung vorstellen.

2) Aus der bei dem Drei- und Fünfeck angewandten Methode erhellt, dass P ein Product von m Factoren von der Form

$$\sin(\pm\alpha\pm\beta\pm\gamma\pm\ldots\pm\eta)$$

sein muss.

3) Jeder dieser Factoren an sich ist irrational, giebt aber in Verbindung mit den $m-1$ übrigen jedesmal das rationale P.

4) Es ist gewiss, dass

$$\sin(-\alpha+\beta+\ldots+\eta)$$

einer der m Factoren ist. Mithin kann man P auch als durch Rationalisirung dieses Factors hervorgehend betrachten. Ursprünglich aber entsteht P durch Rationalisirung von

$$\sin(\alpha+\beta+\ldots+\eta).$$

P wird sich folglich nicht ändern, wenn man darin $-\alpha$ für α, und der symmetrischen Form wegen, überhaupt irgend ein Element in jedem der m Factoren mit dem entgegengesetzten Zeichen nimmt; d. h. es müssen durch diese Aenderung des Zeichens dieselben Factoren, nur in anderer Ordnung, zum Vorschein kommen.

5) Hieraus folgt nun leicht, dass in den Sinussen

$$\sin(\pm\alpha\pm\beta\pm\ldots),$$

woraus P zusammengesetzt, alle möglichen und absolut verschiedenen Combinationen der Bogen α, β, ... durch $+$ und $-$ vorkommen müssen, so wie auch, dass jeder Sinus auf gleiche Art dasein muss, d. h. jeder entweder in der ersten oder in der zweiten oder dritten etc. Potenz.

6) Es reicht aber hin, alle die verschiedenen Sinus, welche man p, q, r, s, .. nenne, nur in der ersten Potenz zu nehmen. Denn gesetzt, dass durch die Vertauschung des α mit $-\alpha$, p in q und q in p, r in s und s in r übergehe, so werden schon die einzelnen Producte pq, rs, ... rationale Functionen von $\sin\alpha$, also auch das ganze $pqrs\ldots$ eine rationale Function desselben Sinus sein. Ebenso ist klar, dass durch Zeichenänderung des β von allen den verschiedenen Sinussen p, q, r, s, ... die eine Hälfte in die andere, und umgekehrt, übergehen muss, und dass schon die einzelnen Producte je zweier sich gegenseitig in einander verwandelnder Sinus nach $\sin\beta$ rational sein müssen. Dasselbe gilt von der Rationalität nach $\sin\gamma$, u. s. w. Folglich wird schon das einfache Product $pqrs\ldots$ selbst, nicht erst eine höhere Potenz desselben, nach allen den einzelnen $\sin\alpha$, $\sin\beta$, ... rational sein.

Da nun in der That die linke Seite der obigen Gleichung alle Sinus enthält, die aus der Form

$$\sin(\pm\alpha\pm\beta\pm\ldots\ldots\pm\eta)$$

durch alle möglichen Combinationen der Vorzeichen entstehen, und auch jeder Sinus nicht mehr als einmal vorkommt, so muss durch diese Gleichung die ursprüngliche,

$$\sin(\alpha+\ldots\ldots+\eta)=0,$$

und zwar auf die einfachste Weise rational gemacht sein.

Nach denselben Schlüssen wird allgemein in der rational gemachten Gleichung für das $(2m+1)$ Eck auf der einen Seite Null und auf der anderen ein Product aus folgenden Factoren stehen:

1) der Sinus f der Summe aller $2m+1$ Bogen α, β, γ, ...;

2) die $2m+1$ Sinus, welche hervorgehen, wenn man in f einen der $2m+1$ Bogen negativ nimmt;

3) die $\frac{(2m+1)2m}{1.2}$ Sinus, die aus f erhalten werden, wenn man 2 Bogen zugleich negativ nimmt;

4) die $\frac{(2m+1)2m(2m-1)}{1\,.\,2\,.\,3}$ Sinus, wenn man 3 Bogen zugleich uegativ setzt; u. s. w.

und endlich die $\frac{(2m+1)2m(2m-1)\ldots(m+2)}{1\,.\,2\,.\,3\,\ldots\,m}$ Sinus mit m negativen Bogen.

Die Anzahl aller dieser Sinus ist $= 2^{2m}$.

Wir gehen nunmehr zu den Vielecken von gerader Seitenzahl fort. Sie zerfallen, wie oben gezeigt wurde, in zwei Classen, von denen wir aber nur die eine, — es sei die erste —, einer umständlicheren Betrachtung zu unterwerfen nöthig haben.

Für das Viereck der ersten Classe ist die zu rationalisirende Gleichung:

$$\cos \tfrac{1}{2}(\alpha+\beta+\gamma+\delta) = 0.$$

Dieser Cosinus wird, wenn man für α

$$-\alpha+(2p+1)180^\circ$$

substituirt,

$$\cos[(2p+1)90^\circ+\tfrac{1}{2}(-\alpha+\beta\ldots)] = -\sin\tfrac{1}{2}(-\alpha+\beta\ldots)\sin(2p+1)90^\circ;$$

ferner wird

$$\sin\tfrac{1}{2}(-\alpha+\beta\ldots)$$

durch die nämliche Substitution

$$\sin[\tfrac{1}{2}(\alpha+\beta+\ldots)-(2p+1)90^\circ] = -\cos\tfrac{1}{2}(\alpha+\beta+\ldots)\sin(2p+1)90^\circ,$$

mithin wird bei dieser Substitution, weil

$$[\sin(2p+1)90^\circ]^2 = 1,$$

das Product

$$\cos\tfrac{1}{2}(\alpha+\beta+\ldots)\sin\tfrac{1}{2}(-\alpha+\beta+\ldots)$$

ungeändert bleiben. Es findet sich aber eben so leicht, dass dieses Product sich nicht ändert, wenn man α mit $\alpha+2p\,.\,180^\circ$ vertauscht, indem dadurch $\cos\frac{1}{2}(\alpha+\beta+\ldots)$ in

$$\cos[\tfrac{1}{2}(\alpha+\beta+\ldots)+p\,.\,180^\circ] = \cos\tfrac{1}{2}(\alpha+\beta+\ldots)\cos(p\,.\,180^\circ),$$

$$\sin\tfrac{1}{2}(-\alpha+\beta+\ldots) \text{ in } \sin[\tfrac{1}{2}(-\alpha+\beta+\ldots)-p\,.\,180^\circ]$$
$$= \sin\tfrac{1}{2}(-\alpha+\beta+\ldots)\cos(p\,.\,180^\circ)$$

übergeht, und

$$[\cos(p\,.\,180^\circ)]^2 = 1$$

ist.

Es muss folglich:

$$\cos\tfrac{1}{2}(\alpha+\beta+\ldots)\sin\tfrac{1}{2}(-\alpha+\beta+\ldots)$$

nach $\sin\alpha$ rational sein, so wie es auch in der That

$$=\tfrac{1}{2}\sin(\beta+\ldots)-\tfrac{1}{2}\sin\alpha$$

ist. Da nun ebenso, wenn man $-\alpha$ für α setzt, auch

$$\cos\tfrac{1}{2}(-\alpha+\beta+\ldots)\sin\tfrac{1}{2}(\alpha+\beta+\ldots)$$

nach $\sin\alpha$ rational sein muss, so entspringt daraus die Regel, dass, um

$$\cos \text{ oder } \sin\tfrac{1}{2}(\alpha+\beta+\ldots)$$

nach $\sin\alpha$ rational zu machen, man darin

$$\sin \text{ oder } \cos\tfrac{1}{2}(-\alpha+\beta+\ldots)$$

multipliciren muss.

Die nach $\sin\alpha$ rationalisirte Gleichung für das Viereck ist daher:

$$\cos\tfrac{1}{2}(\alpha+\beta+\gamma+\delta)\sin\tfrac{1}{2}(-\alpha+\beta+\gamma+\delta)=0.$$

Um sie nach β rational zu machen, wird in sie nach jener Regel

$$\sin\tfrac{1}{2}(\alpha-\beta+\gamma+\delta)\cos\tfrac{1}{2}(-\alpha-\beta+\gamma+\delta)$$

zu multipliciren sein. In dieses jetzt aus 4 Factoren bestehende Product multiplicire man

$$\sin\tfrac{1}{2}(\alpha+\beta-\gamma+\delta)\cos\tfrac{1}{2}(-\alpha+\beta-\gamma+\delta)\cos\tfrac{1}{2}(\alpha-\beta-\gamma+\delta)$$
$$\times\sin\tfrac{1}{2}(-\alpha-\beta-\gamma+\delta),$$

um es nach $\sin\gamma$ rational zu machen. Hiernach ist die nach $\sin\alpha$, $\sin\beta$, $\sin\gamma$ rationalisirte Gleichung des Vierecks:

$$\text{IV)}\quad 0=\begin{cases}\cos\tfrac{1}{2}(\alpha+\beta+\gamma+\delta)\cos\tfrac{1}{2}(-\alpha-\beta+\gamma+\delta)\\ \times\cos\tfrac{1}{2}(-\alpha+\beta-\gamma+\delta)\cos\tfrac{1}{2}(-\alpha+\beta+\gamma-\delta)\\ \times\sin\tfrac{1}{2}(-\alpha+\beta+\gamma+\delta)\sin\tfrac{1}{2}(\alpha-\beta+\gamma+\delta)\\ \times\sin\tfrac{1}{2}(\alpha+\beta-\gamma+\delta)\sin\tfrac{1}{2}(\alpha+\beta+\gamma-\delta).\end{cases}$$

Da aber

$$\cos\tfrac{1}{2}(-\alpha-\beta+\gamma+\delta)=\cos\tfrac{1}{2}(\alpha+\beta-\gamma-\delta),\ \text{etc.},$$

so leuchtet ein, dass diese Gleichung nach α, β, γ, δ symmetrisch, mithin auch nach $\sin\delta$ rational, folglich die gesuchte Gleichung ist.

Hieraus lässt sich endlich die Gleichung zwischen r, a, b, c, d etwa auf folgende Weise am kürzesten ableiten. Multiplicirt man je einen Cosinus mit einem Sinus, so kommt:

$$[\sin\alpha-\sin(\beta+\gamma+\delta)][\sin\alpha+\sin(-\beta+\gamma+\delta)]$$
$$\times[\sin\alpha+\sin(\beta-\gamma+\delta)][\sin\alpha+\sin(\beta+\gamma-\delta)]=0,$$

welche Factoren man der Reihe nach f, g, h, i setze.

Man hat weiter:

$$fg=\sin\alpha^2-2\sin\alpha\sin\beta\cos(\gamma+\delta)-\tfrac{1}{2}\cos2\beta+\tfrac{1}{2}\cos2(\gamma+\delta),$$
$$hi=\sin\alpha^2+2\sin\alpha\sin\beta\cos(\gamma-\delta)-\tfrac{1}{2}\cos2\beta+\tfrac{1}{2}\cos2(\gamma-\delta).$$

Man setze nun einstweilen $r = 1$ und hiernach $\sin\alpha = a$, $\sin\beta = b$, etc., so wird:

$$\cos(\gamma \pm \delta) = \cos\gamma\cos\delta \mp cd,$$
$$\cos 2\beta = 1 - 2b^2,$$
$$\cos 2(\gamma \pm \delta) = (1 - 2c^2)(1 - 2d^2) \mp 2cd\cos\gamma\cos\delta,$$

und hiernach:

$$fg = a^2 + b^2 - c^2 - d^2 + 2c^2d^2 + 2abcd - 2(ab + cd)\cos\gamma\cos\delta,$$
$$hi = a^2 + b^2 - c^2 - d^2 + 2c^2d^2 + 2abcd + 2(ab + cd)\cos\gamma\cos\delta,$$

folglich $fghi = 0$

$$= [a^2 + b^2 - c^2 - d^2 + 2cd(ab + cd)]^2 - 4(ab + cd)^2(1 - c^2)(1 - d^2)$$
$$= (a^2 + b^2 - c^2 - d^2)^2 + 4cd(ab + cd)(a^2 + b^2 - c^2 - d^2)$$
$$- 4(ab + cd)^2(1 - c^2 - d^2),$$

und wenn man jetzt noch r hinzufügt, so dass alle Glieder einerlei Dimension erhalten:

$$[4(ab + cd)^2 - (a^2 + b^2 - c^2 - d^2)^2]r^2$$
$$= 4(ab + cd)[ab(c^2 + d^2) + cd(a^2 + b^2)],$$

welche Gleichung sich ohne Schwierigkeit auf die bekannte Form bringen lässt:

$$(-a + b + c + d)(a - b + c + d)(a + b - c + d)(a + b + c - d)r^2$$
$$= 4(ab + cd)(ac + bd)(ad + bc).$$

Bedeuten a, b, c, d nicht, wie oben angenommen wurde, die halben, sondern die ganzen Seiten, so fällt der Factor 4 weg.

Um jetzt die rationale Gleichung für das Sechseck und die höheren geraden Vielecke überhaupt zu finden, wird es genug sein, zu überlegen,

1) dass diese Gleichung nach allen den darin vorkommenden $2m$ Bogen (wenn $2m$ die Seitenzahl ist) symmetrisch sein muss;

2) dass, indem man in

$$\cos\tfrac{1}{2}(\alpha + \beta + \gamma + \ldots)$$

nach und nach einen, zwei, drei, ... Bogen negativ nimmt, der cosinus in sinus, hierauf wieder in cosinus und so fort abwechselnd, zu verwandeln ist, wie dies unmittelbar aus obiger Regel folgt: dass man also überhaupt cos oder sin vorzusetzen hat, nachdem die Anzahl der negativen Bogen, und folglich auch der positiven (weil die Anzahl aller gleich $2m$), gerade oder ungerade ist;

3) dass höchstens nur m Bogen negativ zu nehmen sind, indem die cosinus oder sinus bei $m + n$ negativen Bogen mit den cos oder sin bei $m - n$ negativen die cosinus ganz, die sinus doch ihrem absoluten Werthe nach, identisch sind;

4) dass man aus eben dem Grunde von den Factoren mit m negativen Bogen nur die eine Hälfte beizubehalten hat; z. B. alle diejenigen, worin α negativ vorkommt, wie in IV).

Nach diesen Betrachungen wird die rationalisirte Gleichung für das Sechseck sein:

$$\text{VI)} \qquad 0 = \cos\tfrac{1}{2}(\alpha+\beta+\gamma+\delta+\varepsilon+\zeta)$$
$$\times \sin\tfrac{1}{2}(-\alpha+\beta\ldots+\zeta)\sin\tfrac{1}{2}(\alpha-\beta+\gamma+\ldots+\zeta)\ldots\sin\tfrac{1}{2}(\alpha+\ldots+\varepsilon-\zeta)$$
$$\times \cos\tfrac{1}{2}(-\alpha-\beta+\gamma\ldots+\zeta)\cos\tfrac{1}{2}(-\alpha+\beta-\gamma+\ldots+\zeta)\ldots$$
$$\cos\tfrac{1}{2}(\alpha+\ldots+\delta-\varepsilon-\zeta)$$
$$\times \sin\tfrac{1}{2}(-\alpha-\beta-\gamma+\ldots+\zeta)\ldots\sin\tfrac{1}{2}(-\alpha+\beta+\gamma+\delta-\varepsilon-\zeta).$$

Die Anzahl sämmtlicher Factoren ist

$$1+6+\frac{6\,.\,5}{2}+\frac{1}{2}\cdot\frac{6\,.\,5\,.\,4}{1\,.\,2\,.\,3}=32.$$

Dass aber dieses Product nach allen $\sin\alpha$, $\sin\beta$, ..., $\sin\zeta$ rational ist, ergiebt sich leicht daraus, dass für jeden dieser Sinus je 2 Factoren zusammengehören, die ein nach demselben rationales Product mit einander bilden. So gehört z. B. für $\sin\delta$ zu dem Factor

$$\sin\tfrac{1}{2}(-\alpha-\beta-\gamma+\delta+\varepsilon+\zeta)$$

der Factor

$$\cos\tfrac{1}{2}(-\alpha-\beta-\gamma-\delta+\varepsilon+\zeta)=\cos\tfrac{1}{2}(\alpha+\beta+\gamma+\delta-\varepsilon-\zeta),$$

und umgekehrt zu letzterem der erstere, indem ihr Product

$$=\tfrac{1}{2}\sin\delta-\tfrac{1}{2}\sin(\alpha+\beta+\gamma-\varepsilon-\zeta)$$

ist.

Auf gleiche Art wird überhaupt die rationalisirte Gleichung für das $2m$Eck der ersten Classe sein:

$$0=\cos\tfrac{1}{2}(\alpha+\beta+\ldots)\,\Sigma\sin\tfrac{1}{2}(-\alpha+\beta+\ldots)\,\Sigma\cos\tfrac{1}{2}(-\alpha-\beta+\gamma+\ldots)$$
$$\times\,\Sigma\sin\tfrac{1}{2}(-\alpha-\beta-\gamma+\delta+\ldots)$$

und so fort bis zu dem Product aus allen den Cosinussen (wenn m gerade), oder Sinussen (wenn m ungerade), bei welchen nebst einem und demselben Bogen, z. B. α, noch $m-1$ andere negativ, die m übrigen aber positiv sind. Die Anzahl sämmtlicher Factoren ist:

$$1+2m+\frac{2m(2m-1)}{1\,.\,2}+\frac{2m(2m-1)(2m-2)}{1\,.\,2\,.\,3}+\ldots$$
$$+\frac{1}{2}\cdot\frac{2m(2m-1)\ldots(m+1)}{1\,.\,2\,.\,\ldots\,.\,m}=2^{2m-1}.$$

Was die geraden Vielecke der zweiten Classe anbelangt, so hat die hierbei rational zu machende Gleichung die Form:

$$\sin\tfrac{1}{2}(\alpha+\beta+\gamma+\ldots)=0.$$

Nach der oben gegebenen Regel wird diese Gleichung nach $\sin\alpha$ rational gemacht, wenn man sie mit

$$\cos\tfrac{1}{2}(-\alpha+\beta+\ldots)$$

multiplicirt, und dieses nach $\sin\alpha$ rationale Product wird auch nach $\sin\beta$ rational werden, wenn man es mit

$$\cos\tfrac{1}{2}(\alpha-\beta+\gamma\ldots)\sin\tfrac{1}{2}(-\alpha-\beta+\ldots)$$

multiplicirt etc. Die rationalisirte Gleichung eines geraden Vielecks der zweiten Classe erhält man also unmittelbar aus der Gleichung desselben Vielecks der ersten Classe, wenn man in letzterer Gleichung die Wörter sinus und cosinus mit einander verwechselt. So wird z. B. die rational gemachte Gleichung für das Viereck der zweiten Classe sein:

$$\text{IV}^*)\quad 0=\left\{\begin{array}{l}\sin\tfrac{1}{2}(\alpha+\beta+\gamma+\delta)\sin(\tfrac{1}{2}(-\alpha-\beta+\gamma+\delta)\\ \times\sin\tfrac{1}{2}(-\alpha+\beta-\gamma+\delta)\sin\tfrac{1}{2}(-\alpha+\beta+\gamma-\delta)\\ \times\cos\tfrac{1}{2}(-\alpha+\beta+\gamma+\delta)\cos\tfrac{1}{2}(\alpha-\beta+\gamma+\delta)\\ \times\cos\tfrac{1}{2}(\alpha+\beta-\gamma+\delta)\cos\tfrac{1}{2}(\alpha+\beta+\gamma-\delta).\end{array}\right.$$

Hier ist also bei den Cosinussen die Anzahl der negativen Bogen ungerade und bei den Sinussen gerade, während bei der ersten Classe das Gegentheil stattfand. Daraus ergiebt sich ferner, dass IV) in IV*), VI) in VI*) etc., und umgekehrt, auch dann sich verwandelt, wenn man irgend einen der $2m$ Bogen, z. B. α, oder auch irgend drei, fünf etc. Bogen negativ nimmt, dass aber die Gleichungen IV), VI) etc. sowohl als IV*), VI*) etc. unverändert bleiben, wenn man irgend eine gerade Anzahl der $2m$ Bogen mit dem entgegengesetzten Zeichen nimmt. Es wird folglich auch die daraus abgeleitete Gleichung zwischen r, a, b, … eines geraden Vielecks der einen Classe in die Gleichung des der anderen Classe zugehörigen Vielecks sich verwandeln, oder sich nicht ändern, je nachdem man einer ungeraden oder geraden Anzahl der Seiten entgegengesetzte Werthe giebt.

Die Gleichung zwischen r, a, b, … für das Viereck der zweiten Classe wird demnach sein:

$$(a+b+c+d)(-a-b+c+d)(-a+b-c+d)(-a+b+c-d)r^2$$
$$=-4(ab-cd)(ac-bd)(ad-bc).$$

Diese Gleichung, sowie die vorige für das Viereck der ersten Classe, besitzen demnach die Eigenschaft, dass die eine in die andere übergeht, wenn man irgend eine der vier Grössen negativ nimmt, dass also jede derselben für sich auf gleiche Art sich ändert, man mag a in $-a$, oder b in $-b$ etc. verwandeln, und dabei in dem ersten Zustande sowohl, wie in dem geänderten, nach a, b, c, d symmetrisch ist. Wir schliessen hieraus, dass jede der beiden Gleichungen, in einzelne Glieder aufgelöst, ausser symmetrischen Functionen von a^2, b^2, c^2, d^2, als welche bei jedem Zeichenwechsel der Elemente a, b, ... dieselben bleiben, noch das Product $abcd$ enthalten werde, welches die einfachste symmetrische Function von a, b, c, d ist, die sich bei dem Zeichenwechsel eines jeden ihrer 4 Elemente auf gleiche Art ändert. Und in der That lassen sich die Gleichungen IV) und IV*) in folgender Form darstellen:

$$\begin{aligned}&[-a^4 - \ldots - d^4 + 2(a^2b^2 + a^2c^2 + \ldots + c^2d^2) \pm 8abcd]r^2 \\ &= 4(a^2b^2c^2 + \ldots + b^2c^2d^2) \pm 4abcd(a^2 + \ldots + d^2),\end{aligned}$$

wo das obere Zeichen für die erste, das andere für die zweite Classe gilt. Auf ähnliche Art wird die Gleichung für das Sechseck aus symmetrischen Functionen von a^2, b^2, ..., f^2 und aus dem Producte $abcdef$ zusammengesetzt sein, u. s. w.

Die Gleichungen für ungerade Vielecke dagegen enthalten nur symmetrische Functionen von a^2, b^2, ... und bleiben daher bei jedem Zeichenwechsel ihrer Elemente unverändert.

Noch kann man bemerken, dass die zwei rationalisirten Gleichungen der ersten und zweiten Classe eines geraden Vielecks, in einander multiplicirt ein Product geben, welches die Form der rationalisirten Gleichung eines ungeraden Vielecks hat, nämlich:

$$\begin{aligned}&\cos\tfrac{1}{2}(\alpha + \beta + \ldots)\Sigma\sin\tfrac{1}{2}(-\alpha + \beta + \ldots)\ldots \\ \times &\sin\tfrac{1}{2}(\alpha + \beta + \ldots)\Sigma\cos\tfrac{1}{2}(-\alpha + \beta + \ldots)\ldots = 0,\end{aligned}$$

einerlei mit

$$\sin(\alpha + \beta + \ldots)\Sigma\sin(-\alpha + \beta + \ldots)\ldots = 0,$$

und dass, wenn man auch bei einem ungeraden Vielecke als rational zu machende Gleichung eine Gleichung von derselben Form, wie bei geraden Vielecken, zu Grunde legen wollte, man dennoch zu derselben rationalisirten Gleichung wie vorhin gelangen würde. Setze man z. B. für das Dreieck die Gleichung

$$\cos\tfrac{1}{2}(\alpha + \beta + \gamma) = 0,$$

so müsste man sie, um sie nach $\sin\alpha$ rational zu machen, mit

$$\sin\tfrac{1}{2}(-\alpha + \beta + \gamma)$$

und wegen $\sin\beta$ noch mit

$$\sin\tfrac{1}{2}(\alpha - \beta + \gamma)\cos\tfrac{1}{2}(-\alpha - \beta + \gamma)$$

multipliciren. Dieses Product ist aber noch nicht nach $\sin\gamma$ rational, sondern wird es erst durch Multiplication mit:

$$\sin\tfrac{1}{2}(\alpha + \beta - \gamma)\cos\tfrac{1}{2}(-\alpha + \beta - \gamma)\cos\tfrac{1}{2}(\alpha - \beta - \gamma)\sin\tfrac{1}{2}(-\alpha - \beta - \gamma),$$

wodurch man auf die obige Gleichung III) zurückkommt.

Das Bisherige wird genug sein, um zu sehen, wie man aus der Seitenzahl irgend eines in einen Kreis zu beschreibenden Vielecks die Gleichung zwischen den Seiten und dem Halbmesser des Kreises finden könne, zugleich aber auch, um einzusehen, dass diese Gleichungen, die bereits entwickelten für das Dreieck und Viereck ausgenommen, schon vom Fünfeck an sehr zusammengesetzt sein müssen. Ohne daher im Gegenwärtigen diese Entwickelung selbst vorzunehmen, will ich jetzt nur die hierbei gewiss noch am meisten interessirende Frage zu beantworten suchen, bis auf welchen Grad eine solche, nach Potenzen von r geordnete Gleichung steige, wie viel also verschiedene Kreise existiren, in denen aus einer gegebenen Anzahl von Seiten ein Vieleck zusammengesetzt werden kann.

Weil in der Gleichung zwischen r, a, b, c, ... nur die Quadrate von a, b, ..., und bei geraden Vielecken noch das Product aus allen Seiten vorkommen, so ersieht man zuerst, dass die Gleichung nur gerade Potenzen von r enthalten könne, und dass sie mithin nach ihnen geordnet von der Form sein werde:

$$\Theta) \qquad 0 = A + Br^2 + Cr^4 + \dots Pr^{2p},$$

wo A, B, C, ... rationale, ganze, symmetrische Functionen von a^2, b^2, c^2, ... (und $abc\dots$) sind, und p eine ganze von der Seitenzahl m abhängige, jetzt eben zu bestimmende Zahl ist. Diese Gleichung lässt sich nämlich in p Factoren von der Form $r^2 - q$ auflösen, deren jeder, wenn anders q eine mögliche und positive Grösse ist, einen besonderen Kreis, dessen Halbmesser $= \pm\sqrt{q}$, zu erkennen giebt, in welchen das Vieleck beschrieben werden kann.

Um nun den Grad der Gleichung, oder $2p$, für ein gegebenes m zu bestimmen, wird es hinreichen, das erste und letzte Glied der Gleichung zu entwickeln, worauf dann der Unterschied in den Dimensionen dieser Glieder dem gesuchten $2p$ gleich sein wird. Um die dabei anzuwendende Methode zuerst am Dreieck darzulegen, so ist in der rationalisirten Gleichung III) der erste Factor des gleich 0 gesetzten Products: $\sin(\alpha + \beta + \gamma)$, den man jetzt unter folgender Form darstelle:

$$\frac{1}{2i}[\cos(\alpha+\beta+\gamma) + i\sin(\alpha+\beta+\gamma)]$$

$$-\frac{1}{2i}[\cos(\alpha+\beta+\gamma) - i\sin(\alpha+\beta+\gamma)]$$

$$= \frac{1}{2i}(\cos\alpha + i\sin\alpha)(\cos\beta + i\sin\beta)(\cos\gamma + i\sin\gamma)$$

$$-\frac{1}{2i}(\cos\alpha - i\sin\alpha)(\cos\beta - i\sin\beta)(\cos\gamma - i\sin\gamma) = \mathfrak{a},$$

wo $i = \sqrt{-1}$ ist, und auf gleiche Weise:

$$\sin(-\alpha + \beta + \gamma) = \mathfrak{b}$$
$$= \frac{1}{2i}(\cos\alpha - i\sin\alpha)(\cos\beta + i\sin\beta)(\cos\gamma + i\sin\gamma)$$
$$- \frac{1}{2i}(\cos\alpha + i\sin\alpha)(\cos\beta - i\sin\beta)(\cos\gamma - i\sin\gamma),$$

u. s. w. Es ist aber, wenn man einstweilen $r = 1$ nimmt:

$$\cos\alpha \pm i\sin\alpha = \sqrt{1 - a^2} \pm ia,$$
$$\cos\beta \pm i\sin\beta = \sqrt{1 - b^2} \pm ib,$$

etc. Substituirt man diese Ausdrücke in $\mathfrak{a}$, $\mathfrak{b}$, $\mathfrak{c}$, ..., so werden sich in dem Producte $\mathfrak{abcd}$ die Wurzelzeichen gegenseitig vernichten und dieses Product gleich 0 gesetzt, und mit Hinzufügung der Potenzen von r die Dimensionen überall gleich gemacht, wird die gesuchte Gleichung für das Dreieck erhalten werden.

Zu demselben Resultate wird man nothwendig auch gelangen, wenn man statt der Wurzelgrössen $\sqrt{1 - a^2}$, etc. ihre Entwickelungen in unendliche Reihen: $1 - \frac{1}{2}a^2 - \ldots$, etc. substituirt. Zugleich aber bieten diese, nach aufsteigenden Potenzen von a, ... geordneten Entwickelungen ein einfaches Mittel dar, um von der Gleichung $\mathfrak{abcd} = 0$ das Glied von der niedrigsten Dimension separat darzustellen, dadurch nämlich, dass man von jeder Reihe ebenfalls nur das niedrigste Glied, welches überall gleich 1 ist, beibehält. Hierdurch wird

$$\cos\alpha \pm i\sin\alpha = 1 \pm ia,$$

etc., und

$$\mathfrak{a} = \frac{1}{2i}(1 + ia)(1 + ib)(1 + ic) - \frac{1}{2i}(1 - ia)(1 - ib)(1 - ic),$$

und wenn man diese Producte entwickelt, und dabei gleichfalls nur die niedrigste Dimension von a, b, c stehen lässt:

$$\mathfrak{a} = a + b + c,$$

und eben so

$$\mathfrak{b} = -a + b + c,$$

u. s. w., folglich das niedrigste Glied in $\mathfrak{abcd}$,

$$= (a + b + c)(-a + b + c)(a - b + c)(a + b - c).$$

So wie das niedrigste Glied durch Auflösung der Wurzelgrössen $\sqrt{1 - a^2}$, etc. in Reihen, nach aufsteigenden Potenzen von a, ... erhalten wurde, eben so wird sich das Glied ergeben, welches die höchste Dimension von a, b, c in sich fasst, wenn man die Wurzelgrössen nach absteigenden Potenzen entwickelt, und von diesen Reihen gleichfalls nur den Anfang beibehält. Alsdann ist:

$$\sqrt{1-a^2} = i\sqrt{a^2-1} = ia - \frac{i}{2a} - \ldots,$$

folglich:

$$\sqrt{1-a^2} + ia = 2ia,$$

$$\sqrt{1-a^2} - ia = -\frac{i}{2a} = \frac{1}{2ia},$$

u. s. w., und

$$\mathfrak{a} = \frac{1}{2i} \cdot 2ia \cdot 2ib \cdot 2ic - \frac{1}{2i} \cdot \frac{1}{2ia} \cdot \frac{1}{2ib} \cdot \frac{1}{2ic} = -4abc,$$

weil das zweite Glied, wo a, b, c im Nenner vorkommen, gegen das erste wegzulassen ist. Aus eben dem Grunde hat man:

$$\mathfrak{b} = \frac{1}{2i} \cdot \frac{1}{2ia} \cdot 2ib \cdot 2ic - \frac{1}{2i} \cdot 2ia \frac{1}{2ib} \cdot \frac{1}{2ic} = \frac{bc}{a},$$

$$\mathfrak{c} = \frac{ac}{b}, \quad \mathfrak{d} = \frac{ab}{c},$$

folglich das höchste Glied in $\mathfrak{abcd}$

$$= -4abc \frac{bc}{a} \cdot \frac{ac}{b} \cdot \frac{ab}{c} = -4a^2b^2c^2.$$

Da dieses nur um 2 Dimensionen höher als das niedrigste ist, so ist die Gleichung selbst nur vom zweiten Grade, hat folglich keine Mittelglieder und ist nach Hinzufügung von r^2:

$$(a+b+c)(-a+b+c)(a-b+c)(a+b-c)r^2 - 4a^2b^2c^2 = 0,$$

wie schon oben gefunden wurde.

Auf ähnliche Art lassen sich auch die Gleichungen für das Fünfeck und die ungeraden Vielecke mit noch mehreren Seiten behandeln. Ueberhaupt nämlich wird von

$$\sin(\pm\alpha \pm \beta \pm \gamma \pm \ldots),$$

nach aufsteigenden Potenzen von a, b, c, ... entwickelt, das erste oder niedrigste Glied

$$= \pm a \pm b \pm c \pm \ldots$$

sein. Entwickelt man aber denselben Sinus nach absteigenden Potenzen, so ist das erste und also höchste Glied

$$= -\tfrac{1}{2}i(2ia)^{\pm 1}(2ib)^{\pm 1}(2ic)^{\pm 1}\ldots$$

oder

$$\tfrac{1}{2}i(2ia)^{\mp 1}(2ib)^{\mp 1}(2ic)^{\mp 1}\ldots,$$

nachdem die Dimension des einen oder des anderen Ausdruckes positiv ist, wobei sich, weil die Anzahl von a, b, c, ... ungerade ist, die i immer gegenseitig aufheben werden.

Bei dem Fünfeck ist demnach von

$$\sin(\alpha+\beta+\gamma+\delta+\varepsilon)\,\Sigma\sin(-\alpha+\beta+\gamma+\delta+\varepsilon)\,\Sigma\sin(-\alpha-\beta+\gamma+\ldots)$$

das niedrigste Glied P in der Gleichung Θ),

$$= (a+b+c+d+e)\, \Sigma\, (-a+b+c+d+e)\, \Sigma\, (-a-b+c+d+e),$$

und dessen Dimension

$$= 1 + 5 + \frac{5\,.\,4}{1\,.\,2} = 16;$$

für das höchste Glied A hat man

$$\sin\,(\alpha+\beta+\ldots) = -\tfrac{1}{2}i\,.\,2ia\,.\,2ib\,.\,2ic\,.\,2id\,.\,2ie = 16abcde,$$

$$\sin\,(-\alpha+\beta+\ldots) = -\tfrac{1}{2}i(2ia)^{-1}\,.\,2ib\,.\,2ic\,.\,2id\,.\,2ie = -\frac{4bcde}{a},$$

$$\sin\,(-\alpha-\beta+\gamma+\ldots) = -\tfrac{1}{2}i(2ia)^{-1}\,(2ib)^{-1}\,.\,2ic\,.\,2id\,.\,2ie = \frac{cde}{ab},$$

folglich A selbst

$$= 16\,abcde \sum\left(-\frac{4\,bcde}{a}\right) \sum\left(\frac{cde}{ab}\right),$$

und dessen Dimension

$$= 5\,.\,1 + 3\,.\,5 + 1\,.\,\frac{5\,.\,4}{1\,.\,2},$$

weil jeder der 5 unter dem ersten Σ begriffenen Factoren von der dritten und jeder der 10 Factoren unter dem zweiten Σ von der ersten Dimension ist; folglich der Unterschied der Dimensionen zwischen A und P, oder

$$2p = 5 - 1 + (3-1)5 = 4 + 2\,.\,5 \text{ und } p = 2 + 1\,.\,5 = 7;$$

d. h. die Gleichung für das Fünfeck ist nach r^2 vom siebenten Grade. Sind daher alle 7 Wurzeln dieser Gleichung möglich, so giebt es sieben (im Allgemeinen) verschiedene Kreise, in welche sich mit den gegebenen fünf Seiten ein Fünfeck zeichnen lässt. Weil

$$\sum\left(-4\frac{bcde}{a}\right) = \left(-4\frac{bcde}{a}\right).\left(-4\frac{acde}{b}\right)\ldots = -4^5 a^3 b^3 c^3 d^3 e^3$$

und

$$\sum\left(\frac{cde}{ab}\right) = \frac{cde}{ab}\,.\,\frac{bde}{ac}\ldots\frac{abc}{de} = a^2 b^2 \ldots e^2,$$

so ist das höchste Glied entwickelt

$$= -4^7 a^6 b^6 c^6 d^6 e^6,$$

mithin das Product aus den Quadraten aller 7 Halbmesser:

$$r_1^2 r_2^2 \ldots r_7^2 = \frac{2^{14} a^6 b^6 \ldots e^6}{(a+\ldots+e)\,\Sigma\,(-a+b+\ldots)\,\Sigma\,(-a-b+\ldots)};$$

folglich, wenn a, b, ... nicht die halben, sondern die ganzen Seiten selbst bedeuten:

$$r_1 r_2 \ldots r_7 = \frac{a^3 b^3 \ldots e^3}{\sqrt{(a+b+\ldots+e)\,\Sigma\,(-a+b+\ldots)\,\Sigma\,(-a-b+c+d+e)}}.$$

Um ein einfaches Beispiel zu geben, wie sich mit denselben fünf Seiten in sieben verschiedene Kreise Fünfecke beschreiben lassen, so wollen wir zuerst alle fünf Seiten einander gleich annehmen. Alsdann reduciren sich die 7 verschiedenen Kreise auf 3, indem 5 derselben einander gleich werden. Das in den grössten derselben (Fig. 6) einzuschreibende Fünfeck ist das gewöhnliche reguläre, das

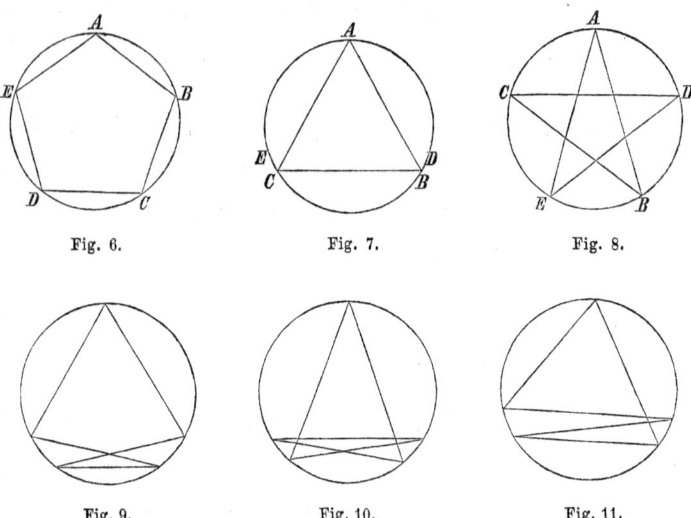

Fig. 6. Fig. 7. Fig. 8.

Fig. 9. Fig. 10. Fig. 11.

Fünfeck in dem kleinsten derselben (Fig. 8) ist das unter dem Namen des Pentalpha bekannte. Das Fünfeck in dem mittleren Kreise (Fig. 7) hat die Gestalt eines regulären Dreiecks, indem hier drei auf einander folgende Seiten z. B. BC, CD, DE, in einander fallen. Lassen wir nun jede der fünf Seiten um beliebige kleine Grössen verkleinert oder vergrössert werden, so werden Fig. 6 und 8 ihre Gestalt nicht wesentlich ändern; in Fig. 7 aber werden die drei zusammenfallenden Seiten etwas auseinandergehen, und dadurch Figuren wie 9, 10 und 11 bilden. Da nun die mittelste der drei vorher in einander fallenden Seiten, jede der fünf Seiten sein kann, so entstehen aus Fig. 7 fünf verschiedene Fünfecke und ebenso viel, wenn auch nur wenig, von einander verschiedene Kreise.

Man sieht aus dieser für das Fünfeck angestellten Untersuchung, dass überhaupt aus jedem, in der rationalisirten trigonometrischen Gleichung als Factor vorkommenden Sinus, $\sin(\pm\alpha\pm\beta\pm\ldots)$, für das Glied P in der nach Potenzen von r^2 geordneten Gleichung Θ) ein Factor von der ersten Dimension $(\pm a\pm b\pm\ldots)$, für das Glied A aber ein Factor von der Dimension $f-g$ erwächst, wenn von allen den in $\sin(\pm\alpha\pm\beta\pm\ldots)$ vorkommenden Bogen, f derselben einerlei Zeichen, die g übrigen das entgegengesetzte haben, und f die grössere Zahl ist; dass mithin die Differenz der Dimensionen von A und P, gleich $2p$, wegen jedes $\sin(\pm\alpha\pm\ldots)$ einen Zuwachs von $f-g-1$, und also wegen jedes $\Sigma\sin(\pm\alpha\pm\ldots)$ einen Zuwachs von $n(f-g-1)$ Einheiten erhält, wenn die Anzahl der unter Σ enthaltenen in einander zu multiplicirenden Sinusse gleich n ist.

Wenden wir dieses auf das Siebeneck an, dessen rationalisirte Gleichung

$$\sin(\alpha+\ldots+\eta)\,\Sigma\sin(-\alpha+\ldots)\,\Sigma\sin(-\alpha-\beta+\ldots)$$
$$\times\,\Sigma\sin(-\alpha-\beta-\gamma+\ldots)=0$$

ist, so haben wir für

$$\sin(\alpha+\ldots+\eta),\quad f=7,\quad g=0;$$

für das erste Zeichen Σ,

$$f-g=5,\quad n=7;$$

für das zweite Σ,

$$f-g=3,\quad n=\frac{7.6}{1.2};$$

für das dritte Σ,

$$f-g=1,\quad n=\frac{7.6.5}{1.2.3},$$

also $f-g-1$ der Reihe nach gleich 6, 4, 2, 0, und daher

$$2p=6.1+4.7+2.\frac{7.6}{1.2},$$

$$p=3.1+2.7+1.\frac{7.6}{1.2}=38,$$

und es kann folglich 38 verschiedene Kreise geben, in welchen sich mit denselben gegebenen 7 Seiten Siebenecke beschreiben lassen.

Ebenso ist nun auch im Allgemeinen bei dem $(2m+1)$Eck für $\sin(\alpha+\beta+\ldots)$

$$f-g-1=2m,\quad n=1,$$

für das erste Σ

$$f-g-1=2m-2,\quad n=2m+1,$$

für das zweite Σ

$$f-g-1=2m-4,\quad n=\frac{2m+1\;.\;2m}{1\quad .\;2},$$

für das vorletzte Σ

$$f-g-1=2,\quad n=\frac{2m+1\;.\;2m\;\ldots\;m+3}{1\quad .\;2\quad\ldots\;m-1},$$

für das letzte Σ

$$f-g-1=0,$$

und hiermit, wenn man von $f - g - 1$ die halben Werthe nimmt:

$$p = m \,.\, 1 + (m-1)(2m+1) + (m+2)\frac{2m+1\,.\,2m}{1\,.\,2}$$

$$+ (m-3)\frac{2m+1\,.\,2m\,.\,2m-1}{1\,.\,2\,.\,3} + \ldots + 1\,.\,\frac{2m+1\,.\,2m\ldots m+3}{1\,.\,2\ldots m-1}.$$

Dieser Reihenausdruck für p lässt sich aber leicht in einen geschlossenen verwandeln. Man hat:

$$p = m\left[1 + (2m+1) + \frac{(2m+1)2m}{1\,.\,2} + \ldots + \frac{(2m+1)2m\ldots m+3}{1\,.\,2\ldots m-1}\right]$$

$$-(2m+1)\left[1 + 2m + \frac{2m(2m-1)}{1\,.\,2} + \ldots + \frac{2m(2m-1)\ldots m+3}{1\,.\,2\ldots m-2}\right]$$

Weil nun

$$1 + (2m+1) + \ldots + \frac{(2m+1)\ldots(m+3)}{1\ldots m-1} + \frac{(2m+1)\ldots(m+2)}{1\ldots m} = 2^{2m},$$

$$1 + 2m + \frac{2m\,.\,2m-1}{1\,.\,2} + \ldots + \frac{2m\ldots m+3}{1\ldots m-2}$$

$$+ \frac{2m\ldots m+2}{1\ldots m-1} + \frac{1}{2}\,\frac{2m\ldots m+1}{1\ldots m} = 2^{2m-1},$$

so wird:

$$p = m\left[2^{2m} - \frac{2m+1\ldots m+2}{1\ldots m}\right]$$

$$-(2m+1)\left[2^{2m-1} - \frac{2m\ldots m+2}{1\ldots m-1} - \frac{1}{2}\,\frac{2m\ldots m+1}{1\ldots m}\right],$$

welches sich ohne Weiteres auf

$$p = \frac{2m+1}{2}\,.\,\frac{2m\,.\,2m-1\ldots m+2\,.\,m+1}{1\,.\,2\ldots m-1\,.\,m} - 2^{2m-1}$$

reducirt. Hiernach ist also der Grad der nach r^2 geordneten Gleichung für das Dreieck

$$= \frac{3}{2}\,.\,\frac{2}{1} - 2^1 = 1,$$

für das Fünfeck

$$= \frac{5}{2}\,.\,\frac{4\,.\,3}{1\,.\,2} - 2^3 = 7,$$

für das Siebeneck

$$= \frac{7}{2}\,.\,\frac{6\,.\,5\,.\,4}{1\,.\,2\,.\,3} - 2^5 = 38,$$

für das Neuneck

$$= \frac{9}{2}\,.\,\frac{8\,.\,7\,.\,6\,.\,5}{1\,.\,2\,.\,3\,.\,4} - 2^7 = 187,$$

für das Elfeck

$$= \frac{11}{2} \cdot \frac{10 \cdot 9 \cdot 8 \cdot 7 \cdot 6}{1 \cdot 2 \cdot 3 \cdot 4 \cdot 5} - 2^9 = 874,$$

für das Dreizehneck

$$= \frac{13}{2} \cdot \frac{12 \cdot 11 \cdot 10 \cdot 9 \cdot 8 \cdot 7}{1 \cdot 2 \cdot 3 \cdot 4 \cdot 5 \cdot 6} - 2^{11} = 3958,$$

u. s. w., welche Zahlen, wie man sieht, so schnell wachsen, dass mit der Formel für das Dreizehneck ein schon ziemlich starkes Buch ausgefüllt werden könnte.

Es lassen sich diese Zahlen auch noch sehr einfach auf recurrirende Weise darstellen. Es besteht nämlich der Ausdruck für p aus zwei Theilen: einem Binomial-Coefficienten und einer Potenz von 2. Ebenso ist für das $(2m-1)$Eck

$$p_1 = \frac{2m-1}{2} \cdot \frac{2m-2 \,.\, 2m-3 \ldots m+1 \,.\, m}{1 \,.\, 2 \ldots m-2 \,.\, m-1} - 2^{2m-3}.$$

Eliminirt man nun aus den Ausdrücken für p und p_1 das eine Mal die Binomial-Coefficienten, das andere Mal die Potenzen der 2, so erhält man folgende zwei recurrirende Bestimmungen:

$$mp - 2(2m+1)p_1 = 2^{2m-2},$$

$$p - 4p_1 = \frac{2m-1 \,.\, 2m-2 \ldots m+1}{1 \,.\, 2 \ldots m-1},$$

wonach

$$7 = \tfrac{1}{2}(10 \cdot 1 + 4) = 4 \cdot 1 + 3,$$

$$38 = \tfrac{1}{3}(14 \cdot 7 + 4^2) = 4 \cdot 7 + \frac{5 \cdot 4}{1 \cdot 2},$$

$$187 = \tfrac{1}{4}(18 \cdot 38 + 4^3) = 4 \cdot 38 + \frac{7 \cdot 6 \cdot 5}{1 \cdot 2 \cdot 3},$$

$$874 = \tfrac{1}{5}(22 \cdot 187 + 4^4) = 4 \cdot 187 + \frac{9 \cdot 8 \cdot 7 \cdot 6}{1 \cdot 2 \cdot 3 \cdot 4},$$

u. s. w. Noch fliesst hieraus, dass $p : p_1 > 4 : 1$, d. h. dass jede folgende Zahl grösser als das Vierfache der vorhergehenden ist. In der That sind die Exponenten des Verhältnisses $p : p_1$ der Reihe nach:

$$\frac{7}{1} = 7, \quad \frac{38}{7} = 5\frac{3}{7},$$

$$\frac{187}{38} = 4\frac{35}{38}, \quad \frac{874}{187} = 4\frac{126}{187}, \quad \frac{3958}{874} = 4\frac{231}{437},$$

etc. Auch lässt sich zeigen, dass diese Ueberschüsse der Exponenten über 4 immer kleiner und über jede angebbare Grenze kleiner werden, je weiter man in der Reihe fortgeht.

Was nun den Grad der Gleichung für ein gerades Vieleck angeht, so ist zuerst einleuchtend, dass die Gleichungen für das $2m$Eck der einen und anderen Classe von gleichem Grade sein müssen, indem jede dieser zwei Gleichungen in die andere durch blosse Veränderung des Vorzeichens irgend eines der Elemente übergeht. Sodann lässt sich zeigen, dass diese zwei Gleichungen für das $2m$Eck von demselben Grade, als die Gleichung für das nächst niedrigere ungerade $(2m-1)$Eck, sind.

Um diesen Satz zuerst an der Gleichung für das Viereck zu erläutern, so ist die Gleichung IV), wenn man darin den Sinus des letzten Bogens δ schon rational darstellt:

$$0 = [\sin(\alpha+\beta+\gamma)-\sin\delta][\sin(-\alpha+\beta+\gamma)+\sin\delta]$$
$$\times[\sin(\alpha-\beta+\gamma)+\sin\delta][\sin(\alpha+\beta-\gamma)+\sin\delta].$$

Von der hieraus abzuleitenden rationalen Gleichung zwischen a, b, c, d wollen wir nun, eben so wie vorhin, das Glied von der niedrigsten und das von der höchsten Dimension zu bestimmen suchen. Zu diesem Zweck wird in beiden Fällen für $\sin\delta$ nur d zu substituiren sein. Dagegen wird man die übrigen Sinus $\sin(\pm\alpha\pm\ldots)$, wie oben beim Dreieck, das eine Mal nach aufsteigenden, das andere Mal nach absteigenden Potenzen von a, b, c zu entwickeln, und von beiden Entwickelungen nur die Anfangsglieder beizubehalten haben. Substituirt man daher die beim Dreieck für diese Glieder gefundenen Werthe, so ergiebt sich in der Gleichung des Vierecks das Glied von der niedrigsten Dimension

$$=(a+b+c-d)(-a+b+c+d)(a-b+c+d)(a+b-c+d),$$

und das Glied von der höchsten:

$$=(-4abc-d)\left(\frac{bc}{a}+d\right)\left(\frac{ac}{b}+d\right)\left(\frac{ab}{c}+d\right),$$

welches sich, wenn man im ersten Factor das einfache d gegen das Product abc, wie erforderlich, weglässt, auf

$$-4(bc+ad)(ac+bd)(ab+cd)$$

reducirt. Da nun letzteres Glied nur um zwei Dimensionen höher als das erstere ist, und die Gleichungen für die geraden sowohl als für die ungeraden Vielecke nur gerade Potenzen von r enthalten können, so wird letzteres Glied, mit Hinzufügung des ersteren, durch r^2 noch multiplicirten Gliedes, gleich 0 gesetzt, die Gleichung für das Viereck sein; vollkommen so, wie sie bereits oben auf anderem Wege gefunden wurde.

Wenden wir dieselbe Verfahrungsart auf die Gleichung VI) für das Sechseck der ersten Classe an, so verwandelt sich das darin gleich 0 gesetzte Product von 32 Factoren, wenn man dasselbe nach dem Sinus des letzten Bogens ζ rational darstellt, und deshalb je einen Sinus mit einem Cosinus multiplicirt, in ein Product aus 16 Factoren von der Form

$$\sin(\pm\alpha\pm\beta\pm\ldots\pm\varepsilon)\pm\sin\zeta,$$

wobei $\sin\zeta$ das Vorzeichen + oder — erhält, nachdem in

$$\sin(\pm\alpha\pm\ldots)$$

die Anzahl der positiven Bogen, die ich immer grösser annehme als die Anzahl der negativen, gerade oder ungerade ist. Zu demselben Producte wird man daher auch gelangen, wenn man in der rational gemachten Gleichung V) für das Fünfeck, zu jedem der 16 Sinusfactoren noch $\sin\zeta$ mit + oder — nach der eben gegebenen Vorschrift hinzufügt, so dass sich die Gleichung VI) auch unter folgender Form darstellen lässt:

$$[\sin(\alpha+\beta+\ldots+\varepsilon)-\sin\zeta]\,\Sigma[\sin(-\alpha+\beta+\ldots)+\sin\zeta]$$
$$\times\,\Sigma[\sin(-\alpha-\beta+\gamma+\ldots)-\sin\zeta]=0.$$

Denn man sieht leicht, dass die zwei Factoren von der Form

$$\cos\tfrac{1}{2}(\pm\alpha\pm\ldots\pm\zeta) \text{ und } \sin\tfrac{1}{2}(\pm\alpha\pm\ldots\pm\zeta),$$

in welche jeder dieser 16 Factoren aufgelöst werden kann, unter den 32 Factoren von VI) vorkommen müssen, so wie auch, dass man unter den 32 aus dieser Lösung entstehenden Factoren keine zwei einander gleich bekommt.

Indem man nun die Gleichung VI) in ihrer gegenwärtigen Form, eben so wie im Vorigen die Gleichung V), zur Erforschung des Grades der Gleichung für das Sechseck anwendet, so wird offenbar durch das Hinzutreten von $\sin\zeta$, wofür man jetzt f zu setzen hat, die Dimension des ersten Gliedes in der Entwickelung von

$$\sin(\pm\alpha\pm\ldots)$$

sei es nach aufsteigenden oder absteigenden Potenzen von $a, b, c, \ldots$ nicht geändert. Ist nämlich in dem einen, wie in dem anderen Falle dieses erste Glied von $\sin(\pm\alpha\pm\ldots)$ nur von der ersten Dimension, so wird man $\pm f$, weil es dieselbe Dimension hat, hinzusetzen müssen. Gehört aber das Glied einer höheren Dimension an, so fällt f gegen dasselbe weg. Es muss folglich auch in der Entwickelung des ganzen Productes für das Sechseck die niedrigste und höchste Dimension mit der niedrigsten und höchsten Dimension des Ausdruckes, welcher aus der Entwickelung des Products für das Fünfeck entspringt, einerlei sein, und es wird folglich auch in der Gleichung für das Sechseck r^2 zu demselben Grade als in der Gleichung für das Fünfeck steigen.

Von den beiden äussersten Gliedern in der Gleichung für das Sechseck der ersten Classe findet sich auf diese Weise das eine

$$\Sigma(-a+b+c+d+e+f)\,\Sigma(-a-b+c+d+e-f)\,r^{14},$$

wo das erste Σ 6 Factoren in sich fasst; die Anzahl der Factoren beim zweiten Σ, wo drei Elemente, und darunter immer ein und dasselbe, hier f, negativ zu nehmen sind, ist

$$=\frac{5\,.\,4}{1\,.\,2}=\frac{1}{2}\cdot\frac{6\,.\,5\,.\,4}{1\,.\,2\,.\,3}=10.$$

Das andere äusserste Glied ist:

$$16abcde\sum\left(-\frac{4bcde}{a}\right)\sum\left(\frac{cde}{ab}-f\right)$$

$$=16abcde(-4^5a^3b^3\ldots e^3)\sum\left(\frac{cde-abf}{ab}\right)$$

$$=-2^{14}(cde-abf)(bde-acf)(bce-adf)(bcd-aef)(ade-bcf)$$
$$\times(ace-bdf)(acd-bef)(abe-cdf)(abd-cef)(abc-def),$$

wo f immer in dem negativen Theile jedes Factors vorkommt, so wie in dem zweiten Σ des ersteren Gliedes f immer negativ zu nehmen war. Man sieht aber bald, dass sich weder das eine noch das andere Glied ändert, wenn man statt f irgend ein anderes der 6 Elemente dieser Bedingung unterwirft, dass mithin beide Glieder nach allen 6 Elementen, wie gehörig, symmetrisch sind.

Die Gleichung für das Sechseck der ersten und folglich auch der zweiten Classe ist daher nach r^2, eben so wie die Gleichung für das Fünfeck, vom siebenten Grade; und es können mithin unter der Voraussetzung, dass alle Wurzeln möglich und verschieden von einander sind, mit den 6 gegebenen Seiten in 14 verschiedene Kreise Sechsecke gezeichnet werden, von denen die eine Hälfte der einen, die andere Hälfte der anderen Classe angehört.

Auf eben die Art wird nun auch jede der beiden Gleichungen für das Achteck mit der Gleichung für das Siebeneck von einerlei Grade, vom 38., sein, u. s. w. bei mehrseitigen geraden Vielecken. Denn eben so, wie vorhin aus der trigonometrischen Gleichung für das Fünfeck die trigonometrische Gleichung des Sechsecks durch blosses Anfügen von $\pm\sin\zeta$ zu den einzelnen Factoren der ersteren Gleichung abgeleitet wurde, und durch dieses Anfügen die Dimensionen der beiden äussersten Glieder in der Gleichung des Fünfecks nicht verändert wurden, so wird man denselben Schluss auch von jedem anderen ungeraden Vieleck auf das nächstfolgende gerade machen können.

Wir kommen nunmehr zu dem letzten Theile unserer Untersuchung, zu der Bestimmung der Fläche eines in einen Kreis beschriebenen Vielecks aus den gegebenen Seiten. Man denke sich aus dem Mittelpuncte des Kreises nach allen Spitzen des Vielecks Radien gezogen, so wird dadurch die Fläche des Vielecks in ebenso viele gleichschenkelige Dreiecke zerlegt, welche den Mittelpunct des Kreises zur gemeinschaftlichen Spitze und die Seiten des Vielecks zu Grundlinien haben. Da jeder der Schenkel dieser Dreiecke $= r$ und die Winkel an den Spitzen derselben in ihrer Folge $= 2\alpha, 2\beta, \ldots$ sind, so sind die Flächen der Dreiecke $= \frac{1}{2}r^2 \sin 2\alpha,\ \frac{1}{2}r^2 \sin 2\beta, \ldots$, mithin, wenn man durch F die Fläche des Vielecks bezeichnet:

$$2F = r^2(\sin 2\alpha + \sin 2\beta + \ldots),$$

und es kommt nun darauf an, aus dieser Gleichung, aus der Gleichung für das Vieleck zwischen r, a, b, c, ... und aus den Gleichungen $r \sin \alpha = a$, $r \sin \beta = b$, etc. die Grössen r, α, β, ... zu eliminiren, um somit eine Gleichung zwischen F, a, b, c, ... zu erhalten.

Bevor wir aber diese Operationen selbst vornehmen, wird es nöthig sein, uns über die Bedeutung der Vielecksfläche vollkommen zu verständigen. Da nämlich die meisten der hier vorkommenden Vielecke von solcher Beschaffenheit sind, dass zwei oder mehrere oder auch alle Seiten sich innerhalb ihrer Endpuncte schneiden, so fragt es sich, was dann unter dem Werthe der Vielecksfläche zu verstehen sei, und ob auch in diesen Fällen die oben gegebene Formel, wobei wir uns stillschweigend ein gewöhnliches Vieleck ohne dergleichen Durchschnittspuncte dachten, angewendet werden könne.

Eine gerade Linie von veränderlicher Länge sei mit dem einen ihrer Endpuncte im Mittelpuncte des Kreises fest, während der andere Endpunct den Perimeter des Vielecks durchlaufe. Die hiermit von der Linie überstrichene Fläche, indem man die mit entgegengesetzter Bewegung beschriebenen Theile mit entgegengesetzten Zeichen nimmt, ist der Flächeninhalt des Vielecks. Sind daher A, B, C drei auf einander folgende Spitzen im Perimeter und Z der Mittelpunct des Kreises, so werden, indem der bewegliche Endpunct der Linie von A bis B und von B bis C geradlinig fortgeht, von der Linie selbst die Dreiecke ZAB und ZBC beschrieben, und diese sind, jener Erklärung zufolge, mit einerlei oder verschiedenen Zeichen zu verbinden, nachdem der Mittelpunct Z innerhalb oder ausserhalb des Winkels ABC liegt. Geht die eine Seite BC durch Z selbst, so ist das ihr zugehörige Dreieck $ZBC = 0$.

Hiermit ist nun auch die obige Formel für F im Einklange. Denn die Zeichen der Dreiecksflächen $\frac{1}{2}r^2 \sin 2\alpha$, und $\frac{1}{2}r^2 \sin 2\beta$ richten sich nach den Zeichen von 2α und 2β. Diese sind aber einerlei, wenn $2\alpha =$ Bogen AB und $2\beta = BC$ zugleich grösser oder zugleich kleiner als 180° sind; sie sind verschieden, wenn von den Bogen AB und BC der eine grösser, der andere kleiner als 180° ist; womit, wie man leicht sieht, die vorhin bemerkte Lage von Z gegen den Winkel ABC ganz übereinstimmt.

Um jetzt zur Entwickelung der Gleichung zwischen F, a, b, ... überzugehen, so übersieht man leicht, dass diese Gleichung, wenn die Gleichung zwischen r^2, a, b, ... nach r^2 vom $p$ten Grade ist, ebenfalls p verschiedene Werthe für F angeben muss, indem jedes in einen anderen Kreis beschriebene Vieleck auch eine andere Fläche haben wird; dass ferner, weil die Fläche ebenso gut negativ als positiv genommen werden kann, die Gleichung nach Potenzen von F^2 fortgehen, und mithin nach F^2 vom $p$ten Grade sein wird.

Ich will nun wenigstens die Möglichkeit darthun, zu dieser Gleichung zu gelangen, und deshalb zuförderst zeigen, dass F^2 immer als rationale Function von r^2, a, b, ... dargestellt werden kann. Zu dem Ende lasse man a um da wachsen, während b, c, ... unverändert bleiben, und suche die daraus für r entstehende Zunahme dr. Weil immer $\alpha + \beta + \gamma + \ldots$ einem Vielfachen von 180° gleich ist, so hat man:

$$d\alpha + d\beta + d\gamma + \ldots = 0.$$

Sodann folgt aus den Gleichungen $r \sin \alpha = a$, $r \sin \beta = b$, u. s. w.

$$r \cos \alpha d\alpha + \sin \alpha dr = da, \quad r \cos \beta d\beta + \sin \beta dr = 0, \ldots$$

Dividirt man diese Gleichungen resp. durch $\cos \alpha$, $\cos \beta$, $\cos \gamma$, ... und addirt sie hierauf, so kommt, wegen

$$d\alpha + d\beta + d\gamma + \ldots = 0,$$

$$(\text{tang}\, \alpha + \text{tang}\, \beta + \text{tang}\, \gamma + \ldots) dr = \frac{da}{\cos \alpha}.$$

Es ist folglich, weil $\text{tang}\, \alpha + \text{tang}\, \beta + \ldots$ eine symmetrische Function von α, β, ... ist, $\frac{dr}{da}$ umgekehrt proportional mit $\cos \alpha$, und eben so $\frac{dr}{db}$, $\frac{dr}{dc}$, ... mit $\cos \beta$, $\cos \gamma$, ...

Diesen Satz, dass die partiellen Differentialquotienten des Halbmessers eines Kreises nach den Seiten eines eingeschriebenen Vielecks im umgekehrten Verhältnisse der Abstände der Seiten vom Mittelpuncte ($= r \cos \alpha$, $r \cos \beta$, ...) sind, wollen wir nun benutzen, um aus dem Ausdrucke für F die Cosinus von α, β, ... wegzuschaffen. Weil $\frac{1}{2}r^2 \sin 2\alpha = ra \cos\alpha$ etc., so hat man:

$$F^2 = r^2(a \cos\alpha + b \cos\beta + \ldots)^2$$

$$= \left(\frac{a}{\cos\alpha} r^2 \cos\alpha^2 + \frac{b}{\cos\beta} r^2 \cos^2\beta + \ldots\right)(a \cos\alpha + b \cos\beta + \ldots);$$

mithin, weil $r^2 \cos^2\alpha = r^2 - a^2$, etc., und wenn man $\frac{dr}{da} = a'$, $\frac{dr}{db} = b'$, etc. setzt, wo daher

$$\frac{1}{a'} : \frac{1}{b'} : \ldots = \cos\alpha : \cos\beta : \ldots :$$

$$F^2 = [aa'(r^2 - a^2) + bb'(r^2 - b^2) + \ldots]\left[\frac{a}{a'} + \frac{b}{b'} + \ldots\right].$$

Sei jetzt die aus dem Vorigen als bekannt anzunehmende Gleichung zwischen r^2, a, b, c, ...

$$0 = A + Br^2 + Cr^4 + \ldots,$$

wo A, B, C, ... bekannte rationale Functionen von a, b, c, ... sind. Differentiirt man diese Gleichung nach a und r, so erhält man:

$$0 = \frac{dA}{da} + r^2 \frac{dB}{da} + r^4 \frac{dC}{da} + \ldots + 2Bra' + 4Cr^3a' + \ldots,$$

und hieraus:

$$ra' = -\frac{\frac{dA}{da} + r^2 \frac{dB}{da} + r^4 \frac{dC}{da} + \ldots}{2B + 4Cr^2 + \ldots}$$

und eben so rb', rc', ... gleich bekannten rationalen Functionen von r^2, a, b, c, ... Substituirt man nun diese Functionen in dem zuletzt erhaltenen Ausdrucke für F^2, so bekommt man auch F^2 durch eine rationale Function r^2, a, b, c, ... ausgedrückt, wie zu erweisen war.

Werde diese letztere Gleichung für F^2 durch

$$F^2 = \varphi(r^2, a, b, \ldots)$$

bezeichnet, so ist jetzt noch übrig, aus ihr und der Gleichung

$$0 = A + Br^2 + \ldots$$

r^2 zu eliminiren, ein Geschäft, welches ausserdem, dass es überaus weitläufig ist, keine weitere Schwierigkeit hat. Heissen nämlich die p Werthe, welche in der Gleichung

$$0 = A + Br^2 + \ldots + Pr^{2p}$$

für r^2 substituirt, ihr Genüge leisten: $\mathfrak{a}, \mathfrak{b}, \mathfrak{c}, \ldots, \mathfrak{p}$, so sind $\frac{A}{P}$, $\frac{B}{P}$, ... bekannte rationale symmetrische Functionen von $\mathfrak{a}, \mathfrak{b}, \ldots, \mathfrak{p}$, und jede andere rationale symmetrische Function von $\mathfrak{a}, \mathfrak{b}, \ldots, \mathfrak{p}$ lässt sich auf bekannte Weise durch $\frac{A}{P}, \frac{B}{P}, \ldots$ rational ausdrücken. Die Quadrate der Vielecksflächen aber, die diesen p verschiedenen Werthen von r^2 angehören, sind

$$\varphi(\mathfrak{a}, a, b, c, \ldots), \quad \varphi(\mathfrak{b}, a, b, c, \ldots), \quad \varphi(\mathfrak{c}, a, b, c, \ldots), \ldots$$

und mithin die Gleichung, welche sie alle umfasst:

$$\{F^2 - \varphi(\mathfrak{a}, a, b, c, \ldots)\}\{F^2 - \varphi(\mathfrak{b}, a, b, c, \ldots)\} \ldots = 0.$$

Entwickelt man diese Gleichung, so steigt sie nach F^2 bis zum $p$ten Grade, und kann von $\mathfrak{a}, \mathfrak{b}, \mathfrak{c}, \ldots$ offenbar nur symmetrische Functionen enthalten, die man, wie oben bemerkt, auch durch $\frac{A}{P}, \frac{B}{P}, \ldots$ ausdrücken kann. Thut man dieses, und setzt endlich statt $A, B, \ldots, P$ ihre Werthe durch $a, b, \ldots$ ausgedrückt, so erhält man die gesuchte rationale Gleichung für den Flächeninhalt, die nach F^2 vom $p$ten Grade ist, und in deren Coefficienten nur $a, b, c, \ldots$ noch vorkommen.

Um diese Methode schliesslich auf das Dreieck anzuwenden, obwohl sich bei diesem und bei dem Viereck im Kreise die Gleichung zwischen den Seiten und der Fläche auf weit kürzeren Wegen finden lässt, so hat man beim Dreieck:

$$0 = A + Br^2,$$

wo

$$A = -4a^2b^2c^2,$$

$$B = 2(b^2c^2 + c^2a^2 + a^2b^2) - a^4 - b^4 - c^4 = 4b^2c^2 - (b^2 + c^2 - a^2)^2,$$

folglich

$$\frac{dA}{da} = -8ab^2c^2, \quad \frac{dB}{da} = 4a(b^2 + c^2 - a^2)$$

und

$$2Bra' = -\frac{dA}{da} - r^2\frac{dB}{da} = \frac{1}{B}\left(A\frac{dB}{da} - B\frac{dA}{da}\right)$$

$$= \frac{8ab^2c^2}{B}(c^2 + a^2 - b^2)(a^2 + b^2 - c^2),$$

wofür man auch setzen kann:

$$\frac{a}{a'} = Qa^2(b^2 + c^2 - a^2),$$

wo Q eine symmetrische Function von a, b, c ist. Auf gleiche Art wird sein:

$$\frac{b}{b'} = Qb^2(c^2 + a^2 - b^2), \quad \frac{c}{c'} = Qc^2(a^2 + b^2 - c^2),$$

folglich

$$\frac{a}{a'} + \frac{b}{b'} + \frac{c}{c'} = QB.$$

Sodann ist

$$r^2 - a^2 = -\frac{A + a^2 B}{B} = \frac{a^2(b^2 + c^2 - a^2)^2}{B},$$

folglich

$$(r^2 - a^2)aa' = \frac{a^2(b^2 + c^2 - a^2)}{BQ};$$

und eben so

$$(r^2 - b^2)bb' = \frac{b^2(c^2 + a^2 + b^2)}{BQ},$$

etc., mithin

$$(r^2 - a^2)aa' + (r^2 - b^2)bb' + (r^2 - c^2)cc' = \frac{B}{BQ} = \frac{1}{Q},$$

und endlich:

$$F^2 = [(r^2 - a^2)aa' + \ldots]\left[\frac{a}{a'} + \ldots\right] = \frac{1}{Q} \cdot QB = B,$$

d. i.

$$F = \sqrt{(a + b + c)(-a + b + c)(a - b + c)(a + b - c)},$$

von welcher Wurzelgrösse der vierte Theil zu nehmen ist, wenn a, b, c die ganzen Seiten bedeuten.

Noch kann man bemerken, dass der Ausdruck für F^2 durch r^2, a, b, c, …, a', b', … mit Verzichtung auf dessen symmetrische Form, sich etwas einfacher darstellen lässt. Es ist nämlich:

$$\frac{F}{r\cos\alpha} = a + b\frac{\cos\beta}{\cos\alpha} + c\frac{\cos\gamma}{\cos\alpha} + \ldots = a + b\frac{a'}{b'} + c\frac{a'}{c'} + \ldots,$$

folglich

$$F^2 = (r^2 - a^2)a'^2\left(\frac{a}{a'} + \frac{b}{b'} + \frac{c}{c'} + \ldots\right)^2.$$

Einige andere Formeln, die bei weiterer Fortsetzung dieser Untersuchungen von Nutzen sein können, sind:

$$\frac{dF}{da} = 2r\cos\alpha, \quad \frac{dF}{db} = 2r\cos\beta,$$

etc., folglich:

$$\frac{dF}{da} \cdot \frac{dr}{da} = \frac{dF}{db} \cdot \frac{dr}{db} = \text{etc.} = \frac{2r}{\tang\alpha + \tang\beta + \ldots}.$$

Da endlich r und F, durch a, b, c, ... ausgedrückt, homogene Functionen dieser Grössen sind, r von der ersten, F von der zweiten Dimension, so hat man:

$$r = a\frac{dr}{da} + b\frac{dr}{db} + c\frac{dr}{dc} + \dots,$$

$$2F = a\frac{dF}{da} + b\frac{dF}{db} + c\frac{dF}{dc} + \dots,$$

wie dies auch schon aus dem Vorigen sich leicht ergiebt.

Kann von zwei dreiseitigen Pyramiden eine jede in Bezug auf die andere um- und eingeschrieben zugleich heissen?

[Crelle's Journal 1828 Band 3 p. 273—278.]

Dass, wenn ein Dreieck in ein anderes eingeschrieben ist, dasselbe nicht auch um das andere umschrieben sein kann, ist offenbar. Und ebenso scheint es auch durchaus unmöglich, zwei Pyramiden zu construiren, von denen die Spitzen der einen in den Seitenflächen der anderen und umgekehrt die Spitzen der anderen in den Seitenflächen der ersteren liegen. Auch ist diese Forderung in der That unerfüllbar, wenn die Spitzen einer jeden in den Seitenflächen der anderen selbst, nicht in den Erweiterungen derselben begriffen sein sollen, indem dann die eingeschriebene Pyramide immer die kleinere, die umschriebene die grössere ist. Es schwindet aber das Paradoxe der Forderung (bei den Pyramiden, — nicht bei den Dreiecken), wenn diese Beschränkung aufgehoben wird, und die Spitzen der einen auch in den erweiterten Seitenflächen der anderen liegen können. Heissen nämlich A, B, C, D die vier Spitzen der einen, und F, G, H, I die vier Spitzen der anderen Pyramide, so lässt sich darthun, dass die acht hierzu erforderlichen Bedingungen:

I)	A in GHI	V)	F in BCD
II)	B in HIF	VI)	G in CDA
III)	C in IFG	VII)	H in DAB
IV)	D in FGH	VIII)	I in ABC

sehr wohl neben einander bestehen können, und überdies noch, *dass jede dieser acht Bedingungen eine Folge der sieben übrigen ist.*

Es sei mir erlaubt, den Beweis hiervon mit Anwendung meines barycentrischen Calculs zu führen, wo sich die Sache folgendergestalt symmetrisch und einfach behandeln lässt.

Weil der Schwerpunct dreier Puncte mit ihnen selbst immer in einer Ebene liegt, und weil jeder Punct in einer Ebene als Schwerpunct irgend dreier anderer Puncte der Ebene, die nicht in einer

Geraden liegen, genommen werden kann, so schreibe ich, um die Bedingung I) auszudrücken, wonach A ein Punct der Ebene GHI sein soll:

$$\alpha A = aG + a'H + a''I.$$

Hierbei sind nämlich a, a', a'' die Gewichte, womit die Puncte G, H, I belastet werden müssen, damit A der Schwerpunct derselben wird, und $\alpha = a + a' + a''$ das Gewicht, welches, in A angebracht, dieselbe Wirkung als die drei einzelnen Gewichte in G, H, I hervorbringt.

Auf gleiche Art werden die Bedingungen II) III) und IV) durch die Gleichungen

$$\beta B = bH + b'I + b''F,$$
$$\gamma C = cI + c'F + c''G,$$
$$\delta D = dF + d'G + d''H$$

ausgedrückt. Sind nun die Puncte F, G, H, I mit ihren Gewichten oder Coefficienten a, a', a'', b, ..., d'' gegeben, so sind damit auch die Puncte A, B, C, D bekannt, und es fragt sich jetzt, ob jene Coefficienten sich so bestimmen lassen, dass auch die Bedingungen V)—VIII) erfüllt werden.

Man setze deshalb, weil nach V) F ein Punct der Ebene BCD sein soll:

$$\zeta F = f\beta B + f'\gamma C + f''\delta D,$$

wo f, f', f'' zu bestimmende Coefficienten sind. Substituirt man in dieser Gleichung die Werthe von βB, γC, δD aus den vorhergehenden, so kommt, nachdem man gehörig geordnet hat:

$$(\zeta - fb'' - f'c' - f''d)F = (f'c'' + f''d')G + (f''d'' + fb)H + (fb' + f'c)I.$$

Diese Gleichung drückt im Allgemeinen aus, dass F in der Ebene GHI liegt, so lange wenigstens, als von den Coefficienten der Puncte G, H, I nicht jeder einzeln gleich 0 ist, indem, diesen Fall ausgenommen, die Lage von F gegen G, H, I in der Ebene dieser Puncte durch die Verhältnisse zwischen den Coefficienten derselben immer bestimmt ist. Da nun F, G, H, I nicht in einer Ebene liegen, sondern die vier Spitzen einer Pyramide sein sollen, so schliessen wir, dass

$$f'c'' + f''d' = 0, \quad f''d'' + fb = 0, \quad fb' + f'c = 0;$$

und hieraus ergiebt sich nicht nur das gegenseitige Verhältniss zwischen f, f', f'', sondern auch nach Elimination dieser Coefficienten die Bedingungsgleichung:

1) $$bcd' = -b'c''d'',$$

wenn F in BCD liegen soll. Auf eben die Weise führen die Bedingungen VI), VII), VIII) zu den Gleichungen:

2) $$c\,d\,a' = -c'd''a'',$$

3) $$d\,a\,b' = -d'a''b'',$$

4) $$a\,b\,c' = -a'b''c''.$$

Es giebt aber das Product sowohl aus der Gleichung 1) in 3), als auch 2) in 4):

$$a\,b\,c\,d = a''b''c''d'',$$

woraus man ersieht, dass von den vier Gleichungen 1) ... 4) jede eine Folge aus den drei übrigen ist. Sind mithin die Bedingungen I), ... IV), und noch von den Bedingungen V), ... VIII) irgend drei erfüllt, so ist es damit auch die vierte der letzteren, und da durch Vertauschung der beiden Pyramiden auch die Bedingungen I), ... IV) und V), ... VIII) gegenseitig in einander übergehen, so schliessen wir, dass, wenn von allen acht Bedingungen irgend sieben erfüllt sind, damit auch die achte besteht.

Ist demnach eine Pyramide $ABCD$ (Fig. 1) gegeben, so lässt sich eine zweite $FGHI$, welche der ersteren zugleich ein- und umschrieben ist, etwa folgendergestalt construiren. — Man lege durch

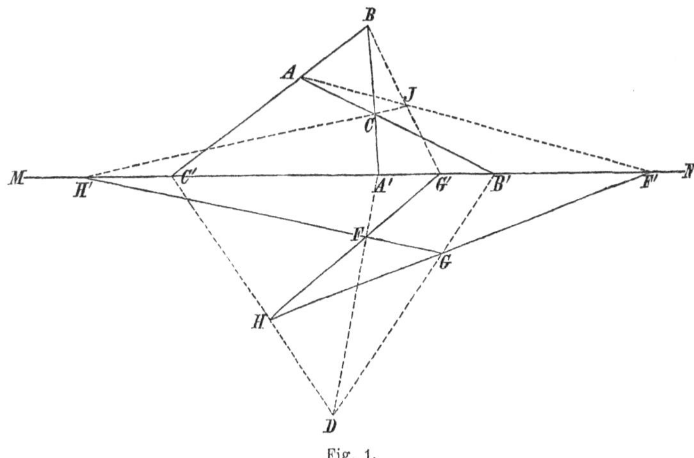

Fig. 1.

die Spitze D der Pyramide $ABCD$ eine Ebene, welche die Kanten BC, CA, AB in A', B', C' schneide. In dieser Ebene sei nach IV) die Seitenfläche FGH der Pyramide $FGHI$ enthalten. Weil nach V) F zugleich in der Ebene $BCDA'$ liegen soll, so wird F irgend ein Punct der Geraden DA' sein müssen; und ebenso wird man wegen VI) und VII) G und H beliebig in DB' und DC' zu nehmen haben. Vermöge I), II), III) ist ferner I als der gemeinschaftliche Durchschnittspunct der drei Ebenen AGH, BHF, CFG zu bestimmen, und es ist somit den Bestimmungen I), ... VII) Genüge geschehen. Zufolge des erwiesenen Satzes muss alsdann, wie es VIII) erfordert, I in der Ebene ABC liegen.

Statt die drei Ebenen AGH, ... zu legen, kann man zur Bestimmung des Punctes I auch so verfahren. — Man ziehe GH, welche die Gerade $A'B'C'$ in F' schneide, so ist F' ein Punct der Ebene ABC, und folglich AF' der Durchschnitt der Ebenen AGH und ABC, worin I liegen muss. Eben so ziehe man HF, FG, welche $A'B'C'$ in G', H' schneiden, und es muss I auch in BG', CH' enthalten sein. Die drei Geraden AF', BG', CH' müssen sich folglich in einem Puncte, nämlich in I, schneiden. Hieraus fliesst zugleich folgender nicht uninteressante Satz:

ABC, FGH sind zwei Dreiecke, MN eine gerade Linie, welche mit jedem der beiden Dreiecke in einer Ebene liegt, also die Durchschnittslinie der beiden Dreiecksebenen, wenn die Dreiecke in verschiedenen Ebenen liegen. Wird nun MN von den Dreiecksseiten BC, CA, AB, GH, HF, FG, resp. in A', B', C', F', G', H' geschnitten, und begegnen sich $A'F$, $B'G$, $C'H$ in einem Puncte D, so treffen auch AF', BG', CH' in einem Puncte I zusammen.

So wie dieser Satz eine Folge des Vorigen ist, so kann man aus ihm auch umgekehrt jene Eigenschaft der Pyramiden selbst herleiten. Es lässt sich aber dieser Satz, unabhängig von dem Vorhergehenden, mit Hilfe eines anderen Theorems (Baryc. Calcul §. 291) und seiner Inverse darthun, wonach, wenn die drei Spitzen eines Dreiecks FGH mit einem vierten in der Ebene desselben liegenden Puncte D durch Gerade verbunden werden, und wenn eine beliebige andere Gerade MN der Ebene von den Seiten des Dreiecks GH, HF, FG in F', G', H', und von jenen drei Geraden DF, DG, DH in A', B', C' geschnitten wird, — das Product aus den drei Verhältnissen

$$(G'A' : H'A')\,(H'B' : F'B')\,(F'C' : G'C') = 1$$

ist. Denn ebenso muss auch, mit Anwendung der Inverse, weil BC, CA, AB die Linie MN in A', B', C' schneiden, und weil AF', BG', CH' in einem Puncte I zusammen kommen sollen,

$$(B'F' : C'F')\,(C'G' : A'G')\,(A'H' : B'H') = 1$$

sein. Diese Gleichung ist aber mit der vorigen identisch.

Zusatz: Obschon es durchaus unmöglich ist, zwei Dreiecke zu construiren, von denen ein jedes in das andere eingeschrieben und folglich auch um das andere umschrieben ist, so lässt sich doch bei mehrseitigen Vielecken diese Unmöglichkeit nicht ohne vorangegangene nähere Prüfung behaupten.

Seien z. B. A, B, C, D (Fig. 2) die auf einander folgenden Spitzen eines ebenen Viereckes; a, b, c, d vier durch sie resp. gezogene Gerade, so bilden diese ein um $ABCD$ umschriebenes Viereck, dessen Spitzen die Durchschnitte von a mit b, von b mit c, etc., oder, wie ich der Kürze wegen schreiben will, ab, bc, cd, da sind. Soll nun dieses Viereck zugleich ein eingeschriebenes sein, so muss ab in einer der Seiten von $ABCD$, und zwar in CD, liegen, wenn nicht die Seiten des einen Vierecks mit denen des anderen zum Theil zusammenfallen sollen. Ebenso muss bc in DA, cd in AD, da in BC liegen. Man denke sich daher die Linien a, b, c, d resp. um A, B, C, D sich drehend; a willkürlich, b dergestalt, dass der Punct ab in CD fortrückt; c so, dass bc in AD und d so, dass cd in AB fortgeht. Der Punct ad wird alsdann eine Curve beschreiben, und wenn er dabei einmal durch die Gerade BC geht, so wird das in diesem Momente von den Linien a, b, c, d gebildete Viereck zugleich ein eingeschriebenes sein.

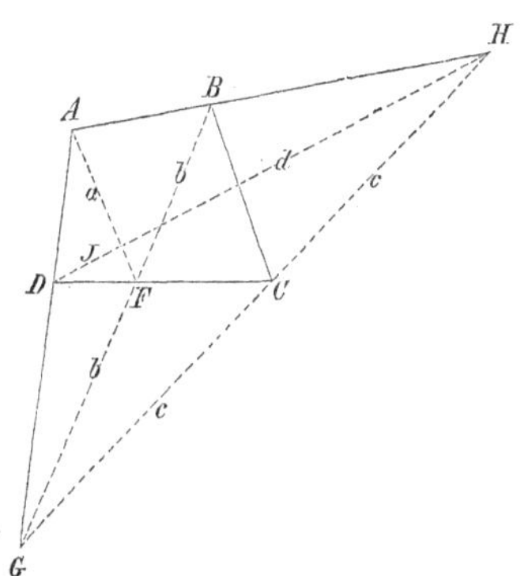

Fig. 2.

Um nun die gedachte Curve und ihre vielleicht möglichen Durchschnitte mit BC zu finden, so setze man zuerst, weil D mit A, B, C in einer Ebene liegt:

$$\delta D = \alpha A + \beta B + \gamma C,$$

oder kürzer, wenn man hier und in dem Verfolg der Rechnung für αA, βB, γC, δD schlechthin A, B, C, $-D$ schreibt:

$$A + B + C + D = 0.$$

Man bezeichne ferner die Puncte ab, bc, cd, da mit F, G, H, I und setze, weil F in CD liegen soll:

$$F = C + xD;$$

[oder vielmehr

$$fF = \gamma C - x\delta D,$$

wo

$$f = \gamma - \delta x$$

ist, und γ, $-\delta x$ die Gewichte sind, womit die Puncte C, D belastet F zu ihrem Schwerpunct haben. Eben so aber, wie vorhin in C und D die Coefficienten γ und $-\delta$, so wird hier in F der Coefficient f mit eingeschlossen gedacht. Dieselbe Bemerkung gilt auch für die in der Folge vorkommenden Buchstaben G, H, I (Baryc. Calcul §. 235 ff.)].

Substituirt man für C seinen Werth aus der vorhergehenden Gleichung, so kommt:

$$F = -A - B - D + xD$$

und

$$F + B = -A + (x-1)D = G,$$

weil G der gemeinschaftliche Punct von FB und AD ist. Dies giebt weiter:

$$G = -A - (x-1)(A + B + C),$$
$$G + (x-1)C = -xA - (x-1)B = H,$$

weil GC und AB sich in H schneiden;

$$H = -xA + (x-1)(A + C + D) = -A + (x-1)(C + D)$$
$$= -A + (x-1)D + (x-1)(F - xD),$$
$$H + (x-1)^2 D = -A + (x-1)F = I;$$

als dem Durchschnitte von HD mit AF;

$$I = B + C + D + (x-1)(C + xD) = B + xC + (1 - x + x^2)D.$$

I ist also der Schwerpunct der Puncte B, C, D mit Gewichten, die sich wie

$$1 : x : 1 - x + x^2$$

[oder vielmehr wie

$$\beta : \gamma x : -\delta(1 - x + x^2)]$$

zu einander verhalten.

Lässt man nun F (oder ab) in der Geraden CD sich fortbewegen, so erhält x nach und nach alle möglichen Werthe, und alle die damit sich ergebenden Schwerpuncte I (oder ad) liegen in einem Kegelschnitte (B. C. §. 130). Dieser Kegelschnitt kann aber der BC nicht begegnen, oder, was dasselbe ist, I kann niemals mit B und C in eine Gerade zu liegen kommen, weil der Ausdruck von I durch B, C, D sich niemals auf B und C allein reduciren kann. Denn für keinen möglichen Werth von x kann der Coefficient von D, $1 - x + x^2 = 0$ werden.

Es ist folglich auch nicht möglich, dass von zwei Vierecken ein jedes dem anderen zugleich ein- und umschrieben sein sollte. — Auf Vielecke von mehreren Seiten habe ich die Untersuchung nicht ausgedehnt.

Von den metrischen Relationen im Gebiete der Lineal-Geometrie.

[Crelle's Journal 1829 Band 4 p. 101—139.]

Die Geometrie der geraden Linie oder die Lineal-Geometrie, ein Ausdruck, dessen sich zuerst der scharfsinnige Lambert*) bedient zu haben scheint, enthält alle diejenigen geometrischen Aufgaben, die sich bloss mit Hülfe des Lineals, ohne Anwendung des Zirkels, lösen lassen, und beschränkt sich eben so nur auf diejenigen Eigenschaften einer Figur, welche aus den Bedingungen hervorgehen, dass drei oder mehrere gewisse Puncte der Figur in einer Geraden liegen, oder dass drei oder mehrere gewisse Gerade sich in einem Puncte schneiden; auf Eigenschaften also, welche eine Figur unverändert beibehält, wie auch ihre Theile die Lage gegen einander ändern mögen, nur dass jede drei oder mehrere Puncte, welche anfangs in einer Geraden lagen, auch fortwährend in einer Geraden bleiben. Die Beziehung, welche zwischen der so geänderten Figur und der anfänglichen stattfindet, habe ich in meinem Barycentrischen Calcul Collineationsverwandtschaft genannt und von ihr im zweiten Abschnitt Cap. 5—8 gehandelt.

Es ist diese Beziehung oder Verwandtschaft, so lange nur von ebenen Figuren die Rede ist, einerlei mit derjenigen, welche zwischen einer ebenen Figur und ihrer perspectivischen Projection auf eine andere Ebene obwaltet. Liegen nämlich drei Puncte der ersteren Figur in einer Geraden, so sind immer auch ihre Projectionen in einer Geraden enthalten, in derjenigen, worin die letztere Ebene von einer durch das Auge und die erstere Gerade gelegten Ebene geschnitten wird. Und umgekehrt lässt sich zeigen, dass von zwei ebenen Figuren, welche in jener Verwandtschaft zu einander stehen, die eine immer als perspectivische Projection der anderen angesehen werden kann. (Bar. Calc. §. 230, Anmerk.) Doch habe ich von dieser an sich sehr fruchtbaren Ansicht in genannter Schrift keinen Gebrauch gemacht, da mir theils der Hülfsbegriff des Augenpunctes

*) Lambert's freie Perspective 1774, Anmerkungen und Zusätze S. 162.

zu fremdartig schien, theils diese Ansicht bei Figuren im Raume nicht füglich mehr anwendbar ist. Ich bin daher a. a. O. von der gegenseitigen Beziehung der Figuren nach der geraden Linie unmittelbar ausgegangen, habe damit die hierher gehörigen Relationen, die graphischen, so wie die metrischen, entwickelt, und habe, was insbesondere die metrischen anlangt, den allgemeinen Charakter derselben, ihre verschiedenen Formen und gegenseitige Abhängigkeit zu bestimmen gesucht.

Da ich mich aber bei diesen Entwickelungen der barycentrischen Rechnung bedient habe, und hierdurch, sowie durch die neuen dabei gebrauchten Ausdrücke, mancher von einem näheren Eingehen in meine Untersuchungen zurückgehalten werden mag, gleichwohl aber die gefundenen Resultate für die Geometrie nicht ohne einigen Werth sein dürften, so hat es mir zweckmässig geschienen, die gedachten Gegenstände im Vorliegenden mittelst der gewöhnlichen Coordinatenmethode, und somit allgemein verständlich, von neuem zu behandeln, und dieses um so mehr, da die lineal-geometrischen Untersuchungen in neuester Zeit, besonders von französischen Mathematikern, mit einer Art Vorliebe betrieben zu werden scheinen.

Ausserdem aber, dass hier nur die gewöhnliche Coordinatenmethode zu Grunde gelegt ist, unterscheidet sich gegenwärtiger Aufsatz von dem, was oben erwähnte Schrift über diese Gegenstände enthält, durch mehrere neu hinzugekommene Bemerkungen, besonders aber durch die am Schlusse aufgestellten metrischen Relationen bei Kegelschnitten, die ich erst neuerdings gefunden habe. Um übrigens diesem Aufsatze einen nicht zu grossen Umfang zu geben, habe ich mich bloss auf ebene Figuren beschränkt. — Die citirten §§. beziehen sich auf den Barycentrischen Calcul.

---

1. Von zwei Ebenen, deren gegenseitige Lage hierbei nicht in Rücksicht kommt, entspreche jedem Puncte der einen Ebene ein Punct in der anderen so, dass für jede drei Puncte der einen Ebene, welche in einer Geraden liegen, die entsprechenden drei Puncte der anderen ebenfalls in einer Geraden enthalten sind; dass folglich, wenn man in der einen Ebene eine Gerade zieht, die den Puncten dieser Geraden in der anderen Ebene entsprechenden Puncte gleichfalls eine Gerade bilden; oder kürzer, dass jeder Geraden in der einen eine Gerade in der anderen, (folglich auch jeder krummen Linie in der einen eine krumme, nicht gerade Linie in der anderen) entspricht.

2. Um dieses gegenseitige Entsprechen der Puncte beider Ebenen analytisch auszudrücken, ziehe man in jeder derselben zwei sich unter beliebigem Winkel schneidende Coordinatenaxen, und nenne x, y die Coordinaten irgend eines Punctes der einen Ebene; t, u die Coordinaten des entsprechenden Punctes der anderen. Hiernach müssen t sowohl als u Functionen von x und y sein:

$$t = F(x, y), \quad u = G(x, y).$$

Um die Formen dieser Functionen auszumitteln, nehme man an, es sei in der Ebene der t, u irgend eine gerade Linie gezogen, deren Gleichung:

$$\alpha t + \beta u + \gamma = 0.$$

Die Gleichung für die entsprechende Linie in der Ebene der x, y wird sein:

$$1) \qquad \alpha F(x, y) + \beta G(x, y) + \gamma = 0.$$

Da nun diese Linie ebenfalls gerade sein soll, so muss die Gleichung 1), so wie sie nach α, β, γ linear ist, auch nach x und y linear sein. Die allgemeinste Form einer solchen Gleichung ist aber:

$$2) \qquad \alpha(ax + by + c) + \beta(fx + gy + h) + \gamma(x + my + n) = 0,$$

wo in dem letzten Gliede der Coefficient von x weggelassen ist, indem man sich mit demselben alle übrigen Coefficienten a, b, ..., n dividirt vorstellen kann. Aus der Identität der Gleichungen 1) und 2) für alle Werthe, welche man den Constanten α, β, γ ertheilen mag, folgt aber:

$$3) \qquad F(x, y) = t = \frac{ax + by + c}{x + my + n}, \quad G(x, y) = u = \frac{fx + gy + h}{x + my + n},$$

und hiermit sind die Formen der Functionen, welche t und u von x, y sein müssen, vollkommen bestimmt.

3. Drückt man mittelst der Gleichungen 3) umgekehrt x und y durch t, u aus, so wird man Ausdrücke von derselben Form wie die vorigen erhalten, nämlich Brüche, deren Zähler und Nenner lineare Functionen von t und u, und deren Nenner überdies einander gleich sind; woraus zu schliessen, dass wenn jeder Geraden in der Ebene der t, u eine Gerade in der Ebene der x, y entspricht, auch umgekehrt jede Gerade der letzteren Ebene eine Gerade in der ersteren zur entsprechenden Linie hat.

Ebenso erhellet, dass die Gleichungen 3) ihre Form nicht ändern, wenn statt x und y, oder statt t und u Ausdrücke von der Form $\delta x + \varepsilon y + \zeta$ oder $\lambda t + \mu u + \nu$ gesetzt werden, d. h. wenn man statt der anfänglichen Coordinatenaxen beliebige andere Linien zu Axen wählt; wie dies auch schon aus der Natur der Sache folgt.

Aus der Gleichung 3) geht weiter hervor, dass einem in endlicher Entfernung vom Anfangspuncte der Coordinaten gelegenen Puncte der einen Ebene, in der anderen auch ein unendlich entfernter Punct entsprechen kann, und dass einem unendlich entfernten Puncte der einen Ebene im Allgemeinen ein endlich gelegener in der anderen entspricht. Ueberhaupt nämlich werden alle unendlich entfernten Puncte der Ebene t, u in der Ebene der x, y, durch die Puncte der Geraden vorgestellt, deren Gleichung

$$x + my + n = 0$$

ist; und ebenso giebt es eine gewisse Gerade in der Ebene der t, u von der Beschaffenheit, dass jeder Punct der Ebene der x, y, welcher einem Puncte dieser Geraden entspricht, unendlich fern ist. — Bei der perspectivischen Projection ist diese Gerade einerlei mit derjenigen, in welcher eine durch das Auge, parallel mit der abzubildenden Ebene, gelegte Ebene die Tafelebene schneidet.

Von zwei oder mehreren Linien, welche mit einander parallel laufen, sind daher die entsprechenden Linien nicht ebenfalls einander parallel, sondern schneiden sich in einem Puncte. Jedem Systeme paralleler Linien in der einen Ebene gehört daher in der anderen Ebene ein Punct zu: der Durchschnittspunct der den Parallelen des jedesmaligen Systems entsprechenden Geraden. Alle diese Puncte aber sind in einer und derselben Geraden enthalten, in der Geraden, deren Puncte den unendlich entfernten Puncten der ersteren Ebene entsprechen.

4. In den zwei Gleichungen 3) kommen acht von einander unabhängige Constanten a, b, c, f, g, h, m, n vor. Sie lassen sich bestimmen, wenn man von vier Puncten in der einen und den vier ihnen entsprechenden Puncten in der anderen Ebene die Coordinaten kennt. Substituirt man diese der Reihe nach für x, y, t, u in den Gleichungen 3), so erhält man 4 solcher Paare von Gleichungen, woraus sich die 8 Constanten, durch die Coordinaten der vier Paare sich entsprechender Puncte ausgedrückt, ableiten lassen. Auch können nunmehr für jeden fünften durch seine Coordinaten gegebenen Punct der einen Ebene die Coordinaten des entsprechenden Punctes in der anderen gefunden werden. Man bemerke nur noch, dass wenn jene Bestimmung der 8 Constanten ausführbar sein soll, von den anfänglichen vier Puncten in der einen, und folglich auch von den vier ihnen entsprechenden in der anderen Ebene keine drei in gerader Linie liegen dürfen.

Wenn daher die Puncte zweier Ebenen in die jetzt in Rede stehende lineare Beziehung zu einander gesetzt werden sollen, so nehme man irgend 4 Puncte A, B, C, D in der einen und beliebige 4 Puncte A', B', C', D' in der anderen Ebene, — nur dass weder von den 4 ersteren, noch von den 4 letzteren irgend 3 in einer Geraden sind, — und setze sie einander entsprechend: A' dem A, ..., D' dem D. Hiermit ist für jeden fünften Punct E der einen Ebene der Ort des entsprechenden fünften E' in der anderen vollkommen bestimmt. Zwischen je vier Puncten, — dies folgt daraus schliesslich — und den ihnen entsprechenden, wo weder von jenen noch von diesen vier Puncten irgend drei in einer Geraden sind, kann daher eine hierher gehörige metrische Relation noch nicht stattfinden, wohl aber wenn ein fünftes oder mehrere Paare sich entsprechender Puncte hinzu kommen.

5. Um jetzt diese Relationen zu entwickeln, wollen wir von dem speciellen Falle ausgehen, wo die in Betracht zu ziehenden Puncte der einen, und folglich auch die entsprechenden in der anderen Ebene, in gerader Linie liegen. Heissen X, X', X'', ... die Puncte in der Ebene der x, y, und T, T', T'', ... die ihnen entsprechenden in der anderen Ebene der t, u. Weil in jeder der beiden Ebenen die Coordinatenaxen nach Willkür gelegt werden können, so werde die Axe der x durch die Puncte X, X', ... und die Axe der t durch die Puncte T, T', ... gezogen. Seien hiernach die Abscissen von X, X', ... resp. gleich x, x', ..., und von T, T', ... resp. gleich t, t', ..., so hat man, weil die Ordinaten (y und u) für die einen sowohl als die anderen Puncte null sind, folgende Gleichungen:

$$t = \frac{ax + c}{x + n}, \quad t' = \frac{ax' + c}{x' + n}, \quad t'' = \frac{ax'' + c}{x'' + n},$$

etc. Da in jeder derselben von den obigen acht Constanten nur noch drei vorkommen, so wird man durch Verbindung irgend vier solcher Gleichungen eine Gleichung zwischen den Abscissen von vier Paaren sich entsprechender Puncte allein erhalten können. Da ferner durch Annahme anderer Anfangspuncte in den Axen der x und t jene Gleichungen zwischen t und x ihrer Form nach offenbar unverändert bleiben, und nur die darin vorkommenden Constanten a, c, n andere Werthe erhalten, so wird auch die durch Elimination dieser Constanten hervorgehende Gleichung von den Anfangspuncten der Abscissen unabhängig sein und nur solche Grössen enthalten, wodurch die gegenseitige Lage der Puncte X, X', ... und T, T', ... selbst bestimmt wird.

Liegen daher die in Betracht gezogenen Puncte der einen und folglich auch die entsprechenden Puncte der anderen Ebene in gerader Linie, so wird zwischen je vier Puncten derselben eine metrische Relation obwalten. Die zu ihrer Herleitung erforderliche Elimination von a, c, n lässt sich durch folgende Rechnung bewerkstelligen. Zuerst hat man:

$$t' - t = \frac{(an - c)(x' - x)}{(x + n)(x' + n)}, \quad t'' - t' = \frac{(an - c)(x'' - x')}{(x' + n)(x'' + n)},$$

und daher

$$\frac{t' - t}{t'' - t'} = \frac{x'' + n}{x + n} \cdot \frac{x' - x}{x'' - x'},$$

und ebenso

$$\frac{t''' - t}{t'' - t'''} = \frac{x'' + n}{x + n} \cdot \frac{x''' - x}{x'' - x'''},$$

folglich

$$\frac{t' - t}{t'' - t'} : \frac{t''' - t}{t'' - t'''} = \frac{x' - x}{x'' - x'} : \frac{x''' - x}{x'' - x'''}.$$

Ist nun M der Anfangspunct in der Axe der t, so hat man $t = MT$, $t' = MT'$, $t'' = MT''$, etc., von welchen Linien je zwei, wie MT und MT', einerlei oder entgegengesetzte Zeichen haben, je nachdem die Puncte T und T' auf einerlei oder verschiedenen Seiten von M liegen. Hierdurch wird $t' - t = TT'$, $t'' - t' = T'T''$, etc., von denen man daher wiederum je zwei, wie TT' und $T'T''$, mit einerlei oder verschiedenen Zeichen zu nehmen hat, je nachdem die durch die Stellung der Buchstaben zugleich angedeuteten Richtungen, von T nach T' und von T' nach T'', in der Axe der t einerlei oder entgegengesetzt sind. Auf gleiche Art ist $x' - x = XX'$, etc. in der Axe der x; die gefundene Proportion aber erhält die Gestalt:

$$\frac{TT'}{T'T''} : \frac{TT'''}{T'''T''} = \frac{XX'}{X'X''} : \frac{XX'''}{X'''X''}.$$

6. Für drei Puncte A, B, C der einen Ebene, welche in einer Geraden liegen, können daher, — so lange noch keine anderen Paare sich entsprechender Puncte angenommen worden, — die entsprechenden Puncte A', B', C' in der anderen Ebene nach Belieben gewählt werden, nur dass sie ebenfalls in einer Geraden sind. Für jeden vierten Punct D in der Geraden ABC ist alsdann der entsprechende Punct D' in der Geraden $A'B'C'$ durch die Proportion bestimmt:

$$\frac{AB}{BC} : \frac{AD}{DC} = \frac{A'B'}{B'C'} : \frac{A'D'}{D'C'};$$

wo nur die vorigen T, T', X, X', mit A, B, ..., A', B', ... vertauscht sind.

Das erste Glied $\frac{AB}{BC}$ ist, wie aus dem vorhin Gesagten erhellt, positiv oder negativ, nachdem B zwischen oder ausserhalb A und C liegt, und drückt das Verhältniss aus, nach welchem die Linie AC im Puncte B geschnitten wird. Dasselbe ist auch auf die übrigen Glieder der Proportion anzuwenden.

Das Verhältniss $\frac{AB}{BC} : \frac{AD}{DC}$ ist daher nichts anderes, als das Verhältniss zwischen den Verhältnissen, nach welchen die Gerade AC das eine Mal in B und das andere Mal in D geschnitten wird. Ein solches aus vier Puncten in einer Geraden sich bildende Verhältniss habe ich (§. 182) Doppelschnittsverhältniss genannt.

Da, wie die Folge zeigen wird, alle bei der Linealgeometrie vorkommenden metrischen Relationen aus Doppelschnittsverhältnissen zusammengesetzt sind, oder sich doch auf solche zurückführen lassen, so sah ich mich zur Einführung einer abgekürzten Schreibart veranlasst. Zu dem Ende drückte ich ein Doppelschnittsverhältniss bloss dadurch aus, dass ich die vier Puncte, als den ersten und zweiten Grenzpunct der geschnittenen Linie, den ersten und zweiten Schneidepunct in der genannten Ordnung nebeneinander setzte, sie durch Commata unterschied und mit Haken einschloss (§. 183) und hiernach das vorige Doppelschnittsverhältniss also darstellte: (A, C, B, D).

Das einfachste Beispiel eines Doppelschnittsverhältnisses giebt die bekannte harmonische Theilung. Eine Linie AB wird in C und D harmonisch getheilt, wenn sie in C und D nach gleichen Verhältnissen getheilt wird, nur dass die Exponenten dieser Verhältnisse entgegengesetzte Zeichen haben, dass mithin von den zwei Puncten C und D der eine innerhalb, der andere ausserhalb A und B liegt; also in Zeichen, wenn

$$AC : CB = -(AD : DB),$$

d. i.

$$\frac{AC}{CB} : \frac{AD}{DB} = -1;$$

oder, nach der kürzeren Schreibart, wenn

$$(A, B, C, D) = -1.$$

7. Das in Nr. 5 erhaltene Resultat können wir jetzt kürzlich so ausdrücken: *Jedes Doppelschnittsverhältniss zwischen vier Puncten einer Geraden in der einen Ebene ist dem aus den entsprechenden*

Puncten der anderen gebildeten Doppelschnittsverhältnisse gleich. Haben daher A, B, ..., A', B', ... dieselbe Bedeutung wie in Nr. 6, so ist:

$$(A, B, C, D) = (A', B', C', D').$$

Hiermit kann, wie schon dort bemerkt wurde, wenn von diesen 8 Puncten 7 gegeben sind, der 8te gefunden werden. Auf eben diese Art muss nun auch sein:

$$(A, C, B, D) = (A', C', B', D'), \quad B, A, C, D) = (B', A', C', D),$$

etc., wie auch die Buchstaben in jedem der zwei einander gleichen Doppelschnittsverhältnisse miteinander vertauscht werden, wenn es nur in beiden auf gleiche Art geschieht. Da aber hierdurch keine neuen Bestimmungen für den achten Punct hervorgehen können, so müssen die Doppelschnittsverhältnisse (A, B, C, D), (B, A, C, D), etc. und wie auch sonst noch die vier Elemente A, .., D permutirt werden mögen, insgesammt Functionen von (A, B, C, D), also auch von einander abhängig sein. Und in der That findet sich leicht, dass, wenn man $(A, B, C, D) = a$ setzt:

$$\text{I)} \qquad (B, A, C, D) = \frac{1}{a},$$

$$\text{II)} \qquad (A, C, B, D) = 1 - a,$$

$$\text{III)} \qquad (A, B, D, C) = \frac{1}{a}$$

ist, woraus man alle übrigen Permutationen berechnen kann. Denn von irgend einer der 24 Permutationen, welche aus 4 Elementen sich bilden lassen, kann man schrittweise zu jeder anderen von ihnen gelangen, indem man nach und nach bald die zwei ersten, bald die zwei mittleren, bald die zwei letzten Elemente mit einander vertauscht. Durch Vertauschung der zwei ersten I) oder der zwei letzten III) erhält man aber den reciproken Werth des vorhergehenden, und durch Vertauschung der zwei mittleren Elemente II) die Ergänzung des vorhergehenden Werthes zur Einheit. Auf diese Weise ergiebt sich, dass jedes der 24 Doppelschnittsverhältnisse, welche sich aus den vier Puncten bilden lassen, einen der 6 Werthe hat:

$$1)\ a, \quad 2)\ \frac{1}{a}, \quad 3)\ \frac{a-1}{a}, \quad 4)\ \frac{a}{a-1}, \quad 5)\ \frac{1}{1-a}, \quad 6)\ 1-a,$$

(§. 184).

NB. Setzt man diese 6 Werthe in ihrer Folge $= a, b, c, d, e, f$, so ist:

$$ab = cd = ef = 1 \quad \text{und} \quad b + c = d + e = f + a = 1.$$

Eine unendliche Reihe, deren erstes Glied $= a$, und wo das Product aus jedem ungeraden Gliede in das nächstfolgende gerade gleich 1, so wie die Summe jedes geraden Gliedes und des nächstfolgenden ungeraden $= 1$ sein sollte, würde daher nichts anderes, als eine continuirliche Wiederholung jener 6 Werthe a, $\frac{1}{a}$, ..., $1 - a$ sein.

8. Um, wenn die Puncte A, B, C, D einer Geraden a, und von den entsprechenden Puncten A', B', ... der entsprechenden Geraden a' drei Puncte A', B', C' gegeben sind, den vierten D' zu finden, kann man sich folgender einfachen Construction bedienen.

Man setze die Linien a und a' (Fig. 1) unter einem beliebigen Winkel an einander, so dass die Puncte A und A' zusammenfallen. Hierauf ziehe man BB' und CC', welche sich in O schneiden, so ist der Durchschnitt von OD mit a' der gesuchte Punct D'.

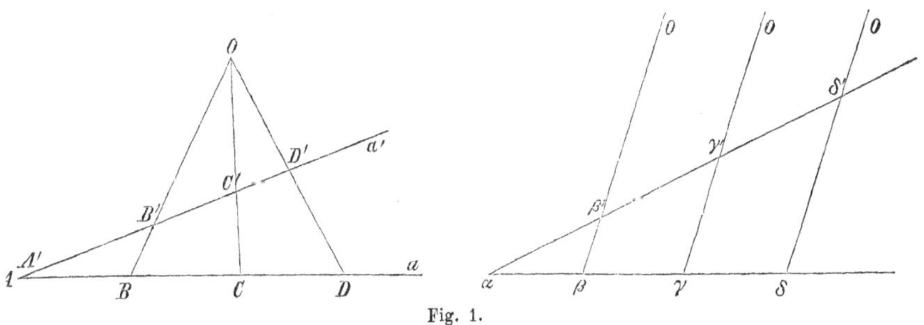

Fig. 1.

Um die Richtigkeit dieses Verfahrens zu beweisen, ist nur darzuthun, dass

$$(A', B', C', D') = (A, B, C, D).$$

Man denke sich zu dem Ende eine der eben construirten Figur entsprechende gezeichnet; die den Puncten A, B, ..., B', ..., O entsprechenden seien darin α, β, ..., β', ..., o, und daher

$$(\alpha, \beta, \gamma, \delta) = (A, B, C, D), \quad (\alpha, \beta', \gamma', \delta') = (A, B', C', D').$$

Werde nun, was immer geschehen kann (Nr. 3), der Punct O unendlich entfernt angenommen, so sind $\beta\beta'$, $\gamma\gamma'$, $\delta\delta'$ mit einander parallel, und es verhält sich

$$\alpha\gamma : \gamma\beta = \alpha\gamma' : \gamma'\beta', \quad \alpha\delta : \delta\beta = \alpha\delta' : \delta'\beta'.$$

Mithin ist

$$(\alpha, \beta, \gamma, \delta) = (\alpha, \beta', \gamma', \delta'),$$

also auch

$$(A, B, C, D) = (A, B', C', D').$$

9. Seien jetzt in der Geraden AB ausser den vier Puncten $A, .., D$ noch mehrere andere, $E, F, G, \dots$ gegeben. Die ihnen entsprechenden in der Geraden $A'B'$ heissen $E', F', G', \dots$. So wie nun nach willkürlicher Annahme von A', B', C', der Punct D' durch die Gleichheit der Doppelschnittsverhältnisse

$$(A, B, C, D) = (A', B', C', D') = d$$

bestimmt wurde (Nr. 6), so werden auch die übrigen Puncte $E', F', G', \dots$ mittelst der Gleichungen

$$(A, B, C, E) = (A', B', C', E') = e,$$
$$(A, B, C, F) = (A', B', C', F') = f,$$

u. s. w., sich finden lassen, und es werden nach verrichteter Construction auch je zwei andere Doppelschnittsverhältnisse zwischen sich entsprechenden Puncten, z. B.:

$$(B, C, E, F) \text{ und } (B', C', E', F')$$

einander gleich sein, jedes derselben gleich x. Da nun zur Construction des Systems der Puncte $A', B', \dots E', F', \dots$, wegen der Willkürlichkeit der Bestimmung der drei ersten, auch schon die Kenntniss der Exponenten $d, e, f, \dots$ hinreicht, und sich alsdann aus der Construction der Werth von x selbst ergiebt, so muss x eine Function von $d, e, f, \dots$ sein. Hat man also ein System von m Puncten $A, B, C, D, \dots$ in einer geraden Linie, so ist von den $m - 3$ Doppelschnittsverhältnissen $d, e, f, \dots$, welche die drei ersten Puncte A, B, C mit jedem der $m - 3$ übrigen bilden, jedes andere Doppelschnittsverhältniss x des Systems eine Function. Denkt man sich daher alle möglichen Doppelschnittsverhältnisse von den m Puncten als Functionen dieser $m - 3$ Grössen $d, e, f, \dots$ ausgedrückt, so kann man, wenn irgend $m - 3$ von einander unabhängige dieser Doppelschnittsverhältnisse gegeben sind, daraus die Werthe von $d, e, f, \dots$ und somit den Werth jedes anderen Doppelschnittsverhältnisses finden. Also:

Aus irgend $m - 3$ von einander unabhängigen Doppelschnittsverhältnissen eines Systems von m Puncten in einer geraden Linie kann jedes andere Doppelschnittsverhältniss dieses Systems gefunden werden. (§. 187.)

So findet sich, wenn bei den fünf Puncten $A, \dots, E$ die zwei Doppelschnittsverhältnisse

$$(A, B, C, D) = p \text{ und } (B, C, D, E) = q$$

gegeben sind, jedes dritte als Function von p und q, z. B.:

$$(A, E, B, D) = (1 - p)(1 - q).$$

10. Die durch die Gleichheit der Doppelschnittsverhältnisse ausgedrückte Relation zwischen zwei Systemen von Puncten in geraden Linien lässt sich auch noch auf eine andere merkwürdige Art darstellen. — Man hat:

$$d = (A,\ B,\ C,\ D) = \frac{AC}{CB} : \frac{AD}{DB},$$

und daher

$$AD\,.\,CB\,.\,d = AC\,.\,DB,$$

oder

$$AD(AB - AC)\,d = AC(AB - AD),$$

und wenn man mit $AB\,.\,AC\,.\,AD$ dividirt:

$$\frac{1-d}{AB} + \frac{d}{AC} = \frac{1}{AD},$$

und wenn man noch $1 - d : d = \beta : \gamma$ setzt:

$$a) \qquad \frac{\beta}{AB} + \frac{\gamma}{AC} = \frac{\beta+\gamma}{AD},$$

so wie umgekehrt hieraus die Gleichung

$$(A,\ B,\ C,\ D) = d = \frac{\gamma}{\beta+\gamma},$$

und hieraus weiter die Gleichung

$$(A',\ B',\ C',\ D') = \frac{\gamma}{\beta+\gamma}$$

folgt. Besteht daher zwischen den Abschnitten AB, AC, AD die Relation $a)$, so muss auch für die entsprechenden Abschnitte $A'B'$, etc.

$$a') \qquad \frac{\beta}{A'B'} + \frac{\gamma}{A'C'} = \frac{\beta+\gamma}{A'D'}$$

sein; d. h. ist AD das harmonische Mittel von AB und AC für die Coefficienten β und γ, so ist es auch $A'D'$ von $A'B'$ und $A'C'$ für dieselben Coefficienten.

Dass diese Relation auf jede grössere Zahl von Paaren sich entsprechender Puncte in geraden Linien ausgedehnt werden kann, so dass, wenn

$$\frac{\beta}{AB} + \frac{\gamma}{AC} + \frac{\delta}{AD} + \dots = \frac{\beta+\gamma+\delta+\dots}{AM}$$

ist, dieselbe Gleichung noch besteht, wenn man für A, B, ..., M die entsprechenden Puncte A', B', ..., M' setzt, dies zeigt Poncelet in seinem Mémoire sur les centres de moyennes harmoniques im 3. Bande des Crelle'schen Journals Seite 240.

Um diese Erweiterung des vorigen Satzes mit Hülfe der Lehre von den Doppelschnittsverhältnissen zu beweisen, so folgt aus der angenommenen Gleichung

$$\beta\left(\frac{1}{AB}-\frac{1}{AM}\right)+\gamma\left(\frac{1}{AC}-\frac{1}{AM}\right)+\delta\left(\frac{1}{AD}-\frac{1}{AM}\right)+\ldots=0,$$

d. i.

$$\beta\frac{BM}{AB\,.\,AM}+\gamma\frac{CM}{AC\,.\,AM}+\delta\frac{DM}{AD\,.\,AM}+\ldots=0,$$

also auch

$$\beta\frac{BM}{AB}:\frac{PM}{AP}+\gamma\frac{CM}{AC}:\frac{PM}{AP}+\delta\frac{DM}{AD}:\frac{PM}{AP}+\ldots=0,$$

wo P einen beliebigen Punct der Geraden $\ddot{A}B$ ... bezeichnet; und weil

$$\frac{BM}{AB}:\frac{PM}{AP}=\frac{AP}{PM}:\frac{AB}{BM}=(A,\ M,\ P,\ B),\ \text{etc.},$$

so kommt

$$\beta\,(A,\ M,\ P,\ B)+\gamma\,(A,\ M,\ P,\ C)+\delta\,(A,\ M,\ P,\ D)+\ldots=0.$$

Wegen der Unveränderlichkeit der Doppelschnittsverhältnisse von dem einen Systeme zum anderen ist daher auch

$$\beta\,(A',\ M',\ P',\ B')+\gamma\,(A',\ M',\ P',\ C')+\ldots=0,$$

woraus sich auf umgekehrtem Wege

$$\frac{\beta}{A'B'}+\frac{\gamma}{A'C'}+\ldots.=\frac{\beta+\gamma+\ldots}{A'M'}.$$

ergiebt.

11. Wir gehen nunmehr zu den Relationen zwischen zwei Systemen von Puncten über, wo die Puncte jedes Systems für sich nicht mehr wie bisher bloss in einer Geraden, sondern in einer Ebene überhaupt liegen. Seien demnach A, B, C, D (Fig. 2) irgend vier Puncte der einen Ebene, von denen keine drei in einer Geraden sind, und A', B', C', D' die ihnen entsprechenden Puncte in der anderen, von denen ebenfalls keine drei in einer Geraden liegen. Ausser diesen negativen Bedingungen finden zwischen beiden Systemen keine weiteren statt, und die vier ersteren Puncte sowohl, als die vier letzteren, können ganz nach Willkür genommen werden. Mit jedem fünften Puncte E aber, der zu den vier ersteren hinzukommt, wird auch der entsprechende Punct E' in der Ebene der vier letzteren bestimmt sein (Nr. 4).

Um nun E' zu finden, wenn E gegeben ist, hat man auch hier bloss das Princip von der Gleichheit der Doppelschnittsverhältnisse in Anwendung zu bringen. Man ziehe zu dem Ende BD, BE, welche AC in M, P treffen, und AD, AE, welche BC in N, Q

schneiden. Auf dieselbe Art werden M', P', N', Q' in der anderen Ebene bestimmt, wo E', und damit P', Q', einstweilen als schon bekannt vorausgesetzt werden. Da nun B, B' und D, D' zwei Paare sich entsprechender Puncte sind, so wird auch jedem anderen Puncte

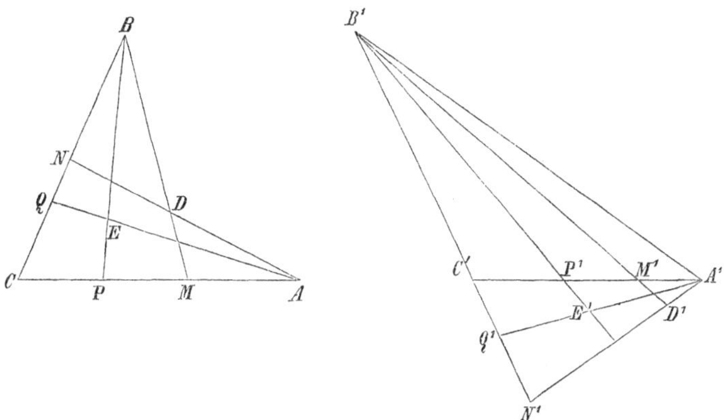

Fig. 2.

der Linie BD ein Punct in $B'D'$, und ebenso jedem Puncte in AC ein Punct in $A'C'$, folglich dem Puncte M, als dem gemeinschaftlichen Puncte der BD und AC, der Durchschnittspunct M' von $B'D'$ und $A'C'$ entsprechen. Auf gleiche Art sind auch N und N', P und P', Q und Q' Paare sich entsprechender Puncte. Es liegen aber A, C, M, P und die ihnen entsprechenden Puncte A', C', M', P' in geraden Linien. Mithin muss sein:

$$\text{I)} \qquad \frac{AM}{MC} : \frac{AP}{PC} = \frac{A'M'}{M'C'} : \frac{A'P'}{P'C'},$$

woraus sich P finden lässt, da alle übrigen in dieser Proportion vorkommenden Puncte gegeben sind. — Ebenso wird Q' durch die Gleichheit der Doppelschnittsverhältnisse (B, C, N, Q) und (B', C', N', Q') gefunden. Hiermit ergiebt sich endlich E' als der gegenseitige Durchschnitt von $B'P'$ und $A'Q'$.

12. So wie der Punct E', so kann auch für jeden anderen Punct in der ersten Ebene der entsprechende Punct in der zweiten durch zwei Gleichungen zwischen Doppelschnittsverhältnissen gefunden werden, woraus nothwendig folgt, dass alle metrischen Relationen zwischen beiden Systemen auf die Gleichheit ihrer Doppelschnittsverhältnisse hinauskommen, und dass eine solche Relation im allgemeinen Falle, wo von den in Betracht kommenden Puncten

keine drei in einer Geraden liegen, zwischen nicht weniger als fünf Paaren sich entsprechender Puncte bestehen kann.

Die zur Aufstellung einer solchen Relation im Vorigen angewendeten Hülfspuncte M, P, oder N, Q, und die ihnen entsprechenden M', P', etc. können folgendergestalt beseitigt werden. Es ist ein bekannter Satz, dass, wenn eine Gerade AC von einer anderen BD im Puncte M geschnitten wird, das Verhältniss, nach welchem dies geschieht,

$$AM : CM = \text{dem Verhältnisse der Dreiecke } ABD : CBD$$

ist. Auf gleiche Art hat man, weil BE die AC in P schneidet,

$$AP : CP = ABE : CBE,$$

und ebenso in der anderen Figur:

$$A'M' : C'M' = A'B'D' : C'B'D', \quad A'P' : C'P' = \text{etc.}$$

Hierdurch aber verwandelt sich die obige Proportion I) in:

$$\text{II)} \qquad \frac{ABD}{CBD} : \frac{ABE}{CBE} = \frac{A'B'D'}{C'B'D'} : \frac{A'B'E'}{C'B'E'}.$$

Sind demnach $A, \ldots, E$ irgend fünf Puncte der einen Ebene, und $A', \ldots, E'$ die ihnen entsprechenden in der anderen, so findet zwischen den durch ihre Verbindung gebildeten Dreiecken immer die Proportion II) statt.

Da die fünf Paare sich entsprechender Puncte ganz nach Belieben zu nehmen sind, so können auch die in II) sie bezeichnenden Buchstaben willkürlich, nur in beiden Systemen auf einerlei Weise, mit einander vertauscht werden. So folgt z. B. durch Verwechselung des A mit B und des A' mit B':

$$\frac{BAD}{CAD} : \frac{BAE}{CAE} = \frac{B'A'D'}{C'A'D'} : \frac{B'A'E'}{C'A'E'},$$

eine Proportion, welche auch geradezu aus der Gleichung der Doppelschnittsverhältnisse (B, C, N, Q) und (B', C', N', Q') entspringt (Nr. 11).

13. Wenn es nicht darauf ankommt, bei Angabe der von einer Ebene zur anderen constant bleibenden Verhältnisse nur die möglich kleinste Anzahl (gleich 5) willkürlich genommener Puncte zuzulassen, so kann man diesen Verhältnissen noch mehrere andere Formen geben, die ihrer symmetrischen Bildung wegen angeführt zu werden verdienen. — Werde die Linie AB (Fig. 3) von den Linien CD und EF in den Puncten M und N geschnitten, so ist, wie in Nr. 12:

$$AM : BM = ACD : BCD,$$
$$AN : BN = AEF : BEF,$$

und folglich das Verhältniss

$$\text{II*)} \qquad (ACD : BCD) : (AEF : BEF)$$

dem Doppelschnittsverhältnisse

$$(AM : MB) : (AN : NB)$$

gleich, und daher das ebenso aus den 6 entsprechenden Puncten A', ..., F' gebildete von gleichem Werthe; wobei man noch bemerke, dass von den vier Dreiecken des Verhältnisses II*) die zwei ersten und die zwei letzten einerlei Grundlinien (CD und EF), das erste und dritte aber, sowie das zweite und vierte einerlei Spitzen (A und B) haben.

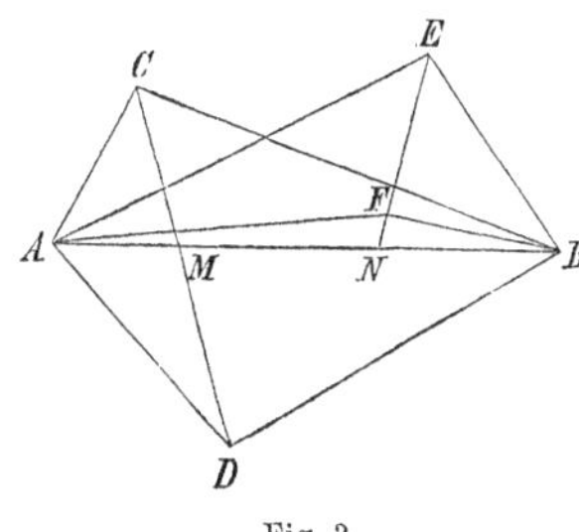

Fig. 3.

Kürzer noch kann man daher dieses Verhältniss ausdrücken durch

$$(Aa : Ba) : (Ab : Bb) = \frac{Aa}{Ba} \cdot \frac{Bb}{Ab},$$

wo a, b für die Linien CD, EF gesetzt sind, und somit Aa das Dreieck bezeichnet, welches A zur Spitze und a zur Grundlinie hat, u. s. w.

14. Seien jetzt A, B, C, ... mehrere Puncte, und a, b, c, ... mehrere gerade Linien von bestimmter Länge in der einen Ebene, so ist, wie wir eben gesehen haben, von dieser Ebene zur anderen das Verhältniss

$$\frac{Aa}{Ba} \cdot \frac{Bb}{Ab} = \alpha$$

constant, und eben so müssen es auch die Verhältnisse

$$\frac{Ab}{Cb} \cdot \frac{Cc}{Ac} = \beta, \quad \frac{Ac}{Dc} \cdot \frac{Dd}{Ad} = \gamma, \quad \frac{Ad}{Ed} \cdot \frac{Ee}{Ae} = \delta,$$

etc. sein. Bildet man aus ihnen die Producte $\alpha\beta$, $\alpha\beta\gamma$, $\alpha\beta\gamma\delta$, etc., so bekommt man:

$$\text{III)} \qquad \frac{Aa}{Ba} \cdot \frac{Bb}{Cb} \cdot \frac{Cc}{Ac},$$

$$\text{IV)} \qquad \frac{Aa}{Ba} \cdot \frac{Bb}{Cb} \cdot \frac{Cc}{Dc} \cdot \frac{Dd}{Ad},$$

V) $$\frac{Aa}{Ba}\cdot\frac{Bb}{Cb}\cdot\frac{Cc}{Dc}\cdot\frac{Dd}{Ed}\cdot\frac{Ee}{Ae},$$

etc., zusammengesetzte Verhältnisse, die daher gleichfalls von der einen Ebene zur anderen constant sein müssen.

Es lassen sich aber diese Verhältnisse noch anschaulicher darstellen, wenn man statt der Linien a, b, c, ... ihre Durchschnitte mit den die Puncte A, B, C, ... untereinander verbindenden Linien einführt. Werde nämlich die Linie AB von a im Puncte M, BC von b in N, CA und CD von c in O und P, DA und DE von d in Q und R, EA von e in S, etc. geschnitten, so ist, nach dem in Nr. 12 angeführten Satze:

$$\frac{Aa}{Ba}=\frac{AM}{BM},\ \frac{Bb}{Cb}=\frac{BN}{CN},\ \frac{Cc}{Ac}=\frac{CO}{AO},\ \frac{Cc}{Dc}=\frac{CP}{DP},\ \frac{Dd}{Ad}=\frac{DQ}{AQ},$$

etc. und die Verhältnisse III), IV), V), etc. werden damit

III*) $$\frac{AM}{MB}\cdot\frac{BN}{NC}\cdot\frac{CO}{OA},$$

IV*) $$\frac{AM}{MB}\cdot\frac{BN}{NC}\cdot\frac{CP}{PD}\cdot\frac{DQ}{QA},$$

V*) $$\frac{AM}{MB}\cdot\frac{BN}{NC}\cdot\frac{CP}{PD}\cdot\frac{DR}{RE}\cdot\frac{ES}{SA},$$

etc.*), wobei jeder einzelne Factor, wie $\frac{AM}{BM}$, das Verhältniss ausdrückt, nach welchem der zweimal gesetzte Punct M die Linie schneidet, welche die zwei anderen Puncte A und B verbindet, und wo daher die drei in jedem Factor vorkommenden Puncte immer in einer Geraden liegen.

Hiernach ist das Verhältniss III*) zusammengesetzt aus den drei Verhältnissen, nach welchen die drei Seiten AB, BC, CA des Dreiecks ABC von den resp. in ihnen liegenden Puncten M, N, O getheilt werden. Eben so ist IV*) das Verhältniss, nach welchem die vier Seiten AB, ..., DA des Vierecks $ABCD$ resp. in M, N, P, Q geschnitten werden, u. s. w. Ich habe daher die solchergestalt gebildeten Verhältnisse III*), IV*), V*), u. s. w. Dreieck-, Viereck-, Fünfeckschnittsverhältnisse u. s. w. und überhaupt Vieleckschnittsverhältnisse genannt (§. 215).

*) Dass hierbei die Buchstaben in den Nennern der einzelnen Factoren in umgekehrter Folge geschrieben worden, MB statt des vorigen BM, etc., ist deshalb geschehen, um diese Formeln mit denen im Barycentrischen Calcul übereinstimmend darzustellen. Die absoluten Werthe derselben ändern sich dadurch nicht, sondern nur von III), V), VII), etc., die Vorzeichen.

15. *Jedes Vieleckschnittsverhältniss ist daher von der einen Ebene zur anderen constant*; d. h. sind A und A', B und B', ..., I und I' mehrere Paare sich entsprechender Puncte, also $AB \dots I$ und $A'B' \dots I'$ zwei sich entsprechende Vielecke, sind ferner M, N, ..., X resp. in den Seiten AB, BC, ..., IA des ersteren Vielecks nach Belieben genommene Puncte, und M', N', ..., X' die entsprechenden Puncte, die daher resp. in den Seiten $A'B'$, $B'C'$, ..., $I'A'$ des anderen Vielecks liegen werden, so ist das Product aus den Verhältnissen $AM : MB$, $BN : NC$, ..., $IX : XA$, nach welchen die Seiten AB, BC, ..., IA des einen Vielecks von den in ihnen gewählten Puncten M, N, ..., X getheilt werden, von derselben Grösse, als das Product, welches aus den entsprechenden Verhältnissen $A'M' : M'B'$, $B'N' : N'C'$, ..., $I'X' : X'A'$ des anderen Vielecks zusammengesetzt wird.

Dieser Satz gilt immer, wie auch die Puncte A, B, ..., I oder die Spitzen des Vielecks liegen mögen, selbst wenn sie alle, und folglich auch die Schneidepuncte M, N, ..., X in einer und derselben Geraden enthalten sind; er gilt immer, welches auch die Zahl der Spitzen sein mag, selbst wenn deren nur zwei sind, und mithin das Vieleck zum Zweieck wird. Denn seien A, B die beiden Spitzen und folglich AB, BA die beiden Seiten, M, N ihre Schneidepuncte, so reducirt sich das Vieleckschnittsverhältniss auf $(AM : MB) \times (BN : NA)$, welches einerlei mit dem Doppelschnittsverhältniss $(AM : MB) : (AN : NB)$, und mithin von der einen Ebene zur anderen ebenfalls constant ist. Ein Doppelschnittsverhältniss lässt sich daher auch als das einfachste Vieleckschnittsverhältniss, nämlich als ein Zweieckschnittsverhältniss, betrachten.

Der Begriff des Vielecks ist demnach hier in ganz allgemeiner Bedeutung zu nehmen und darunter eine Figur zu verstehen, die von einer in sich zurückkehrenden, gebrochenen geraden Linie gebildet wird. Die Rückkehr in sich selbst, welche daran erkannt wird, dass bei jeder der Formeln III*), IV*), V*), etc. die Vielecksspitze im Zähler des ersten Factors zugleich im Nenner des letzten vorkommt, und dass überhaupt von je zwei nebeneinander stehenden Factoren die Spitzen im Nenner des vorangehenden und im Zähler des nachfolgenden einerlei sind, — diese Rückkehr ist etwas wesentlich Nothwendiges, indem mit Weglassung eines der Factoren, als wodurch die Schliessung des Vielecks unterbrochen würde, auch die Unveränderlichkeit des Verhältnisses von der einen Ebene zur anderen nicht mehr stattfinden würde.

16. Sind in einer Ebene m Puncte gegeben, und sollen in einer anderen Ebene die ihnen entsprechenden Puncte gefunden werden, so kann man von letzteren irgend 4 nach Willkür nehmen, worauf jeder der $m-4$ übrigen Puncte dadurch gefunden wird, dass man zwei die Lage des Punctes in der ersten Ebene bestimmende Doppelschnittsverhältnisse in der anderen Ebene von gleicher Grösse macht (Nr. 11). Zur Construction des ganzen Systems in der anderen Ebene sind daher nicht mehr als $2(m-4)$ Doppelschnittsverhältnisse überzutragen nöthig, und es werden sodann auch je zwei andere Doppelschnittsverhältnisse zwischen sich entsprechenden Puncten beider Ebenen einander gleich sein. — Es folgt hieraus, wie in Nr. 9, dass von den gedachten $2(m-4)$ Doppelschnittsverhältnissen alle anderen in den Figuren noch vorkommenden Doppelschnittsverhältnisse abhängig sind, und überhaupt, weil jedes Vieleckschnittsverhältniss als eine Function von Doppelschnittsverhältnissen, und jedes Doppelschnittsverhältniss zugleich als Vieleckschnittsverhältniss betrachtet werden kann (Nr. 15):

Sind bei einem Systeme von m Puncten in einer Ebene von den aus der gegenseitigen Verbindung der Puncte durch gerade Linien entstehenden Vieleckschnittsverhältnissen irgend $2m-8$ von einander unabhängige gegeben, so kann daraus jedes andere Vieleckschnittsverhältniss der Figur gefunden werden (§. 233). Oder mit anderen Worten:

Zwischen je $2m-7$ Vieleckschnittsverhältnissen, welche durch geradlinige Verbindung von m Puncten in einer Ebene entstehen, findet immer wenigstens eine Gleichung statt.

Uebrigens ist diese geradlinige Verbindung keineswegs bloss auf die $\frac{1}{2}m(m-1)$ Linien zu beschränken, welche die m Puncte zu zweien mit einander verknüpfen. Denn die hierdurch in beiden Ebenen entstehenden Durchschnittspuncte entsprechen sich wiederum (Nr. 11); die durch je zwei derselben, die noch nicht durch eine Gerade verbunden waren, von Neuem gezogenen Geraden sind daher gleichfalls sich entsprechende Linien, und folglich die neuen durch sie gebildeten Doppelschnitts- und Vieleckschnittsverhältnisse von der einen Ebene zur anderen einander gleich. Wie weit man daher auch die Verbindung der m Puncte fortsetzen mag, so dass immer die entstehenden Durchschnitte von Neuem unter sich und mit den anfänglichen m Puncten oder den schon vorhandenen Durchschnittspuncten verbunden werden, so können doch alle hiermit sich bildenden Vieleckschnittsverhältnisse aus irgend $2m-8$ derselben, die von einander unabhängig sind, gefunden werden.

17. Eine ganz besondere Aufmerksamkeit verdient der so eben erhaltene Satz für den Fall, wo m seinen möglich kleinsten Werth gleich 4 hat, und daher $2m - 8 = 0$ wird. Bei einem Systeme von vier Puncten in einer Ebene, von denen keine drei in einer Geraden liegen, werden daher alle durch fortgesetzte Verbindung dieser Puncte entstehenden Doppelschnitts- und Vieleckschnittsverhältnisse sich finden lassen, ohne dass ein einziges von ihnen gegeben zu sein braucht. Dieses merkwürdige Resultat erhellet auch schon daraus, dass bei der Construction eines entsprechenden Systems die ersten vier, also gegenwärtig alle Puncte nach Willkür genommen werden können, und dass dann alle durch geradlinige Verbindung der Puncte in beiden Systemen auf gleiche Art sich bildenden Vieleckschnittsverhältnisse von gleicher Grösse sind; dass also diese Verhältnisse, oder vielmehr die Exponenten derselben, keineswegs von der gegenseitigen Lage der anfänglichen 4 Puncte, sondern bloss von der Art und Weise abhängen, wie die 4 Puncte nach und nach mit einander verbunden worden sind.

Aber noch mehr: diese Exponenten müssen immer rational sein. Denn sind die vier Puncte gegeben und ausserdem noch die Art ihrer Verbindung durch gerade Linien, wodurch man zu den irgend ein Vieleckschnittsverhältniss bildenden Puncten gelangt, so kann man damit die letzteren Puncte immer ohne Zweideutigkeit finden. Der Exponent des Vieleckschnittsverhältnisses, der nach dem Vorigen nicht von der gegenseitigen Lage der ersteren vier Puncte, sondern bloss von ihrer Verbindungsart durch gerade Linien abhängt, kann daher ebenfalls keine zwei- oder mehrdeutigen Ausdrücke, also keine Wurzelgrössen enthalten, und noch weniger irrationale Zahlen, die aus transcendenten Operationen entspringen; er muss folglich eine ganze Zahl oder ein rationaler Bruch sein.

18. Die Figur, welche hervorgeht, wenn man vier Puncte einer Ebene, von denen keine drei in einer Geraden liegen, durch Gerade verbindet, die drei damit entstehenden Durchschnitte abermals zu zweien durch Gerade zusammenzieht, und diese geradlinige Verbindung der immer neu entstehenden Durchschnitte unter sich und mit den schon vorhandenen, so weit, als man will, fortsetzt, diese Figur habe ich ein Netz genannt (§. 200), die Linien selbst und ihre gegenseitigen Durchschnittspuncte, die Linien und Puncte des Netzes, und die vier Puncte, von denen die Construction ausgeht, die Hauptpuncte des Netzes. Das in dem Vorhergehenden erhaltene Resultat lässt sich hiermit einfach so ausdrücken:

Jedes in dem Netze sich bildende Vieleckschnittsverhältniss hat einen rationalen, bloss von der Constructionsart und nicht zugleich von der gegenseitigen Lage der vier Hauptpuncte abhängigen Werth (§. 202 und §. 215).

Sind daher A, B, C, D die vier Hauptpuncte, P irgend ein Netzpunct, so sind auch die Durchschnitte von PD mit AB und BC, welche M und N heissen, Netzpuncte, und folglich das Doppelschnittsverhältniss:

$$(PM : MD) : (PN : ND),$$

also auch das ihm gleiche Verhältniss zwischen Dreiecken:

$$(PAB : ABD) : (PBC : BCD)$$

rational, und dieses letztere, wie man auch die vier Hauptpuncte darin mit einander vertauschen mag. Die Rationalität dieses Verhältnisses kann als die charakteristische Eigenschaft eines Netzpunctes P in Bezug auf die vier Hauptpuncte betrachtet werden, indem sich zeigen lässt (§. 203), dass umgekehrt jeder Punct der Ebene, für welchen jene Verhältnisse von Dreiecken zwischen ihm und den Hauptpuncten rational sind, ein Punct des Netzes ist, und mithin durch fortgesetzte Verbindung der Hauptpuncte gefunden werden kann.

Hieraus lässt sich weiter die nicht weniger merkwürdige Eigenschaft eines Netzes folgern (§. 205), dass, wenn nächst den vier Hauptpuncten noch irgend ein fünfter Punct der Ebene gegeben ist, man durch fortgesetzte Verbindung der vier ersteren einen Punct finden kann, der mit dem fünften entweder zusammenfällt, oder von ihm um einen Abstand entfernt ist, der kleiner ist, als jeder gegebene; — dass folglich, wenn das Weben des Netzes ohne Aufhören fortgesetzt wird, die Ebene in allen ihren Theilen und nach allen Richtungen mit Puncten und Linien des Netzes angefüllt wird.

19. Wir wollen jetzt die in Nr. 17 erwiesene Rationalität der Vieleckschnittsverhältnisse im Netze durch einige Beispiele erläutern.

1) Man verbinde die vier Puncte A, B, C, D (Fig. 4) zu zweien durch gerade Linien, und nenne die Durchschnitte von AD mit BC, von BD mit CA, von CD mit AB resp. F, G, H, so gehören diese Puncte dem aus A, B, C, D entstehenden Netze an. Ohne daher noch den Exponenten des Dreieckschnittsverhältnisses

$$(BF : FC)(CG : GA)(AH : HB)$$

zu kennen, kann man doch schon im Voraus behaupten, dass er eine rationale Zahl sein werde. Nun weiss man aus den ersten Elementen, dass, wenn ABC ein gleichseitiges Dreieck, und D der

Mittelpunct des umschriebenen Kreises ist, F, G, H die Mittelpuncte der Seiten sind, und folglich der Exponent jenes Verhältnisses gleich 1 ist. Mithin muss er auch für jede andere Lage der vier Puncte $A, \ldots, D$ gleich 1 sein.

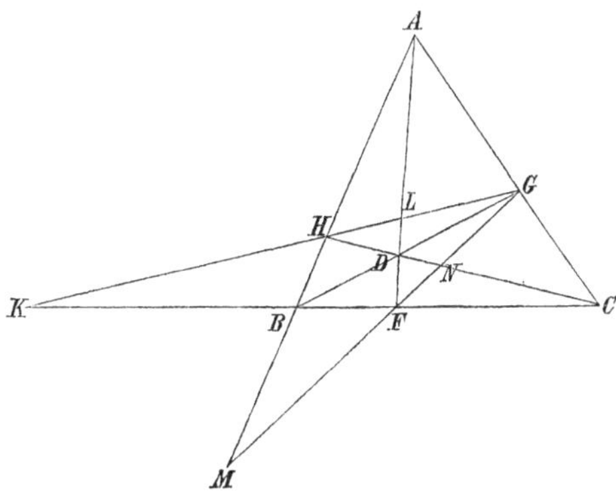

Fig. 4.

2) Ein anderes bei dieser Figur vorkommendes Dreieckschnittsverhältniss ist

$$(BC : CF)(FD : DA)(AH : HB),$$

nach welchem die Seiten BF, FA, AB des Dreiecks ABF von einer Geraden in C, D, H geschnitten werden. Auch dieses Verhältniss muss daher einen constanten rationalen Werth haben. Es ist aber in dem vorhin zu Hülfe genommenen speciellen Falle $FD = DH$, und wegen der Aehnlichkeit der Dreiecke AHD, AFB:

$$DH : DA = BF : BA = 1 : 2,$$

also auch

$$FD : DA = \tfrac{1}{2};$$

ferner

$$BC : CF = -2 \text{ und } AH : HB = 1.$$

Hierdurch wird der Werth jenes Dreieckschnittsverhältnisses bei dieser und folglich auch bei jeder anderen Lage von $A, \ldots, D$

$$= \tfrac{1}{2} \cdot -2 \cdot 1 = -1;$$

d. h.:

Das Product aus den drei Verhältnissen, nach welchen die Seiten eines Dreiecks von einer Transversale geschnitten werden, ist immer der negativen Einheit gleich.

Anmerkung. Daraus, dass dieses Product immer negativ sein soll, erkennt man, dass von den drei Factoren desselben entweder einer oder alle drei negativ sein müssen; dass folglich die Transversale entweder zwei Seiten selbst und die dritte in ihrer Verlängerung, oder alle drei Seiten in ihren Verlängerungen schneidet. Vergl.

Nr. 5. — Ebenso ist bei dem vorhergehenden Dreieckschnittsverhältnisse

$$(BF : FC)(CG : GA)(AH : HB),$$

weil es der positiven Einheit gleich gefunden wurde, entweder jeder der drei Factoren, oder nur einer positiv, und daher sind entweder alle drei Puncte F, G, H in ihren resp. Seiten selbst, oder nur einer derselben in seiner Seite, die beiden anderen in den Verlängerungen der ihrigen enthalten, und ausserdem kein dritter Fall möglich. — Wiewohl sich nun dieses auch aus höchst einfachen geometrischen Betrachtungen ergiebt, so ist doch eine solche, bis jetzt noch nicht angestellte Vergleichung der Formel mit der Figur schon an sich bemerkenswerth, und kann bei weniger einfachen Figuren selbst Nutzen bringen, indem man dadurch zu Resultaten über die gegenseitige Lage der Theile geführt wird, die man auf anderem Wege nicht eben so leicht erhalten haben würde.

So findet sich z. B. (§. 199, c), dass jedes Vieleckschnittsverhältniss, bei welchem die Schneidepuncte in einer Geraden liegen, der Einheit gleich ist, und zwar der positiven oder negativen, nachdem die Seitenzahl des Vielecks gerade oder ungerade ist. Hieraus folgt auf ähnliche Weise, dass, wenn ein Vieleck, dieses in der allgemeinen Bedeutung wie Nr. 15 genommen, von einer Transversale geschnitten wird, die Anzahl der in ihren Verlängerungen geschnittenen Seiten beim Vieleck mit gerader Seitenzahl gerade, mit ungerader ungerade ist; dass folglich, welches auch die Seitenzahl sein mag, die Anzahl der innerhalb ihrer Endpuncte geschnittenen Seiten immer gerade ist. — Lässt man die Seiten des Vielecks unendlich klein werden, so entsteht eine in sich zurücklaufende Curve, die daher von einer Geraden immer in einer geraden Anzahl von Puncten geschnitten wird. Auch gilt dieses noch, wenn man statt der Geraden eine zweite Curve setzt, die sich entweder über alle Grenzen ausdehnt, oder ebenfalls in sich zurückläuft.

3) Man ziehe GH, welche BC in K schneide. Um den Werth des damit entstehenden nothwendig rationalen Doppelschnittsverhältnisses

$$(BF : FC) : (BK : KC)$$

zu finden, so ist, unter der in 1) gemachten Annahme,

$$BF : FC = 1,$$

HG mit BC parallel, und daher BK der CK gleich zu achten, also

$$BK : KC = -1,$$

wodurch der Werth jenes Doppelschnittsverhältnisses $= -1$ wird; d. h. BC wird in F und K harmonisch getheilt (Nr. 6).

4) Schneide GH die AD in L. Man ziehe noch FG, welche AB, CD in M, N treffe, und werde der Exponent des Viereckschnittsverhältnisses

$$(AM : MB)(BK : KC)(CN : ND)(DL : LA)$$

verlangt, nach welchem die Seiten des Vierecks $ABCD$ in M, K, N, L geschnitten werden. Am einfachsten gelangt man dazu, wenn man sich A, B, C, D als die Spitzen eines Parallelogrammes vorstellt. Denn alsdann werden, wie man bald aus Fig. 5 wahrnimmt, M, N, K, L die Mittelpuncte der Seiten desselben, und mithin der gesuchte Exponent gleich 1.

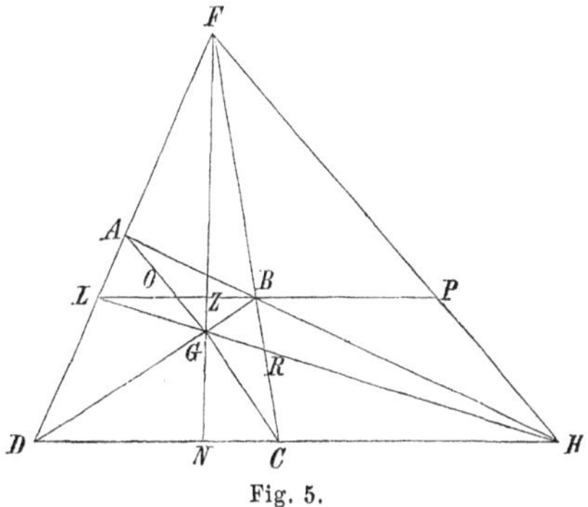

Fig. 5.

Dass übrigens, und wie mit Hülfe dieser neuen Ansicht der Figur, die Werthe der vorigen Doppel- und Dreieckschnittsverhältnisse hätten gefunden werden können, bedarf keiner Erörterung.

5) Sei O der Durchschnitt von AC mit BL, so findet sich das Dreieckschnittsverhältniss:

$$(BL : LO)(OC : CG)(GD : DB) = -2.$$

Zeichnet man nämlich $ABCD$ als Parallelogramm, und nennt Z den Durchschnitt von BL mit GM, so verhält sich

$$LO : OZ = AO : OG = LA : GZ = KB : GZ = LK : LG = 2 : 1.$$

Da ferner $LZ = ZB$, so ist

$$LO = 2OZ = \tfrac{2}{3}LZ = \tfrac{1}{3}LB;$$
$$OG = \tfrac{1}{2}AO = \tfrac{1}{3}AG = \tfrac{1}{3}GC; \quad OC = \tfrac{4}{3}GC;$$

und endlich

$$GD = \tfrac{1}{2}BD,$$

woraus der angegebene Werth des Dreieckschnittsverhältnisses hervorgeht.

6) Sei P der Durchschnitt von FH mit BL, so hat man:

$$(BL : LO)(OP : PB) = 3.$$

Denn beim Parallelogramm ist

$$LB = 3LO \text{ und } OP = BP,$$

weil F und H, also auch P, unendlich entfernte Puncte sind.

7) Dividirt man das Zweieckschnittsverhältniss 6) in das Dreieckschnittsverhältniss 5), so kommt das Dreieckschnittsverhältniss

$$(OC : CG)(GD : DB)(BP : PO) = -\tfrac{2}{3}.$$

20. Werden fünf willkürlich in einer Ebene genommene Puncte durch Gerade verbunden, oder was dasselbe ist: construirt man ein Netz, indem man von diesen fünf Puncten als Hauptpuncten ausgeht, so sind nicht mehr alle damit sich bildenden Vieleckschnittsverhältnisse bloss von der Art der Verbindung abhängig; wohl aber wird jedes von ihnen sich bestimmen lassen, wenn man irgend $2 . 5 - 8 = 2$ von einander unabhängige derselben kennt (Nr. 16).

Beispiel. Seien A, B, C, D, E (Fig. 6) fünf beliebige Puncte in einer Ebene. Man ziehe die fünf Geraden AB, BC, CD, DE, EA, welche sich in F, G, H, I, K schneiden, wie die Figur zeigt. Zwischen den vier Puncten, in denen jede der fünf Geraden von den jedesmal vier übrigen geschnitten wird, bilden sich mehrere Doppelschnittsverhältnisse, die aber, in jeder Geraden für sich, von einander abhängig sind (Nr. 8). Werde daher verlangt: aus einem der Doppelschnittsverhältnisse in BC und aus einem in DE ein Doppelschnittsverhältniss in CD zu finden.

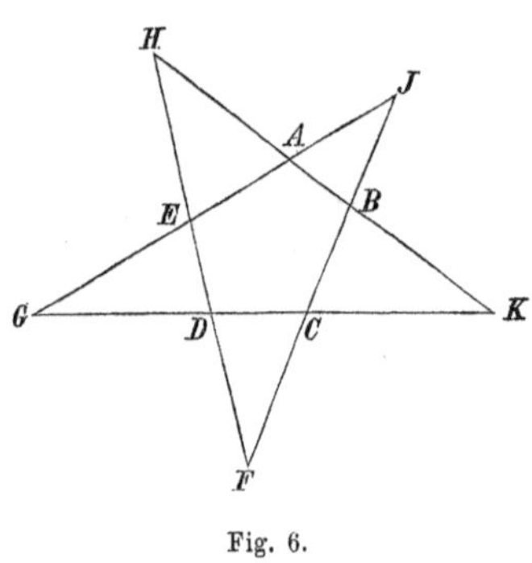

Fig. 6.

Weil die Seiten FC, CD, DF des Dreiecks CDF von EA in I, G, E, und von AB in B, K, H geschnitten werden, so hat man (Nr. 19, 2):

$$(FI : IC)\,(CG : GD)\,(DE : EF) = -1,$$
$$(FB : BC)\,(CK : KD)\,(DH : HF) = -1,$$

und wenn man die letztere Gleichung in die erstere dividirt:

$$\left(\frac{FI}{IC} : \frac{FB}{BC}\right)\left(\frac{FH}{HD} : \frac{FE}{ED}\right) = \left(\frac{CK}{KD} : \frac{CG}{GD}\right).$$

Setzt man daher die Doppelschnittsverhältnisse

$$(F,\ C,\ I,\ B) = p, \quad (F,\ D,\ H,\ E) = q,$$

so ist

$$(C,\ D,\ K,\ G) = pq;$$

und eben so muss jedes andere Doppelschnitts- und Vieleckschnittsverhältniss dieser Figur durch p und q ausgedrückt werden können. So finde ich mittelst barycentrischer Rechnung, dass die beiden Fünfeckschnittsverhältnisse:

$$\frac{AK}{KB} \cdot \frac{BF}{FC} \cdot \frac{CG}{GD} \cdot \frac{DH}{HE} \cdot \frac{EI}{IA} \quad \text{und} \quad \frac{AG}{GE} \cdot \frac{EF}{FD} \cdot \frac{DK}{KC} \cdot \frac{CI}{IB} \cdot \frac{BH}{HA}$$

einander gleich sind, jedes von ihnen

$$= \frac{pq-1}{pq(p-1)(q-1)}.$$

21. Hat man ein System von 6, 7, 8, ... willkürlich in einer Ebene genommenen Puncten, oder, was auf dasselbe hinauskommt, ein System von eben so vielen in der Ebene beliebig gezogenen Geraden, so müssen, 4, 6, 8, ... von einander unabhängige Vieleckschnittsverhältnisse gegeben sein, um die Werthe aller übrigen finden zu können. Indessen sind die hierher gehörigen Aufgaben zu complicirt, als dass ein Beispiel an diesem Orte gegeben werden könnte. Auch möchten die Hülfsmittel, welche man in der Geometrie gewöhnlich in Anwendung zu bringen pflegt, bei Aufgaben solcher Art nur mühsam zum Ziele führen. Die Vortheile, welche der barycentrische Calcul hierbei gewährt, der sich zu diesem Zwecke noch besonders vereinfachen lässt, habe ich in dem 8. Capitel des 2. Abschnittes auseinander gesetzt, worauf ich daher Diejenigen, welche sich mit diesem Gegenstande näher beschäftigen wollen, verweise. — Hat man es bloss mit einem Systeme beliebig gezogener Geraden zu thun, deren Durchschnittspuncte nicht wiederum durch Gerade verbunden werden, so reicht auch diejenige Methode aus, die im 5. Capitel desselben Abschnitts erklärt worden, und welche in einem besonderen Algorithmus mit Doppelschnittsverhältnissen besteht.

---

22. Den Beschluss dieses Aufsatzes mögen einige Sätze über die metrischen Relationen machen, welche in der Lineal-Geometrie bei Kegelschnitten vorkommen.

Ist in der einen der beiden oft gedachten Ebenen eine Curve verzeichnet, und die Gleichung derselben zwischen den recht- oder schiefwinkligen Coordinaten t und u gegeben, so erhält man die Gleichung für die entsprechende Curve zwischen den Coordinaten x, y in der anderen Ebene, wenn man in der Gleichung zwischen t und u,

$$t = \frac{ax+by+c}{x+my+n}, \quad u = \frac{fx+gy+h}{x+my+n}$$

setzt (Nr. 2). Da die Nenner in diesen Ausdrücken für t und u einander gleich sind, so ersieht man leicht, dass die solchergestalt sich ergebende Gleichung zwischen x und y mit der Gleichung zwischen t und u von demselben Grade ist, dass also je zwei sich entsprechende Curven immer zu derselben Ordnung gehören. So wie daher einer Geraden immer eine Gerade entspricht, so entspricht auch jedem Kegelschnitte ein Kegelschnitt, u. s. w.

Sind ferner A und A' zwei, in sich entsprechenden Curven liegende, sich entsprechende Puncte, so werden auch die in A und A' an die Curven gezogenen Tangenten zwei sich entsprechende Geraden sein. Denn ist B ein dem A unendlich nahe liegender Punct der einen Curve, so wird der ihm entsprechende B' in der anderen Curve dem A' unendlich nahe sein, weil unendlich kleine Aenderungen von t und u auch nur unendlich kleine Aenderungen von x und y, im Allgemeinen wenigstens, zur Folge haben. Die Geraden AB und $A'B'$, so weit man will verlängert gedacht, d. i. die an A und A' gezogenen Tangenten, werden sich daher gleichfalls entsprechen.

Werde nur noch erinnert, dass einer Asymptote der einen Curve im Allgemeinen nicht auch eine Asymptote, sondern eine Tangente der anderen entspricht, weil, wenn t, u unendlich gross sind, deshalb nicht auch x, y unendlich sein müssen.

23. Ist in der einen Ebene ein Kegelschnitt gegeben, so kann man diesem, so lange noch keine anderen Paare sich entsprechender Puncte bestimmt sind, nicht nur irgend einen beliebig in der anderen Ebene verzeichneten Kegelschnitt entsprechend setzen, sondern noch irgend 3 Puncten des einen Kegelschnitts 3 willkürlich in dem anderen genommene Puncte sich entsprechen lassen.

Seien, um dieses zu beweisen, k und k' (Fig. 7) zwei beliebige Kegelschnitte, k in der einen, k' in der anderen Ebene; A, B, C irgend drei Puncte in k; A', B', C' in k', die man den ersteren A, B, C resp. entsprechend setze. Man ziehe noch an k in A und B zwei Tangenten, welche sich in D schneiden, und an k' in A' und B' zwei Tangenten, welche sich in D' schneiden, und setze D und D' sich entsprechend, so hat man jetzt vier Paare sich entsprechender Puncte: A und A', ..., D und D', und es ist damit für jeden fünften Punct der einen Ebene der entsprechende in der anderen bestimmt (Nr. 4). Ich behaupte nun, dass nach Voraussetzung dieser vier Paare sich entsprechender Puncte jedem Puncte in k ein Punct in k' entsprechen wird, oder kürzer, dass k und k' sich entsprechende Curven sein werden. Denn entspräche dem Kegelschnitte k nicht k', sondern die Curve l, so müsste diese erstlich nach Nr. 22 wieder ein Kegelschnitt sein.

Da ferner k durch A, B, C geht und von AD und BD berührt wird, so müssen auch A', B', C' in l liegen und $A'D'$, $B'D'$ Tangenten von l sein. Diese Eigenschaften von l kommen aber auch dem Kegelschnitte k' zu.

Da nun ein Kegelschnitt durch drei in ihm liegende Puncte

und durch die an zwei derselben gezogenen Tangenten immer und ohne Zweideutigkeit bestimmt ist, so kann l von k' nicht verschieden sein.

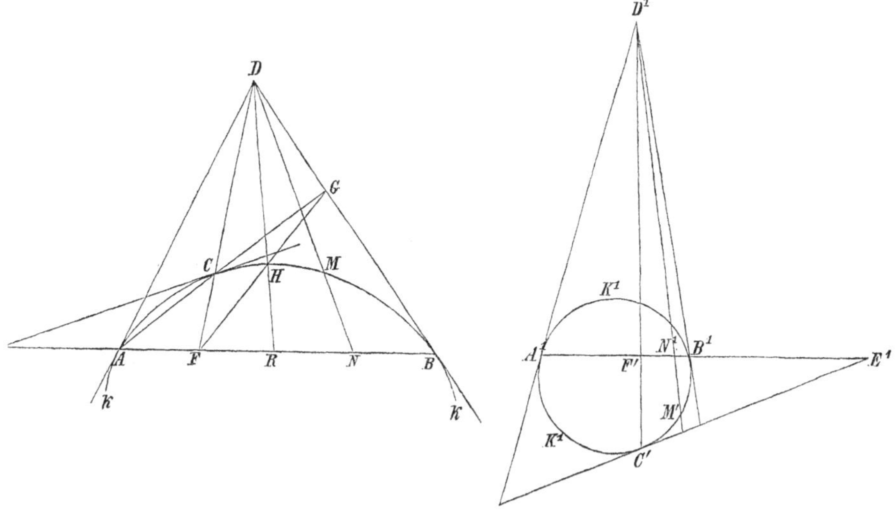

Fig. 7.

Hat man daher zwei Kegelschnitte k und k', und setzt drei Puncte A, B, C des ersten, dreien Puncten A', B', C' des letzteren entsprechend, so wird auch jedem anderen Puncte in k ein Punct in k' entsprechen, d. h. k und k' werden sich entsprechende Curven sein, wenn man noch als viertes Paar sich entsprechender Puncte die Durchschnitte D und D' der in A, B und A' und B' an k und k' gezogenen Tangenten hinzufügt. Je zwei Kegelschnitte k und k' lassen sich daher immer als sich entsprechende Curven betrachten, und überdies noch irgend dreien Puncten A, B, C des einen beliebige drei Puncte A', B', C' des anderen entsprechend annehmen.

24. Man ziehe noch an C, C' Tangenten, welche AB, $A'B'$ in E, E' schneiden, ziehe CD, $C'D'$, welche AB, $A'B'$ in F, F' treffen, so sind E, E' und F, F' zwei neue Paare sich entsprechender Puncte, und folglich die Doppelschnittsverhältnisse (A, B, E, F) und (A', B', E', F') einander gleich. Wie daher auch in einem Kegelschnitte die drei Puncte A, B, C genommen werden mögen, so muss immer, wenn E und F auf die besagte Weise daraus abgeleitet worden, der Exponent des Doppelschnittsverhältnisses

$$(AE : EB) : (AF : FB)$$

denselben Werth haben, also eine bestimmte und zwar rationale Zahl sein, weil E und F aus A, B, C nur auf eine Weise gefunden werden können. Es ist aber, wenn man für den Kegelschnitt einen Kreis, und C zum Mittelpuncte des Bogens AB nimmt, E in der Geraden AB unendlich entfernt, und F der Mittelpunct dieser Geraden; folglich

$$AE : EB = -1, \quad AF : FB = 1,$$

und daher der Exponent des Doppelschnittsverhältnisses in diesem Falle, also auch in allen anderen Fällen, gleich -1, d. h. AB wird in E und F harmonisch getheilt.

Schneide ferner AC die BD in G, GF den Kegelschnitt in H, DH die AB in K, so muss, nach derselben Art wie vorhin zu schliessen, der Exponent des dadurch sich bildenden Doppelschnittsverhältnisses (A, B, F, K) eine bestimmte Zahl sein, die aber nicht mehr rational ist, sondern eine Quadratwurzel enthält, weil die Gerade FG den Kegelschnitt nothwendig zweimal trifft, wodurch der Punct H, und somit auch der Punct K, zweideutig wird. In der That findet sich

$$(A, B, F, K) = \tfrac{1}{2}(3 \pm \sqrt{5}) \quad \text{und} \quad (A, B, F, K_1) = \tfrac{1}{2}(3 \mp \sqrt{5}),$$

wenn FG dem Kegelschnitte zum zweiten Male in H_1 begegnet, und DH_1 die AB in K_1 schneidet.

Um sich hiervon auf das Einfachste zu überzeugen, nehme man für den Kegelschnitt einen Kreis, A, B als Endpuncte eines Durchmessers, und C als Mittelpunct des Halbkreises ACB. Alsdann sind FC, KH, BG auf AB normal, F ist der Mittelpunct des Kreises, und $AF = FB = FC = FH =$ dem Halbmesser, den man gleich 1 setze.

Hieraus folgt weiter $BG = 2$, $FG = \sqrt{5}$, und es verhält sich

$$FB : FK = FG : FH = \sqrt{5} : 1,$$

also

$$FB + FK : FB - FK = \sqrt{5} + 1 : \sqrt{5} - 1,$$

d. i.

$$AK : KB = 5 - 1 : (\sqrt{5} - 1)^2 = 2 : 3 - \sqrt{5}.$$

Da ferner

$$AF : FB = 1 : 1,$$

so hat man

$$(AF : FB) : (AK : KB) = \tfrac{1}{2}(3 - \sqrt{5}),$$

wie zu erweisen war.

Auf eben diese Art wird nun auch jedes andere durch ferneres Ziehen gerader Linien in unserer Figur entstehende Doppelschnittsverhältniss oder Vieleckschnittsverhältniss einen bestimmten Werth haben, und wir erhalten somit folgenden merkwürdigen Satz:

Verbindet man drei in einem Kegelschnitte liegende Puncte durch erade Linien, und zieht in denselben Puncten Tangenten an den Kegelchnitt; erweitert man hierauf die Figur, indem man immer die schon orhandenen Durchschnitte, welche die Geraden mit einander und mit lem Kegelschnitte machen, durch neue Geraden verbindet und von den usserhalb des Kegelschnittes fallenden Durchschnitten Tangenten an lenselben zieht, deren Berührungspuncte man wiederum unter sich und nit jenen Durchschnitten verbindet: so ist, wie weit man auch diese Construction fortsetzen mag, der Werth jedes somit sich bildenden Vieleckschnittsverhältnisses weder von den Parametern des Kegelschnittes, ioch von der Lage der anfänglichen drei Puncte in demselben, sondern bloss von der Art und Weise abhängig, auf welche man, von jenen lrei Puncten ausgehend, zu den Puncten des Vieleckschnittsverhältnisses jelangt ist. Der Werth eines solchen ist daher immer eine bestimmte Zahl. Weil aber jede durch einen Punct innerhalb des Kegelschnitts jeführte Gerade denselben in zwei Puncten schneidet, und weil von iedem Puncte ausserhalb des Kegelschnitts zwei Tangenten an ihn gezogen werden können, so wird diese Zahl im Allgemeinen nicht rational sein, sondern Quadratwurzeln enthalten.

25. Die so eben beschriebene Figur kann, analog dem Obigen Nr. 18), ein Netz heissen, dessen Construction von einem Kegelschnitte und drei in demselben enthaltenen Puncten A, B, C ausgeht. Wir wollen jetzt dieser Construction noch einen vierten, willkürlich in dem Kegelschnitte anzunehmenden Punct M zu Grunde legen. Um den entsprechenden Punct M' in der anderen Ebene zu finden, ziehe man DM, welche AB in N schneide; bestimme hierauf in $A'B'$ den Punct N' so, dass

$$(A', B', E', N') = (A, B, E, N),$$

und ziehe $D'N'$, welche den Kegelschnitt $A'B'C'$ in zwei Puncten schneiden wird. Um zu entscheiden, welcher von ihnen der dem M entsprechende M' ist, denke man sich den Kegelschnitt ABC von einem Puncte so durchlaufen, dass dieser, von A ausgehend, nach B kommt, ohne dem C zu begegnen, wo er dann, nach derselben Richtung von B fortgehend, nach C kommen wird, ohne A zu treffen, und von C nach A zurück, ohne B zu treffen*).

*) Wie dieser Forderung bei der Ellipse immer Genüge geschehen kann, sieht man ohne Weiteres. — Eine Parabel hat man sich hierbei als eine sich ins Unendliche erstreckende Ellipse zu denken, so dass der beschreibende Punct, nachdem er unendlich weit in dem einen Schenkel fortgegangen ist, in den anderen Schenkel aus dem Unendlichen zurückkehrt. — Bei einer Hyperbel muss der Punct beide Male, wenn er sich unendlich weit nach der Richtung einer Asymptote entfernt hat, nach dem entgegengesetzten unendlich entfernten Puncte derselben Asymptote überspringen und in das Endliche zurückkehren.

Man bezeichne die drei somit durchlaufenen Theile durch $\overline{AB}$, $\overline{BC}$, $\overline{CA}$, so sind ihnen die auf gleiche Art in dem anderen Kegelschnitte bestimmten und durch $\overline{A'B'}$, $\overline{B'C'}$, $\overline{C'A'}$ zu bezeichnenden Theile resp. entsprechend; und wenn daher M z. B. in $\overline{BC}$ liegt, wie dies in unserer Figur der Fall ist, so muss auch M' in $\overline{B'C'}$ begriffen sein.

Irgend zwei Vieleckschnittsverhältnisse, die in beiden Ebenen aus den Kegelschnitten und aus den in jedem derselben liegenden vier Puncten durch Construction von Netzen auf gleiche Art sich bilden, werden nunmehr einander gleich sein; woraus wir zunächst schliessen, dass mit dem Doppelschnittsverhältnisse (A, B, E, N) des einen Netzes auch alle übrigen in demselben vorkommenden Doppelschnitts- und Vieleckschnittsverhältnisse gegeben sind; und überhaupt:

Alle Vieleckschnittsverhältnisse eines Netzes, das aus einem Kegelschnitte und vier in ihm liegenden Puncten construirt ist, lassen sich finden, wenn irgend eines derselben, das von allen vier Puncten zugleich abhängt, gegeben ist.

26. So wie der Punct M, so wird auch jeder andere willkürliche Punct des Kegelschnittes, in Bezug auf die drei ersten A, B, C, durch ein Doppelschnittsverhältniss bestimmt. Für jeden neu hinzukommenden willkürlichen Punct des Kegelschnittes muss daher ein Doppelschnitts- oder Vieleckschnittsverhältniss mehr gegeben sein. Da nun bei vier Puncten ein Vieleckschnittsverhältniss nöthig war, so ziehen wir die allgemeine Folgerung:

Hat man einen Kegelschnitt und beliebige m in demselben liegende Puncte, so müssen in dem daraus construirten Netze irgend $m - 3$ von einander unabhängige Vieleckschnittsverhältnisse gegeben sein, um alle übrigen finden zu können.

Es ist dieser Satz als Verallgemeinerung des Satzes in Nr. 9 zu betrachten, wo bei einem Systeme von m Puncten in einer geraden Linie, ebenfalls $m - 3$ Doppelschnittsverhältnisse gegeben sein mussten. — Man bemerke noch, dass bei einem Kegelschnitte und fünf Puncten desselben $5 - 3 = 2$ Vieleckschnittsverhältnisse erfordert werden, eben so, als wenn man ein System von fünf Puncten in einer Ebene überhaupt hat (Nr. 20). Der Grund davon liegt in dem bekannten Satze, dass durch fünf Puncte einer Ebene immer ein Kegelschnitt und nur einer beschrieben werden kann, dass folglich mit irgend fünf Puncten der Ebene immer auch schon der Kegelschnitt, in welchem sie liegen, vollkommen bestimmt ist. Sechs Puncte einer Ebene liegen im Allgemeinen nicht in einem Kegelschnitte. Soll daher auch der sechste Punct in dem Kegelschnitte enthalten sein, welcher durch die fünf ersten geht, so ist eben damit eine Bedingung für die Lage des sechsten in der Ebene gegeben, und da zur vollkommenen Bestimmung eines Punctes in einer Ebene zwei Bedingungen erfordert werden, so bedarf es noch einer zweiten Bedingung für den sechsten, und so für jeden anderen Punct des Kegelschnitts. Diese zweite Bedingung ist aber das für jeden sechsten Punct hinzuzufügende Vieleckschnittsverhältniss.

27. Man habe in einer Ebene einen Kegelschnitt und ausserhalb desselben m beliebig genommene Puncte, wo $m > 1$. Von jedem derselben ziehe man an den Kegelschnitt zwei Tangenten, so erhält man $2m$ Berührungspuncte, die ebenfalls von einander unabhängig sein werden, und aus denen man hinwiederum die ersten m Puncte finden kann. Construirt man nun aus den letzteren $2m$ Puncten in Verbindung mit dem Kegelschnitte ein Netz, so sind nach dem Vorigen alle Vieleckschnittsverhältnisse desselben bekannt, wenn $2m - 3$ derselben gegeben sind. Dieselbe Anzahl von Vieleckschnittsverhältnissen muss daher auch gegeben sein, wenn man aus dem Kegelschnitte und den ersteren m Puncten ein Netz construirt, indem dieses Netz mit dem vorigen aus $2m$ Puncten construirten identisch ist.

Man denke sich jetzt in der Ebene eines Kegelschnittes n beliebige Puncte innerhalb desselben, wo $n > 2$. Man nehme diese Puncte in einer gewissen Ordnung, und verbinde hiernach den ersten mit dem zweiten, den zweiten mit dem dritten, u. s. w., den $n$ten mit dem ersten durch gerade Linien, deren jede den Kegelschnitt in zwei Puncten schneiden wird. Dies giebt ein System von n von einander unabhängigen Geraden und von $2n$ sich gegenseitig nicht bestimmenden Puncten im Kegelschnitte, aus welchen letzteren man umgekehrt die n Geraden und aus diesen die n anfänglichen Puncte finden kann. Das aus dem Kegelschnitte und den n anfänglichen Puncten construirte Netz ist daher einerlei mit demjenigen, welchem der Kegelschnitt und die darin enthaltenen $2n$ Puncte zu Grunde liegen, und ist folglich seinen Vieleckschnittsverhältnissen nach vollkommen bestimmt, wenn $2n - 3$ derselben gegeben sind.

Hat man also endlich in der Ebene eines Kegelschnitts $m + n$ Puncte, von denen m ausserhalb, n innerhalb der Curve liegen, so erhält man auf die eben besagte Weise ein System von $2m + 2n$ von einander unabhängigen Puncten im Kegelschnitte selbst, aus denen sich hinwiederum die anfänglichen $m + n$ Puncte finden lassen; — und damit ein System von $2(m + n) - 3$ von einander unabhängigen Vieleckschnittsverhältnissen. Dass dieses gilt, auch wenn, gegen die vorhin gemachte Annahme, in $m+n$ entweder $m=1$ oder $n=1$ oder 2 ist (nur muss $m+n>1$ sein), davon überzeugt man sich leicht selbst, und kann somit den Satz folgendergestalt ganz allgemein ausdrücken:

Wird aus einem Kegelschnitte und irgend m in seiner Ebene, nicht in ihm selbst, liegenden Puncten ein Netz construirt, so müssen $2m-3$ *von einander unabhängige Vieleckschnittsverhältnisse gegeben sein, um alle übrigen finden zu können, — also fünf Vieleckschnittsverhältnisse mehr, als wenn die m Puncte bloss unter sich, nicht auch mit dem Kegelschnitte in Verbindung gesetzt werden.*

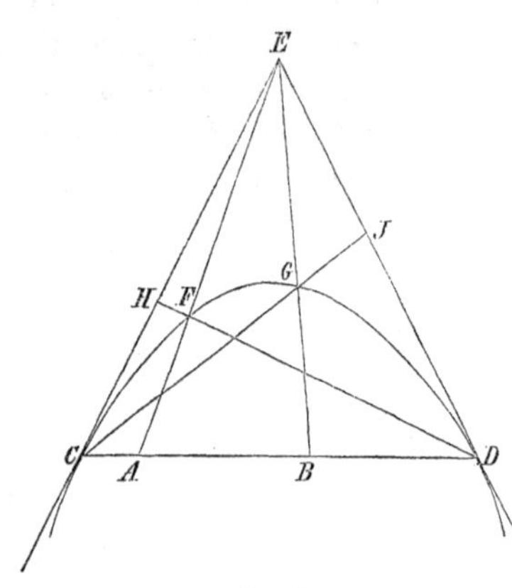

Fig. 8.

Beispiel. A, B (Fig. 8) sind zwei Puncte innerhalb eines Kegelschnitts; die Gerade AB schneide ihn in C und D. Man ziehe in diesen Puncten Tangenten, welche sich in E treffen; ziehe EA, EB, welche dem Kegelschnitte in F, G begegnen; ziehe endlich DF, CG, welche CE, DE in H, I schneiden. Hier ist also die Zahl der anfänglichen Puncte, $m=2$. Damit wird $2m-3=1$, und es braucht daher bei dieser Figur nur ein Vieleckschnittsverhältniss gegeben zu sein, um die Werthe aller übrigen zu kennen; d. h. zwischen je zwei Vieleckschnittsverhältnissen wird eine Gleichung obwalten.

So ist z. B. die zwischen den zwei Dreieckschnittsverhältnissen

$$(CA : AD)(DI : IE)(EH : HC) = p,$$
$$(CB : BD)(DI : IE)(EH : HC) = q,$$

stattfindende Gleichung: $\quad pq = 1,$

ein Resultat, welches sich auch durch die Proportion darstellen lässt:

$$\frac{CA}{AD} \cdot \frac{DB}{BC} = \left(\frac{CH}{HE}\right)^2 : \left(\frac{DI}{IE}\right)^2.$$

Eben so muss jedes andere Vieleckschnittsverhältniss durch p oder q ausgedrückt werden können, wie das Doppelschnittsverhältniss:

$$(CA : AD) : (CB : BD) = p : q = p^2$$

und das ihm gleiche Viereckschnittsverhältniss:

$$(CE : EH)(HF : FD)(DE : EI)(IG : GC) = p^2.$$

Barycentrische Lösung der Aufgabe des Herrn Clausen

in Crelle's Journal 1829 Band 4 p. 391.

[Crelle's Journal 1830 Band 5 p. 102—106.]

Wenn von zwei Dreiecken das eine in, das andere um einen Kreis beschrieben ist, und das erstere zugleich in das letztere eingeschrieben sein soll, so sieht man augenblicklich, dass man zu den Spitzen des ersteren die Berührungspuncte des letzteren mit dem Kreise zu nehmen hat. Eine sehr interessante, von Herrn Clausen a. a. O. vorgelegte und gelöste Aufgabe entsteht aber, wenn umgekehrt gefordert wird, dass die Spitzen des um den Kreis beschriebenen Dreiecks in den (verlängerten) Seiten des in ihn beschriebenen liegen sollen. Im Gegenwärtigen will ich diese Aufgabe auf Kegelschnitte überhaupt ausdehnen, und zeigen, wie sie mit Hülfe der barycentrischen Rechnung sich lösen lässt.

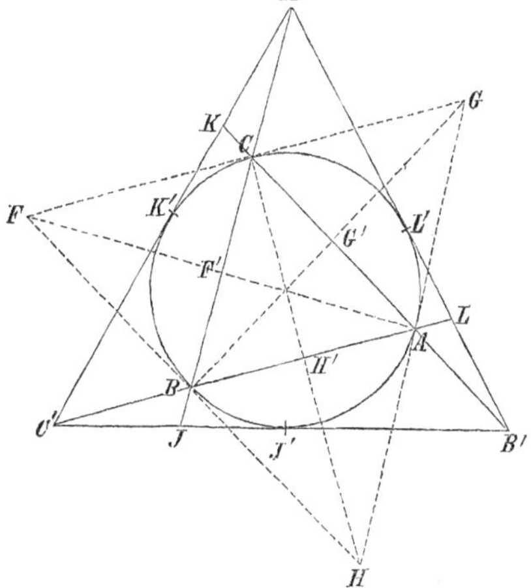

Sei ABC ein in und $A'B'C'$ ein um einen Kegelschnitt beschriebenes Dreieck, und letzteres zugleich in ersteres beschrieben, so dass A' in BC, B' in CA und C' in AB liegt. Weil der Kegelschnitt durch A, B, C gehen soll, so kann man seinen Ausdruck setzen:

I) $fpA + gqB + hrC$,

wo

1) $$\frac{1}{p} + \frac{1}{q} + \frac{1}{r} = 0$$

die Gleichung ist, welche zwischen den Veränderlichen des Ausdrucks bestehen muss. Und weil der Kegelschnitt die Seiten des Dreiecks $A'B'C'$ berühren soll, so muss sein Ausdruck auch die Form haben:

II) $$ixA' + kyB' + lzC',$$

wo

$$2)\qquad \sqrt{x}+\sqrt{y}+\sqrt{z}=0$$

die Gleichung zwischen den Veränderlichen des Ausdrucks ist*).

Da ferner A' in BC u. s. w. liegen soll, so setze man

$$\text{III)}\qquad \begin{cases} iA' = agB + a'hC \\ kB' = bhC + b'fA \\ lC' = cfA + c'gB, \end{cases}$$

wo a, a', b, ... noch zu bestimmende Coefficienten sind. Substituirt man hieraus die Werthe von A', B', C' in II) und setzt der Kürze willen

$$3)\qquad b'y+cz=\xi,\quad c'z+ax=\eta,\quad a'x+by=\zeta,$$

so geht II) über in:

$$\text{IV)}\qquad f\xi A+g\eta B+h\zeta C,$$

und die hierdurch ausgedrückte Curve muss mit dem Kegelschnitt I) identisch sein. Für einen gemeinschaftlichen Punct beider auf einerlei Fundamentalpuncte bezogenen Curven I) und IV) verhält sich aber:

$$p:q:r=\xi:\eta:\zeta,$$

also auch

$$\frac{1}{p}:\frac{1}{q}:\frac{1}{r}=\frac{1}{\xi}:\frac{1}{\eta}:\frac{1}{\zeta},$$

folglich

$$\frac{1}{\xi}+\frac{1}{\eta}+\frac{1}{\zeta}=0,$$

oder

$$\eta\zeta+\zeta\xi+\xi\eta=0,$$

wegen 1). Wären nun die Curven nicht identisch, so müssten sich aus 4) in Verbindung mit 2), nachdem man in 4) für ξ, η, ζ aus 3) ihre Werthe durch x, y, z ausgedrückt gesetzt hat, die Verhältnisswerthe von x, y, z für den oder die gemeinschaftlichen Puncte beider Curven finden lassen. Da aber die Curven alle Puncte mit einander

---

*) Setzt man nämlich, weil es nur auf das gegenseitige Verhältniss, nicht auf die absoluten Werthe von p, q, r ankommt, in I) und 1)

$$\frac{1}{r}=u,\quad \frac{1}{q}=-1,$$

und damit

$$\frac{1}{p}=1-u,$$

so reducirt sich I) auf den Ausdruck I) im Barycentrischen Calcul §. 249. Ebenso geht II) in die Form I) §. 258 über, wenn man $\sqrt{z}=v$, $\sqrt{y}=-1$ und damit $\sqrt{x}=1-v$ setzt.

gemein haben sollen, so muss die Gleichung 4) bestehen, was auch den Veränderlichen x, y, z für Werthe beigelegt werden, wenn nur damit immer auch die Gleichung 2) erfüllt wird.

Nun giebt die Entwickelung von 4)

$$\begin{aligned}0 = & \, aa'x^2 + bc'yz + c'a'zx + abxy \\ & + bb'y^2 + bcyz + ca'zx + a'b'xy \\ & + cc'z^2 + b'c'yz + ca'zx + ab'xy,\end{aligned}$$

und wenn man die Bedingungsgleichung 2) rational darstellt:

$$0 = x^2 + y^2 + z^2 - 2yz - 2zx - 2xy.$$

Nach der bekannten Methode der Multiplicatoren addire man jetzt diese zwei Gleichungen, nachdem man vorher die letztere mit einem unbestimmten Coefficienten m multiplicirt hat, und setze hierauf die Coefficienten von x^2, y^2, z^2, xy, yz, zx jeden für sich gleich 0. Hiermit erhält man:

$$\begin{aligned} aa' + m &= 0, \quad bc + bc' + b'c' = 2m, \\ bb' + m &= 0, \quad ca + ca' + c'a' = 2m, \\ cc' + m &= 0, \quad ab + ab' + a'b' = 2m, \end{aligned}$$

und wenn man die aus den drei ersten Gleichungen fliessenden Werthe von a', b', c' in den drei letzteren substituirt:

$$(m - bc)^2 = mb^2, \quad (m - ca)^2 = mc^2, \quad (m - ab)^2 = ma^2,$$

also, wenn man $m = n^2$ setzt:

$$n^2 - bc = \pm nb, \quad n^2 - ca = \pm nc, \quad n^2 - ab = \pm na,$$

wo entweder zugleich die drei oberen oder zugleich die drei unteren Zeichen genommen werden müssen. Beides ist wegen der bleibenden Unbestimmtheit von n gleichgültig. Wollte man z. B. in der ersten Gleichung das untere und in den beiden anderen die oberen Zeichen nehmen, so würde man $a = \infty$, $b = -n$, $c = 0$, folglich $a' = 0$, $b' = n$ und $c' = \infty$ erhalten, und dadurch nach III) zu dem unstatthaften Resultate gelangen, dass A' und C' mit B zusammenfallen. Mit Annahme der oberen Zeichen findet sich nun leicht:

$$a = b = c = -\tfrac{1}{2}(1 \pm \sqrt{5})n,$$

und damit

$$a' = b' = c' = -\frac{m}{a} = -\frac{n^2}{a} = -\tfrac{1}{2}(1 \mp \sqrt{5})n = -\nu a,$$

wenn man

$$\frac{a'}{a} = \frac{1 \mp \sqrt{5}}{1 \pm \sqrt{5}} = -\nu;$$

d. i.

$$\frac{\sqrt{5} \mp 1}{\sqrt{5} \pm 1} = \nu$$

setzt. Drückt man somit b, c, a', b', c' in III) insgesammt durch a aus, so kommt

$$\text{V)}\quad \begin{cases} iA' = agB - \nu ahC, \\ kB' = ahC - \nu afA, \\ lC' = afA - \nu agB, \end{cases}$$

und hieraus weiter:

$$kB' + \nu lC' = ahC - \nu^2 agB.$$

Bezeichnet man daher die Durchschnitte von $B'C'$ mit BC, von $C'A'$ mit CA, von $A'B'$ mit AB, resp. durch I, K, L, so ist

$$\text{VI)}\quad I \equiv kB' + \nu lC',$$

und eben so

$$K \equiv lC' + \nu iA', \quad L \equiv iA' + \nu kB'.$$

Nach diesen Vorbereitungen sei zuerst der Kegelschnitt und das um ihn beschriebene Dreieck $A'B'C'$ gegeben, und werde das einzuschreibende ABC gesucht. Die damit zugleich gegebenen Berührungspuncte des Kegelschnittes $B'C'$, $C'A'$, $A'B'$ heissen I', K', L', so hat man zufolge des Ausdrucks II) Barycentrischer Calcul §. 260:

$$\text{VII)}\quad I' \equiv kB' + lC', \quad K' \equiv lC' + iA', \quad L' \equiv iA' + kB'.$$

Hiernach verhält sich

$$B'I' : I'C' = l : k,$$

und auf gleiche Art wegen VI)

$$B'I : IC' = \nu l : k,$$

folglich

$$B'I : IC' = \nu \,.\, B'I' : I'C' = (\sqrt{5} \mp 1)\, B'I' : (\sqrt{5} \pm 1)\, I'C',$$

und eben so

$$C'K : KA' = \nu \,.\, C'K' : K'A', \quad A'L : LB' = \nu \,.\, A'L' : L'B'.$$

Hiermit kann man die Puncte I, K, L finden, welche mit den gegenüberliegenden Spitzen A', B', C' verbunden, die Seiten des in den Kegelschnitt einzuschreibenden Dreiecks ABC bestimmen.

Wenn zweitens aus dem eingeschriebenen Dreieck ABC das umschriebene $A'B'C'$ gefunden werden soll, so lege man an den Kegelschnitt in A, B, C die Berührenden GH, HF, FG, so dass FGH ein umschriebenes Dreieck ist; und ziehe die Geraden AF, BG, CH, welche BC, CA, AB, resp. in F', G', H' schneiden. Vermöge des Ausdruckes I) ist alsdann:

$$\text{VIII)}\quad \begin{cases} F \equiv gB + hC - fA, \\ G \equiv hC + fA - gB, \\ H \equiv fA + gB - hC, \end{cases}$$

(Bar. Calc. §. 268), und daher $gB + hC \equiv$ dem Durchschnitte von BC mit $AF \equiv F'$, und ebenso

$$hC + fA \equiv G', \quad fA + gB \equiv H'.$$

Es verhält sich daher

$$BF' : F'C = h : g,$$

und wegen V)

$$BA' : A'C = -\nu h : g,$$

oder

$$BA' : CA' = \nu h : g,$$

folglich

$$BA' : CA' = \nu \,.\, BF' : F'C = (\sqrt{5} \mp 1)\, BF' : (\sqrt{5} \pm 1)\, F'C,$$

und ebenso:

$$CB' : AB' = \nu \,.\, CG' : G'A, \quad AC' : BC' = \nu \,.\, AH' : H'B.$$

Mittelst dieser Proportionen können also die in BC, CA, AB resp. liegenden Spitzen A', B', C' des umschriebenen Dreiecks gefunden werden.

Uebrigens hat jede dieser beiden Aufgaben zwei Auflösungen, wegen des zweideutigen Werthes von ν, der durch die quadratische Gleichung

$$\nu^2 - 3\nu + 1 = 0$$

gegeben ist.

Zusätze. 1) Drückt man I', K', L' in VII) mit Hülfe der Gleichung V) durch A, B, C aus, so kommt:

$$\begin{aligned} I' &\equiv kB' + lC' \equiv (1-\nu) fA - \nu gB + hC, \\ K' &\equiv lC' + iA' \equiv fA + (1-\nu)\, gB - \nu hC, \\ L' &\equiv lA' + kB' \equiv -\nu fA + gB + (1-\nu)\, hC. \end{aligned}$$

Man multiplicire den Ausdruck für K' mit v und ziehe ihn von dem Ausdrucke für L' ab. Dies giebt:

$$-2\nu fA + (1 - \nu + \nu^2)\, gB + (1 - \nu + \nu^2)\, hC,$$

welches daher der Ausdruck eines Punctes in der Linie $K'L'$ sein muss, und welcher sich wegen

$$\nu^2 = 3\nu - 1$$

auf

$$-2\nu fA + 2\nu gB + 2\nu hC \equiv -fA + gB + hC \equiv F$$

(vergl. VIII) reducirt. Es liegen daher K', L' mit F, und ebenso L', I' mit G; I', K' mit H in gerader Linie, wodurch folgender merkwürdige Satz entsteht:

Wenn von zwei Dreiecken ABC und $A'B'C'$ das erste in und das zweite um einen Kegelschnitt beschrieben ist, und zugleich die Spitzen des zweiten in den Seiten des ersten liegen, so stehen in derselben Beziehung zu einander das eingeschriebene Dreieck $I'K'L'$, dessen

Spitzen die Berührungspuncte des umschriebenen Dreiecks $A'B'C'$ *sind, und das umschriebene Dreieck* FGH, *dessen Seiten die an den Kegelschnitt in den Spitzen des eingeschriebenen Dreiecks* ABC *gezogenen Berührenden sind, indem auch hier die Spitzen von* FGH *in den Seiten von* $I'K'L'$ *liegen.*

2) Die drei Geraden, welche die Spitzen eines um einen Kegelschnitt beschriebenen Dreiecks mit den gegenüberliegenden Berührungspuncten verbinden, schneiden sich bekanntlich in einem Puncte. Heisse P dieser Punct für das umschriebene Dreieck $A'B'C'$, so ist

$$P \equiv iA' + kB' + lC',$$

(Bar. Calc. §. 260). Setzt man ferner

$$Q \equiv fA + gB + hC,$$

so kommt, wenn davon die Ausdrücke für F, G, H in VIII) subtrahirt werden: $2fA$, $2gB$, $2hC$, d. h. bei dem umschriebenen und den Kegelschnitt in A, B, C berührenden Dreiecke FGH schneiden sich FA, GB, HC gemeinschaftlich in Q. Nun folgt durch Addition der Gleichungen V)

$$iA' + kB' + lC' = a(1-\nu)(fA + gB + hC),$$

d. i. $P \equiv Q$; also:

Die sechs Linien $A'I'$, $B'K'$, $C'L'$, FA, GB, HC *schneiden sich in einem Puncte.*

Ueber eine besondere Art dualer Verhältnisse zwischen Figuren im Raume.

[Crelle's Journal 1833 Band 10 p. 317—341.]

Zu den vorliegenden geometrischen Untersuchungen bin ich zunächst durch einige, bei Beschäftigung mit der Statik erhaltene, an sich sehr einfache Resultate veranlasst worden. Ich fand nämlich, dass von den zwei Kräften, auf welche ein System von Kräften im Raume immer reducirbar ist, und welche im Allgemeinen nicht in einer und derselben Ebene liegen, die Richtung der einen nach Willkür genommen werden kann; dass ferner, wenn die Richtung der einen Kraft durch einen gegebenen Punct geht, die Richtung in einer mit dem Puncte bestimmten und ihn enthaltenden Ebene liegen muss, und dass umgekehrt, wenn die eine Richtung in einer gegebenen Ebene enthalten ist, die andere einen mit der Ebene gegebenen und in ihr begriffenen Punct trifft. Auf diese Weise entspricht also in Bezug auf ein System von Kräften jedem Puncte des Raumes eine gewisse Ebene, jeder Ebene ein Punct, und jeder Geraden, als der Richtung der einen von zwei mit dem System gleichwirkenden Kräften, eine andere Gerade als die Richtung der anderen Kraft; und es entstehen somit zwischen allen Theilen des Raumes duale Verhaltnisse, die im Allgemeinen von derselben Beschaffenheit sind, als die in neueren Zeiten schon öfter behandelten Dualitätsverhältnisse der Figuren, nur dass hier die beschränkende Bedingung hinzukommt, dass die einem Puncte entsprechende Ebene durch ihn selbst geht, und dass in jeder Ebene der ihr entsprechende Punct selbst liegt.

Ich habe nun diese Verhältnisse, abgesehen von ihrem statischen Ursprunge, rein geometrisch zu behandeln gesucht, und theile was ich gefunden jetzt mit, in der Hoffnung, dass mehrere aus jener speciellen Voraussetzung hervorgehende Beziehungen nicht ohne Interesse sein werden. Insbesondere dürfte die hier gegebene Construction von Polyedern, die zugleich in und um einander beschrieben sind, so wie das System von Linien, deren jede sich selbst zur entsprechenden hat, und welche bei einem System von Kräften die Axen sind, für welche die Momentensumme der Kräfte Null ist, einige Aufmerksamkeit verdienen. Zum Schlusse habe ich noch den Zusammenhang erörtert, der zwischen diesen Dualitätsverhältnissen und statischen Sätzen obwaltet.

---

1. Seien x, y, z und x', y', z' die recht- oder schiefwinkeligen Coordinaten zweier Puncte P und P', und diese sechs Grössen durch eine einzige Gleichung,

$$V = 0,$$

mit einander verbunden. Giebt man alsdann den Coordinaten x, y, z oder x', y', z' bestimmte Werthe, so wird $V = 0$ eine Gleichung zwischen nur noch drei Unbestimmten x', y', z' oder x, y, z. Die beiden Puncte werden daher durch die Gleichung in eine solche Abhängigkeit von einander gebracht, dass, wenn der Ort des einen P oder P' bestimmt ist, der andere P' oder P in einer damit gegebenen Fläche liegt.

2. Werde nun verlangt, dass die Fläche, in welcher P' für einen bestimmten Ort von P liegt, stets eine Ebene sei, wo auch P angenommen werde. Zu diesem Ende muss V von der Form sein:

$$Lx' + My' + Nz' + O,$$

wo L, M, N, O beliebige Functionen von x, y, z sind; und nach der Beschaffenheit dieser Functionen richtet sich die Natur der Fläche, in welcher für einen willkürlich gegebenen Ort von P' der Punct P begriffen ist. Soll daher auch letztere Fläche stets eine Ebene sein, so müssen L, M, N, O lineäre Functionen von x, y, z, und daher die Gleichung $V = 0$ von der Form sein:

$$A) \qquad (ax + by + cx + d)x' + (a'x + b'y + c'z + d')y'$$
$$+ (a''x + b''y + c''z + d'')z' + a'''x + b'''y + c'''z + d''' = 0.$$

Die Constanten $a, b, c, d, a', \ldots, d'''$ als gegeben angenommen, entspricht alsdann jedem Puncte P eine Ebene p', als der geometrische Ort des Punctes P', und jedem P' eine Ebene p, als der Ort von P. Ist ferner eine lineäre Gleichung zwischen x', y', z', als Gleichung der Ebene p' gegeben, und setzt man die Coefficienten dieser Gleichung den Coefficienten derselben Coordinaten in A) proportional, so erhält man drei lineäre Gleichungen zwischen x, y, z, aus denen sich letztere Coordinaten, und damit der Punct P bestimmen lassen. Mithin gehört auch umgekehrt jedem Puncte P' irgend einer gegebenen Ebene p' einer und derselbe Punct P, sowie jedem Puncte P einer Ebene p einer und derselbe Punct P' zu.

Hiernach hat man also zwei Systeme von Puncten und Ebenen, — das eine, dessen Coordinaten mit x, y, z bezeichnet worden, und welches S heisse, das andere S' mit den Coordinaten x', y', z', — und diese zwei Systeme stehen in einer solchen gegenseitigen Beziehung, dass jedem Puncte P und jeder Ebene p des einen eine Ebene p' und ein Punct P' des anderen entspricht.

Der Kürze wegen wollen wir die einem Puncte entsprechende Ebene die Gegenebene des Punctes, und den einer Ebene entsprechenden Punct den Gegenpunct der Ebene nennen.

3. Zwischen einem Puncte und seiner Gegenebene, oder einer Ebene und ihrem Gegenpuncte findet demnach immer die Beziehung statt, dass die Coordinaten dieses Punctes und die Coordinaten irgend eines Punctes der Ebene der Gleichung A) Genüge leisten. Und umgekehrt: Hat man zwei Puncte, durch deren Coordinaten die Gleichung erfüllt wird, so liegt jeder von ihnen in der Gegenebene des anderen.

Ist folglich P ein Punct in der Gegenebene von P', so wird durch die Coordinaten von P und P' die Gleichung A) erfüllt, und es ist auch P' ein Punct in der Gegenebenen von P; oder mit anderen Worten: Hat man eine Ebene p und einen darin liegenden Punct P, so liegt auch der Gegenpunct P' der ersteren in der Gegenebene p' des letzteren.

Liegen daher vier oder mehrere Puncte in einer Ebene, so müssen die Gegenebenen der Puncte den Gegenpunct der Ebene in sich enthalten, und sich daher in diesem Puncte gemeinschaftlich schneiden. Und umgekehrt: Schneiden sich vier oder mehrere Ebenen in einem Puncte, so liegen die Gegenpuncte der Ebenen in einer Ebene, nämlich in der Gegenebene des Punctes.

Wir schliessen hieraus weiter: Sind mehrere Puncte R, S, T, ... zweien Ebenen p, q gemeinsam, liegen sie also in der Durchschnittslinie der beiden Ebenen, so muss auch die Gegenebene jedes der Puncte sowohl den Gegenpunct P' der Ebene p, als den Q' der Ebene q, mithin die Linie $P'Q'$ enthalten, d. h. liegen drei oder mehrere Puncte in einer Geraden, so schneiden sich die Gegenebenen der Puncte ebenfalls in einer Geraden. Auf ähnliche Art wird der umgekehrte Satz bewiesen, dass von drei oder mehreren sich in einer Linie schneidenden Ebenen die Gegenpuncte gleichfalls in einer Geraden enthalten sind.

So wie also jeder Punct seine Gegenebene, und jede Ebene ihren Gegenpunct hat, so entspricht auch jeder geraden Linie eine Gegenlinie dergestalt, dass eines jeden in der einen Linie genommenen Punctes Gegenebene die andere Linie in sich enthält, und einer jeden durch die eine Linie gelegten Ebene Gegenpunct in der anderen Linie sich findet.

4. Ohne uns mit weiterer Entwickelung dieser zudem schon mehrfach behandelten reciproken Verhältnisse aufzuhalten, wollen wir jetzt zwischen den beiden Systemen die specielle Beziehung annehmen, *dass jeder Punct P' des Systems S' in seiner dem System S angehörigen Gegenebene p selbst enthalten ist*, dass also die Gleichung A), da sie als Gleichung der Ebene p angesehen werden kann, auch dann noch besteht, wenn man $x = x'$, $y = y'$, $z = z'$ setzt. Dies giebt aber:

$$ax'^2 + b'y'^2 + c''z'^2 + (b'' + c')y'z' + (c + a'')z'x' + (a' + b)x'y' \\ + (d + a''')x' + (d' + b''')y' + (d'' + c''')z' + d''' = 0;$$

und da diese Gleichung für jede beliebige Annahme des P' oder (x', y', z') Gültigkeit haben soll, so muss sein:

$$a = 0, \quad b' = 0, \quad c'' = 0, \quad c' = -b'', \quad a'' = -c, \quad b = -a', \\ a''' = -d, \quad b''' = -d', \quad c''' = -d'', \quad d''' = 0.$$

Hiermit zieht sich die Gleichung A) zusammen in:

$$(-a'y + cz + d)x' + (a'x - b''z + d')y' + (-cx + b''y + d'')z' \\ - dx - d'y - d''z = 0,$$

oder wenn wir mehrerer Einfachheit willen statt der Coefficienten b'', c, a', d, d', d'' von jetzt an a, b, c, f, g, h schreiben:

$$B) \qquad (bz - cy + f)x' + (cx - az + g)y' + (ay - bx + h)z' \\ -fx - gy - hz = 0.$$

Da, wie man leicht wahrnimmt, diese Gleichung ungeändert bleibt, wenn x, y, z mit x', y', z' gegenseitig vertauscht werden, so liegt nunmehr nicht allein, wie verlangt wurde, jeder Punct P' des Systems S' in seiner dem System S angehörigen Gegenebene p, sondern auch jeder Punct P des letzteren Systems in seiner Gegenebene p' des ersteren. Aus demselben Grunde erhellet ferner, dass von zwei zusammenfallenden Puncten P und P' des einen und anderen Systems auch die Gegenebenen zusammenfallen, wogegen im Vorigen dem Puncte (p, q, r), wenn er als dem System S' angehörig betrachtet wurde, eine Gegenebene zukam, deren Gleichung

$$(ax + by + \ldots)p + (a'x + b'y + \ldots)q + \ldots = 0$$

war, und demselben Puncte, als einem Puncte des Systems S, eine Gegenebene entsprach, deren Gleichung

$$(ax' + a'y' + \ldots)p + (bx' + b'y' + \ldots)q + \ldots = 0.$$

Durch die Gleichung B) sind demnach alle Puncte und Ebenen des Raumes in eine solche gegenseitige Beziehung gesetzt, dass je ein Punct und eine Ebene zusammengehören, und ersterer in letzterer enthalten ist. Aller Unterschied zwischen den beiden Systemen S und S' ist daher jetzt als gänzlich aufgehoben anzusehen.

5. Nichts desto weniger aber werden die bei der allgemeinen Betrachtung in Nr. 3 gefundenen Sätze auch jetzt noch gültig bleiben. Ist daher p eine Ebene, und Q irgend ein in ihr liegender Punct, so ist auch der Gegenpunct P' von p in der Gegenebene q' von Q enthalten; und da jetzt P' in p, und Q in q' selbst liegt, so liegen P' und Q in dem gegenseitigen Durchschnitte von p und q', und wir können den Satz auch folgendergestalt ausdrücken:

I) *Wenn von zwei sich schneidenden Ebenen der Gegenpunct der einen in der Durchschnittslinie liegt, so ist darin auch der Gegenpunct der anderen begriffen; und wenn von zwei Puncten die Gegenebene des einen den anderen Punct trifft, so enthält auch die Gegenebene des anderen den ersteren Punct.* Hieraus folgern wir ebenso wie vorhin weiter:

II) *Von mehreren in einer Ebene liegenden Puncten schneiden sich die Gegenebenen in einem Puncte, welcher in ersterer Ebene liegt und ihr Gegenpunct ist.*

III) *Von mehreren sich in einem Puncte schneidenden Ebenen liegen die Gegenpuncte in einer Ebene, welche ersteren Punct enthält und seine Gegenebene ist.*

IV) *Alle geraden Linien des Raumes lassen sich paarweise als Linien und Gegenlinien zusammennehmen, und jedes dieser Paare besitzt die Eigenschaft, dass von allen in der einen Linie genommenen Puncten die Gegenebenen die andere Linie in sich enthalten; dass also jeder Punct der einen Linie die durch ihn und die andere Linie gelegte Ebene zu seiner Gegenebene hat, und dass ebenso umgekehrt der Gegenpunct einer jeden durch die eine Linie gelegten Ebene der Durchschnitt der Ebene mit der anderen Linie ist.*

V) *Eine durch zwei Puncte gezogene Gerade hat daher den Durchschnitt der Gegenebenen der Puncte zur Gegenlinie, und von der Durchschnittslinie zweier Ebenen ist die Linie, welche die Gegenpuncte der Ebenen verbindet, die Gegenlinie.*

Eine unmittelbare Folgerung aus diesen Eigenschaften der Gegenlinien ist noch:

VI) *Von mehreren in einer Ebene liegenden Geraden schneiden sich die Gegenlinien in einem Puncte der Ebene, nämlich im Gegenpuncte der letzteren; und von mehreren in einem Puncte zusammentreffenden Geraden sind die Gegenlinien in einer durch den Punct gehenden Ebene, in der Gegenebene des Punctes, enthalten.*

6. Um uns diese Sätze durch ein Beispiel noch deutlicher zu machen, wollen wir die Gegenpuncte der drei Coordinatenebenen zu bestimmen suchen.

Die Gleichung zwischen x', y', z' für die Ebene der y, z ist: $x'=0$, was auch y' und z' für Werthe haben mögen. Hiernach müssen in B) die Coefficienten von y' und z', und die Summe der mit x', y', z' nicht behafteten Glieder Null sein; also:

$$cx - az + g = 0,$$
$$ay - bx + h = 0,$$
$$fx + gy + hz = 0.$$

Multiplicirt man diese drei Gleichungen resp. mit h, $-g$, a und addirt sie, so kommt:

$$(af + bg + ch)x = 0,$$

also $x=0$, und daher

$$y = -\frac{h}{a}, \quad z = \frac{g}{a}.$$

Dies sind demnach die drei Coordinaten des Gegenpunctes der Ebene der y, z. Wir wollen ihn A nennen; wegen $x=0$ liegt er, wie gehörig, in der Ebene selbst. Auf gleiche Art ergeben sich die Coordinaten des Gegenpunctes B der Ebene der z, x:

$$x = \frac{h}{b}, \quad y = 0, \quad z = -\frac{f}{b},$$

und des Gegenpunctes C der Ebene x, y:

$$x = -\frac{g}{c}, \quad y = \frac{f}{c}, \quad z = 0,$$

von denen B in der Ebene der z, x; C in der Ebene der x, y enthalten ist. Sämmtliche drei Puncte aber liegen in der Ebene, welcher die Gleichung

$$fx + gy + hz = 0$$

zukommt. Diese Ebene ist nach III) die Gegenebene des Punctes, in welchem sich die drei Coordinatenebenen schneiden, also des Anfangspunctes M der Coordinaten. Auch reducirt sich in der That für $x'=0$, $y'=0$, $z'=0$ die Gleichung B) auf

$$fx + gy + hz = 0.$$

Endlich sind von den Axen der x, y, z resp. die Linien BC, CA, AB die Gegenlinien.

7. Die wenigen bis jetzt erhaltenen Resultate reichen hin, um ein System auf besagte Weise sich entsprechender Puncte und Ebenen ohne weitere Hülfe des Calculs construiren zu können. Da

nämlich die Winkel, welche die Coordinatenebenen mit einander machen, ganz willkürlich sind, so lege man durch einen Punct M nach Belieben drei Ebenen α, β, γ als Coordinatenebenen. In α und β nehme man willkürlich zwei Puncte A und B, welche die Gegenpuncte dieser Ebenen seien. Durch die Lage von A sind die Verhältnisse $h:a$, $g:a$, und durch B die Verhältnisse $h:b$, $f:b$, also durch beide Puncte die Verhältnisse zwischen f, g, h, a, b bestimmt.

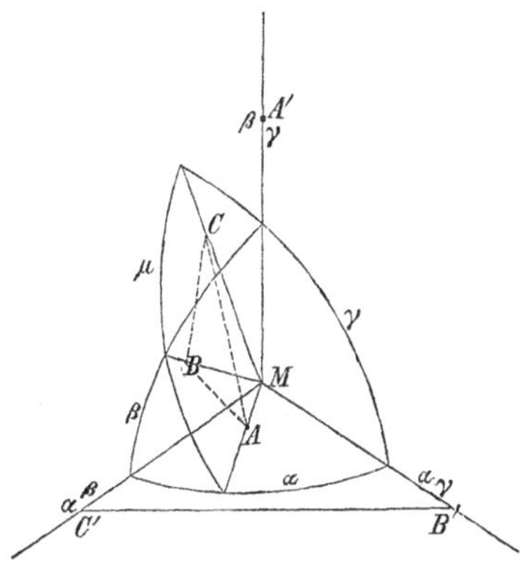

Man lege durch A, B, M eine neue Ebene μ; sie ist die Gegenebene von M, und enthält in ihrem Durchschnitte mit der Ebene γ den Gegenpunct von γ. Man nehme daher in diesem Durchschnitte von μ mit γ beliebig einen Punct C, als Gegenpunct von γ. Mit ihm ist noch das Verhältniss gegeben, in welchem c zu f oder g steht; und da somit die Verhältnisse zwischen allen sechs in der Gleichung B) vorkommenden Constanten bestimmt sind, so muss es möglich sein, auch für jeden anderen Punct D seine Gegenebene δ, und für jede Ebene δ ihren Gegenpunct D zu bestimmen.

8. a) Liege der gegebene Punct D, dessen Gegenebene gesucht werden soll, zuerst in dem Durchschnitte der Ebenen β und γ, oder in $\beta\gamma$, wenn wir der Kürze willen den Durchschnitt zweier Ebenen durch Nebeneinanderstellung der die Ebenen bezeichnenden Buchstaben ausdrücken. Da von β und γ die Gegenpuncte resp. B und C sind, so ist nach V) von der Linie $\beta\gamma$ die Gegenlinie BC, und folglich nach IV) von D die Gegenebene BCD. Auf gleiche Art ist CAD oder ABD die Gegenebene von D, wenn D in $\gamma\alpha$ oder $\alpha\beta$ sich befindet.

b) Eben so erhellt, dass, wenn der Punct D in einer der drei Linien BC, CA, AB liegt, seine Gegenebene durch ihn und resp. durch $\beta\gamma$, $\gamma\alpha$, $\alpha\beta$ gelegt werden muss.

c) Sei jetzt der Punct D willkürlich genommen. Man lege durch ihn und durch die drei Linien BC, CA, AB die Ebenen BCD, CAD, ABD, welche die Linien $\beta\gamma$, $\gamma\alpha$, $\alpha\beta$ resp. in A', B', C' schneiden, so sind dies die Gegenpuncte jener drei sich in D schneidenden Ebenen IV), und folglich (III) A', B', C' mit D in einer Ebene, welche die Gegenebene von D, und daher die gesuchte δ ist.

Da D selbst in δ liegt, so hätten zur Bestimmung von δ schon zwei der drei Puncte A', B', C' hingereicht. Dass auch der dritte in δ mit enthalten ist, führt uns zu einer merkwürdigen Eigenschaft unserer Figur. Diese besteht, wenn wir sie etwas aufmerksamer betrachten, aus zwei Tetraedern $A'B'C'M$ und $ABCD$. Das erstere ist von den vier Flächen α, β, γ, δ begrenzt und um das andere umschrieben, weil α, β, γ, δ resp. die Puncte A, B, C, D als ihre Gegenpuncte enthalten. Zugleich aber ist es in das andere eingeschrieben, weil A', B', C', M die Gegenpuncte der Flächen BCD, CAD, ABD, ABC des anderen sind. Hiermit haben wir also zwei Tetraeder, deren jedes in das andere zugleich um- und eingeschrieben ist, und wir können nun die vorhin gedachte Eigenschaft folgendergestalt in Worte fassen:

Wenn von zwei Tetraedern $A'B'C'M$ und $ABCD$ die vier Ecken A', B', C', M des einen in den vier Flächen BCD, CDA, DAB, ABC des anderen, und drei Ecken, A, B, C, des anderen in den Flächen $B'C'M$, $C'MA'$, $MA'B'$ des ersteren liegen, so liegt auch die vierte Ecke D des anderen in der vierten Fläche $A'B'C'$ des ersteren, und das eine Tetraeder ist in Bezug auf das andere zugleich um- und eingeschrieben.

d) Die Gegenebene von D kann auch dergestalt gefunden werden, dass man durch D und die Linien $\beta\gamma$, $\gamma\alpha$, $\alpha\beta$ drei Ebenen $D\beta\gamma$, $D\gamma\alpha$, $D\alpha\beta$ legt. Schneiden diese die Linien BC, CA, AB resp. in A'', B'', C'', so sind dies (IV) die Gegenpuncte der drei Ebenen, und die durch A'', B'', C'', D zu legende Ebene wird (III) gleichfalls die Gegenebene von D sein.

Man bemerke indessen, dass, da die drei Ebenen α, β, γ den Punct M gemeinschaftlich haben, und sich daher die drei Ebenen $D\beta\gamma$, $D\gamma\alpha$, $D\alpha\beta$ in der Geraden DM schneiden, die Gegenpuncte A'', B'', C'' der letzteren Ebenen gleichfalls in einer Geraden, in der Gegenlinie von DM, liegen. Durch diese drei Puncte allein wird daher noch nicht die Gegenebene von D bestimmt, wohl aber schon durch irgend zwei derselben und den Punct D selbst. Da übrigens ein Punct nur eine Gegenebene haben kann, so müssen A'', B'', C'' mit A', B', C' in einer Ebene enthalten sein; und da erstere drei Puncte resp. in den Linien BC, CA, AB liegen, so sind sie nichts Anderes, als die Durchschnitte der Seiten des Dreiecks ABC mit der Ebene $A'B'C'$; woraus wiederum hervorgeht, dass A'', B'', C'' in einer Geraden liegen, nämlich in dem gegenseitigen Durchschnitte der Ebenen ABC und $A'B'C'$.

9. Wir gehen jetzt zu der umgekehrten, aber ganz analog zu lösenden Aufgabe fort: Für eine gegebene Ebene δ den Gegenpunct D zu finden.

a) Wenn die Ebene δ durch eine der sechs Linien BC, CA, AB, $\beta\gamma$, $\gamma\alpha$, $\alpha\beta$ geführt ist, so liegt ihr Gegenpunct daselbst, wo sie resp. von $\beta\gamma$, $\gamma\alpha$, $\alpha\beta$, BC, CA, AB geschnitten wird.

b) Hat die Ebene δ irgend eine andere Lage, so schneide sie die Linien $\beta\gamma$, $\gamma\alpha$, $\alpha\beta$ in den Puncten A', B', C'. Von diesen drei in δ liegenden Puncten sind $A'BC$, $B'CA$, $C'AB$ die Gegenebenen, deren gegenseitiger Durchschnittspunct mithin (II) ebenfalls in δ liegt und der gesuchte Gegenpunct D von δ ist. Da δ und die drei Ebenen $A'BC$, ... sich in D schneiden, so sind schon zwei dieser Ebenen nebst δ hinreichend, um D zu finden. Auch gewahrt man leicht, wie diese Construction gleichfalls zu dem obigen Satze von den in und um einander beschriebenen Tetraedern hinführt.

c) Noch ein Verfahren, um für eine beliebige Ebene δ den Gegenpunct zu finden, besteht im Folgenden. Schneide δ die Linien BC, CA, AB in den Puncten A'', B'', C''. Man lege durch letztere und durch $\beta\gamma$, $\gamma\alpha$, $\alpha\beta$ die Ebenen $A''\beta\gamma$, $B''\gamma\alpha$, $C''\alpha\beta$, so sind dies die Gegenebenen von A'', B'', C'', und schneiden sich daher in einer geraden Linie, weil A'', B'', C'' in einer Geraden, in dem Durchschnitte von δ mit ABC liegen. Jede dieser beiden Linien ist mithin die Gegenlinie der anderen; und da die letztere Gerade in der Ebene δ liegt, so muss der Durchschnitt der ersteren Geraden mit δ der Gegenpunct von δ sein.

10 Dass und wie zu einem gegebenen Tetraeder ein zweites construirt werden kann, welches in Bezug auf das erste zugleich ein- und umschrieben ist, habe ich bereits in einem kleinen, im III. Bande von Crelle's Journal Seite 273 etc. befindlichen Aufsatze gezeigt. Mit Hülfe der eben entwickelten Theorie sieht man aber leicht, wie diese Construction sich verallgemeinern lässt, und wie es möglich ist:

Zu irgend einem gegebenen Polyeder ein anderes zu construiren, welches eben so viel Ecken und Flächen, als das erstere Flächen und Ecken hat, und dessen Ecken in den Flächen des ersteren liegen, dessen Flächen aber die Ecken des ersteren in sich enthalten.

Sei um diese Aufgabe zu lösen, S eine Ecke des gegebenen Polyeders, α, β, γ, ... seien die in S in der Ordnung, wie sie auf einander folgen, zusammenstossenden Flächen, so dass α mit β, β mit γ, u. s. w. eine gemeinsame Kante hat. Man suche von α, β, γ, ... die Gegenpuncte, welche A, B, C, ... heissen, und con-

32*

struire damit das Vieleck $ABC\ldots$; dieses wird eben sein und in seiner Ebene den Punct S mit enthalten, da α, β, γ, ... im Puncte S zusammentreffen. Auf gleiche Art construire man um jede andere Ecke des Polygons ein Vieleck. Von den Seiten aller dieser Vielecke wird nun jede zweien Vielecken zugleich angehören; die Seite AB des Vielecks $ABC\ldots$ um S z. B. wird auch eine Seite des Vielecks um die Ecke T sein, wenn von der Kante des Polyeders, in welcher die Flächen α und β an einander grenzen, und welche S zum einen Endpuncte hat, der andere Endpunct T ist. Alle die somit erhaltenen Vielecksflächen hängen daher als Flächen eines neuen Polyeders zusammen, und dieses zweite Polyeder ist rücksichtlich des ersteren zugleich ein- und umschrieben zu nennen: eingeschrieben, weil seine Ecken A, B, ... in den Flächen α, β, ... des ersteren liegen; umschrieben, weil seine Flächen $ABC\ldots$, etc. den Ecken S, etc. des ersteren begegnen.

Ueberhaupt, sieht man, findet zwischen beiden Polyedern eine solche gegenseitige Beziehung statt, dass die Ecken, Kanten und Flächen des einen die Gegenpuncte, Gegenlinien und Gegenebenen der Flächen, Kanten und Ecken des anderen sind. Einem Tetraeder entspricht in dieser Beziehung wiederum ein Tetraeder, einem Hexaeder ein Octaeder, einem Dodekaeder ein Ikosaeder, und umgekehrt, einem Octaeder ein Hexaeder, u. s. w.

11. Zur weiteren Verfolgung unserer über reciproke Verhältnisse angestellten Untersuchungen wollen wir jetzt von einer mit der Ebene der y, z parallelen Ebene den Gegenpunct zu bestimmen suchen. Die Gleichung einer solchen Ebene zwischen den Coordinaten x', y', z' ist: x' gleich einer constanten Länge l, welches auch die Werthe von y' und z' sein mögen. Die Coefficienten von y' und z' in B) müssen daher Null sein; also

$$cx - az + g = 0, \quad ay - bx + h = 0,$$

und ausserdem

$$l(bz - cy + f) - fx - gy - hz = 0.$$

Aus diesen drei Gleichungen lassen sich die Coordinaten des gesuchten Gegenpunctes bestimmen; es sind dies also die Gleichungen dreier Ebenen, welche sich in dem Gegenpuncte schneiden. Da nur die dritte Gleichung den Abstand l der gegebenen Ebene von der Ebene der y, z enthält, so gehören die zwei ersten Gleichungen auch dem Gegenpuncte jeder anderen mit der Ebene der y, z parallelen Ebene an. Die Gegenpuncte aller mit der Ebene der y, z

parallelen Ebenen liegen daher in einer geraden Linie, deren Gleichungen

$$cx - az + g = 0 \text{ und } ay - bx + h = 0$$

sind. Auf gleiche Art sind die Gegenpuncte aller mit der Ebene der z, x parallelen Ebenen in einer Geraden enthalten, deren Gleichungen

$$ay - bx + h = 0 \text{ und } bz - cy + f = 0$$

sind. Letztere Gerade läuft aber mit der vorigen parallel, da jede von beiden parallel mit der durch den Anfangspunct der Coordinaten gelegten Geraden ist, welcher die Gleichungen

$$cx - az = 0, \quad ay - bx = 0, \text{ also auch } bz - cy = 0,$$

oder, was dasselbe ist, die Proportionen

$$x : y : z = a : b : c$$

zukommen. Da nun die Annahme der Coordinaten ganz der Willkür überlassen ist, so schliessen wir:

VII) *Die Gegenpuncte von drei oder mehreren einander parallelen Ebenen liegen in einer geraden Linie, und die geraden Linien, in welchen die Gegenpuncte von zwei und also auch mehreren Systemen paralleler Ebenen liegen, sind sämmtlich einander parallel.*

So muss z. B. die Gerade, welche die Gegenpuncte der mit der Ebene der x, y parallelen Ebenen verbindet, mit ersteren Parallellinien ebenfalls parallel sein, was auch eine der vorigen ähnliche Rechnung sogleich zu erkennen giebt. Die Gleichungen dieser Geraden sind nämlich

$$bz - cy + f = 0 \text{ und } cx - az + g = 0.$$

Die allen diesen Parallellinien zukommende Richtung ist demnach bei jedem System von Ebenen und Puncten, die man in die gegenwärtige Beziehung zu einander gesetzt hat, einzig in ihrer Art. Wir wollen sie deshalb die Hauptrichtung des Systems nennen. Sie ist in der Gleichung *B*) durch die Verhältnisse zwischen den Coefficienten a, b, c gegeben, Coefficienten, die, wenn das Coordinatensystem ein rechtwinkliges ist, den Cosinussen der Winkel der Hauptrichtung mit den Axen der x, y, z proportional sind.

12. Nehmen wir mit dieser Hauptrichtung die Axe der z parallel an, so werden a und $b = 0$, und die Gleichung *B*) erhält die einfachere Gestalt:

$$(f - cy)\,x' + (g + cx)\,y' + hz' - fx - gy - hz = 0.$$

Die Gleichungen für die Gerade, welche durch die Gegenpuncte der mit der Ebene der x, y parallelen Ebenen geht, werden damit

$$f - cy = 0 \quad \text{und} \quad g + cx = 0.$$

Nehmen wir daher noch diese mit der Axe der z jetzt parallele Gerade zur Axe der z selbst, so werden nächst a und b auch noch f und $g = 0$, und die Gleichung B) gewinnt damit folgende einfachst mögliche Form:

$$C) \qquad xy' - yx' = k(z' - z),$$

wo k statt des vorigen $-\frac{h}{c}$ gesetzt worden.

Für eine mit der Ebene der x, y parallele Ebene, deren Gleichung $z' = n$, hat man hiernach

$$xy' - yx' = k(n - z),$$

und folglich

$$x = 0, \quad y = 0, \quad z = n,$$

d. h. der Gegenpunct der Ebene ist, wie gehörig, ihr Durchschnitt mit der Axe der z. Ist aber die Ebene, deren Gegenpunct bestimmt werden soll, parallel mit der Ebene der y, z, und daher $x' = l$ ihre Gleichung, so wird:

$$xy' - ly = k(z' - z),$$

oder, was dasselbe ist:

$$\frac{x}{y}y' - \frac{k}{y}z' = l - k\frac{z}{y},$$

also

$$\frac{x}{y} = 0, \quad \frac{k}{y} = 0, \quad l - k\frac{z}{y} = 0,$$

d. h. y und z müssen unendlich gross sein und sich wie k zu l verhalten. Der Gegenpunct der Ebene liegt mithin in ihr unendlich entfernt nach einer durch das Verhältniss $k : l$ bestimmten Richtung. Ist die gegebene Ebene die Ebene der y, z selbst, also $l = 0$, so hat man bloss y unendlich gross zu nehmen, und der Gegenpunct liegt folglich in unendlicher Entfernung nach der Richtung der Axe der y. Letzteres fliesst übrigens auch schon daraus, dass in der Axe der y, in welcher sich die Ebenen der y, z und der x, y schneiden, der Gegenpunct der letzteren Ebene, der Anfangspunct der Coordinaten, liegt. Denn nach I) muss dann in derselben Axe auch der Gegenpunct der ersteren Ebene enthalten sein. — Auf gleiche Art findet sich der Gegenpunct der Ebene der z, x unendlich entfernt in der Axe der x.

Da nun bei dem jetzigen Coordinatensystem die Axe der z allein eine bestimmte Richtung hat, die Richtungen der beiden anderen Axen aber beliebige sein können, so folgern wir:

VIII) *Jede mit der Hauptrichtung parallele Ebene hat einen unendlich entfernten Gegenpunct; und umgekehrt ist die Gegenebene eines unendlich entfernten Punctes mit der Hauptrichtung parallel.*

Denn nimmt man x, y, z unendlich gross und in gegebenen Verhältnissen $a : b : c$ stehend an, so wird die Gleichung C):

$$ay' - bx' + kc = 0,$$

und gehört somit einer der Axe der z parallelen Ebene an.

Ziehen wir eine Ebene noch in Betracht, welche parallel mit der Axe der x ist, und daher die Gleichung

$$z' = ay' + b$$

hat. Diesen Werth von z' in C) substituirt, erhalten wir

$$xy' - yx' = k(ay' + b - z),$$

und hieraus

$$x = ak, \quad y = 0, \quad z = b,$$

als Coordinaten des Gegenpunctes der Ebene. Weil $y = 0$, so liegt dieser Punct immer in der Ebene der z, x, wie auch die mit der Axe der x parallele Ebene gelegt sein mag. Wegen der Unbestimmtheit der Axe der x ziehen wir hieraus den Schluss:

IX) *Von zwei oder mehreren mit einer und derselben Geraden parallelen Ebenen liegen die Gegenpuncte in einer und derselben mit dieser Geraden und mit der Hauptrichtung des Systems parallelen Ebene.*

13. Die jetzt durch Analysis gewonnenen Sätze VII), VIII) und IX) lassen sich aus den früheren Sätzen I), ..., IV) auch durch einfache geometrische Betrachtungen ableiten.

a) Da nach III) von mehreren Ebenen, welche sich in einem Puncte schneiden, die Gegenpuncte mit dem Durchschnittspuncte in einer Ebene liegen, von welcher letzterer Punct der Gegenpunct ist, und da mehrere sich in Parallelen schneidende Ebenen auch als solche angesehen werden können, die sich in einem unendlich entfernten Puncte schneiden, so müssen die Gegenpuncte mehrerer sich in Parallelen schneidenden Ebenen in einer mit den parallelen Durchschnittslinien ebenfalls parallelen Ebene enthalten sein, deren Gegenpunct unendlich entfernt nach der durch die Parallelen bestimmten Richtung zu liegt.

b) Da ferner von Ebenen, welche sich in einer und derselben Geraden schneiden, die Gegenpuncte ebenfalls in einer Geraden liegen (IV), so müssen auch dann noch, wenn erstere Gerade unendlich entfernt liegt, und damit die Ebenen einander parallel werden, die Gegenpuncte derselben in einer Geraden liegen.

c) Man denke sich jetzt zwei Systeme von Ebenen; die Ebenen jedes dieser Systeme seien unter sich, aber nicht mit denen des anderen parallel. Die Gerade, in welcher die Gegenpuncte des einen Systems liegen, heisse a, die Gerade für die Gegenpuncte des anderen Systems b. Da nun auch je zwei dem einen und anderen System angehörige Ebenen sich in Parallellinien schneiden, so müssen nach *a)* die Gegenpuncte sämmtlicher Ebenen, also auch die beiden Geraden a und b, in einer Ebene liegen, und folglich sich schneiden, oder einander parallel sein. Schnitten sich aber a und b in einem Puncte A, so wäre dies der gemeinschaftliche Gegenpunct zweier Ebenen des einen und anderen Systems. Mithin wären auch diese zwei sich schneidende Ebenen die Gegenebenen eines und desselben Punctes A, welches nicht möglich ist. Es sind daher a und b mit einander parallel, und mit ihnen folglich auch jede andere Gerade, welche die Gegenpuncte irgend eines dritten Systems paralleler Ebenen enthält. Wir nannten die gemeinschaftliche Richtung dieser Parallellinien die Hauptrichtung des Systems.

d) Umgekehrt: Von zwei Puncten A und B, welche in einer Parallele mit der Hauptrichtung liegen, sind die Gegenebenen α und β einander parallel. Denn wären sie es nicht, so lege man durch B eine Ebene β' parallel mit α. Der Gegenpunct von β' müsste dann derjenige sein, in welchem β' von einer durch A mit der Hauptrichtung gelegten Parallele getroffen wird, folglich B selbst. Mithin hätte B zwei verschiedene Gegenebenen, β und β', welches nicht möglich ist.

e) Jede mit der Hauptrichtung parallele Ebene γ hat einen unendlich entfernten Gegenpunct. Denn seien A und B zwei Puncte in γ, welche in einer mit der Hauptrichtung parallelen Geraden liegen. Die Gegenebenen α und β von A und B sind folglich mit einander parallel, und es sind daher auch die Linien a und b, in denen γ von α und β geschnitten wird, zwei Parallellinien. Nach I) muss nun der Gegenpunct von γ sowohl in a als in b, und daher in unendlicher Entfernung nach einer durch diese Parallelen bestimmten Richtung liegen.

Man kann hierbei noch bemerken, dass alle Ebenen überhaupt, deren Gegenpuncte in einer mit der Hauptrichtung parallelen Ebene γ liegen, diese Ebene in Parallellinien schneiden; denn jede dieser Ebenen muss durch den unendlich entfernt liegenden Gegenpunct von γ gehen.

f) Ist die Richtung gegeben, nach welcher ein unendlich entfernter Punct liegt, und soll die Gegenebene desselben gefunden werden, so lege man drei Ebenen α, β, γ parallel mit dieser Richtung, bestimme die Gegenpuncte A, B, C derselben, und es wird ABC die verlangte Gegenebene sein. — Nimmt man, wie es dabei möglich ist, α und β mit einander parallel, so wird AB mit der Hauptrichtung parallel, und es ist daher ABC eine mit der Hauptrichtung parallele Ebene. So wie also jede mit der Hauptrichtung parallele Ebene einen unendlich entfernten Gegenpunct hat, so ist auch umgekehrt die Gegenebene eines unendlich entfernten Punctes der Hauptrichtung parallel.

Wir fügen noch hinzu:

X) *Von einem nach der Hauptrichtung zu unendlich entfernt liegenden Puncte U ist die Gegenebene gleichfalls unendlich entfernt, hat aber keine bestimmte Lage, und umgekehrt liegt von jeder unendlich entfernten Ebene u der Gegenpunct unendlich entfernt nach der Hauptrichtung.*

Der erste Theil dieses Satzes erhellt daraus, dass, wenn α irgend eine mit der Hauptrichtung nicht parallele Ebene, und A ihr Gegenpunct ist, die Linie AU sich als parallel mit der Hauptrichtung betrachten lässt, und folglich die durch U parallel mit α gelegte Ebene die Gegenebene von u ist. Um sich von dem umgekehrten Satze zu überzeugen, bemerke man, dass, wenn α eine mit u parallele, nicht unendlich entfernte Ebene, und A ihr Gegenpunct ist, der Gegenpunct der Ebene u ihr Durchschnitt mit einer durch A der Hauptrichtung parallel gezogenen Geraden sein muss.

14. Da die Hauptrichtung einzig in ihrer Art ist, und daher in Bezug auf dieselbe in der Lage der Ebenen und ihrer Gegenpuncte eine gewisse Symmetrie herrschen dürfte, die symmetrischen Eigenschaften einer Figur aber sich am bequemsten durch Anwendung eines rechtwinkligen Coordinatensystems entwickeln lassen, so wollen wir jetzt irgend eine die Hauptrichtung rechtwinklig treffende Ebene zur Ebene der x, y nehmen, und zur Axe der z, wie vorhin, diejenige Parallele mit der Hauptrichtung wählen, welche die Ebene der x, y in ihrem Gegenpuncte trifft. Die Gleichung zwischen den Coordinaten x', y', z' für die Ebene p', welche den Punct (x, y, z) oder P zum Gegenpuncte hat, ist alsdann die bereits in Nr. 12 erhaltene Gleichung C).

Liege nun der Punct P zuvörderst in der Ebene der x, y selbst, sei also $z = 0$, und daher die Gleichung für p':

$$xy' - yx' = kz'.$$

Sie wird, wie gehörig, erfüllt für $x' = x$, $y' = y$, $z' = 0$, und für $x' = 0$, $y' = 0$, $z' = 0$, d. h. die Ebene p' geht durch ihren Gegenpunct P und durch den Anfangspunct M der Coordinaten, letzteres darum, weil P in der Ebene der x, y liegt, und diese den Punct M zum Gegenpuncte hat. (Vergl. I).) Da also von jedem in der Ebene der x, y enthaltenen Puncte P die Gegenebene durch die ihn mit M verbindende Linie MP zu legen ist, so braucht man zur völligen Bestimmung dieser Gegenebene nur noch den Winkel zu kennen, den sie mit der Ebene der x, y bildet.

Man setze deshalb

$$x = r\cos\varphi, \quad y = r\sin\varphi, \quad x' = r'\cos\varphi', \quad y' = r'\sin\varphi',$$

wo also r den Abstand des Punctes P von M, φ den Winkel von MP mit der Axe der x, und r', φ' dasselbe für die Projection irgend eines Punctes der Ebene p' auf die Ebene der x, y bezeichnen. Die Gleichung wird hiermit:

$$rr'\sin(\varphi' - \varphi) = kz',$$

folglich

$$\frac{r}{k} = \frac{z'}{r'\sin(\varphi' - \varphi)}.$$

Nun ist $r'\sin(\varphi' - \varphi)$ nichts Anderes, als das Perpendikel, welches in der Ebene der x, y von der Projection (x', y') eines Punctes (x', y', z') der Ebene p' auf die Linie MP oder den Durchschnitt von p' mit der Ebene der x, y gefällt wird, und daher $\frac{z'}{r'\sin(\varphi' - \varphi)}$ gleich der Tangente des Winkels, welchen p' mit der Ebene der x, y macht. Diese Tangente ist aber, voriger Gleichung zufolge, $= \frac{r}{k}$, und somit der noch zu wissen nöthige Winkel höchst einfach bestimmt.

Nennen wir demnach die jetzige Axe der z, oder die Gerade, welche durch die Gegenpuncte der die Hauptrichtung rechtwinklig treffenden Ebenen sich legen lässt, die Hauptlinie des Systems, und erwägen, dass jede darauf normale Ebene zur Ebene der x, y genommen werden kann, so können wir das erhaltene Resultat folgendergestalt in Worte fassen:

XI) *Die Gegenebene eines Punctes enthält das Perpendikel, welches von dem Puncte auf die Hauptlinie gefällt wird, und macht mit der Hauptlinie einen Winkel, dessen Cotangente diesem Perpendikel proportional ist.*

Von allen Puncten, welche gleichweit von der Hauptlinie entfernt sind, also in der Fläche eines um die Hauptlinie als Axe beschriebenen Cylinders liegen, machen daher die Gegenebenen mit der Hauptlinie gleiche Winkel nach einerlei Seite. Von Puncten in ungleichen Entfernungen von der Hauptlinie macht die Gegenebene des näheren den grösseren Winkel, und während die Entfernung von Null bis in das Unendliche wächst, nimmt der Winkel von einem Rechten bis auf Null ab. Vergl. VIII).

Der Satz XI) lehrt zunächst, wie, mit Hülfe der Hauptlinie, eines gegebenen Punctes Gegenebene bestimmt werden kann. Soll umgekehrt einer gegebenen Ebene p Gegenpunct gefunden werden, so lege man durch den Durchschnittspunct der p mit der Hauptlinie eine auf letzterer perpendiculare Ebene. In der Durchschnittslinie dieser Ebene mit p wird alsdann der Gegenpunct von p liegen, und darin von der Hauptlinie in einem Abstande sein, welcher der Cotangente des Winkels von p mit der Hauptlinie proportional ist.

15. Es ist noch übrig, die zwischen Linien und ihren Gegenlinien obwaltenden dualen Verhältnisse etwas näher zu betrachten. In Nr. 5, VI) haben wir gesehen, dass von mehreren in einer Ebene enthaltenen Linien die Gegenlinien sich gemeinschaftlich in dem Gegenpuncte der Ebene schneiden. Seien jetzt a, b, c, ... mehrere Linien, welche einer und derselben Ebene nur parallel sind. Man lege parallel mit dieser Ebene durch a, b, c, ... die Ebenen α, β, γ, ..., und seien A, B, C, ... die Gegenpuncte derselben. Da nun die Gegenlinien von a, b, c, ... resp. durch A, B, C, ... gehen (IV), und A, B, C, ... in einer mit der Hauptrichtung parallelen Geraden liegen (VII), so schliessen wir:

XII) *Sind mehrere Linien einer und derselben Ebene parallel, so werden ihre Gegenlinien von einer und derselben Geraden getroffen. Diese Gerade ist parallel mit der Hauptrichtung, und trifft die Ebene in ihrem Gegenpuncte.*

Ist a' die Gegenlinie von a, und legt man durch a und durch einen unendlich entfernten Punct A der a' eine Ebene, also eine Ebene parallel mit a', so ist diese die Gegenebene von A (IV), und mit der Hauptrichtung parallel (VIII); folglich:

XIII) *Jede mit einer Linie und ihrer Gegenlinie zugleich parallele Ebene ist auch mit der Hauptrichtung parallel.*

XIV) *Von jeder mit der Hauptrichtung parallelen Geraden ist die Gegenlinie unendlich entfernt.*

Denn jede durch eine solche Gerade gelegte Ebene hat einen unendlich entfernten Gegenpunct (VIII).

16. Eine besondere Aufmerksamkeit verdienen diejenigen Linien, mit denen ihre Gegenlinien identisch sind. Zu einer gegebenen

Linie a wird nach V) die Gegenlinie gefunden, wenn man von zwei durch a gelegten Ebenen α und β die Gegenpuncte A und B bestimmt; die Gerade AB ist alsdann die gesuchte Gegenlinie. Gesetzt nun, dass der Gegenpunct A der einen von beiden Ebenen, α, in a selbst liegt, so liegt nach I) auch der Gegenpunct B von β, — so wie der Gegenpunct jeder anderen durch a zu legenden Ebene, — in a. Mithin fällt dann die Linie a mit ihrer Gegenlinie selbst zusammen.

Heisse eine solche mit ihrer Gegenlinie zusammenfallende Linie eine Doppellinie. Von ihr können wir vermöge I), II) und III) sogleich folgende Sätze aufstellen:

XV) *Von einer jeden durch eine Doppellinie gelegten Ebene liegt der Gegenpunct in der Doppellinie, und eine Doppellinie ist in der Gegenebene eines jeden in ihr liegenden Punctes enthalten.*

XVI) *Jede in einer Ebene durch ihren Gegenpunct gezogene Gerade, und jede durch einen Punct gelegte und zugleich in der Gegenebene des Punctes enthaltene Gerade ist eine Doppellinie.*

XVII) *Liegen zwei Doppellinien in einer Ebene, so ist ihr gegenseitiger Durchschnitt, der auch unendlich entfernt sein kann, der Gegenpunct der Ebene.*

Denn dieser Gegenpunct muss nach XV) sowohl in der einen als in der anderen Doppellinie liegen. Es folgt hieraus weiter:

XVIII) *Alle in einer Ebene liegenden Doppellinien schneiden sich in einem Puncte, und umgekehrt sind alle durch einen Punct gehenden Doppellinien in einer Ebene enthalten,* indem sonst wegen XVII) dieser eine Punct mehr als eine Gegenebene hätte.

17. Das System der Doppellinien erfüllt hiernach den ganzen Raum. Denn in jedem Puncte des Raumes schneiden sich unzählige Doppellinien, die aber insgesammt in einer Ebene liegen, und in jeder Ebene giebt es unzählige Doppellinien, die aber alle in einem Puncte zusammentreffen.

Ist eine Linie durch ihre Gleichungen gegeben, und verlangt man zu wissen, ob sie zu dem System der Doppellinien gehört, so untersuche man, ob die Coordinaten zweier ihrer Puncte, für x, y, z und x', y', z' in der Gleichung C) substituirt, der Gleichung Genüge leisten. Denn (x', y', z') ist in dieser Gleichung ein Punct der Ebene, welche (x, y, z) zum Gegenpuncte hat, die Linie aber, welche zwei solche Puncte verbindet, ist eine Doppellinie (XVI). Seien daher

$$a) \qquad \frac{x}{a} + \frac{z}{c} = 1,$$

b) $$\frac{y}{b} + \frac{z}{c'} = 1$$

die zwei Gleichungen einer Geraden. Ein in ihr liegender Punct ist $(a, b, 0)$. Setzt man demnach in C) $x' = a$, $y' = b$, $z' = 0$, so kommt

c) $$ay - bx = kz$$

als Gleichung der Gegenebene des Punctes $(a, b, 0)$; und in dieser Ebene muss die Linie liegen, wenn sie eine doppelte sein soll. Die Gleichung c) und eine der beiden a) und b) sind daher die zwei allgemeinen Gleichungen einer Doppellinie. Auch kann man die Gleichung

$$\frac{1}{c} - \frac{1}{c'} = \frac{k}{ab},$$

welche durch Elimination von x, y, z aus a), b), c) hervorgeht, als die Bedingung aufstellen, unter welcher die durch a) und b) ausgedrückte Linie eine Doppellinie ist.

Nimmt man in C) die zwei Puncte (x, y, z) und (x', y', z') einander unendlich nahe an, setzt also $x' = x + \mathrm{d}x$, u. s. w., so geht C) über in:

D) $$x\mathrm{d}y - y\mathrm{d}x = k\mathrm{d}z.$$

Dies ist also die allgemeine Differentialgleichung einer Doppellinie. Und in der That kommt man auch, wenn man a) oder b) und c) differentiirt, und hierauf die willkürlichen Constanten a, b, c eliminirt, auf diese Differentialgleichung zurück.

18. Sei a eine Linie, welche eine von ihr verschiedene Linie a' zur Gegenlinie hat, und A, A' zwei in a, a' beliebig genommene Puncte, so ist von A die Gegenebene Aa' (IV), und daher AA' eine Doppellinie (XVI), d. h.

XIX) *Jede, eine einfache Linie und ihre Gegenlinie zugleich schneidende Gerade ist eine Doppellinie.*

Ist ferner l eine Doppellinie und a eine einfache Linie, welche von l geschnitten wird, so ist von der Ebene la, als einer durch l gehenden, der Gegenpunct in l enthalten (XV). Zugleich aber muss der Gegenpunct der Ebene la, als einer durch a gelegten, in der Gegenlinie von a liegen (IV); folglich muss l diese Gegenlinie schneiden; d. h.

XX) *Eine Doppellinie, welche eine einfache Linie schneidet, trifft auch die Gegenlinie der einfachen.*

Aus diesem Satze, in Verbindung mit dem vorhergehenden, lässt sich ein merkwürdiger dritter ableiten. Sind nämlich a, b zwei einfache Linien, a', b' ihre Gegenlinien, und l eine Gerade, welche a, b, a' zugleich schneidet, so ist l wegen der Begegnung mit a und a' eine Doppellinie, und als solche muss sie, weil sie b trifft, auch b' schneiden; also

XXI) *Hat man zwei Linien und ihre Gegenlinien, so wird jede Gerade, welche dreien dieser vier Linien begegnet, auch die vierte treffen. Vier solche Linien können daher immer als eben so viel verschiedene Lagen einer ein hyperbolisches Hyperboloid erzeugenden Geraden angesehen werden.*

Zusammenhang zwischen den bis jetzt erläuterten reciproken Verhältnissen und zwischen Sätzen der Statik.

19. Seien, wie in Nr. 7, α, β, γ drei sich in M schneidende Ebenen, A, B zwei beliebige Puncte in α, β, und C ein beliebiger Punct in dem Durchschnitte der Ebenen γ und MAB. Nach den Richtungen $\alpha\beta$ und AB lasse man zwei Kräfte wirken, die man mit $[\alpha\beta]$ und $[AB]$ bezeichne. Die Kraft $[\alpha\beta]$ zerlege man nach den Richtungen MA und $\alpha\gamma$ in zwei andere, $[MA]$ und $[\alpha\gamma]$, welches immer möglich ist, da letztere Richtungen und $\alpha\beta$ in einer Ebene liegen und sich in einem Puncte M schneiden. Uebrigens mag unter der Kraft $[MA]$ auch eine negative oder eine nach AM gerichtete verstanden werden können, und Gleiches gelte auch von den übrigen auf dieselbe Weise bezeichneten Kräften.

Hiermit sind nun die anfänglichen zwei Kräfte $[\alpha\beta]$ und $[AB]$ in drei verwandelt: $[\alpha\gamma]$, $[MA]$, $[AB]$. Von diesen haben die beiden letzten eine durch A gehende und in der Ebene MAB enthaltene Resultante. Welche aber von allen durch A gehenden und in MAB liegenden Linien die Richtung dieser Resultante ist, hängt von dem Verhältniss zwischen den Intensitäten der anfänglichen zwei Kräfte $[\alpha\beta]$ und $[AB]$ ab. Wir wollen daher dieses Verhältniss so bestimmt annehmen, dass AC selbst die Richtung der Resultante ist; und somit haben wir die anfänglichen Kräfte $[\alpha\beta]$ und $[AB]$ auf $[\alpha\gamma]$ und $[AC]$ reducirt, welches uns folgende zwei Sätze giebt:

a) Hat man zwei Kräfte, deren Richtungen $\alpha\beta$, AB nicht in einer Ebene liegen, und eine Richtung $\alpha\gamma$, welche mit der einen $\alpha\beta$ der beiden ersteren in einer Ebene α liegt, und daher mit $\alpha\beta$ einen Punct M gemein hat, so ist es immer möglich, die zwei Kräfte in zwei mit ihnen gleichwirkende zu verwandeln, von denen die eine die Richtung $\alpha\gamma$ hat. Die Richtung der anderen geht alsdann durch den

Punct A, in welchem die Ebene α von der Richtung AB getroffen wird, und ist in der durch M und AB zu legenden Ebene enthalten.

b) Sind von den Ebenen α, β, γ die Gegenpuncte A, B, C, und daher AB von $\alpha\beta$, und AC von $\alpha\gamma$ die Gegenlinie, so ist es immer möglich, nach den Richtungen $\alpha\beta$ und AB zwei in solchem Verhältniss zu einander stehende Kräfte wirken zu lassen, dass sie in zwei andere nach den Richtungen $\alpha\gamma$ und AC verwandelt werden können.

Haben nun die Kräfte $[\alpha\beta]$ und $[AB]$ ein solches Verhältniss zu einander, so lässt sich ferner zeigen, dass überhaupt,

c) wenn von irgend zwei mit ihnen gleichwirkenden Kräften R und R' die eine in einer gegebenen Ebene δ liegt, die andere den Gegenpunct der Ebene trifft.

Denn seien C' und B' zwei beliebige Puncte in $\alpha\beta$ und $\alpha\gamma$. Nach *a*) lassen sich nun $[\alpha\beta]$ und $[AB]$ in zwei andere Kräfte Q und Q' verwandeln, von denen, wenn, wie wir annehmen wollen, die eine Q die Richtung $C'B'$ hat und daher $\alpha\beta$ in C' schneidet, die andere Q' in der Ebene $C'AB$, also in der Gegenebene von C' liegt. Weil aber $[\alpha\beta]$ und $[AB]$ gleichwirkend mit $[\alpha\gamma]$ und $[AC]$ sind, und $\alpha\gamma$ von $C'B'$ in B' geschnitten wird, so ist Q' aus gleichem Grunde in der Ebene $B'AC$ oder der Gegenebene von B' enthalten. Die Kraft Q' hat daher zu ihrer Richtung den Durchschnitt der Ebenen $C'AB$ und $B'AC$ d. i. die Gegenlinie der Linie $C'B'$ oder der Richtung von Q.

Sei nun von den zwei Kräften R und R', welche mit $[\alpha\beta]$ und $[AB]$, folglich auch mit Q und Q' gleichwirkend sein sollen, die eine R in einer beliebig gegebenen Ebene δ enthalten. Schneide diese Ebene die Linien $\alpha\beta$ und $\alpha\gamma$ in C' und B', und werde daher R von der Richtung $C'B'$ der Q getroffen. Nach *a*) geht alsdann die Richtung von R' durch den Punct, in welchem die Ebene δ, welche R und Q gemeinschaftlich enthält, von Q' geschnitten wird. Weil aber Q' die Gegenlinie von Q ist, so ist dieser Punct der Gegenpunct der Ebene δ, wie zu erweisen war. Wir ziehen hieraus noch die Folgerung:

d) Von zwei Kräften R und R', welche mit $[\alpha\beta]$ und $[AB]$, oder mit P und P', wie $[\alpha\beta]$ und $[AB]$ von jetzt an heissen mögen, gleichwirkend sein sollen, kann die Richtung der einen im Allgemeinen nach Willkür genommen werden.

e) *Von den Richtungen zweier mit P und P' gleichwirkenden Kräfte R und R' ist die eine die Gegenlinie der anderen.*

Denn man lege durch R zwei Ebenen δ und ε, deren Gegenpuncte D und E seien, so muss nach *c*) die Kraft R' sowohl durch

D als durch E gehen; DE ist aber die Gegenlinie von R. Ebenso erhellt,

f) dass umgekehrt, wenn a' die Gegenlinie von a ist, sich immer zwei nach a und a' gerichtete Kräfte angeben lassen, welche mit P und P' gleiche Wirkung haben;

g) so wie endlich, wenn R in einer gegebenen Ebene liegt, R' den Gegenpunct dieser Ebene trifft, so ist auch umgekehrt, wenn R durch einen gegebenen Punct D geht, R' in der Gegenebene des Punctes enthalten.

Denn da R' die Gegenlinie von R ist, so ist die durch D und R' gelegte Ebene die Gegenebene von D.

20. Aus diesen Sätzen erhellt nun zur Genüge der innige Zusammenhang, welcher zwischen den im Vorigen behandelten dualen geometrischen Verhältnissen und einigen ganz elementaren statischen Sätzen stattfindet. Auch begreift man leicht, wie umgekehrt aus den Elementen der Statik jene rein geometrische Theorie abgeleitet werden kann.

In Bezug nämlich auf zwei Kräfte P, P', deren Richtungen nicht in einer Ebene liegen, entspricht jeder Geraden eine andere Gerade dergestalt, dass sich immer zwei nach ihnen gerichtete Kräfte angeben lassen, welche mit P und P' gleichwirkend sind. Es entspricht ferner jedem Puncte eine gewisse ihn enthaltende Ebene, und jeder Ebene ein in ihr liegender Punct, so dass, wenn von zwei mit P und P' gleichwirkenden Kräften die eine den Punct trifft, die andere in der Ebene enthalten ist, und umgekehrt.

Mit diesen rein statisch erweisbaren Sätzen sind die Begriffe von Gegenlinie, Gegenebene und Gegenpunct festgestellt, und hieraus lassen sich, wie wir bereits in Nr. 13, 15, 16 und 18 gesehen haben, die übrigen Eigenschaften dieser dualen Verhältnisse ohne Zuhülfenahme eines neuen Princips herleiten. — Im Folgenden sollen noch einige besonders merkwürdige Beziehungen zwischen beiderlei Verhältnissen, den geometrischen und den statischen, näher erörtert werden.

21. Dass von den Richtungen der zwei Kräfte R, R', welche mit P, P' gleichwirkend sein sollen, die eine nach Willkür genommen werden kann, gilt nur im Allgemeinen. Ausgenommen sind davon zuerst alle mit der Hauptrichtung parallelen Richtungen, indem, wenn R damit parallel wäre, die Kraft R' unendlich entfernt (XIV) und daher nicht construirbar sein würde.

Um die statische Bedeutung der Hauptrichtung auszumitteln, erwäge man, dass nach XIII) die beiden Ebenen, von denen die eine mit P und P', die andere mit R und R' parallel ist, — folglich auch der gemeinschaftliche Durchschnitt der beiden Ebenen, — mit der Hauptrichtung parallel sind. Werden daher die vier Kräfte P, P', R, R' parallel mit ihren Richtungen an einen und denselben Punct getragen, so wird der Durchschnitt der Ebenen PP' und RR' gleichfalls mit der Hauptrichtung parallel sein. Alsdann aber ist, einem bekannten Satze der Statik zu Folge, die Resultante von P und P' einerlei mit der Resultante von R und R', und hat mithin den Durchschnitt der Ebenen PP' und TT' zu ihrer Richtung. Die Hauptrichtung ist daher in statischer Hinsicht diejenige, mit welcher parallel die Resultante der Kräfte P und P' oder zweier ihnen gleichwirkender läuft, nachdem diese Kräfte parallel mit ihren Richtungen an einen und denselben Punct getragen worden.

Hieraus fliesst noch auf eine andere Weise die Unmöglichkeit, R mit der Hauptrichtung parallel zu nehmen. Denn hätte R diese Richtung, so würden R und R', an einen und denselben Punct getragen, in dieselbe mit der Hauptrichtung parallele Gerade fallen, und müssten daher in ihrer ursprünglichen Lage entweder auf eine einzige Kraft reducirbar, oder einander gleich, parallel und entgegengesetzt d. i. ein Kräftepaar im engeren Sinne sein. Keines von Beiden aber ist möglich, weil P und P' nicht in einer Ebene liegen sollen.

22. Von den Richtungen, welche zwei mit P, P' gleichwirkende Kräfte erhalten können, sind zweitens noch die Doppellinien ausgenommen, oder diejenigen Linien, welche P und P' oder irgend zwei andere Kräfte R und R', worauf P und P' reducirt worden, zugleich schneiden (XIX). Denn sind S und S' zwei mit P und P', also auch mit R und R', gleichwirkende Kräfte, so sind R, R' und $-S$ auf eine einzige Kraft gleich S' reducirbar. Dieses ist aber offenbar nicht möglich, sobald R und R', welche nicht in einer Ebene liegen, von S zugleich geschnitten werden.

Die Doppellinien haben aber eine andere merkwürdige statische Eigenschaft, welche darin besteht, dass in Bezug auf jede dieser Linien, als Axe, die Summe der Momente von P und P' gleich 0 ist. Denn ist s eine Doppellinie, r eine sie schneidende einfache Linie, und r' die Gegenlinie der letzteren, so wird nach XX) auch r' von s getroffen; nach 19, f) aber lassen sich P und P' in zwei nach r und r' gerichtete Kräfte R und R' verwandeln. Da also die Richtungen der R und R' von s zugleich getroffen werden, so ist für s

als Axe das Moment von R sowohl, als von R' gleich 0, also auch die Summe dieser Momente gleich 0, folglich auch die Summe der Momente der damit gleichwirkenden Kräfte P und P' gleich 0.

Unter allen in einer Ebene liegenden Axen ist daher für diejenigen, welche den Gegenpunct der Ebene treffen, und unter allen durch einen Punct gehenden Axen für diejenigen, welche zugleich in der Gegenebene des Punctes liegen, die Summe der Momente gleich 0 (XVIII). Für jede andere durch den Punct gelegte Axe ist, wie ich hier nur historisch erwähne, die Momentensumme dem Sinus des Winkels proportional, welchen die Axe mit der Gegenebene des Punctes macht; am grössten also für diejenige Axe, welche auf der Gegenebene normal steht. Die kleinste unter allen grössten Momentensummen kommt aber derjenigen Axe zu, welche mit der Hauptlinie des Systems (14) zusammenfällt. Man vergleiche deshalb das am Ende von Poinsot's Statik befindliche Mémoire sur la composition des momens et des aires.

23. Werden zwei nicht in einer Ebene enthaltene Kräfte P, P' parallel mit ihren Richtungen an einen Punct verlegt und dann zu einer Kraft T vereinigt, so entsteht durch diese Verlegung ein Kräftepaar U, — U, welches in Verbindung mit T dieselbe Wirkung, als P und P', hervorbringt. Legt man nun in der Ebene von U, — U durch den Punct D, in welchem die Ebene von T geschnitten wird, eine beliebige Gerade, so wird diese die Kräfte T, U, — U immer zugleich treffen. In Bezug auf eine solche Gerade ist daher die Summe der Momente von T, U, — U gleich 0, mithin auch die Momentensumme von P und P' gleich 0, folglich die Gerade eine Doppellinie (22) und der Punct D der Gegenpunct der Ebene von U, — U. Wie also auch die Kräfte P, P' in eine einfache Kraft und ein Paar verwandelt werden mögen, so trifft erstere die Ebene des Paares stets in ihrem Gegenpuncte. Auch ist die Richtung der ersteren Kraft immer der Hauptrichtung parallel, da, wenn T, U, — U an einen Punct getragen werden, U und — U sich gegenseitig aufheben und nur T als Resultante übrig bleibt. Vergl. Nr. 21.

Ein Kräftepaar kann man, ohne seine Wirkung zu ändern, nicht nur in seiner Ebene beliebig verlegen, sondern auch in jede andere damit parallele Ebene bringen. Verlegt man daher das Paar U, — U aus seiner anfänglichen Ebene in eine damit parallele, so muss auch letztere Ebene von T in ihrem Gegenpuncte geschnitten werden, in Uebereinstimmung mit dem Satze VII), dass die Gegenpuncte paralleler Ebenen in einer mit der Hauptrichtung parallelen Geraden liegen.

24. Ich müsste den Leser zu ermüden fürchten, wollte ich noch von allen übrigen im ersten Theile dieser Abhandlung enthaltenen Sätzen die entsprechenden statischen Theoreme in Betracht ziehn. Ich begnüge mich daher, auf den XXI. Satz noch aufmerksam zu machen, welcher statisch ausgedrückt also lautet: Sind zwei Kräfte gleichwirkend mit zwei anderen, oder — was hier auf dasselbe hinauskommt, —

Sind vier Kräfte mit einander im Gleichgewicht, so trifft jede Gerade, welche den Richtungen dreier derselben begegnet, auch die Richtung der vierten.

Dies folgt auch höchst einfach aus der Theorie der Momente. Denn in Bezug auf eine Axe, welche die Richtungen von drei Kräften trifft, ist das Moment jeder dieser Kräfte gleich 0. Da nun die vier Kräfte im Gleichgewicht sein sollen, und mithin die Summe ihrer Momente für jede Axe null sein muss, so muss in Bezug auf jene Axe auch das Moment der vierten null sein. Dieses ist aber nicht anders möglich, als wenn jene Axe die Richtung der vierten ebenfalls schneidet.

Ueber eine allgemeinere Art der Affinität geometrischer Figuren.

[Crelle's Journal 1834 Band 12 p. 109—133.]

In meinem »barycentrischen Calcul« habe ich zu zeigen gesucht, dass ausser den schon in den ersten Elementen der Geometrie in Betrachtung kommenden Beziehungen, in welchen Figuren zu einander stehen können, und wonach zwei Figuren einander gleich und ähnlich, oder ähnlich allein, heissen, es noch einige andere dergleichen Beziehungen oder Verwandtschaften gebe, die, obschon von allgemeinerer Beschaffenheit, als jene schon bekannten, doch in das Gebiet der Elementargeometrie noch gehören, indem auch bei ihnen Puncten der einen Figur, welche in einer Geraden liegen, in einer Geraden liegende Puncte der anderen Figur entsprechen. Ich nannte diese allgemeineren Verwandtschaften Affinität und Collineationsverwandtschaft; denn die Gleichheit, die ich an jenem Orte zwar ebenfalls als eine besondere Verwandtschaft behandelt habe, ist im Grunde nur als eine specielle Art der Affinität zu betrachten.

Bei der Collineationsverwandtschaft ist, wie schon ihr Name ausdrücken soll, gedachtes Entsprechen gerader Linien das alleinige sie charakterisirende Merkmal. Bei der Affinität hingegen kommt als zweites Merkmal noch hinzu, dass je zwei Theile der einen Figur — Flächentheile oder Theile des Raumes, nachdem die Figur in einer Ebene oder im Raume überhaupt enthalten ist, — sich ihrem Inhalte nach eben so zu einander verhalten, wie die entsprechenden Theile der anderen Figur.

So wie nun aus der Affinität die allgemeinere Verwandtschaft der Collineation entspringt, wenn wir von den oben erwähnten zwei Merkmalen nur das erste beibehalten; so wird die Affinität gleichfalls in eine allgemeinere Verwandtschaft übergehen, wenn wir das erste Kennzeichen nicht mehr berücksichtigen und nur das zweite noch festhalten. Bei dieser allgemeineren Art von Affinität entsprechen also die Puncte zweier Ebenen einander dergestalt, dass, wenn in der einen Ebene irgend eine in sich zurücklaufende Linie gezogen wird, die entsprechende Linie in der anderen Ebene, d. h. die Linie, welche durch die den Puncten der ersteren Linie entsprechenden Puncte geht, eine Fläche einschliesst, die zu der von der ersteren Linie begrenzten Fläche in einem constanten Verhältnisse steht. Und ebenso ist es bei zwei Räumen von drei Dimensionen, die in dieser allgemeineren affinen Beziehung stehen sollen, hinreichend, wenn je zwei entsprechende Theile des einen und anderen Raumes, d. h. solche deren Grenzflächen durch entsprechende Puncte bestimmt werden, ein constantes Verhältniss zu einander haben. Hierbei können also, und werden im Allgemeinen, geraden Linien und Ebenen des einen Raumes Curven und krumme Flächen im anderen entsprechen, und zwar Curven und Flächen, die jede beliebige Form haben können. Denn so lange noch nicht die einander entsprechen sollenden Puncte bestimmt sind, hindert uns nichts, diese Bestimmung bei zwei Ebenen z. B. damit anzufangen, dass wir dem Perimeter eines geradlinigen Vielecks in der einen Ebene irgend eine in sich zurücklaufende Curve in der anderen entsprechend setzen, wenn nur die Flächen beider Figuren in dem constanten Verhältnisse stehen, welches je zwei entsprechende Flächen zu einander haben sollen.

Schon hieraus ist abzunehmen, dass die Grundformeln dieser Verwandtschaft, d. i. die allgemeinen Relationen zwischen den Coordinaten zweier entsprechenden Puncte, Gleichungen mit partiellen Differenzen sein werden, indem nur solche Gleichungen zu willkürlichen Functionen und damit zu willkürlichen Curven und Flächen führen können. Diese Grundformeln zu entwickeln und ihre Integration auszuführen, welches hier auf besonders einfache Weise geschehen kann, ist der Zweck des vorliegenden Aufsatzes. Ehe wir jedoch diese analytische Untersuchung beginnen, wollen wir, grösserer Anschaulichkeit willen, den Gegenstand erst auf folgende rein geometrische Weise in's Auge fassen.

---

§. 1. Heissen M und N die beiden Ebenen, deren Puncte in affiner Beziehung zu einander stehen sollen. Man denke sich die Ebene N mit zwei Systemen paralleler Geraden T, T_1, T_2, ..., U, U_1, U_2, ... überzogen, von denen die Linien des einen Systems die des anderen rechtwinklig schneiden; die Linien jedes der beiden Systeme für sich seien, jede von der nächstfolgenden, unendlich wenig, aber gleich weit entfernt. Hierdurch wird N in eine unendliche Menge unendlich kleiner und einander gleicher Rechtecke zerlegt.

Heissen nun X, X_1, X_2, ..., Y, Y_1, Y_2, ... die den T, T_1, ..., U, U_1, ... entsprechenden Linien in der Ebene M, so muss M durch diese Linien ebenfalls in unendlich kleine und einander gleiche Vierecke getheilt werden, deren jedes von irgend zwei auf einander folgenden Linien der einen Reihe X, ... und zwei auf einander folgenden Linien der anderen Reihe Y, ... begrenzt wird. Sind diese Linien wirklich gezogen, so ist damit die affine Beziehung beider Ebenen vollkommen bestimmt. Denn für irgend einen Punct der einen Ebene lässt sich nunmehr der entsprechende in der anderen angeben, — dem Durchschnitte von P_p und U_p in N entspricht der Durchschnitt von X_p und Y_p in M, — und je zwei entsprechende Flächentheile in N und M verhalten sich wie eines der Elementarrechtecke in N zu einem der Elementarvierecke in M.

§. 2. Es entsteht jetzt die Frage, wie viel von den Linien X, X_1, ..., Y, Y_1, ... in M willkürlich gezogen werden können, und wie hiernach die übrigen zu bestimmen sind, damit die durch die Kreuzung der beiden Systeme entstehenden Vierecke der Forderung gemäss einander gleich werden, und zu den rechteckigen Elementen der Ebene N in einem gegebenen Verhältnisse stehen. Wir wollen der Antwort hierauf die Betrachtung einiger speciellen Fälle vorangehen lassen.

1) Es ist klar, dass die Forderung gleicher Elemente in M erfüllt wird, wenn jedes der beiden Systeme X, ... und Y, ... aus parallelen Geraden besteht, die in gleichen und unendlich kleinen Entfernungen auf einander folgen. Denn, welchen Winkel auch die Parallelen des einen Systems mit denen des anderen machen, so wird dann immer die Ebene in einander gleiche und ähnliche Parallelogramme zerlegt. Auch sieht man ohne Schwierigkeit, dass dann je drei Puncten der einen Ebene, welche in einer Geraden liegen, drei ebenfalls in einer Geraden befindliche Puncte der anderen entsprechen. Mithin ist diese Beziehung der beiden Ebenen die Affinität im engeren Sinne selbst.

2) Man lasse, wie im vorigen Falle, Y, Y_1, ... in gleichen Abständen von einander entfernte parallele Gerade sein; X aber sei eine willkürliche Curve. Denkt man sich nun diese Curve ohne Aenderung ihrer Gestalt parallel sich fortbewegend, so dass jeder ihrer Puncte eine Parallele mit Y beschreibt, und hält man von allen den verschiedenen Lagen der Curve eine Reihe solcher fest, welche in unendlich kleinen und gleichen Entfernungen von einander abstehen, so werden dies die übrigen Linien X_1, X_2, ... sein. Denn auch auf diese Weise wird die Ebene in einander gleiche

Parallelogramme getheilt, von denen aber nur diejenigen einander zugleich ähnlich sind, welche in einer und derselben Parallele mit Y liegen.

Hierbei entsprechen also den Geraden U, U_1, ... die Geraden Y, Y_1, ..., den Geraden T, T_1, ... die Curven X, X_1, ..., und ebenso, wie man leicht wahrnimmt, jedem dritten Systeme paralleler Geraden in N ein System einander gleicher und ähnlicher und parallel liegender Curven in M, so dass je zwei einander entsprechende Puncte zweier dieser Curven in einer Parallele mit Y sind.

3) Sei X eine Gerade, und die Puncte, in denen sie von Y, Y_1, ... geschnitten wird, seien gleich weit von einander entfernt. Die Linien Y, Y_1, ... aber seien Gerade, welche sich in einem von X endlich entfernten Puncte D schneiden. Man übersieht dann sogleich, dass die Linie X_1 eine mit X parallele Gerade sein muss, indem nur unter dieser Bedingung die zwischen X und X_1 enthaltenen Trapeze einander gleich sein können. Aus demselben Grunde müssen auch X_2 mit X_1, X_3 mit X_2, u. s. w. parallel, also X, X_1, X_2, ... einander parallele Gerade sein und zugleich in demselben Verhältniss einander näher liegen, in welchem sie von D weiter abstehen, da in dem nämlichen Verhältnisse die von D ausgehenden Linien Y, Y_1, ... sich desto weiter von einander entfernen. Das System der Parallelen X, X_1, ... ist übrigens nicht bloss auf die eine Seite des Punctes D beschränkt, sondern erstreckt sich auch auf die andere Seite von D dergestalt, dass D zwischen allen diesen Parallelen eine symmetrische Lage hat.

Um das Gesetz, nach welchem hierbei die Puncte beider Ebenen M und N auf einander zu beziehen sind, näher noch kennen zu lernen, wollen wir zwei sich entsprechende Vierecke, w in M, v in N, in's Auge fassen. Von dem Viereck w seien X und X_1, Y und Y_1 die zwei Paar gegenüberstehender Seiten; also T und T_1, U und U_1 die zwei Paar gegenüberstehender Seiten von v. Während nun die Linien X, Y und Y_1 fest bleiben, bewege sich die Linie X_1, welche gleich anfangs dem Puncte D näher liege als X, parallel mit X bleibend, nach D mit gleichförmiger Geschwindigkeit zu. Hiermit wächst anfangs der Inhalt von w, aber immer langsamer. Von dem Augenblicke an aber, in welchem X_1 durch D geht, und daher das Viereck w zu einem Dreiecke wird, verwandelt sich die Zunahme in Abnahme, da gedachtes Dreieck bei der ferneren Bewegung von X_1 ein auf der entgegengesetzten Seite von D liegendes, und daher negativ zu nehmendes Dreieck als Increment erhält. Hat sich X_1 auf dieser Seite ebenso weit von D entfernt, als X auf der anderen von D liegt, so ist w gleich 0, und bei noch weiterer Bewegung von X_1 wird w negativ.

Damit nun diesen Aenderungen des Inhaltes von w proportionale Veränderungen von v entsprechen, so muss die Linie T_1, welche parallel sich fortbewegend mit den fest bleibenden Linien T, U, U_1 ein Rechteck v zu bilden fortfährt, von T sich immer langsamer entfernen, bis sie in eine Lage Θ kommt, welche der durch D gehenden Lage von X_1 entspricht; sie muss hierauf wieder nach T zurückkehren, und zuletzt durch T auf die andere Seite von T sich wenden, wobei v aus dem Positiven durch Null in das Negative übergeht. Hieraus ziehen wir nun die Folgerungen:

a) dass dem Puncte D in M, in welchem sich Y, Y_1, ... schneiden, in N nicht bloss ein Punct, sondern alle in einer gewissen mit T parallelen Geraden Θ enthaltenen Puncte entsprechen;

b) dass nur die auf der einen Seite von Θ liegenden Puncte in N entsprechende Puncte in M haben, und

c) dass jedem dieser Puncte in N zwei Puncte in M entsprechen, zwischen welchen der Punct D stets in der Mitte liegt.

4) Wir wollen wiederum die Linien Y, Y_1, Y_2, ... gerade sein und sich in einem Puncte D schneiden lassen, nächstdem aber annehmen, dass die unendlich kleinen Winkel, welche je zwei nächstfolgende bilden, insgesammt einander gleich sind. Ist dann X ein aus D als Mittelpunct beschriebener Kreis, so erhellt leicht, dass die übrigen Linien X_1, X_2, ... mit X concentrische Kreise sein müssen, und dass der gegenseitige Abstand zweier nächstfolgenden Kreise, oder der Unterschied ihrer Halbmesser, in demselben Verhältniss abnehmen muss, in welchem die Halbmesser selbst zunehmen. Den Geraden T, T_1, ... entsprechen daher jetzt Kreise, und es wird mithin jedem Puncte in M eine Reihe unendlich vieler Puncte in N entsprechen, die sämmtlich in einer Parallele mit T und in gleich grossen endlichen Entfernungen von einander liegen. Eben so wie im vorigen Beispiele wird ferner auch hier dem Puncte D jeder Punct in N entsprechen, der in einer gewissen Parallele Θ mit T sich befindet, auch werden nur den auf der einen Seite von Θ liegenden Puncten in N Puncte in M, und zwar jedem in N zwei in M entsprechen, zwischen denen D in der Mitte ist.

§. 3. Seien nunmehr, um den ganz allgemeinen Fall zu betrachten, Y, Y_1, Y_2, ... irgend beliebige Linien und nur folgenden zwei aus der Natur der Sache selbst fliessenden Bedingungen im Allgemeinen unterworfen:

a) dass je zwei nächstfolgende derselben, wie Y und Y_1, überall einander unendlich nahe sind, und dass folglich jedes Element der einen mit dem nächstliegenden Elemente der anderen als parallel angesehen werden kann;

b) dass bei je drei nächstfolgenden Curven, wie Y, Y_1, Y_2, die Abstände jedes Elementes der mittleren Linie Y_1 von den nächstliegenden Elementen der zu beiden Seiten befindlichen Linien Y und Y_2 unendlich nahe im Verhältnisse der Gleichheit zu einander stehen, dass also diese zwei schon an sich unendlich kleinen Abstände nur um ein unendlich Kleines einer höheren Ordnung von einander verschieden sind.

Dieses vorausgesetzt, sei X eine beliebige die Linien Y, Y_1, ... unter endlichen Winkeln schneidende Linie, und es kommt nun zunächst darauf an, der X unendlich nahe eine zweite Linie X_1 zu ziehen, dergestalt, dass alle die unendlich kleinen Parallelogramme, in welche der zwischen X und X_1 gelegene Streifen durch die Linien Y, Y_1, Y_2, ... zerlegt wird, einen und denselben gegebenen Flächeninhalt f haben. Dieses ist aber immer möglich. Denn heissen p, p_1, p_2, ... die Theile, in welche X in den Durchschnitten mit Y, Y_1, ... getheilt wird, und q, q_1, q_2, ... die zugehörigen Breiten des Streifens, so sind pq, $p_1 q_1$, $p_2 q_2$, ... jene Parallelogramme ihrem Inhalte nach, und es sollen daher $pq = p_1 q_1 = \ldots = f$ sein. Es muss folglich die Breite des Streifens in demselben Verhältnisse zu- oder abnehmen, in welchem die Theile p, p_1, ... ab- oder zunehmen, und da sich diese Theile der Voraussetzung *b*) zufolge nach dem Gesetze der Stetigkeit ändern, so wird auch die Breite stetig wachsen oder kleiner werden, und folglich die Linie X_1, eben so wie X, eine stetige sein. Die Breite des Streifens an einer bestimmten Stelle, z. B. beim Elemente p, ist $f : p$.

Auf gleiche Weise lässt sich eine auf X und X_1 folgende und der X_1 unendlich nahe dritte Linie X_2 ziehen, so dass der von X_1 und X_2 begrenzte Streifen durch Y, Y_1, ... in einander und dem f gleiche Parallelogramme getheilt wird. Unter derselben Bedingung kann man ferner auf X_2 eine vierte Linie X_3, eine fünfte X_4, u. s. w. in's Unendliche, folgen lassen.

Hiermit ist nun, wie gefordert wurde, die Ebene M durch die zwei Systeme von Linien X, X_1, ... und Y, Y_1, ... in Elemente von einer und derselben Grösse zerlegt. Dabei konnte das eine dieser Systeme Y, Y_1, ..., bis auf die unter *a*) und *b*) bemerkten Bedingungen, ganz willkürlich, und gleichergestalt eine der Curven des anderen Systems X willkürlich angenommen werden. Hiermit aber und mit dem gegebenen constanten Inhalte des Flächenelementes waren alle übrigen Linien X_1, X_2, ... des anderen Systems vollkommen bestimmt.

§. 4. Denselben Gegenstand wollen wir nun mit Hülfe der Analysis untersuchen. Seien x, y die rechtwinkeligen Coordinaten eines Punctes der Ebene M, und t, u die rechtwinkeligen Coordinaten des ihm in der Ebene N nach irgend einem Gesetz entsprechenden Punctes, so sind t und u als gewisse Functionen von x, y zu betrachten, und es ist demnach, wenn wir hier, und ähnlicher Weise in dem Folgenden, die partiellen Differenzen $\frac{dt}{dx}$, $\frac{dt}{dy}$, $\frac{du}{dx}$, $\frac{du}{dy}$ der Kürze willen mit t_x, t_y, u_x, u_y bezeichnen:

$$1)\qquad dt = t_x dx + t_y dy,$$

$$2)\qquad du = u_x dx + u_y dy.$$

So wie daher dem Puncte (x, y) der Punct (t, u), so entspricht dem Puncte

$(x + dx,\ y + dy)$ der Punct $(t + t_x dx + t_y dy,\ u + u_x dx + u_y dy)$,

folglich dem Puncte $(x + dx,\ y)$ der Punct $(t + t_x dx,\ u + u_x dx)$
und - - $(x,\ y + dy)$ - - $(t + t_y dy,\ u + u_y dy)$.

Nun ist der Inhalt des Elementardreiecks in der Ebene M, welches die Puncte (x, y), $(x + dx, y)$, $(x, y + dy)$ zu Ecken hat, $= \frac{1}{2}\, dx\, dy$, und der Inhalt des von den entsprechenden Puncten in N gebildeten Dreiecks

$$= \tfrac{1}{2}\,(t_x u_y - t_y u_x)\, dx\, dy.$$

Sollen demnach, unserer Aufgabe gemäss, je zwei sich entsprechende Flächenelemente der Ebenen M und N in einem constanten Verhältnisse $= 1 : m$ zu einander stehen, so hat man die Fundamentalgleichung zwischen partiellen Differenzen:

$$\text{I)}\qquad t_x u_y - t_y u_x = m,$$

woraus sich alle im Vorigen enthaltenen Resultate werden herleiten lassen. Doch wollen wir zuvor auf eine aus dieser Gleichung sich leicht ergebende, aber vielleicht nicht ganz uninteressante, analytische Folgerung aufmerksam machen.

Da nämlich nach Festsetzung der Gleichung I) auch umgekehrt jedes Element in N sich zu dem entsprechenden Elemente in M wie $\frac{1}{m} : 1$ verhält, so muss, indem man x und y als Functionen von t, u betrachtet, und hiernach:

$$3)\qquad dx = x_t dt + x_u du,$$

$$4)\qquad dy = y_t dt + y_u du$$

setzt, auch die Gleichung stattfinden:

$$x_t y_u - x_u y_t = \frac{1}{m};$$

und da diese Gleichung und die vorige I) offenbar auch dann noch zusammen bestehen, wenn m von einem Paare entsprechender Puncte zum anderen veränderlich ist, so schliessen wir:

Was auch t und u für Functionen von x und y, und mithin auch x und y für Functionen von t, u sein mögen, so ist immer:

$$(t_x u_y - t_y u_x)(x_t y_u - x_u y_t) = 1.$$

Rein analytisch dürfte sich diese Formel folgendergestalt am einfachsten beweisen lassen. Aus 1) und 2) folgt:

$$u_y dt - t_y du = (t_x u_y - t_y u_x) dx.$$

Hierin müssen sich, weil dt und du von einander unabhängig sind, die Coefficienten von dt, du, dx eben so zu einander verhalten, wie in 3) und es ist daher

$$t_x u_y - t_y u_x = -\frac{t_y}{x_u}.$$

Von der anderen Seite fliesst aus 3) und 4):

$$y_u dx - x_u dy = (x_t y_u - x_u y_t) dt,$$

und da diese Gleichung mit 1) identisch sein muss, so hat man

$$x_t y_u - x_u y_t = -\frac{x_u}{t_y};$$

folglich u. s. w.

Auf gleiche Art kann man weiter schliessen, dass, wenn v und w irgend welche Functionen von t, u, also auch von x, y sind, und man wie vorhin

$$5)\quad \begin{cases} dt = t_x dx + t_y dy, & du = u_x dx + u_y dy, \\ dv = v_t dt + v_u du, & dw = w_t dt + w_u du, \\ dx = x_v dv + x_w dw, & dy = y_v dv + y_w dw, \end{cases}$$

und überdies

$$6)\qquad t_x u_y - t_y u_x = m, \quad v_t w_u - v_u w_t = m_1, \quad x_v y_w - x_w y_v = m_2$$

setzt, dass alsdann

$$m m_1 m_2 = 1$$

ist. Denn betrachtet man x und y, t und u, v und w als rechtwinkelige Coordinaten dreier in drei Ebenen sich entsprechender Puncte, und sind e, e_1, e_2 drei sich einander entsprechende Flächenelemente der Ebenen, so verhält sich:

$$e : e_1 = 1 : m, \quad e_1 : e = 1 : m_1, \quad e_2 : e = 1 : m_2,$$

folglich u. s. w.*).

Dass analoge Relationen auch bei vier und mehreren Paaren veränderlicher Grössen, deren jedes von jedem der übrigen auf beliebige Weise abhängig ist, stattfinden müssen, erhellt auf diesem geometrischen Wege von selbst.

§. 5. Unsere Aufgabe besteht nunmehr darin, für t und u solche Functionen von x, y zu finden, welche der Gleichung

$$\text{I)} \qquad t_x u_y - t_x u_y = m,$$

wo m eine gegebene Constante ist, Genüge leisten. Weil aus einer Differentialgleichung sich nur eine Function bestimmen lässt, so kann die eine der Functionen t und u, es sei t, nach Willkür angenommen werden, (d. h. die Linien Y, Y_1, ... in der Ebene M können beliebige sein, §. 3), und die andere u ist dann durch Integration von I) herzuleiten. Zu diesem Ende wollen wir die Gleichung I) auf eine hierzu noch passendere Form zu bringen suchen.

---

*) Will man sich hiervon analytisch überzeugen, so combinire man die 6 Gleichungen 5) dergestalt, dass man in den zwei letzten derselben, welche dx und dy durch dv und dw ausdrücken, dv und dw mittelst der zwei vorhergehenden Gleichungen durch dt und du ausdrückt, und sodann für dt und du ihre Werthe aus den zwei ersten Gleichungen substituirt. Auf diese Weise erhält man zwei Gleichungen, jede zwischen dx und dy, deren vier Coefficienten insgesammt Null sein müssen, weil dx und dy von einander unabhängig sind. Die Nullsetzung dieser Coefficienten giebt, wenn man noch der Kürze willen

$$7) \quad \begin{cases} x_v v_t + x_w w_t = X, & y_v v_t + y_w w_t = Y, \\ x_v v_u + x_w w_u = X', & y_v v_u + y_w w_u = Y' \end{cases}$$

setzt, folgende vier zwischen den partiellen Differenzen in 5) bestehenden Relationen

$$t_x X + u_x X' = 1, \quad t_y Y + u_y Y' = 1,$$
$$t_y X + u_y X' = 0, \quad t_x Y + u_x Y' = 0.$$

Hieraus fliessen, mit Rücksicht auf 6), die vier Gleichungen:

$$mX = u_y, \quad mY = -u_x,$$
$$mX' = -t_y, \quad mY' = t_x,$$

und hieraus folgt:

$$8) \qquad m(XY' - X'Y) = 1.$$

Durch Verbindung der Gleichungen 7) ergiebt sich aber:

$$x_v m_1 = w_u X - w_t X', \quad y_v m_1 = w_u Y - w_t Y', \quad -w_u m_2 = y_v X' - x_v Y';$$

und wenn man aus diesen drei Gleichungen x_v und y_v eliminirt:

$$m_1 m_2 = XY' - X'Y,$$

folglich wegen 8):

$$m m_1 m_2 = 1.$$

Aus der Gleichung $u = f(x, y)$ kann man sich y mittelst der Gleichung $t = F(x, y)$ eliminirt denken. Hierdurch wird u eine Function von t, x, und es ist alsdann:

$$du = u_t dt + u_x dx = u_t (t_x dx + t_y dy) + u_x dx.$$

Bei dieser Ansicht hat man daher statt der vorigen u_x und u_y, wo u geradezu als Function von x, y betrachtet wurde, resp. $u_t t_x + u_x$ und $u_t t_y$ zu setzen, und die Gleichung I) zieht sich nach Substitution dieser Ausdrücke zusammen in:

$$-t_y u_x = m.$$

Hieraus folgt aber

$$u_x dx = -\frac{m\,dx}{t_y},$$

und es kommt, wenn man, mittelst der Gleichung $t = F(x, y)$, t_y als Function von x, t ausdrückt, und sodann integrirt, indem man t constant nimmt:

$$u = Q + \varphi t,$$

wo

$$Q = -m\int \frac{dx}{t_y},$$

und φt eine willkürliche Function von t ist. Substituirt man dann in Q und φt für t seinen Werth $F(x, y)$, so hat man, wie verlangt wurde, u als Function von x und y gefunden.

Die willkürliche Function φt kann in Uebereinstimmung mit §. 3 stets so bestimmt werden, dass der Axe der t oder irgend einer mit ihr gezogenen Parallele, deren Gleichung $u = e$ ist, irgend eine gegebene Curve in der Ebene M entspricht, d. h. dass die Gleichung $e = Q + \varphi t$ irgend eine gegebene Gleichung $f_1(x, y) = 0$ zwischen x und y ist. Man hat deshalb nur x und y aus Q mittelst der Gleichungen $f_1(x, y) = 0$ und $t = F(x, y)$ zu eliminiren, und auf diese Weise Q als eine Function von t auszudrücken. Denn man erhält somit $\varphi t = e - Q$ als eine bekannte Function von t.

§. 6. Dass die willkürliche Function, welche zu dem particulären Werth Q von u hinzutritt, eine Function von $F(x, y)$ oder t sein muss, lässt sich folgendergestalt auch geometrisch einsehen. Man denke sich wiederum das in §. 1 beschriebene, von den zwei Systemen T', T, … und U, U', … gebildete Netz, wodurch die Ebene N in einander gleiche rechteckige Elemente zerlegt wird; die Linien T, … seien mit der Axe der t, und U, … mit der Axe der u parallel. Seien ferner P und Q zwei solche Functionen von x, y, dass sie resp. gleich t und u gesetzt, eine affine Beziehung zwischen den Ebenen M und N hervorbringen, dass also, wenn $u = b$ und $t = a$ die Gleichungen sind, welche irgend einer der Geraden $T, \ldots$ und irgend einer der Geraden $U, \ldots$ zukommen, in der Ebene M die entsprechenden Linien der Systeme $X, \ldots$ und $Y, \ldots$ die Gleichungen $Q = b$ und $P = a$ haben.

Die Gleichheit der Elemente in N wird nun nicht aufgehoben, und ihre Grösse bleibt dieselbe, wenn wir die Geraden $U, \ldots$ unverändert lassen, dagegen die Geraden $T, \ldots$ in beliebige einander gleiche und parallel liegende Curven verwandeln, so dass die zwischen je zwei dieser Curven fallenden Theile von $U, U_1, \ldots$ noch von derselben Grösse sind, als vorher, wo $T, \ldots$ Gerade waren (vergl. §. 2, 2). Es werden folglich M und N in affiner Beziehung und nach demselben Verhältnisse $1 : m$ auch dann noch zu einander stehen, wenn wir die Linien $Y, Y_1, \ldots$ den Geraden $U, \ldots$ und die Linien $X, \ldots$ den nunmehrigen Curven $T, \ldots$ entsprechend setzen.

Sei nun $u - \varphi t = 0$ die Gleichung der Curve, in welche die Axe der t übergegangen ist, also $u - \varphi t = b$ die Gleichung der Curve, in welche sich irgend eine andere Gerade des Systemes $T, \ldots$, deren Gleichung $u = b$ war, verwandelt hat. Dieser Geraden, und also auch der nunmehrigen Curve, entspricht aber in M die Curve, deren Gleichung $Q = b$ ist; und da dieses für jeden beliebigen Werth der Constante b gilt, so hat man jetzt $u - \varphi t = Q$ statt der vorigen Gleichung $u = Q$. Die Gleichung $t = P$ dagegen bleibt ungeändert, da die Geraden $U, \ldots$ nach wie vor den Curven $Y, \ldots$ entsprechen sollen.

Ist daher durch die Gleichungen $t = P$ und $u = Q$ eine affine Beziehung zwischen M und N festgestellt, so bleibt eine solche Beziehung, und das constante Verhältniss zwischen entsprechenden Flächentheilen ist noch dasselbe, wenn man $t = P$ und

$$u = Q + \varphi t = Q + \varphi P$$

setzt.

§. 7. Wir wollen jetzt die in §. 5 entwickelte analytische Methode an den in §. 2 aufgestellten Beispielen erläutern und daher erstens

$$t = ax + by + c$$

setzen, so dass der Axe der u und den ihr parallelen Geraden ein System von Parallelen in M entspricht, und dass der Abstand je zweier der ersteren Parallelen von einander dem gegenseitigen Abstande der entsprechenden letzteren Parallelen proportional ist. Denn für $t = t'$ und $t = t''$ schneiden die entsprechenden Parallelen in M die Axe der x in Puncten, welche vom Anfangspuncte der x um

$\frac{t'-c}{a}$ und $\frac{t''-c}{a}$, also von einander um die mit $t''-t'$ proportionale Linie $\frac{t''-t'}{a}$ entfernt sind.

Aus der Gleichung für t folgt aber $t_y = b$, und damit:

$$Q = -m\int\frac{dx}{b} = -\frac{mx}{b}$$

und

$$u = -\frac{mx}{b} + \varphi t.$$

Werde nun verlangt, die Function φ so zu bestimmen, dass für $u = e$ die erhaltene Gleichung in $a_1 x + b_1 y + c_1 = 0$ übergehe, dass also einer gewissen Parallele mit der Axe der t eine gegebene Gerade in M entspreche. Die Elimination von y aus der Gleichung für diese Gerade und aus der Gleichung für t giebt

$$x = \frac{b_1 t - c b_1 + c_1 b}{a b_1 - a_1 b}$$

und damit

$$\varphi t = e + \frac{m(b_1 t - c b_1 + c_1 b)}{b(a b_1 - a_1 b)};$$

und es wird die Gleichung für u, wenn man in der nun gefundenen Function φ für t seinen gegebenen Werth setzt, nach gehöriger Reduction:

$$(a b_1 - a_1 b)(u - e) = m(a_1 x + b_1 y + c_1).$$

Bestimmt man daher a_1 und b_1 so, dass $a b_1 - a_1 b = m$, so wird:

$$u = a_1 x + b_1 y + c_1,$$

wo c_1 gleich dem vorigen $c_1 + e$, oder, was dasselbe sagt: Bei den Gleichungen:

$$t = ax + by + c, \quad u = a_1 x + b_1 y + c_1$$

verhält sich jedes Element der Ebene M zu dem entsprechenden Elemente der Ebene N wie 1 zu $a b_1 - a_1 b$, was auch auf elementarem Wege leicht erkannt wird. Es sind dies die beiden Grundformeln für die Affinität in engerem Sinne zwischen ebenen Figuren.

Sei zweitens

$$\alpha) \qquad t = \frac{ax}{y}$$

die für t gegebene Function von x, y, so dass jeder mit der Axe der u parallelen Geraden, $t = t'$, eine durch den Anfangspunct der x, y gehende Gerade $t' = \frac{ax}{y}$ entspricht, und zwar dergestalt, dass, wenn erstere Gerade parallel mit sich und mit constanter Geschwindigkeit fortbewegt wird, letztere sich um den Anfangspunct dreht, und ihr Durchschnitt mit einer der Axe der x parallelen Linie gleichförmig in dieser Linie fortrückt (denn wird y constant genommen, so wächst x proportional mit t'). Aus α) folgt nun

$$t_y = -\frac{ax}{y^2} = -\frac{t^2}{ax}$$

nach Elimination von y, mithin

$$Q = m\int \frac{ax}{t^2}\,dx = \frac{max^2}{2t^2} = \frac{my^2}{2a},$$

und

$$u = \frac{my^2}{2a} + \varphi t.$$

In Uebereinstimmung mit §. 2, 3 werde nun die Function φ so bestimmt, dass der Parallele mit der Axe der t, $u = e$, die Parallele mit der Axe der x, $y = b$ entspreche. Mit diesen Werthen von u und y wird

$$e = \frac{mb^2}{2a} + \varphi t,$$

und daher

$$u - e = \frac{m}{2a}(y^2 - b^2),$$

oder geradezu

$$\beta) \qquad u = \frac{m}{2a}\,y^2,$$

wenn man der Axe der t die Axe der x entsprechend setzt. Ist alsdann a positiv, so gehören zu jedem positiven u zwei gleiche und entgegengesetzte y, für ein negatives u wird y imaginär; d. h. bloss die auf der positiven Seite der Axe der t liegenden Puncte haben entsprechende in M, und zwar entsprechen jedem der ersteren zwei der letzteren, die wegen α) den Anfangspunct der x, y in der Mitte haben, Alles eben so, wie wir es in §. 2 bereits bemerkt haben.

Aus α) und β) in Verbindung folgt noch $tu = \frac{1}{2}mxy$. Einer Hyperbel in N, welche die Axen der t und u zu Asymptoten hat, oder vielmehr der Hälfte dieser Hyperbel, welche auf der positiven Seite der Axe der t liegt, entspricht demnach eine vollständige Hyperbel in M zwischen den Axen der x und y als Asymptoten. Dabei verhält sich die Potenz der letzteren Hyperbel zur Potenz der ersteren, wie $1 : \frac{1}{2}m$.

Entspreche drittens, wie im vorigen Beispiele, jeder Parallele mit der Axe der u eine durch den Anfangspunct der x, y gehende Gerade, sei aber der Winkel der letzteren mit der Axe der y proportional dem Abstande jener Parallele von der Axe der u, also

$$t = a \text{ arc tang} \frac{x}{y}.$$

Hieraus folgt:

$$t_y = -\frac{ax}{x^2+y^2} = -\frac{a}{x}\left(\sin\frac{t}{a}\right)^2,$$

und

$$Q = m\int\frac{1}{a}\left(\text{cosec}\,\frac{t}{a}\right)^2 x\,dx = \frac{m}{2a}\left(\text{cosec}\,\frac{t}{a}\right)^2 x^2 = \frac{m}{2a}(x^2+y^2),$$

$$u = \frac{m}{2a}(x^2+y^2) + \varphi t.$$

Möge nun der Axe der t ein aus dem Anfangspuncte der x, y mit b als Halbmesser beschriebener Kreis entsprechen, so dass $u=0$ und $x^2+y^2=b^2$ Gleichungen entsprechender Linien sind. Dies giebt

$$0 = \frac{m}{2a}b^2 + \varphi t,$$

und somit

$$u = \frac{m}{2a}(x^2+y^2-b^2).$$

Es entspricht daher bei dieser Annahme, und wie wir in §. 2, 4 schon voraus sahen, auch jeder Parallele mit der Axe der t ein Kreis, dessen Mittelpunct der Anfangspunct der x, y ist; auch wird man die übrigen dort bemerkten Eigenschaften durch die hiesigen Formeln bestätigt finden.

Soll der Axe der t eine Parallele mit der Axe der x, also der Geraden $u=0$ ebenfalls eine Gerade $y=b$ entsprechen, so hat man erstlich zufolge der Gleichungen für t und u, wenn man darin für u und y resp. 0 und b setzt, und hierauf x aus ihnen eliminirt,

$$\varphi t = -\frac{m}{2a}b^2\left(\sec\frac{t}{a}\right)^2 = -\frac{m}{2a}b^2\frac{x^2+y^2}{y^2},$$

mithin

$$u = \frac{m}{2a}\frac{y^2-b^2}{y^2}(x^2+y^2),$$

wonach also jede Parallele mit der Axe der t eine Linie der vierten Ordnung in M zur entsprechenden hat.

§. 8. Noch allgemeiner, als im Bisherigen, können Aufgaben dieser Art gestellt werden, wenn man nicht geradezu den mit der Axe der u parallelen Geraden, sondern einem gegebenen Systeme von Linien in N überhaupt, wie es in §. 3 beschrieben worden, ein dergleichen System in M entsprechend setzt. Sei das System in N

durch die Gleichung $F(t, u) = c$ ausgedrückt, wo c für eine und dieselbe Linie des Systemes constant und von einer Linie zur anderen veränderlich ist. Die jedem bestimmten Werthe von c, also jeder bestimmten Linie des Systems in N, entsprechende Linie in M wird eine Gleichung haben, die zwischen x, y und c besteht, und welcher man daher die Form $f(x, y) = c$ geben kann. Man wird folglich die gegebene Relation zwischen M und N durch eine Gleichung wie

$$1) \qquad p = q$$

ausdrücken können, wo p und q gegebene Functionen, erstere von x, y, letztere von t, u sind; und es kommt nun darauf an, eine zweite Gleichung zwischen x, y t, u zu finden, welche in Verbindung mit der ersteren t und u als solche Functionen von x, y giebt, die der Fundamentalgleichung I) Genüge leisten.

In dieser Absicht differentiire man 1) nach den von einander unabhängigen Variabeln x und y, und man erhält die zwei Gleichungen:

$$p_x = q_t t_x + q_u u_x$$
$$p_y = q_t t_y + q_u u_y$$

und hieraus in Verbindung mit I):

$$2) \qquad p_x u_y - p_y u_x = m q_t.$$

Da nun p sowohl als u eine Function von x, y ist, so kann u auch als eine Function von x und p angesehen werden; und man hat alsdann, ähnlicher Weise wie in §. 5, für u_x und u_y resp. $u_x + u_p p_x$ und $u_p p_y$ zu setzen. Hiermit aber verwandelt sich die Gleichung 2) in die einfachere:

$$-p_y u_x = m q_t,$$

mithin

$$3) \qquad -\frac{u_x dx}{q_t} = \frac{m dx}{p_y}.$$

Die partiellen Differenzen p_y und q_t, welche ebenso wie p und q ursprünglich Functionen, erstere von x, y, letztere von t, u, sind, drücke man nun mittelst der gegebenen Gleichungen für p und q resp. als Functionen von x, p und u, q, oder u, p, wegen $p = q$, aus. Hierdurch und weil jetzt u_x als Function von x, p anzusehen ist, wird die Differentialgleichung 3), indem man p als constant betrachtet, integrirbar, und es kommt:

$$4) \qquad -\int \frac{du}{q_t} = m \int \frac{dx}{p_y} + \varphi p,$$

also eine Gleichung von der Form:

$$F(u, x, p) = \varphi p,$$

wo F eine bekannte und φ eine willkürliche Function ist, und worin man nur noch für p seinen Ausdruck durch x und y zu setzen hat, um u, wie verlangt wird, durch x und y ausgedrückt darzustellen.

Die willkürliche Function φ kann hier, und so auch schon im Obigen (§. 5), überhaupt dadurch bestimmt werden, dass irgend einer gegebenen Linie $y = fx$ in M eine gegebene Linie $f_1 t$ in M entsprechen soll, vorausgesetzt, dass diese Linien nicht mit in den anfänglich gegebenen zwei Systemen sich entsprechender Linien begriffen sind. Denn eliminirt man mit diesen Gleichungen y und u aus p, q, und aus der durch Integration gefundenen Gleichung 4), so kommt:

$$p = F_1 x, \quad q = p = F_2 t, \quad \varphi p = F_3(t, x, p),$$

und wenn man mittelst der zwei ersten dieser Gleichungen x und t aus der dritten wegschafft, so ergiebt sich φp gleich einer bekannten Function von p.

§. 9. Zu der im vorigen Paragraphen erhaltenen Integralformel 4) kann man auch, ohne zu der Fundamentalgleichung I) zurückzukehren, unmittelbar durch die einfachere Formel in §. 5 gelangen. Sei wiederum $p = q$ die gegebene Gleichung zwischen zwei Systemen entsprechender Linien in M und N. Man denke sich eine dritte Ebene O mit den rechtwinkeligen Coordinaten v, w hinzu, welche zu den Ebenen M und N in affiner Beziehung stehe, und zwar dergestalt, dass je zwei sich entsprechenden Puncten (x, y) und (t, u) in M und N ein und derselbe Punct (v, w) in O, also auch je zwei sich entsprechenden Linien in M und N, wie $p = a$ und $q = a$, eine und dieselbe Linie in O entspricht. Sei $v = a$, also eine Parallele mit der Axe der w, diese Linie in O, welche den Linien $p = a$, $q = a$ und zwar für jeden beliebigen Werth von a entspreche. Hiernach ist $v = p$ und $v = q$, und die eine Coordinate v in O ist somit rücksichtlich der Ebene M als Function von x, y und rücksichtlich der N als Function von t, u gegeben. Setzen wir nun noch fest, dass jedes Element in O zu dem entsprechenden Elemente in M wie $n : 1$, und folglich zu dem entsprechenden in N wie $n : m$ sich verhalten soll, so können wir nach §. 5 auch die andere Coordinate w als Function, das einemal von x, y, das anderemal von t, u finden, nämlich:

$$w = -n\int \frac{dx}{p_y} + \varphi_1 p, \quad w = -\frac{n}{m}\int \frac{dt}{q_u} + \varphi_2 q.$$

Hieraus folgt aber:

$$\int \frac{dt}{q_u} - m \int \frac{dx}{p_y} = \frac{m}{n}(\varphi_2 q - \varphi_1 p) = \varphi p,$$

weil $p = q$. In dieser Formel ist vor der Integration p_y durch p und x, q_u durch q und t auszudrücken, beim Integriren selbst $p = q$ constant zu nehmen, und nachher statt p und q die für p gegebene Function von x und y zu setzen, und man bekommt somit zunächst t als Function von x, y.

Die Formel 4) des vorigen §. lehrte uns die Function kennen, welche u von x, y ist. Indessen lässt sich die eine Formel leicht auf die andere reduciren; denn weil man q beim Integriren als eine Constante anzusehen hat, so ist

$$q_t dt + q_u du = 0,$$

und daher

$$\int \frac{dt}{q_u} = -\int \frac{du}{q_t},$$

woraus die Identität beider Formeln hervorgeht. Aus gleichem Grunde kann man auch in jeder der beiden Formeln $\int \frac{dx}{p_y}$ mit $-\int \frac{dy}{p_x}$ vertauschen.

§. 10. Um auch zu der jetzt behandelten allgemeineren Aufgabe ein Beispiel hinzuzufügen, möge:

$$\alpha) \qquad 2mxy = t^2 - u^2$$

die gegebene Gleichung sein, wonach also Hyperbeln in M, welche die Coordinatenaxen zu Asymptoten haben, gleichseitige Hyperbeln, deren Hauptaxen in die Coordinatenaxen fallen, in N entsprechen. Es ist demnach:

$$p = 2mxy, \quad q = t^2 - u^2,$$

mithin:

$$p_y = 2mx, \quad q_t = 2t = 2\sqrt{q + u^2}, \quad q_u = -2u = -2\sqrt{t^2 - q},$$

$$m \int \frac{dx}{p_y} = \tfrac{1}{2} \log x, \quad \int \frac{du}{q_t} = \tfrac{1}{2} \log (u + \sqrt{q + u^2}) = \tfrac{1}{2} \log (t + u),$$

$$\int \frac{dt}{q_u} = -\tfrac{1}{2} \log (t + \sqrt{t^2 - q}) = -\tfrac{1}{2} \log (t + u),$$

und daher, mag man die Formel des §. 8 oder des §. 9 anwenden:

$$\beta) \qquad x(t+u) = \varphi p.$$

Zur Bestimmung der Function φ setze man, dass der Geraden $y = ax$ in M die Gerade $u = bt$ in N entspreche. Hiermit wird:

$$p = 2max^2, \quad q = (1-b^2)t^2, \quad \varphi p = (1+b)xt,$$

also, weil $q = p$,

$$\varphi p = \frac{p}{\sqrt{2ma}}\sqrt{\frac{1+b}{1-b}}.$$

Diesen Werth von φp in β) substituirt und $2mxy$ für p gesetzt, erhält man:

$$y = (t+u)\sqrt{\frac{a(1-b)}{2m(1+b)}},$$

und hieraus in Verbindung mit α)

$$x = (t-u)\sqrt{\frac{1+b}{2ma(1-b)}},$$

zwei Gleichungen des ersten Grades zwischen x, y, t, u, so dass bei der gemachten Bestimmung von φ zwischen beiden Ebenen Affinität im engeren Sinne stattfindet.

§. 11. Wir wollen nunmehr die Affinität räumlicher Figuren, und zwar sogleich auf analytische Weise, in Untersuchung ziehen. Seien x, y, z die rechtwinkeligen Coordinaten eines Punctes im Raume M, und t, u, v die rechtwinkeligen Coordinaten des entsprechenden Punctes im Raume N, also jede der drei letzteren eine gewisse Function der drei ersteren, und umgekehrt. Es entspricht demnach dem Puncte

(x, y, z)	der Punct	(t, u, v),
$(x+dx, y, z)$	- -	$(t+t_x dx,\ u+u_x dx,\ v+v_x dx)$,
$(x, y+dy, z)$	- -	$(t+t_y dy,\ u+u_y dy,\ v+v_y dy)$,
$(x, y, z+dz)$	- -	$(t+t_z dz,\ u+u_z dz,\ v+v_z dz)$.

Nun ist der Inhalt des von den vier Puncten in M gebildeten Tetraeders $= \frac{1}{6}dx\ dy\ dz$, und der Inhalt des Tetraeders, dessen Ecken die 4 entsprechenden Puncte in N sind,

$$= \tfrac{1}{6}dx\,dy\,dz\,[v_x(t_y u_z - t_z u_y) + v_y(t_z u_x - t_x u_z) + v_z(t_x u_y - t_y u_x)].$$

Sollen daher die Puncte beider Räume sich dergestalt entsprechen, dass je zwei sich entsprechende räumliche Elemente in M und N in dem constanten Verhältnisse $1 : m$ stehen, so ist die Bedingungsgleichung, also die Fundamentalgleichung für die Affinität räumlicher Figuren:

$$\text{II)}\quad v_x(t_y u_z - t_z u_y) + v_y(t_z u_x - t_x u_z) + v_z(t_x u_y - t_y u_x) = m.$$

Man kann hier ähnlicher Weise, wie oben (§. 4), die Bemerkung machen, dass unter der Voraussetzung: ein Element in M verhalte sich zu dem entsprechenden in N wie $1 : m$, ein Element in N zu dem entsprechenden in M in dem Verhältnisse $1 : \frac{1}{m}$ stehen müsse, dass daher, indem x, y, z, als Functionen von t, u, v betrachtet:

$$z_t(x_u y_v - x_v y_u) + z_u(x_v y_t - x_t y_v) + z_v(x_t y_u - x_u y_t) = \frac{1}{m},$$

und folglich immer

$$[v_x(t_y u_z - t_z u_y) + \ldots][z_t(x_u y_v - x_v y_u) + \ldots] = 1$$

sein müsse, wie auch t, u, v von x, y, z abhängig sein mögen.

Es dürfte nicht überflüssig sein, auch den analytischen Beweis dieser Formel herzusetzen, da sich dabei einige, vielleicht auch anderswo brauchbare, Relationen zwischen den hier in Rechnung kommenden partiellen Differenzen offenbaren.

Man setze den ersten Factor auf der linken Seite der zu beweisenden Gleichung wie vorhin gleich m, und den zweiten Factor gleich m_1. Nun ist:

$$\begin{aligned} dt &= t_x dx + t_y dy + t_z dz, & dx &= x_t dt + x_u du + x_v dv, \\ du &= u_x dx + u_y dy + u_z dz, & dy &= y_t dt + y_u du + y_v dv, \\ dv &= v_x dx + v_y dy + v_z dz, & dz &= z_t dt + z_u du + z_v dv. \end{aligned}$$

Aus den drei Gleichungen linker Hand folgt aber nach Elimination von dy und dz:

$$m dx = (u_y v_z - u_z v_y) dt + (v_y t_z - v_z t_y) du + (t_y u_z - t_z u_y) dv.$$

Hält man dieses Ergebniss mit der ersten Gleichung rechter Hand zusammen, so giebt die Vergleichung der Coefficienten von dx und dv:

$$t_y u_z - t_z u_y = m x_v,$$

und ähnlicher Weise findet sich

$$t_z u_x - t_x u_z = m y_v,$$

und, wenn man den umgekehrten Weg einschlägt, und von den drei Gleichungen rechts zu denen links übergeht:

$$x_u y_v - x_v y_u = m_1 t_z, \quad x_v y_t - x_t y_v = m_1 u_z;$$

auch sieht man leicht, wie sich zu diesen erhaltenen vier

Gleichungen noch 14 andere ihnen analoge (zusammen 18, den 18 partiellen Differenzen entsprechend) hinzusetzen lassen*).

Ferner kommt, wenn man aus den obigen zwei ersten Gleichungen links dz, und aus den zwei ersten rechts dv eliminirt:

$$\begin{aligned} u_z dt - t_z du &= (t_x u_z - t_z u_x) dx + (t_y u_z - t_z u_y) dy \\ &= - m y_v dx + m x_v dy, \\ y_v dx - x_v dy &= (x_t y_v - x_v y_t) dt + (x_u y_v - x_v y_u) du \\ &= - m_1 u_z dt + m_1 t_z du. \end{aligned}$$

Da nun durch die von einander unabhängigen dx und dy weder dt allein, noch du allein bestimmt wird, so müssen in der einen der beiden jetzt erhaltenen Gleichungen die Coefficienten von dx, dy, dt, du sich ebenso zu einander verhalten, wie in der anderen. Hieraus folgt aber, wenn man z. B. die Coefficienten von dx und dt mit einander vergleicht, $mm_1 = 1$, wie zu erweisen war.

§. 12. Was nun die Integration der Gleichung II) betrifft, als wodurch t, u, v als Functionen von x, y, z dargestellt werden sollen, so lässt sich diese Integration nicht eher vollziehen, als bis zwei dieser Functionen, oder überhaupt zwei Gleichungen, jede zwischen einer Function von t, u, v und einer Function von x, y, z bereits gegeben sind. Wir wollen mit dem Einfacheren den Anfang machen, und t und u als bekannte Functionen von x, y, z betrachten, und hieraus mit Hülfe der Gleichung II) die noch unbekannte Function v zu bestimmen suchen.

Die Gleichung II) lässt sich aber zu diesem Zwecke auf ähnliche Art, wie in §. 5 mit der Gleichung I) geschah, noch sehr vereinfachen: Denken wir uns nämlich y und z mittelst der gegebenen Gleichungen für t und u aus der noch unbekannten Gleichung für v eliminirt, so wird v eine Function von x, t, u, folglich:

$$\begin{aligned} dv &= v_x dx + v_t dt + v_u du \\ &= v_x dx + v_t (t_x dx + t_y dy + t_z dz) + v_u (u_x dx + u_y dy + u_z dz) \end{aligned}$$

---

*) Noch andere merkwürdige Relationen ergeben sich, wenn man die Werthe von dx, dy, dz, in denen von dt, du, dv und umgekehrt, substituirt, und hierauf den Coefficienten jedes der jedesmal drei übrigen Differentiale null setzt. Diese Relationen sind:

$$\begin{aligned} t_x x_t + t_y y_t + t_z z_t &= 1, & x_t t_x + x_u u_x + x_v v_x &= 1, \\ t_x x_u + t_y y_u + t_z z_u &= 0, & x_t t_y + x_u u_y + x_v v_y &= 0, \\ t_x x_v + t_y y_v + t_z z_v &= 0, & x_t t_z + x_u u_z + x_v v_z &= 0, \end{aligned}$$

u. s. w., Relationen, die, wie der erste Anblick lehrt, ganz denen analog sind, welche bei Transformation der Coordinaten im Raume zwischen den Cosinussen der Axenwinkel stattfinden.

und man hat daher bei dieser Vorstellung in II) statt v_x, v_y, v_z resp.

$$v_x + v_t t_x + v_u u_x, \quad v_t t_y + v_u u_y, \quad v_t t_z + v_u u_z$$

zu setzen. Hierdurch reducirt sich aber die Gleichung II) auf:

$$v_x (t_y u_z - t_z u_y) = m,$$

worin die Eingehakte eine bekannte Function von x, y, z ist, und sich daher mittelst der Gleichungen für t und u auch als eine Function von x, t, u darstellen lässt. Thut man dieses, und betrachtet t und u als constant, so wird, weil v jetzt als Function von x, t, u anzusehen ist, $v_x dx = dv$, und es kommt, wenn man:

$$m \int \frac{dx}{t_y u_z - t_z u_y} = R$$

setzt:

$$v = R + \varphi(t, u);$$

und somit ist v als Function von von x, t, u, also auch von x, y, z gefunden.

Die willkürliche Function φ kann hierbei immer so bestimmt werden, dass irgend einer mit der Ebene der t, u parallelen Ebene $v = a$, oder überhaupt irgend einer gegebenen Fläche $v = f(t, u)$ in N eine beliebige Fläche $z = F(x, y)$ in M entspricht. Denn bezeichnen P und Q die gegebenen Functionen, welche t und u von x, y, z sind, so hat man nur aus den vier Gleichungen:

$$t = P, \quad u = Q, \quad z = F(x, y), \quad f(t, u) = R + \varphi(t, u)$$

die drei Variabeln x, y, z zu eliminiren, und erhält dadurch $\varphi(t, u)$ gleich einer bekannten Function von t und u.

§. 13. Zu mehrerer Einsicht in die Natur der jetzt behandelten Aufgabe mögen folgende graphische Erörterungen dienen. Dadurch, dass t und u als gegebene Functionen von x, y, z vorausgesetzt werden, nimmt man zwei Systeme von Flächen im Raume M als gegeben an, welche zwei Systemen von Flächen im Raume N, die resp. der Ebene der u, v und der Ebene der t, v parallel sind, entsprechen sollen. Denkt man sich die Ebenen eines jeden der beiden letzteren Systeme in einander gleichen unendlich kleinen Entfernungen von einander, so wird durch sie, und durch ein drittes System von Ebenen, welche der Ebene der t, u parallel sind, und ebenfalls in unendlich kleinen aber gleichen Entfernungen auf einander folgen, der Raum N in einander gleiche rechtwinkelige Elemente zerlegt, und die Aufgabe besteht nun darin, für das dritte System von Ebenen ein drittes System von Flächen in M zu finden, welche die unendlich dünnen vierseitigen, und im Allgemeinen krummen Prismen, in welche der Raum M durch die beiden ersten Systeme von Flächen getheilt wird, quer durchschneiden, und sie dadurch in einander gleiche und zu den Elementen in N in einem gegebenen Verhältnisse $1 : m$ stehende Elemente von parallelepipedischer Form zerlegen. Eine der Flächen dieses dritten Systemes bleibt offenbar der Willkür überlassen; hat man sie aber einmal bestimmt, so sind es damit auch alle übrigen Flächen des Systemes.

Dass die willkürliche Function, welche deshalb im Werthe von v hinzutritt, eine Function von t, u ist, lässt sich ebenso, wie im Obigen (§. 6), auch durch eine geometrische Betrachtung deutlich machen. Hat man nämlich für t, u, v bereits drei Functionen P, Q, R von x, y, z gefunden, welche der Bedingung der Affinität genugthun, so wird die affine Beziehung der beiden Räume nicht aufgehoben, und auch das Verhältniss $1 : m$ nicht geändert, wenn man in N an die Stelle der Ebene der t, u und der damit parallelen Ebenen $v = c$, welchen die Flächen $R = c$ in M entsprechen, ein System beliebig gekrümmter, mit einander paralleler Flächen setzt, so dass, wenn $v = \varphi(t, u)$ die Gleichung der Fläche ist, in welche die Ebene der t, u selbst übergegangen, die Gleichung $v = c + \varphi(t, u)$ der Fläche angehört, welche an die Stelle der Ebene $v = c$ getreten ist. Die der Fläche $R = c$ entsprechende Fläche in N ist daher nunmehr: $v = c + \varphi(t, u)$, und folglich, weil c jeden constanten Werth haben kann, $v = R + \varphi(t, u)$ die an die Stelle von $v = R$ tretende Gleichung.

§. 14. Statt der Gleichungen $t = P$, $u = Q$ können noch allgemeiner zwei Gleichungen

$$1)\qquad p = q,$$

$$2)\qquad p' = q'$$

angenommen werden, wo p und p' gegebene Functionen von x, y, z, und q und q' gegebene Functionen von t, u, v vorstellen. Alsdann nämlich kennt man überhaupt für zwei Systeme von Flächen in M die entsprechenden Flächensysteme in N, und die affine Beziehung zwischen beiden Räumen wird vollständig bestimmt sein, wenn man noch für irgend ein drittes System von Flächen in N, wofür aber der Einfachheit willen wiederum das System der Parallelebenen mit der Ebene der t, u genommen werde, die entsprechenden Flächen in M angeben kann, also, wenn man v als Function von x, y, z kennt. Diese Function lässt sich aber aus den zwei gegebenen Gleichungen 1) und 2) auf folgendem Wege erhalten.

Differentiirt man 1) und 2) successive nach x, y, z, so kommt:

$$3)\qquad p_x = q_t t_x + q_u u_x + q_v v_x,$$

$$4)\qquad p_y = q_t t_y + q_u u_y + q_v v_y,$$

5) $$p_z = q_t t_z + q_u u_z + q_v v_z,$$
6) $$p'_x = q'_t t_x + q'_u u_x + q'_v v_x,$$
7) $$p'_y = q'_t t_y + q'_u u_y + q'_v v_y,$$
8) $$p'_z = q'_t t_z + q'_u u_z + q'_v v_z.$$

Mit diesen 6 Gleichungen sind aus II) die 6 jetzt nicht mehr in Rechnung kommenden Differentialquotienten t_x, t_y, t_z, u_x, u_y, u_z wegzuschaffen. Um diese Elimination zu bewerkstelligen, bilde man aus 4), 5), 7), 8) die Gleichung:

9) $$(p_y - q_v v_y)(p'_z - q'_v v_z) - (p_z - q_v v_z)(p'_y - q'_v v_y) = (q_t q'_u - q_u q'_t)(t_y u_z - t_z u_y).$$

Auf dieselbe Art entwickele man aus 5), 3), 8), 6) eine Gleichung 10), und aus 3), 4), 6), 7) eine Gleichung 11). Addirt man nun 9), 10), 11), nachdem man sie vorher resp. mit v_x, v_y, v_z multiplicirt hat, so kommt mit Berücksichtigung von II) und nach gehöriger Reduction:

12) $$v_x(p_y p'_z - p_z p'_y) + v_y(p_z p'_x - p_x p'_z) + v_z(p_x p'_y - p_y p'_x) = m(q_t q'_u - q_u q'_t),$$

als die gesuchte Gleichung zwischen partiellen Differenzen. Auch bei ihr lässt sich ein dem schon mehrmals gebrauchten analoges Verfahren sie zu vereinfachen anwenden. Weil nämlich v, p und p' Functionen von x, y, z sind, so kann v auch als eine von x, p, p' abhängige Function angesehen werden. Alsdann aber ist statt der bisherigen

v_x zu setzen: $v_x + v_p p_x + v_{p'} p'_x$,
v_y - - $v_p p_y + v_{p'} p'_y$,
v_z - - $v_p p_z + v_{p'} p'_z$,

und 12) zieht sich bei diesen Substitutionen zusammen in

13) $$v_x(p_y p'_z - p_z p'_y) = m(q_t q'_u - q_u q'_t).$$

Wenn man nun mittelst der 4 Gleichungen, welche p und p' als Functionen von x, y, z, und q und q' als Functionen von t, u, v darstellen, $p_y p'_z - p_z p'_y$ durch x, p, p', und $q_t q'_u - q_u q'_t$ durch v, q, q' ausdrückt, und beim Integriren p, p' und die ihnen gleichen q, q' als constant, also v bloss wegen x als veränderlich ansieht, so ergiebt sich als endliches Resultat:

14) $$\int \frac{dv}{q_t q'_u - q_u q'_t} = m \int \frac{dx}{p_y p'_z - p_z p'_y} + \varphi(p, p').$$

Statt x und v zu Veränderlichen bei der Integration zu nehmen, muss man offenbar auch je zwei andere Coordinaten, die eine aus x, y, z, die andere aus t, u, v, zu Veränderlichen wählen können.

Die deshalb nöthige Aenderung der letzten Formel ergiebt sich, ohne dass man deshalb zu ihrem Ursprunge zurückzugehen braucht, auf ähnliche Art wie oben (§. 9 zu Ende). Denn da q und q' beim Integriren als constant betrachtet werden, so ist:

$$q_t dt + q_u du + q_v dv = 0,$$
$$q'_t dt + q'_u du + q'_v dv = 0,$$

folglich:

$$dt : du : dv = q_u q'_v - q_v q'_u : q_v q'_t - q_t q'_v : q_t q'_u - q_u q'_t,$$

und

$$\int = \frac{dt}{q_u q'_v - q_v q'_u} = \int \frac{du}{q_v q'_t - q_t q'_v} = \int \frac{dv}{q_t q'_u - q_u q'_t},$$

worin mittelst der Gleichungen für q und q' die partiellen Differenzen als Functionen von q, q', t im ersten Integrale, von q, q', u im zweiten, und von q, q', v im dritten auszudrücken. Diese drei Integrale sind nun einander gleich, oder vielmehr nur um Constanten verschieden, welche hier, wo q und q' constant vorausgesetzt worden, auch Functionen von q und q' sein können. Auf eben die Weise lässt sich auch das Integral nach x in ein anderes nach y oder z umbilden.

Anlangend endlich die Bestimmung der willkürlichen Function $\varphi(p, p')$, so seien wie in §. 12 $z = F(x, y)$ und $v = f(t, u)$ gegebene Gleichungen zweier einander entsprechen sollender Flächen. Mittelst $z = F(x, y)$ und der zwei Gleichungen, welche p und p' durch x, y, z geben, drücke man x durch p und p' aus, und ebenso stelle man v mittelst $v = f(t, u)$ und der zwei Gleichungen für q und q', durch q und q' dar. Hiermit aber wird die Gleichung 14): $\varphi(p, p')$ gleich einer bekannten Function von p, p', q, q', also auch von p, p' allein, weil $q = p$ und $q' = p'$ ist.

§. 15. Beispiel. Seien die gegebenen Gleichungen der zwei sich entsprechenden Flächensysteme:

$$1) \qquad p = \frac{yz}{x} = at + bu + cv = q,$$

$$2) \qquad p' = \frac{zx}{y} = a't + b'u + c'v = q'.$$

Hieraus folgt:

$$p_y = \frac{z}{x}, \quad p'_z = \frac{x}{y}, \quad p_z = \frac{y}{x}, \quad p'_y = -\frac{zx}{y^2},$$
$$q_t = a, \quad q'_u = b', \quad q_u = b, \quad q'_t = a',$$

mithin:

$$p_y p'_z - p_z p'_y = \frac{2z}{y} = \frac{2p'}{x}, \quad q_t q'_u - q_u q'_t = ab' - a'b,$$

$$\int \frac{dx}{p_y p'_z - p_z p'_y} = \frac{1}{4}\frac{x^2}{p'} = \frac{1}{4}\frac{xy}{z},$$

$$\int \frac{dv}{q_t q'_u - q_u q'_t} = \frac{v}{ab' - a'b},$$

und die endliche Gleichung wird:

$$3) \qquad \frac{mxy}{4z} = \frac{v}{ab' - a'b} + \varphi(p, p').$$

Nach dem vorhin Bemerkten kann statt des Integrales nach v auch das nach t oder das nach u genommen werden; diese Integrale sind

$$\frac{t}{bc' - b'c} \text{ und } \frac{u}{ca' - c'a}.$$

Dass diese drei Integrale nach v, t, u nur um Functionen von q und q' von einander differiren, lehrt eine leichte Rechnung. In der That findet sich, wenn man zur Abkürzung $bc' - b'c = \alpha$, $ca' - c'a = \beta$, $ab' - a'b = \gamma$ setzt:

$$\frac{v}{\gamma} - \frac{t}{\alpha} = \frac{bq' - b'q}{\gamma\alpha}, \quad \frac{t}{\alpha} - \frac{u}{\beta} = \frac{cq' - c'q}{\alpha\beta}.$$

Soll daher die Gleichung 3) eine analoge Form:

$$\frac{xy}{z} = a''t + b''u + c''v$$

mit den Gleichungen 1) und 2) erhalten, und soll mithin, wie schon aus 1) und 2) hervorgeht,

$$\varphi(p, p') = \varphi(q, q')$$

eine lineäre Function von q, q' sein, so können wir die Gleichung 3) auch schreiben:

$$\frac{xy}{z} = \frac{4v}{m\gamma} + g\left(\frac{v}{\gamma} - \frac{t}{\alpha}\right) + h\left(\frac{t}{\alpha} - \frac{u}{\beta}\right).$$

Die Vergleichung dieser letzteren Form mit der vorher gesetzten giebt aber:

$$a'' = \frac{h - g}{\alpha}, \quad b'' = -\frac{h}{\beta}, \quad c'' = \frac{4 + mg}{m\gamma},$$

woraus nach Elimination der eingeführten Coefficienten g und h

$$\alpha a'' + \beta b'' + \gamma c'' = \frac{4}{m},$$

d. i.

$$4) \quad (bc' - b'c)a'' + (ca' - c'a)b'' + (ab' - a'b)c'' = \frac{4}{m}$$

folgt. Durch die drei Gleichungen:

$$\frac{yz}{x} = at + bu + cv,$$

$$\frac{zx}{y} = a't + b'u + c'v,$$

$$\frac{xy}{z} = a''t + b''u + c''v,$$

wird demnach immer eine affine Beziehung zwischen den Räumen der x, y, z und der t, u, v festgestellt, welches auch die Werthe der Constanten a, b, ..., c'' sein mögen. Dabei ist das Verhältniss $1 : m$ zwischen je zwei sich entsprechenden Theilen der beiden Räume durch die Gleichung 4) gegeben.

Setzen wir z. B.

$$b = c = c' = a' = a'' = b'' = 0 \quad \text{und} \quad a = b' = c'' = 1,$$

so werden die Gleichungen:

$$\frac{yz}{x} = t, \quad \frac{zx}{y} = u, \quad \frac{xy}{z} = v,$$

also

$$x = \sqrt{uv}, \quad y = \sqrt{vt}, \quad z = \sqrt{tu},$$

und $m = 4$, d. h. jeder Theil des Raumes der t, u, v ist dann das Vierfache des entsprechenden Theiles im Raume der x, y, z.

Ueber die Zusammensetzung unendlich kleiner Drehungen.

[Crelle's Journal 1838 Band 18 p. 189—212.]

Der vorliegende Aufsatz über die Zusammensetzung unendlich kleiner Drehungen ist eine weitere Ausführung dessen, was ich in dem unlängst von mir herausgegebenen Lehrbuche der Statik (§. 183) über diesen Gegenstand gesagt habe. Es wird daselbst zuerst auf die bisher gewöhnliche analytische Art der schon seit lange bekannte Satz*) bewiesen, dass unendlich kleine Drehungen um Axen, welche sich in einem Puncte schneiden, nach demselben Gesetze wie Kräfte zu einer mittleren Drehung sich vereinigen lassen. Hieraus wird mit leichter Mühe weiter geschlossen, dass auch in allen übrigen Fällen die Zusammensetzung und Zerlegung der Drehungen ganz auf dieselbe Art wie bei Kräften bewerkstelligt werden kann. Zuletzt wird noch auf die durchgreifende reciproke Beziehung zwischen Kräften und Drehungen aufmerksam gemacht, und gezeigt, wie auch die Lehre von den statischen Momenten der Kräfte und damit alle die bisher gefundenen merkwürdigen Sätze dieser Theorie auf Drehungen vollkommene Anwendung finden.

Die hier gegebene Darstellung dieser Gegenstände unterscheidet sich von der dortigen, ausser durch grössere Ausführlichkeit, hinzugefügte Beispiele und einige daraus gefolgerte geometrische Sätze, hauptsächlich dadurch, dass, während ich dort analytisch zu Werke ging, ich mich hier der Construction bedient habe. Es veranlasste mich hierzu die Erwägung, dass für einen Gegenstand, der ganz in das Gebiet der Geometrie und noch dazu des elementaren Theiles derselben gehört, eine rein geometrische Behandlung die zweckmässigste ist. Ist es mir auf diesem Wege gelungen, den Gegenstand einfacher als sonst zu entwickeln, so rührt dies besonders noch daher, dass ich die Theorie der Drehungen mit der Betrachtung zweier einander gleichen aber entgegengesetzten Drehungen um

*) Nach Ide, System der reinen und angewandten Mechanik fester Körper, Vorrede Seite XIV, schreibt sich die Erfindung dieses Satzes aus Italien her.

parallele Axen eingeleitet habe — eben so, wie auch die Lehre von der Zusammensetzung der Kräfte durch Vorausschickung der Theorie der sogenannten Kräftepaare in hohem Grade vereinfacht wird*).

§. 1. Die einfachsten Bewegungen, welche ein Körper annehmen kann und aus denen alle übrigen sich als zusammengesetzt betrachten lassen, sind die drehende Bewegung um eine in Ruhe bleibende Axe und das parallele Fortrücken, oder auch nur die drehende Bewegung allein, da man das parallele Fortrücken als eine Drehung um eine unendlich entfernte Axe ansehen kann. Sind demnach zwei verschiedene Lagen eines Körpers gegeben, so muss es immer möglich sein, ihn durch Drehungen um gewisse Axen aus der einen Lage in die andere zu bringen.

Es lässt sich nun leicht zeigen, dass zwei Drehungen hierzu immer hinreichend sind. Seien nämlich A, B, C (Fig. 1) irgend drei nicht in einer Geraden liegende Puncte des Körpers in der einen Lage, und A', B', C' die Oerter dieser Puncte in der anderen Lage des Körpers, also ABC und $A'B'C'$ zwei einander gleiche und ähnliche Dreiecke. Da die Lage eines Körpers durch die Oerter vollkommen bestimmt ist, welche drei seiner Puncte einnehmen, die nicht in einer Geraden liegen, so wird der Körper aus der einen Lage in die andere gebracht sein, wenn man das eine der beiden Dreiecke ABC und $A'B'C'$ mit dem anderen zur Drehung gebracht hat. Man halbiere zu dem Ende die Linie AA' durch eine sie normal schneidende Ebene a, und man wird A mit A' durch Drehung des Körpers um irgend eine in a enthaltene Axe zur Coincidenz bringen können. Ebenso wird B und B' zusammentreffen, wenn man den Körper um eine beliebige Axe dreht, welche in der die Linie BB' rechtwinkelig halbierenden Ebene b begriffen ist. Dreht man folglich den Körper um die gemeinschaftliche Durchschnittslinie (ab) der Ebenen a und b, als Axe, so wird sowohl A nach A', als B nach B' kommen, und zwar gleichzeitig.

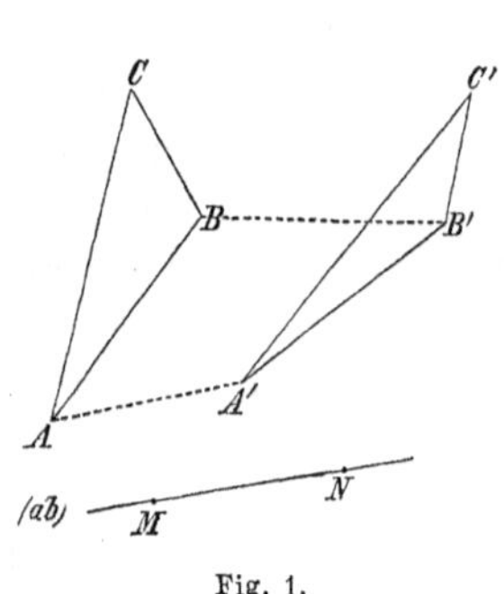

Fig. 1.

Um das gleichzeitige Zusammentreffen darzuthun, nehme man in der Linie (ab) beliebig zwei Puncte M und N an. Da M, N

*) Vergl. Crelle's Journal Band 7 p. 205.

Puncte der Ebene a sind, so ist $MA = MA'$, $NA = NA'$, und da M, N zugleich Puncte der Ebene b sind, so ist $MB = MB'$, $NB = NB'$. Da nun auch $AB = A'B'$, so sind die zwei Pyramiden $MNAB$ und $MNA'B'$ einander gleich und ähnlich, und können folglich durch Drehung der einen um die gemeinschaftliche Kante MN, d. i. um (ab), zur Coincidenz gebracht werden, wobei, wie zu beweisen verlangt wurde, AB und $A'B'$ zusammenfallen. Um endlich noch C auf C' zu bringen, hat man nur den Körper um die jetzt zusammenfallenden AB und $A'B'$ als Axe zu drehen.

§. 2. Zusätze. a) Ein specieller Fall, bei welchem der erste Theil der oben beschriebenen Operation nicht anwendbar ist, ist der, wenn die Ebene b mit der Ebene a zusammenfällt. Alsdann sind AA' und BB' auf derselben Ebene a perpendiculär, folglich diese Linien sowohl, als die Linien AB und $A'B'$, in einer einzigen Ebene enthalten; der Durchschnitt von AB und $A'B$, welcher D heisse (Fig. 2), fällt in die Ebene a, und es ist $DA = DA'$, so wie $DB = DB'$. Hier hat man also, um AB auf $A'B'$ zu bringen, den Körper um eine in D auf der Ebene $ABA'B'$ normal errichtete Axe zu drehen. Die Coincidenz von C und C' wird hierauf wie vorhin bewerkstelligt.

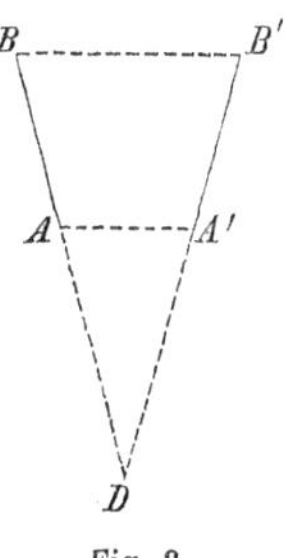

Fig. 2.

b) Nimmt man in dem oben besprochenen Falle, wo die Ebenen a und b eine und dieselbe sind, in dieser Ebene irgendwo zwei Puncte M und N, welche mit D nicht in einer Geraden liegen, so sind $MNAB$ und $MNA'B'$ zwei einander gleiche und ähnliche und zugleich symmetrisch liegende Pyramiden. (Liegen die Puncte M und N der Ebene a mit D in einer Geraden, so sind $MNAB$ und $MNA'B'$ nur ebene Figuren.) Und umgekehrt: Haben zwei einander gleiche und ähnliche Pyramiden $MNAB$ und $MNA'B'$ eine symmetrische Lage, so wird eine Ebene, welche die Linie AA' rechtwinkelig halbirt, auch BB' rechtwinkelig halbiren und die gemeinschaftliche Kante MN in sich enthalten. Wenn folglich die Ebene, welche AA' rechtwinkelig halbirt, dieses nicht auch an BB' thut, d. h. wenn die Ebenen a und b nicht zusammenfallen, so ist es nicht möglich, eine Linie MN so zu ziehen, dass zwei einander gleiche und ähnliche und zugleich symmetrische Pyramiden $MNAB$ und $MNA'B'$ entstehen.

Es soll diese Bemerkung zur Ergänzung des in §. 1 geführten Beweises dienen. Unter der dort stillschweigend gemachten Voraussetzung, dass die Ebenen a und b von einander verschieden sind, können nämlich, dem oben Gesagten zufolge, die einander gleichen und ähnlichen Pyramiden $MNAB$ und $MNA'B'$ nicht zugleich symmetrisch sein. Sind sie aber dieses nicht, so ist es immer möglich, die eine durch Drehung um MN mit der anderen zur Coincidenz zu bringen. Denn nur in dem Falle, wenn sie zugleich eine symmetrische Lage gegen einander haben, ist eine Coincidenz auf keine Weise zu bewerkstelligen.

c) Da die drei Puncte A, B, C ganz willkürlich in dem Körper genommen werden können, wofern sie nur nicht in einer Geraden liegen, und da mit anderer Annahme von A, B, C und den ihnen entsprechenden A', B', C' in der zweiten Lage des Körpers auch die Linie MN und die nach der ersten Drehung zusammenfallenden Linien AB und $A'B'$ ihre Lagen ändern, so erhellt, dass der Körper auf unendlich viele verschiedene Arten durch zwei Drehungen aus der einen Lage in die andere gebracht werden kann.

d) Zuweilen reicht schon eine einzige Drehung hin, um den Körper aus der einen der beiden gegebenen Lagen in die andere zu bringen. Dieser Fall kann jedoch nur dann eintreten, wenn die drei Linien AA', BB', CC' einer und derselben Ebene parallel sind. Denn bei einer einzigen Drehung sind die Wege von A, B, C Kreisbögen, deren Ebenen auf der Drehungsaxe normal und daher mit einander parallel sind. Wenn folglich durch eine einzige Drehung die Puncte A, B, C nach A', B', C' kommen, so sind die Linien AA', BB', CC', als die Sehnen jener Kreisbögen, einer auf der Drehungsaxe normalen Ebene parallel.

Wir wollen nun untersuchen, ob auch umgekehrt, wenn AA', BB', CC' einer und derselben Ebene e parallel sind, die Dreiecke ABC und $A'B'C'$ durch eine einzige Drehung zur Coincidenz gebracht werden können. Seien zu diesem Ende $\mathfrak{A}$, $\mathfrak{B}$, $\mathfrak{C}$, $\mathfrak{A}'$, $\mathfrak{B}'$, $\mathfrak{C}'$ (Fig. 3) die rechtwinkeligen Projectionen von A, B, C, A', B', C' auf e, so ist, weil AA' mit e parallel ist, $A\mathfrak{A} = A'\mathfrak{A}'$, und ebenso $B\mathfrak{B} = B'\mathfrak{B}'$. Hieraus und wegen der rechten Winkel bei $\mathfrak{A}$, $\mathfrak{A}'$, $\mathfrak{B}$, $\mathfrak{B}'$,

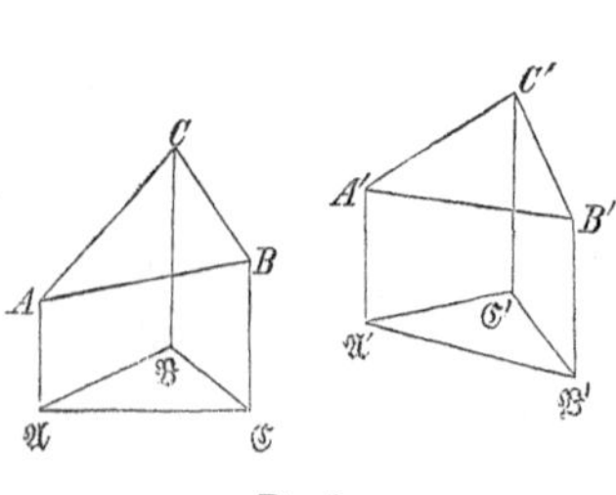

Fig. 3.

und da $AB = A'B'$ ist, folgt weiter, dass die Vierecke $A\mathfrak{A}\mathfrak{B}B$ und $A'\mathfrak{A}'\mathfrak{B}'B'$ einander gleich und ähnlich sind, und dass mithin $\mathfrak{A}\mathfrak{B} = \mathfrak{A}'\mathfrak{B}'$ ist. Auf gleiche Art zeigt sich, dass $\mathfrak{B}\mathfrak{C} = \mathfrak{B}'\mathfrak{C}'$ und $\mathfrak{C}\mathfrak{A} = \mathfrak{C}'\mathfrak{A}'$ ist. Es sind folglich die Dreiecke $\mathfrak{A}\mathfrak{B}\mathfrak{C}$ und $\mathfrak{A}'\mathfrak{B}'\mathfrak{C}'$

in der Ebene e einander gleich und ähnlich, und die Ordnung, in welcher bei ihnen die gleichnamigen Ecken auf einander folgen, ist entweder eine und dieselbe oder nicht.

Im ersten Falle lässt sich das eine Dreieck durch Drehung um einen Punct $\mathfrak{M}$ in der Ebene e mit dem anderen zur Deckung bringen. Dieser Punct $\mathfrak{M}$ wird gefunden als der gemeinschaftliche Durchschnitt der zwei in e gezogenen, die Linien $\mathfrak{A}\mathfrak{A}'$ und $\mathfrak{B}\mathfrak{B}'$ rechtwinkelig halbirenden Geraden $\mathfrak{a}$ und $\mathfrak{b}$, und, wenn $\mathfrak{a}$ und $\mathfrak{b}$ zusammenfallen, als der gemeinschaftliche Durchschnitt von $\mathfrak{A}\mathfrak{B}$ und $\mathfrak{A}'\mathfrak{B}'$ selbst. — Der Beweis hiervon wird auf analoge Art wie vorhin bei den Körpern geführt. — In demselben Falle wird folglich auch der eine Körper mit dem anderen durch eine Drehung um eine die Ebene e in $\mathfrak{M}$ rechtwinkelig schneidende Axe $\mathfrak{m}$ zur Deckung gebracht. Denn hierdurch kommen nicht allein $\mathfrak{A}$, $\mathfrak{B}$, $\mathfrak{C}$ gleichzeitig nach $\mathfrak{A}'$, $\mathfrak{B}'$, $\mathfrak{C}'$, sondern auch, da $\mathfrak{A}A$ und $\mathfrak{A}'A'$ einander gleich und der Drehungsaxe parallel sind, A gleichzeitig nach A' und ebenso B nach B' und C nach C'.

Im anderen Falle, wenn die Aufeinanderfolge der Ecken in dem einen der beiden Dreiecke $\mathfrak{A}\mathfrak{B}\mathfrak{C}$ und $\mathfrak{A}'\mathfrak{B}'\mathfrak{C}'$ der Aufeinanderfolge der gleichnamigen Ecken in dem anderen entgegengesetzt ist, wird zwar ebenfalls durch eine Drehung um die Axe $\mathfrak{m}$ die Coincidenz von $\mathfrak{A}\mathfrak{B}$ mit $\mathfrak{A}'\mathfrak{B}'$, also auch von AB mit $A'B'$, aber nicht von $\mathfrak{C}$ mit $\mathfrak{C}'$ und daher auch nicht von C mit C' herbeigeführt. Da nun, wenigstens im Allgemeinen, die Coincidenz von $\mathfrak{A}\mathfrak{B}$ mit $\mathfrak{A}'\mathfrak{B}'$ auf keine andere Weise als durch eine Drehung um die Axe $\mathfrak{m}$ bewerkstelligt werden kann, so ersieht man, dass in diesem Falle im Allgemeinen zwei Drehungen nöthig sind, um den Körper aus der einen der beiden gegebenen Lagen in die andere zu bringen.

Nur dann reicht in diesem Falle eine einzige Drehung hin, wenn die Geraden $\mathfrak{a}$ und $\mathfrak{b}$ zusammenfallen, also wenn die Dreiecke $\mathfrak{A}\mathfrak{B}\mathfrak{C}$ und $\mathfrak{A}'\mathfrak{B}'\mathfrak{C}'$ symmetrisch liegen. Alsdann sind $\mathfrak{A}\mathfrak{A}'$, $\mathfrak{B}\mathfrak{B}'$, $\mathfrak{C}\mathfrak{C}'$, folglich auch AA', BB', CC' mit einander parallel; nicht bloss mit einer und derselben Ebene; und gegen die Ebene, in welcher die Mittelpuncte der drei letzten Linien liegen, haben die Dreiecke ABC und $A'B'C'$ eine symmetrische Lage. Das eine dieser Dreiecke aber wird mit dem anderen durch Drehung um die Durchschnittslinie ihrer Ebenen zur Coincidenz gebracht.

§. 3. Denken wir uns jetzt, dass ein Körper durch Drehungen um drei oder mehrere Axen aus seiner anfänglichen Lage in eine beliebige andere gebracht werde. Da, wie schon oben gezeigt worden, jede Ortsveränderung eines Körpers, wo nicht durch eine, doch immer durch zwei Drehungen bewerkstelligt werden kann, so werden jene drei oder mehrere Drehungen, wo nicht mit einer, so doch immer mit zweien gleichgeltend sein, sich auf zwei reduciren lassen, und es entsteht hiermit die Aufgabe: *Aus den Richtungen dreier oder mehrerer Axen und aus den Winkeln, um welche ein Körper um sie gedreht wird, zwei Axen und die ihnen zugehörigen Drehungswinkel zu finden, dergestalt, dass die durch letztere Drehungen bewirkte Aenderung der Lage des Körpers einerlei mit der durch erstere Drehungen hervorgebrachten Lageänderung sei.*

Die Lösung dieser Aufgabe in ihrer Allgemeinheit möchte zu einem ziemlich verwickelten Resultate führen. Wir wollen uns daher gegenwärtig auf den möglichst einfachen Fall beschränken, bei welchem die Drehungswinkel unendlich klein sind, und wo es eben deshalb nicht auf ihre absoluten Werthe, sondern nur auf ihre gegenseitigen Verhältnisse ankommt.

§. 4. Bei jeder Drehung kann man seinem eigenen Körper eine solche Lage geben, dass die Drehung nach einer und derselben Richtung, etwa von der Linken nach der Rechten gehend, erscheint. Man nenne hiernach die positive Richtung ihrer Axe diejenige, bei welcher, wenn mit ihr die Richtung von den Füssen nach dem Kopfe zusammenfällt, die Drehung nach der Rechten geht. Die Grösse des unendlich kleinen Drehungswinkels drücke man durch einen ihm proportionalen Theil der Axe aus, und verstehe hiernach unter der Drehung AB eine der Länge AB proportionale Drehung um eine Axe, deren positive Richtung vom Puncte A nach dem Puncte B geht. Und ebenso, wenn es ohne weiteren Zusatz heisst, dass der Körper um AB gedreht werden soll, werde durch AB die Richtung der Axe und die Grösse der Drehung zugleich ausgedrückt angenommen.

Sind daher A, B, C, D, ... mehrere in einer Geraden liegende Puncte, so sind die Drehungen AB und BC gleichwirkend mit der einzigen AC, die Drehungen AB, BC und CD gleichwirkend mit der einzigen AD, u. s. w., in welcher Ordnung auch die Puncte auf einander folgen mögen.

§. 5. Bei der Drehung AB (Fig. 4) beschreibt der Punct P des Körpers eine unendlich kleine, auf der Ebene ABP perpendiculäre Linie, welche proportional mit der Grösse der Drehung, d. i. mit AB, und mit der Entfernung des Punctes P von AB, also proportional mit der Dreiecksfläche PAB ist. Die Richtung aber, nach welcher sich P bewegt, ist einerlei mit der positiven Richtung einer Axe, welche einer ihrem Sinne nach durch die Aufeinanderfolge von PAB angedeuteten Drehung zukommt. Ist nämlich PP' der von P beschriebene Weg, und erscheint dieser, wenn AB die Richtung von den Füssen nach dem Kopfe ist, nach rechts gehend, so wird auch, wenn PP' zur Richtung von den Füssen nach dem Kopfe genommen wird, die Richtung AB', folglich auch der Sinn der Drehung PAB, nach rechts gehen.

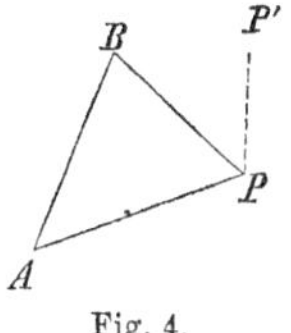

Fig. 4.

Bei mehreren Drehungen AB, CD, ... um Axen, welche in einer und derselben Ebene liegen, sind daher die Bewegungen eines in derselben Ebene befindlichen Punctes P nicht bloss der Grösse, sondern auch dem Zeichen nach, den Dreiecken PAB, PCD, ... proportional, indem die bei den Drehungen AB und CD auf der Ebene normalen Wege von P nach einerlei oder entgegengesetzten Seiten dieser Ebene gerichtet sind, je nachdem die Folgen PAB und PCD von einerlei oder entgegengesetztem Sinne sind, also die Dreiecke PAB und PCD einerlei oder verschiedene Zeichen haben.

§. 6. Seien A, B, C, D, ... (Fig. 5) die vier aufeinanderfolgenden Ecken eines Parallelogrammes, und C', D' die Oerter, welche die anfänglich mit C, D zusammenfallenden Puncte des Körpers nach einer Drehung AB einnehmen. Ebenso seien A', B' die Oerter der anfänglich mit A, B zusammenfallenden Puncte des Körpers nach einer Drehung CD. Da die Puncte C', D' resp. den C, D unendlich nahe liegen, so bleiben sie bei der zweiten Drehung CD unverrückt, und die nach beiden Drehungen von A, B, C, D beschriebenen Wege AA', BB', CC', DD' sind auf der Ebene $ABCD$ rechtwinkelig und resp. proportional den Dreiecken ACD, BCD, CAB, DAB, also einander gleich, auch dem Zeichen nach; so dass durch beide Drehungen ein paralleles Fortrücken des Körpers ohne Drehung um eine der Hälfte des Parallelogrammes $ABCD$ proportionale Linie bewirkt wird.

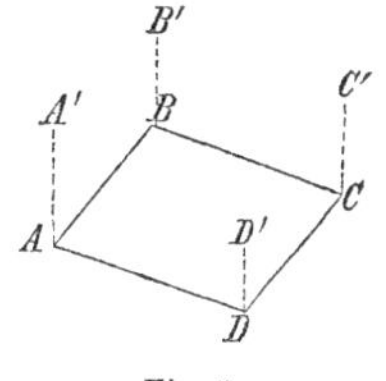

Fig. 5.

Ueberhaupt also *erzeugen zwei einander gleiche aber entgegengesetzte Drehungen um zwei parallele Axen ein auf der Ebene der Axen perpendiculares Fortrücken, welches dem Producte aus dem gegenseitigen Abstande der beiden Axen in den Drehungswinkel proportional ist.*

§. 7. Seien A, B, C drei nicht in einer Geraden liegende Puncte, und werde der Körper nach und nach um AB, BC, CA gedreht. Ein in der Ebene ABC befindlicher Punct P des Körpers rückt dabei rechtwinkelig auf der Ebene fort, um Linien, die den Dreiecken PAB, PBC, PCA proportional sind. Die Totalverrückung von P ist daher der Summe dieser Dreiecke mit gehöriger Berücksichtigung ihrer Zeichen proportional. Diese Summe ist aber gleich dem Dreiecke ABC. Mithin rückt jeder Punct dieser Ebene, und folglich der Körper selbst, perpendicular auf derselben um eine der Dreiecksfläche ABC proportionale Grösse fort.

Zusatz. Auf gleiche Art wird bewiesen, dass auch bei einem mehrseitigen ebenen Vieleck, wenn jede seiner Seiten nach der Richtung genommen wird, nach welcher sie von einem den Perimeter der Vielecks beschreibenden Puncte durchlaufen wird, der um jede Seite um einen ihrer Länge proportionalen Winkel gedrehte Körper perpendicular auf der Ebene des Vielecks um eine der Fläche des letzteren proportionale Linie fortrückt.

Dieses parallele Fortrücken des Körpers findet selbst dann statt, wenn das Vieleck kein ebenes ist. Denn sind z. B. A, B, C, D vier nicht in einer Ebene liegende Puncte, so bewirken die Drehungen AB, BC, CA ein auf der Ebene ABC perpendiculares Fortrücken und die Drehungen AC, CD, DA ein auf der Ebene ACD perpendiculares Fortrücken. Von der einen Seite reduciren sich aber diese sechs Drehungen auf die vier AB, BC, CD, DA, indem sich CA und AC gegen einander aufheben, und von der anderen erzeugen zwei verschieden gerichtete parallele Fortrückungen in Verbindung ein paralleles Fortrücken nach einer mittleren Richtung.

§. 8. Seien wiederum A, B, C, D die vier Ecken eines Parallelogrammes in ihrer Aufeinanderfolge, so sind die zwei Drehungen AB, CD gleichwirkend mit den dreien AB, BC, CA, indem erstere sowohl (§. 6), als letztere (§. 7), ein dem Inhalte des Dreiecks ABC proportionales und auf seiner Ebene perpendiculares Fortrücken nach derselben Seite hervorbringen. Mithin sind auch, wenn auf beiden Seiten die Drehungen BA, CB hinzugefügt werden, die zwei Drehungen CB und CD gleichwirkend mit der einzigen CA; d. h.: *Zwei Drehungen, deren Axen sich in einem Puncte schneiden, lassen sich zu einer einzigen zusammensetzen, welche der Richtung ihrer Axe und Grösse nach durch die Diagonale eines Parallelogrammes ausgedrückt wird, in welchem die anliegenden Seiten ihrer Richtung und Grösse nach die ersteren Drehungen vorstellen.*

Zusatz. Aus der Zusammensetzung zweier Drehungen, deren Axen sich schneiden, muss sich die Zusammensetzung von Drehungen um parallele Axen, als ein specieller Fall der ersteren, herleiten lassen, da parallele Axen auch als solche angesehen werden können, die sich in unendlicher Entfernung schneiden. Indessen lässt sich dieser besondere Fall auch unmittelbar durch Anwendung des in §. 6 erhaltenen Satzes behandeln.

Seien $ABCD$ und $FGHI$ (Fig. 6) zwei in einer Ebene liegende Parallelogramme und ihre Flächen auch dem Zeichen nach einander gleich, so dass durch die Folgen ABC und FGH einerlei Sinn der Umdrehung ausgedrückt wird. Alsdann haben die Drehungen AB und CD gleiche Wirkung mit den Drehungen FG und HI, da jedes dieser Paare von Drehungen ein auf der Ebene ihrer Axen perpendiculares, nach einerlei Seite gerichtetes und dem Inhalte des Parallelogrammes proportionales Fortrücken hervorbringt. Es heben sich daher die vier Drehungen AB, CD, GF, IH gegen einander auf. Werden nun noch, was immer möglich, die zwei Parallelogramme in einer solchen Lage gegen einander angenommen, dass CD und GF in dieselbe Gerade fallen und darin einerlei Richtung haben, so ist diese Gerade parallel mit AB und IH und liegt zwischen ihnen in Abständen, die sich wegen der Gleichheit der Parallelogramme wie $IH : AB$ verhalten. Dabei werden die Drehungen CD und GF gleichwirkend mit der einzigen $CD + GF$, und wir schliessen daher:

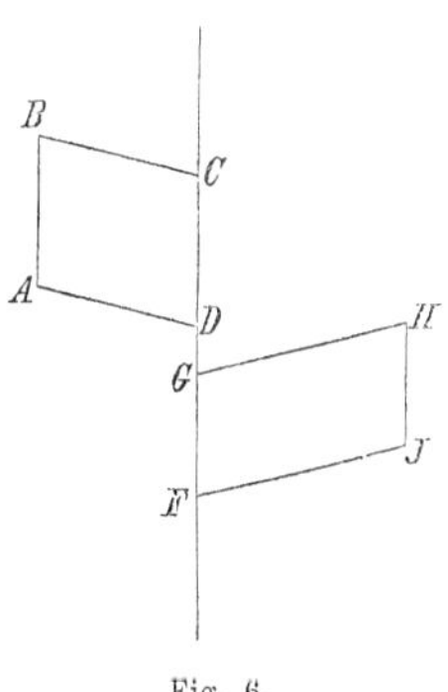

Fig. 6.

Wenn von drei Drehungen um parallele Axen in einer Ebene die Drehung um die mittlere Axe den entgegengesetzten Sinn der beiden anderen hat und der Summe derselben gleich ist, und wenn die mittlere Axe von den beiden anderen sich in Abständen befindet, die sich umgekehrt wie die Drehungen um dieselben verhalten, so heben sich die Drehungen gegen einander auf.

Wie hiernach Drehungen um zwei parallele Axen zu einer dritten verbunden werden können, ist ohne weiteres Erörtern klar.

§. 9. Wenn in dem Vorhergehenden gezeigt wurde, wie zwei oder mehrere Drehungen ein paralleles Fortrücken hervorbringen, und wie zwei Drehungen sich zu einer einzigen zusammensetzen lassen, so war, wie sich schon aus den dort angewendeten Schlüssen ergab, die Ordnung, in welcher man die zwei oder mehrere Drehungen auf einander folgen liess, ganz willkürlich. Es lässt sich aber diese Willkür in der Aufeinanderfolge unendlich kleiner Drehungen, abgesehen von jenen speciellen Fällen, auch allgemein darthun. Sie bildet einen Fundamentalsatz in der Theorie der Drehungen und gründet sich darauf, dass die Wege, welche zwei einander unendlich nahe Puncte des Körpers bei einer unendlich kleinen Drehung desselben beschreiben, als zwei einander gleiche Parallelen zu betrachten sind.

Wenn daher der Punct A (Fig. 7) bei der Drehung FG den Weg AB, und bei der Drehung HI den Weg AD beschreibt, so wird er, wenn nach der ersten dieser Drehungen die zweite HI erfolgt, von B aus, als von einem Puncte, dessen Lage gegen die Axe HI von der Lage des A gegen dieselbe Axe nur unendlich wenig verschieden ist, einen dem AD gleichen und parallelen Weg zurücklegen. Ist er aber zuerst durch die Drehung HI von A nach D gebracht worden, so wird er, wenn hierauf die Drehung FG geschieht, von D aus einen Weg, gleich und parallel mit AB, beschreiben. Mag also zuerst die Drehung FG und nachher die Drehung HI oder umgekehrt erfolgen, so wird der Punct A immer nach der vierten Ecke C des Parallelogrammes gelangen, dessen drei übrige Ecken in ihrer Folge B, A, D sind. Da nun dasselbe auch von allen übrigen Puncten des Körpers gilt, so schliessen wir, dass die durch zwei unendlich kleine Drehungen um zwei verschiedene Axen bewirkte Verrückung unabhängig ist von der Aufeinanderfolge der Drehungen. Da endlich von irgend zwei Complexionen dreier oder mehrerer Elemente die eine aus den anderen durch fortgesetztes Vertauschen zweier nebeneinanderstehender Elemente hergeleitet werden kann, so erhellt, dass auch die durch drei oder mehrere Drehungen bewirkte Totalverrückung von der Ordnung, in welcher die Drehungen auf einander folgen, unabhängig ist.

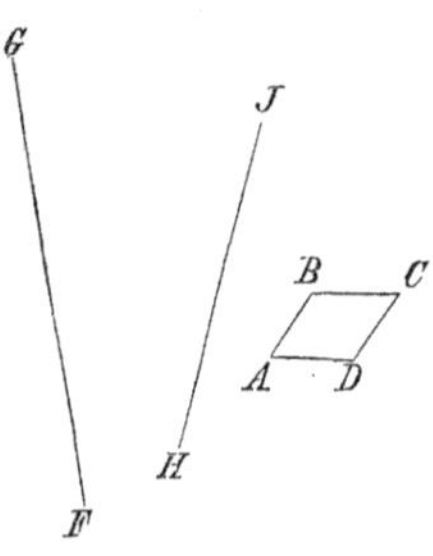

Fig. 7.

Mit Hülfe dieses Satzes lassen sich auch die im vorigen §. in Anwendung gekommenen Sätze beweisen, nämlich, dass, wenn eine oder mehrere Drehungen gleiche Wirkung mit mehreren anderen Drehungen haben, die ersteren, in Verbindung mit den im entgegengesetzten Sinne genommenen letzteren, den Körper unverrückt lassen, und dass, wenn mehrere Drehungen einander aufheben, eine oder etliche derselben gleichwirkend mit den entgegengesetzt genommenen übrigen sind.

Denn sind die Drehungen AB, CD, ... gleichwirkend mit den Drehungen FG, HI, ..., so sind es auch AB, CD, ..., GF, IH, ..., mit FG, HI, ..., GF, IH, ...; letztere aber in der Ordnung FG, GF, HI, IH, ... genommen, heben sich paarweise auf. Mithin muss auch die Totalwirkung der ersteren Null sein.

Auf ähnliche Art wird auch der umgekehrte Satz bewiesen.

§. 10. Die Art und Weise, auf welche sich nach §. 4 und §. 8 zwei oder mehrere Drehungen, deren Axen in dieselbe Gerade fallen, und zwei Drehungen, deren Axen in derselben Ebene liegen, zu einer einzigen zusammensetzen lassen, ist ganz der Zusammensetzung von Kräften analog, deren Richtungen in derselben Geraden oder in derselben Ebene enthalten sind. Man hat nämlich nur Richtung und Grösse der Kraft mit Axe und Grösse der Drehung zu vertauschen, um aus der bekannten Vorschrift für die Zusammensetzung der Kräfte die Vorschrift für die der Drehungen abzuleiten. Da nun, wie aus der Statik bekannt ist, mit Anwendung des Satzes von Kräften, deren Richtungen in dieselbe Gerade fallen, und mit Hülfe des Parallelogrammes der Kräfte, alle übrigen die Zusammensetzung und Zerlegung der Kräfte betreffenden Sätze sich ergeben, so erhellt, dass nicht allein in den vorhin besonders betrachteten Fällen, sondern auch in allen übrigen, zwischen Kräften und Drehungen die vollkommenste Analogie herrschen muss. Unter Anderen werden daher alle die merkwürdigen Eigenschaften, welche die sogenannten Kräftepaare besitzen, auch Paaren von Drehungen etc., Paaren von einander gleichen, aber entgegengesetzten Drehungen um parallele Axen zukommen. So folgt z. B. schon unmittelbar aus §. 6, dass ebenso wie ein Kräftepaar auch ein Paar von Drehungen ohne Aenderung seiner Wirkung in seiner Ebene und parallel mit derselben verlegt werden kann.

Ueberhaupt also: *Wenn zwischen mehreren auf einen frei beweglichen Körper wirkenden Kräften Gleichgewicht stattfindet, wird auch der Totaleffect von Drehungen, deren Axen die Richtungen der Kräfte sind und deren Grössen sich wie die Intensitäten der Kräfte verhalten, Null sein.* Oder kürzer ausgedrückt: Halten die ihrer Richtung und Intensität nach durch die Linien AB, CD, EF, ... dargestellten Kräfte einander das Gleichgewicht, so bringen auch die Drehungen AB, CD, EF, ... in Verbindung keine Verrückung hervor.

Insbesondere fliesst hieraus noch, dass — da drei oder mehrere auf einen Körper wirkende Kräfte sich immer, wo nicht auf eine, doch auf zwei reduciren lassen, — dass auch Drehungen in beliebiger Anzahl immer auf wenigstens zwei zurückgeführt werden können.

Auch folgerten wir dasselbe schon in §. 3 aus den in §§. 1 und 2 angestellten Betrachtungen.

§. 11. Die zwischen Kräften und Drehungen stattfindende Analogie ist noch besonders wegen ihrer reciproken Beschaffenheit merkwürdig. Eine einzelne Kraft wird bestimmt durch die Gerade, in welcher sie wirkt, durch ihre doppelt mögliche Richtung in dieser Geraden, und durch ihre Grösse. Die Wirkung zweier einander gleichen parallelen und entgegengesetzten Kräfte, oder eines Kräftepaares, wird bestimmt durch irgend eine auf der Ebene des Paares perpendiculare Linie, durch den Sinn der Drehung um diese Linie und durch das Moment des Paares oder das Product aus der einen der beiden Kräfte in ihre Entfernung von der anderen. Denn jedes andere Paar, bei welchem die genannten Stücke dieselben sind, hat mit ersterem gleiche Wirkung.

Ebenso ist nun, indem man fortrückende und drehende Bewegung mit einander vertauscht, eine einzelne Drehung durch ihre Axe, ihren Sinn und ihre Grösse bestimmt. Ein Paar von Drehungen aber ist es durch irgend eine auf der Ebene der Axen beider Drehungen perpendiculare Linie, durch die Richtung, nach welcher der Körper in dieser Linie fortgerückt wird, und durch die Grösse dieses Fortrückens, welches nach §. 6 dem Producte aus der einen der beiden Drehungen in den gegenseitigen Abstand der beiden Axen gleich ist und daher analoger Weise das Moment des Paares von Drehungen heissen kann.

§. 12. Auf ähnliche Art lässt sich auch der Begriff des Momentes einer Kraft in Bezug auf eine gewisse Axe, auf Drehungen anwenden. Das Moment einer Kraft in Bezug auf eine Axe drückt die Grösse aus, mit welcher die Kraft den Körper, an welchen sie angebracht ist, um die Axe, wenn diese festgehalten wird, zu drehen strebt. Denn es herrscht Gleichgewicht, wenn die Momente zweier Kräfte, welche den Körper nach entgegengesetzten Richtungen um eine feste Axe zu drehen streben, in Bezug auf diese Axe einander gleich sind. Indem wir daher das Drehen mit dem Fortrücken vertauschen, wird das auf eine Axe MN bezogene Moment der Drehung AB der Grösse proportional sein, um welche die mit MN Anfangs zusammenfallenden Puncte des Körpers längs MN durch die Drehung AB fortgerückt werden. Folgende Betrachtungen werden dieses in noch helleres Licht setzen.

Wenn erstens MN mit AB in einer Ebene liegt, so rückt bei der Drehung um AB jeder Punct dieser Ebene perpendicular auf derselben, und daher auch jeder Punct in MN perpendicular auf MN fort, und es ist folglich das Fortrücken jedes Punctes in MN längs MN, also auch das Moment der Drehung AB in Bezug auf MN, gleich 0, eben so, wie das Moment einer Kraft für jede Axe, die mit der Kraft in einer Ebene liegt, gleich 0 ist.

Man nehme ferner an, dass AB und MN nicht in einer Ebene begriffen und zuerst unter einem rechten Winkel gegen einander geneigt sind. Alsdann ist es möglich, durch AB eine Ebene zu legen, welche von MN rechtwinkelig geschnitten wird. Durch den Schneidepunct, welcher D (Fig. 8) heisse, lege man eine Linie DC gleich und parallel der AB, welche mithin in letztgedachter Ebene enthalten sein wird. Nun bewirken die Drehungen AB und CD ein auf der Ebene ABD perpendiculares und daher mit MN paralleles Fortrücken, welches der Fläche ABD proportional ist. Durch diese zwei Drehungen wird folglich jeder in MN fallende Punct in MN selbst um eine mit ABD proportionale Grösse fortgerückt. Da aber MN mit CD in einer Ebene liegt, und daher die Drehung CD zur Bewegung der Puncte in MN längs MN nichts beiträgt, so rückt schon durch die Drehung AB allein jeder in MN fallende Punct längs MN um ein gleich grosses Stück fort, welches mit ABD, d. i. mit dem Producte aus der Drehung in den Abstand ihrer Axe von der Momentenaxe proportional und als Moment der Drehung AB in Bezug auf MN anzusehen ist.

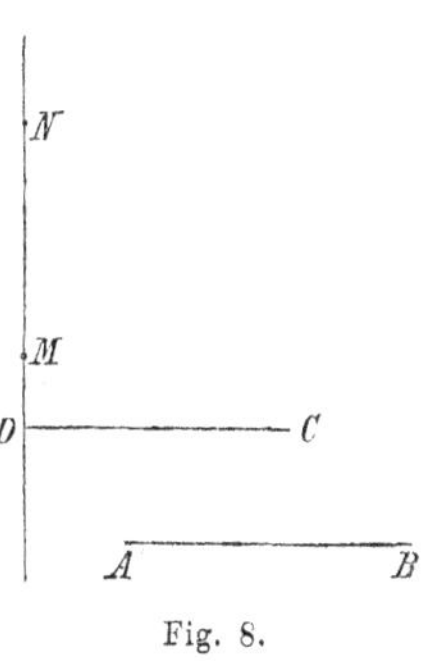

Fig. 8.

Nimmt man den durch MN ausgedrückten Theil der Momentenaxe von constanter Länge, so kann man das Moment anstatt dem Dreieck ABD auch dem Product $\frac{1}{3} MN . ABD$ d. i. der Pyramide $ABMN$ proportional setzen. Denn, da ABM von MN in D perpendicular getroffen wird, so ist, wie man leicht sieht, die Pyramide $ABMN$ einer anderen gleich, welche ABD zur Grundfläche und MN zur Höhe hat.

Wenn zweitens die nicht in einer Ebene enthaltenen AB und MN einen schiefen Winkel mit einander machen, so beschreibe man, um diesen Fall auf den vorigen zurückzuführen, um AB als Diagonale ein Rechteck $AFBG$ (Fig. 9), dessen Seite AG mit MN parallel ist, und dessen Seite AF folglich einen rechten Winkel mit MN macht. Hiernach ist die Drehung AB gleichwirkend mit den Drehungen AG und AF. Von diesen bringt erstere, da ihre Axe AG mit MN in einer Ebene liegt, keine Verrückung der Puncte in

MN längs *MN* hervor. Die durch die Drehung *AB* erzeugte Verrückung ist folglich einerlei mit der durch *AF* erzeugten, d. h. die Drehungen *AB* und *AF* haben in Bezug auf *MN* einander gleiche Momente. Nach dem Vorigen ist aber das Moment der Drehung *AF* proportional der Pyramide *AFMN*, und diese ist gleich der Pyramide *ABMN*, weil beide eine gemeinschaftliche Grundfläche *AMN* haben, und die Linie durch die Spitzen *F* und *B* parallel mit *AG*, folglich mit *MN*, folglich auch mit der Grundfläche ist. Das Moment der Drehung *AB* in Bezug auf *MN* ist daher, auch bei jeder beliebigen Lage von *MN* gegen *AB*, der Pyramide *ABMN* proportional; d. h. es wird durch die Drehung *AB* jeder in die Linie *MN* fallende Punct längs *MN* um ein gleiches Stück fortgerückt; welches Stück, wenn der Abschnitt *MN* dieser Linie von constanter Länge genommen wird, der Pyramide proportional ist, welche diesen Abschnitt und die die Drehung darstellende Linie *AB* zu gegenüberstehenden Seiten hat.

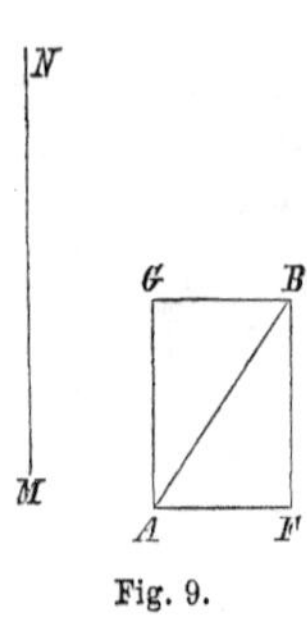

Fig. 9.

Eine unmittelbare Folge hiervon ist, dass auch die durch mehrere Drehungen *AB*, *CD*, ... bewirkte Verrückung längs *MN* für alle Puncte in *MN* von gleicher Grösse ist, nämlich von einer Grösse, die der Summe der Pyramiden $ABMN + CDMN + \ldots$, mit gehöriger Rücksicht auf ihre Zeichen, proportional ist, und das Moment des Systems der Drehungen *AB*, *CD*, ... in Bezug auf die Axe *MN* genannt werden kann. Und da nach §§. 1 und 2 jede Verrückung eines Körpers durch zwei Drehungen, wenn nicht durch eine einzige, hervorgebracht werden kann, so wird auch durch jede beliebige Verrückung jeder Punct einer beliebig gewählten Axe *MN* um ein gleich grosses Stück längs *MN* verrückt werden; und dieses Stück wird als das Moment der Verrückung in Bezug auf *MN* anzusehen sein.

§. 13. Zwischen Kräften und Drehungen herrscht demnach auch hinsichtlich der Momente eine vollkommene Analogie. Denn, wie sich zeigen lässt*), kann das Moment der Kraft *AB* in Bezug auf die Axe *MN* geometrisch durch die Pyramide *ABMN* dargestellt werden. Alle die merkwürdigen Sätze, welche hinsichtlich der Momente von Kräften gelten, finden folglich auch hier statt.

---

*) Vergl. des Verfassers Aufsatz im 4ten Bande des Crelle'schen Journals p. 179 und dessen Lehrbuch der Statik §. 59.

Dem Satze z. B. dass, wenn ein System von Kräften im Gleichgewicht ist, die Summe der Momente der Kräfte des Systems, oder kürzer, das Moment des Systems, in Bezug auf jede beliebige Axe Null ist, entspricht folgender Satz. Wenn mehrere Drehungen sich gegenseitig aufheben, so ist ihr Moment, d. i. die Summe der Momente der einzelnen Drehungen in Bezug auf jede beliebige gewählte Axe Null. Auch folgt die Richtigkeit dieses Satzes schon unmittelbar aus dem vorhin gegebenen Begriff des Momentes einer Drehung. Denn wenn ein Körper nach mehreren Drehungen in seine anfängliche Lage zurück gekommen ist, so hat auch kein Punct desselben längs einer durch den Punct gehenden geraden Linie (Axe des Momentes) seine Lage geändert.

Da ferner, wenn die drei Momente mehrerer in einer Ebene wirkender Kräfte in Bezug auf drei die Ebene rechtwinklig schneidende und nicht in einer Ebene liegende Axen einzeln Null sind, die Kräfte sich das Gleichgewicht halten, so können auch mehrere Drehungen, deren Axen in einer Ebene liegen, wenn ihre drei Momente für drei auf der Ebene normal stehende und nicht in einer Ebene enthaltene Axen einzeln Null sind, keine Verrückung hervorbringen. Uebrigens folgt auch dieser Satz ganz leicht aus der von den Momenten aufgestellten Erklärung. Da nämlich alle Drehungsaxen in einer und derselben Ebene sein sollen, so muss die durch die einzelnen Drehungen erzeugte Bewegung der Puncte der Ebene auf diese perpendicular sein; und da die Momente für drei die Ebene perpendicular schneidende Axen Null sein sollen, so haben die drei Schneidepuncte gar keine Bewegung. Diese drei Puncte liegen aber nicht in gerader Linie, weil die drei Axen nicht in einer Ebene liegen sollen; und wenn drei Puncte eines Körpers, die nicht in einer Geraden liegen, keine Bewegung haben, so ist auch der Körper selbst in Ruhe.

§. 14. Einer der fruchtbarsten Sätze in der statischen Theorie der Momente ist folgender. Bestimmt man die Momente eines Systems S von Kräften rücksichtlich mehrerer Axen, und kann man nach der Richtung einer jeden dieser Axen eine Kraft wirken lassen, von der Grösse, dass alle diese neuen Kräfte einander das Gleichgewicht halten, so ist die Summe der Momente von S, jedes Moment vorher mit einem Coefficienten multiplicirt, welcher der der Axe des Momentes zugehörigen Kraft proportional ist, gleich 0*).

---

*) Vergl. Lehrbuch der Statik §. 93.

Auf die Theorie der Drehungen angewendet lautet dieser Satz also:

Bestimmt man die Momente einer beliebigen Verrückung eines Körpers in Bezug auf mehrere Axen, und kann man für diese Axen Drehungswinkel finden, die in solchen Verhältnissen zu einander stehen, dass alle diese Drehungen einander aufheben, so ist die Summe der Momente der Verrückung, jedes Moment vorher mit einem Coefficienten multiplicirt, welcher dem der Axe des Momentes zugehörigen Drehungswinkel proportional ist, gleich Null.

Der Beweis dieses Satzes dürfte sich folgendergestalt am einfachsten geben lassen. Man bezeichne durch a, b, c, ... ihrer Lage und Richtung nach bestimmte Geraden; durch t, u, v, ... Zahlen; durch a_t, b_u, ... Abschnitte der Linien a, b, ..., welche resp. t, u, ... Linieneinheiten lang sind; durch $[a_t\, b_u]$ endlich den Inhalt einer Pyramide, welche die Abschnitte a_t und b_u zu gegenüberliegenden Seiten hat. Es bedarf kaum der Erinnerung, dass durch a, b, t, u der Inhalt der Pyramide $[a_t\, b_u]$ vollkommen bestimmt ist, wenn auch in den Linien a und b die Anfangspuncte der Abschnitte a_t und b_u unbestimmt gelassen werden. Auch ist, wie man leicht sieht

$$a_t = t \,.\, a_1\,, \quad [a_t\, b_u] = t\,[a_1\, b_u] = u\,[a_t\, b_1] = tu\,[a_1\, b_1] = [a_u\, b_t],$$

wo a_1 und b_1 eine Linieneinheit lange Abschnitte der Linien a, b bedeuten.

Sei nun die in Rede stehende Verrückung durch zwei den Zahlen t, u proportionale Drehungen um die Axen a und b erzeugt worden (§. 12 zu Ende). Sei ferner der Totaleffect der Drehungen x, y, z, ... um die Axen f, g, h, ... Null, und daher, wenn man das Moment dieses Systems von Drehungen das einemal auf a, das anderemal auf b als Axen bezieht, und diesen Axen resp. die Längen t und u giebt:

$$[a_t f_x] + [a_t\, g_y] + [a_t\, h_z] + \dots = 0$$

oder

$$x\,[a_t f_1] + y\,[a_t\, g_1] + z\,[a_t\, h_1] + \dots = 0$$

und ebenso

$$x\,[b_u f_1] + y\,[b_u\, g_1] + z\,[b_u\, h_1] + \dots = 0.$$

Die Summe dieser zwei Gleichungen ist aber der analytische Ausdruck des zu beweisenden Satzes. Es sind nämlich

$$[a_t f_1] + [b_u f_1], \quad [a_t\, g_1] + [b_u\, g_1], \quad [a_t\, h_1] + [b_u\, h_1],$$

u. s. w., die Momente der durch a_t und b_u bestimmten Verrückung in Bezug auf die (gleich langen) Axen (f, g, h, ...), und diese Momente haben in der Summengleichung die Coefficienten x, y, z, ...

Beispiel: Sind f, g, h drei sich in einem Puncte I schneidende und in einer Ebene liegende Geraden, so ist damit ein

Parallelogramm $FGHI$ seiner Form nach gegeben, dessen Ecken F, G, H resp. in f, g, h liegen; und die Drehungen um f, g, h heben sich auf, wenn sie ihrer Grösse nach mit IF, GI, IH proportional sind. Wenn daher p, q, r die Momente irgend einer Verrückung in Bezug auf f, g, h sind, so ist

$$IF.p + GI.q + IH.r = 0,$$

so wie

$$IF.p + IH.r = IG.q.$$

In diesen Gleichungen ist jedes Glied, z. B. $IF.p$, positiv oder negativ zu nehmen, je nachdem die Richtung IF in f und die Richtung, nach welcher die in f fallenden Puncte längs f um p bei der Verrückung sich fortbewegen, einerlei oder entgegengesetzt sind.

§. 15. Wenn für gegebene Axen sich Drehungen finden lassen, welche einander aufheben, so werden auch Kräfte, welche die Richtungen der Axen haben und den Drehungen proportional sind, das Gleichgewicht sich halten. In §§. 98 und 99 des gedachten Lehrbuches der Statik habe ich untersucht, welchen Bedingungen die gegenseitige Lage von zwei, drei und mehreren Richtungen unterworfen sein muss, wenn Kräfte sich sollen angeben lassen, die nach diesen Richtungen wirkend im Gleichgewichte sind. Es ergaben sich hierbei, wenn die Anzahl der Richtungen kleiner als sieben war, gewisse positive Bedingungen für ihre gegenseitige Lage. So muss z. B. bei vier Richtungen jede Gerade, welche drei derselben trifft, auch der vierten begegnen. Für sieben Richtungen dagegen war es im Allgemeinen immer möglich, Kräfte zu finden, welche nach ihnen wirkend sich das Gleichgewicht halten, und es konnte daher eine ihrer Richtung und Intensität nach beliebig gegebene Kraft im Allgemeinen immer in sechs andere zerlegt werden, deren Richtungen beliebig gegeben sein konnten. Der Beisatz »im Allgemeinen« wurde durch die negative Bedingung bestimmt, dass weder alle sechs gegebene Richtungen, noch einige derselben eine solche Lage gegen einander hatten, bei welcher es möglich war, nach ihnen wirkende Kräfte zu finden, welche sich das Gleichgewicht halten.

Bei der Analogie, die zwischen Kräften und Drehungen stattfindet, muss daher auch, — um hier nur den letzterwähnten Fall zu berücksichtigen, jede Drehung und somit jede Verrückung überhaupt, sechs anderen Drehungen um eben so viele von einander unabhängige, sonst beliebig anzunehmende Axen gleichgesetzt werden können, so dass, *wenn ein Körper um sechs von einander unabhängige Axen drehbar ist, er auf jede mögliche Weise verrückt werden kann.*

36*

Sechs oder weniger Axen werden wir aber von einander unabhängig nennen, wenn es nicht möglich ist, Drehungen um dieselben ausfindig zu machen, welche sich gegen einander aufheben; woraus zugleich erhellt, dass sieben oder mehrere Axen nie von einander unabhängig sein können.

Zufolge des vorigen §. muss sich demnach, wenn von irgend einer Verrückung die Momente in Bezug auf sechs von einander unabhängige Axen gegeben sind, aus ihnen das Moment für jede siebente Axe herleiten lassen. Zerlegt man nämlich, wie es nach dem oben Bemerkten immer möglich ist, eine Drehung um die siebente Axe in sechs Drehungen um die sechs ersteren, so wird die Summe der Producte aus jeder dieser sechs Drehungen in das auf die jedesmalige Drehungsaxe bezogene Moment der Verrückung gleich sein dem Producte aus der Drehung um die siebente Axe in das gesuchte Moment für dieselbe Axe.

§. 16. Um auch diese Sätze durch ein Beispiel zu erläutern, wollen wir eine Drehung ϱ um eine beliebig gegebene Axe PQ in sechs Drehungen um die sechs Kanten einer dreiseitigen Pyramide $ABCD$ — oder, was auf dasselbe hinauskommt, eine nach PQ gerichtete Kraft ϱ in sechs andere nach den Kanten von $ABCD$ gerichtete — zu zerlegen suchen. Dieses muss möglich sein, da, wie man leicht wahrnimmt, von sechs Kräften, welche nach den sechs Kanten einer Pyramide wirken, keine die Resultante von den fünf übrigen oder von einigen derselben sein kann.

Zur Lösung dieser Aufgabe mag die in §. 102 meines Lehrbuches angegebene, auf den Hauptsatz in der Theorie der Momente gegründete Methode dienen. — Seien die gesuchten Drehungen um die Axen:

$$\begin{array}{lcccccc} & AD, & BD, & CD, & BC, & CA, & AB \\ \text{resp.} = & \alpha, & \beta, & \gamma, & \delta, & \varepsilon, & \zeta. \end{array}$$

Indem wir nun die Momente sämmtlicher Drehungen auf eine beliebig zu wählende Axe XY beziehen, ist das Moment einer sowohl hinsichtlich ihrer Axe als ihrer Grösse durch AD ausgedrückten Drehung gleich der Pyramide $ADXY$; folglich, wenn die Grösse nicht AD sondern 1 ist:

$$= \frac{1}{AD}\, ADXY,$$

und wenn α die Grösse der Drehung ausdrückt:

$$= \frac{\alpha}{AD}\, ADXY.$$

Eben so ist das Moment der Drehung β um die Axe BD

$$= \frac{\beta}{BD} BDXY,$$

etc. Da nun die Drehungen α, β, ..., ζ um die Axen AD, BD, ..., AB gleiche Wirkung mit der Drehung ϱ um die Axe PQ haben sollen, so ist nach dem Satze von den Momenten (§. 13):

$$\text{I)} \left\{ \begin{array}{l} \frac{\alpha}{AD} ADXY + \frac{\beta}{BD} BDXY + \frac{\gamma}{CD} CDXY \\ + \frac{\delta}{BC} BCXY + \frac{\varepsilon}{CA} CAXY + \frac{\zeta}{AB} ABXY \end{array} \right\} = \frac{\varrho}{PQ} PQXY.$$

Man lasse jetzt die willkürlich zu nehmenden Puncte X und Y mit A und D zusammenfallen, so wird jede der fünf Pyramiden $ADXY$, $BDXY$, $CDXY$, $CAXY$, $ABXY$ Null, und die Gleichung I) reducirt sich auf:

$$1) \qquad \frac{\delta}{BC} BCAD = \frac{\varrho}{PQ} PQAD.$$

Auf gleiche Weise findet sich, wenn man XY nach und nach mit BD, CD, BC, CA, AB coincidiren lässt:

$$2) \qquad \frac{\varepsilon}{CA} CABD = \frac{\varrho}{PQ} PQBD,$$

$$3) \qquad \frac{\zeta}{AB} ABCD = \frac{\varrho}{PQ} PQCD,$$

$$4) \qquad \frac{\alpha}{AD} ADBC = \frac{\varrho}{PQ} PQBC,$$

$$5) \qquad \frac{\beta}{BD} BDCA = \frac{\varrho}{PQ} PQCA,$$

$$6) \qquad \frac{\gamma}{CD} CDAB = \frac{\varrho}{PQ} PQAB.$$

Durch diese sechs Gleichungen werden aber die Grössen der Drehungen α, β, γ, δ, ε, ζ vollkommen bestimmt. Sind nun von irgend einer Verrückung die Momente in Bezug auf die Axen

$$\begin{array}{lccccccc} & AD, & BD, & CD, & BC, & CA, & AB, & PQ \\ \text{resp.} = & a, & b, & c, & d, & e, & f, & r, \end{array}$$

so ist nach §. 15:

$$a\alpha + b\beta + c\gamma + d\delta + e\varepsilon + f\zeta = r\varrho$$

oder wenn man für α, β, ..., ζ ihre Werthe aus 1), ..., 6) setzt und dabei berücksichtigt, dass die Pyramiden $BCAD$, $CABD$ ... nicht allein ihrem absoluten Werthe, sondern auch ihren Zeichen nach einander*) gleich sind:

$$\text{II)}\quad \left\{\begin{array}{l} a.AD.PQBC + b.BD.PQCA + c.CD.PQAB \\ + d.BC.PQAD + e.CA.PQBD + f.AB.PQCD \\ \qquad = r.PQ.ABCD; \end{array}\right.$$

und dieses ist die Gleichung, mittelst welcher man, wenn die Figur $ABCDPQ$ und die Momente a, b, ..., f einer Verrückung für die Kanten der Pyramide $ABCD$ als Axen gegeben sind, das Moment r derselben Verrückung für PQ finden kann.

§. 17. Zusätze: *a*) Substituirt man in der Gleichung I) für α, β, ..., ζ ihre Werthe aus 1), ..., 6), so kommt:

$$\text{III)}\quad \left\{\begin{array}{l} BCPQ.ADXY + CAPQ.BDXY + ABPQ.CDXY \\ + ADPQ.BCXY + BDPQ.CAXY + CDPQ.ABXY \\ \qquad = ABCD.PQXY, \end{array}\right.$$

eine Relation zwischen vierzehn Pyramiden bei einem beliebig angenommenen Systeme von acht Puncten im Raume, deren Symmetrie hinsichtlich $ABCD$, PQ, XY in die Augen springt.

b) Lässt man XY mit PQ zusammenfallen, so reducirt sich III) auf:

$$\text{IV)}\quad BCPQ.ADPQ + CAPQ.BDPQ + ABPQ.CDPQ = 0,$$

eine Relation zwischen sechs Pyramiden bei acht Puncten im Raume**).

c) Setzt man in IV) für die sechs Pyramiden ihre aus 1), ..., 6) fliessenden Werthe, so erhält man:

$$\text{V)}\quad \frac{\alpha}{AD}\cdot\frac{\delta}{BC} + \frac{\beta}{BD}\cdot\frac{\varepsilon}{CA} + \frac{\gamma}{CD}\cdot\frac{\zeta}{AB} = 0,$$

welches die Relation ist, die zwischen sechs Drehungen α, ..., ζ um die Kanten AD, ..., AB einer Pyramide stattfinden müssen, wenn sich die Drehungen auf eine einzige sollen reduciren lassen; — also auch die Bedingungsgleichung, wenn sechs nach den Kanten einer Pyramide gerichtete Kräfte α, ..., ζ mit einer einzigen Kraft gleiche Wirkung haben sollen.

§. 18. Der Satz, dass ein Körper vollkommen frei beweglich ist, wenn er um sechs von einander unabhängige Axen gedreht werden

---

*) Lehrbuch der Statik §. 63, 1.

**) Letztere Relation findet sich bereits in des Verfassers Barycentrischem Calcul §. 170 gegeben.

kann, gehört unstreitig zu den merkwürdigsten in der Theorie der Drehungen. Ein Fall, in welchem man sich von diesem Satze sehr leicht ohne alle Rechnung überzeugen kann, ist der, wenn zu den sechs Axen die sechs Kanten DA, DB, DC, BC', CA', AB' (Fig. 10) eines Parallelepipedums genommen werden. A, B, C sind bei demselben die der Ecke D zunächst liegenden Ecken, und A', B', C', D' liegen den A, B, C, D diagonal gegenüber.

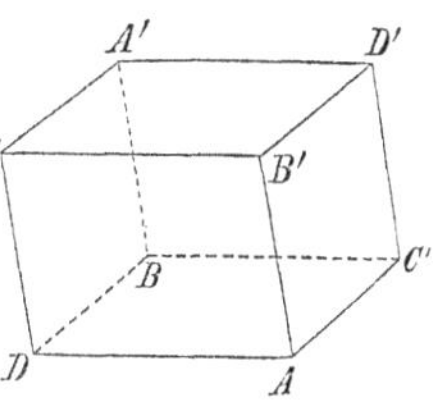

Fig. 10.

Jede Verrückung kann nämlich in eine Drehung um einen beliebig zu nehmenden Punct D und in eine parallele Fortrückung aufgelöst werden. Hiervon lässt sich die Drehung um D in drei andere α, β, γ um drei durch D gehende Axen DA, DB, DC zerlegen, und ebenso kann man die parallele Fortrückung in drei andere zerlegen, welche hier auf den Ebenen BC, CA, AB perpendicular seien. Für die auf BC perpendiculare Fortrückung aber können zwei Drehungen β', $-\beta'$ um zwei parallele Axen CA', DB dieser Ebene gesetzt werden. Verwandelt man nun ebenso die auf CA und AB perpendicularen Fortrückungen in die Drehungen γ', $-\gamma'$ um AB', DC und in die Drehungen α', $-\alpha'$ um BC', DA, so wird die ganze Verrückung reducirt auf die sechs Drehungen:

$$\alpha-\alpha', \quad \beta-\beta', \quad \gamma-\gamma', \quad \alpha', \quad \beta', \quad \gamma'$$

um die Axen

$$DA, \quad DB, \quad DC, \quad BC', \quad CA', \quad AB'.$$

Zur Bestimmung der Werthe von α, α', β, ..., wenn irgend eine Drehung ϱ um eine Axe PQ gegeben ist, die in Drehungen um die sechs Axen DA, DB, ... zerlegt werden soll, kann man wiederum die vorhin erläuterte Methode mit Vortheil anwenden. Man schreibe für:

$$DA, \quad DB, \quad DC, \quad BC', \quad CB', \quad AB', \quad PQ$$

der Kürze wegen

$$a, \quad b, \quad c, \quad a', \quad b', \quad c', \quad r$$

und verstehe ebenso unter ab', ar, ... die Pyramiden $DACA'$, $DAPQ$, ... Alsdann ist, wie in §. 16, wenn man die Momente sämmtlicher Drehungen auf die unbestimmte Axe x bezieht:

$$\frac{\alpha-\alpha'}{a}\,ax+\frac{\beta-\beta'}{b}\,bx+\frac{\gamma-\gamma'}{c}\,cx$$
$$+\frac{\alpha'}{a'}\,a'x+\frac{\beta'}{b'}\,b'x+\frac{\gamma'}{c'}\,c'x=\frac{\varrho}{r}\,rx.$$

Diese Gleichung reducirt sich, wenn man x mit a und dann mit a' zusammenfallen lässt, auf:

$$\frac{\beta'}{b'}\,b'a = \frac{\varrho}{r}\,ra \quad \text{und} \quad \frac{\gamma - \gamma'}{c}\,ca' + \frac{\beta'}{b'}\,b'a' + \frac{\gamma'}{c'}\,c'a' = \frac{\varrho}{r}\,ra'.$$

Man gewahrt aber leicht, dass die Pyramiden $b'a$, ca', $b'a'$ und $c'a'$ sowohl dem Zeichen als dem absoluten Werthe nach einander gleich sind, indem jede von ihnen dem sechsten Theile des Parallelepipedums DD' gleich ist. Setzt man daher

$$\frac{\varrho}{r} \cdot \frac{1}{b'a} = R,$$

und bemerkt dass $c' = c$, so ziehen sich die zwei erhaltenen Gleichungen zusammen in:

$$\frac{\beta'}{b'} = R \,.\, ra \quad \text{und} \quad \frac{\gamma}{c} + \frac{\beta'}{b'} = R \,.\, ra',$$

und ebenso folgt:

$$\frac{\gamma'}{c'} = R \,.\, rb, \qquad \frac{\alpha}{a} + \frac{\gamma'}{c'} = R \,.\, rb',$$

$$\frac{\alpha'}{a'} = R \,.\, rc, \qquad \frac{\beta}{b} + \frac{\alpha'}{a'} = R \,.\, rc',$$

wenn man x der Reihe nach mit b, b', c, c' identisch werden lässt.

Mittelst dieser Gleichungen aber werden die sechs Drehungen $\alpha, \ldots, \gamma'$ durch die Drehung ϱ und durch die Lage der Axe der letzteren gegen die Axen der ersteren bestimmt, wie verlangt wurde.

Lässt man in der Hauptgleichung x noch mit r zusammenfallen, und substituirt dann für ar, br, ..., $c'r$ ihre durch die sechs letzten Gleichungen bestimmten Werthe, so ergiebt sich nach leichter Reduction:

$$\frac{\alpha}{a} \cdot \frac{\beta'}{b'} + \frac{\beta}{b} \cdot \frac{\gamma'}{c'} + \frac{\gamma}{c} \cdot \frac{\alpha'}{a'} = 0,$$

und dies ist die Bedingung, unter welcher sich im vorliegenden Falle die sechs Drehungen $\alpha, \ldots, \gamma'$ auf eine einzige reduciren lassen.

§. 19. In dem Bisherigen wurden die Axen, um welche ein Körper nach und nach gedreht wird, als unbeweglich betrachtet. Indessen ist dieses nicht durchaus nothwendig. Denn unter der hier immer geltenden Voraussetzung, dass jeder Drehungswinkel unendlich klein sei, sind zwei gleiche Drehungen α um zwei ihrer Lage nach unendlich wenig verschiedene Axen a und a' (d. h. um zwei Axen, deren kürzester Abstand von einander und deren gegenseitige Neigung unendlich klein sind) als gleichwirkend anzusehen, indem, wenn ein Punct A durch die Drehung α um a von A nach

B, und durch die Drehung α um a' von A nach B' gebracht wird, BB' eine unendlich kleine Linie der zweiten Ordnung ist, während AB und AB' von der ersten Ordnung sind. Die Gesammtwirkung von mehreren Drehungen wird folglich noch dieselbe sein, wenn wir die Drehungsaxen mit dem beweglichen Körper selbst fest verbunden annehmen; als wodurch es geschieht, dass bei jeder Drehung die Axen aller jedesmal übrigen Drehungen um ein unendlich Weniges mit verstellt werden.

§. 20. Der Umstand, dass eine unendlich kleine Veränderung der Lage der Axen auf die Lage des um sie gedrehten Körpers keinen Einfluss hat, kann uns veranlassen, unsere Betrachtung noch weiter auszudehnen und mit einem Systeme von sechs Axen z. B., welche der Reihe nach a, b, c, d, e, f heissen, sieben Körper A, B, ..., F, G dergestalt fest verbunden anzunehmen, dass A und B um die gemeinschaftliche Axe a, B und C um die gemeinschaftliche Axe b, und C und D um c, u. s. w. gedreht werden können. Bleibe nun A, folglich auch a in Ruhe, und werde B mit den übrigen C, D, ..., G als ein festes Ganzes um a um den Winkel α gedreht. Man drehe hierauf, während A und B, mithin auch a und b in Ruhe bleiben, den Körper C in ungeänderter Verbindung mit den übrigen Körpern D, ..., G um b um den Winkel β, u. s. w., und endlich den Körper G allein um f um den Winkel ζ, während alle vorhergehenden Körper A, ..., F unbewegt bleiben. Nach allen diesen Drehungen wird der Körper G seine Lage eben so geändert haben, als wenn er nach und nach um die festen Axen a, b, ..., f resp. um die Winkel α, β, ..., ζ gedreht worden wäre. Da nun durch die eben beschriebenen sechs Drehungen das System der sechs Körper B, C, ..., G in jede von der anfänglichen unendlich wenig verschiedene Lage, die es dem Zusammenhange der Körper durch die Axen gemäss anzunehmen vermag, gebracht werden kann, und da ein um sechs von einander unabhängige Axen drehbarer Körper jeder Verrückung fähig ist, so schliessen wir:

Wenn von mehreren Körpern, in einer gewissen Ordnung genommen, je zwei nächstfolgende um eine gemeinschaftliche Axe drehbar sind, so hat, wenn der erste festgehalten wird, erst der siebente eine vollkommen freie Beweglichkeit, und dieses auch nur dann, wenn die sechs diese sieben Körper verbindenden Axen in eine von einander unabhängige Lage gebracht werden können.

Als einfaches Beipiel hierzu kann umstehende Figur dienen, wo von sieben Quadraten 1, 2, 3, 4, 5, 6, 7 je zwei nächstfolgende eine

Seite gemein haben. Denkt man sich diese Seite als Axe, um welche die zwei durch sie verbundenen Quadrate drehbar sind, so kann gegen das erste Quadrat erst das siebente in jede beliebige Lage — allerdings nur innerhalb gewisser Grenzen — gebracht

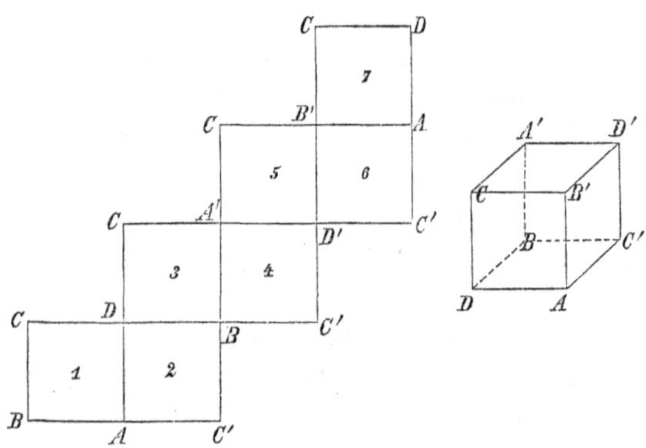

Fig. 11.

werden. Die hierzu erforderliche Unabhängigkeit der Axen ergiebt sich daraus, dass man mit den sieben Quadraten in ihrer Verbindung einen Würfel überdecken kann, bei welchem die zwei nächstfolgenden Quadraten gemeinschaftlichen Seiten AD, DB, BA', $A'D'$, $D'B'$, $B'A$ eine solche Lage gegen einander haben, dass zwischen Kräften, welche die sechs Seiten zu ihren Richtungen haben, kein Gleichgewicht möglich ist. — Sehr leicht kann man sich von der vollkommenen gegenseitigen Beweglichkeit der beiden äussersten Quadrate auch durch Proben überzeugen, wenn man die Figur etwa in steifem Papier ausschneidet und dasselbe nach den Seiten bricht, in denen die Quadrate aneinander grenzen.

Schliesslich noch die Bemerkung, dass uns der eben erläuterte Satz zum Aufschluss über eine von der Natur bei den Gliedmaassen der Krebse (und wahrscheinlich auch anderer Insecten) getroffene Einrichtung dienen kann. Bei diesen Thieren bestehen nämlich die Beine, so wie auch die Gliedmaassen, an deren Enden die Scheeren sitzen, aus sechs Gliedern, die unter sich und mit dem Körper selbst durch sechs Axengelenke verbunden sind*). Hierdurch aber wird nach dem Vorigen der Zweck erreicht, dass, während der Körper ruht, das äusserste Glied jedes Beines vollkommen freie Beweglichkeit hat.

*) Observationes de sceleto astaci fluviatilis et marini, dissertatio inauguralis auctore C. E. Hasse. Lipsiae 1823 p. 27.

Entwickelung einiger trigonometrischer Formeln durch Hülfe der Lehre von den Doppelschnittsverhältnissen.

[Crelle's Journal 1842 Band 24 p. 85—92.]

Bekannt ist die von Euler zuerst aufgestellte Formel

$$A)\quad \frac{a^p}{(a-b)(a-c)\dots(a-m)}+\frac{b^p}{(b-a)(b-c)\dots(b-m)}+\dots$$
$$+\frac{m^p}{(m-a)(m-b)\dots(m-l)}=0,$$

wo p eine positive ganze Zahl bedeutet, die kleiner ist, als die um 1 verminderte Anzahl der Elemente a, b, ..., l, m, und auch null sein kann.

Wenn ich nicht irre, hat man auch bereits gefunden, dass es eine, dieser algebraischen analoge, trigonometrische Formel giebt, die aus der ersteren erhalten wird, wenn darin statt der einfachen Differenzen $a-b$, $a-c$, $b-c$, ... in den Nennern die Sinus derselben, und statt der Potenzen von a, b, c, ... die Potenzen der Sinus oder Cosinus von a, b, c, ... gesetzt werden. Indessen dürfte die folgende Art und Weise, wie die trigonometrische Formel aus der algebraischen hergeleitet werden kann, neu sein und vielleicht einige Aufmerksamkeit verdienen.

Werde die Zahl p um zwei Einheiten geringer als die Zahl der Elemente angenommen und ihr somit ihr grösstmöglicher Werth gegeben. Man ziehe nun fürs Erste den speciellen Fall in Betrachtung, wenn die Elementenzahl gleich 5 und mithin $p=3$ ist. Die identische algebraische Formel ist alsdann:

$$\frac{a^3}{(a-b)(a-c)(a-d)(a-e)}+\frac{b^3}{(b-a)(b-c)(b-d)(b-e)}+\dots=0,$$

oder, wenn man statt a, b, ... resp. $a-x$, $b-x$, ... setzt:

$$\frac{(a-x)^3}{(a-b)(a-c)(a-d)(a-e)}+\frac{(b-x)^3}{(b-a)(b-c)(b-d)(b-e)}+\dots=0,$$

und wenn man das erste Glied in die übrigen dividirt:

$$A')\qquad 1-(b)-(c)-(d)-(e)=0,$$

wo

$$(b) = \frac{(b-x)^3(a-c)(a-d)(a-e)}{(a-x)^3(b-c)(b-d)(b-e)},$$

$$(c) = \frac{(c-x)^3(a-b)(a-d)(a-e)}{(a-x)^3(c-b)(c-d)(c-e)},$$

u. s. w.

Den Werth von (b) kann man aber ausdrücken durch

$$(b) = \left(\frac{b-x}{a-x} : \frac{b-c}{a-c}\right)\left(\frac{b-x}{a-x} : \frac{b-d}{a-d}\right)\left(\frac{b-x}{a-x} : \frac{b-e}{a-e}\right),$$

welches als ein Product aus drei Doppelschnittsverhältnissen betrachtet werden kann. Denn nimmt man in einer Geraden l einen Punct Z willkürlich, und sechs andere X, A, B, C, D, E so, dass mit Rücksicht auf die Zeichen von $x, a, b, \ldots$

$$ZX = x, \quad ZA = a, \quad ZB = b, \quad \ldots, \quad ZE = e,$$

so wird

$$(b) = \left(\frac{XB}{XA} : \frac{CB}{CA}\right)\left(\frac{XB}{XA} : \frac{DB}{DA}\right)\left(\frac{XB}{XA} : \frac{EB}{EA}\right)$$

gleich dem Product aus den drei Doppelschnittsverhältnissen, nach welchen eine und dieselbe Linie BA in X und C, in X und D, in X und E getheilt wird (Baryc. Calc. §. 182).

Ein Doppelschnittsverhältniss hat aber die merkwürdige und sehr leicht erweisliche Eigenschaft, dass sein Werth ungeändert bleibt, wenn statt der Linienabschnitte, die dasselbe bilden, die Sinus der Winkel gesetzt werden, welche die von einem beliebigen, ausserhalb der Geraden l gelegenen Puncte O nach den Endpuncten der Abschnitte gezogenen Geraden mit einander machen, und dass hiernach z. B.

$$\frac{XB}{XA} : \frac{CB}{CA} = \frac{\sin XOB}{\sin XOA} : \frac{\sin COB}{\sin COA}.$$

Setzt man daher die nach einer und derselben Seite gerechneten Winkel, welche die Linien OX, OA, OB, …, OE mit OZ machen, resp. gleich $\varphi, \alpha, \beta, \gamma, \delta, \varepsilon$, so ist

$$\frac{b-x}{a-x} : \frac{b-c}{a-c} = \frac{XB}{XA} : \frac{CB}{CA} = \frac{\sin(\beta-\varphi)}{\sin(\alpha-\varphi)} : \frac{\sin(\beta-\gamma)}{\sin(\alpha-\gamma)},$$

und eben so

$$\frac{b-x}{a-x} : \frac{b-d}{a-d} = \frac{\sin(\beta-\varphi)}{\sin(\alpha-\varphi)} : \frac{\sin(\beta-\delta)}{\sin(\alpha-\delta)},$$

$$\frac{b-x}{a-x} : \frac{b-e}{a-e} = \frac{\sin(\beta-\varphi)}{\sin(\alpha-\varphi)} : \frac{\sin(\beta-\varepsilon)}{\sin(\alpha-\varepsilon)}.$$

Hiermit wird

$$(b) = \frac{\sin(\beta-\varphi)^3 \sin(\alpha-\gamma)\sin(\alpha-\delta)\sin(\alpha-\varepsilon)}{\sin(\alpha-\varphi)^3 \sin(\beta-\gamma)\sin(\beta-\delta)\sin(\beta-\varepsilon)},$$

und ebenso findet sich

$$(c) = \frac{\sin(\gamma-\varphi)^3 \sin(\alpha-\beta)\sin(\alpha-\delta)\sin(\alpha-\varepsilon)}{\sin(\alpha-\varphi)^3 \sin(\gamma-\beta)\sin(\gamma-\delta)\sin(\gamma-\varepsilon)},$$

u. s. w. Man substituire nun diese Werthe von (b), (c), ... in der Gleichung A'), so kommt, nach Multiplication mit $\frac{\sin(\alpha-\varphi)^3}{\sin(\alpha-\beta)\ldots\sin(\alpha-\varepsilon)}$:

$$\frac{\sin(\alpha-\varphi)^3}{\sin(\alpha-\beta)\sin(\alpha-\gamma)(\sin(\alpha-\delta)\sin(\alpha-\varepsilon)}$$
$$+\frac{\sin(\beta-\varphi)^3}{\sin(\beta-\alpha)\sin(\beta-\gamma)\sin(\beta-\delta)\sin(\beta-\varepsilon)}+\ldots=0,$$

eine Gleichung, welche identisch sein muss, da eben so, wie die Grössen x, a, b, c, d, e, auch die Winkel φ, α, β, γ, δ, ε von einander unabhängig sind.

Auf gleiche Weise zeigt sich, dass bei einer beliebigen Anzahl n von Winkel-Elementen α, β, γ, ..., μ, ν, wenn der Kürze wegen

$$\frac{1}{\sin(\alpha-\beta)\sin(\alpha-\gamma)\ldots\sin(\alpha-\nu)}=[\alpha],$$
$$\frac{1}{\sin(\beta-\alpha)\sin(\beta-\gamma)\ldots\sin(\beta-\nu)}=[\beta],$$
$$\cdots\cdots\cdots\cdots\cdots$$
$$\frac{1}{\sin(\nu-\alpha)\sin(\nu-\beta)\ldots\sin(\nu-\mu)}=[\nu]$$

gesetzt wird, die Gleichung stattfindet:

$$O)\quad [\alpha]\sin(\alpha-\varphi)^{n-2}+[\beta]\sin(\beta-\varphi)^{n-2}+\ldots+[\nu]\sin(\nu-\varphi)^{n-2}=0.$$

Ist nun erstens n, und damit auch $n-2$, eine gerade Zahl, so lässt sich $\sin(\alpha-\varphi)^{n-2}$ in eine Reihe von der Form entwickeln:

$$A+B\cos 2(\alpha-\varphi)+C\cos 4(\alpha-\varphi)+\ldots+N\cos(n-2)(\alpha-\varphi)$$
$$=A+B\cos 2\alpha\cos 2\varphi+\ldots+N\cos(n-2)\alpha\cos(n-2)\varphi$$
$$+B\sin 2\alpha\sin 2\varphi+\ldots+N\sin(n-2)\alpha\sin(n-2)\varphi,$$

wo A, B, C, ..., N von $n-2$ auf bekannte Weise abhängige Zahlen bedeuten. Verfährt man auf dieselbe Art mit $\sin(\beta-\varphi)^{n-2}$, ..., $\sin(\nu-\varphi)^{n-2}$ und substituirt alle diese Entwickelungen in O), so kommt eine Gleichung von der Form

$$0=A_1+B_1\cos 2\varphi+C_1\cos 4\varphi+\ldots+N_1\cos(n-2)\varphi$$
$$+B_2\sin 2\varphi+C_2\sin 4\varphi+\ldots+N_2\sin(n-2)\varphi,$$

welche für alle Werthe von φ bestehen muss. Dieses ist aber nicht anders möglich, als wenn alle die Coefficienten A_1, B_1, B_2, C_1, C_2, ...,

N_1, N_2 einzeln null sind. Somit ergeben sich bei einer geraden Anzahl von Elementen die speciellen Formeln

$$[\alpha]+[\beta]+[\gamma]+\ldots+[\nu]=0$$

$$[\alpha]\begin{matrix}\cos\\ \sin\end{matrix} 2\alpha+[\beta]\begin{matrix}\cos\\ \sin\end{matrix} 2\beta+\ldots+[\nu]\begin{matrix}\cos\\ \sin\end{matrix} 2\nu=0$$

$$[\alpha]\begin{matrix}\cos\\ \sin\end{matrix} 4\alpha+[\beta]\begin{matrix}\cos\\ \sin\end{matrix} 4\beta+\ldots+[\nu]\begin{matrix}\cos\\ \sin\end{matrix} 4\nu=0$$

$$\cdots\cdots\cdots$$

$$[\alpha]\begin{matrix}\cos\\ \sin\end{matrix} (n-2)\alpha+[\beta]\begin{matrix}\cos\\ \sin\end{matrix} (n-2)\beta+\ldots+[\nu]\begin{matrix}\cos\\ \sin\end{matrix} (n-2)\nu=0.$$

Ist dagegen n ungerade, so wird

$$\sin(\alpha-\varphi)^{n-2}=A'\sin(\alpha-\varphi)+B'\sin 3(\alpha-\varphi)$$
$$+C'\sin 5(\alpha-\varphi)+\ldots+N'\sin(n-2)(\alpha-\varphi),$$

woraus, durch den vorigen ganz analoge Schlüsse, die Formeln

$$[\alpha]\begin{matrix}\sin\\ \cos\end{matrix} \alpha+[\beta]\begin{matrix}\sin\\ \cos\end{matrix} \beta+\ldots+[\nu]\begin{matrix}\sin\\ \cos\end{matrix} \nu=0$$

$$[\alpha]\begin{matrix}\sin\\ \cos\end{matrix} 3\alpha+[\beta]\begin{matrix}\sin\\ \cos\end{matrix} 3\beta+\ldots+[\nu]\begin{matrix}\sin\\ \cos\end{matrix} 3\nu=0$$

$$\cdots\cdots\cdots$$

$$[\alpha]\begin{matrix}\sin\\ \cos\end{matrix} (n-2)\alpha+\ldots+[\nu]\begin{matrix}\sin\\ \cos\end{matrix} (n-2)\nu=0$$

hervorgehen. Ueberhaupt also hat man:

$$\text{I)}\quad [\alpha]\begin{matrix}\sin\\ \cos\end{matrix} p\alpha+[\beta]\begin{matrix}\sin\\ \cos\end{matrix} p\beta+\ldots+[\nu]\begin{matrix}\sin\\ \cos\end{matrix} p\nu=0,$$

wo p absolut kleiner als n, und $n-p$ eine gerade Zahl ist.

Endlich sieht man leicht, wie hieraus, bei derselben Bestimmung von p, die Formel

$$\text{II)}\quad [\alpha]\left(\begin{matrix}\sin\\ \cos\end{matrix}\alpha\right)^p+[\beta]\left(\begin{matrix}\sin\\ \cos\end{matrix}\beta\right)^p+\ldots+[\nu]\left(\begin{matrix}\sin\\ \cos\end{matrix}\nu\right)^p=0$$

gefolgert werden kann.

Zusatz. Noch allgemeiner lässt sich die letztere Formel also darstellen:

$$\text{III)}\quad [\alpha]\begin{matrix}\sin\\ \cos\end{matrix}(\alpha-\varphi)\begin{matrix}\sin\\ \cos\end{matrix}(\alpha-\chi)\begin{matrix}\sin\\ \cos\end{matrix}(\alpha-\psi)\ldots$$
$$+[\beta]\begin{matrix}\sin\\ \cos\end{matrix}(\beta-\varphi)\begin{matrix}\sin\\ \cos\end{matrix}(\beta-\chi)\begin{matrix}\sin\\ \cos\end{matrix}(\beta-\psi)\ldots$$
$$+\cdots\cdots\cdots$$
$$+[\nu]\begin{matrix}\sin\\ \cos\end{matrix}(\nu-\varphi)\begin{matrix}\sin\\ \cos\end{matrix}(\nu-\chi)\begin{matrix}\sin\\ \cos\end{matrix}(\nu-\psi)\ldots=0,$$

wo die Anzahl der Elemente $\varphi, \chi, \psi, \ldots$ gleich dem vorigen p, also um eine gerade Zahl kleiner ist, als die Anzahl der Elemente $\alpha, \beta, \gamma, \ldots, \nu$.

Die Richtigkeit hiervon erhellet sogleich, wenn man die in $[\alpha], [\beta], \ldots, [\nu]$ multiplicirten Producte aus Sinussen oder Cosinussen in Summen von Sinussen und Cosinussen der Vielfachen von $\alpha, \beta, \ldots, \nu$ verwandelt. Denn in der somit umgeformten Gleichung wird zufolge I) jede der Summen von Gliedern, welche Gleichvielfache von $\alpha, \beta, \ldots, \nu$ enthalten, für sich null sein.

Von der Formel III) lässt sich noch eine besondere Anwendung auf die Kugel machen. Seien $A, B, C, \ldots$ n Puncte in einem grössten Kreise derselben, und $P, Q, \ldots$ p Puncte, welche irgend ausserhalb des Kreises auf der Kugel liegen. Man fälle von letzteren auf den Kreis die sphärischen Perpendikel $PP', QQ', \ldots$, und setze die sphärischen Abstände der Puncte $A, B, C, \ldots$ und $P', Q', \ldots$ von einem im Kreise beliebig gewählten Anfangspuncte resp. gleich $\alpha, \beta, \gamma, \ldots$ und $\varphi, \chi, \ldots$, so ist zufolge jener Formel:

$$\frac{\cos AP' . \cos AQ' \ldots}{\sin AB . \sin AC . \sin AD \ldots} + \frac{\cos BP' . \cos BQ' \ldots}{\sin BA . \sin BC . \sin BD \ldots} + \ldots = 0.$$

Multiplicirt man diese Gleichung mit

$$\cos PP' . \cos QQ' \ldots$$

und bemerkt, dass

$$\cos AP' . \cos PP' = \cos AP, \quad \cos AQ' . \cos QQ' = \cos AQ, \ \ldots,$$
$$\cos BP' . \cos PP' = \cos BP,$$

u. s. w., so kommt:

$$\frac{\cos AP . \cos AQ \ldots}{\sin AB . \sin AC . \sin AD \ldots} + \frac{\cos BP . \cos BQ \ldots}{\sin BA . \sin BC . \sin BD \ldots} + \ldots = 0.$$

Insbesondere ist daher für $n = 3$ und $p = 1$:

$$\frac{\cos AP}{\sin AB . \sin AC} + \frac{\cos BP}{\sin BA . \sin BC} + \frac{\cos CP}{\sin CA . \sin CB} = 0,$$

oder

$$\sin BC . \cos AP + \sin CA . \cos BP + \sin AB . \cos CP = 0^{*}).$$

---

*) Nimmt man die Puncte A, B, C, P einander sehr nahe liegend an und berücksichtigt bloss die dritten Potenzen ihrer gegenseitigen Entfernungen, so wird

$$\sin BC . \cos AP = (BC - \tfrac{1}{6}BC^3)(1 - \tfrac{1}{2}AP^2) = BC - \tfrac{1}{2}BC . AP^2 - \tfrac{1}{6}BC^3,$$

u. s. w. Hiermit reducirt sich die obige Formel auf

$$BC . AP^2 + CA . BP^2 + AB . CP^2 = -\tfrac{1}{3}(BC^3 + CA^3 + AB^3) = BC . CA . AB,$$

wegen $BC + CA + AB = 0$: eine bekannte Relation bei einem System von drei Puncten A, B, C in einer Geraden und einem vierten P ausserhalb derselben.

Für $n = 4$ und $p = 2$ ist

$$\frac{\cos AP \,.\, \cos AQ}{\sin AB \,.\, \sin AC \,.\, \sin AD} + \frac{\cos BP \,.\, \cos BQ}{\sin BA \,.\, \sin BC \,.\, \sin BD}$$
$$+ \frac{\cos CP \,.\, \cos CQ}{\sin CA \,.\, \sin CB \,.\, \sin CD} + \frac{\cos DP \,.\, \cos DQ}{\sin DA \,.\, \sin DB \,.\, \sin DC} = 0.$$

Für $n = 5$ kann man $p = 1$ oder $= 3$ setzen, u. s. w.

Bei der jetzt mitgetheilten Ableitung der trigonometrischen Formeln I) und II) aus der algebraischen A) wurde eine geometrische Betrachtung mit zu Hülfe genommen. Fände man dieses unstatthaft, da der Gegenstand der Untersuchung ein rein analytischer ist, so könnte man, ohne das Wesentliche des Beweises zu ändern, folgendergestalt zu Werke gehen. Man drücke das Verhältniss

$$\frac{a-c}{b-c} : \frac{a-d}{b-d},$$

analog mit der in meinem Baryc. Calcul (§. 183) gebrauchten Bezeichnung durch (a, b, c, d) aus. Alsdann sind, wie dort (§. 184), die drei aus (a, b, c, d) durch gegenseitige Vertauschung zweier neben einander stehenden Buchstaben entspringenden Functionen:

1) $$(b, a, c, d) = \frac{1}{(a, b, c, d)},$$

2) $$(a, b, d, c) = \frac{1}{(a, b, c, d)},$$

3) $$(a, c, b, d) = 1 - (a, b, c, d);$$

und hierdurch sind wir im Stande, nach und nach auch alle übrigen durch Permutation der vier Elemente a, b, c, d sich bildenden Functionen durch (a, b, c, d) auszudrücken.

Es ist ferner (§. 185)

4) $$(a, b, c, d)\,(a, b, e, c) = (a, b, e, d),$$

wodurch sich aus zwei Functionen, welche drei Elemente a, b, c gemein haben, das eine derselben c eliminiren, d. h. die aus den vier übrigen Elementen gebildete Function finden lässt, und dieses mit Hülfe der Formeln 1), 2) und 3); auch in dem Falle, wenn die Aufeinanderfolge der Elemente in den zwei gegebenen Functionen irgend anders, als in 4), ist.

Es folgt hieraus weiter, dass man, wenn drei Functionen gegeben sind, welche dieselben drei Elemente a, b, c gemein haben, z. B.

$$(a, b, c, d) = D, \quad (a, b, c, e) = E, \quad (a, b, c, f) = F,$$

aus ihnen zwei dieser Elemente, etwa b und c, eliminiren, und damit (a, d, e, f) durch D, E, F darstellen kann. Ist noch die vierte Function

$$(a, b, c, g) = G$$

gegeben, so wird man noch a eliminiren und damit (d, e, f, g) durch D, E, F, G ausdrücken können. In der That findet sich (§. 186)

$$(d, e, f, g) = (D, E, F, G).$$

Sind folglich bei n Grössen $a, b, c, d, e, f, \ldots$ die $n - 3$ Functionen $D, E, F, \ldots$ gegeben, deren jede die drei ersten a, b, c und je eine der $n - 3$ übrigen Grössen $d, e, f, \ldots$ zu Elementen hat, so wird man aus diesen offenbar von einander unabhängigen Functionen alle übrigen, welche sich aus vier der n Grössen bilden lassen, bestimmen können (§. 187); und dieses bloss durch wiederholte Anwendung des durch die vier Formeln 1), ..., 4) ausgedrückten Algorithmus.

Hat man folglich irgend eine identische Gleichung zwischen irgend welchen der aus $a, b, c, d, e, f, \ldots$ gebildeten Functionen, und setzt man darin statt der letzteren ihre durch $D, E, F, \ldots$ ausgedrückten Werthe, so muss die somit zwischen $D, E, F, \ldots$ hervorgehende Gleichung ebenfalls eine identische sein, indem sonst durch sie eine Abhängigkeit zwischen den von einander unabhängigen $D, E, F, \ldots$ ausgedrückt werden würde. Ohne daher etwas Näheres von der Art zu wissen, wie die durch (a, b, c, d) dargestellte Function aus a, b, c, d zusammengesetzt sei, reicht der gedachte Algorithmus allein hin, um jede Gleichung zwischen solchen Functionen, wenn sie identisch ist, als solche zu beweisen.

Wenn folglich bei einer, auf irgend andere Weise aus vier Elementen zusammengesetzten Function die Relationen 1), ..., 4), welche jenen Algorithmus begründen, gleichfalls stattfinden, so muss jede Gleichung zwischen Functionen der ersteren Art, wenn sie eine identische ist, identisch bleiben, wenn statt der ersteren die der anderen Art substituirt werden.

Solch eine andere Function von vier Elementen a, b, c, d ist aber

$$\frac{\sin(a - c)}{\sin(b - c)} : \frac{\sin(a - d)}{\sin(b - d)}.$$

Denn bezeichnet man dieselbe durch $[a, b, c, d]$, so ist ersichtlich

$$[b, a, c, d] = [a, b, d, c] = \frac{1}{[a, b, c, d]}.$$

Sodann ist

$$[a, c, b, d] = 1 - [a, b, c, d],$$

weil

$$\sin(a-b)\sin(c-d)+\sin(a-c)\sin(d-b)$$
$$+\sin(a-d)\sin(b-c)=0.$$

Auch hat man

$$[a,\ b,\ c,\ d]\ [a,\ b,\ e,\ c]=[a,\ b,\ e,\ d].$$

Jede identische Gleichung zwischen Functionen der ersten Art, (a, b, c, d), etc. wird mithin identisch bleiben, wenn man statt derselben die Functionen $[a, b, c, d]$, etc. substituirt. Nun war in der identischen Gleichung

$$A') \qquad 1=(b)+(c)+(d)+(e)$$

jedes der vier Glieder (b), .., (e) ein Product aus Functionen der ersten Art, nämlich

$$(b)=(b,\ a,\ x,\ c)\ (b,\ a,\ x,\ d)\ (b,\ a,\ x,\ e),$$
$$(c)=(c,\ a,\ x,\ b)\ (c,\ a,\ x,\ d)\ (c,\ a,\ x,\ e),$$

u. s. w. Mithin muss auch die Gleichung

$$1=[b]+[c]+[d]+[e],$$

worin

$$[b]=[b,\ a,\ x,\ c]\ [b,\ a,\ x,\ d]\ [b,\ a,\ x,\ e],$$

u. s. w. ist, eine identische sein. Das Uebrige folgt hieraus auf die bereits gezeigte Weise.

Die vom Herrn Dr. Luchterhand am Schlusse des 23ten Bandes mitgetheilte Bedingung, unter welcher fünf Puncte in einer Kugelfläche liegen, aus einem barycentrischen Princip abgeleitet.

[Crelle's Journal 1843 Band 26 p. 26—31.]

Herr Dr. Luchterhand entwickelt in Crelle's Journal Bd. 23 p. 375 die Relation, welche zwischen den rechtwinkligen Coordinaten von fünf in einer Kugelfläche liegenden Puncten stattfindet, und gelangt durch geometrische Deutung dieser Relation zu dem merkwürdigen Satze, dass, *wenn man von den fünf Pyramiden, welche durch je vier der fünf Puncte bestimmt werden, den Inhalt einer jeden mit dem Quadrate der Entfernung des jedesmal übrig bleibenden fünften Punctes von einem beliebigen sechsten multiplicirt, die Summe von dreien dieser Producte gleich der Summe der beiden anderen ist.* In einer Anmerkung wird der entsprechende Satz für die Ebene hinzugefügt.

Am einfachsten dürften diese Sätze durch Hülfe nachstehender barycentrischer Betrachtungen zu beweisen sein, bei denen sie als specielle Fälle von allgemeineren Sätzen, und letztere hinwiederum als besondere Anwendungen eines barycentrischen Princips erscheinen, das noch für manche andere geometrische Untersuchungen von Nutzen sein kann.

1. In Bezug auf ein rechtwinkliges Coordinatensystem sei (X, Y, Z) der Schwerpunct der in den Puncten (x, y, z), (x', y', z'), etc. befindlichen Gewichte m, m', etc., unter denen hier, wo bloss Raumgrössen in Betracht kommen, beliebige Zahlen, die zum Theil auch negativ sein können, zu verstehen sind. Es ist dann bekanntlich

$$X = \frac{mx + m'x' + \dots}{m + m' + \dots} \quad \text{oder} \quad m(X - x) + m'(X - x') + \dots = 0,$$

folglich

$$a) \quad mx^2 + m'x'^2 + \dots = m[X + (x - X)]^2 + m'[X + (x' - X)]^2 + \dots$$
$$= (m + m' + \dots) X^2 + m(x - X)^2 + m'(x' - X)^2 + \dots,$$

und eben so

$$b) \quad my^2 + m'y'^2 + \dots = (m + m' + \dots) Y^2 + m(y - Y)^2 + m'(y' - Y)^2 + \dots,$$

$$c) \quad mz^2 + m'z'^2 + \dots = (m + m' + \dots) Z^2 + m(z - Z)^2 + m'(z' - Z)^2 + \dots.$$

Die Addition von a), b) und c) giebt, wenn noch der Anfangspunct des Coordinatensystems mit O, die Puncte (x, y, z), (x', y', z') etc. mit $A, A', \ldots$ und ihr Schwerpunct (X, Y, Z) mit S bezeichnet werden:

$$d)\quad m\,.\,OA^2 + m'\,.\,OA'^2 + \ldots = (m + m' + \ldots)\,OS^2 + m\,.\,SA^2 + m'\,.\,SA'^2 + \ldots.$$

Ist demnach von den Puncten A, A', ..., denen resp. die Gewichte m, m', ... zukommen, S der Schwerpunct, so ist, wo auch der Punct O angenommen werden mag, das Aggregat

$$m\,.\,OA^2 + m'\,.\,OA'^2 + \ldots - (m + m' + \ldots)\,OS^2$$

stets von derselben Grösse. Sein aus d) fliessender Werth

$$m\,.\,SA^2 + m'\,.\,SA'^2 + \ldots$$

ergiebt sich, wenn man O mit S zusammenfallen lässt.

2. Um diese Relationen etwas einfacher darzustellen, werde zu dem System der mit den Gewichten m, m', ... belasteten Puncte A, A', ... der Schwerpunct S selbst mit einem Gewichte hinzugefügt, welches der negativ genommenen Summe der Gewichte von A, A', ... gleich sei. Man erhält somit ein System, bei welchem die Summe der Gewichte null ist, und welches gar keinen Schwerpunct hat, allein eben deshalb die Eigenschaft besitzt, dass jeder seiner Puncte der Schwerpunct der jedesmal übrigen ist; z. B. A der Schwerpunct von A', ... und S mit den resp. Gewichten m', ... und $-(m + m' + \ldots)$. Baryc. Calcul §. 10.

Dass das System der Puncte A, B, C, ..., deren Gewichte a, b, c, ... seien, keinen Schwerpunct hat, werde ausgedrückt durch

$$aA + bB + cC + \ldots = 0,$$

wobei immer auch

$$a + b + c + \ldots = 0$$

sein muss (ebendaselbst §. 15, 4). Die geometrische Bedeutung hiervon ist, dass wenn durch A, B, C, ... nach einer beliebigen Richtung gelegte Parallelen von irgend einer mit dieser Richtung nicht parallelen Ebene in A', B', C', ... geschnitten werden,

$$a\,.\,AA' + b\,.\,BB' + c\,.\,CC' + \ldots = 0$$

ist (§. 13) oder, was auf dasselbe hinauskommt, dass, wo auch der Punct Z angenommen werden mag, das Vieleck, dessen Seiten parallel mit ZA, ZB, ZC, ... und resp. gleich $a\,.\,ZA$, $b\,.\,ZB$, $c\,.\,ZC$, ... sind, ein in sich zurücklaufendes oder geschlossenes ist.

In Verbindung hiervon mit den in 1. vom Schwerpuncte bewiesenen Satze schliessen wir nun:

Ist

$$aA + bB + cC + \ldots = 0,$$

so ist für jeden Ort des Punctes O die Summe

$$a \,.\, OA^2 + b \,.\, OB^2 + c \,.\, OC^2 + \ldots$$

von derselben Grösse; oder, was dasselbe aussagt: *es ist für eine beliebige Annahme der Puncte O und P*

$$a\,(OA^2 - PA^2) + b\,(OB^2 - PB^2) + c\,(OC^2 - PC^2) + \ldots = 0.$$

3. Anwendungen. Mit gehöriger Rücksicht auf die Vorzeichen bei Bezeichnung einer geraden Linie, eines Dreiecks oder einer dreiseitigen Pyramide durch Nebeneinanderstellung der zwei, drei oder vier an die End- oder Eckpuncte gesetzten Buchstaben (Bar. Calc. §§. 1, 18 und 19) ist, wenn drei Puncte A, B, C in einer Geraden liegen:

$$aA + bB + cC = 0,$$

wobei sich

$$a : b : c = BC : CA : AB$$

verhalten (§. 22, *c*), oder kurz: es ist

$$BC \,.\, A + CA \,.\, B + AB \,.\, C = 0.$$

Ebenso hat man bei vier in einer Ebene enthaltenen Puncten A, B, C, D (§. 24, *c*)

$$BCD \,.\, A - CDA \,.\, B + DAB \,.\, C - ABC \,.\, D = 0;$$

und bei fünf Puncten A, ..., E im Raume (§. 26, *c*)

$$BCDE \,.\, A + CDEA \,.\, B + DEAB \,.\, C + EABC \,.\, D \\ + ABCD \,.\, E = 0.$$

Wo daher auch die Puncte O und P angenommen werden mögen, so ist, wenn A, B und C in einer Geraden liegen:

$$[1] \quad BC(OA^2 - PA^2) + CA(OB^2 - PB^2) + AB(OC^2 - PC^2) = 0,$$

wenn A, B, C und D in einer Ebene liegen:

$$[2] \quad BCD(OA^2 - PA^2) - CDA(OB^2 - PB^2) \\ + DAB(OC^2 - PC^2) - ABC(OD^2 - PD^2) = 0,$$

und wenn A, ..., E fünf Puncte im Raume überhaupt sind:

$$[3] \quad BCDE(OA^2 - PA^2) + CDEA(OB^2 - PB^2) \\ + DEAB(OC^2 - PC^2) + EABC(OD^2 - PD^2) \\ + ABCD(OE^2 - PE^2) = 0.$$

4. Weitere Folgerungen. *a*) Man lasse in [1] den Punct P mit A zusammenfallen, so kommt

$$BC \,.\, OA^2 + CA \,.\, OB^2 + AB \,.\, OC^2 = CA \,.\, AB^2 + AB \,.\, CA^2 \\ = CA \,.\, AB(CA + AB) = CA \,.\, AB \,.\, CB,$$

wofür man auch schreiben kann:

$$AB \,.\, OC^2 + BC \,.\, OA^2 = AC \,.\, OB^2 + AB \,.\, BC \,.\, AC.$$

Diese Formel, in welcher, wenn B zwischen A und C liegend angenommen wird, alle Glieder positiv sind, drückt die bekannte Relation bei einem Dreieck ACO aus, in welchem man noch die Spitze O mit einem Puncte B der Basis AC verbunden hat.

b) Nimmt man in [2] an, dass die vier Puncte $A, \ldots, D$ in einem Kreise liegen, und lässt P den Mittelpunct dieses Kreises sein, so wird

$$PA^2 = PB^2 = PC^2 = PD^2,$$

und da immer

$$BCD - CDA + DAB - ABC = 0$$

ist (Bar. Calc. §. 18, *c*), so reducirt sich [2] auf

$$BCD \,.\, OA^2 - CDA \,.\, OB^2 + DAB \,.\, OC^2 - ABC \,.\, OD^2 = 0,$$

worin, wenn A, B, C, D die Ordnung ist, in welcher die vier Puncte im Kreise auf einander folgen, sämmtliche vier Dreiecke BCD, CDA, etc. einerlei Zeichen haben. Dabei kann, wie man noch bemerke, der Punct O auch ausserhalb der Ebene des Kreises liegen. Es ist die Luchterhand'sche Relation für den Kreis.

c) Sind A, B, C, D, E fünf Puncte in der Oberfläche einer Kugel, deren Mittelpunct P ist, so ist

$$PA^2 = PB^2 = \text{etc.}$$

Deshalb, und da immer

$$BCDE + CDEA + \ldots + ABCD = 0$$

ist (§. 20, *d*), zieht sich unter der gemachten Annahme die Formel [3] zusammen in:

$$BCDE \,.\, OA^2 + CDEA \,.\, OB^2 + DEAB \,.\, OC^2 + EABC \,.\, OD^2 + ABCD \,.\, OE^2 = 0.$$

Nimmt man dabei an, was immer möglich ist, dass die Puncte A und E auf entgegengesetzten Seiten der Ebene BCD liegen, so haben, wie leicht aus §. 19 und mit Hülfe einer Zeichnung erhellet, von den fünf Pyramiden $BCDE, \ldots, ABCD$ der Formel die erste und die letzte einerlei Zeichen, und das entgegengesetzte die drei übrigen. Dies ist der Luchterhand'sche Satz für die Kugel.

d) Um noch eine Folgerung hinzuzufügen, wollen wir setzen, dass in [2] die vier Puncte A, B, C, D in einer Ellipse liegen, von welcher O und P die beiden Brennpuncte seien. Alsdann ist

$$OA + PA = OB + PB = \text{etc.}$$

gleich der grossen Axe der Ellipse, welche $2a$ heisse. Hierdurch wird

$$OA^2 - PA^2 = 2a\,(OA - PA) = 2a\,(2\,OA - 2a);$$

ebenso

$$OB^2 - PB^2 = 2a\,(2\,OB - 2a), \text{ etc.}$$

und die Gleichung [2] verwandelt sich damit in

$$BCD(OA-a)-CDA(OB-a)+\ldots=0,$$

oder da

$$BCD-CDA+\ldots=0$$

ist:

$$K)\quad OA.BCD-OB.CDA+OC.DAB-OD.ABC=0.$$

Durch ganz ähnliche Schlüsse wird man zu derselben Gleichung auch unter der Voraussetzung geführt, dass A, B, C, D in einer Hyperbel liegen, welche O und P zu Brennpuncten hat. Da ferner ein Kegelschnitt durch drei in ihm liegende Puncte und den einen seiner beiden Brennpuncte vollkommen bestimmt ist, so schliessen wir: *dass die Gleichung K) die nothwendige und hinreichende Bedingung darstellt, unter welcher vier Puncte A, B, C, D einer Ebene in einem Kegelschnitte liegen, von welchem O der eine Brennpunct ist.*

Zusätze. *a*) Zerlegt man die Dreiecke BCD, CDA, ... in solche, welche insgesammt O zur Spitze haben, und wonach

$$BCD=OBC+OCD+ODB,$$
$$CDA=OCD+ODA+OAC$$

etc., ist, so geht die Gleichung K) über in

$$(OD-OA)\,OBC+(OB-OA)\,OCD+(OB-OC)\,ODA$$
$$+(OD-OC)\,OAB+(OC-OA)\,ODB+(OD-OB)\,OCA=0.$$

Hieraus fliesst unmittelbar die Gleichung zwischen den Polarcoordinaten von vier Puncten eines Kegelschnittes, wenn dessen einer Brennpunct zum Pol genommen wird (oder die Gleichung zwischen den Radien Vectoren und den Längen von vier Oertern eines Planeten). Setzt man nämlich

$$OA=r,\quad OB=r',\quad OC=r'',\quad OD=r''',$$

und die Winkel, welche diese vier Linien nach einerlei Seite hin mit einer in der Ebene des Kegelschnittes gezogenen Grundlinie machen, gleich l, l', l'', l''', so werden die Dreiecke

$$OBC=\tfrac{1}{2}r'r''\sin(l''-l'),\quad OCD=\tfrac{1}{2}r''r'''\sin(l'''-l''),$$

etc., und damit die vorige Gleichung

$$(r'''-r)\,r'r''\sin(l''-l')+(r'-r)\,r''r'''\sin(l'''-l'')$$
$$+(r'-r'')\,r'''r\sin(l-l''')+(r'''-r'')\,rr'\sin(l'-l)$$
$$+(r''-r)\,r'''r'\sin(l'-l''')+(r'''-r')\,r''r\sin(l-l'')=0.$$

Auch muss sich dieselbe Gleichung als Resultat der Elimination aus den vier Gleichungen

$$p=r\,[1+e\cos(l-\omega)],\qquad p=r''\,[1+e\cos(l''-\omega)],$$
$$p=r'\,[1+e\cos(l'-\omega)],\qquad p=r'''\,[1+e\cos(l'''-\omega])$$

ergeben, welche der Reihe nach ausdrücken, dass die vier Puncte

(r, l), (r', l'), (r'', l''), (r''', l''') in einem Kegelschnitte liegen, dessen halber Parameter gleich p, dessen Excentricität gleich e, dessen Hauptaxe mit der Grundlinie einen Winkel gleich ω macht, und von welchem der eine Brennpunct der Anfangspunct der Coordinaten ist.

b) Setzt man bei [2], wie vorhin, dass

$$OA \pm PA = OB \pm PB = \text{etc.} = 2a,$$

nimmt aber nicht zugleich an, dass O und P mit A, B, C, D in einer Ebene liegen, so sind A, .., D vier Puncte einer Fläche, die durch Umdrehung eines Kegelschnittes, dessen Brennpuncte O und P sind, um seine Hauptaxe entsteht. *Die Gleichung K) gilt folglich auch dann, wenn A, B, C, D in dem Durchschnitte einer Ebene mit einer solchen Revolutionsfläche liegen, welche O zu dem einen ihrer Brennpuncte hat.*

c) Da die Gleichung K) auch dann noch bestehen muss, wenn bloss O, nicht auch P, in der Ebene $ABCD$ liegt, und da in diesem Falle nach dem Satze *d*) A, .., D in einem Kegelschnitte liegen, welcher O zum Brennpuncte hat, so schliessen wir noch:

Der Schnitt einer Fläche, welche durch Umdrehung eines Kegelschnittes um seine Hauptaxe entsteht, mit einer durch den einen Brennpunct des Kegelschnittes beliebig gelegten Ebene, ist ein Kegelschnitt, welcher denselben Brennpunct zu dem seinigen hat.

d) Behandelt man die Gleichung [3] ähnlicherweise wie [2], so findet sich:

$$OA\,.\,BCDE + OB\,.\,CDEA + OC\,.\,DEAB$$
$$+ OD\,.\,EABC + OE\,.\,ABCD = 0,$$

als die Bedingungsgleichung dafür, dass fünf Puncte A, ..., E in einer durch Umdrehung eines Kegelschnittes um seine Hauptaxe entstehenden Fläche liegen, von welcher O der eine Brennpunct ist.

Indem man jede der fünf Pyramiden $BCDE$, etc. in vier andere zerlegt, deren jede O zur Spitze hat, und wonach z. B.

$$BCDE = OCDE - ODEB + OEBC - OBCD$$

ist (§. 20 zu Ende), verwandelt sich die vorige Gleichung in

$$\Sigma(OA - OB)\,OCED + \Sigma(OA - OD)\,OEBC = 0,$$

wo jeder der beiden summatorischen Ausdrücke eine Summe von fünf Gliedern darstellt, deren jedes aus dem nächst vorhergehenden, das zweite aus dem hingeschriebenen ersten, erhalten wird, wenn man A, B, C, D, E resp. in B, C, D, E, A verwandelt.

Verallgemeinerung des Pascal'schen Theorems das in einen Kegelschnitt beschriebene Sechseck betreffend.

[Berichte der Königl. Sächsischen Gesellschaft der Wissenschaften math.-phys. Classe 1847 Band 1 p. 170—175 und Crelle's Journal Band 36 p. 216—220.]

Eine projective Eigenschaft einer ebenen Figur ist bekanntlich eine solche, welche auch jeder anderen Figur zukommt, welche eine Projection der ersteren Figur auf eine andere Ebene durch Linien aus einem Puncte ist. Hat man daher eine solche Eigenschaft für eine gewisse Projection als richtig bewiesen, so ist sie damit auch für jede andere Projection und folglich allgemein dargethan. Am vortheilhaftesten aber wird es sein, für jene gewisse Projection diejenige zu wählen, bei welcher möglichst viele der von einer Projection zur anderen veränderliche Verhältnisse der Figur möglichst einfache Werthe erhalten, indem somit der Beweis der projectiven Eigenschaft durch Zuhülfenahme anderer aus diesen einfachen Verhältnissen fliessenden nicht projectiven Eigenschaften der Figur am meisten erleichtert werden wird.

Ein Beispiel hierzu giebt die höchst merkwürdige von Pascal entdeckte projective Eigenschaft der Kegelschnitte, wonach die drei Durchschnitte der einander gegenüber liegenden Seiten eines in eine solche Curve beschriebenen Sechsecks in einer Geraden liegen. Weil jeder Kegelschnitt auf eine andere Ebene als Kreis projicirt werden kann, so wird Pascal's Satz für alle Kegelschnitte bewiesen sein, wenn er nur für den Kreis dargethan ist. Aber noch mehr: zu einem Kegelschnitte und einer in seiner Ebene gezogenen, ihn selbst nicht treffenden Geraden l können eine Projectionsebene und ein Projectionscentrum immer so bestimmt werden, dass die Projection des Kegelschnittes ein Kreis wird, und die Projection jedes Punctes der Geraden l in die Unendlichkeit fällt, d. h. dass von je zwei Geraden in der Ebene des Kegelschnittes, welche sich in l schneiden, die Projectionen einander parallel sind. Man wird mithin nur zu zeigen haben, dass, wenn bei einem in einen Kreis beschriebenen Sechsecke zwei aufeinander folgende Seiten beziehungsweise den ihnen gegenüberliegenden parallel sind, auch die zwei noch übrigen einander gegenüberliegenden Seiten einander parallel sind; und es würde somit das Theorem Pascal's wenigstens für den Fall dargethan sein, wenn die durch zwei der drei Durchschnittspuncte zu führende Gerade l den Kegelschnitt nicht trifft. Dass es aber auch dann gilt, wenn l den Kegelschnitt berührt oder schneidet, kann, wenn auch nicht auf diesem einfachen Wege der Projection, doch durch Hinzufügung einer einfachen analytischen Betrachtung gezeigt werden.

Das Voranstehende ist etwa der Gang, auf welchem Herr Gergonne im 4. Bande seiner Annalen der Mathematik Seite 78 ff. das merkwürdige Theorem bewiesen hat. Den Nerv dieses Beweises macht, wie man sieht, die eben bemerkte und noch darzuthuende Eigenschaft eines Sechseckes im Kreise aus. Es gründet sich dieselbe auf den elementaren Satz, dass zwischen parallelen Sehnen liegende Kreisbögen einander gleich sind, und umgekehrt: dass die Endpuncte zweier einander gleichen Kreisbögen sich durch parallele Sehnen verbinden lassen; oder, um mich bestimmter auszudrücken und die Eigenschaft ganz allgemein für jede Gestalt, welche das Sechseck im Kreise haben kann, darthun zu können:

Sind zwei Sehnen AB und $A'B'$ eines Kreises einander parallel, gleichviel ob die Richtungen AB und $A'B'$ einerlei oder einander entgegengesetzt sind, so sind die Bögen AA' und $B'B$ des Kreises, wenn sie nach einerlei Sinne gerechnet werden, einander gleich; und umgekehrt: sind zwei nach einerlei Sinne gerechnete Bögen AA' und $B'B$ eines Kreises einander gleich, so sind die Sehnen AB und $A'B'$ einander parallel.

Zieht man demnach in einem Kreise von zwei beliebigen Puncten A und A' derselben aus irgend zwei einander parallele Sehnen AB und $A'B'$, und von B und B' aus irgend zwei andere einander parallele Sehnen BC und $B'C'$, so sind die nach einerlei Sinne gerechneten Bögen AA' und $B'B$ einander gleich, und ebenso die Bögen $B'B$ und CC', folglich auch die Bögen CC' und AA'; folglich sind die Sehnen CA' und $C'A$ einander parallel; oder, wie man statt dessen auch sagen kann: Ist bei einem in einen Kreis beschriebenen Sechseck $ABCA'B'C'$ die erste Seite AB mit der vierten $A'B'$, und die zweite BC mit der fünften $B'C'$ parallel, so ist es auch die dritte CA' mit der sechsten $C'A$.

Der Beweis, welchen Herr Gergonne von diesem Satze beifügt, ist von dem jetzt mitgetheilten allerdings nicht wesentlich, sondern nur hinsichtlich der äusseren Fassung verschieden. Allein ausserdem, dass die hier gebrauchte Fassung einen neuen Beleg des Nutzens giebt, welchen eine stete Berücksichtigung der Aufeinanderfolge der Buchstaben bei den Bezeichnungen geometrischer Objecte gewährt, so wird man bei dieser Fassung gleichsam von selbst zur Verallgemeinerung des Pascal'schen Satzes hingeleitet.

In der That, zieht man von C und C' aus noch zwei einander parallele Sehnen CD und $C'D'$ nach beliebiger Richtung, so hat man die einander gleichen Bögen

$$AA' = B'B = CC' = D'D.$$

Mithin müssen auch die Sehnen AD und $D'A'$ einander parallel sein. Alle die jetzt gezogenen Sehnen bilden aber zwei Vierecke $ABCD$ und $A'B'C'D'$, und wir schliessen somit: Wenn von zwei in einen Kreis beschriebenen Vierecken $A..D$ und $A'..D'$ drei Seiten AB, BC, CD des einen den gleichnamigen $A'B'$, $B'C'$, $C'D'$ des anderen parallel sind, so sind auch die zwei noch übrigen Seiten DA und $D'A'$ einander parallel.

Lässt man auf CD und $C'D'$ noch ein neues Paar paralleler Sehnen DE und $D'E'$ folgen, so sind die Bögen

$$AA' = \ldots = D'D = EE',$$

folglich die Sehnen EA' und $E'A$ einander parallel. Dies giebt ein in den Kreis beschriebenes Zehneck $ABCDEA'B'C'D'E'$, in welchem AB und $A'B'$, BC und $B'C'$, u. s. w. d. h. je zwei einander gegenüberliegende Seiten einander parallel sind, und wobei der Parallelismus des fünften Paares aus dem der vier vorhergehenden folgt.

Man setze an E und E' ein fünftes Paar paralleler Sehnen EF und $E'F'$, so sind jetzt die Bögen

$$AA' = \ldots EE' = F'F,$$

und mithin die Sehnen FA und $F'A'$ einander parallel. Man bekommt somit zwei in den Kreis beschriebene Sechsecke $ABCDEF$ und $A'\ldots F'$, deren gleichnamige Seiten einander parallel sind, und wobei wiederum der Parallelismus des letzten Paares aus dem vorhergehenden zu schliessen ist.

Schon diese wenige Fälle werden hinreichen, um einzusehen, dass alle auf solche Weise durch fortgesetztes Anlegen paralleler Sehnen entstehenden Figuren von doppelter Art sind, je nachdem die Anzahl der Paare paralleler Seiten ungerade oder gerade ist. Bei einer ungeraden Anzahl von Paaren, gleich $2m + 1$, bilden alle $4m + 2$ Seiten ein einziges Vieleck. Ist die Anzahl der Paare gerade, gleich $2m$, so erhält man zwei gesonderte Vielecke, jedes von $2m$ Seiten. Jede dieser Figuren besitzt aber die Eigenschaft, dass der Parallelismus eines jeden Seitenpaares eine Folge aus dem Parallelismus aller jedesmal übrigen Paare ist.

Es bleibt jetzt noch übrig, diese beim Kreise stattfindende Eigenschaft nach den Gesetzen der Projection auf Kegelschnitte überhaupt auszudehnen. Durch Schlüsse von ganz derselben Art, wie oben beim Sechseck, erhalten wir damit folgende zwei Sätze:

I) *Wenn bei einem in einen Kegelschnitt beschriebenen Vielecke von* 6, 10, 14, *etc. oder überhaupt* $4m+2$ *Seiten die Durchschnitte aller Paare gegenüberliegender Seiten bis auf eines in einer Geraden begriffen sind, so liegt darin auch der Durchschnitt dieses letzten Paares.*

II) *Wird zu einem in einen Kegelschnitt beschriebenen Vielecke von gerader Seitenzahl ein zweites von gleicher Seitenzahl in den Kegelschnitt so beschrieben, dass die Durchschnitte je zweier gleichvielter Seiten beider Vielecke bis auf einen, den letzten, in einer Geraden liegen, so ist auch der letzte in dieser Geraden enthalten.*

Schliesslich füge ich noch die diesen Sätzen nach dem Gesetz der Dualität entsprechenden bei, die, wenn man will, gleichfalls aus der Natur des Kreises hergeleitet werden können, indem man die durch Paare von Ecken der Vielseite zu legenden Geraden sich insgesammt im Mittelpuncte des Kreises schneidend annimmt, um welchen die Vielseite beschrieben worden (vergl. die Gergonne'sche Abhandlung).

I) *Wenn bei einem um einen Kegelschnitt beschriebenen Vielseit mit* $4m+2$ *Ecken alle die gegenüberliegenden Ecken verbindenden Geraden bis auf eine sich sich in einem Puncte schneiden, so trifft diesen Punct auch die das noch übrige Eckenpaar verbindende Gerade.*

II) *Wird zu einem um einen Kegelschnitt beschriebenen Vielseit mit gerader Eckenzahl ein zweites Vielseit mit der nämlichen Eckenzahl so beschrieben, dass die durch je zwei gleichvielte Ecken beider Vielseite zu ziehenden Geraden bis auf eine, die letzte, sich in einem Puncte schneiden, so trifft diesen Punct auch die letzte Gerade.*

Der Satz, dass die zwischen parallelen Sehnen eines Kreises liegenden Bögen des letzteren einander gleich sind, und dass umgekehrt die Endpuncte zweier einander gleichen Bögen eines Kreises durch parallele Sehnen verbunden werden können, — dieser Satz kann, etwas anders ausgedrückt, auf alle Kegelschnitte ausgedehnt werden. Setzt man nämlich statt der Bögen die ihnen stets proportionalen Sectoren des Kreises, und projicirt alsdann die Figur durch Parallellinien auf eine gegen ihre Ebene geneigte Ebene, so erhält man folgendes Theorem:

Sind AB und A'B' zwei parallele Sehnen einer Ellipse und ist M der Mittelpunct der Ellipse, so sind die elliptischen Sectoren MA'A und MBB', sowie MA'B und MAB', einander gleich, und dieses auch hinsichtlich des durch die Buchstabenfolge in ihren Ausdrücken bestimmten Vorzeichens. Umgekehrt: Sind zwei elliptische Sectoren MA'A und MBB' mit Rücksicht auf die Zeichen einander gleich, so sind die Sehnen AB und A'B' einander parallel. Oder noch anders ausgedrückt:

Es bewege sich ein Punct P in einer Ellipse dergestalt, dass der bis zu ihm vom Mittelpuncte der Ellipse aus gezogene Radius in gleichen Zeiten gleiche Flächen überstreicht. Die zwischen zwei parallelen Sehnen AB und A'B' der Ellipse enthaltenen Bögen A'A und BB', so wie A'B und AB', werden dann von P in gleichen Zeiten durchlaufen, und umgekehrt.

Dieselben Sätze gelten, wie sich leicht zeigen lässt, auch für die Hyperbel, und zwar der umgekehrte in allen Fällen, der directe aber mit einer Beschränkung, welche aus der Doppelgestalt der Hyperbel entsteht, und wonach zwei Puncte einer Hyperbel nur dann die Endpuncte eines hyperbolischen Bogens sein können, wenn sie in einer und derselben Hälfte der Curve liegen.

Endlich gelten diese phoronomischen Sätze wörtlich auch für die Parabel, wenn man dieselbe von einem Puncte also durchlaufen lässt, dass eine durch den Punct gelegte, mit der Axe der Parabel stets parallel bleibende Gerade in gleichen Zeiten gleich breite Parallelstreifen überstreicht. Es ist dies keine andere, als die parabolische Wurfbewegung, und wir können daher noch schliessen:

Werden von einem geworfenen Körper die Bögen AB und CD in gleichen Zeiten zurückgelegt, so sind die Geraden AD und BC einander parallel; und wenn die Bögen AB und BC in gleichen Zeiten beschrieben werden, so ist die Gerade AC parallel mit der an die Curve in B gelegten Tangente.

Zu dem Aufsatze des Herrn Dr. Baltzer im Jahrgang 1855 der Berichte S. 62, die Leibniz'sche Quadratur der Sectoren von Kegelschnitten betreffend.

[Berichte der Königl. Sächsischen Gesellschaft der Wissenschaften math.-phys. Classe 1856 Band 8 p. 19—20.]

Sei O der Mittelpunct einer Ellipse, AM ein Bogen derselben, OB der mit OA conjugirte Halbmesser, X der Durchschnitt von OA mit einer durch M parallel mit OB gezogenen Linie, S der Durchschnitt von OM mit der in A an die Ellipse gelegten und daher mit OB parallelen Tangente, und T der Durchschnitt von AS mit der in M angelegten Tangente. Alsdann ist, wie a. a. O. mittelst eines sehr einfachen analytischen Calculs bewiesen wird, das Verhältniss des elliptischen Sectors OAM zu der von einem Paare conjugirter Halbmesser zum anderen constanten Dreiecksfläche OAB

$$\frac{\text{sect } OAM}{\text{tr } OAB} = \text{arc cos } \frac{OX}{OA} = \text{arc tang } \frac{AS}{OB} = 2 \text{ arc tang } \frac{AT}{OB}.$$

Dieselben Formeln lassen sich aber auch ohne alle Rechnung geradezu aus der Natur des Kreises mittelst des Princips der Affinität ableiten, da jede Ellipse eine dem Kreise affine Curve ist. Man construire zu dem Ende eine der Figur $OABMXST$ affine Figur $O'A'B'M'X'S'T'$ also, dass $O'B' = O'A'$, und $A'O'B' = 90^\circ$, was immer thunlich ist. Die vorige Ellipse AMB.. wird dadurch ein Kreis $A'M'B'$.., dessen Mittelpunct O' ist. Dabei sind O', X', A', desgleichen O', M', S', sowie A', T', S' in gerader Linie; $O'B'$, $X'M'$, $A'S'$ sind auf $O'A'$, und $M'T'$ auf $O'S'$ perpendicular, und der Bogen $A'M'$ wird von $O'T'$ halbirt. Hiernach ist

$$\frac{\text{sect } O'A'M'}{\text{tr } O'A'B'} = \frac{\text{arc } A'M'}{O'A'} = \text{arc cos } \frac{O'X'}{O'A'}$$

$$= \text{arc tang } \frac{A'S'}{O'B'} = 2 \text{ arc tang } \frac{A'T'}{O'B'}.$$

Den metrischen Eigenschaften affiner Figuren gemäss ist aber

$$\frac{\text{sect } O'A'M'}{\text{tr } O'A'B'} = \frac{\text{sect } OAM}{\text{tr } OAB},$$

$$\frac{O'X'}{O'A'} = \frac{OX}{OA}, \quad \frac{A'S'}{O'B'} = \frac{AS}{OB}, \quad \frac{A'T'}{O'B'} = \frac{AT}{OB};$$

folglich u. s. w.

Die entsprechenden, vom Herrn Dr. Baltzer gleichfalls aufgestellten, Formeln für den Sector einer Hyperbel lassen sich, wenn man will, aus denen für den elliptischen Sector sogleich dadurch folgern, dass man OB in $i\,.\,OB$, wo $i=\sqrt{-1}$, und damit

$$\text{tr}\,OAB = \tfrac{1}{2} OA\,.\,OB\,.\,\sin AOB$$

in $i\,.\,\text{tr}\,OAB$ verwandelt, und von den bekannten Transformationen

$$i\,.\,\text{arc}\cos u = \log\left(u+\sqrt{u^2-1}\right) \quad\text{und}\quad 2i\,\text{arc tang}\,iv = \log\frac{1-v}{1+v}$$

Gebrauch macht.

Ohne hierauf näher einzugehen, will ich noch eine wegen ihrer Einfachheit mir nicht minder bemerkenswerth scheinende Formel für den Sector OAM hinzufügen. Sie ist, wie aus einer der vorigen ganz analogen Betrachtungsweise hervorgeht, für die Ellipse:

$$\frac{\text{sect}\,OAM}{\text{tr}\,OAB} = \text{arc}\sin\frac{\text{tr}\,OAM}{\text{tr}\,OAB}.$$

Für die Hyperbel fliesst hieraus:

$$\frac{\text{sect}\,OAM}{i\,\text{tr}\,OAB} = \text{arc}\sin\frac{\text{tr}\,OAM}{i\,\text{tr}\,OAB},$$

und wenn man das reelle Verhältniss $\text{tr}\,OAM : \text{tr}\,OAB = p$ setzt:

$$\frac{\text{sect}\,OAM}{\text{tr}\,OAB} = i\,.\,\text{arc}\sin\frac{p}{i} = \log\left(p+\sqrt{1+p^2}\right),$$

eine Formel, die sich auch schon aus der a. a. O. für die Hyperbel gegebenen

$$\frac{\text{sect}\,OAM}{\text{tr}\,OAB} = \log\left(\frac{x}{a}+\frac{y}{b}\right)$$

deduciren lässt, indem sich

$$p : 1 = \text{tr}\,OAM : \text{tr}\,OAB = XM : OB = y : b,$$

und damit

$$\sqrt{1+p^2} : 1 = x : a$$

verhält.

Ueber die Zusammensetzung gerader Linien und eine daraus entspringende neue Begründungsweise des barycentrischen Calculs.

[Crelle's Journal 1844 Band 28 p. 1—9.]

1. Die einzigen Sätze der Geometrie, die ich hierbei als erwiesen voraussetze, sind die zwei: »dass zwei Gerade, deren jede mit einer dritten parallel ist, auch mit einander parallel sind«, und »dass Parallelen zwischen Parallelen einander gleich sind«.

Im Folgenden soll durch Setzung des Gleichheitszeichens zwischen die Ausdrücke zweier geraden Linien, z. B. durch $AB = CD$, stets angezeigt werden, dass die zwei Linien nicht bloss von gleicher Länge sind, sondern auch einerlei Richtung haben, so dass, wenn die eine Linie CD parallel mit sich fortgeführt wird, bis C mit A zusammenfällt, dann auch D mit B coincidirt. Mit dieser Bezeichnungsart lassen sich jene zwei Sätze kurz also ausdrücken:

I) Ist $AB = CD$ und $CD = EF$, so ist auch $AB = EF$.

II) Ist $AB = CD$, so ist auch $AC = BD$.

Hieraus lässt sich sogleich weiter schliessen:

III) Ist 1) $AB = A'B'$ und 2) $BC = B'C'$, so ist auch $AC = A'C'$.

Denn nach II) folgt aus 1) $AA' = BB'$, und 2) $BB' = CC'$; folglich nach I) $AA' = CC'$; folglich nach II) $AC = A'C'$.

IV) Ist 1) $AB = A'B'$, 2) $BC = B'C'$, 3) $CD = C'D'$, 4) $DE = D'E'$, etc., so ist auch $AD = A'D'$, $AE = A'E'$, etc. Denn aus 1) und 2) folgt nach III) $AC = A'C'$; hieraus und aus 3) eben so $AD = A'D'$, etc.

2. Sind AB, CD, EF mehrere ihrer Grösse und Richtung nach gegebene gerade Linien, und setzt man, von einem beliebigen Puncte P ausgehend, diese Linien parallel mit ihren Richtungen aneinander, macht also

$$PQ = AB, \quad QR = CD, \quad RS = EF,$$

und bildet somit die gebrochene Linie $PQRS$, so soll diese Operation die Zusammensetzung oder die geometrische Addition der gegebenen Linien heissen; zum Unterschiede von der arithmetischen, als wobei bloss die Grösse der Linien, nicht auch ihre Richtung in Betracht kommt. Die gerade Linie vom Anfangspuncte P bis zum Endpuncte S der gebrochenen Linie $PQRS$ nenne man die geometrische Summe der Linien AB, ..., und drücke dieses hier aus durch

$$AB + CD + EF = PS.$$

Fällt der Endpunct S mit dem Anfangspuncte P zusammen, so ist die geometrische Summe Null, und man schreibe alsdann

$$AB + CD + EF = 0.$$

Wenn AB, CD und EF dieselbe Summe wie GH und IK haben, so schreibe man, um dieses auszudrücken:

$$AB + CD + EF = GH + IK.$$

Uebrigens ist von selbst klar, dass, wie auch die Puncte A, B, C, D, ... im Raume liegen mögen, stets sein wird:

$$AB + BA = 0, \quad AB + BC = AC,$$
$$AB + BC + CA = 0, \quad AB + BC + CD = AD,$$

u. s. w.

3. Wenn man, um AB, ... zusammenzusetzen, statt P irgend einen anderen Punct P' zum Ausgangspuncte wählt, und hiernach

$$P'Q' = AB, \quad Q'R' = CD, \quad R'S' = EF$$

macht, so ist nach I)

$$PQ = P'Q', \quad QR = Q'R', \quad RS = R'S',$$

und daher nach IV) $PS = P'S'$; d. h. die geometrische Summe bleibt dieselbe, welches auch der Punct sei, von welchem man bei der Addition ausgeht.

Die geometrische Summe mehrerer Linien ist aber nicht bloss von dem Orte des Ausgangspunctes, sondern auch von der Ordnung, in welcher man sie zusammensetzt, unabhängig. Denn macht man, um AB und CD zu addiren, das einemal, mit AB anfangend, $PQ = AB$, $QR = CD$, und das anderemal mit CD anfangend, $PQ' = CD$, $Q'R' = AB$, so ist hiernach 1) $PQ = Q'R'$ und 2) $PQ' = QR$; folglich wegen 1) $PQ' = QR'$, und gleich QR wegen 2); also R' mit R identisch, so dass sich das eine- wie das anderemal PR als Summe ergiebt. Eben so können überhaupt bei mehreren zu addirenden Linien irgend zwei nächstfolgende mit einander vertauscht werden; und da man von irgend einer Aufeinanderfolge mehrerer Elemente durch fortgesetztes Vertauschen je zweier nächstfolgenden zu jeder anderen Folge der Elemente gelangen kann, so wird auch bei mehreren geometrisch zu addirenden Linien, ganz wie bei der arithmetischen Addition, die Ordnung, in welcher man sie nach und nach verbindet, jede beliebige sein können.

4. Sind die Linien AB, CD, EF, GH, IK ihrer Grösse und Richtung nach gegeben, und macht man, von P ausgehend,

$$PQ = AB,\quad QR = CD,\quad RS = EF,\quad ST = GH,\quad TU = IK,$$

so ist

$$AB + CD + EF = PS,\quad GH + IK = SU,$$

und

$$AB + CD + \ldots + IK = PU,\quad = PS + SU,$$

nach 2) zu Ende. Setzt man daher

$$a)\qquad AB + CD + EF = LM$$

und

$$b)\qquad GH + IK = NO,$$

so ist

$$LM = PS,\quad NO = SU,$$

und

$$AB + CD + \ldots + IK = PS + SU = LM + NO,$$

d. h. man kann die Formeln a) und b), und ebenso drei und mehrere solcher Formeln zu einander addiren.

Ist die zu a) zu addirende Formel mit a) identisch, so kommt:

$$AB + CD + EF + AB + CD + EF = LM + LM,$$

oder wenn man, da Linien in jeder beliebigen Ordnung addirt werden können (3), je zwei gleichnamige unmittelbar auf einander folgen lässt, und unter $m\,.\,AB$ eine Linie versteht, welche mit AB einerlei Richtung und eine Länge hat, die sich zu der von AB wie $m : 1$ verhält:

$$2\,.\,AB + 2\,.\,CD + 2\,.\,EF = 2\,.\,LM,$$

und eben so, wenn man m mit a) identische Formeln addirt:

$$c)\qquad m\,.\,AB + m\,.\,CD + m\,.\,EF = m\,.\,LM;$$

wo m jede ganze positive Zahl sein kann.

Unter derselben Voraussetzung in Betreff von m kann man aus a) schliessen, dass

$$\frac{1}{m}\,.\,AB + \frac{1}{m}\,.\,CD + \frac{1}{m}\,.\,EF = \frac{1}{m}\,.\,LM.$$

Denn setzt man

$$\frac{1}{m}\,.\,AB + \frac{1}{m}\,.\,CD + \frac{1}{m}\,.\,EF = XY,$$

so ist auch, weil man mit m multipliciren kann,

$$AB + CD + EF = m\,.\,XY;$$

folglich wegen $a)$

$$m\,.\,XY = LM,$$

und daher

$$XY = \frac{1}{m}\,.\,LM.$$

Eine Formel wie $a)$ kann man daher, ohne ihre Richtigkeit aufzuheben, mit jeder ganzen positiven Zahl, folglich auch mit jedem rationalen positiven Bruche, also nach bekannten Schlüssen auch mit jeder irrationalen positiven Zahl multipliciren oder dividiren*).

Das für die Formel $a)$ jetzt Bewiesene muss endlich auch für Formeln von der allgemeinen Form

$$a^{*})\qquad a\,.\,AB + c\,.\,CD + \ldots = l\,.\,LM$$

gelten, wo a, c, ... und l beliebige positive Zahlen bedeuten. Denn wenn man darin $a\,.\,AB = A'B'$, $c\,.\,CD = C'D'$, etc. und $l\,.\,LM = L'M'$ setzt, so wird diese Form auf die vorige $a)$ zurückgeführt.

---

*) Dasselbe lässt sich auch leicht mit Hülfe der Lehre von ähnlichen Figuren darthun; so wie umgekehrt diese Lehre aus obigem Satze abgeleitet werden kann. So folgt z. B. aus der identischen Gleichung

$$AB + BC = AC,$$

dass auch

$$m\,.\,AB + m\,.\,BC = m\,.\,AC$$

ist. Setzt man daher

$$m\,.\,AB = FG \text{ und } m\,.\,BC = GH,$$

so wird

$$m\,.\,AC = FG + GH = FH;$$

d. h., sind zwei Seiten FG, GH eines Dreiecks den Seiten AB, BC eines anderen parallel und ihnen proportional, so ist auch die dritte Seite FH des ersteren der dritten Seite AC des letzteren parallel, und ihr in demselben Verhältnisse proportional. Oder sind FG, GH, HF resp. den AB, BC, CA parallel, und setzt man deshalb

$$FG = p\,.\,AB,\quad GH = q\,.\,BC,\quad HF = r\,.\,CA,$$

so kommt durch Addition dieser Formeln:

$$0 = p\,.\,AB + q\,.\,BC + r\,.\,CA.$$

Immer ist aber auch

$$r\,.\,AB + r\,.\,BC + r\,.\,CA = 0,$$

und daher (Nr. 5)

$$(p-r)AB + (q-r)BC = 0.$$

So lange aber A, B, C nicht in einer Geraden liegen, kann von zwei Linien, welche die Richtungen AB und BC haben, die geometrische Summe nicht Null sein, und es muss dann folglich jeder der Coefficienten $p-r$ und $q-r$ einzeln Null sein, also

$$p = q = r \text{ und } FG : GH : HF = AB : BC : CA;$$

d. h., wenn die Seiten eines Dreiecks FGH denen eines anderen ABC parallel sind, so sind sie ihnen auch proportional.

5. So wie in der Arithmetik $a+b=c$ und $a=c-b$ identische Gleichungen sind, so kann man auch hier die Formeln

$$1)\quad AB+CD=EF \quad \text{und} \quad 2)\quad AB=EF-CD$$

als identisch betrachten, und AB den geometrischen Unterschied zwischen EF und CD nennen, wenn EF die geometrische Summe von AB und CD ist. Setzt man zu 1) auf beiden Seiten DC hinzu, so kommt:

$$AB=EF+DC=EF-CD$$

nach 2); wonach eine Linie von einer anderen geometrisch subtrahiren nichts anderes heisst, als dieselbe Linie, nach der entgegengesetzten Richtung genommen, zu der anderen geometrisch addiren.

Wenn daher in der obigen allgemeinen Formel *a*), gegen die dortige Annahme, eines oder etliche Glieder negative Zeichen haben, so kann man, verlangt man bloss positive Glieder, entweder das Minuszeichen eines Gliedes geradezu in Plus verwandeln, muss aber dann noch den Anfangs- und den Endpunct der zugehörigen Linie mit einander vertauschen; oder man kann das negative Glied bloss mit Aenderung seines Vorzeichens auf die andere Seite des Gleichheitszeichens setzen.

Ueberhaupt geht aus dem Bisherigen hervor, dass man dergleichen Formeln wie *a*) vollkommen so wie gewöhnliche Gleichungen behandeln kann, dafern sie nur rücksichtlich der in ihnen vorkommenden Linien stets von linearer Form bleiben, so dass man nämlich Glieder von der einen Seite des Gleichheitszeichens auf die andere mit dem entgegengesetzten Vorzeichen bringen, alle Glieder mit derselben Zahl multipliciren oder dividiren, und zwei oder mehrere solcher Formeln zu einander addiren, oder die eine von der anderen subtrahiren kann.

6. Wir sind somit zu einer Rechnungsart mit geraden Linien gelangt, deren Richtigkeit, so lange die Linien Theile einer und derselben Geraden, oder mit derselben Geraden parallel sind, keines Beweises bedarf, und deren Zulässlichkeit, wenn die Linien verschiedene Richtungen haben, aus den allerersten Sätzen der Parallelentheorie fliesst.

Es lässt sich aber diese Rechnung mit Linien noch auf eine eigenthümliche Weise umgestalten; und dieses in Folge einer merkwürdigen Beziehung, welche bei geometrisch zu addirenden Linien zwischen den Anfangs- und Endpuncten der Linien stattfindet. Man habe z. B. die Linien AB und CD zu addiren. Da immer

$$AB = AD + DB \text{ und } CD = CB + BD$$

ist, so wird

$$AB + CD = AD + DB + CB + BD = AD + CB,$$

indem

$$DB + BD = 0$$

ist. Sind demnach A, B, C, D irgend vier Puncte im Raume, so erhält man dasselbe Resultat, man mag die Linien AB und CD, oder die Linien AD und CB zusammensetzen; mit anderen Worten: *zur Zusammensetzung zweier Linien reicht es schon hin, dass man weiss, welches ihre Anfangspuncte* (A und C) *und welches ihre Endpuncte* (B und D) *sind, nicht aber wie letztere zu ersteren gehören* (ob B zu A und D zu C, oder D zu A und B zu C).

Dasselbe Princip gilt nun, wie man leicht sieht, auch bei der Zusammensetzung von drei und mehreren Linien. Denn sollen z. B. die drei Linien AB, CD und EF addirt werden, so kann man zuerst, weil die Ordnung, in welcher sie addirt werden, willkürlich ist, und man daher beliebige zwei zu den zwei ersten nehmen kann, irgend zwei Endpuncte, wie B und D, oder D und F, oder B und F, mit einander vertauschen. Können aber von mehreren in gewisser Ordnung auf einander folgenden Elementen je zwei mit einander vertauscht werden, so lassen sie sich durch Wiederholung dieser Operation in jede beliebige Ordnung bringen, und man kann folglich die Endpuncte B, D, F auf jede beliebige Weise mit den Anfangspuncten A, C, E verbinden, so dass z. B.

$$AB + CD + EF = AF + CB + ED.$$

Eben so lässt sich statt $AB + BC + CA$, worin A, B, C die Anfangspuncte und B, C, A die Endpuncte sind, setzen $AA + BB + CC$; und da jede der Linien AA, BB, CC offenbar für sich Null ist, so muss auch $AB + BC + CA = 0$ sein (vergl. Nr. 2).

7. Da es also bei jeder beliebigen Anzahl geometrisch zu addirender Linien immer nur darauf ankommt, zu wissen, welches die Anfangs- und welches die Endpuncte sind, nicht aber, wie letztere mit ersteren zusammengehören, so wollen wir alle diese Puncte isolirt schreiben, und zur Unterscheidung den Anfangspuncten das positive, den Endpuncten das negative Zeichen geben, wollen also statt $AB + CD + EF$

$$A - B + C - D + E - F, \text{ oder } A + C + E - B - D - F$$

schreiben, oder wie man sonst diese sechs Buchstaben mit ihren Zeichen auf einander folgen lassen will. Auch wird diese Ausdrucksweise noch dadurch gerechtfertigt, dass, so wie der Ausdruck

AA, geometrisch genommen, eine Linie gleich 0 bezeichnet, auch $A - A$ in arithmetischem Sinne gleich 0 ist. In Uebereinstimmung mit der Natur der geometrischen Zusammensetzung lässt sich daher die von einem Puncte zu einem anderen zu ziehende gerade Linie, als durch welche der Unterschied zwischen der Lage der beiden Puncte bestimmt wird, im Calcul durch den Unterschied der beiden Puncte selbst ausdrücken.

Da ferner, eben so wie

$$AB + CD = AD + BC,$$

auch

$$a \,.\, AB + a \,.\, CD = a \,.\, AD + a \,.\, BC$$

ist, so wird man auch, wenn in einer Formel Glieder mit numerischen Coefficienten, wie $a \,.\, AB$, etc. vorkommen, statt derselben $aA - aB$, etc. und daher statt

$$a) \qquad a \,.\, AB + c \,.\, CD + \ldots = l \,.\, LM$$

schreiben können:

$$a^*) \qquad aA - aB + cC - cD + \ldots = lL - lM$$

und jede Folgerung, welche man aus a) allein, oder aus a) in Verbindung mit noch anderen ihr ähnlichen Formeln, nach den in Nr. 5 bemerkten Regeln ziehen kann, ist dieselbe; und keine anderen wird man auch aus a^*) und den ihr ähnlichen Formeln ableiten können. Liegen z. B. vier Puncte A, B, C, D so, dass

$$AB + 2CD = 2BC,$$

so wird man statt dessen

$$A - B + 2C - 2D = 2B - 2C \text{ oder } A + 4C = 3B + 2D$$

schreiben, und daraus unter Anderen folgern können

$$4C - 4B + B - A = 2D - 2A,$$

d. i.

$$4CB + BA = 2DA.$$

Mit Formeln, wie a^*), wird es demnach gestattet sein, alle die arithmetischen Operationen vorzunehmen, bei welchen sie in Bezug auf die in ihnen enthaltenen Puncte von linearer Form bleiben; wobei noch der Vortheil stattfindet, dass man sich der Formeln, welche in geometrischer Bedeutung identisch sind, wie

$$AB + BC = AC,$$

nicht mehr zu erinnern braucht, indem solche in arithmetisch-identische ($A - B + B - C = A - C$) übergehen.

8. Soll umgekehrt eine Formel, deren Glieder Producte aus Zahlen in Puncte sind, Sinn und Bedeutung haben, so muss die

Summe aller Zahlen auf der einen Seite des Gleichheitszeichens der Summe der Zahlen auf der anderen Seite gleich sein; d. h. die Formel muss auch dann noch richtig sein, wenn alle Puncte weggestrichen werden.

So wird z. B. zum Bestehen der Formel

$$1)\qquad aA + bB = cC$$

erfordert, dass $a + b = c$ ist. In der That wird alsdann

$$aA - aC = bC - bB,$$

d. i.

$$a\,.\,AC = b\,.\,CB.$$

Haben aber, wie hierdurch angezeigt wird, die Linien AC und CB einerlei Richtung, und überdies den Punct C gemein, so liegt C mit A und B in einer Geraden. Die Formel 1) drückt daher aus, dass A, B und C in einer Geraden liegen, und dass sich dabei

$$AC : CB = b : a$$

verhält.

Damit die Formel

$$2)\qquad aA + bB + cC = dD$$

bestehe, muss $a + b + c = d$ sein; woraus

$$aA - aD + bB - bD = cD - cC,$$

d. i.

$$a\,.\,AD + b\,.\,BD = c\,.\,DC$$

folgt. Da die aus $a\,.\,AD$ und $b\,.\,BD$ zusammengesetze Linie offenbar in der durch AD und BD zu legenden Ebene enthalten, oder doch mit der Ebene ABD parallel sein muss, und die Linie die Richtung DC haben, also durch den Punct D der Ebene gehen soll, so wird durch 2) ausgedrückt, dass A, B, C und D in einer Ebene liegen.

Dasselbe folgt auch daraus, dass, wenn man

$$\alpha)\qquad aA + bB = (a + b)\,E$$

und daher

$$\beta)\qquad (a + b)\,E + cC = (a + b + c)\,D$$

setzt, E mit A und B, und D mit E und C in einer Geraden liegt, also AB und CD sich in einem Puncte E schneiden. Dabei verhält sich

$$\gamma)\qquad AE : EB = b : a \text{ und } ED : DC = c : a + b.$$

Mit diesen Proportionen lässt sich, wenn die Puncte A, B, C und die Verhältnisse zwischen a, b, c gegeben sind, der Punct D bestimmen. Die linke Seite der Gleichung 2) wird hiernach der Ausdruck des Punctes D genannt, der auf der rechten Seite steht. Eben so ist in 1) $aA + bB$ der Ausdruck von C. Umgekehrt hat jeder mit A und B in einer Geraden liegende Punct einen Ausdruck von der Form 1), und jeder mit A, B und C in einer Ebene liegende Punct einen Ausdruck von der Form 2).

In dem besonderen Falle, wenn in 2) $a + b = 0$, also $b = -a$ ist, muss $d = c$ sein. Aus 2) wird alsdann:

$$aA - aB = cD - cC,$$

also

$$a \,.\, AB = c \,.\, DC,$$

d. h. die Linien AB und DC sind einander parallel und verhalten sich wie c und a. Zu demselben Resultate gelangt man auch durch die Proportion γ), welche, wenn $b = -a$ ist,

$$AE : BE = 1 : 1$$

giebt. Dieses ist aber, so lange A und B zwei verschiedene Puncte sein sollen, nicht anders möglich, als wenn E, oder der Durchschnitt von CD mit AB, unendlich entfernt liegt. Bemerken wir daher noch, dass $aA - aB$ oder $A - B$, als Ausdruck eines Punctes genommen, einen in der Richtung AB unendlich entfernten Punct ausdrückt.

In dem Falle, wenn in der Gleichung 2) die Summe

$$a + b + c = 0$$

ist, wird D zufolge β) ein unendlich entfernter Punct in der Geraden EC, also ein in der Ebene ABC nach einer bestimmten Richtung unendlich weit liegender Punct.

Aehnlicherweise zeigt sich, dass, wenn A, B, C, D nicht in einer Ebene liegen, und

$$3) \quad aA + bB + cC + dD = (a + b + c + d)\, E$$

gesetzt wird, E ein durch die Lage von A, B, C, D und durch die Verhältnisse zwischen a, b, c, d unzweideutig bestimmter Punct im Raume ist; dass, wenn $a + b + c + d = 0$ ist, E unendlich entfernt nach einer bestimmten Richtung liegt, und dass umgekehrt jeder Punct im Raume durch einen Ausdruck von der Form 3) dargestellt werden kann.

9. Die Rechnung mit Formeln der Art, wie 1), 2), 3), ist es nun, die ich in meiner Schrift vom Jahre 1827 die barycentrische genannt habe. Offenbar ist die gegenwärtige Herleitung dieser Formeln einfacher, als die in jener Schrift gegebene, indem dort ihre Erklärung noch ein System fremdartiger Hülfslinien erforderte. Es wurde nämlich die Formel

$$\alpha) \quad aA + bB + cC + \ldots = (a + b + c + \ldots)\, S$$

als der abgekürzte Ausdruck der Gleichung

$$\beta)\quad a\,.\,AA' + b\,.\,BB' + c\,.\,CC' + \ldots = (a + b + c + \ldots)\,SS'$$

angesehen, wo A', B', C', ... und S' die Durchschnitte einer beliebig gelegten Ebene ε mit Linien waren, die man durch A, B, C, ... und S parallel mit einer willkürlichen die ε schneidenden Richtung l gelegt hatte*).

Von der anderen Seite kann freilich nicht geleugnet werden, dass bei einer solchen Erklärung jedes Glied der Formel eine mathematische Bedeutung erhält, während bei der hier gegebenen Darstellung die einzelnen Glieder nicht als wirkliche Grössen, sondern nur, ich möchte sagen, durch ein Spiel des Calculs zum Vorschein kommen. Wie dem aber auch sein mag, so dürfte doch das hier über die geometrische Addition Gesagte, und der innige Zusammenhang, in welchem diese Lehre mit der barycentrischen Rechnung steht, einer Mittheilung nicht ganz unwerth gewesen sein.

---

*) Die Gleichung β) kann aus der Formel α) auch sehr leicht mittelst der hier zum Grunde gelegten Principien hergeleitet werden. Es ist nämlich die Formel α) gleichbedeutend mit

$$a\,.\,AS + b\,.\,BS + c\,.\,CS + \ldots = 0,$$

oder, da

$$AS = AA' + A'S' + S'S,$$

etc. ist, gleichbedeutend mit

$$a\,(AA' + A'S' + S'S) + b\,(BB' + B'S' + S'S) + \ldots = 0,$$

oder mit

$$TU + VW = 0,$$

wenn man

$$a\,(AA' + S'S) + b\,(BB' + S'S) + \ldots = TU,$$
$$a\,.\,A'S' + b\,.\,B'S' + \ldots = VW$$

setzt. Da aber AA', BB', ... und SS' sämmtlich mit der Linie l parallel sind, und $A'S'$, $B'S'$, ... in der Ebene ε liegen, so muss auch TU mit l, und VW mit ε parallel sein; VW kann daher nicht mit l oder TU parallel sein, weil l und ε sich schneiden sollen. Mithin kann die geometrische Summe von TU und VW nicht anders Null sein, als wenn jede dieser Linien einzeln Null ist. Dies giebt die Formeln

$$a\,(AA' + S'S) + b\,(BB' + S'S) + \ldots = 0$$

und

$$a\,.\,A'S' + b\,.\,B'S' + \ldots = 0,$$

von denen die erstere einerlei mit der zu beweisenden β) ist, die letztere aber anzeigt, dass, wenn die geometrische Summe mehrerer Linien Null ist, auch die geometrische Summe der Projectionen dieser Linien auf eine beliebige Ebene durch Parallelen mit einer beliebigen Geraden Null ist.

Die Grassmann'sche Lehre von Punctgrössen und den davon abhängenden Grössenformen.

[Anhang zu H. Grassmann's »geometrische Analyse geknüpft an die von Leibniz erfundene geometrische Characteristik«, enthalten in den Preisschriften gekrönt und herausgegeben von der Fürstlich Jablonowski'schen Gesellschaft zu Leipzig 1847.]

Das Studium der voranstehenden Abhandlung des Herrn Grassmann und besonders des letzteren Theils derselben dürfte, ungeachtet des nicht zu verkennenden Strebens ihres Verfassers nach Klarheit, dennoch mit einigen Schwierigkeiten verknüpft sein, welche daraus hervorgehen, dass der Verfasser seine neue geometrische Analysis auf eine Weise zu begründen sucht, welche dem bisher bei mathematischen Betrachtungen gewohnten Gange ziemlich fern liegt, und dass er nach Analogien mit arithmetischen Operationen Objecte als Grössen behandelt, die an sich keine Grössen sind, und von denen man sich zum Theil keine Vorstellung bilden kann. Da gleichwohl diese neue Analysis wegen der Einfachheit, mit welcher sich geometrische Untersuchungen durch sie führen lassen, alle Aufmerksamkeit zu verdienen scheint, so habe ich es im Folgenden versucht, sie auf eine dem Geiste der Geometrie entsprechendere und damit, wie ich hoffe, leichter fassliche Weise zu begründen und zu zeigen, wie jene Scheingrössen als abgekürzte Ausdrücke wirklicher Grössen angesehen werden können. Uebrigens habe ich meinen Aufsatz nicht in der Form eines Commentars, sondern als eine selbständige Abhandlung abgefasst, so dass er Jedem auch noch vor Lesung des Vorhergehenden verständlich sein wird. — Die von Herrn Grassmann eingeführten Benennungen habe ich unverändert beibehalten, sowie ich auch bei rein mathematischen Entwickelungen dieses Geometers von seinem Gange nicht wesentlich abgewichen bin. Was sonst noch von mir hinzugefügt worden, ist nicht von dem Belange, um hier besonders darauf aufmerksam zu machen.

§. 1. Unter Linien sollen im Folgenden stets nur gerade Linien verstanden werden.

Von zwei Linien AB und CD, welche entweder einander parallel, oder Theile einer und derselben Geraden sind, sagt man, dass sie einerlei (entgegengesetzte) Richtungen haben, wenn, nachdem die eine Linie, es sei CD, parallel mit sich bis zum Zusammenfallen ihres Anfangspunctes C mit dem Anfangspuncte A der anderen fortbewegt worden, die Endpuncte B und D beider Linien auf einerlei Seite (auf entgegengesetzten Seiten) des jetzt gemeinsamen Anfangspunctes liegen.

Durch das zwischen die Ausdrücke zweier Linien gesetzte Gleichheitszeichen, z. B. durch

$$AB = CD,$$

soll hier stets angezeigt werden, dass die Linien AB und CD nicht nur von gleicher Länge sind, sondern auch einerlei Richtung haben. Eben so verstehe man unter der Formel

$$CD = \alpha AB,$$

in welcher α einen numerischen Coefficienten bedeutet, dass die absoluten Längen von AB und CD sich wie 1 und α verhalten, und dass CD mit AB einerlei Richtung oder die entgegengesetzte hat, je nachdem α positiv oder negativ ist. Hiernach ist immer

$$BA = -1 \,.\, AB,$$

statt dessen der Kürze willen $-AB$ geschrieben wird.

Geometrische Addition der Linien.

§. 2. Sind zwei oder mehrere Linien AB, CD, EF ihrer Länge und Richtung nach gegeben, und macht man, von einem beliebigen Puncte O ausgehend,

$$OP = AB, \quad PQ = CD, \quad QR = EF,$$

so heisst die gerade Linie OR, deren Anfangs- und Endpunct der Anfangs- und Endpunct der durch die vollführte Operation entstandenen gebrochenen Linie $OPQR$ sind, die geometrische Summe der Linien AB, CD, EF, und die Operation selbst geometrische Addition. Auf gleiche Art wird SV als die Summe der mit Coefficienten versehenen Linien αAB, γCD, εEF gefunden, wenn man, von einem beliebigen Puncte S ausgehend,

$$ST = \alpha AB, \quad TU = \gamma CD, \quad UV = \varepsilon EF$$

macht. — Fällt der Endpunct der gebrochenen Linie $OPQR$ oder $STUV$ mit ihrem Anfangspuncte zusammen, und entsteht daher ein geschlossenes Vieleck, so ist die Summe gleich 0.

Es lässt sich leicht zeigen, dass die Länge und die Richtung der Linie, welche die Summe ausdrückt, sowohl vom Orte des Ausgangspunctes O oder S, als von der Ordnung, in welcher die zu addirenden Linien nach und nach an einander gesetzt werden, unabhängig sind, und mithin bloss von den Längen und Richtungen der letzteren Linien abhängen.

Zusatz. Ist eine Linie OR die geometrische Summe mehrerer anderer Linien AB, CD, EF, und werden alle diese Linien durch Parallelebenen auf eine Gerade projicirt, so ist die Projection der ersteren OR die algebraische Summe der Projectionen der anderen Linien. Dies erhellet sogleich daraus, dass, wenn man, um OR zu finden, wie vorhin,

$$OP = AB, \quad PQ = CD, \quad QR = EF$$

macht und OP, PQ, QR ebenfalls projicirt, von zwei einander gleichen und gleichgerichteten Linien, wie AB und OP, auch die Projectionen einander gleich und gleichgerichtet sind, und dass die Projection von OR der algebraischen Summe der Projectionen von OP, PQ, QR gleich ist.

§. 3. Dass SV die geometrische Summe von αAB, γCD, εEF ist, werde ausgedrückt durch die Gleichung

$$SV = \alpha AB + \gamma CD + \varepsilon EF.$$

Eben so bedeute die Gleichung

$$\alpha AB + \gamma CD - \varepsilon EF = \varkappa KL - \mu MN,$$

dass die zwei Linien, welche die Summen von αAB, γCD, $-\varepsilon EF$ und von $\varkappa KL$, $-\mu MN$ darstellen, von gleicher Länge und einerlei Richtung sind.

Aus der Natur der geometrischen Zusammensetzung geht hervor, dass man Gleichungen dieser Art ganz wie algebraische behandeln kann, dafern sie nur hinsichtlich der in ihnen vorkommenden Linien von linearer Form bleiben; dass man daher Glieder von der einen Seite des Gleichheitszeichens auf die andere mit entgegengesetzten Vorzeichen setzen, alle Glieder mit derselben Zahl multipliciren oder dividiren, und zwei oder mehrere solcher Gleichungen zu einander addiren, oder die eine von der anderen subtrahiren, d. i. mit veränderten Vorzeichen zu der anderen addiren, kann.

§. 4. Wenn von den zu addirenden Linien der Anfangspunct der zweiten und jeder folgenden mit dem Endpuncte der jedesmal vorhergehenden zusammenfällt, und sie daher schon an sich eine gebrochene Linie bilden, wie z. B. die Linien AB, BC, CD, so wird die nach §. 2 zu vollziehende Operation überflüssig. Man hat dann geradezu

$$AB + BC = AC, \quad AB + BC + CD = AD,$$

also auch

$$AB + BC + CA = 0, \quad AC = AB - CB = BC - BA,$$

u. s. w., Gleichungen, welche gelten, wie auch die Puncte A, B, C, D im Raume liegen mögen. Vergl. meine »Elemente der Mechanik des Himmels,« §§. 1 und 2, und einen Aufsatz von mir in Crelle's Journal für Mathematik, Band 28, Seite 1.

Innere Multiplication der Linien.

§. 5. Unter dem Producte zweier Linien wird hier, wie gewöhnlich, die Zahl von Flächeneinheiten verstanden, welche sich ergiebt, wenn man, nach Festsetzung einer gewissen Linie als Längeneinheit und des über dieser Linie zu construirenden Quadrats als Flächeneinheit, die zwei Zahlen in einander multiplicirt, nach welchen die zwei ersteren Linien von der Längeneinheit gemessen werden.

Das Product zweier Linien AB und CD, multiplicirt mit dem Cosinus des Winkels, den die Richtungen der beiden Linien mit einander machen, heisst das innere Product der beiden Linien*) und wird ausgedrückt durch

$$AB \times CD,$$

oder, was dasselbe sagt: das innere Product zweier Linien AB und CD ist gleich dem Producte aus der einen Linie in die auf sie rechtwinkelig projicirte andere Linie, also gleich dem Producte der Linien AB und $C'D'$, wenn C' und D' die rechtwinkeligen Projectionen der Puncte C und D auf die Linie AB oder deren Verlängerung sind; und dieses Product ist positiv oder negativ zu nehmen, je nachdem AB und $C'D'$ einerlei oder entgegengesetzte Richtungen haben.

---

*) Das Product einer Linie a in eine andere b, multiplicirt mit dem Sinus des Winkels $a^\wedge b$, wird das äussere Product von a in b genannt (Grassmann's Ausdehnungslehre 1844 §. 38). Weil

$$\sin b^\wedge a = -\sin a^\wedge b,$$

so sind die äusseren Producte von a in b und von b in a einander gleich, aber entgegengesetzt, während, weil

$$\cos b^\wedge a = \cos a^\wedge b,$$

der Werth eines inneren Productes bei Vertauschung seiner Factoren auch dem Zeichen nach ungeändert bleibt.

§. 6. Da das innere Product zweier Linien bloss von den Längen der letzteren und dem Winkel ihrer Richtungen abhängt, so bleibt es ungeändert, wenn statt einer der beiden Linien, oder statt beider, andere gesetzt werden, welche mit ihnen von gleicher Länge und einerlei Richtung sind. Ist daher $AB = EF$ und $CD = GH$, so ist auch $AB \times CD = EF \times GH$. Aus gleichem Grunde erhellet, dass

$$a(AB \times CD) = aAB \times CD = AB \times aCD$$

ist.

§. 7. Aus dem Begriffe des inneren Productes folgt ferner, dass, wenn wir uns von zwei Linien die Längen constant, ihre gegenseitige Neigung aber veränderlich denken, ihr inneres Product null wird, wenn die eine Linie mit der anderen einen rechten Winkel macht; dass es dagegen seinen grössten positiven (negativen) Werth erhält, wenn die Linien einerlei (entgegengesetzte) Richtungen haben, und dass dieser Werth, abgesehen vom Zeichen, dem Producte der Linien selbst gleich ist. — Das innere Product zweier Linien von gleicher Länge und einerlei Richtung ist das Quadrat der einen oder der anderen Linie, welches man wie gewöhnlich durch den an den Linienausdruck rechts oben angesetzten Exponenten 2 bezeichne.

§. 8. Bedeuten a, b, f drei Linien von beliebiger Länge und Richtung, und sei $a + b = c$. Nach §. 2 Zusatz ist alsdann die Projection von c auf eine beliebige Gerade der algebraischen Summe der Projectionen von a und b auf dieselbe Gerade gleich. Man hat daher, wenn man a, b und c auf f rechtwinkelig projicirt, die algebraische Gleichung

$$c \cos f^{\wedge}c = a \cos f^{\wedge}a + b \cos f^{\wedge}b,$$

also auch

$$fc \cos f^{\wedge}c = fa \cos f^{\wedge}a + fb \cos f^{\wedge}b.$$

Statt $fc \cos f^{\wedge}c$ kann man aber schreiben $f \times c$, $= f \times (a + b)$; statt $fa \cos f^{\wedge}a$, $f \times a$, u. s. w.; mithin ist

$$f \times (a + b) = f \times a + f \times b,$$

in welcher Gleichung das Pluszeichen zur Linken die in §. 3 angegebene geometrische Bedeutung, das Pluszeichen zur Rechten aber, so wie auch das Gleichheitszeichen, die gewöhnliche arithmetische hat. — Ueberhaupt ist, wie man hier noch bemerken mag, die Bedeutung des Gleichheitszeichens bei Gleichungen zwischen inneren Producten von der gewöhnlichen nicht verschieden; denn es zeigt die Gleichheit der zu beiden Seiten stehenden Zahlen von Flächeneinheiten an, während es bei Gleichungen, deren Glieder bloss

Linien sind, sich noch auf die Richtung bezieht. So ist z. B., wenn die zwei Linien a und b gleich lang sind, nur dann $a = b$, wenn sie auch einerlei Richtungen haben; dagegen immer $a^2 = b^2$, welches auch ihre Richtungen sein mögen.

Kommt zu den obigen drei Linien a, b, f eine vierte g hinzu, so hat man gleicherweise:

$$\begin{aligned}(f+g)\times(a+b) &= (f+g)a + (f+g)b \\ &= f\times a + g\times a + f\times b + g\times b,\end{aligned}$$

und eben so lassen sich Producte aus Summen noch mehrerer Linien ganz nach den Regeln der Arithmetik in Partialproducte zerlegen; oder, was dasselbe ausdrückt: *die Rechnung mit beliebig gerichteten Linien wird nicht allein bei ihrer geometrischen Addition, sondern auch bei ihrer inneren Multiplication vollkommen so geführt, als ob alle Linien in einer und derselben Geraden enthalten wären.*

Um ein ganz einfaches Beispiel hinzuzufügen, so hat man, wenn $a + b = c$ gesetzt wird: $a^2 + 2a \times b + b^2 = c^2$. Stehen dabei a und b rechtwinklig auf einander, so wird $a \times b = 0$, und damit $a^2 + b^2 = c^2$, wodurch, wie man sogleich wahrnimmt, der Pythagoreische Lehrsatz bewiesen ist.

Von Punctgrössen und Grössen erster Stufe überhaupt.

§. 9. Wenn in einer Gleichung zwischen Linien zwei oder mehrere derselben einen gemeinschaftlichen Anfangspunct haben, und wenn die Gleichung die Eigenthümlichkeit besitzt, dass sie gültig bleibt, wo auch der gemeinsame Anfangspunct angenommen werden mag, während die Endpuncte dieser Linien und die Anfangs- und Endpuncte der übrigen Linien bestimmte Puncte sind, so werden erstere Linien Punctgrössen, und ihre bestimmten Endpuncte die Oerter der Punctgrössen genannt. — Der gemeinsame, aber unbestimmt bleibende Anfangspunct der Punctgrössen soll hier immer mit X bezeichnet werden.

Linien von bestimmter Länge und Richtung heissen Strecken. So ist z. B., wo auch X liegen mag,

$$XB - XA = AB,$$

d. h. die Differenz zweier Punctgrössen, deren Oerter B und A sind, ist einer der Linie AB gleichen und gleichgerichteten Strecke gleich.

Ist ferner C der Mittelpunct von AB, so hat man für jeden Ort von X:

$$XC - XA = AC = CB = XB - XC,$$

und daher

$$XA + XB = 2\,XC,$$

d. h. die Summe zweier Punctgrössen ist dem Doppelten einer Punctgrösse gleich, deren Ort der Mittelpunct zwischen den Oertern der ersteren ist.

Bei der Rechnung mit Punctgrössen kann man der Kürze willen den den gemeinschaftlichen Anfangspunct dieser Linien bezeichnenden Buchstaben X überall weglassen und daher statt der vorigen zwei Gleichungen auch schreiben:

$$B - A = AB, \quad A + B = 2\,C.$$

Doch werde ich im Folgenden, wo bloss die Theorie der Punctgrössen aufgestellt, und keine Anwendungen dieser Theorie gegeben werden sollen, von dieser abgekürzten Schreibart keinen Gebrauch machen.

§. 10. In den Gleichungen, mit denen wir uns gegenwärtig beschäftigen, ist entweder jedes Glied eine Grösse erster Stufe, d. i. eine Linie, oder jedes Glied eine Grösse zweiter Stufe, d. i. ein inneres Product zweier Linien. Hiernach, und weil jede Linie entweder eine Strecke oder eine Punctgrösse ist, wird die allgemeine Form einer Gleichung der ersten Art sein:

$$1) \qquad k + \alpha XA + \alpha' XA' + \ldots = 0.$$

Hierin bezeichnet nämlich k die Summe aller der Glieder, welche Strecken sind, eine Summe, die nach dem, was über die Addition von Linien gesagt worden, ebenfalls eine Strecke, oder auch null ist. Die folgenden Glieder sind Punctgrösssen, mit den numerischen Coefficienten oder Gewichten α, α', ... begleitet, statt deren Summe mit Anwendung des Summationszeichens kurz $\Sigma\alpha XA$ geschrieben werde.

Suchen wir nun zuerst die zum Bestehen einer solchen Gleichung nothwendigen und hinreichenden Bedingungen zu ermitteln. Man hat, wo auch der Punct O liegen mag:

$$XA = OA - OX, \quad XA' = OA' - OX,$$

u. s. w., und es kann daher statt 1) auch geschrieben werden:

$$2) \qquad k + \Sigma\alpha(OA - OX) = 0,$$

d. i.

$$k + \Sigma\alpha\,OA - \Sigma\alpha\,OX = 0.$$

Bedeute nun O einen willkürlich bestimmten Punct. Weil die mit 1) identische Gleichung 2) für jeden Ort von X, also auch, wenn X mit O zusammenfällt, bestehen muss, so hat man als erste nothwendige Bedingung die Gleichung:

$$k + \Sigma \alpha O A = 0.$$

Hieraus, in Verbindung mit 2), folgt, wenn X mit O nicht zusammenfällt:

$$\Sigma \alpha O X = 0,$$

mithin $\Sigma \alpha = 0$.

Die nothwendigen und, wie man sieht, zugleich hinreichenden Bedingungen für das Bestehen der Gleichung 1) sind daher: erstens dass sie besteht, wenn statt X ein bestimmter Punct O gesetzt wird, und zweitens dass die Gewichtssumme der Punctgrössen null ist.

Zum deutlicheren Verständniss des bei dieser Untersuchung befolgten Weges denke man sich (§. 8) alle Strecken, deren Summe k ist, und die Puncte X, A, A', ... insgesammt in einer Geraden liegend, und den eingeführten Hülfspunct O als Anfangspunct der Geraden. Alsdann sind OX, OA, OA', ... die Abscissen der Puncte X, A, A', ..., welche Abscissen man gleich x, a, a', ... setze. Dadurch verwandelt sich 2) in die algebraische Gleichung

$$k + \Sigma \alpha (a - x) = 0,$$

d. i. in

$$\mathrm{M} - \mu x = 0,$$

wo

$$\mathrm{M} = k + \Sigma \alpha a \quad \text{und} \quad \mu = \Sigma \alpha;$$

und diese Gleichung wird für jeden Werth von x, mithin 2) oder 1) für jeden Ort von X richtig sein, wenn — übereinstimmend mit dem Vorigen — jede der beiden Grössen M und μ für sich null ist.

§. 11. Wie vorhin bemerkt worden, ist eine Summe von Strecken immer auf eine einzige Strecke reducirbar. Untersuchen wir jetzt die einfachste Form, auf welche eine Summe von Punctgrössen $\Sigma \alpha X A$ reducirt werden kann. — Es wird diese Summe, wenn wir, wie vorhin, den willkürlich zu bestimmenden Punct O einführen,

$$= \Sigma \alpha (OA - OX) = \Sigma \alpha OA - \mu OX,$$

wo $\mu = \Sigma \alpha$. Ist daher erstens die Gewichtssumme $\mu = 0$, so wird

$$\Sigma \alpha X A = \Sigma \alpha O A$$

gleich einer von X (und eben so auch von O) unabhängigen Summe von Linien gleich einer Strecke, welche auch gleich 0 sein kann.

Ist zweitens die Gewichtssumme μ nicht gleich 0, so setze man an O eine Linie

$$OM = \frac{1}{\mu} \Sigma \alpha O A.$$

Hiermit wird $\Sigma \alpha OA = \mu OM$, und folglich

$$\Sigma \alpha XA = \mu OM - \mu OX = \mu XM$$

gleich einer Punctgrösse, deren Gewicht μ die Gewichtssumme der zu addirenden Punctgrössen, und deren Ort M, ebenso wie von X, auch von O selbst unabhängig ist; es ist der Schwerpunct der in den Puncten A, A', ... angebrachten Gewichte α, α', ...

Eine Summe von Punctgrössen ist demnach entweder gleich 0, oder gleich einer Strecke, oder gleich einer Punctgrösse; und zwar tritt der erste, oder der zweite Fall ein, wenn die Gewichtssumme der Punctgrössen gleich 0, der dritte, wenn sie nicht gleich 0 ist.

Wir können daher noch umgekehrt schliessen, dass, jenachdem eine Summe von Punctgrössen auf eine Strecke, welche auch null sein kann, oder auf eine Punctgrösse reducirbar ist, die Gewichtssumme der ersteren entweder null, oder nicht null ist.

§. 12. Die Summe einer Strecke KL und einer Punctgrösse μXM lässt sich immer auf eine Punctgrösse reduciren, deren Gewicht dem Gewichte μ der ersteren Punctgrösse gleich ist. Denn setzt man an M eine Linie $MN = \frac{1}{\mu} KL$, so wird

$$KL + \mu XM = \mu XM + \mu MN = \mu XN.$$

Durch Verbindung dieses Satzes mit den im vorigen §. erhaltenen Resultaten ziehen wir noch den Schluss, dass ebenso, wie eine Summe von Punctgrössen allein, so auch eine Summe von Strecken und Punctgrössen, also eine Summe von Grössen erster Stufe überhaupt, jenachdem die Gewichtssumme der Punctgrössen null, oder nicht null ist, auf eine Strecke, oder auf eine Punctgrösse mit einem jener Gewichtssumme gleichen Gewichte reducirbar ist. Auch folgt dasselbe schon daraus, dass eine Strecke sich als eine Summe zweier Punctgrössen, deren Gewichtssumme null ist, ausdrücken lässt, wie

$$\alpha KL = \alpha XL - \alpha XK,$$

und dass man daher eine Summe von Strecken und Punctgrössen als eine Summe von Punctgrössen allein darstellen kann, deren Gewichtssumme von der der Punctgrössen in der ersteren Summe nicht verschieden ist.

Von Grössen zweiter Stufe.

§. 13. Eine Grösse zweiter Stufe, d. i. ein inneres Product zweier Linien (§. 10), ist entweder ein inneres Product zweier Strecken, also eine bestimmte Zahl von Flächeneinheiten, oder ein inneres Product aus einer Strecke in eine Punctgrösse, wie $AB \times XC$, oder ein inneres Product zweier Punctgrössen, wie $XA \times XB$. Es ist aber (§. 8)

$$AB \times XC = \tfrac{1}{4}(XC + AB)^2 - \tfrac{1}{4}(XC - AB)^2,$$

und wenn man an C zwei Linien $CE = AB$ und $CD = -AB = BA$ setzt, so dass C der Mittelpunct einer mit AB gleichgerichteten und doppelt so langen Linie DE wird:

$$AB \times XC = \tfrac{1}{4}(XC + CE)^2 - \tfrac{1}{4}(XC + CD)^2 = \tfrac{1}{4}XE^2 - \tfrac{1}{4}XD^2.$$

Ferner ist:

$$XA \times XB = \tfrac{1}{4}(XA + XB)^2 - \tfrac{1}{4}(XB - XA)^2 = XM^2 - \tfrac{1}{4}AB^2,$$

wenn M den Mittelpunct von AB bezeichnet (§. 9).

Man ersieht hieraus, wie eine Summe von Grössen zweiter Stufe stets als eine Summe von inneren Streckenproducten und von Quadraten von Punctgrössen darstellbar ist.

§. 14. Hiernach, — und weil einer Summe von inneren Streckenproducten, als einer Summe von Zahlen von Flächeneinheiten, ein einziges inneres Streckenproduct substituirt werden kann, — wird eine Gleichung, in welcher jedes Glied eine Grösse zweiter Stufe ist, stets unter die Form

$$1) \qquad \Delta + \Sigma \alpha XA^2 = 0$$

gebracht werden können, wo Δ ein inneres Streckenproduct bedeutet. Um die Bedingungen für die Richtigkeit einer solchen Gleichung zu finden, wollen wir, wie in §. 10 bei Gleichungen erster Stufe, den willkürlich zu bestimmenden Punct O einführen und $OA - OX$ statt XA schreiben; hierdurch wird die Gleichung:

$$\Delta + \Sigma\alpha OA^2 - 2(\Sigma\alpha OA) \times OX + \Sigma\alpha OX^2 = 0.$$

Soll diese für jeden Ort von X Gültigkeit haben, so muss sie erstens noch bestehen, wenn X mit O zusammenfällt; es muss folglich sein

$$\Delta + \Sigma\alpha OA^2 = 0,$$

und nächstdem

$$2) \qquad 2(\Sigma\alpha OA) \times OX - \Sigma\alpha OX^2 = 0.$$

Aus letzterer Gleichung können wir aber hier nicht, wie in der Algebra, schliessen, dass von den zwei Factoren des zur Linken Stehenden

$$2(\Sigma\alpha OA)-\Sigma\alpha OX \quad \text{und} \quad OX$$

wenigstens einer null sein müsse, indem das innere Product aus ihnen auch dann null ist, wenn die zwei Linien, welche sie ausdrücken, einen rechten Winkel mit einander machen (§. 7). Um dieser Zweideutigkeit auszuweichen, wollen wir den Ort von X dergestalt wählen, dass die Linie OX auf der Strecke $\Sigma\alpha OA$, falls diese nicht null sein sollte, perpendicular steht. Hierdurch wird in 2) das erste Glied zur Linken gleich 0, und es muss, damit diese Gleichung auch für einen also gewählten Ort von X richtig bleibe, $\Sigma\alpha OX^2=0$, folglich jedenfalls $\Sigma\alpha=0$ sein. Sie selbst reducirt sich damit auf

$$2(\Sigma\alpha OA)\times OX=0,$$

eine Gleichung, welche für jeden Ort von X nur dann und dann immer besteht, wenn $\Sigma\alpha OA=0$ ist.

Die nothwendigen und hinreichenden Bedingungen für die Richtigkeit von 1) sind demnach:

$$a)\qquad \varDelta+\Sigma\alpha OA^2=0,$$
$$b)\qquad \Sigma\alpha=0,$$
$$c)\qquad \Sigma\alpha OA=0.$$

Statt b) und c) kann man aber die einzige Gleichung

$$\Sigma\alpha XA=0$$

setzen, als für deren Richtigkeit b) und c) die nothwendigen und hinreichenden Bedingungen sind (§. 10).

Die Bedingungen für die Richtigkeit der Gleichung 1) sind daher erstens die Gleichung a) oder die Bedingung, dass 1) noch besteht, wenn für X ein bestimmter Punct gesetzt wird; und zweitens, dass die Summe $\Sigma\alpha XA$, welche die Mittelgrösse von $\varDelta+\Sigma\alpha XA^2$ genannt wird, null ist.

§. 15. Ehe wir weiter gehen, wird es gut sein, den neuen Begriff der Mittelgrösse etwas näher ins Auge zu fassen. Nach der eben aufgestellten Definition der Mittelgrösse von $\varDelta+\Sigma\alpha XA^2$ ist die Mittelgrösse von $\varDelta$, d. i. von einem inneren Streckenproducte, null. Weil ferner (§. 13)

$$AB\times XC=\tfrac{1}{4}(XC+AB)^2-\tfrac{1}{4}(XC-AB)^2,$$

und

$$XA\times XB=XM^2-\tfrac{1}{4}AB^2,$$

wo M der Mittelpunct von AB, so ist von $AB \times XC$ die Mittelgrösse

$$= \tfrac{1}{4}(XC + AB) - \tfrac{1}{4}(XC - AB) = \tfrac{1}{2}AB,$$

und von $XA \times XB$ die Mittelgrösse gleich XM.

Hiernach lässt sich von einer Summe von Grössen zweiter Stufe, ohne dieselbe vorher in die Form $\varDelta + \Sigma\alpha XA^2$ umgewandelt zu haben, die Mittelgrösse als die Summe der Mittelgrössen der einzelnen Glieder jener Summe unmittelbar angeben.

Anmerkung. Man könnte die Mittelgrösse einer anderen gegebenen Grösse auch folgendergestalt definiren. — Angenommen, dass X' irgend ein dem X unendlich nahe liegender Punct ist, so wird durch den Uebergang des X in X' die gegebene Grösse um ein unendlich Weniges ihren Werth ändern. Diese Aenderung lässt sich als ein inneres Product darstellen, von welchem die unendlich kleine Linie $X'X$ der eine Factor ist. Der andere Factor, halb genommen, heisst die Mittelgrösse der gegebenen.

So ist von $AB \times XC$ die Aenderung

$$= AB \times X'C - AB \times XC = AB \times X'X,$$

und daher $\tfrac{1}{2}AB$ die Mittelgrösse von $AB \times XC$.

Ferner ist von $XA \times XB$ die Aenderung

$$= (X'X + XA) \times (X'X + XB) - XA \times XB$$
$$= X'X \times (XA + XB) + X'X^2;$$

also, nach Weglassung des gegen das erste unendlich kleinen zweiten Gliedes, die Mittelgrösse von $XA \times XB$,

$$= \tfrac{1}{2}(XA + XB) = XM.$$

Eben so findet sich die Mittelgrösse von XA^2, $= XA$; von XA, $= \tfrac{1}{2}$; u. s. w.

§. 16. Der in §. 14 erhaltene Satz lässt sich auch folgendergestalt ausdrücken: zwei Summen von Grössen zweiter Stufe sind nur dann und dann immer einander gleich, wenn Gleichheit zwischen ihnen besteht, sobald für X ein bestimmter Punct gesetzt wird, und wenn die Mittelgrössen beider Summen einander gleich sind; — ein Satz, der übrigens wörtlich auch für zwei Summen von Grössen erster Stufe gilt, indem die Mittelgrösse einer solchen Summe nach der in voriger Anmerkung gegebenen Definition die halbe Summe der Gewichte der in ersterer Summe enthaltenen Punctgrössen ist.

Mittelst dieses Criteriums der Gleichheit kann man von einer gegebenen Summe von Grössen zweiter Stufe, welche wie im Vorigen durch $\varDelta + \Sigma\alpha XA^2$ ausgedrückt werde, die Reduction auf die einfachste Form sehr leicht bewerkstelligen. Unterscheiden wir die drei hierbei allein möglichen Fälle (§. 11), jenachdem die Mittelgrösse $\Sigma\alpha XA$ der gegebenen Summe entweder gleich 0, oder gleich einer Strecke k, oder gleich einer Punctgrösse μXM ist, und bezeichnen wir der Kürze willen die Summe $\varDelta + \Sigma \alpha X A^2$, als eine von X abhängige Grösse, mit $[X]$; also auch $\varDelta + \Sigma \alpha O A^2$ mit $[O]$.

Im ersten Falle ist

$$a) \qquad [X] = [O],$$

d. h. gleich einem inneren Streckenproducte. Denn diese Gleichung bleibt richtig, wenn statt X der bestimmte Punct O gesetzt wird. Ferner ist die Mittelgrösse der linken Seite der Gleichung gleich 0 nach der Voraussetzung; die der rechten Seite ist es, weil die rechte von X unabhängig ist. Es sind daher auch die Mittelgrössen beider Seiten einander gleich; folglich u. s. w.

Im zweiten Falle wird man setzen können:

$$b) \qquad [X] = 2k \times XN.$$

Denn das innere Product $k \times ON$, in welchem k eine gegebene Strecke und O ein bestimmter Punct ist, kann nach verschiedener Annahme des Punctes N alle möglichen Werthe erhalten. Es wird daher immer N so bestimmt werden können, dass

$$[O] = 2k \times ON.$$

Hierdurch geschieht der ersten Bedingung für die durch $b)$ ausgedrückte Gleichheit Genüge. Es wird aber auch die zweite Bedingung erfüllt, weil die Mittelgrösse der einen, wie der anderen Seite von $b)$, gleich k ist.

Ist endlich drittens die Mittelgrösse der gegebenen Summen gleich μXM, so setze man, damit auf beiden Seiten die Mittelgrössen einander gleich werden:

$$c) \qquad [X] = \mu(\Gamma + XM^2),$$

wo Γ ein inneres Streckenproduct bedeutet, dessen Werth wegen der übrigen noch zu erfüllenden Bedingung so zu bestimmen ist, dass Gleichheit noch herrscht, wenn statt X ein bestimmter Punct O gesetzt wird, und woraus

$$\Gamma = \frac{1}{\mu}[O] - OM^2$$

folgt. — Eine Summe von Grössen zweiter Stufe lässt sich daher, jenachdem ihre Mittelgrösse entweder null, oder eine Strecke, oder eine Punctgrösse ist, auf ein inneres Streckenproduct, oder auf ein inneres Product einer Strecke in eine Punctgrösse, oder auf die Summe eines Punctquadrates und eines inneren Streckenproductes reduciren.

§. 17. Zusätze und Erläuterungen. 1) Die Bedingung $\Sigma \alpha XA = 0$, welche für den ersten der drei jetzt betrachteten Fälle stattfindet, drückt aus, dass von den Puncten A, A', ... mit den an ihnen angebrachten Gewichten α, α', ... jeder der Schwerpunct der jedesmal übrigen ist*). Wird diese Bedingung erfüllt, so ist zufolge *a*) die Summe $[X]$, folglich auch $\Sigma \alpha X A^2$, von X unabhängig; d. h. die Summe der mit den respectiven Gewichten multiplicirten Quadrate der Entfernungen der Puncte A, A', ... von einem und demselben Puncte X ist für jeden Ort von X von gleicher Grösse. — Mehrere aus diesem schon früher bekannten merkwürdigen Satze von mir abgeleitete Folgerungen findet man in Crelle's Journal für Mathematik, Band 26, Seite 26.

2) Im zweiten Falle, wo die Mittelgrösse von $[X]$ eine Strecke k ist, war ein Punct N dergestalt zu bestimmen, dass die Gleichung

$$[O] = 2k \times ON$$

befriedigt wurde. Dieses kann aber auf unzählige Weisen geschehen. Denn für einen von N verschiedenen Punct N_1 wird gleichfalls

$$[O] = 2k \times ON_1$$

sein, wenn

$$k \times ON_1 - k \times ON = 0,$$

d. i.

$$k \times NN_1 = 0$$

ist, also wenn die Linie NN_1 gegen die Strecke k eine perpendiculare Lage hat (§. 7), oder, anders ausgedrückt: wenn N_1 mit N in einer und derselben die Strecke k rechtwinklig schneidenden Ebene liegt.

Auf gleiche Art erhellet, dass der Werth des Productes aus einer Strecke in eine Punctgrösse, wie $k \times XN$, bei Aenderung des Ortes N der letzteren dann und nur dann sich nicht ändert, wenn der neue Punct N_1 in einer durch N gelegten, die Strecke k rechtwinklig schneidenden Ebene enthalten ist. Denn für jeden Punct N_1 dieser Ebene, und für keinen anderen, ist die Projection von XN_1 auf k von der nämlichen Grösse (§. 5). Man nennt deshalb das Product aus einer Strecke in eine Punctgrösse eine Plangrösse, und die durch die Richtung der Strecke und den Ort der Punctgrösse auf gedachte Weise bestimmte Ebene die Factorenfläche der Plangrösse.

---

*) Denn weil, wenn $\Sigma \alpha XA = 0$, immer auch $\Sigma \alpha = 0$ und daher

$$\alpha' + \alpha'' + \ldots = -\alpha$$

ist (§. 11), so ist erstere Gleichung unter anderen identisch mit

$$\alpha' XA' + \alpha'' XA'' + \ldots = -\alpha XA = (\alpha' + \alpha'' + \ldots) XA,$$

wonach A der Schwerpunct der in A', A'', ... befindlichen Gewichte α', α'', ... ist.

3) Bei dem dritten Falle, wo $[X]$ auf die μfache Summe eines inneren Streckenproductes Γ und eines Punctquadrates XM^2 reducirbar ist, sind zwei Unterfälle zu unterscheiden, jenachdem das Streckenproduct Γ negativ oder positiv ist.

Ist es negativ, so lässt sich die Summe $XM^2 + \Gamma$ auf ein einziges Glied zurückführen. Man ziehe nämlich durch M eine Linie nach beliebiger Richtung und bestimme darin zwei von M nach entgegengesetzten Richtungen gleichweit entfernte Puncte K und L so, dass

$$MK^2 = ML^2 = -\Gamma;$$

hierdurch wird

$$\begin{aligned} XM^2 + \Gamma &= (XM + MK) \times (XM - MK) \\ &= (XM + MK) \times (XM + ML) = XK \times XL, \end{aligned}$$

und folglich

$$[X] = \mu\, XK \times XL$$

gleich dem μfachen des inneren Productes zweier Punctgrössen, deren Oerter K und L aus M und Γ so zu bestimmen sind, dass

$$KL^2 = -4\,\Gamma,$$

und KL von M halbirt wird, oder mit anderen Worten: dass K und L die zwei Endpuncte irgend eines Durchmessers einer Kugel sind, deren Halbmesser gleich $\sqrt{-\Gamma}$ und deren Mittelpunct M ist. Wie man hieraus zugleich ersieht, besitzt das Product zweier Punctgrössen $XK \times XL$ die merkwürdige Eigenschaft, dass es ungeändert bleibt, wenn statt K und L die Endpuncte irgend eines anderen Durchmessers der um KL als Durchmesser beschriebenen Kugel gesetzt werden. Es wird aus diesem Grunde das innere Product zweier Punctgrössen eine Kugelgrösse, und die Fläche der Kugel die Factorenfläche der Kugelgrösse genannt. Die Mittelgrösse der letzteren ist XM oder die Punctgrösse, welche zu ihrem Orte der Kugel Mittelpunct hat.

Ist Γ positiv, so wird der Halbmesser der Kugel imaginär. Untersuchen wir daher, ob sich nicht in diesem Falle die Summe $XM^2 + \Gamma$ an eine Kugel knüpfen lässt, welche gleichfalls M zum Mittelpuncte und einen Halbmesser hat, dessen Quadrat gleich Γ ist. In der That findet sich, wenn K und L die Endpuncte irgend eines Durchmessers dieser Kugel bezeichnen:

$$\begin{aligned} XM^2 + \Gamma &= XM^2 + MK^2 \\ &= \tfrac{1}{2}(XM + MK)^2 + \tfrac{1}{2}(XM - MK)^2 \\ &= \tfrac{1}{2}(XM + MK)^2 + \tfrac{1}{2}(XM + ML)^2 \\ &= \tfrac{1}{2}XK^2 + \tfrac{1}{2}XL^2. \end{aligned}$$

Die Summe der Quadrate zweier Punctgrössen $\frac{1}{2}(XK^2 + XL^2)$ besitzt hiernach dieselbe Eigenschaft, wie das innere Product dieser Grössen $XK \times XL$, und wird deshalb gleichfalls eine Kugelgrösse genannt. Auch ist wie vorhin der Ort ihrer Mittelgrösse der Kugel Mittelpunct. Die Summe $[X]$ aber wird gleich

$$\frac{1}{2}\mu(XK^2 + XL^2).$$

4) Nach diesem allen können wir das am Schlusse des vorigen §. gewonnene Resultat kurz also aussprechen: Jenachdem von einer Summe von Grössen zweiter Stufe die Mittelgrösse null, oder eine Strecke, oder eine Punctgrösse ist, ist die Summe selbst ein inneres Streckenproduct, oder eine Plangrösse, oder eine Kugelgrösse.

§. 18. Wir haben im vorigen §. Bedingungen kennen gelernt, unter denen die Functionen von Punctgrössen $XK \times XL$ und $XK^2 + XL^2$ bei Aenderung der Oerter ihrer Puncte K und L unverändert bleiben. Es lässt sich leicht darthun, dass jene Bedingungen zugleich die einzigen sind, unter denen die bemerkten Functionen ihre Werthe unverändert behalten.

Denn soll $XK \times XL$ sich nicht ändern, wenn statt K, L die Puncte F, G gesetzt werden, soll also die Gleichung

$$XK \times XL = XF \times XG$$

bestehen, so müssen (§. 16) erstens die Mittelgrössen beider Seiten einander gleich sein, also (§. 15) $XM = XH$, wenn M und H die Mittelpuncte von KL und FG bezeichnen. Hieraus folgt

$$XM - XH = HM = 0,$$

d. h. die Mittelpuncte von KL und FG müssen zusammenfallen. Die zweite noch zu erfüllende Bedingung für das Bestehen der Gleichung ist ihre Richtigkeit, wenn für X ein bestimmter Punct gesetzt wird. Nehmen wir als solchen den gemeinschaftlichen Mittelpunct M der Linien KL und FG, so findet sich, weil $-MK = ML = \frac{1}{2}KL$ und $-MF = MG = \frac{1}{2}FG$ ist: $KL^2 = FG^2$, d. h. KL und FG müssen gleich lang sein. Zum Bestehen der Gleichung ist es daher nicht allein hinreichend, sondern auch nothwendig, dass KL und FG Durchmesser einer und derselben Kugel sind.

Ganz auf dieselbe Weise ergiebt sich die nämliche Bedingung als hinreichend und nothwendig für das Bestehen der Gleichung

$$XK^2 + XL^2 = XF^2 + XG^2.$$

Denn hieraus folgt die zwischen den Mittelgrössen zu erfüllende Gleichung

$$XK + XL = XF + XG,$$

d. i. $XM = XH$, wo M und H die vorige Bedeutung haben. Wie vorhin müssen daher KL und FG einen gemeinschaftlichen Mittelpunct haben, und es kommt, wenn man diesen Punct in der ersteren Gleichung für X substituirt: $KL^2 = FG^2$; folglich u. s. w.

Als Zugabe zu diesen Betrachtungen wollen wir noch zu ermitteln suchen, wie überhaupt bei der Summe zweier Punctquadrate mit beliebigen Coefficienten, wie $\alpha XA^2 + \beta XB^2$, die Puncte A und B geändert werden können, ohne dass sich die Summe selbst ändert. — Soll, wenn man A und B in C und D verwandelt, noch sein:

a) $$\alpha XA^2 + \beta XB^2 = \alpha XC^2 + \beta XD^2,$$

so muss zuvörderst die Gleichung zwischen den Mittelgrössen beider Summen

$$\alpha XA + \beta XB = \alpha XC + \beta XD$$

bestehen. Mit Ausschliessung des Falles, wenn $\alpha + \beta = 0$ ist, und wo die Summen in a) Plangrössen werden (§. 13 und §. 17, 2), kann man aber setzen (§. 11):

$$\alpha XA + \beta XB = (\alpha + \beta) XM,$$

also auch

$$\alpha XC + \beta XD = (\alpha + \beta) XM.$$

Hieraus folgt, wenn man X mit M zusammenfallen lässt:

b) $$\alpha MA + \beta MB = 0,$$

c) $$\alpha MC + \beta MD = 0.$$

Weil nach b) die Linien MA und MB einerlei oder entgegengesetzte Richtungen haben (§. 1), so muss M ein Punct der Geraden AB, und eben so nach c) ein Punct der Geraden CD sein. Beide Gerade müssen sich daher in einem Puncte M schneiden, und dieses so, dass

d) $$AM : MB : AB = CM : MD : CD = \beta : \alpha : \alpha + \beta;$$

oder, was dasselbe ausdrückt: der Schwerpunct der Gewichte α und β, mögen diese in A und B, oder in C und D angebracht werden, muss ein und derselbe Punct M sein.

Zweitens muss die Gleichung richtig sein, welche aus a) hervorgeht, wenn statt X ein bestimmter Punct, er sei M, gesetzt wird, also die Gleichung:

$$\alpha MA^2 + \beta MB^2 = \alpha MC^2 + \beta MD^2.$$

Substituirt man hierin für MB und MD ihre aus b) und c) fliessenden Werthe, so kommt

$$MA^2 = MC^2,$$

mithin auch

$$MB^2 = MD^2 \text{ und } AB^2 = CD^2,$$

wegen der Proportion d). Dies führt uns zu folgendem Resultate:

Man theile die Linie AB in M nach dem Verhältnisse $\beta : \alpha$ und beschreibe um M als Mittelpunct mit MA und MB als Halbmessern zwei Kugelflächen; und es wird die Summe $\alpha XA^2 + \beta XB^2$ bei Aenderung der Oerter von A und B dann und nur dann ungeändert bleiben, wenn die neuen Oerter C und D eben so, wie A und B selbst, die Durchschnitte einer beliebig durch M gelegten Geraden mit der ersten und zweiten Kugelfläche sind; nur müssen, je nachdem das Verhältniss $\beta : \alpha$ positiv oder negativ ist, und daher A und B auf verschiedenen oder einerlei Seiten von M liegen, dieselbe Lage gegen M auch C und D haben.

§. 19. Der in §. 16 bewiesene Satz, die Reduction einer Summe von Grössen zweiter Stufe betreffend, hätte auch auf ähnliche Weise, wie der entsprechende Satz für Grössen erster Stufe in §. 11 und 12, und somit auf einem mehr directen Wege dargethan werden können. Ich halte es jedoch für überflüssig, bei der hierzu nöthigen Rechnung mich aufzuhalten, und will nur noch zeigen, wie die Reduction einer Summe von Grössen zweiter Stufe in den einfacheren Fällen unmittelbar ausgeführt werden kann.

1) Die Summe einer Plangrösse, wie $AB \times XC$, und eines inneren Streckenproductes ist auf eine Plangrösse reducirbar. — Denn das innere Streckenproduct kann man gleich $AB \times CD$ setzen, als welches Product nach der verschiedenen Annahme von D jedweden Werth haben kann. Hierdurch aber wird die Summe

$$= AB \times XC + AB \times CD = AB \times XD.$$

2) Die Summe zweier und folglich auch mehrerer Plangrössen ist auf eine Plangrösse reducirbar. — Denn die Summe

$$S) \qquad AB \times XF + DE \times XG$$

wird, wenn man an B eine Linie BC, gleich DE, setzt,

$$= AB \times XF + BC(XF + FG)$$
$$= AC \times XF + BC \times FG$$

gleich einer Plangrösse, nach vorigem Satze.

Die Summation zweier Plangrössen lässt sich auch noch auf folgende etwas einfachere Weise bewerkstelligen. Weil, wenn AB der Streckenfactor und L irgend ein Punct der Factorenfläche einer Plangrösse ist, letztere selbst $AB \times XL$ ist, so erhält man als die Summe zweier Plangrössen, wenn AB und DE deren Streckenfactoren und L ein den Factorenflächen beider gemeinschaftlicher Punct, also irgend ein Punct in der Durchschnittslinie beider Flächen ist,

$$AB \times XL + DE \times XL, \quad = (AB + DE) \times XL = AC \times XL,$$

wenn man, wie vorhin, $BC = DE$ macht.

Nur in dem Falle, wenn die zwei Factorenflächen einander parallel sind, leidet dieses Summationsverfahren keine Anwendung. Alsdann sind aber auch die zwei auf ihnen perpendicularen Streckenfactoren AB und DE einander parallel, und man kann daher (§. 1) $DE = \alpha AB$ setzen. Hierdurch wird die Summe S)

$$= AB \times XF + \alpha AB \times XG$$
$$= AB \times (XF + \alpha XG) = (1 + \alpha) AB \times XH,$$

also gleich einer Plangrösse, wenn man (§. 11)

$$XF + \alpha XG = (1 + \alpha) XH$$

setzt. Lässt man hierin X mit G zusammenfallen, so kommt:

$$GF = (1 + \alpha)\, GH,$$

und es ist daher der Punct H in der Geraden FG so zu bestimmen, dass man

$$GH = \frac{1}{1+\alpha}\, GF$$

macht.

3) Die Summe von Punctquadraten αXA^2, $\alpha' XA'^2$, ..., deren Coefficienten α, α', ... Null zur Summe haben, lässt sich auf eine Plangrösse reduciren. Denn sei O ein beliebig bestimmter Punct, so ist

$$\Sigma \alpha XO^2 = XO^2 \Sigma \alpha = 0,$$

wegen $\Sigma\alpha = 0$, und daher

$$\Sigma \alpha XA^2 = \Sigma \alpha (XA^2 - XO^2) = \Sigma \alpha (XA + XO) \times (XA - XO).$$

Es ist aber, wenn M, M', ... die Mittelpuncte von OA, OA', ... bedeuten:

$$XA + XO = 2XM, \quad XA' + XO = 2XM',$$

u. s. w.; hiermit wird

$$\Sigma \alpha XA^2 = 2 \Sigma \alpha OA \times XM,$$

d. i. gleich einer Summe von Plangrössen, gleich einer einzigen Plangrösse nach 2).

4) Weil

$$XM = OM - OX,$$

so kann man die letzterhaltene Gleichung auch schreiben:

$$\Sigma \alpha XA^2 = 2 \Sigma \alpha OA \times OM - 2 OX \times \Sigma \alpha OA.$$

Ist daher nicht allein $\Sigma\alpha$, sondern auch $\Sigma \alpha OA$ null, so wird

$$\Sigma \alpha XA^2 = 2 \Sigma \alpha OA \times OM;$$

d. h. eine Summe von Punctquadraten $\Sigma \alpha OA^2$ lässt sich, wenn ihre Mittelgrösse $\Sigma \alpha XA$ null ist (als woraus $\Sigma \alpha OA = 0$ und $\Sigma\alpha = 0$ folgt), auf ein inneres Streckenproduct reduciren.

5) Ist $\Sigma\alpha$ nicht null, so wird nach 3):

$$\Sigma \alpha XA^2 = \Sigma \alpha (XA^2 - XO^2) + \Sigma \alpha XO^2$$
$$= 2 \Sigma \alpha OA \times XM + \Sigma \alpha XO^2$$

gleich einer Plangrösse plus einem Punctquadrate. Diese Summe lässt sich aber, auf ähnliche Art, wie $2ax + x^2$ in $(x+a)^2 - a^2$, in die Summe eines Punctquadrates und eines inneren Streckenproductes umwandeln. Auf eine solche Summe ist folglich eine Summe von Punctquadraten, wenn die Summe der Coefficienten der letzteren nicht null ist, stets reducirbar. Vergl. §. 16.

Anmerkungen.

p. 8. In der Anmerkung waren neben den Hyperboloiden die Paraboloide unerwähnt geblieben.

p. 131. Vergl. die Anmerkung auf p. 8 dieses Bandes.

p. 161. Die Unvollkommenheit der Algebra würde sich darin zeigen, dass die Algebra Unmögliches verfolgte, Mögliches nicht leistete.

p. 219. Die Anmerkung beginnt im Original mit den Worten: »Alle krummen Flächen theilen sich« u. s. w.

p. 365 wird als Entdecker des berühmten Satzes, den man jetzt den Pascal'schen Satz zu nennen gewöhnt ist, Robert Simson (1735) genannt. Derselbe Satz steht bei Carnot Géom. de position 1803 no. 398 ohne Angabe einer Quelle. Brianchon, der 1806 auf diesen Satz seine Theorie der Pole an Kegelschnitten gründete (Journal de l'École polyt. Cah. 13), beruft sich auf Carnot; erst später 1817 in seinem Mémoire sur les lignes du 2. ordre no. XIII giebt er Pascal als Entdecker des Satzes an auf Grund eines Zeugnisses von Leibniz. Pascal's Arbeiten über die Kegelschnitte kannte man nämlich früher hauptsächlich aus dem Bericht, welchen Leibniz über den ihm vorgelegten geometrischen Nachlass Pascal's in einem Brief an Périer 1676 August 30 erstattet hatte. In diesem Bericht wird »l'hexagramme mystique mit seinen merkwürdigen Eigenschaften« ohne nähere Angabe erwähnt. Pascal's Essais pour les Coniques, ein kurzer früh verfasster an Desargues anknüpfender Aufsatz, wieder herausgegeben von Bossut 1779, enthält Entwürfe ohne Beweis, aber nicht den Pascal'schen Satz.

p. 510 ff. Der Ausdruck »Richtung der Kraft« wird hier mehrmal gebraucht für »Gerade der Kraft«.

p. 601. Der Ausdruck »Strecke«, den man hier vermissen könnte, war von Steiner 1833 Geom. Constr. §. 6 gebraucht worden.

R. B.

Druck von Breitkopf & Härtel in Leipzig.

www.ingramcontent.com/pod-product-compliance
Lightning Source LLC
LaVergne TN
LVHW011242110826
845149LV00001B/25